高等学校教材系列

微积分及其应用

（第15版）

Calculus and Its Applications

Fifteenth Edition

［美］Larry J. Goldstein　David C. Lay 等著

张　枢　译

電子工業出版社
Publishing House of Electronics Industry
北京 • BEIJING

内容简介

微积分是高等数学中研究函数的微分、积分以及有关概念和应用的数学分支，是数学的一门基础学科，内容主要包括极限、微分学、积分学及其应用。本书的内容包括函数，导数及其应用，指数、自然对数函数及其应用，定积分，多元函数，三角函数，积分技术，微分方程，泰勒多项式和无穷级数，概率和微积分。全书图表清晰，版式美观，条理清楚，从概念介绍开始逐步深入，详细给出了解题步骤及微积分在生活中的应用，每节和每章的末尾都给出了大量的习题。

本书可作为经济管理科学、社会科学和生命科学等非理工科专业学生一学期或两学期的应用微积分课程教材，也可作为相关技术人员的参考书。

版权贸易合同登记号　图字：01-2022-6081

图书在版编目（CIP）数据

微积分及其应用：第 15 版 /（美）拉瑞 • J. 戈尔茨坦（Larry J. Goldstein）等著；张枢译. —北京：电子工业出版社，2024.4

书名原文：Calculus and Its Applications, Fifteenth Edition

ISBN 978-7-121-47650-1

Ⅰ. ①微…　Ⅱ. ①拉…　②张…　Ⅲ. ①微积分－高等学校－教材　Ⅳ. ①O172

中国国家版本馆 CIP 数据核字（2024）第 069899 号

责任编辑：谭海平
印　　刷：三河市华成印务有限公司
装　　订：三河市华成印务有限公司
出版发行：电子工业出版社
　　　　　北京市海淀区万寿路 173 信箱　　邮编：100036
开　　本：787×1092　1/16　　印张：27.25　　字数：767 千字
版　　次：2024 年 4 月第 1 版（原著第 15 版）
印　　次：2024 年 4 月第 1 次印刷
定　　价：89.00 元

凡所购买电子工业出版社图书有缺损问题，请向购买书店调换。若书店售缺，请与本社发行部联系，联系及邮购电话：（010）88254888，88258888。

质量投诉请发邮件至 zlts@phei.com.cn，盗版侵权举报请发邮件至 dbqq@phei.com.cn。

服务热线：（010）88254552，tan02@phei.com.cn。

译 者 序

微积分被牛顿在研究力学、莱布尼茨在研究几何学的过程中分别发明后，又经过了众多学者的完善。这门学科在天文学、力学、化学、生物学等自然科学领域和工程学、经济学等社会科学领域得到了越来越广泛的应用，马克思也在此留下了光辉的《数学手稿》，为微积分学提供了科学的哲学论证，丰富了辩证唯物主义理论。恩格斯则指出：“只有微积分的计算使得自然科学不仅可以用数学刻画位置，而且可以描述过程：运动。”（恩格斯《自然辩证法》）评价其为17世纪下半叶“人类精神的最高胜利”。

微积分促进了计算机的发明，计算机的发明则进一步推动了微积分在众多领域的应用发展。冯·诺依曼表示：微积分，或者说由它生成的数学分析，“是近代数学的最早的成果，对它的重要性，做任何估价都很难认为是过高的。”“它的逻辑展开仍然是精确思维方面最大的技术上的进步。”

微积分是如此重要的一门学科，是人类社会与生活不能或缺的。有关这门学科的著述自然是众星璀璨，见仁见智，各具特色；而研习者、应用者则遍布社会各界。培生教育集团一直坚信，每次学习都是自我突破的机会，译者认同这一观点。当电子工业出版社推荐本书的英文版时，译者看完样章后，决定不再藏拙，勇接此任。

本书是著者多年教学和研究工作的总结，且为了满足不断变化的学生需求，其内容一直在持续改进，目前已是第15版。这也从一个侧面说明本书是深受教师和大学生喜欢的教材。在本书的翻译过程中，译者发现，著者深刻地了解了科技进步对微积分课程产生的影响，一直以学生为中心，为学生创造了生动而丰富的学习体验，并提供大量学习资源支持学生的学习，培养学生解决问题的能力。译者认为这正是本书深受大众喜爱的主要原因。总之，本书具有以下特点。

1. **目标明确**。让学生尽早接触微积分；以直观而又理智的方式呈现微积分；整合微积分在商业、生命科学和社会科学中的许多应用。

2. **注重应用**。力图尽早地将数学建模的思想和方法有机地融合到微积分的应用中。

3. **顺序独特**。在分析内容之前，先用微积分的关键概念建立直觉。在课程早期引入的重要应用有助于调动学生的积极性，使数学概念更容易理解。

4. **强调练习**。本书共有500多个例子和4000多道习题，从易到难、排列有序。

5. **综合技术**。借助了图形计算器和计算机相关软件平台以辅助教学。

6. **生动直观**。书中重要的概念都配有例题、图表和习题等。例题常以故事性的叙述引入，由浅入深地探讨微积分相关理论。

数学教科书本是极易令人生厌、枯燥乏味的，要使其条理清晰、言简意赅，未必不难；而本书能深入浅出、雅俗共赏、饶有趣味、引人入胜，则当点赞。本书既可作为经济管理科学、社会科学和生命科学等非理工科专业学生一学期或两学期的教材，也可作为相关技术人员的参考书。

衷心感谢南京大学计算机系和数学系同仁给予的无私帮助。感谢译者家人在本书翻译过程中给予的支持和鼓励，尤其是麻清华先生，在译者反复推敲不定时，协助找出相关材料来佐证。虽然译者尽力而为，但水平有限，倘有疏漏不当之处，恳请读者不吝赐教，提出宝贵意见和建议。译者邮箱：kernel@nju.edu.cn。

张 枢

2023年7月于南京大学

前　言

本书是为一到两个学期的应用微积分课程编写的，主要面向经济管理科学、社会科学和生命科学等专业的学生。本书的目标如下：让学生尽可能早地接触微积分；以直观的方式介绍微积分；整合微积分在经济管理科学、社会科学和生命科学中的许多应用。

本书遵循的方法是，在分析内容及其应用之前，先介绍微积分的基本概念。例如，在给出极限分析内容之前，先对导数进行几何解释。在过去约十年的时间里，有些应用微积分的教材将关于指数函数和自然对数函数的内容移到了前面讲解，而本书仍然在后面介绍这些内容，原因是既可以集中关注这些重要的函数及其应用，又可以在不同的上下文中回顾重要概念。

感谢审稿人和使用者提出的有益建议，其中的许多建议已被我们采纳；我们还更新、改进和添加了大量习题。全书提供了 4000 多道习题，包括节末复习题、章末概念题和章末复习题。大多数微积分课程没有足够的学时涵盖本书中的全部主题，且不同学校的教学目标不同，因此我们优化了内容的安排和组织。教师可以根据教学需要对相关理论内容进行取舍。例如，如果教师不希望在 1.3 节的内容之外提出极限的概念，那么可以忽略 1.4 节“极限和导数”。

在学习本课程之前，学生通常需要具备一些基本技能，第0章的内容就是这些需要学生掌握的基本技能，教师可根据课程的进度全面讲授第0章或者让学生自学。本书提供的必备技能测试，可帮助教师评估学生的基本技能水平。

在本书的编写过程中，我们得到了许多人的帮助，在此表示衷心的感谢。

感谢为MyLab数学课程开发提供指导的如下教师：Brendan Santangelo, Rowan College of South Jersey; Cristina Packard, Towson University; Dave Bregenzer, Utah State University; Cathleen Zucco-Teveloff, Rider University; Samantha Miller-Brown, Lehigh University; Timothy Pilachowski, University of Maryland。

感谢为MyLab数学课程做出贡献的如下人员：Joseph Cutrone, Towson University; Francois Nguyen, Dunwoody College of Technology; Paul Schwiegerling, Buffalo State College; Bill Schwendner, Pace University; Robert Abramovic, University of Hawai’i at Mānoa; Gregory Trout, University of Delaware。

感谢策划、编辑、设计、印刷和营销部门的努力，感谢Jennifer Blue的细心校对，感谢Francesca Monaco给予的帮助，感谢策划编辑Ron Hampton和文字编辑Evan St. Cyr的出色工作。

部分习题答案

如果你有任何意见或建议，我们很乐意听取，希望你喜欢这本书。

必备技能测试

你做好了学习微积分的准备吗？下面的必备技能测试用于评估你掌握的基本数学技能。每组题都涉及教材第 0 章中的一节。如果某节的几道题做错，就要学习第 0 章中对应小节的内容。

使用指数定律计算如下表达式（0.5 节）：

1. $\frac{7^{3/2}}{49}\sqrt{7}$　　**2.** $(3^{1/3}3^{1/2})\sqrt[3]{3}$

3. $\frac{\sqrt{5}}{\sqrt{15}\sqrt{3}}$　　**4.** $2^{1/3}2^{1/2}2^{1/6}$

化简如下表达式，答案中不应包含括号或负指数（0.5 节）：

5. $\frac{x^2}{x^{-4}}$　　**6.** $\frac{x^2(x^{-4}+1)}{x^{-2}}$

7. $\left(\frac{x}{x^2y^2}\right)^3 y^8$　　**8.** $\left(\frac{1}{xy}\right)^{-2}\left(\frac{x}{y}\right)^2$

设 $f(x)=\frac{x}{x+1}$ 且 $g(x)=x+1$，将如下表达式表示为有理函数（0.3 节）：

9. $f(x)+g(x)$　　**10.** $f(x)g(x)$

11. $\frac{f(x)}{g(x)}$　　**12.** $f(x)-\frac{g(x)}{x+1}$

设 $f(t)=t^2$ 且 $g(t)=\frac{t}{t+1}$，计算如下函数，尽可能化简你的答案（0.3 节）：

13. $f(g(t))$　　**14.** $g(f(t))$

15. $f(f(g(t)))$　　**16.** $f(g(t+1))$

对如下函数 $f(x)$，求 $\frac{f(x+h)-f(x)}{h}$，并尽可能化简你的答案（0.3 节）：

17. $f(x)=x^2+2x$

18. $f(x)=\frac{1}{x}$

19. $f(x)=\sqrt{x}$（提示：使分子有理化。）

20. $f(x)=x^3-1$

绘制如下函数的图形并标出截距（0.2 节）：

21. $f(x)=2x-1$　　**22.** $f(x)=-x$

23. $f(x)=-\frac{x-1}{2}$　　**24.** $f(x)=3$

求两条曲线的交点（如果有的话）（0.4 节）：

25. $y=3x+1, y=-x-2$

26. $y=\frac{x}{2}, y=3$

27. $y=4x-7, y=0$

28. $y=2x+3, y=2x-2$

因式分解如下多项式（0.4 节）：

29. $x^2+5x-14$　　**30.** x^2+5x+4

31. x^3+x^2-2x　　**32.** x^3-2x^2-3x

通过因式分解求解如下方程（0.4 节）：

33. $x^2-144=0$

34. $x^2+4x+4=0$

35. $x^3+8x^2+15x=0$

36. $6x^3+11x^2+3x=0$

使用二次公式求解如下方程（0.4 节）：

37. $2x^2+3x-1=0$　　**38.** $x^2+x-1=0$

39. $-3x^2+2x-4=0$　　**40.** $x^2+4x-4=0$

求解如下方程（0.4 节）：

41. $x^2-3x=4x-10$　　**42.** $4x^2+2x=-2x+3$

43. $\frac{1}{x+1}=x+1$　　**44.** $\frac{x^3}{x^2+2x-1}=x-1$

引　言

绘制图形通常可以简明扼要地描述问题。例如，图 1 描述了银行账户中的金额，利息为 5%，每天复利计息；随着时间的推移，账户中的金额增加。图 2 描述了广告停止后早餐麦片在不同时间的销售量；距离上次广告的时间越长，销售量越少。图 3 显示了不同时期细菌培养物规模；随着时间的推移，培养物规模越来越大，但培养物有一个不能超过的最大值，这个最大值反映了食物供应、空间和类似因素的限制。图 4 描述了放射性同位素碘 131 质量的衰减；随着时间的推移，原来的放射性同位素碘的质量越来越小。

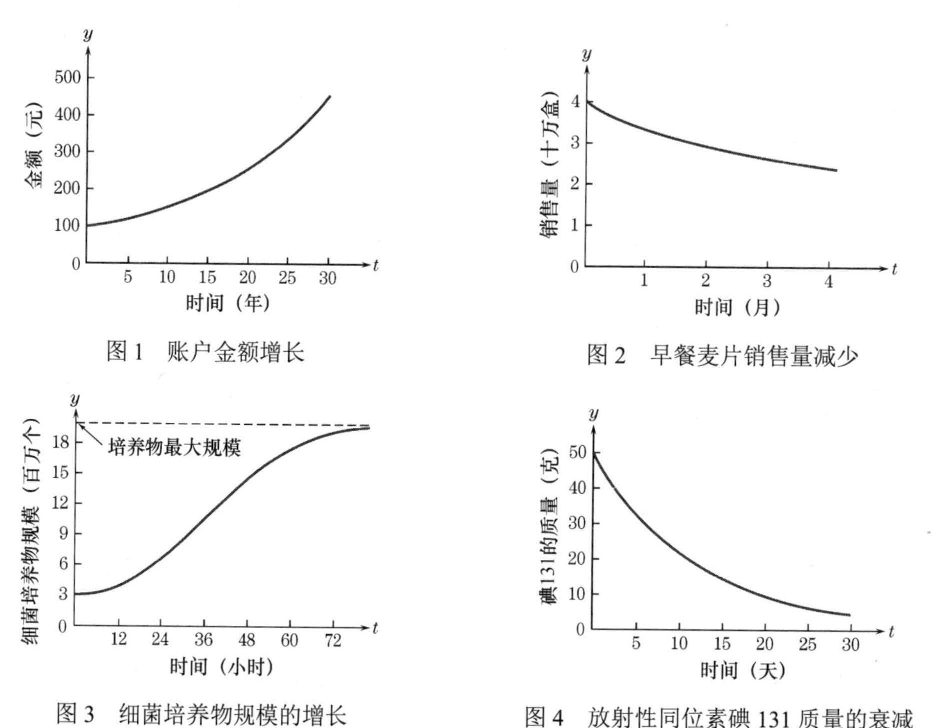

图 1　账户金额增长

图 2　早餐麦片销售量减少

图 3　细菌培养物规模的增长

图 4　放射性同位素碘 131 质量的衰减

图 1 到图 4 中的图形都描述了正在发生的变化。账户中的金额在变化，早餐麦片的销售量、细菌培养物规模和放射性同位素碘 131 的质量也在变化。微积分为定量研究这样的变化提供了数学工具。

目　录

第0章　函　数

引言中的图 1 到图 4 都描述了两个量之间的关系。例如，图 4 说明了碘 131 的质量（克）和时间（天）之间的关系。描述这种关系的基本定量工具是函数。本章介绍函数的概念，并回顾后面所用函数的重要代数运算。

0.1　函数及其图形

实数

大多数数学应用都使用实数。对于此类应用（及本文中的讨论），将实数视为小数就已足够。有理数可以写成分数，也可以写成有限或无限循环小数，例如，

$$-\frac{5}{2}=-2.5\text{，}1\text{，}\frac{13}{3}=4.333\cdots\text{ 是有理数。}$$

无理数不能表示为分数，而要用无限小数来表示，其数字不会形成循环模式，例如，

$$-\sqrt{2}=-1.414213\cdots\text{，}\pi=3.14159\cdots\text{ 是无理数。}$$

实数几何上用数轴表示，如图 1 所示。每个数对应于数轴上的一个点，每个点表示一个实数。

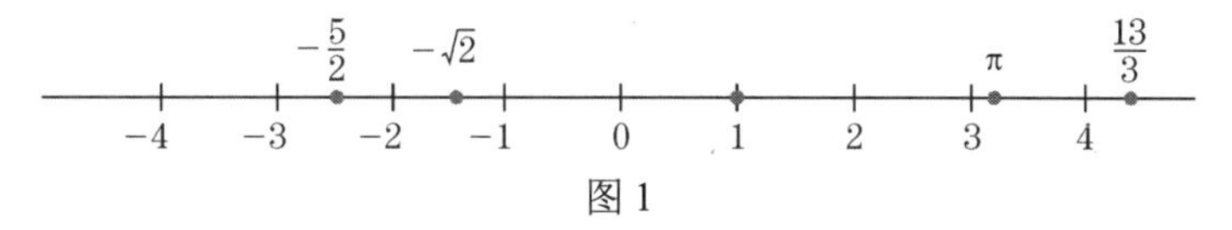

图 1

我们使用四种类型的不等式来比较实数：

$x<y$	x 小于 y；	$x\leqslant y$	x 小于或等于 y
$x>y$	x 大于 y；	$x\geqslant y$	x 大于或等于 y

二重不等式 $a<b<c$ 是两个不等式 $a<b$ 和 $b<c$ 的简写。其他二重不等式也有类似的含义，如 $a\leqslant b<c$。二重不等式中的三个数（如 $1<3<4$ 或 $4>3>1$）在数轴上的相对位置，应与不等式中的相同。因此，永远不会写出 $3<4>1$ 这样的不等式，因为这些数是“无序的”。

几何上，不等式 $x\leqslant b$ 表示 x 等于 b 或者 x 位于数轴上点 b 的左侧。满足二重不等式 $a\leqslant x\leqslant b$ 的实数 x 的集合对应于 a 和 b 之间的线段，包括端点。该集合有时用 $[a,b]$ 表示，称为从 a 到 b 的**闭区间**。如果从集合中删除 a 和 b，该集合就写为 (a,b)，且称为从 a 到 b 的**开区间**。表 1 中列出了各种线段的符号。注意，包含的区间端点（如 $[a,b]$ 的两个端点）被绘制为实心圆，而未包含的端点（如 $(a,b]$ 的端点 a）被绘制为空心圆。

符号∞（无穷大）和−∞（负无穷大）并不代表实际的实数。相反，它们表明相应的线段向右或向左无限延伸。描述这种无限区间的不等式可用两种方式来书写。例如，$a\leqslant x$ 等价于 $x\geqslant a$。

表 1

不 等 式	几何描述	区间符号
$a\leqslant x\leqslant b$	●——● a b	$[a, b]$
$a<x<b$	○——○ a b	(a, b)
$a\leqslant x<b$	●——○ a b	$[a, b)$
$a<x\leqslant b$	○——● a b	$(a, b]$

（续表）

不 等 式	几何描述	区间符号
$a \leqslant x$	a	$[a, \infty)$
$a < x$	a	(a, ∞)
$x \leqslant b$	b	$(-\infty, b\,]$
$x < b$	b	$(-\infty, b)$

例 1　绘制区间。用图形和不等式描述以下区间：(a) $(-1, 2)$；(b) $[-2, \pi]$；(c) $(2, \infty)$；(d) $(-\infty, \sqrt{2}\,]$。

解：图 2 中的(a)至(d)显示了与区间相对应的线段和不等式。

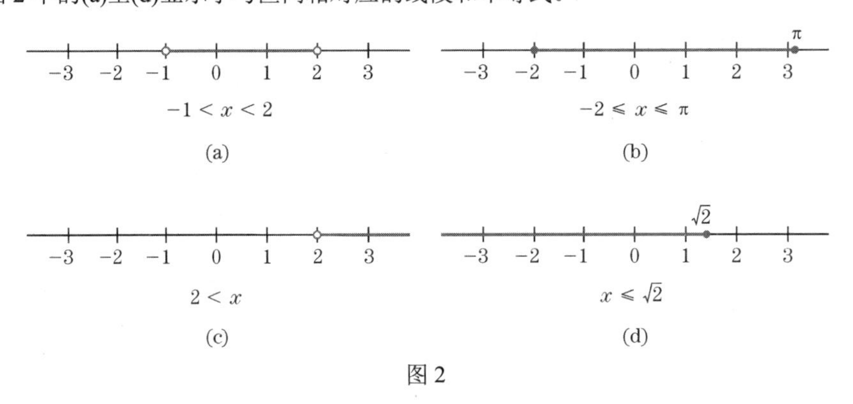

图 2

■

例 2　使用不等式。令变量 x 表示公司在当前财政年度的预期利润，商业计划要求至少盈利 500 万美元，用区间描述该商业计划。

解：“至少”意味着“大于或等于”。商业计划要求 $x \geqslant 5$（百万美元）。这等价于 x 位于无穷区间 $[5,\infty)$ 上。

■

函数

关于变量 x 的函数 $f(x)$ 是某个规则，对 x 的每个赋值，该规则获得唯一的数值 $f(x)$，称为函数在 x 处的**值**［$f(x)$ 读为“函数 $f(x)$ 在 x 处的值”］。函数的变量称为**自变量**。自变量允许假设的一组值称为函数的**定义域**。函数的定义域可以作为函数定义的一部分显式地指定，也可以根据上下文来理解，如例 5 和例 7 所示。函数的定义域是函数假定的一组值。

本书中的函数常用代数公式来定义。例如，函数 $f(x)=3x-1$ 的定义域由所有实数 x 组成。这个函数是这样一个规则：取一个数，乘以 3，然后减去 1。如果指定 x 的值，比如 $x=2$，就可通过将 2 代入公式中的 x 求得函数在 2 处的值，即 $f(2)=3\times2-1=5$。

例 3　求函数的值。设函数 $f(x)$ 的定义域是所有实数 x，且其由公式

$$f(x)=3x^3-4x^2-3x+7$$

定义，求 $f(2)$ 和 $f(-2)$。

解：要求 $f(2)$，可用 2 代替公式 $f(x)$ 中每次出现的 x：

$$f(2)=3\times2^3-4\times2^2-3\times2+7=3\times8-4\times4-3\times2+7=24-16-6+7=9$$

要求 $f(-2)$，可用(-2)代替公式 $f(x)$ 中每次出现的 x。括号确保-2 被正确代替。例如，x^2 必须替换为 $(-2)^2$ 而非 -2^2：

$$f(-2)=3\times(-2)^3-4\times(-2)^2-3\times(-2)+7=3\times(-8)-4\times4-3\times(-2)+7=-24-16+6+7=-27$$

■

例 4　温标。假设 x 代表单位为摄氏度的温度，单位为华氏度的温度是一个关于 x 的函数，表示为 $f(x)=\frac{9}{5}x+32$。(a)水在 0℃时结冰，在 100℃时沸腾。对应的华氏度（℉）是多少？(b)铝在 660℃时熔化，其熔点是多少华氏度？

解：(a) $f(0)=\frac{9}{5}\times 0+32=32$。水在 32℉时结冰。

$f(100)=\frac{9}{5}\times 100+32=180+32=212$。水在 212℉时沸腾。

(b) $f(660)=\frac{9}{5}\times 660+32=1188+32=1220$。铝在 1220℉时熔化。

■

在前面的例子中，函数具有由所有实数或区间组成的定义域。某些函数的定义域可能由多个区间组成，且每个区间上定义函数的公式不同。下面给出这样一个例子。

例 5　由多个公式定义的函数。一家运营在线电影流媒体网站的公司向用户收取每部电影 3 美元的费用。若用户在一个月内播放了 10 部或更多的电影，该公司就在原始费用的基础上增加 10%的过度使用费。令 x 表示用户每月播放的电影数量，$f(x)$ 表示公司向用户收取的费用，它是 x 的函数。

(a) 描述 $f(x)$；(b) 求 $f(5)$ 和 $f(15)$。

解：(a) 公式 $f(x)$ 取决于 $0\leqslant x<10$ 或 $10\leqslant x$。当 $0\leqslant x<10$ 时，费用为 $3x$ 美元。当 $10\leqslant x$ 时，费用为 $3x$ 加上 $3x$ 的 10%或 $3x+0.1\cdot(3x)=3.3x$ 美元。定义域由两个区间[0, 10)和[10, ∞)上的 x 值组成。在每个区间上，函数由单独的公式定义：

$$f(x)=\begin{cases}3x, & 0\leqslant x<10\\ 3.3x, & 10\leqslant x\end{cases}$$

(b) $x=5$ 满足 $0\leqslant x<10$，对 $f(x)$ 使用第一个公式，$f(5)=3\times 5=15$，因此一个月播放 5 部电影的费用是 15 美元。$x=15$ 满足 $10\leqslant x$，对 $f(x)$ 使用第二个公式，$f(15)=3.3\times 15=49.5$，因此一个月播放 15 部电影的费用为 49.5 美元。

■

在微积分中，经常需要用代数表达式来代替 x 并简化结果，如下例所示。

例 6　计算函数值。函数 $f(x)=(4-x)/(x^2+3)$，求：(a) $f(a)$；(b) $f(a+1)$。

解：(a) 这里，a 代表某个数值。要求 $f(a)$，就要用 a 代替出现在定义 $f(x)$ 的公式中的 x：

$$f(a)=\frac{4-a}{a^2+3}$$

(b) 要求 $f(a+1)$ 的值，就要用 $a+1$ 替换出现在定义 $f(x)$ 的公式中的 x：

$$f(a+1)=\frac{4-(a+1)}{(a+1)^2+3}$$

我们可用公式 $(a+1)^2=(a+1)(a+1)=a^2+2a+1$ 来化简上面 $f(a+1)$ 的表达式：

$$f(a+1)=\frac{4-(a+1)}{(a+1)^2+3}\overset{\text{展开}}{=}\frac{4-a-1}{a^2+2a+1+3}\overset{\text{加减}}{=}\frac{3-a}{a^2+2a+4}$$

■

关于函数定义域的更多信息　定义函数时，有必要指定函数的定义域，即变量可以接受的值的集合。前面的例子中明确指定了所考虑函数的定义域。然而，本书的其余部分通常只提及函数而不指定其定义域。在这种情况下，我们认为函数的定义域由所有对函数的定义式有意义的数组成。例如，考虑函数

$$f(x)=x^2-x+1$$

右侧的表达式可以对任意 x 求值。因此，在 x 没有任何明确限制的情况下，定义域可视为由所有数组成。又如，考虑函数

$$f(x)=\frac{1}{x}$$

这里的 x 可以是除零外的任何数（不允许除以零）。因此，定义域是一组非零数的集合。类似地，考虑函数

$$f(x)=\sqrt{x}$$

我们将 $f(x)$ 的定义域视为所有非负数的集合，因为实数 x 的平方根当且仅当 $x\geqslant 0$ 时才有定义。

例 7　函数的定义域。求下列函数的定义域：

(a) $f(x)=\sqrt{4+x}$；(b) $g(x)=\frac{1}{\sqrt{1+2x}}$；(c) $h(x)=\sqrt{1+x}-\sqrt{1-x}$。

解：

(a) 因为不能取负数的平方根，所以有 $4+x\geqslant 0$ 或者 $x\geqslant -4$。因此，$f(x)$ 的定义域是$[-4,\infty)$。

(b) 定义域由满足如下条件的所有 x 组成：

$$1+2x>0 \;\Rightarrow\; 2x>-1 \;\Rightarrow\; x>-\tfrac{1}{2}$$

即定义域是开区间 $(-\frac{1}{2},\infty)$。

(c) 为了计算 $h(x)$ 的表达式中出现的两个平方根，须有

$$1+x\geqslant 0 \text{ 和 } 1-x\geqslant 0$$

第一个不等式等价于 $x\geqslant -1$，第二个不等式等价于 $x\leqslant 1$。由于 x 必须同时满足两个不等式，可以得出 $h(x)$ 的定义域是闭区间$[-1,1]$。

■

函数的图形　一般来说，使用 xy 直角坐标系描述函数 $f(x)$ 是很有帮助的。给定 $f(x)$ 的定义域中的任意 x，可以画出点 $(x,f(x))$，这是 xy 平面上的一个点，其 y 坐标是函数在 x 点处的值。点 $(x,f(x))$ 的集合常在 xy 平面上形成一条曲线，称为函数 $f(x)$ 的图形。

为一组具有代表性的 x 值绘制点 $(x,f(x))$，并将这些点连成一条光滑的曲线，可以近似 $f(x)$ 的图形，如图 3 所示。x 值的间距越小，近似值就越接近。

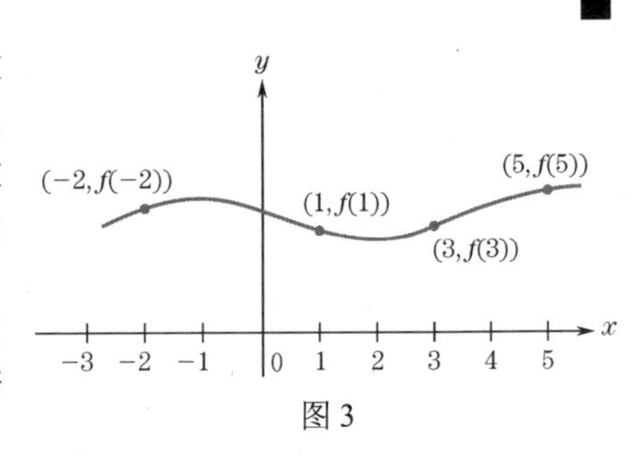

图 3

例 8　通过点绘制图形。绘制函数 $f(x)=x^3$ 的图形。

解：定义域由所有实数 x 组成。选取 x 的一些代表值，并将 $f(x)$ 对应的值制成表格。然后，绘制点 $(x,f(x))$，并过这些点绘制一条平滑的曲线（见图 4）。

x	$f(x)=x^3$
0	0
1	1
2	8
3	27
−1	−1
−2	−8
−3	−27

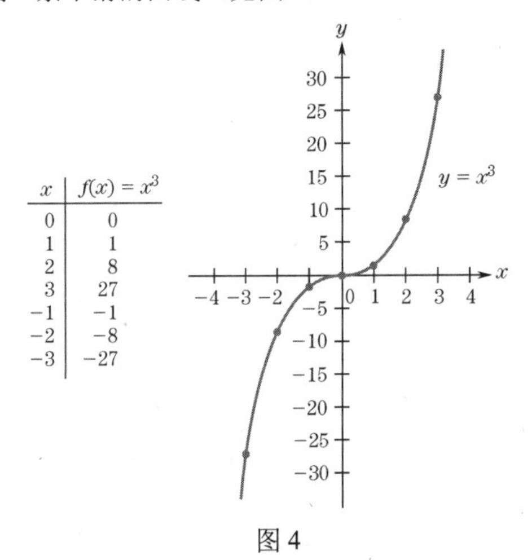

图 4

■

例 9　具有受限域的图形。画出函数 $f(x)=\frac{1}{x}$ 的图形。

解：函数的定义域由除零外的所有数组成。图 5 中的表格列出了 x 的一些代表值和 $f(x)$ 的对应值。当 x 接近某个不在定义域内的数时，函数的特性通常很有趣。因此，当我们从定义域中选择 x 的代表值时，包含了一些接近 0 的值。绘制点 $(x,f(x))$ 并画出图形，如图 5 所示。

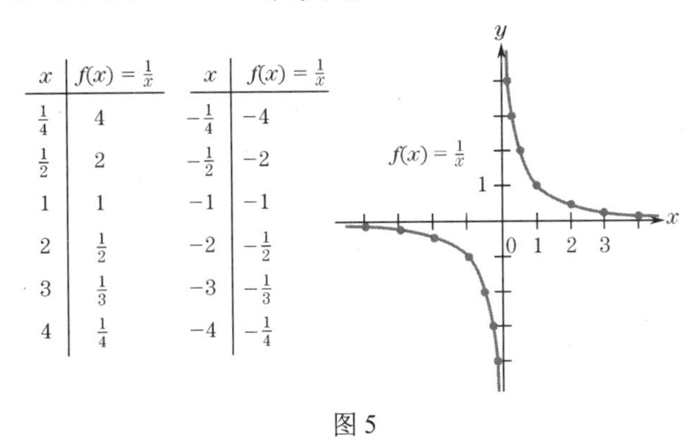

x	$f(x)=\frac{1}{x}$
$\frac{1}{4}$	4
$\frac{1}{2}$	2
1	1
2	$\frac{1}{2}$
3	$\frac{1}{3}$
4	$\frac{1}{4}$

x	$f(x)=\frac{1}{x}$
$-\frac{1}{4}$	-4
$-\frac{1}{2}$	-2
-1	-1
-2	$-\frac{1}{2}$
-3	$-\frac{1}{3}$
-4	$-\frac{1}{4}$

图 5

■

随着图形计算器和计算机绘图程序的普及，我们已很少需要在绘图纸上手工绘制大量的点来画出图形。然而，为了有效地使用这样的计算器或者程序，必须事先知道要显示曲线的哪一部分。例如，如果 x 轴或 y 轴上的刻度不合适，图形的关键特征就可能被忽略或误解。

微积分的一个重要用途是，确定应该出现在图形中的函数的关键特征。在许多情况下，只需绘制几个点，就可很容易地手工绘制出图形的大致形状。对于更复杂的函数，绘图程序是有帮助的。即便如此，微积分也提供一种检查计算机屏幕上的图形形状是否正确的方法。代数计算通常是分析的一部分。本章介绍适当的代数技巧。

注意，问题的分析解决方案与图形计算器相比，通常能提供更精确的信息，且可深入了解解决方案中涉及的函数的特征。

本节和 0.6 节探讨函数与其图形的联系。

例 10　读取图形。设 $f(x)$ 是函数，其图形如图 6 所示。注意，点 $(x,y)=(3,2)$ 在函数 $f(x)$ 的图形上。

(a) 当 $x=3$ 时，函数的值是多少？

(b) 求 $f(-2)$。

(c) 函数 $f(x)$ 的定义域是什么？值域是什么？

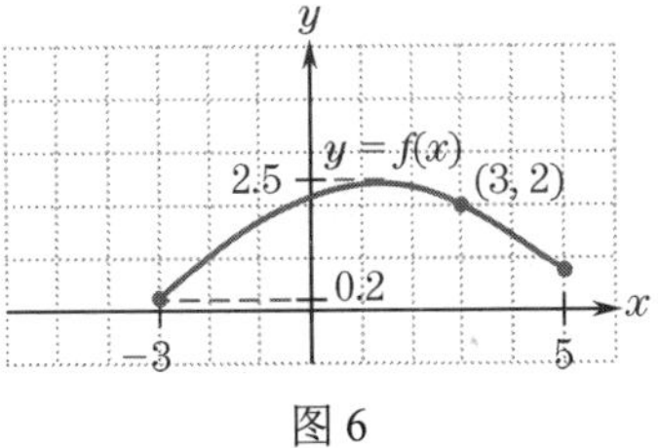

图 6

解：

(a) 点 $(3,2)$ 在函数 $f(x)$ 的图形上，y 坐标 2 一定是 $f(x)$ 在 x 坐标 3 上的值，即 $f(3)=2$。

(b) 要求 $f(-2)$，需要查看图中 $x=-2$ 时的 y 坐标。由图 6 可知$(-2,1)$在 $f(x)$ 的图形上，因此 $f(-2)=1$。

(c) 在 $f(x)$ 的图形上，所有点的 x 坐标均在-3 和 5 之间（包含-3 和 5）；对于-3 和 5 之间的每个 x 值，图形上都有一个点 $(x,f(x))$。因此，定义域是 $-3\leqslant x\leqslant 5$。在图 6 中，函数的所有值都在 0.2 和 2.5 之间。因此，$f(x)$ 的值域为[0.2, 2.5]。

■

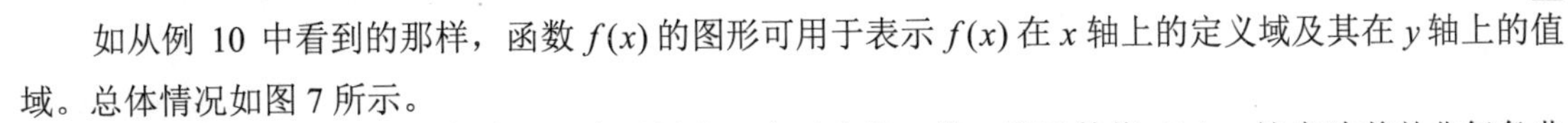

如从例 10 中看到的那样，函数 $f(x)$ 的图形可用于表示 $f(x)$ 在 x 轴上的定义域及其在 y 轴上的值域。总体情况如图 7 所示。

对于函数的定义域中的每个 x，有且只有一个对应的 y 值，即函数值 $f(x)$。这意味着并非每条曲线都是一个函数的图形。要了解这一点，可以参考图 6 中的曲线，它是函数的图形。该曲线具有以下重要属性：对于每个介于−3 和 5 之间的 x，存在唯一的 y 使得 (x,y) 在曲线上。变量 y 称为**因变量**，因为其值取决于自变量 x 的值。参考图 8 所示的曲线。它不是一个函数的图形，因为函数 $f(x)$ 必须为其定义域中的每个 x 赋一个唯一的值 y。然而，对于图 8 中的曲线，例如，$x=3$ 对应的 y 值不止一个：$y=1$ 和 $y=4$。

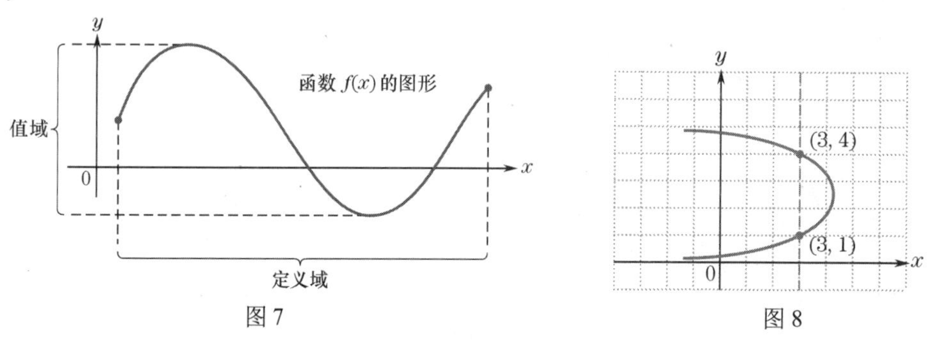

图 7　　图 8

根据图 6 和图 8 中曲线的本质区别，我们可以做如下检验。

垂直线检验　*xy* 平面上的曲线是一个函数的图形，当且仅当每条垂直线与曲线相切或接触曲线的点不超过一点。

例 11　**垂直线检验**。图 9 中的哪些曲线是函数的图形？

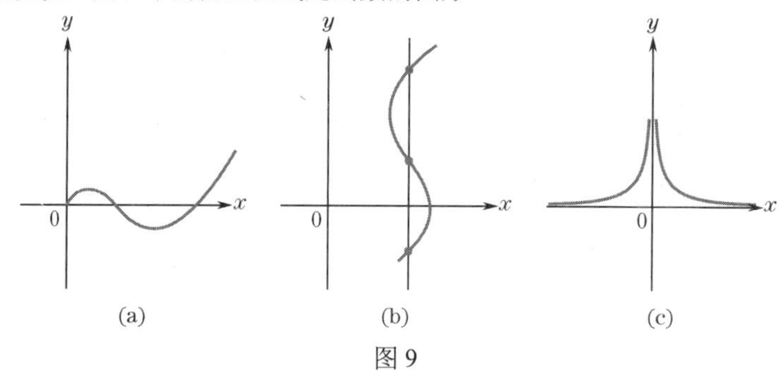

图 9

解：(a)中的曲线是一个函数的图形。y 轴左侧的垂直线看起来根本未接触到曲线，这意味着(a)中的函数仅在 $x \geqslant 0$ 时有定义。(b)中的曲线不是函数的图形，因为有些垂直线和曲线有三个交点。(c)中的曲线是定义域非零的 x 的函数的图形［即(c)中曲线上没有 x 坐标为 0 的点］。

■

函数还有另一种有用的表示法。假设 $f(x)$ 是一个函数。当在 xy 坐标系中绘制 $f(x)$ 时，$f(x)$ 的值给出图形点的 y 坐标。因此，函数常缩写为字母 y，如 $y=f(x)$。例如，函数 $y=2x^2+1$ 指的是函数 $f(x)$，其中 $f(x)=2x^2+1$。函数 $f(x)$ 的图形通常称为方程 $y=f(x)$ 的**图形**。

综合技术

绘图函数　学习本书不需要使用图形计算器；然而，图形计算器是非常有用的工具，可用来简化计算、绘制图形，有时还可增强对微积分基本主题的理解。关于使用计算器的相关信息将出现在一些章节的末尾，标题为“综合技术”。本书中的示例使用的计算器是 TI-83/84，这些计算器上的按键基本上相同。其他型号和品牌的图形计算器应该具有类似的功能。

考虑函数 $f(x)=x^3-2$。要绘制 $f(x)$，可按如下步骤操作。

步骤 1　按 Y= 键。我们将在计算器中定义函数 Y_1。必要时，上移光标，使其直接位于表达式“$\backslash Y_1=$”后面。按 CLEAR 键，确保未为 Y_1 输入任何公式。

步骤 2　输入 $X \wedge 3-2$ 。可用X,T,Θ,n键输入变量 X ［见图 10(a)］。

步骤 3　按GRAPH键［见图 10(b)］。

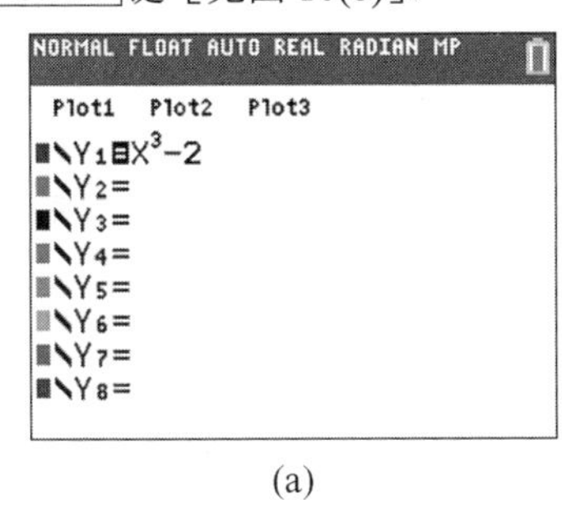

(a)

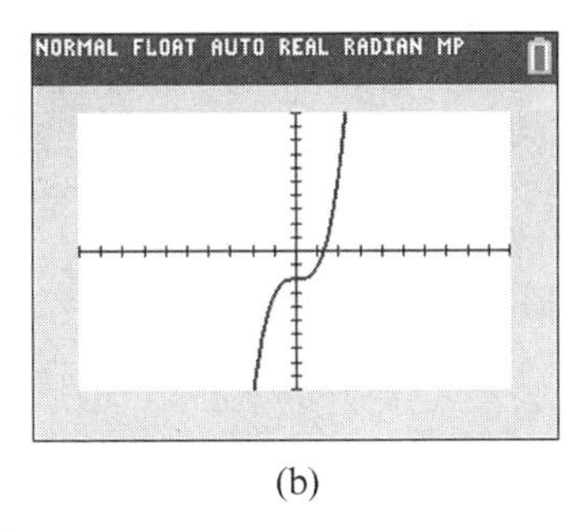

(b)

图 10

要更改查看窗口的参数，可执行如下步骤。

步骤 1　按WINDOW键。

步骤 2　根据需要修改参数值。

使用图形计算器最重要的任务之一是，确定显示感兴趣特征的查看窗口。对于本例，我们只需将视图设置为：X 在区间[−3, 3]上，Y 在区间[−29, 29]上。我们还将参数 Yscl 的值设为 5。参数 Yscl 及其同级参数 Xscl 设置其各自轴上相邻两点的间距。为此，在计算器上设置窗口参数，使其与图 11(a)中的参数匹配。参数 Xres 用于设置屏幕分辨率，这里保留其默认设置。

步骤 3　按GRAPH键查看结果［见图 11(b)］。

除了图形计算器，还有互联网连接设备，在线工具如 Desmos、Wolfram Alpha、Geogebra 和其他工具也被人们广泛使用。

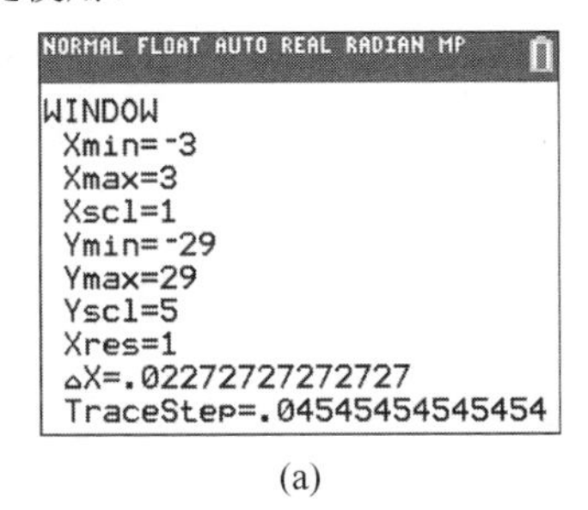

(a)

(b)

图 11

0.1 节自测题（答案见本节习题后）

1. 点(3, 12)在函数 $g(x)=x^2+5x-10$ 的图形上吗？

2. 画出函数 $h(t)=t^2-2$ 的图形。

习题 0.1

在数轴上画出下列区间。

1. $[-1,4]$　　**2.** $(4,3\pi)$　　**3.** $[-2,\sqrt{2})$

4. $[1,\frac{3}{2}]$　　**5.** $(-\infty,3)$　　**6.** $(4,\infty)$

使用区间描述满足习题 7 ~ 12 中不等式的实数。

7. $2\leqslant x<3$　　**8.** $-1<x<\frac{3}{2}$

9. $x<0$ 且 $x\geqslant -1$　　**10.** $x\geqslant -1$ 且 $x<8$

11. $x<3$　　**12.** $x\geqslant \sqrt{2}$

13. 设 $f(x)=x^2-3x$ ，求 $f(0), f(5), f(3)$ 和 $f(-7)$ 。

14. 设 $f(x)=x^3+x^2-x-1$ ，求 $f(1), f(-1), f\left(\frac{1}{2}\right)$ 和 $f(a)$ 。

15. 设 $f(x)=x^2-2x$ ，求 $f(a+1)$ 和 $f(a+2)$ 。

16. 设 $h(s)=s/(1+s)$ ，求 $h\left(\frac{1}{2}\right), h\left(-\frac{3}{2}\right)$ 和 $h(a+1)$ 。

17. 设 $f(x)=3x+2$ 且 $h\neq 0$，求 $\frac{f(3+h)-f(3)}{h}$ 并化简。

18. 设 $f(x)=x^2$ 且 $h\neq 0$，求 $\frac{f(1+h)-f(1)}{h}$ 并化简。

19. **温标**。钨的沸点约为 5933 开氏度。

(a) 求钨的沸点，单位为摄氏度。将 x 摄氏度转换为开氏度的函数为 $k(x)=x+273$。

(b) 以华氏度为单位计算钨的沸点（钨是所有已知金属中沸点最高的）。

20. 电脑销售。一家办公用品公司发现，x 年电脑的销售数量约由函数 $f(x)=150+2x+x^2$ 给出，其中 $x=0$ 对应于 2015 年。

(a) $f(0)$ 代表什么？

(b) 求 2020 年的电脑销量。

描述习题 21 ~ 24 中函数的定义域。

21. $f(x)=\frac{8x}{(x-1)(x-2)}$　　**22.** $f(t)=\frac{1}{\sqrt{t}}$

23. $g(x)=\frac{1}{\sqrt{3-x}}$　　**24.** $g(x)=\frac{4}{x(x+2)}$

画出习题 25 ~ 28 中函数的草图。

25. $f(x)=x^2+1$　　**26.** $f(x)=2x^2-1$

27. $f(x)=\sqrt{x+1}$　　**28.** $f(x)=\frac{1}{x+1}$

在习题 29 ~ 34 中，哪些曲线是函数的图形？

29.

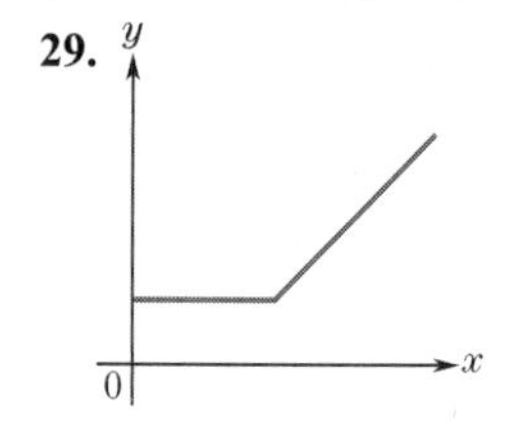

30.

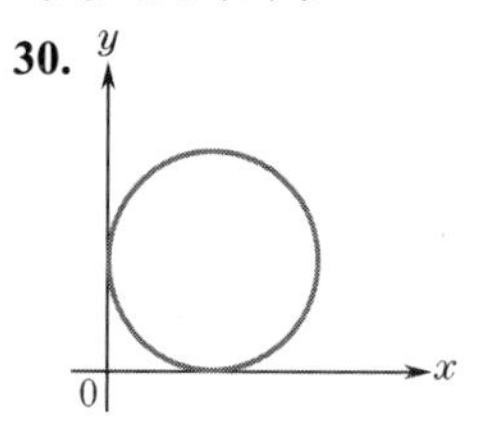

31.

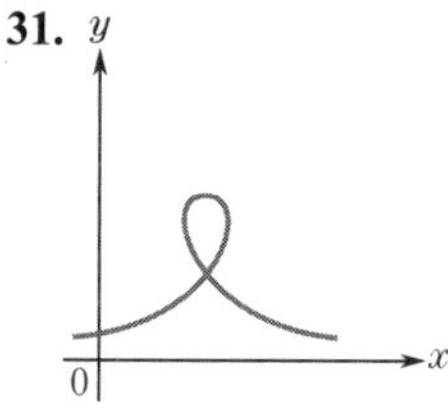

32.

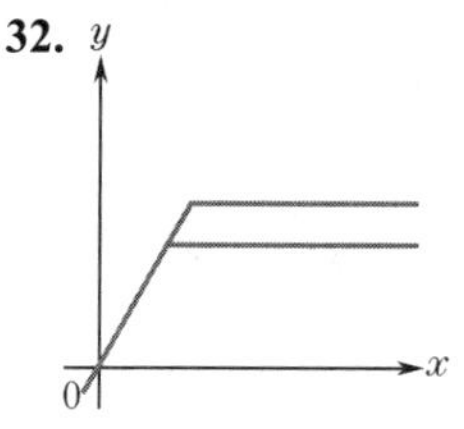

33.

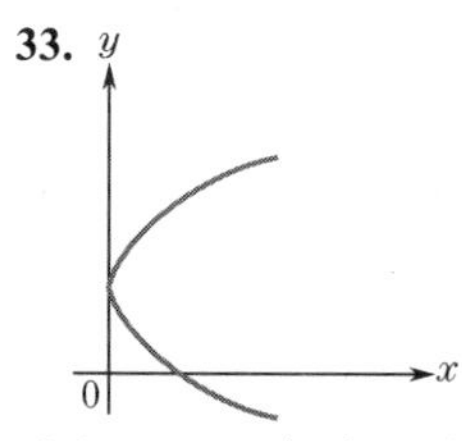

34.

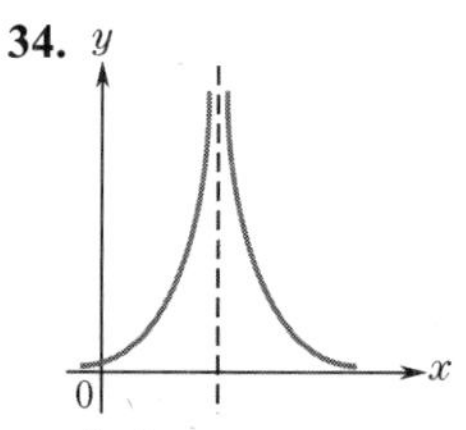

习题 35 ~ 42 与图 12 所示函数有关。

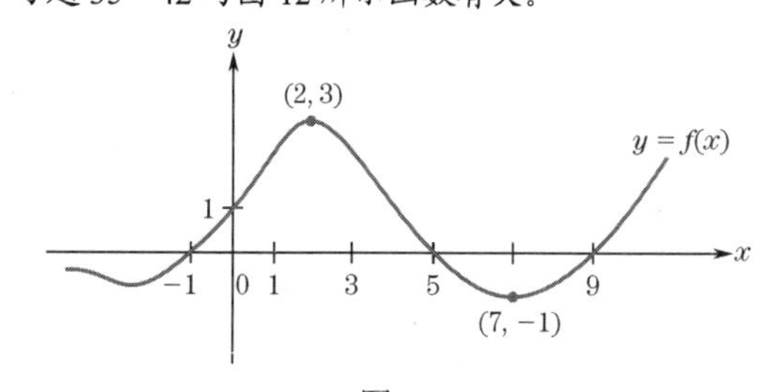

图 12

35. 求 $f(0)$ 和 $f(7)$。

36. 求 $f(2)$ 和 $f(-1)$。

37. $f(4)$ 是正的还是负的？

38. $f(6)$ 是正的还是负的？

39. $f(x)$ 的值域是什么？

40. $f(x)$ 在什么情况下等于 0？

41. 当 $f(x)\leqslant 0$ 时，x 的值是多少？

42. 当 $f(x)\geqslant 0$ 时，x 的值是多少？

习题 43 ~ 46 与图 13 有关。当一种药物注射到人的肌肉组织中时，血液中的药物浓度是自注射以来所经过的时间的函数。图 13 中给出了典型的时间-浓度函数 $f(x)$ 的曲线，其中 $t=0$ 对应于注射时间。

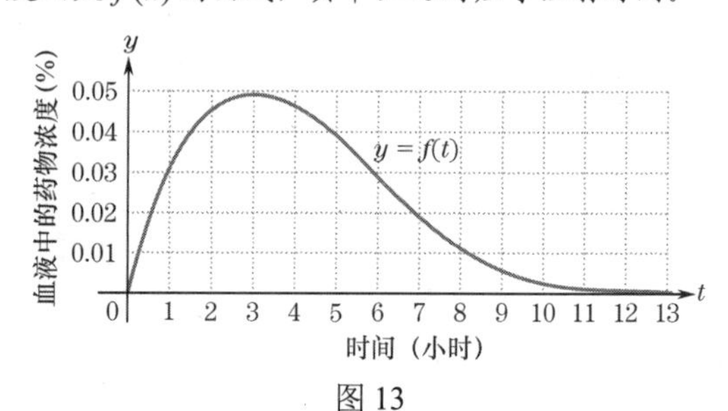

图 13

43. 当 $t=1$ 和 $t=5$ 时，药物浓度是多少？

44. 当 $t=6$ 时，时间-浓度函数 $f(t)$ 的值是多少？

45. $f(t)$ 的值域是什么？

46. $f(t)$ 在什么时候达到极大值？

47. 点(3,12)在 $f(x)=\left(x-\frac{1}{2}\right)(x+2)$ 的图形上吗？

48. 点(−2,12)在 $f(x)=x(5+x)(4-x)$ 的图形上吗？

49. 点(1,1)在 $g(x)=(3x-1)/(x^2+1)$ 的图形上吗？

50. 点 $(4,\frac{1}{4})$ 在 $g(x)=(x^2+4)/(x+2)$ 的图形上吗？

51. 点 $(a+1,?)$ 在 $f(x)=x^3$ 的图形上，求其 y 坐标。

52. 若点 $(2+h,?)$ 在函数 $f(x)=(5/x)-x$ 的图形上，求其 y 坐标。

在习题 53 ~ 56 中，计算 $f(1), f(2)$ 和 $f(3)$。

53. $f(x)=\begin{cases}\sqrt{x}, 0\leqslant x<2\\ 1+x, 2\leqslant x\leqslant 5\end{cases}$

54. $f(x)=\begin{cases}1/x, 1\leqslant x\leqslant 2\\ x^2, 2<x\end{cases}$

55. $f(x)=\begin{cases}\pi x^2, x<2\\ 1+x, 2\leqslant x\leqslant 2.5\\ 4x, 2.5<x\end{cases}$

56. $f(x)=\begin{cases}3/(4-x), x<2\\ 2x, 2\leqslant x<3\\ \sqrt{x^2-5}, 3\leqslant x\end{cases}$

57. 黄金购买佣金。经纪公司对黄金购买收取 6%的佣金，金额从 50 美元到 3000 美元不等。如果购买金额超过 3000 美元，公司将收取购买金额的 2%，外加 15 美元的手续费。设 x 表示购买的黄金金额（美元），令 $f(x)$ 为佣金，它是 x 的函数。(a) 描述 $f(x)$；(b) 求 $f(3000)$ 和 $f(4500)$。

58. 图 14(a)中显示了 x 轴上的数 2 和函数图形。令 h 代表一个正数，并为数 $2+h$ 标记一个可能的位置。在图上绘出第一个坐标为 $2+h$ 的点，并标记出该点的坐标。

59. 图 14(b)中显示了 x 轴上的数 a 和函数图形。令 h 代表一个负数，并为数 $a+h$ 标记一个可能的位置。在图上绘出第一个坐标为 $a+h$ 的点，并标记出该点的坐标。

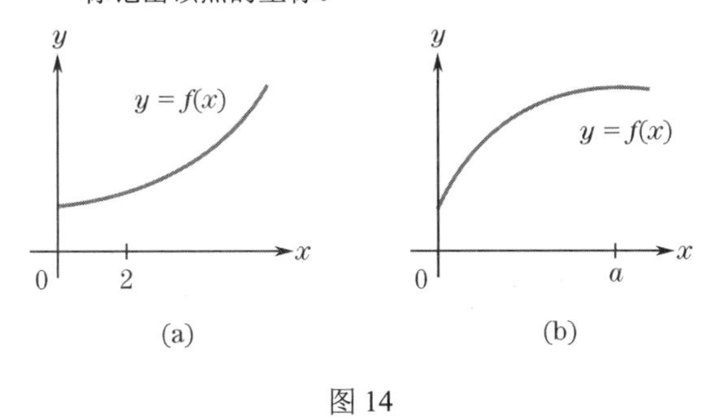

图 14

60. 合伙企业收入。一家资产管理公司估计每位合伙人的月收入由以下公式得出：

$$R(x)=\frac{110x-25}{10x+n} \qquad (1)$$

式中，$R(x)$ 是每位合伙人的月收入，单位为千美元，x 是客户数量，n 是合伙人数量。

(a) 设 $n=5$。求 $x=30$ 时每位合伙人的月收入。

(b) 若 $R(30)=5$，求 n。

技术题

61. 将函数 $f(x)=\frac{1}{x+1}$ 作为 $Y_1=1/x+1$ 输入绘图程序有什么问题？

62. 将函数 $f(x)=x^{3/4}$ 作为 $Y_1=x\text{^}3/4$ 输入绘图程序有什么问题？

在习题 63 ~ 64 中用观察窗口设置绘制函数的图形。

63. $f(x)=-x^2+2x+2$；x 在区间[−2, 4]上，y 在区间[−8, 5]上。

64. $f(x)=\frac{1}{x^2+1}$；x 在区间[−4, 4]上，y 在区间[−0.5, 1.5]上。

0.1 节自测题答案

1. 如果点(3, 12)在 $g(x)=x^2+5x-10$ 的图形上，则必有 $g(3)=12$。但情况并非如此，因为 $g(3)=3^2+5\times3-10=9+15-10=14$。因此，点(3, 12)不在 $g(x)$ 的图形上。

2. 为 t 选择一些有代表性的值，如 $t=0,\pm1,\pm2,\pm3$。对于每个 t 值，计算 $h(t)$ 并画点 $(t,h(t))$，见图 15。

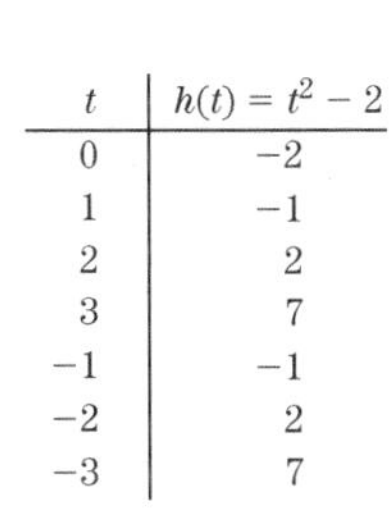

t	$h(t)=t^2-2$
0	−2
1	−1
2	2
3	7
−1	−1
−2	2
−3	7

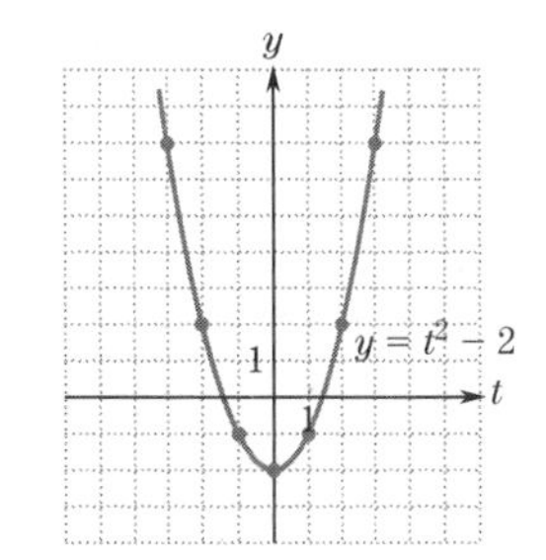

图 15

0.2 一些重要的函数

本节介绍在微积分的讨论中发挥重要作用的一些函数。

线性函数

如第 1 章中将要介绍的那样，了解直线的代数和几何性质对微积分的研究来说至关重要。每条直线都是形如下式的线性方程的图形：

$$Ax+By=C$$

式中，A,B 和 C 是给定的常数，A 和 B 不同时为零。若 $B\neq0$，则可求解 y 的方程，得到如下形式的方程：

$$y=mx+b \qquad (1)$$

对于实数 m 和 b，若 $b=0$，则可求解 x 的方程，得到如下形式的方程：

$$x=a \qquad (2)$$

因此，每条直线都是(1)型或(2)型方程的图形。

(1)型方程的图形是一条非垂直线［见图 1(a)］，而(2)型方程的图形是一条垂直线［见图 1(b)］。注意，方程(2)不定义函数，因为其图形无法通过垂直线检验。

图 1(a)中的直线是函数 $f(x)=mx+b$ 的图形，这种为所有 x 定义的函数称为**线性函数**。注意，图 1(b)中的直线不是函数的图形，因为它违反了垂直线检验。

如果 m 的值为零，就会出现线性函数的一个重要特例；也就是说，对某个数 b，有 $f(x)=b$。在这种情况下，$f(x)$ 称为**常数函数**，因为它为 x 的每个值分配了相同的数 b。它的图形是方程为 $y=b$ 的水平线（见图 2）。

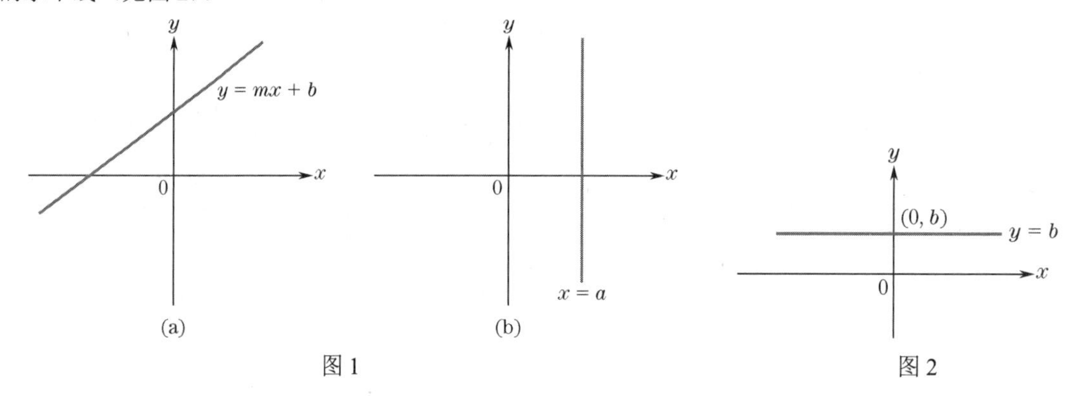

图 1

图 2

例 1　绘制线性函数。绘制函数 $3x-y=2$ 的图形。

解：因为方程是线性的，所以其图形是一条直线（见图 3）。为了简化查找线上的点，首先求解 y，得到

$$y=3x-2$$

尽管只需两个点来识别和绘制直线，但图 3 中我们计算了三个点，以验证其正确性。■

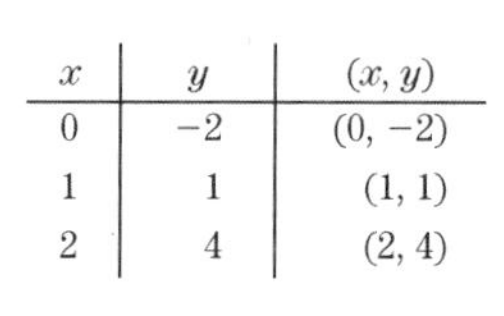

x	y	(x, y)
0	−2	(0, −2)
1	1	(1, 1)
2	4	(2, 4)

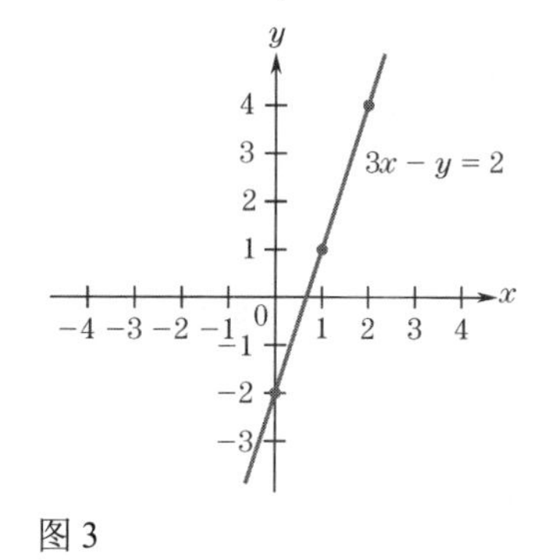

图 3

如下面的两个例子所示，线性函数经常出现在现实生活中。

例 2　美国环境保护局罚款模型。美国环境保护局发现某家公司的制冷设备排放了损坏臭氧层的物质，决定对该公司处以 600000 美元的罚款，外加每月 50000 美元的罚款，直到该公司遵守联邦排放法规为止。将罚款表示为月数 x 的函数，该公司连续 x 月违反了联邦排放法规。

解：每月罚款 50000 美元，x 月的罚款为 $50000x$ 美元。因此，总罚款函数为

$$f(x)=600000+50000x$$

■

由于线性函数的图形是一条线，我们可在图形上找到任意两点，然后过这两点画一条直线。例如，要绘制函数 $f(x)=-\frac{1}{2}x+3$ 的图形，可以选择两个方便计算的 x 值，如 0 和 4，然后计算 $f(0)=-\frac{1}{2}\times0+3=3$ 和 $f(4)=-\frac{1}{2}\times4+3=1$。过点(0, 3)和点(4, 1)的直线就是该函数的图形（见图 4）。

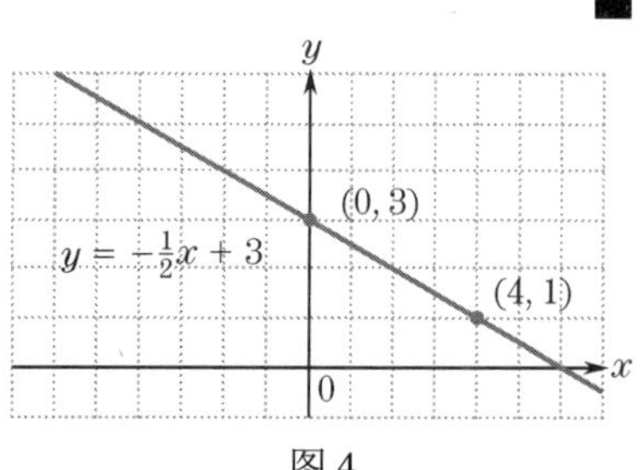

图 4

企业的简单成本函数由两部分组成：固定成本，包括租金、保险和商业贷款，无论生产多少产品都必须支付；可变成本，取决于生产的产品数量。

例 3　成本。假设一家计算机软件公司生产和销售新的安全软件，每份副本的成本为 55 美元，该公司每月的固定成本为 15000 美元。将每月的总成本表示为售出份数 x 的函数，并计算 $x=1000$ 时的成本。

解：每月的可变成本为$55x$美元，因此有

$$总成本 = 固定成本 + 可变成本 \Rightarrow C(x)=15000+55x$$

当销售量为 1000 份/月，成本为

$$C(1000)=15000+55\times1000=70000\ （美元）$$

如图 5 所示。

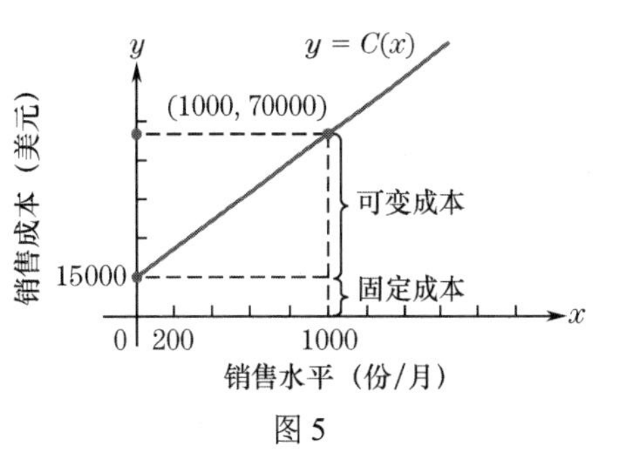

图 5

■

线性函数的图形与 y 轴的交点称为图形的 **y 截距**。图形与 x 轴的交点称为 **x 截距**。下例说明如何确定线性函数的截距。

例 4　截距。求线性函数 $f(x)=2x+5$ 的图形的截距。

解：由于 y 截距在 y 轴上，所以其 x 坐标为 0。直线上 x 坐标为 0 的点的 y 坐标为

$$f(0)=2\times0+5=5$$

因此，y 截距为(0, 5)。x 截距在 x 轴上，因此其 y 坐标为 0。因为 $f(x)$ 给出了 y 坐标，所以必定有

$$2x+5=0 \ \Rightarrow\ 2x=-5 \ \Rightarrow\ x=-\tfrac{5}{2}$$

所以 $(-\frac{5}{2},0)$ 是 x 截距（见图 6）。

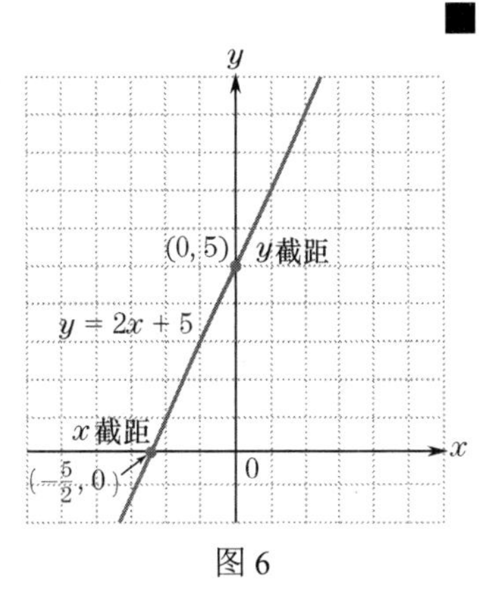

图 6

■

分段定义函数

下例中的函数由两个表达式描述。由多个表达式描述的函数称为**分段定义函数**。

例 5　分段定义函数。画出如下函数的图形：

$$f(x)=\begin{cases}\frac{5}{2}x-\frac{1}{2},-1\leqslant x\leqslant1\\ \frac{1}{2}x-2,x>1\end{cases}$$

解：函数 $f(x)$ 的公式取决于 $-1\leqslant x\leqslant1$ 或 $x>1$。因此，该图形由两部分组成。要绘制 $-1\leqslant x\leqslant1$ 时的图形部分，就要使用公式 $f(x)=\frac{5}{2}x-\frac{1}{2}$，它是线性函数。若 $x=-1$，则 $f(-1)=\frac{5}{2}\times(-1)-\frac{1}{2}=-\frac{5}{2}-\frac{1}{2}=-\frac{6}{2}=-3$；若 $x=1$，则 $f(1)=\frac{5}{2}\times1-\frac{1}{2}=\frac{5}{2}-\frac{1}{2}=\frac{4}{2}=2$。因此，点 $(-1,-3)$ 和点 $(1,2)$ 在图形上。$-1\leqslant x\leqslant1$ 时的图形部分是通过连接这两个点得到的线段（见图 7）。要绘制 $x>1$ 时的图形部分，就要使用公式 $f(x)=\frac{1}{2}x-2$，它也是一个线性函数。选择满足 $x>1$ 的 x 的两个值，如 $x=2$ 和 $x=4$。对于 $x=2$，$f(2)=\frac{1}{2}\times2-2=1-2=-1$；对于 $x=4$，$f(4)=\frac{1}{2}\times4-2=2-2=0$。因此，点 $(2,-1)$ 和点 $(4,0)$ 在图形上。画出这两个点并用直线连接它们，就得到 $x>1$ 时的图形部分（见图 7）。注意，点 $(1,-\frac{3}{2})$ 不在该图形部分上。

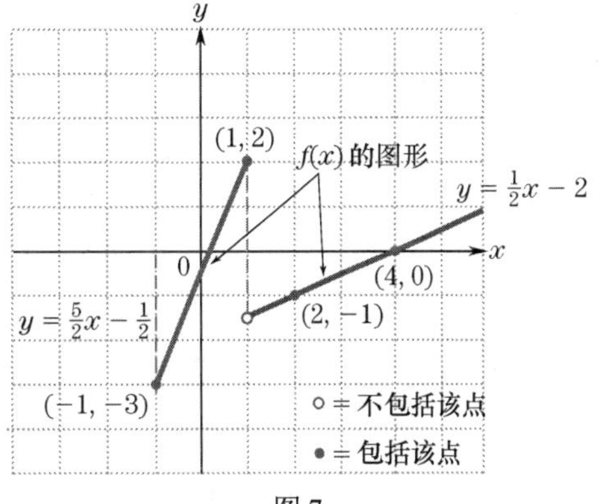

图 7

于是，$f(x)$ 的图形就由图 7 所示的两部分组成。■

二次函数

经济学家使用平均成本曲线将生产商品的平均单位成本与产量联系起来（见图 8），生态学家则使用曲线将植物中营养物质的净初级生产量与叶表面积联系起来（见图 9）。两条曲线都呈碗状，只是前者向上开口，后者向下开口。图形类似于这些曲线的最简函数是二次函数。

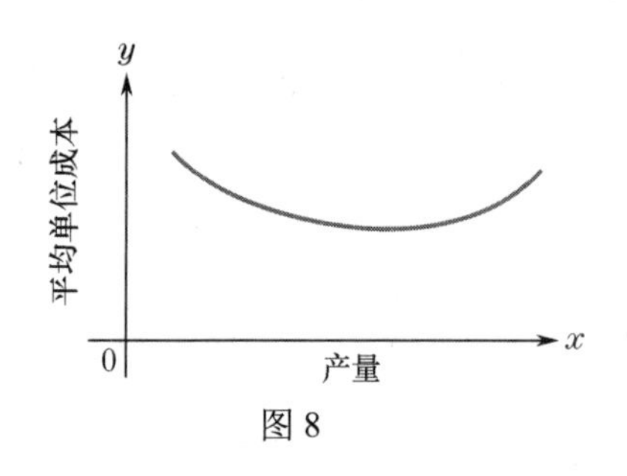

图 8

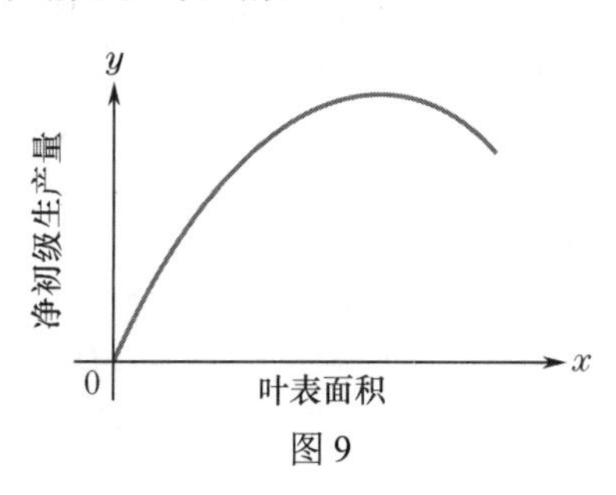

图 9

二次函数是形如 $f(x)=ax^2+bx+c$ 的函数，其中 a , b 和 c 是常数，且 $a\neq 0$ 。此类函数的定义域由所有数组成。二次函数的图形称为**抛物线**。图 10 和图 11 中画出了两条典型的抛物线。

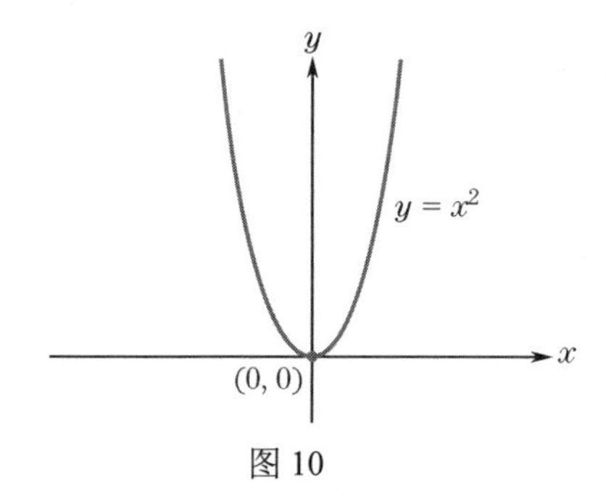

图 10

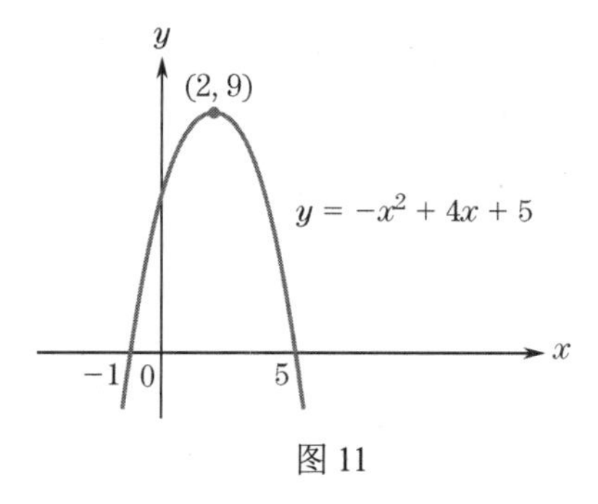

图 11

注意，图 10 中的抛物线是向上开口的，且其最低点（顶点）位于(0, 0)；而图 11 中的抛物线是向下开口的，其最高点（顶点）位于(2, 9)。

实际上，你可能还记得抛物线在 $a>0$ 时向上开口，在 $a<0$ 时向下开口，且顶点位于

$$\left(-\tfrac{b}{2a}, f\left(-\tfrac{b}{2a}\right)\right)$$

掌握这些微积分知识后，下面推导这些事实并开发用于绘制二次函数图形的高级技术。

多项式和有理函数

多项式函数 $f(x)$ 的形式为

$$f(x)=a_nx^n+a_{n-1}x^{n-1}+\cdots+a_0$$

式中， n 为非负整数， $a_0,a_1,\cdots,a_n$ 是给定的数。多项式函数的一些例子如下：

$$f(x)=5x^3-3x^2-2x+4\,,\qquad g(x)=x^4-x+1$$

当然，线性函数和二次函数是多项式函数的特例。多项式函数的定义域由所有数组成。

用两个多项式的商表示的函数称为**有理函数**。例如，

$$h(x)=\tfrac{x^2+1}{x}\qquad 和 \qquad k(x)=\tfrac{x+3}{x^2-4}$$

有理函数的定义域排除了所有分母为零的 x 值。例如， $h(x)$ 的定义域不包含 $x=0$ ，而 $k(x)$ 的定义域不包含 $x=2$ 和 $x=-2$ 。如将要看到的那样，多项式函数和有理函数都出现在微积分的应用中。

在环境研究中，有理函数被用作成本-收益模型。从大气中去除污染物的成本估计为去除污染物百分比的函数。去除的百分比越高，对呼吸这种空气的人的“好处”就越大。当然，这里的问题是复杂的，“成本”的定义是有争议的。去除小部分污染物的成本可能很低，但去除最后 5%的污染物的成本可能非常昂贵。

例 6　成本-收益模型。设成本-收益函数由下式给出：

$$f(x)=\frac{50x}{105-x},\quad 0\leqslant x\leqslant 100$$

式中，x 是要去除的某些污染物的百分比，$f(x)$ 是相关成本（百万美元），如图 12 所示。求去除 70%、95%和 100%的污染物的成本。

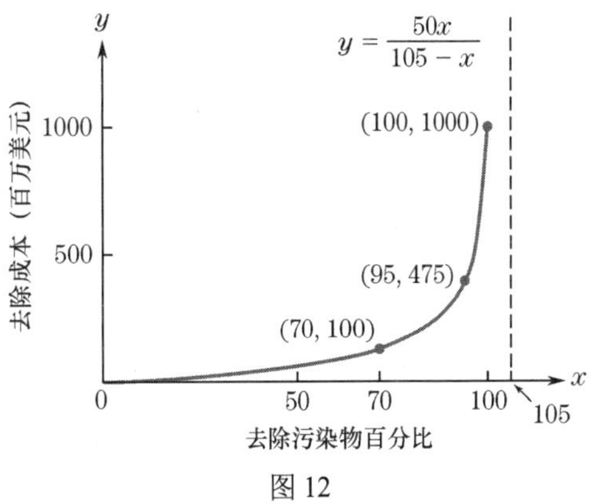

图 12

解：去除 70%的污染物的成本是

$$f(70)=\frac{50\times 70}{105-70}=100\ （百万美元）$$

同理有

$$f(95)=475 \quad 和 \quad f(100)=1000$$

观察发现，去除最后 5%的污染物的成本是 $f(100)-f(95)=1000-475=525$ 百万美元，是去除前 70%的污染物的成本的五倍多！

■

幂函数

形如 $f(x)=x^r$ 的函数称为**幂函数**。当 $r=n$ 为正整数时，x^r 的意义是明确的；在这种情况下，函数 $f(x)=x^n$ 是一个多项式。然而，幂函数 $f(x)=x^r$ 中的 r 可以定义为任何数。我们将幂函数的讨论推迟到 0.5 节，在那里我们将仔细研究当 r 是有理数时 x^r 的意义。

绝对值函数

一个数的绝对值是 x 到 0 的距离。它用 $|x|$ 表示，定义为

$$|x|=\begin{cases}x, & 正数或零\\ -x, & 负数\end{cases}$$

例如，$|5|=5$，$|0|=0$ 和 $|-3|=-(-3)=3$。

定义域 x 为所有实数的函数 $f(x)=|x|$ 称为**绝对值函数**，其图形与 $x\geqslant 0$ 时方程 $y=x$ 的图形及 $x<0$ 时方程 $y=-x$ 的图形是一致的（见图 13）。

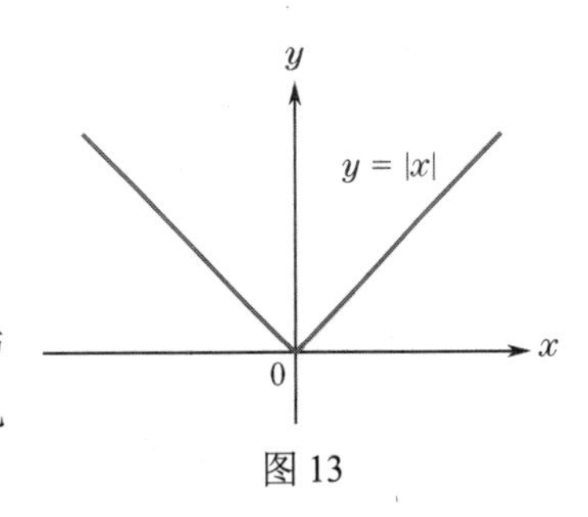

图 13

综合技术

函数计算　考虑二次函数 $f(x)=-x^2+4x+5$。要用图形计算器计算 $f(-5)$ 的值，可执行以下步骤。

步骤 1　按[Y=]键，为 Y_1 输入表达式 $-X^2+4X+5$，然后返回主界面（可以使用[X,T,Θ,n]键输入变量 X；要输入表达式 $-X^2$，可以使用键序列[(-)] [X,T,Θ,n] [x^2]）。

步骤 2　在主界面上按[VARS]键访问变量菜单，然后按[▷]键访问 Y-VARS 子菜单。接下来按[1]键。这时会出现 y 变量 Y_1, Y_2 等的列表。选择 Y_1。

步骤 3　现在按[(], −5, [)], [ENTER]。

输出（见图 14）显示 $f(-5)=-40$。作为替代方案，可以首先将值−5 赋给 X，然后求 Y_1 的值（见图 15）。要将值−5 赋给 X，可使用键序列[(-)] [5] [STO▷] [X,T,Θ,n]。

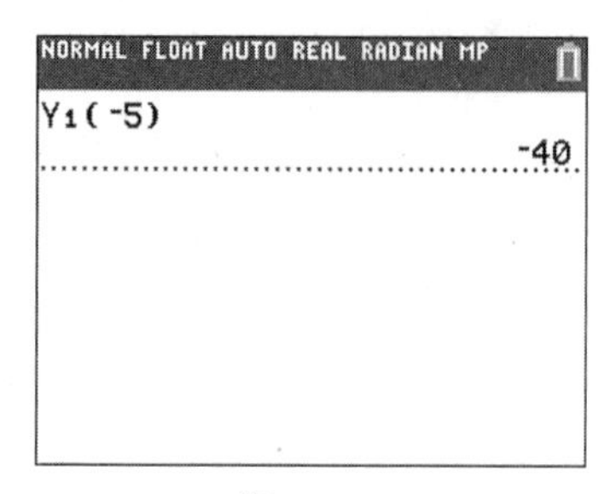

图 14

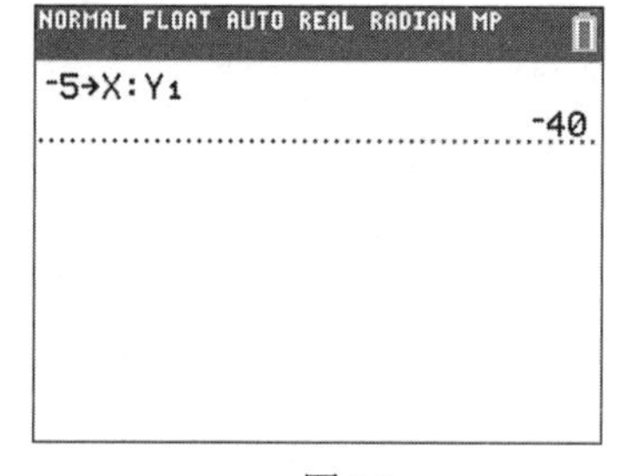

图 15

0.2 节自测题（答案见本节习题后）

1. 复印服务的固定成本为每月 2000 美元（用于租金、设备折旧等），为客户复印的每一页的可变成本为 0.04 美元。将其总成本表示为每月复印页数的（线性）函数。
2. 求 $f(x)=-\frac{3}{8}x+6$ 的图形的截距。

习题 0.2

画出下列方程的图形。

1. $y=2x-1$
2. $y=3$
3. $y=3x+1$
4. $y=-\frac{1}{2}x-4$
5. $y=-2x+3$
6. $y=0$
7. $x-y=0$
8. $3x+2y=-1$
9. $x=2y-1$
10. $x=-4$

求下列函数的图形的截距。

11. $f(x)=9x+3$
12. $f(x)=-\frac{1}{2}x-1$
13. $f(x)=5$
14. $f(x)=14$
15. $x-5y=0$
16. $2+3x=2y$
17. **租车费用**。在某些城市，你可以按每天 24 美元和每英里 0.45 美元的价格租车。
    (a) 求租车一天行驶 200 英里的费用。
    (b) 假设要租车一天，将总租赁费用表示为行驶里程数 x 的函数（假设每行驶 1 英里，收取相同的 0.45 美元）。
18. **钻探权**。一家天然气公司将向业主支付 5000 美元，以获得在其土地上开采天然气的权利，并为从土地上开采的每 1000 立方英尺天然气支付 0.10 美元。将业主所得金额表示为从土地中开采的天然气量的函数。
19. **医疗费用**。2010 年，一名患者每天支付 700 美元住进半私人病房，花 1900 美元做阑尾切除术。将阑尾切除术支付的总金额表示为住院天数的函数。
20. **支付工资**。一家公司有 10 名员工。公司每月为每位员工支付 1000 美元的福利，每小时支付 25 美元。设每位员工在一个月里工作 240 小时：
    (a) 公司在 1 年（12 个月）内的福利和劳动力的预期成本是多少？
    (b) 令 $c(x)$ 表示公司在 x 年后的综合效益和劳动力成本。求 $c(x)$ 的公式。
    (c) 25 年后的预期成本是多少？
21. **成本-收益**。设 $f(x)$ 为例 6 中的成本-收益函数。如果已去除 70%的污染物，再去除 5%的污染物的额外成本是多少？这与去除最后 5%的污染物的成本相比如何？
22. **清除污染物的成本**。假设去除 x%的某种污染物的成本（百万美元）由如下成本-收益函数给出：
    $$f(x)=\frac{20x}{102-x},\quad 0\leqslant x\leqslant 100$$
    (a) 求去除 85%的污染物的成本。
    (b) 求去除最后 5%的污染物的成本。
23. **酶动力学**。在生物化学中，如在酶动力学的研究中，会遇到形如 $f(x)=\frac{K}{V}x+\frac{1}{V}$ 的线性函数，其中 K 和 V 是常数。
    (a) 如果 $f(x)=0.2x+50$，求 K 和 V，使得 $f(x)$ 可以写成 $f(x)=\frac{K}{V}x+\frac{1}{V}$ 的形式。
    (b) 求直线 $y=\frac{K}{V}x+\frac{1}{V}$ 的 x 截距和 y 截距（用 K 和 V 表示）。
24. 习题 23 中的常数 K 和 V 通常由实验数据确定。假设通过数据点绘制一条直线，且有 x 截距$(-500, 0)$和 y 截距$(0, 60)$。求 K 和 V，使得直线是函数 $f(x)=\frac{K}{V}x+\frac{1}{V}$ 的图形。提示：使用习题 23(b)。

在习题 25 ~ 30 中，二次函数形如 $y=ax^2+bx+c$。求 a, b 和 c。

25. $y=3x^2-4x$
26. $y=\frac{x^2-6x+2}{3}$
27. $y=3x-2x^2+1$
28. $y=3-2x+4x^2$
29. $y=1-x^2$
30. $y=\frac{1}{2}x^2+\sqrt{3}x-\pi$

画出下列函数的图形。

31. $f(x)=2x^2-4x$

32. $g(t)=-t^2+4t-3$

33. $f(x)=\begin{cases}3, x<2\\ 2x+1, x\geqslant 2\end{cases}$

34. $f(x)=\begin{cases}\frac{1}{2}x, 0\leqslant x<4\\ 2x-3, 4\leqslant x\leqslant 5\end{cases}$

35. $f(x)=\begin{cases}4-x, 0\leqslant x<2\\ 2x-2, 2\leqslant x<3\\ x+1, x\geqslant 3\end{cases}$

36. $f(x)=\begin{cases}4x, 0\leqslant x<1\\ 8-4x, 1\leqslant x<2\\ 2x-4, x\geqslant 2\end{cases}$

在给定的 x 值处，计算习题 37 ~ 42 中的每个函数。

37. $f(x)=x^{100}, x=-1$

38. $f(x)=x^5, x=\frac{1}{2}$

39. $f(x)=|x|, x=10^{-2}$

40. $f(x)=|x|, x=\pi$

41. $f(x)=|x|, x=-2.5$

42. $f(x)=|x|, x=-\frac{2}{3}$

技术题

在习题 43 ~ 46 中，使用绘图计算器计算给定函数在指定 x 值处的值。

43. $f(x)=3x^3+8; x=-11, x=10$

44. $f(x)=x^4+2x^3+x-5; x=\frac{1}{2}, x=3$

45. $f(x)=\frac{1}{2}x^2+\sqrt{3}x-\pi; x=-2, x=20$

46. $f(x)=\frac{2x-1}{x^3+3x^2+4x+1}; x=2, x=6$

0.2 节自测题答案

1. 如果 x 代表每月复印的页数，则可变成本为 $0.04x$ 美元。现在，总成本 = 固定成本 + 可变成本。如果定义 $f(x)=2000+0.04x$，那么 $f(x)$ 给出每月的总成本。

2. 要求 y 截距，可在 $x=0$ 时计算 $f(x)$：

$$f(0)=-\tfrac{3}{8}\times 0+6=0+6=6$$

要求 x 截距，可令 $f(x)=0$ 并求解 x：

$$-\tfrac{3}{8}x+6=0 \Rightarrow \tfrac{3}{8}x=6 \Rightarrow x=\tfrac{8}{3}\times 6=16$$

因此，y 截距为(0, 6)，x 截距为(16, 0)。

0.3 函数的代数运算

本文后面的许多函数都可视为其他函数的复合。例如，令 $P(x)$ 表示公司销售 x 件某种商品所获得的利润。设 $R(x)$ 表示销售 x 件商品获得的收入，设 $C(x)$ 是生产 x 件商品的成本，则有

$$P(x)=R(x)-C(x)$$
$$\text{利润}=\text{收入}-\text{成本}$$

当以这种方式编写利润函数时，我们可以根据 $R(x)$ 和 $C(x)$ 的性质来预测 $P(x)$ 的性质。例如，我们可通过观察 $R(x)$ 是否大于 $C(x)$ 来确定利润 $P(x)$ 何时为正（见图 1）。

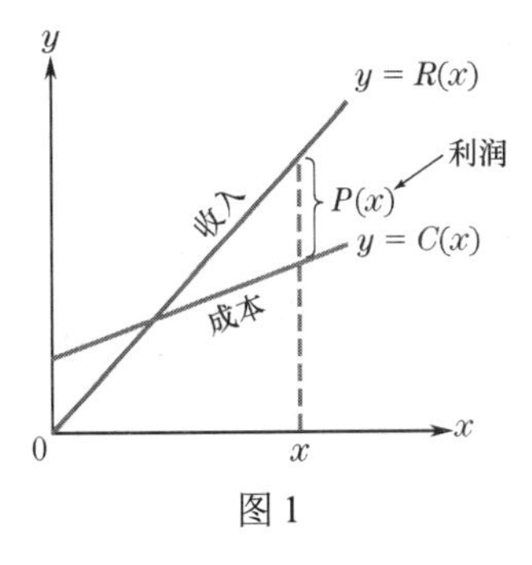

图 1

函数运算

接下来的 4 个例子回顾通过加法、减法、乘法和除法来复合函数时所需的代数技术。

分数的基本性质 处理有理表达式时，分数的如下基本性质很有用（分母中出现的所有字母都是非零的）。

1. 乘法 $a\cdot\frac{b}{c}=\frac{ab}{c}$
2. $\frac{a}{b}\cdot\frac{c}{d}=\frac{ac}{bd}$
3. 简化公因数 $\frac{ac}{bc}=\frac{a}{b}$
4. 除法 $\frac{a}{b}\div\frac{c}{d}=\frac{a}{b}\cdot\frac{d}{c}=\frac{ad}{bc}$
5. 加法 $\frac{a}{b}+\frac{c}{d}=\frac{ad+bc}{bd}$

例 1 函数运算。令 $f(x)=2x+4$ 且 $g(x)=2x-6$，求：(a) $f(x)+g(x)$；(b) $f(x)-g(x)$；(c) $\frac{f(x)}{g(x)}$；(d) $f(x)g(x)$。

解：

(a) $f(x)+g(x)=(2x+4)+(2x-6)=2x+4+2x-6=4x-2$。

(b) $f(x)-g(x)=(2x+4)-(2x-6)=2x+4-2x+6=10$。

(c) $\frac{f(x)}{g(x)}=\frac{2x+4}{2x-6}$。为了简化 $\frac{f(x)}{g(x)}$ 的表达式，首先要找到一个公因数（不能从分子和分母中直接划掉 $2x$，而要先考虑公因数）：

$$\frac{2x+4}{2x-6}=\frac{2(x+2)}{2(x-3)}=\frac{x+2}{x-3}$$

这个表达式是最简单的。

(d) 为了简化 $f(x)g(x)$ 的表达式，将 $f(x)$ 和 $g(x)$ 的值代入，然后执行乘法运算 $(2x+4)(2x-6)$。必须小心地将 $2x+4$ 的每一项乘以 $2x-6$ 的每一项。这些表达式相乘的一般顺序是：①第一项（F）、②外部项（O）、③内部项（I）、④最后项（L）。这个过程可用英文首字母缩写 FOIL 来记忆。

$$\begin{aligned} f(x)g(x) &= (2x+4)(2x-6) \\ &= 4x^2-12x+8x-24 \\ &= 4x^2-4x-24 \end{aligned}$$

■

例 2　有理函数相加。将 $g(x)+h(x)$ 表示为有理函数，其中 $g(x)=\frac{2}{x}$，$h(x)=\frac{3}{x-1}$。

解：首先，我们有

$$g(x)+h(x)=\frac{2}{x}+\frac{3}{x-1}, \quad x\neq 0,1$$

约束条件 $x\neq 0,1$ 来自 $g(x)$ 仅对 $x\neq 0$ 定义而 $h(x)$ 仅对 $x\neq 1$ 定义（有理函数不是为分母是 0 的变量的值定义的）。两个分数相加时，它们的分母必须相同。$\frac{2}{x}$ 和 $\frac{3}{x-1}$ 的公分母是 $x(x-1)$。如果让 $\frac{2}{x}$ 乘以 $\frac{x-1}{x-1}$，就得到一个等效的表达式，其分母是 $x(x-1)$。类似地，如果让 $\frac{3}{x-1}$ 乘以 $\frac{x}{x}$，就得到一个等效的表达式，其分母是 $x(x-1)$。因此，

$$\frac{2}{x}+\frac{3}{x-1}=\frac{2}{x}\cdot\frac{x-1}{x-1}+\frac{3}{x-1}\cdot\frac{x}{x}=\frac{2(x-1)}{x(x-1)}+\frac{3x}{x(x-1)}=\frac{2(x-1)+3x}{x(x-1)}=\frac{5x-2}{x(x-1)}$$

所以 $g(x)+h(x)=\frac{5x-2}{x(x-1)}$。

■

例 3　有理函数相乘。求 $f(t)g(t)$，其中 $f(t)=\frac{t}{t-1}$，$g(t)=\frac{t+2}{t+1}$。

解：有理函数相乘时，分子乘以分子，分母乘以分母：

$$f(t)g(t)=\frac{t}{t-1}\cdot\frac{t+2}{t+1}=\frac{t(t+2)}{(t-1)(t+1)}$$

执行指定的乘法，可得到 $f(t)g(t)$ 的另一种表达方式：

$$f(t)g(t)=\frac{t^2+2t}{t^2+t-t-1}=\frac{t^2+2t}{t^2-1}$$

具体为 $f(t)g(t)$ 选择哪个表达式，取决于特定的应用。

■

例 4　有理函数相除。设 $f(x)=\frac{x}{x-3}$，$g(x)=\frac{x+1}{x-5}$，求 $\frac{f(x)}{g(x)}$。

解：函数 $f(x)$ 仅在 $x\neq 3$ 时有定义，函数 $g(x)$ 仅在 $x\neq 5$ 时有定义。因此，对于 $x=3,5$，$\frac{f(x)}{g(x)}$ 的商没有定义。此外，对于 $g(x)$ 等于 0 的 x 值，即 $x=-1$ 时，$\frac{f(x)}{g(x)}$ 的商没有定义。因此，定义域为 $x\neq -1,3,5$。为了计算 $f(x)$ 除以 $g(x)$，将 $f(x)$ 乘以 $g(x)$ 的倒数。$g(x)=\frac{x+1}{x-5}$ 的倒数是函数 $\frac{x-5}{x+1}$，所以

$$\frac{f(x)}{g(x)}=\frac{x}{x-3}\cdot\frac{x-5}{x+1}=\frac{x(x-5)}{(x-3)(x+1)}=\frac{x^2-5x}{x^2+x-3x-3}=\frac{x^2-5x}{x^2-2x-3}$$

■

函数的复合

复合两个函数 $f(x)$ 和 $g(x)$ 的另一种重要方法是，用函数 $g(x)$ 替换 $f(x)$ 中每次出现的变量 x。得

到的函数称为 $f(x)$ 和 $g(x)$ 的**复合函数**，用 $f(g(x))$ 表示。

例 5　函数的复合。设 $f(x)=x^2+3x+1$， $g(x)=x-5$，求：(a) $f(g(x))$ 和(b) $g(f(x))$。

解：(a) $f(g(x))=[g(x)]^2+3g(x)+1$　　用 $g(x)$ 替换 $f(x)$ 的公式中的 x

$=(x-5)^2+3(x-5)+1$　　用公式替换 $g(x)$

$=(x^2-10x+25)+(3x-15)+1$　　用 FOIL 方法展开

$=x^2-7x+11$　　化简

(b) $g(f(x))=f(x)-5$　　用 $f(x)$ 替换 $g(x)$ 的公式中的 x

$=x^2+3x+1-5$　　用公式替换 $f(x)$

$=x^2+3x-4$　　化简

■

注意：从这个例子可以看出，一般来说， $f(g(x))\neq g(f(x))$。

在后文中，我们需要研究形如 $f(x+h)$ 的表达式，其中 $f(x)$ 是一个给定的函数， h 表示某个数。$f(x+h)$ 的含义是用 $x+h$ 替换 $f(x)$ 的公式中每次出现的 x。事实上， $f(x+h)$ 只是 $f(g(x))$ 的一个特例，其中 $g(x)=x+h$。

例 6　计算函数。设 $f(x)=x^3$，求 $\frac{f(x+h)-f(x)}{h}$，其中 $h\neq 0$。

解：首先计算 $f(x+h)$，

$$f(x+h)=(x+h)^3=x^3+3x^2h+3xh^2+h^3$$

所以分子的值为

$$f(x+h)-f(x)=(x^3+3x^2h+3xh^2+h^3)-x^3=3x^2h+3xh^2+h^3$$

于是有

$$\frac{f(x+h)-f(x)}{h}=\frac{3x^2h+3xh^2+h^3}{h}=\frac{(3x^2+3xh+h^2)\not{h}}{\not{h}}=3x^2+3xh+h^2$$

因为 $h\neq 0$，我们可将分子和分母除以 h。

■

例 7　淡水生物。在某个湖泊中，鲈鱼主要以小鱼为食，小鱼则以浮游生物为食。假设鲈鱼种群规模是湖中小鱼数量 n 的函数 $f(n)$，而小鱼数量是湖中浮游生物数量 x 的函数 $g(x)$，将鲈鱼种群规模表示为浮游生物数量的函数，设 $f(n)=50+\sqrt{n/150}$， $g(x)=4x+3$。

解：小鱼数量等于 n 和 $g(x)$，所以有 $n=g(x)$。用 $g(x)$ 代替 $f(n)$ 中的 n 时，我们发现鲈鱼种群规模由如下公式给出：

$$f(g(x))=50+\sqrt{\frac{g(x)}{150}}=50+\sqrt{\frac{4x+3}{150}}$$

综合技术

绘制复合函数　要使用图形计算器绘制函数 $f(g(x))$，其中 $f(x)=x^2$ 和 $g(x)=x+3$，可按如下步骤操作。

步骤 1　按[Y=]并设 $Y_1=X^2$ 和 $Y_2=X+3$。

步骤 2　访问[VARS]的子菜单 Y-VARS，设 $Y_3=Y_1(Y_2)$。

步骤 3　要绘制复合函数 $Y_3=Y_1(Y_2)$ 而不同时绘制 Y_1 和 Y_2，必须首先取消选择函数 Y_1 和 Y_2。要取消选择 Y_1，可将光标放在\ Y_1 后的等号上方，然后按[ENTER]键。同样，取消选择 Y_2；界面应如图 2(a)所示。最后，按[GRAPH]键［见图 2(b)］。

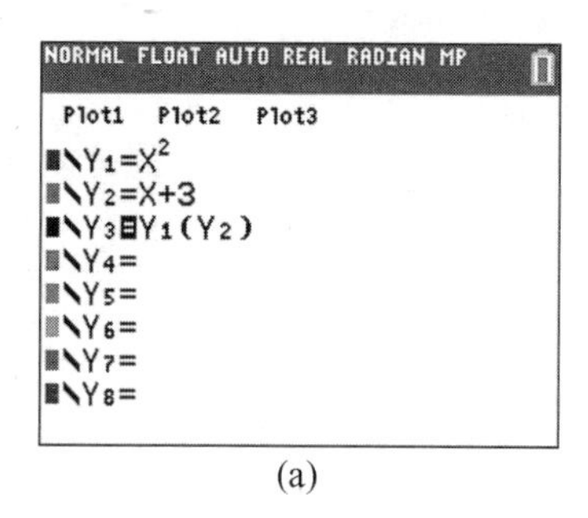

(a)

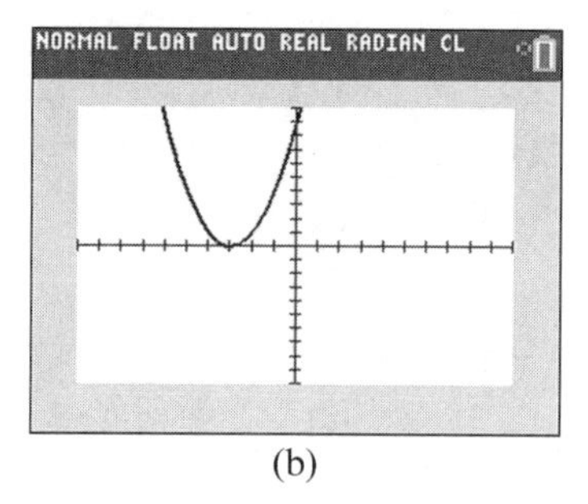

(b)

图 2

0.3 节自测题（答案见本节习题后）

1. 设 $f(x)=x^5$， $g(x)=x^3-4x^2+x-8$。(a)求 $f(g(x))$；(b)求 $g(f(x))$。

2. 设 $f(x)=x^2$，计算 $\frac{f(1+h)-f(1)}{h}$ 并化简。

习题 0.3

设 $f(x)=x^2+1$， $g(x)=9x$， $h(x)=5-2x^2$，计算下列函数。

1. $f(x)+g(x)$　　**2.** $f(x)-h(x)$

3. $f(x)g(x)$　　**4.** $g(x)h(x)$

5. $\frac{f(t)}{g(t)}$　　**6.** $\frac{g(t)}{h(t)}$

在习题 7 ~ 12 中，将 $f(x)+g(x)$ 表示为有理函数，并执行所有乘法运算。

7. $f(x)=\frac{2}{x-3}, g(x)=\frac{1}{x+2}$

8. $f(x)=\frac{3}{x-6}, g(x)=\frac{-2}{x-2}$

9. $f(x)=\frac{x}{x-8}, g(x)=\frac{-x}{x-4}$

10. $f(x)=\frac{-x}{x+3}, g(x)=\frac{x}{x+5}$

11. $f(x)=\frac{x+5}{x-10}, g(x)=\frac{x}{x+10}$

12. $f(x)=\frac{x+6}{x-6}, g(x)=\frac{x-6}{x+6}$

设 $f(x)=\frac{x}{x-2}$, $g(x)=\frac{5-x}{5+x}$, $h(x)=\frac{x+1}{3x-1}$，将下列表达式表示为有理函数。

13. $f(x)-g(x)$　　**14.** $f(t)-h(t)$

15. $f(x)g(x)$　　**16.** $g(x)h(x)$

17. $\frac{f(x)}{g(x)}$　　**18.** $\frac{h(s)}{f(s)}$

19. $f(x+1)g(x+1)$　　**20.** $f(x+2)+g(x+2)$

21. $\frac{g(x+5)}{f(x+5)}$　　**22.** $f(\frac{1}{t})$

23. $g(\frac{1}{u})$　　**24.** $h(\frac{1}{x^2})$

设 $f(x)=x^6, g(x)=\frac{x}{1-x}, h(x)=x^3-5x^2+1$，计算下列函数。

25. $f(g(x))$　　**26.** $h(f(t))$　　**27.** $h(g(x))$

28. $g(f(x))$　　**29.** $g(h(t))$　　**30.** $f(h(x))$

31. 设 $f(x)=x^2$，求 $f(x+h)-f(x)$ 并化简。

32. 设 $f(x)=\frac{1}{x}$，求 $f(x+h)-f(x)$ 并化简。

33. 设 $g(t)=4t-t^2$，求 $\frac{g(t+h)-g(t)}{h}$ 并化简。

34. 设 $g(t)=t^3+5$，求 $\frac{g(t+h)-g(t)}{h}$ 并化简。

35. **成本**。经过 t 小时的运行，一条装配线已装配 $A(t)=20t-\frac{1}{2}t^2$ 台电动割草机，其中 $0\leqslant t\leqslant 10$。假设工厂生产 x 台电动割草机的成本是 $C(x)$（美元），其中 $C(x)=3000+80x$。

(a) 将工厂成本表示为装配线运行小时数的（复合）函数。

(b) 前 2 小时的运营成本是多少？

36. **成本**。在最初半小时里，机械车间的员工为一天的工作做准备。之后，他们每小时生产 10 个精密机械零件，t 小时后的产量是 $f(t)$ 个机械零件，其中 $f(t)=10(t-\frac{1}{2})=10t-5, \frac{1}{2}\leqslant t\leqslant 8$。生产 x 个机器零件的总成本是 $C(x)$ 美元，其中 $C(x)=0.1x^2+25x+200$。

(a) 将总成本表示为 t 的（复合）函数。

(b) 前 4 小时的运营成本是多少？

37. **换算表**。表 1 中显示了三个国家帽子尺寸的换算表。函数 $g(x)=8x+1$ 将英国尺码转换为法国尺码，函数 $f(x)=\frac{1}{8}x$ 将法国尺码转换为美国尺码。求函数 $h(x)=f(g(x))$ 并给出解释。

表 1

英国	$6\frac{1}{2}$	$6\frac{5}{8}$	$6\frac{3}{4}$	$6\frac{7}{8}$	7	$7\frac{1}{8}$	$7\frac{1}{4}$	$7\frac{3}{8}$
法国	53	54	55	56	57	58	59	60
美国	$6\frac{5}{8}$	$6\frac{3}{4}$	$6\frac{7}{8}$	7	$7\frac{1}{8}$	$7\frac{1}{4}$	$7\frac{3}{8}$	$7\frac{1}{2}$

技术题

38. **移动图形**。令 $f(x)=x^2$。绘制函数 $f(x+1)$，$f(x-1)$，$f(x+2)$ 和 $f(x-2)$。猜猜一般函数 $f(x)$ 的图形与 $f(g(x))$ 的图形之间的关系，其

中 $g(x)=x+a$，a 表示某个常数。检验你对函数 $f(x)=x^3$ 和 $f(x)=\sqrt{x}$ 的猜测。

39. **移动图形**。令 $f(x)=x^2$。绘制函数 $f(x)+1$，$f(x)-1$，$f(x)+2$ 和 $f(x)-2$。猜猜一般函数 $f(x)$ 的图形与 $f(x)+c$ 的图形之间的关系，其中 c 表示某个常数。检验你对函数 $f(x)=x^3$ 和 $f(x)=\sqrt{x}$ 的猜测。

40. 根据习题 38 和习题 39 的结果，在不使用图形计算器的情况下画出 $f(x)=(x-1)^2+2$ 的图形，然后使用图形计算器检验你的结果。

41. 根据习题 38 和习题 39 的结果，在不使用图形计算器的情况下画出 $f(x)=(x+2)^2-1$ 的图形，然后使用图形计算器检验你的结果。

42. 设 $f(x)=x^2+3x+1$，$g(x)=x^2-3x-1$，在指定的窗口中同时画出函数 $f(g(x))$ 和 $g(f(x))$ 的图形，其中 x 在区间 $[-4,4]$ 上，y 在区间 $[-10,10]$ 上，并且确定它们是否是同一个函数。

43. 设 $f(x)=\frac{x}{x-1}$，在指定窗口中画出函数 $f(f(x))$ 的图形，其中 x 在区间 $[-15,15]$ 上，y 在区间 $[-10,10]$ 上。跟踪检查图形上几个点的坐标，然后确定 $f(f(x))$ 的公式。

0.3 节自测题答案

1. (a) $f(g(x))=[g(x)]^5=(x^3-4x^2+x-8)^5$

(b) $g(f(x))=[f(x)]^3-4[f(x)]^2+f(x)-8$
$=(x^5)^3-4(x^5)^2+x^5-8$
$=x^{15}-4x^{10}+x^5-8$

2. $\frac{f(1+h)-f(1)}{h}=\frac{(1+h)^2-1^2}{h}=\frac{1+2h+h^2-1}{h}$
$=\frac{2h+h^2}{h}=2+h$

0.4 函数的零点——二次公式和因式分解

函数 $f(x)$ 的零点是 $f(x)=0$ 时 x 的值。例如，图 1 所示的函数 $f(x)$ 具有 $x=-3$，$x=3$ 和 $x=7$ 三个零点。为了解决许多应用问题，我们需要确定函数的零点，这相当于求解方程 $f(x)=0$。

0.2 节中求出了线性函数的零点，本节的重点是介绍如何求二次函数的零点。

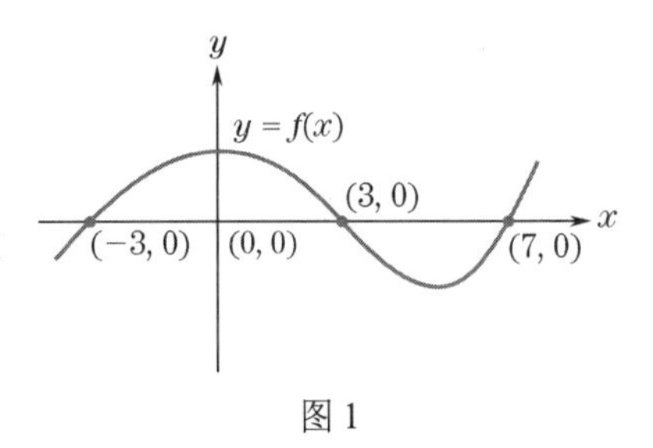

图 1

二次公式

考虑二次函数 $f(x)=ax^2+bx+c$，$a\neq 0$。该函数的零点恰好是二次方程 $ax^2+bx+c=0$ 的解。

求解此类方程的一种方法是使用二次公式。

二次公式　方程 $ax^2+bx+c=0$ 的解是

$$x=\frac{-b\pm\sqrt{b^2-4ac}}{2a}$$

符号 $\pm$ 表明有两个表达式，一个表达式带 + 号，另一个表达式带 − 号。二次公式意味着二次方程最多有两个根。若表达式 b^2-4ac 为负数，则该方程无解；若 b^2-4ac 等于 0，则有一个根。本节末尾将推导出二次公式。

例 1　**使用二次公式**。求解二次方程 $3x^2-6x+2=0$。

解：这里，$a=3$，$b=-6$，$c=2$。为了确定方程的解是否存在，首先计算 b^2-4ac：

$$b^2-4ac=(-6)^2-4\times3\times2=36-24=12$$

$b^2-4ac>0$，有两个不同的解：

$$x=\frac{-b\pm\sqrt{b^2-4ac}}{2a}=\frac{-(-6)\pm\sqrt{12}}{2\times3}=\frac{6\pm2\sqrt{3}}{2\times3}=\frac{2(3\pm\sqrt{3})}{2\times3}=\frac{3\pm\sqrt{3}}{3}$$

为了进一步简化，我们注意到一个有用的事实，即具有公分母的分数相加：如果 A, B 和 $C \neq 0$ 是任何实数，那么

$$\frac{A+B}{C} = \frac{A}{C} + \frac{B}{C}$$

所以有

$$x = \frac{3\pm\sqrt{3}}{3} = \frac{3}{3} \pm \frac{\sqrt{3}}{3} = 1 \pm \frac{\sqrt{3}}{3}$$

方程的解为 $1+\sqrt{3}/3$ 和 $1-\sqrt{3}/3$（见图 2）。

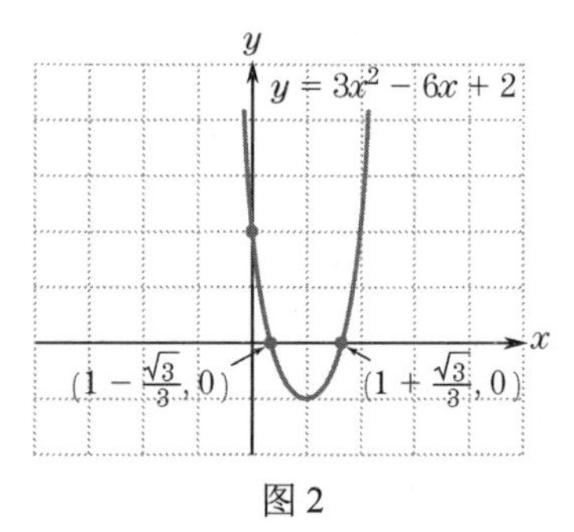

图 2

■

例 2　求函数的零点。求下列二次函数的零点：(a) $f(x) = 4x^2 - 4x + 1$；(b) $f(x) = \frac{1}{2}x^2 - 3x + 5$。

解：(a)首先求解 $4x^2 - 4x + 1 = 0$。这里 $a = 4, b = -4, c = 1$，那么

$$\sqrt{b^2 - 4ac} = \sqrt{(-4)^2 - 4\times4\times1} = \sqrt{0} = 0$$

因此，只有一个零点：

$$x = \frac{-(-4)\pm0}{2\times4} = \frac{4}{8} = \frac{1}{2}$$

$f(x)$ 的图形如图 3 所示。

(b)首先求解 $\frac{1}{2}x^2 - 3x + 5 = 0$。这里 $a = \frac{1}{2}, b = -3, c = 5$，那么

$$\sqrt{b^2 - 4ac} = \sqrt{(-3)^2 - 4\times\frac{1}{2}\times5} = \sqrt{9-10} = \sqrt{-1}$$

负数的平方根没有定义，因此 $f(x)$ 没有零点，原因可从图 4 中清楚地看出。$f(x)$ 的图形完全位于 x 轴上方且没有 x 截距。

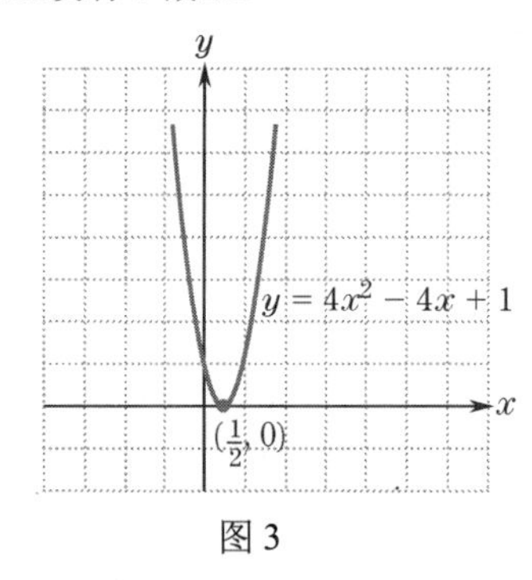

图 3

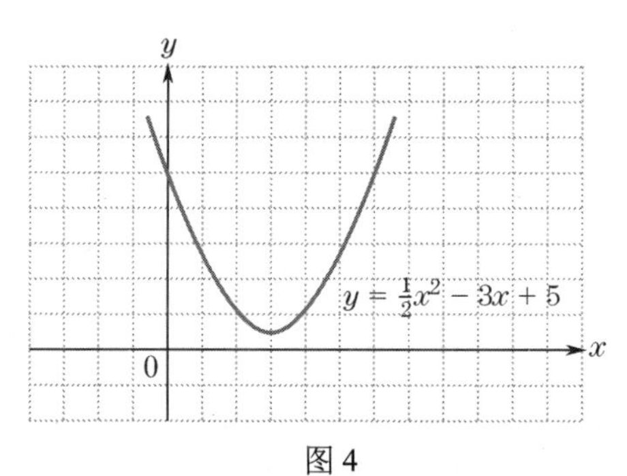

图 4

■

常见的求两条曲线的交点问题相当于求函数的零点。

例 3　图形交点。求函数 $y = x^2 + 1$ 和 $y = 4x$ 的图形的交点（见图 5）。

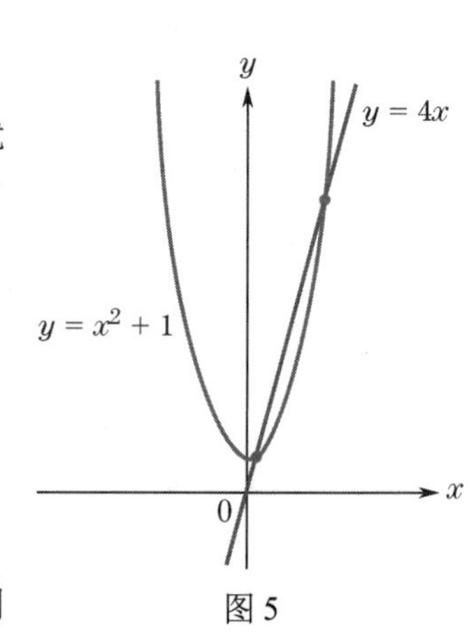

图 5

解：若点 (x, y) 在两个图形上，则其坐标必须满足两个方程。也就是说，x 和 y 必须满足 $y = x^2 + 1$ 和 $y = 4x$。令 y 的两个表达式相等，有

$$x^2 + 1 = 4x$$

为了使用二次公式，我们将方程改写为

$$x^2 - 4x + 1 = 0$$

根据二次公式，有

$$x = \frac{4\pm\sqrt{16-4}}{2} = \frac{4\pm\sqrt{12}}{2} = \frac{4\pm2\sqrt{3}}{2} = 2 \pm \sqrt{3}$$

因此，交点的 x 坐标是 $2+\sqrt{3}$ 和 $2-\sqrt{3}$。为了求 y 坐标，将这些 x 值代入方程 $y = x^2 + 1$ 或 $y = 4x$。第二个方程更简单。我们得到

$y=4(2+\sqrt{3})=8+4\sqrt{3}$ 和 $y=4(2-\sqrt{3})=8-4\sqrt{3}$ 。因此，交点是 $(2+\sqrt{3},8+4\sqrt{3})$ 和 $(2-\sqrt{3},8-4\sqrt{3})$ 。■

例 4　利润和盈亏平衡点。一家新流媒体服务公司估计，如果有 x 千个用户，那么其月收入和成本（千美元）为

$$R(x)=32x-0.21x^2$$
$$C(x)=195+12x$$

确定公司的盈亏平衡点；也就是说，求利润等于 0（收入等于成本）时的用户数量（见图 6）

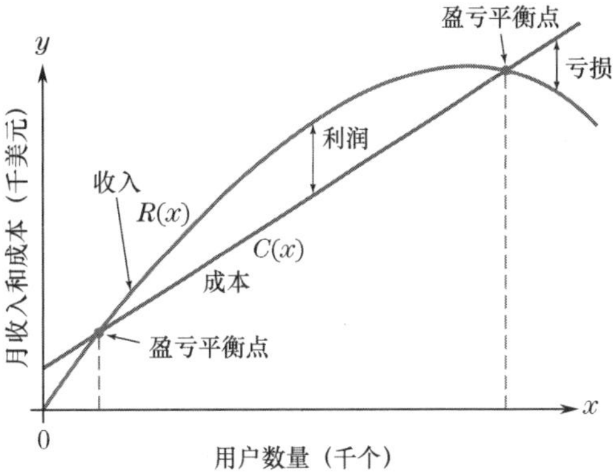

图 6

解：设 $P(x)$ 为利润函数：

$$\begin{aligned}P(x)&=R(x)-C(x)\\&=(32x-0.21x^2)-(195+12x)\\&=-0.21x^2+20x-195\end{aligned}$$

盈亏平衡点出现在利润为零的位置。因此，必须求解

$$-0.21x^2+20x-195=0$$

根据二次公式有

$$x=\frac{-20\pm\sqrt{20^2-4\times(-0.21)\times(-195)}}{2\times(-0.21)}=\frac{-20\pm\sqrt{236.2}}{-0.42}\approx 47.62\pm 36.59\ =11.03\ 和\ 84.21$$

盈亏平衡点出现在公司拥有 11030 个或 84210 个用户时。在这两个用户数量之间，公司将盈利。■

因式分解

如果 $f(x)$ 是多项式，那么我们通常可将 $f(x)$ 写成线性因子的乘积（形如 $ax+b$ 的因子）。如果可以做到这一点，就可通过将每个线性因子设为零并求解 x 来确定 $f(x)$ 的零点（原因是只有当其中一个数为零时，数的乘积才能为零）。

例 5　分解二次多项式。因式分解以下二次多项式：(a) $x^2+7x+12$ ；(b) $x^2-13x+12$ ；(c) $x^2-4x-12$ ；(d) $x^2+4x-12$ 。

解：首先注意到，对任何数 c 和 d ，有

$$(x+c)(x+d)=x^2+(c+d)x+cd$$

在右侧的二次方程中，常数项是乘积 cd ，而 x 的系数是和 $c+d$ 。

(a) 选择所有满足 $cd=12$ 且 $c+d=7$ 的整数 c 和 d ；也就是说，取 $c=3$, $d=4$ 。于是有

$$x^2+7x+12=(x+3)(x+4)$$

(b) 我们想要 $cd=12$ 。因为 12 是正数，所以 c 和 d 必须都是正数或者都是负数。我们还必须有 $c+d=-13$ 。这些事实引导我们得

$$x^2-13x+12=(x-12)(x-1)$$

(c) 我们想要 $cd=-12$ 。因为−12 是负数，所以 c 和 d 的符号必定相反。此外，它们的和为−4。我们发现

$$x^2-4x-12=(x-6)(x+2)$$

(d) 这与(c)几乎相同：

$$x^2+4x-12=(x+6)(x-2)$$

■

例 6　分解二次多项式。因式分解以下多项式：(a) x^2-6x+9 ；(b) x^2-25 ；(c) $3x^2-21x+30$ ；

(d) $20+8x-x^2$ 。

解：(a) 求 $cd=9$ 且 $c+d=-6$，解是 $c=d=-3$，同时

$$x^2-6x+9=(x-3)(x-3)=(x-3)^2$$

一般来说，$x^2-2cx+c^2=(x-c)(x-c)=(x-c)^2$ 。

(b) 使用平方差恒等式 $x^2-c^2=(x+c)(x-c)$ 得

$$x^2-25=(x+5)(x-5)$$

(c) 首先提取公因数 3，然后使用例 5 中的方法：

$$3x^2-21x+30=3(x^2-7x+10)=3(x-5)(x-2)$$

(d) 首先提取公因数-1，使 x^2 的系数等于+1：

$$20+8x-x^2=(-1)(x^2-8x-20)=(-1)(x-10)(x+2)$$

■

例 7　分解高次多项式。因式分解以下多项式：(a) x^2-8x；(b) x^3+3x^2-18x；(c) x^3-10x 。

解：在每种情况下，我们都首先分解出 x 的公因数：

(a) $x^2-8x=x(x-8)$ 。

(b) $x^3+3x^2-18x=x(x^2+3x-18)=x(x+6)(x-3)$ 。

(c) $x^3-10x=x(x^2-10)$ 。为了因式分解 x^2-10，使用平方差恒等式 $x^2-c^2=(x+c)(x-c)$，其中 $c^2=10, c=\sqrt{10}$ 。因此，$x^3-10x=x(x^2-10)=x(x+\sqrt{10})(x-\sqrt{10})$ 。

■

例 8　求解方程。解下列方程：(a) $x^2-2x-15=0$；(b) $x^2-20=x$；(c) $\frac{x^2+10x+25}{x+1}=0$ 。

解：(a) 方程 $x^2-2x-15=0$ 可以写成 $(x-5)(x+3)=0$ 。如果两个数中的一个或者另一个（或者两者都）为零，则两个数的乘积为零。因此，有

$$x-5=0 \text{ 或 } x+3=0$$

即 $x=5$ 或 $x=-3$ 。

(b) 首先，将方程 $x^2-20=x$ 改写为形如 $ax^2+bx+c=0$ 的方程，即

$$x^2-x-20=0$$
$$(x-5)(x+4)=0$$

得到

$$x-5=0 \text{ 或 } x+4=0$$

即 $x=5$ 或 $x=-4$ 。

(c) 只有当分子为零时，有理函数才为零。因此，有

$$x^2+10x+25=0 \quad \Rightarrow \quad (x+5)^2=0 \quad \Rightarrow \quad x+5=0$$

即 $x=-5$ 。由于 $x=-5$ 时分母不为 0，所以 $x=-5$ 是方程的解。

■

例 9　求解有理方程。求解 $-\frac{3}{x}+\frac{8}{x-1}=-1$ 。

解：等式中出现的分母不能为零，故 $x\neq 0$ 和 $x-1\neq 0$ 或 $x\neq 1$ 。等式两边同时乘以 $x(x-1)$，可消除分母 x 和 $x-1$ 。于是，有

$x(x-1)\left[-\frac{3}{x}+\frac{8}{x-1}\right]=-x(x-1)$	两边同时乘以 $x(x-1)$
$-\frac{3x(x-1)}{x}+\frac{8x(x-1)}{x-1}=-x^2+x$	分配律
$-3(x-1)+8x=-x^2+x$	消除公因式 x 和 $x-1$
$-3x+3+8x=-x^2+x$	分配律
$x^2+4x+3=0$	将所有项移到一边并化简

$(x+1)(x+3)=0$　　　　　因式分解

$x+1=0$ 或 $x+3=0$

$x=-1$ 或 $x=-3$　　　　　求解

由于没有一个值被排除在外（包括 $x \neq 0,1$），我们可将结果代入方程来验证它们确实是解。例如，将 $x=-1$ 代入方程左侧，得到

$$-\frac{3}{(-1)}+\frac{8}{(-1)-1}=3+\frac{8}{(-2)}=3-4=-1$$

这表示 $x=-1$ 是一个解。同样，可以验证 $x=-3$ 也是一个解。

■

例 6(b)中使用平方差恒等式进行了因式分解。下面回顾在因式分解时可能用到的代数恒等式。

可用于因式分解的恒等式

平方差　　$A^2-B^2=(A-B)(A+B)$

完全平方和　　$A^2+2AB+B^2=(A+B)^2$

完全平方差　　$A^2-2AB+B^2=(A-B)^2$

立方差　　$A^3-B^3=(A-B)(A^2+AB+B^2)$

立方和　　$A^3+B^3=(A+B)(A^2-AB+B^2)$

例 10　因式分解立方差和立方和。因式分解：(a) x^3+27；(b) x^3+1；(c) x^3-8。

解：(a) $x^3+27=x^3+3^3=(x+3)(x^2-3x+9)$　　　立方和

(b) $x^3+1=x^3+1^3=(x+1)(x^2-x+1)$　　　立方和

(c) $x^3-8=x^3-2^3=(x-2)(x^2+2x+4)$　　　立方差

■

二次公式的推导

$ax^2+bx+c=0\ (a \neq 0)$

$ax^2+bx=-c$

$4a^2x^2+4abx=-4ac$　　　　　等式两边同时乘以 $4a$

$4a^2x^2+4abx+b^2=b^2-4ac$　　　　　两边同时加上 b^2 成为完全平方式

现在，注意 $4a^2x^2+4abx+b^2=(2ax+b)^2$，因此

$$(2ax+b)^2=b^2-4ac \quad \Rightarrow \quad 2ax+b=\pm\sqrt{b^2-4ac}$$

$$2ax=-b\pm\sqrt{b^2-4ac} \quad \Rightarrow \quad x=\frac{-b\pm\sqrt{b^2-4ac}}{2a}$$

注意，若 b^2-4ac 为负数，则没有实数解。在这种特殊情况下，根是复数。

综合技术

计算函数的零点　要求 $x^3-2x+1=0$ 时的 x 值，可执行如下步骤。

步骤 1　按[Y=]键并输入 Y_1 的多项式。按[GRAPH]键绘制函数的图形。该多项式的零点出现在区间[−2,2]上，因此按[WINDOW]键并设 $X_{\min}=-2$ 和 $X_{\max}=2$。

步骤 2　现在，按[2nd] [CALC]键，然后按[2]键开始查找零点。出现提示时，输入−2 作为左边界，输入−1 作为右边界，输入−1.5 作为猜测值。我们可以输入左右边界之间的任何值来进行猜测。然后，计算器为我们计算出当 $x=-1.618034$ 时，$x^3-2x+1=0$（见图 7）。

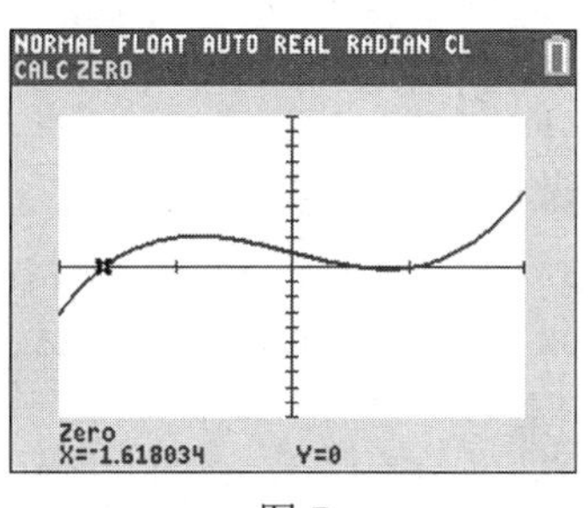

图 7

现在，我们可以用不同的边界重复这个过程，以求出 $x^3-2x+1=0$ 的另一个 x 值。最后，注意到 2nd [CALC]后面的菜单中包含许多有用的程序。其中特别有趣的是选项 5：相交，它将计算两个函数 Y_1 和 Y_2 的交点。

绘制函数的一个问题是找到一个包含所有零点的区间（$X_{\min}$ 到 $X_{\max}$）。对于多项式函数，这个问题有一个简单的解决方案。将多项式写成 $c(x^n+a_{n-1}x^{n-1}+\cdots+a_0)$ 的形式，令 M 是比系数 $a_{n-1},\cdots,a_0$ 中的最大数大 1 的数。然后，区间 $[-M,M]$ 将包含多项式的所有零点。例如，多项式 x^3-10x^2+9x+8 的所有零点都位于区间 $[-11,11]$ 上。查看区间 $[-M,M]$ 上的多项式后，通常可以找到一个更小的域，其中也包含所有零点。

0.4 节自测题（答案见本节习题后）

1. 解方程 $x-\frac{14}{x}=5$。

2. 使用二次公式求解方程 $7x^2-35x+35=0$。

习题 0.4

使用二次公式求习题 1～6 中函数的零点。

1. $f(x)=2x^2-7x+6$
2. $f(x)=3x^2+2x-1$
3. $f(t)=4t^2-12t+9$
4. $f(x)=\frac{1}{4}x^2+x+1$
5. $f(x)=-2x^2+3x-4$
6. $f(a)=11a^2-7a+1$

使用二次公式求解习题 7～12 中的方程。

7. $5x^2-4x-1=0$
8. $x^2-4x+5=0$
9. $15x^2-135x+300=0$
10. $z^2-\sqrt{2}z-\frac{5}{4}=0$
11. $\frac{3}{2}x^2-6x+5=0$
12. $9x^2-12x+4=0$

对习题 13～30 中的多项式进行因式分解。

13. $x^2+8x+15$
14. $x^2-10x+16$
15. x^2-16
16. x^2-1
17. $3x^2+12x+12$
18. $2x^2-12x+18$
19. $30-4x-2x^2$
20. $15+12x-3x^2$
21. $3x-x^2$
22. $4x^2-1$
23. $6x-2x^3$
24. $16x+6x^2-x^3$
25. x^3-1
26. x^3+125
27. $8x^3+27$
28. $x^3-\frac{1}{8}$
29. $x^2-14x+49$
30. $x^2+x+\frac{1}{4}$

求习题 31～38 中两条曲线的交点。

31. $y=2x^2-5x-6, y=3x+4$
32. $y=x^2-10x+9, y=x-9$
33. $y=x^2-4x+4, y=12+2x-x^2$
34. $y=3x^2+9, y=2x^2-5x+3$
35. $y=x^3-3x^2+x, y=x^2-3x$
36. $y=\frac{1}{2}x^3-2x^2, y=2x$
37. $y=\frac{1}{2}x^3+x^2+5, y=3x^2-\frac{1}{2}x+5$
38. $y=30x^3-3x^2, y=16x^3+25x^2$

求解习题 39～44 中的方程。

39. $\frac{21}{x}-x=4$
40. $x+\frac{2}{x-6}=3$
41. $x+\frac{14}{x+4}=5$
42. $1=\frac{5}{x}+\frac{6}{x^2}$
43. $\frac{x^2+14x+49}{x^2+1}=0$
44. $\frac{x^2-8x+16}{1+\sqrt{x}}=0$

45. 盈亏平衡点。假设例 4 中公司的成本函数变为 $C(x)=275+12x$，求新盈亏平衡点。

46. 速度。当汽车以 x 英里/小时的速度行驶且司机决定急刹车时，汽车将行驶 $x+\frac{1}{20}x^2$ 英尺以上[通式为 $f(x)=ax+bx^2$，其中常数 a 取决于驾驶员的反应时间，常数 b 取决于汽车重量和轮胎类型]。如果汽车在司机决定停车后行驶了 175 英尺，汽车的行驶速度是多少？

技术题

在习题 47～50 中，求函数的零点（使用指定的查看窗口）。

47. $f(x)=x^2-x-2; x\in[-4,5], y\in[-4,10]$
48. $f(x)=x^3-3x+2; x\in[-3,3], y\in[-10,10]$
49. $f(x)=\sqrt{x+2}-x+2; x\in[-2,7], y\in[-2,4]$
50. $f(x)=\frac{x}{x+2}-x^2+1; x\in[-1.5,2], y\in[-2,3]$

在习题 51～54 中，求函数的图形的交点（使用指定的查看窗口）。

51. $f(x)=2x-1; g(x)=x^2-2; x\in[-4,4], y\in[-6,10]$
52. $f(x)=-x-2; g(x)=-4x^2+x+1; x\in[-2,2], y\in[-5,2]$
53. $f(x)=3x^4-14x^3+24x-3; g(x)=2x-30; x\in[-3,5], y\in[-80,30]$
54. $f(x)=\frac{1}{x}; g(x)=\sqrt{x^2-1}; x\in[0,4], y\in[-1,3]$

在习题 55～58 中，为函数的图形设置一个合适的窗口，以便显示多项式的所有零点。

55. $f(x)=x^3-22x^2+17x+19$
56. $f(x)=x^4-200x^3-100x^2$
57. $f(x)=3x^3+52x^2-12x-12$
58. $f(x)=2x^5-24x^4-24x+2$

0.4 节自测题答案

1. 等式两边都乘以 x，有 $x^2-14=5x$。将 $5x$ 移到等式的左侧并通过因式分解求解：

$$x^2-5x-14=0$$
$$(x-7)(x+2)=0$$
$$x=7 \text{ 或 } x=-2$$

2. 在这种情况下，每个系数都是 7 的倍数。为了简化算式，在使用二次公式之前，让等式两边同时除以 7：

$$x^2-5x+5=0$$
$$\sqrt{b^2-4ac}=\sqrt{(-5)^2-4\times1\times5}=\sqrt{5}$$
$$x=\frac{-b\pm\sqrt{b^2-4ac}}{2a}=\frac{5\pm\sqrt{5}}{2\cdot1}=\frac{5}{2}\pm\frac{1}{2}\sqrt{5}$$

0.5　指数函数和幂函数

本节回顾本书中经常出现的指数运算。首先回顾对任意非零数 b 和任意非负整数 n 的定义 b^n。

定　义	示　例
$b^n=\underbrace{b\cdot b\cdot\cdots\cdot b}_{n\text{次}}$	$2^4=2\times2\times2\times2=16$ $(-5)^3=(-5)\times(-5)\times(-5)=-125$
$b^{-n}=\frac{1}{b^n}$	$2^{-4}=\frac{1}{2^4}=\frac{1}{16}$ $(-5)^{-3}=\frac{1}{(-5)^3}=\frac{1}{-125}=-\frac{1}{125}$
$b^0=1$	$2^0=1,\ (-5)^0=1$

下面考虑形如 $b^{1/n}$ 的数，其中 n 是一个正整数。例如，

$2^{1/2}$ 是一个平方为 2 的正数：　　$2^{1/2}=\sqrt{2}$

$2^{1/3}$ 是一个立方为 2 的正数：　　$2^{1/3}=\sqrt[3]{2}$

$2^{1/4}$ 是一个四次方为 2 的正数：　　$2^{1/4}=\sqrt[4]{2}$

以此类推。一般来说，当 b 为非负数时，$b^{1/n}$ 为零，或者 n 次方为 b 的正数。

如果 n 为偶数，且 b 为负数，则不存在 n 次幂为 b 的数。因此，若 n 是偶数且 $b<0$，则不定义 $b^{1/n}$。当 n 为奇数时，b 可为负数和正数。例如，$(-8)^{1/3}$ 是立方为−8 的数，即 $(-8)^{1/3}=-2$。

因此，当 b 为负数且 n 为奇数时，我们再次将 $b^{1/n}$ 定义为其 n 次幂为 b 的数。

下面小结这些讨论，并介绍分数幂，例如 $b^{m/n}$，其中 b 是任意数，m 和 n 是正整数，且进一步假设 m/n 是最简比。

定　义	示　例
$b^{1/n}$ 或 $\sqrt[n]{b}$ 表示 b 的 n 次方根；如果 n 是偶数，那么 b 必须满足 $b\geqslant0$	$9^{1/2}=\sqrt{9}=3$ $8^{1/3}=\sqrt[3]{8}=2$ $(-8)^{1/3}=\sqrt[3]{-8}=-2$
$b^{-1/n}=\frac{1}{b^{1/n}}=\frac{1}{\sqrt[n]{b}}$，其中 $b^{1/n}$ 必须有定义且 $b^{1/n}\neq0$	$2^{-1/2}=\frac{1}{2^{1/2}}=\frac{1}{\sqrt{2}}$ $4^{-1/2}=\frac{1}{4^{1/2}}=\frac{1}{2}$
$b^{m/n}=(b^{1/n})^m$，其中 $b^{1/n}$ 必须有定义	$25^{5/3}=(25^{1/2})^3=5^3=125$ $(-8)^{2/3}=((-8)^{1/3})^2=(-2)^2=4$
$b^{-m/n}=\frac{1}{b^{m/n}}$，其中 $b^{m/n}$ 必须有定义且 $b^{m/n}\neq0$	$8^{-5/3}=\frac{1}{8^{5/3}}=\frac{1}{2^5}=\frac{1}{32}$

指数可以根据以下规则进行代数运算。

指数定律

1. $b^rb^s=b^{r+s}$　乘法法则
2. $b^{-r}=\frac{1}{b^r}$　改变指数符号
3. $\frac{b^r}{b^s}=b^r\cdot b^{-s}=b^{r-s}$　除法法则
4. $(b^r)^s=b^{rs}$　幂的幂
5. $(ab)^r=a^rb^r$　乘积的幂
6. $\left(\frac{a}{b}\right)^r=\frac{a^r}{b^r}$　商的幂

例 1　指数定律。使用指数定律计算：(a) $2^{1/2}50^{1/2}$；(b) $(2^{1/2}2^{1/3})^6$；(c) $\frac{5^{3/2}}{\sqrt{5}}$。

解：(a) $2^{1/2}50^{1/2}=(2\times 50)^{1/2}=\sqrt{100}=10$。

(b) $(2^{1/2}2^{1/3})^6=(2^{(1/2)+(1/3)})^6=(2^{5/6})^6=2^{(5/6)6}=2^5=32$。

(c) $\frac{-5^{3/2}}{\sqrt{5}}=\frac{-5^{3/2}}{5^{1/2}}=-5^{(3/2)-(1/2)}=-5^1=-5$。

■

换句话说，指数符号的变化规则（第 2 条）表明，我们可以通过改变幂的符号将一个数的幂从分母移动到分子。该定律可以与其他的指数定律结合，以产生有用的公式。

定　律	示　例	文字描述
7. $\frac{a^{-r}}{b^{-s}}=\frac{b^s}{a^r}$	$\frac{2^{-3}}{5^{-2}}=\frac{5^2}{2^3}=\frac{25}{8}$	要将一个分数的幂从分子移到分母或从分母移到分子，需要改变指数的符号
8. $\left(\frac{a}{b}\right)^{-r}=\left(\frac{b}{a}\right)^r$	$\left(\frac{2}{3}\right)^{-2}=\left(\frac{3}{2}\right)^2$ $\left(\frac{2}{3}\right)^{-1/2}=\left(\frac{3}{2}\right)^{1/2}=\sqrt{\frac{3}{2}}$	要使一个分数的幂为负数，就要取分数的倒数并改变指数的符号

验证定律 7

$$\frac{a^{-r}}{b^{-s}}=\frac{1/a^r}{1/b^s}=\frac{1}{a^r}\cdot\frac{b^s}{1}=\frac{b^s}{a^r}$$

采用类似的方法可以验证定律 8。指数定律也适用于代数表达式。在下文中，我们将它们与像 x^r 的表达式一起使用，其中 r 是有理数。

例 2　化简代数表达式。化简下面的表达式：(a) $\frac{1}{x^{-4}}$；(b) $\frac{x^2}{x^5}$；(c) $\sqrt{x}(x^{3/2}+3\sqrt{x})$。

解：(a) $\frac{1}{x^{-4}}=x^{-(-4)}=x^4$。

(b) $\frac{x^2}{x^5}=x^{2-5}=x^{-3}$。

(c) $\sqrt{x}(x^{3/2}+3\sqrt{x})=x^{1/2}(x^{3/2}+3x^{1/2})=x^{1/2}x^{3/2}+3x^{1/2}x^{1/2}=x^{(1/2)+(3/2)}+3x^{(1/2)+(1/2)}=x^2+3x$。

■

回顾 0.2 节可知，对于某些数 r，幂函数是形如 $f(x)=x^r$ 的函数。

例 3　指数定律运算。设 $f(x)$ 和 $g(x)$ 为幂函数 $f(x)=x^{-1}$ 和 $g(x)=x^{1/2}$，求下列函数：

(a) $\frac{f(x)}{g(x)}$；(b) $f(x)g(x)$；(c) $\frac{g(x)}{f(x)}$。

解：(a) $\frac{f(x)}{g(x)}=\frac{x^{-1}}{x^{1/2}}=x^{-1-(1/2)}=x^{-3/2}=\frac{1}{x^{3/2}}$。

(b) $f(x)g(x)=x^{-1}x^{1/2}=x^{-1+(1/2)}=x^{-1/2}=\frac{1}{x^{1/2}}=\frac{1}{\sqrt{x}}$。

(c) $\frac{g(x)}{f(x)}=\frac{x^{1/2}}{x^{-1}}=x^{1/2-(-1)}=x^{3/2}$。

■

分解 x 的分数幂时，要分解出最小的指数，并记住分解就像除法：需要将每个因子除以公因子才能找到缺失的因子。

例 4　分解分数幂。通过分解 x 的最小幂来分解给定的表达式：(a) $x^{-\frac{1}{3}}+2x^{\frac{2}{3}}$；(b) $x^{-\frac{5}{3}}+\frac{1}{x^2}$。

解：(a) $x^{-\frac{1}{3}}+2x^{\frac{2}{3}}=x^{-\frac{1}{3}}\left(1+\frac{2x^{\frac{2}{3}}}{x^{-\frac{1}{3}}}\right)=x^{-\frac{1}{3}}\left(1+2x^{\frac{2}{3}}\cdot x^{\frac{1}{3}}\right)=x^{-\frac{1}{3}}\left(1+2x^{\frac{2}{3}+\frac{1}{3}}\right)=x^{-\frac{1}{3}}(1+2x)$。

(b) $x^{-\frac{5}{3}}+\frac{1}{x^2}=x^{-\frac{5}{3}}+x^{-2}=x^{-2}\left(\frac{x^{-\frac{5}{3}}}{x^{-2}}+1\right)=x^{-2}\left(x^{-\frac{5}{3}}\cdot x^2+1\right)=x^{-2}\left(x^{-\frac{5}{3}+2}+1\right)=x^{-2}\left(x^{\frac{1}{3}}+1\right)$。

■

复利

复利这个主题为指数提供了一个重要应用。本书的应用题中将贯穿使用复利。

钱存入储蓄账户后，银行每隔一段时间就要支付利息。如果将利息加到账户中，然后获得利息，这种利息就称为**复利**。最初存入的金额称为**本金**。本金加上复利称为**复利终值**。利息支付之间的间隔称为**计息期**。在复利公式中，利率是用小数而非百分数表示的，如 6%被写为 0.06。

如果按 6%的年利率存入 1000 美元，按每年复利计算，那么第一年年底的复利终值为

$$A_1 = \underset{\text{本金}}{1000} + \underset{\text{利息}}{1000 \times 0.06} = 1000(1+0.06)$$

在第二年年底，复利终值为

$$A_2 = \underset{\text{复利}}{A_1} + \underset{\text{利息}}{A_1 \times 0.06} = A_1(1+0.06) = [1000(1+0.06)](1+0.06) = 1000(1+0.06)^2$$

在第三年年底，复利终值为

$$A_3 = \underset{\text{复利}}{A_2} + \underset{\text{利息}}{A_2 \times 0.06} = A_2(1+0.06) = [1000(1+0.06)^2](1+0.06) = 1000(1+0.06)^3$$

n 年后，复利终值为

$$A = 1000(1+0.06)^n$$

例中，计息期为 1 年。然而，要注意的是，在每个计息期末，存款金额都增长 $(1+0.06)$ 倍。一般来说，若利率是 i 而不是 0.06，则在每个计息期末，复利终值将增长 $(1+i)$ 倍。

单复利 若本金 P 以每个计息期的复利 i 进行投资，共有 n 个计息期，则第 n 期期末的复利终值 A 是

$$A = P(1+i)^n \tag{1}$$

例 5 复利。如果投资 5000 美元，年利率为 8%，每年复利计息，3 年后的复利终值是多少？

解：将 $P = 5000$, $i = 0.08$ 和 $n = 3$ 代入复利公式，有

$$A = 5000(1+0.08)^3 = 5000 \times 1.08^3 = 5000 \times 1.259712 = 6298.56 \text{（美元）}$$

■

尽管每个计息期通常都短于 1 年，但常以每年的百分比表示利率。如果年利率为 r 且每年支付并复利 m 次，则每个计息期的利率 i 由下式给出：

$$\text{每个计息期的利率} = i = \frac{r}{m} = \frac{\text{年利率}}{\text{每年的期数}}$$ 。

许多银行按季度支付利息。如果规定的年利率是 5%，那么 $i = 0.05/4 = 0.0125$ 。

多期复利 如果计算 t 年的复利，每年有 m 个计息期，那么共有 mt 个计息期。如果在式(1)中将 n 替换为 mt，将 i 替换为 $\frac{r}{m}$，则复利终值 A 的计算公式为

$$A = P\left(1+\frac{r}{m}\right)^{mt} \tag{2}$$

式中，P 是本金，r 是年利率，m 是年利息期数，t 是年数。

例 6 复利。假设将 1000 美元存入一个储蓄账户，每年支付 6%的利息，每季度复利一次。如果未进行额外的存款或取款，那么 1 年后账户中有多少存款？

解：利用复利公式(2)，其中 $P = 1000$, $r = 0.06$, $m = 4$, $t = 1$，

$$A = 1000\left(1+\frac{0.06}{4}\right)^4 = 1000 \times 1.015^4 \approx 1000 \times 1.06136355 \approx 1061.36 \text{（美元）}$$

■

注意，例 6 中的 1000 美元共得到 61.36 美元的（复利）利息。这是 1000 美元的 6.136%。银行有时会将该利率宣传为有效年利率。也就是说，银行的意思是，如果每年只支付一次利息，他们将不得不支付 6.136%的利率才能产生与每季度复利 6%相同的收益。规定的利率 6%通常称为**名义利率**。如

果利息更频繁地复利，则有效年利率增加。有些银行每月甚至每天复利。

例 7　每月复利。若例 6 中的利息是每月复利，1 年后的账户中有多少存款？每天复利 6%呢？

解：对于每月复利，$m = 12$。根据复利公式(2)有

$$A = 1000\left(1+\tfrac{0.06}{12}\right)^{12} = 1000 \times 1.005^{12} \approx 1061.68 \text{（美元）}$$

本例的有效年利率为 6.168%。

为简化计算，"银行年"通常为 360 天。因此，对于每日复利，取 $m = 360$，于是有

$$A = 1000\left(1+\tfrac{0.06}{360}\right)^{360} = 1000 \times 1.00016667^{360} \approx 1000 \times 1.06183365 \approx 1061.83 \text{（美元）}$$

每日复利时，有效年利率为 6.183%。

■

例 8　账户余额随时间变化。设例 6 中的 1000 美元投资了 t 年。

(a) 将账户余额 $A(t)$ 表示为 t 的函数，t 是本金在账户中的年数。

(b) 计算 1 年后和 3 年后的账户余额。

解：(a) 使用复利公式(2)，其中 $P = 1000$，$r = 0.06$，$m = 4$。然后，我们将 t 作为自变量，并将账户余额表示为 $A(t)$，它是 t 的函数：

$$A(t) = 1000\left(1+\tfrac{0.06}{4}\right)^{4t}$$

(b) 使用(a)中求得的 $A(t)$ 来计算 $A(1)$ 和 $A(3)$：

$$A(1) = 1000\left(1+\tfrac{0.06}{4}\right)^{4(1)} \approx 1061.36 \text{（美元）}$$

$$A(3) = 1000\left(1+\tfrac{0.06}{4}\right)^{4(3)} \approx 1195.62 \text{（美元）}$$

因此，1 年后的账户余额为 1061.36 美元，3 年后的账户余额为 1195.62 美元。

■

在前面的例子中，假设利率 r 是固定的。事实上，r 可视为任何投资的预期"回报率"。对于储蓄账户，这个比率可能是固定的。对于股票投资，这个比率可能变化很大，甚至是负数。

例 9　作为回报函数的账户余额。假设例 5 中的 5000 美元以每年 r 的利率投资 3 年，每年复利计息。

(a) 将账户余额 $A(r)$ 表示为 r 的函数。

(b) 计算 $r = 0.08$ 和 $r = 0.15$ 时的账户余额。

解：(a) 使用复利公式(2)，其中 $P = 5000$，$m = 1$，$t = 3$。将 r 作为自变量，并将账户余额 $A(r)$ 表示为 r 的函数：

$$A(r) = 5000(1+r)^3$$

(b) 使用(a)中求得的 $A(r)$ 来计算 $A(0.08)$ 和 $A(0.15)$：

$$A(0.08) = 5000(1+0.08)^3 = 6298.56 \text{（美元）}$$

$$A(0.15) = 5000(1+0.15)^3 \approx 7604.38 \text{（美元）}$$

■

例 10　零息债券。一家公司发行价值 200 美元的债券，每月支付复利。利息一直累积到债券到期。这种债券称为**零息债券**。如果 5 年后债券价值 500 美元，那么年利率是多少？

解：用 r 表示年利率。债券 5 年即 60 个月后的价值 A 由如下复利公式给出：

$$A = 200\left(1+\tfrac{r}{12}\right)^{60}$$

我们要找到符合下式的 r：

$$500 = 200\left(1+\tfrac{r}{12}\right)^{60} \quad \Rightarrow \quad 2.5 = \left(1+\tfrac{r}{12}\right)^{60}$$

两边取 $\frac{1}{60}$ 次幂，应用指数定律得到

$$2.5^{\frac{1}{60}}=\left[\left(1+\frac{r}{12}\right)^{60}\right]^{\frac{1}{60}}=\left(1+\frac{r}{12}\right)^{60\cdot\frac{1}{60}}=1+\frac{r}{12} \quad\Rightarrow\quad r=12\times(2.5^{\frac{1}{60}}-1)$$

使用计算器得到 $r\approx 0.18466$，即年利率为 18.466%。支付如此高利率的债券通常称为**垃圾债券**。■

综合技术

科学记数法 默认情况下，TI-83/84 型计算器以 10 位数字显示计算结果。例如，计算 1/3 时，计算器返回“.3333333333”；计算 7/3 时，计算器返回“2.333333333”。在每种情况下，答案中都给出 10 位数字。

但是，如果答案不能显示为 10 位数字（或者绝对值小于 0.001），计算器将以科学记数法表示答案。科学记数法用两部分表示数字。有效数字在小数点左侧显示一位。10 的合适幂显示在 E 的右侧，如 2.5E-4，这表示 2.5×10^{-4} 或 0.00025。同样，1E12 表示 1×10^{12} 或 1000000000000（数字乘以 10^{-4} 将小数点向左移动 4 位，乘以 10^{12} 将小数点向右移动 12 位）。

0.5 节自测题（答案见本节习题后）

1. 计算下列值：(a) -5^2；(b) $16^{0.75}$。

2. 化简下列式子。(a) $(4x^3)^2$；(b) $\frac{\sqrt[3]{x}}{x^2}$；(c) $\frac{2(x+5)^6}{x^2+10x+25}$。

习题 0.5

计算习题 1 ~ 28。

1. 3^3 **2.** $(-2)^3$ **3.** 1^{100}

4. 0^{25} **5.** 0.1^4 **6.** 100^4

7. -4^2 **8.** $(0.01)^3$ **9.** $16^{1/2}$

10. $27^{1/3}$ **11.** $(0.000001)^{1/3}$ **12.** $\left(\frac{1}{125}\right)^{1/3}$

13. 6^{-1} **14.** $\left(\frac{1}{2}\right)^{-1}$ **15.** 0.01^{-1}

16. $(-5)^{-1}$ **17.** $8^{4/3}$ **18.** $16^{3/4}$

19. $25^{3/2}$ **20.** $27^{2/3}$ **21.** 1.8^0

22. $9^{1.5}$ **23.** $16^{0.5}$ **24.** $81^{0.75}$

25. $4^{-1/2}$ **26.** $\left(\frac{1}{8}\right)^{-2/3}$ **27.** $0.01^{-1.5}$

28. $1^{-1.2}$

在习题 29 ~ 40 中，使用指数定律进行计算。

29. $5^{1/3}200^{1/3}$ **30.** $(3^{1/3}3^{1/6})^6$ **31.** $6^{1/3}\cdot6^{2/3}$

32. $(9^{4/5})^{5/8}$ **33.** $\frac{10^4}{5^4}$ **34.** $\frac{3^{5/2}}{3^{1/2}}$

35. $(2^{1/3}3^{2/3})^3$ **36.** $20^{0.5}5^{0.5}$ **37.** $\left(\frac{8}{27}\right)^{2/3}$

38. $(125\cdot27)^{1/3}$ **39.** $\frac{7^{4/3}}{7^{1/3}}$ **40.** $(6^{1/2})^0$

在习题 41 ~ 70 中，使用指数定律简化代数表达式。答案中不应包含括号或负指数。

41. $(xy)^6$ **42.** $(x^{1/3})^6$ **43.** $\frac{x^4y^5}{xy^2}$

44. $\frac{1}{x^{-3}}$ **45.** $x^{-1/2}$ **46.** $(x^3y^6)^{1/3}$

47. $\left(\frac{x^4}{y^2}\right)^3$ **48.** $\left(\frac{x}{y}\right)^{-2}$ **49.** $(x^3y^5)^4$

50. $\sqrt{1+x}(1+x)^{3/2}$ **51.** $x^5\cdot\left(\frac{y^2}{x}\right)^3$ **52.** $x^{-3}x^7$

53. $(2x)^4$ **54.** $\frac{-3x}{15x^4}$ **55.** $\frac{-x^3y}{-xy}$

56. $\frac{x^3}{y^{-2}}$ **57.** $\frac{x^{-4}}{x^3}$ **58.** $(-3x)^3$

59. $\sqrt[3]{x}\sqrt[3]{x^2}$ **60.** $(9x)^{-1/2}$ **61.** $\left(\frac{3x^2}{2y}\right)^3$

62. $\frac{x^2}{x^5y}$ **63.** $\frac{2x}{\sqrt{x}}$ **64.** $\frac{1}{yx^{-5}}$

65. $(16x^8)^{-3/4}$ **66.** $(-8y^9)^{2/3}$ **67.** $\sqrt{x}\left(\frac{1}{4x}\right)^{5/2}$

68. $\frac{(25xy)^{3/2}}{x^2y}$ **69.** $\frac{(-27x^5)^{2/3}}{\sqrt[3]{x}}$ **70.** $(-32y^{-5})^{3/5}$

设 $f(x)=\sqrt[3]{x}$，$g(x)=\frac{1}{x^2}$。计算下列函数，取 $x>0$。

71. $f(x)g(x)$ **72.** $\frac{f(x)}{g(x)}$ **73.** $\frac{g(x)}{f(x)}$

74. $[f(x)]^3g(x)$ **75.** $[f(x)g(x)]^3$ **76.** $\sqrt{\frac{f(x)}{g(x)}}$

77. $\sqrt{f(x)g(x)}$ **78.** $\sqrt[3]{f(x)g(x)}$ **79.** $f(g(x))$

80. $g(f(x))$ **81.** $f(f(x))$ **82.** $g(g(x))$

习题 83 ~ 88 中的表达式分解如下，求缺失的因式。

83. $\sqrt{x}-\frac{1}{\sqrt{x}}=\frac{1}{\sqrt{x}}(\ )$ **84.** $2x^{2/3}-x^{-1/3}=x^{-1/3}(\ )$

85. $x^{-1/4}+6x^{1/4}=x^{-1/4}(\ )$ **86.** $\sqrt{\frac{x}{y}}-\sqrt{\frac{y}{x}}=\sqrt{xy}(\ )$

87. 解释为什么 $\sqrt{a}\cdot\sqrt{b}=\sqrt{ab}$。

88. 解释为什么 $\sqrt{a}/\sqrt{b}=\sqrt{a/b}$。

在习题 89 ~ 96 中，计算 $f(4)$。

89. $f(x)=x^2$ **90.** $f(x)=x^3$

91. $f(x)=x^{-1}$ **92.** $f(x)=x^{1/2}$

93. $f(x)=x^{3/2}$ **94.** $f(x)=x^{-1/2}$

95. $f(x)=x^{-5/2}$ **96.** $f(x)=x^0$

根据习题 97 ~ 104 中的给定数据计算复利。

97. 本金 500 美元，每年复利计息，6 年，年利率 6%。

98. 本金 700 美元，每年复利计息，8 年，年利率 8%。

99. 本金 50000 美元，每季度复利计息，10 年，年利率 9.5%。

100. 本金 20000 美元，每季度复利计息，3 年，年利率 12%。

101. 本金 100 美元，每月复利计息，10 年，年利率 5%。

102. 本金 500 美元，每月复利计息，1 年，年利率 4.5%。

103. 本金 1500 美元，每日复利计息，1 年，年利率 6%。

104. 本金 1500 美元，每日复利计息，3 年，年利率 6%。

105. 每年复利计息。假设一对夫妇在孩子出生时投资 1000 美元，该投资每年的复利为 6.8%。在孩子 18 岁生日时，这笔投资值多少钱？

106. 存款每年复利计息。假设一对夫妇连续四年每年投资 4000 美元，每年的复利为 8%。第一笔投资完成 8 年后的投资价值是多少？

107. 每季度复利计息。投资 500 美元，每季度复利计息。将 1 年后的投资价值表示为年利率 r 的多项式。

108. 每半年复利计息。假设投资 1000 美元，每半年复利。将 2 年后的投资价值表示为年利率 r 的多项式。

109. 速度。当汽车以 x 英里/小时的速度猛踩刹车时，停车距离为 $\frac{1}{20}x^2$ 英尺。证明：当速度增大一倍时，停车距离增大四倍。

技术题

在习题 110 ~ 113 中，将数字从图形计算器形式转换为标准形式（不带 E）。

110. 5E-5　　**111.** 8.103E-4

112. 1.35E13　　**113.** 8.23E-6

0.5 节自测题答案

1. (a) $-5^2=-25$。注意 -5^2 与 $-(5^2)$ 相同。这个数不同于 $(-5)^2$，后者等于 25。只要没有括号，就先应用指数，然后进行其他运算。

(b)因为 $0.75=\frac{3}{4}$，$16^{0.75}=16^{3/4}=(\sqrt[4]{16})^3=2^3=8$。

2. (a)应用指数定律 5，取 $a=4$ 和 $b=x^3$。然后使用指数定律 4：

$$(4x^3)^2=4^2(x^3)^2=16x^6$$

常见的错误是忘记将 4 平方。若 4 无须平方，就写成 $4(x^3)^2$。

(b) $\frac{\sqrt[3]{x}}{x^3}=\frac{x^{1/3}}{x^3}=x^{(1/3)-3}=x^{-8/3}$，也可写为 $1/x^{8/3}$。简化涉及根的表达式时，最好将根转换为指数。

(c) $\frac{2(x+5)^6}{x^2+10x+25}=\frac{2(x+5)^6}{(x+5)^2}=2(x+5)^{6-2}=2(x+5)^4$，这里对 $(x+5)$ 应用指数定律 3。指数定律适用于任何代数表达式。

0.6 应用中的函数和图形

解决本书中许多应用问题的关键步骤是，构建适当的函数或方程。构建函数或方程后，剩下的数学步骤通常就很简单。本节重点介绍具有代表性的应用问题，并且回顾设置和分析函数、方程及其图表所需的技能。

几何问题

许多应用涉及与图 1 所示物体类似的尺寸、面积或体积。当一个问题涉及平面图形（如矩形或圆形）时，就要区分图形的周长和面积。图形的周长或图形的“周围距离”是长度或长度的总和，其常用单位是英寸、英尺、厘米、米等。面积涉及两个长度的乘积，单位是平方英寸、平方英尺、平方厘米等。

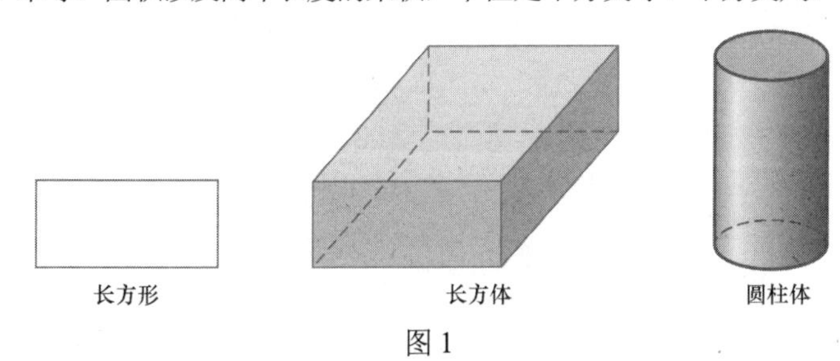

图 1

例 1　成本。假设图 1 中矩形的长边是短边长度的两倍，x 表示短边的长度。

(a) 将矩形的周长表示为 x 的函数。

(b) 将矩形的面积表示为 x 的函数。

(c) 假设矩形代表厨房台面，由耐用材料制成，每平方英尺的成本为 25 美元，编写函数 $C(x)$，将材料成本表示为 x 的函数，其中长度的单位为英尺。

解：

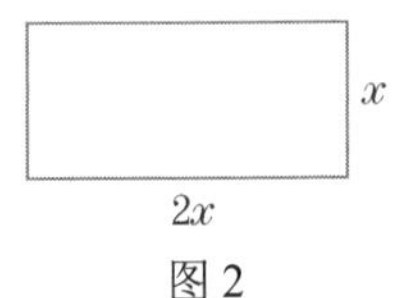

图 2

(a) 矩形如图 2 所示。长边的长度为 $2x$。若周长用 P 表示，则 P 是矩形四条边的长度之和：$x+2x+x+2x$，即 $P=6x$。

(b) 矩形的面积 A 是相邻两条边长的乘积，即 $A=x\cdot 2x=2x^2$。

(c) 这里，面积的单位为平方英尺。这部分的基本原则是

$$\text{材料成本}=\text{每平方英尺成本}\cdot\text{平方英尺数}$$

$$C(x)\quad=\quad 25\quad\cdot\quad 2x^2$$

$$=50x^2\ （\text{美元}）$$

■

当一个问题涉及一个三维物体如一个盒子或圆柱体时，就要区分物体的表面积和体积。当然，表面积是一个面积，常用平方单位来度量。表面积通常是面积的总和（每个面积都是两个长度的乘积）。物体的体积通常是三个长度的乘积，常用立方单位来度量。

例 2　表面积。一个长方形的盒子有一个正方形的铜底座、木制的侧面和一个木制的顶部。铜材每平方英尺的成本为 21 美元，木材每平方英尺的成本为 2 美元。

(a) 写出一个表达式，给出用盒子的尺寸表示的表面积（盒子底部、顶部和四侧的面积之和）。另外，写出一个表示盒子体积的表达式。

(b) 写出一个表达式，根据尺寸给出用于制作盒子的材料的总成本。

解：

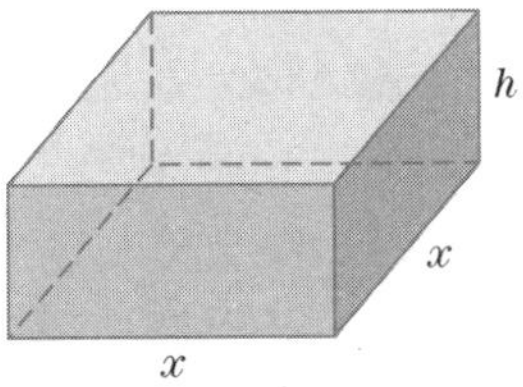

图 3

(a) 第一步是为盒子的尺寸分配变量。用 x 表示正方形底座的一条（及每条）边的长度，用 h 表示盒子的高度（见图 3）。顶部和底部各有面积 x^2，四侧各有面积 xh。因此，表面积为 $2x^2+4xh$。盒子的体积是长、宽、高的乘积。因为底部为正方形，所以体积是 x^2h。

(b) 当盒子的不同表面每平方英尺的成本不同时，分别计算每个表面的成本：

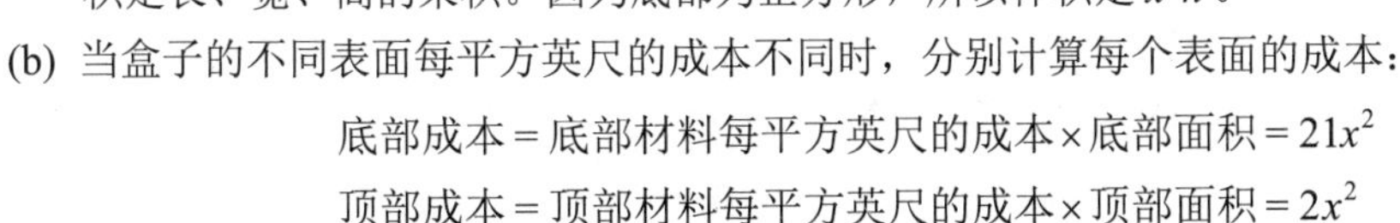

$$\text{底部成本}=\text{底部材料每平方英尺的成本}\times\text{底部面积}=21x^2$$

$$\text{顶部成本}=\text{顶部材料每平方英尺的成本}\times\text{顶部面积}=2x^2$$

$$\text{单侧成本}=\text{侧面材料每平方英尺的成本}\times\text{单侧面积}=2xh$$

总成本是

$$C(x)=\text{底部成本}+\text{顶部成本}+4\times\text{单侧成本}=21x^2+2x^2+4\times 2xh=23x^2+8xh$$

■

商业问题

本书中的许多商业应用都涉及成本、收入和利润函数。

例 3　成本。玩具制造商的固定成本为 3000 美元（如租金、保险和商业贷款），无论生产多少玩具，都必须支付这些成本。此外，每件玩具还有 2 美元的可变成本。生产 x 件玩具的可变成本为 $2\cdot x$（美元），其总成本为

$$C(x)=3000+2x\ （\text{美元}）$$

(a) 求生产 2000 件玩具的成本。

(b) 如果生产水平从 2000 件玩具提高到 2200 件玩具，会产生哪些额外成本？

(c) 回答“5000 美元的成本可以生产多少玩具”这个问题时，是应该计算 $C(5000)$ 还是应该解方程 $C(x)=5000$？

解：

(a) $C(2000)=3000+2\times 2000=7000$（美元）。

(b) $x=2200$ 时的总成本为 $C(2200)=3000+2\times 2200=7400$（美元）。因此，当生产水平从 2000 件玩具增加到 2200 件玩具时，增加的成本是

$$C(2200)-C(2000)=7400-7000=400 \text{（美元）}$$

(c) 这是一个重要的题型。短语“多少玩具”意味着 x 的数量是未知的。因此，我们通过求解方程 $C(x)=5000$ 中的 x 来找到答案：

$$3000+2x=5000 \ \Rightarrow \ 2x=2000 \ \Rightarrow \ x=1000 \text{（件）}$$

分析这个问题的另一种方法是查看所涉及的单位类型。成本函数的输入 x 是玩具的数量，成本函数的输出是成本，单位为美元。问题涉及 5000 美元，因此输出是已知的，而输入 x 是未知的。

■

例 4　成本、利润和收入。例 3 中的玩具每件售价 10 美元。售出 x 件玩具后，收入 $R(x)$ 为 $10x$ 美元。给定相同的成本函数 $C(x)=3000+2x$，x 件玩具产生的利润（或损失）$P(x)$ 为

$$P(x)=R(x)-C(x)=10x-(3000+2x)=8x-3000$$

(a) 要确定 8000 件玩具产生的收入，是应该计算 $R(8000)$ 还是应该求解方程 $R(x)=8000$？

(b) 如果某些玩具的生产和销售收入为 7000 美元，相应的利润是多少？

解：

(a) 收入未知，但收入函数的输入是已知的。因此计算 $R(8000)$ 以求出收入。

(b) 利润未知，所以要计算 $P(x)$ 的值。遗憾的是，x 的值未知。然而，收入为 7000 美元这个事实可让我们求解 x。因此，解决方案包括两步。

(i) 求解 $R(x)=7000$，求 x：

$$10x=7000 \quad \Rightarrow \quad x=700 \text{（件）}$$

(ii) 当 $x=700$ 时，计算 $P(x)$：

$$P(x)=8\times 700-3000=2600 \text{（美元）}$$

■

函数和图形

当一个函数出现在一个应用问题中时，函数的图形会提供有用的信息。每个涉及函数的语句或任务都对应于涉及其图形的特征或任务。这种“图形化”的观点将拓宽读者对函数的理解并增强读者使用它们的能力。

现代图形计算器和微积分计算机软件为从几何角度思考函数提供了极好的工具。大多数流行的图形计算器和程序都提供光标或十字线，可以移动到屏幕上的任何一点，光标的 x 坐标和 y 坐标则显示在屏幕上的某个地方。下例显示了函数图形的几何计算是如何与更熟悉的数值计算相对应的。即使没有计算机或计算器，这个例子也值得一读。

例 5　成本。为了规划未来的增长，一家公司分析了一种产品的生产成本，并估计在每小时生产 x 件产品的情况下运营成本（美元）由如下函数给出：

$$C(x)=150+59x-1.8x^2+0.02x^3$$

假设这个函数的图形可用，可以显示在绘图实用程序的屏幕上，也可以打印在公司报告的图纸上（见图 4）。

(a) 点(16, 715.12)在图形上，这说明了成本函数 $C(x)$ 的什么？

(b) 我们可以通过在图上找到某点并读取其 x 和 y 坐标，以图形方式求解方程 $C(x)=900$ 。描述如何定位点。点的坐标如何提供方程 $C(x)=900$ 的解？

(c) 我们可以通过在图形上找到一点来完成任务“求 $C(45)$ ”。描述如何定位点，该点的坐标如何提供 $C(45)$ 的值？

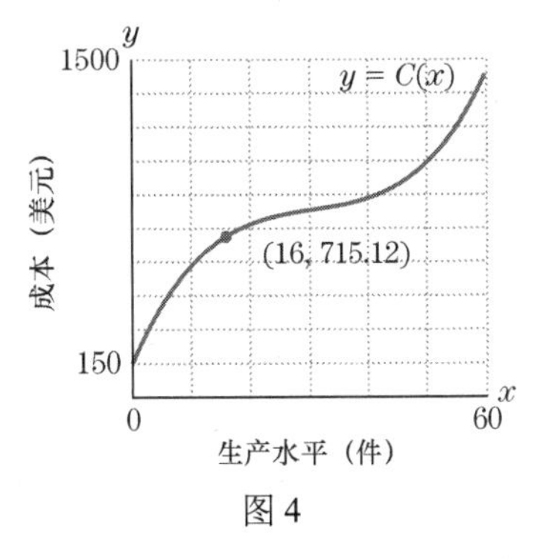

图 4

解：

(a) 点(16, 715.12)在 $C(x)$ 的图形上意味着 $C(16)=715.12$ 。也就是说，若生产水平为 16 件，则成本为 715.12 美元。

(b) 要以图形方式求解 $C(x)=900$ ，可在 y 轴上定位 900 并向右移动，直到到达 $C(x)$ 图形上的点 (?, 900)，如图 5 所示。该点的 x 坐标是 $C(x)=900$ 的解。以图形方式估计出 $x\approx 49.04$ 。

(c) 要以图形方式求 $C(45)$ ，可在 x 轴上定位 45 并向上移动，直到到达 $C(x)$ 图形上的点 (45, ?)，如图 6 所示。该点的 y 坐标是 $C(45)$ 的值［事实上， $C(45)=982.50$ ］。

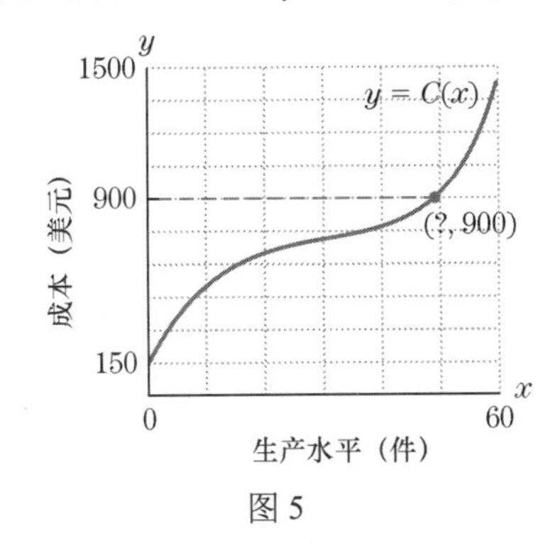

图 5

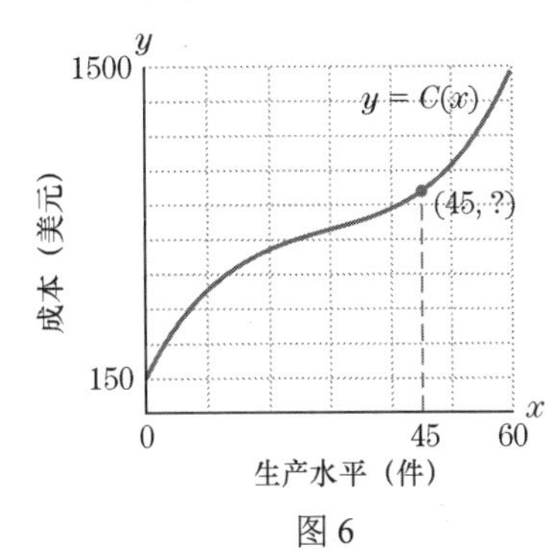

图 6

■

上题后面两个例子说明了如何通过检查函数的图形来提取有关函数的信息。

例 6　球的高度。一个球从 64 英尺高的塔顶直接抛向空中。函数 $h(t)$ 表示 t 秒后球的高度（英尺），如图 7 所示。注意：该图不是球的物理路径图，且球被垂直抛向空中。

(a) 1 秒后球的高度是多少？

(b) 多少秒后球达到最大高度？这个高度是多少？

(c) 球在几秒后落地？

(d) 什么时候球的高度是 64 英尺？

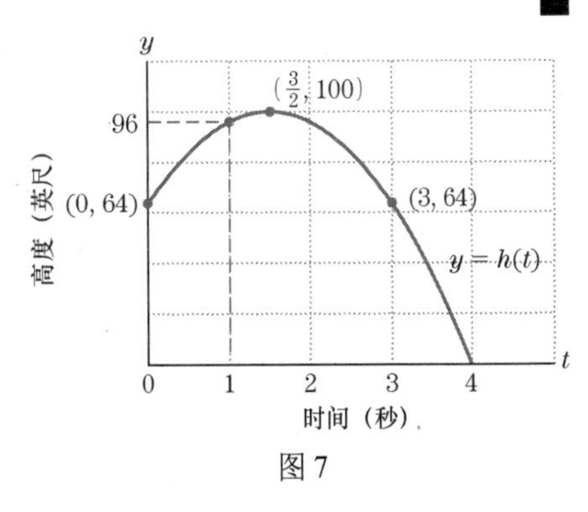

图 7

解：

(a) 点(1, 96)在 $h(t)$ 的图形上，即 $h(1)=96$ ，因此 1 秒后球的高度为 96 英尺。

(b) 函数图形上最高点的坐标为($\frac{3}{2}$, 100)。因此， $\frac{3}{2}$ 秒后球到达其最大高度，即 100 英尺。

(c) 当球的高度为 0 时落地。这发生在 4 秒后。

(d) 64 英尺的高度出现两次，分别在 $t=0$ 秒和 $t=3$ 秒。

■

例 7　收入函数。图 8 显示了函数 $R(x)$ 的图形，表示销售 x 辆自行车获得的收入。

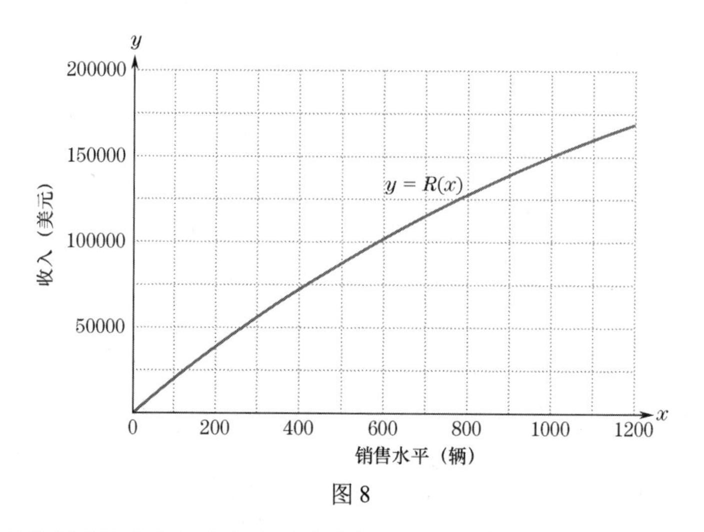

图 8

(a) 估计制造商必须销售多少辆自行车才能获得 102000 美元的收入。

(b) 销售 1000 辆自行车的收入大约是多少？1100 辆自行车呢？

(c) 如果当前的销售水平是 1000 辆自行车，再多销售 100 辆自行车可以获得多少额外收入？

解：

(a) 在 y 轴上找到 102000 的大致位置；然后水平扫描，以找到 $R(x)$ 上具有该 y 坐标的点（见图 9）。从这一点开始，垂直扫描找到 x 坐标，大约是 600。图上的点是(600, 102000)，这意味着必须售出约 600 辆自行车才能获得 102000 美元的收入。

(b) 在 x 轴上找到 1000 的位置；然后垂直扫描，找到 $R(x)$ 上具有该 x 坐标的点（见图 9）。从这一点开始，水平扫描找到约为 150000 的 y 坐标。图上的点是 (1000, 150000)，这意味着销售 1000 辆自行车的近似收入为 150000 美元。使用类似的过程，确定销售 1100 辆自行车的收入约为 160000 美元。

(c) 当 x 的值从 1000 增加到 1100 时，收入从 150000 美元增加到 160000 美元。因此，额外收入为 10000 美元。

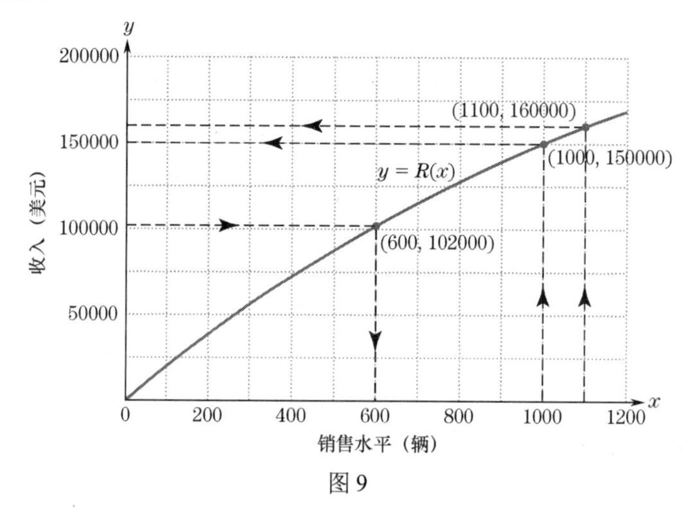

图 9

■

表 1 中小结了例 3 到例 7 中的大部分概念。虽然这里说的是利润函数，但这些概念稍后也会出现在许多其他类型的函数中。每条关于利润的语句都被转换成关于 $f(x)$ 的语句和关于 $f(x)$ 的图形的语句。图 10 中的图形说明了每种说法。

表 1

假设 $f(x)$ 是生产水平 x 时的利润（美元）

应用问题	函　数	图　形
当产量是 2 件时，利润是 7 美元	$f(2)=7$	点(2, 7)在图 10 所示的图形上
确定产生 12 美元利润的件数	解方程 $f(x)=12$，求 x	求图形上 y 坐标为 12 的点的 x 坐标
确定生产水平为 4 件时的利润	计算 $f(4)$	求图形上 x 坐标为 4 的点的 y 坐标
找出使利润最大化的生产水平	求 x，使 $f(x)$ 尽可能大	求图上最高点 M 的 x 坐标
确定最大利润	求 $f(x)$ 的极大值	找到图形上最高点的 y 坐标
当生产水平从 6 件变为 7 件时，确定利润变化	求 $f(7)-f(6)$	确定 x 坐标为 7 和 6 的点的 y 坐标差
当生产水平从 6 件变为 7 件时，利润减少	当 x 从 6 变为 7 时，函数值减小	图上 x 坐标为 6 的点高于 x 坐标为 7 的点

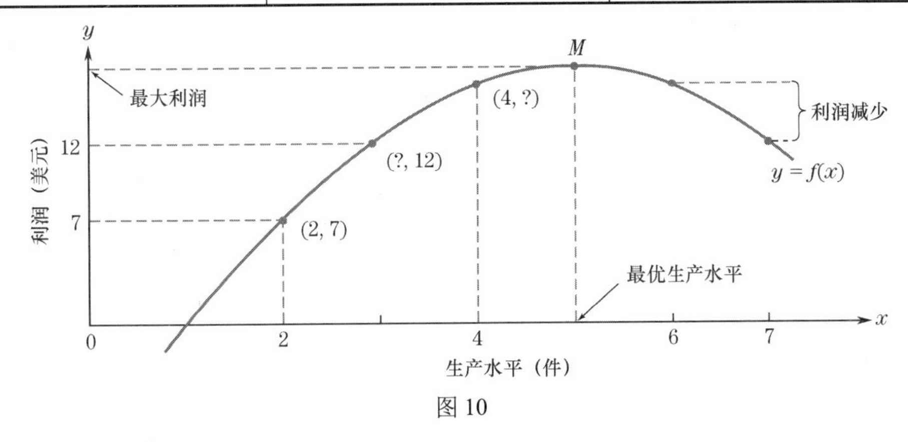

图 10

综合技术

近似极大值或极小值　某种商品销售 x 千件时，收入（千美元）由下式给出：

$$R(x)=-x^2+6.233x\text{，}\quad 0\leqslant x\leqslant 6.233$$

为了估计使收入最大化而必须销售的件数，并找到近似的最大收入，首先将函数输入计算器。按 [Y=] 键，将 $R(x)$ 的公式输入 Y_1。按 [WINDOW] 键，设 $X_{min}=0$ 和 $X_{max}=6.233$。

有两种逼近极大值的方法。第一种方法是使用 [TRACE] 命令。将函数输入计算器后，按 [TRACE] 键。使用 [◁] 和 [▷] 键沿着图形跟踪光标。这样做时，X 和 Y 的值被更新；通过观察 X 的值，可知售出约 3117 件时，可以获得约 9713 美元的最大收入（见图 11）。

第二种方法是使用内置的极大值程序。首先按 [2nd] [CALC]键，然后按 [4] 键启动极大值程序。输入 2 作为左边界，输入 4 作为右边界，输入 3 作为猜测值。结果如图 12 所示，表明当售出约 3117 件时，可实现约 9713 美元的最大收入。

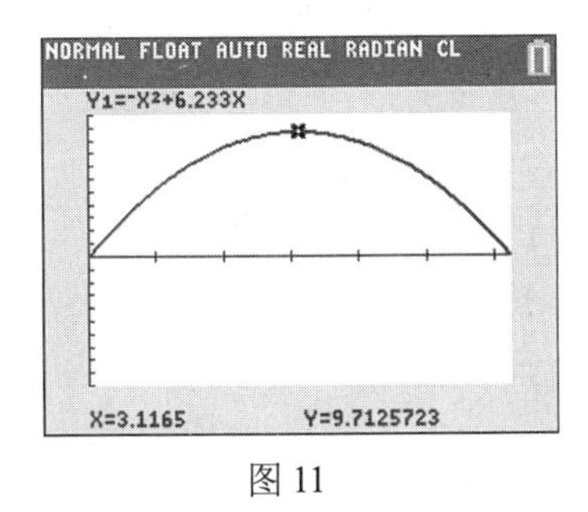

图 11

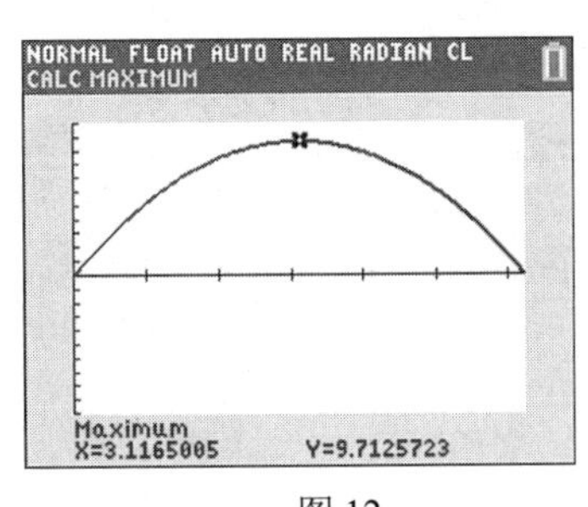

图 12

同样，可以使用TRACE或极小值程序来求函数的极小值。

0.6 节自测题（答案见本节习题后）

考虑图 13 所示的圆柱体。

1. 为圆柱体的尺寸分配变量。

2. 圆柱体的周长是中间圆圈的周长，用圆柱体的尺寸表示周长。

3. 圆柱体底部（或顶部）的面积是多少？

4. 圆柱体侧面的表面积是多少？提示：将圆柱体的一侧切开，然后将圆柱体展开成一个矩形。

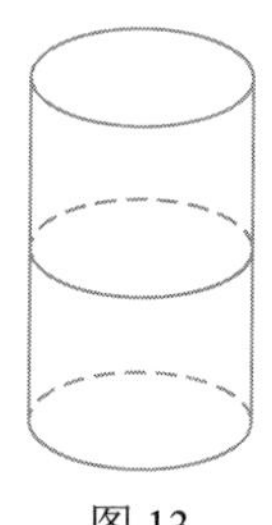

图 13

习题 0.6

在习题 1~6 中，为几何对象的尺寸分配变量。

1.

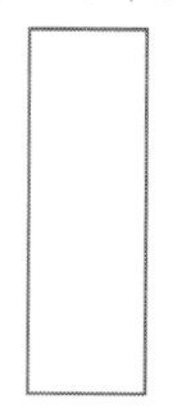

矩形的长是宽的三倍

2.

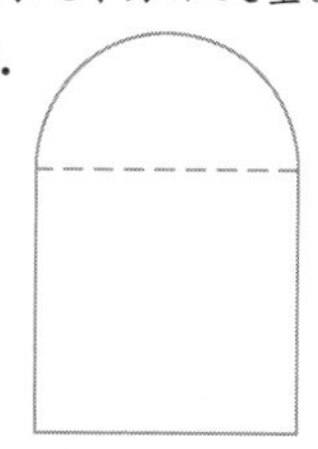

诺曼窗：矩形的顶部有一个半圆

3.

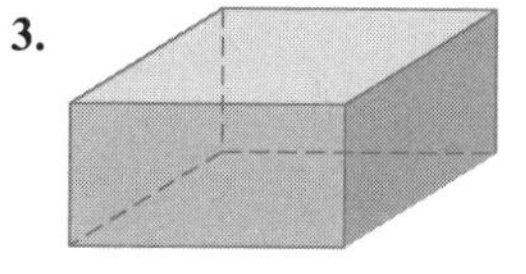

方形底座的矩形盒

4.

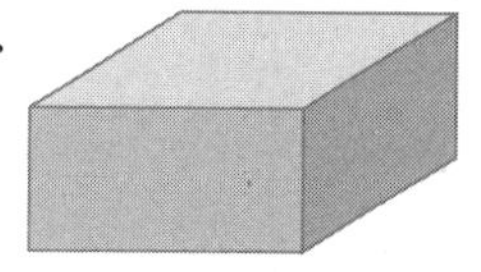

矩形盒的高是长的一半

5.

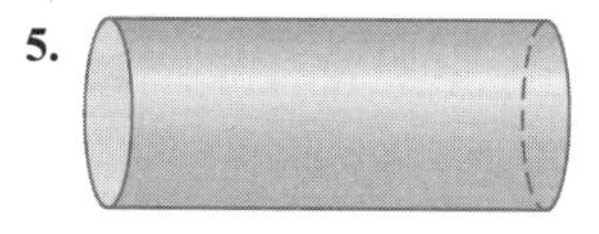

圆柱体

6.

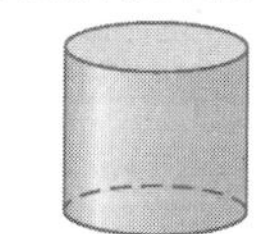

圆柱体高度=直径

习题 7~14 参考习题 1~6 中分配的变量。

7. 周长、面积。考虑习题 1 中的矩形。写出周长的方程。若面积是 25 平方英尺，用公式表示它。

8. 周长、面积。考虑习题 1 中的矩形。写出面积的方程。写出一个表示周长是 30 厘米的方程。

9. 面积、周长。考虑一个半径为 r 的圆。写出面积的方程。写出一个表示周长是 15 厘米的方程。

10. 周长、面积。考虑习题 2 中的诺曼窗。写出周长的方程。写出一个表示面积为 2.5 平方米的方程。

11. 体积、表面积。考虑习题 3 中的矩形盒，且假设它没有顶部。写出体积的方程。写出一个表示表面积是 65 平方英寸的方程。

12. 表面积、体积。考虑习题 4 中的封闭矩形盒。写出表面积的方程。写出一个表示体积是 10 立方英尺的方程。

13. 体积、表面积、成本。考虑习题 5 中的圆柱体。写出一个表示体积是 100 立方英寸的方程。假设制造左端的材料成本为 5 美元/平方英寸，制造右端的材料成本为 6 美元/平方英寸，制造侧面的材料成本为 7 美元/平方英寸。写出圆柱体材料总成本的方程。

14. 表面积、体积。考虑习题 6 中的圆柱体。写出一个表示表面积是 30π 平方英寸的方程。写出体积方程。

15. 围一个矩形畜栏。考虑一个中间有隔板的矩形畜栏，如图 14 所示。用字母表示畜栏的外部尺寸。写出一个方程，表示需要 5000 英尺的围栏来建造畜栏（包括隔板）。写出畜栏总面积的方程。

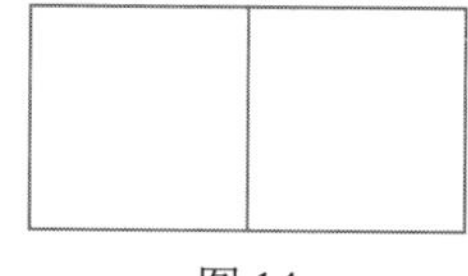

图 14

16. 围一个矩形畜栏。考虑一个有两个隔板的矩形畜栏，如图 15 所示。用字母表示畜栏的外部尺寸。写出一个方程，表示畜栏的总面积为 2500 平方英尺。写出构建畜栏（包括两个分区）所需的围栏数量的方程。

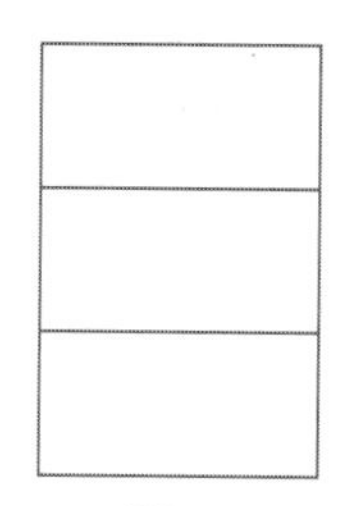

图 15

17. 围栏成本。考虑习题 16 中的围栏。围栏边界的围栏成本为 10 美元/英尺，内部隔板的围栏成本为 8 美元/英尺，写出围栏总成本的方程。

18. **不封口盒子的成本。**考虑习题 3 中的矩形盒。假设盒子没有顶部，制造底部所需的材料成本为 5 美元/平方英尺，建造侧面所需的材料成本为 4 美元/平方英尺。写出一个表示材料的总成本是 150 美元的方程（使用习题 11 中指定的尺寸）。

19. 如果习题 1 中的矩形的周长为 40 厘米，求矩形的面积。

20. 如果习题 6 中的圆柱体的体积为 54π 立方英寸，求圆柱体的表面积。

21. **成本。**一家专卖店在 T 恤上印制定制标语和图案。商店每天销售 x 件 T 恤的总成本为 $C(x)=73+4x$ 美元。

(a) 在什么销售水平下，成本为 225 美元？

(b) 如果销售量由 40 件变为 50 件，成本增加多少？

22. **成本、收入、利润。**一名学生通过在其租用的计算机（和打印机）上打印学期论文来赚钱。作业每页收费 4 美元，她估计每月打印 x 页的费用为 $C(x)=0.10x+75$ 美元。

(a) 如果 1 个月内打印 100 页，利润是多少？

(b) 确定打印业务从每月 100 页增至 101 页时的利润变化。

23. **利润。**一个冷冻酸奶摊每天卖 x 勺酸奶，利润为 $P(x)=0.40x-80$ 美元。

(a) 求盈亏平衡时的销售水平，即 $P(x)=0$ 的水平。

(b) 什么销售水平每天产生 30 美元的利润？

(c) 为了将每日利润从 30 美元提高到 40 美元，还需要销售多少酸奶？

24. **利润。**一家小型互联网服务提供商（ISP）估计，如果有 x 千个用户，每月的利润就为 $P(x)$ 千美元，其中 $P(x)=12x-200$ 。

(a) 每月有 16 万美元的利润需要多少个用户？

(b) 要将月利润从 16 万美元提高到 16.6 万美元，需要新增多少个用户？

25. **成本、收入、利润。**一家小型花店的平均销售额为 21 美元，每周的收入函数为 $R(x)=21x$，其中 x 是一周的销售额。相应地，每周的成本函数为 $C(x)=9x+800$ 美元。

(a) 花店每周的利润函数是什么？

(b) 当销售量为每周 120 件时，利润是多少？

(c) 如果一周的利润是 1000 美元，一周的收入是多少？

26. **成本、收入和利润。**某餐饮公司估计，若一周有 x 位顾客，则成本约为 $C(x)=550x+6500$ 美元，收入约为 $R(x)=1200x$ 美元。

(a) 公司有 12 位顾客，公司一周的利润是多少？

(b) 如果每周的成本为 14750 美元，公司每周的利润是多少？

习题 27 ~ 32 中涉及函数 $f(r)$，后者给出了构造半径为 r 英寸的 100 立方英寸圆柱体的成本（美分）。$f(r)$ 的曲线如图 16 所示。

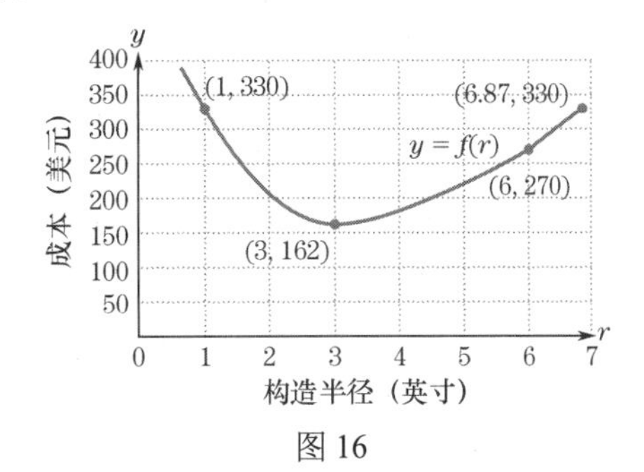

图 16

27. 建造一个半径为 6 英寸的圆柱体的成本是多少？

28. 当成本为 330 美分时，半径 r 的值是多少？

29. 解释点(3, 162)在函数图形上。

30. 解释点(3, 162)是函数图形上的最低点。就成本与半径而言，这说明了什么？

31. 将半径从 3 英寸增加到 6 英寸的额外成本是多少？

32. 将半径从 1 英寸增加到 3 英寸可节省多少成本？

习题 33~36 参考图 17 中的成本和收入函数。生产 x 件商品的成本为 $C(x)$ 美元，销售 x 件商品的收入为 $R(x)$ 美元。

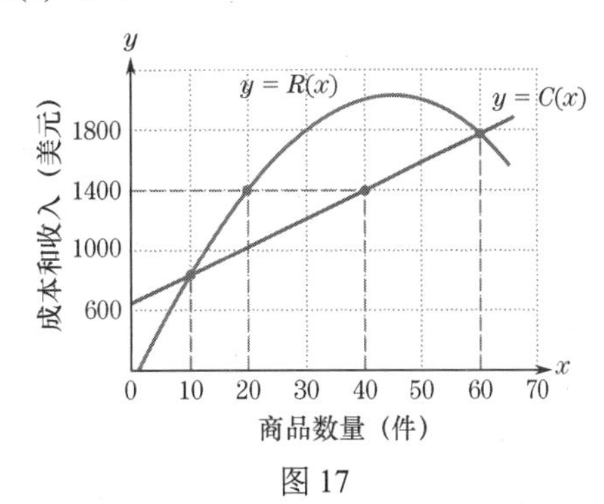

图 17

33. 生产和销售 30 件商品的收入和成本是多少？

34. 生产多少件商品时，收入为 1400 美元？

35. 生产多少件商品时，成本为 1400 美元？

36. 制造和销售 30 件商品的利润是多少？

习题 37~40 参考图 18 中的成本函数。

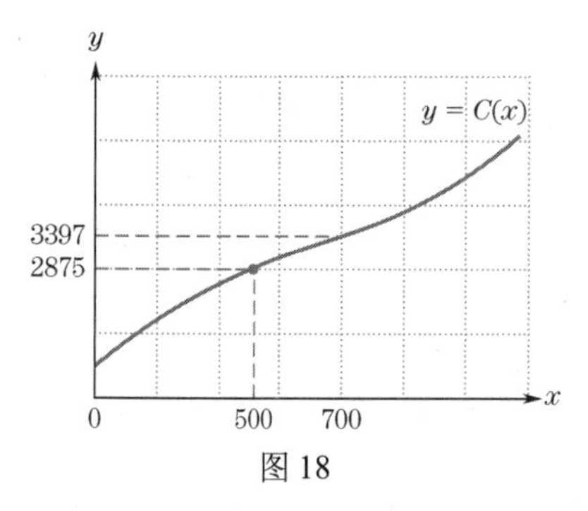

图 18

37. 点(1000, 4000)在函数图形上。用函数 $C(x)$ 表示。

38. 将任务求解 $C(x)=3500$ 转换为涉及函数图形的任务。

39. 将任务求 $C(400)$ 转换为涉及图形的任务。

40. 若已生产 500 件商品，再生产 100 件商品的成本是多少？

习题 41 ~ 44 参考图 19 中的利润函数。

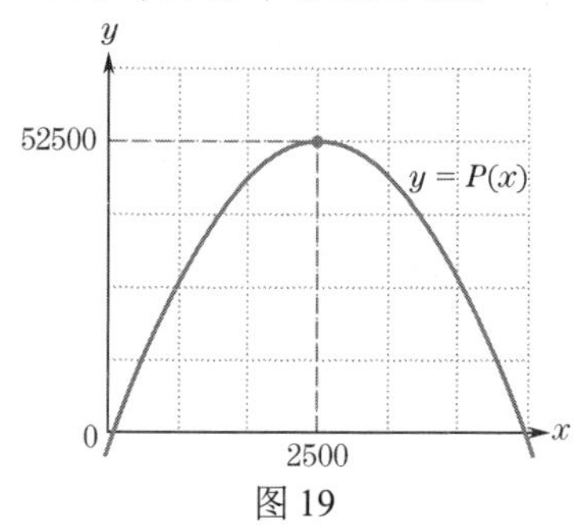

图 19

41. 点(2500, 52500)是函数图形上的最高点。这表明利润和数量之间的关系是什么？

42. 点(1500, 42500)在函数图形上。用 $P(x)$ 表示。

43. 将任务求解 $P(x)=30000$ 转换为涉及函数图形的任务。

44. 将任务求 $P(2000)$ 转换为涉及图形的任务。

球的高度。球被直接抛向空中。函数 $h(t)$给出 t 秒后球的高度（英尺）。在习题 45 ~ 50 中，将任务转换为涉及函数和函数图形的语句。

45. 求 3 秒后球的高度。

46. 求球到达最大高度的时间。

47. 求球达到的最大高度。

48. 确定球何时落地。

49. 确定球的高度何时为 100 英尺。

50. 求球第一次出手时的高度。

技术题

51. 球的高度。一个球直接抛向空中，x 秒后高度为 $-16x^2+80x$ 英尺。

(a) 在指定窗口中绘制函数图形，其中 x 在[0, 6]区间上，y 在[−30, 120]区间上。

(b) 3 秒后球的高度是多少？

(c) 什么时候高度达到 64 英尺？

(d) 球在什么时候落地？

(e) 球何时达到最大高度？这个高度是多少？

52. 成本。生产 x 件商品的每天成本（美元）由函数 $C(x)=225+36.5x-0.9x^2+0.01x^3$ 给出。

(a) 在指定窗口中绘制 $C(x)$，其中 x 在区间[0, 70]上，y 在区间[−400, 2000]上。

(b) 生产 50 件商品的成本是多少？

(c) 根据(b)问的情况，再生产 1 件商品的额外成本是多少？

(d) 在何种生产水平下，每天的成本是 510 美元？

53. 销售收入。一家商店估计每年销售 x 辆自行车的总收入（美元）由函数 $R(x)=250x-0.2x^2$ 给出。

(a) 在指定窗口中绘制 $R(x)$，其中 x 在区间[200, 500]上，y 在区间[42000, 75000]上。

(b) 什么销售水平能产生 63000 美元的收入？

(c) 400 辆自行车的销售收入是多少？

(d) 根据(c)问的情况，若销售水平下降 50 辆自行车，收入下降多少？

(e) 商店认为，若其在广告上花费 5000 美元，明年就可将总销量从 400 辆提高到 450 辆。它应花这 5000 美元吗？

0.6 节自测题答案

1. 设 r 为圆柱体底的半径，h 为圆柱体的高度。

2. 周长$=2\pi r$（圆的周长）。

3. 底部面积$=\pi r^2$。

4. 圆柱体是一个卷起的矩形，高度为 h，底边为 $2\pi r$（圆的周长）。面积为 $2\pi rh$（见图 20）

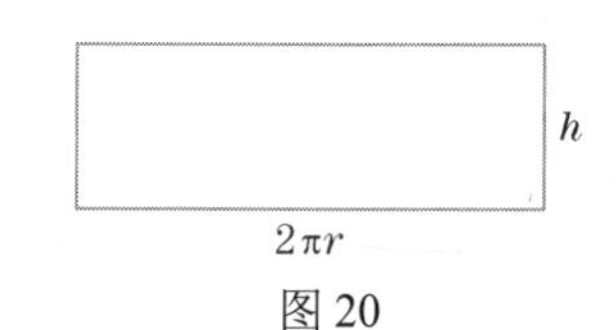

图 20

第 0 章概念题

1. 解释实数、有理数和无理数之间的关系和区别。

2. 四类不等式是什么，各自的含义是什么？

3. 从 a 到 b 的开区间和闭区间有何区别？
4. 什么是函数？
5. “函数在 x 处的值”是什么意思？
6. 函数的定义域和值域是什么意思？
7. 什么是函数图形，它与垂直线有什么关系？
8. 什么是线性函数？常数函数？举例说明。
9. 何谓函数的 x 截距和 y 截距，如何找到它们？
10. 什么是二次函数？它的图形是什么形状？
11. 定义并举例说明如下功能：(a)二次函数；(b)多项式函数；(c)有理函数；(d)幂函数。
12. 数的绝对值是什么意思？
13. 本章讨论了哪五种函数运算？分别举一个例子。
14. 什么是函数的零点？
15. 给出寻找二次函数零点的两种方法。
16. 说出 6 个指数定律。
17. 在式 $A=P(1+i)^n$ 中， A,P,i,n 分别代表什么？
18. 解释如何由 $y=f(x)$ 的图形几何求解 $f(x)=b$ 。
19. 解释如何由 $y=f(x)$ 的图形几何求 $f(a)$ 。

第 0 章复习题

1. 设 $f(x)=x^3+\frac{1}{x}$，计算 $f(1)$，$f(3)$，$f(-1)$，$f\left(-\frac{1}{2}\right)$ 和 $f(\sqrt{2})$ 。
2. 设 $f(x)=2x+3x^2$，计算 $f(0)$，$f\left(-\frac{1}{4}\right)$ 和 $f(1/\sqrt{2})$ 。
3. 设 $f(x)=x^2-2$，计算 $f(a-2)$ 。
4. 设 $f(x)=[1/(x+1)]-x^2$，计算 $f(a+1)$ 。

确定下列函数的定义域。

5. $f(x)=\frac{1}{x(x+3)}$
6. $f(x)=\sqrt{x-1}$
7. $f(x)=\sqrt{x^2+1}$
8. $f(x)=\frac{1}{\sqrt{3x}}$
9. 点 $\left(\frac{1}{2},-\frac{3}{5}\right)$ 在函数 $h(x)=(x^2-1)/(x^2+1)$ 的图形上吗？
10. 点 $(1,-2)$ 在函数 $k(x)=x^2+\frac{2}{x}$ 的图形上吗？

对习题 11 ~ 14 中的多项式进行因式分解。

11. $5x^3+15x^2-20x$
12. $3x^2-3x-60$
13. $18+3x-x^2$
14. $x^5-x^4-2x^3$
15. 求二次函数 $y=5x^2-3x-2$ 的零点。
16. 求二次函数 $y=-2x^2-x+2$ 的零点。
17. 求曲线 $y=5x^2-3x-2$ 和 $y=2x-1$ 的交点。
18. 求曲线 $y=-x^2+x+1$ 和 $y=x-5$ 的交点。

设 $f(x)=x^2-2x$，$g(x)=3x-1$，$h(x)=\sqrt{x}$，求下列函数。

19. $f(x)+g(x)$
20. $f(x)-g(x)$
21. $f(x)h(x)$
22. $f(x)g(x)$
23. $f(x)/h(x)$
24. $g(x)h(x)$

设 $f(x)=x/(x^2-1)$, $g(x)=(1-x)/(1+x)$, $h(x)=2/(3x+1)$，将下列表达式表示为有理函数。

25. $f(x)-g(x)$
26. $f(x)-g(x+1)$
27. $g(x)-h(x)$
28. $f(x)+h(x)$
29. $g(x)-h(x-3)$
30. $f(x)+g(x)$

设 $f(x)=x^2-2x+4$，$g(x)=1/x^2$，$h(x)=1/(\sqrt{x}-1)$，求下列函数。

31. $f(g(x))$
32. $g(f(x))$
33. $g(h(x))$
34. $h(g(x))$
35. $f(h(x))$
36. $h(f(x))$
37. 化简 $81^{3/4}$，$8^{5/3}$ 和 0.25^{-1} 。
38. 化简 $100^{3/2}$ 和 $0.001^{1/3}$ 。
39. **一氧化碳水平**。一个城市的人口从现在开始估计将达到 $750+25t+0.1t^2$ 千人。生态学家估计，当人口为 x 千人时，城市上空空气中一氧化碳的平均水平为 $1+0.4x$ 毫克/升。将一氧化碳水平表示为时间 t 的函数。
40. **广告**。公司销售 x 千件产品的收入 $R(x)$（千美元）由 $R(x)=5x-x^2$ 给出。销售水平 x 又是广告费用 d 的函数 $f(d)$，$f(d)=6\left(1-\frac{200}{d+200}\right)$。将收入表示为广告支出金额的函数。

在习题 41 ~ 44 中使用指数定律来简化代数表达式。

41. $(\sqrt{x+1})^4$
42. $\frac{xy^3}{x^{-5}y^6}$
43. $\frac{x^{3/2}}{\sqrt{x}}$
44. $\sqrt[3]{x}(8x^{2/3})$
45. **每月复利**。假设将 15000 美元存入储蓄账户，每年支付 4%的利息，每月复利计息，为期 t 年。
    (a) 将账户余额 $A(t)$ 表示为 t 的函数，t 是本金在账户中的年数。
    (b) 计算 2 年后和 5 年后的账户余额。
46. **每半年复利**。假设将 7000 美元存入储蓄账户，年利率为 9%，每半年复利计息，为期 t 年。
    (a) 将账户余额 $A(t)$ 表示为 t 的函数，t 是本金在账户中的年数。
    (b) 计算 10 年后和 20 年后的账户余额。
47. **变化利率**。假设将 15000 美元存入储蓄账户，账户支付的年利率为 r，每年复利计息，为期 10 年。
    (a) 将账户余额 $A(r)$ 表示为 r 的函数。
    (b) 计算 $r=0.04$ 和 $r=0.06$ 时的账户余额。
48. **变化利率**。假设将 7000 美元存入储蓄账户，账户支付的年利率为 r，每年复利计息，为期 20 年。
    (a) 将账户余额 $A(r)$ 表示为 r 的函数。
    (b) 计算 $r=0.07$ 和 $r=0.12$ 时的账户余额。

第1章　导　数

我们都熟悉直线斜率的概念及其在分析线性函数时的重要性。几何上，斜率告诉我们一条线是上升还是下降。在图 1 中，L_1 具有正斜率，L_2 具有负斜率。斜率度量陡度，告诉我们一条线上升或下降的速度。在图 2 中，L_1 的斜率小于 L_2 的斜率。

在应用问题中，斜率表示线性函数的变化率。若 $C(x)=3x+12$ 是生产某种产品 x 件的制造成本，则斜率 3 告诉我们成本以 3 美元/件的速度上升（见图 3）。

当函数不是线性函数时，如何测量变化率？事实上，我们已对变化率有了直观的认识。下面研究图 4 中函数 f 的图形。几何上可以清楚地看出，图形在 A 点和 B 点上升，在 C 点下降。此外，图形在 B 点比在 A 点上升得更快或者更陡。考虑到斜率的概念，观察 f 的图形发现，f 的变化率在 A 点和 B 点处为正，在 C 点处为负，且 B 点处的变化率大于 A 点处的变化率。本章介绍微积分的一个重要思想，它在图形的斜率和函数变化率之间建立了对应关系。为了度量图形在某点的斜率，我们将引入导数，它是微积分的基本工具。通过研究导数，我们将能以数值方式处理应用问题的变化率。

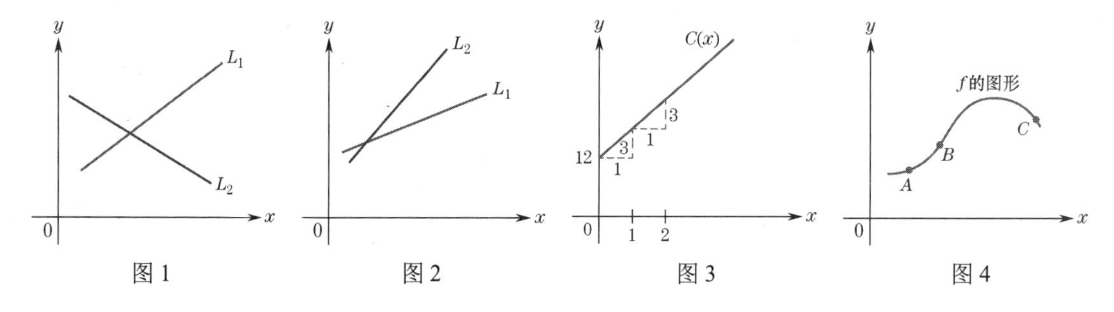

图 1　　图 2　　图 3　　图 4

1.1　直线的斜率

如稍后介绍的那样，研究直线对于研究曲线的斜率至关重要。因此，本节专门讨论直线的几何性质和代数性质。因为垂直线不是函数的图形（它未通过垂直线测试），所以重点讨论非垂直线。

非垂直线方程　非垂直线 L 的方程形式为

$$y=mx+b \tag{1}$$

数 m 称为 L 的**斜率**，点 $(0,b)$ 称为 y **截距**。方程(1)称为 L 的**斜率-截距方程**。

设 $x=0$，得到 $y=b$，所以点 $(0,b)$ 在直线 L 上。因此，y 截距告诉我们直线 L 与 y 轴相交的位置。斜率表示直线的陡度。图 1 中给出了三条斜率为 $m=2$ 的直线，图 2 中给出了三条斜率为 $m=-2$ 的直线。

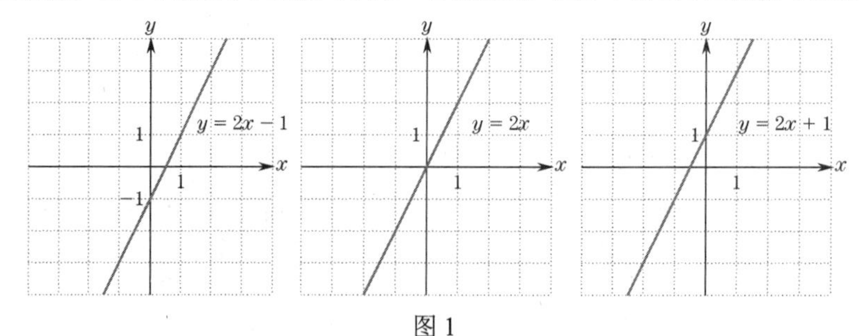

图 1

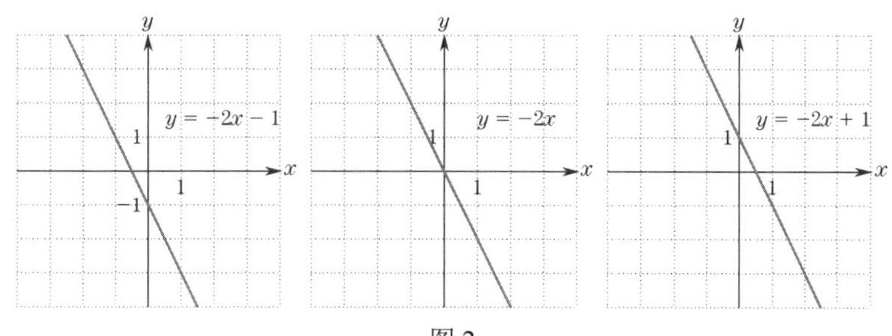

图 2

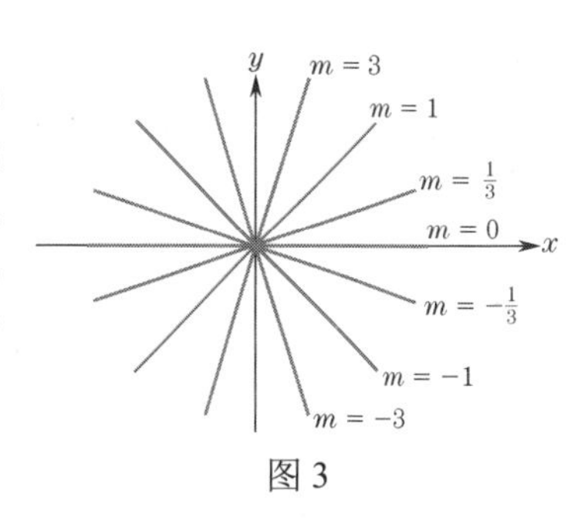

图 3

为了理解斜率的含义，我们可以想象沿着一条从左到右的直线行走的情形。在斜率为正的直线上，我们在上坡；斜率越大，坡越陡。在斜率为负的直线上，我们在下坡；斜率越负，坡越陡。在斜率为零的直线上行走相当于在平地上行走。图 3 中画出了斜率为 $m=3,1,\frac{1}{3},0,-\frac{1}{3},-1,-3$ 的直线，这些直线的 y 截距均为 $b=0$。读者可以很容易地验证我们关于这些直线的斜率的概念。

直线的斜率和 y 截距通常有物理解释，见下面的三个例子。

例 1　固定成本和边际成本。制造商发现生产 x 件产品的总成本是 $2x+1000$ 美元。参考图 4，y 截距和直线 $y=2x+1000$ 的斜率的经济意义是什么？

解： y 截距为(0, 1000)。换句话说，当 $x=0$（未生产产品）时，成本仍是 $y=1000$ 美元。数字 1000 代表制造商的固定成本——无论生产多少产品，都必须支付这些间接成本（如租金和保险）。

直线的斜率为 2，代表生产额外一件产品的成本。为此，我们可计算一些典型的成本。

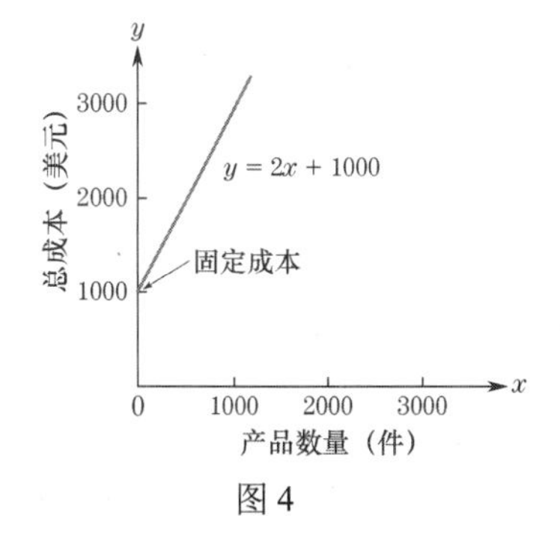

图 4

产品数量（件）	总成本（美元）
$x=1500$	$y=2\times1500+1000=4000$
$x=1501$	$y=2\times1501+1000=4002$
$x=1502$	$y=2\times1502+1000=4004$

x 每增加 1，y 值就增加 2。数字 2 称为**边际成本**，它等于当产量增加 1，即从 x 增加到 $x+1$ 时，产生的额外成本。

■

例 2　解释斜率和 y 截距。某公寓大楼有一个存放取暖油的油罐。油罐于 1 月 1 日装满，但直到 3 月的某个时候才能补入更多的取暖油。让 t 表示 1 月 1 日之后的天数，y 表示油罐中取暖油的加仑数。公寓大楼的当前记录显示，y 和 t 近似地通过如下方程相关：

$$y=30000-400t$$

参考图 5，这条直线的 y 截距和斜率可以给出什么解释？

解： y 截距为(0, 30000)。该 y 值对应于 $t=0$，因此 1 月 1 日油罐中有 30000 加仑油。下面检查油罐中油的使用速度。

油罐中的取暖油每天减少 400 加仑，即取暖油以 400 加仑/天的速度消耗。直线的斜率为−400，给出了油罐中取暖油的变化速率。−400 中的负号表示取暖油正在减少。

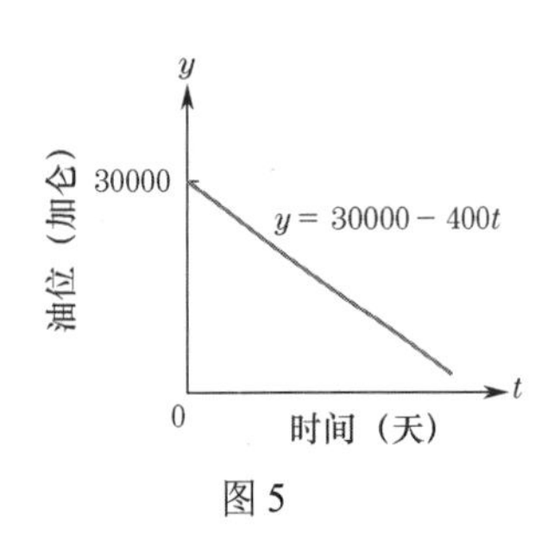

图 5

1月1日后的天数	油罐中取暖油的加仑数
$t=0$	$y=30000-400\times0=30000$
$t=1$	$y=30000-400\times1=29600$
$t=2$	$y=30000-400\times2=29200$
$t=3$	$y=30000-400\times3=28800$
⋮	⋮

■

例 3　设备折旧。出于税收目的，企业可以将设备视为每年的贬值或折旧。折旧金额可作为所得税减免。某设备在购买 x 年后的价值 y 由 $y=500000-50000x$ 给出，解释图形的 y 截距和斜率。

解： y 截距为(0, 500000)，对应于 $x=0$ 时的 y 值。也就是说，y 截距给出设备的原始价值 500000 美元。斜率表示设备价值变化的速率。因此，设备的价值以 50000 美元/年的速度下降。

■

直线斜率的性质

下面回顾直线斜率的几个有用性质。

用斜率和点绘制直线　如果从斜率为 m 的直线上的某点开始向右移动 1 个单位，我们就必须在 y 方向上移动 m 个单位才能回到直线上。

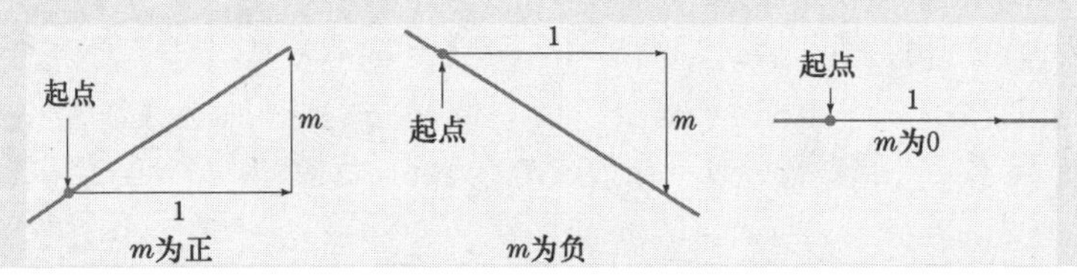

斜率公式　我们可以通过已知直线上的两个点来计算该直线的斜率。若点 (x_1,y_1) 和点 (x_2,y_2) 在直线上，则直线的斜率为

$$m=\frac{y_2-y_1}{x_2-x_1}$$

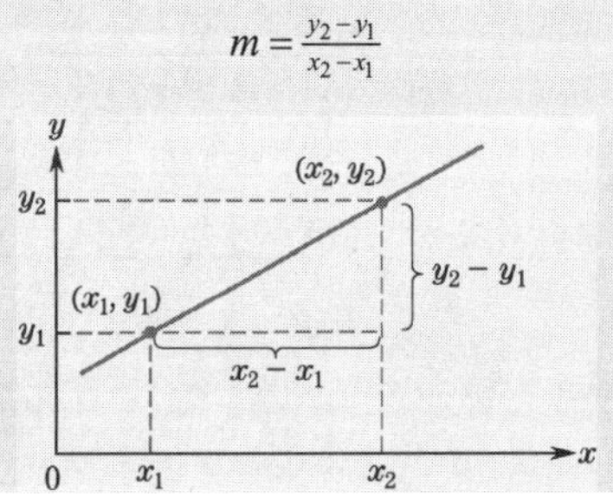

点斜式　如果我们知道直线的斜率和直线上的一点，就可以得到该直线的方程。如果斜率是 m，并且点 (x_1,y_1) 在直线上，那么直线方程是

$$y-y_1=m(x-x_1)$$

这个方程被称为直线的**点斜式方程**。

平行线　相同斜率的不同直线是平行的。相反，若两条非垂直线平行，则它们具有相同的斜率。

垂直线　当两条直线垂直时，不包括垂直线和水平线的情况，它们的斜率之积为−1。

回顾：当且仅当 $m_1\cdot m_2=-1$ 或 $m_2=-\frac{1}{m_1}$ 时，斜率分别为 m_1 和 m_2 的两条直线是垂直的。水平线（斜率为 0）也垂直于垂直线（无斜率）。

涉及直线斜率的计算

例 4　求斜率和 y 截距。 求方程为 $2x+3y=6$ 的直线的斜率和 y 截距。

解： 通过用 x 表示 y，我们将方程转化为斜率−截距形式：

$$3y=-2x+6 \quad \Rightarrow \quad y=-\tfrac{2}{3}x+2$$

斜率为 $-\frac{2}{3}$，且 y 截距为(0, 2)。

■

例 5　根据已知点和斜率画一条直线。 画出如下直线的图形：

(a) 过点(2,−1)，斜率为 3；(b) 过点(2, 3)，斜率为 $-\frac{1}{2}$。

解： 我们遵循使用斜率绘制直线的方法（见图 6）。在每种情况下，我们都从已知点开始右移 1 个单位，然后在 y 方向上移动 m 个单位（向上为正 m，向下为负 m）。到达的新点也在直线上。画出过这两点的直线。

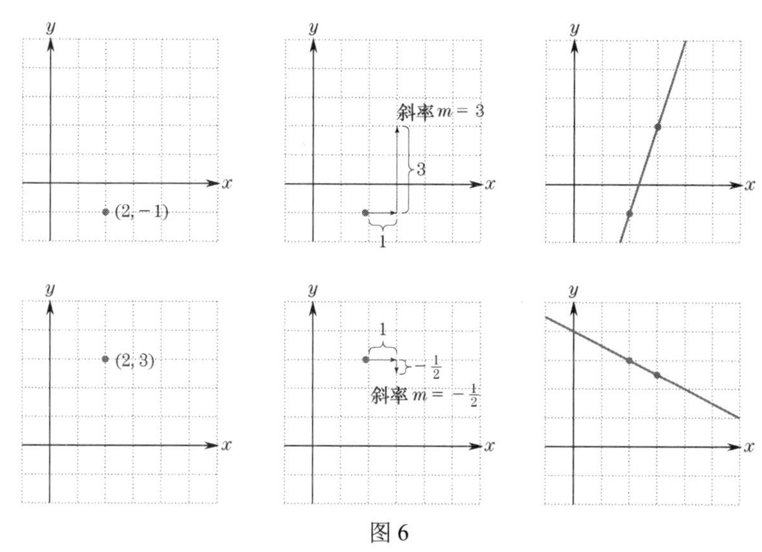

图 6

■

例 6　过两点的直线的斜率。 求过点(6,−2)和点(9, 4)的直线的斜率。

解： 对点 $(x_1,y_1)=(6,-2)$ 和点 $(x_2,y_2)=(9,4)$ 使用斜率公式得

$$\frac{y_2-y_1}{x_2-x_1}=\frac{4-(-2)}{9-6}=\frac{6}{3}=2$$

因此，斜率为 2［若令 $(x_1,y_1)=(9,4)$ 和 $(x_2,y_2)=(6,-2)$，则会得到相同的答案］。斜率就是 y 坐标的差值除以 x 坐标的差值，且每个差值以相同的顺序形成。

■

例 7　已知点和斜率的直线方程。 求过点(−1, 2)且斜率为 3 的直线的方程。

解： 设 $(x_1,y_1)=(-1,2)$，$m=3$，采用点斜式。直线的方程是

$$y-2=3[x-(-1)] \quad \Rightarrow \quad y-2=3(x+1)$$

■

例 8　过两点的直线方程。 求过点(1,−2)和点(2,−3)的直线方程。

解： 由斜率公式可知，直线的斜率为

$$\frac{-3-(-2)}{2-1}=\frac{-3+2}{1}=-1$$

因为(1, −2)在直线上，所以可以得到直线的点斜式方程：

$$y-(-2)=(-1)(x-1) \quad \Rightarrow \quad y+2=-x+1 \quad \Rightarrow \quad y=-x-1$$

■

例 9　平行于已知直线的直线方程。求过点(5, 3)且平行于直线 $2x+5y=7$ 的直线方程。

解：首先求直线 $2x+5y=7$ 的斜率：

$$2x+5y=7 \Rightarrow 5y=7-2x \Rightarrow y=-\tfrac{2}{5}x+\tfrac{7}{5}$$

这条直线的斜率为 $-\frac{2}{5}$。根据平行线的性质可知，任何平行于这条直线的直线的斜率也为 $-\frac{2}{5}$。使用已知点(5, 3)和点斜式方程，得到所求的方程为

$$y-3=-\tfrac{2}{5}(x-5)$$

该方程也可写为 $y=-\frac{2}{5}x+5$。

■

斜率即变化率

已知线性函数 $y=L(x)=mx+b$，当 x 从 x_1 变化到 x_2 时，y 从 $y_1=L(x_1)$ 变化到 $y_2=L(x_2)$。由斜率公式可知，$y=L(x)$ 在从 x_1 到 x_2 的区间上的变化率等于 y 的变化除以 x 的变化，即

$$y=L(x)\text{在从}x_1\text{到}x_2\text{的区间内的变化率}=\frac{y\text{的变化}}{x\text{的变化}}=\frac{y_2-y_1}{x_2-x_1}=m$$

因此，线性函数在任何区间上的变化率都是恒定的，且等于斜率 m。如例 2 中所做的那样，我们将斜率称为**函数的变化率**，而未提及潜在的区间。线性函数的变化率恒定的事实是线性函数的特征（见习题 65），且有许多重要的应用。

例 10　城市温度。当冷锋移过中西部城市时，从正午到晚上 8 点之间温度以 3℉/小时的速率下降。将温度表示为时间的函数，假设下午 1 点的温度为 47℉，求正午的温度。

解：令 t 表示从正午开始以小时为单位测量的时间，$T(t)$ 表示城市在时间 t 的温度。温度以 3℉/小时的（恒定）速率下降的事实告诉我们，温度是一个线性函数，其图形正在下降。因此，它的斜率是 $m=-3$，有 $T(t)=-3t+b$。为了确定 b，我们使用下午 1 点的温度为 47℉ 或 $T(1)=47$ 的事实：

$$(-3)\times 1+b=47,\quad b=50$$

所以 $T(t)=-3t+50$。温度曲线如图 7 所示。为了确定正午的温度，我们设 $t=0$，得到 $T(0)=50$ ℉。

■

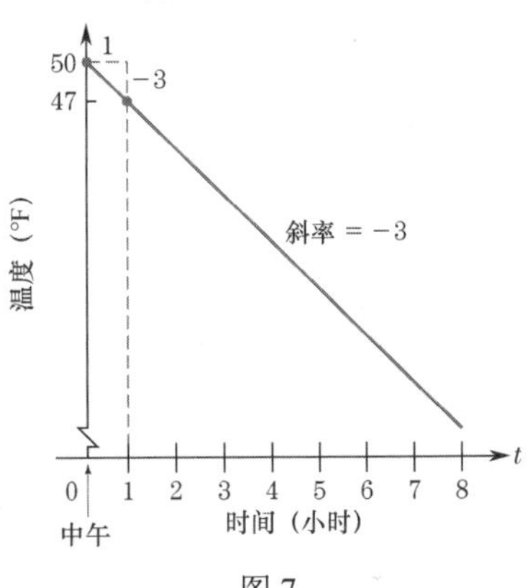

图 7

注意斜率符号的重要性。递增线性函数具有正变化率，斜率为正（见例 1）。递减线性函数具有负变化率，斜率为负（见例 10）。

综合技术

第 0 章每节末尾详细回顾了使用 TI-83/84 型计算器绘制函数的许多有用技术。这些技术都可用于分析非线性函数的图形。这里建议读者在尝试求解本节的技术题之前复习这些内容。

1.1 节自测题（答案见本节习题后）

求下列直线的斜率。

1. 直线的方程是 $x=3y-7$。

2. 直线过点(2,5)和点(2,8)。

习题 1.1

求下列直线的斜率和 y 截距。

1. $y=3-7x$　　**2.** $y=\frac{3x+1}{5}$

3. $x=2y-3$　　**4.** $y=6$

5. $y=\frac{x}{7}-5$　　**6.** $4x+9y=-1$

求给定直线的方程。

7. 斜率为−1，点(7, 1)在直线上

8. 斜率为 2，点(1, −2)在直线上

9. 斜率为 $\frac{1}{2}$，点(2, 1)在直线上

10. 斜率为$\frac{7}{3}$，点$\left(\frac{1}{4},-\frac{2}{5}\right)$在直线上

11. 点$\left(\frac{5}{7},5\right)$和点$\left(-\frac{5}{7},-4\right)$在直线上

12. 点$\left(\frac{1}{2},1\right)$和点$(1, 4)$在直线上

13. 点（0，0）和点（1，0）在直线上

14. 点$\left(-\frac{1}{2},-\frac{1}{7}\right)$和点$\left(\frac{2}{3},1\right)$在直线上

15. 水平通过点$(2, 9)$

16. x截距是1，y截距是-3

17. x截距是$-\pi$，y截距是1

18. 斜率是2，x截距是-3

19. 斜率是-2，x截距是-2

20. 水平通过点$(\sqrt{7},2)$

21. 直线平行于$y=x$，且点$(2, 0)$在直线上

22. 直线平行于$x+2y=0$，且点$(1, 2)$在直线上

23. 直线平行于$y=3x+7$，且x截距是2

24. 直线平行于$y-x=13$，且y截距是0

25. 直线垂直于$y+x=0$，且点$(2, 0)$在直线上

26. 直线垂直于$y=-5x+1$，且点$(1, 5)$在直线上

在习题27～30中，通过给出的斜率和线上的一点来确定一条直线。从给定点开始，使用斜率和点来绘制直线的图形。

27. 斜率$m=1$，点$(1, 0)$在直线上

28. 斜率$m=\frac{1}{2}$，点$(-1, 1)$在直线上

29. 斜率$m=-\frac{1}{3}$，点$(1, -1)$在直线上

30. 斜率$m=0$，点$(0, 2)$在直线上

31. 图中的每条直线(A)、(B)、(C)和(D)是方程(a)、(b)、(c)和(d)之一的图形，将每个方程与其图形关联起来。

(a) $x+y=1$　　(b) $x-y=1$

(c) $x+y=-1$　　(d) $x-y=-1$

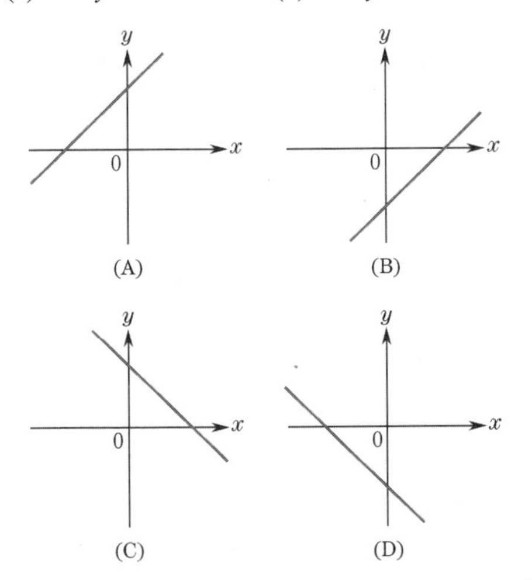

32. 过点$(-1, 2)$和点$(3, b)$且平行于$x+2y=0$的直线，求b。

在习题33～36中，参考斜率为m的直线。若从直线上的一点开始，在x方向上移动h单位，则必须在y方向上移动多少单位才能回到直线上？

33. $m=\frac{1}{3}$，$h=3$　　**34.** $m=2$，$h=\frac{1}{2}$

35. $m=-3$，$h=0.25$　　**36.** $m=\frac{2}{3}$，$h=\frac{1}{2}$

在习题37和习题38中，通过给出的斜率和直线上的一点来指定一条直线。已知直线上一些点的第一个坐标。不需要推导直线的方程，求每个点的第二个坐标。

37. 斜率是2，点$(1, 3)$在直线上。求$(2, \ )$；$(3, \ )$；$(0, \ )$。

38. 斜率是-3，点$(2, 2)$在直线上。求$(3, \ )$；$(4, \ )$；$(1, \ )$。

39. 若$f(x)$是一个线性函数，$f(1)=0$，$f(2)=1$，则$f(3)$是多少？

40. 过点$(3, 4)$和$(-1, 2)$的直线是否平行于直线$2x+3y=0$？

对以下图形中的每对直线，求斜率较大的直线。

41.

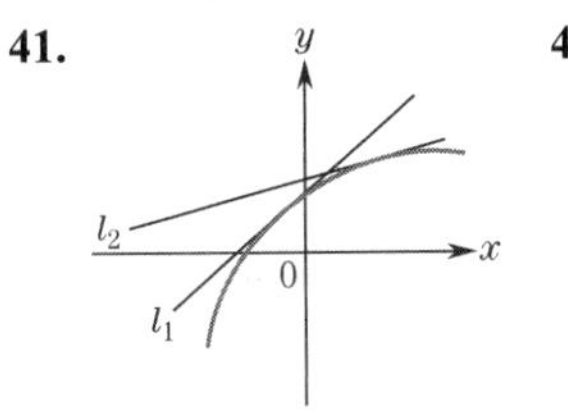

42.

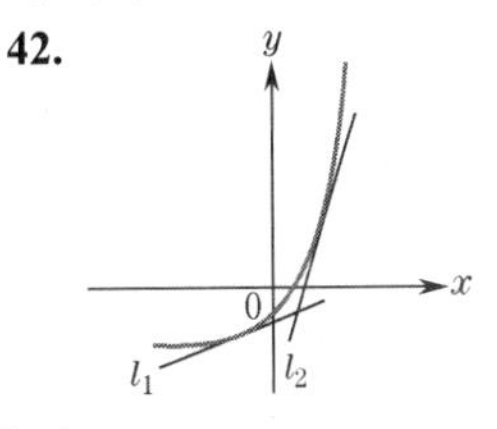

求下列直线的方程并画出图形。

43. 斜率为-2，y截距为$(0, -1)$

44. 斜率为$\frac{1}{3}$，y截距为$(0, 1)$

在习题45和习题46中，两条直线与图中函数$y=f(x)$的图形相交，求a和$f(a)$。

45.

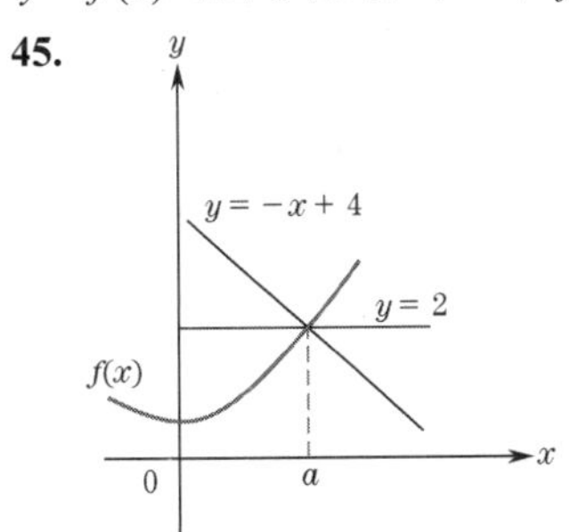

46.

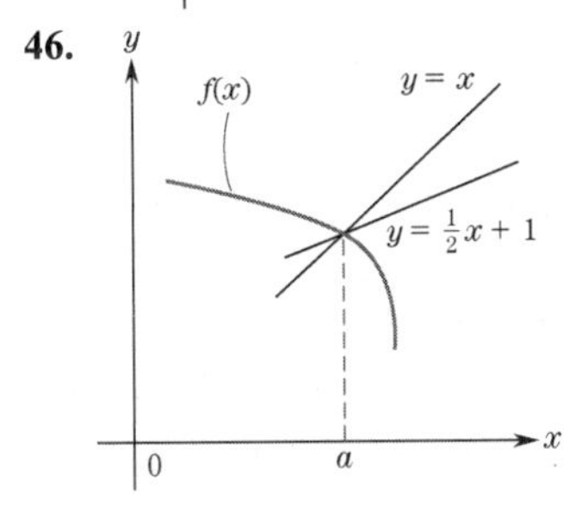

47. 边际成本。 令 $C(x)=12x+1100$ 表示每天生产 x 件某种商品的总成本（以美元计算）。

(a) 若每天生产 10 件商品，总成本是多少？

(b) 边际成本是多少？

(c) 使用(b)问，求将日产量从 10 件提高到 11 件的额外成本。

48. 参考习题 47。 使用 $C(x)$ 的公式直接证明 $C(x+1)-C(x)=12$。根据边际成本解释结果。

49. 汽油价格。 2020 年 1 月 1 日，加油站 1 加仑无铅汽油的价格降至 3.19 美元，且在接下来的 9 个月内继续以 4 美分/月的速度下跌。将 1 加仑无铅汽油的价格表示为 2020 年 1 月 1 日开始的时间函数。2020 年 4 月 1 日 15 加仑汽油的价格是多少？2020 年 9 月 1 日呢？

50. 疯牛病对加拿大牛肉出口的影响。 2003 年 5 月，加拿大发现了一例牛海绵状脑病（也称疯牛病），导致加拿大立即禁止所有牛肉出口。2003 年 9 月初，禁令解除，加拿大牛肉出口以 4250 万美元/月的稳定速度增长。从 2003 年 9 月的第一天开始，将加拿大牛肉的每月出口额表示为时间函数。到 2003 年 12 月末，当出口恢复到正常水平时，月出口额是多少？

51. 运输和处理成本。 一家网上书店收取 5 美元外加图书购买价格的 3%的运费和手续费。找到一个函数 $C(x)$，表示成本为 x 美元的图书订单的运费和手续费。

52. 离职率。 工资与员工离职率的关系定义为员工入职 1 年内离职的比例。支付最低时薪（7.25 美元）的大型连锁餐厅员工的离职率为 0.2，或者每 100 名员工中有 20 人辞职。当公司将时薪提高到 8 美元时，离职率下降到 0.18，即每 100 名员工中有 18 人辞职。

(a) 假设离职率 $Q(x)$ 与时薪 x 之间呈线性关系，求 $Q(x)$ 的方程。

(b) 当离职率下降到每 100 名员工中有 10 名员工辞职时，时薪应该是多少？

53. 价格影响销售。 当加油站老板将无铅汽油的价格定为 3.10 美元/加仑时，每天可售出约 1500 加仑汽油，将价格定为 3.25 美元/加仑时，每天可售出约 1250 加仑汽油。设 $G(x)$ 表示价格为 x 美元时每天出售的无铅汽油的加仑数，且 $G(x)$ 是 x 的线性函数。若价格设为 3.34 美元/加仑，则每天大约售出多少加仑汽油？

54. 参考习题 53。 若加油站老板每天售出 2200 加仑汽油，定价应该设为多少？

55. 边际成本分析。 某公司生产和销售钓鱼竿，其固定成本为每天 1500 美元，当产量设为每天 100 根时，总成本为每天 2200 美元。假设总成本 $C(x)$ 与每日产量 x 线性相关。

(a) 将总成本表示为每日产量的函数。

(b) 产量 $x=100$ 的边际成本是多少？

(c) 将日产量从 100 根提高到 101 根的额外成本是多少？用两种不同的方式回答这个问题：(1)使用边际成本；(2)通过计算 $C(101)-C(100)$。

56. 解释斜率和 y 截距。 销售人员的周薪取决于销售量。若售出 x 件商品，则报酬是 $y=5x+60$ 美元。解释该直线的斜率和 y 截距。

57. 解释斜率和 y 截距。 制造商的需求方程是 $y=-0.02x+7$，其中 x 是件数，y 是价格。也就是说，要销售 x 件商品，价格是 $y=-0.02x+7$ 美元。解释该直线的斜率和 y 截距。

58. 将华氏度转换为摄氏度。 32℉和 212℉对应于 0℃和 100℃。线性方程 $y=mx+b$ 将华氏度转换为摄氏度。求 m 和 b。98.6℉对应的摄氏度是多少？

59. 静脉注射。 药物以 6 毫升/分钟的速率通过静脉注射给患者。假设患者体内在输液开始时已含有 1.5 毫升这种药物，求输液开始 x 分钟后体内药物量的方程。

60. 参考习题 59。 患者体内以 2 毫升/小时的速率清除药物，求输液开始 x 分钟后体内药物量的方程。

61. 潜水员上浮。 检查一艘 212 英尺深的沉船后，潜水员开始以 2 英尺/秒的速度缓慢上浮到海面。求潜水员距离海面的深度 $y(t)$。

62. 潜水员上浮。 在上道习题中，潜水员应在 150 英尺深的地方停留 5 分钟减压。假设潜水员减压后以 2 英尺/秒的速度继续上浮，求 $y(t)$ 并确定潜水员到达海面需要多长时间。

63. T 恤销售。 T 恤店老板每天生产 x 件 T 恤的固定成本为 230 美元，每件 T 恤的边际成本为 7 美元。令 $C(x)$ 表示每天生产 x 件 T 恤的成本。

(a) 求 $C(x)$。

(b) 若老板决定以 12 美元/件的价格出售 T 恤，求每天销售 x 件 T 恤的总收益 $R(x)$。

64. 收支平衡。 为了使企业收支平衡，收入必须等于成本。在上道习题中应销售最少多少件 T 恤才能实现收支平衡？

65. 如果对某个常数 m 有

$$\frac{f(x_2)-f(x_1)}{x_2-x_1}=m$$

对所有 $x_1 \neq x_2$，证明 $f(x)=mx+b$，其中 b 是某个常数。提示：固定 x_1 并取 $x=x_2$，然后求解 $f(x)$。

66. (a) 画出过点(3, 2)的任何函数 $f(x)$ 的图形。

(b) 在 x 轴上选择 $x=3$ 右侧的一点并将其标记为 $3+h$。

(c) 过点 $(3,f(3))$ 和 $(3+h,f(3+h))$ 画直线。

(d) 该直线的斜率是多少（以 h 为单位）？

67. **世界城市人口**。设 y 表示 2014 年后，x 年世界城市人口的百分比。根据联合国的数据，2014 年世界人口的 54%是城市人口，预测显示这个百分比到 2050 年将增加到 66%。假设 y 自 2014 年以来是 x 的线性函数。

(a) 将 y 表示为 x 的函数。

(b) 将斜率解释为变化率。

(c) 求 2020 年世界人口中城市人口的百分比。

(d) 确定世界人口的 72%为城市人口的年份。

技术题

68. 令 y 表示在申报 x 美元收入的纳税申报表上要求逐项扣除的平均金额。根据美国国税局的数据，y 是 x 的线性函数。此外，在最近一年，收入为 20000 美元的所得税申报表逐项扣除平均为 729 美元，而报告为 50000 美元的收入申报表逐项扣除平均为 1380 美元。

(a) 将 y 表示为 x 的函数。

(b) 在指定窗口内绘制该函数，其中 x 的区间为[0, 75000]，y 的区间为[0, 2000]。

(c) 给出斜率的合适解释。

(d) 以图形方式确定申报 75000 美元的申报表逐项扣除的平均金额。

(e) 以图形方式确定平均逐项扣除额为 1600 美元的收入水平。

(f) 若收入水平增加 15000 美元，平均逐项扣除增加多少？

1.1 节自测题答案

1. 用 x 表示 y：

$$y=\tfrac{1}{3}x+\tfrac{7}{3}$$

直线的斜率是 x 的系数，也就是 $\frac{1}{3}$。

2. 经过这两点的直线是一条垂直线，因此其斜率没有定义。

1.2 曲线在某点的斜率

为了将斜率的概念从直线扩展到更一般的曲线，我们首先要讨论曲线在某点的切线的概念。

我们已清楚地知道圆在点 P 的切线是什么意思。这条直线只在点 P 处与圆相接。下面关注点 P 附近的区域，如图 1 中的虚线矩形所示。圆的放大部分看起来几乎是直的，与其类似的直线则是切线。进一步放大将使点 P 附近的圆看起来更直，且与切线更相似。从这个意义上讲，圆在点 P 的切线是过点 P 的直线，且最接近点 P 附近的圆。特别地，点 P 的切线反映了圆在点 P 处的陡度。因此，将圆在点 P 处的斜率定义为切线在点 P 处的斜率似乎是合理的。

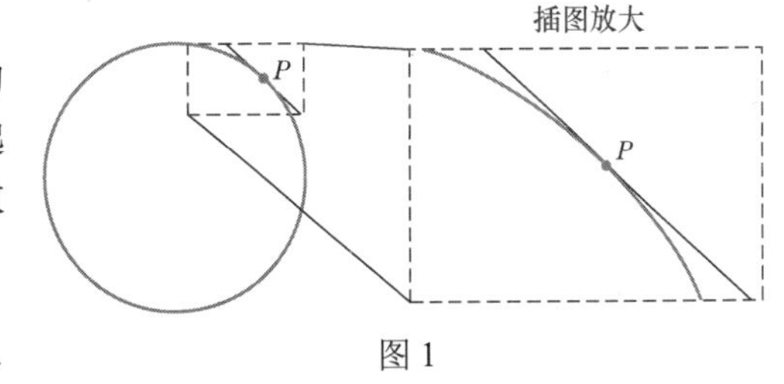

图 1

类似的推理可让我们得出点 P 处任意曲线的斜率的合适定义。考虑图 2 中绘制的三条曲线。我们在每个点 P 的周围绘制了放大的虚线矩形。注意，每条曲线位于矩形区域的部分看起来几乎是直的。如果进一步放大点 P 附近的曲线，它会显得更直。事实上，如果应用越来越高的放大率，曲线上靠近点 P 的部分会越来越精确地接近某条直线（见图 3）。这条直线称为曲线在点 P 处的**切线**。这条直线最接近点 P 附近的曲线，由此我们得出下面的定义。

定义　曲线的斜率。点 P 处曲线的斜率定义为曲线在点 P 处的切线的斜率。

下面考虑涉及曲线和切线斜率的示例与应用。下一节中将介绍构造切线及计算其斜率的过程。

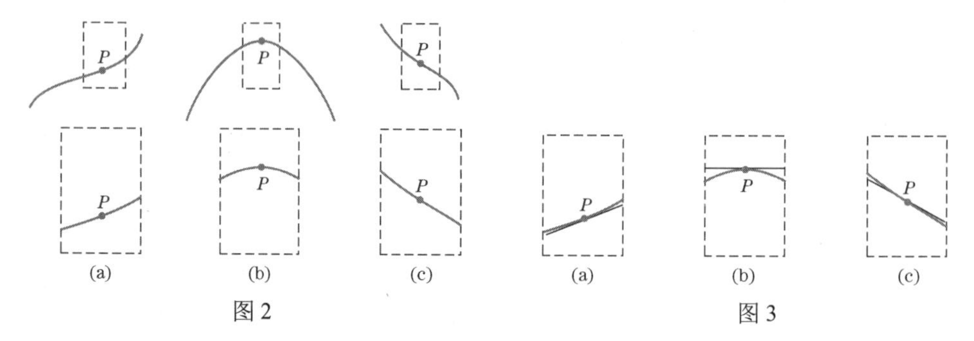

图 2　　　　图 3

例 1　图形的斜率。 $f(x)=x^2$ 的图形和点 $P=(1,1)$ 处的切线如图 4 所示。求图形在点 P 处的斜率。

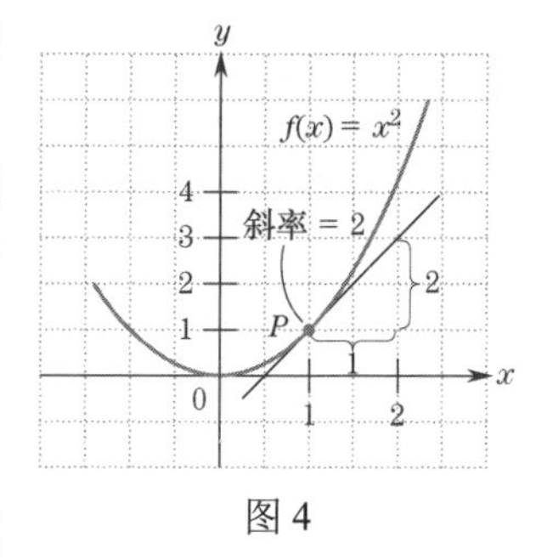

图 4

解： 图形在某点的斜率定义为该点的切线的斜率。图 4 表明，x 每变化 1 个单位，点 P 处的切线就上升 2 个单位。因此，切线在点 $P=(1,1)$ 处的斜率是

$$点P处切线的斜率=\frac{y\text{ 的变化}}{x\text{ 的变化}}=\frac{2}{1}=2$$

因此，图形在点 P 处的斜率为 2。■

图形斜率即变化率

前面已将曲线在点 P 处的斜率定义为曲线在点 P 处的切线的斜率。现在，曲线靠近点 P 的部分至少可以在近似值内由点 P 处的切线代替。由于线性函数的斜率度量其变化率，因此我们得到如下对曲线斜率的重要解释。

曲线斜率即变化率　点 P 处曲线的斜率，即点 P 处切线的斜率，度量曲线过点 P 时的变化率。

例 2　斜率即变化率。 在 1.1 节的例 2 中，公寓大楼每天使用约 400 加仑的油。假设我们连续记录油罐中的油位。典型的 2 天周期的图形如图 5 所示。点 P 处曲线斜率的物理意义是什么？

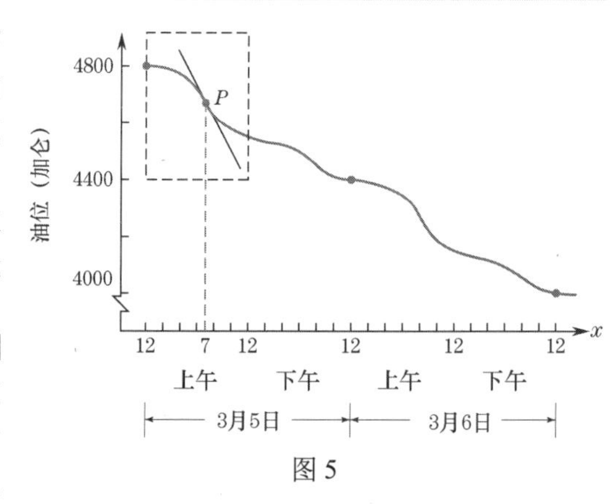

图 5

解： 点 P 附近的曲线与其切线非常接近。假设这条曲线被点 P 附近的切线取代，那么点 P 处的斜率就是 3 月 5 日早上 7 点的油位下降速率。■

注意，在 3 月 5 日全天，图 5 中的图形在早上 7 点似乎最陡。也就是说，当时的油位下降得最快。这对应于大多数人早上 7 点左右醒来、调高恒温器的温度、淋浴等事实。我们可通过估计图 5 中点 P 处的切线斜率来估计早上 7 点的油耗量。

例 3　图形的斜率。 图 6 所示为图 5 中由虚线矩形限定的图形部分的放大版。估计图形在点 P 处的斜率并解释结果。

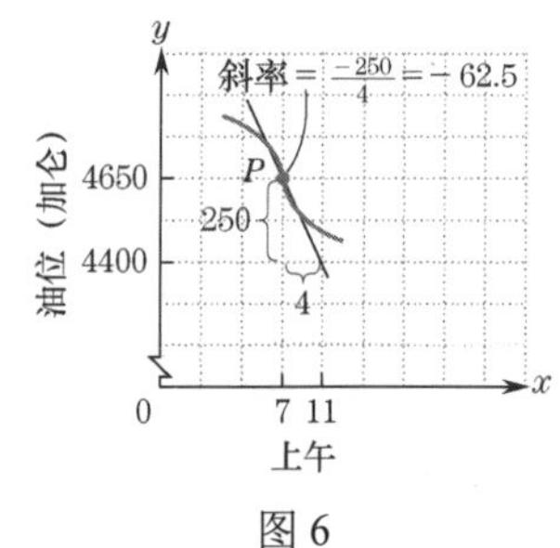

图 6

解： 根据定义，点 P 处图形的斜率是点 P 处切线的斜率。从图 6 中我们看到，当 x 变化 4 个单位时，点 P 处的切线下降约 250 个单位。因此，图形在点 P 处的斜率为

$$点P处切线的斜率=\frac{y\text{ 的变化}}{x\text{ 的变化}}=\frac{-250}{4}=-62.5$$

因此，早上 7 点的油位以 62.5 加仑/小时的速度下降。■

例 2 和例 3 中给出了将斜率解释为变化率的典型例子。后面几节中将回到这一重要思想。

斜率公式

我们知道直线的斜率是恒定的，而不取决于直线上的位置。对于曲线来说，情况并非如此。一般来说，曲线上某点的斜率取决于该点的位置。在例 1 中，我们看到，点(1, 1)处图形 $y=x^2$ 的切线的斜率为 2。实际上，可以证明图形 $y=x^2$ 的切线的斜率在点(3, 9)处是 6，在点 $\left(-\frac{5}{2},\frac{25}{4}\right)$ 处是−5。图 7 中显示各条切线。如下节中演示的那样，微积分中常用公式来计算斜率。对于抛物线 $y=x^2$，我们发现每个点处的斜率是该点的 x 坐标的两倍。这是该图形的一般事实，它由如下的斜率公式表示：

$$图形\ y=x^2\ 在点\ (x,y)\ 处的斜率 = 2x$$

如图 8 所示。这个简单的公式将在下一节中推导。下面用它来深入了解曲线斜率和切线斜率。

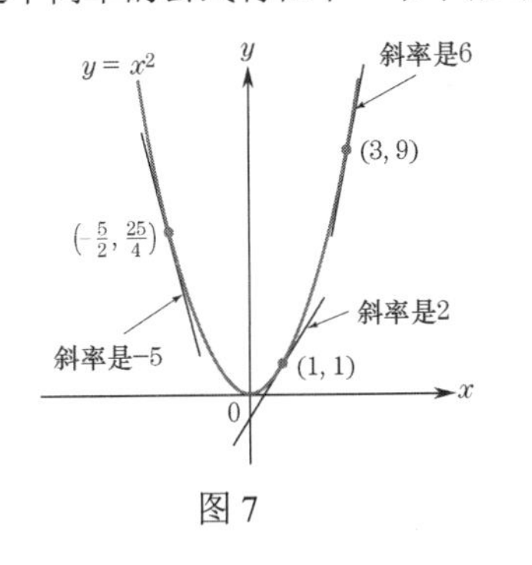

图 7

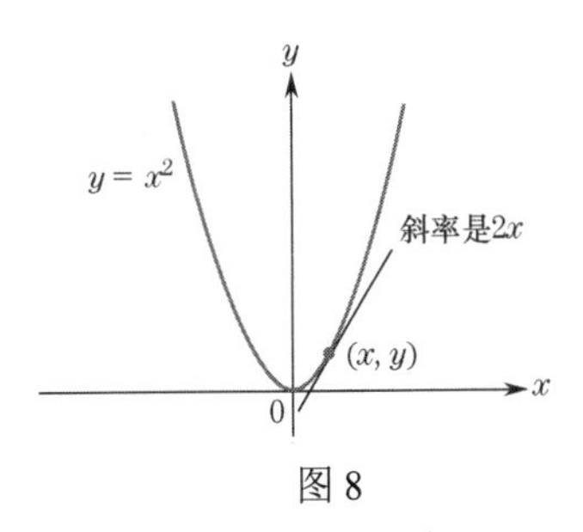

图 8

例 4　使用斜率公式

(a) 图形 $y=x^2$ 在点 $\left(\frac{3}{4},\frac{9}{16}\right)$ 处的斜率是多少？

(b) 写出 $y=x^2$ 在点 $\left(\frac{3}{4},\frac{9}{16}\right)$ 处的切线方程。

解： (a) 点 $\left(\frac{3}{4},\frac{9}{16}\right)$ 的 x 坐标是 $\frac{3}{4}$，所以图形 $y=x^2$ 在该点的斜率是 $2\left(\frac{3}{4}\right)=\frac{3}{2}$。

(b) 我们用点斜式来书写方程。点的坐标是 $\left(\frac{3}{4},\frac{9}{16}\right)$，由(a)问知斜率是 $\frac{3}{2}$。因此，切线方程是

$$y-\frac{9}{16}=\frac{3}{2}\left(x-\frac{3}{4}\right)$$

■

综合技术

逼近图形在某点的斜率　我们可通过放大图形来逼近图形在某点的斜率。图 9 所示为曲线 $y=3^x$ 的图形，窗口设为 ZDecimal，是用[ZOOM] [4]得到的。单击[TRACE]找到点(0, 1)，按[ZOOM] [4] [ENTER] 放大点(0, 1)。若放得足够大（见图 10），则图形看起来就像一条直线。图 10(b)所示窗口内 y 坐标的变化与 x 坐标变化的比率，就是这条曲线的近似斜率，即

$$\frac{3^{0.1}-3^{-0.1}}{0.1-(-0.1)}\approx\frac{1.116-0.896}{0.2}=\frac{0.22}{0.2}=1.1$$

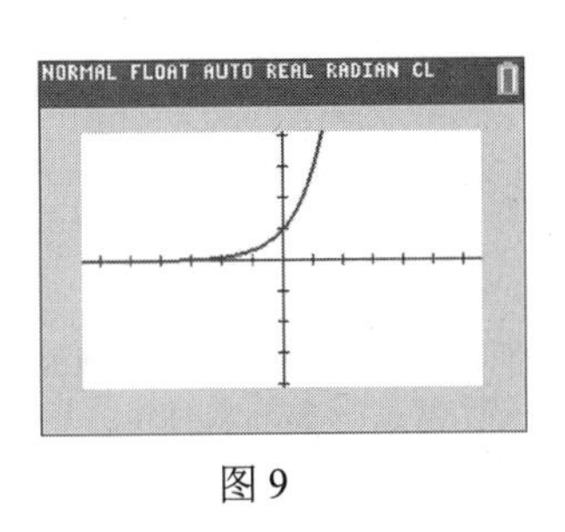

图 9

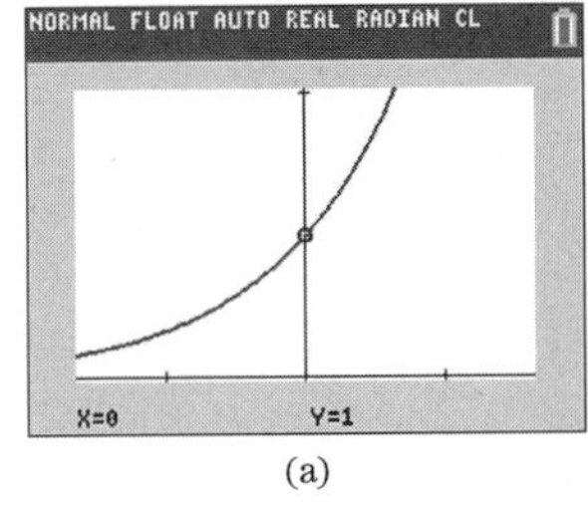

(a)

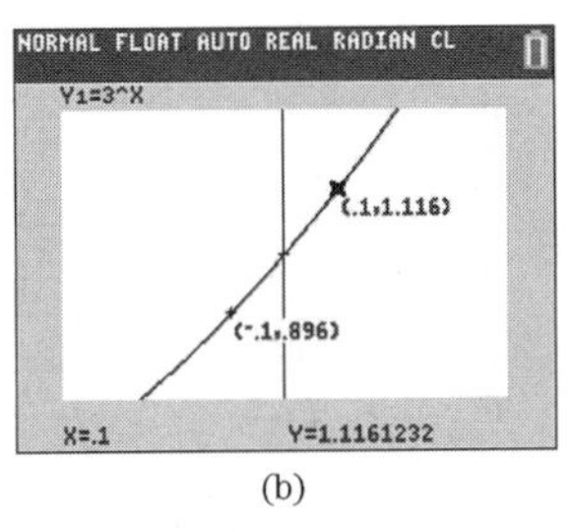

(b)

图 10

因此，曲线在点(0, 1)处的斜率约为 1.1（第 4 章中将介绍如何计算该斜率）。

1.2 节自测题（答案见本节习题后）

1. 如图 11 所示。

(a) 点(3, 4)处曲线的斜率是多少？

(b) $x = 3$ 处的切线方程是什么？

2. $y = \frac{1}{2}x + 1$ 在点(4, 3)处的切线方程是什么？

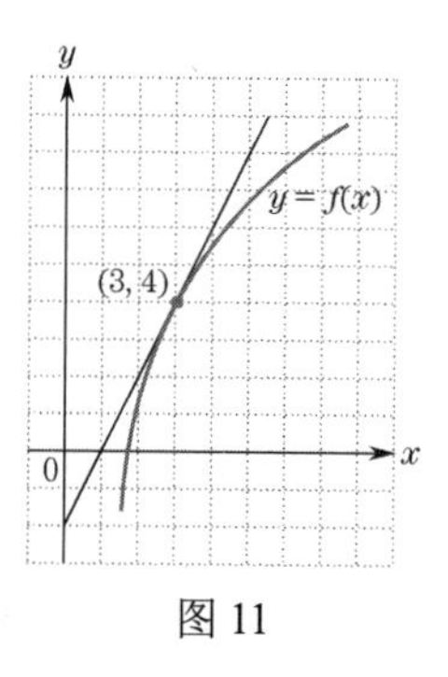

图 11

习题 1.2

估计以下每条曲线在点 P 处的斜率。

1.

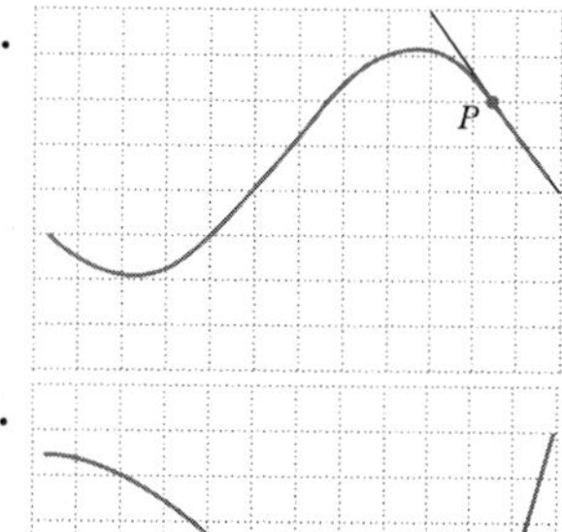

2.

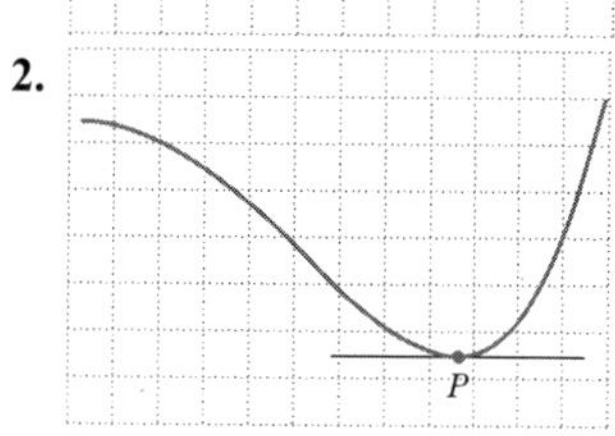

3.

4.

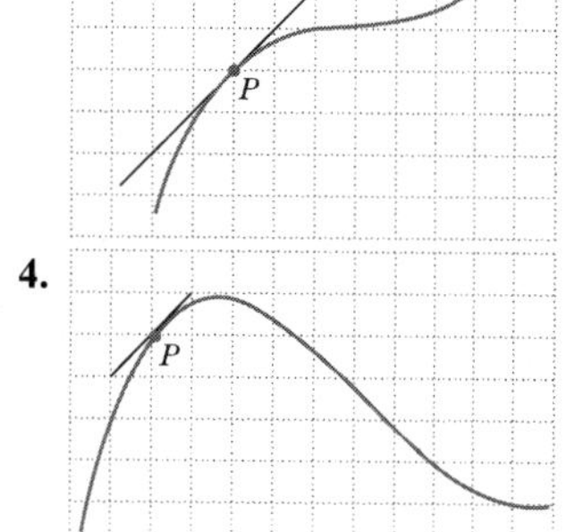

5.

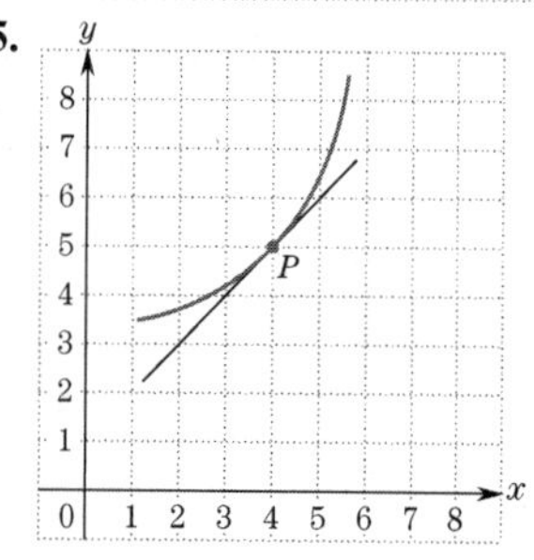

6.

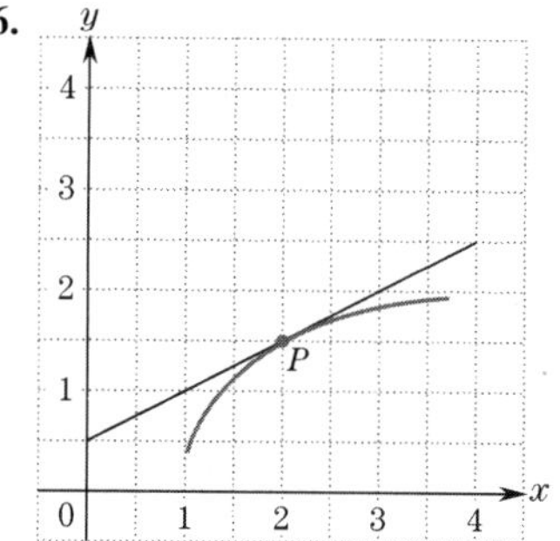

7.

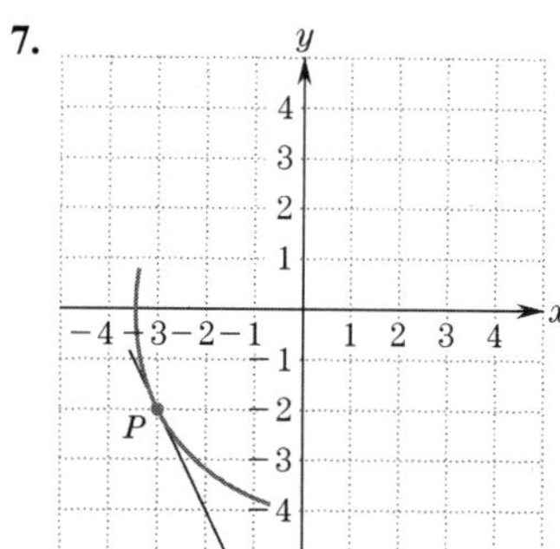

8.

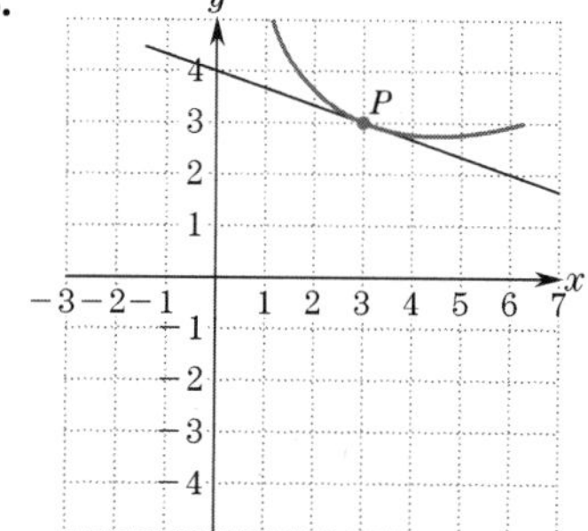

习题 9 ~ 12 参考图 12 中的点。对每个点赋如下描述符：较大正斜率、较小正斜率、零斜率、较小负斜率、较大负斜率。

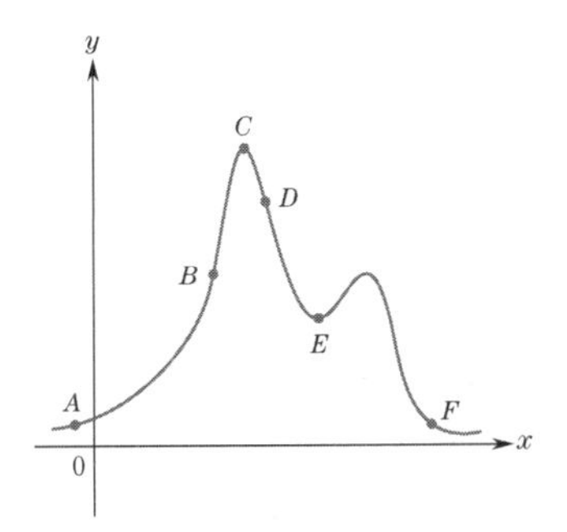

图 12

9. A 和 B　　**10.** C 和 D　　**11.** E 和 F

12. 从集合 $\left\{-6,-\frac{1}{2},0,1,8\right\}$ 中选一个值，赋给图 12 中每个点处的曲线斜率。

在习题 13 ~ 20 中，求曲线 $y=x^2$ 在所给点处的切线斜率，并写出相应的切线方程。

13. $(-0.4,0.16)$　　**14.** $(-2,4)$

15. $\left(\frac{1}{3},\frac{1}{9}\right)$　　**16.** $(-1.5,2.25)$

17. 求曲线 $y=x^2$ 在 $x=-\frac{1}{4}$ 的点处的切线斜率。

18. 求曲线 $y=x^2$ 在 $x=-0.2$ 处的切线斜率。

19. 写出曲线 $y=x^2$ 在 $x=2.5$ 处的切线方程。

20. 写出曲线 $y=x^2$ 在 $x=2.1$ 处的切线方程。

21. 求 $y=x^2$ 的图形上斜率是 $\frac{7}{2}$ 的点。

22. 求 $y=x^2$ 的图形上斜率是-6 的点。

23. 在 $y=x^2$ 的图形上，求切线平行于直线 $2x+3y=4$ 的点。

24. 在 $y=x^2$ 的图形上，求切线平行于直线 $3x-2y=2$ 的点。

25. **商品价格**。图 13 显示了从 2020 年 3 月至 2021 年 3 月在纽约证券交易所（NYSE）公开交易的股票的价格。确定从 2020 年 3 月 1 日到 2021 年 1 月 1 日商品价格下跌，并确定此后这些天价格是上涨、下跌还是企稳。

26. 如图 13 所示，你认同商品价格在 2020 年 7 月 1 日和 2020 年 12 月 1 日下跌的速度大致相同的说法吗？

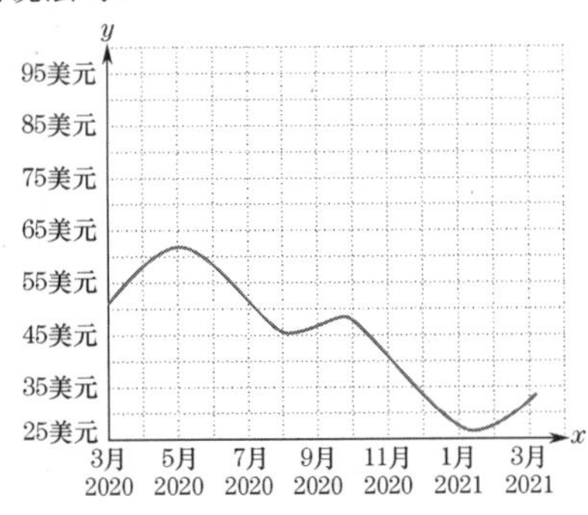

图 13

27. 图 14 所示为图 13 中部分曲线的放大图。估计 2021 年 1 月 20 日的商品价格，以及当天价格的上涨速度。

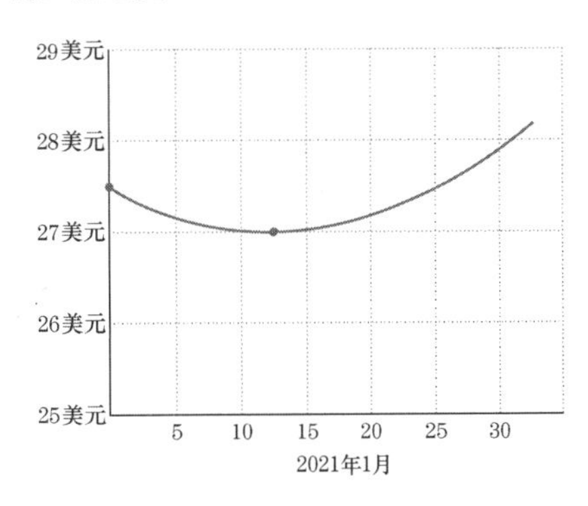

图 14

28. 如图 14 所示，估算 2021 年 1 月 12 日商品的价格及当天的上涨速度。

在下一节中，我们将看到曲线 $y=x^3$ 在点 (x,y) 处的切线斜率是 $3x^2$（见图 15）。使用这个结果，在习题 29 ~ 31 中求各点处曲线的斜率。

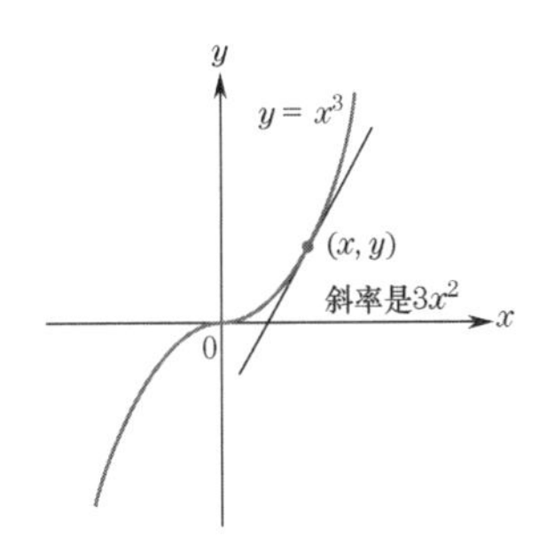

图 15

29. $(2,8)$　　**30.** $\left(\frac{3}{2},\frac{27}{8}\right)$　　**31.** $\left(-\frac{1}{2},-\frac{1}{8}\right)$

32. 写出在 $x=-1$ 处的点与 $y=x^3$ 的图形相切的直线方程。

在习题 33 和习题 34 中，显示了点 $(a,f(a))$ 处曲线 $f(x)=x^2$ 的切线。求 a，$f(a)$ 和抛物线在点 $(a,f(a))$ 处的斜率。

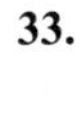

33.

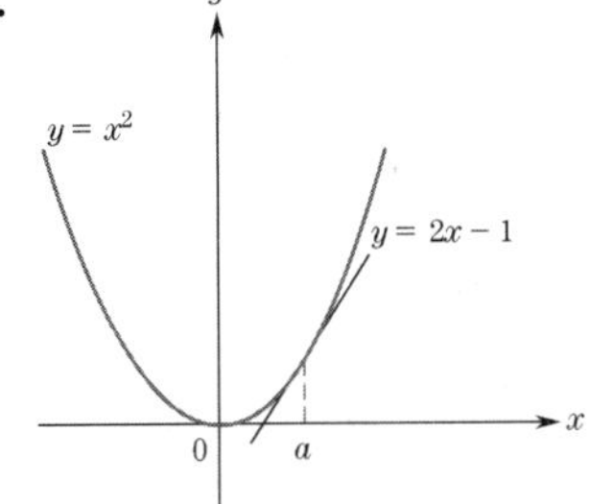

34.

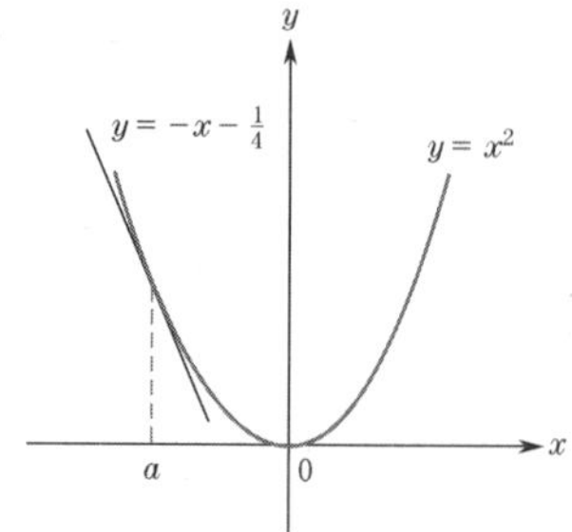

35. 找到图 15 中曲线图形上斜率等于 $\frac{3}{2}$ 的点。

36. 找到图 15 中曲线图形上切线平行于 $y=2x$ 的点。

37. 设直线 l 过图 16 中的点 P 和 Q。

(a) 若 $P=(2,4)$ 和 $Q=(5,13)$，求直线 l 的斜率和线段 d 的长度。

(b) 设点 Q 沿着图形向点 P 移动，直线 l 的斜率是增大还是减小？

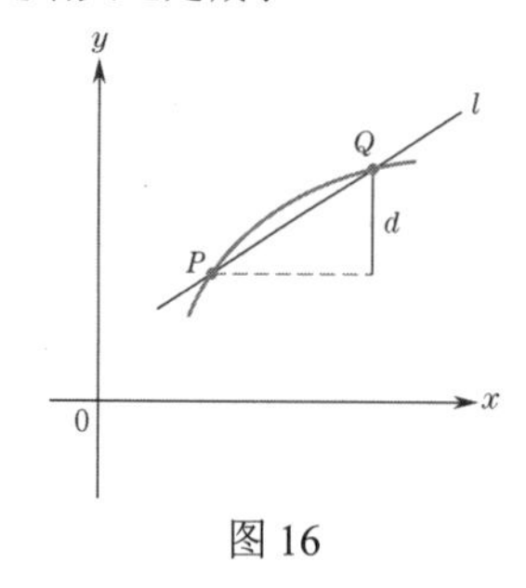

图 16

38. 在图 17 中，h 代表一个正数，$3+h$ 是 3 右侧 h 个单位的数。在图上绘制具有如下长度的线段。

(a) $f(3)$　　(b) $f(3+h)$

(c) $f(3+h)-f(3)$　　(d) h

(e) 画一条斜率为 $\frac{f(3+h)-f(3)}{h}$ 的直线。

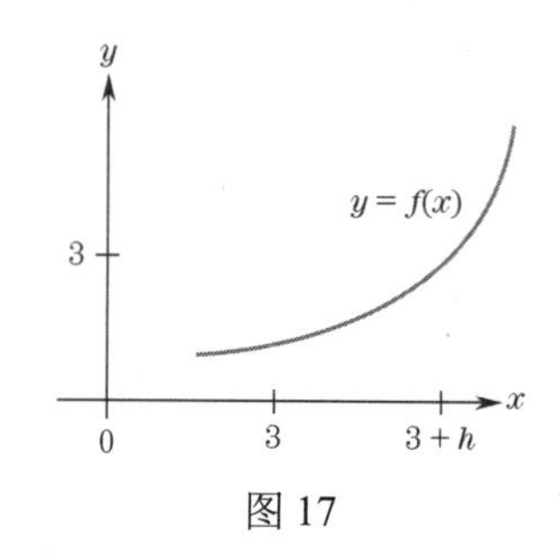

图 17

技术题

在习题 39 ~ 42 中，已知一个函数和函数图形上的一点。在给定的点处放大图形，直到它看起来像一条直线。估计图形在给定点处的斜率。

39. $f(x)=2x^2-3x+2$, $(0,2)$

40. $f(x)=\frac{x-1}{x+1}$, $(1,0)$

41. $f(x)=\sqrt{x+3}$, $(1,2)$

42. $f(x)=\sqrt[3]{x+6}$, $(2,2)$

1.2 节自测题答案

1. (a) 根据定义，曲线在点(3, 4)处的斜率是切线在点(3, 4)处的斜率。注意点(4, 6)也在直线上。因此，斜率为

$$\frac{6-4}{4-3}=\frac{2}{1}=2$$

(b) 使用点斜率公式。过点(3, 4)且斜率为 2 的直线方程为

$$y-4=2(x-3) \text{ 或 } y=2x-2$$

2. 点(4, 3)处的切线是在点(4, 3)处最接近曲线的直线。因为这种情况下的“曲线”本身就是一条直线，所以曲线与其在点(4, 3)处的切线必须相同。因此，方程为 $y=\frac{1}{2}x+1$。

1.3 导数和极限

假设一条曲线是函数 $f(x)$ 的图形，且在图形上的每个点处都有一条切线。上一节说过，我们通常可以找到一个公式来给出曲线 $y=f(x)$ 在任意点处的斜率。这个斜率公式被称为 $f(x)$ 的**导数**，记为 $f'(x)$。对于 x 的每个值，$f'(x)$ 给出曲线 $y=f(x)$ 在第一个坐标 x 处的斜率（见图 1）。如后面将要介绍的那样，有些曲线在每个点处没有切线。在对应于这些点的 x 值处，导数 $f'(x)$ 未定义。为了直观地感受什么是导数，下面假设 $f(x)$ 的图形对 $f(x)$ 的定义域中的每个 x 都有一条切线。

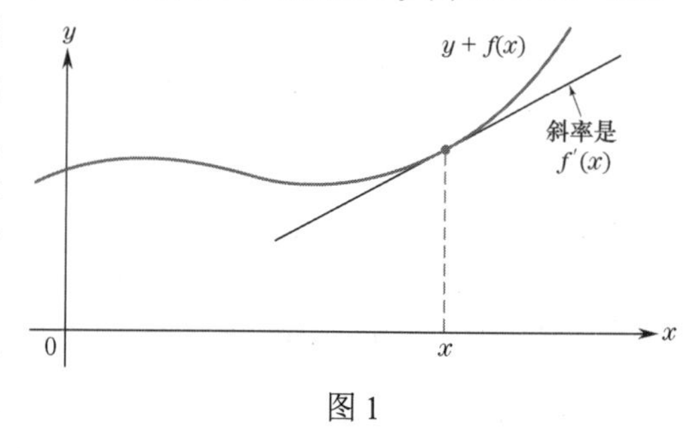

图 1

上一节中介绍了一些有趣的斜率公式。这里给出更多的例子，并用术语“导数”进行说明。本节末尾将使

用导数是切线的斜率公式这一事实来描述切线的几何结构，进而描述导数。这种结构会让我们自然地进入下一节详细介绍的主题——极限。对给定函数 $f(x)$ 计算 $f'(x)$ 的过程称为**微分**。

导数示例：幂函数求导法则

线性函数 $f(x)=mx+b$ 的情况特别简单。$y=mx+b$ 的图形是斜率为 m 的直线 L。回顾可知，根据定义，曲线在某点的切线是最接近该点处的曲线的直线。因为曲线 L 本身是一条直线，所以在任意点处与 L 相切的直线就是直线 L 本身。因此，图形在每个点处的斜率就都是 m（见图 2）。换句话说，导数 $f'(x)$ 的值始终等于 m。这一事实可以总结如下。

线性函数的导数 设 $f(x)=mx+b$，则

$$f'(x)=m \tag{1}$$

在 $f(x)=mx+b$ 中，设 $m=0$。于是，函数变为 $f(x)=b$，对 x 的每个值，函数的值都是 b。图形是斜率为 0 的水平直线，因此对所有 x，$f'(x)=0$（见图 3）。于是，有以下事实。

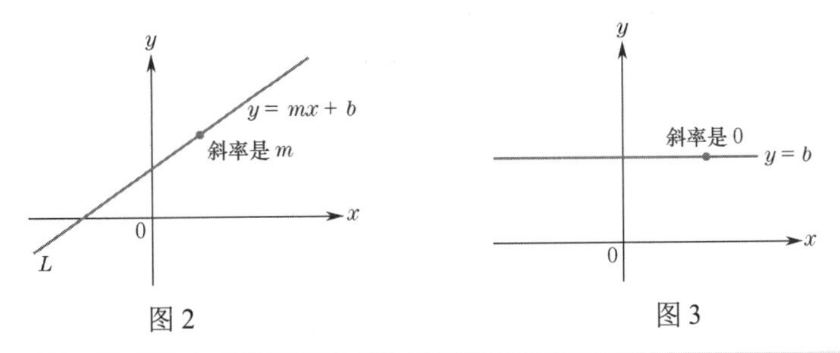

图 2　　　　图 3

常数函数求导法则 常数函数 $f(x)=b$ 的导数为零。也就是说，

$$f'(x)=0 \tag{2}$$

下面考虑函数 $f(x)=x^2$。如 1.2 节所述（并在本节末证明），$y=x^2$ 在点 (x,y) 处的斜率等于 $2x$。也就是说，导数 $f'(x)$ 的值为 $2x$。

若 $f(x)=x^2$，则其导数为函数 $2x$；即

$$f'(x)=2x \tag{3}$$

1.2 节的习题 29～32 中利用了 $y=x^3$ 在点 (x,y) 处的斜率是 $3x^2$ 的事实，它可用导数重述如下。

若 $f(x)=x^3$，则导数为 $3x^2$；即

$$f'(x)=3x^2 \tag{4}$$

微积分如此有用的原因之一是，它提供了能很容易地确定导数的通用法测。幂函数求导法则就是这样的一个通用法则，式(3)和式(4)则是幂函数求导法则的特例。

幂函数求导法则 设 r 为任意数，若 $f(x)=x^r$，则 $f'(x)=rx^{r-1}$。

实际上，若 $r=2$，即 $f(x)=x^2$，则 $f'(x)=2x^{2-1}=2x$，即式(3)。若 $r=3$，即 $f(x)=x^3$，则 $f'(x)=3x^{3-1}=3x^2$，即式(4)。第 4 章中将证明幂函数求导法则。

例 1　应用幂函数求导法则。设 $f(x)=\sqrt{x}$，求 $f'(x)$。

解：回顾可知 $\sqrt{x}=x^{\frac{1}{2}}$，因此可对 $r=\frac{1}{2}$ 应用幂函数求导法则。

$$f(x)=x^{\frac{1}{2}} \quad\Rightarrow\quad f'(x)=\tfrac{1}{2}x^{\frac{1}{2}-1}=\tfrac{1}{2}x^{-\frac{1}{2}}=\tfrac{1}{2}\cdot\tfrac{1}{x^{1/2}}=\tfrac{1}{2\sqrt{x}}$$

■

回顾：0.5 节讨论了有理指数，例如

$$\sqrt{x}=x^{\frac{1}{2}},\quad \frac{1}{x}=x^{-1},\quad \frac{1}{\sqrt{x}}=x^{-\frac{1}{2}}$$

幂函数求导法则的另一个重要特例出现在 $r=-1$ 时，对应于 $f(x)=x^{-1}$。在这种情况下，$f'(x)=(-1)x^{-1-1}=-x^{-2}$。然而，由于 $x^{-1}=1/x$ 和 $x^{-2}=1/x^2$，$r=-1$ 的幂函数求导法则也可写为

$$若\ f(x)=\frac{1}{x}，则\ f'(x)=-\frac{1}{x^2}(x\neq 0) \tag{5}$$

上式给出了 $x\neq 0$ 时的 $f'(x)$。$f(x)$ 的导数在 $x=0$ 时没有定义，因为 $f(x)$ 本身在该处没有定义。

导数的几何意义和切线方程

我们现在应该清楚地记住导数的几何意义。图 4 中显示了 x^2 和 x^3 的图形，以及式(3)和式(4)的斜率解释。

一般来说，$f(x)$ 在 $x=a$ 处的导数是 $f(x)$ 在点 $(a,f(a))$ 处的斜率。根据定义，因为图形在某点处的斜率是该点处的切线的斜率，所以有如下结论。

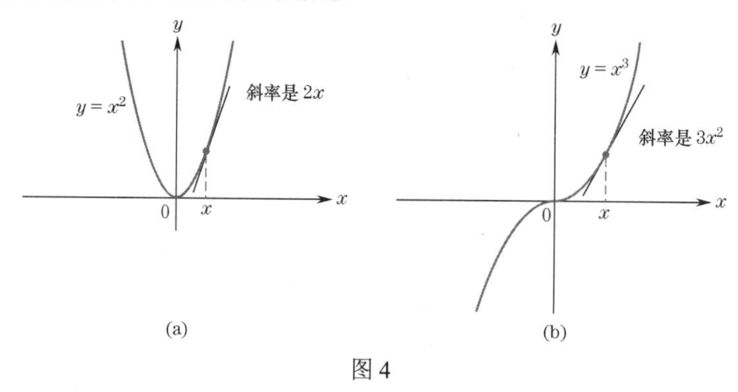

图 4

导数的几何意义

$f'(a)=f(x)$ 在点 $(a,f(a))$ 处的斜率

$\quad\ \ =f(x)$ 在点 $(a,f(a))$ 处的切线的斜率

在本书中，许多场合下都将使用导数的这种几何解释。

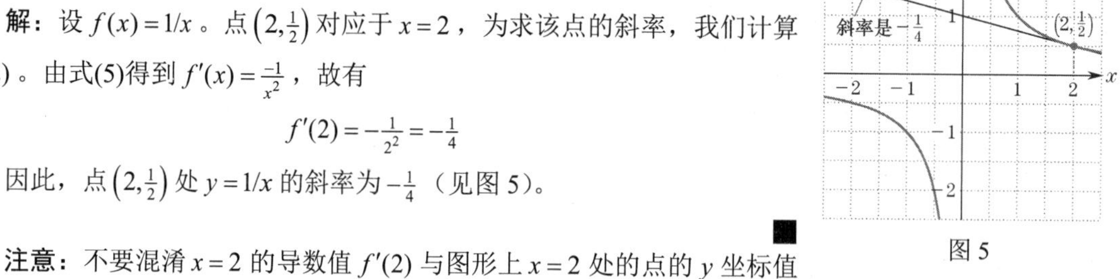

图 5

例 2　求某点处的导数。求曲线 $y=1/x$ 在点 $\left(2,\frac{1}{2}\right)$ 处的斜率。

解：设 $f(x)=1/x$。点 $\left(2,\frac{1}{2}\right)$ 对应于 $x=2$，为求该点的斜率，我们计算 $f'(2)$。由式(5)得到 $f'(x)=\frac{-1}{x^2}$，故有

$$f'(2)=-\frac{1}{2^2}=-\frac{1}{4}$$

因此，点 $\left(2,\frac{1}{2}\right)$ 处 $y=1/x$ 的斜率为 $-\frac{1}{4}$（见图 5）。■

注意：不要混淆 $x=2$ 的导数值 $f'(2)$ 与图形上 $x=2$ 处的点的 y 坐标值 $f(2)$。在例 2 中，有 $f'(2)=-\frac{1}{4}$，而 $f(2)=\frac{1}{2}$。数值 $f'(2)$ 给出的是图形在 $x=2$ 处的斜率，数值 $f(2)$ 给出的是图形在 $x=2$ 处的高度。

使用导数可以求出切线的斜率，反过来又可求出图形上给定点的切线方程。

例 3　求给定点的切线方程。求图形 $f(x)=1/x$ 在点 $\left(2,\frac{1}{2}\right)$ 处的切线方程。

解：在例 2 中，点$\left(2,\frac{1}{2}\right)$处的切线的斜率是$f'(2)=-\frac{1}{4}$。要求出切线方程，就需要这条直线上的一个点。显然，点$\left(2,\frac{1}{2}\right)$在切线上（它是切线与图形的接触点）。因此，切线的点斜式方程为

$$y-\frac{1}{2}=-\frac{1}{4}(x-2)$$

即

$$y=-\frac{1}{4}x+\frac{1}{2}+\frac{1}{2} \quad 或 \quad y=-\frac{1}{4}x+1$$

切线如图 5 所示。

■

例 4　求给定 x 处的切线方程。求$x=2$处$f(x)=\frac{1}{x^2}$的切线的点斜式方程。

解：切线上的点只有其第一个坐标$x=2$。因为该点在$f(x)=\frac{1}{x^2}$的图形上，我们将x值代入$f(x)$来得到第二个坐标，即

$$y=f(2)=\frac{1}{2^2}=\frac{1}{4}$$

于是，$\left(2,\frac{1}{4}\right)$是图形和切线上的点。接着求切线的斜率。为此，使用幂函数求导法则计算$f'(x)$：

$$f(x)=\frac{1}{x^2}=x^{-2}\text{，}\qquad f'(x)=(-2)x^{-2-1}=(-2)x^{-3}=\frac{-2}{x^3}$$

当$x=2$时，切线的斜率是

$$f'(2)=\frac{-2}{2^3}=-\frac{1}{4}$$

于是，切线的点斜式方程是$y-\frac{1}{4}=-\frac{1}{4}(x-2)$。

■

一般来说，求图形$y=f(x)$在第一个坐标$x=a$处的点斜式方程的步骤归纳如下。

步骤 1　计算$f(x)$在$x=a$处的值，求图形和切线的接触点，得到点$(a,f(a))$。

步骤 2　计算$x=a$处的导数$f'(x)$，求切线的斜率，得到斜率$m=f'(a)$。

使用点$(a,f(a))$和斜率$m=f'(a)$，可以得到切线的方程。

切线方程

$$y-f(a)=f'(a)(x-a) \tag{6}$$

我们不需要记住式(6)，但应能像例 4 中那样推导出它。

例 5　给定点处的切线方程。求$f(x)=\sqrt{x}$的图形在点 (1, 1)处的切线方程。

解：根据例 1，有$f'(x)=\frac{1}{2\sqrt{x}}$。因此，切线在点(1, 1)处的斜率是$f'(x)=\frac{1}{2\sqrt{1}}=\frac{1}{2}$。因为切线过点(1, 1)，所以其点斜式方程是

$$y-1=\frac{1}{2}(x-1)$$

注意这是如何根据式(6)得出的，其中$a=1$，$f(a)=1$和$f'(a)=f'(1)=\frac{1}{2}$。图 6 中显示了图形$y=\sqrt{x}$及其在点(1, 1)处的切线［要绘制切线，可从点(1, 1)处开始，先右移 1 个单位，后上移$\frac{1}{2}$个单位］。

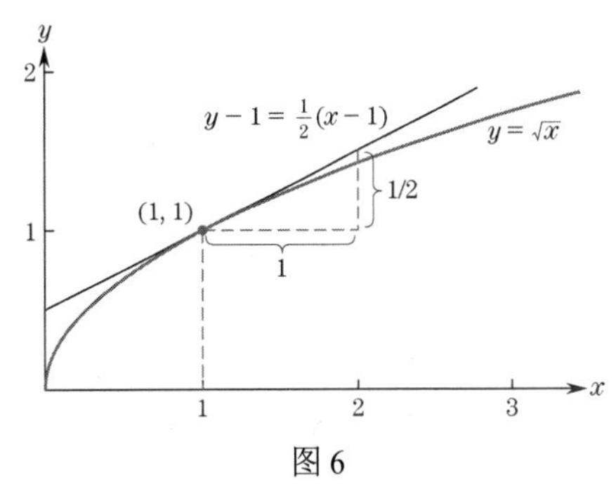

图 6

■

例 6　用导数求解切线问题。直线$y=-\frac{1}{4}x+b$在点$P=\left(a,\frac{1}{a}\right)(a>0)$处与$y=\frac{1}{x}$的图形相切，找到点$P$并确定$b$（见图 7）。

解：问题如图 7 所示，其中切线$y=-\frac{1}{4}x+b$绘制在点$P=\left(a,\frac{1}{a}\right)$处。切线的斜率为$-\frac{1}{4}$，而该斜率

必定等于 $f'(a)$。因为 $f'(x)=-\frac{1}{x^2}$，所以有 $-\frac{1}{4}=f'(a)=-\frac{1}{a^2}$。为了求 a，我们求

$-\frac{1}{4}=-\frac{1}{a^2}$　　给定方程

$a^2=4$　　交叉相乘

$a=\pm 2$　　取平方根

因为 $a>0$，我们取 $a=2$，于是 $P=\left(2,\frac{1}{2}\right)$。我们使用点 P 是切线上的一点来求 b。将点 P 的坐标代入切线方程并求解 b 得

$$\frac{1}{2}=-\frac{1}{4}(2)+b=-\frac{1}{2}+b \qquad \Rightarrow \qquad b=1$$

因此，切线方程为 $y=-\frac{1}{4}x+1$。

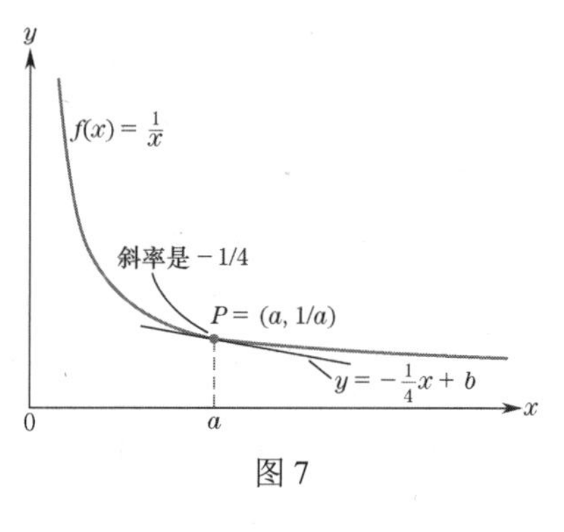

图 7

■

符号　从函数 $f(x)$ 形成导数 $f'(x)$ 的操作也可由符号 $\frac{\mathrm{d}}{\mathrm{d}x}$ 表示（读作“关于 x 的导数”）。于是，

$$\frac{\mathrm{d}}{\mathrm{d}x}f(x)=f'(x)$$

例如，

$$\frac{\mathrm{d}}{\mathrm{d}x}(x^6)=6x^5，\quad \frac{\mathrm{d}}{\mathrm{d}x}(x^{5/3})=\frac{5}{3}x^{2/3}，\quad \frac{\mathrm{d}}{\mathrm{d}x}\left(\frac{1}{x}\right)=-\frac{1}{x^2}$$

在处理形如 $y=f(x)$ 方程时，常将导数 $f'(x)$ 的符号写为 $\frac{\mathrm{d}y}{\mathrm{d}x}$。例如，若 $y=x^6$，则可将其导数写为

$$\frac{\mathrm{d}y}{\mathrm{d}x}=6x^5$$

导数的极限和割线计算

下面介绍如何推导微分公式(3)、(4)或(5)。导数给出的是切线的斜率，因此我们必须描述计算该斜率的过程。

计算点 P 处的切线斜率的基本思想是，用割线非常接近地逼近切线。点 P 处的割线是过点 P 和曲线上附近点 Q 的直线（见图 8）。将点 Q 移动到非常接近点 P，可使割线的斜率近似为切线的斜率，达到任何所需的精度。下面看看这在计算方面意味着什么。

假设点 P 是 $(x,f(x))$。此外，点 Q 到点 P 的距离是 h 个水平单位。于是，点 Q 的 x 坐标是 $x+h$，y 坐标是 $f(x+h)$。过点 $P=(x,f(x))$ 和 $Q=(x+h,f(x+h))$ 的割线的斜率可以简单地表示为

$$\text{割线的斜率}=\frac{f(x+h)-f(x)}{(x+h)-x}=\frac{f(x+h)-f(x)}{h}$$

如图 9 所示。

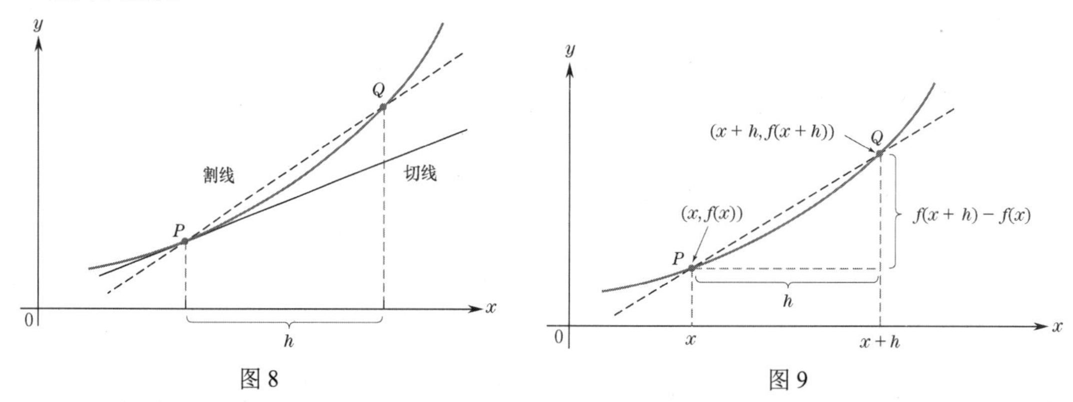

图 8　　　　图 9

为了使点 Q 沿曲线靠近点 P，我们让 h 接近零。于是，割线接近切线，有

割线的斜率 接近 切线的斜率

即

$$\frac{f(x+h)-f(x)}{h} \text{ 接近 } f'(x)$$

以上过程总结如下。

非正式地计算导数 计算 $f'(x)$ 的步骤如下：

1. 写出 $h \neq 0$ 时的差商 $\frac{f(x+h)-f(x)}{h}$。

2. 化简这个差商。

3. 让 h 接近零，量 $\frac{f(x+h)-f(x)}{h}$ 将接近 $f'(x)$。

步骤 3 的另一种表述是，当 h 趋于 0 时，$\frac{f(x+h)-f(x)}{h}$ 的极限为 $f'(x)$。极限的概念和上述三步法是下一节的主题。

例 7 验证 $r=2$ 时的幂函数求导法则。应用三步法证明 $f(x)=x^2$ 的导数是 $f'(x)=2x$。

解：这里 $f(x)=x^2$，所以割线的斜率是

$$\frac{f(x+h)-f(x)}{h}=\frac{(x+h)^2-x^2}{h}(h \neq 0)$$

通过相乘，有 $(x+h)^2=x^2+2xh+h^2$，所以

$$\frac{f(x+h)-f(x)}{h}=\frac{x^2+2xh+h^2-x^2}{h}=\frac{(2x+h)h}{h}=2x+h$$

注意，由于 $h \neq 0$，我们可将分子和分母同时除以 h。当 h 接近 0（当割线接近切线时），量 $2x+h$ 接近 $2x$。于是，有

$$f'(x)=2x$$

■

下一节将使用极限来公式化上述三步法，并推导导数的极限定义。

综合技术

数值导数和切线 TI-83/84 计算器有一个数值求导程序 nDeriv，按[MATH] [8]可以访问它。例如，计算 $f(x)=\sqrt{x}$ 在 $x=3$ 处的导数，如图 10 所示。我们也可画出函数在某点处的切线。例如，要绘制 $f(x)=\sqrt{x}$ 在 $x=3$ 处的切线，操作如下：首先，输入 $Y_1=\sqrt{X}$ 并按[GRAPH]键。然后在图形窗口中，按[2nd] [DRAW] [5]，选择 Tangent（正切）。输入 3，设置 $x=3$，按[ENTER]键。结果见图 11，切线方程也见图 11。注意斜率是如何等于我们在图 10 中得到的数值导数的。

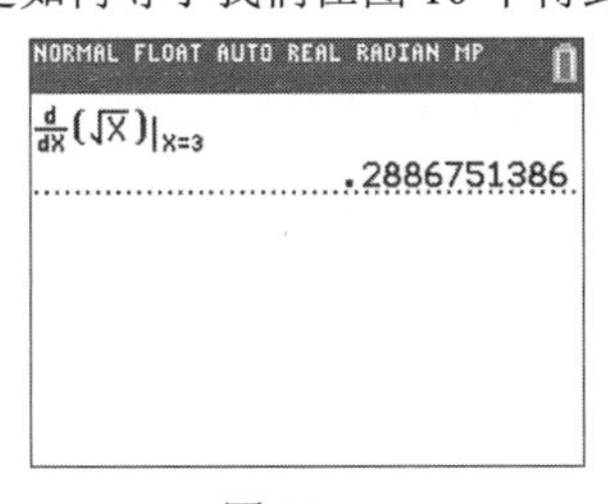

图 10

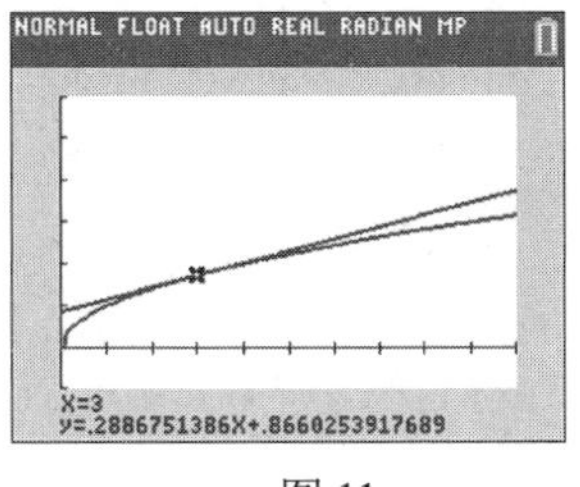

图 11

1.3 节自测题（答案见本节习题后）

1. 考虑图 12 中的曲线 $y=f(x)$。

(a) 求 $f(5)$；

(b) 求 $f'(5)$。

2. 设 $f(x)=1/x^4$。

(a) 求它的导数；

(b) 求 $f'(2)$。

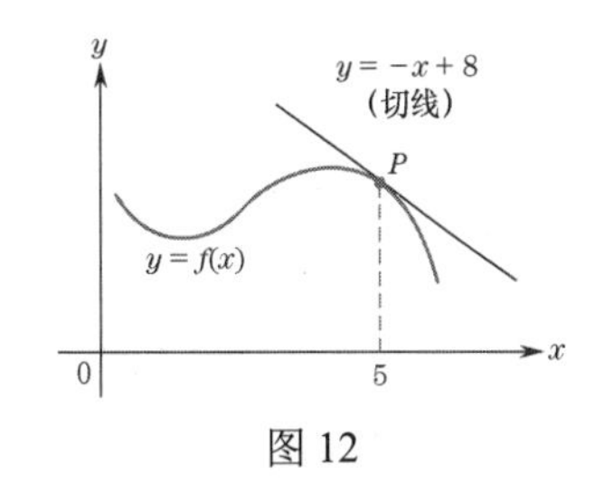

图 12

习题 1.3

使用公式(1)、(2)和幂函数求导法则求如下函数的导数。

1. $f(x)=3x+7$ **2.** $f(x)=-2x$

3. $f(x)=\frac{3}{4}x-2$ **4.** $f(x)=\frac{2x-6}{7}$

5. $f(x)=x^7$ **6.** $f(x)=x^{-2}$

7. $f(x)=x^{2/3}$ **8.** $f(x)=x^{-1/2}$

9. $f(x)=\frac{1}{\sqrt{x^5}}$ **10.** $f(x)=\frac{1}{x^3}$

11. $f(x)=\sqrt[3]{x}$ **12.** $f(x)=\frac{1}{\sqrt[5]{x}}$

13. $f(x)=\frac{1}{x^{-2}}$ **14.** $f(x)=\sqrt[7]{x^2}$

15. $f(x)=4^2$ **16.** $f(x)=\pi$

在习题 17 ~ 24 中，求 $f(x)$ 在指定 x 处的导数。

17. $f(x)=x^3, x=\frac{1}{2}$ **18.** $f(x)=x^5, x=\frac{3}{2}$

19. $f(x)=\frac{1}{x}, x=\frac{2}{3}$ **20.** $f(x)=\frac{1}{3}, x=2$

21. $f(x)=x+11, x=0$ **22.** $f(x)=x^{1/3}, x=8$

23. $f(x)=\sqrt{x}, x=\frac{1}{16}$ **24.** $f(x)=\frac{1}{\sqrt[5]{x^2}}, x=32$

25. 求曲线 $y=x^4$ 在 $x=2$ 处的斜率。

26. 求曲线 $y=x^5$ 在 $x=\frac{1}{3}$ 处的斜率。

27. 设 $f(x)=x^3$，计算 $f(-5)$ 和 $f'(-5)$。

28. 设 $f(x)=2x+6$，计算 $f(0)$ 和 $f'(0)$。

29. 设 $f(x)=x^{1/3}$，计算 $f(8)$ 和 $f'(8)$。

30. 设 $f(x)=1/x^2$，计算 $f(1)$ 和 $f'(1)$。

31. 设 $f(x)=1/x^5$，计算 $f(-2)$ 和 $f'(-2)$。

32. 设 $f(x)=x^{3/2}$，计算 $f(16)$ 和 $f'(16)$。

在习题 33 ~ 40 中，求曲线 $y=f(x)$ 在给定 x 点处的切线方程。不要用式(6)，按照例 4 的方法进行。

33. $f(x)=x^3, x=-2$ **34.** $f(x)=x^2, x=-\frac{1}{2}$

35. $f(x)=3x+1, x=4$ **36.** $f(x)=5, x=-2$

37. $f(x)=\sqrt{x}, x=\frac{1}{9}$ **38.** $f(x)=\frac{1}{x}, x=0.01$

39. $f(x)=\frac{1}{\sqrt{x}}, x=1$ **40.** $f(x)=\frac{1}{x^3}, x=3$

41. 曲线 $y=x^4$ 在点(1, 1)处的点斜式切线方程为 $y-1=4(x-1)$。解释这个方程是如何由式(6)得到的。

42. 曲线 $y=\frac{1}{x}$ 在点 $P=\left(a,\frac{1}{a}\right)$（$a>0$）处的切线垂直于直线 $y=4x+1$，求 P。

43. 直线 $y=2x+b$ 在点 $P=(a,\sqrt{a})$ 处与图形 $y=\sqrt{x}$ 相切，求 P 和 b。

44. 直线 $y=ax+b$ 在点 $P=(-3,-27)$ 处与图形 $y=x^3$ 相切，求 a 和 b。

45. (a) 在曲线 $y=\sqrt{x}$ 上找到切线平行于直线 $y=\frac{x}{8}$ 的点。

(b) 在相同坐标轴上绘制曲线 $y=\sqrt{x}$、直线 $y=\frac{x}{8}$ 及与 $y=\sqrt{x}$ 相切且与 $y=\frac{x}{8}$ 平行的切线。

46. $y=x^3$ 的图形上有两点，其中切线平行于 $y=x$，求这两个点。

47. $y=x^3$ 的图形上是否有切线垂直于 $y=x$ 的点？

48. $y=f(x)$ 的图形过点(2, 3)，该点的切线方程为 $y=-2x+7$，求 $f(2)$ 和 $f'(2)$。

在习题 49 ~ 56 中，求指定的导数。

49. $\frac{d}{dx}(x^8)$ **50.** $\frac{d}{dx}(x^{-3})$

51. $\frac{d}{dx}(x^{3/4})$ **52.** $\frac{d}{dx}(x^{-1/3})$

53. $\frac{dy}{dx}$，其中 $y=1$ **54.** $\frac{dy}{dx}$，其中 $y=x^{-4}$

55. $\frac{dy}{dx}$，其中 $y=x^{1/5}$ **56.** $\frac{dy}{dx}$，其中 $y=\frac{x-1}{3}$

57. 考虑图 13 中的曲线 $y=f(x)$，求 $f(6)$ 和 $f'(6)$。

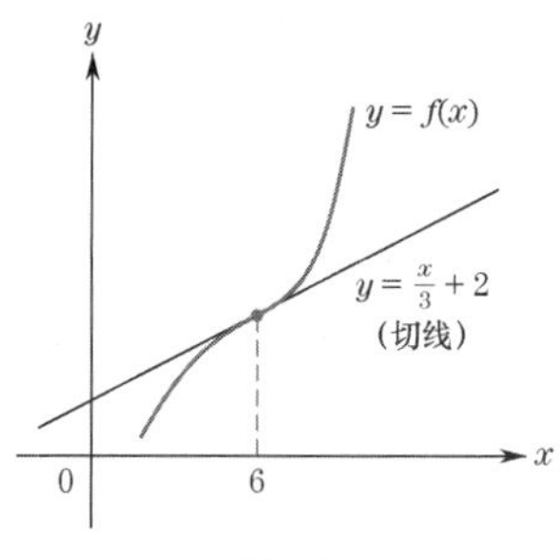

图 13

58. 考虑图 14 中的曲线 $y=f(x)$，求 $f(1)$ 和 $f'(1)$。

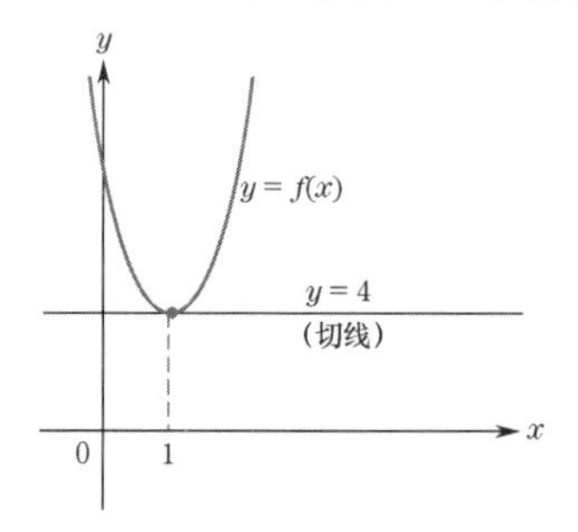

图 14

59. 在图 15 中，直线 $y=\frac{1}{4}x+b$ 与 $f(x)=\sqrt{x}$ 的曲线相切，求 a 和 b 的值。

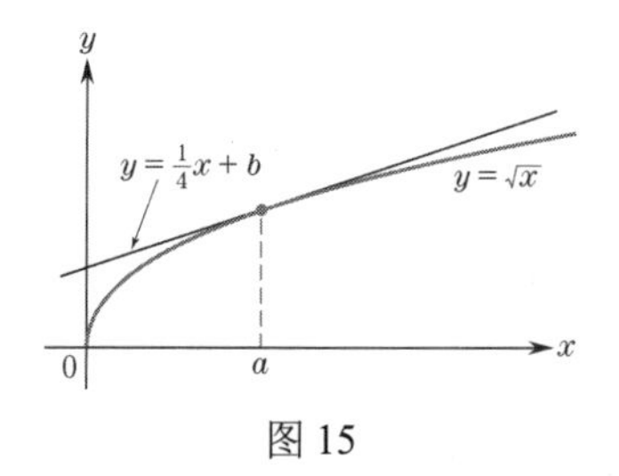

图 15

60. 在图 16 中，直线与 $f(x)=\frac{1}{x}$ 的曲线相切，求 a 的值。

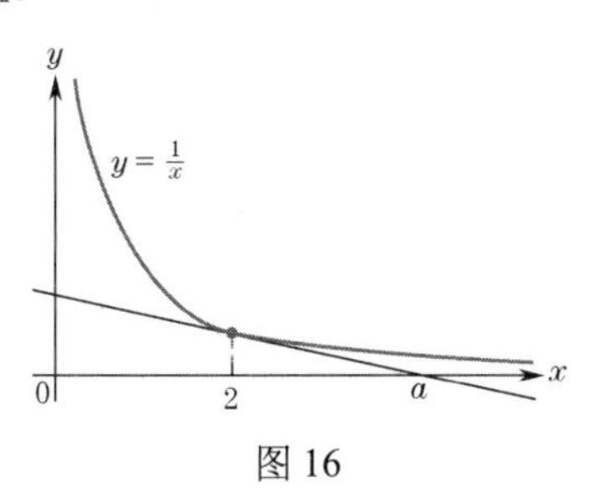

图 16

61. 考虑图 17 中的曲线 $y=f(x)$，求 a 和 $f(a)$，估计 $f'(a)$。

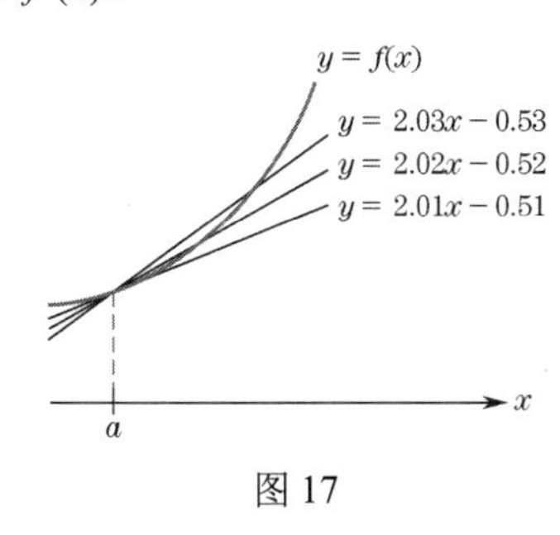

图 17

62. 考虑图 18 中的曲线 $y=f(x)$，估计 $f'(1)$。

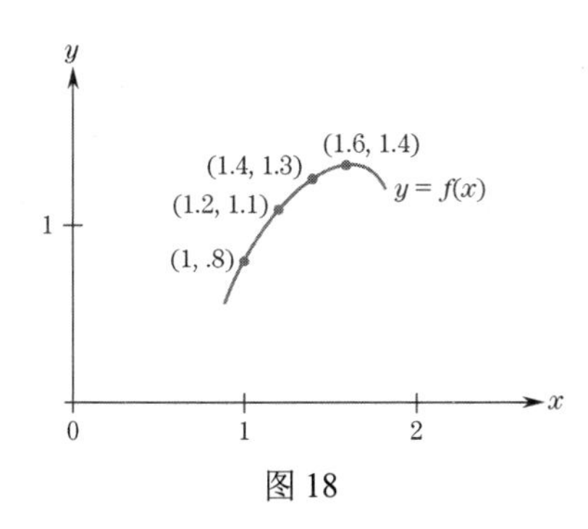

图 18

63. 在图 19 中，求点 A 处 $f(x)$ 的切线方程。

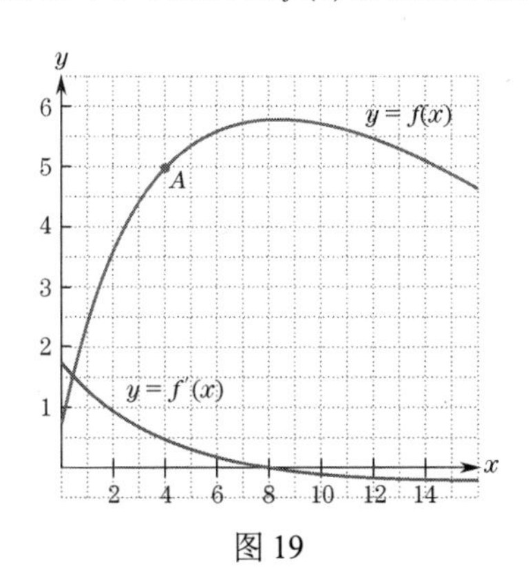

图 19

64. 在图 20 中，求点 P 处 $f(x)$ 的切线方程。

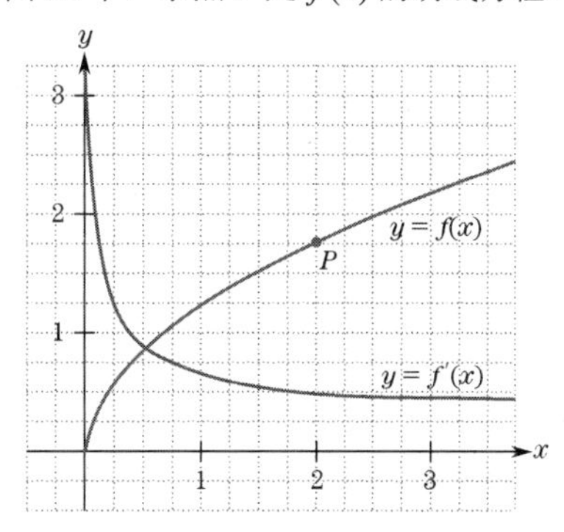

图 20

在习题 65 ~ 70 中，计算差商

$$\frac{f(x+h)-f(x)}{h}$$

尽可能简化你的答案。

65. $f(x)=2x^2$

66. $f(x)=x^2-7$

67. $f(x)=-x^2+2x$

68. $f(x)=-2x^2+x+3$

69. $f(x)=x^3$。提示：$(a+b)^3=a^3+3a^2b+3ab^2+b^3$。

70. $f(x)=2x^3+x^2$

在习题 71 ~ 76 中，用三步法计算给定函数的导数。

71. $f(x)=-x^2$

72. $f(x)=3x^2-2$

73. $f(x)=7x^2+x-1$

74. $f(x)=x+3$

75. $f(x)=x^3$

76. $f(x)=2x^3-x$

77. (a) 画两幅你选择的图形，表示函数 $y=f(x)$ 及其垂直位移 $y=f(x)+3$。

(b) 选择一个 x 值，并且考虑点 $(x,f(x))$ 和 $(x,f(x)+3)$。在这些点处绘制曲线的切线，并描述你观察到的切线。

(c) 根据(b)问的观察，解释下式成立的原因：

$$\frac{d}{dx}f(x)=\frac{d}{dx}(f(x)+3)$$

78. 使用习题 77 的方法，证明对任何常数 c，有

$$\frac{d}{dx}f(x)=\frac{d}{dx}(f(x)+c)$$

提示：将 $f(x)$ 的切线图形与 $f(x)+c$ 的切线图形进行比较。

技术题

在习题 79 ~ 84 中，使用导数程序得到导数的值，保留到小数点后 5 位。

79. $f'(0)$，其中 $f(x)=2^x$

80. $f'(1)$，其中 $f(x)=\frac{1}{1+x^2}$

81. $f'(1)$，其中 $f(x)=\sqrt{1+x^2}$

82. $f'(3)$，其中 $f(x)=\sqrt{25-x^2}$

83. $f'(2)$，其中 $f(x)=\frac{x}{1+x}$

84. $f'(0)$，其中 $f(x)=10^{1+x}$

1.3 节自测题答案

1. (a) $f(5)$ 是点 P 的 y 坐标。因为切线过点 P，所以点 P 的坐标满足方程 $y=-x+8$。因为它的 x 坐标是 5，所以 y 坐标为−5 + 8 = 3。于是 $f(5)=3$。

   (b) $f'(5)$ 是点 P 处切线的斜率，$y=-x+8$，所以 $f'(5)=-1$。

2. (a) 函数 $1/x^4$ 可写成幂函数 x^{-4}。这里，$r=-4$，因此有

   $$f'(x)=(-4)x^{(-4)-1}=(-4)x^{-5}=-4/x^5$$

   (b) $f'(2)=-4/2^5=-4/32=-\frac{1}{8}$。

1.4 极限和导数

极限是微积分的基本概念之一。事实上，微积分的任何“理论”发展都依赖于极限理论的广泛应用。即使我们在本书中采用了直观的观点，但偶尔也会（以非正式的方式）使用极限论证。在上一节中，极限用于定义导数。它们自然产生于我们将切线作为割线极限的几何结构。本节继续简要介绍极限，并说明开发导数和其他几个微积分领域时所需的一些额外性质。我们从定义开始。

定义　函数的极限。 设 $g(x)$ 是一个函数，a 是一个数。我们说数 L 是 x 接近 a 时 $g(x)$ 的极限，前提是对所有充分接近（但不等于）a 的 x，$g(x)$ 可以任意接近 L。在这种情况下，可以写出

$$\lim_{x\to a} g(x)=L$$

换句话说，若 $g(x)$ 的值在 x 接近 a 时接近 L，则当 x 接近 a 时，$g(x)$ 的极限是 L。

若 x 接近 a 时，$g(x)$ 的值不接近特定数字，我们就说 x 接近 a 时 $g(x)$ 的极限不存在。上一节中给出了几个极限的例子。在讨论极限的性质之前，下面再举一些基本的例子。

例 1　使用数值表计算极限。 求 $\lim_{x\to 2}(3x-5)$。

解： 首先制作一个 x 接近 2 的值及对应值 $3x-5$ 的表格，如右表所示。当 x 接近 2 时，$3x-5$ 接近 1。于是，有

$$\lim_{x\to 2}(3x-5)=1$$

x	$3x-5$	x	$3x-5$
2.1	1.3	1.9	0.7
2.01	1.03	1.99	0.97
2.001	1.003	1.999	0.997
2.0001	1.0003	1.9999	0.9997

■

例 2　使用图形计算极限。 对图 1 中的每个函数，确定 $\lim_{x\to 2} g(x)$ 是否存在（图中的圆圈表示图形的断点，即表示函数在 $x=2$ 处无定义）。

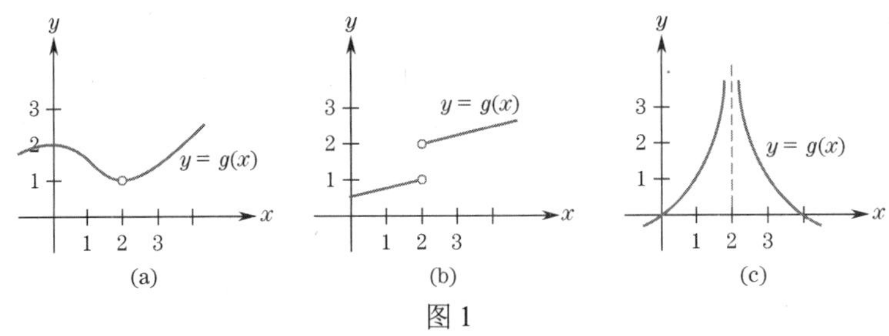

图 1

解： (a) 可以看到，随着 x 越来越接近 2，$g(x)$ 的值越来越接近 1。对 2 右边和左边的 x 值，都是如此，所以 $\lim_{x\to 2} g(x)=1$。

(b) 当 x 从右边接近 2 时，$g(x)$ 接近 2。然而，当 x 从左边接近 2 时，$g(x)$ 接近 1。极限要存在，函数就要从两个方向接近相同的值。因此，$\lim_{x\to 2} g(x)$ 不存在。

(c) 随着 x 接近 2，$g(x)$ 的值越来越大，而不接近某个固定的数，所以 $\lim_{x\to2} g(x)$ 不存在。

■

例 3　两个基本极限。设 a 和 C 为任意实数，证明以下极限性质。

(a) $\lim_{x\to a} C = C$　常数的极限

(b) $\lim_{x\to a} x = a$　$g(x) = x$ 的极限

解：(a) 常数函数 $g(x) = C$ 的值总为 C，其极限在 x 接近数字 a 时是 C，因此 $\lim_{x\to a} C = C$。

(b) 当 x 接近 a 时，函数 $g(x) = x$ 明显接近 a，用极限符号表示为 $\lim_{x\to a} a = a$。

■

引用以下我们未加证明的极限定理，可将复合函数的极限计算简化为各个函数的极限计算。

极限定理。若 $\lim_{x\to a} f(x)$ 和 $\lim_{x\to a} g(x)$ 都存在，则有以下结果。

I. 若 k 为常数，则 $\lim_{x\to a} k\cdot f(x) = k\cdot\lim_{x\to a} f(x)$　　常数倍数

II. 若 r 是一个正常数且定义了 $[f(x)]^r$，其中 $x \neq a$，则

$$\lim_{x\to a}[f(x)]^r = \left[\lim_{x\to a} f(x)\right]^r$$　　极限的幂

III. $\lim_{x\to a}[f(x) + g(x)] = \lim_{x\to a} f(x) + \lim_{x\to a} g(x)$　　和的极限

IV. $\lim_{x\to a}[f(x) - g(x)] = \lim_{x\to a} f(x) - \lim_{x\to a} g(x)$　　差的极限

V. $\lim_{x\to a}[f(x)\cdot g(x)] = \left[\lim_{x\to a} f(x)\right]\cdot\left[\lim_{x\to a} g(x)\right]$　　积的极限

VI. 若 $\lim_{x\to a} g(x) \neq 0$，则 $\lim_{x\to a} \frac{f(x)}{g(x)} = \frac{\lim_{x\to a} f(x)}{\lim_{x\to a} g(x)}$　　商的极限

例 4　使用极限性质。使用极限定理计算以下极限。

(a) $\lim_{x\to2} x^3$；(b) $\lim_{x\to2} 5x^3$；(c) $\lim_{x\to2}(5x^3 - 15)$；(d) $\lim_{x\to2}\sqrt{5x^3 - 15}$；(e) $\lim_{x\to2}(\sqrt{5x^3 - 15}/x^5)$。

解：(a) 根据例 3(b)知 $\lim_{x\to2} x = 2$，根据极限的幂有

$$\lim_{x\to2} x^3 = (\lim_{x\to2} x)^3 = 2^3 = 8$$

(b) $\lim_{x\to2} 5x^3 = 5\lim_{x\to2} x^3 = 5\cdot8 = 40$

(c) $\lim_{x\to2}(5x^3 - 15) = \lim_{x\to2} 5x^3 - \lim_{x\to2} 15$

根据例 3(a)知 $\lim_{x\to2} 15 = 15$，根据(b)问知 $\lim_{x\to2} 5x^3 = 40$。于是，

$$\lim_{x\to2}(5x^3 - 15) = 40 - 15 = 25$$

(d) $\lim_{x\to2}\sqrt{5x^3 - 15} = \lim_{x\to2}(5x^3 - 15)^{1/2} = \left[\lim_{x\to2}(5x^3 - 15)\right]^{1/2} = 25^{1/2} = 5$

(e) 分母的极限是 $\lim_{x\to2} x^5$，即 $2^5 = 32$ 是一个非零数。因此，商的极限为

$$\lim_{x\to2}\frac{\sqrt{5x^3-15}}{x^5} = \frac{\lim_{x\to2}\sqrt{5x^3-15}}{\lim_{x\to2} x^5} = \frac{5}{32}$$

■

反复应用各个极限定理可以推断出以下事实，这些事实在计算极限时非常方便。

极限定理（续）

VII. 多项式函数的极限　设 $p(x)$ 是一个多项式函数，a 是一个任意数，则有

$$\lim_{x\to a} p(x) = p(a)$$

VIII. 有理函数的极限 设 $r(x) = p(x)/q(x)$ 是有理函数，其中 $p(x)$ 和 $q(x)$ 是多项式。设 a 是一个使得 $q(a) \neq 0$ 的数，则

$$\lim_{x\to a} r(x) = r(a)$$

换句话说，要求多项式或有理函数的极限，只需计算 $x = a$ 处的函数值；当然，前提是该函数在 $x = a$ 处有定义。例如，我们可以重新计算例 4(c)的解，如下所示：

$$\lim_{x\to 2}(5x^3 - 15) = 5\times 2^3 - 15 = 25$$

在应用极限定理之前，许多情况需要进行代数化简。

例 5　因式分解。计算极限 $\lim_{x\to 3}\frac{x^2-9}{x-3}$ 。

解：在 $x = 3$ 处函数 $\frac{x^2-9}{x-3}$ 未定义，因为

$$\frac{3^2-9}{3-3} = \frac{0}{0}$$

然而，这不会造成困难，因为当 x 趋近 3 时的极限只取决于 x 在 3 附近的值，而不用考虑 $x = 3$ 时的值本身。因为求极限时分母趋于 0，所以不能直接应用极限定理 VI。要计算极限，注意到 $x^2 - 9 = (x+3)(x-3)$ 。因此，当 $x \neq 3$ 时，

$$\frac{x^2-9}{x-3} = \frac{(x+3)(x-3)}{x-3} = x + 3$$

当 x 趋近 3 时，$x + 3$ 趋近 6。因此，

$$\lim_{x\to 3}\frac{x^2-9}{x-3} = 6$$

■

回顾：若 $p(x)$ 是多项式，且 $p(a) = 0$ ，则 $(x - a)$ 是 $p(x)$ 的因式。见 0.4 节。

导数的极限定义

上一节对导数的讨论基于切线的直观几何概念。这种几何方法可让我们采用三步法来计算导数，作为差商的极限。这个过程可以独立于其几何解释来考虑，并用于定义 $f'(x)$ 。事实上，当 h 趋近 0 时，若 $\frac{f(x+h)-f(x)}{h}$ 趋近某个数，则我们说 f 在 x 处可微，且我们使用 $f'(x)$ 表示极限。

定义　导数即极限

$$f'(x) = \lim_{h\to 0}\frac{f(x+h)-f(x)}{h} \tag{1}$$

当 h 趋近 0 时，若差商 $\frac{f(x+h)-f(x)}{h}$ 不趋近任何特定的数，则我们说 f 在 x 处不可微。本质上，本文中的所有函数在其定义域内的所有的点都可微。1.5 节中介绍了一些例外情况。

使用极限计算 $f'(a)$

步骤 1　写出差商 $\frac{f(a+h)-f(a)}{h}$ 。

步骤 2　化简差商。

步骤 3　求 $h \to 0$ 时的极限，这个极限就是 $f'(a)$ 。

例 6　根据极限定义计算导数。使用极限计算如下函数的导数 $f'(5)$ 。

(a)　$f(x) = 15 - x^2$　　　　(b)　$f(x) = \frac{1}{2x-3}$

解：(a) $\frac{f(5+h)-f(5)}{h}=\frac{\left[15-(5+h)^2\right]-(15-5^2)}{h}=\frac{15-(25+10h+h^2)-(15-25)}{h}=\frac{-10h-h^2}{h}=-10-h$

因此，

$$f'(5)=\lim_{h\to 0}(-10-h)=-10$$

(b) $\dfrac{f(5+h)-f(5)}{h}=\dfrac{\frac{1}{2(5+h)-3}-\frac{1}{2\times 5-3}}{h}=\dfrac{\frac{1}{7+2h}-\frac{1}{7}}{h}=\dfrac{\frac{7-(7+2h)}{(7+2h)7}}{h}=\frac{-2h}{(7+2h)7\cdot h}=\frac{-2}{(7+2h)7}=\frac{-2}{49+14h}$

因此，

$$f'(5)=\lim_{h\to 0}\frac{-2}{49+14h}=-\frac{2}{49}$$

■

注意：计算例 6 中的极限时，只考虑了趋近 0 的 h 值（而未考虑 $h=0$ 本身），因此我们可以自由地让分子和分母都除以 h。

区分特定点的导数（如例 6）和导数公式很重要。特定点的导数是一个数，而导数公式是一个函数。如将要说明的那样，我们概述的三步法可以用来求导数公式。

例 7　根据定义计算导数。求 $f(x)=x^2+2x+2$ 的导数。

解：我们有

$$\frac{f(x+h)-f(x)}{h}=\frac{[(x+h)^2+2(x+h)+2]-(x^2+2x+2)}{h}=\frac{x^2+2xh+h^2+2x+2h+2-x^2-2x-2}{h}=\frac{2xh+h^2+2h}{h}=\frac{(2x+h+2)h}{h}=2x+h+2$$

因此，

$$f'(x)=\lim_{h\to 0}(2x+h+2)=2x+2$$

■

下面回到上一节中的幂函数求导法则，在两种特殊情况下验证它：$r=-1$ 和 $r=\frac{1}{2}$。

例 8　有理函数的导数。求 $f(x)=\frac{1}{x}$ 的导数，其中 $x\neq 0$。

解：我们有

$$\frac{f(x+h)-f(x)}{h}=\frac{\frac{1}{x+h}-\frac{1}{x}}{h}=\frac{1}{h}\left[\frac{1}{x+h}-\frac{1}{x}\right]=\frac{1}{h}\left[\frac{x-(x+h)}{(x+h)x}\right]=\frac{1}{\cancel{h}}\left[\frac{-\cancel{h}}{(x+h)x}\right]=\frac{-1}{(x+h)x}$$

步骤 3　使用极限定理 VIII，我们发现当 h 趋近 0 时，$\frac{-1}{(x+h)x}$ 趋近 $\frac{-1}{x^2}$。因此，

$$f'(x)=\frac{-1}{x^2}$$

■

求下一个极限时，我们使用一种有用的有理化技术。

例 9　有根式的函数的导数。求 $f(x)=\sqrt{x}$ 的导数，其中 $x>0$。

解：根据代数恒等式 $(a+b)(a-b)=a^2-b^2$ 有

$$\frac{f(x+h)-f(x)}{h}=\frac{\sqrt{x+h}-\sqrt{x}}{h}=\frac{\sqrt{x+h}-\sqrt{x}}{h}\cdot\frac{\sqrt{x+h}+\sqrt{x}}{\sqrt{x+h}+\sqrt{x}}$$

$$=\frac{x+h-x}{h(\sqrt{x+h}+\sqrt{x})}=\frac{\cancel{h}}{\cancel{h}(\sqrt{x+h}+\sqrt{x})}=\frac{1}{\sqrt{x+h}+\sqrt{x}}$$

因此，

$$f'(x)=\lim_{h\to 0}\frac{1}{\sqrt{x+h}+\sqrt{x}}=\frac{1}{\sqrt{x}+\sqrt{x}}=\frac{1}{2\sqrt{x}}$$

■

无穷大和极限　考虑函数 $f(x)$，其图形如图 2 所示。随着 x 变大，$f(x)$ 的值接近 2。在这种情况下，我们说 2 是 x 接近正无穷大时 $f(x)$ 的极限。无穷大由符号 ∞ 表示。这一陈述用符号表示为

$$\lim_{x\to\infty} f(x)=2$$

类似地，考虑图 3 中的函数。随着 x 在负方向上变大，$f(x)$ 的值接近 0。这时，我们说 0 是 $f(x)$ 的极限，因为 x 接近负无穷大。这一陈述用符号表示为

$$\lim_{x\to-\infty} f(x)=0$$

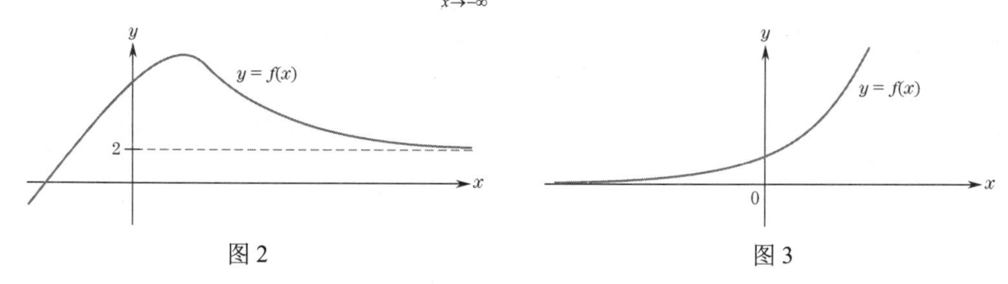

图 2　　　　图 3

例 10　无穷大处的极限。计算以下极限：(a) $\lim\limits_{x\to\infty}\frac{1}{x^2+1}$；(b) $\lim\limits_{x\to\infty}\frac{6x-1}{2x+1}$。

解：(a) 当 x 无限增加时，x^2+1 也无限增加。因此，当 x 趋近 ∞ 时，$\frac{1}{x^2+1}$ 趋近 0。

(b) 当 x 无限增加时，$6x-1$ 和 $2x+1$ 都无限增加。为了求它们的商的极限，我们需要采用一些代数技巧。分子和分母同时除以 x 得

$$\lim_{x\to\infty}\frac{6x-1}{2x+1}=\lim_{x\to\infty}\frac{6-\frac{1}{x}}{2+\frac{1}{x}}$$

随着 x 无限增加，$\frac{1}{x}$ 趋近 0，因此 $6-\frac{1}{x}$ 趋近 6 和 $2+\frac{1}{x}$ 趋近 2，故所求极限是 $6/2=3$。

■

如下个例子说明的那样，前面介绍的极限定理适用于无穷大处的极限。

例 11　无穷大极限。参考图 2，计算极限 $\lim\limits_{x\to\infty}(1-3f(x))$ 和 $\lim\limits_{x\to\infty}[f(x)]^2$。

解：根据图 2，有 $\lim\limits_{x\to\infty}f(x)=2$。使用极限定理有

$$\lim_{x\to\infty}(1-3f(x))=\lim_{x\to\infty}(1)+\lim_{x\to\infty}(-3f(x))=1-3\lim_{x\to\infty}f(x)=1-3\times2=-5$$

和

$$\lim_{x\to\infty}[f(x)]^2=\lim_{x\to\infty}[f(x)\cdot f(x)]=[\lim_{x\to\infty}f(x)]\cdot[\lim_{x\to\infty}f(x)]=2\times2=4$$

■

综合技术

使用表格查找极限　考虑例 5 中的函数

$$y=\frac{x^2-9}{x-3}$$

该函数在 $x=3$ 处未定义，但若检查 $x=3$ 附近的值（见图 4），则有

$$\lim_{x\to3}\frac{x^2-9}{x-3}=6$$

要生成图 4 中的表格，首先要按 [Y=] 键，将函数 $\frac{x^2-9}{x-3}$ 分配给 Y_1。按 [2nd] [TBLSET]并将 Indpnt 设为 Ask，将其他选项设为默认值。最后，按 [2nd] [TABLE]并输入 X 显示的值。

X	Y_1
2.9	5.9
2.99	5.99
2.999	5.999
2.9999	5.9999

(a)

X	Y_1
3.1	6.1
3.01	6.01
3.001	6.001
3.0001	6.0001

(b)

图 4

1.4 节自测题（答案见本节习题后）

确定下面的哪个极限存在，若存在，则计算出极限。

1. $\lim\limits_{x\to 6}\frac{x^2-4x-12}{x-6}$

2. $\lim\limits_{x\to 6}\frac{4x+12}{x-6}$

习题 1.4

对于下面的每个函数 $g(x)$，确定 $\lim\limits_{x\to 3}g(x)$ 是否存在。若存在，则求出极限。

1.

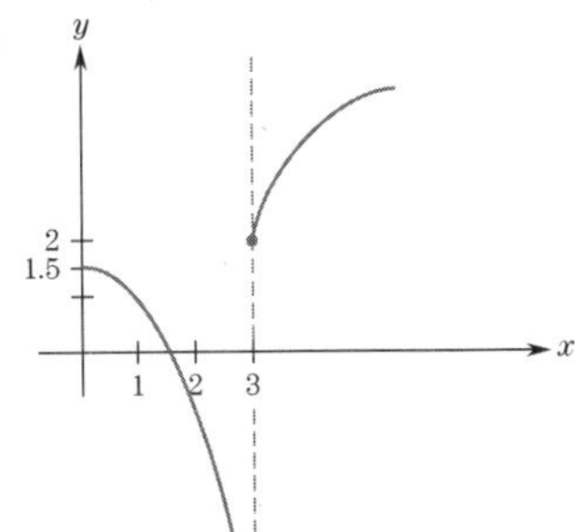

2.

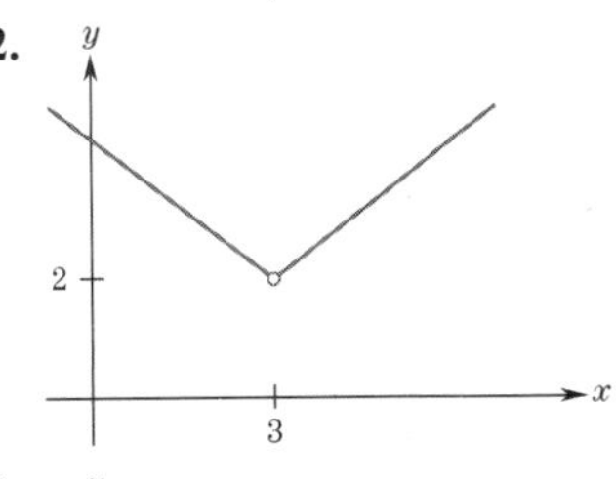

3.

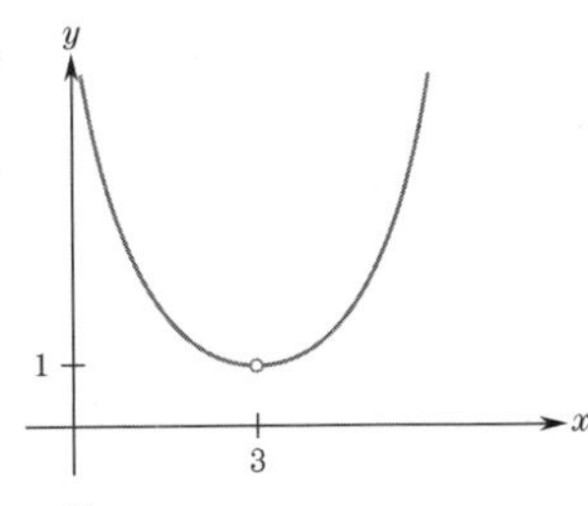

4.

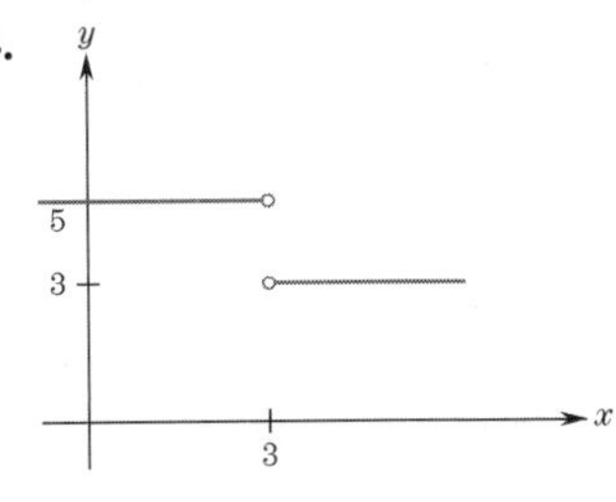

5.

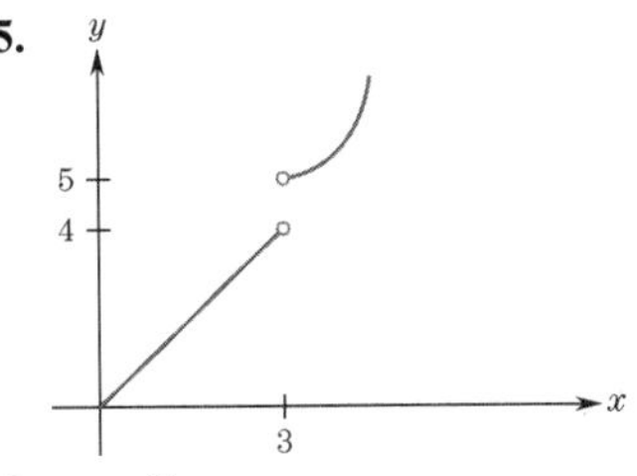

6.

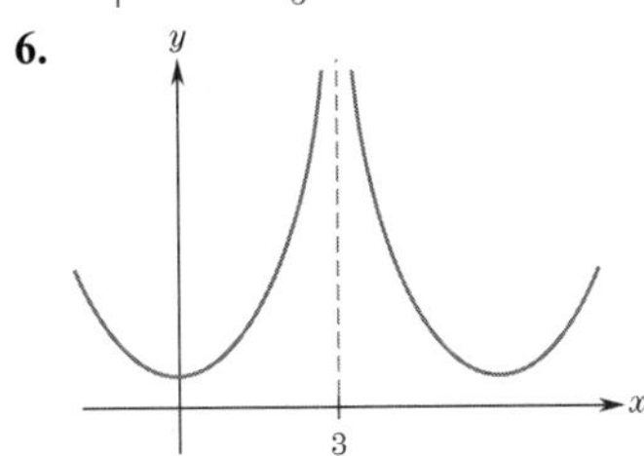

确定下列哪些极限存在。若存在，则计算出极限。

7. $\lim\limits_{x\to 1}(1-6x)$

8. $\lim\limits_{x\to 2}\frac{x}{x-2}$

9. $\lim\limits_{x\to 3}\sqrt{x^2+16}$

10. $\lim\limits_{x\to 4}(x^3-7)$

11. $\lim\limits_{x\to 5}\frac{x^2+1}{5+x}$

12. $\lim\limits_{x\to 6}\left(\sqrt{6x}+3x-\frac{1}{x}\right)(x^2-4)$

13. $\lim\limits_{x\to 7}(x+\sqrt{x-6})(x^2-2x+1)$

14. $\lim\limits_{x\to 8}\frac{\sqrt{5x-4}-1}{3x^2+2}$

15. $\lim\limits_{x\to -5}\frac{\sqrt{x^2-5x-36}}{8-3x}$

16. $\lim\limits_{x\to 10}(2x^2-15x-50)^{20}$

17. $\lim\limits_{x\to 0}\frac{x^2+3x}{x}$

18. $\lim\limits_{x\to 1}\frac{x^2-1}{x-1}$

19. $\lim\limits_{x\to 2}\frac{-2x^2+4x}{x-2}$

20. $\lim\limits_{x\to 3}\frac{x^2-x-6}{x-3}$

21. $\lim\limits_{x\to 4}\frac{x^2-16}{4-x}$

22. $\lim\limits_{x\to 5}\frac{2x-10}{x^2-25}$

23. $\lim\limits_{x\to 6}\frac{x^2-6x}{x^2-5x-6}$

24. $\lim\limits_{x\to 7}\frac{x^3-2x^2+3x}{x^2}$

25. $\lim_{x\to 8}\frac{x^2+64}{x-8}$ **26.** $\lim_{x\to 9}\frac{1}{(x-9)^2}$

27. 设 $\lim_{x\to 0}f(x)=-\frac{1}{2}$ 且 $\lim_{x\to 0}g(x)=\frac{1}{2}$，计算极限。

(a) $\lim_{x\to 0}(f(x)+g(x))$ (b) $\lim_{x\to 0}(f(x)-2g(x))$

(c) $\lim_{x\to 0}f(x)\cdot g(x)$ (d) $\lim_{x\to 0}\frac{f(x)}{g(x)}$

28. 使用导数的极限定义证明：若 $f(x)=mx+b$，则 $f'(x)=m$。

使用极限计算下面的导数。

29. $f(x)=x^2+1$，求 $f'(3)$。

30. $f(x)=x^3$，求 $f'(2)$。

31. $f(x)=x^3+3x+1$，求 $f'(0)$。

32. $f(x)=x^2+2x+2$，求 $f'(0)$。

在习题 33 ~ 36 中，按照例 6 中的步骤，应用三步法计算给定函数 $f'(x)$。在取极限之前，确保尽可能简化差商。

33. $f(x)=x^2+1$ **34.** $f(x)=-x^2+2$

35. $f(x)=x^3-1$ **36.** $f(x)=-3x^2+1$

在习题 37 ~ 48 中，使用极限计算 $f'(x)$。提示：在习题 45 ~ 48 中，使用例 9 中的有理化技巧。

37. $f(x)=3x+1$ **38.** $f(x)=-x+11$

39. $f(x)=x+\frac{1}{x}$ **40.** $f(x)=\frac{1}{x^2}$

41. $f(x)=\frac{x}{x+1}$ **42.** $f(x)=-1+\frac{2}{x-2}$

43. $f(x)=\frac{1}{x^2+1}$ **44.** $f(x)=\frac{x}{x+2}$

45. $f(x)=\sqrt{x+2}$ **46.** $f(x)=\sqrt{x^2+1}$

47. $f(x)=\frac{1}{\sqrt{x}}$ **48.** $f(x)=x\sqrt{x}$

习题 49 ~ 54 中的每个极限都由 $f'(a)$ 定义，求函数 $f(x)$ 和 a 的值。

49. $\lim_{h\to 0}\frac{(1+h)^2-1}{h}$ **50.** $\lim_{h\to 0}\frac{(2+h)^3-8}{h}$

51. $\lim_{h\to 0}\frac{\frac{1}{10+h}-0.1}{h}$ **52.** $\lim_{h\to 0}\frac{(64+h)^{1/3}-4}{h}$

53. $\lim_{h\to 0}\frac{\sqrt{9+h}-3}{h}$ **54.** $\lim_{h\to 0}\frac{(1+h)^{-1/2}-1}{h}$

计算下列极限。

55. $\lim_{x\to\infty}\frac{1}{x^2}$ **56.** $\lim_{x\to-\infty}\frac{1}{x^2}$

57. $\lim_{x\to\infty}\frac{5x+3}{3x-2}$ **58.** $\lim_{x\to\infty}\frac{1}{x-8}$

59. $\lim_{x\to\infty}\frac{10x+100}{x^2-30}$ **60.** $\lim_{x\to\infty}\frac{x^2+x}{x^2-1}$

在习题 61 ~ 66 中，参考图 5，求给定的极限。

61. $\lim_{x\to 0}f(x)$ **62.** $\lim_{x\to\infty}f(x)$

63. $\lim_{x\to 0}xf(x)$ **64.** $\lim_{x\to\infty}(1+2f(x))$

65. $\lim_{x\to\infty}(1-f(x))$ **66.** $\lim_{x\to 0}[f(x)]^2$

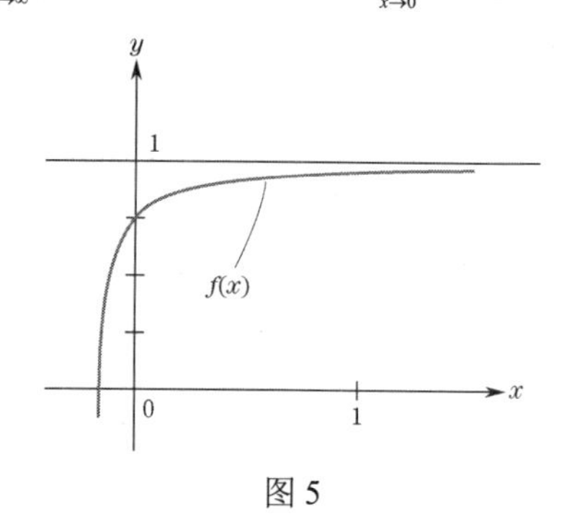

图 5

技术题

检查函数的图形，并在 x 的极大值处计算函数以猜测极限的值。

67. $\lim_{x\to\infty}(\sqrt{25+x}-\sqrt{x})$ **68.** $\lim_{x\to\infty}\frac{x^2}{2^x}$

69. $\lim_{x\to\infty}\frac{x^2-2x+3}{2x^2+1}$ **70.** $\lim_{x\to\infty}\frac{-8x^2+1}{x^2+1}$

1.4 节自测题答案

1. 所考虑的函数是有理函数。分母在 $x=6$ 处的值为 0，因此不能直接计算 $x=6$ 时的函数值来确定极限。此外，

$$\lim_{x\to 6}(x-6)=0$$

因为分母中的函数有极限 0，所以不能应用极限定理 VI。然而，因为极限的定义只考虑 x 不等于 6 的值，所以可通过因式分解和约分来简化商：

$$\frac{x^2-4x-12}{x-6}=\frac{(x+2)(x-6)}{(x-6)}=x+2\text{，其中 }x\neq 6$$

因为 $\lim_{x\to 6}(x+2)=8$。因此，

$$\lim_{x\to 6}\frac{x^2-4x-12}{x-6}=8$$

2. 不存在极限。容易看出 $\lim_{x\to 6}(4x+12)=36$ 和 $\lim_{x\to 6}(x-6)=0$。当 x 接近 6 时，分母变得非常小，分子接近 36。例如，若 $x=6.00001$，则分子为 36.00004，分母为 0.00001，商为 3600004。当 x 更接近 6 时，商变得相当大，并且不可能接近某个极限。

1.5 可微性和连续性

上一节用极限的形式定义了 $f(x)$ 在 $x=a$ 处的可微性。若这个极限不存在，则我们说 $f(x)$ 在

$x=a$ 处不可微。几何上，$f(x)$ 在 $x=a$ 处不可微可通过几种不同的方式表现出来。首先，$f(x)$ 的图形在 $x=a$ 处可能没有切线；其次，图形在 $x=a$ 处可能有一条垂直的切线（回顾可知，斜率对垂直线是没有定义的）。图 1 中显示了一些不同的几何性能。

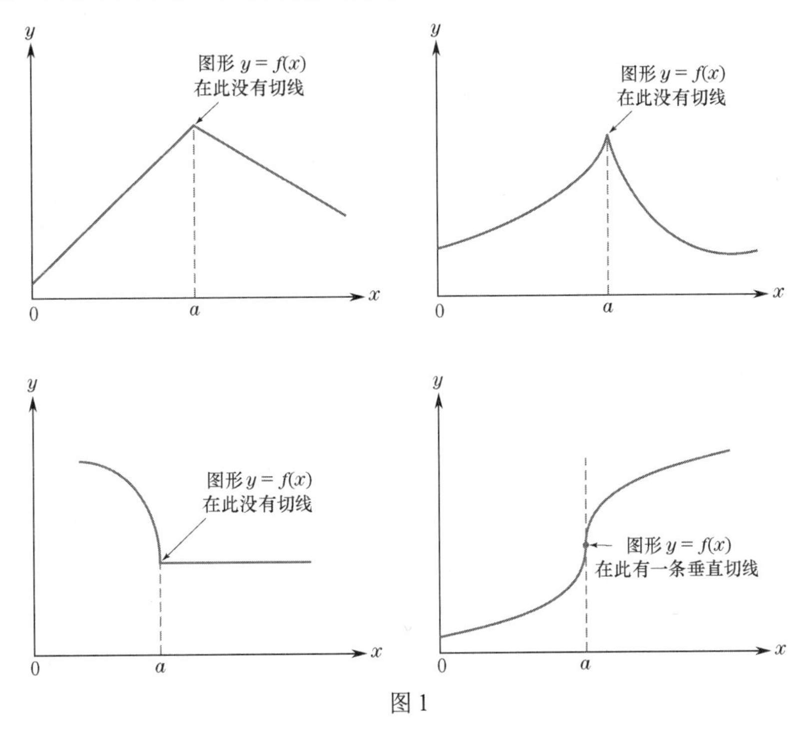

图 1

下面的例子说明了在特定点不可微的函数在实践中是如何产生的。

例 1　运输成本。 某铁路公司对运输 200 英里以内的车厢收取 10 美元/英里的费用，超过 200 英里收取 8 美元/英里的费用。此外，铁路公司对每节车厢收取 1000 美元的装卸费。画出运输一节车厢 x 英里的成本。

解： 若 x 最多为 200 英里，则运输成本 $C(x)$ 为 $C(x)=1000+10x$ 美元。200 英里的成本是 $C(200)=1000+2000=3000$ 美元。若 x 超过 200 英里，则总成本为

$$C(x)=\underbrace{3000}_{\text{前200英里的成本}}+\underbrace{8(x-200)}_{\text{超出200英里的成本}}=1400+8x$$

因此，

$$C(x)=\begin{cases}1000+10x, & 0<x\leqslant 200\\ 1400+8x, & x>200\end{cases}$$

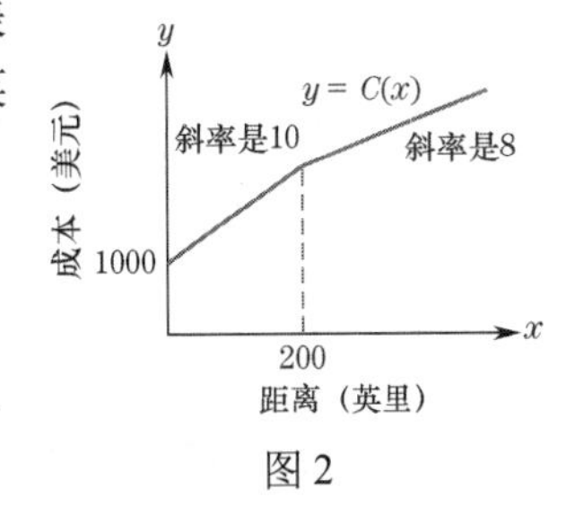

图 2

$C(x)$ 的图形如图 2 所示。注意，$C(x)$ 在 $x=200$ 时是不可微的。■

与可微性概念密切相关的是连续性概念。我们说函数 $f(x)$ 在 $x=a$ 处是连续的，前提是它过点 $(a,f(a))$ 时图形没有中断（或间隙）。也就是说，$f(x)$ 在 $x=a$ 处是连续的，前提是我们可以过点 $(a,f(a))$ 绘制图形，而无须将笔从纸上抬起。图 1 和图 2 中图形所示的函数对 x 的所有值都是连续的。相反，图 3(a)中图形所示的函数在 $x=1$ 和 $x=2$ 处是不连续的（我们称之为不连续），因为图形在这里有断点。同样，图 3(b)所示的函数在 $x=2$ 处是不连续的。

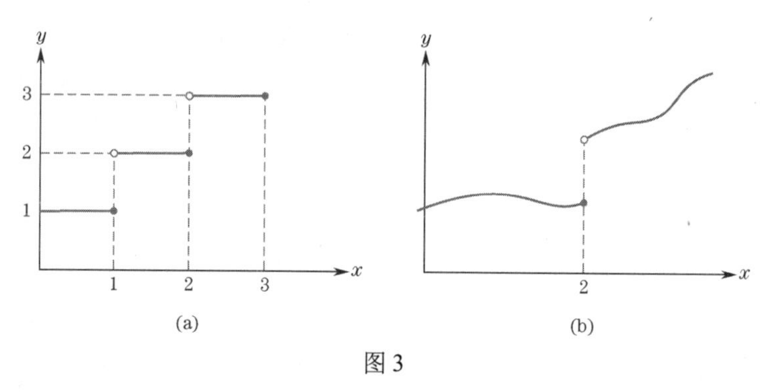

图 3

许多应用中可能会出现不连续的函数，如下例所示。

例 2　制造成本。一家制造厂能在 8 小时一班的时间内生产 15000 件产品。每班工作的固定成本为 2000 美元（用于光、热等）。若可变成本（劳动力和原材料成本）是 2 美元/件，绘制制造 x 件产品的成本 $C(x)$。

解：若 $x \leqslant 15000$，一个班就足够了，因此有

$$C(x)=2000+2x,\quad 0 \leqslant x \leqslant 15000$$

若 x 介于 15000 和 30000 之间，则需要额外一班工作，且

$$C(x)=4000+2x,\quad 15000<x \leqslant 30000$$

若 x 介于 30000 和 45000 之间，则需要三班工作，且

$$C(x)=6000+2x,\quad 30000<x \leqslant 45000$$

图 4 中画出了当 $0 \leqslant x \leqslant 45000$ 时 $C(x)$ 的图形。注意，该图形在两个点处有断点。■

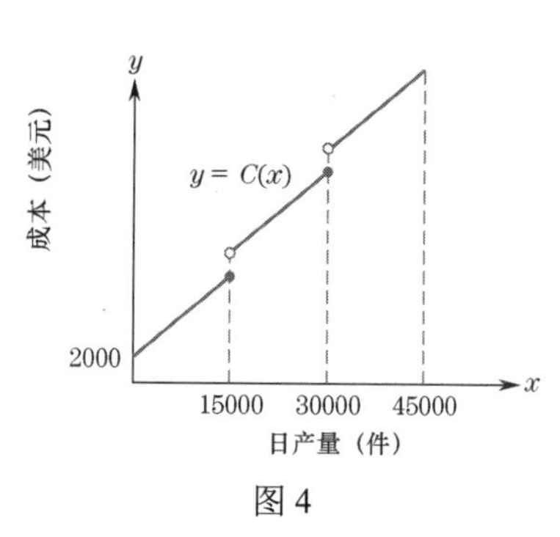

图 4

可微性和连续性之间的关系如下。

定理 I　若 $f(x)$ 在 $x=a$ 处可微，则 $f(x)$ 在 $x=a$ 处连续。

然而，反之则不成立：函数在 $x=a$ 处可能是连续的，但在该处仍然不可微。图 1 中绘制的函数提供了这种现象的例子。本节末尾将证明定理 I。

与可微性一样，连续性概念也可用极限来表述。要使 $f(x)$ 在 $x=a$ 处连续，对 a 附近的所有 x，$f(x)$ 的值必须接近 $f(a)$（否则，图形将在 $x=a$ 处中断）。事实上，x 越接近 a，$f(x)$ 必须越接近 $f(a)$（同样为了避免图形中断）。因此，就极限而言，必有

$$\lim_{x \to a} f(x)=f(a)$$

相反，若前面的极限关系成立，则 $y=f(x)$ 的图形在 $x=a$ 处没有中断。

定义　点的连续性。函数 $f(x)$ 在 $x=a$ 处是连续的，前提是以下极限关系成立：

$$\lim_{x \to a} f(x)=f(a) \tag{1}$$

要使公式(1)成立，必须满足如下三个条件：

1. $f(x)$ 必须在 $x=a$ 处有定义。

2. $\lim_{x \to a} f(x)$ 必须存在。

3. 极限 $\lim_{x \to a} f(x)$ 的值必须为 $f(a)$。

当这些条件中的任何一个不成立时，函数都无法在 $x=a$ 处连续。下个例子说明了各种可能性。

例 3　点的连续性。确定图 5 中绘制的函数图形在 $x=3$ 处是否连续。使用极限定义。

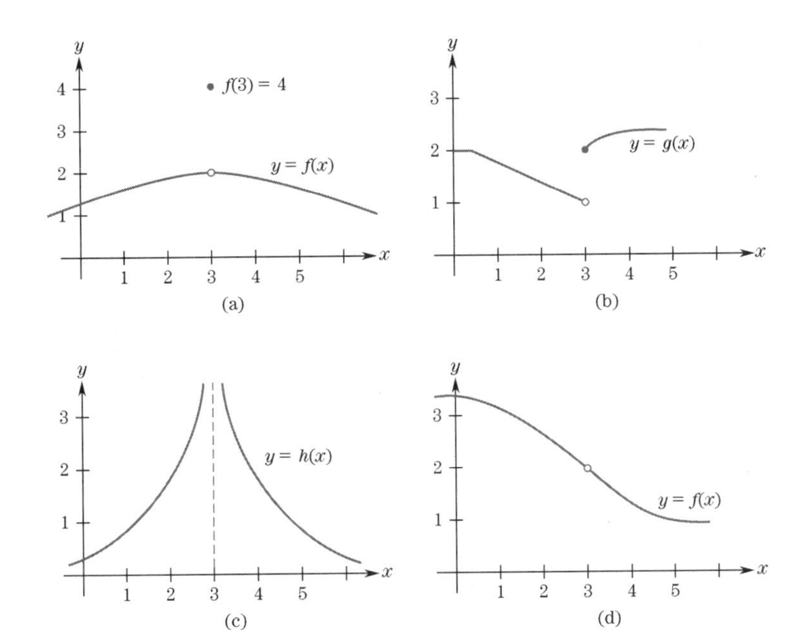

图 5

解：(a) 这里，$\lim\limits_{x\to 3} f(x)=2$，但 $f(3)=4$，因此，

$$\lim_{x\to 3} f(x)\neq f(3)$$

且 $f(x)$ 在 $x=3$ 处不连续（几何上看，这很清楚。图形在 $x=3$ 处有一个中断）。

(b) $\lim\limits_{x\to 3} g(x)$ 不存在，因此 $g(x)$ 在 $x=3$ 处不连续。

(c) $\lim\limits_{x\to 3} h(x)$ 不存在，因此 $h(x)$ 在 $x=3$ 处不连续。

(d) $f(x)$ 在 $x=3$ 处没有定义，所以 $f(x)$ 在 $x=3$ 处不连续。

■

使用关于多项式函数极限的结果（1.4 节），我们发现

$$p(x)=a_0+a_1x+\cdots+a_nx^n\text{，其中 } a_0,\cdots,a_n \text{ 是常数}$$

对所有 x 都是连续的。类似地，有理函数

$$\frac{p(x)}{q(x)}\text{，其中 } p(x),q(x) \text{ 是多项式}$$

当 $q(x)\neq 0$ 时，在所有 x 处都是连续的。

定理 I 的证明 假设 $f(x)$ 在 $x=a$ 处可微，下面证明 $f(x)$ 在 $x=a$ 处是连续的，即证明

$$\lim_{x\to a}(f(x)-f(a))=0 \tag{2}$$

因为 $x\neq a$，记 $x=a+h$，$h\neq 0$，注意到当且仅当 h 趋近 0 时，x 趋近 a。于是，根据上节的极限定理 V 有

$$\lim_{x\to a}(f(x)-f(a))=\lim_{h\to 0}\left[\frac{\overbrace{f(a+h)}^{f(x)}-f(a)}{h}\cdot h\right]=\lim_{h\to 0}\left[\frac{f(a+h)-f(a)}{h}\right]\cdot\lim_{h\to 0}h$$

为了计算这两个极限的积，注意到 $\lim\limits_{h\to 0}h=0$，且 f 在 a 处可微，于是有

$$\lim_{h\to 0}\frac{f(a+h)-f(a)}{h}=f'(a)$$

所以两个极限的积是 $f'(a)\cdot 0=0$，因此公式(2)成立。

综合技术

分段定义函数 绘制如下函数的图形：

$$f(x)=\begin{cases}(5/2)x-1/2, & -1\leqslant x\leqslant 1\\(1/2)x-2, & x>1\end{cases}$$

我们需要将如下函数输入计算器：

$$Y_1=(-1\leqslant X)*(X\leqslant 1)*((5/2)X-(1/2))+(X>1)*((1/2)X-2)$$

然后按[GRAPH]键。结果如图 6 所示，窗口设为 ZDecimal，图形模式设为 Dot。可由[MODE]菜单更改图形模式。

为了理解这个表达式，下面查看第一项。不等式关系可从[2nd] [TEST]下的菜单中访问并输入公式。当 X 的值大于或等于−1 时，计算器给表达式 $-1\leqslant X$ 赋值 1，否则赋值 0。类似地，当 X 的值小于或等于 1 时，计算器给表达式 $X\leqslant 1$ 赋值 1，否则赋值 0。因此，当两个不等式都为真时，$(-1\leqslant X)*(X\leqslant 1)$ 为 1，否则为 0。此外，在这种情况下，不等式 $X>1$ 的值为 0。因此，当 $-1\leqslant X\leqslant 1$ 时，Y_1 取值 $(5/2)X-(1/2)$；当 $X>1$ 时，Y_1 取值 $(1/2)X-2$。

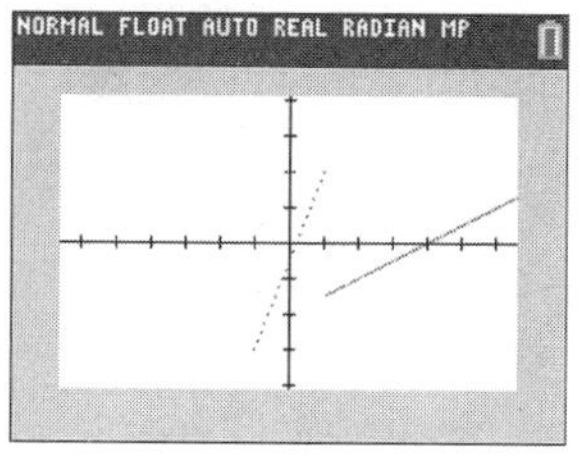

图 6

1.5 节自测题（答案见本节习题后）

设 $f(x)=\begin{cases}\frac{x^2-x-6}{x-3}, & x\neq 3\\4, & x=3\end{cases}$

1. $f(x)$ 在 $x=3$ 处连续吗？

2. $f(x)$ 在 $x=3$ 处可微吗？

习题 1.5

图 7 所示的函数在下列 x 值处是否连续？

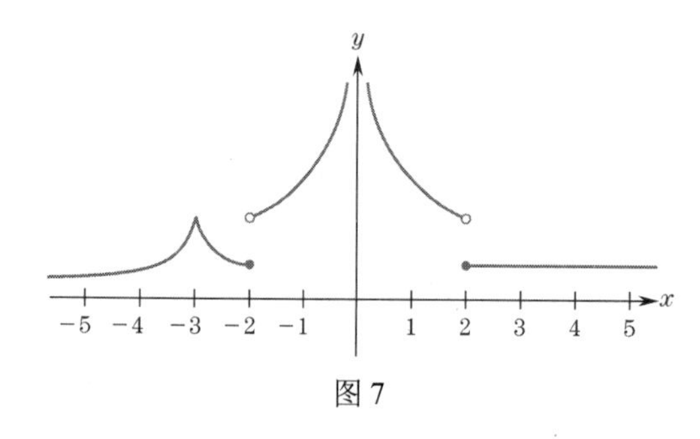

图 7

1. $x=0$　**2.** $x=-3$　**3.** $x=3$

4. $x=0.001$　**5.** $x=-2$　**6.** $x=2$

图 7 所示的函数在下列 x 值处是否可微？

7. $x=0$　**8.** $x=-3$　**9.** $x=3$

10. $x=0.001$　**11.** $x=-2$　**12.** $x=2$

确定以下函数在 $x=1$ 时是否连续和/或可微。

13. $f(x)=x^2$　**14.** $f(x)=\frac{1}{x}$

15. $f(x)=\begin{cases}x+2, & -1\leqslant x\leqslant 1\\3x, & 1<x\leqslant 5\end{cases}$

16. $f(x)=\begin{cases}x^3, & 0\leqslant x<1\\x, & 1\leqslant x\leqslant 2\end{cases}$

17. $f(x)=\begin{cases}2x-1, & 0\leqslant x\leqslant 1\\1, & 1<x\end{cases}$

18. $f(x)=\begin{cases}x, & x\neq 1\\2, & x=1\end{cases}$

19. $f(x)=\begin{cases}\frac{1}{x-1}, & x\neq 1\\0, & x=1\end{cases}$

20. $f(x)=\begin{cases}x-1, & 0\leqslant x<1\\1, & x=1\\2x-2, & x>1\end{cases}$

习题 21～26 中的函数是为所有 x 定义的，除了 x 的某个值。如果可能，在特殊点处定义 $f(x)$，使 $f(x)$ 对所有 x 都是连续的。

21. $f(x)=\frac{x^2-7x+10}{x-5}, x\neq 5$

22. $f(x)=\frac{x^2+x-12}{x+4}, x\neq -4$

23. $f(x)=\frac{x^3-5x^2+4}{x^2}, x\neq 0$

24. $f(x)=\frac{x^2+25}{x-5}, x\neq 5$

25. $f(x)=\frac{(6+x)^2-36}{x}, x\neq 0$

26. $f(x)=\frac{\sqrt{9+x}-\sqrt{9}}{x}, x\neq 0$

27. **计算所得税**。你向联邦政府缴纳的税款是应纳税收入的一个百分比，即减去允许的扣除额后总收入的剩余部分。纳税人有 5 个税率或等级，如表 1 所示。

表 1

应纳税额	不超过的金额	税　　率
0 美元	27050 美元	15%
27050 美元	65550 美元	27.5%
65550 美元	136750 美元	30.5%
136750 美元	297350 美元	35.5%
297350 美元	……	39.1%

若你是单身，且应纳税收入低于 27050 美元，则税款是应纳税收入乘以 15%（0.15）。在第一个等级中，你为收入支付的最高税额为 27050 美元的 15%或(0.15)×27050 = 4057.50 美元。当应纳税收入超过 27050 美元但低于 65550 美元时，税款为 4057.50 美元加上超过 27050 美元的金额的 27.5%。因此，若应纳税收入为 50000 美元，则税款为 4057.5 + 275(50000 − 27050) = 4057.5 + 0.275×22950 = 10368.75 美元。设 x 表示应纳税收入，$T(x)$ 表示税款。

(a) 若 x 不超过 136750 美元，求 $T(x)$ 的公式。

(b) 当 $0\leqslant x\leqslant 136750$ 时，画出 $T(x)$ 的图形。

(c) 求收入中属于第二个等级的部分所要缴纳的最高税额。将该量表示为 $T(x)$ 的两个值之差。

28. 参见习题 27。

(a) 求所有应纳税收入 x 的税款 $T(x)$ 的公式。

(b) 绘制 $T(x)$ 的图形 。

(c) 求收入中属于第四个等级的部分所要缴纳的最高税额。

29. **复印收入**。复印店老板对前 100 页收取 7 美分/页的费用，超过 100 页则收取 4 美分/页的费用。此外，每份复印工作收取 2.50 美元设置费。

(a) 求复印 x 页的收入 $R(x)$ 。

(b) 若老板复印每页的成本为 3 美分，则复印 x 页的利润是多少？

30. 假设前 50 页收费 10 美分/页，超过 50 页收费 5 美分/页，且没有设置费，重做习题 29。

31. **在线业务销售**。经销商有一家亚马逊商店，其在 24 小时内的销售额如图 8 所示。

(a) 求上午 8 点到 10 点期间的销售额。

(b) 一天中哪两小时间的销售率最高，它是多少？

32. 参考习题 31。

(a) 从午夜到中午，哪些两小时间的销售率相同，它是多少？

(b) 从午夜到早晨 8 点间的销售总额是多少？将该金额与从上午 8 点至 10 点间的销售总额进行比较。

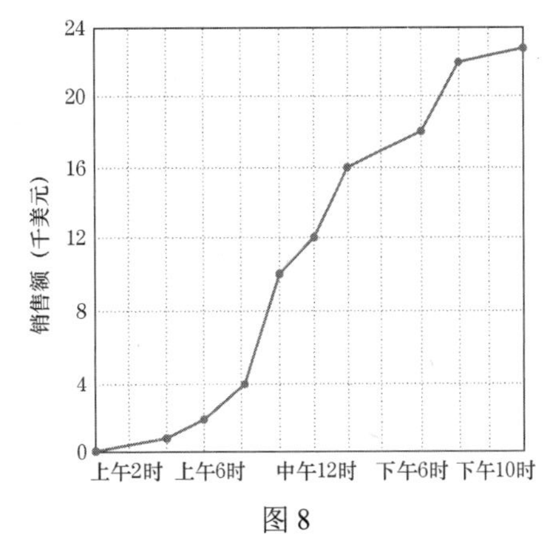

图 8

在习题 33 和习题 34 中，求使函数 $f(x)$ 在 $x=0$ 时连续的 a 值。

33. $f(x)=\begin{cases}1, & x\geqslant 0\\ x+a, & x<0\end{cases}$

34. $f(x)=\begin{cases}2(x-a), & x\geqslant 0\\ x^2+1, & x<0\end{cases}$

1.5 节自测题答案

1. 函数 $f(x)$ 在 $x=3$ 处有定义，且 $f(3)=4$ 。计算 $\lim\limits_{x\to 3}f(x)$ 时，我们不考虑 $x=3$ ，因此可将 $f(x)$ 的表达式化简为

$$f(x)=\frac{x^2-x-6}{x-3}=\frac{(x-3)(x+2)}{x-3}=x+2$$

$$\lim_{x\to 3}f(x)=\lim_{x\to 3}(x+2)=5$$

因此，$\lim\limits_{x\to 3}f(x)=5\neq 4=f(3)$ ，$f(x)$ 在 $x=3$ 处不连续。

2. 不需要通过计算极限来回答这个问题。根据定理 I，由于 $f(x)$ 在 $x=3$ 处不连续，因此它在该处不可微。

1.6 一些微分法则

以下三个额外的微分法则极大地拓展了可以微分的函数数量。

1. 常数倍数法则：$\frac{d}{dx}[k\cdot f(x)]=k\cdot\frac{d}{dx}[f(x)]$，$k$ 是一个常数。

2. 求和法则：$\frac{d}{dx}[f(x)+g(x)]=\frac{d}{dx}[f(x)]+\frac{d}{dx}[g(x)]$。

3. 一般乘幂法则：$\frac{d}{dx}\left([g(x)]^r\right)=r\cdot[g(x)]^{r-1}\cdot\frac{d}{dx}[g(x)]$。

下面介绍这些法则，并提供一些例子，然后在本节末尾证明前两个法则。

常数倍数法则 将函数 $f(x)$ 乘以一个常数 k 得到一个新函数 $k\cdot f(x)$。例如，若 $f(x)=x^2-4x+1$ 且 $k=2$，则

$$2f(x)=2(x^2-4x+1)=2x^2-8x+2$$

常数倍数法则表明，新函数 $k\cdot f(x)$ 的导数是原函数的导数的 k 倍。换句话说，求一个常数乘以一个函数的微分时，只需带着该常数对函数进行微分即可。

例 1 使用常数倍数法则。计算如下微分：

(a) $\frac{d}{dx}(2x^5)$ (b) $\frac{d}{dx}\left(x^3/4\right)$ (c) $\frac{d}{dx}\left(-\frac{3}{x}\right)$ (d) $\frac{d}{dx}(5\sqrt{x})$

解：(a) 对 $k=2$ 和 $f(x)=x^5$，有

$$\frac{d}{dx}(2\cdot x^5)=2\cdot\frac{d}{dx}(x^5)=2(5x^4)=10x^4 \quad \text{常数倍数法则}$$

(b) 将 $x^3/4$ 写成 $\frac{1}{4}\cdot x^3$ 的形式，有

$$\frac{d}{dx}\left(x^3/4\right)=\frac{1}{4}\cdot\frac{d}{dx}(x^3)=\frac{1}{4}(3x^2)=\frac{3}{4}x^2 \quad \text{常数倍数法则和乘幂法则}$$

(c) 将 $-\frac{3}{x}$ 写成 $(-3)\cdot\frac{1}{x}$ 的形式，有

$$\frac{d}{dx}\left(-\frac{3}{x}\right)=(-3)\cdot\frac{d}{dx}\left(\frac{1}{x}\right)=(-3)\cdot\frac{-1}{x^2}=\frac{3}{x^2}$$

(d) $\frac{d}{dx}(5\sqrt{x})=5\frac{d}{dx}(\sqrt{x})=5\frac{d}{dx}(x^{1/2})=\frac{5}{2}x^{-1/2}$ 乘幂法则：$\frac{d}{dx}(x^{1/2})=\frac{1}{2}x^{\frac{1}{2}-1}=\frac{1}{2}x^{-\frac{1}{2}}$

这个结果也可写成 $\frac{5}{2\sqrt{x}}$。

■

求和法则 要求函数之和的微分，可分别对每个函数求微分并将各个导数相加，即"函数之和的导数是各函数的导数之和"。

例 2 使用求和法则。求下列微分：

(a) $\frac{d}{dx}(x^3+5x)$ (b) $\frac{d}{dx}\left(x^4-\frac{3}{x^2}\right)$ (c) $\frac{d}{dx}(2x^7-x^5+8)$

解：(a) 设 $f(x)=x^3$ 且 $g(x)=5x$，有

$$\begin{aligned}\frac{d}{dx}(x^3+5x)&=\frac{d}{dx}(x^3)+\frac{d}{dx}(5x) &&\text{求和法则}\\&=3x^2+5 &&\text{乘幂法则}\end{aligned}$$

(b) 求和法则既适用于差值，又适用于和值（见习题 46）。事实上，根据求和法则有

$$\begin{aligned}\frac{d}{dx}\left(x^4-\frac{3}{x^2}\right)&=\frac{d}{dx}(x^4)+\frac{d}{dx}\left(-\frac{3}{x^2}\right) &&\text{求和法则}\\&=\frac{d}{dx}(x^4)-3\frac{d}{dx}(x^{-2}) &&\text{常数倍数法则}\\&=4x^3-3(-2x^{-3}) &&\text{乘幂法则}\\&=4x^3+6x^{-3}\end{aligned}$$

经过一些练习后，我们通常省略大部分或全部中间步骤，简单地写成

$$\frac{d}{dx}\left(x^4 - \frac{3}{x^2}\right) = 4x^3 + 6x^{-3}$$

(c) 重复应用求和法则并使用常数函数的导数为零的事实，有

$$\frac{d}{dx}(2x^7 - x^5 + 8) = \frac{d}{dx}(2x^7) - \frac{d}{dx}(x^5) + \frac{d}{dx}(8) = 2(7x^6) - 5x^4 + 0 = 14x^6 - 5x^4$$

■

注意：函数加常数的微分不同于常数乘以函数的微分。图 1 中显示了 $f(x)$, $f(x)+2$ 和 $2\cdot f(x)$ 的图形，其中 $f(x) = x^3 - \frac{3}{2}x^2$。对每个 x，$f(x)$ 和 $f(x)+2$ 有着相同的斜率。相反，对每个 x，$2\cdot f(x)$ 的图形的斜率是 $f(x)$ 的图形的斜率的两倍。通过微分，相加的常数消失，而乘以函数的一个常数则被携带。

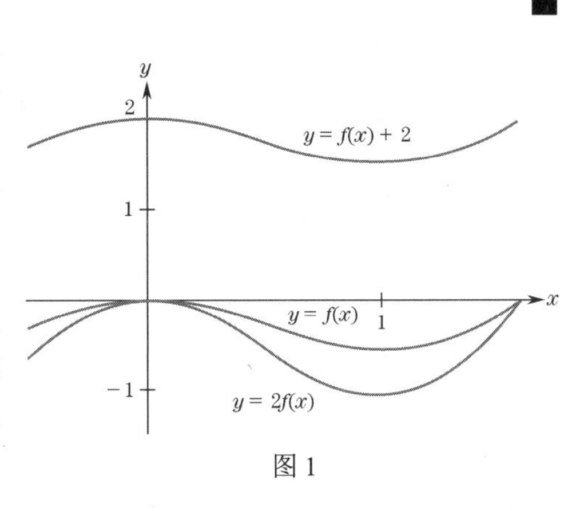

图 1

一般乘幂法则　我们经常遇到形如 $[g(x)]^r$ 的表达式，如 $(x^3+5)^2$，其中 $g(x) = x^3 + 5$ 且 $r = 2$。一般乘幂法则表明，要求 $[g(x)]^r$ 的微分，必须先将 $g(x)$ 视为简单的 x，得到 $r[g(x)]^{r-1}$，然后将其乘以“校正因子” $g'(x)$。于是，有

$$\frac{d}{dx}(x^3+5)^2 = 2(x^3+5)^1 \cdot \frac{d}{dx}(x^3+5) = 2(x^3+5)\cdot(3x^2) = 6x^2(x^3+5)$$

在这种特殊情况下，容易验证一般乘幂法则给出的正确答案。首先展开 $(x^3+5)^2$，然后进行微分：

$$(x^3+5)^2 = (x^3+5)(x^3+5) = x^6 + 10x^3 + 25$$

根据常数倍数法则和求和法则，有

$$\frac{d}{dx}(x^3+5)^2 = \frac{d}{dx}(x^6 + 10x^3 + 25) = 6x^5 + 30x^2 + 0 = 6x^2(x^3+5)$$

这两种方法给出了相同的答案。为便于参考，下面给出一个法则。

一般乘幂法则

$$\frac{d}{dx}[g(x)]^r = r\left[g(x)\right]^{r-1} \cdot g'(x)$$

注意，在一般乘幂法则中令 $g(x) = x$，就回到了幂法则。因此，幂法则是一般乘幂法则的特例。

例 3　求根式的微分。求 $\sqrt{1-x^2}$ 的微分。

解：
$$\begin{aligned}\frac{d}{dx}\sqrt{1-x^2} &= \frac{d}{dx}\left[(1-x^2)^{1/2}\right] && \text{将根式改为}\tfrac{1}{2}\text{次幂}\\ &= \tfrac{1}{2}(1-x^2)^{-1/2}\cdot\frac{d}{dx}(1-x^2) && \text{一般乘幂法则}\\ &= \tfrac{1}{2}(1-x^2)^{-1/2}\cdot(-2x) \\ &= \frac{-x}{(1-x^2)^{1/2}} = \frac{-x}{\sqrt{1-x^2}} && \text{将负幂改为根式并化简}\end{aligned}$$

■

例 4　使用一般乘幂法则。求 $y = \frac{1}{x^3+4x}$ 的微分。

解：$y = \frac{1}{x^3+4x} = (x^3+4x)^{-1}$　　将分母改成(−1)次幂

$$\frac{d}{dx} = (-1)\cdot(x^3+4x)^{-2}\cdot\frac{d}{dx}(x^3+4x) = \frac{-1}{(x^3+4x)^2}(3x^2+4) = -\frac{3x^2+4}{(x^3+4x)^2}$$

■

有些导数需要不止一个微分法则。

例 5　使用一般乘幂法则。求 $5\sqrt[3]{1+x^3}$ 的微分。

解： $\frac{d}{dx}\left(5\sqrt[3]{1+x^3}\right)=5\frac{d}{dx}\left[\sqrt[3]{1+x^3}\right]$　　常数倍数法则

$=5\frac{d}{dx}\left[(1+x^3)^{1/3}\right]$　　将根式改为乘幂

$=5\left(\frac{1}{3}\right)(1+x^3)^{\frac{1}{3}-1}\frac{d}{dx}(1+x^3)$　　一般乘幂法则

$=\frac{5}{3}(1+x^3)^{-\frac{2}{3}}(3x^2)=5x^2(1+x^3)^{-\frac{2}{3}}$

■

例 5 说明了如何组合应用微分法则。例如，根据常数倍数法则和一般乘幂法则，有

$$\frac{d}{dx}\left(k\cdot[g(x)]^r\right)=kr\cdot[g(x)]^{r-1}g'(x)$$

设 x 的值为 a，下面验证这两个法则。回顾可知，若 $f(x)$ 在 $x=a$ 处可微，则其导数就是极限

$$\lim_{h\to 0}\frac{f(a+h)-f(a)}{h}$$

常数倍数法则和求和法则的证明

常数倍数法则　假设 $f(x)$ 在 $x=a$ 处可微。我们必须证明 $k\cdot f(x)$ 在 $x=a$ 处可微，且其导数是 $k\cdot f'(x)$。这等于证明极限

$$\lim_{h\to 0}\frac{k\cdot f(a+h)-k\cdot f(a)}{h}=\lim_{h\to 0}k\left[\frac{f(a+h)-f(a)}{h}\right]$$

$=k\cdot\lim_{h\to 0}\left[\frac{f(a+h)-f(a)}{h}\right]$　　常数倍数极限定理 I，1.4 节

$=kf'(a)$　　因为 $f(x)$ 在 $x=a$ 处可微

法则得证。

求和法则　假设 $f(x)$ 和 $g(x)$ 在 $x=a$ 处都可微。我们必须证明 $f(x)+g(x)$ 在 $x=a$ 处可微，且其导数是 $f'(a)+g'(a)$。也就是说，必须证明极限

$$\lim_{h\to 0}\frac{[f(a+h)+g(a+h)]-[f(a)+g(a)]}{h}$$

存在且等于 $f'(a)+g'(a)$。使用 1.4 节中的定理 III（和的极限）及 $f(x)$ 和 $g(x)$ 在 $x=a$ 处可微，有

$$\lim_{h\to 0}\frac{[f(a+h)+g(a+h)]-[f(a)+g(a)]}{h}=\lim_{h\to 0}\left[\frac{f(a+h)-f(a)}{h}+\frac{g(a+h)-g(a)}{h}\right]$$

$=\lim_{h\to 0}\frac{f(a+h)-f(a)}{h}+\lim_{h\to 0}\frac{g(a+h)-g(a)}{h}$　　和的极限

$=f'(a)+g'(a)$

第 3 章将证明一般乘幂法则是链式法则的特例。

1.6 节自测题（答案见本节习题后）

1. 求导数 $\frac{d}{dx}(x)$。

2. 求函数 $y=\frac{x+(x^5+1)^{10}}{3}$ 的微分。

习题 1.6

求微分。

1. $y=6x^3$

2. $y=3x^4$

3. $y=3\sqrt[3]{x}$

4. $y=\frac{1}{3x^3}$

5. $y=\frac{x}{2}-\frac{2}{x}$

6. $f(x)=12+\frac{1}{7^3}$

7. $f(x)=x^4+x^3+x$

8. $y=4x^3-2x^2+x+1$

9. $y=(2x+4)^3$

10. $y=(x^2-1)^3$

11. $y=(x^3+x^2+1)^7$

12. $y=(x^2+x)^{-2}$

13. $y=\frac{4}{x^2}$

14. $y=4(x^2-6)^{-3}$

15. $y=3\sqrt[3]{2x^2+1}$

16. $y=2\sqrt{x+1}$

17. $y=2x+(x+2)^3$

18. $y=(x-1)^3+(x+2)^4$

19. $y=\frac{1}{5x^5}$ **20.** $y=(x^2+1)^2+3(x^2-1)^2$

21. $y=\frac{1}{x^3+1}$ **22.** $y=\frac{2}{x+1}$

23. $y=x+\frac{1}{x+1}$ **24.** $y=2\sqrt[4]{x^2+1}$

25. $f(x)=5\sqrt{3x^3+x}$ **26.** $y=\frac{1}{x^3+x+1}$

27. $y=3x+\pi^3$ **28.** $y=\sqrt{1+x^2}$

29. $y=\sqrt{1+x+x^2}$ **30.** $y=\frac{1}{2x+5}$

31. $y=\frac{2}{1-5x}$ **32.** $y=\frac{7}{\sqrt{1+x}}$

33. $y=\frac{45}{1+x+\sqrt{x}}$ **34.** $y=(1+x+x^2)^{11}$

35. $y=x+1+\sqrt{x+1}$ **36.** $y=\pi^2 x$

37. $f(x)=\left(\frac{\sqrt{x}}{2}+1\right)^{3/2}$ **38.** $y=\left(x-\frac{1}{x}\right)^{-1}$

在习题 39 和习题 40 中，求 $y=f(x)$ 的图形在指定点处的斜率。

39. $f(x)=3x^2-2x+1$，$(1,2)$

40. $f(x)=x^{10}+1+\sqrt{1-x}$，$(0,2)$

41. 求曲线 $y=x^3+3x-8$ 在点$(2,6)$处的切线斜率。

42. 写出曲线 $y=x^3+3x-8$ 在点$(2,6)$处的切线方程。

43. 求曲线 $y=(x^2-15)^6$ 在 $x=4$ 处的切线斜率，并写出该切线的方程。

44. 求曲线 $y=\frac{8}{x^2+x+2}$ 在 $x=2$ 处的切线方程。

45. 用两种方法求函数 $f(x)=(3x^2+x-2)^2$ 的微分。

(a) 使用一般乘幂法则。

(b) 将 $3x^2+x-2$ 与自身相乘，然后对得到的多项式进行微分。

46. 使用求和法则和常数倍数法则，证明对任何函数 $f(x)$ 和 $g(x)$ 有

$$\frac{d}{dx}[f(x)-g(x)]=\frac{d}{dx}f(x)-\frac{d}{dx}g(x)$$

47. 图 2 中包含了曲线 $y=f(x)$ 和 $y=g(x)$，以及 $y=f(x)$ 在 $x=1$ 处的切线，其中 $g(x)=3\cdot f(x)$。求 $g(1)$ 和 $g'(1)$。

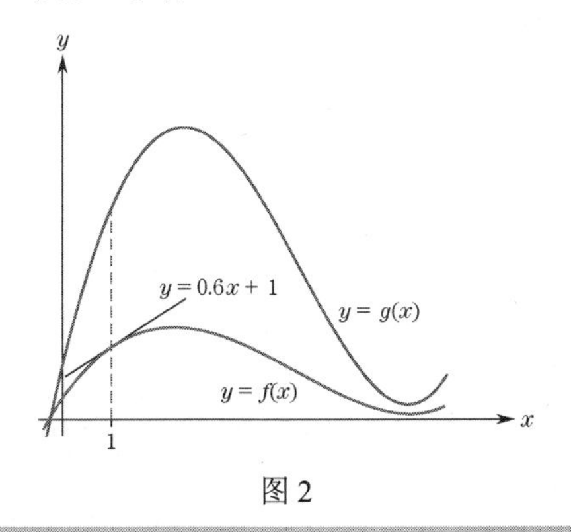

图 2

48. 图 3 中包含了曲线 $y=f(x)$，$y=g(x)$ 和 $y=h(x)$，以及 $x=1$ 处 $y=f(x)$ 和 $y=g(x)$ 的切线，其中 $h(x)=f(x)+g(x)$。求 $h(1)$ 和 $h'(1)$。

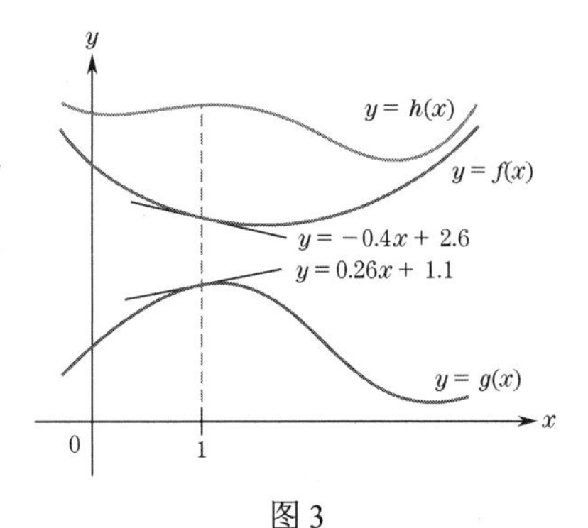

图 3

49. 若 $f(5)=2$，$f'(5)=3$，$g(5)=4$，$g'(5)=1$，其中 $h(x)=3f(x)+2g(x)$，求 $h(5)$ 和 $h'(5)$。

50. 若 $g(3)=2$，$g'(3)=4$，其中 $f(x)=2\cdot[g(x)]^3$，求 $f(3)$ 和 $f'(3)$。

51. 若 $g(1)=4$，$g'(1)=3$，其中 $f(x)=5\cdot\sqrt{g(x)}$，求 $f(1)$ 和 $f'(1)$。

52. 若 $f(1)=1, g(1)=4, f'(1)=-1$ 且 $g'(1)=4$，其中 $h(x)=[f(x)]^2+\sqrt{g(x)}$，求 $h(1)$ 和 $h'(1)$。

53. 曲线 $y=\frac{1}{3}x^3-4x^2+18x+22$ 的切线在曲线上的两点处平行于直线 $6x-2y=1$，求这两个点。

54. 曲线 $y=x^3-6x^2-34x-9$ 的切线在曲线上的两点处的斜率为 2，求这两个点。

55. 下图中的直线与 $f(x)$ 的图形相切，求 $f(4)$ 和 $f'(4)$。

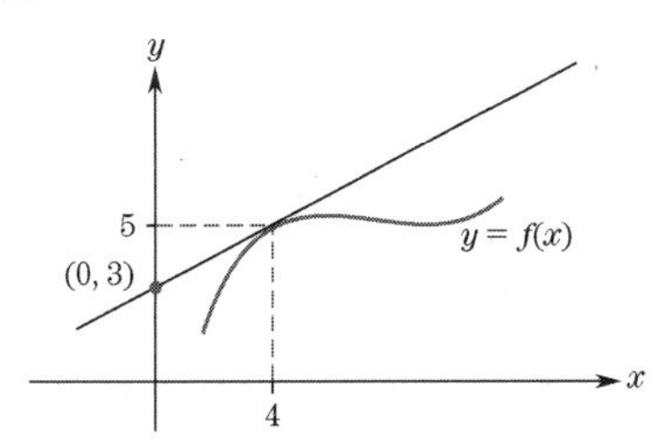

56. 下图中的直线与抛物线相切，求 b 的值。

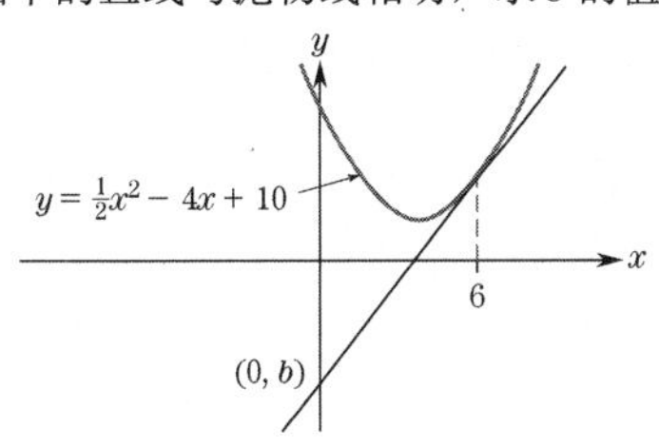

1.6 节自测题答案

1. 本题求的是函数 $y=x$（斜率为 1 的直线）的导数。于是，有

$$\frac{d}{dx}(x)=1$$

结果也可由 $r=1$ 时的乘幂法则得到。若 $f(x)=x^1$，则

$$\frac{d}{dx}(f(x))=1\cdot x^{1-1}=x^0=1$$

如下图所示。

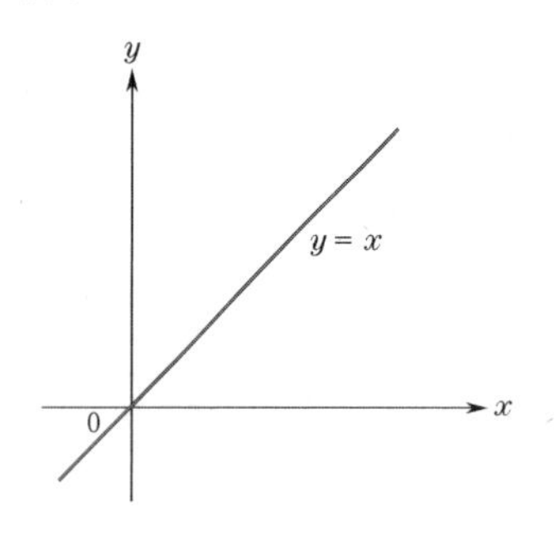

2. 需要所有三个法则来微分此函数。

$$\frac{d}{dx}=\frac{d}{dx}\left[\frac{1}{3}\cdot[x+(x^5+1)^{10}]\right]$$

$$=\frac{1}{3}\frac{d}{dx}[x+(x^5+1)^{10}] \qquad \text{常数倍数法则}$$

$$=\frac{1}{3}\left[\frac{d}{dx}(x)+\frac{d}{dx}(x^5+1)^{10}\right] \qquad \text{求和法则}$$

$$=\frac{1}{3}[1+10(x^5+1)^9\cdot(5x^4)] \qquad \text{一般乘幂法则}$$

$$=\frac{1}{3}[1+50x^4(x^5+1)^9]$$

1.7 关于导数的更多信息

在许多应用中，使用 x 和 y 之外的变量很方便。例如，下面研究形如 $f(t)=t^2$ 而 $f(x)=x^2$ 的函数。在这种情况下，导数的符号涉及 t 而非 x，但作为斜率公式的导数的概念不受影响（见图 1)。当自变量是 t 而不是 x 时，我们用 $\frac{d}{dt}$ 代替 $\frac{d}{dx}$ 。例如，

$$\frac{d}{dt}(t^3)=3t^2,\quad \frac{d}{dt}(2t^2+3t)=4t+3$$

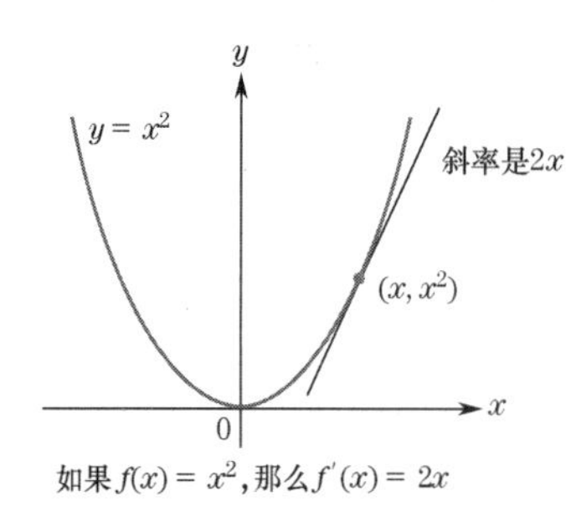

如果 $f(x)=x^2$，那么 $f'(x)=2x$

y = t²
斜率是2t
(t, t²)

如果 $f(t)=t^2$，那么 $f'(t)=2t$

图 1

回顾可知，若 y 是 x 的函数，如 $y=f(x)$，则可用 $\frac{dy}{dx}$ 代替 $f'(x)$ 。我们有时称 $\frac{dy}{dx}$ 为“y 对 x 的导数”。类似地，若 v 是 t 的函数，则 v 对 t 的导数写为 $\frac{dv}{dt}$ 。例如，若 $v=4t^2$，则 $\frac{dv}{dt}=8t$ 。

当然，也可用其他字母来表示变量。例如，

$$\frac{d}{dP}(P^3)=3P^2,\quad \frac{d}{ds}(s^3)=3s^2,\quad \frac{d}{dz}(z^3)=3z^2$$

都表达了相同的基本事实，即三次曲线 $y=x^3$ 的斜率公式由 $3x^2$ 给出。

例 1　关于特定变量的微分。计算如下微分：

(a) $\frac{ds}{dp}$，其中 $s=3(p^2+5p+1)^{10}$；　(b) $\frac{d}{dt}(at^2+St^{-1}+S^2)$ 。

解：(a) $\frac{d}{dp}3(p^2+5p+1)^{10}=30(p^2+5p+1)^9\cdot\frac{d}{dp}(p^2+5p+1)$　　常数倍数法则和一般乘幂法则

$$=30(p^2+5p+1)^9(2p+5)$$

(b) 尽管表达式 $at^2+St^{-1}+S^2$ 包含多个字母，但符号 $\frac{d}{dt}$ 表示，为了计算关于 t 的导数，除 t 外的所有字母都应视为常数。于是，有

$$\frac{d}{dt}(at^2+St^{-1}+S^2)=\frac{d}{dt}(at^2)+\frac{d}{dt}(St^{-1})+\frac{d}{dt}(S^2) \quad \text{求和法则}$$

$$=a\cdot\frac{d}{dt}(t^2)+S\cdot\frac{d}{dt}(t^{-1})+0 \quad \text{常数倍数法则}$$

$$=2at-St^{-2} \quad \text{乘幂法则}$$

因为S^2是一个常数，所以$\frac{d}{dt}(S^2)$的导数为零。

■

二阶导数 对函数$f(x)$进行微分时，得到一个新函数$f'(x)$，它是曲线$y=f(x)$的斜率的公式。如果对函数$f'(x)$进行微分，将得到$f(x)$的二阶导数，记为$f''(x)$，即

$$\frac{d}{dt}f'(x)=f''(x)$$

例 2 二阶导数。求下列函数的二阶导数：

(a) $f(x)=x^3+(1/x)=x^3+x^{-1}$；(b) $f(x)=2x+1$；(c) $f(t)=t^{1/2}+t^{-1/2}$。

解：(a) $f(x)=x^3+(1/x)=x^3+x^{-1}$， $f'(x)=3x^2-x^{-2}$， $f''(x)=6x+2x^{-3}$

(b) $f(x)=2x+1$， $f'(x)=2$， $f''(x)=0$

(c) $f(t)=t^{1/2}+t^{-1/2}$， $f'(t)=\frac{1}{2}t^{-1/2}-\frac{1}{2}t^{-3/2}$， $f''(t)=-\frac{1}{4}t^{-3/2}+\frac{3}{4}t^{-5/2}$

■

函数$f(x)$的一阶导数给出$f(x)$的图形在任意点处的斜率。$f(x)$的二阶导数给出任意点附近曲线形状的重要附加信息。下一章中将详细研究这个主题。

导数的其他符号 遗憾的是，微分过程并没有标准化的符号。因此，熟悉替代术语非常重要。

若y是x的函数，如$y=f(x)$，则可用几种方式表示该函数的一阶导数和二阶导数。

典型符号	$\frac{d}{dx}$ 符号
$f'(x)$	$\frac{d}{dx}f(x)$
y'	$\frac{dy}{dx}$
$f''(x)$	$\frac{d^2}{dx^2}f(x)$
y''	$\frac{d^2y}{dx^2}$

符号$\frac{d^2}{dx^2}$（并不是表示“d的平方除以d乘以x的平方”）表明，二阶导数是通过对$\frac{d}{dx}f(x)$求导得到的；也就是说，

$$f'(x)=\frac{d}{dx}f(x), \quad f''(x)=\frac{d}{dx}\left[\frac{d}{dx}f(x)\right]$$

若在x的特定值处（如$x=a$）计算导数$f'(x)$，则得到数$f'(a)$，它给出曲线$y=f(x)$在点$(a,f(a))$处的斜率。$f'(a)$的另一种写法是

$$\left.\frac{dy}{dx}\right|_{x=a}$$

若有一个二阶导数$f''(x)$，则$x=a$时其值写为

$$f''(a) \quad \text{或} \quad \left.\frac{d^2y}{dx^2}\right|_{x=a}$$

例 3 计算二阶导数。令$y=x^4-5x^3+7$，求$\left.\frac{d^2y}{dx^2}\right|_{x=3}$。

解：$\frac{dy}{dx}=\frac{d}{dx}(x^4-5x^3+7)=4x^3-15x^2$，$\frac{d^2y}{dx^2}=\frac{d}{dx}(4x^3-15x^2)=12x^2-30x$

$$\left.\frac{d^2y}{dx^2}\right|_{x=3}=12\times3^2-30\times3=108-90=18$$

■

例 4 计算一阶导数和二阶导数。令$s=t^3-2t^2+3t$，求$\left.\frac{ds}{dt}\right|_{t=-2}$和$\left.\frac{d^2s}{dt^2}\right|_{t=-2}$。

解：$\frac{ds}{dt}=\frac{d}{dt}(t^3-2t^2+3t)=3t^2-4t+3$， $\left.\frac{ds}{dt}\right|_{t=-2}=3\times(-2)^2-4\times(-2)+3=12+8+3=23$。

要求$t=-2$处的二阶导数，必须首先对$\frac{ds}{dt}$微分：

$$\frac{d^2s}{dt^2}=\frac{d}{dt}(3t^2-4t+3)=6t-4, \quad \left.\frac{d^2s}{dt^2}\right|_{t=-2}=6\times(-2)-4=-12-4=-16$$

■

导数即变化率

假设 $y=f(x)$ 是一个函数，$P=(a,f(a))$ 是其图形上的一点（见图 2）。回顾 1.2 节可知，图形在点 P 处的斜率（在点 P 处切线的斜率）度量的是图形在点 P 处的变化率。由于图形的斜率为 $f'(a)$，我们对导数有如下非常有用的解释。

导数即变化率

$$f'(a)=f(x)\ \text{在}\ x=a\ \text{处的变化率} \tag{1}$$

也就是说，当 $f(x)$ 的图形通过点 P 时，其在 x 方向每变化 1 个单位，在 y 方向上就变化 $f'(a)$ 个单位。由图 2 可以看出，切线在 x 方向每变化 1 个单位，y 方向上就变化 $f'(a)$ 个单位。在 $f(x)$ 的图形上，x 方向每变化 1 个单位，y 方向上 $f(x)$ 的变化约等于切线上的变化。因此，

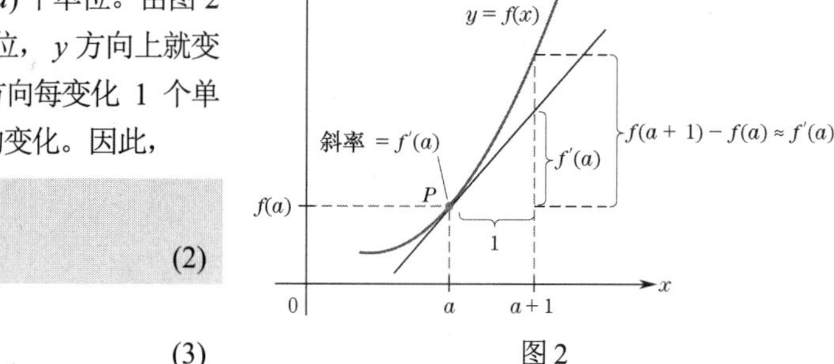

图 2

导数约为增加 1 个单位的变化率

$$f(a+1)-f(a)\approx f'(a) \tag{2}$$

等效地说，

$$f(a+1)\approx f(a)+f'(a) \tag{3}$$

符号 ≈ 通常表示近似。这个公式可让我们用 $f(x)$ 和 $f'(x)$ 的值来近似 $f(x+1)$ 的值。下一节中将推导出这个公式的推广。这个斜率度量了图形 $f(x)$ 过点 P 时的变化率。

例 5　销售额下降。1 月假期结束时，某百货公司的销售额预计会下降（见图 3）。据估计，1 月 x 日的销售额为

$$S(x)=3+\frac{9}{(x+1)^2}\ \text{千美元}$$

(a) 计算 $S(2)$ 和 $S'(2)$，并解释结果。

(b) 估计 1 月 3 日的销售额，将结果与精确值 $S(3)$ 进行比较。

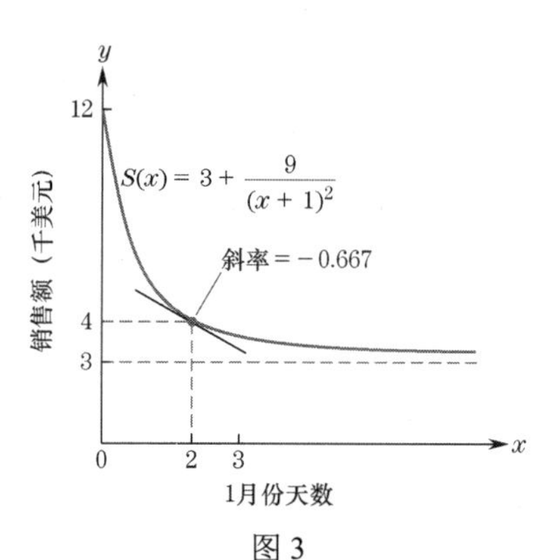

图 3

解：(a)我们有

$$S(2)=3+\frac{9}{(2+1)^2}=4\ \text{千美元}$$

要计算 $S'(2)$，可将 $\frac{9}{(x+1)^2}$ 写为 $9\cdot(x+1)^{-2}$，于是有

$$S'(x)=\frac{d}{dx}[S(x)]=\overbrace{\frac{d}{dx}[3]}^{=0}+\frac{d}{dx}(9\cdot(x+1)^{-2})\ =9\cdot\frac{d}{dx}((x+1)^{-2})$$

$$=9(-2)(x+1)^{-3}\frac{d}{dx}(x+1)\ =-18(x+1)^{-3}(1)\ =\frac{-18}{(x+1)^3}$$

$$S'(2)=\frac{-18}{(2+1)^3}=-\frac{2}{3}\approx-0.667$$

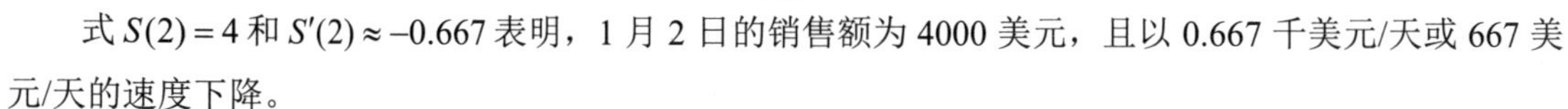

式 $S(2)=4$ 和 $S'(2)\approx-0.667$ 表明，1 月 2 日的销售额为 4000 美元，且以 0.667 千美元/天或 667 美元/天的速度下降。

(b) 使用式(3)来估计 $S(3)$：

$$S(3)\approx S(2)+S'(2)$$

于是，1 月 3 日的销售额估计为 $4000-667=3333$ 美元。为了与 1 月 3 日的准确销售额进行比较，我们根据以下公式计算 $S(3)$：

$$S(3)=3+\frac{9}{(3+1)^2}=3+\frac{9}{16}=\frac{57}{16}=3.5625\ \text{千美元，或者写为 3562.5 美元}$$

它接近估计的 3333 美元。

■

经济学中的边际概念

为方便讨论，假设 $C(x)$ 是成本函数（生产 x 件商品的成本），单位为美元。经济学家感兴趣的一个问题是 $C(a+1)-C(a)$ 的近似值，即产量增加 1 件时，从 $x=a$ 增加到 $x=a+1$ 所产生的额外成本。注意，$C(a+1)-C(a)$ 也是生产第 $(a+1)$ 件商品的成本。因为 $f(x)=C(x)$，根据式(2)有

$$\text{附加成本} = C(a+1)-C(a) \approx C'(a)$$

经济学家将导数 $C'(a)$ 称为产量为 a 件的**边际成本**，或生产 a 件商品的边际成本。

定义 边际成本。若 $C(x)$ 是成本函数，则边际成本函数是 $C'(x)$。生产 a 件的边际成本 $C'(a)$ 约等于 $C(a+1)-C(a)$，即产量增加 1 件即从 a 增加到 $a+1$ 时所产生的额外成本。

注意，若 $C(x)$ 用美元来度量，其中 x 是产量，则作为变化率的 $C'(x)$ 以每件产品多少美元来度量。

例 6 边际成本。设生产 x 件商品的成本为 $C(x)=0.005x^3-0.5x^2+28x+300$ 美元，日产量为 50 件。

(a) 将日产量从 50 件增加到 51 件的额外成本是多少？

(b) $x=50$ 时的边际成本是多少？

解：(a) 当日产量从 50 件增加到 51 件时，成本的变化是 $C(51)-C(50)$，即

$$[0.005\times51^3-0.5\times51^2+28\times51+300]-[0.005\times50^3-0.5\times50^2+28\times50+300]$$
$$=1090.755-1075=15.755$$

(b) 日产量为 50 件时的边际成本是 $C'(50)$，即

$$C'(x)=0.015x^2-x+28, \qquad C'(50)=15.5$$

注意，15.5 接近题(a)中增加 1 件商品的实际成本。

■

上面对成本和边际成本的讨论也适用于其他经济量，如利润和收入。事实上，在经济学中，导数常用“边际”来描述。下面是边际函数的另外两个定义及其解释。

定义 边际收入和边际利润。若 $R(x)$ 是生产 x 件某商品所产生的收入，$C(x)$ 为成本函数，$P(x)$ 为相应的利润，边际成本函数为 $R'(x)$，则边际收入函数为 $P'(x)$ [记住 $P(x)=R(x)-C(x)$]。

生产 1 件商品的边际收入 $R'(a)$，接近产量增加 1 件即从 a 增加到 $a+1$ 件时的额外成本，即

$$R(a+1)-R(a)\approx R'(a)$$

类似地，对于边际利润，有

$$P(a+1)-P(a)\approx P'(a)$$

下面的例子说明了边际函数是如何在经济学的决策过程中发挥作用的。

例 7 利润预测。设 $R(x)$ 是生产 x 件某商品所产生的收入（单位为千美元）。

(a) 已知 $R(4)=7$ 且 $R'(4)=-0.5$，估算产量从 $x=4$ 增加到 $x=5$ 时所产生的额外收入。

(b) 估计生产 5 件商品所产生的收入。

(c) 若生产 x 件商品的成本为 $C(x)=x+\frac{4}{x+1}$，则将产量提高到 5 件时是否有利可图？

解：(a) 根据公式(2)，当 $x=4$ 时有

$$R(5)-R(4)\approx R'(4)=-0.5 \text{ 千美元}$$

因此，若产量提高到 5 件，则收入将下降约 500 美元。

(b) 生产 4 件商品产生的收入为 $R(4)=7$，即 7000 美元。根据(a)问，若将产量从 4 件提高到

5 件，收入将下降约 500 美元。因此，当产量 $x=5$ 时，收入约为 $7000-500=6500$ 美元。

(c) 设 $P(x)$ 表示生产 x 件商品的利润，则有 $P(x)=R(x)-C(x)$。当产量为 $x=5$ 时，有

$$C(5)=5+\tfrac{4}{5+1}=\tfrac{17}{3}\approx 5.667 \text{ 千美元 或 } 5667 \text{ 美元}$$

另外，从(b)问可知，收入为 $R(5)\approx 6500$ 美元。产量 $x=5$ 时的利润为 $P(5)\approx 6500-5667=833$ 美元。因此，即使成本上升，收入下降，将产量提高到 $x=5$ 仍是有利可图的。

■

综合技术

虽然函数可以用 X 以外的字母在绘图计算器中指定（和区分），但只有以 X 表示的函数可以绘图。因此，我们将始终使用 X 作为变量。

图 4 中显示了 $f(x)=x^2$ 及其一阶和二阶导数的图形，这些图形可通过任何函数编辑器设置获得，如图 5(a)和图 5(b)所示。

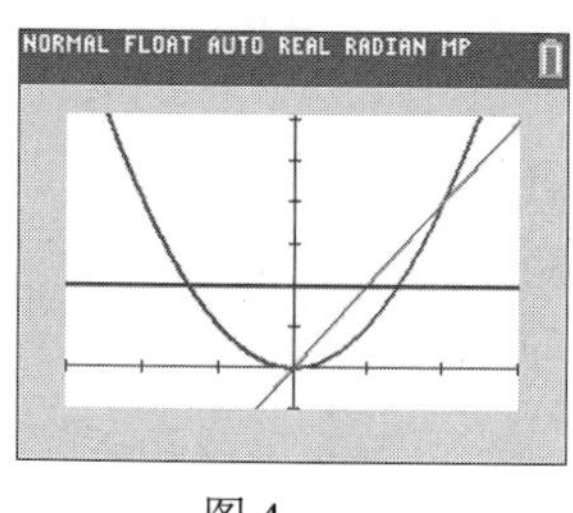

图 4

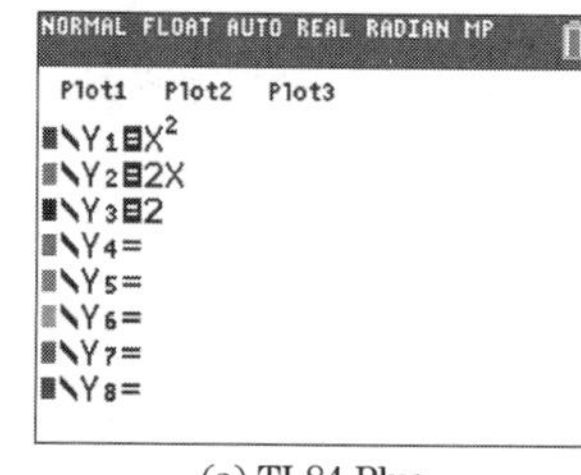

(a) TI-84 Plus

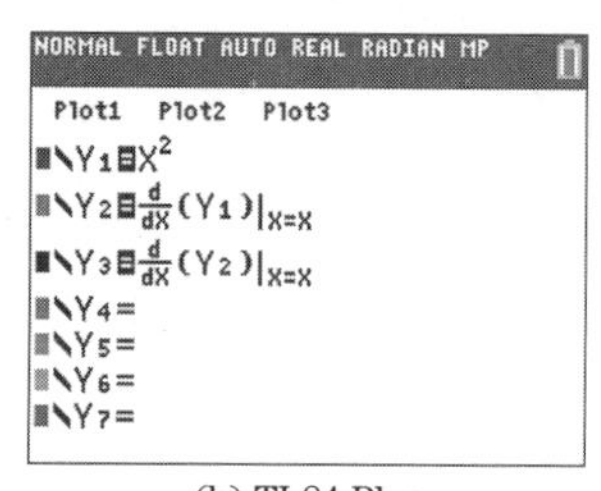

(b) TI-84 Plus

图 5

1.7 节自测题（答案见本节习题后）

1. 设 $f(t)=t+(1/t)$，求 $f''(2)$。

2. 求 $g(r)=2\pi rh$ 的微分。

习题 1.7

求一阶导数。

1. $f(t)=(t^2+1)^5$

2. $f(P)=P^3+3P^2-7P+2$

3. $v(t)=4t^2+11\sqrt{t}+1$

4. $g(y)=y^2-2y+4$

5. $y=T^5-4T^4+3T^2-T-1$

6. $x=16t^2+45t+10$

7. 求 $\frac{d}{dP}\left(3P^2-\frac{1}{2}P+1\right)$

8. 求 $\frac{d}{ds}\sqrt{s^2+1}$

9. 求 $\frac{d}{dt}(a^2t^2+b^2t+c^2)$

10. 求 $\frac{d}{dP}(T^2+3P)^3$

在习题 11 ~ 20 中，求一阶导数和二阶导数。

11. $y=x+1$

12. $y=(x+12)^3$

13. $y=\sqrt{x}$

14. $y=100$

15. $y=\sqrt{x+1}$

16. $v=2t^2+3t+11$

17. $f(r)=\pi r^2$

18. $y=\pi^2+3x^2$

19. $f(P)=(3P+1)^5$

20. $T=(1+2t)^2+t^3$

计算。

21. $\frac{d}{dx}(2x+7)^2\Big|_{x=1}$

22. $\frac{d}{dt}\left(t^2+\frac{1}{t+1}\right)\Big|_{t=0}$

23. $\frac{d}{dz}(z^2+2z+1)^7\Big|_{z=-1}$

24. $\frac{d^2}{dx^2}(3x^4+4x^2)\Big|_{x=2}$

25. $\frac{d^2}{dx^2}(3x^3-x^2+7x-1)\Big|_{x=2}$

26. 求 $\frac{d}{dx}\left(\frac{dy}{dx}\right)\Big|_{x=1}$，其中 $y=x^3+2x-11$。

27. 设 $f(t)=\frac{1}{2+t}$，求 $f'(1)$ 和 $f''(1)$。

28. 设 $g(T)=(T+2)^3$，求 $g'(0)$ 和 $g''(0)$。

29. 求 $\frac{d}{dt}\left(\frac{dv}{dt}\right)\Big|_{t=2}$，其中 $v(t)=3t^3+\frac{4}{t}$。

30. 求 $\frac{d}{dt}\left(\frac{dv}{dt}\right)$，其中 $v=2t^2+\frac{1}{t+1}$。

31. **收入函数**。一家公司发现，广告支出 x 美元产生的收入 R 为 $R=1000+80x-0.02x^2$，其中 $0\leqslant x\leqslant 2000$。求 $\frac{dR}{dx}\Big|_{x=1500}$。

32. **日业务量**。超市平均每日营业额 V（千美元）和每天营业小时数 t 的关系为 $V=20\left(1-\frac{100}{100+t^2}\right)$，$0\leqslant t\leqslant 24$，求 $\frac{dV}{dt}\Big|_{t=10}$。

33. 设 $s=PT$，求(a) $\frac{ds}{dP}$ 和(b) $\frac{ds}{dT}$。

34. 设 $s=P^2T$，求(a) $\frac{d^2s}{dP^2}$ 和(b) $\frac{d^2s}{dT^2}$。

35. 设 $s = Tx^2 + 3xP + T^2$，求(a) $\frac{ds}{dx}$，(b) $\frac{ds}{dP}$，(c) $\frac{ds}{dT}$。

36. 设 $s = 7x^2 y\sqrt{z}$，求(a) $\frac{d^2 s}{dx^2}$，(b) $\frac{d^2 s}{dy^2}$，(c) $\frac{ds}{dz}$。

37. 制造成本。设 $C(x)$ 为某工厂每天生产 x 辆自行车的成本（美元）。解释 $C(50)=5000$ 和 $C'(50)=45$。

38. 在习题 37 中估算每天生产 51 辆自行车的制造成本。

39. 收入函数。生产（和销售）x 件产品的收入为 $R(x) = 3x - 0.01x^2$ 美元。

(a) 求产量为 20 件时的边际收入。

(b) 当收入为 200 美元时的产量。

40. 利润和边际利润。设 $P(x)$ 为生产（和销售）x 件商品的利润。将每个问题与正确的答案相匹配。

问题

A. 生产 1000 件商品的利润是多少？

B. 在什么产量下边际利润达到 1000 美元？

C. 生产 1000 件商品的边际利润是多少？

D. 什么产量时利润是 1000 美元？

解：(a) 计算 $P'(1000)$。

(b) 当 $P'(a)=1000$ 时，求 a 的值。

(c) 设 $P(x)=1000$ 并求解 x。

(d) 计算 $P(1000)$。

41. 收入和边际收入。设 $R(x)$ 表示每天生产 x 件计算机芯片所产生的收入（单位为千美元），其中每件由 100 块芯片组成。

(a) 用含有 R 或 R' 的方程表示如下陈述：每天生产 1200 块芯片时，收入为 22000 美元，每块芯片的边际收入为 0.75 美元。

(b) 若生产 1200 块芯片的边际成本是 1.5 美元/块，则这种产量下的边际利润是多少？

42. 参考习题 41。若每天生产 1200 块芯片的成本为 14000 美元，则每天生产 1300 块芯片是否有利可图？

43. 百货公司销售。设 $S(x)$ 表示某百货公司 2005 年 x 月的总销售额（单位为千美元）。用一个包含 S 或 S' 的方程来表示下面的表述。

(a) 1 月底的销售额达 120560 美元，且 1500 美元/月的速度增长。

(b) 3 月底，本月的销售额降至 80000 美元，每天下降约 200 美元（1 个月 =30 天）。

44. 比较变化率。

(a) 求例 5 中 1 月 10 日的总销售额，并求当天销售额下降的速度。

(b) 比较 1 月 2 日（例 5）的销售额变化率与 1 月 10 日的变化率。关于销售额的变化率，你能推断出什么？

45. 预测销售。参考例 5。

(a) 计算 $S(10)$ 和 $S'(10)$。

(b) 用(a)问的数据估计 1 月 11 日的总销售额。将估计值与 $S(11)$ 给出的实际值进行比较。

46. 更正预测。例 5 中商店的财务分析师更正了他们的预测，现在预计 1 月 x 日的总销售额为

$$T(x) = \frac{24}{5} + \frac{36}{5(3x+1)^2} \text{ 千美元}$$

(a) 设 $S(x)$ 如例 5 所示。计算 $T(1)$, $T'(1)$, $S(1)$ 和 $S'(1)$。

(b) 比较和解释(a)问的数据与 1 月 1 日销售额的关系。

47. 销售电脑。

(a) 设 $A(x)$ 是花 x 千美元打广告时售出的计算机数量（百台）。用包含 A 或 A' 的方程表示下面的陈述：当花 8000 美元打广告时，售出的电脑数量是 1200 台，且以每花 1000 美元打广告就多销售 50 台电脑的速度增长。

(b) 若花 9000 美元打广告，估计将售出多少台电脑。

48. 估计玩具销量。一家玩具公司推出了一种新电子游戏。设 $S(x)$ 表示自产品推出以来 x 日售出的游戏数量，且 n 为正整数。解释 $S(n)$ 和 $S(n)+S'(n)$。

49. 三阶导数。函数 $f(x)$ 的三阶导数是二阶导数 $f''(x)$ 的导数，用 $f'''(x)$ 表示。计算以下函数的三阶导数 $f'''(x)$：

(a) $f(x) = x^5 - x^4 + 3x$

(b) $f(x) = 4x^{5/2}$

50. 计算下列函数的三阶导数：

(a) $f(t) = t^{10}$　　(b) $f(z) = \frac{1}{z+5}$

技术题

51. 对于给定的函数，用指定的窗口设置同时绘制函数 $f(x)$, $f'(x)$ 和 $f''(x)$。

注意：由于我们还未学习如何对给定函数进行微分，因此必须使用绘图实用程序的微分命令来定义导数：

$$f(x) = \frac{x}{1+x^2},\ [-4,4]*[-2,2]$$

52. 考虑例 6 中的成本函数。

(a) 在窗口[0,60]*[−300,1260]内画出图形 $C(x)$。

(b) 哪种产量的成本为 535 美元？

(c) 哪种产量的边际成本是 14 美元？

1.7 节自测题答案

1. $f(t)=t+t^{-1}$

$f'(t)=1+(-1)t^{-1-1}=1-t^{-2}$

$f''(t)=-(-2)t^{-2-1}=2t^{-3}=\frac{2}{t^3}$

因此，$f''(2)=\frac{2}{2^3}=\frac{1}{4}$。注意：首先计算函数 $f''(t)$，然后计算 $t=2$ 处的函数值。

2. 表达式 $2\pi rh$ 中包含两个数 2 和 π，以及两个字母 r 和 h。符号 $g(r)$ 表明，表达式 $2\pi rh$ 被视为 r 的函数。因此 h 和 $2\pi h$ 被视为常数，并对变量 r 进行微分，即

$$g(r)=(2\pi h)r\text{，}\quad g'(r)=2\pi h$$

1.8 导数即变化率

如前几节中说明的那样，函数在某点的斜率的一种重要解释是变化率。本节重新审视这种解释，并讨论其一些有用的其他应用。首先了解函数 $f(x)$ 的平均变化率是什么。

考虑定义在区间 $a\leqslant x\leqslant b$ 上的函数 $y=f(x)$。$f(x)$ 在该区间上的平均变化率等于 $f(x)$ 的变化率除以区间的长度。

平均变化率

定义在区间 $a\leqslant x\leqslant b$ 上的函数 $f(x)$ 的平均变化率 $=\frac{f(b)-f(a)}{b-a}$。

例 1　平均变化率。设 $f(x)=x^2$，计算定义在下列区间上的函数 $f(x)$ 的平均变化率：

(a) $1\leqslant x\leqslant 2$　　(b) $1\leqslant x\leqslant 1.1$　　(c) $1\leqslant x\leqslant 1.01$

解：(a) 在区间 $1\leqslant x\leqslant 2$ 上的平均变化率是

$$\frac{2^2-1^2}{2-1}=\frac{3}{1}=3$$

(b) 在区间 $1\leqslant x\leqslant 1.1$ 上的平均变化率是

$$\frac{1.1^2-1^2}{1.1-1}=\frac{0.21}{0.1}=2.1$$

(c) 在区间 $1\leqslant x\leqslant 1.01$ 上的平均变化率是

$$\frac{1.01^2-1^2}{1.01-1}=\frac{0.0201}{0.01}=2.01$$

■

在 $b=a+h$ 的特殊情况下，$b-a$ 的值为 $(a+h)-a$，即 h，函数在区间上的平均变化率就是我们熟悉的差商

$$\frac{f(a+h)-f(a)}{h}$$

回顾：差商已在 1.3 节中介绍，且在 1.4 节中用于计算导数。

几何上讲，这个商就是图 1 中割线的斜率。回顾可知，当 h 趋于 0 时，割线的斜率趋近切线的斜率。于是，平均变化率接近 $f'(a)$。因此，$f'(a)$ 称为 $f(x)$ 恰好在 $x=a$ 处的（瞬时）**变化率**。

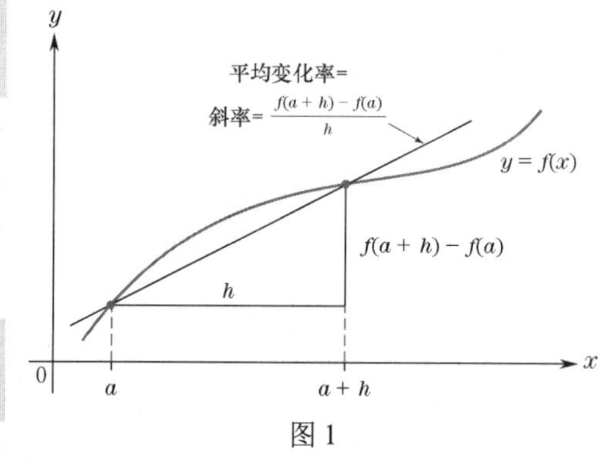

图 1

导数即瞬时变化率

导数 $f'(a)$ 度量 $f(x)$ 在 $x=a$ 处的瞬时变化率。

从现在起，当我们提到函数的变化率时，除非明确使用“平均”一词，否则指瞬时变化率。

例 2　比较平均变化率和瞬时变化率。考虑例 1 中的函数 $f(x)=x^2$。计算 $f(x)$ 在 $x=1$ 处的变化率，并将结果与例 1 中的结果进行比较。

解： $f(x)$ 在 $x=1$ 处的变化率等于 $f'(1)$。于是，有

$$f'(x)=2x,\quad f'(1)=2\times1=2$$

也就是说，变化率是 x 每变化 1 个单位而 $f(x)$ 变化 2 个单位。注意当以 $x=1$ 开始的间隔缩短时，例 1 中的平均变化率是如何接近瞬时变化率的。

■

例 3　人口模型的变化率。图 2 中的函数 $f(t)$ 给出了 1800 年后 t 年的美国人口，还显示了过点(40,17)的切线。

(a) 从 1840 年到 1870 年，美国人口的平均增长率是多少？

(b) 1840 年人口增长速度有多快？

(c) 1810 年和 1880 年哪年的人口增长得更快？

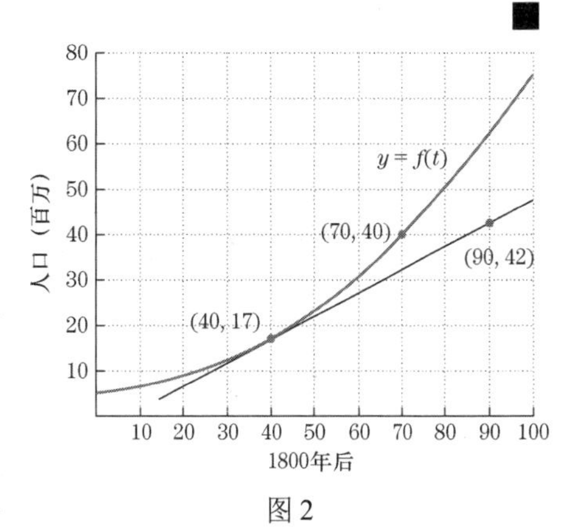

图 2

解：(a) 因为 1870 年是 1800 年后的 70 年，1840 是 1800 年后的 40 年，所以该问求的是 $f(t)$ 在区间 $40\leqslant t\leqslant 70$ 上的平均变化率，即

$$\frac{f(70)-f(40)}{70-40}=\frac{40-17}{30}=\frac{23}{30}\approx0.77$$

因此，从 1840 年到 1870 年，人口以平均每年约 77 万人的速度增长。

(b) $f(t)$ 在 $t=40$ 时的增长率为 $f'(40)$，即 $t=40$ 处切线的斜率。由于(40,17)和(90,42)是切线上的两个点，因此切线的斜率为

$$\frac{42-17}{90-40}=\frac{25}{50}=0.5$$

因此，在 1840 年，人口以每年 50 万人的速度增长。

(c) 1880 年的曲线图明显比 1810 年的陡。因此，1880 年的人口增长比 1810 年的要快。

■

速度和加速度

下面用运动物体的速度来说明变化的速率。设汽车沿直线行驶，且在任意时刻 t，从路上某个参考点测量的位置函数为 $s(t)$。如图 3 所示，距离在参考点右侧为正。下面假定汽车只朝正方向行驶。

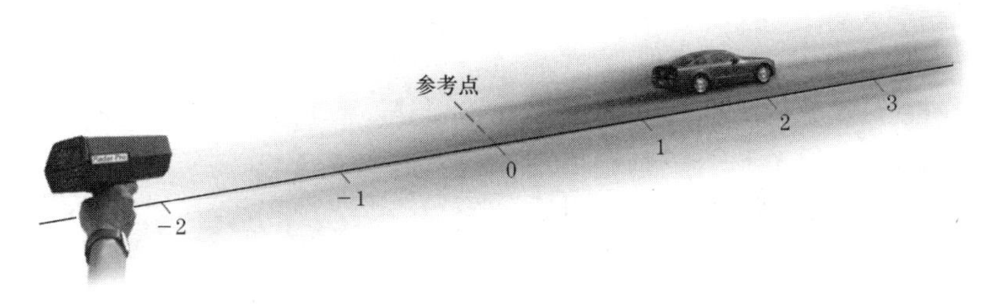

图 3

在任何时刻，汽车的速度计都会显示速度的变化有多快，即位置函数 $s(t)$ 的变化速度有多快。为了说明速度计的读数与导数的微积分概念之间的关系，下面了解特定时刻发生了什么，如 $t=2$ 时。考虑从 $t=2$ 到 $t=2+h$ 的短时间间隔 h 内，汽车从位置 $s(2)$ 移至位置 $s(2+h)$，距离为 $s(2+h)-s(2)$。因此，从 $t=2$ 到 $t=2+h$ 的平均速度为

$$\frac{\text{行驶的距离}}{\text{消耗的时间}}=\frac{s(2+h)-s(2)}{h}\tag{1}$$

若汽车在此期间以恒定速度行驶，速度计的读数将等于式(1)中的平均速度。

由 1.3 节中的讨论可知，当 h 接近零时，式(1)中的比值接近导数 $s'(2)$ 。因此，我们称 $s'(2)$ 为 $t=2$ 时的（瞬时）速度。这个数字与 $t=2$ 的速度计的读数一致，因为当 h 非常小时，汽车速度在 $t=2$ 到 $t=2+h$ 的时间间隔内几乎是稳定的；因此，该时间间隔内的平均速度与 $t=2$ 时的速度计的读数几乎相同。

用于 $t=2$ 的推理也适用于任意 t 。因此，以下定义是有意义的。

定义　速度。 若 $s(t)$ 表示直线运动物体的位置函数，则物体在时间 t 内的速度 $v(t)$ 为

$$v(t)=s'(t)$$

讨论时已假设汽车是正向行驶的。若汽车反向行驶，式(1)中的比值和极限值 $s'(2)$ 将为负值。因此，我们将负速度解释为沿着道路的负方向运动。

速度函数 $v(t)$ 的导数称为**加速度函数**，通常写为 $a(t)$ 。

加速度即速度的一阶导数

$$a(t)=v'(t)$$

因为 $v'(t)$ 测量的是速度 $v(t)$ 的变化率，所以"加速度"一词的这种用法与我们在汽车领域中的常用用法是一致的。注意，由于 $v(t)=s'(t)$ ，加速度实际上是位置函数 $s(t)$ 的二阶导数，即

$$a(t)=s''(t)$$

以汽车沿直线运动为例进行的讨论，适用于任何沿直线运动的物体。为便于参考，下面在更一般的情况下设置符号。假设有一个物体在直线上运动。从某个参考点测量时，用 $s(t)$ 表示其在时刻 t 的位置。物体随时间从 a 到 b 变化的位移由 $s(b)-s(a)$ 给出。它是物体从 $t=a$ 到 $t=b$ 时位置的净变化。时间区间 $[a, b]$ 上物体的平均速度是位置函数的平均变化率，即

$$平均速度=\frac{位移}{消耗的时间}=\frac{s(b)-s(a)}{b-a}$$

物体在 t 时刻的瞬时速度或速度是位置函数的瞬时变化率，由 $v(t)=s'(t)$ 给出。

例 4　速度和平均速度。 垂直上抛一个小球时，其位置可用它到地面的垂直距离来度量。将"上"视为正方向，设 $s(t)$ 为 t 秒后小球的高度，单位为英尺。设 $s(t)=-16t^2+128t+5$ 。图 4 中显示了函数 $s(t)$ 的图形。注意，图形中未显示小球的路径。小球直线上升，然后直线下落。

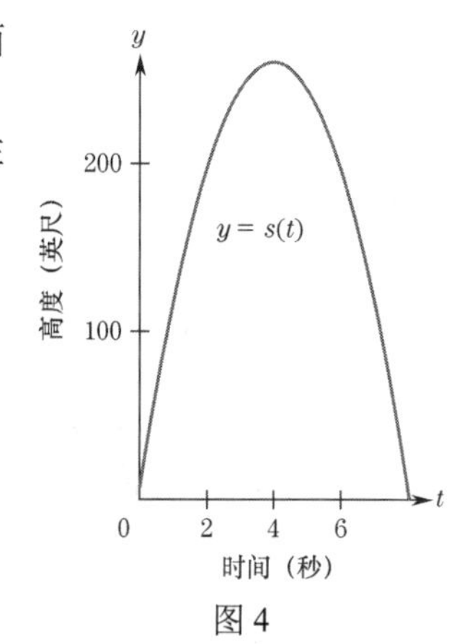

图 4

(a) 求小球在时间区间 $[1, 2]$, $[1, 1.5]$ 和 $[1, 1.1]$ 上的位移。

(b) 求小球在时间区间 $[1, 2]$, $[1, 1.5]$ 和 $[1, 1.1]$ 上的平均速度。

(c) $t=1$ 时小球的速度是多少？该值与(b)中小球的平均速度有何关系？

解： (a) 首先计算 $t=1, 1.1, 1.5$ 和 2 时小球的位置：

$$s(1)=-16\times1^2+128\times1+5=117\ 英尺$$
$$s(1.1)=-16\times1.1^2+128\times1.1+5=126.44\ 英尺$$
$$s(1.5)=-16\times1.5^2+128\times1.5+5=161\ 英尺$$
$$s(2)=-16\times2^2+128\times2+5=197\ 英尺$$

下面在这些值的基础上计算位移：

$s(2)-s(1)=197-117=80$ 英尺，　　$s(1.5)-s(1)=161-117=44$ 英尺，

$s(1.1)-s(1)=126.44-117=9.44$ 英尺

(b) 时间区间 $[1, 2]$ 上的平均速度是

$$\frac{位移}{消耗的时间}=\frac{s(2)-s(1)}{2-1}=\frac{80}{1}=80\ 英尺/秒$$

时间区间[1, 1.5]上的平均速度是

$$\frac{s(1.5)-s(1)}{1.5-1}=\frac{44}{0.5}=88\text{ 英尺/秒}$$

时间区间[1, 1.1]上的平均速度是

$$\frac{s(1.1)-s(1)}{1.1-1}=\frac{9.44}{0.1}=94.4\text{ 英尺/秒}$$

(c) 速度是位置函数的变化率，于是有

$$v(t)=s'(t)=-32t+128$$

当 $t=1$ 时，速度是 $v(1)=-32\times1+128=96$ 英尺/秒。当时间间隔的长度趋于 0 时，$t=1$ 时的平均速度（80 英尺/秒、88 英尺/秒和 94.4 英尺/秒）接近瞬时速度（96 英尺/秒）。

■

例 5　位置、速度和加速度。使用例 4 的符号表示，令 $s(t)=-16t^2+128t+5$。

(a) 2 秒后的速度是多少？

(b) 2 秒后的加速度是多少？

(c) 什么时候速度是−32 英尺/秒？（负号表示小球正在下降）

(d) 什么时候小球的高度是 117 英尺？

解：(a) 从上例知 $v(t)=s'(t)=-32t+128$。$t=2$ 时的速度为 $v(2)=-32\times2+128=64$ 英尺/秒。

(b) 加速度是速度的变化率（或导数）：$a(t)=v'(t)=-32$。对所有 t，加速度是−32 英尺/秒。这种恒定加速度是由向下（负）的重力造成的。

(c) 由于速度已知，时间未知，设 $v(t)=-32$ 并求解 t：

$$-32t+128=-32 \quad\Rightarrow\quad -32t=-160 \quad\Rightarrow\quad t=5$$

当 $t=5$ 秒时，速度为−32 英尺/秒。

(d) 本问涉及高度函数而非速度。由于高度已知，时间未知，我们设 $s(t)=117$ 并解出 t：

$-16t^2+128t+5=117$　　两边同时减去 117，然后除以 16

$-16(t^2-8t+7)=0$　　因式分解

$-16(t-1)(t-7)=0$

当 $t=1$ 秒时，小球上升至 117 英尺的高度；当 $t=7$ 秒时，小球下降至 117 英尺的高度。

■

函数的近似变化

考虑 $x=a$ 附近的函数 $f(x)$。如前所述，在长为 h 的小区间内，$f(x)$ 的平均变化率近似等于区间端点处的瞬时变化率，即

$$\frac{f(a+h)-f(a)}{h}\approx f'(a)$$

该近似值两边同时乘以 h，有

用导数来近似变化

$$f(a+h)-f(a)\approx f'(a)\cdot h \tag{2}$$

注意，当 $h=1$ 时，就得到上一节中的式(2)。

若 x 从 a 变为 $a+h$，则函数 $f(x)$ 的值的变化约为 $f'(a)$ 乘以 x 的变化值 h。这个结果对 h 的正值和负值都适用。在许多应用中，通常计算式(2)右侧的值来估算左侧的结果。

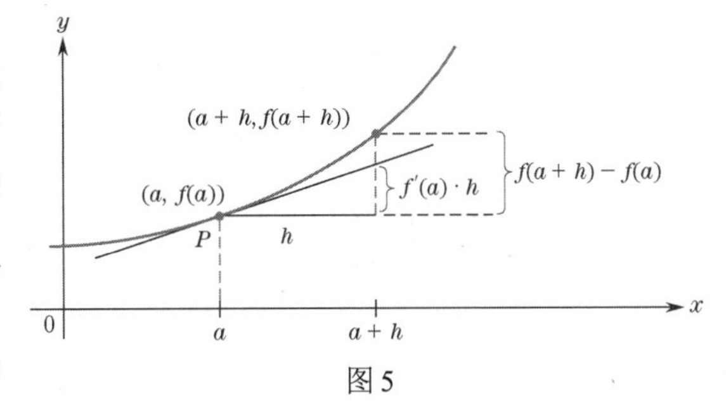

图 5

图 5 中包含了对式(2)的几何解释。考虑到 x 方向的微小变化量 h，$f'(a)\cdot h$ 给出了 y 在点 $(a,f(a))$ 处沿切线的相应变化。相反，$f(a+h)-f(a)$ 给出

了 y 沿曲线 $y=f(x)$ 的变化。当 h 很小时，$f'(a)\cdot h$ 很好地近似了 $f(x)$ 的变化。

在考虑一个应用前，提出式(2)的另一种导数形式是有意义的。由 1.3 节知点 p 处的切线方程为

$$y-f(a)=f'(a)(x-a) \tag{3}$$

现在，在点 p 附近切线近似于 $f(x)$ 的图形，因此在式(3)中用 $f(x)$ 替换 y（切线的值）得

$$f(x)-f(a)\approx f'(a)(x-a) \tag{4}$$

设 $h=x-a$，即 $x=a+h$，则可由式(4)推出式(2)。

例 6　近似生产函数。设生产函数 $p(x)$ 是雇用 x 个劳动力时生产的商品数量。若目前有 5000 个劳动力被雇用，$p(5000)=300$，且 $p'(5000)=2$。

(a) 解释 $p(5000)=300$。

(b) 解释 $p'(5000)=2$。

(c) 当 x 从 5000 增加到 $5000\frac{1}{2}$ 个劳动力时，估算额外生产的商品数量。

(d) 当 x 从 5000 减少到 4999 个劳动力时，估算生产的商品数量的变化。

解：(a) 当雇用 5000 个劳动力时，将生产 300 件商品。

(b) 若目前有 5000 个劳动力，且考虑增加更多的劳动力，生产率将以每增加 1 个劳动力就增加 2 件商品的速度增长。

(c) 这里，$h=\frac{1}{2}$。由式(2)，$p(x)$ 的变化接近

$$p'(5000)\times\frac{1}{2}=2\times\frac{1}{2}=1$$

约额外生产 1 件商品。因此，若雇用 $5000\frac{1}{2}$ 个劳动力，就能生产出 301 件商品。

(d) 这里，$h=-1$，因为劳动力减少了。$p(x)$ 的变化接近

$$p'(5000)\times(-1)=2\times(-1)=-2$$

约减产 2 件商品（生产 298 件商品）。

■

为了简化分析边际成本时式(2)的应用，重写成本函数如下：

$$C(a+h)-C(a)\approx C'(a)\cdot h \tag{5}$$

令 $h=1$，得到上一节中我们熟悉的公式：

$$C(a+1)-C(a)\approx C'(a) \tag{6}$$

因此，对于产量增加 1 件（$h=1$），成本的变化近似等于边际成本，但对于产量增加 h 件，就必须按比例修改边际成本。

例 7　边际成本。生产 x 件某商品的总成本（以千美元计）是 $C(x)=6x^2+2x+10$。

(a) 求边际成本函数。

(b) 当生产 10 件商品时，求成本和边际成本。

(c) 使用边际成本近似计算第 11 件商品的生产成本。

(d) 产量从 10 件增加到 10.5 件，使用边际成本估算产生的额外成本。

解：(a) 边际成本函数是成本函数的导数，即

$$C'(x)=12x+2 \quad（千美元/件）$$

(b) 生产 10 件商品的成本为

$$C(10)=6\times10^2+2\times10+10=630 \text{ 千美元}$$

边际成本为 $C'(10)=12\times10+2=122$ 千美元/件。

(c) 生产第 11 件产品的成本是 x 从 10 到 11 变化时的成本之差，即 $C(11)-C(10)$。由式(6)可知，这个差值可近似计算为边际成本 $C'(10)=122$。因此，生产第 11 件商品的成本约为 122 千美元。

(d) 当产量从 10 件提高到 10.5 件时，额外成本为$C(10.5)-C(10)$。根据式(5)，当$a=10$和$h=0.5$时，

$$C(10.5)-C(10)\approx C'(10)\times 0.5=122\times 0.5=61 \text{ 千美元}$$

■

变化率的单位 表 1 中给出了本节的几个例子中出现的单位。一般来说，

$$f'(x)\text{ 的度量单位 }=f(x)\text{ 的度量单位}/x\text{ 的度量单位}$$

表 1

示　例	$f(t)$ 或 $f(x)$ 的单位	t 或 x 的单位	$f'(t)$ 或 $f'(x)$ 的单位
美国人口	百万人	年	百万人/年
抛球	英尺	秒	英尺/秒
成本函数	美元	项	美元/件

1.8 节自测题（答案见本节习题后）

设$f(t)$（单位为摄氏度）是液体在时刻t（单位为小时）的温度。时刻a时的温度变化率为$f'(a)$。下面列出了关于$f(t)$及其在不同时刻的斜率的典型问题。用正确的答案匹配每个问题。

问题

1. 6 小时后（$t=6$时）液体的温度是多少？

2. 温度何时以 6 度/小时的速度上升？

3. 在最初的 6 小时内，温度上升了多少度？

4. 液体的温度何时为 6 度？

5. 6 小时后液体的温度变化有多快？

6. 前 6 小时温度的平均增长率是多少？

答案

(a) 计算$f(6)$。

(b) 令$f(t)=6$，求解t。

(c) 计算$[f(6)-f(0)]/6$。

(d) 计算$f'(6)$。

(e) 当$f'(a)=6$时，求a的值。

(f) 计算$f(6)-f(0)$。

习题 1.8

1. 设$f(x)=x^2+3x$，计算$f(x)$在以下区间上的平均变化率：(a) $1\leqslant x\leqslant 2$；(b) $1\leqslant x\leqslant 1.5$；(c) $1\leqslant x\leqslant 1.1$。

2. 设$f(x)=3x^2+2$，计算$f(x)$在以下区间上的平均变化率：(a) $0\leqslant x\leqslant 0.5$；(b) $0\leqslant x\leqslant 0.1$；(c) $0\leqslant x\leqslant 0.01$。

3. 平均和瞬时变化率。 设$f(x)=4x^2$。

(a) $f(x)$在区间[1, 2]、[1, 1.5]和[1, 1.1]上的平均变化率是多少？

(b) 当$x=1$时，$f(x)$的（瞬时）变化率是多少？

4. 平均和瞬时变化率。 设$f(x)=-6/x$。

(a) $f(x)$在区间[1, 2]、[1, 1.5]和[1, 1.2]上的平均变化率是多少？

(b) 当$x=1$时，$f(x)$的（瞬时）变化率是多少？

5. 平均和瞬时变化率。 设$f(t)=t^2+3t-7$。

(a) $f(t)$在区间[5, 6]上的平均变化率是多少？

(b) 当$t=5$时，$f(t)$的（瞬时）变化率是多少？

6. 平均和瞬时变化率。 设$f(t)=3t+2-\frac{12}{t}$。

(a) $f(t)$在区间[2, 3]上的平均变化率是多少？

(b) 当$t=2$时，$f(t)$的（瞬时）变化率是多少？

7. 物体的运动。 直线运动的物体t小时运动了$s(t)$千米，其中$s(t)=2t^2+4t$。

(a) 当$t=6$时，物体的速度是多少？

(b) 物体在 6 小时内移动了多远？

(c) 物体什么时候以 6 千米/小时的速度运动？

8. 广告对销量的影响。 在一次广告宣传活动后，产品销量往往先增加后减少。设广告结束后t天的日销量为$f(t)=-3t^2+32t+100$件。第四天，即从$t=3$到$t=4$时，销量的平均增长率是多少？当$t=2$时，销量以什么（瞬时）速率变化？

9. 日均产量。 工厂装配线的日产量分析表明工作t小时后约生产$60t+t^2-\frac{1}{12}t^3$件产品，其中$0\leqslant t\leqslant 8$。当$t=2$时，生产速度是多少（件/小时）？

10. 液体体积变化率。 将液体倒入一个大缸。t小时后，缸中有$5t+\sqrt{t}$加仑液体。当$t=4$时，液体倒入缸中的速度是多少（加仑/小时）？

11. 最大高度。 一个玩具火箭被直接发射到空中。设$s(t)=-6t^2+72t$表示其在t秒后的位置，单位为英尺。

(a) 求 t 秒后的速度。

(b) 求 t 秒后的加速度。

(c) 火箭何时达到最大高度？提示：火箭达到最大高度时，速度发生什么变化？

(d) 火箭能达到的最大高度是多少？

12. 运动物体分析。如图 6 所示，$s(t)$ 为直线行驶车辆的位置。

(a) 汽车是在 A 点还是在 B 点开得快？

(b) B 点的速度是增大还是减小？这说明 B 点的加速度是什么？

(c) 汽车在 C 点的速度发生了什么变化？

(d) 车辆在 D 点向哪个方向行驶？

(e) 在 E 点发生了什么？

(f) 在 F 点之后发生了什么？

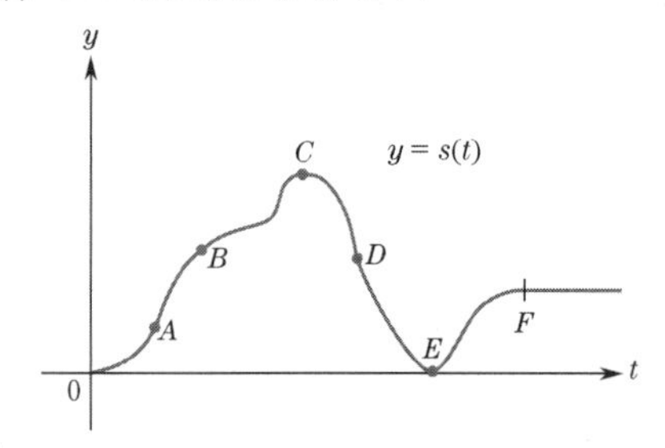

图 6

13. 玩具火箭的位置。一个玩具火箭直接发射到空中，t 秒后的高度为 $s(t)=160t-16t^2$ 英尺。

(a) 当 $t=0$ 时，火箭的初始速度是多少？

(b) 2 秒后的速度是多少？

(c) 当 $t=3$ 时加速度是多少？

(d) 火箭什么时候落地？

(e) 火箭撞向地面时的飞行速度是多少？

14. 直升机高度。一架直升机飞向空中。起飞 t 秒后到地面的距离为 $s(t)$ 英尺，其中 $s(t)=t^2+t$。

(a) 直升机上升 20 英尺需要多长时间？

(b) 求直升机离地 20 英尺时的速度和加速度。

15. 球的高度。垂直上抛一个小球时，$s(t)$ 是 t 秒后小球到地面的高度。将每个问题与正确的答案相匹配。

问题

A．3 秒后小球的速度是多少？

B．什么时候速度是 3 英尺/秒？

C．前 3 秒的平均速度是多少？

D．什么时候小球离地 3 英尺？

E．什么时候小球落地？

F．3 秒后小球有多高？

G．小球在前 3 秒跑了多远？

答案

a. 设 $s(t)=0$ 并求解 t。

b. 计算 $s'(3)$。

c. 计算 $s(3)$。

d. 设 $s'(t)=3$，并求解 t。

e. 当 $s(a)=3$ 时，求 a 的值。

f. 计算 $[s(3)-s(0)]/3$。

g. 计算 $s(3)-s(0)$。

16. 平均速度。表 2 中给出了一辆汽车行驶 1 小时及附近几个时刻的里程表读数（英里）。从 1 小时到 1.05 小时这段时间上的平均速度是多少？估计 1 小时后的速度。

表 2

时间（小时）	里程表（英里）
0.96	43.2
0.97	43.7
0.98	44.2
0.99	44.6
1.00	45.0
1.01	45.4
1.02	45.8
1.03	46.3
1.04	46.8
1.05	47.4

17. 速度和位置。物体沿直线运动，时刻 t（秒）物体在参考点右侧的位置为

$s(t)=t^2+3t+2$（英尺），其中 $t\geqslant 0$

(a) 当 $t=6$ 时，物体的速度是多少？

(b) 当 $t=6$ 时，物体是否向参考点移动？

(c) 物体距离参考点 6 英尺时，速度是多少？

18. 解释图表上的变化率。一辆汽车正在从纽约开往波士顿。设 $s(t)$ 表示下一分钟到纽约的距离。将每种行为与图 7 中 $s(t)$ 的对应图形相匹配。

(a) 汽车正向以稳定速度行驶。

(b) 汽车停止。　(c) 汽车正在倒车。

(d) 汽车正在加速。　(e) 汽车正在减速。

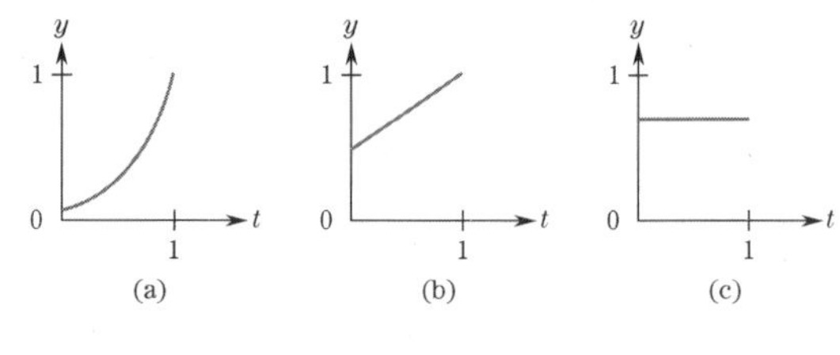

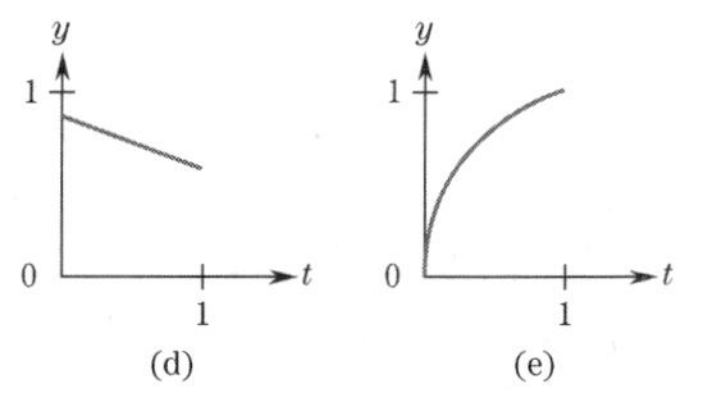

图 7

19. 估算函数值。 设 $f(100)=5000$ 且 $f'(100)=10$，估算下列函数的值。

(a) $f(101)$ (b) $f(100.5)$ (c) $f(99)$

(d) $f(98)$ (e) $f(99.75)$

20. 估算函数值。 设 $f(25)=10$ 且 $f'(25)=-2$，估算下列函数的值。

(a) $f(27)$ (b) $f(26)$ (c) $f(25.25)$

(d) $f(24)$ (e) $f(23.5)$

21. 一杯咖啡的温度。 设 $f(t)$ 是一杯咖啡 t 分钟后的温度。解释 $f(4)=120$ 和 $f'(4)=-5$。估计 4 分 6 秒即 4 分钟后咖啡的温度。

22. 药物的淘汰率。 假设将 5 毫克的药物注射到血液中。设 $f(t)$ 为 t 小时后药物在血液中存在的量。解释 $f(3)=2$ 和 $f'(3)=-0.5$。估计 $3\frac{1}{2}$ 小时后血液中药物的毫克数。

23. 价格影响销售。 设 $f(p)$ 是每辆售价为 p 美元时售出的汽车数量。解释 $f(10000)=200000$ 和 $f'(10000)=-3$。

24. 广告影响销售。 设 $f(x)$ 是当 x 美元用于广告时售出的玩具数量。解释 $f(100000)=3000000$ 和 $f'(100000)=30$。

25. 销售速度。 设 $f(x)$ 是每台电脑价格为 x 百美元时售出的电脑数量（单位为千台）。解释 $f(12)=60$ 和 $f'(12)=-2$。若价格设为 1250 美元/台，估计售出的电脑数量。

26. 边际成本。 设 $C(x)$ 是生产 x 件产品的成本（美元）。解释 $C(2000)=50000$ 和 $C'(2000)=10$。估算生产 1998 件产品的生产成本。

27. 边际利润。 $P(x)$ 是生产和销售 x 辆汽车的利润（美元）。解释 $P(100)=90000$ 和 $P'(100)=1200$ 为何成立？估计生产和销售 99 辆汽车的利润。

28. 公司股票价格。 设 $f(x)$ 是公司上市 x 天来每股的美元价值。

(a) 解释 $f(100)=16$ 和 $f'(100)=0.25$。

(b) 估计公司上市后第 101 天每股的价值。

29. 边际成本分析。 考虑成本函数 $C(x)=6x^2+14x+18$（千美元）。

(a) 产量 $x=5$ 时的边际成本是多少？

(b) 估计将产量从 $x=5$ 提高到 $x=5.25$ 的费用。

(c) 设 $R(x)=-x^2+37x+38$ 是生产 x 件产品产生的收入（千美元）。盈亏平衡点是什么？

(d) 计算和比较盈亏平衡点的边际收入和边际成本。公司是否应该将产量提高到盈亏平衡点以上？

30. x 从 1 降到 0.9，估算函数 $f(x)=\frac{1}{1+x^2}$ 改变多少。

31. 卫生支出。 1980 年至 1998 年的全国卫生支出（十亿美元）由图 8 中的 $f(t)$ 函数表示。

(a) 1987 年的支出是多少？

(b) 1987 年的支出增长约有多快？

(c) 支出何时达到 1 万亿美元？

(d) 支出何时以 1000 亿美元/年的速度增长？

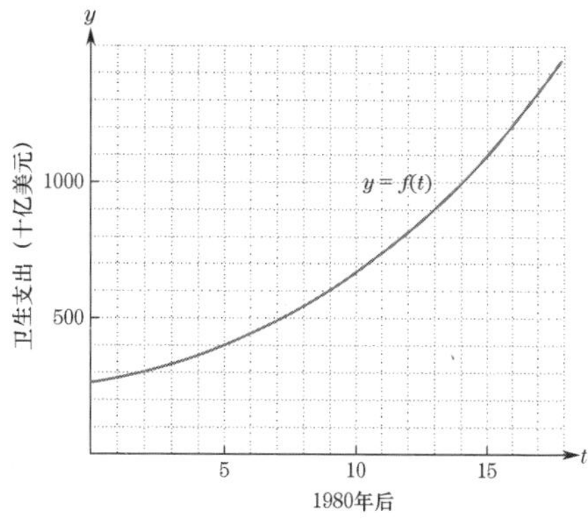

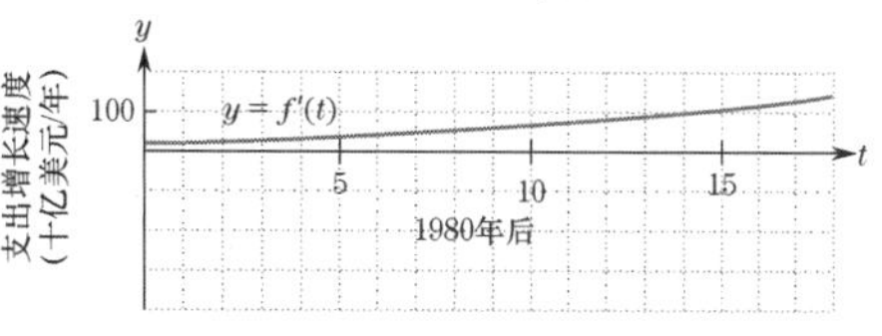

图 8

32. 速度和加速度。 在 8 秒的测试运行中，汽车加速几秒后减速。函数 $s(t)$ 给出了 t 秒后汽车行走的英尺数，如图 9 所示。

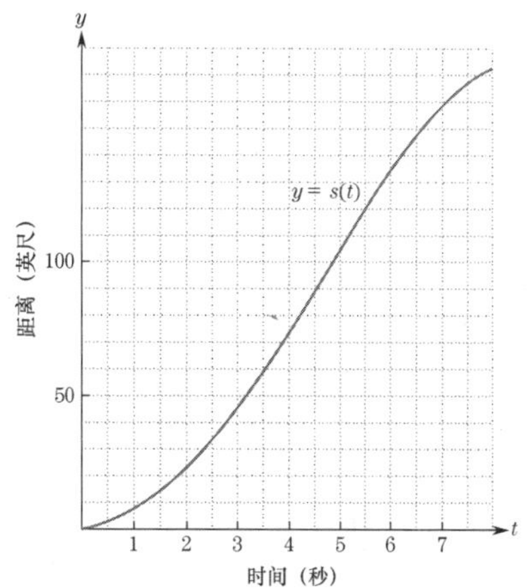

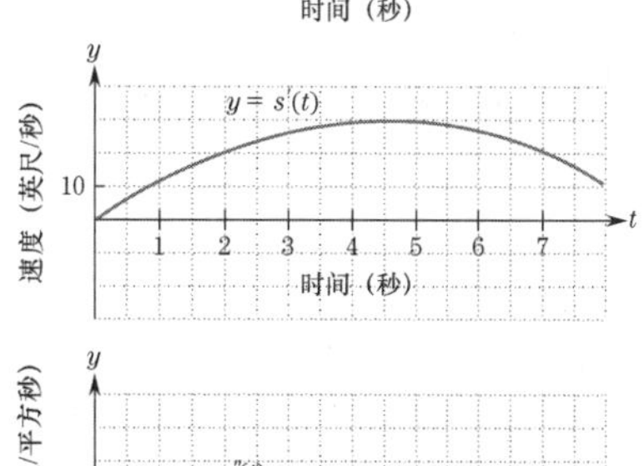

图 9

(a) 汽车 3.5 秒后行驶了多远？

(b) 2 秒后汽车的速度是多少？

(c) 1 秒后的加速度是多少？

(d) 车辆何时会行驶 120 英尺？

(e) 在试运行的第二部分，车辆何时以 20 英尺/秒的速度行驶？

(f) 最大速度是多少？什么时候达到这个最大速度？汽车此时行驶了多远？

技术题

33. 判断时间。在某心理学实验中，人们通过练习提高了识别常见语言和语义信息的能力。经过 t 天的练习，人们的判断时间为 $f(t)=0.36+0.77(t-0.5)^{-0.36}$ 秒。

(a) 在窗口[0.5,6]*[−3,3]内显示 $f(t)$ 和 $f'(t)$ 的图形，并使用它们回答以下问题。

(b) 经过 4 天的练习，判断时间是多少？

(c) 经过多少天的练习，判断时间约为 0.8 秒？

(d) 经过 4 天的练习，判断时间相对于练习天数的变化率是多少？

(e) 经过多少天的练习，判断时间以−0.08 秒/天的速度变化？

34. 小球的位置。垂直上抛小球的高度 t 秒后为 $s(t)=102t-16t^2$ 英尺。

(a) 在窗口[0, 7]*[−100, 200]内显示 $s(t)$ 和 $s'(t)$ 的图形，并使用它们回答以下问题。

(b) 2 秒后小球有多高？

(c) 在下降过程中，何时高度是 110 英尺？

(d) 6 秒后的速度是多少？

(e) 何时速度是 70 英尺/秒？

(f) 小球落地时的速度是多少？

1.8 节自测题答案

1. 答案(a)。问题涉及 $f(t)$，求 t 时刻的温度。由于时间是给定的，计算 $f(6)$。
2. 答案(e)。问题涉及 $f'(t)$，即温度的变化率。由于时间未知，设 $f'(t)=6$，解出 t。
3. 答案(f)。问题涉及函数的值从时间 0 到时间 6 的变化，即 $f(6)-f(0)$。
4. 答案(b)。问题涉及 $f(t)$，时间未知。设 $f(t)=6$，解出 t。
5. 答案(d)。问题涉及 $f'(t)$，时间已知。计算 $f'(6)$。
6. 答案(c)。问题涉及函数在区间[0, 6]上的平均变化率，即 $[f(6)-f(0)]/6$。

第 1 章概念题

1. 定义非垂直线的斜率并给出物理描述。
2. 直线方程的点斜式是什么？
3. 已知直线上两点的坐标时，如何求直线方程？
4. 平行线的斜率是什么？垂直线呢？
5. $f(x)$ 在 $(2,f(2))$ 处的斜率的物理描述是什么？
6. $f(x)$ 表示什么？
7. 为什么常数函数的导数是零？
8. 说明乘幂法则、常数倍数法则和求和法则，并且分别举例说明。
9. 如何计算 $f'(2)$ 是过点 $(2,f(2))$ 的割线斜率的极限。
10. $\lim_{x\to 2} f(x)=3$ 的含义是什么？给出一个具有该性质的函数的例子。
11. 给出 $f'(2)$ 的极限定义，即 $f(x)$ 在点 $(2,f(2))$ 处的斜率。
12. $\lim_{x\to\infty} f(x)=3$ 的含义是什么？给出这样一个函数 $f(x)$ 的例子。对 $\lim_{x\to-\infty} f(x)=3$ 执行同样操作。
13. $f(x)$ 在 $x=2$ 处连续的含义是什么？给出一个在 $x=2$ 处不连续的函数 $f(x)$ 的例子。
14. $f(x)$ 在 $x=2$ 处可微的含义是什么？给出一个在 $x=2$ 处不可微的函数 $f(x)$ 的例子。
15. 陈述一般乘幂法则并举例说明。
16. 给出 $f(x)$ 在 $x=2$ 处的一阶导数的两种不同符号。
17. 函数在区间上的平均变化率是什么意思？
18. （瞬时）变化率与平均变化率有什么关系？
19. 解释导数与速度和加速度之间的关系。
20. 什么含导数的表达式给出了 $f(a+h)-f(a)$ 的近似值？
21. 用自己的话描述边际成本。
22. 如何确定变化率的适当单位？举例说明。

第 1 章复习题

求下列直线方程并画出草图。

1. 斜率是−2，y 截距 $(0,3)$。

2. 斜率是$\frac{3}{4}$，y截距$(0,-1)$。

3. 过点$(2,0)$，斜率是5。

4. 过点$(1,4)$，斜率是$-\frac{1}{3}$。

5. 平行于$y=-2x$，过点$(3,5)$。

6. 平行于$-2x+3y=6$，过点$(0,1)$。

7. 过点$(-1,4)$和点$(3,7)$。

8. 过点$(2,1)$和点$(5,1)$。

9. 垂直于$y=3x+4$，过点$(1,2)$。

10. 垂直于$3x+4y=5$，过点$(6,7)$。

11. 水平，高度高于x轴3个单位。

12. 垂直，y轴向右4个单位。

13. y轴。

14. x轴。

求如下函数的微分。

15. $y=x^7+x^3$

16. $y=5x^8$

17. $y=6\sqrt{x}$

18. $y=x^7+3x^5+1$

19. $y=3/x$

20. $y=x^4-\frac{4}{x}$

21. $y=(3x^2-1)^8$

22. $y=\frac{3}{4}x^{4/3}+\frac{4}{3}x^{3/4}$

23. $y=\frac{1}{5x-1}$

24. $y=(x^3+x^2+1)^5$

25. $y=\sqrt{x^2+1}$

26. $y=\frac{5}{7x^2+1}$

27. $f(x)=1/\sqrt[4]{x}$

28. $f(x)=(2x+1)^3$

29. $f(x)=5$

30. $f(x)=\frac{5x}{2}-\frac{2}{5x}$

31. $f(x)=[x^5-(x-1)^5]^{10}$

32. $f(t)=t^{10}-10t^9$

33. $g(t)=3\sqrt{t}-\frac{3}{\sqrt{t}}$

34. $h(t)=3\sqrt{2}$

35. $f(t)=\frac{2}{t-3t^3}$

36. $g(P)=4P^{0.7}$

37. $h(x)=\frac{3}{2}x^{3/2}-6x^{2/3}$

38. $f(x)=\sqrt{x+\sqrt{x}}$

39. 设$f(t)=3t^3-2t^2$，求$f'(2)$。

40. 设$V(r)=15\pi r^2$，求$V'\left(\frac{1}{3}\right)$。

41. 设$g(u)=3u-1$，求$g(5)$和$g'(5)$。

42. 设$h(x)=\frac{1}{2}$，求$h(-2)$和$h'(-2)$。

43. 设$f(x)=x^{5/2}$，求$f''(4)$。

44. 设$g(t)=\frac{1}{4}(2t-7)^4$，求$g''(3)$。

45. 求图形$y=(3x-1)^3-4(3x-1)^2$在$x=0$处的斜率。

46. 求图形$y=(4-x)^5$在$x=5$处的斜率。

计算。

47. $\frac{d}{dx}(x^4-2x^2)$

48. $\frac{d}{dt}(t^{5/2}+2t^{3/2}-t^{1/2})$

49. $\frac{d}{dP}(\sqrt{1-3P})$

50. $\frac{d}{dn}(n^{-5})$

51. $\frac{d}{dz}(z^3-4z^2+z-3)\Big|_{z=-2}$

52. $\frac{d}{dx}(4x-10)^5\Big|_{x=3}$

53. $\frac{d^2}{dx^2}(5x+1)^4$

54. $\frac{d^2}{dt^2}(2\sqrt{t})$

55. $\frac{d^2}{dt^2}(t^3+2t^2-t)\Big|_{t=-1}$

56. $\frac{d^2}{dP^2}(3P+2)\Big|_{P=4}$

57. $\frac{d^2y}{dx^2}$，其中$y=4x^{3/2}$。

58. $\frac{d}{dt}\left(\frac{dy}{dt}\right)$，其中$y=\frac{1}{3t}$。

59. 图形$f(x)=x^3-4x^2+6$在$x=2$处的斜率是多少？写出$f(x)$在$x=2$处的切线方程。

60. 曲线$y=1/(3x-5)$在$x=1$处的斜率是多少？写出$f(x)$在$x=1$处的切线方程。

61. 求曲线$y=x^2$在点$\left(\frac{3}{2},\frac{9}{4}\right)$处的切线方程。画出$y=x^2$的草图，并画出点$\left(\frac{3}{2},\frac{9}{4}\right)$处的切线。

62. 求曲线$y=x^2$在点$(-2,4)$处的切线方程。画出$y=x^2$的草图，并画出点$(-2,4)$处的切线。

63. 求图形$y=3x^3-5x^2+x+3$在$x=1$处的切线方程。

64. 求图形$y=(2x^2-3x)^3$在$x=2$处的切线方程。

65. 在图1中，直线的斜率为−1且与$f(x)$的图形相切，求$f(2)$和$f'(2)$。

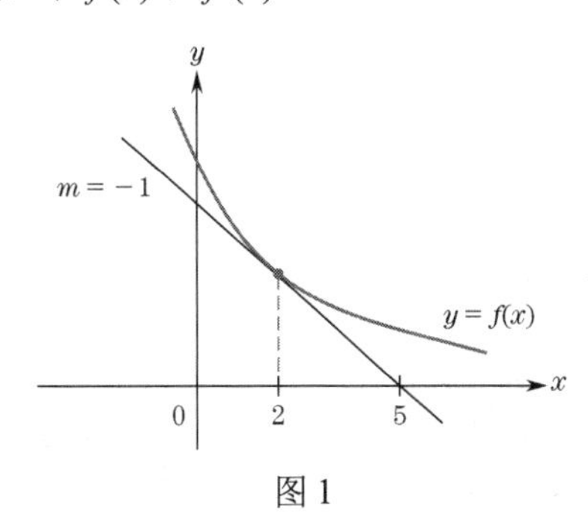

图1

66. 在图2中，直线与图形$f(x)=x^3$相切，求a的值。

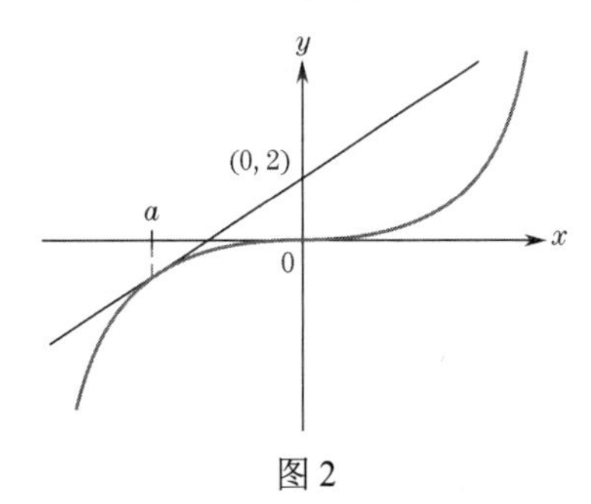

图2

67. **直升机高度。**一架直升机正以32英尺/秒的速度上升。在128英尺的高度，飞行员放下了一副双筒望远镜。t秒后，双筒望远镜离地面的高度为$s(t)=-16t^2+32t+128$英尺。求望远镜落地时的速度。

68. **煤矿产量。**煤矿每天运营t小时后的总产量约为$40t+t^2-\frac{1}{15}t^3$吨，$0\leqslant t\leqslant 12$。$t=5$小时的产量（吨煤/小时）是多少？

习题 69～72 参考图 3，其中 $s(t)$ 是某人沿直线行走 t 秒后所走的英尺数。

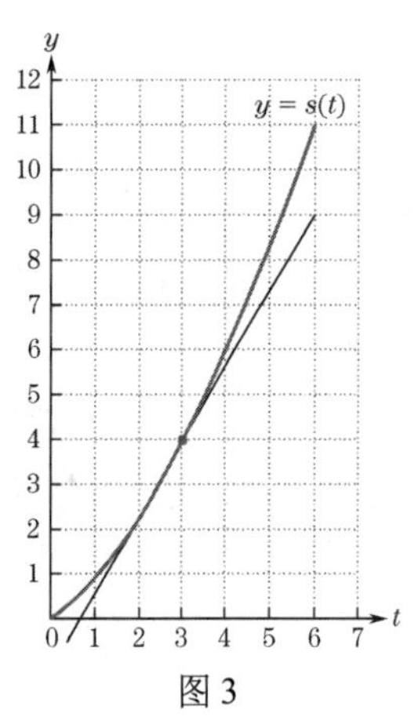

图 3

69. 该人 6 秒后走了多远？

70. 从 $t=1$ 到 $t=4$，该人的平均速度是多少？

71. $t=3$ 时的速度是多少？

72. 在不计算速度的情况下，确定该人是在 $t=5$ 时快还是在 $t=6$ 时快。

73. 边际成本。 制造商估计在一条装配线上生产 x 件产品每小时的成本为 $C(x)=0.1x^3-6x^2+136x+200$ 美元。

(a) 计算 $C(21)-C(20)$，即将产量从 20 件提高到 21 件的额外成本。

(b) 求产量为 20 件时的边际成本。

74. 地铁乘客数量。 每天从马里兰州银泉市乘地铁到华盛顿地铁中心的人数是票价 x 美分的函数 $f(x)$。若 $f(235)=4600$ 且 $f'(235)=-100$，对以下每种成本，近似计算每日乘坐人数：

(a) 237 美分　　(b) 234 美分

(c) 240 美分　　(d) 232 美分

75. 男孩身高。 设 $h(t)$ 为 t 年后男孩的身高（单位为英寸）。设 $h'(12)=1.5$，在 12 岁到 $12\frac{1}{2}$ 岁之间，男孩的身高（大约）增加多少？

76. 复利。 在 2 年时间里，若每个月月底将 100 美元存入储蓄账户，则余额是利率 $r\%$ 的函数 $f(r)$。按 7%的利率（每月复利）计算，有 $f(7)=2568.10$ 和 $f'(7)=25.06$。若银行支付 $7\frac{1}{2}\%$ 的利息，大概能多赚多少钱？

确定以下极限是否存在。如果存在，请计算。

77. $\lim\limits_{x\to 2}\frac{x^2-4}{x-2}$

78. $\lim\limits_{x\to 3}\frac{1}{x^2-4x+3}$

79. $\lim\limits_{x\to 4}\frac{x-4}{x^2-8x+16}$

80. $\lim\limits_{x\to 5}\frac{x-5}{x^2-7x+2}$

使用极限计算下列导数。

81. 求 $f'(5)$，其中 $f(x)=1/(2x)$。

82. 求 $f'(3)$，其中 $f(x)=x^2-2x+1$。

83. 结合 $f(x)=x^2$ 的图形，解释 $[(3+h)^2-3^2]/h$ 的几何含义。

84. 当 h 趋于 0 时，$\frac{\frac{1}{2+h}-\frac{1}{2}}{h}$ 趋于什么值？

第 2 章　导数的应用

微积分技术可应用于现实生活中的各种问题。本章中将介绍许多例子，在每个例子中，首先构建一个作为数学模型的函数，然后分析该函数及其导数，以获得关于原始问题的信息。分析函数的主要方法是画出其图形，因此首先介绍如何绘制图形及理解函数的性质。

2.1　函数的图形描述

下面研究一个典型函数的图形（见图 1）并引入一些术语来描述其性质。首先，我们观察到这些图形要么上升，要么下降，具体取决于是从左向右看还是从右向左看。为避免混淆，我们应始终遵循从左向右看图形的惯例。

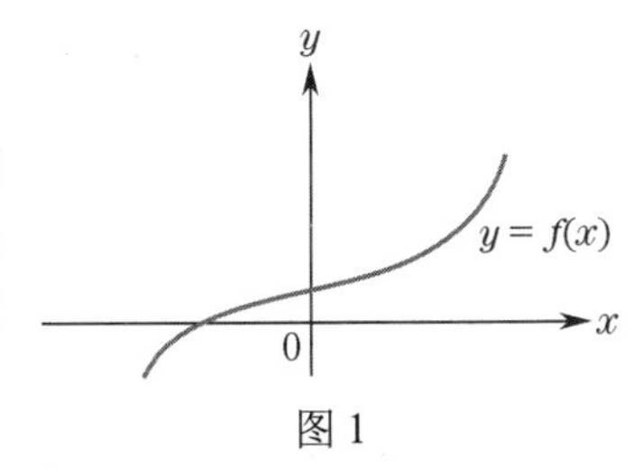

图 1

下面研究函数 $f(x)$ 在其定义区间上的性质。

定义　递增函数和递减函数。 若曲线随 x 在区间上从左向右变化而不断上升，则函数 $f(x)$ 在区间上是递增的。也就是说，当 x_1 和 x_2 在区间上且 $x_1 < x_2$ 时，有 $f(x_1) < f(x_2)$。函数 $f(x)$ 在 $x = c$ 处递增的前提是，$f(x)$ 在 x 轴上的包含点 c 的某个开区间上递增。

我们说函数 $f(x)$ 在区间上递减，前提是当 x 在区间上从左向右移动时，曲线持续下降。也就是说，当 x_1 和 x_2 在区间上且 $x_1 < x_2$ 时，有 $f(x_1) > f(x_2)$。函数 $f(x)$ 在 $x = c$ 处递减的前提是，$f(x)$ 在包含点 c 的某个开区间上递减。

图 2 分别显示了在 $x = c$ 处递增或递减的图形。如图 2(d)所示，当 $f(c)$ 为负且 $f(x)$ 为递减函数时，$f(x)$ 的值变得更负。如图 2(e)所示，当 $f(c)$ 为负且 $f(x)$ 为递增函数时，$f(x)$ 的值变得不那么负。

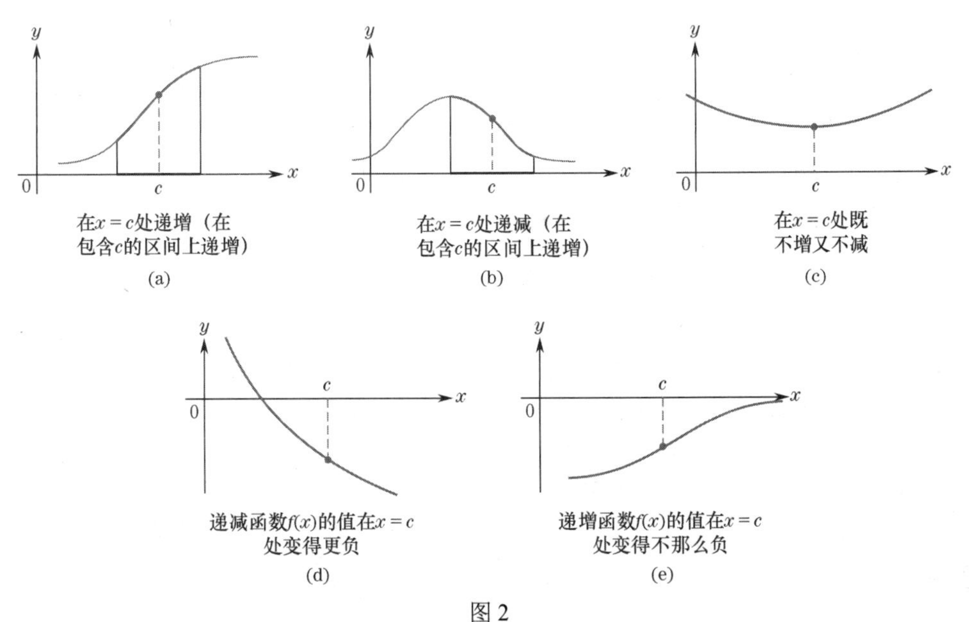

图 2

极值点

函数的相对极值点或极值是其曲线由增大变减小的点，反之亦然。我们可以明显地区分这两种情形。

定义　相对极大值和极小值。相对极大值点是图形由增大变减小的点；相对极小值点是图形由减小变增大的点（见图 3）。

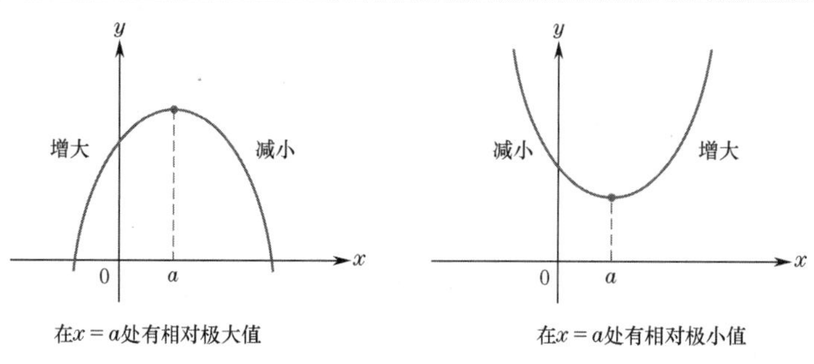

图 3

定义中的“相对”表示这个点相对于图上的相邻点附近是最大的或最小的。通常也用“局部”来代替“相对”。

定义　绝对极大值和极小值。函数的极大值（或绝对极大值）是该函数在其定义域上的极大值。函数的极小值（或绝对极小值）是该函数在其定义域上的极小值。

函数可能有极大值或极小值，也可能没有（见图 4）。然而，可以看出，连续函数在定义域 $a \leqslant x \leqslant b$ 上既有极大值又有极小值。

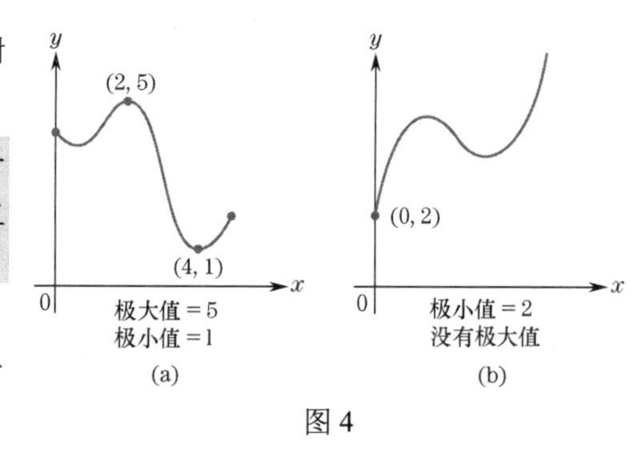

图 4

回顾：图形尾端的点表示图形在此结束。

函数的极大值和极小值通常出现在相对极大值点和相对极小值点，如图 4(a)所示。它们也可能出现在定义域的端点，如图 4(b)所示，此时，我们就说函数有一个端点极值。

相对极大值点和端点极大值点高于附近的任何点。函数的极大值是其图形上最高点的 y 坐标（最高点称为**绝对极大值点**）。类似的考虑适用于极小值。

例 1　血液中药物的浓度。当向肌肉中注射药物时，血液中的药物具有如图 5 所示的时间-浓度曲线。使用前面介绍的术语描述该曲线。

解：最初（$t = 0$），血液中没有药物，因此 0 是图形的极小值。当药物被注射到肌肉中时，开始扩散到血流中。血液中的药物浓度增加，当 $t = 2$ 时达到极大值。此后，随着身体的代谢过程将药物从血液中去除，浓度开始降低。最终，药物浓度降低到一个很低的水平，在所有实际用途中，它基本上都是零。■

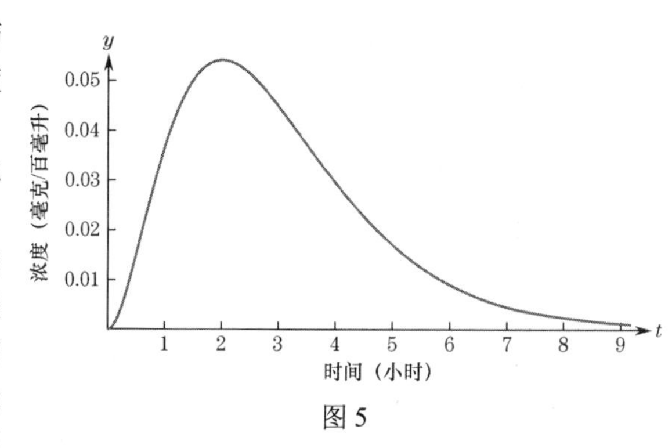

图 5

变化的斜率

图形的一个重要但微妙的特征是图形斜率变化的方式（从左向右看）。图 6 中的两个图形都是递增的，但是递增的方式有明显区别。图形 I 描述的是美国的人均联邦债务总额，从中可以看出 1990 年的情况比 1960 年的情况更严重。也就是说，图形 I 的斜率从左向右逐渐增大，即美国的人均联邦债务总额从 1960 年到 1990 年在以不断增长的速度增长。

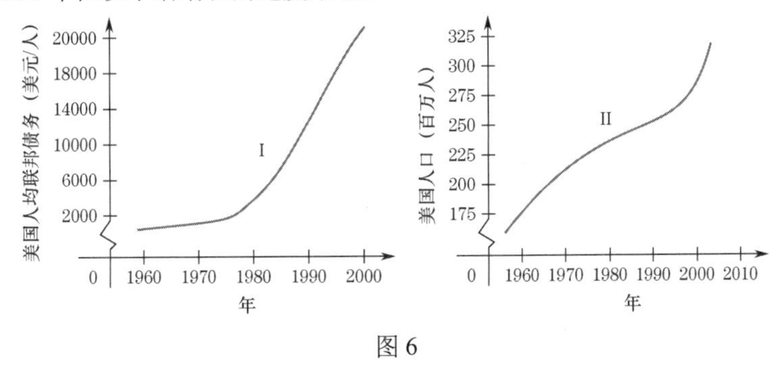

图 6

回顾：图形在点 P 处的斜率是切线在点 P 处的斜率。

相反，从 1960 年到 1990 年，图 II 的斜率从左向右逐渐减小。尽管美国的人口每年都在增长，但从 1960 年到 1990 年，增长率却一直在下降，即斜率变小；也就是说，在 20 世纪 60 年代到 80 年代，美国人口在以不断下降的速度增长。

例 2　城市的白昼时长。华盛顿特区每天的日照时数从 12 月 21 日的 9.45 小时增加到 3 月 21 日的 12 小时，然后增加到 6 月 21 日的 14.9 小时。从 12 月 22 日到 3 月 21 日，日增量大于前一天的增量，从 3 月 22 日到 6 月 21 日，日增量小于前一天的增量。画出白昼时长随时间变化的函数图形。

解：设 $f(t)$ 为 12 月 21 日以后 t 月的白昼时长（见图 7）。图形的第一部分即从 12 月 21 日到 3 月 21 日以递增的速度增加，图形的第二部分即从 3 月 21 日到 6 月 21 日以递减的速度增加。 ■

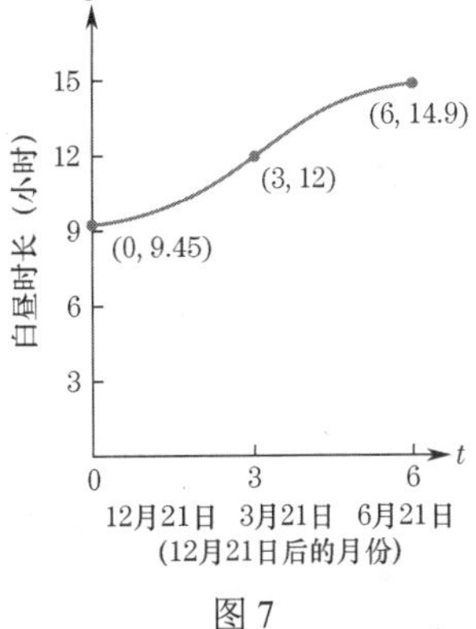

图 7

注意：回顾可知，当一个负数减小时，它变得更负。因此，如果图形的斜率是负的，且斜率正在减小，那么其斜率会变得更负（见图 8）。术语“减小”的这种技术用法与我们的直觉正好相反，因为在常用语中，“减小”通常意味着体积变小。

确实，图 9 中的曲线在非技术意义上变得“不那么陡峭”（因为陡峭可能指的是斜率的大小）。然而，图 9 中曲线的斜率正在增大，因为它变得不那么负。媒体可能会将图 9 中的曲线描述为以递减的速率减小，因为递减的速率趋于逐渐减小。这个术语可能会令人混淆，因此下面不使用它。

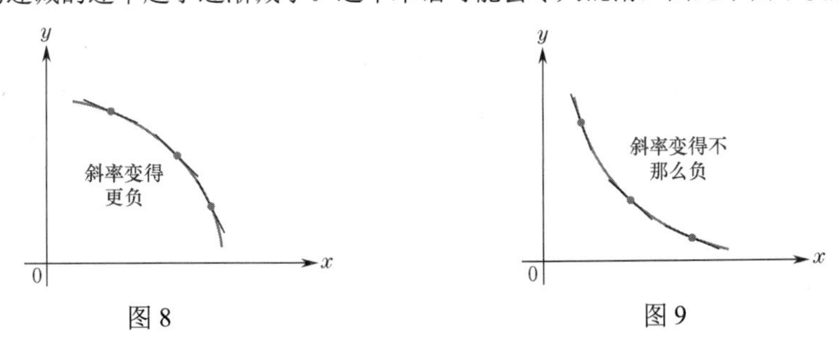

图 8　　图 9

凹性

图 6 中的美国人均联邦债务和人口增长情况也可用几何术语来描述：在 1960 年和 1990 年之间，

图形 I 向上开口且每点位于切线的上方，而图形 II 向下开口且每点位于切线的下方（见图 10）。

定义　凹性。若在 x 轴上有一个包含 a 的开区间，且在该开区间中 $f(x)$ 的图形位于其切线上方，则函数 $f(x)$ 在 $x=a$ 处上凹。等效地说，若图形的斜率随着从左向右过点 $(a,f(a))$ 而增大，则 $f(x)$ 在 $x=a$ 处上凹。

图 10 中的图形 I 是函数在每点都上凹的例子。

类似地，若在 x 轴上有一个包含 a 的开区间，且在该开区间中 $f(x)$ 的图形位于其切线下方，则函数 $f(x)$ 在 $x=a$ 处下凹。等效地说，若图形的斜率随着从左向右过点 $(a,f(a))$ 而减小，则 $f(x)$ 在 $x=a$ 处下凹。图 10 中的图形 II 是函数在每点都下凹的例子。

定义　拐点。拐点是函数图形上这样的一个点，在该点处函数连续且从上凹变为下凹，反之亦然。

在该点处，曲线与切线相交（见图 11）。连续性条件意味着图形不能在拐点处断开。

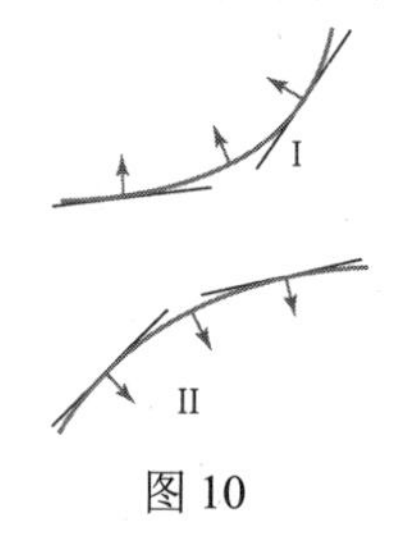

图 10

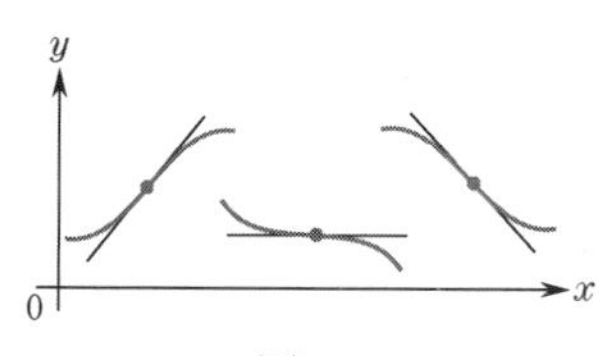

图 11

例 3　描述图形。使用前面定义的术语描述图 12 所示的图形。

解：(a) 当 $x<3$ 时，$f(x)$ 增大且下凹。

(b) 相对极大值点位于 $x=3$ 处。

(c) 当 $3<x<4$ 时，$f(x)$ 减小且下凹。

(d) 拐点在 $x=4$ 处。

(e) 当 $4<x<5$ 时，$f(x)$ 减小并上凹。

(f) 相对极小值点位于 $x=5$ 处。

(g) 当 $x>5$ 时，$f(x)$ 增大且上凹。

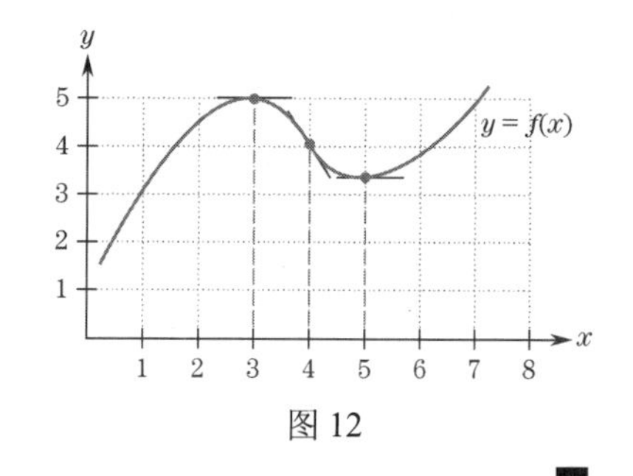

图 12

■

截距、未定义点和渐近线

图形与 y 轴的交点称为 y **截距**，与 x 轴的交点称为 x **截距**。一个函数最多只能有一个 y 截距，否则其图形就违反了函数的垂直线检验。然而，要注意的是，函数可以有任意数量的 x 截距（也可能没有）。x 截距的 x 坐标有时称为函数的**零点**，因为函数的值为零（见图 13）。

有些函数对某些 x 值没有定义。例如，$x=0$ 时 $f(x)=1/x$ 没有定义，$x<0$ 时 $f(x)=\sqrt{x}$ 没有定义（见图 14）。应用中出现的许多函数仅在 $x\geqslant 0$ 时有定义。要正确地绘制图形，就应该清楚地知道函数的定义域。

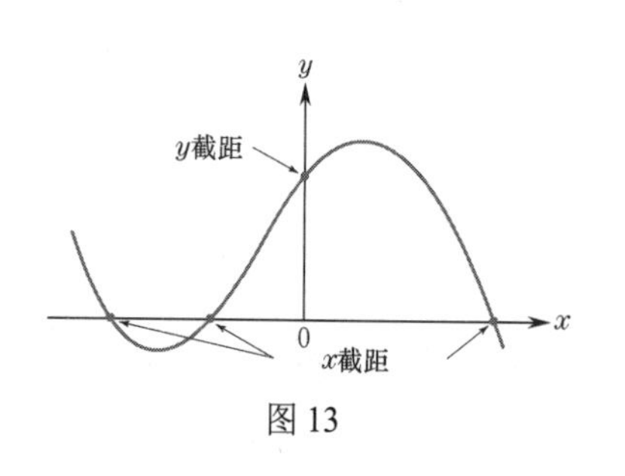

图 13

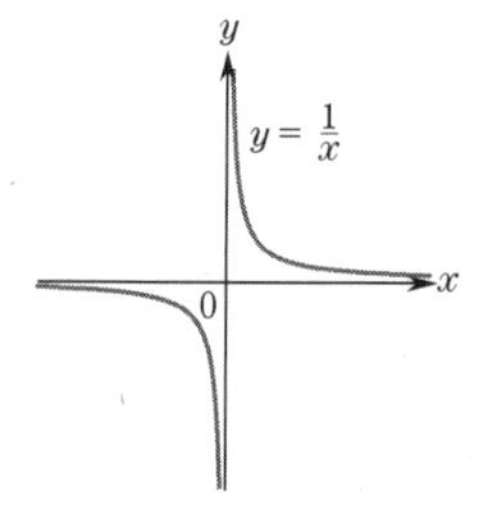

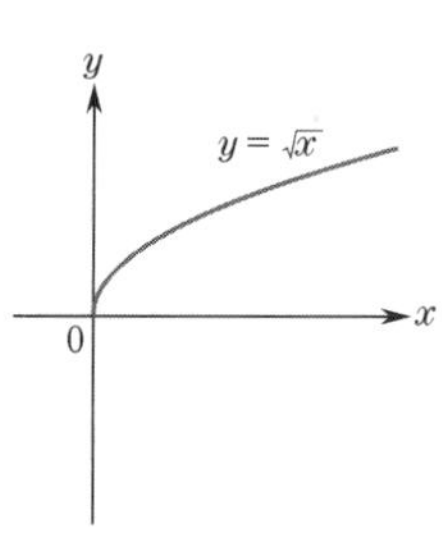

图 14

在应用中，图形有时会随着 x 的增大而变直，且接近某条直线（如图 15 所示）。这样的直线称为曲线的**渐近线**。最常见的渐近线是水平的，如图 15(a)和(b)所示。在例 1 中，t 轴是药物的时间-浓度曲线的渐近线（见图 5）。

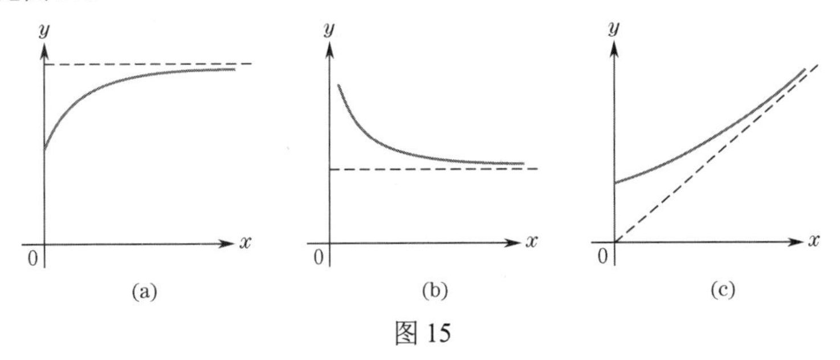

图 15

有些渐近线是倾斜的，如图 15(c)所示。

图形的水平渐近线可通过计算如下极限来确定：

$$\lim_{x\to\infty} f(x) \qquad 或 \qquad \lim_{x\to-\infty} f(x)$$

若存在任何一个极限值，则该极限值确定一条水平渐近线。

有时，当 x 接近某个固定值时，图形会接近一条垂直线，如图 16 所示。这种线就是垂直渐近线。在大多数情况下，我们期望在 x 处有一条使得 $f(x)$ 的定义被零除的垂直渐近线。例如，$f(x)=1/(x-3)$ 就有一条垂直渐近线 $x=3$。

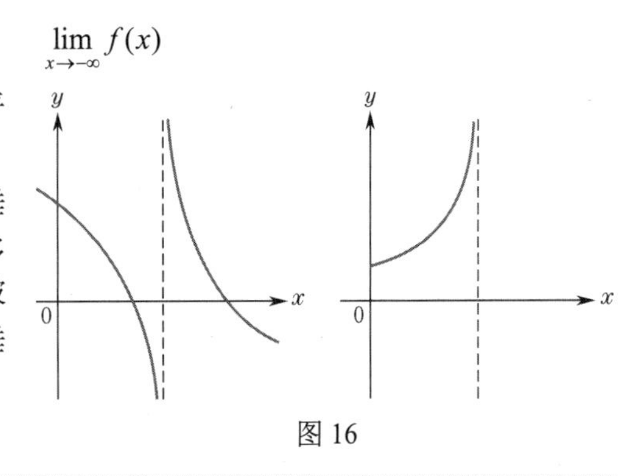

图 16

下面从 6 个方面来描述函数的图形。

描述图形

1. 函数增大或减小的区间，相对极大值点，相对极小值点。
2. 极大值，极小值。
3. 函数上凹（或下凹）的区间，拐点。
4. x 截距，y 截距。
5. 未定义点。
6. 渐近线。

前三个方面将最重要，但也不能忽略后三个方面。

2.1 节自测题（答案见本节习题后）

1. 图 17 中曲线的斜率随着 x 的增加是增大还是减小？

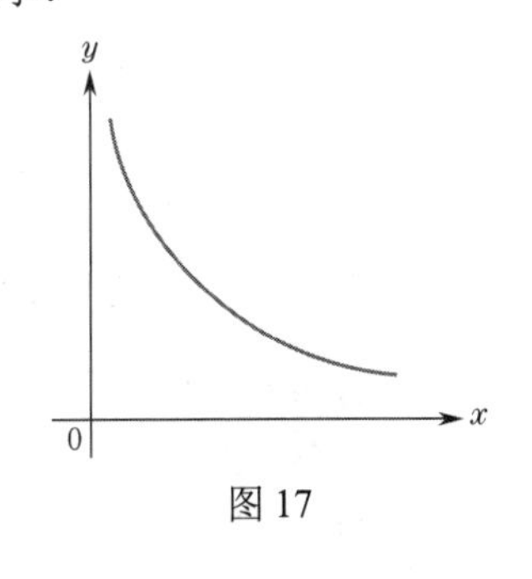

图 17

2. 图 18 中的哪个标记点的斜率最小？

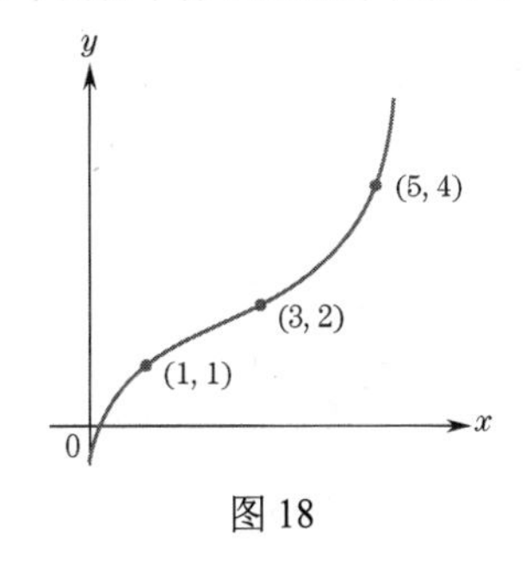

图 18

习题 2.1

习题 1 ~ 4 参考图 19(a)至图 19(f)。

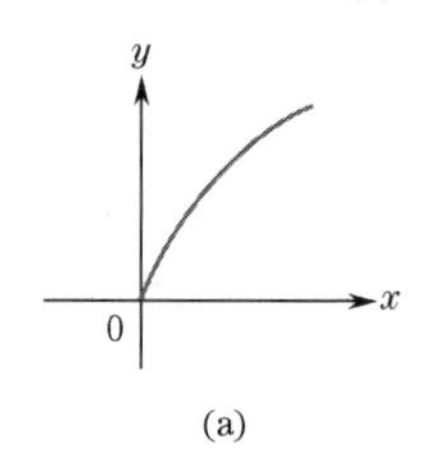

(a)

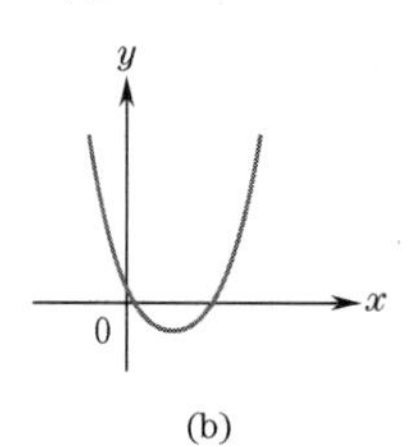

(b)

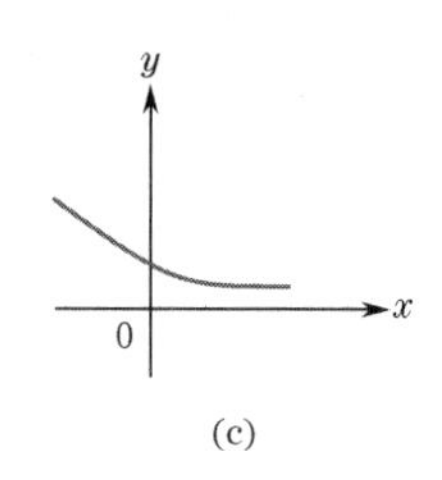

(c)

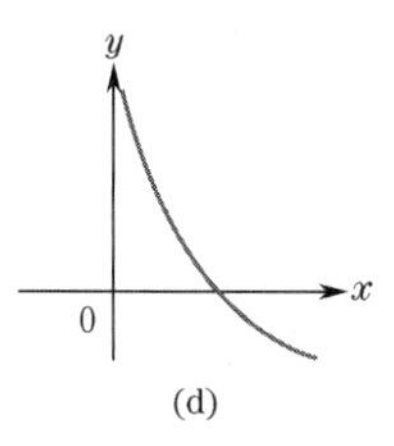

(d)

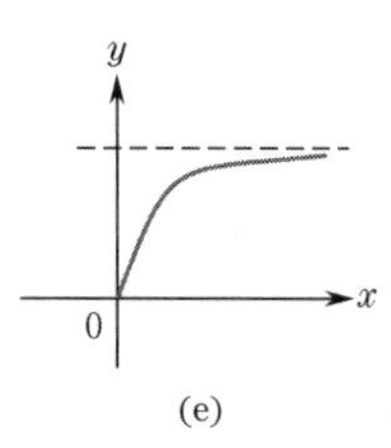

(e)

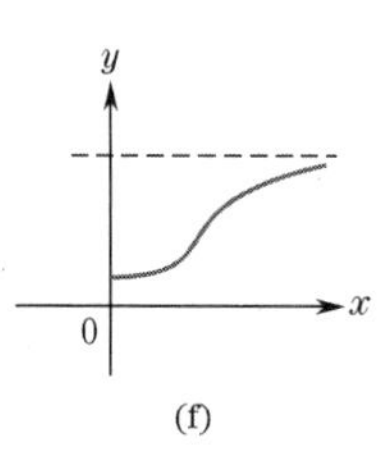

(f)

图 19

1. 对所有 x ，哪些函数是递增的？

2. 对所有 x ，哪些函数是递减的？

3. 哪些函数的斜率随着 x 的增加而增大？

4. 哪些函数的斜率随着 x 的增加而减小？

描述如下图形，描述中应该包含前面提到的 6 个方面。

5.

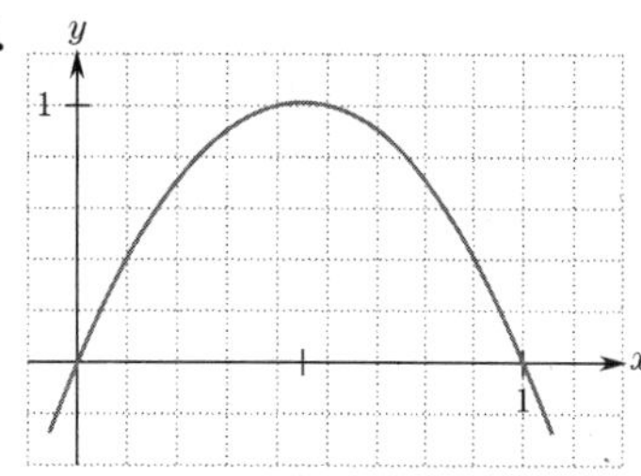

6.

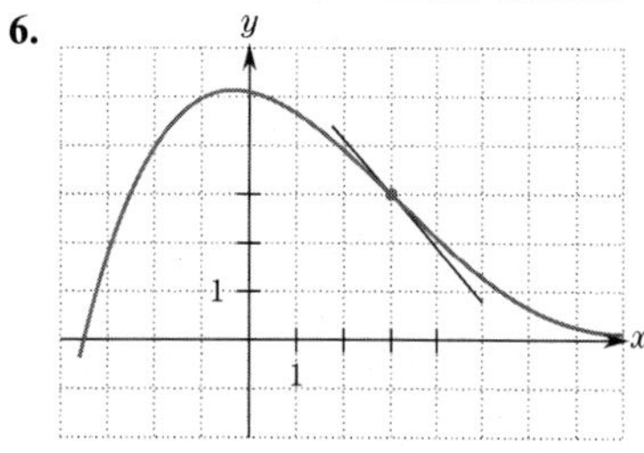

7.

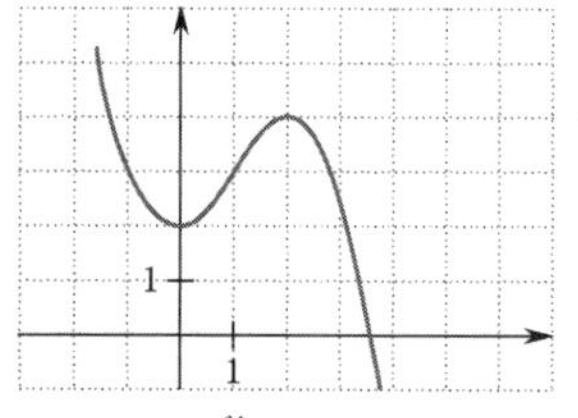

8.

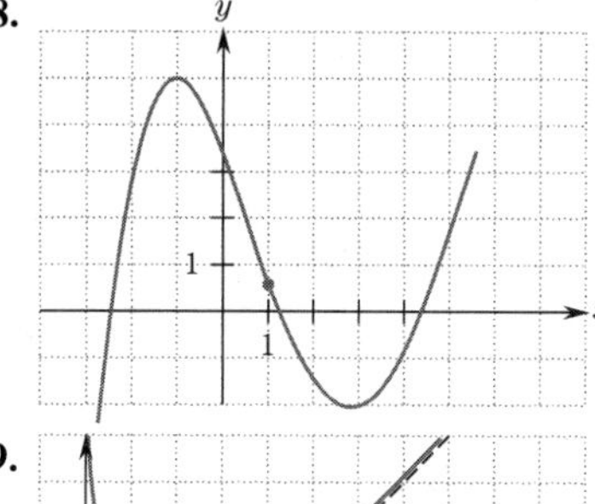

9.

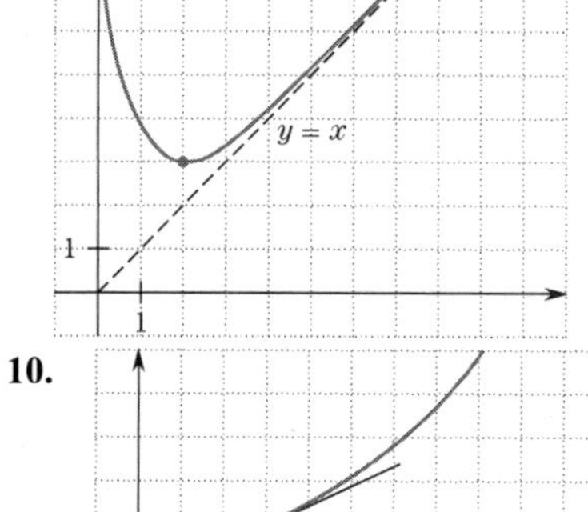

10.

11.

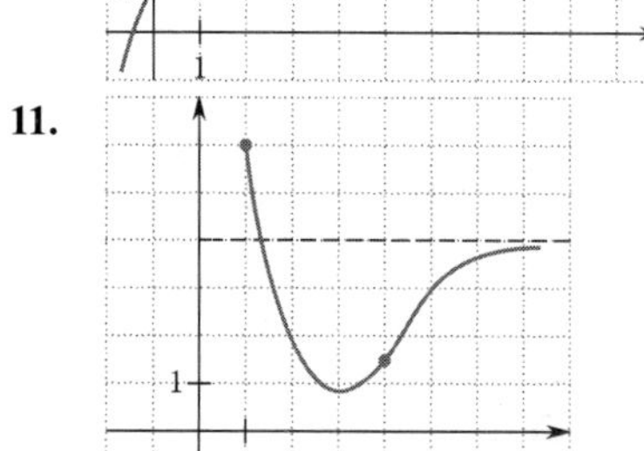

12.

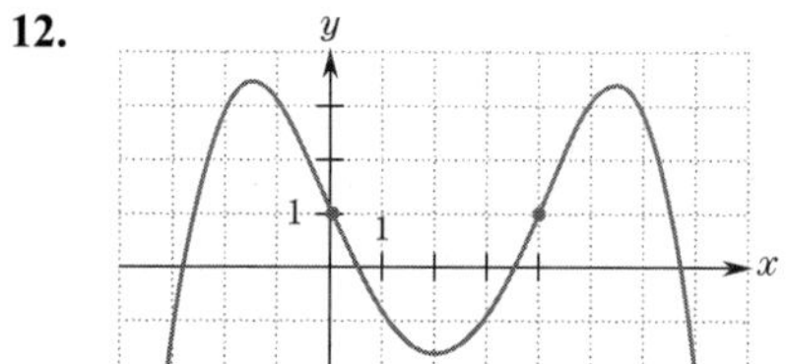

13. 描述习题 5 中沿着图形（从左向右）移动时斜率的变化。

14. 描述习题 6 中曲线的斜率变化方式。

15. 描述习题 8 中曲线的斜率变化方式。

16. 描述习题 10 中曲线的斜率变化方式。

习题 17 和习题 18 参考图 20 中的图形。

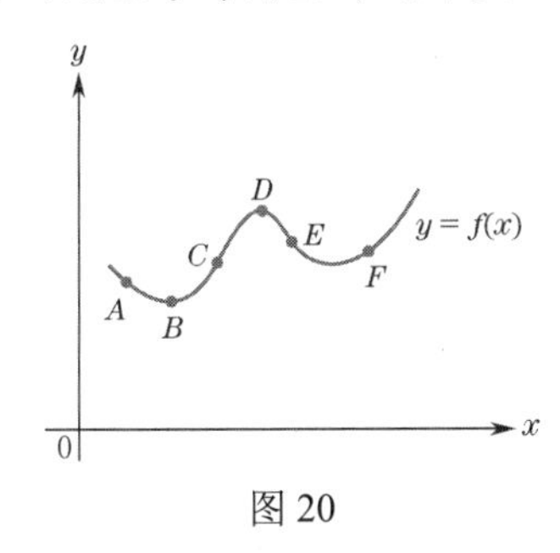

图 20

17. (a) 函数在哪些标记点处递增？
(b) 在哪些标记点处图形上凹？
(c) 哪个标记点的斜率最大？

18. (a) 函数在哪些标记点处递减？
(b) 在哪些标记点处图形下凹？
(c) 哪个标记点具有最大的负斜率（负斜率且幅度最大）？

在习题 19 ~ 22 中，画出具有所述性质的函数 $y = f(x)$ 的图形。

19. 函数和斜率都随着 x 的增加而增大。
20. 随着 x 的增加，函数增大，斜率减小。
21. 随着 x 的增加，函数减小，斜率增大。
22. 函数和斜率都随着 x 的增加而减小。
23. **可再生能源**。光伏电池是一种利用太阳能通过光伏效应发电的技术。从 2010 年到 2020 年，世界光伏电池的年产量每年都在增加。此外，产量的年增长率也在逐年上升。画出表示这段时间内世界光伏电池的年产量的图形。
24. **平均年收入**。在某些职业中，平均年收入一直在以越来越快的速度增长。设 $f(T)$ 表示从事这些职业之一的人在 T 年的平均年收入，画出可以表示 $f(T)$ 的图形。
25. **患者体温**。中午，孩子的体温是 101℉，并且在以越来越快的速度上升。下午 1 点给孩子吃药。下午 2 点后，体温仍在上升，但上升速度在下降。下午 3 点体温达到峰值 103℉，下午 5 点体温下降到 100℉。画出孩子在 t 时刻的温度函数 $T(t)$ 的图形。
26. **成本函数**。设 $C(x)$ 表示生产 x 件某产品的总成本。于是，对所有 x，$C(x)$ 是一个递增函数。当 x 很小时，$C(x)$ 的增长率降低（“大规模生产”可以节省成本）。然而，对较大的 x 值，成本 $C(x)$ 以递增的速度增加（当生产设施紧张、效率下降时，就会发生这种情况）。画出可以表示 $C(x)$ 的图形。
27. **血液流经大脑**。测定大脑血流水平的一种方法是，要求被试吸入含有固定浓度 N_2O 的空气。在第一分钟内，颈静脉内 N_2O 的浓度以递增的速度增长到 0.25%。之后，浓度以降低的速度增长，且在 10 分钟后达到约 4%。画出静脉中 N_2O 浓度随时间变化的可能曲线。
28. **污染**。假设在 $t = 0$ 天，一些有机废弃物被倾倒至一个湖泊中，t 天后湖泊含氧量如图 21 所示。用物理术语描述该图形，指出 $t = b$ 处拐点的重要性。

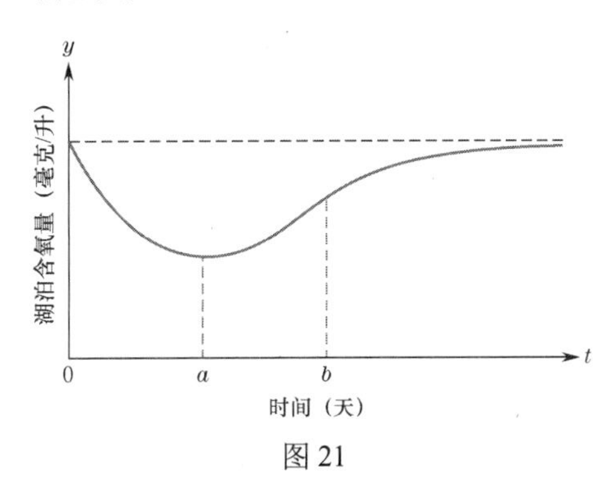

图 21

29. **生产成本**。每件产品的制造成本取决于多个因素，包括生产的产品数量。某相机的成本近似为函数

$$C(x) = 4x + \frac{144}{x}$$

式中，x 是生产相机的千台数，$C(x)$ 是每台相机的成本。$C(x)$ 的图形如图 22 所示。
(a) 当生产数量趋于 0 时，描述成本函数。
(b) 求 $C(x)$ 的图形的渐近线方程。
(c) 对于 x 的哪些值，$C(x)$ 是递减的？递增的？
(d) x 的哪个值会使每台相机的成本最低，该成本是多少？

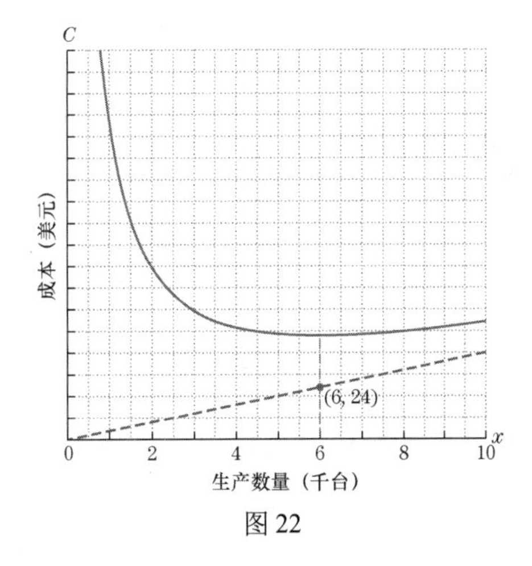

图 22

30. 消费者价格指数。 图 23 中显示了从 1983 年（$t=0$）到 2002 年（$t=19$）的消费者价格指数曲线图。该指数衡量的是 1983 年初价格为 100 美元的一篮子商品在任何给定时间的价格。该指数在哪年的增长率最大？哪年的增长率最小？

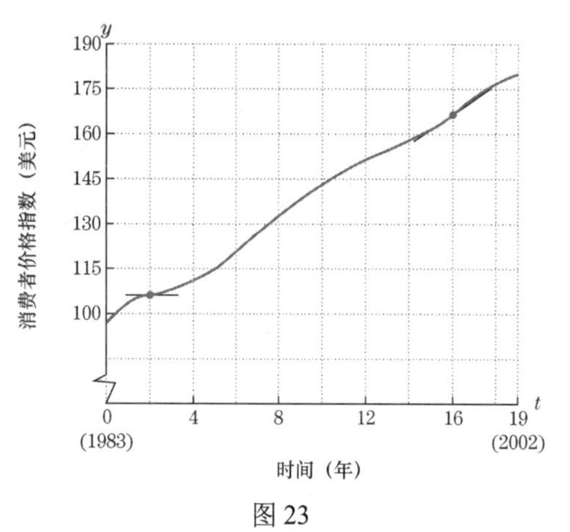

图 23

31. 跳伞者的速度。 设 $s(t)$ 为跳伞者从降落伞打开时起 t 秒后经过的距离（英尺）。$s(t)$ 的渐近线为 $y=-15t+10$，这对跳伞者的速度意味着什么？［注：向下移动的距离为负值。］

32. 设 $P(t)$ 为某细菌培养 t 天后的种群规模。$P(t)$ 的渐近线为 $y=25000000$，这对种群规模意味着什么？

在习题 33 ~ 36 中画出具有给定性质的函数的图形。

33. 定义域为 $0\leqslant x\leqslant 10$，相对极大值点在 $x=3$ 处，绝对极大值点在 $x=10$ 处。

34. 相对极大值点在 $x=1$ 和 $x=5$ 处，相对极小值点在 $x=3$ 处，拐点在 $x=2$ 和 $x=4$ 处。

35. 定义域为 $x\geqslant 0$ 且为递增函数，拐点在 $x=5$ 处，渐近线为 $y=\frac{3}{4}x+5$。

36. 定义域为 $x\geqslant 0$，绝对极小值点在 $x=0$ 处，相对极大值点在 $x=4$ 处，渐近线为 $y=\frac{x}{2}+1$。

37. 考虑没有未定义点的平滑曲线。

(a) 若其有两个相对极大值点，它是否必定有一个相对极小值点？

(b) 其有两个相对极值点，它是否必定有拐点？

38. 若函数 $f(x)$ 在 $x=a$ 处有相对极小值，在 $x=b$ 处有相对极大值，$f(a)$ 一定小于 $f(b)$ 吗？

技术题

39. 函数 $f(x)=1/(x^3-2x^2+x-2)$ 的图形在窗口 [0,4] * [−15,15] 中，x 为何值时 $f(x)$ 有垂直渐近线？

40. 函数 $f(x)=\frac{2x^2-1}{0.5x^2+6}$ 的图形具有水平渐近线 $y=c$。在窗口 [0,50] * [−1,6] 中画出 $f(x)$ 的图形，估计 c 的值。

41. 在窗口 [−6,6] * [−6,6] 中，同时画出函数 $y=\frac{1}{x}+x$ 和 $y=x$ 的图形，并描述第一个函数的渐近线。

2.1 节自测题答案

1. 曲线上凹，斜率增大。尽管曲线本身是递减的，但从左向右斜率变得不那么负了。
2. 在 $x=3$ 处斜率最小；图 24 中画了三个点处的切线。注意，从左向右移动时，斜率稳定地减小到点(3, 2)，在该点处斜率开始增大。这与图形在点(3, 2)的左边下凹（因此斜率减小）、在点(3, 2)的右边上凹（因此斜率增大）是一致的。斜率的极值总出现在拐点处。

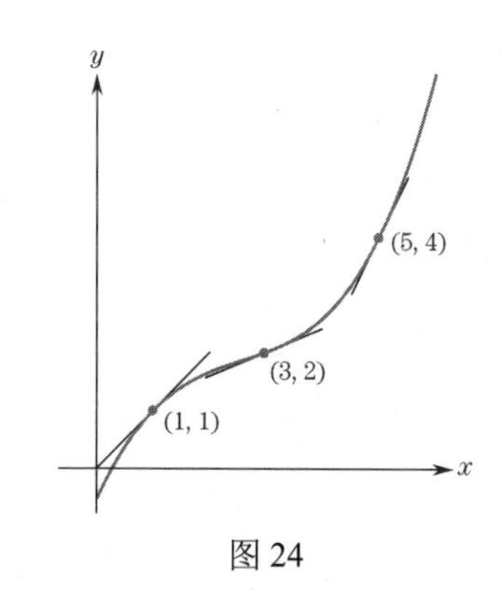

图 24

2.2 一阶导数和二阶导数规则

下面说明函数 $f(x)$ 的图形的性质是如何由其导数 $f'(x)$ 和 $f''(x)$ 的性质决定的。这些关系是本章中其余部分讨论的曲线绘制和优化的基础。在本章中，我们假设待处理的函数不是“表现得很差”的函数。更准确地说，我们假设所有函数在定义的区间上具有连续的一阶导数和二阶导数。

首先讨论函数 $f(x)$ 的一阶导数。假设对于 x 的某个值（如 $x=a$）导数 $f'(a)$ 为正，那么在 $(a,f(a))$ 处的切线斜率为正，是一条上升的直线（当然是从左向右移动的）。因为 $f(x)$ 在 $(a,f(a))$ 附近的图形与其切线相似，所以函数在 $x=a$ 处一定是递增的。同样，当 $f'(a)<0$ 时，函数在 $x=a$ 处是递减的（见图 1）。

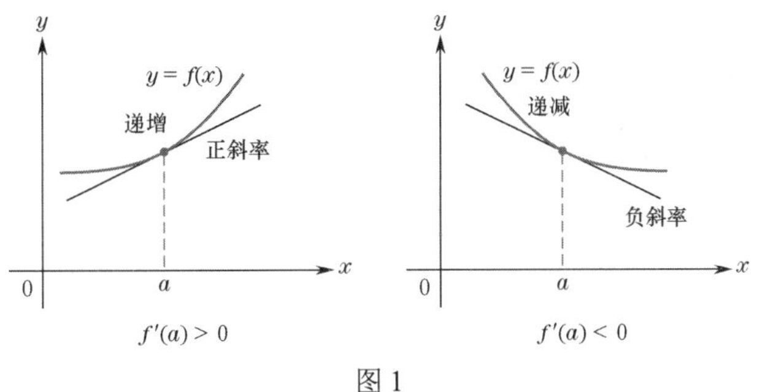

图 1

因此，我们得到如下有用的结果。

一阶导数规则。若 $f'(a)>0$，则 $f(x)$ 在 $x=a$ 处递增；若 $f'(a)<0$，则 $f(x)$ 在 $x=a$ 处递减。

换句话说，当函数的导数为正时，函数是递增的；当函数的导数为负时，函数是递减的。一阶导数规则并没有说明函数的导数为零的情况。若 $f'(a)=0$，则函数可能是递增的，也可能是递减的，或者在 $x=a$ 处有一个相对极值点。

例 1　利用导数的性质绘图。画出具有以下所有性质的函数 $f(x)$ 的图形。

(a) $f(3)=4$。(b) $x<3$ 时 $f'(x)>0$；$f'(3)=0$；$x>3$ 时 $f'(x)<0$。

解：图上唯一的特定点是(3,4)［性质(a)］。画出该点，然后用 $f'(3)=0$ 画出 $x=3$ 处的切线（见图 2）。

根据性质(b)和一阶导数法则，我们知道 $f(x)$ 在 x 小于 3 时递增，在 x 大于 3 时递减。具有这些性质的图形可能类似于图 3 中的曲线。

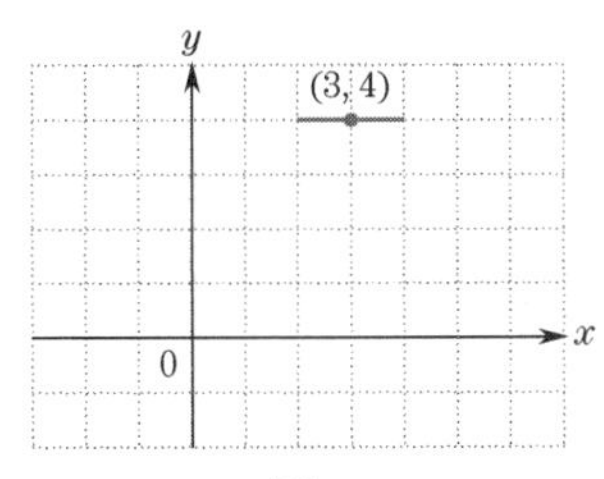

图 2

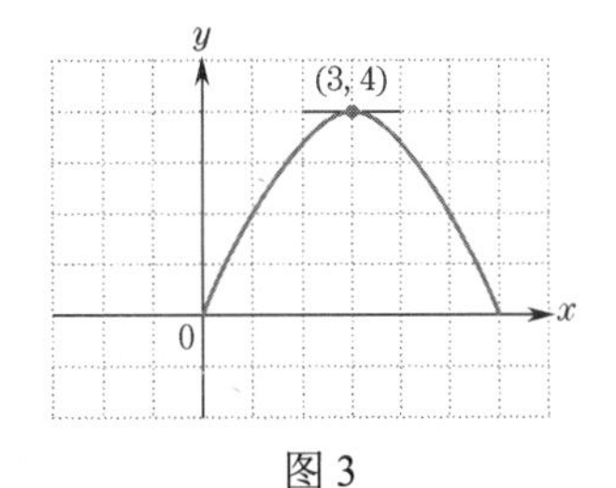

图 3

函数 $f(x)$ 的二阶导数提供了关于 $f(x)$ 图形凹性的有用信息。假设 $f''(a)$ 是负数。于是，由于 $f''(x)$ 是 $f'(x)$ 的导数，我们得出 $f'(x)$ 在 $x=a$ 处的导数为负，在这种情况下，$f'(x)$ 在 $x=a$ 处一定是一个递减函数；也就是说，$f(x)$ 的曲线斜率在 $(a, f(a))$ 附近从左向右移动时逐渐减小（见图 4）。这意味着 $f(x)$ 的图形在 $x=a$ 处下凹。类似的分析表明，若 $f''(a)$ 为正，则 $f(x)$ 在 $x=a$ 处上凹。因此，我们有以下规则。■

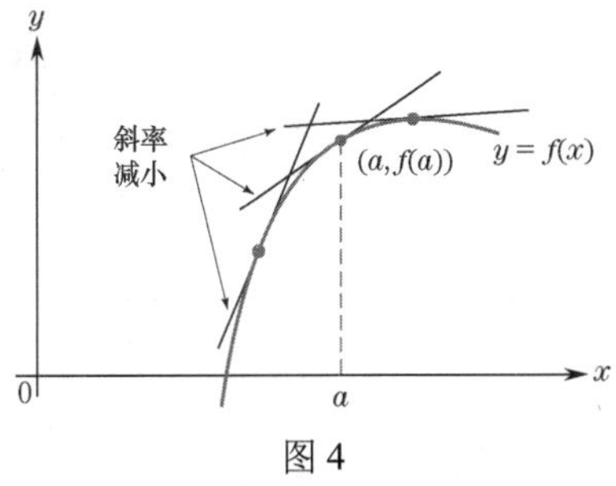

图 4

回顾：二阶导数 $f''(x)$ 是导数 $f'(x)$ 的导数（见 1.7 节）。

二阶导数规则　若 $f''(a)>0$，则 $f(x)$ 在 $x=a$ 处上凹；若 $f''(a)<0$，则 $f(x)$ 在 $x=a$ 处下凹。

注意：当 $f''(a)=0$ 时，二阶导数规则并未给出任何信息。在这种情况下，函数在 $x=a$ 处可能是上凹的，也可能是下凹的，或者两者都不是。

下表显示了图形是如何组合递增、递减、上凹和下凹性质的。

导数的条件	$f(x)$ 在 $x=a$ 处的描述	$y=f(x)$ 在 $x=a$ 附近的图形
1. $f'(a)$ 为正 $f''(a)$ 为正	$f(x)$ 递增 $f(x)$ 上凹	a
2. $f'(a)$ 为正 $f''(a)$ 为负	$f(x)$ 递增 $f(x)$ 下凹	a
3. $f'(a)$ 为负 $f''(a)$ 为正	$f(x)$ 递减 $f(x)$ 上凹	a
4. $f'(a)$ 为负 $f''(a)$ 为负	$f(x)$ 递减 $f(x)$ 下凹	a

例 2　使用一阶导数和二阶导数绘图。绘制具有如下所有性质的函数 $f(x)$ 的图形。

(a) 三个点(2, 3), (4, 5)和(6, 7)在图形上。

(b) $f'(6)=0$ 且 $f'(2)=0$ 。

(c) $x<4$ 时 $f''(x)>0$ ； $f''(4)=0$ ； $x>4$ 时 $f''(x)<0$ 。

解：首先，根据性质(a)画出三个点，然后利用性质(b)画出两条切线（见图 5）。根据性质(c)和二阶导数规则，我们知道当 $x<4$ 时 $f(x)$ 上凹。特别地， $f(x)$ 在(2, 3)处上凹。同样， $f(x)$ 在 $x>4$ 处下凹，尤其是在(6, 7)处。注意， $f(x)$ 在 $x=4$ 处一定有一个拐点，因为在这里凹性发生了变化。下面在(2, 3)和(6, 7)附近画出曲线的一小部分（见图 6）。现在可以完成草图（见图 7），注意曲线在 $x<4$ 时上凹，在 $x>4$ 时下凹。

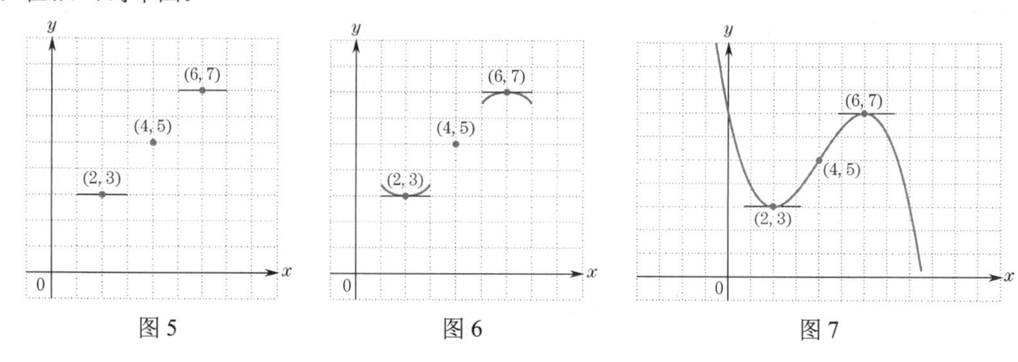

图 5　　图 6　　图 7

■

$f(x)$ 和 $f'(x)$ 的图形之间的关系

我们将 $f(x)$ 的导数视为 $f(x)$ 的斜率函数。 $y=f'(x)$ 的图形上的“ y 值”是原图形 $y=f(x)$ 上对应点的斜率。接下来的三个例子说明了这个重要的关系。

例 3　$f(x)$ 和 $f'(x)$ 的图形之间的关系。图 8 中显示了函数 $f(x)=8x-x^2$ 的图形和曲线在几个点处的斜率。曲线上的斜率如何变化？将图形上的斜率与图 9 中 $f'(x)$ 图形上各点的 y 坐标进行比较。

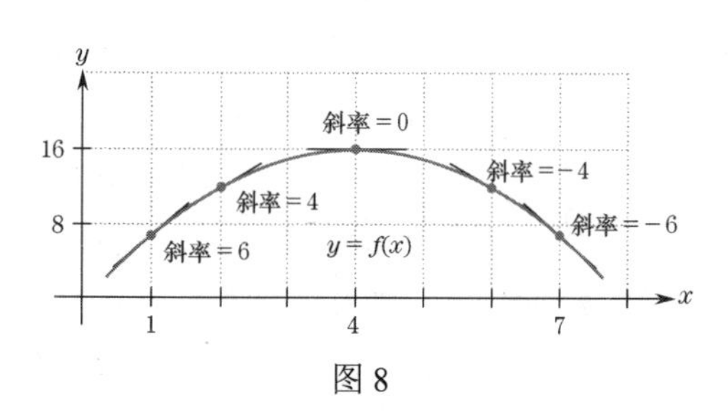

图 8

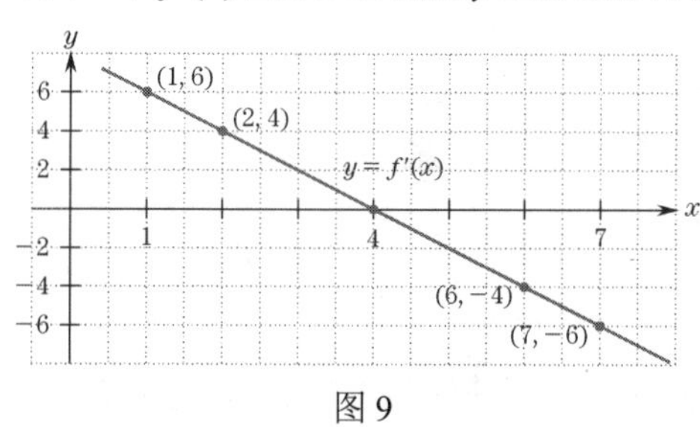

图 9

解：从左向右移动时，斜率减小，即 $f'(x)$ 是一个递减函数。观察发现 $f'(x)$ 的 y 值在 $x=4$ 时下降到零，然后在 x 大于 4 时继续下降。

■

图 8 中的图形是制造商的典型收入曲线的形状。在这种情况下，图 9 中 $f'(x)$ 的图形就是边际收入曲线。下个例子中的图形具有典型成本曲线的形状，其导数产生边际成本曲线。

例 4　图上拐点的位置。函数 $f(x)=\frac{1}{3}x^3-4x^2+18x+10$ 的图形如图 10 所示，其斜率先减小后增大。用 $f'(x)$ 的图形验证图 10 中的斜率在拐点 $x=4$ 处最小。

解：在 $f(x)$ 的图形上标记了一些斜率，这些值是导数 $f'(x)=x^2-8x+18$ 图形上的点的 y 坐标。从图 11 可以看出，$f'(x)$ 的曲线上的 y 先减小后增大。$f'(x)$ 的极小值出现在 $x=4$ 处，这是图 10 中 $f(x)$ 的曲线上拐点的第一坐标。

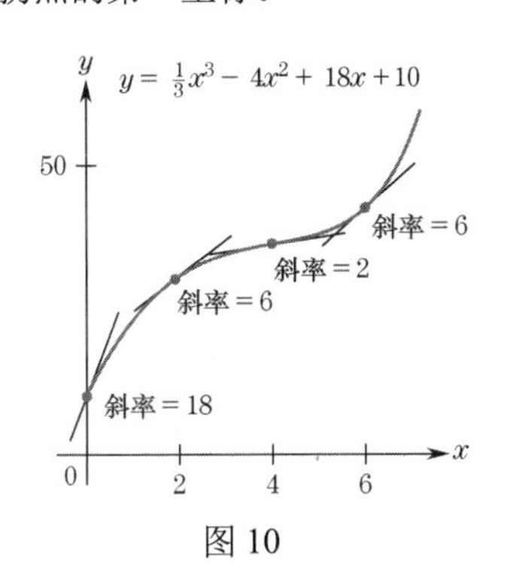

图 10

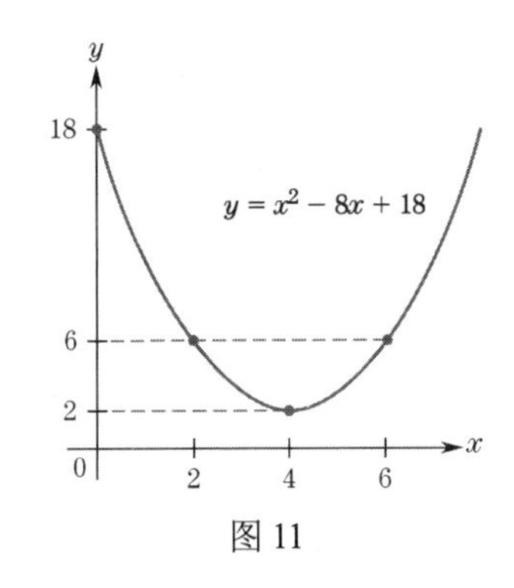

图 11

■

例 5　由 $f'(x)$ 的图形推导出 $f(x)$ 的性质。图 12 显示了函数 $f(x)$ 的导数 $y=f'(x)$ 的图形。

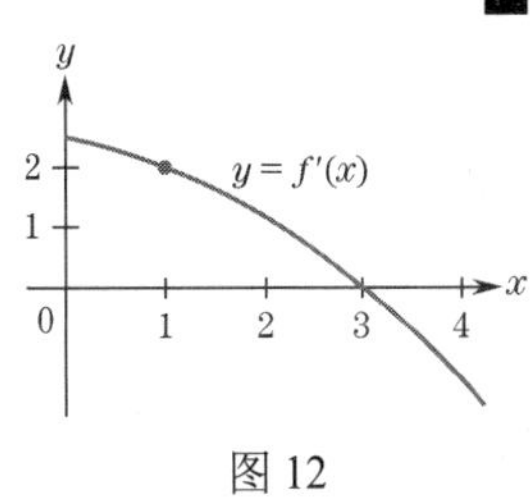

图 12

(a) 当 $x=1$ 时，曲线 $f(x)$ 的斜率是多少？

(b) 描述 $f'(x)$ 的值在区间 $1\leqslant x\leqslant 2$ 上是如何变化的。

(c) 描述 $f(x)$ 的图形在区间 $1\leqslant x\leqslant 2$ 上的形状。

(d) 当 x 为多少时，$f(x)$ 的曲线有水平切线？

(e) 解释为何 $f(x)$ 在 $x=3$ 处具有相对极大值。

解：

(a) 由于 $f'(1)=2$，当 $x=1$ 时，$f(x)$ 的斜率为 2。

(b) $f'(x)$ 的值为正，随 x 从 1 增加到 2 而减小。

(c) 在区间 $1\leqslant x\leqslant 2$ 上，$f(x)$ 的曲线的斜率为正，且随 x 的增加而减小。因此，$f(x)$ 的图形是递增的，是下凹的。

(d) 当 $f(x)$ 的斜率为 0，即 $f'(x)$ 为 0 时，$f(x)$ 的曲线有一条水平切线，它发生在 $x=3$ 处。

(e) 由于 $f'(x)$ 在 $x=3$ 的左边为正，在 $x=3$ 的右边为负，$f(x)$ 的图形在 $x=3$ 处由递增变为递减。因此，$f(x)$ 在 $x=3$ 处有一个相对极大值。

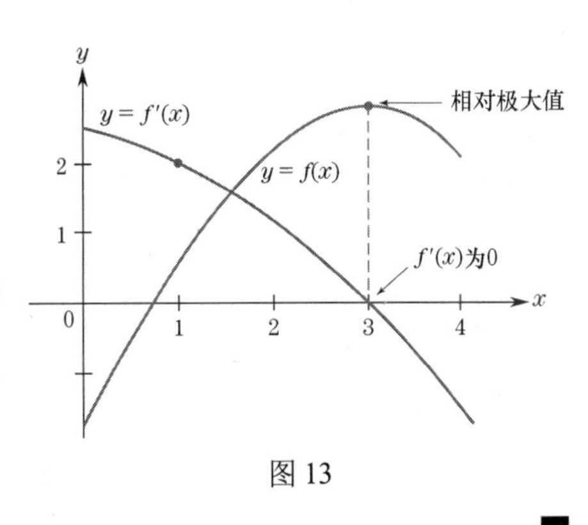

图 13

■

综合技术

图形的导数　在计算器中定义函数 Y_1 后，就可设置 $Y_2=\text{nDeriv}(Y_1,X,X)$ 来画出函数及其导数。在

图 14 中，我们对例 3 中的函数 $f(x)=8x-x^2$ 执行此操作。图形显示在窗口[−1, 10]*[−10, 20]中。

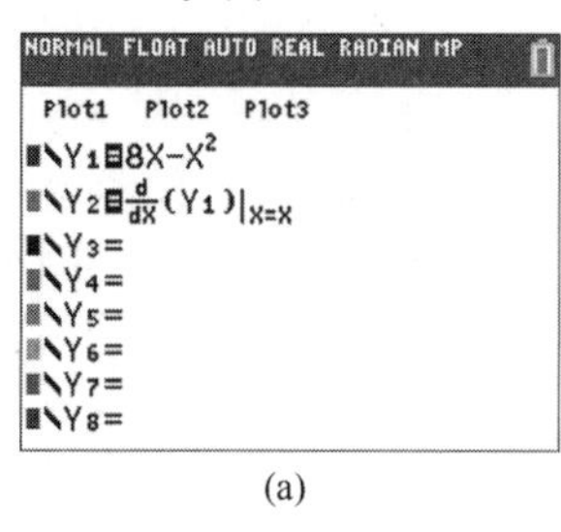

(a)

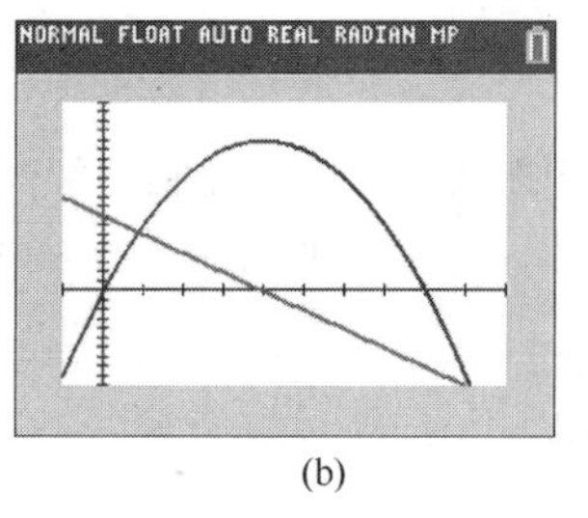

(b)

图 14

2.2 节自测题（答案见本节习题后）

1. 已知 $f(2)=5$，$f'(2)=1$，$f''(2)=-3$，画出函数 $f(2)$ 在 $x=2$ 附近的草图。

2. $f(2)=x^3$ 的图形如图 15 所示。

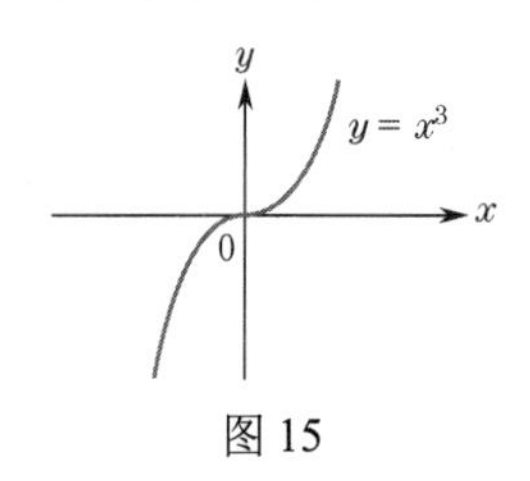

图 15

(a) 函数在 $x=0$ 处是否递增？

(b) 计算 $f'(0)$。

(c) 用一阶导数规则解释(a)和(b)的答案。

3. $y=f'(x)$ 的曲线如图 16 所示。解释为何 $f(x)$ 在 $x=3$ 处有一个相对极小值点。

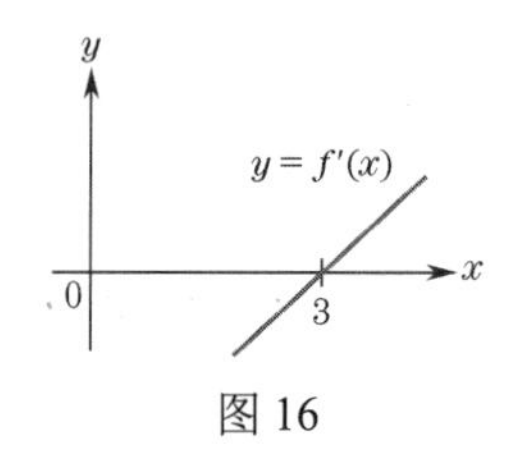

图 16

习题 2.2

习题 1 ~ 4 所示函数图如图 17 所示。

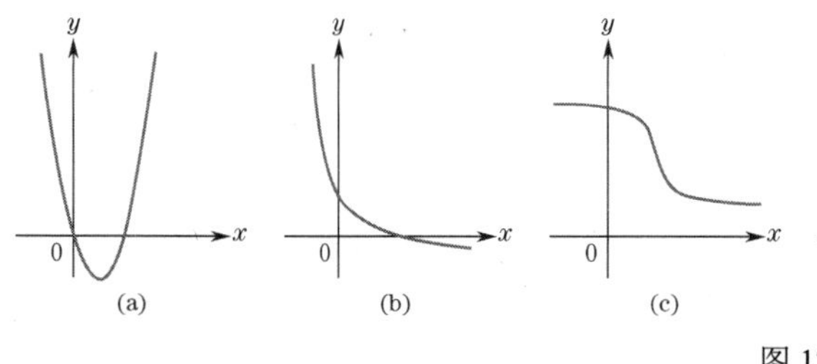
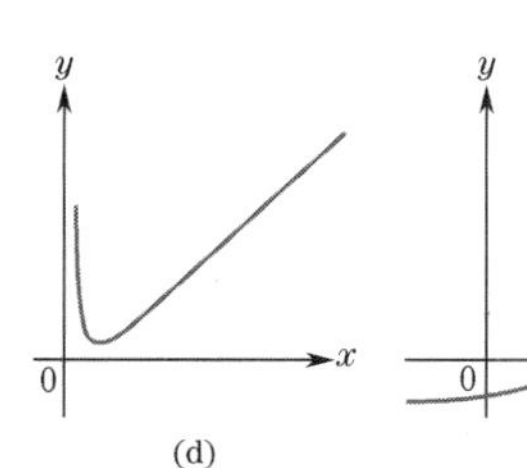
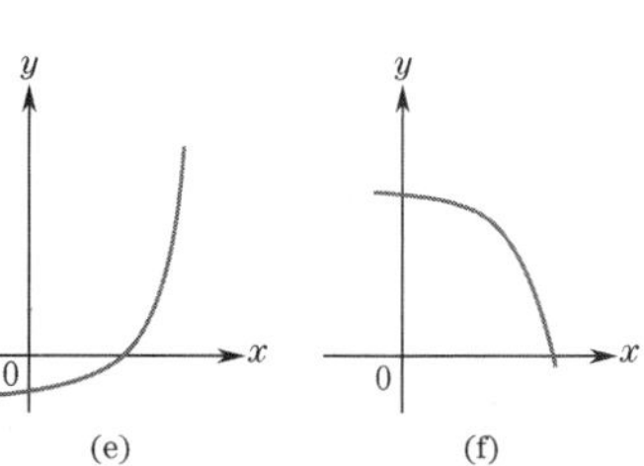

图 17

1. 哪些函数对所有 x 的一阶导数都是正的？

2. 哪些函数对所有 x 的一阶导数都是负的？

3. 哪些函数对所有 x 的二阶导数都是正的？

4. 哪些函数对所有 x 的二阶导数都是负的？

5. 图 18 中的哪幅图可以表示函数 $f(x)$，其中 $f(a)>0$，$f'(a)=0$，$f''(a)<0$？

6. 图 18 中的哪幅图可以表示函数 $f(x)$，其中 $f(a)=0$，$f'(a)<0$，$f''(a)>0$？

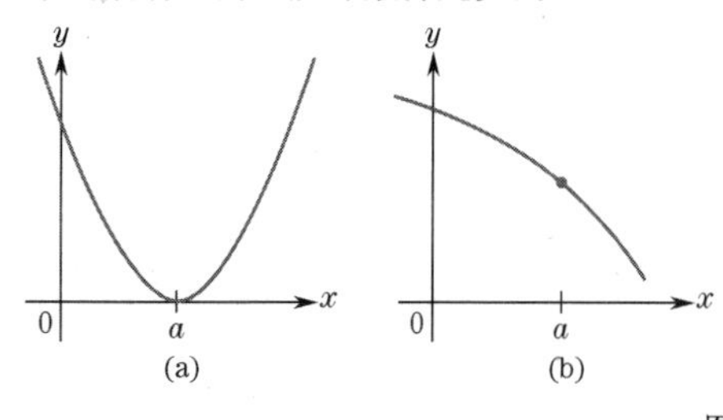
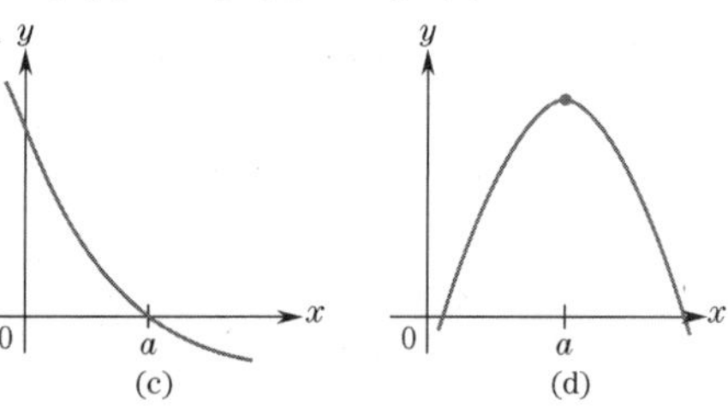

图 18

在习题 7 ~ 12 中画出具有所述性质的函数的图形。

7. $f(2)=1$；$f'(2)=0$；对所有 x 上凹。

8. $f(-1)=0$；$x<-1$ 时 $f'(x)<0$，$f'(-1)=0$，$x>-1$ 时 $f'(x)>0$。

9. $f(3)=5$；$x<3$ 时 $f'(x)>0$，$f'(3)=0$，$x>3$ 时 $f'(x)>0$。

10. 点 $(-2, -1)$ 和 $(2, 5)$ 在图形上；$f'(-2)=0$，$f'(2)=0$；$x<0$ 时 $f''(x)>0$；$f''(0)=0$；$x>0$ 时 $f''(x)<0$。

11. 点$(0, 6)$, $(2, 3)$和$(4, 0)$在图形上；$f'(0)=0$，$f'(4)=0$；$x<2$ 时 $f''(x)<0$；$f''(2)=0$；$x>2$ 时 $f''(x)>0$。

12. $f(x)$ 仅对 $x\geqslant 0$ 有定义；点$(0, 0)$和$(5, 6)$在图形上；$x\geqslant 0$ 时 $f'(x)>0$；$x<5$ 时 $f''(x)<0$；$f''(5)=0$；$x>5$ 时 $f''(x)>0$。

在习题 13 ~ 18 中，利用所给的信息画出函数 $f(x)$ 在 $x=3$ 附近的草图。

13. $f(3)=4$；$f'(3)=-\frac{1}{2}$；$f''(3)=5$。

14. $f(3)=-2$；$f'(3)=0$；$f''(3)=1$。

15. $f(3)=1$；$f'(3)=0$；拐点在 $x=3$ 处，$x>3$ 时 $f'(x)>0$。

16. $f(3)=4$；$f'(3)=-\frac{3}{2}$；$f''(3)=-2$。

17. $f(3)=-2$；$f'(3)=2$；$f''(3)=3$。

18. $f(3)=3$；$f'(3)=1$；拐点在 $x=3$ 处，$x>3$ 时 $f''(x)<0$

19. 如图 19 所示，用“正”“负”或“0”填充网格中的每个单元格。

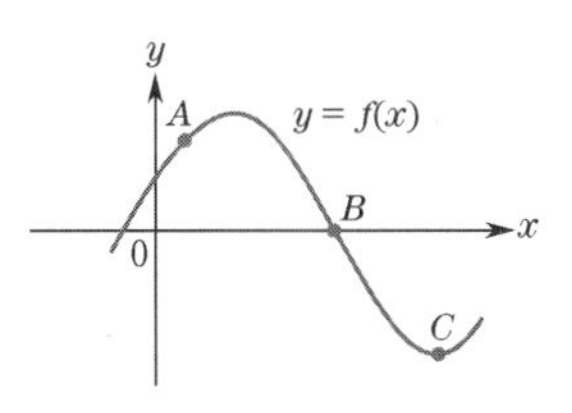

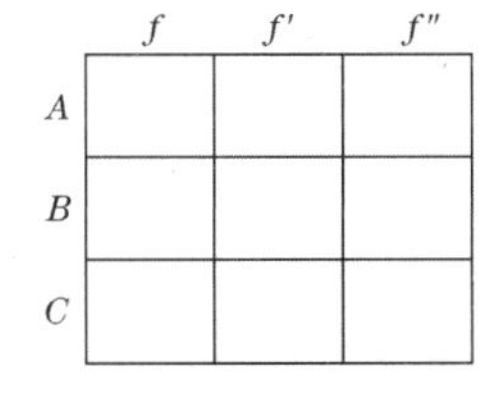

图 19

20. 函数 $f(x)$ 的一阶和二阶导数的值如表 1 所示。

(a) 求所有相对极值点的 x 坐标。

(b) 求所有拐点的 x 坐标。

表 1

x	$f'(x)$	$f''(x)$
$0\leqslant x<2$	正	负
2	0	负
$2<x<3$	负	负
3	负	0
$3<x<4$	负	正
4	0	0
$4<x\leqslant 6$	负	负

21. 设图 20 为 t 小时后汽车行驶的距离 $y=s(t)$ 的图形。汽车是在 $t=1$ 还是在 $t=2$ 时开得更快？

22. 设图 20 为 t 小时后汽车的速度 $y=v(t)$ 的图形。汽车是在 $t=1$ 还是在 $t=2$ 时开得更快？

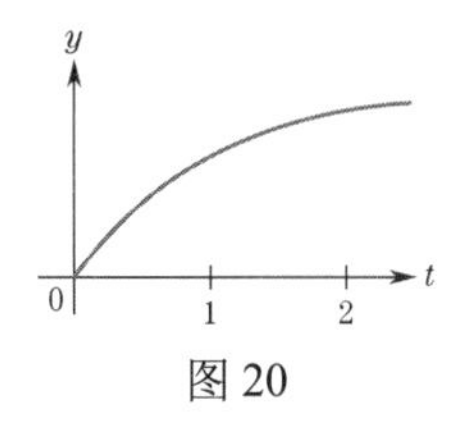

图 20

23. 参考图 21。

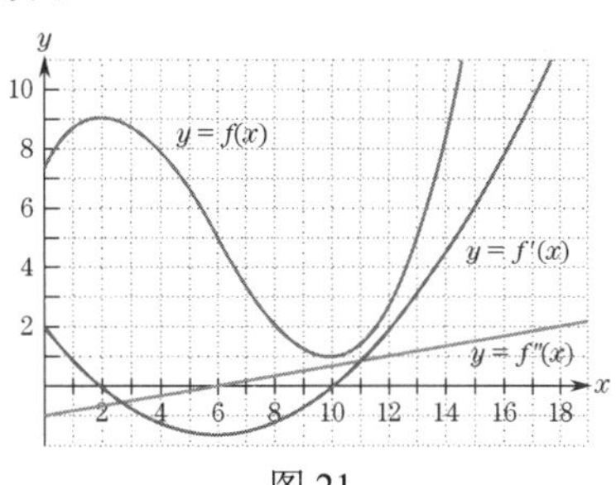

图 21

(a) 观察 $f'(x)$ 的图形，确定 $f(x)$ 在 $x=9$ 处是递增还是递减。观察 $f(x)$ 的图形以确认你的答案。

(b) 观察 $f'(x)$ 在 $1\leqslant x<2$ 和 $2<x\leqslant 3$ 时的值，解释为何 $f(x)$ 的图形在 $x=2$ 时一定有一个相对极大值。相对极大值点的坐标是什么？

(c) 观察当 x 接近 10 时 $f'(x)$ 的值，解释为何 $f(x)$ 的图形在 $x=10$ 处有一个相对极小值。

(d) 观察 $f''(x)$ 的图形，确定 $f(x)$ 在 $x=2$ 处是上凹还是下凹。观察 $f(x)$ 的图形以确认你的答案。

(e) 观察 $f''(x)$ 的图形，确定 $f(x)$ 在哪里有拐点。观察 $f(x)$ 的图形以确认你的答案。拐点的坐标是什么？

(f) 求 $f(x)$ 的曲线上的点的 x 坐标，该点以 x 每变化 1 个单位 $f(x)$ 就变化 6 个单位的速率递增。

24. 在图 22 中，t 轴以分钟为单位，表示时间。

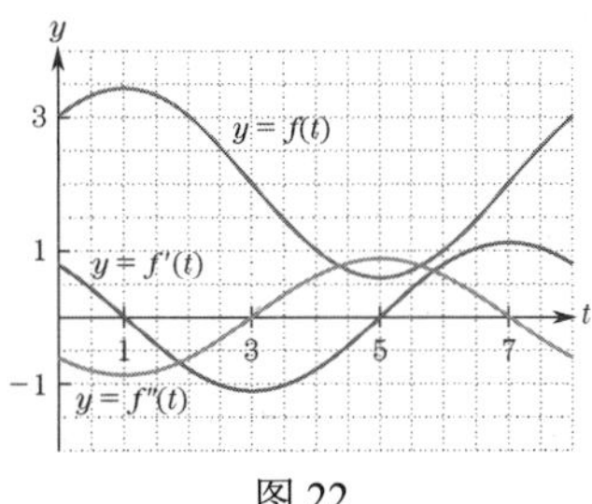

图 22

(a) $f(2)$ 是多少？
(b) 求解 $f(t)=1$。
(c) $f(t)$ 什么时候达到极大值？
(d) $f(t)$ 什么时候达到极小值？
(e) $t=7.5$ 时 $f(t)$ 的变化率是多少？
(f) $f(t)$ 何时以 1 个单位/分钟的速率递减？即何时变化率等于−1？
(g) $f(t)$ 何时以最大速率下降？
(h) $f(t)$ 何时以最大速率上升？

习题 25～36 参考图 23，其中包含函数 $f(x)$ 的导数 $f'(x)$ 的图形。

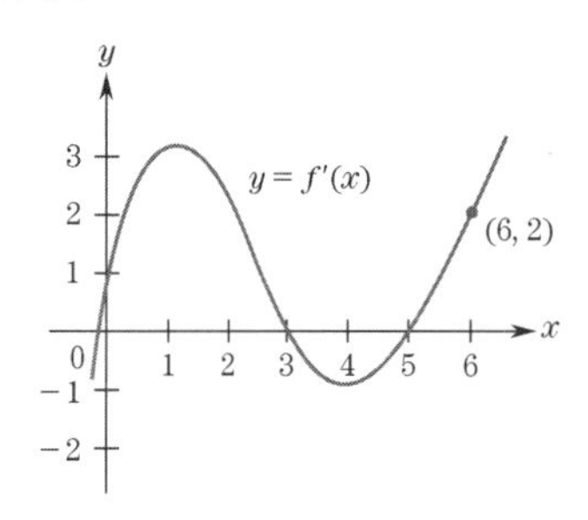

图 23

25. 解释为何 $f(x)$ 在 $x=6$ 处一定递增。
26. 解释为何 $f(x)$ 在 $x=4$ 处一定递减。
27. 解释为何 $f(x)$ 在 $x=3$ 处有相对极大值。
28. 解释为何 $f(x)$ 在 $x=5$ 处有相对极小值。
29. 解释为何 $f(x)$ 必定在 $x=0$ 处上凹。
30. 解释为何 $f(x)$ 必定在 $x=2$ 处下凹。
31. 解释为何 $f(x)$ 在 $x=1$ 处有一个拐点。
32. 解释为何 $f(x)$ 在 $x=4$ 处有一个拐点。
33. 若 $f(6)=3$， $y=f(x)$ 在 $x=6$ 处的切线方程是什么？
34. 若 $f(6)=8$， $f(6.5)$ 的近似值是多少？
35. 若 $f(0)=3$， $f(0.25)$ 的近似值是多少？
36. 若 $f(0)=3$， $y=f(x)$ 在 $x=0$ 处的切线方程是什么？
37. **融雪水位**。融雪导致河水溢出堤岸。设 $h(t)$ 是融化开始 t 小时后主街道上的水深（英寸）。
(a) 若 $h'(100)=\frac{1}{3}$，在未来半小时内水位大约变化多少？
(b) 以下两种情况中的哪种是较好的消息？
(i) $h(100)=3$， $h'(100)=2$， $h''(100)=-5$
(ii) $h(100)=3$， $h'(100)=-2$， $h''(100)=5$
38. **温度变化**。$T(t)$ 为炎热夏日 t 小时的温度。
(a) 若 $T'(10)=4$，从 10:00 到 10:45 温度大约上升多少？
(b) 若你不喜欢炎热的天气，以下两种情况中的哪种是较好的消息？
(i) $T(10)=95$， $T'(10)=4$， $T''(10)=-3$
(ii) $T(10)=95$， $T'(10)=-4$， $T''(10)=3$
39. 考虑 $f(x)$ 的导数，确定图 24 中的哪条曲线不可能是 $f(x)=(3x^2+1)^4$ 的曲线，其中 $x\geqslant 0$。

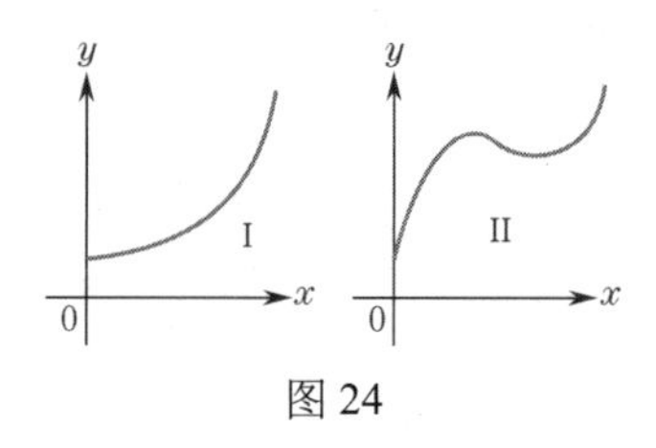

图 24

40. 观察一阶导数，当 $x\geqslant 0$ 时，确定图 24 中的哪条曲线不可能是 $f(x)=x^3-9x^2+24x+1$ 的曲线。提示：因式分解 $f'(x)$。
41. 观察二阶导数，确定图 25 中的哪条曲线可能是 $f(x)=x^{5/2}$ 的图形。

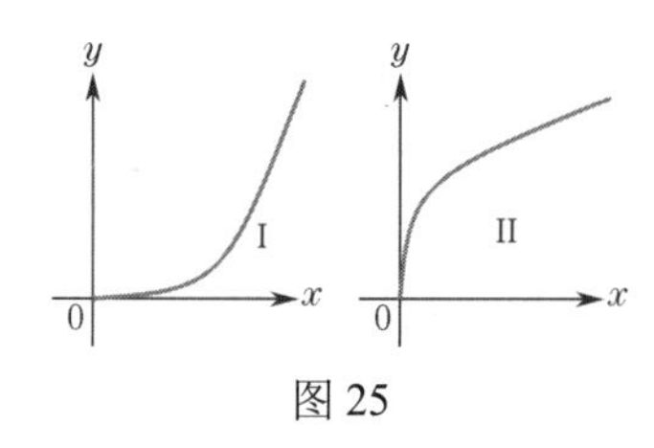

图 25

42. 将每个观察结果(a)～(e)与结论(A)～(E)匹配。

观察

(a) 点(3, 4)在 $f'(x)$ 的曲线上。
(b) 点(3, 4)在 $f(x)$ 的曲线上。
(c) 点(3, 4)在 $f''(x)$ 的曲线上。
(d) 点(3, 0)在 $f'(x)$ 的曲线上，点(3, 4)在 $f''(x)$ 的曲线上。
(e) 点(3, 0)在 $f'(x)$ 的图上，点(3, −4)在 $f''(x)$ 的图上。

结论

(A) $f(x)$ 在 $x=3$ 处有一个相对极小值点。
(B) 当 $x=3$ 时， $f(x)$ 的图形上凹。
(C) 当 $x=3$ 时， $y=f(x)$ 的切线斜率为 4。
(D) 当 $x=3$ 时， $f(x)$ 的值为 4。
(E) $f(x)$ 在 $x=3$ 处有一个相对极大值。

43. **美国农场数量**。1930 年后 t 年的美国农场数量为 $f(t)$（百万个），其中 f 为图 26(a)所示的函数。2020 年有 200 多万个农场，且这个数字还在稳步下降。

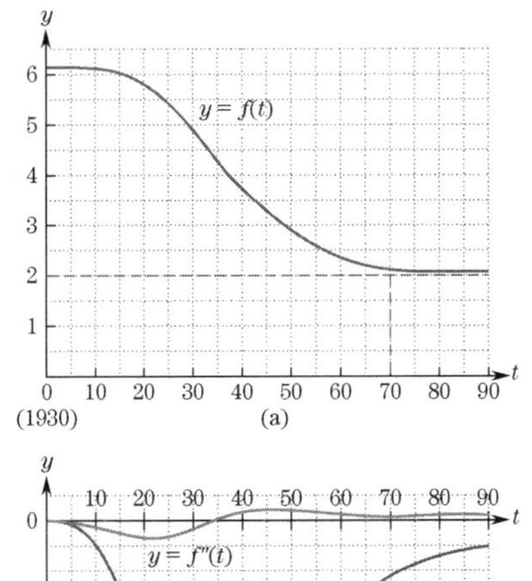

y

10 20 30 40 50 60 70 80 90

0

$y=f''(t)$

−0.05

$y=f'(t)$

−0.1

(b)

图 26

(a) 2000 年约有多少个农场？

(b) 2000 年农场数量下降的速率是多少？

(c) 哪年约有 600 万个农场？

(d) 农场数量何时以 60000 个/年的速率减少？

(e) 农场数量何时减少最快？

44. 药物在血液中的扩散。口服药物后，t 小时后血液中的药物量为 $f(t)$ 个单位。图 27 显示了 $f'(t)$ 和 $f''(t)$ 的局部曲线图。

(a) 在 $t=5$ 小时处，血液中药物的量是增大还是减小？

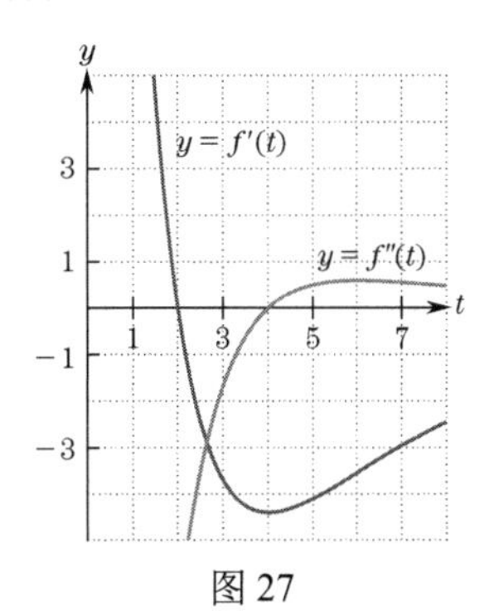

图 27

(b) $f(t)$ 的图在 $t=5$ 小时是向上凹还是向下凹？

(c) 什么时候血液中的药物水平下降最快？

(d) 什么时候血液中的药物达到最高水平？

(e) 血液中的药物量何时以 3 个单位/小时的速率下降？

技术题

在习题 45 和习题 46 中，首先于指定的窗口内显示 $f(x)$ 的导数图形；然后利用 $f'(x)$ 的图形确定 x 的近似值，在近似值处 $f'(x)$ 的图形具有相对极点和拐点；最后通过 $f(x)$ 的图形来检验你的结论。

45. $f(x)=3x^5-20x^3-120x$；[−4, 4]*[−325, 325]。

46. $f(x)=x^4-x^2$；[−1.5, 1.5]*[−0.75, 1]。

2.2 节自测题答案

1. 因为 $f(2)=5$，点(2, 5)在图形上。$f'(2)=1$，在点(2, 5)处的切线斜率为 1。画出切线［见图 28(a)］。在点(2, 5)附近，图形看起来近似于切线。$f''(2)=-3$ 是一个负数，因此图形在点(2, 5)处下凹。下面画出草图［见图 28(b)］。

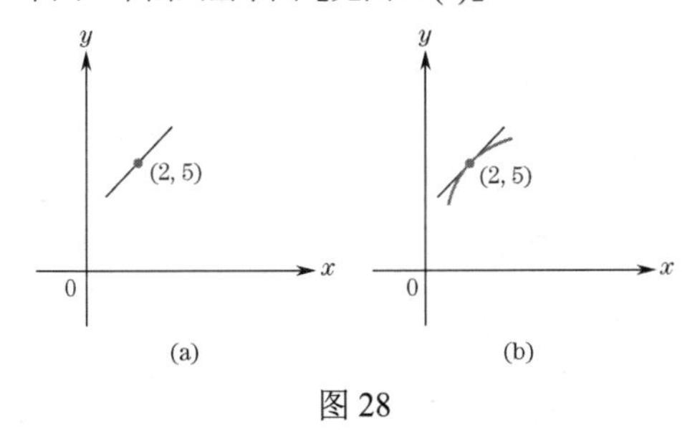

图 28

2. (a) 是的。过点(0, 0)时，图形正在稳步递增。

(b) 因为 $f'(x)=3x^2$，所以 $f'(0)=3\cdot 0^2=0$。

(c) 这里没有矛盾。一阶导数规则表示，若导数为正，则函数在递增，但不是说这是函数递增的唯一条件。如前所述，一阶导数为零时，函数仍在递增。

3. $f(x)$ 的导数 $f'(x)$ 在 $x=3$ 的左边为负，在 $x=3$ 的右边为正，因此 $f(x)$ 在 $x=3$ 的左边减小，在 $x=3$ 的右边增大。于是，根据相对极小值点的定义，$f(x)$ 的相对极小值点位于 $x=3$ 处。

2.3 一阶导数和二阶导数判别法与曲线绘制

本节和下一节介绍函数图形的绘制。这样做有两个重要原因。首先，函数的几何“图形”通常要比其抽象公式更容易理解；其次，本节的内容为 2.5 节至 2.7 节的应用奠定了基础。

函数 $f(x)$ 的图形的“草图”应该：表现图形的一般形状，显示 $f(x)$ 的定义域及它在哪里增大和减小，尽可能指出 $f(x)$ 在哪里上凹或下凹。此外，在图形上应该准确定位一个或多个关键点。这些点通常包括极值点、拐点、x 截距和 y 截距。其他图形的特征可能也很重要，我们将在示例和应用中讨论它们。

绘制曲线草图的一般方法包括如下 4 个主要步骤：

1. 根据 $f(x)$ 计算 $f'(x)$ 和 $f''(x)$。
2. 定位所有相对极大值点和相对极小值点，并作出局部草图。
3. 研究 $f(x)$ 的凹性，并确定所有拐点。
4. 考虑图形的其他性质（如截距），并完成草图。

步骤 1 主要在第 1 章中讨论。本节讨论步骤 2 和步骤 3；下一节结合这 4 个步骤，给出几个完整的示例。为便于讨论，除非另有说明，均假定函数 $f(x)$ 具有连续的一阶和二阶导数。

定位相对极值点

从 $f(x)$ 的图形中可以清楚地看出，相对极大值点或相对极小值点处的切线具有零斜率。事实上，在一个相对极值点处，导数将改变符号，因为当 $f'(x)>0$ 时曲线递增，当 $f'(x)<0$ 时曲线递减，而这种情况仅在 $f'(x)$ 为零时才会发生。因此，我们可以陈述如下的有用规则。

令 $f'(x)=0$ 并求解 x，可求出 $f(x)$ 可能的相对极值点。 (1)

在 $f(x)$ 的定义域内，使得 $f'(a)=0$ 的数 a 称为 $f(x)$ 的**临界值**［若 $f'(a)$ 不存在，则在 $f(x)$ 的定义域内的值 a 也称**临界值**］。若 a 是一个临界值，则点 $(a,f(a))$ 称为**临界点**。因此，若 $f(x)$ 在 $x=a$ 处有一个相对极值，则 a 一定是 $f(x)$ 的一个临界值。然而，并非 $f(x)$ 的每个临界值都产生一个相对极值点。条件 $f'(a)=0$ 只告诉我们切线在 a 处是水平的。图 1 中给出了 $f'(a)=0$ 时可能出现的 4 种情况。从图中可以看出，当一阶导数 $f'(x)$ 在 $x=a$ 处改变符号时，有一个极值点，而若一阶导数的符号不变，就没有极值点。

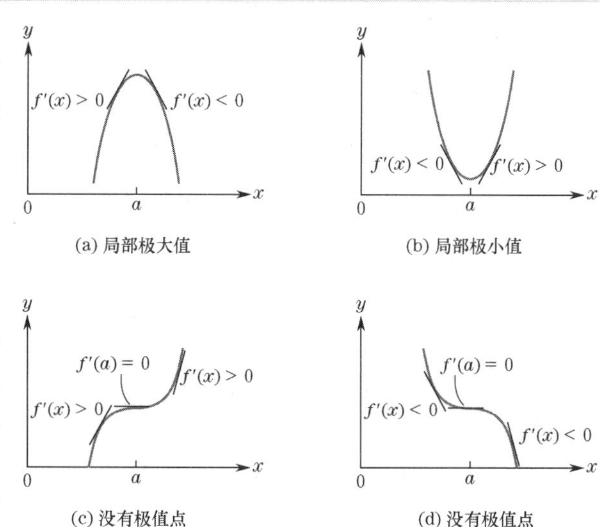

图 1

基于这些观察和上一节的一阶导数规则，可得到以下关于极值点的有用判别法。

一阶导数判别法（局部极值点） 设 $f'(a)=0$。

(a) 若 $f'(x)$ 在 $x=a$ 处由正变为负，则 $f(x)$ 在 a 处存在局部极大值［见图 1(a)］。

(b) 若 $f'(x)$ 在 $x=a$ 处由负变为正，则 $f(x)$ 在 a 处存在局部极小值［见图 1(b)］。

(c) 若 $f'(x)$ 在 a 处不变号（$f'(x)$ 在 a 的两边为正［见图 1(c)］或在 a 的两边为负［见图 1(d)］)，则 $f(x)$ 在 a 处没有局部极值点。

例 1　应用一阶导数判别法。求函数 $f(x)=\frac{1}{3}x^3-2x^2+3x+1$ 的局部极大值点和极小值点。

解：首先，求出 f 的临界值和临界点：

$$f'(x)=\frac{1}{3}(3)x^2-2(2)x+3=x^2-4x+3=(x-1)(x-3)$$

当 $x-1=0$ 或 $x-3=0$ 时，$f'(x)$ 的一阶导数为 0。因此，临界值为

$$x=1 \text{ 或 } x=3$$

将临界值代入 $f(x)$ 的表达式有

$$f(1)=\tfrac{1}{3}(1)^3-2(1)^2+3(1)+1=\tfrac{1}{3}+2=\tfrac{7}{3}\text{；}\qquad f(3)=\tfrac{1}{3}(3)^3-2(3)^2+3(3)+1=1$$

因此，临界点是 $\left(1,\frac{7}{3}\right)$ 和 $(3,1)$。为了确定在临界点处是否有相对极大值、极小值，或者两者都没有，我们应用一阶导数判别法。此时，需要在图表的帮助下仔细研究 $f'(x)$ 的符号。下面是绘制图表的方法。

- 将实线分割成以临界值为端点的区间。
- 由于 $f'(x)$ 的符号取决于其两个因式 $x-1$ 和 $x-3$ 的符号，因此确定 $f'(x)$ 在每个区间上的因式符号。通常，我们通过在从每个区间中选择的点上测试因式的符号来实现这一点。
- 在每个区间上，若因式为正则用加号，若因式为负则用减号。然后，通过因式的符号相乘，在每个区间上确定 $f'(x)$ 的符号：

$$(+)\cdot(+)=+\text{；}\quad(+)\cdot(-)=-\text{；}\quad(-)\cdot(+)=-\text{；}\quad(-)\cdot(-)=+$$

- $f'(x)$ 为正号对应 $f(x)$ 的图形的递增部分，为负号对应 $f(x)$ 的图形的递减部分。用上箭头表示递增部分，用下箭头表示递减部分。箭头的顺序应该传达图形的大致形状，尤其是要告诉我们临界值是否对应于极值点。以下是绘制的图表：

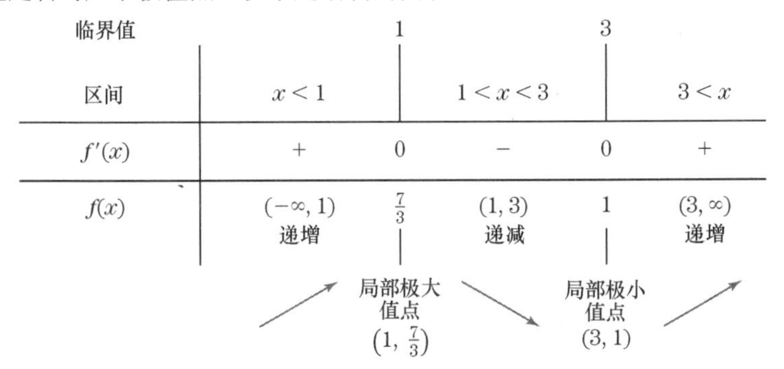

临界值		1		3	
区间	$x<1$		$1<x<3$		$3<x$
$f'(x)$	+	0	−	0	+
$f(x)$	$(-\infty,1)$ 递增	$\frac{7}{3}$	$(1,3)$ 递减	1	$(3,\infty)$ 递增
	↗	局部极大值点 $\left(1,\frac{7}{3}\right)$	↘	局部极小值点 $(3,1)$	↗

从图表中可看出，$f'(x)$ 的符号在 $x=1$ 处由正变负。因此，根据一阶导数判别法，$f(x)$ 在 $x=1$ 处存在局部极大值。同样，$f'(x)$ 的符号在 $x=3$ 处由负变正，因此 $f(x)$ 在 $x=3$ 处有局部极小值。我们可根据图表最后一行中的箭头方向来确认这些结论。综上所述，f 在 $\left(1,\frac{7}{3}\right)$ 处有局部极大值，在 (3,1) 处有局部极小值（见图 2）。■

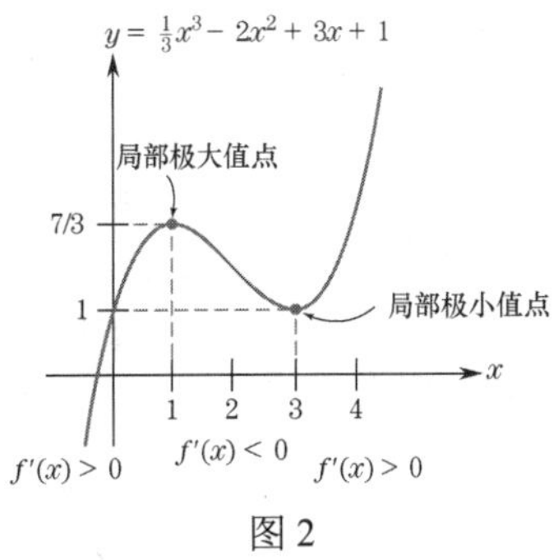

图 2

前面的例子说明了图 1 中的情况(a)和(b)，它们对应于图上每个临界值处的局部极值点。下面的例子说明了一个没有极值点的函数，如图 1 中的(c)和(d)所示。

例 2　应用一阶导数判别法。求函数 $f(x)=(3x-1)^3$ 的局部极大值点和极小值点。

解：首先求一阶导数和临界值。使用一般乘幂法则，有

$$f'(x)=3(3x-1)^2(3)=9(3x-1)^2$$

$$f'(x)=0 \;\Rightarrow\; 3x-1=0 \;\Rightarrow\; x=\tfrac{1}{3}$$

将这个值代入 $f(x)$ 的原始表达式，得

$$f\left(\tfrac{1}{3}\right)=\left(3\cdot\tfrac{1}{3}-1\right)^3=0$$

因此，$\left(\frac{1}{3},0\right)$ 是唯一的临界点。为了确定它是局部极大值点、极小值点还是两者都不是，这里使用一阶导数判别法。表达式 $9(3x-1)^2$ 总是非负的，因为平方总是 $\geqslant 0$（这时不需要符号图表）。$f'(x)$ 在 $x=\frac{1}{3}$ 的两边都为正，由于 $f'(x)$ 在 $x=\frac{1}{3}$ 时符号不变，由一阶导数判别法的(c)部分得出结论：不存在相对极值点。事实上，对所有 x，$f'(x)\geqslant 0$，所以图形总是递增的（见图 3）。

■

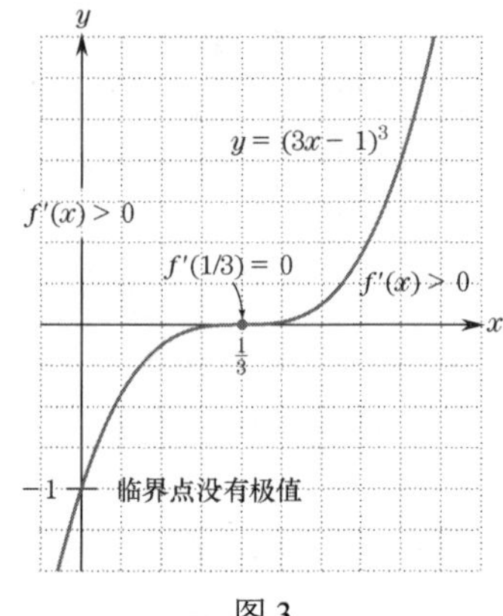

图 3

利用凹性确定极值点

研究 $f(x)$ 的图形的变化及确定极值点非常烦琐，因此任何能帮助我们避免过多计算的技巧都是可取的。下面再来看图 1，给出用凹性给出极值点的另一种描述。在 $x=a$ 处，图 1(a)下凹，图 1(b)上凹，而图 1(c)和图 1(d)既不下凹也不上凹。这些观察结果及上一节的二阶导数规则是如下重要判别法的基础。

二阶导数判别法（局部极值点）

(a) *若 $f'(a)=0$ 时 $f''(a)<0$，则 f 在 a 处存在局部极大值* [见图 1(a)]。

(b) *若 $f'(a)=0$ 时 $f''(a)>0$，则 f 在 a 处存在局部极小值* [见图 1(b)]。

例 3　应用二阶导数判别法。二次函数 $f(x)=\frac{1}{4}x^2-x+2$ 是一条抛物线，因此有一个相对极值点，找到它并画出图形。

解：首先计算 $f(x)$ 的一阶和二阶导数：

$$f(x)=\frac{1}{4}x^2-x+2 \quad\Rightarrow\quad f'(x)=\frac{1}{2}x-1 \quad\Rightarrow\quad f''(x)=\frac{1}{2}$$

设 $f'(x)=0$，则有 $\frac{1}{2}x-1=0$，因此 $x=2$ 是唯一的临界值。于是，$f'(2)=0$。几何上讲，这意味着 $f(x)$ 的曲线在 $x=2$ 处有一条水平切线。为了画出这一点，下面将 $f(x)$ 的原表达式中的 x 值替换为 2：

$$f(2)=\frac{1}{4}\times 2^2-2+2=1$$

图 4 显示了点(2, 1)和水平切线。点(2, 1)是一个相对极值点吗？为此，我们看一下 $f''(x)$。由于 $f''(x)=\frac{1}{2}$ 为正，$f(x)$ 的图形在 $x=2$ 处上凹，因此通过二阶导数判别法可知点(2, 1)是一个局部极小值。点(2, 1)附近的部分草图应该类似于图 5。

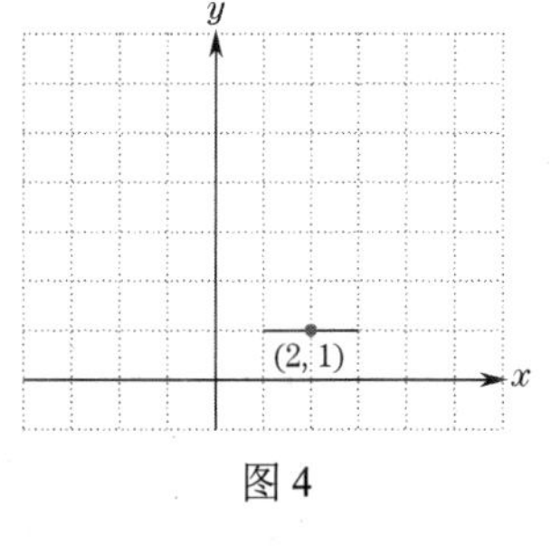

图 4

我们看到点(2, 1)是一个相对极小值点。事实上，它是唯一的相对极值点，因为没有其他地方的切线是水平的。因为该图形没有其他的“拐点”，所以其在到达点(2, 1)之前一定是递减的，然后在点(2, 1)的右边递增。注意，由于 $f''(x)$ 对所有 x 都为正（等于1/2），所以图形在每点都上凹。完成的草图如图 6 所示。

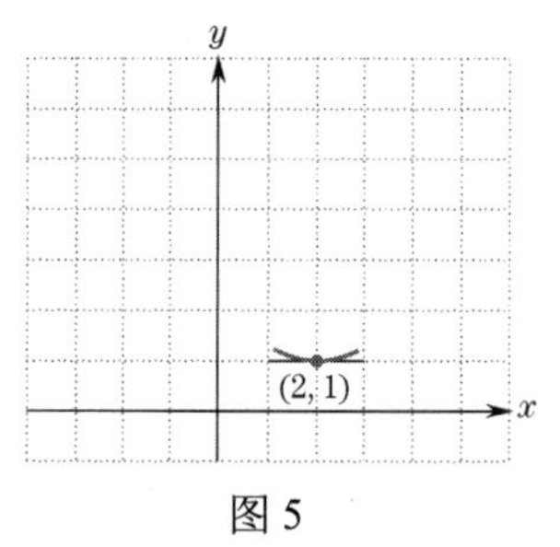

图 5

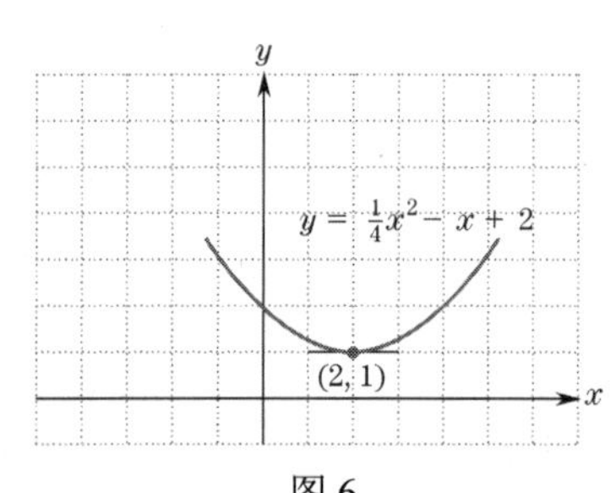

图 6

■

与例 3 相关，观察发现若 $f(x)=ax^2+bx+c$，则当 $a>0$ 时 $f(x)$ 有一个相对极小值点，而当 $a<0$ 时 $f(x)$ 有一个相对极大值点。

例 4　应用二阶导数判别法。 在函数 $f(x)=x^3-3x^2+5$ 的图形上找到所有可能的相对极值点。检查这些点的凹性，并用这些信息画出 $f(x)$ 的图形。

解： 我们有

$$f(x)=x^3-3x^2+5 \quad \Rightarrow \quad f'(x)=3x^2-6x \quad \Rightarrow \quad f''(x)=6x-6$$

为了找到临界值，对 $f'(x)$ 的表达式进行因式分解：

$$3x^2-6x=3x(x-2)$$

由这个因式分解可以清楚地看出，$f'(x)$ 为零当且仅当 $x=0$ 或 $x=2$。换句话说，仅当 $x=0$ 或 $x=2$ 时，图形才有水平切线。

为了画出图形上 $x=0$ 和 $x=2$ 处的点，我们将这些值代入 $f(x)$ 的原始表达式得

$$f(0)=0^3-3\times0^2+5=5$$
$$f(2)=2^3-3\times2^2+5=1$$

图 7 显示了点(0, 5)和点(2, 1)以及相应的切线。

接下来检查 $f''(x)$ 在 $x=0$ 和 $x=2$ 处的符号，并应用二阶导数判别法：

$$f''(0)=6\times0-6=-6<0 \qquad \text{局部极大值}$$
$$f''(2)=6\times2-6=6>0 \qquad \text{局部极小值}$$

因为 $f''(0)$ 为负，所以图形在 $x=0$ 处下凹；因为 $f''(2)$ 为正，所以图形在 $x=2$ 处上凹。图 8 给出了该图形的局部示意图。

从图 8 可以清楚地看出，点(0, 5)是相对极大值点，点(2, 1)是相对极小值点。因为它们是图形的转折点，所以在到达点(0, 5)之前，图形必定是递增的，之后从点(0, 5)递减到点(2, 1)，再后在点(2, 1)的右侧递增。图 9 中显示了包含这些特性的示意图。

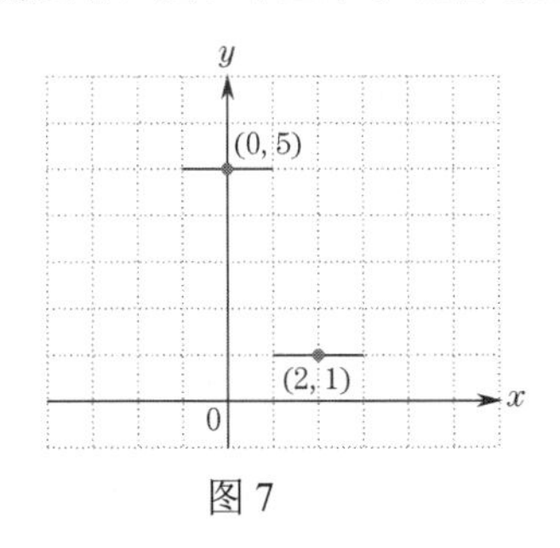

图 7

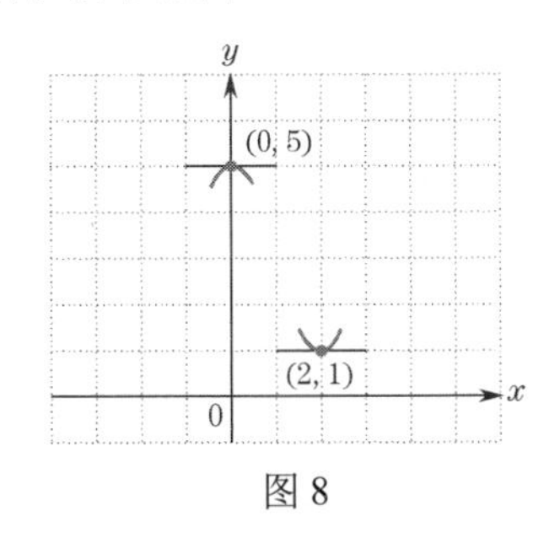

图 8

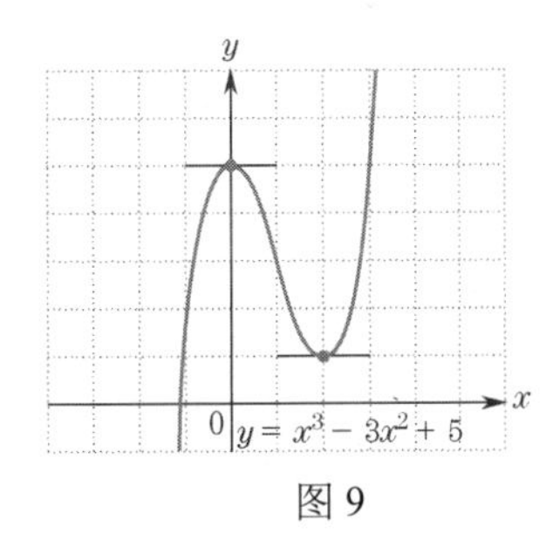

图 9

用于描绘图 9 的条件同样可以产生图 10 中的图形。哪幅图形真正对应于 $f(x)=x^3-3x^2+5$？找到 $f(x)$ 的曲线上的拐点时，答案就清楚了。■

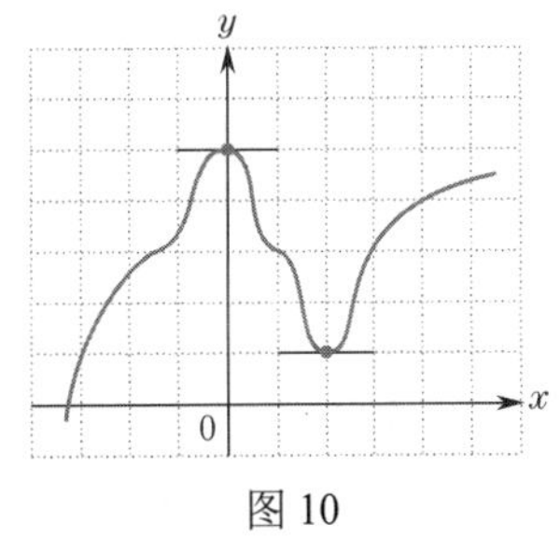

图 10

定位拐点

假设 $f''(x)$ 是连续的，函数 $f(x)$ 的拐点只能出现在 $f''(x)$ 为零的 x 值处，因为当 $f''(x)$ 为正时曲线上凹，当 $f''(x)$ 为负时曲线下凹。因此，有以下规则：

设 $f''(x)=0$ 并求解 x 来寻找可能的拐点。　(2)

一旦有了一个二阶导数为零的 x 值，如 $x=b$，就必须检查 $f(x)$ 在附近点处的凹性，以确定 $x=b$

时的凹性是否真的发生了变化。

例 5　定位拐点。求函数 $f(x)=x^3-3x^2+5$ 的拐点，并解释为何图 9 中的图形具有正确的形状。

解：根据例 4 得到 $f''(x)=6x-6=6(x-1)$；显然，当且仅当 $x=1$ 时 $f''(x)=0$。我们需要在图形上画出对应的点，计算得

$$f(1)=1^3-3\times1^2+5=3$$

因此，唯一可能的拐点是(1, 3)。

现在回过头来看图 8，在图 8 中，我们在相对极值点处标出了曲线的凹性。因为 $f(x)$在点(0, 5)处下凹，在点(2, 1)处上凹，所以凹性一定会在这两点之间的某个地方反转。因此，点(1, 3)一定是一个拐点。此外，由于 $f(x)$的凹性在其他地方都不可逆，所以点(1, 3)左边所有点处的凹性都必定相同（下凹）。类似地，点(1, 3)右边所有点处的凹性必定相同（上凹）。因此，图 9 中的图形具有正确的形状。图 10 中的图形有着太多的“摆动”，是由频繁的凹性变化造成的；也就是说，拐点太多了。图 11 显示，在点(1, 3)处有一个拐点是正确的形状。

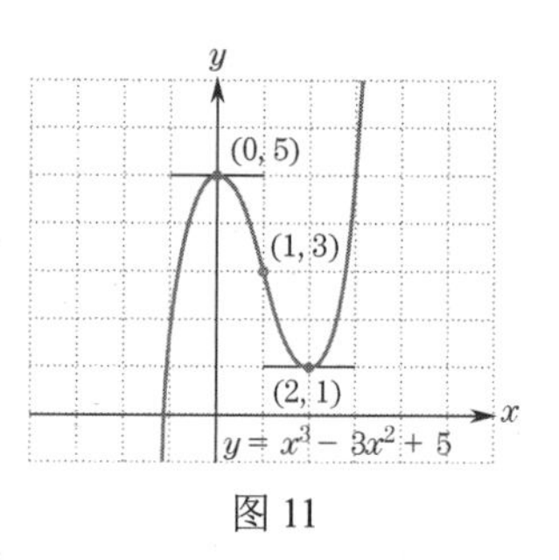

图 11

■

例 6　使用 $f'(x)$ 和 $f''(x)$ 的特性绘制图形。绘制 $y=-\frac{1}{3}x^3+3x^2-5x$ 的图形。

解：设

$$f(x)=-\tfrac{1}{3}x^3+3x^2-5x$$

则有

$$f'(x)=-x^2+6x-5,\quad f''(x)=-2x+6$$

步骤 1　求临界点

设 $f'(x)=0$ 并求解 x：

$$-(x^2-6x+5)=0,\quad -(x-1)(x-5)=0$$

$$x=1\ \text{或}\ x=5\qquad\text{临界值}$$

将 x 的值代入 $f(x)$，有

$$f(1)=-\tfrac{1}{3}\times1^3+3\times1^2-5\times1=-\tfrac{7}{3}$$

$$f(5)=-\tfrac{1}{3}\times5^3+3\times5^2-5\times5=\tfrac{25}{3}$$

步骤 2　确定极值点

目前已知的信息如图 12(a)所示。通过计算得到如图 12(b)所示的草图：

$$f''(1)=-2\times1+6=4>0\qquad\text{局部极小值}$$

$$f''(5)=-2\times5+6=-4<0\qquad\text{局部极大值}$$

因为 $f''(1)$ 为正（局部极小值），所以曲线在 $x=1$ 处上凹；因为 $f''(5)$ 为负（局部极大值），所以曲线在 $x=5$ 处下凹。

步骤 3　凹性和拐点

由于凹性在 $x=0$ 和 $x=5$ 之间的某处发生改变，因此至少有一个拐点。若令 $f''(x)=0$，则有

$$-2x+6=0\ \Rightarrow\ x=3$$

所以，拐点在 $x=3$ 处。为了画出拐点，计算得

$$f(3)=-\tfrac{1}{3}\times3^3+3\times3^2-5\times3=3$$

最终的草图如图 13 所示。

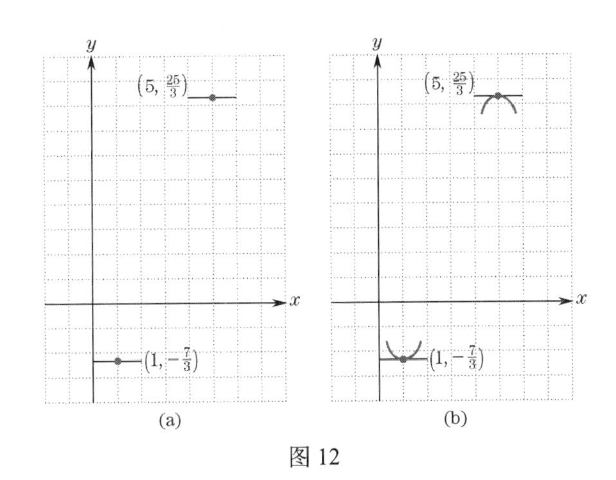

图 12

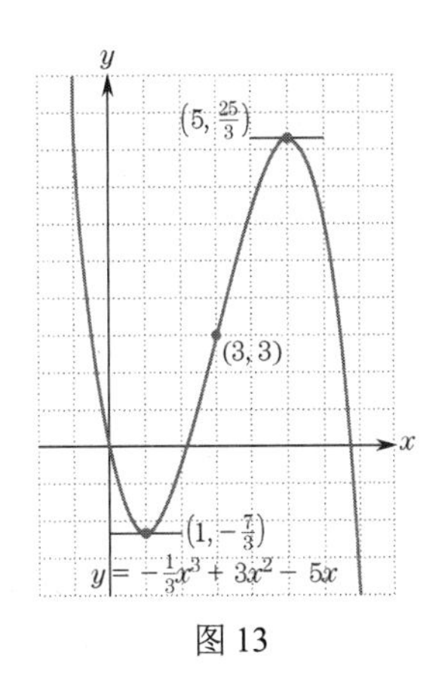

图 13

■

注意：例 6 中的观点（即凹性反转时一定存在拐点）在 $f(x)$ 为一个多项式时是成立的，但在函数的图形中存在断点时是不成立的。例如，函数 $f(x)=1/x$ 在 $x=-1$ 处下凹，在 $x=1$ 处上凹，但在两者之间没有拐点。

例 1 和例 2 中使用了一阶导数判别法，其他例子中则使用了二阶导数判别法。一般来说，我们应该使用哪种判别法呢？若 $f''(x)$ 很容易计算［例如，当 $f(x)$ 是一个多项式时］，则应该首先尝试二阶导数判别法。若二阶导数的计算很烦琐或者 $f''(a)=0$，则要使用一阶导数判别法。记住，当 $f''(a)=0$ 时，二阶导数判别法不是决定性的。请记住下面的例子。函数 $f(x)=x^3$ 总是递增的，即使 $f'(0)=0$ 和 $f''(0)=0$，它也没有局部极大值或极小值。函数 $f(x)=x^4$ 如图 14 所示，我们有 $f'(x)=4x^3$ 和 $f''(x)=12x^2$，因此有 $f'(0)=0$ 和 $f''(0)=0$；然而，从图 14 中可以看到在 $x=0$ 处有一个局部极小值。原因可由一阶导数判别法得出，即 $f'(x)$ 在 $x=0$ 处改变了符号（由负变正）。

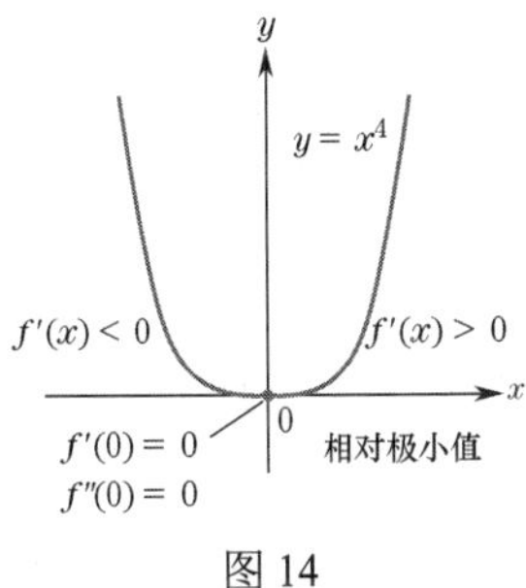

图 14

2.3 节自测题（答案见本节习题后）

1. 图 15 中的哪条曲线可能是函数 $f(x)=ax^2+bx+c$ 图形，其中 $a\neq 0$？

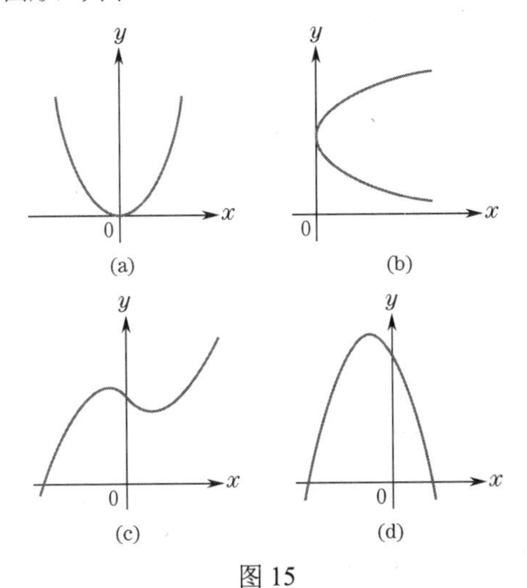

图 15

2. 图 16 中的哪条曲线可能是函数 $f(x)=ax^3+bx^2+cx+d$ 的图形，其中 $a\neq 0$？

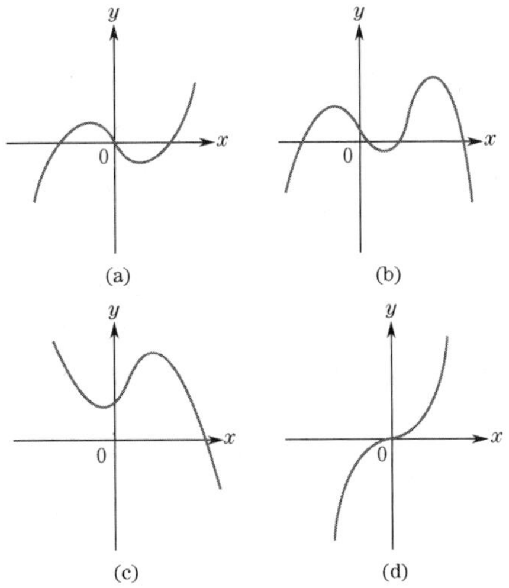

图 16

习题 2.3

习题 1 ~ 8 中的每个函数的图形都有一个相对极大值点和一个相对极小值点，用一阶导数判别法求出这些点。使用例 1 中的图表。

1. $f(x)=x^3-27x$

2. $f(x)=x^3-6x^2+1$

3. $f(x)=-x^3+6x^2-9x+1$

4. $f(x)=-6x^3-\frac{3}{2}x^2+3x-3$

5. $f(x)=\frac{1}{3}x^3-x^2+1$

6. $f(x)=\frac{4}{3}x^3-x+2$

7. $f(x)=-x^3-12x^2-2$

8. $f(x)=2x^3+3x^2-3$

习题 9 ~ 16 中的每个函数的图形都有一个相对极值点，画出该点并检查该处的凹性。仅使用此特性画出图形［若 $f(x)=ax^2+bx+c$，则当 $a>0$ 时 $f(x)$ 有一个相对极小值，当 $a<0$ 时 $f(x)$ 有一个相对极大值］。

9. $f(x)=2x^2-8$

10. $f(x)=x^2$

11. $f(x)=\frac{1}{2}x^2+x-4$

12. $f(x)=-3x^2+12x+2$

13. $f(x)=1+6x-x^2$

14. $f(x)=\frac{1}{2}x^2+\frac{1}{2}$

15. $f(x)=-x^2-8x-10$

16. $f(x)=-x^2+2x-5$

习题 17 ~ 24 中的每个函数的图形都有一个相对极大值点和一个相对极小值点，画出这两点并检查该处的凹性。仅使用此特性画出图形。

17. $f(x)=x^3+6x^2+9x$

18. $f(x)=\frac{1}{9}x^3-x^2$

19. $f(x)=x^3-12x$

20. $f(x)=-\frac{1}{3}x^3+9x-2$

21. $f(x)=-\frac{1}{9}x^3+x^2+9x$

22. $f(x)=2x^3-15x^2+36x-24$

23. $f(x)=-\frac{1}{3}x^3+2x^2-12$

24. $f(x)=\frac{1}{3}x^3+2x^2-5x+\frac{8}{3}$

绘制以下曲线，标出所有相对极点和拐点。

25. $y=x^3-3x+2$

26. $y=x^3-6x^2+9x+3$

27. $y=1+3x^2-x^3$

28. $y=-x^3+12x-4$

29. $y=\frac{1}{3}x^3-x^2-3x+5$

30. $y=x^4+\frac{1}{3}x^3-2x^2-x+1$

提示：$4x^3+x^2-4x-1=(x^2-1)(4x+1)$。

31. $y=2x^3-3x^2-36x+20$

32. $y=x^4-\frac{4}{3}x^3$

33. 设 a,b,c 为定值，其中 $a\neq 0$，设 $f(x)=ax^2+bx+c$，$f(x)$ 的图形是否可能有拐点？

34. 设 a,b,c,d 为定值，其中 $a\neq 0$，设 $f(x)=ax^3+bx^2+cx+d$，$f(x)$ 的图形是否可能有多个拐点？

习题 35 ~ 40 中每个函数的图形都有一个相对极值点，找到它（给出 x 和 y 坐标），并确定它是相对极大值点还是相对极小值点。不要包含函数图形的草图。

35. $f(x)=\frac{1}{4}x^2-2x+7$

36. $f(x)=5-12x-2x^2$

37. $g(x)=3+4x-2x^2$

38. $g(x)=x^2+10x+10$

39. $f(x)=5x^2+x-3$

40. $f(x)=30x^2-1800x+29000$

在习题 41 和习题 42 中，确定哪个函数是另一个函数的导数。

41.

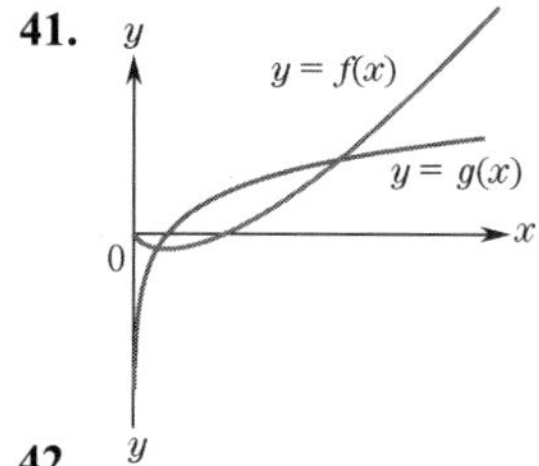

42.

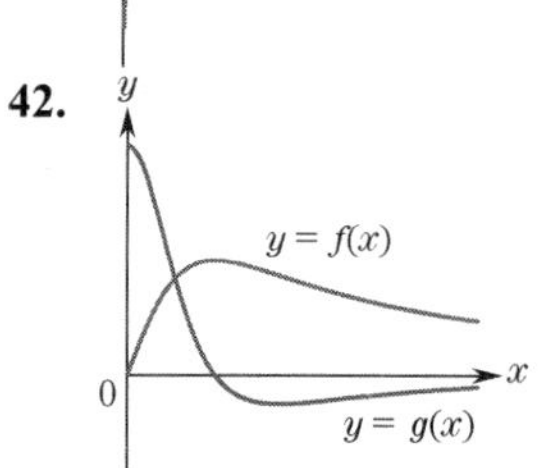

43. 考虑图 17 中 $g(x)$ 的图形。

(a) $g(x)$ 是 $f(x)$ 的一阶导数，描述 $x=2$ 时的 $f(x)$。

(b) $g(x)$ 是 $f(x)$ 的二阶导数，描述 $x=2$ 时的 $f(x)$。

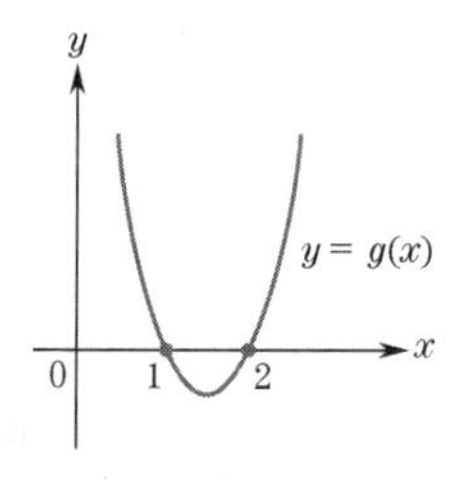

图 17

44. 美国人口。1800 年后 t 年美国（不包括阿拉斯加州和夏威夷州）的人口（百万）由图 18(a)中的函数 $f(t)$ 给出。$f'(t)$ 和 $f''(t)$ 的图形如图 18(b)和图 18(c)所示。

(a) 1925 年的人口是多少？

(b) 人口约在什么时候达到 2500 万？

(c) 1950 年人口增长有多快？

(d) 在过去 50 年间，何时人口以 180 万人/年的速度增长？

(e) 哪年的人口增长率最高？

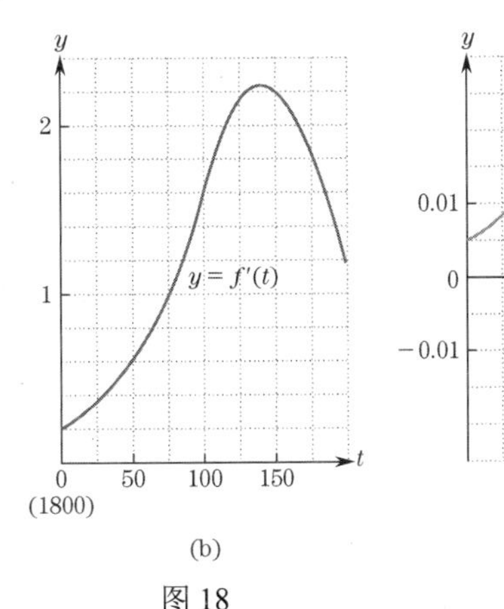

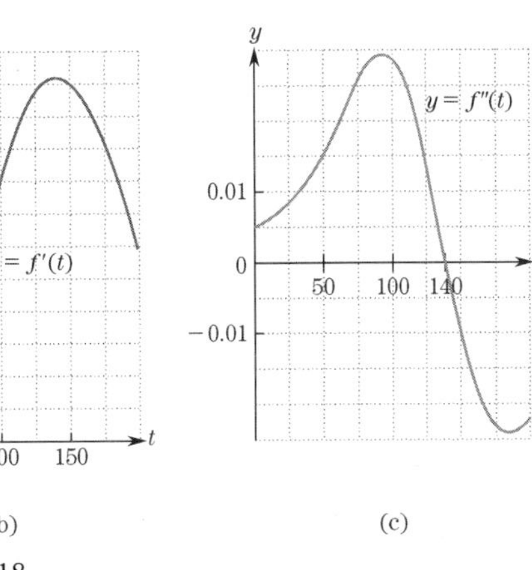

(a) (b) (c)

图 18

45. 指数基金的费用。当共同基金公司对其指数基金收取 0.47%的费用时，其基金资产为 410 亿美元。当它收取 0.18%的费用时，其在基金中的资产是 3000 亿美元。

(a) 设 x %表示公司对指数基金收取的费用，$A(x)$ 表示其在基金中的资产。将 $A(x)$ 表示成 x 的线性函数。

(b) 2004 年 9 月，富达证券将其对各种指数基金的收费由平均 0.3%下调至 0.10%。设 $R(x)$ 表示该公司的费用收入，其中指数基金费用为 x %。比较降低费用前后公司的收入。提示：收入是资产的 x %。

(c) 找出使公司收入最大化的费用，并确定最大收入。

46. 指数基金的费用。假设习题 45 中的成本函数为 $C(x)=-2.5x+1$，其中 x %为指数基金费用（该公司的固定成本为 10 亿美元，成本随着指数基金费用的增加而减少）。求使利润最大化的 x 值。在降低指数基金费用前后，富达证券的表现如何？

技术题

47. 在窗口[−2, 6]*[−10, 20]内画出 $f(x)=\frac{1}{6}x^3-x^2+3x+3$ 的图形。当 $x=2$ 时，它有一个拐点，但没有相对极值点。将窗口放大几倍，确认没有任何地方有相对极值点。这说明了 $f'(x)$ 的什么特点？

48. 在窗口[0, 10]*[−20, 30]内画出 $f(x)=\frac{1}{6}x^3-\frac{5}{2}x^2+13x-20$ 的图形。计算拐点的坐标。放大或缩小图形以确认在任何地方都没有相对极值点。

49. 在窗口[0, 16]*[0, 16]内画出 $f(x)=2x+\frac{18}{x}-10$ 的图形。这条曲线和上凹抛物线有何异同？

50. 在窗口[0, 25]*[0, 50]内画出 $f(x)=3x+\frac{75}{x}-25$ 的图形。使用计算器或计算机的跟踪功能估计相对极小值点的坐标。然后，几何计算该点的坐标。使用图形和代数方式解释为什么该函数没有拐点。

2.3 节自测题答案

1. 答：(a)和(d)。曲线(b)具有抛物线的形状，但它不是任何函数的图形，因为垂直线与它相交两次。曲线(c)有两个相对极值点，但 $f(x)$ 的导数是一个线性函数，对于两个不同的 x 值，$f(x)$ 的导数不可能为零。

2. 答：(a), (c), (d)。曲线(b)有三个相对极值点，但 $f(x)$ 的导数是二次函数，对于 x 的三个不同值，$f(x)$ 的导数不可能为零。

2.4 曲线绘制（结论）

2.3 节讨论了绘制曲线的主要技术，下面介绍一些更复杂的曲线。

我们在图上画出的点越多，图就越精确。即使对于 2.3 节中的二次曲线和三次曲线，这一表述也是成立的。当然，曲线上最重要的点是相对极值点和拐点。此外，x 截距和 y 截距在应用问题中通常也是具有一定意义的。y 截距是 $(0,f(0))$。为了求图形 $f(x)$ 的 x 截距，需要求 $f(x)=0$ 时的 x 值。这可能是一个困难的（或不可能的）问题，因此我们只在很容易求它们时，或者在一个问题特别要求我们求它们时，才求 x 截距。

当 $f(x)$ 是一个二次函数时，如例 1 所示，可对 $f(x)$ 的表达式进行因式分解或者使用 0.4 节中的二次公式来计算 x 截距（如果它们存在的话）。

$ax^2+bx+c=0$ 的解由下面的二次公式给出：

$$x=\frac{-b\pm\sqrt{b^2-4ac}}{2a}$$

符号±表明这是两个表达式，其中一个用“+”号，另一个用“−”号。当 $b^2-4ac>0$ 时，方程有两个不同的根；当 $b^2-4ac=0$ 时，方程有一个二重根；当 $b^2-4ac<0$ 时，方程无（实数）根。

例 1　运用二阶导数判别法。画出 $f(x)=\frac{1}{2}x^2-4x+7$ 的图形。

解：首先求一阶导数和二阶导数，有

$$f'(x)=x-4,\quad f''(x)=1$$

仅当 $x=4$ 时 $f'(x)=0$，且由于 $f''(4)$ 为正，$f(x)$ 在 $x=4$ 处一定有一个相对极小值点（二阶导数判别法）。相对极小值点为 $(4,f(4))=(4,-1)$。y 截距为 $(0,f(0))=(0,7)$。为了求 x 截距，设 $f(x)=0$ 并求解 x：

$$\frac{1}{2}x^2-4x+7=0$$

$f(x)$ 的表达式不易分解，因此使用二次公式来求解方程：

$$x=\frac{-(-4)\pm\sqrt{(-4)^2-4\times\frac{1}{2}\times7}}{2\times\frac{1}{2}}=4\pm\sqrt{2}$$

x 截距为($4-\sqrt{2},0$)和($4+\sqrt{2},0$)。为了绘制这些点，这里使用了近似值 $\sqrt{2}\approx1.4$（见图 1）。

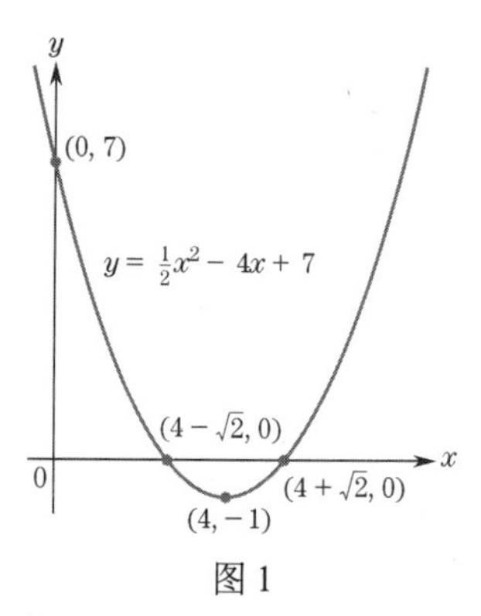

图 1

■

下一个例子很有趣。我们考虑没有临界点的函数。

例 2　没有临界点的函数。画出 $f(x)=\frac{1}{6}x^3-\frac{3}{2}x^2+5x+1$ 的图形。

解：同样，首先求一阶导数和二阶导数，得

$$f'(x)=\frac{1}{2}x^2-3x+5,\quad f''(x)=x-3$$

为了求临界点，设 $f'(x)=0$ 并尝试求解 x：

$$\frac{1}{2}x^2-3x+5=0 \tag{1}$$

应用二次公式，其中 $a=\frac{1}{2},b=-3$，$c=5$，发现 b^2-4ac 为负，因此式(1)没有解。换言之，$f'(x)$ 从不为零。因此，图形不可能有相对极值点。如果求 $f'(x)$ 在 $x=0$ 处的值，可以看到一阶导数为正，因此 $f(x)$ 在该处是递增的。因为 $f(x)$ 的曲线是一条没有相对极值点和断点的平滑曲线，$f(x)$ 在所有 x 处一定是递增的（若一个函数在 $x=a$ 处递增，在 $x=b$ 处递减，则它在 a 和 b 之间必有一个相对极值点）。

下面来检查凹性。

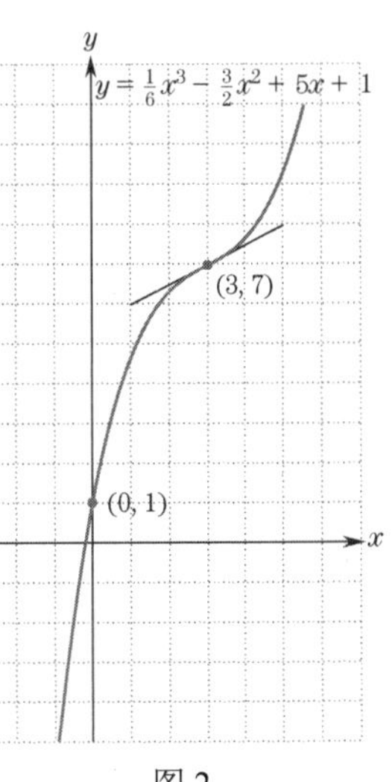

图 2

	$f''(x)=x-3$	$f(x)$ 的图形
$x<3$	负	下凹
$x=3$	0	凹性反转
$x>3$	正	上凹

因为 $f''(x)$ 在 $x=3$ 处改变符号，所以拐点为(3, 7)。y 截距为 $(0,f(0))=(0,1)$。这里省略求 x 截距，因为三次方程 $\frac{1}{6}x^3-\frac{3}{2}x^2+5x+1=0$ 很难求解。

如果首先在拐点处画出切线，那么曲线草图的质量就会提高。为此，我们需要知道图形在点(3, 7)处的斜率：

$$f'(3)=\frac{1}{2}\times 3^2-3\times 3+5=\frac{1}{2}$$

画一条斜率为 $\frac{1}{2}$ 且过点(3, 7)的直线，然后完成如图 2 所示的草图。

■

例 3　运用一阶导数判别法。画出 $f(x)=(x-2)^4-1$ 的图形。

解：首先计算：

$$f'(x)=4(x-2)^3 \qquad \text{一阶导数}$$

$$f''(x)=12(x-2)^2 \qquad \text{二阶导数}$$

显然，仅当 $x=2$ 时 $f'(x)=0$。因此，曲线在点 $(2,f(2))=(2,-1)$ 处有水平切线。$f''(2)=0$，二阶导数判别法是不确定的，这里应用一阶导数判别法。注意到

$$f'(x)=4(x-2)^3\begin{cases}\text{负}, x<2\\ \text{正}, x>2\end{cases}$$

因为负数的立方是负数，正数的立方是正数，所以当 x 在 2 附近从左向右移动时，一阶导数改变符号，从负为正。通过一阶导数判别法得到点(2, −1)是相对极小值。

y 截距为 $(0,f(0))=(0,15)$。为了求 x 截距，设 $f(x)=0$ 并求解 x：

$$(x-2)^4-1=0 \ \Rightarrow\ (x-2)^4=1$$

$$x-2=1 \ \text{或}\ x-2=-1$$

$$x=3 \ \text{或}\ x=1$$

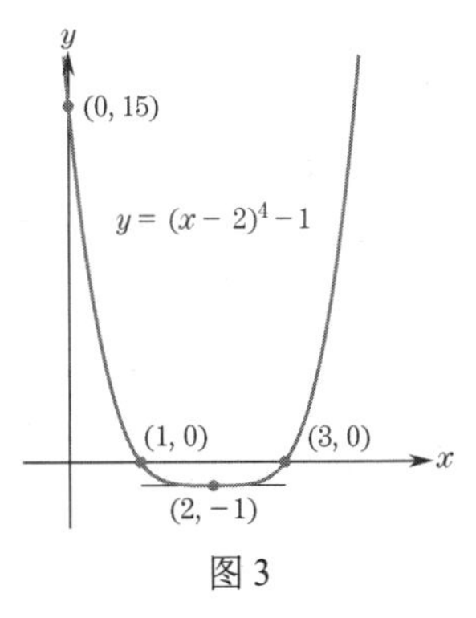

图 3

图 3 中的草图包含了我们生成的所有信息。

■

具有渐近线的图形

在本章后面的几个应用中，将出现与下一个例子类似的图形。

例 4　渐近线。画出 $f(x)=x+\frac{1}{x}$ 的图形，其中 $x>0$。

解：将 $f(x)$ 视为 $f(x)=x+x^{-1}$，并求出一阶和二阶导数：

$$f'(x)=1-x^{-2}=1-\frac{1}{x^2}$$

$$f''(x)=-(-2)x^{-3}=\frac{2}{x^3}$$

设 $f'(x)=0$，并求解 x 得

$$1-\frac{1}{x^2}=0 \ \Rightarrow\ 1=\frac{1}{x^2} \ \Rightarrow\ x^2=1 \ \Rightarrow\ x=1$$

这里排除了 $x=-1$ 的情况，因为我们只考虑 x 的正值。图形在点 $(1,f(1))=(1,2)$ 处有水平切线。$f''(1)=2>0$，因此该图形在 $x=1$ 处上凹，通过二阶导数判别法，点 $(1,2)$ 是一个相对极小值点。事实上，对于所有的正 x，$f''(x)=\frac{2}{x^3}>0$，因此图形在所有点处上凹。

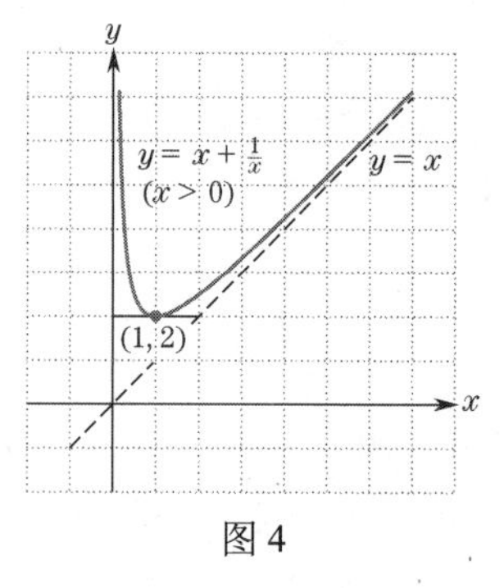

图 4

在画图之前应注意，当 x 趋于 0［$f(x)$ 没有定义的点］时，$f(x)$ 变得非常大。因此，y 轴是 $f(x)$ 的渐近线。当 x 值较大时，$\frac{1}{x}$ 趋近 0，因此当 x 值较大时，$x+\frac{1}{x}$ 趋近 x。于是，随着 x 的增加，$f(x)$ 的曲线有一条渐近线 $y=x$（见图 4）。

■

曲线绘制技术综述

1. 计算 $f'(x)$ 和 $f''(x)$。

2. 找出 $f(x)$ 的所有相对极值点。

(a) 求临界值和临界点：设 $f'(x)=0$，求解 x，设 $x=a$ 是一个解（临界值）。将 $x=a$ 代入 $f(x)$ 得到 $f(a)$，画出临界点 $(a,f(a))$，并经过该点画出一条小的水平切线。计算 $f''(a)$。

二阶导数判别法

(i) 当 $f''(a)>0$ 时，曲线在 $x=a$ 处有一个相对极小值。此时，画一条以 $(a,f(a))$ 为最低点的上凹小弧。

(ii) 当 $f''(a)<0$ 时，曲线在 $x=a$ 处有一个相对极大值。此时，画一条以 $(a,f(a))$ 为峰值的下凹小弧。

一阶导数判别法

(iii) 当 $f''(a)=0$ 时，检查 $x=a$ 左右的 $f'(x)$，确定函数是从递增变为递减还是从递减变为递增。若找到了一个相对极值点，则按照(i)和(ii)画一条适当的弧线。

(b) 对每个解重复上述步骤，直到 $f'(x)=0$。

3. 求出 $f(x)$ 的所有拐点。

(a) 设 $f''(x)=0$，解出 x。设 $x=b$ 是一个解。计算 $f(b)$ 并画出点 $(b,f(b))$。

(b) 判断 $f(x)$ 在 b 左右的凹性，若凹性在 $x=b$ 处发生变化，则 $(b,f(b))$ 为拐点。

4. 考虑函数的其他性质并完成草图。

(a) 若 $f(x)$ 在 $x=0$ 处有定义，则 y 截距为 $(0,f(0))$。

(b) 局部草图是否表明有 x 截距？如果有，可通过设置 $f(x)=0$ 并求解 x 来找到它们（只在简单的情况下求解，或者在问题实质上需要计算 x 截距时求解）。

(c) 观察 $f(x)$ 的定义。有时，函数只对 x 的有限值给出；有时，$f(x)$ 的公式对 x 的某些值是没有意义的。

(d) 寻找可能的渐近线。

(i) 判断 $f(x)$ 的公式。若随着 x 的增大某些项变得不重要，而公式的其余部分给出一条直线的方程，则这条直线就是一条渐近线。

(ii) 假设存在某点 a 使得 $f(x)$ 定义为 x 在 a 附近而不在 a 处（如 $\frac{1}{x}$ 在 $x=0$ 处）。当 x 接近 a 时，若 $f(x)$ 变得任意大（在正或负的意义上），则垂直线 $x=a$ 是该图形的渐近线。

(e) 完成草图。

2.4 节自测题（答案见本节习题后）

当 x 变大时，确定以下函数是否具有渐近线。若有，给出渐近线的直线方程。

1. $f(x)=\frac{3}{x}-2x+1$

2. $f(x)=\sqrt{x}+x$

3. $f(x)=\frac{1}{2x}$

习题 2.4

求给定函数的 x 截距。

1. $y=x^2-3x+1$　　**2.** $y=x^2+5x+5$

3. $y=2x^2+5x+2$　　**4.** $y=4-2x-x^2$

5. $y=4x-4x^2-1$　　**6.** $y=3x^2+10x+3$

7. 证明函数 $f(x)=\frac{1}{3}x^3-2x^2+5x$ 没有相对极值点。

8. 证明函数 $f(x)=-x^3+2x^2-6x+3$ 总是递减的。

画出下列函数的图形。

9. $f(x)=x^3-6x^2+12x-6$

10. $f(x)=-x^3$　　**11.** $f(x)=x^3+3x+1$

12. $f(x)=x^3+2x^2+4x$

13. $f(x)=5-13x+6x^2-x^3$

14. $f(x)=2x^3+x-2$　　**15.** $f(x)=\frac{4}{3}x^3-2x^2+x$

16. $f(x)=-3x^3-6x^2-9x-6$

17. $f(x)=1-3x+3x^2-x^3$

18. $f(x)=\frac{1}{3}x^3-2x^2$

19. $f(x)=x^4-6x^2$　　**20.** $f(x)=3x^4-6x^2+3$

21. $f(x)=(x-3)^4$　　**22.** $f(x)=(x+2)^4-1$

当 $x>0$ 时，画出下列函数的图形。

23. $y=\frac{1}{x}+\frac{1}{4}x$　　**24.** $y=\frac{2}{x}$

25. $y=\frac{9}{x}+x+1$　　**26.** $y=\frac{12}{x}+3x+1$

27. $y=\frac{2}{x}+\frac{x}{2}+2$

28. $y=\frac{1}{x^2}+\frac{x}{4}-\frac{5}{4}$。提示：(1, 0)是 x 截距。

29. $y=6\sqrt{x}-x$　　**30.** $y=\frac{1}{\sqrt{x}}+\frac{x}{2}$

在习题 31 和习题 32 中，确定哪个函数是另一个函数的导数。

31.

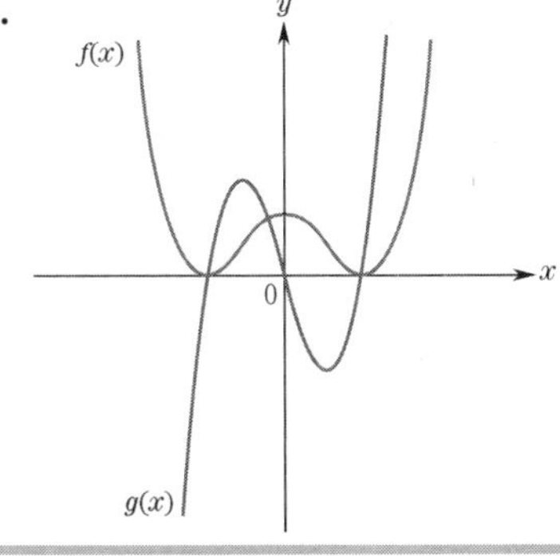

32.

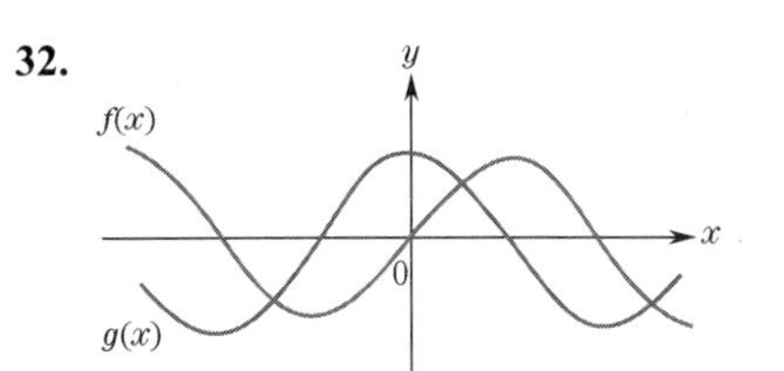

33. 求二次函数 $f(x)=ax^2+bx+c$，它过点(2, 0)且在(0, 1)处有局部极大值。

34. 求二次函数 $f(x)=ax^2+bx+c$，它过点(0, 1)且在(1, −1)处有局部极小值。

35. 若 $f'(a)=0$ 且 $f'(x)$ 在 $x=a$ 处递增，为什么 $f(x)$ 在 $x=a$ 处一定有局部极小值？提示：使用一阶导数判别法。

36. 若 $f'(a)=0$ 且 $f'(x)$ 在 $x=a$ 处递减，为什么 $f(x)$ 在 $x=a$ 处一定有局部极大值？

技术题

37. 体重变化。医学实验发现对照组幼鼠 t 天后的体重为 $f(t)=4.96+0.48t+0.17t^2-0.0048t^3$ 克。

(a) 在窗口[0, 20]*[−12, 50]内画出 $f(t)$ 的图形。

(b) 7 天后老鼠的体重约是多少？

(c) 老鼠的体重何时达到 27 克？

(d) 4 天后老鼠的增重速度约有多快？

(e) 老鼠何时以 2 克/天的速度增重？

(f) 老鼠增重速度最快的时间约是什么时候？

38. 热带草的高度。割草 t 天（$t\geqslant 32$）后，热带丛草象粟的冠层高度为 $f(t)=-3.14+0.142t-0.0016t^2+0.0000079t^3-0.0000000133t^4$ 米。

(a) 在窗口[32, 250]*[−1.2, 4.5]内画出 $f(t)$ 的图形。

(b) 100 天后树冠有多高？

(c) 树冠的高度何时达到 2 米？

(d) 树冠 80 天后的生长速度如何？

(e) 树冠何时以 0.02 米/天的速度生长？

(f) 何时树冠生长得最慢？

(g) 何时树冠生长得最快？

2.4 节自测题答案

由例 4 的解可知，随着 x 变大，具有渐近线的函数的形式为 $f(x)=g(x)+mx+b$，其中 x 变大时 $g(x)$ 趋于 0。函数 $g(x)$ 的形式通常为 c/x 或 $c/(ax+d)$。渐近线是直线 $y=mx+b$。

1. 这里 $g(x)$ 是 $3/x$，渐近线是 $y=-2x+1$。

2. 当 x 变大时，函数没有渐近线。当然，它可写成 $g(x)+mx+b$，其中 $m=1$, $b=0$。然而，当 x 变大时，$g(x)=\sqrt{x}$ 并不趋于 0。

3. 这里，$g(x)$ 是 $\frac{1}{2x}$，渐近线是 $y=0$。也就是说，x 轴是函数的渐近线。

2.5 优化问题

导数最重要的应用是“优化”问题，其中的一些量必须最大化或最小化。这类问题的例子在生活中比比皆是：为了使利润最大化，航空公司必须确定每天在两个城市之间安排多少航班；一位医生想找到一种药物的最小剂量，以使其患者产生想要的效果；制造商需要确定更换某些设备的频率，以将维护和更换成本降至最低。

本节介绍如何使用微积分来解决优化问题。在每个例子中，我们将找到或者构造一个函数，为问题提供数学模型。然后，通过画出函数的图形，就可通过定位图形上的最高点或最低点来确定原始优化问题的答案。注意，最高点或最低点的 y 坐标将是函数的极大值或极小值。

前两个例子非常简单，因为要研究的函数已明确给出。

例 1　求极值点。求函数 $f(x)=2x^3-15x^2+24x+19$ 的极小值，其中 $x\geqslant 0$。

解：利用 2.3 节中的曲线绘制技术，得到图 1 中的图形。作为该过程的一部分，我们计算导数：

$$f'(x)=6x^2-30x+24$$
$$f''(x)=12x-30$$

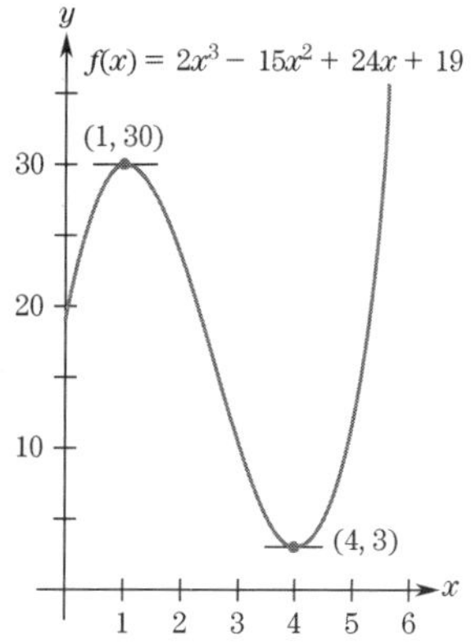

极小值点的 x 坐标满足方程

$$f'(x)=0$$
$$6x^2-30x+24=0$$
$$6(x-4)(x-1)=0$$
$$x=1,4 \quad \text{临界值}$$

曲线上对应的临界点为

$$(1,f(1))=(1,30)$$
$$(4,f(4))=(4,3)$$

图 1

应用二阶导数判别法，有

$$f''(1)=12\times1-30=-18<0 \quad \text{极大值}$$
$$f''(4)=12\times4-30=18>0 \quad \text{极小值}$$

也就是说，点(1, 30)是相对极大值点，点(4, 3)是相对极小值点。在左端点处，$x=0$, $f(0)=19$，显然大于相对极小值 3。因此，图形上的最低点为(4, 3)，函数 $f(x)$ 的极小值为该点的 y 坐标 3。

■

例 2　球能达到的最大高度。假设一个球被直接抛向空中，t 秒后其高度为 $4+48t-16t^2$ 英尺。确定该球到达最大高度所需的时间，并确定最大高度。

解：考虑函数 $f(t)=4+48t-16t^2$。对于 t 的每个值，$f(t)$ 是球在 t 时刻的高度。我们想求出 $f(t)$ 最大时的 t 值。为此，我们使用 2.3 节中的技巧来绘制 $f(t)$ 的图形。注意，我们可忽略图中 $t<0$ 或 $f(t)<0$ 的点所对应的部分。$f(t)$ 的负值对应的是球在地下。给出最大高度的 t 坐标是以下方程的解：

$$f'(t)=48-32t=0 \Rightarrow t=\tfrac{3}{2}$$

因此，

$$f''(t) = -32, \quad f''\left(\frac{3}{2}\right) = -32 < 0$$

从二阶导数判别法可以看出，$t = \frac{3}{2}$ 是相对极大值的位置。因此，当 $t = \frac{3}{2}$ 时 $f(t)$ 最大。在该 t 值处，球的高度达到 40 英尺。因此，球在 1.5 秒内达到最大高度 40 英尺。球的高度随时间变化的示意图如图 2 所示。 ■

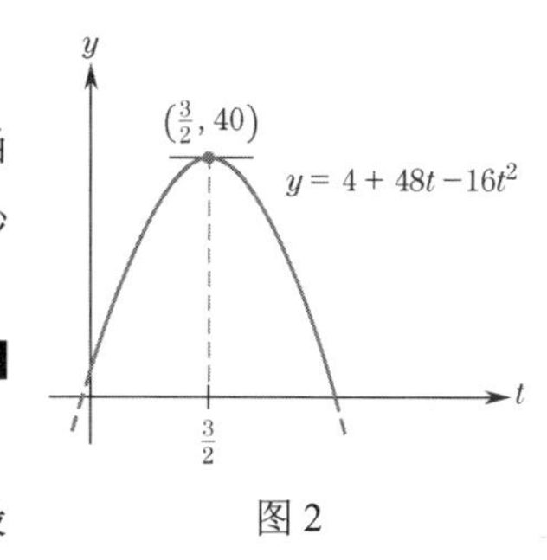

图 2

例 3　面积最大化。假设你想在房子的一侧建造一个长方形的花园，花园的其他三面则使用篱笆围住。求能用 40 英尺篱笆围起来的花园的最大尺寸。

解：在求解这个问题之前，先要考虑一下。使用 40 英尺的栅栏，你可采用多种方式将房子周围的矩形花园围起来。下面给出三个示例：在图 3(a)中，封闭面积为 10×15 = 150 平方英尺；在图 3(b)中，封闭面积为 16 ×12 = 192 平方英尺；在图 3(c)中，封闭面积为 32 × 4 = 128 平方英尺。显然，封闭面积随所选尺寸而变化。对于长为 40 英尺的篱笆，围起来的最大面积是哪个？下面介绍如何使用微积分和优化技术来求解这个问题。

(a) 面积=10×15=150平方英尺

(b) 面积=16×12=192平方英尺

(c) 面积=32×4=128平方英尺

图 3

由于我们不知道尺寸，第一步是制作一个简单的图形来表示一般情况，并为可能变化的数量指定字母。我们用 w 和 x 来表示矩形花园的尺寸（见图 4）。“最大的花园”表示我们必须使花园的面积 A 的值最大。就变量 w 和 x 而言，

$$A = wx \tag{1}$$

面积 = wx平方英尺。需要围栏$2x + w$英尺

图 4

三面围栏的总长须为 40 英尺，即

$$2x + w = 40 \tag{2}$$

根据 x 求解 w 的式(2)有

$$w = 40 - 2x \tag{3}$$

将 w 的表达式代入式(1)得

$$A(x) = (40 - 2x)x = 40x - 2x^2 \tag{4}$$

我们现在有了面积 A 的公式，它只依赖于一个变量。由问题的表述可知，$2x$ 的值最多为 40，因此函数的定义域由区间(0, 20)内的 x 组成。于是，我们希望最大化的函数是

$$A(x) = 40x - 2x^2, \quad 0 \leqslant x \leqslant 20$$

其图形是一个下凹的抛物线（见图 5）。为了找到极大值点，计算得

$$A'(x) = 40 - 4x = 0 \ \Rightarrow \ x = 10$$

该值在函数的定义域内，于是得出结论：$A(x)$ 的绝对极大值出现在 $x = 10$ 处。此外，由于 $A''(x) = -4 < 0$，曲线的凹性总是向下的，因此 $x = 10$ 处的局部极大值一定是绝对极大值。最大面积是 $A(10) = 200$（平方英尺），但这个问题不必求解。由式(3)可知，当 $x = 10$ 时，有

$$w = 40 - 2 \times 10 = 20$$

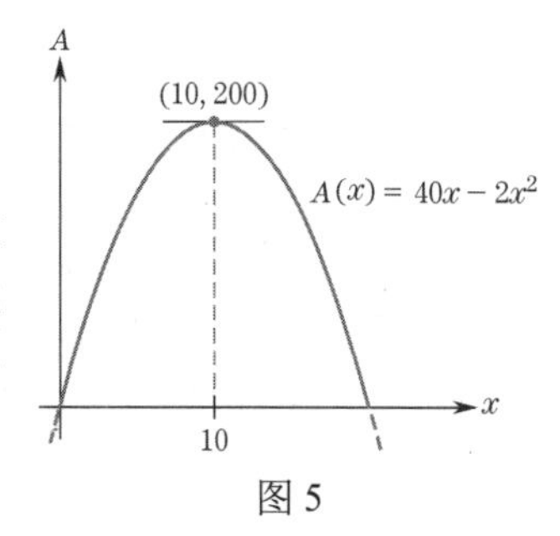

图 5

综上所述，最大面积的矩形花园可用 40 英尺的围栏围起来，其尺寸为 $x=10$ 英尺，$w=20$ 英尺。■

例 3 中的方程 $A=wx$ 称为**目标方程**，它用变量 w 和 x 表示待优化的数量（花园的面积）。式(2)称为**约束方程**，因为它对 x 和 w 可能的变化方式设置了限制或约束。

例 4　成本最小化。一家百货公司的经理想在停车场上建一个 600 平方英尺的矩形场地来展示一些设备。场地的三面用红木栅栏建造，造价为 14 美元/英尺。第四面用水泥块建造，造价为 28 美元/英尺。求使建筑材料总成本降至最低的围栏尺寸。

解：设 x 为水泥块建造的长度，y 为其邻边的长度，如图 6 所示。"成本最小化"表明，目标方程应给出建筑材料总成本的公式：

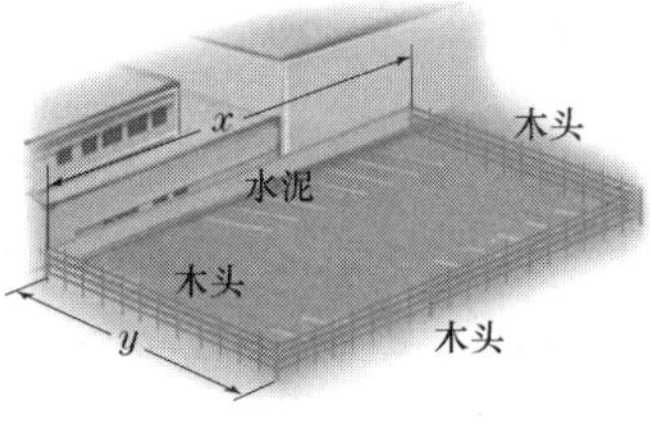

$$\text{红木栅栏成本} = \text{红木栅栏长度} \times \text{每英尺的成本} = (x+2y)\cdot 14 = 14x+28y$$

$$\text{水泥块成本} = \text{水泥墙长度} \times \text{每英尺的成本} = x\cdot 28$$

图 6

若用 C 表示材料的总成本，则目标方程为

$$C=(14x+28y)+28x$$

$$C=42x+28y \quad \text{合并同类项} \tag{5}$$

由于场地的面积是 600 平方英尺，约束方程为

$$xy=600 \tag{6}$$

我们求解式(6)中的变量 y，并代入式(5)来简化目标方程。因为 $y=600/x$，

$$C=42x+28\left(\frac{600}{x}\right)=42x+\frac{16800}{x}$$

现在将 C 作为单个变量 x 的函数。由上下文可知 $x>0$，因为长度必须为正。然而，对于 x 的任何正值，C 也有相应的值，所以 C 的定义域是 $x>0$。现在可以画出 C 的图形（见图 7，在 2.4 节的例 4 中画出了类似的曲线）。极小值点的 x 坐标是

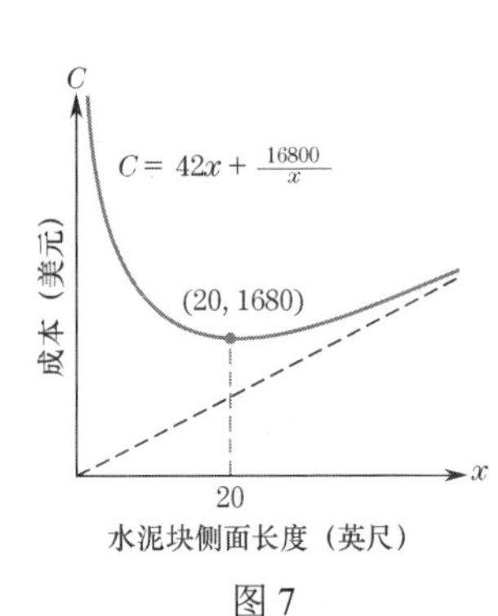

图 7

$$C'(x)=42-\frac{16800}{x^2}=0 \Rightarrow 42=\frac{16800}{x^2}$$

$$42x^2=16800 \quad \text{乘以 } x^2$$

$$x^2=400 \quad \text{除以 } 42$$

$$x=20 \quad \text{取正平方根（忽略负根，因为 } x>0\text{）}$$

C 对应的值为

$$C(20)=42\times 20+\frac{16800}{20}=1680 \text{ 美元}$$

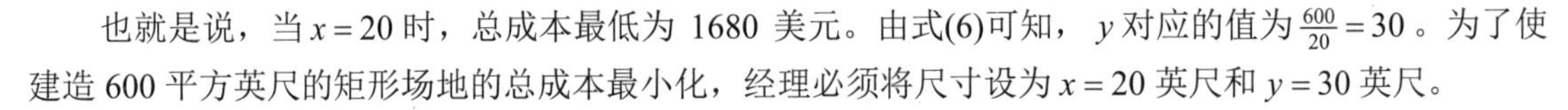

也就是说，当 $x=20$ 时，总成本最低为 1680 美元。由式(6)可知，y 对应的值为 $\frac{600}{20}=30$。为了使建造 600 平方英尺的矩形场地的总成本最小化，经理必须将尺寸设为 $x=20$ 英尺和 $y=30$ 英尺。■

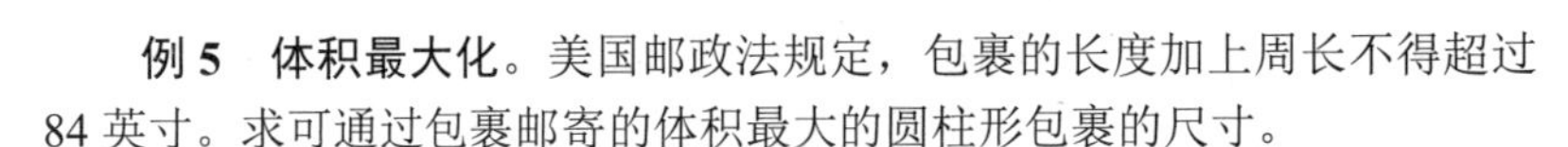

例 5　体积最大化。美国邮政法规定，包裹的长度加上周长不得超过 84 英寸。求可通过包裹邮寄的体积最大的圆柱形包裹的尺寸。

解：设 l 为包裹的长度，r 为圆端半径（见图 8）。"体积最大化"表明，目标方程应用尺寸 l 和 r 来表示包装的体积。设体积为 V，则有

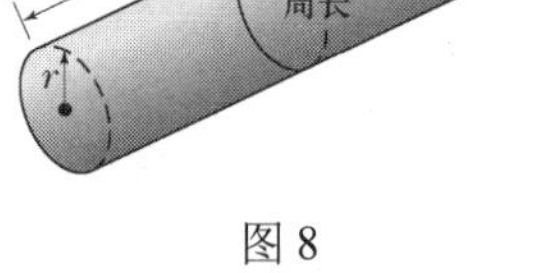

$$V=\text{底面积}\times\text{长度}$$

$$V=\pi r^2 l \quad \text{（目标方程）} \tag{7}$$

图 8

周长等于末端的周长，即 $2\pi r$。由于我们希望包裹尽可能大，我们必须使用整个允许的 84 英寸长度：

$$\text{长度} + \text{周长} = 84$$

$$l+2\pi r=84 \quad \text{（约束条件）} \tag{8}$$

现在求解式(8)，其中一个变量为$l=84-2\pi r$（英寸），将其代入式(7)得

$$V=\pi r^2(84-2\pi r)=84\pi r^2-2\pi^2 r^3 \tag{9}$$

设$f(r)=84\pi r^2-2\pi^2 r^3$。于是，对于每个$r$值，$f(r)$是末端半径为$r$的符合邮政规定的包裹体积。我们想求出$f(r)$尽可能大时的$r$值。

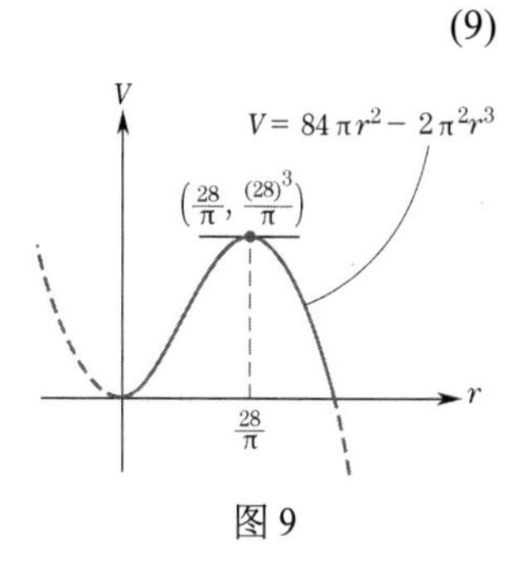

图 9

利用曲线绘制技术，我们得到$f(r)$的图形如图 9 所示。定义域排除了负r值及体积$f(r)$为负时的r值。r不在定义域内时对应的点用虚线表示。我们发现，当$r=28/\pi$时，体积最大。

由式(8)可知，l对应的值为

$$l=84-2\pi r=84-2\pi\left(\frac{28}{\pi}\right)=84-56=28$$

当$r=28/\pi$时，周长是

$$2\pi r=2\pi\left(\frac{28}{\pi}\right)=56$$

因此，最大体积的圆柱形包装的尺寸为$l=28$英寸和$r=28/\pi$英寸。

■

求解优化问题的建议

1. 尽可能地画出图形。
2. 确定要最大化或最小化的量Q。
3. 用字母表示其他可能变化的量。
4. 确定将Q表示为步骤 3 中指定的变量的函数的“目标方程”。
5. 找到变量之间的“约束方程”，将变量和问题中给出的任何常数联系起来。
6. 用约束方程简化目标方程，使Q成为仅有一个变量的函数，并确定该函数的定义域。
7. 画出步骤 6 得到的函数图形，并用该图形求解优化问题。当然，也可使用二阶导数判别法。

注意：优化问题通常涉及几何公式。最常见的公式如图 10 所示。

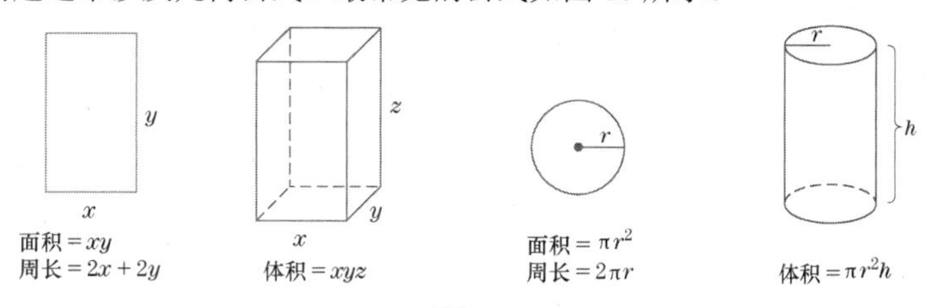

图 10

2.5 节自测题（答案见本节习题后）

1. **体积**。沙滩上的帆布防风亭有一个背面、两个正方形的侧面和一个顶部（见图 11）。假设要使用 96 平方英尺的帆布，求使防风亭内部空间（体积）最大的尺寸。
2. 检查你对自测题 1 的理解，目标方程和约束方程是什么？

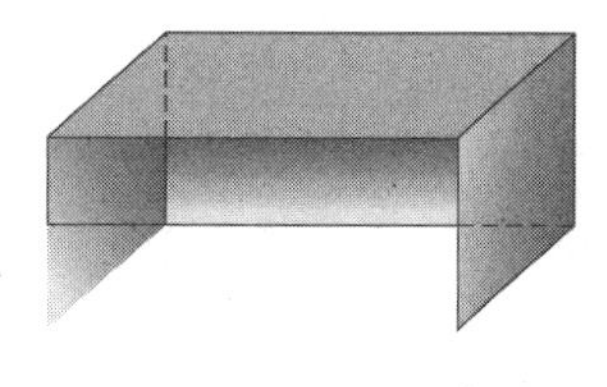
图 11

习题 2.5

1. 当x取何值时，函数$g(x)=10+40x-x^2$有极大值？
2. 求函数$f(x)=12x-x^2$的极大值，并给出该极大值处的x值。
3. 求$f(t)=t^3-6t^2+40$的极小值，其中$t\geqslant 0$，并给出极小值处的t值。
4. 当t取何值时，函数$f(t)=t^2-24t$有极小值？
5. **带约束优化**。当$x+y=2$时，求$Q=xy$的极大值。

6. **带约束优化**。当 $x+y=2$ 时，求使得 $Q=x^2y$ 有极大值的两个正数 x 和 y。

7. **带约束优化**。当 $x+y=6$ 时，求 $Q=x^2+y^2$ 的极小值。

8. 在习题 7 中，若 $x+y=6$，$Q=x^2+y^2$ 是否有极大值？

9. **和最小化**。当 $xy=36$ 时，求出使 $S=x+y$ 最小的正 x 和正 y 值，并求出这个极小值。

10. **积最大化**。当 $x+y=1$，$y+z=2$ 时，求出使 $Q=xyz$ 最大化的正 x,y,z 值。极大值是多少？

11. **面积**。一个长方形花园用栅栏围起来的成本为 320 美元。花园面向马路一面篱笆的造价为 6 美元/英尺，其他三面的造价为 2 美元/英尺［见图 12(a)］。求可能的最大花园的尺寸。

    (a) 确定目标方程和约束方程。

    (b) 用 x 的函数表示待最大化的量。

    (c) 求 x 和 y 的最优值。

12. **体积**。图 12(b)显示了一个方形底座的开口矩形盒子。求体积为 32 立方英尺且盒子总表面积最小的 x 值和 h 值（表面积是盒子 5 个面的面积之和）。

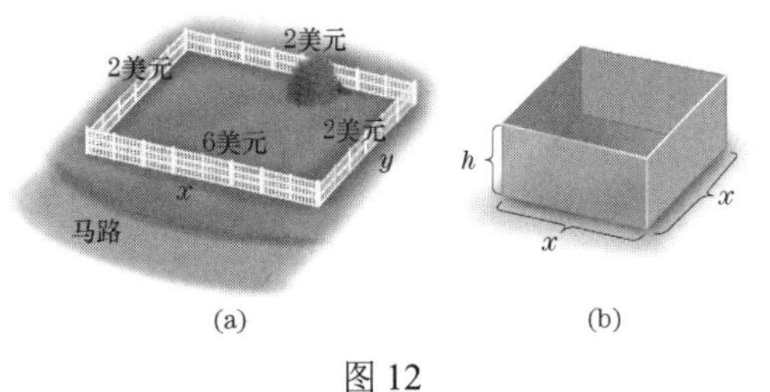

图 12

    (a) 确定目标方程和约束方程。

    (b) 用 x 的函数表示待最小化的量。

    (c) 求 x 和 h 的最优值。

13. **体积**。美国邮政法规定包裹的长度加上周长不得超过 84 英寸。考虑求可邮寄的体积最大的方端矩形包裹的尺寸问题。

    (a) 画出一个方端的矩形盒子。在方端的每条边上标上字母 x，在其他边上标上字母 h。

    (b) 用 x 和 h 表示长度加上周长。

    (c) 确定目标方程和约束方程。

    (d) 用 x 的函数表示待最大化的量。

    (e) 求 x 和 h 的最优值。

14. **周长**。考虑求面积为 100 平方米的矩形花园的尺寸问题，使花园周围所需的栅栏数量尽可能小。

    (a) 画一个矩形，选择合适的字母表示尺寸。

    (b) 确定目标方程和约束方程。

    (c) 求尺寸的最优值。

15. **成本**。面积为 75 平方英尺的长方形花园，三面用造价为 10 美元/英尺的砖墙围起来，一面用造价为 5 美元/英尺的篱笆围起来。求使材料成本最小的花园的尺寸。

16. **成本**。用两种不同的材料建造一个方形底座、容积为 12 立方英尺的封闭矩形盒子。盒子顶部由金属制成，成本为 2 美元/平方英尺，其余部分由木材制成，成本为 1 美元/平方英尺。求使材料成本最小的盒子的尺寸。

17. **表面积**。求用最少的材料可以建造的方形底座、体积为 8000 立方厘米的封闭矩形盒子的尺寸。

18. **体积**。沙滩上的帆布防风亭有一个背面、两个方形侧面和一个顶部。求体积为 250 立方英尺且需要尽可能少的帆布量的防风亭尺寸。

19. **面积**。某农民用 1500 美元可沿一条笔直的河流建造一个 E 形栅栏，围成两个相同的矩形牧场（见图 13）。平行于河流一侧的材料的成本为 6 美元/英尺，垂直于河流的三面的成本为 5 美元/英尺。求总面积尽可能大的尺寸。

图 13

20. **面积**。栅栏长度为 300 米，求能用其围成的最大面积的矩形花园的尺寸。

21. **乘积最大化**。求和是 100 且乘积尽可能大的两个正数 x 和 y。

22. **和最小化**。求乘积是 100 且和尽可能小的两个正数 x 和 y。

23. **面积**。图 14(a)显示了由一个半圆形区域和一个矩形组成的窗户。求 x 的值，使窗户的周长为 14 英尺，且窗户的面积尽可能大。

24. **表面积**。一个大汤罐可以容纳 16π 立方英寸（约 28 盎司）的汤［见图 14(b)］，求所需金属量尽可能小的 x 和 h 值。

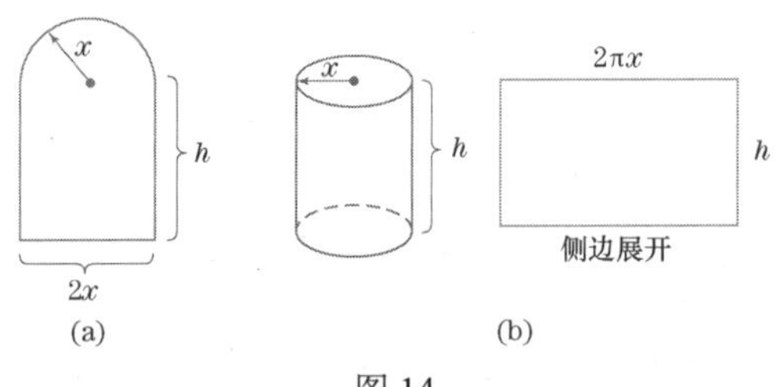

图 14

25. 在例 3 中，根据式(2)，可用 w 表示 x 得 $x=20-\frac{1}{2}w$，用该方程替换式(1)中的 x 得

$$A=xw=\left(20-\frac{1}{2}w\right)w$$

画出 $A=20w-\frac{1}{2}w^2$ 的图形，且证明在 $w=20$ 和 $x=10$ 处有极大值。

26. **成本**。某艘船以 x 英里/小时的速度航行时，每小时消耗 $5x^2$ 美元的燃料。运营这艘船的其他费用为 2000 美元/小时。什么速度能使 500 英里的旅行成本降到最低？提示：用速度和时间表示成本。约束方程为“距离 = 速度×时间”。

27. **成本**。电缆从矩形工厂的角点 C 安装到地板上的机器 M。电缆沿地板边缘从 C 点延伸到 P 点，每米的成本为 6 美元，然后从 P 点延伸到 M 点（埋在地板下），每米的成本为 10 美元（见图 15）。设 x 表示从 C 点到 P 点的距离。若 M 到最近点 A 的距离是 24 米，在 P 点所在的地板边缘，A 点与 C 点的距离是 20 米，求使安装电缆的成本最小的 x 值，并求出最小成本。

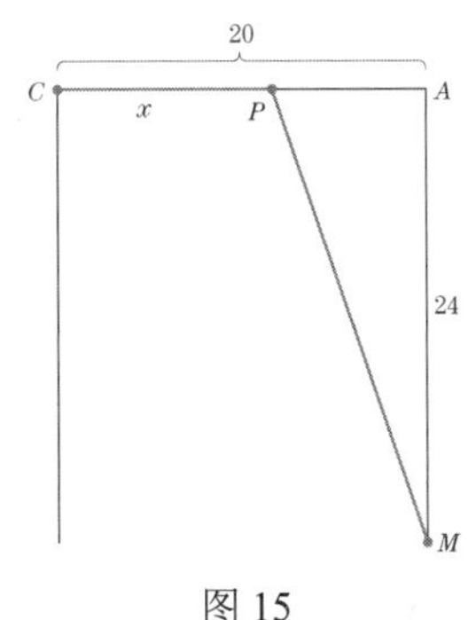

图 15

28. **面积**。某矩形页面的打印面积为 50 平方英寸。页面顶部和底部的空白边距都为 1 英寸，两边的空白边距都为 $\frac{1}{2}$ 英寸（见图 16）。求纸张使用量最小的页面尺寸。

图 16

29. **距离**。在 $y=\sqrt{x}$ 的曲线（见图 17）上找到离点(2, 0)最近的点，如图 17 所示。提示：当 $(x-2)^2+y^2$ 最小时，$\sqrt{(x-2)^2+y^2}$ 有极小值，因此只需最小化第二个表达式。

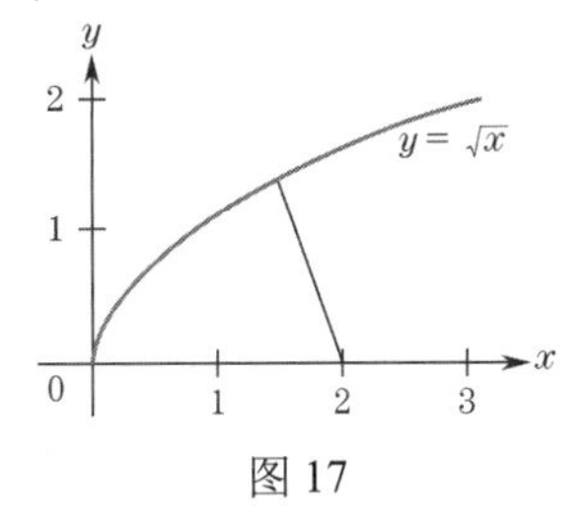

图 17

30. **距离**。来自 A 和 B 两个城市的开发商，希望将两个城市与一条主要的高速公路连接起来，并且计划在高速公路入口建立休息区和加油站。为了将道路建设成本降至最低，开发商必须为高速公路入口找到一个位置，使 A 和 B 城市到高速公路的总距离 (d_1+d_2) 最小。设 x 如图 18 所示，求能够解决开发商问题的 x 值，并求最小总距离。

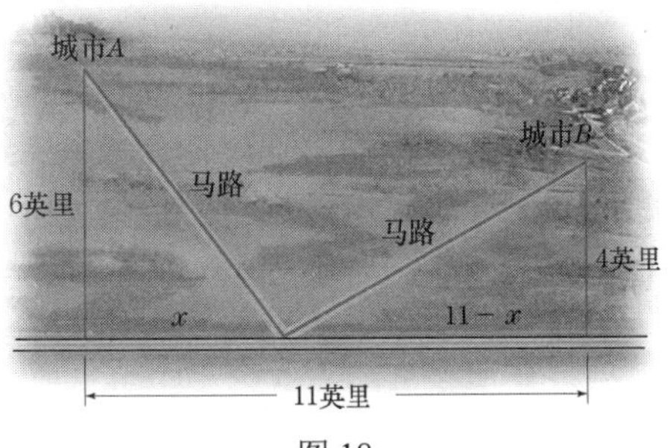

图 18

31. **距离**。在直线 $y=-2x+5$ 上求出离原点最近的点。

技术题

32. **内接矩形的最大面积**。对图 19 中半径为 3 的半圆，求内接矩形面积最大时的 x 值［注：半圆的方程为 $y=\sqrt{9-x^2}$］。

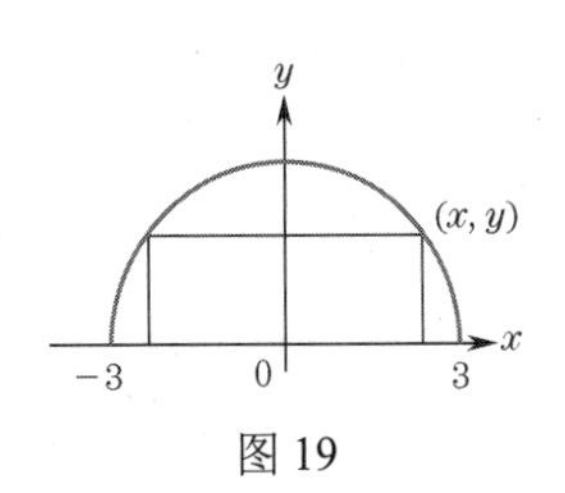

图 19

2.5 节自测题答案

1. 防风亭是正方形的，我们可用 x 表示正方形的每条边的长度。防风亭的其他尺寸可以用字母 h 表示（见图 20）。

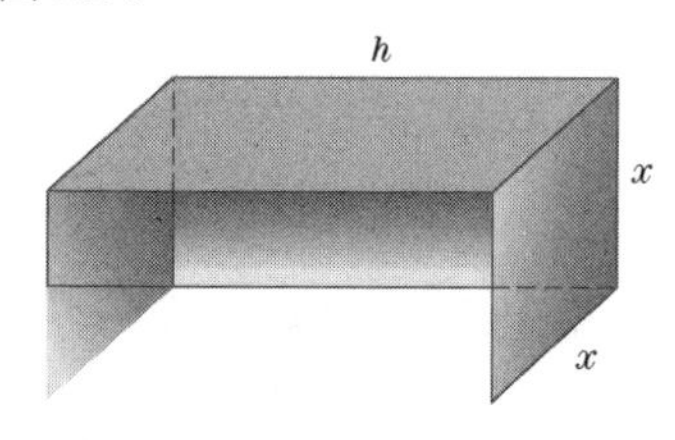

图 20

防风亭的体积是 x^2h，这是需要最大化的。我们总共使用了 96 英尺的帆布，即 $2x^2+2xh=96$。注意：亭顶和背面面积分别为 xh，两侧的面积都为 x^2。

下面求解 h 的方程：

$$2x^2+2xh=96 \Rightarrow 2xh=96-2x^2 \Rightarrow$$
$$h=\frac{96}{2x}-\frac{2x^2}{2x}=\frac{48}{x}-x$$

体积 V 为

$$x^2h=x^2\left(\frac{48}{x}-x\right)=48x-x^3$$

画出 $V=48x-x^3$ 的图形，可以看出 $x=4$ 时 V 有极大值。于是，$h=\frac{48}{4}-4=12-4=8$。因此，防风亭的两侧都应是面积为 4 英尺×4 英尺的正方形，顶部的长度应为 8 英尺。

2. 目标方程是 $V=x^2h$，因为它用变量表示体积（要最大化的量）。约束方程为 $2x^2+2xh=96$，因为变量之间相互关联；也就是说，它可用一个变量来表示另一个变量。

2.6 进一步优化问题

本节将 2.5 节中讨论的优化技术应用到其他一些实际情形中。

库存控制

当一家公司定期订购和存储物资以备日后使用或转售时，就必须确定每个订单的数量。如果订购的物资足够维持一整年，公司的运营成本就会很大。这类成本包括保险、存储成本及与存货有关的资金成本。为了降低运营成本，公司可以定期订购少量的物资，但这种策略会增大订货成本。订货成本可能包括最低运费、准备订单的文书费用，以及收到和检查订单时的费用。显然，公司必须找到一个介于这两种极端情况之间的库存订购政策。

为了了解库存控制问题，下面首先考虑一个不涉及优化的简单问题。

例 1 库存问题。 某超市经理预计明年会稳定的速度销售 1200 箱冷冻橙汁。经理计划在一年中以同样的时间间隔下同样的订单来订购这些橙汁。假设在库存中存储一箱橙汁 1 年的费用为 8 美元，计算如下成本：

(a) 经理一年中只下 1 笔订单。

(b) 经理一年中下 2 笔订单。

(c) 经理一年中下 4 笔订单。

根据订货-再订货期间的平均库存计算存储成本。

解：

(a) 该计划要求一次订购 1200 箱。案例中的冷冻橙汁库存如图 1(a)所示。它从 1200 箱开始，在这个订货-再订货期间稳定下降至 0 箱。在一年中的任何时间，库存都在 1200 箱和 0 箱之间。库存中平均有 $1200/2=600$ 箱。由于存储成本是根据平均存货计算的，因此本例的存储成本为 $C=600\times8=4800$ 美元。

(b) 本计划订购 1200 箱，下两笔同样的订单。因此，每单的数量是 $1200/2=600$ 箱。本例中的冷冻橙汁库存如图 1(b)所示。在每个订单重新订购期之初，库存为 600 箱，在订单重新订购期之末库存减少为 0 箱。在订货-再订货期间的任何给定时间，库存都在 600 箱和 0 箱之间。库

存中平均有 $600/2=300$ 箱。由于存储成本是按平均存货计算的，因此本例的存储成本为 $C=300\times 8=2400$ 美元。

(c) 本计划订购 1200 箱，分四次下同样的订单。每个订单的数量是 $1200/4=300$ 箱。这种情况下的库存如图 1(c)所示。在一个订货-再订货期间，平均库存是 $300/2=150$ 箱，因此本例的存储成本是 $C=150\times 8=1200$ 美元。

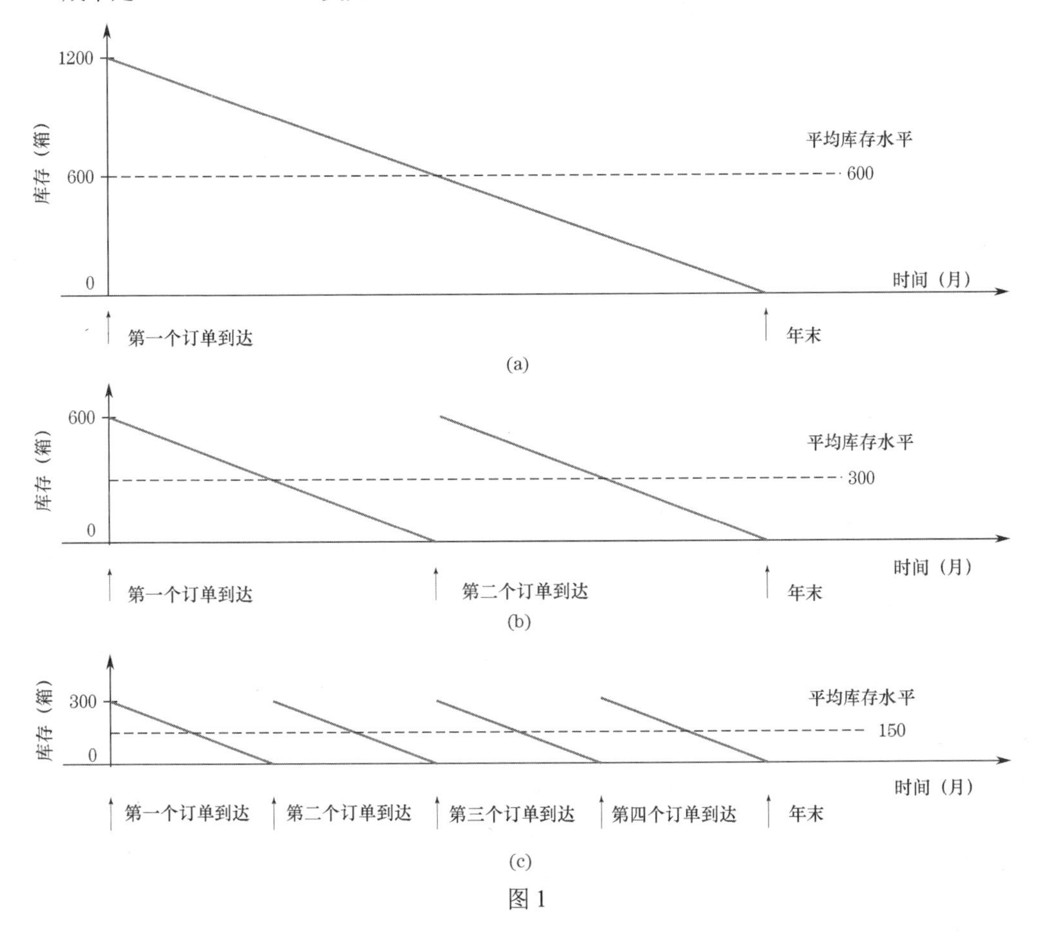

图 1

■

通过增加例 1 中的订单次数，经理能够将存储成本从 4800 美元降至 2400 美元，再降至 1200 美元。显然，经理可通过更加频繁地订货来进一步降低存储成本。事实上，事情并没有这么简单。每笔订单都有订货成本，增加订单次数，会增加年度存货成本，其中

$$\text{存货成本} = \text{订货成本} + \text{存储成本}$$

库存控制问题就是求经济订货量（Economic Order Quantity，EOQ），使存货成本最小。下面介绍如何用微积分来求解这个问题。

例 2　库存控制。假设例 1 中的经理想为冷冻橙汁建立一个最优库存策略。同样，我们估计明年会以稳定的速度售出 1200 箱。经理计划在一年中以相同的时间间隔下几笔相同数量的订单。使用以下数据确定经济订货量，即使总订货成本和存储成本最小订货量。

1. 每次送货的订购费用是 75 美元。

2. 库存 1 箱橙汁一年要花 8 美元（存储成本按当期的平均库存量计算）。

解：由于未给出每笔的订货量或全年的订货次数，我们设 x 为订货量，r 为全年的订货次数。如例 1 所示，库存橙汁的箱数从 x 箱（每完成一个新订单时）稳定下降到每个订货-再订货周期结束时的 0 箱。图 2 显示了该年存储的平均箱数为 $x/2$。由于 1 箱橙汁的存储成本是 8 美元/年，$x/2$ 箱橙汁的存储成本就是 $8\cdot\frac{x}{2}$ 美元。现在，我们有

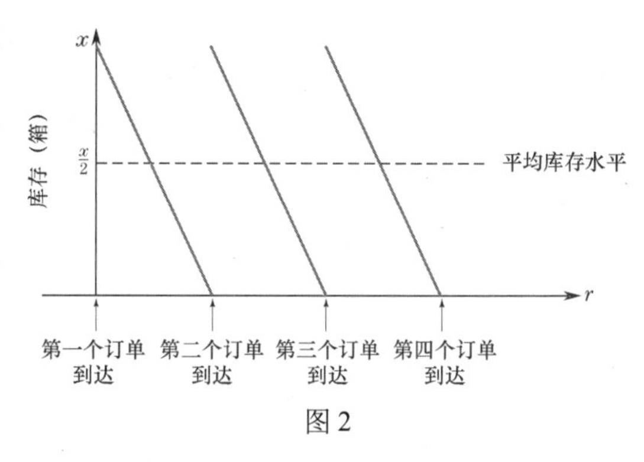

图 2

$$\text{存货成本} = \text{订货成本} + \text{存储成本} = 75r + 8\cdot\frac{x}{2} = 75r + 4x$$

若用 C 表示存货成本，则目标方程为

$$C = 75r + 4x$$

由于每年订购 r 次，每次订购 x 箱，一年共订购 $r\cdot x$ 箱。因此，约束方程为

$$r\cdot x = 1200$$

约束方程也可表示为 $r=\frac{1200}{x}$，代入目标方程得

$$C = \frac{90000}{x} + 4x$$

回顾：图 3 显示了一条倾斜的渐近线。该主题见 2.4 节的例 4。

图 3 所示为 $x>0$ 时，C 作为 x 的函数的图形。曲线图的极小值出现在一阶导数等于零的位置。通过计算，可以得出该点：

$$C'(x) = -\frac{90000}{x^2} + 4 = 0 \;\Rightarrow\; 4 = \frac{90000}{x^2}$$

$$4x^2 = 90000 \;\Rightarrow\; x^2 = 22500$$

$$x = 150 \text{（忽略负根，因为 } x>0\text{）}$$

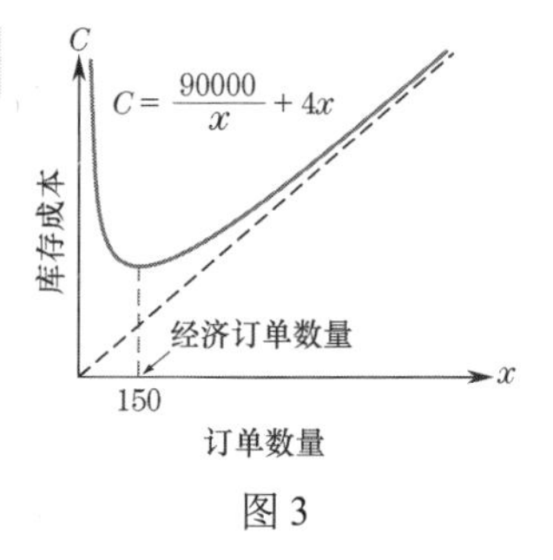

图 3

当 $x=150$ 时，总成本最小。因此，最优的库存策略是一次订购 150 箱，全年下 $1200/150=8$ 次订单。

■

例 3　库存控制。如果冷冻橙汁的销量增至 4 倍（即每年售出 4800 箱），但其他条件都相同，那么例 2 中的库存政策应该是什么？

解：在此前的解中，唯一的变化是约束方程，它现在变成

$$r\cdot x = 4800$$

目标方程仍为 $C=75r+4x$。因为 $r=\frac{4800}{x}$，所以有

$$C = 75\cdot\frac{4800}{x} + 4x = \frac{360000}{x} + 4x$$

现在，$C' = -\frac{360000}{x^2} + 4$。设 $C'=0$，则有

$$\frac{360000}{x^2} = 4 \;\Rightarrow\; x^2 = 90000 \;\Rightarrow\; x = 300$$

同样，忽略负根，因为 $x>0$。因此，经济订货量是每次 300 箱。

■

注意，尽管销售额为此前的 4 倍，但经济订货量仅为此前的 2 倍（$=\sqrt{4}$）。一般来说，商店的商品库存应与预期销售额的平方根成正比（该结果的推导见习题 9）。许多商店倾向于将平均库存保持为销售额的某个固定百分比。例如，每张订单可能包含足够维持 4 周或 5 周的商品。这种政策很可能会使得销售快的商品的库存过高，而销售慢的商品的库存过低。

制造商和零售商有着类似的库存控制问题，都有存储成本和每次生产运行的启动成本。使得这两种成本之和最小的生产规模称为**经济批量**，详见习题 6 和习题 7。

求解优化问题时，要在图形上找到极大值点或极小值点。这个点要么出现在一个相对极值点处，要么出现在定义域的端点处。到目前为止，在所介绍的所有优化问题中，极大值点或极小值点都出现在相对极值点处。在下一个例子中，最优点是端点，这在应用问题中经常出现。

例 4　端点极值。某牧场主使用 204 米的围栏建造两个畜栏：一个是方形的；另一个是长方形的，长是宽的 2 倍。求组合面积最大时畜栏的尺寸。

解：设 x 为矩形围栏的宽度，h 为正方形围栏每边的长度（见图 4）。设 A 为组合面积，则有

$$A=\text{正方形面积}+\text{矩形面积}=h^2+2x^2$$

约束方程为

$$204=\text{正方形周长}+\text{矩形周长}=4h+6x$$

矩形的周长不能超过 204，必有 $0\leqslant 6x\leqslant 204$，即 $0\leqslant x\leqslant 34$。求解 h 的约束方程，代入目标方程，得到如图 5 所示的函数。图形表明面积在 $x=18$ 时最小。然而，该问题要求的是最大可能的面积。从图 5 中可以看到这种情况出现在 $x=0$ 的端点处。因此，牧场主应该只修建正方形畜栏，有 $h=204/4=51$ 米。在本例中，目标函数有一个端点极值：极大值出现在 $x=0$ 的端点处。

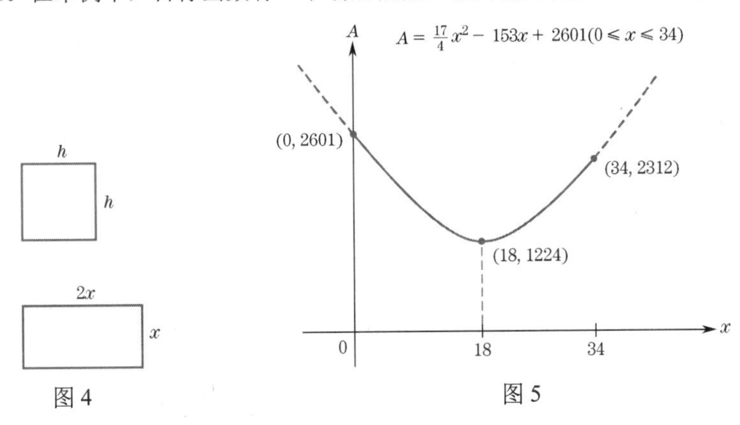

图 4　　图 5

■

2.6 节自测题（答案见本节习题后）

1. 在例 2 的库存问题中，假设订货成本相同，但将一箱橙汁存储 1 年的成本为 9 美元，且在订货-再订货期间以最大库存计算存储成本。新的经济订货量是多少？

2. 在例 2 的库存问题中，假设冷冻橙汁的销量增至原来的 9 倍，即每年销售 10800 箱。新的经济订货量是多少？

习题 2.6

1. 图 6 显示了西雅图一家天然食品商店雷尼尔干樱桃的库存水平及一年内的订货-再订货周期。回答如下问题。

(a) 在一次订货-再订货期间，库存樱桃的平均数量是多少？

(b) 在一次订货-再订货期间，库存樱桃的最大数量是多少？

(c) 一年内下了多少次订单？

(d) 一年内售出了多少磅樱桃干？

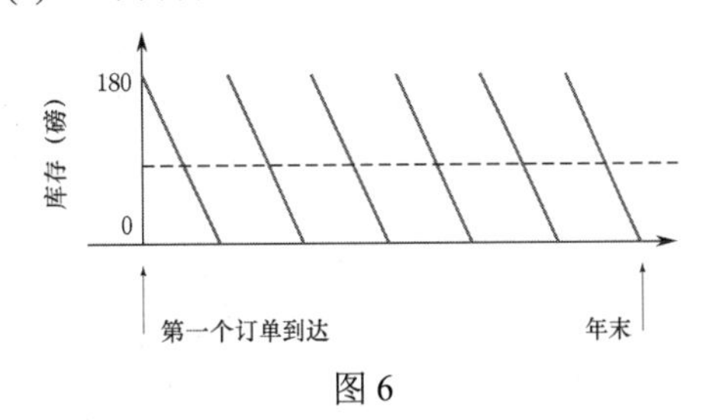

图 6

2. 参考图 6。假设：(i)每批樱桃干的订购费用为 50 美元，(ii)库存 1 磅樱桃干 1 年需要 7 美元。
   (a) 若存储成本是按订货-再订货期间的平均存货计算的，那么存货成本（存储成本加订货成本）是多少？
   (b) 若在订货-再订货期间的存储成本是按最大库存计算的，则存货成本是多少？
3. **库存控制**。某药剂师想为一种需要在仓库中冷藏的新抗生素建立一个最佳库存策略。药剂师预计明年将以稳定的速度销售 800 包这种抗生素。她计划在一年内以相同的时间间隔下几笔同样大小的订单。每次订货的成本为 16 美元，根据存货中的平均包数计算，每包的存储成本为 4 美元/年。
   (a) 设 x 为该年的单次订数，r 为该年的订单次数。用 x 和 r 表示库存成本（订货成本加存储成本）。
   (b) 求约束函数。
   (c) 确定使库存成本最小的经济订货量，求出最小的库存成本。
4. **库存控制**。一家家具店预计明年将以稳定的速度销售 640 套沙发。商店经理计划从制造商那里订购这些沙发，一年内每隔一段时间订购几套相同尺寸的沙发。每次发货的订购费用是 160 美元，根据沙发库存的平均数量计算，每张沙发的存储成本为 32 美元/年。
   (a) 设 x 为该年的单次订数，r 为该年的订单次数。用 x 和 r 表示库存成本。
   (b) 求约束函数。
   (c) 确定使库存成本最小的经济订货量，求出最小的库存成本。
5. **库存控制**。加州的一家运动器材经销商预计，明年将以稳定的速度销售 10000 箱网球。每年的存储成本（按全年平均存货数量计算）为 10 美元/箱，向制造商下订单的费用为 80 美元。
   (a) 计算经销商一年内一次订购 500 箱网球的库存成本。
   (b) 确定经济订货量，即使库存成本最小的订货量。
6. **经济批量**。全美轮胎公司预计明年将销售 60 万个特定尺寸和等级的轮胎。每个月的销售额通常相同。每生产一次，花费公司 15000 美元。根据存储轮胎的平均数量计算，每个轮胎的存储成本为 5 美元/年。
   (a) 若一年内有 10 次生产运行，求产生的成本。
   (b) 求经济批量（即使得生产轮胎的总成本最小的生产运行规模）。
7. **经济批量**。大雾光学公司生产实验室显微镜。每生产一次花费 2500 美元。保险费用是根据仓库中显微镜的平均数量计算的，每台显微镜每年为 20 美元。根据仓库中显微镜的最大数量计算，每台显微镜每年的存储成本为 15 美元。如果公司希望在一年内以相当一致的速度销售 1600 台显微镜，求使公司总体开支最小的生产运行次数。
8. **库存控制**。一家书店正试图为一本畅销书确定最经济的订货量。这家书店每年卖出 8000 本该书。书店计算发现，处理每笔新图书订单要花费 40 美元。存储成本（主要是利息支付）是每本书 2 美元，以订货-再订货期间的最大库存计算。一年应该下几次订单？
9. **库存控制**。商店经理想为某商品建立一个最优的库存策略。预计销售额以稳定的速度增长，全年的销售额应达到 Q。每下一次订单，都产生 h 美元的成本。年度的存储费用为 s 美元/件，以当年存储商品的平均数量计算。当每次订单的订购数量为 $\sqrt{2hQ/s}$ 件商品时，证明总库存成本最小。
10. 参考例 2 中的库存问题。若经销商为 600 箱或以上的订单提供 1 美元/箱的折扣，经理是否应该更改订购数量？
11. **面积**。从一面 100 英尺长的石墙开始，农民想要通过增加 400 英尺的栅栏来建造一个矩形围栏，如图 7(a)所示。求能围出最大面积的 x 值和 w 值。

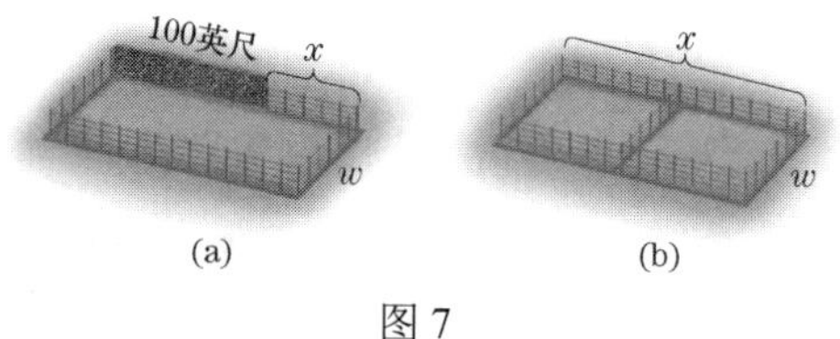

图 7

12. 只在石墙的基础上增加 200 英尺的栅栏，重做习题 11。
13. **长度**。如图 7(b)所示，一个 54 平方米的矩形畜栏被栅栏隔开成两部分。求围栏成本最低时的围栏尺寸。
14. 参考习题 13。若边界围栏的成本是 5 美元/米，而分隔围栏的成本是 2 美元/米，求围栏成本最小时的围栏尺寸。
15. **收入**。莎士比亚披萨店每周卖出 1000 个蔬菜披萨，每个披萨 18 美元。当店主提供 5 美元的折扣时，每周的销售量增加到 1500 个。

(a) 假设每周销售额 $A(x)$ 和折扣 x 之间呈线性关系，求 $A(x)$。

(b) 求周收益最大时的 x 值［收益= $A(x)\cdot$ 价格］。

(c) 披萨的价格是 9 美元，其他数据不变，重做(a)问和(b)问。

16. 表面积。设计一个开口的矩形盒子，其两端是方形的，体积为 36 立方英寸，求所需材料最经济时盒子的尺寸。

17. 成本。建造一个方形地基的箱状储藏棚，其容积是 150 立方英尺。地基的混凝土成本是 4 美元/平方英尺，屋顶的材料成本是 2 美元/平方英尺，两侧的材料成本是 2.5 美元/平方英尺。求最经济储藏棚的尺寸。

18. 成本。某超级市场被设计成一个建筑面积为 12000 平方英尺的矩形建筑。大楼的正面主要是玻璃，材料成本为 70 美元/英尺。另三面墙将由砖和水泥砌块建造，造价为 50 美元/英尺。忽略所有其他成本（人工、地基和屋顶的成本等），求建筑四面墙的材料成本降至最低时，建筑地基的尺寸。

19. 体积。某航空公司要求，乘客在飞机上携带的矩形包裹的三个维度（长、宽、高）之和不超过 120 厘米。求满足此要求的体积最大的方形矩形包裹的尺寸。

20. 面积。一个运动场（见图 8）由一个矩形区域和两端的半圆形区域组成。外围用于一条 440 码（1 码 = 0.9144 米）的跑道。求使矩形区域面积最大的 x 值。

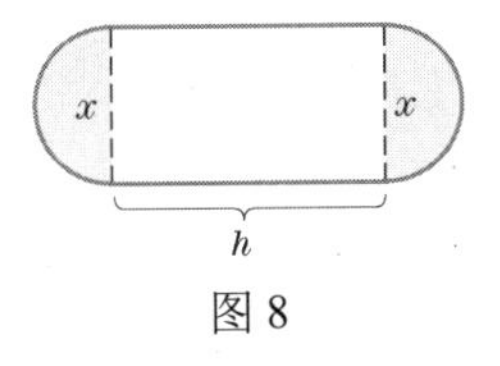

图 8

21. 体积。从 16 英寸×16 英寸的纸板上切下正方形的角并且折叠折页，可以构建一个开口的矩形盒子（见图 9）。求使盒子体积最大的 x 值。

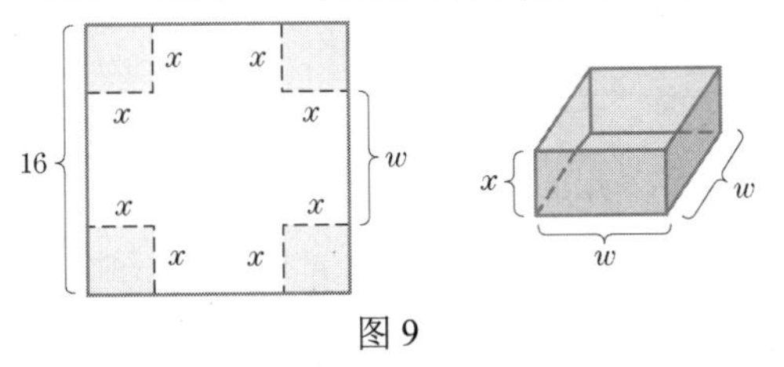

图 9

22. 体积。一个封闭矩形盒子底座的长度是其宽度的 2 倍。如果总表面积必须是 27 平方英尺，求盒子体积最大时的尺寸。

23. 湖中含氧量。设 $f(t)$ 为污水排入湖中后第 t 天湖中的氧气量（以适当的单位表示），$f(t)$ 近似为

$$f(t)=1-\frac{10}{t+10}+\frac{100}{(t+10)^2}$$

什么时候含氧量增长最快？

24. 工厂日产量。煤矿 t 小时作业后的日产量约为 $40t+t^2-\frac{1}{15}t^3$（吨），其中 $0\leqslant t\leqslant 12$。求最大产出速率（吨/小时）。

25. 面积。考虑一个抛物线拱门，其形状可用 $y=9-x^2$ 的图形表示，拱门的底部位于 x 轴上，从 $x=-3$ 到 $x=3$。求可在拱门内建造的最大面积的矩形窗的尺寸。

26. 广告与销售。某产品的广告被终止 t 周后，周销量为 $f(t)$，其中

$$f(t)=1000(t+8)^{-1}-4000(t+8)^{-2}$$

周销售额何时下降最快？

27. 表面积。一个体积为 400 立方英寸的开口矩形盒子有一个方形底座，中间有一个隔板（见图 10）。求建造该盒子所需材料数量最少时，盒子的尺寸。

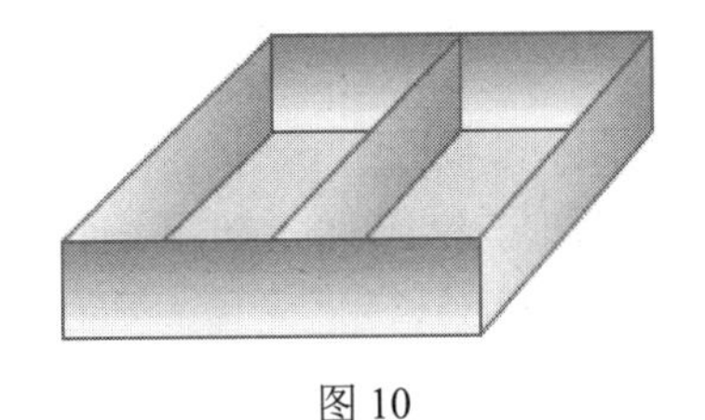
图 10

28. 若 $f(x)$ 定义在区间 $0\leqslant x\leqslant 5$ 上，且 $f'(x)$ 对所有 x 都是负的，则对 x 的什么值 $f(x)$ 最大？

技术题

29. 体积。披萨盒是用一块 20 厘米×40 厘米的长方形硬纸板做成的，先从长方形的每条长边切出 6 个大小相等的正方形（每条长边各切出三个正方形），然后将硬纸板折叠成一个盒子（见图 11）。设 x 是 6 个正方形每条边的长度。当 x 等于多少时，盒子的体积最大？

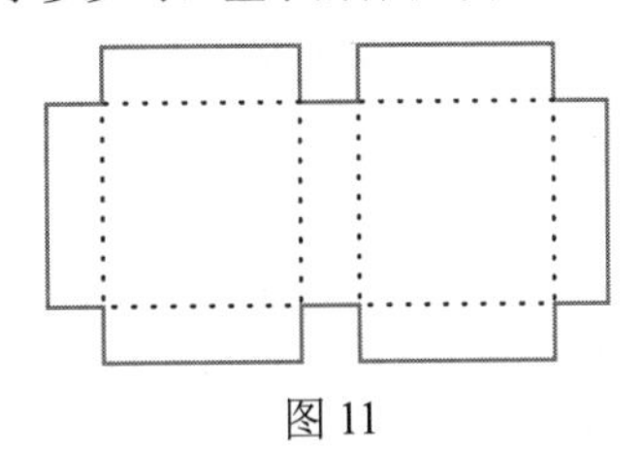
图 11

30. 美国咖啡消费。美国的人均咖啡消费量高于世界上任何其他地方。然而，由于咖啡豆价格的波动和咖啡因对健康影响的担忧，咖啡消费量多年来变化很大。根据发表在《华尔街日报》上的数据，下面的数学模型给出了 x 年（1955 年对应 $x=0$ ）来每个成年人每天消费的杯数：

$$f(x)=2.77+0.0848x-0.00832x^2+0.000144x^3$$

(a) 画出 $y=f(x)$ 的图形，显示从 1955 年到 1994 年的每日咖啡消费量。

(b) 用 $f'(x)$ 求在此期间咖啡消费量最少的年份。那时每天的咖啡消费量是多少？

(c) 用 $f'(x)$ 求在此期间咖啡消费量最大的年份。那时每天的咖啡消费量是多少？

(d) 用 $f''(x)$ 求咖啡消费量下降最快的年份。

2.6 节自测题答案

1. 设 x 为该年的单次订购量，r 为该年的订单次数。由图 2 可知，在订货–再订货期间的任何时刻，最大库存为 x 箱。这是订单到达时的库存数量。因为 1 箱的存储成本是 9 美元，所以 x 箱的存储成本是 $9\cdot x$ 美元。这是新的存储成本。订货成本与例 2 中的相同。目标函数变成

$$C=\text{订货成本}+\text{存储成本}=75r+9x$$

约束方程也与例 2 中的相同，因为全年订购的总箱数不变。因此，$r\cdot x=1200$。

因此，按照例 2 的解，我们有

$$r=\tfrac{1200}{x}$$
$$C=75\cdot\tfrac{1200}{x}+9x=\tfrac{90000}{x}+9x$$
$$C'(x)=-\tfrac{90000}{x^2}+9$$

求解 $C'(x)=0$ 有

$$-\tfrac{90000}{x^2}+9=0 \Rightarrow 9x^2=90000 \Rightarrow x^2=10000$$

$x=\sqrt{10000}=100$（因为 $x>0$，忽略负根）

当 $x=100$ 时，总成本最小。最佳的库存策略是一次订购 100 箱，在一年内下 $\tfrac{1200}{100}=12$ 个订单。

2. 本题可用求解例 3 的相同方法求解。然而，例 3 末尾的注释表明，经济订货量应增加 3 倍，因为 $3=\sqrt{9}$。因此，经济订货量为 $3\times150=450$ 箱。

2.7 导数在商业和经济学中的应用

本书中的所有应用都围绕经济学家所说的企业理论展开。换句话说，我们将研究企业（或整个行业）的活动，且研究仅限于背景条件（如原材料供应、工资率和税收）相当恒定的时段。然后，介绍导数如何帮助此类企业的管理层做出重要的生产决策。

无论是否知道微积分，管理层都会利用前面介绍过的许多，例如：

$C(x)=$ 生产 x 件产品的成本（美元）

$R(x)=$ 销售 x 件产品的收入（美元）

$P(x)=R(x)-C(x)=$ 生产和销售 x 件产品的利润（或损失）

注意，函数 $C(x)$, $R(x)$ 和 $P(x)$ 通常只对非负整数即 $x=0,1,2,3,\cdots$ 有定义，原因是谈论生产−1 辆汽车的成本或销售 3.62 台冰箱的收入是没有意义的。因此，每个函数都可在图形上产生一组离散点，如图 1(a)所示。然而，研究这些函数时，经济学家通常会画出一条过这些点的平滑曲线，且假设 $C(x)$ 实际上对所有正 x 都有定义。当然，我们通常要根据 x 在大多数情况下是非负整数这一事实来解释问题的答案。

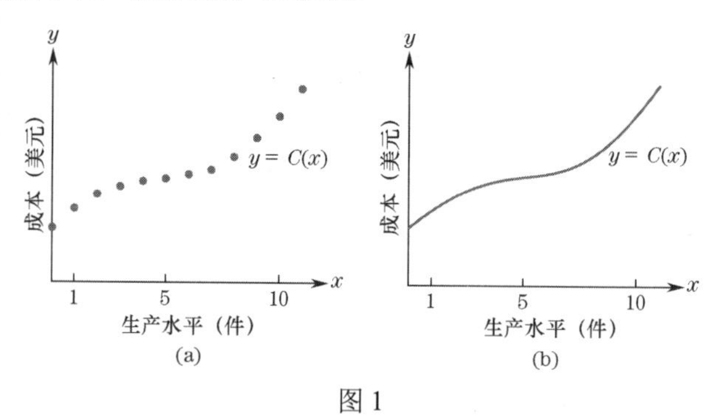

图 1

成本函数

当成本函数 $C(x)$ 具有如图 1(b)所示的平滑图形时，可以使用微积分工具来研究它。例 1 中分析了一个典型的成本函数。

例 1　边际成本分析。假设制造商的成本函数为 $C(x)=(10^{-6})x^3-0.003x^2+5x+1000$ 美元。

(a) 描述边际成本的行为。

(b) 画出 $C(x)$ 的图形。

解： $C(x)$ 的前两阶导数为

$$C'(x)=(3\times10^{-6})x^2-0.006x+5$$

$$C''(x)=(6\times10^{-6})x-0.006$$

首先画出边际成本 $C'(x)$。根据 $C'(x)$ 的行为，我们能够画出 $C(x)$ 的图形。边际成本函数 $C'(x)=(3\times10^{-6})x^2-0.006x+5$ 的曲线是一条上凹抛物线。因为 $C''(x)=(6\cdot10^{-6})x-0.006$，可以看到抛物线在 $x=1000$ 处有水平切线。因此，$C'(x)$ 的极小值出现在 $x=1000$ 处。对应的 y 坐标是

$$(3\times10^{-6})\times1000^2-0.006\times1000+5=3-6+5=2$$

$C'(x)$ 的图形如图 2 所示。因此，首先，边际成本降低。每生产 1000 件产品，最低价格为 2 美元，此后不断上涨。这就回答了(a)问，下面来画 $C(x)$ 的图形。由于图 2 中的图形是 $C(x)$ 的导数图形，可以看出 $C'(x)$ 从不为零，因此不存在相对极值点。因为 $C'(x)$ 总为正，所以 $C(x)$ 总是递增的（任何成本曲线都应如此）。此外，由于 $C'(x)$ 在 $x<1000$ 时减小，在 $x>1000$ 时增大，可以看到 $C(x)$ 在 $x<1000$ 时下凹，在 $x>1000$ 时上凹，且在 $x=1000$ 处有一个拐点。$C(x)$ 的图形如图 3 所示。注意，$C(x)$ 的拐点出现在边际成本最小的 x 值处。

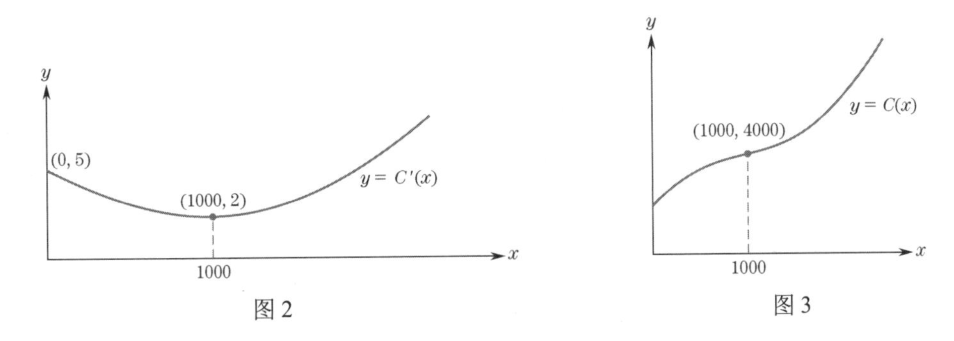

图 2　　　　图 3

■

实际上，大多数边际成本函数的大致形状与例 1 中的边际成本曲线相同。当 x 很小时，额外件产品的生产受限于生产经济，而后降低了单位成本。因此，x 越小，边际成本越低。然而，产量增大最终会导致：加班，使用效率较低、陈旧的设备，以及对稀缺原材料的竞争。因此，对于非常大的 x，额外件产品的成本将增加。因此，我们看到 $C'(x)$ 首先减小，然后增大。

收入函数

一般来说，企业不仅要关注成本，而且要关注收入。回顾可知，若 $R(x)$ 是销售 x 件某商品的收入，则导数 $R'(x)$ 称为**边际收入**。经济学家用它来衡量单位销售额的收入增长率。

若 x 件商品以每件 p 的价格出售，则总收入 $R(x)$ 为 $R(x)=x\cdot p$。

若一家企业很小，且要与许多其他企业竞争，则其销售额对市场价格的影响很小。于是，对一家企业而言，价格是恒定的，因此边际收入 $R'(x)$ 等于价格 p ［即 $R'(x)$ 是该企业额外销售 1 件获得的金额］。在这种情况下，收入函数具有如图 4 所示的图形。

当一家企业是某种商品或服务的唯一供应商时，即该企业具有垄断地位时，就会出现一个有趣的问题。若价格较低，消费者就会大量购买商品；若价格提高，消费者就会减少购买。对于每个 x，设 $f(x)$ 是将所有 x 件商品出售给客户所能设定的最高价格。由于销售更多的数量需要降低价格，$f(x)$ 将是一个递减函数。图 5 中显示了一条典型的需求曲线，它将需求量 x 与价格 $p=f(x)$ 联系起来了。

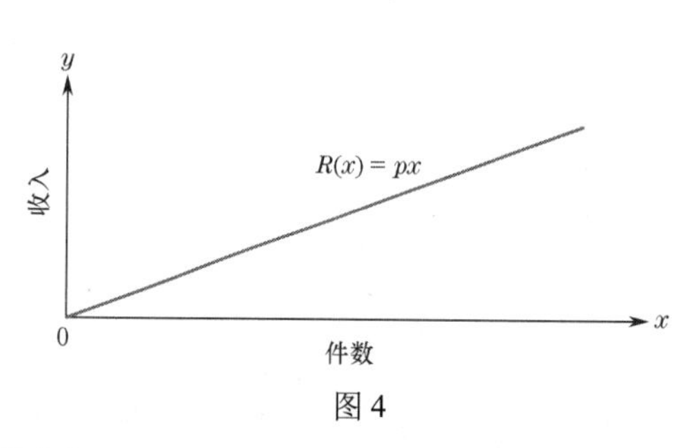

图 4

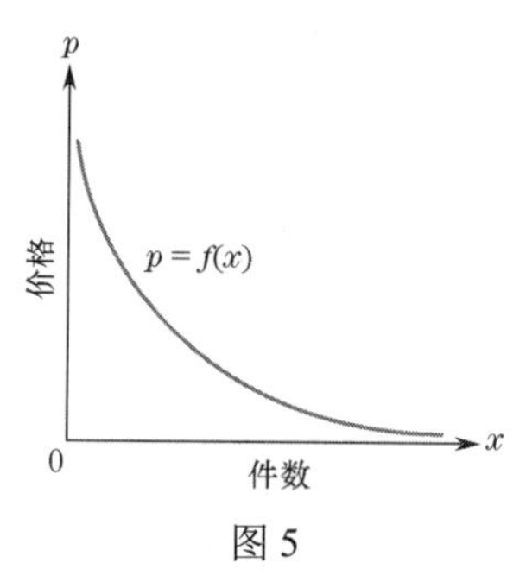

图 5

需求方程 $p = f(x)$ 决定了总收入函数。若企业想出售 x 件，其能设定的最高价格是 $f(x)$ 美元/件，所以销售 x 件的总收入是

$$R(x) = x \cdot p = x \cdot f(x) \tag{1}$$

需求曲线的概念既适用于寡头垄断企业，又适用于整个行业（包括许多生产商）。在这种情况下，会有许多生产者出售相同的产品。若 x 表示该行业的总产量，$f(x)$ 是单件产品的市场价格，则 $x \cdot f(x)$ 是销售 x 件产品获得的总收入。

例 2　收入最大化。某产品的需求方程是 $p = 6 - \frac{1}{2}x$ 千美元。求带来最大收益的生产水平。

解：在这种情况下，收入函数 $R(x)$ 是

$$R(x) = x \cdot p = x\left(6 - \tfrac{1}{2}x\right) = 6x - \tfrac{1}{2}x^2 \text{ 千美元}$$

边际成本为

$$R'(x) = 6 - x$$

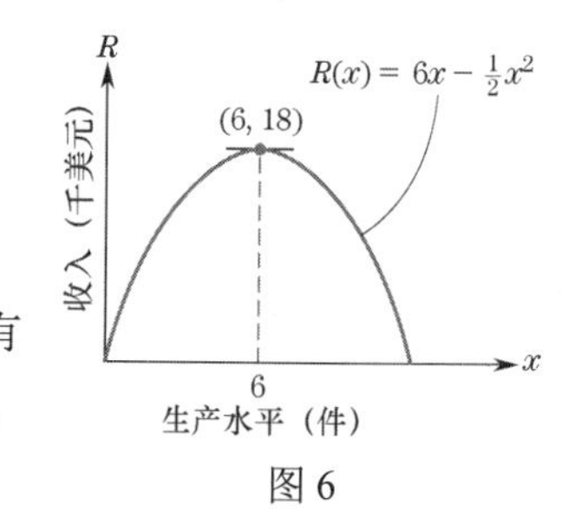

图 6

$R(x)$ 的曲线是一条下凹抛物线（见图 6）。在 $R'(x) = 0$ 的 x 处恰好有一条水平切线，也就是说，在 x 处边际收入为 0。唯一这样的 x 是 $x = 6$。对应的收入为

$$R(6) = 6 \cdot 6 - \tfrac{1}{2} \times 6^2 = 18 \text{ 千美元 } = 18000 \text{ 美元}$$

因此，产生最大收入的生产水平为 $x = 6$，总收入为 18000 美元。

■

例 3　建立需求方程。WMA 巴士公司提供华盛顿特区观光游，其中一个旅游团的价格是 7 美元/人，每周平均有 1000 名游客。当价格降至 6 美元时，每周的需求跃升至约 1200 名客户。假设需求方程是线性的，求每人应收取的价格，使每周的总收入最大。

解：首先要求需求方程。设 x 为每周的游客数量，p 为旅游票的价格。于是点 $(x_1, p_1) = (1000, 7)$ 和点 $(x_2, p_2) = (1200, 6)$ 就在需求曲线上（见图 7）。使用过这两点的点斜率公式得

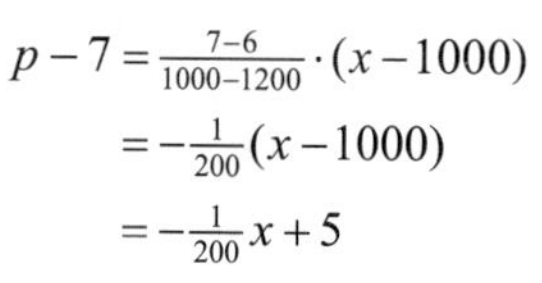

$$\begin{aligned} p - 7 &= \tfrac{7-6}{1000-1200} \cdot (x - 1000) \\ &= -\tfrac{1}{200}(x - 1000) \\ &= -\tfrac{1}{200}x + 5 \end{aligned}$$

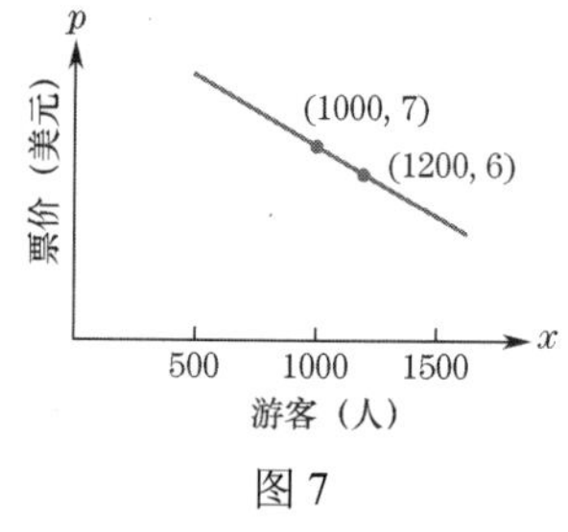

图 7

所以，

$$p = 12 - \tfrac{1}{200}x \tag{2}$$

根据式(1)，得到收入函数为

$$R(x) = x \cdot p = x\left(12 - \tfrac{1}{200}x\right) = 12x - \tfrac{1}{200}x^2$$

边际收入函数为

$$R'(x)=12-\frac{1}{100}x=-\frac{1}{100}(x-1200)$$

利用 $R(x)$ 和 $R'(x)$，就可画出 $R(x)$ 的图形（见图 8）。当边际收入为零即当 $x=1200$ 时，收入极大值出现。此时，游客数量对应的价格由需求方程(2)求得：

$$p=12-\frac{1}{200}\times 1200=6\ （美元）$$

因此，6 美元的价格可带来每周最大的总收入。■

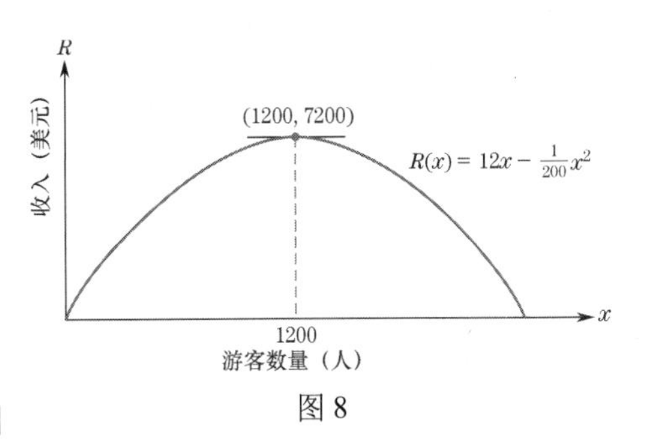

图 8

利润函数

一旦知道成本函数 $C(x)$ 和收益函数 $R(x)$，就可计算出利润函数 $P(x)$：

$$P(x)=R(x)-C(x)$$

例 4　利润最大化。假设垄断者的需求方程为 $p=100-0.01x$，成本函数为 $C(x)=50x+10000$（见图 9）。求使利润最大的 x 值，并确定相应的价格和该生产水平的总利润。

解：总收入函数是

$$R(x)=x\cdot p=x(100-0.01x)=100x-0.01x^2$$

因此，利润函数是

$$P(x)=R(x)-C(x)=100x-0.01x^2-(50x+10000)=-0.01x^2+50x-10000$$

该函数的曲线是一条下凹抛物线（见图 10），其最高点是曲线斜率为零的地方，即边际利润 $P'(x)$ 为零的地方。于是，有

$$P'(x)=-0.02x+50=-0.02(x-2500)$$

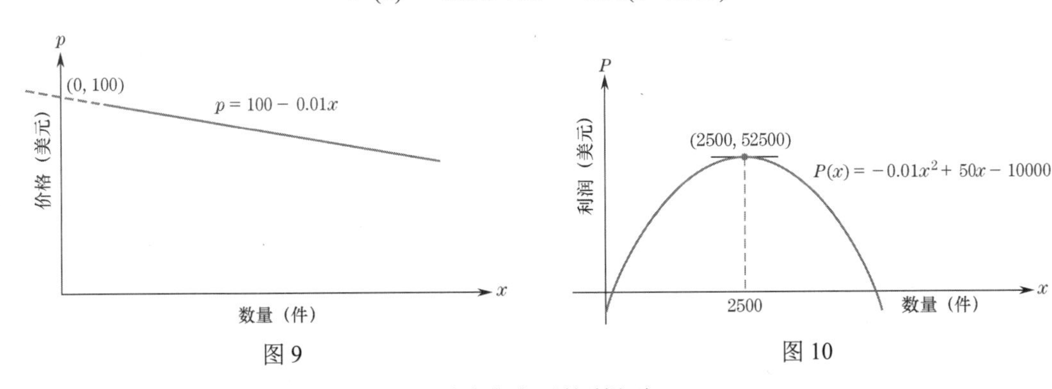

图 9　　图 10

因此，当 $x=2500$ 时，$P'(x)=0$。这种生产水平的利润为

$$P(2500)=-0.01\times 2500^2+50\times 2500-10000=52500\ （美元）$$

最后，回到需求方程，求卖出全部 2500 件产品的最高价格：

$$p=100-0.01\times 2500=100-25=75\ （美元）$$

因此，要使利润最大化，需要生产 2500 件产品，并以 75 美元/件的价格出售。利润将达到 52500 美元。■

例 5　重新计算。在政府对每件商品征收 10 美元消费税的情况下，重新计算例 4。

解：每卖出一件产品，制造商将不得不支付 10 美元消费税。换句话说，生产和销售 x 件产品的成本增加了 $10x$ 美元。成本函数现在是

$$C(x)=(50x+10000)+10x=60x+10000$$

征税后需求方程不变，因此收入不变：

$$R(x)=100x-0.01x^2$$

如前所述，我们有

$$P(x)=R(x)-C(x)=100x-0.01x^2-(60x+10000)$$
$$=-0.01x^2+40x-10000$$
$$P'(x)=-0.02x+40=-0.02(x-2000)$$

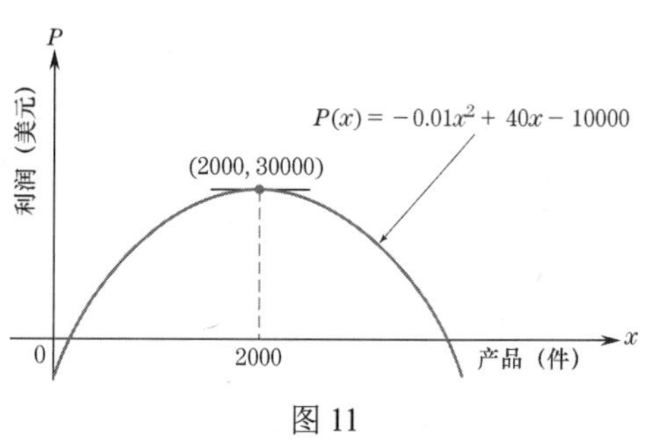

图 11

$P(x)$ 的图形仍是一条下凹抛物线，最高点在 $P'(x)=0$ 处即 $x=2000$ 处（见图 11）。对应的利润为

$$P(2000)=-0.01\times2000^2+40\times2000-10000=30000 \text{（美元）}$$

根据需求方程 $p=100-0.01x$，求得对应 $x=2000$ 的价格为

$$p=100-0.01\times2000=80 \text{（美元）}$$

即要使利润最大化，需要生产 2000 件产品且每件产品以 80 美元的价格出售。利润为 30000 美元。■

注意，在例 5 中，最优价格从 75 美元提高到 80 美元。若垄断者希望利润最大化，则应只将 10 美元税的一半转嫁给客户。垄断者无法避免利润将因征税而大幅降低的事实。这就是各行业游说反对征税的原因之一。

设置生产水平

假设一家企业的成本函数为 $C(x)$，收入函数为 $R(x)$。在自由企业经济中，该企业将以利润函数最大化的方式设置生产水平 x：

$$P(x)=R(x)-C(x)$$

前面说过，若 $P(x)$ 在 $x=a$ 处有极大值，则 $P'(a)=0$。也就是说，因为 $P'(x)=R'(x)-C'(x)$，所以

$$R'(a)-C'(a)=0 \quad \Rightarrow \quad R'(a)=C'(a)$$

因此，在边际收入等于边际成本的生产水平上，利润是最大化的（见图 12）。

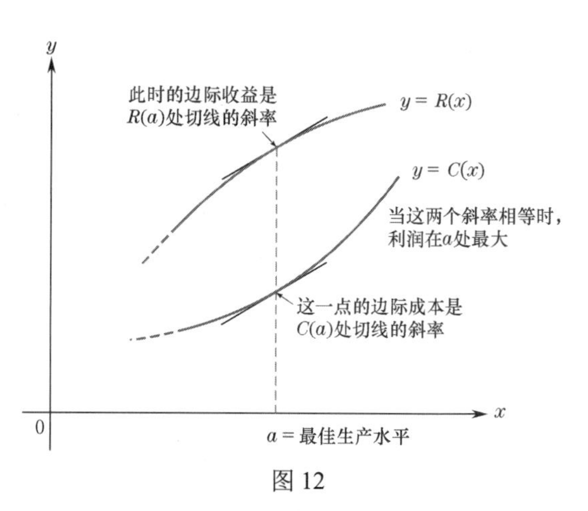

图 12

2.7 节自测题（答案见本节习题后）

1. 找到边际收入等于边际成本的生产水平，重做例 4。
2. 在固定成本从 10000 美元增加到 15000 美元的情况下，重做例 4。
3. 在某条航线上，一家地区航空公司每月运送 8000 名乘客，每人收费 50 美元。航空公司想提高票价。然而，市场研究部门估计，票价每上涨 1 美元，航空公司就会损失 100 名乘客。求使航空公司收益最大化的价格。

习题 2.7

1. **边际成本最小化。** 已知成本函数为 $C(x)=x^3-6x^2+13x+15$，求最小边际成本。
2. **边际成本最小化。** 已知总成本函数为 $C(x)=0.0001x^3-0.06x^2+12x+100$，当 $x=100$ 时，边际成本是增大、减小还是不变？求最小边际成本。
3. **收入最大化。** 单一产品公司的收入函数为
$$R(x)=200-\tfrac{1600}{x+8}-x$$
求使收入最大化的 x 值。
4. **收入最大化。** 某产品的收入函数为 $R(x)=x(4-0.0001x)$，求可能的最大收益。

5. **成本与利润**。一家单一产品公司估计其每日总成本函数（以适当的单位）为 $C(x)=x^3-6x^2+13x+15$，总收入函数为 $R(x)=28x$。求使每日利润最大化的 x 值。

6. **利润最大化**。某人经营着一个小型网上商店，出售定制卡，每张卡 3.50 美元。每日成本函数估计为 $C(x)$ 美元，其中 x 是一天内售出的卡数，$C(x)=0.0006x^3-0.03x^2+2x+20$。求使商店每日利润最大化的 x 值。

7. **需求与收入**。某商品的需求方程是

$$p=\tfrac{1}{12}x^2-10x+300$$

其中 $0\leqslant x\leqslant 60$。求使收入最大化的 x 值和相应的价格 p。

8. **收入最大化**。产品的需求方程为 $p=2-0.001x$。求使收入最大化的 x 值和对应的价格 p。

9. **利润**。几年前，据估计，钢铁需求近似满足方程 $p=256-50x$，生产 x 单位钢铁的总成本为 $C(x)=182+56x$（数量 x 以百万吨为单位，价格和总成本以百万美元为单位）。求使利润最大化的生产水平和相应的价格。

10. **面积最大化**。考虑 xy 平面上的一个矩形，它的 4 个角分别为 $(0,0)$，$(a,0)$，$(0,b)$ 和 (a,b)。若 (a,b) 位于方程 $y=30-x$ 的图形上，求使矩形面积最大的 a 和 b。若方程 $y=30-x$ 表示需求曲线，y 是对应于需求 x 的价格，则可对你的答案给出什么经济学解释？

11. **需求、收入和利润**。最近，某市体育馆的汉堡还卖 4 美元/个。这家公司在一个游戏之夜平均卖出 10000 个汉堡。当价格提高到 4.40 美元/个时，汉堡的销量下降到平均每晚 8000 个。
    (a) 假设需求曲线是线性的，求使每晚汉堡收入最大化时一个汉堡的价格。
    (b) 若公司每晚的固定成本为 1000 美元，可变费用为每个汉堡 0.60 美元，求使汉堡每晚利润最大化时一个汉堡的价格。

12. **需求与收入**。歌剧院音乐会的平均票价是 50 美元，平均出席人数为 4000 人。当票价涨到 52 美元时，每场演出的平均出席人数下降到 3800 人。若需求曲线是线性的，票价应是多少才能使歌剧院的收入最大化？

13. **需求与收入**。一位艺术家计划出售其最新作品的签名版。如果有 50 件作品出售，那么每件可以要价 400 美元。然而，若签名版作品的数量超过 50，则要将所有签名版作品的价格降低 5 美元。该艺术家应制作多少签名版作品才能最大化收益？

14. **需求与收入**。一家游泳俱乐部收取 200 美元的会员费，前提是至少有 100 人加入。当会员人数超过 100 时，会员费每人减少 1 美元。最多可出售 160 个会员资格。俱乐部应出售多少会员资格才能使收入最大化？

15. **利润**。在规划一家道边咖啡馆时，预计有 12 张桌子，每天的利润是 10 美元/桌。由于过度拥挤，每增加一张桌子，每张桌子的利润将减少 0.50 美元。需要提供多少张桌子才能使咖啡馆的利润最大化？

16. **需求与收入**。某收费公路每辆车收费 1 美元时，平均每天有 36000 辆车通过。一项调查表明，收费每增加 1 美分，就减少 300 辆汽车。应收多少通行费才能使收益最大化？

17. **价格设置**。电力公司的月需求方程估计为

$$p=60-(10^{-5})x$$

其中，p 的单位是美元，x 的单位是千瓦时。该公司每月的固定成本为 700 万美元，每千千瓦时的可变成本为 30 美元，因此成本函数为

$$C(x)=7\times10^6+30x$$

    (a) 求使电力公司利润最大化的 x 值和每千千瓦时的相应价格。
    (b) 假设燃料成本的上升使得电力公司的可变成本从 30 美元增加到 40 美元，其新成本函数为

$$C_1(x)=7\times10^6+40x$$

    电力公司应把每千千瓦时增加的 10 美元全部转嫁到消费者身上吗？

18. **税收、利润和收入**。某公司的需求方程为 $p=200-3x$，成本函数为

$$C(x)=75+80x-x^2,\quad 0\leqslant x\leqslant 40$$

    (a) 求使利润最大化的 x 值和相应的价格。
    (b) 政府对公司征收 4 美元/单位产量的税，求使利润最大化的新价格。
    (c) 政府征收 T 美元/单位产量的税（其中 $0\leqslant T\leqslant 120$），新成本函数为

$$C(x)=75+(80+T)x-x^2,\quad 0\leqslant x\leqslant 40$$

    求使公司利润最大化的 x 的新值，作为 T 的函数。假设公司将产量削减到该水平，将政府获得的税收表示为 T 的函数。最后，求使政府获得的税收最大化的 T 值。

19. **利率**。储蓄贷款协会预测存款金额将达到利率的 100 万倍，如 4%的利率产生 400 万美元的存款。若储蓄和贷款协会可将赚来的钱以 10%的利率贷出，存款利率是多少时利润最大？

20. **利润分析**。设 $P(x)$ 是某产品的年利润，其中 x

是广告费（见图 13）。

(a) 解释 $P(0)$ 。

(b) 描述边际利润如何随广告费的增加而变化。

(c) 解释拐点的经济意义。

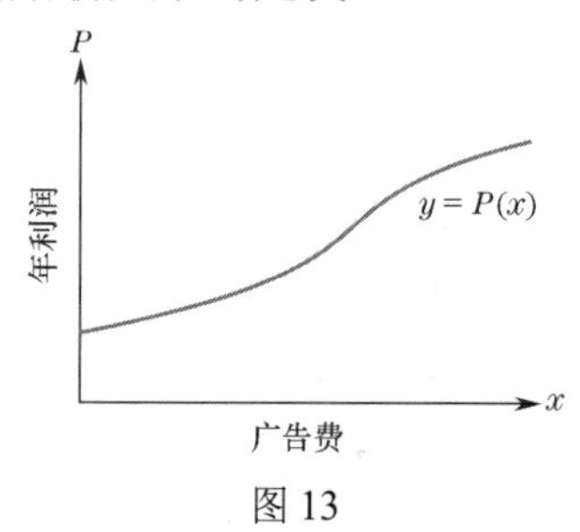

图 13

21. 收入。制造商的收入是 $R(x)$ 千美元，其中 x 是生产（和销售）商品的件数，$R(x)$ 和 $R'(x)$ 的图形分别如图 14(a)和图 14(b)所示。

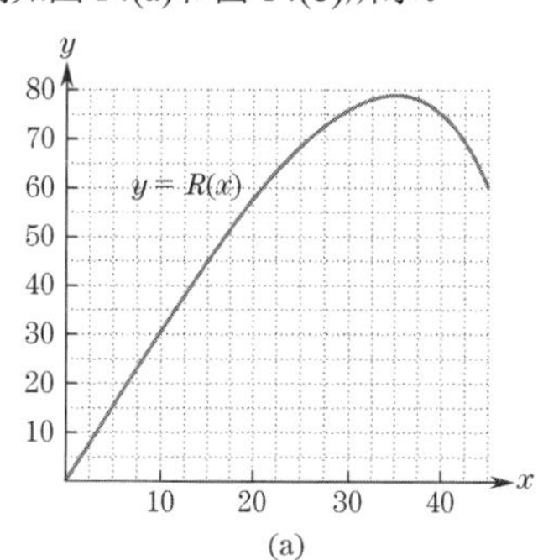

(a)

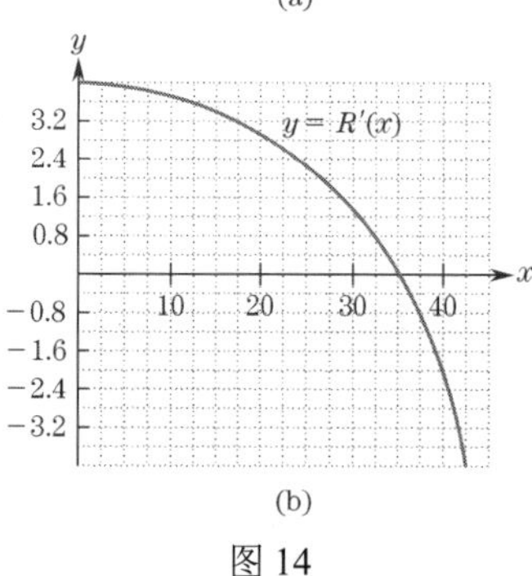

(b)

图 14

(a) 生产 40 件商品的收入是多少？

(b) 生产 17.5 件商品时的边际收入是多少？

(c) 什么生产水平的收入为 45000 美元？

(d) 在什么生产水平下，边际收入为 800 美元？

(e) 什么生产水平的收入最大？

22. 成本与边际成本。制造商的成本函数是 $C(x)$ 美元，其中 x 是所生产商品的件数，C, C' 和 C'' - 是已知函数，如图 15 所示。

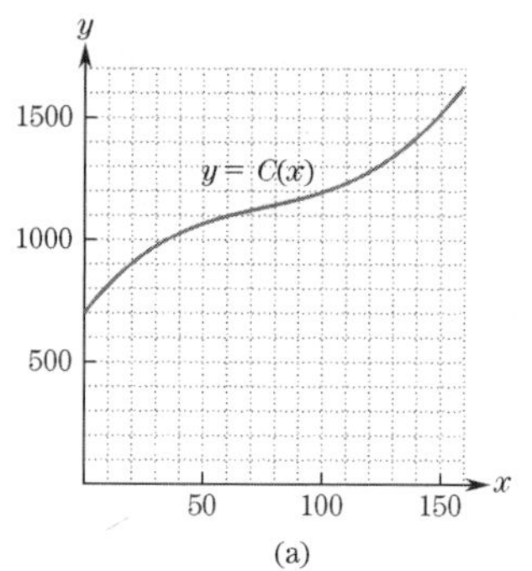

(a)

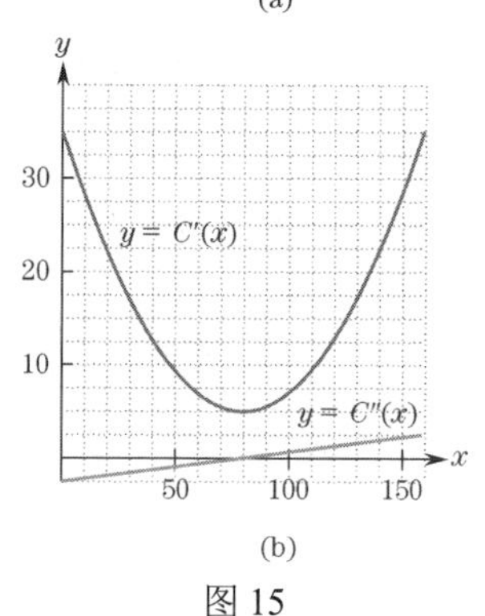

(b)

图 15

(a) 制造 60 件商品的成本是多少？

(b) 生产 40 件商品时，边际成本是多少？

(c) 成本为 1200 美元时的生产水平是多少？

(d) 在什么生产水平下边际成本是 22.5 美元？

(e) 在什么生产水平下边际成本的价值最小？这种生产水平下的边际成本是多少？

2.7 节自测题答案

1. 收入函数为 $R(x)=100x-0.01x^2$ ，因此边际收入函数为 $R'(x)=100-0.02x$ 。成本函数是 $C(x)=50x+10000$ ，所以边际成本函数是 $C'(x)=50$ 。下面令这两个边际函数相等来求解 x ：

$$R'(x)=C'(x)$$

$$100-0.02x=50 \quad \Rightarrow \quad -0.02x=-50$$

$$x=\tfrac{-50}{-0.02}=\tfrac{5000}{2}=2500\text{（台）}$$

当然，我们获得了与以前相同的生产水平。

2. 若固定成本从 10000 美元增加到 15000 美元，新成本函数将是 $C(x)=50x+15000$ ，但边际成本函数仍是 $C'(x)=50$ 。因此，解决方案相同：生产 2500 台，以 75 美元/台的价格出售（若目标是利润最大化，则固定成本的增加不一定要转嫁给消费者）。

3. 设 x 表示每月的乘客数，p 表示每张票的价格。通过将票价上涨的美元数 $(p-50)$ 乘以票价每上涨 1 美元所损失的乘客数，得到因票价上涨而损失的乘客数，有

$$x=8000-(p-50)100=-100p+13000$$

求解 p，得到需求方程为

$$p=-\frac{1}{100}x+130$$

根据式(1)，收入函数是

$$R(x)=x\cdot p=x\left(-\frac{1}{100}x+130\right)$$

其图形是一条下凹抛物线，x 截距为 $x=0$ 和 $x=13000$（见图 16）。极大值位于 x 截距的中点，即 $x=6500$ 处。与该乘客数量相对应的价格为 $p=-\frac{1}{100}\times 6500+130=65$（美元）。因此，每张机票 65 美元的价格将为航空公司每月带来最高的收入。

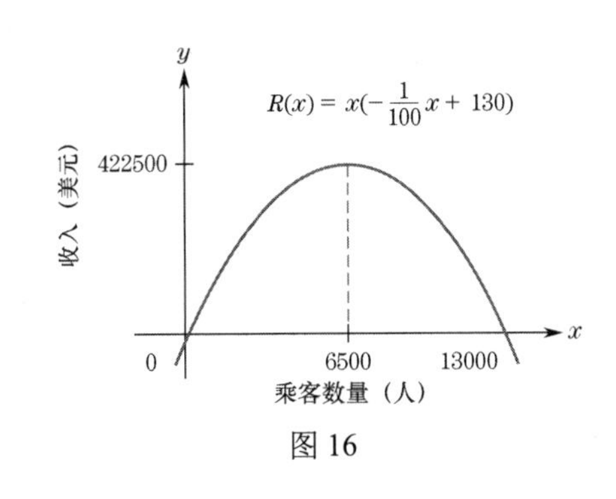

图 16

第 2 章概念题

1. 列出描述函数图形的术语。
2. 在 $x=2$ 处有相对极大值和在 $x=2$ 处有绝对极大值的区别是什么？
3. 给出 $f(x)$ 在 $x=2$ 处上凹和下凹的三个特征。
4. $f(x)$ 的图形在 $x=2$ 处有拐点是什么意思？
5. 函数的 x 截距和零点的区别是什么？
6. 如何确定函数的 y 截距？
7. 什么是渐近线？举例说明。
8. 简述一阶导数法则和二阶导数法则。
9. $f(x)$ 和 $f'(x)$ 的图形之间的两个联系是什么？
10. 概述一种找到函数相对极值点的方法。
11. 概述一种找到函数拐点的方法。
12. 概述一种绘制函数图形的方法。
13. 什么是目标方程？
14. 什么是约束方程？
15. 概述求解优化问题的过程。
16. 成本、收入和利润函数是如何关联的？

第 2 章复习题

1. 图 1 中包含了 $f(x)$ 的导数 $f'(x)$ 的图形。使用该图形回答下列关于 $f(x)$ 的问题。
   (a) x 为何值时 $f(x)$ 的图形是递增还是递减？
   (b) x 为何值时 $f(x)$ 的图形是上凹还是下凹？

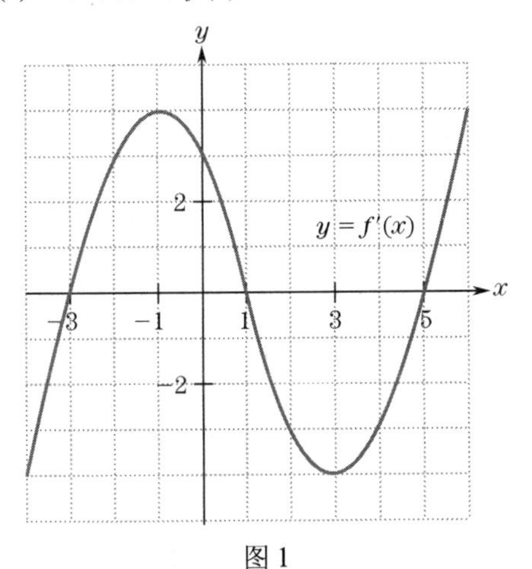

图 1

2. 图 2 显示了函数 $f(x)$ 及其在 $x=3$ 时的切线的图形，求 $f(3)$，$f'(3)$ 和 $f''(3)$。

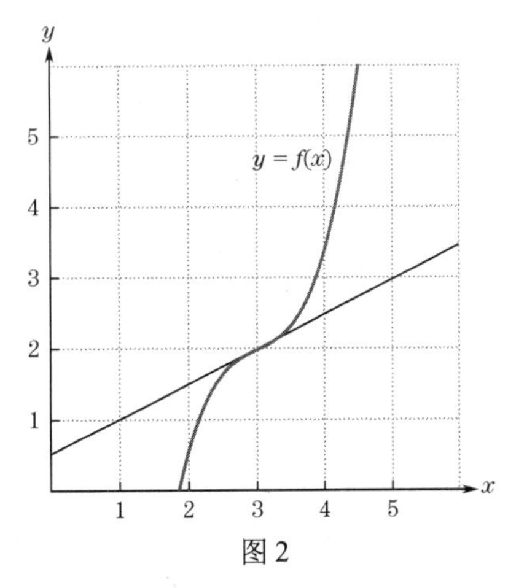

图 2

在习题 3～6 中，画出函数 $f(x)$ 的图形，该函数及其一阶导数对所有 x 都具有规定的性质。

3. $f(x)$ 和 $f'(x)$ 递增
4. $f(x)$ 和 $f'(x)$ 递减
5. $f(x)$ 递增，$f'(x)$ 递减
6. $f(x)$ 递减，$f'(x)$ 递增

习题 7～12 如图 3 所示，列出导数具有所述性质的 x 的标记值。

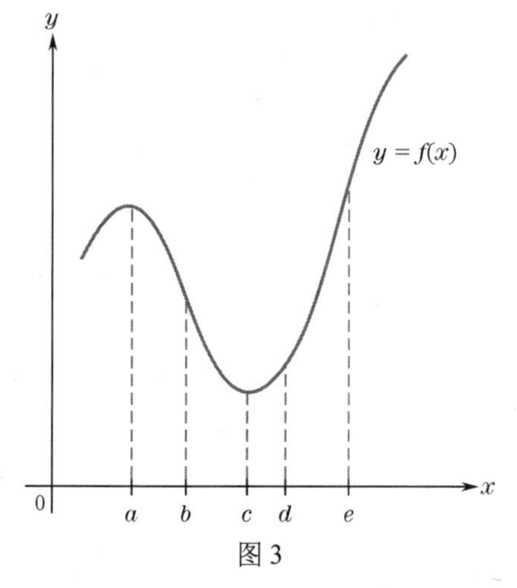

图 3

7. $f'(x)$ 为正

8. $f'(x)$ 为负

9. $f''(x)$ 为正

10. $f''(x)$ 为负

11. $f'(x)$ 是最大化的

12. $f'(x)$ 是最小化的

下面介绍各种函数的性质。在每种情况下，给出关于函数图形的一些结论。

13. $f(1)=2, f'(1)>0$

14. $g(1)=5, g'(1)=-1$

15. $h'(3)=4, h''(3)=1$

16. $F'(2)=-1, F''(2)<0$

17. $G(10)=2$, $G'(10)=0$, $G''(10)>0$

18. $f(4)=-2$, $f'(4)>0$, $f''(4)=-1$

19. $g(5)=-1$, $g'(5)=-2$, $g''(5)=0$

20. $H(0)=0$, $H'(0)=0$, $H''(0)=1$

21. 在图 4(a)和图 4(b)中，t 轴以小时为单位表示时间。

(a) 什么时候 $f(t)=1$？

(b) 求 $f(5)$ 。

(c) $f(t)$ 何时以速率−0.08 单位/小时变化？

(d) $f(t)$ 在 8 小时后变化有多快？

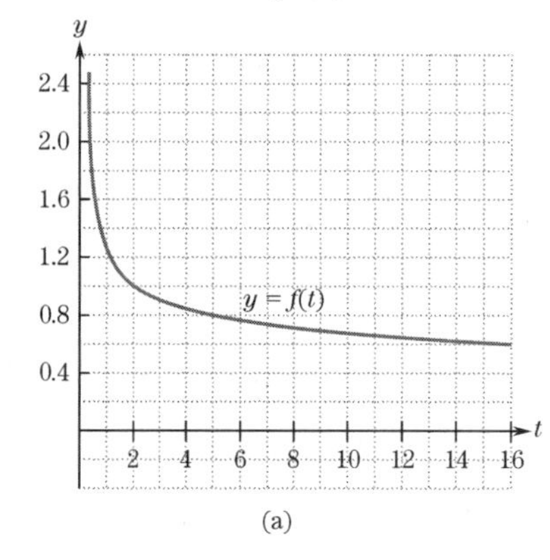

(a)

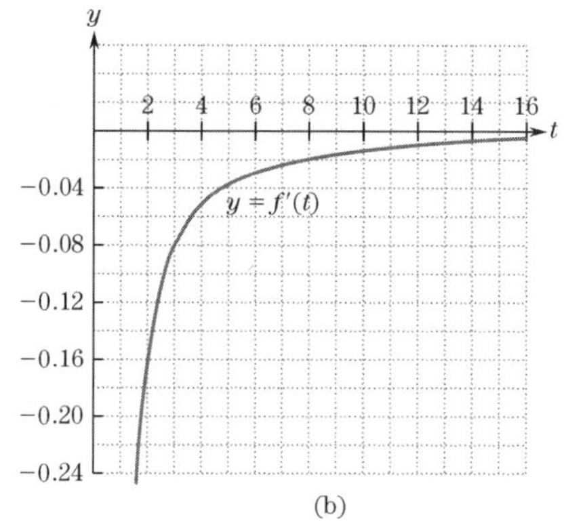

(b)

图 4

22. **美国发电量**。美国在 t 年（1900 年对应于 $t=0$）的发电量（万亿千瓦时）由 $f(t)$ 给出，$f(t)$ 及其导数的图形见图 5(a)和图 5(b)。

(a) 1950 年的发电量是多少？

(b) 1950 年发电量的增长有多快？

(c) 何时发电量达到 3000 万亿千瓦时？

(d) 何时发电量以 10 万亿千瓦时/年的速度增长？

(e) 发电量何时增长最快？当时的生产水平如何？

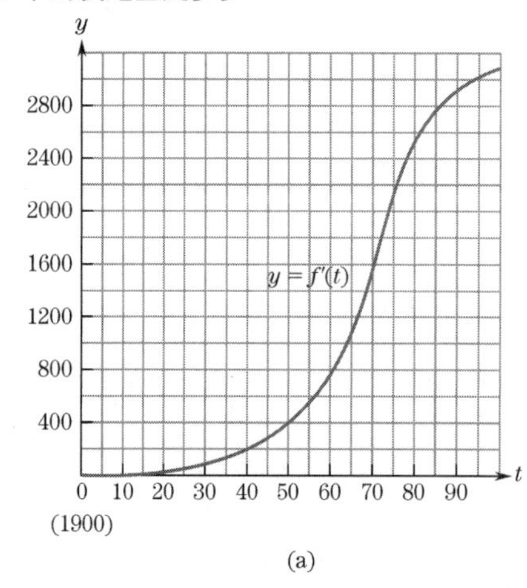

(a)

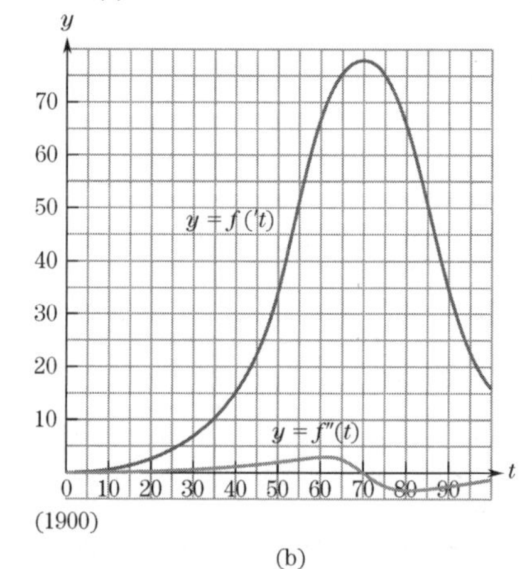

(b)

图 5

绘制以下抛物线，包括它们的 x 截距和 y 截距。

23. $y=3-x^2$

24. $y=7+6x-x^2$

25. $y=x^2+3x-10$

26. $y=4+3x-x^2$

27. $y=-2x^2+10x-10$

28. $y=x^2-9x+19$

29. $y=x^2+3x+2$

30. $y=-x^2+8x-13$

31. $y=-x^2+20x-90$

32. $y=2x^2+x-1$

绘制下列曲线。

33. $y=2x^3+3x^2+1$

34. $y=x^3-\frac{3}{2}x^2-6x$

35. $y=x^3-3x^2+3x-2$

36. $y=100+36x-6x^2-x^3$

37. $y=\frac{11}{3}+3x-x^2-\frac{1}{3}x^3$

38. $y=x^3-3x^2-9x+7$

39. $y=-\frac{1}{3}x^3-2x^2-5x$

40. $y=x^3-6x^2-15x+50$

41. $y=x^4-2x^2$

42. $y=x^4-4x^3$

43. $y=\frac{x}{5}+\frac{20}{x}+3(x>0)$

44. $y=\frac{1}{2x}+2x+1(x>0)$

45. 设 $f(x)=(x^2+2)^{3/2}$ 。证明 $f(x)$ 的图形在 $x=0$ 处可能存在一个相对极值点。

46. 证明函数 $f(x)=(2x^2+3)^{3/2}$ 在 $x<0$ 时递减，在 $x>0$ 时递增。

47. 设 $f(x)$ 是一个函数，其导数是

$$f'(x)=\frac{1}{1+x^2}$$

注意 $f'(x)$ 总为正。证明 $f(x)$ 的曲线在 $x=0$ 处有一个拐点。

48. 设 $f(x)$ 是一个函数，其导数是

$$f'(x)=\sqrt{5x^2+1}$$

证明 $f(x)$ 的曲线在 $x=0$ 处有一个拐点。

49. 位置、速度和加速度。一辆汽车在笔直的公路上行驶，$s(t)$ 是 t 小时后行驶的距离。将每组关于 $s(t)$ 及其导数的信息与汽车运动的相应描述关联起来。

信息

A. $s(t)$ 是常数函数。

B. $s'(t)$ 是正常数函数。

C. $s'(t)$ 在 $t=a$ 处为正。

D. $s'(t)$ 在 $t=a$ 处为负。

E. 在 $t=a$ 处，$s'(t)$ 和 $s''(t)$ 都为正。

F. 在 $t=a$ 处，$s'(t)$ 为正，$s''(t)$ 为负。

描述

a. 汽车在行进，且在 a 时刻加速。

b. 汽车在 a 时刻倒车。

c. 汽车静止不动。

d. 汽车在行进，但在 a 时刻减速。

e. 汽车正以稳定的速度行进。

f. 汽车在 a 时刻向前行驶。

50. 水库的水位一年四季都在变化。设 $h(t)$ 为 t 天时的水深（英尺），年初时 $t=0$ 。将每组关于 $h(t)$ 及其导数的信息与相应的水库水位变化描述相匹配。

信息

A. 当$1\leqslant t\leqslant 2$时，$h(t)$ 的值为 50。

B. 当$1\leqslant t\leqslant 2$时，$h'(t)$ 的值为 0.5。

C. 当$t=a$ 时，$h'(t)$ 为正。

D. 当$t=a$ 时，$h'(t)$ 为负。

E. 当$t=a$ 时，$h'(t)$ 和 $h''(t)$ 都为正。

F. 当$t=a$ 时，$h'(t)$ 为正，$h''(t)$ 为负。

描述

a. 水位在 a 天以递增的速度上升。

b. 水位在 a 天下降。

c. 1 月 2 日，水位恒定在 50 英尺。

d. 水位在 a 天上升，但上升速度减慢。

e. 1 月 2 日，水位以 0.5 英尺/天的速度上升。

f. 水位在 a 天上升。

51. 纽约市附近的人口。设 $f(x)$ 是居住在纽约市中心 x 英里范围内的人数。

(a) $f(10+h)-f(10)$ 表示什么？

(b) 解释 $f'(10)$ 为什么不能是负数。

52. 当 x 为何值时，函数 $f(x)=\frac{1}{4}x^2-x+2$ 有极大值，其中 $0\leqslant x\leqslant 8$？

53. 当 $0\leqslant x\leqslant 5$ 时，求函数 $f(x)=2-6x-x^2$ 的极大值，并给出极大值处的 x 值。

54. 当 $1\leqslant t\leqslant 6$ 时，求函数 $g(t)=t^2-6t+9$ 的极小值。

55. 表面积。一个敞口的矩形盒子长 4 英尺，体积为 200 立方英尺。求使构造盒子所需材料最少时，盒子的尺寸。

56. 体积。用两种不同类型的木材建造一个方形底座的封闭矩形盒子，其顶部由 3 美元/平方英寸的木材制成，其余部分由 1 美元/平方英寸的木材制成。求花 48 美元可以建造的最大体积的盒子的尺寸。

57. 体积。将一块 30 英寸宽的长方形金属片沿两边垂直向上折起，制成一个排水沟（见图 6）。每边应折起多少英寸，才能最大限度地增加排水沟的水量？

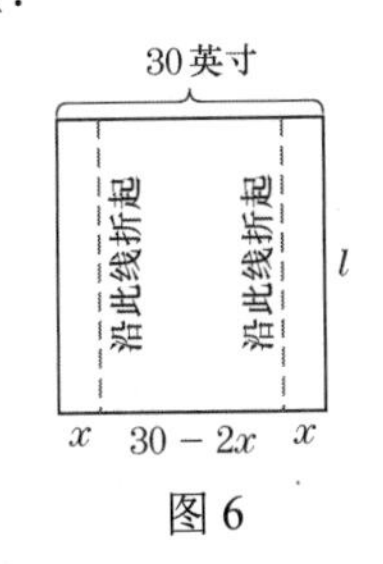

图 6

58. 总产量最大化。一个小果园种植 40 棵树时，每棵树的产量为 25 蒲式耳（美国：1 蒲式耳=36.677 升）。由于过度拥挤，每多种植一棵树，每棵树的产量就减少 1/2 蒲式耳。要使果园的总产量最大，应种多少树？

59. 库存控制。某出版社的某本书每年销售 40 万册。年初印刷全部数量的该书将占用宝贵的存储场地和资金，但在一年内分几次印刷该书将增大每次印刷的成本，每次印刷的成本为 1000 美元。按存储图书的平均数量计算的存储成本是 50 美元/册。求经济订货量，即最大限度地使总印刷成本和存储成本最小化的订货量。

60. 利润。某企业的需求方程是 $p = 120 - 0.02x$，成本函数是 $C(x) = 10x + 300$，求使利润最大化的 x 值。

61. 最少的时间。如图 7 所示，某农民想将拖拉机从 5 英里宽田地一侧的 A 点开到另一侧的 B 点。他可让拖拉机直接穿过田地开到 C 点，然后沿 15 英里的道路开到 B 点，也可开到 B 点和 C 点之间的某个点 P，然后开到 B 点。假设该农民驾驶拖拉机以 8 英里/小时的速度穿过田地，且在道路上以 17 英里/小时的速度行驶，求其应穿过田地的点 P，以尽量缩短到达 B 点所需的时间。提示：时间 = 距离/速度。

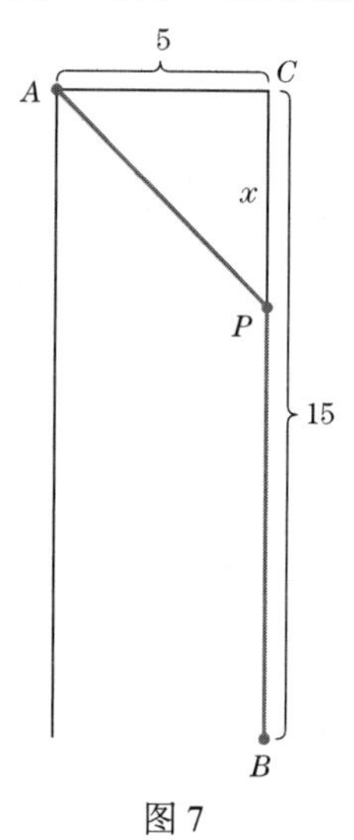

图 7

62. 收入最大化。某旅行社提供 3 天 2 夜乘船游览加勒比岛屿的服务。12 人成团的费用是 800 美元/人。超过 12 人时，每超过 1 人，团内每人的费用减少 20 美元。团内人数最多为 25 人。什么样的团内人数会给旅行社带来最大的收入？

第 3 章　求导方法

导数在许多应用中是非常有用的，但我们求函数的导数的能力是有限的。例如，我们还不能轻易地对如下函数求导：

$$f(x)=(x^2-1)^4(x^2+1)^5，\quad g(x)=\frac{x^3}{(x^2+1)^4}$$

本章讨论适用于以上函数的求导方法。两个新法则是乘法法则和除法法则。3.2 节将一般幂法则拓展为一个强大的公式，称为**链式法则**。

3.1　乘法法则和除法法则

在讨论导数的和规则时，我们注意到两个可微函数之和的导数等于它们的导数之和。遗憾的是，乘积 $f(x)g(x)$ 的导数不是导数的乘积。相反，乘积的导数由以下规则确定。

回顾：符号 $\frac{d}{dx}$ 表示对 x 求导，见 1.3 节。

乘法法则

$$\frac{d}{dx}[f(x)g(x)]=f(x)g'(x)+f'(x)g(x)$$

为简单起见，还可写为 $(fg)'=fg'+f'g$ 。

两个函数的乘积的导数，是第一个函数乘以第二个函数的导数，再加上第二个函数乘以第一个函数的导数。本节末尾将说明为什么这一说法是正确的。

例 1　验证乘法法则。证明乘法法则适用于 $f(x)=x^2$ ， $g(x)=x^3$ 。

解：因为 $x^2\cdot x^3=x^5$，所以有

$$\frac{d}{dx}(x^2\cdot x^3)=\frac{d}{dx}(x^5)=5x^4$$

同时，我们有

$$\frac{d}{dx}(x^2\cdot x^3)=x^2\cdot\frac{d}{dx}(x^3)+x^3\cdot\frac{d}{dx}(x^2)=x^2(3x^2)+x^3(2x)=3x^4+2x^4=5x^4$$

因此，乘法法则给出了正确的答案。

■

例 2　求乘积的导数。微分 $y=(2x^3-5x)(3x+1)$ 。

解：设 $f(x)=2x^3-5x$ ， $g(x)=3x+1$，则有

$$\begin{aligned}\frac{d}{dx}[(2x^3-5x)(3x+1)]&=(2x^3-5x)\cdot\frac{d}{dx}(3x+1)+(3x+1)\cdot\frac{d}{dx}(2x^3-5x)\\&=(2x^3-5x)(3)+(3x+1)(6x^2-5)\\&=6x^3-15x+18x^3-15x+6x^2-5\\&=24x^3+6x^2-30x-5\end{aligned}$$

■

例 3　乘法法则。对 $y=g(x)\cdot g(x)$ 应用乘法法则。

解：

$$\frac{d}{dx}[g(x)\cdot g(x)]=g(x)\cdot g'(x)+g(x)\cdot g'(x)=2g(x)\cdot g'(x)$$

这个答案与一般幂法则给出的答案相同：

$$\frac{d}{dx}[g(x)\cdot g(x)]=\frac{d}{dx}[g(x)]^2=2g(x)\cdot g'(x)$$

■

例 4　微分并化简。求 $\frac{dy}{dx}$，其中 $y=(x^2-1)^4(x^2+1)^5$。

解：设 $f(x)=(x^2-1)^4$，$g(x)=(x^2+1)^5$，使用乘法法则。用一般乘幂法则计算 $f'(x)$ 和 $g'(x)$：

$$\begin{aligned}\frac{dy}{dx}&=(x^2-1)^4\cdot\frac{d}{dx}(x^2+1)^5+(x^2+1)^5\cdot\frac{d}{dx}(x^2-1)^4\\&=(x^2-1)^4\cdot5(x^2+1)^4(2x)+(x^2+1)^5\cdot4(x^2-1)^3(2x)\end{aligned}\tag{1}$$

回顾：符号 $\left.\frac{dy}{dx}\right|_{x=2}$ 表示先对 x 求导，后计算 $x=2$ 处的导数。

$\frac{dy}{dx}$ 的形式适用于某些目的。例如，若要计算 $\left.\frac{dy}{dx}\right|_{x=2}$，用 2 代入 x 要比化简后再代入容易得多。然而，简化 $\frac{dy}{dx}$ 的公式通常也很有用，如需要求使 $\frac{dy}{dx}=0$ 的 x 值时。

为了简化式(1)中的答案，我们将 $\frac{dy}{dx}$ 写成一个乘积，而不是两个乘积之和。第一步是确定公因式：

$$\frac{dy}{dx}=(x^2-1)^4\cdot5(x^2+1)^4(2x)+(x^2+1)^5\cdot4(x^2-1)^3(2x)$$

两项都包含 $2x$、x^2-1 和 x^2+1 的幂。最大公因式是 $2x(x^2-1)^3(x^2+1)^4$，于是有

$$\frac{dy}{dx}=2x(x^2-1)^3(x^2+1)^4[5(x^2-1)+4(x^2+1)]$$

简化这个乘积最右边的因式，有

$$\frac{dy}{dx}=2x(x^2-1)^3(x^2+1)^4[9x^2-1]\tag{2}$$

如图 3 所示，相关应用见习题 34。

■

本节习题的答案有两种形式，类似于式(1)和式(2)中的答案。未简化的答案可检验读者是否掌握了微分法则。在任何一种情况下，都应努力将原始答案转换为简化答案。例 4 和例 6 中介绍了如何这样做。

除法法则

微分函数的另一个有用公式是除法法则。

除法法则

$$\frac{d}{dx}\left[\frac{f(x)}{g(x)}\right]=\frac{g(x)f'(x)-f(x)g'(x)}{[g(x)]^2}$$

注意，要记住该公式中各项的顺序，因为分子中有负号。

例 5　使用除法法则。微分 $y=\frac{x}{2x+3}$。

解：设 $f(x)=x$ 且 $g(x)=2x+3$，则有

$$\frac{d}{dx}\left(\frac{x}{2x+3}\right)=\frac{(2x+3)\cdot\frac{d}{dx}(x)-(x)\cdot\frac{d}{dx}(2x+3)}{(2x+3)^2}=\frac{(2x+3)\cdot1-x\cdot2}{(2x+3)^2}=\frac{3}{(2x+3)^2}$$

■

例 6　应用除法法则后化简。求 $\frac{dy}{dx}$，其中 $y=\frac{x^3}{(x^2+1)^4}$。

解：设 $f(x)=x^3$ 且 $g(x)=(x^2+1)^4$，则有

$$\frac{d}{dx}\left[\frac{x^3}{(x^2+1)^4}\right]=\frac{(x^2+1)^4\cdot\frac{d}{dx}(x^3)-(x^3)\cdot\frac{d}{dx}(x^2+1)^4}{[(x^2+1)^4]^2}=\frac{(x^2+1)^4\cdot3x^2-x^3\cdot4(x^2+1)^3(2x)}{(x^2+1)^8}$$

如果需要 $\frac{dy}{dx}$ 的简化形式，可将分子和分母同时除以公因式 $(x^2+1)^3$：

$$\frac{dy}{dx}=\frac{(x^2+1)\cdot3x^2-x^3\cdot4(2x)}{(x^2+1)^5}=\frac{3x^4+3x^2-8x^4}{(x^2+1)^5}=\frac{3x^2-5x^4}{(x^2+1)^5}=\frac{x^2(3-5x^2)}{(x^2+1)^5}$$

■

注意：例 6 中的导数是一个有理函数。为了简化它，可以约去整个分子和分母中的公因式，但是分数中的各项不应约去。下面是这些规则的另一个例子。

例 7　应用除法法则后化简。 微分 $y=\frac{x}{x+(x+1)^3}$。

解： 设 $f(x)=x$ 且 $g(x)=x+(x+1)^3$，则有 $f'(x)=1$ 和 $g'(x)=1+3(x+1)^2$，于是有

$$\frac{\mathrm{d}}{\mathrm{d}x}\left(\frac{x}{x+(x+1)^3}\right)=\frac{(x+(x+1)^3)-x\cdot(1+3(x+1)^2)}{(x+(x+1)^3)^2}$$

虽然在分母和分子中有几个公因式，但是它们都不能约去，因为它们都不是整个分子和分母的公因式。我们可以继续化简如下：

$$\frac{\mathrm{d}y}{\mathrm{d}x}=\frac{x+(x+1)^3-x-3x(x+1)^2}{(x+(x+1)^3)^2}=\frac{(x+1)^3-3x(x+1)^2}{(x+(x+1)^3)^2}=\frac{(x+1)^2[(x+1)-3x]}{(x+(x+1)^3)^2}=\frac{(x+1)^2(-2x+1)}{(x+(x+1)^3)^2}$$

■

下例使用几个规则来计算导数。

例 8　应用多个微分规则。 求 $f(x)=\sqrt{\frac{x^2+7}{x+1}}$ 的微分。

解： 首先用乘幂来表示 $f(x)$，然后应用一般幂法则来计算 $f'(x)$：

$$f(x)=\left(\frac{x^2+7}{x+1}\right)^{1/2},\quad f'(x)=\frac{1}{2}\left(\frac{x^2+7}{x+1}\right)^{1/2-1}\frac{\mathrm{d}}{\mathrm{d}x}\left[\frac{x^2+7}{x+1}\right]=\frac{1}{2}\left(\frac{x^2+7}{x+1}\right)^{-1/2}\frac{\mathrm{d}}{\mathrm{d}x}\left[\frac{x^2+7}{x+1}\right]$$

下面使用除法法则计算最后一个导数：

$$\frac{\mathrm{d}}{\mathrm{d}x}\left[\frac{x^2+7}{x+1}\right]=\frac{(x+1)\frac{\mathrm{d}}{\mathrm{d}x}(x^2+7)-(x^2+7)\frac{\mathrm{d}}{\mathrm{d}x}(x+1)}{(x+1)^2}=\frac{(x+1)(2x)-(x^2+7)(1)}{(x+1)^2}=\frac{x^2+2x-7}{(x+1)^2}$$

将其代入 $f'(x)$ 的表达式，有

$$f'(x)=\frac{1}{2}\left(\frac{x^2+7}{x+1}\right)^{-1/2}\frac{(x^2+2x-7)}{(x+1)^2}$$

为了进一步简化这个表达式，我们使用

$$\left(\frac{a}{b}\right)^{-c}=\frac{a^{-c}}{b^{-c}}=\frac{b^c}{a^c}=\left(\frac{b}{a}\right)^c$$

于是有

$$\left(\frac{x^2+7}{x+1}\right)^{-\frac{1}{2}}=\left(\frac{x+1}{x^2+7}\right)^{\frac{1}{2}}=\frac{(x+1)^{\frac{1}{2}}}{(x^2+7)^{\frac{1}{2}}}$$

进而有

$$f'(x)=\frac{1}{2}\frac{(x+1)^{\frac{1}{2}}}{(x^2+7)^{\frac{1}{2}}}\frac{(x^2+2x-7)}{(x+1)^2}=\frac{1}{2}\frac{x^2+2x-7}{(x^2+7)^{\frac{1}{2}}(x+1)^{\frac{3}{2}}}$$

■

例 9　平均成本最小化。 假设生产 x 件某产品的总成本由函数 $C(x)$ 给出，单位平均成本 AC 定义为 $\mathrm{AC}=C(x)/x$。回顾可知边际成本 MC 的定义是 $\mathrm{MC}=C'(x)$。证明，对于平均成本最低的产量，平均成本等于边际成本。

解： 在实际应用中，边际成本曲线和平均成本曲线的大致形状如图 1 所示，因此平均成本曲线上的最小点出现在 $\frac{\mathrm{d}}{\mathrm{d}x}(\mathrm{AC})=0$ 时。为了计算导数，我们使用除法法则：

$$\frac{\mathrm{d}}{\mathrm{d}x}(\mathrm{AC})=\frac{\mathrm{d}}{\mathrm{d}x}\left(\frac{C(x)}{x}\right)=\frac{x\cdot C'(x)-C(x)}{x^2}$$

将导数设为零并乘以 x^2 得

$$0=x\cdot C'(x)-C(x)$$
$$C(x)=x\cdot C'(x)$$
$$C(x)/x=C'(x)$$
$$\mathrm{AC}=\mathrm{MC}$$

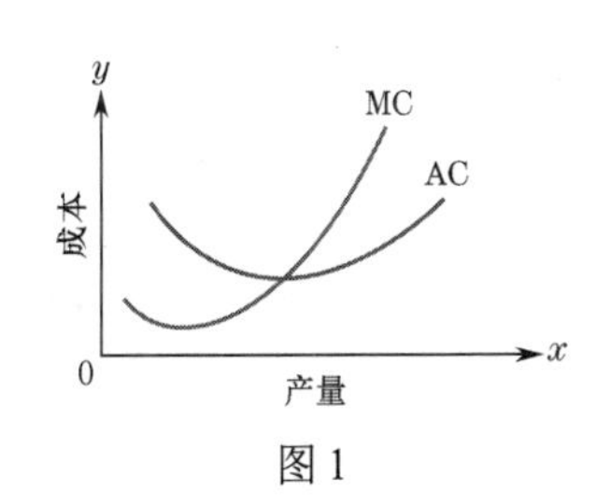

图 1

因此，当产量为 x 即平均成本最小时，平均成本等于边际成本。■

乘法法则和除法法则的验证

乘法法则的验证 根据对极限的讨论，我们计算 $f(x)g(x)$ 在 $x=a$ 处的导数：

$$\frac{\mathrm{d}}{\mathrm{d}x}[f(x)g(x)]\Big|_{x=a}=\lim_{h\to 0}\frac{f(a+h)g(a+h)-f(a)g(a)}{h}$$

在分子中加减 $f(a)g(a+h)$，因式分解并应用 1.4 节的极限定理 III 得

$$\lim_{h\to 0}\frac{[f(a+h)g(a+h)-f(a)g(a+h)]+[f(a)g(a+h)-f(a)g(a)]}{h}$$

$$=\lim_{h\to 0}g(a+h)\cdot\frac{f(a+h)-f(a)}{h}+\lim_{h\to 0}f(a)\cdot\frac{g(a+h)-g(a)}{h}$$

这个表达式可用 1.4 节的极限定理 V 重写为

$$\lim_{h\to 0}g(a+h)\cdot\lim_{h\to 0}\frac{f(a+h)-f(a)}{h}+\lim_{h\to 0}f(a)\cdot\lim_{h\to 0}\frac{g(a+h)-g(a)}{h}$$

然而，$g(x)$ 在 $x=a$ 处可微，即它在该处连续，故有 $\lim\limits_{h\to 0}g(a+h)=g(a)$ 。因此，前面的表达式等于

$$g(a)f'(a)+f(a)g'(a)$$

也就是说，我们已经证明

$$\frac{\mathrm{d}}{\mathrm{d}x}[f(x)g(x)]\Big|_{x=a}=g(a)f'(a)+f(a)g'(a)$$

也就是乘法法则。习题 66 中概述了不涉及极限参数的乘法法则的另一种验证方法。

除法法则的验证 根据一般乘幂法则，我们知道

$$\frac{\mathrm{d}}{\mathrm{d}x}\left[\frac{1}{g(x)}\right]=\frac{\mathrm{d}}{\mathrm{d}x}[g(x)]^{-1}=(-1)[g(x)]^{-2}\cdot g'(x)$$

下面我们可从乘积法则推导出除法法则：

$$\frac{\mathrm{d}}{\mathrm{d}x}\left[\frac{f(x)}{g(x)}\right]=\frac{\mathrm{d}}{\mathrm{d}x}\left[\frac{1}{g(x)}\cdot f(x)\right]=\frac{1}{g(x)}\cdot f'(x)+f(x)\cdot\frac{\mathrm{d}}{\mathrm{d}x}\left[\frac{1}{g(x)}\right]$$

$$=\frac{g(x)\cdot f'(x)}{[g(x)]^2}+f(x)\cdot(-1)[g(x)]^{-2}\cdot g'(x)$$

$$=\frac{g(x)\cdot f'(x)-f(x)\cdot g'(x)}{[g(x)]^2}$$

综合技术

连续函数的商在分母的每个零点处通常都有一条垂直渐近线。图形计算器在显示具有垂直渐近线的图形时表现不佳。例如，图形 $y=\frac{1}{x-1}$ 在 $x=1$ 处有一条垂直渐近线，在计算器屏幕上显示为峰值。问题是大多数计算器上的标准绘图模式（TI 计算器上的连接模式）连接图形上的连续点。在 $x=1$ 处没有点，因为函数在这里没有定义。当计算器连接渐近线两侧的点时，就会产生尖峰。为了用渐近线更精确地显示图形，大多数计算器都有一个点模式，在该模式下，连续点被显示出来，但不与线段相连。TI-84 在“模式”界面中选择“点”模式。点模式设置将保留，直到更改它。

3.1 节自测题（答案见本节习题后）

1. 考虑函数 $y=(\sqrt{x}+1)x$ 。

(a) 用乘法法则求 y 的导数。

(b) 首先求出 y 的表达式，然后求微分。

2. 微分 $y=\frac{5}{x^4-x^3+1}$ 。

习题 3.1

求习题 1 ~ 28 中函数的微分。

1. $y=(x+1)(x^3+5x+2)$

2. $y=(-x^3+2)\left(\frac{x}{2}-1\right)$

3. $y=(2x^4-x+1)(-x^5+1)$

4. $y=(x^2+x+1)^3(x-1)^4$

5. $y=x(x^2+1)^4$

6. $y=x\sqrt{x}$

7. $y=(x^2+3)(x^2-3)^{10}$

8. $y=[(-2x^3+x)(6x-3)]^4$

9. $y=(5x+1)(x^2-1)+\frac{2x+1}{3}$

10. $y=x^7(3x^4+12x-1)^2$

11. $y=\frac{x-1}{x+1}$

12. $y=\frac{1}{x^2+x+7}$

13. $y=\frac{x^2-1}{x^2+1}$

14. $y=\frac{x}{x+1/x}$

15. $y=\frac{x+3}{(2x+1)^2}$

16. $y=x^4+4\sqrt[4]{x}$

17. $y=\frac{1}{\pi}+\frac{2}{x^2+1}$

18. $y=\frac{ax+b}{cx+d}$

19. $y=\frac{x^2}{(x^2+1)^2}$

20. $y=\frac{(x+1)^3}{(x-5)^2}$

21. $y=[(3x^2+2x+2)(x-2)]^2$

22. $y=\frac{1}{\sqrt{x}-2}$

23. $y=\frac{1}{\sqrt{x}+1}$

24. $y=\frac{3}{\sqrt[3]{x}+1}$

25. $y=\left(\frac{x+11}{x-3}\right)^3$

26. $y=\sqrt{\frac{x+3}{x^2+1}}$

27. $y=\sqrt{x+2}(2x+1)^2$

28. $y=\frac{\sqrt{3x-1}}{x}$

29. 求 $y=(x-2)^5(x+1)^2$ 在点(3,16)处的切线方程。

30. 求 $y=(x+1)/(x-1)$ 在点(2,3)处的切线方程。

31. 求 $y=(x-2)^5/(x-4)^3$ 上切线水平的点 (x,y) 的所有 x 坐标。

32. 在 $y=\frac{1}{x^2+1}$ 的图形上找到拐点（见图 2）。

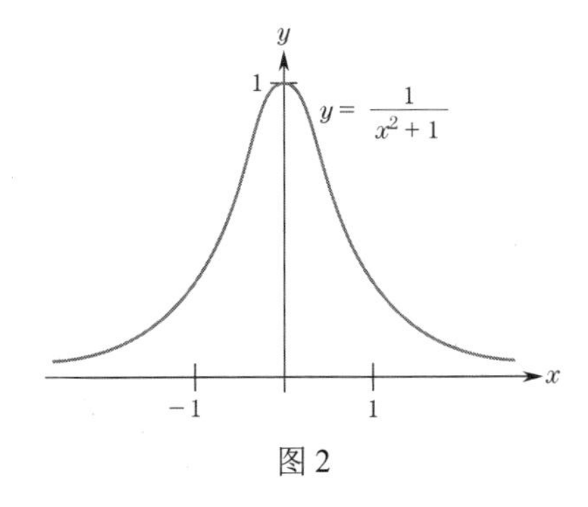

图 2

33. 求所有使 $\frac{\mathrm{d}y}{\mathrm{d}x}=0$ 的 x，其中

$$y=(x^2-4)^3(2x^2+5)^5$$

34. $y=(x^2-1)^4(x^2+1)^5$ 的图形如图 3 所示。求局部极大值和极小值的坐标。提示：参考例 4。

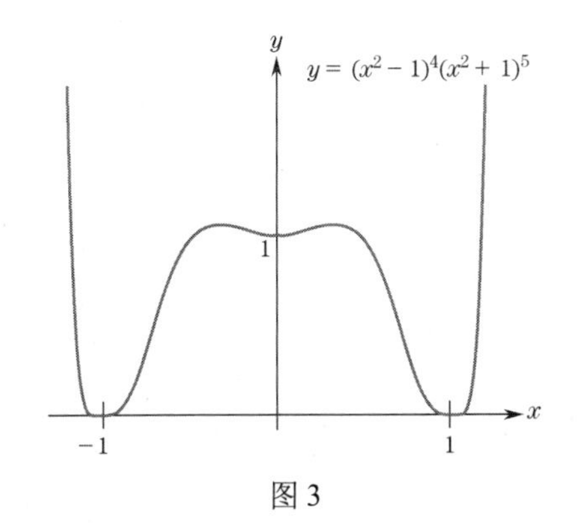

图 3

35. 求 $y=(x^2+3x-1)/x$ 的曲线上斜率为 5 的点。

36. 求 $y=(2x^4+1)(x-5)$ 的曲线上斜率为 1 的点。

求 $\frac{\mathrm{d}^2y}{\mathrm{d}x^2}$。

37. $y=(x^2+1)^4$

38. $y=\sqrt{x^2+1}$

39. $y=x\sqrt{x+1}$

40. $y=\frac{2}{2+x^2}$

在习题 41 ~ 44 中，函数 $h(x)$ 是用可微函数 $f(x)$ 定义的，求 $h'(x)$ 的表达式。

41. $h(x)=xf(x)$

42. $h(x)=(x^2+2x-1)f(x)$

43. $h(x)=\frac{f(x)}{x^2+1}$

44. $h(x)=\left(\frac{f(x)}{x}\right)^2$

45. **体积**。一个开口矩形盒子长 3 英尺，表面积为 16 平方英尺。求体积最大时盒子的尺寸。

46. **体积**。一个封闭矩形盒子的一面长 1 米。顶部材料的价格为 20 美元/平方米，两侧和底部材料的价格为 10 美元/平方米。求材料总成本为 240 美元时，可建造的最大体积的盒子的尺寸。

47. **平均成本**。某糖厂每周生产 x 吨糖，每周的成本为 $0.1x^2+5x+2250$ 美元。求平均成本最低时的产量，证明平均成本等于该产量的边际成本。

48. **平均成本**。某猫粮生产商每天生产 x 箱猫粮，日成本为 $50x(x+200)/(x+100)$ 美元。证明随着产量 x 的增加，其成本增加，平均成本降低。

49. **平均收入**。设 $R(x)$ 为 x 件产品的销售收入。单位平均收益定义为 $\mathrm{AR}=R(x)/x$。证明在平均收入最大化的产量上，平均收入等于边际收入。

50. **平均速度**。设 $s(t)$ 为汽车在 t 小时内行驶的英里数，前 t 小时的平均速度是 $\overline{v}(t)=s(t)/t$ 英里/小时。若平均速度在时刻 t_0 最大，证明此时平均速度 $\overline{v}(t_0)$ 等于瞬时速度 $s'(t_0)$。提示：计算 $\overline{v}(t)$ 的导数。

51. **变化率**。矩形的宽度以 3 英寸/秒的速度增加，长度以 4 英寸/秒的速度增加。当宽度为 5 英寸、长度为 6 英寸时，矩形的面积以什么速度增加？提示：设 $W(t)$ 和 $L(t)$ 分别为 t 时刻的宽度和长度。

52. **排放控制的成本效益**。制造商计划减少从烟囱中逸出的二氧化硫量。估计的成本效益函数为

$$f(x)=\frac{3x}{105-x},\quad 0\leqslant x\leqslant 100$$

其中，$f(x)$ 是去除总二氧化硫 $x\%$ 的成本，单位为百万美元（见图 4）。当成本效益函数的增长率为 140 万美元/单位时，求 x 的值（每单位增加 1 个百分点的污染物去除量）。

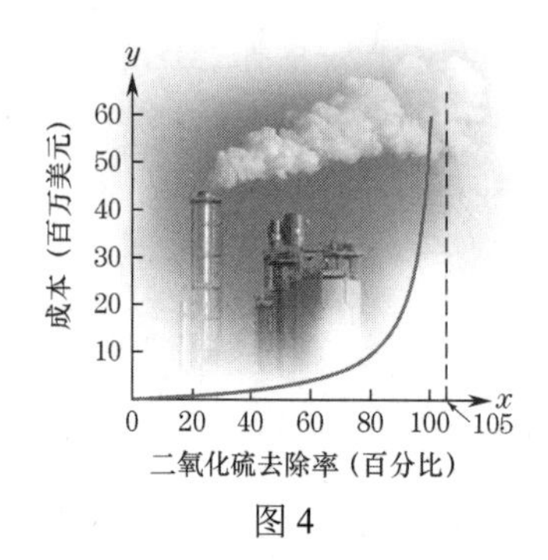

图 4

在习题 53 和习题 54 中使用如下事实：1998 年初美国人口为 268924000 人，且以 1856000 人/年的速度增长。

53. **天然气消费**。1998 年初，美国汽油的年人均消耗量为 52.3 加仑，且以 0.2 加仑/年的速度增长。当时美国汽油的年消费总量以什么速度增长？提示：年消费总量 = 人口×年人均消费。

54. **冰激凌在美国的消费**。1998 年初，美国冰激凌的年消费量为 12582000 品脱，并以 2.12 亿品脱/年的速度增长。当时冰激凌的年人均消费量以什么速度增长？提示：年人均消费量 = 年消费量/人口规模。

55. 当 $x \geqslant 0$ 时，函数 $y=\frac{10x}{1+0.25x^2}$ 的图形如图 5 所示，求极大值点的坐标。

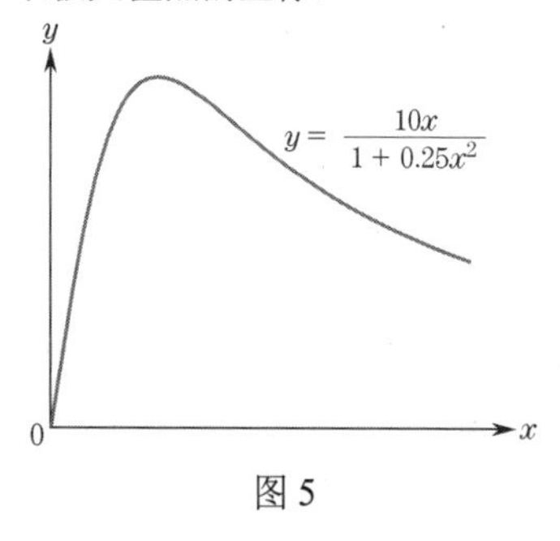

图 5

56. 当 $0 \leqslant x \leqslant 2$ 时，函数 $y=\frac{1}{2}+\frac{x^2-2x+1}{x^2-2x+2}$ 的图形如图 6 所示，求极小值点的坐标。

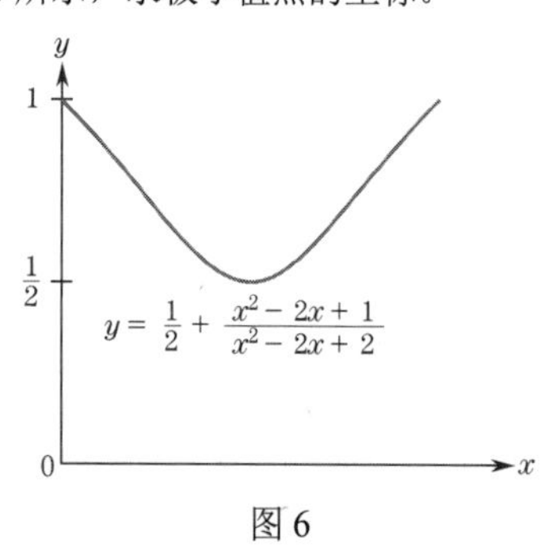

图 6

若 $f(x)$ 和 $g(x)$ 是可微函数，其中 $f(2)=f'(2)=3$，$g(2)=3$ 且 $g'(2)=\frac{1}{3}$，计算以下导数。

57. $\frac{d}{dx}[f(x)g(x)]\Big|_{x=2}$　　**58.** $\frac{d}{dx}\left[\frac{f(x)}{g(x)}\right]\Big|_{x=2}$

59. $\frac{d}{dx}[(f(x))^2]\Big|_{x=2}$　　**60.** $\frac{d}{dx}[(g(x))^2]\Big|_{x=2}$

61. $\frac{d}{dx}[xf(x)]\Big|_{x=2}$

62. $\frac{d}{dx}[x(g(x)-f(x))]\Big|_{x=2}$

63. 设 $f(x)=1/x$， $g(x)=x^3$。

(a) 证明乘法法则产生正确导数 $(1/x)x^3=x^2$。

(b) 计算乘积 $f'(x)g'(x)$，注意它不是 $f(x)g(x)$ 的导数。

64. 当 $x \neq 0$ 时，$(x^3-4x)/x$ 的导数明显为 $2x$，因为当 $x \neq 0$ 时 $(x^3-4x)/x=x^2-4$。证明除法法则给出相同的导数。

65. 设 $f(x)$，$g(x)$ 和 $h(x)$ 可微。求 $f(x)g(x)h(x)$ 的导数。提示：先求 $[f(x)g(x)]\cdot h(x)$ 的导数。

66. **乘法法则的另一种验证**。应用一般乘幂法则的特殊情况

$$\frac{d}{dx}[h(x)]^2=2h(x)h'(x)$$

和恒等式

$$fg=\frac{1}{4}[(f+g)^2-(f-g)^2]$$

证明乘法法则。

67. **身体质量指数**。身体质量指数（BMI）是一个人的体重除以身高的平方。设 $b(t)$ 为 BMI，则

$$b(t)=\frac{w(t)}{[h(t)]^2}$$

其中 t 是人的年龄；$w(t)$ 是体重，单位是千克；$h(t)$ 是身高，单位是米。求 $b'(t)$ 的表达式。

68. **身体质量指数**。BMI 通常是用于判断某人是否超重或体重不足的指标。例如，根据美国疾病控制中心的数据，若一名 12 岁男孩的 BMI 在 21 和 24 之间，他就有超重风险；若其 BMI 高于 24，就认为他超重。若一名 13 岁男孩的 BMI 在 22 和 25 之间，他就有超重的风险；若其 BMI 超过 25，就认为他超重。

(a) 12 岁男孩的体重为 50 千克，身高为 1.55 米，求其 BMI，确定他是否超重或者有超重的风险。

(b) 设男孩的体重以 7 千克/年的速度增加，身高以 5 厘米/年的速度增加，求其在 12 岁时的 BMI 变化率即 $b'(12)$。

(c) 使用 $b(12)$ 和 $b'(12)$ 估算 $b(13)$，即 13 岁男孩子的 BMI。男孩在 13 岁时是否有超重的风险？提示：使用 1.8 节的式(2)来近似 $b(13)$。

技术题

69. 瞳孔面积。20 世纪 30 年代，斯泰尔斯和克劳福德分析了瞳孔面积和光强间的关系，显示这种关系的函数为

$$f(x)=\frac{160x^{-0.4}+94.8}{4x^{-0.4}+15.8},\quad 0\leqslant x\leqslant 37$$

其中 $f(x)$ 是单位时间内 x 个单位的光进入眼睛时瞳孔的面积，单位为平方毫米。

(a) 在窗口[0,6]*[−5,20]内画出 $f(x)$ 和 $f'(x)$。

(b) 当单位时间内有 3 个单位的光进入眼睛时，瞳孔面积是多少？

(c) 在什么光强下瞳孔面积为 11 平方毫米？

(d) 当单位时间内有 3 个单位的光进入眼睛时，瞳孔面积的变化率相对于光强的单位变化率是多少？

3.1 节自测题答案

1. (a) 将乘法法则应用于 $y=(\sqrt{x}+1)x$ 有

$$f(x)=\sqrt{x}+1=x^{1/2}+1,\qquad g(x)=x$$

$$\frac{dy}{dx}=(x^{1/2}+1)\cdot 1+x\cdot\tfrac{1}{2}x^{-1/2}$$

$$=x^{1/2}+1+\tfrac{1}{2}x^{1/2}=\tfrac{3}{2}\sqrt{x}+1$$

(b) $y=(\sqrt{x}+1)x=(x^{1/2}+1)x=x^{3/2}+x$

$$\frac{dy}{dx}=\tfrac{3}{2}x^{1/2}+1$$

比较(a)问和(b)问，发现在微分前对函数进行简化是有帮助的。

2. 对 $y=\frac{5}{x^4-x^3+1}$ 应用除法法则：

$$\frac{dy}{dx}=\frac{(x^4-x^3+1)\cdot 0-5\cdot(4x^3-3x^2)}{(x^4-x^3+1)^2}=\frac{-5x^2(4x-3)}{(x^4-x^3+1)^2}$$

然而，使用一般幂法则要稍快一些，因为 $y=5(x^4-x^3+1)^{-1}$。因此，

$$\frac{dy}{dx}=-5(x^4-x^3+1)^{-2}(4x^3-3x^2)$$

$$=-5x^2(x^4-x^3+1)^{-2}(4x-3)$$

3.2 链式法则

本节介绍一般幂法则是强大微分技术——链式法则的一种特殊情况，该法则的应用将贯穿全文。

复合函数

复合函数 $f(x)$ 和 $g(x)$ 的一种有用方法是用函数 $g(x)$ 替换 $f(x)$ 中每次出现的变量 x。得到的函数称为 $f(x)$ 和 $g(x)$ 的**复合函数**，用 $f(g(x))$ 表示（有关函数复合的其他信息请参阅 0.3 节）。

例 1 复合函数。设 $f(x)=\frac{x-1}{x+1}$，$g(x)=x^3$，求 $f(g(x))$。

解：用函数 $g(x)$ 替换 $f(x)$ 中每次出现的变量 x，得到

$$f(g(x))=\frac{g(x)-1}{g(x)+1}=\frac{x^3-1}{x^3+1}$$

■

已知复合函数 $f(g(x))$ 时，我们认为 $f(x)$ 是“外部”函数，它作用于“内部”函数 $g(x)$ 的值。这种观点通常有助于我们认识复合函数。

例 2 分解复合函数。将下列函数写成较简单函数的复合函数：

(a) $h(x)=(x^5+9x+3)^8$；(b) $k(x)=\sqrt{4x^2+1}$。

解：(a) $h(x)=f(g(x))$，其中外部函数是一个幂函数 $(\cdots)^8$，即 $f(x)=x^8$；内部函数是 $g(x)=x^5+9x+3$。

(b) $k(x)=f(g(x))$，其中外部函数是平方根函数 $f(x)=\sqrt{x}$，内部函数是 $g(x)=4x^2+1$。

■

链式法则

形如 $[g(x)]^r$ 的函数是一个复合函数 $f(g(x))$，其中外部函数是 $f(x)=x^r$。前面给出了微分这个函数的一般幂法则：

$$\frac{d}{dx}[g(x)]^r = r[g(x)]^{r-1}g'(x)$$

链式法则的形式相同，除了外部函数 $f(x)$ 可以是任何可微函数。

链式法则 要求 $f(g(x))$ 的导数，首先求外部函数 $f(x)$ 的导数，然后用 $g(x)$ 代替结果中的 x，再后乘以内部函数 $g(x)$ 的导数。用符号表示为

$$\frac{d}{dx}f(g(x)) = f'(g(x))g'(x)$$

例 3 一般幂法则即链式法则。使用链式法则计算 $f(g(x))$ 的导数，其中 $f(x)=x^8$ 且 $g(x)=x^5+9x+3$。

解： $f'(x)=8x^7$，$g'(x)=5x^4+9$，$f'(g(x))=8(x^5+9x+3)^7$

根据链式法则有

$$\frac{d}{dx}f(g(x)) = f'(g(x))g'(x) = 8(x^5+9x+3)^7(5x^4+9)$$

在该例中，外部函数是一个幂函数，因此计算方法与使用一般幂法则计算 $y=(x^5+9x+3)^8$ 的导数时相同。然而，这里解的形式强调了链式法则的符号。

■

例 4 未指定函数的导数。$h(x)=f(\sqrt{x})$，其中 $f(x)$ 是一个未指定的可微函数，根据 $f'(x)$ 求 $h'(x)$。

解： 设 $g(x)=\sqrt{x}$，则 $h(x)$ 是 $f(x)$ 和 $g(x)$ 的组合：$h(x)=f(g(x))$。我们有 $g'(x)=\frac{1}{2\sqrt{x}}$，根据链式法则有

$$h'(x) = \frac{d}{dx}f\left(g(x)\right) = f'(g(x))g'(x) = f'(\sqrt{x})\cdot\frac{1}{2\sqrt{x}} = \frac{f'(\sqrt{x})}{2\sqrt{x}}$$

■

链式法则还有另一种写法。给定函数 $y=f(g(x))$，设 $u=g(x)$，则 $y=f(u)$。然后，y 可视为 u 的函数，或者通过 u 间接地视为 x 的函数。根据这个符号，我们有 $\frac{du}{dx}=g'(x)$ 和 $\frac{dy}{du}=f'(u)=f'(g(x))$。因此，链式法则可以写成如下形式。

定理

$$\frac{dy}{dx} = \frac{dy}{du}\frac{du}{dx} \tag{1}$$

尽管式(1)中的导数符号并不是真正的分数，但 du 符号明显可以消去，这就为记住这种形式的链式法则提供了一种助记方法。

下例使式(1)成为一个合理的公式。假设 y, u 和 x 是三个变量，y 的变化速度是 u 的 3 倍，u 的变化速度是 x 的 2 倍。那么，y 的变化速度应该是 x 的 6 倍，这似乎是合理的；也就是说，

$$\frac{dy}{dx} = \frac{dy}{du}\frac{du}{dx} = 3\cdot 2 = 6$$

例 5 链式法则。求 $\frac{dy}{dx}$，其中 $y=u^5-2u^3+8$，$u=x^2+1$。

解： 由于 y 不是直接作为 x 的函数给出的，我们不能通过 y 直接对 x 求导来计算 $\frac{dy}{dx}$。但是，我们可让 $y=u^5-2u^3+8$ 对 u 求导，得到

$$\frac{dy}{du} = 5u^4 - 6u^2$$

类似地，我们可以通过 $u=x^2+1$ 对 x 求导，得到

$$\frac{du}{dx} = 2x$$

应用链式法则，如式(1)所示，可得

$$\frac{dy}{dx} = \frac{dy}{du}\frac{du}{dx} = (5u^4-6u^2)\cdot(2x)$$

我们通常希望将 $\frac{dy}{dx}$ 单独表示为 x 的函数，因此用 x^2+1 替换 u 得

$$\frac{dy}{dx}=[5(x^2+1)^4-6(x^2+1)^2]\cdot(2x)$$

■

机械地计算例 5 的另一种方法是：首先将 $u=x^2+1$ 代入 y 的原始公式，得到 $y=(x^2+1)^5-2(x^2+1)^3+8$；然后，采用和法则、一般幂法则和常数倍数法则就可以轻松计算出 $\frac{dy}{dx}$。然而，例 5 中的解决方案为 3.3 节和其他地方链式法则的应用奠定了基础。

在涉及函数组合的许多情况下，基本变量是时间 t。但也可能发生这样的情况：x 是 t 的函数，即 $x=g(t)$，而其他一些变量如 R 是 x 的函数，即 $R=f(x)$，那么 $R=f(g(t))$，链式法则可写为

$$\frac{dR}{dt}=\frac{dR}{dx}\frac{dx}{dt}$$

例 6　边际收入与时间变化率。一家商店出售的衬衫为 12 美元/件。设 x 为一天内售出的衬衫数量，R 为销售 x 件衬衫的收入，于是有 $R=12x$。若日销售数量以 4 件衬衫/天的速度增长，则收入增长的速度有多快？

解：显然，收入以 48 美元/天的速度增长，因为每增加销售 4 件衬衫能带来 12 美元的收入。这个直观的结论也是由链式法则得出的：

$$\frac{dR}{dt} = \frac{dR}{dx} \cdot \frac{dx}{dt}$$

收入随时间的变化率 = 收入相对于销售数量的变化率 · 销售数量随时间的变化率

每天增加 48 美元 = 每件衬衫增加 12 美元 · 每天增加 4 件衬衫

注意，$\frac{dR}{dx}$ 实际上是前面研究过的边际收入。这个例子表明，收入的时间变化率 $\frac{dR}{dt}$ 是边际收入乘以销售数量的时间变化率。

■

例 7　收入的时间变化率。某品牌图形计算器的需求方程为 $p=86-0.002x$，其中 p 是一台计算器的价格（美元），x 是生产和销售的计算器数量。若产量为 6000 台计算器，公司每天增加 200 台计算器的产量，确定总收入的（时间）变化率。

解：生产和销售 x 台计算器的总收入为 $R(x)=x\cdot p=x(86-0.002x)=-0.002x^2+86x$。我们知道，当 $x=6000$ 时，产量将以 200 台计算器/天的速度增长；当 $x=6000$ 时，$\frac{dx}{dt}=200$。我们要求的是 $x=6000$ 时收入的时间变化率 $\frac{dR}{dt}$。因为 R 不是 t 的函数，为了求 R 关于 t 的导数，根据链式法则有

$$\frac{dR}{dt}=\frac{dR}{dx}\cdot\frac{dx}{dt}$$

和上例一样，收入的时间变化率 $\frac{dR}{dt}$ 是边际收入 $\frac{dR}{dx}$ 乘以销售数量的时间变化率 $\frac{dx}{dt}$。于是有

$$\frac{dR}{dx}=\frac{d}{dx}\overbrace{(-0.002x^2+86x)}^{R(x)}=-0.004x+86$$

所以

$$\frac{dR}{dt}=\overbrace{(-0.004x+86)}^{dR/dx}\cdot\frac{dx}{dt}$$

用 $x=6000$ 和 $\frac{dx}{dt}=200$ 替换得

$$\frac{dR}{dt}=[-0.004(6000)+86]\cdot(200)=12400\text{ 美元/天}$$

因此，当产量 $x=6000$ 时，该公司每天增加 200 台计算器的产量，总收入将以 12400 美元/天的速度增加。

■

链式法则的验证

设 $f(x)$ 和 $g(x)$ 可微，$x=a$ 是 $f(g(x))$ 的定义域内的一个数。因为每个可微函数都连续，所以有

$$\lim_{h\to 0} g(a+h) = g(a)$$

这意味着

$$\lim_{h\to 0}[g(a+h)-g(a)] = 0 \tag{2}$$

$g(a)$ 是 $f(x)$ 的定义域内的一个数，由导数的极限定义可知

$$f'(g(a)) = \lim_{k\to 0}\frac{f(g(a)+k)-f(g(a))}{k} \tag{3}$$

设 $k = g(a+h)-g(a)$。根据式(2)，当 h 趋于 0 时，k 趋于 0。同时，$g(a+h) = g(a)+k$。因此，式(3)可以写为

$$f'(g(a)) = \lim_{h\to 0}\frac{f(g(a+h))-f(g(a))}{g(a+h)-g(a)} \tag{4}$$

严格地说，我们必须假设式(4)中的分母永不为零。略去一些不同的专业论证可以避免这种假设。最后，我们证明了函数 $f(g(x))$ 在 $x=a$ 处可导。使用导数的极限定义、极限定理 V 和式(4)有

$$\begin{aligned}\left.\frac{\mathrm{d}}{\mathrm{d}x}f(g(x))\right|_{x=a} &= \lim_{h\to 0}\frac{f(g(a+h))-f(g(a))}{h} \\ &= \lim_{h\to 0}\left[\frac{f(g(a+h))-f(g(a))}{g(a+h)-g(a)}\cdot\frac{g(a+h)-g(a)}{h}\right] \\ &= \lim_{h\to 0}\frac{f(g(a+h))-f(g(a))}{g(a+h)-g(a)}\cdot\lim_{h\to 0}\frac{g(a+h)-g(a)}{h} \\ &= f'(g(a))\cdot g'(a)\end{aligned}$$

3.2 节自测题（答案见本节习题后）

考虑函数 $h(x) = (2x^3-5)^5 + (2x^3-5)^4$。

1. 将 $h(x)$ 写成复合函数 $f(g(x))$。

2. 计算 $f'(x)$ 和 $f'(g(x))$。

3. 用链式法则求导 $h(x)$。

习题 3.2

计算 $f(g(x))$，其中 $f(x)$ 和 $g(x)$ 如下。

1. $f(x) = \frac{x}{x+1}$，$g(x) = x^3$

2. $f(x) = x-1$，$g(x) = \frac{1}{x+1}$

3. $f(x) = x(x^2+1)$，$g(x) = \sqrt{x}$

4. $f(x) = \frac{x+1}{x-3}$，$g(x) = x+3$

下面的每个函数都可视为复合函数 $h(x) = f(g(x))$。求 $f(x)$ 和 $g(x)$。

5. $h(x) = (x^3+8x-2)^5$　　**6.** $h(x) = (9x^2+2x-5)^7$

7. $h(x) = \sqrt{4-x^2}$　　**8.** $h(x) = (5x^2+1)^{-1/2}$

9. $h(x) = \frac{1}{x^3-5x^2+1}$

10. $h(x) = (4x-3)^3 + \frac{1}{4x-3}$

用前面讨论的一个或多个微分规则微分习题 11 ~ 20 中的函数。

11. $y = (x^2+5)^{15}$　　**12.** $y = (x^4+x^2)^{10}$

13. $y = 6x^2(x-1)^3$　　**14.** $y = 5x^3(2-x)^4$

15. $y = 2(x^3-1)(3x^2+1)^4$

16. $y = 2(2x-1)^{5/4}(2x+1)^{3/4}$

已知 $f(1)=1$，$f'(1)=5$，$g(1)=3$，$g'(1)=4$，$f'(3)=2$，$g'(3)=6$，计算下列导数。

17. $\frac{\mathrm{d}}{\mathrm{d}x}[f(g(x))]\big|_{x=1}$　　**18.** $\frac{\mathrm{d}}{\mathrm{d}x}[g(f(x))]\big|_{x=1}$

19. $\frac{\mathrm{d}}{\mathrm{d}x}[f(f(x))]\big|_{x=1}$　　**20.** $\frac{\mathrm{d}}{\mathrm{d}x}[g(g(x))]\big|_{x=1}$

在习题 21 ~ 26 中，函数 $h(x)$ 用可微函数 $f(x)$ 定义。求 $h'(x)$ 的表达式。

21. $h(x) = f(x^2)$　　**22.** $h(x) = 2f(2x+1)$

23. $h(x) = -f(-x)$　　**24.** $h(x) = f(f(x))$

25. $h(x) = f(x^2)/x$　　**26.** $h(x) = \sqrt{f(x^2)}$

27. 画出 $y = 4x/(x+1)^2$ 的图形，其中 $x > -1$。

28. 画出 $y = 2/(1+x^2)$ 的图形。

计算 $\frac{\mathrm{d}}{\mathrm{d}x}f(g(x))$，其中 $f(x)$ 和 $g(x)$ 如下。

29. $f(x) = x^5$，$g(x) = 6x-1$

30. $f(x) = \sqrt{x}$，$g(x) = x^2+1$

31. $f(x) = \frac{1}{x}$，$g(x) = 1-x^2$

32. $f(x) = \frac{1}{1+\sqrt{x}}$，$g(x) = \frac{1}{x}$

33. $f(x) = x^4-x^2$，$g(x) = x^2-4$

34. $f(x) = \frac{4}{x}+x^2$，$g(x) = 1-x^4$

35. $f(x) = (x^3+1)^2$，$g(x) = x^2+5$

36. $f(x) = x(x-2)^4$，$g(x) = x^3$

使用链式法则公式(1)计算 $\frac{\mathrm{d}y}{\mathrm{d}x}$，答案仅用 x 表示。

37. $y = u^{3/2}$，$u = 4x+1$

38. $y=\sqrt{u+1}$，$u=2x^2$

39. $y=\frac{u}{2}+\frac{2}{u}$，$u=x-x^2$

40. $y=\frac{u^2+2u}{u+1}$，$u=x(x+1)$

计算 $\left.\frac{\mathrm{d}y}{\mathrm{d}t}\right|_{t=t_0}$。

41. $y=x^2-3x$，$x=t^2+3$，$t_0=0$

42. $y=(x^2-2x+4)^2$，$x=\frac{1}{t+1}$，$t_0=1$

43. $y=\dfrac{x+1}{x-1}$，$x=\frac{t^2}{4}$，$t_0=3$

44. $y=\sqrt{x+1}$，$x=\sqrt{t+1}$，$t_0=0$

45. 求 $y=2x(x-4)^6$ 在点(5,10)处的切线方程。

46. 求 $y=x/\sqrt{2-x^2}$ 在点(1,1)处的切线方程。

47. 求 $y=(-x^2+4x-3)^3$ 上所有水平切线的点的 x 坐标。

48. 当 $x\geqslant 0$ 时，函数 $f(x)=\sqrt{x^2-6x+10}$ 有一个相对极小值点，求出这个点。

49. 立方体的边长 x 是增加的。

(a) 写出 $\frac{\mathrm{d}V}{\mathrm{d}t}$ 的链式法则，即立方体体积的时间变化率。

(b) 当 x 的值是多少时，$\frac{\mathrm{d}V}{\mathrm{d}t}$ 等于 x 的增长率的 12 倍？

50. **异速生长方程**。生物学中的许多关系都是用幂函数表示的，即异速方程，其形式为 $y=kx^a$，其中 k 和 a 是常数。例如，一条雄性猪鼻蛇的质量约为 $446x^3$ 克，其中 x 是其长度（米）。若一条蛇的长度为 0.4 米，且以 0.2 米/年的速度生长，则其体重增加的速度是多少？

51. 假设 P,y 和 t 是变量，其中 P 是 y 的函数，y 是 t 的函数。

(a) 写出下列各量的导数符号：(i) y 相对于 t 的变化率；(ii) P 相对于 y 的变化率；(iii) P 相对于 t 的变化率。从以下选项中选择答案：

$\frac{\mathrm{d}P}{\mathrm{d}y},\frac{\mathrm{d}y}{\mathrm{d}P},\frac{\mathrm{d}y}{\mathrm{d}t},\frac{\mathrm{d}P}{\mathrm{d}t},\frac{\mathrm{d}t}{\mathrm{d}P},\frac{\mathrm{d}t}{\mathrm{d}y}$

(b) 用链式法则写出 $\frac{\mathrm{d}P}{\mathrm{d}t}$。

52. 假设 Q,x 和 y 是变量，其中 Q 是 x 的函数，x 是 y 的函数。

(a) 写出下列各量的导数符号：(i) x 相对于 y 的变化率；(ii) Q 相对于 y 的变化率；(iii) Q 相对于 x 的变化率。从以下选项中选择答案：

$\frac{\mathrm{d}y}{\mathrm{d}x},\frac{\mathrm{d}x}{\mathrm{d}y},\frac{\mathrm{d}Q}{\mathrm{d}x},\frac{\mathrm{d}x}{\mathrm{d}Q},\frac{\mathrm{d}Q}{\mathrm{d}y},\frac{\mathrm{d}y}{\mathrm{d}Q}$

(b) 用链式法则写出 $\frac{\mathrm{d}Q}{\mathrm{d}y}$。

53. **边际利润与时间变化率**。当一家公司每周生产和销售 x 万件产品时，其每周的总利润是 P 千美元，其中 $P=\frac{200x}{100+x^2}$，t 周后的产量是 $x=4+2t$。

(a) 求边际利润 $\frac{\mathrm{d}P}{\mathrm{d}x}$。

(b) 求利润的时间变化率 $\frac{\mathrm{d}P}{\mathrm{d}t}$。

(c) 当 $t=8$ 时，利润（相对于时间）变化有多快？

54. **边际成本与时间变化率**。生产 x 箱谷物的成本是 C 美元，其中 $C=3x+4\sqrt{x}+2$。从现在算起 t 周的周产量估计为 $x=6200+100t$ 箱。

(a) 求边际成本 $\frac{\mathrm{d}C}{\mathrm{d}x}$。

(b) 求成本的时间变化率 $\frac{\mathrm{d}C}{\mathrm{d}t}$。

(c) 当 $t=2$ 时，成本（相对于时间）上升的速度有多快？

55. **一氧化碳水平模型**。生态学家估计，当城市人口为 x 万人时，城市上空空气中一氧化碳的平均浓度为 $L=10+0.4x+0.0001x^2$ 毫克/升。从现在算起 t 年后，这座城市的人口估计为 $x=752+23t+0.5t^2$ 人。

(a) 求一氧化碳相对于城市人口的变化率。

(b) 当 $t=2$ 时，求人口的时间变化率。

(c) 当 $t=2$ 时，一氧化碳浓度的变化速度（相对于时间）有多快？

56. **利润**。一家微处理器制造商估计，t 个月后，其主线微处理器每月销售 x 千台，其中 $x=0.05t^2+2t+5$。由于规模经济，生产和销售 x 千台产品的利润 P 估计为 $P=0.001x^2+0.1x-0.25$ 万美元。计算 5 个月后利润的增长率。

57. $f(x)$ 和 $g(x)$ 可微，已知 $\frac{\mathrm{d}}{\mathrm{d}x}f(g(x))=3x^2\cdot f'(x^3+1)$，求 $g(x)$。

58. $f(x)$ 和 $g(x)$ 可微，已知 $f'(x)=1/x$ 和 $\frac{\mathrm{d}}{\mathrm{d}x}f(g(x))=\frac{2x+5}{x^2+5x-4}$，求 $g(x)$。

59. $f(x)$ 和 $g(x)$ 可微，且 $f(1)=2$，$f'(1)=3$，$f'(5)=4$，$g(1)=5$，$g'(1)=6$，$g'(2)=7$，$g'(5)=8$，求 $\left.\frac{\mathrm{d}}{\mathrm{d}x}f(g(x))\right|_{x=1}$。

60. 考虑习题 59 中的函数，求 $\left.\frac{\mathrm{d}}{\mathrm{d}x}g(f(x))\right|_{x=1}$。

61. **股票对公司总资产的影响**。某计算机软件公司上市后，每股股票价格的波动情况如图 1(a)所示。公司总价值取决于每股的价值，据估计为

$$W(x)=10\frac{12+8x}{3+x}$$

其中 x 是每股的价值（美元），$W(x)$ 是公司总价值，以百万美元为单位 [见图 1(b)]。

(a) 求 $t=1.5$ 和 $t=3.5$ 时的公司总价值。

(b) 求 $\left.\frac{\mathrm{d}x}{\mathrm{d}t}\right|_{t=1.5}$ 和 $\left.\frac{\mathrm{d}x}{\mathrm{d}t}\right|_{t=3.5}$，给出这些值的解释。

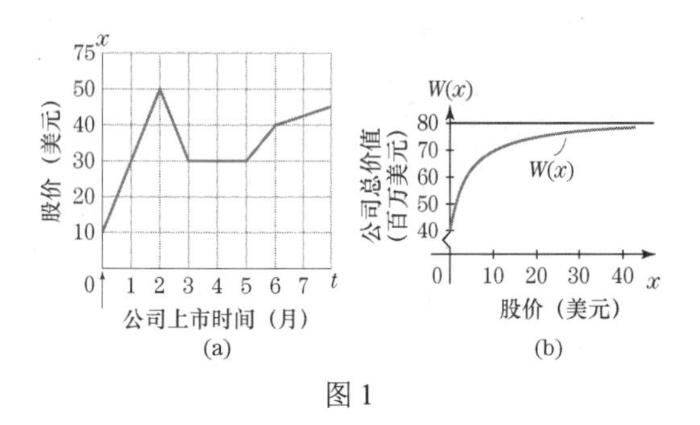

图 1

62. 参考习题 61，用链式法则求 $\frac{dW}{dt}\Big|_{t=1.5}$ 和 $\frac{dW}{dt}\Big|_{t=3.5}$，并给出这些值的解释。

63. 参考习题 61。

(a) 求 $\frac{dx}{dt}\Big|_{t=2.5}$ 和 $\frac{dx}{dt}\Big|_{t=4}$，给出这些值的解释。

(b) 用链式法则求 $\frac{dW}{dt}\Big|_{t=2.5}$ 和 $\frac{dW}{dt}\Big|_{t=4}$，给出这些值的解释。

64. 参考习题 61。

(a) 该公司上市后前 6 个月内的最高价值是多少？何时达到最高价值？

(b) 假设每股的价值继续以第 6 个月后的速度增长，当 t 增加时，公司总价值的上限是多少？

65. 在形如 $f(g(x))$ 的表达式中，$f(x)$ 称为外部函数，$g(x)$ 称为内部函数。用“内部”和“外部”两词书面描述链式法则。

3.2 节自测题答案

1. 设 $f(x)=x^5+x^4$，$g(x)=2x^3-5$。

2. $f'(x)=5x^4+4x^3$，$f'(g(x))=5(2x^3-5)^4+4(2x^3-5)^3$。

3. 我们有 $g'(x)=6x^2$。根据链式法则和自测题 2 的结果有

$$h'(x)=f'(g(x))g'(x)$$
$$=[5(2x^3-5)^4+4(2x^3-5)^3](6x^2)$$

3.3 隐函数求导法则和相关变化率

本节介绍链式法则的两种不同应用。在每种情况下，我们都需要区分一个或多个复合函数，其中“内部”函数是不明确的。

隐函数求导法则

在某些应用中，变量之间的关系是方程而不是函数。在这些情况下，我们仍可通过隐函数微分法求出一个变量相对于另一个变量的变化率。例如，考虑

$$x^2+y^2=4 \tag{1}$$

这个方程的图形是图 1 中的圆。该图形显然不是一个函数的图形，因为图上两个点的 x 坐标是 1（函数必须满足垂直线测试，见 0.1 节）。

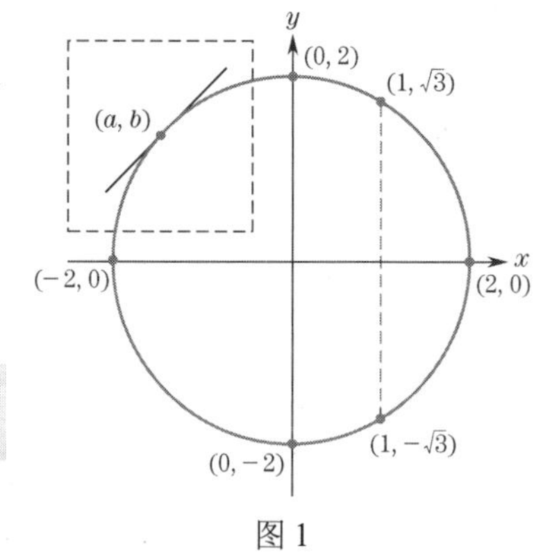

图 1

我们用 $\frac{dy}{dx}\Big|_{\substack{x=1\\y=\sqrt{3}}}$ 表示曲线在点 $(1,\sqrt{3})$ 处的斜率。

一般来说，点 (a,b) 处的斜率表示为 $\frac{dy}{dx}\Big|_{\substack{x=a\\y=b}}$。

> **回顾：** 符号 $\frac{dy}{dx}\Big|_{\substack{x=a\\y=b}}$ 表示计算导数 $\frac{dy}{dx}$ 在 $x=a$ 和 $y=b$ 处的值。

在点 (a,b) 附近的小范围内，曲线看起来像一个函数的图形。也就是说，在曲线的这部分，对于某个函数 $g(x)$ 有 $y=g(x)$。我们说这个函数是由方程隐式定义的［当然，点 (a,b) 的切线一定不是垂直的。本节中假设给定的方程隐式地决定了可微函数］。方程两边对 x 求导，同时将 y 视为 x 的函数，可得到 $\frac{dy}{dx}$ 的公式。

例 1　用隐函数求导法则求斜率。 考虑方程 $x^2+y^2=4$ 的图形。

(a) 使用隐函数微分法计算 $\frac{dy}{dx}$。

(b) 求图形在点 $(1,\sqrt{3})$ 和 $(1,-\sqrt{3})$ 处的斜率。

解：(a) 第一项 x^2 的导数是 $2x$ 。我们认为第二项 y^2 的形式是 $[g(x)]^2$ 。为了求导，我们使用链式法则（具体地说，是一般幂法则）：

$$\frac{\mathrm{d}}{\mathrm{d}x}[g(x)]^2 = 2[g(x)]g'(x)$$

或者，等价地有

$$\frac{\mathrm{d}}{\mathrm{d}x}y^2 = 2y\frac{\mathrm{d}y}{\mathrm{d}x}$$

在原方程的右边，常数函数 4 的导数为零。因此，对 $x^2+y^2=4$ 进行隐函数微分得

$$2x+2y\frac{\mathrm{d}y}{\mathrm{d}x}=0$$

求解 $\frac{\mathrm{d}y}{\mathrm{d}x}$ 得

$$2y\frac{\mathrm{d}y}{\mathrm{d}x}=-2x$$

若 $y\neq 0$ ，则

$$\frac{\mathrm{d}y}{\mathrm{d}x}=\frac{-2x}{2y}=-\frac{x}{y}$$

注意，这个斜率公式包括 y 和 x ，反映了圆上一点的斜率取决于该点的 y 坐标和 x 坐标。

(b) 点 $(1,\sqrt{3})$ 处的斜率是

$$\left.\frac{\mathrm{d}y}{\mathrm{d}x}\right|_{\substack{x=1\\y=\sqrt{3}}}=-\left.\frac{x}{y}\right|_{\substack{x=1\\y=\sqrt{3}}}=-\frac{1}{\sqrt{3}}$$

点 $(1,-\sqrt{3})$ 处的斜率是

$$\left.\frac{\mathrm{d}y}{\mathrm{d}x}\right|_{\substack{x=1\\y=-\sqrt{3}}}=-\left.\frac{x}{y}\right|_{\substack{x=1\\y=-\sqrt{3}}}=-\frac{1}{-\sqrt{3}}=\frac{1}{\sqrt{3}}$$

如图 2 所示。$\frac{\mathrm{d}y}{\mathrm{d}x}$ 的公式给出了除(−2,0)和(2,0)外，$x^2+y^2=4$ 的曲线上每点的斜率。在这两点处，切线是垂直的，曲线的斜率没有定义。

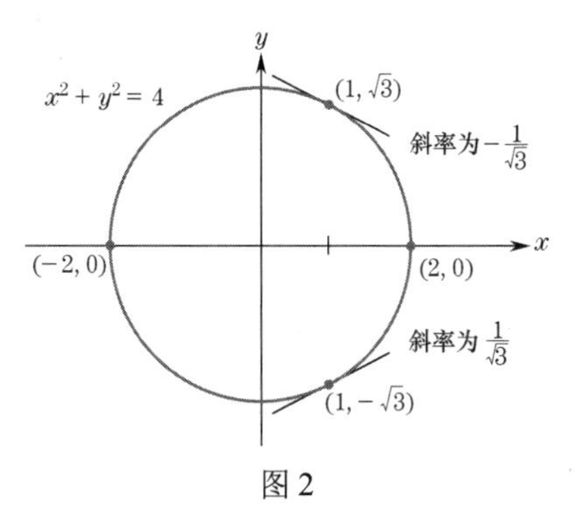

图 2

■

例 1(a)中的困难步骤是正确地求导 y^2 。根据一般幂法则，y^2 关于 y 的导数是 $2y$ 。但是，y^2 关于 x 的导数必须用一般幂法则来计算。要理解这个区别，可将 y 视为 x 的函数，即 $y=f(x)$ ，于是有

$$\frac{\mathrm{d}y}{\mathrm{d}x}=f'(x),\quad y^2=[f(x)]^2,\quad \frac{\mathrm{d}}{\mathrm{d}x}y^2=\frac{\mathrm{d}}{\mathrm{d}x}([f(x)]^2)=2f(x)f'(x)$$

根据一般幂法则，代入 $y=f(x)$ 和 $f'(x)=\frac{\mathrm{d}y}{\mathrm{d}x}$ 得

$$\frac{\mathrm{d}}{\mathrm{d}x}y^2=2y\frac{\mathrm{d}y}{\mathrm{d}x}$$

同样，若 a 是一个常数，则

$$\frac{\mathrm{d}}{\mathrm{d}x}(ay)=a\frac{\mathrm{d}y}{\mathrm{d}x},\quad \frac{\mathrm{d}}{\mathrm{d}x}(ay^2)=2ay\frac{\mathrm{d}y}{\mathrm{d}x}$$

同样，若 r 是常数，则由一般幂法则有如下定理。

定理

$$\frac{\mathrm{d}}{\mathrm{d}x}y^r=ry^{r-1}\frac{\mathrm{d}y}{\mathrm{d}x} \tag{2}$$

在接下来的两个例子中，将使用这个规则计算斜率公式。

例 2　隐函数求导法则。应用隐函数求导法则计算方程 $x^2y^6=1$ 的 $\frac{\mathrm{d}y}{\mathrm{d}x}$ 。

解：方程 $x^2y^6=1$ 两边分别对 x 求导。在方程左边，使用乘法法则，将 y 视为 x 的函数，有

$$x^2\frac{d}{dx}(y^6)+y^6\frac{d}{dx}(x^2)=\frac{d}{dx}(1)$$
$$x^2\cdot 6y^5\frac{dy}{dx}+y^6\cdot 2x=0$$

解出 $\frac{dy}{dx}$：

$$6x^2y^5\frac{dy}{dx}=-2xy^6 \qquad \text{将不包含 } \frac{dy}{dx} \text{ 的项移到右边}$$

$$\frac{dy}{dx}=\frac{-2xy^6}{6x^2y^5}=-\frac{y}{3x} \qquad \text{除以与 } \frac{dy}{dx} \text{ 相乘的因子}$$

■

例 3　隐函数求导法则。当 y 与 x 相关时，用隐式微分法计算 $\frac{dy}{dx}$，方程为 $x^2y+xy^3-3x=5$。

解：对方程逐项求导，注意用乘法法则求导 x^2y 和 xy^3：

$$x^2\frac{d}{dx}(y)+y\frac{d}{dx}(x^3)+x\frac{d}{dx}(y^3)+y^3\frac{d}{dx}(x)-3=0 \qquad \text{两边对 } x \text{ 求导。}$$

$$x^2\frac{dy}{dx}+y\cdot 2x+x\cdot 3y^2\frac{dy}{dx}+y^3\cdot 1-3=0 \qquad \text{注意 } \frac{d}{dx}(y)=\frac{dy}{dx}\text{，}\frac{d}{dx}(y^3)=3y^2\frac{dy}{dx}$$

按照以下步骤计算 $\frac{dy}{dx}$，用 x 和 y 表示。

步骤 1　将所有涉及 $\frac{dy}{dx}$ 的项保留在方程的左侧，并将其他项移至右侧。

$$x^2\frac{dy}{dx}+3xy^2\frac{dy}{dx}=3-y^3-2xy$$

步骤 2　公式左侧提取因子 $\frac{dy}{dx}$。

$$(x^2+3xy^2)\frac{dy}{dx}=3-y^3-2xy$$

步骤 3　将方程两边除以与 $\frac{dy}{dx}$ 相乘的因子。

$$\frac{dy}{dx}=\frac{3-y^3-2xy}{x^2+3xy^2}$$

■

注意：当 y 的幂对 x 求导时，结果必然含有因子 $\frac{dy}{dx}$。当 x 的幂被微分时，没有 $\frac{dy}{dx}$ 因子。

下面是隐函数微分的一般步骤。

用隐函数求导法则求 $\frac{dy}{dx}$

1. 将 y 作为 x 的函数，对方程中的每项进行微分。
2. 将所有涉及 $\frac{dy}{dx}$ 的项移到方程的左侧，将其他项移到右侧。
3. 提取公式左侧的因子 $\frac{dy}{dx}$。
4. 将方程两边除以与 $\frac{dy}{dx}$ 相乘的因子。

隐函数定义的方程在经济学模型中经常出现。下一个例子中的方程的经济背景将在 7.1 节中讨论。

例 4　等量和边际替代率。假设 x 和 y 代表生产过程中的两个基本输入量，方程

$$60x^{3/4}y^{1/4}=3240$$

描述了该过程的输出为 3240 个单位的所有输入量 (x,y)（该方程的曲线称为**恒定产量曲线**或**恒定乘积曲线**，见图 3）。使用隐函数微分法计算曲线上 $x=81, y=16$ 处的斜率。

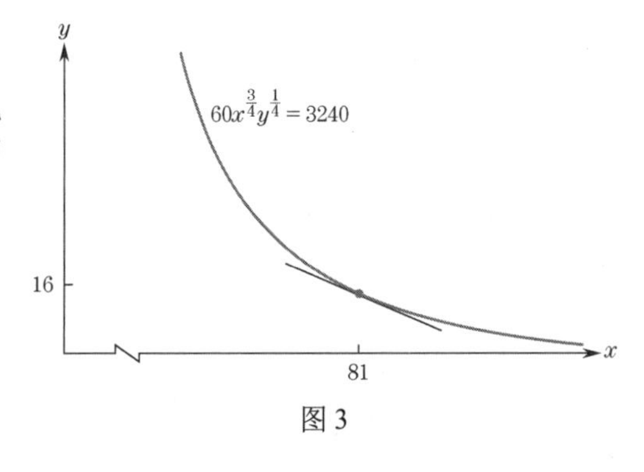

图 3

解：使用乘法法则，将 y 视为 x 的函数：

$$60x^{3/4}\frac{d}{dx}(y^{1/4})+y^{1/4}\frac{d}{dx}(60x^{3/4})=\frac{d}{dx}(3240)$$

$$60x^{3/4}\cdot\frac{1}{4}y^{-3/4}\frac{dy}{dx}+y^{1/4}\cdot 60\left(\frac{3}{4}\right)x^{-1/4}=0$$

$$15x^{3/4}y^{-3/4}\frac{dy}{dx}=-45x^{-1/4}y^{1/4}$$

$$\frac{dy}{dx}=\frac{-45x^{-1/4}y^{1/4}}{15x^{3/4}y^{-3/4}}=\frac{-3y}{x}$$

当 $x=81, y=16$ 时，有

$$\left.\frac{dy}{dx}\right|_{\substack{x=81\\y=16}}=\frac{-3\times16}{81}=-\frac{16}{27}$$

数字 $-\frac{16}{27}$ 是产量等量点(81,16)处的斜率。若第一个输入（对应于 x ）增加 1 个单位，第二个输入（对应于 y ）必须减少约 $\frac{16}{27}$ 个单位，以保持生产输出不变［即保持 (x,y) 在曲线上］。在经济学术语中，$\frac{dy}{dx}$ 的绝对值称为第一个输入对第二个输入的**边际替代率**。

■

相关率

在隐函数求导法则中，我们微分的是一个包含 x 和 y 的方程，其中 y 被视为 x 的函数。然而，在某些应用中，x 和 y 通过一个方程联系在一起，两个变量都是第三个变量 t 的函数（ t 可表示时间）。一般来说，x 和 y 作为 t 的函数的公式是未知的。当我们对这样的方程求 t 的导数时，得到的是变化率 $\frac{dy}{dt}$ 和 $\frac{dx}{dt}$ 之间的关系。我们称这些导数为相关率。相关率的方程可用于已知其中一个变化率时求另一个变化率。

例 5　沿图形移动的点。假设 x 和 y 都是 t 的可微函数并且由以下方程关联：

$$x^2+5y^2=36 \tag{3}$$

(a) 方程中的每项对 t 求导，并求解得到 $\frac{dy}{dt}$ 的方程。

(b) 当 $x=4$, $y=2$, $\frac{dx}{dt}=5$ 时，计算 $\frac{dy}{dt}$。

解：(a) 因为 x 是 t 的函数，一般幂法则给出

$$\frac{d}{dt}(x^2)=2x\frac{dx}{dt}$$

类似的公式适用于 y^2 的导数。式(3)中的每项对 t 微分得

$$\frac{d}{dt}(x^2)+\frac{d}{dt}(5y^2)=\frac{d}{dt}(36)\ \Rightarrow\ 2x\frac{dx}{dt}+5\cdot2y\frac{dy}{dt}=0$$

$$10y\frac{dy}{dt}=-2x\frac{dx}{dt}\ \Rightarrow\ \frac{dy}{dt}=-\frac{x}{5y}\frac{dx}{dt}$$

(b) 当 $x=4$, $y=2$, $\frac{dx}{dt}=5$ 时，

$$\frac{dy}{dt}=-\frac{4}{5\times2}\cdot5=-2$$

■

例 5 中的计算可用一个有用的图形来解释。假设有一个点沿方程 $x^2+5y^2=36$ 的曲线顺时针方向移动，这是一个椭圆（见图 4）。假设当该点在(4, 2)处时，其 x 坐标以 5 个单位/分钟的速度变化，因此 $\frac{dx}{dt}=5$。在例 5(b)中，我们发现 $\frac{dy}{dt}=-2$。这意味着当点移到(4, 2)处时，该点的 y 坐标以 2 个单位/分钟的速度递减。

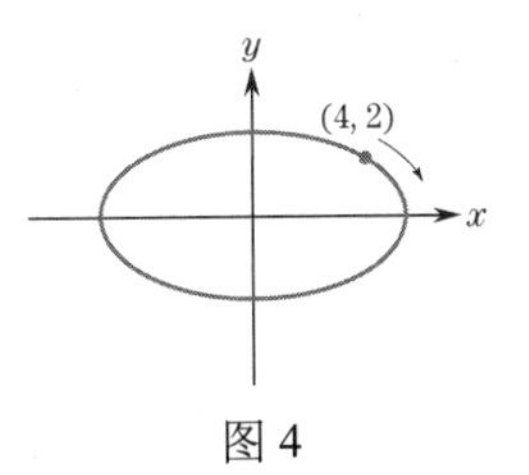

图 4

例 6　按价格报告每周销售额。假设一种商品每周可以卖出 x 万件，价格是 p 美元/件，x 和 p 满足需求方程 $p+2x+xp=38$（见图 5）。当 $x=4$, $p=6$ 时，价格以 0.40 美元/周的速度下降，周销量的变化有多快?

解：假设 p 和 x 是 t 的可微函数，需求方程对 t 求导得

$$\frac{d}{dt}(p)+\frac{d}{dt}(2x)+\frac{d}{dt}(xp)=\frac{d}{dt}(38)$$

$$\frac{dp}{dt}+2\frac{dx}{dt}+x\frac{dp}{dt}+p\frac{dx}{dt}=0 \tag{4}$$

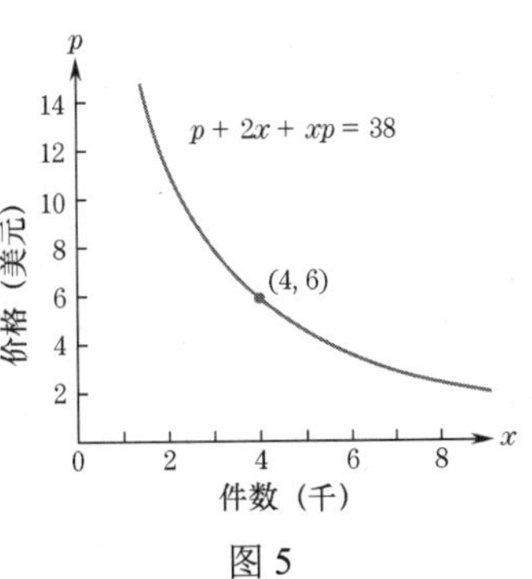

图 5

我们要求的是当 $x=4$, $p=6$, $\frac{dp}{dt}=-0.40$ 时的 $\frac{dx}{dt}$ （ $\frac{dp}{dt}$ 的导数为负，因为价格在下降）。我们可以先求式(4)中的 $\frac{dx}{dt}$，然后代入给定

的值，但由于 $\frac{dx}{dt}$ 不需要通式，所以先代入后求解更简单：

$$-0.40+2\frac{dx}{dt}+4(-0.40)+6\frac{dx}{dt}=0,\quad 8\frac{dx}{dt}=2,\quad \frac{dx}{dt}=0.25$$

因此，销售量正在以 0.25 万件（或 250 件）/ 周的速度增长。

■

求解相关率问题的建议

1. 如果可能，画出图形。
2. 用字母表示变化的量，并确定一个变量（如 t），其他变量都依赖于这个变量。
3. 找出各变量之间的关系式。
4. 方程对自变量 t 求导，适当时用链式法则。
5. 用所有指定的值替换变量及其导数。
6. 求出未知变化率的导数。

综合技术

当 y 可以表示为 x 的一个或多个函数时，可以很容易地得到 x 和 y 的方程的图形。例如，可通过同时绘制 $y=\sqrt{4-x^2}$ 和 $y=-\sqrt{4-x^2}$ 来绘制 $x^2+y^2=4$ 的图形。

3.3 节自测题（答案见本节习题后）

假设 x 和 y 的关系式为 $3y^2-3x^2+y=1$。

1. 用隐函数微分法求方程的曲线斜率的公式。

2. 假设上式中的 x 和 y 都是 t 的函数，方程两边对 t 求导，求 $\frac{dy}{dt}$，用 x, y 和 $\frac{dx}{dt}$ 表示。

习题 3.3

在习题 1 ~ 18 中，假设 x 和 y 由给定的方程相关，使用隐函数微分法求 $\frac{dy}{dx}$。

1. $x^2-y^2=1$

2. $x^3+y^3-6=0$

3. $y^5-3x^2=x$

4. $x^4+(y+3)^4=x^2$

5. $y^4-x^4=y^2-x^2$

6. $x^3+y^3=x^2+y^2$

7. $2x^3+y=2y^3+x$

8. $x^4+4y=x-4y^3$

9. $xy=5$

10. $xy^3=2$

11. $x(y+2)^5=8$

12. $x^2y^3=6$

13. $x^3y^2-4x^2=1$

14. $(x+1)^2(y-1)^2=1$

15. $x^3+y^3=x^3y^3$

16. $x^2+4xy+4y=1$

17. $x^2y+y^2x=3$

18. $x^3y+xy^3=4$

在习题 19 ~ 24 中，使用隐函数微分法求方程图形在给定点处的斜率。

19. $4y^3-x^2=-5$； $x=3, y=1$

20. $y^2=x^3+1$； $x=2, y=-3$

21. $xy^3=2$； $x=-\frac{1}{4}, y=-2$

22. $\sqrt{x}+\sqrt{y}=7$； $x=9, y=16$

23. $xy+y^3=14$； $x=3, y=2$

24. $y^2=3xy-5$； $x=2, y=1$

25. 求 $x^2y^4=1$ 在点 $\left(4,\frac{1}{2}\right)$ 和点 $\left(4,-\frac{1}{2}\right)$ 处的切线方程。

26. 求 $x^4y^2=144$ 在点 $(2,3)$ 和点 $(2,-3)$ 处的切线方程。

27. 双扭线的斜率。 图 6 所示为双扭线 $x^4+2x^2y^2+y^4=4x^2-4y^2$ 的图形。

(a) 用隐函数微分法求 $\frac{dy}{dx}$。

(b) 求双扭线上点 $(\sqrt{6}/2,\sqrt{2}/2)$ 处的切线斜率。

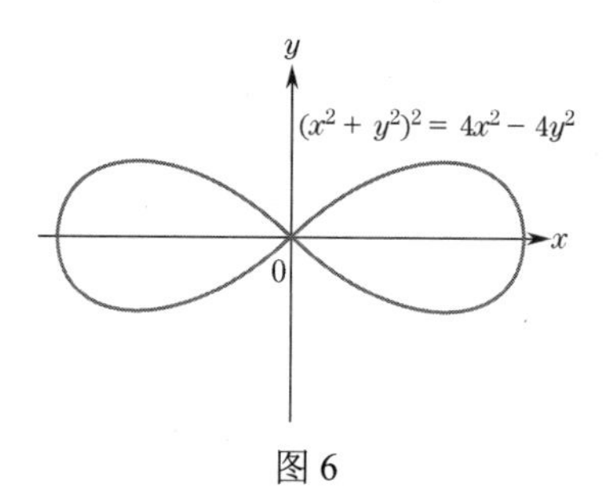

图 6

28. $x^4+2x^2y^2+y^4=9x^2-9y^2$ 是一条双扭线，近似于图 6 中的图形。

(a) 用隐函数微分法求 $\frac{dy}{dx}$。

(b) 求双扭线上点 $(\sqrt{5},-1)$ 处的切线斜率。

29. 边际替代率。 假设 x 和 y 表示生产过程中的两个基本输入量，方程 $30x^{1/3}y^{2/3}=1080$ 中显示了输出为 1080 个单位时的所有输入量。

(a) 求 $\frac{dy}{dx}$。

(b) 当 $x=16, y=54$ 时，x 替代 y 的边际替代率是多少？（参见例 4。）

30. 需求方程。假设 x 和 y 表示生产过程中的两个基本输入量，$10x^{1/2}y^{1/2}=600$。求 $x=50, y=72$ 时的 $\frac{dy}{dx}$。

在习题 31～36 中，假设 x 和 y 都是 t 的可微函数，且由所给方程联系起来。使用关于 t 的隐式微分求 $\frac{dy}{dt}$，用 x, y 和 $\frac{dx}{dt}$ 表示。

31. $x^4+y^4=1$　　**32.** $y^4-x^2=1$

33. $3xy-3x^2=4$　　**34.** $y^2=8+xy$

35. $x^2+2xy=y^3$　　**36.** $x^2y^2=2y^3+1$

37. 曲线上的点。一个点沿着曲线 $x^2-4y^2=9$ 移动。当点在(5,−2)处时，其 x 坐标以 3 个单位/秒的速度增加。此时，y 坐标变化有多快？

38. 曲线上的点。一点沿着曲线 $x^3y^2=200$ 移动。当点在(2,5)处时，其 x 坐标以−4 个单位/分钟的速度变化。此时，y 坐标变化有多快？

39. 需求方程。某种商品的价格为 p（美元），周销量为 x（千件），满足需求方程 $2p^3+x^2=4500$。当 $x=50, p=10$，价格以 0.50 美元/周的速度下降时，销量的变化率是多少。

40. 需求方程。一种商品的价格为 p（美元），周需求量为 x（千件），满足需求方程 $6p+x+xp=94$。当 $x=4, p=9$，价格以 2 美元/周的速度上涨时，需求变化有多快？

41. 广告影响收益。杂志的月广告收入 A 和月发行量 x 的关系为

$$A=6\sqrt{x^2-400},\quad x\geqslant 20$$

其中 A 的单位为千美元，x 的单位为千份。若当前发行量 $x=2.5$ 万份，发行量以 2000 份/月的速度增长，则广告收入的变化速率是多少？提示：使用链式法则 $\frac{dA}{dt}=\frac{dA}{dx}\frac{dx}{dt}$。

42. 价格变化率。在一个城市中，橙子的批发价格 p（美元/箱）和日供应量 x（千箱）间的关系为 $px+7x+8p=328$。今天有 4000 箱橙子，每箱的价格为 25 美元，如果供应量的变化率是−300 箱/天，价格变化的速率是多少？

43. 相关率。图 7 所示为靠在墙上的 10 英尺高的梯子。

(a) 利用勾股定理求有关 x 和 y 的方程。

(b) 梯子的底部以 3 英尺/秒的速度沿地面拉动，当梯子底部距离墙壁 8 英尺时，梯子顶端滑下墙壁的速度有多快？也就是说，当 $\frac{dx}{dt}=3$ 和 $x=8$ 时，$\frac{dy}{dt}$ 是多少？

图 7

44. 相关率。一架飞机以 390 英尺/秒的速度在 5000 英尺的高度直接飞越一个雷达站。图 8 显示了飞机与雷达站在稍后时间的关系。

(a) 求有关 x 和 y 的方程。

(b) 求 $y=13000$ 时 x 的值。

(c) 当飞机距离雷达站 13000 英尺时，从雷达站到飞机的距离变化有多快？也就是说，当 $\frac{dx}{dt}=390, y=13000$ 时 $\frac{dy}{dt}$ 是多少？

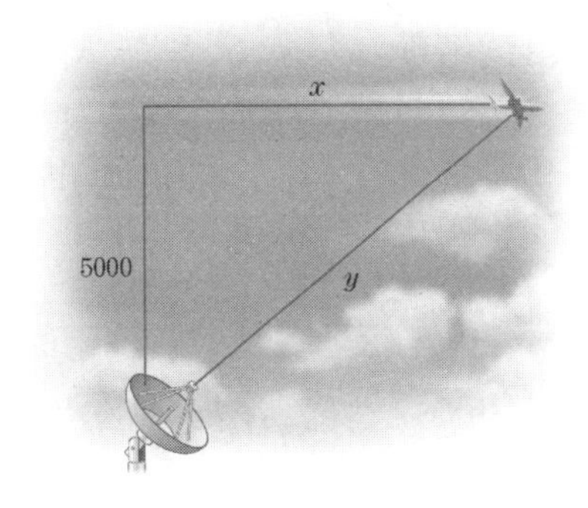

图 8

45. 相关率。棒球场是 90 英尺乘 90 英尺的正方形（见图 9）。球员以 22 英尺/秒的速度从一垒跑到二垒。当玩家处于一垒和二垒之间时，他们与三垒的距离变化有多快？提示：若 x 是玩家到二垒的距离，y 是他们到三垒的距离，则 $x^2+90^2=y^2$。

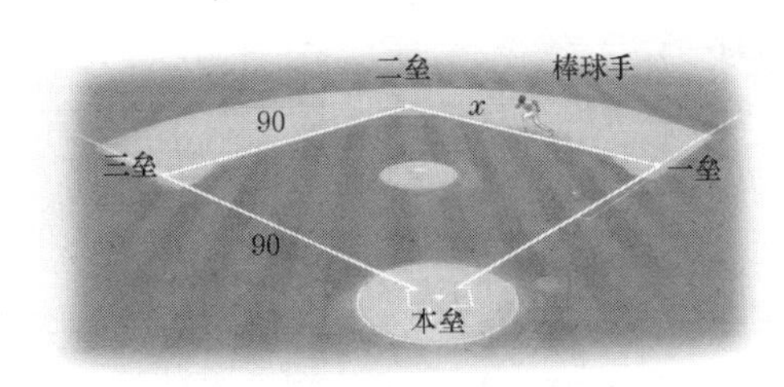

图 9

46. **相关率**。如图 10 所示，一名摩托车手正以 80 英里/小时的速度驶过一个斜坡。摩托车手上升的速度有多快？提示：使用相似三角形将 x 和 h 联系起来，然后计算 $\frac{dh}{dt}$。

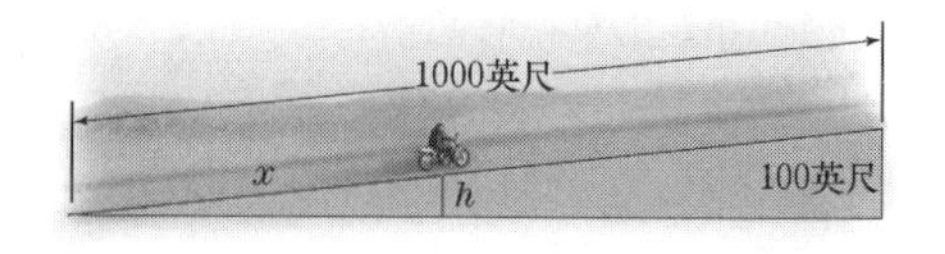

图 10

3.3 节自测题答案

1. $\frac{d}{dx}(3y^2)-\frac{d}{dx}(3x^2)+\frac{d}{dx}(y)=\frac{d}{dx}(1)$

$$6y\frac{dy}{dx}-6x+\frac{dy}{dx}=0$$

$$(6y+1)\frac{dy}{dx}=6x$$

$$\frac{dy}{dx}=\frac{6x}{6y+1}$$

2. 不参照上题的解法：

$$\frac{d}{dt}(3y^2)-\frac{d}{dt}(3x^2)+\frac{d}{dt}(y)=\frac{d}{dt}(1)$$

$$6y\frac{dy}{dt}-6x\frac{dx}{dt}+\frac{dy}{dt}=0$$

$$(6y+1)\frac{dy}{dt}=6x\frac{dx}{dt}$$

$$\frac{dy}{dt}=\frac{6x}{6y+1}\frac{dx}{dt}$$

采用链式法则和上题的 $\frac{dy}{dx}$ 公式：

$$\frac{dy}{dt}=\frac{dy}{dx}\frac{dx}{dt}=\frac{6x}{6y+1}\frac{dx}{dt}$$

第 3 章概念题

1. 陈述乘法法则和除法法则。
2. 陈述链式法则，并举例 4 说明。
3. 链式法则和一般幂法则有什么关系？
4. 函数由方程隐式定义是什么意思？
5. 陈述 $\frac{d}{dx}y^r$ 的公式，其中 y 隐式地定义为 x 的函数。
6. 概述求解相关率问题的步骤。

第 3 章复习题

微分下列函数。

1. $y=(4x-1)(3x+1)^4$
2. $y=2(5-x)^3(6x-1)$
3. $y=x(x^5-1)^3$
4. $y=(2x+1)^{5/2}(4x-1)^{3/2}$
5. $y=5(\sqrt{x}-1)^4(\sqrt{x}-2)^2$
6. $y=\sqrt{x}/(\sqrt{x}+4)$
7. $y=3(x^2-1)^3(x^2+1)^5$
8. $y=\frac{1}{(x^2+5x+1)^6}$
9. $y=\frac{x^2-6x}{x-2}$
10. $y=\frac{2x}{2-3x}$
11. $y=\left(\frac{3-x^2}{x^3}\right)^2$
12. $y=\frac{x^3+x}{x^2-x}$
13. $f(x)=(3x+1)^4(3-x)^5$，求满足 $f'(x)=0$ 的 x。
14. $f(x)=(x^2+1)/(x^2+5)$，求满足 $f'(x)=0$ 的 x。
15. 求 $y=(x^3-1)(x^2+1)^4$ 在 $x=-1$ 处的切线方程。
16. 求 $y=\frac{x-3}{\sqrt{4+x^2}}$ 在 $x=0$ 处的切线方程。
17. **面积最小化**。植物展示区将被建造为一个矩形区域，一边是河流，另外三面沿内边缘铺设 2 米宽的人行道（见图 1）。植物面积为 800 平方米。求使人行道面积最小的区域的外部尺寸（此时，人行道所需的混凝土量最少）。

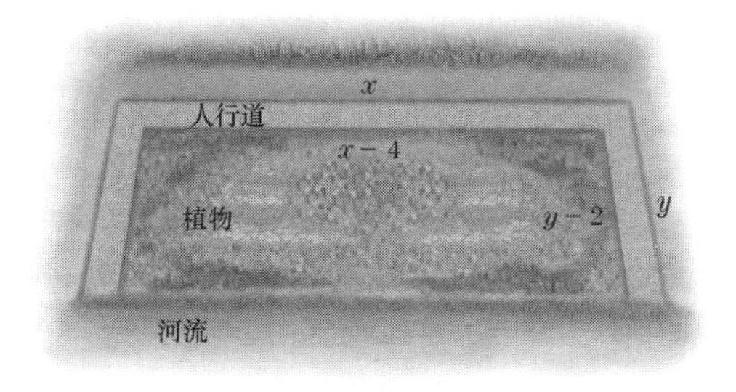

图 1

18. 假设习题 17 中人行道在四周的内侧。在这种情况下，800 平方米的种植区域的尺寸为 $x-4$ 米和 $y-4$ 米。
19. **成本函数**。某商店估算每天销售 x 盏灯的成本为 C 美元，其中 $C=40x+30$（每盏灯的边际成本为 40 美元）。若日销售额以 3 盏灯/天的速度增长，则成本上升的速度有多快？用链式法则解释答案。
20. **税收变化率**。当公司的年利润是 P 元时，公司支付 y 元的税。若 y 是 P 的（可微的）某个函数，P 是时间 t 的某个函数，给出税收的时间变化率 dy/dt 的链式法则公式。

在习题 21 ~ 23 中，求 $\frac{d}{dx}f(g(x))$ 的公式，其中 $f(x)$ 是函数且 $f'(x)=1/(x^2+1)$。

21. $g(x)=x^3$ **22.** $g(x)=1/x$ **23.** $g(x)=x^2+1$

在习题 24 ~ 26 中，求 $\frac{d}{dx}f(g(x))$ 的公式，其中 $f(x)$ 是函数且 $f'(x)=x\sqrt{1-x^2}$ 。

24. $g(x)=x^2$ **25.** $g(x)=\sqrt{x}$ **26.** $g(x)=x^{3/2}$

在习题 27 ~ 29 中，求 $\frac{dy}{dx}$，其中 y 是 u 的函数，满足 $\frac{dy}{du}=\frac{u}{u^2+1}$。用 x 表示答案。

27. $u=x^{3/2}$ **28.** $u=x^2+1$ **29.** $u=5/x$

在习题 30 ~ 32 中，求 $\frac{dy}{dx}$，其中 y 是 u 的函数，满足 $\frac{dy}{du}=\frac{u}{\sqrt{1+u^4}}$。

30. $u=x^2$ **31.** $u=\sqrt{x}$ **32.** $u=2/x$

习题 33 ~ 38 参考图 2 中函数 $f(x)$ 和 $g(x)$ 的曲线图形，求 $h(1)$ 和 $h'(1)$。

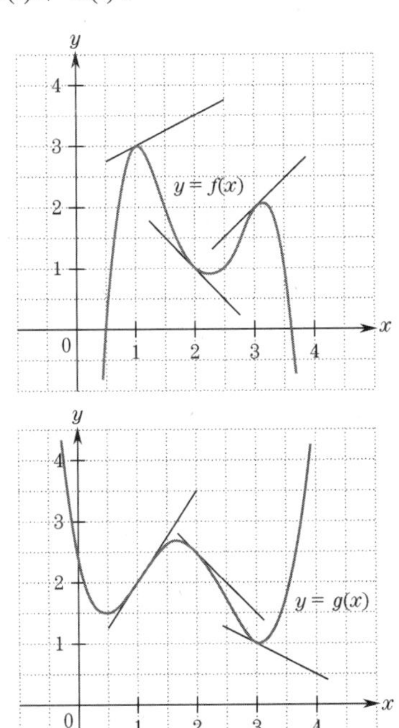

图 2

33. $h(x)=2f(x)-3g(x)$ **34.** $h(x)=f(x)\cdot g(x)$

35. $h(x)=f(x)/g(x)$ **36.** $h(x)=[f(x)]^2$

37. $h(x)=f(g(x))$ **38.** $h(x)=g(f(x))$

39. 收入函数。公司的收入 R 是每周销售量 x 的函数。此外，销售量 x 是每周广告支出 A 的函数，而 A 又是时间的变化函数。

(a) 写出下列各量的导数符号：(i)与广告支出相关的收入变化率 R；(ii)广告支出的时间变化率；(iii)边际收入；(iv)广告支出的销售量变化率。从以下选项中选择答案：

$\frac{dR}{dx}$，$\frac{dR}{dt}$，$\frac{dA}{dt}$，$\frac{dA}{dR}$，$\frac{dA}{dx}$，$\frac{dx}{dA}$，$\frac{dR}{dA}$

(b) 写出一种链式法则，用(a)问描述的三个导数表示收入的时间变化率 $\frac{dR}{dt}$。

40. 药物用量。某医院每周的麻醉剂用量 A 是每周手术次数 S 的函数。此外，S 又是医院服务区域人口 P 的函数，而 P 是时间 t 的函数。

(a) 写出下列各量的导数符号：(i)人口增长率；(ii)麻醉剂用量相对于人口规模的变化率；(iii)外科手术次数相对于人口规模的变化率；(iv)与手术次数相关的麻醉剂用量变化率。从以下选项中选择答案：

$\frac{dS}{dP}$，$\frac{dS}{dt}$，$\frac{dP}{dS}$，$\frac{dP}{dt}$，$\frac{dA}{dS}$，$\frac{dA}{dP}$，$\frac{dS}{dA}$

(b) 写出一种链式法则，用(a)问中描述的三个导数表示麻醉剂用量的时间变化率 $\frac{dA}{dt}$。

41. $x^{2/3}+y^{2/3}=8$ 的图形是图 3 中的星形线。

(a) 用隐函数微分法求 $\frac{dy}{dx}$。

(b) 求点(8, −8)处切线的斜率。

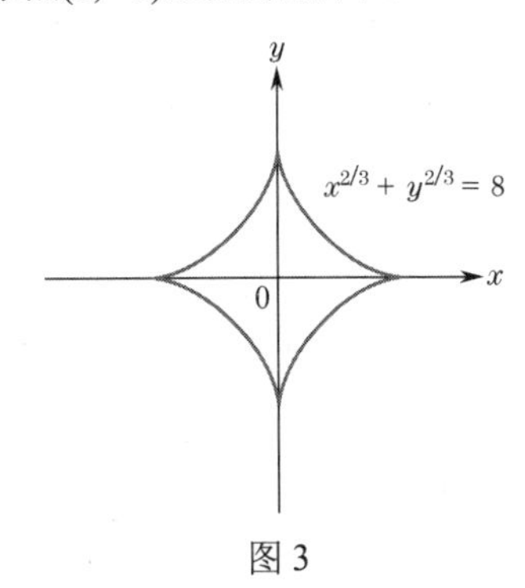

图 3

42. 笛卡儿叶的斜率。$x^3+y^3=9xy$ 的图形是图 4 中的笛卡儿叶。

(a) 用隐函数微分法求 $\frac{dy}{dx}$。

(b) 求点(2, 4)处曲线的斜率。

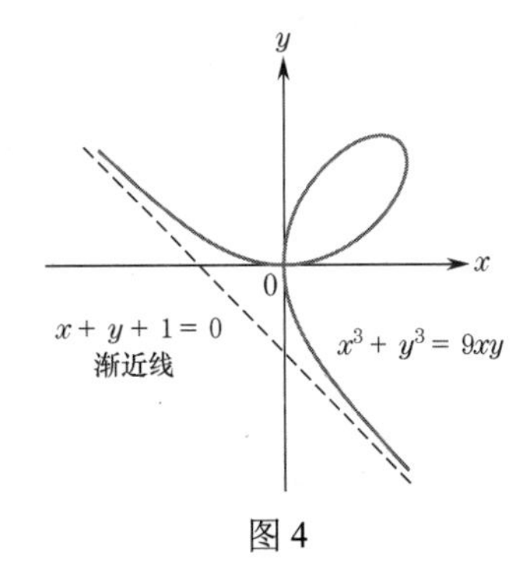

图 4

在习题 43 ~ 46 中，x 和 y 由给定的方程联系起来。使用隐函数微分法来计算给定 x 和 y 值时的 $\frac{dy}{dx}$ 值。

43. $x^2y^2=9$； $x=1, y=3$

44. $xy^4 = 48$； $x=3, y=2$

45. $x^2 - xy^3 = 20$； $x=5, y=1$

46. $xy^2 - x^3 = 10$； $x=2, y=3$

47. **成本分析与产量**。工厂每周的生产成本 y 和每周的产量 x 由方程 $y^2 - 5x^3 = 4$ 联系起来，其中 y 的单位是千美元，x 的单位是千台。

(a) 用隐函数微分法求 $\frac{dy}{dx}$，即边际生产成本的公式。

(b) 求 $x=4$ 和 $y=18$ 时的边际生产成本。

(c) 假设工厂开始改变每周的产量。设 x 和 y 是时间 t 的可微函数，用相关速率的方法求 $\frac{dy}{dt}$（生产成本的时间变化率）的公式。

(d) 当 $x=4$，$y=18$，产量以 0.3 万件/台的速度提升（即 $\frac{dx}{dt}=0.3$）时，计算 $\frac{dy}{dt}$。

48. **图书馆中书籍的使用**。一个城镇图书馆估计，当人口为 x 千人时，图书馆一年内约有 y 千本书被借出，其中 x 和 y 的关系由方程 $y^3 - 8000x^2 = 0$ 联系起来。

(a) 用隐函数微分法求图书借出量与人口规模的变化率 $\frac{dy}{dx}$ 的公式。

(b) 当 $x=2.7$ 万人，$y=18$ 万册/年时，求 $\frac{dy}{dx}$。

(c) 假设 x 和 y 都是时间 t 的可微函数，用相关率求图书借出量相对于时间的变化率 $\frac{dy}{dt}$ 的公式。

(d) 使用(c)问或(b)问和链式法则计算 $\frac{dy}{dt}$，其中 $x=2.7$ 万，$y=18$ 万，人口以 1.8 万人/年的速度增长（即 $\frac{dy}{dt}=1.8$）。

49. **需求方程**。假设某商品的价格 p 和数量 x 满足需求方程 $6p+5x+xp=50$，p 和 x 是时间 t 的函数。求 $x=4$，$p=3$，$\frac{dp}{dt}=-2$ 时 x 的变化率。

50. **溢油量**。某海上油井正在向海面泄漏石油，且形成了约 0.005 米厚的圆形浮油。若浮油半径为 r 米，则泄漏量 $V=0.005\pi r^2$ 立方米。若油以 20 立方米/小时的恒定速度泄漏，即 $\frac{dV}{dt}=20$，当半径为 50 米时，求浮油半径增加的速率。提示：求出 $\frac{dV}{dt}$ 和 $\frac{dr}{dt}$ 之间的关系。

51. **质量和表面积**。动物生理学家通过实验确定，马的体重 W（千克）和表面积 S（平方米）由经验方程 $S=0.1W^{2/3}$ 相关。当马重 350 千克且以 200 千克/年的速度增重时，马的表面积增加得有多快？提示：使用链式法则。

52. **销售和广告**。一家厨房电器公司的月销售数量和广告费用大致由方程 $xy-6x+20y=0$ 相关，其中 x 是广告费用（千美元），y 是销售数量（千台）。目前，该公司在广告上投入了 1 万美元，每月销售 2000 台洗碗机。若公司计划以 1500 美元/月的速度增加每月的广告支出，销售数量将以多快的速度增长？用隐函数微分法求解。

第 4 章　指数函数和自然对数函数

当投资以每年 15%的速度稳定增长时，投资在任何时刻的增长率都与当时的投资价值成正比。当细菌培养物在实验室培养皿中生长时，培养物在任何时刻的生长速度都与此时培养皿中的细菌总数成正比。这些情况就是所谓的指数增长的例子。一堆放射性铀 ^{235}U 的衰减速率与 ^{235}U 的当前数量成正比。铀（及一般放射性元素）的这种衰减称为**指数衰减**。指数增长和指数衰减都可使用指数函数和自然对数函数来描述与研究。本章首先介绍这些函数的性质，然后介绍它们在商务、生物学、考古学、公共卫生和心理学等领域中的广泛应用。

4.1　指数函数

回顾：要练习使用指数，可参见 0.5 节。

指数定律

在本节中，b 表示一个正数。函数

$$f(x)=b^x$$

称为**指数函数**，因为变量 x 在指数中。数字 b 称为指数函数的**底**。0.5 节回顾了 b 和 x 的各个值所对应的 b^x 的定义（但使用的是字母 r 而不是 x）。例如，若 $f(x)$ 是以 2 为底的指数函数，即

$$f(x)=2^x$$

则 $f(0)=2^0=1$，$f(1)=2^1=2$，$f(4)=2^4=2\cdot2\cdot2\cdot2=16$，$f(-1)=2^{-1}=\frac{1}{2}$，$f\left(\frac{1}{2}\right)=2^{\frac{1}{2}}=\sqrt{2}$，$f\left(\frac{3}{5}\right)=(2^{1/5})^3=(\sqrt[5]{2})^3$。

实际上，0.5 节仅为有理数 x（即整数或小数）定义了 b^x。对于 x 的其他值（如 $\sqrt{3}$ 或 π），可以首先用有理数近似 x，然后应用极限过程来定义 b^x。我们将省略细节，并且简单地假设此后对所有 x，b^x 都有定义，且指数定律仍然有效。

为便于参考，下面给出指数定律。

指数定律

i. $b^x\cdot b^y=b^{x+y}$	乘法定律	ii. $b^{-x}=\frac{1}{b^x}$	改变指数符号
iii. $\dfrac{b^x}{b^y}=b^x\cdot b^{-y}=b^{x-y}$	除法定律	iv. $(b^y)^x=b^{xy}$	幂的幂
v. $a^xb^x=(ab)^x$	乘积的幂	vi. $\frac{a^x}{b^x}=\left(\frac{a}{b}\right)^x$	商的幂

性质 iv 可用于改变指数函数的外观。例如，函数 $f(x)=8^x$ 也可写为 $f(x)=(2^3)^x=2^{3x}$，而 $g(x)=\left(\frac{1}{9}\right)^x$ 则可写为 $g(x)=(1/3^2)^x=(3^{-2})^x=3^{-2x}$。

例 1　使用指数定律。利用指数的性质，选择一个合适的常数 k 将下列表达式写成 2^{kx} 的形式。

(a) $4^{5x/2}$　　(b) $(2^{4x}\cdot2^{-x})^{1/2}$　　(c) $8^{x/3}\cdot16^{3x/4}$　　(d) $\frac{10^x}{5^x}$

解：(a) 首先将 4 表示为 2 的幂，然后使用性质 iv：

$$4^{5x/2}=(2^2)^{5x/2}=2^{2(5x/2)}=2^{5x}$$

(b) 首先使用性质 i 简化括号内的量，然后使用性质 iv：

$$(2^{4x}\cdot 2^{-x})^{1/2}=(2^{4x-x})^{1/2}=(2^{3x})^{1/2}=2^{(3/2)x}$$

(c) 首先将 8 和 16 的底数表示为 2 的幂，然后使用性质 iv 和 i：

$$8^{x/3}\cdot 16^{3x/4}=(2^3)^{x/3}\cdot(2^4)^{3x/4}=2^x\cdot 2^{3x}=2^{4x}$$

(d) 使用性质 v 将分子改为10^x，然后消去公共项5^x：

$$\frac{10^x}{5^x}=\frac{(2\cdot 5)^x}{5^x}=\frac{2^x\cdot 5^x}{5^x}=2^x$$

另一种方法是使用性质 vi：

$$\frac{10^x}{5^x}=\left(\frac{10}{5}\right)^x=2^x$$

■

指数函数

下面介绍不同b值的指数函数$y=b^x$的图形，从特殊情况$b=2$开始。

图 1 所示为$x=0,\pm1,\pm2,\pm3,\cdots$时$2^x$的值及其图形。$x=\pm0.1,\pm0.2,\pm0.3,\cdots$时$2^x$的其他中间值可由表格或图形计算器得到［见图 2(a)］。画出过这些点的平滑曲线，就得到$y=2^x$的图形，如图 2(b)所示。

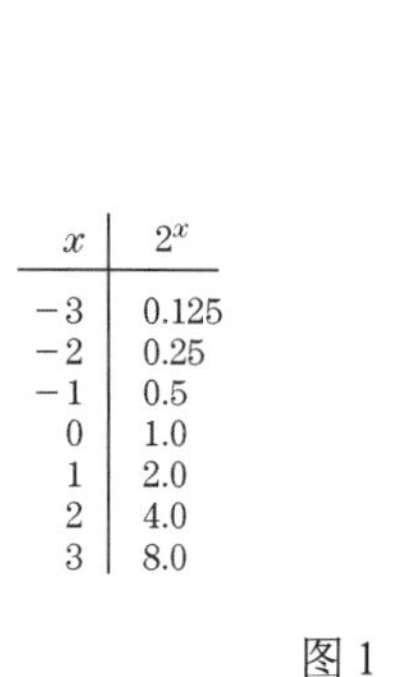

x	2^x
−3	0.125
−2	0.25
−1	0.5
0	1.0
1	2.0
2	4.0
3	8.0

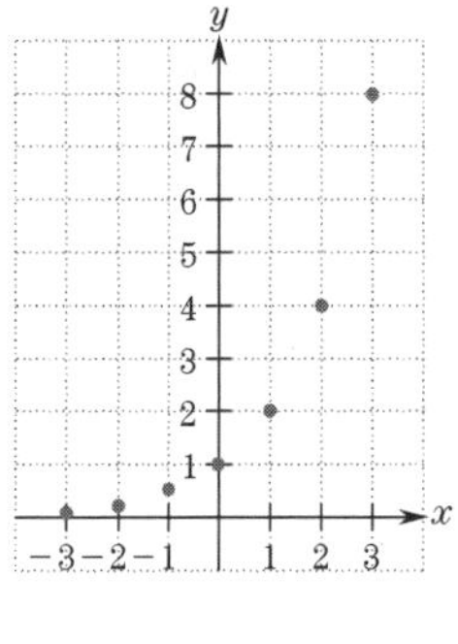

图 1

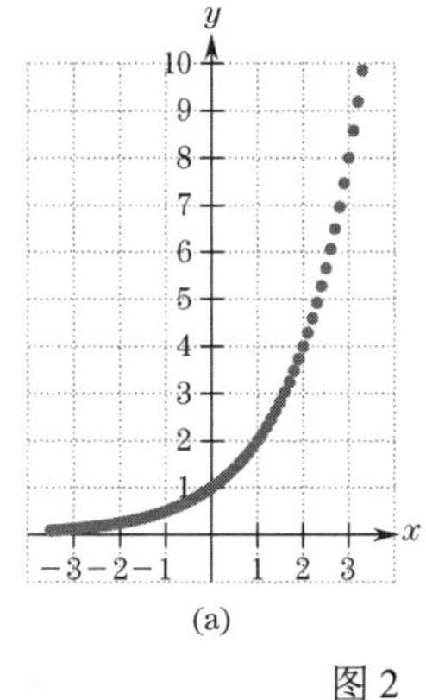

(a)

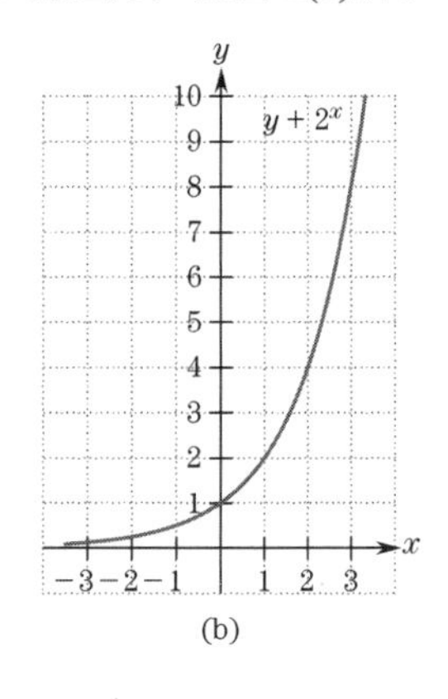

(b)

图 2

同理，我们可以画出$y=3^x$的图形（见图 3）。$y=2^x$和$y=3^x$的图形的基本形状相同。注意，它们都过点(0,1)（因为$2^0=1$，$3^0=1$）。

图 4 中画出了更多指数函数的图形。注意$y=5^x$的曲线在$x=0$处的斜率很大，因为$x=0$处的曲线很陡；然而，$y=(1.1)^x$的曲线在$x=0$处几乎是水平的，因此斜率接近零。

函数3^x有一个在其图形中容易看出的重要性质。由于图形总是递增的，函数3^x不会两次得到相同的y值，即3^r等于3^s的唯一方法是让$r=s$。该事实适用于任何形如$y=b^x$（$b\neq 0,1$）的函数，且在求解涉及指数的某些方程时很有用。

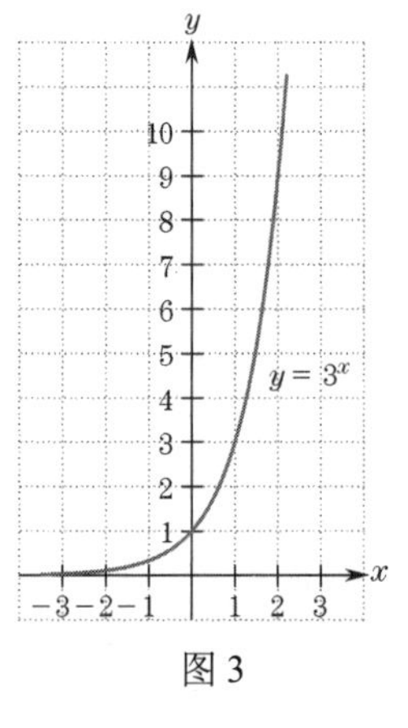

图 3

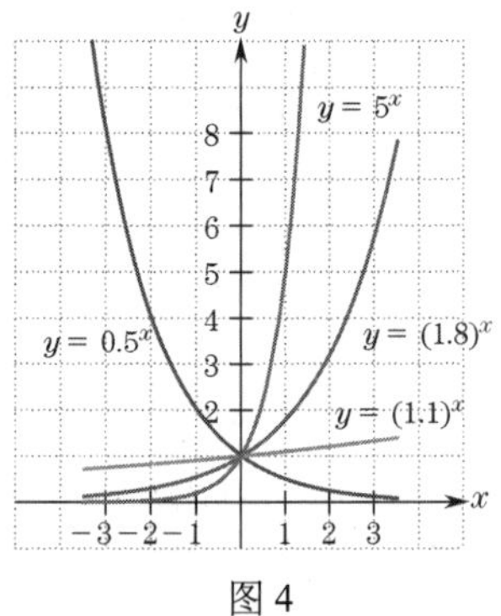

图 4

例 2　求解指数方程。令$f(x)=3^{5x}$，求满足$f(x)=27$的所有x。

解：因为$27=3^3$，我们必须求出满足下式的所有x：

$$3^{5x}=3^3$$

令指数相等得

$$5x=3,\quad x=\frac{3}{5}$$

一般来说，对于$b>1$，方程$b^r=b^s$意味着$r=s$，原因是$y=b^x$的图形与$y=2^x$和$y=3^x$的图形具有相同的基本形状。类似地，当$0<b<1$时，方程$b^r=b^s$意味着$r=s$，因为$y=b^x$的图形类似于$y=0.5^x$的图形，且总是递减的。

注意，读者无须熟悉函数$y=b^x$的图形，这里给出几幅图形的目的只是让读者熟悉指数函数的概念。本节的主要目的是在适合的上下文中回顾指数的性质。 ■

综合技术

求方程和图形的交集 要求满足$2^{2-4x}=8$的x值，可进行如下操作。首先输入$Y_1=2\wedge(2-4X)$和$Y_2=8$，然后按[2nd][CALC] [5]进入交互模式。按两次[ENTER]键接受Y_1作为第一个函数，接受Y_2作为第二个函数。接着，输入一个猜测值，要么按[ENTER]键接受给定的值，要么输入自己的X值。最后，按[ENTER]键让计算器求两幅图形的交点。从图5中可以看到$x=-0.25$时$2^{2-4x}=8$。

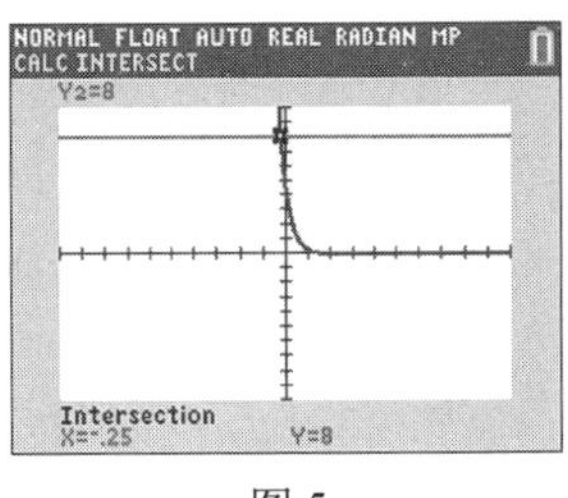

图5

4.1节自测题（答案见本节习题后）

1. 函数$f(x)=5^{3x}$可写成$f(x)=b^x$的形式吗？若可以，b是多少？

2. 解方程$7\cdot 2^{6-3x}=28$。

习题 4.1

将习题1~14中的每个表达式用合适的常数k写成2^{kx}或3^{kx}的形式。

1. 4^x，$(\sqrt{3})^x$，$\left(\frac{1}{9}\right)^x$

2. 27^x，$(\sqrt[3]{2})^x$，$\left(\frac{1}{8}\right)^x$

3. $8^{2x/3}$，$9^{3x/2}$，$16^{-3x/4}$

4. $9^{-x/2}$，$8^{4x/3}$，$27^{-2x/3}$

5. $\left(\frac{1}{4}\right)^{2x}$，$\left(\frac{1}{8}\right)^{-3x}$，$\left(\frac{1}{81}\right)^{x/2}$

6. $\left(\frac{1}{9}\right)^{2x}$，$\left(\frac{1}{27}\right)^{x/3}$，$\left(\frac{1}{16}\right)^{-x/2}$

7. $6^x\cdot 3^{-x}$，$\frac{15^x}{5^x}$，$\frac{12^x}{2^{2x}}$

8. $7^{-x}\cdot 14^x$，$\frac{2^x}{6^x}$，$\frac{3^{2x}}{18^x}$

9. $\frac{3^{4x}}{3^{2x}}$，$\frac{2^{5x+1}}{2\times 2^{-x}}$，$\frac{9^{-x}}{27^{-x/3}}$

10. $\frac{2^x}{6^x}$，$\frac{3^{-5x}}{3^{-2x}}$，$\frac{16^x}{18^{-x}}$

11. $2^{3x}\cdot 2^{-5x/2}$，$3^{2x}\cdot\left(\frac{1}{3}\right)^{2x/3}$

12. $2^{5x/4}\cdot\left(\frac{1}{2}\right)^x$，$3^{-2x}\cdot 3^{5x/2}$

13. $(2^{-3x}\cdot 2^{-2x})^{2/5}$，$(9^{1/2}\cdot 9^4)^{x/9}$

14. $(3^{-x}\cdot 3^{x/5})^5$，$(16^{1/4}\cdot 16^{-3/4})^{3x}$

15. 求可将函数$f(x)=3^{-2x}$写成$f(x)=b^x$的数b。

16. 对所有x，求满足$8^{-x/3}=b^x$的所有b。

求x的方程。

17. $5^{2x}=5^2$

18. $10^{-x}=10^2$

19. $(2.5)^{2x+1}=(2.5)^5$

20. $(3.2)^{x-3}=(3.2)^5$

21. $10^{1-x}=100$

22. $2^{4-x}=8$

23. $3(2.7)^{5x}=8.1$

24. $4(2.7)^{2x-1}=10.8$

25. $(2^{x+1}\cdot 2^{-3})^2=2$

26. $(3^{2x}\cdot 3^2)^4=3$

27. $2^{3x}=4\cdot 2^{5x}$

28. $3^{5x}\cdot 3^x-3=0$

29. $(1+x)2^{-x}-5\cdot 2^{-x}=0$

30. $(2-3x)5^x+4\cdot 5^x=0$

31. $2^x-\frac{8}{2^{2x}}=0$

32. $2^x-\frac{1}{2^x}=0$

提示：在习题33～36中，令$X=2^x$或$X=3^x$。

33. $2^{2x}-6\cdot 2^x+8=0$

34. $2^{2x+2}-17\cdot 2^x+4=0$

35. $3^{2x}-12\cdot 3^x+27=0$

36. $2^{2x}-4\cdot 2^x-32=0$

习题37~42中的表达式分解如下，求缺失的因式。

37. $2^{3+h}=2^3$（　　）

38. $5^{2+h}=25$（　　）

39. $2^{x+h}-2^x=2^x$（　　）

40. $5^{x+h}+5^x=5^x$（　　）

41. $3^{x/2}+3^{-x/2}=3^{-x/2}$（　　）

42. $5^{7x/2}-5^{x/2}=\sqrt{5^x}$（　　）

技术题

43. 在窗口[−1,2]*[−1,4]内画出函数$f(x)=2^x$的图形，并计算$x=0$处的斜率。

44. 在窗口[−1,2]*[−1,8]内画出函数$f(x)=3^x$的图形，并计算$x=0$处的斜率。

45. 通过反复试验，求形如$b=2.(\ )$的一个数（只有一位小数），其性质是$y=b^x$在$x=0$处的斜率尽可能接近1。

4.1 节自测题答案

1. 若 $5^{3x}=b^x$，则 $x=1$，$5^{3(1)}=b^1$，即 $b=125$。b 的这个值当然成立，因为

$$5^{3x}=(5^3)^x=125^x$$

2. 方程两边同时除以 7 得

$$2^{6-3x}=4$$

现在 4 可写为 2^2，所以有

$$2^{6-3x}=2^2$$

令指数相等得

$$6-3x=2,\quad 4=3x,\quad x=\tfrac{4}{3}$$

4.2 指数函数 e^x

我们首先查看图 1 所示的指数函数的图形，它们都过点(0, 1)，但是斜率不同。注意，$y=5^x$ 的图形在 $x=0$ 处相当陡峭，而 $y=(1.1)^x$ 的图形在 $x=0$ 处几乎是水平的。结果表明，当 $x=0$ 时，$y=2^x$ 的图形的斜率约为 0.693，而 3^x 的图形的斜率约为 1.1。

显然，在 2 和 3 之间有一个以 b 为底的特定值，使得 $y=b^x$ 在 $x=0$ 处的斜率恰好为 1。我们将这个特殊值 b 记为 e，且称

$$f(x)=e^x$$

为指数函数。数 e 是一个重要的自然常数，它已被计算到小数点后几千位。取 10 位有效数字，有 e = 2.718281828。对于日常应用，取 e 为 2.7 基本上就足够了。

本节的目标是求出 $y=e^x$ 的导数公式。业已证明，e^x 和 2^x 的计算是非常相似的。因此许多人更喜欢使用 2^x 而非 e^x，所以下面首先分析 $y=2^x$ 的图形，然后得出关于 $y=e^x$ 的图形的适当结论。

在计算 $y=2^x$ 于任意 x 处的斜率前，我们先考虑 $x=0$ 的特殊情况。假设用 m 表示 $x=0$ 处的斜率，且我们使用导数的割线来近似 m。下面构造图 2 中的割线来这样做。点 $(0,1)$ 到点 $(h,2^h)$ 的割线的斜率为 $\frac{2^h-1}{h}$。当 h 趋于 0 时，割线的斜率在 $x=0$ 处趋近 $y=2^x$ 的斜率，即

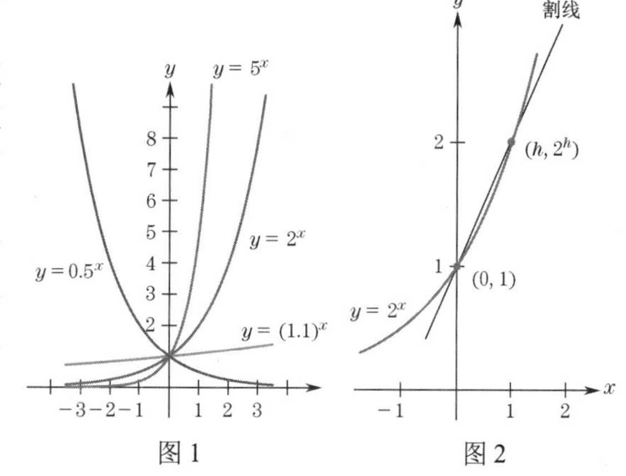

图 1　　图 2

$$m=\lim_{h\to 0}\frac{2^h-1}{h}$$

假设该极限存在，为了计算 m 的值，我们让 h 越来越小。表 1 中显示了 $h=0.1,\ 0.01,\cdots,\ 0.0000001$ 时表达式的值。从表中可以合理地得出 $m\approx 0.693$。

表 1

NORMAL FLOAT AUTO REAL RADIAN MP

X	Y1
.1	.71773
.01	.69556
.001	.69339
1E-4	.69317
1E-5	.69315
1E-6	.69315
1E-7	.69315

X=

因为 m 等于 $y=2^x$ 于 $x=0$ 处的斜率，所以有

$$m=\lim_{h\to 0}\frac{2^h-1}{h}=\frac{d}{dx}(2^x)\Big|_{x=0}\approx 0.693 \qquad (1)$$

于是就计算出了 $y=2^x$ 在 $x=0$ 处的斜率，下面计算任意 x 值的斜率。我们在图上构建一条过点 $(x,2^x)$ 和附近点 $(x+h,2^{x+h})$ 的割线，其斜率为

$$\frac{2^{x+h}-2^x}{h}$$

为得到切线的斜率，我们取 h 趋于 0 时割线斜率的极限，得到

$$\lim_{h\to 0}\frac{2^{x+h}-2^x}{h}=\lim_{h\to 0}\frac{2^x 2^h-2^x}{h} \qquad \text{指数乘法定律}$$

$$= \lim_{h\to 0}\frac{2^x(2^h-1)}{h} \qquad \text{提取公因子 } 2^x$$

$$= 2^x \lim_{h\to 0}\frac{2^h-1}{h} \qquad 2^x \text{ 中不包含 } h\text{，可以提到极限外面}$$

$$= m2^x\text{，其中 } m\approx 0.693 \qquad \text{使用式(1)}$$

因为切线的斜率是 2^x 的导数，我们有

$y=2^x$ 的导数

$$\frac{\mathrm{d}}{\mathrm{d}x}(2^x)=m2^x\text{，其中 } m=\frac{\mathrm{d}}{\mathrm{d}x}(2^x)\Big|_{x=0}\approx 0.693 \tag{2}$$

例 1　指数函数的导数。计算

(a) $\frac{\mathrm{d}}{\mathrm{d}x}(2^x)\Big|_{x=3}$　　　(b) $\frac{\mathrm{d}}{\mathrm{d}x}(2^x)\Big|_{x=-1}$

解：运用式(2)有

(a) $\frac{\mathrm{d}}{\mathrm{d}x}(2^x)\Big|_{x=3}=m\cdot 2^3=8m\approx 8(0.693)=5.544$。

(b) $\frac{\mathrm{d}}{\mathrm{d}x}(2^x)\Big|_{x=-1}=m\cdot 2^{-1}=0.5m\approx 0.5\times 0.693=0.3465$。

■

刚才对 $y=2^x$ 进行的计算也可对 $y=b^x$ 进行，其中 b 是任意正数。式(2)完全相同，只是 2 被 b 取代。因此，函数 $f(x)=b^x$ 的导数公式如下。

$y=b^x$ 的导数

$$\frac{\mathrm{d}}{\mathrm{d}x}(b^x)=mb^x\text{，其中 } m=\frac{\mathrm{d}}{\mathrm{d}x}(b^x)\Big|_{x=0} \tag{3}$$

回顾：指数函数不是幂函数，请将该导数与 1.3 节的幂法则进行比较。

计算表明，若 $b=2$，则 $m\approx 0.693$；若 $b=3$，则 $m\approx 1.1$（见习题 1）。式(3)中的导数公式在 $m=1$ 时很简单，即 $y=b^x$ 的曲线在 $x=0$ 处的斜率为 1。如前所述，b 的这个特殊值用字母 e 表示。因此，数字 e 具有如下性质：

$$\frac{\mathrm{d}}{\mathrm{d}x}(\mathrm{e}^x)\Big|_{x=0}=1 \tag{4}$$

和

$y=\mathrm{e}^x$ 的导数

$$\frac{\mathrm{d}}{\mathrm{d}x}(\mathrm{e}^x)=1\cdot\mathrm{e}^x=\mathrm{e}^x \tag{5}$$

回顾：导数是一个斜率公式（见 1.3 节）。

式(4)的几何解释是，曲线 $y=\mathrm{e}^x$ 在 $x=0$ 处的斜率为 1。式(5)的几何解释是，曲线 $y=\mathrm{e}^x$ 在任意点 x 处的斜率恰好等于函数 e^x 在该点处的值（见图 3)。

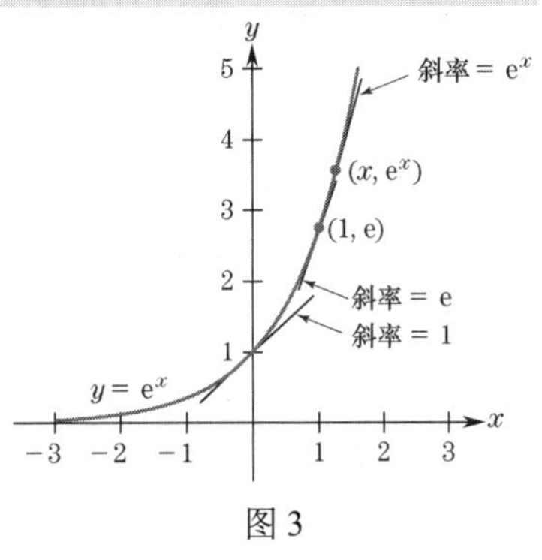

图 3

函数 e^x 与 2^x 和 3^x 是同一类型的函数，只是微分 e^x 要简单得多。事实上，下一节将说明，对于合适的常数 k，2^x 可写为 e^{kx}。对于 3^x，同样如此。因此，在几乎所有需要指数型函数来描述物理、经济或生物现象的应用中，都使用了 e^{kx} 形式的函数。

例 2　应用指数定律 e^x。对于某些常数 A 和 k，将给定表达式写成 $A\mathrm{e}^{kx}$ 的形式。

(a) $\frac{(3\mathrm{e}^{2x})^2\cdot\mathrm{e}^x}{\mathrm{e}^{-2x}}$；(b) $\sqrt{\frac{\mathrm{e}^x}{\mathrm{e}^{7x}}}$。

解：(a) $\dfrac{(3e^{2x})^2 \cdot e^x}{e^{-2x}} = 3^2(e^{2x})^2 \cdot e^x \cdot e^{-(-2x)}$　　幂的乘积。改变分母的指数符号

$= 9 \cdot e^{(2x)(2)} \cdot e^{2x+x}$　　幂的幂和乘法法则

$= 9e^{4x}e^{3x} = 9e^{7x}$　　乘法法则

其中，$A = 9$ 且 $k = 7$。

(b) $\sqrt{\frac{e^x}{e^{7x}}} = (e^x \cdot e^{-7x})^{\frac{1}{2}}$　　将根式写成幂的形式。改变分母的指数符号

$= (e^{x-7x})^{\frac{1}{2}}$　　乘法法则

$= (e^{-6x})^{\frac{1}{2}} = e^{-6x \cdot \frac{1}{2}} = e^{-3x}$　　幂的幂

其中，$A = 1$ 且 $k = -3$。

■

例 3　指数函数图形的切线。求 $x = 1$ 时 $f(x) = e^x$ 的切线。

解：当 $x = 1$ 时，$y = f(1) = e$，所以点(1,e)在切线上。因 $\frac{d}{dx}[e^x] = e^x$，故 $x = 1$ 时切线的斜率为

$$m = \frac{d}{dx}[e^x]\Big|_{x=1} = e^x\Big|_{x=1} = e^1 = e$$

因此，切线的点斜式方程为 $y - e = e(x-1)$ 或 $y = ex$ （见图 3）。

■

例 4　包含 e^x 的导数。求下列微分：(a) $(1+x^2)e^x$；(b) $\frac{1+e^x}{2x}$。

解：(a) $\frac{d}{dx}[(1+x^2)e^x] = (1+x^2)\frac{d}{dx}[e^x] + e^x\frac{d}{dx}(1+x^2)$　　乘法法则

$= (1+x^2)e^x + e^x(2x)$

$= e^x(x^2+2x+1) = e^x(1+x)^2$

(b) $\frac{d}{dx}\left[\frac{1+e^x}{2x}\right] = \frac{(2x)\frac{d}{dx}[1+e^x] - (1+e^x)\frac{d}{dx}[2x]}{(2x)^2}$　　除法法则

$= \frac{2xe^x - (1+e^x)(2)}{4x^2} = \frac{2xe^x - 2e^x - 2}{4x^2}$

$= \frac{2(xe^x - e^x - 1)}{4x^2} = \frac{xe^x - e^x - 1}{2x^2}$

■

下一节将计算 $y = e^{g(x)}$ 的导数，其中 $g(x)$ 是任意可微函数，尤其是 $y = e^{kx}$。然而，通过将 e^{kx} 与 e^x 关联起来，我们也可使用广义幂法则来微分 $y = e^{kx}$。

例 5　指数函数的微分。求 $y = e^{-x}$ 的导数。

解：设 $f(x) = e^x$，则有

$$e^{-x} = (e^x)^{-1} = (f(x))^{-1}$$

所以

$\frac{d}{dx}[e^{-x}] = \frac{d}{dx}[(f(x))^{-1}]$

$= (-1)(f(x))^{-2}\frac{d}{dx}[f(x)]$　　一般幂法则

$= (-1)(e^x)^{-2}\frac{d}{dx}[e^x]$　　将 $f(x) = e^x$ 代入

$= (-1)e^{-2x}e^x$　　使用式(5)

$= -e^{-x}$

■

例 6　指数函数的图形。画出 $y = e^{-x}$ 的图形。

解：注意，由于 $e>1$，有 $0<1/e<1$。事实上，$1/e\approx 0.37$，于是有

$$y=e^{-x}=\frac{1}{e^{x}}=\left(\frac{1}{e}\right)^{x}$$

因此，$f(x)=e^{-x}$ 是一个以 b 为底的指数函数，其中 $b=1/e$，它小于 1。因此，$y=e^{-x}$ 的图形是递减的，看起来像指数函数 $y=0.5^{x}$ 的图形（见图 1）。在计算器的帮助下，我们将选定的 x 值制成 $y=e^{-x}$ 的值表，如表 1 所示。

利用这些值，我们在图 4 中画出了 $y=e^{-x}$ 的图形。

表 1

x	e^{-x}
−3	20.09
−2	7.39
−1	2.72
0	1
1	0.37
2	0.14
3	0.05

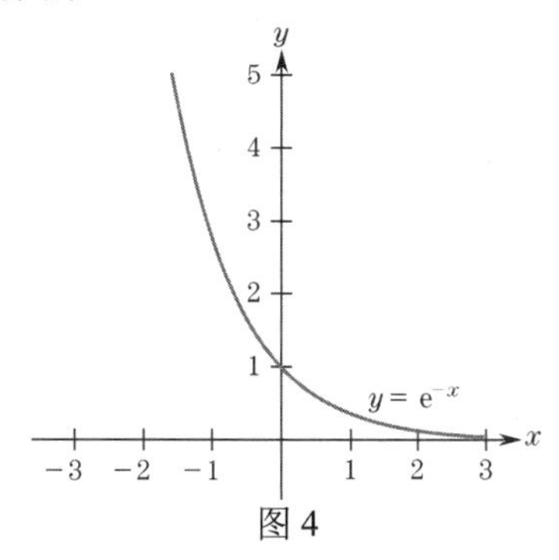

图 4

■

本节最后列出迄今为止所遇到的指数函数的重要性质。

函数 $f(x)=e^{kx}$ 的性质　图 5 中显示了 k 为正数时这类函数的几幅图形。曲线 $y=e^{kx}$（k 为正数）有几个共同的性质：

1. 点(0, 1)在图形上。
2. 图形严格位于 x 轴之上（e^{kx} 永不为零）。
3. 当 x 变成很大的负数时，x 轴是渐近线。
4. 图形总是递增且上凹的。

当 k 为负时，$y=e^{kx}$ 的曲线是递减的（见图 6）。注意曲线 $y=e^{kx}$（k 为负数）有以下性质：

1. 点(0, 1)在图形上。
2. 该图形严格地位于 x 轴之上。
3. 当 x 变大时，x 轴是渐近线。
4. 图形总是递减且上凹的。

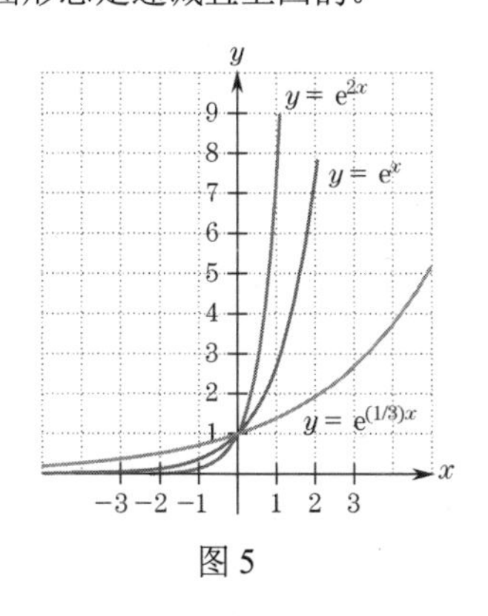

图 5

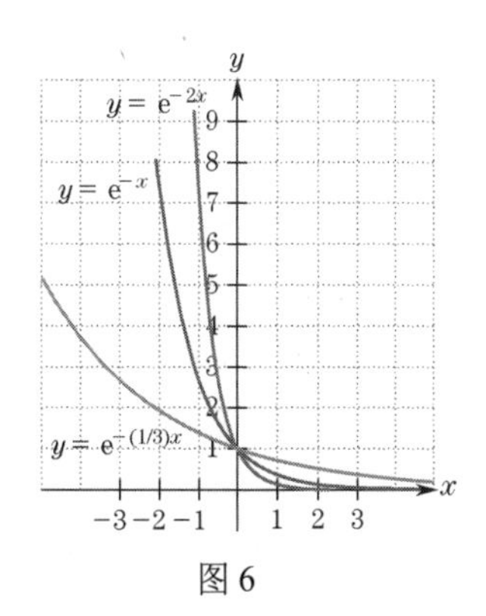

图 6

函数 $f(x)=b^{x}$　若 b 是正数，对于某些 k，函数 $f(x)=b^{x}$ 可写为 $f(x)=e^{kx}$ 的形式。例如，取 $b=2$。由图 3 可以清楚地看出，x 的某个值使得 $e^{x}=2$。称这个值为 x，所以 $e^{k}=2$。于是，

$$2^x = (e^k)^x = e^{kx}$$

一般来说，若 b 是任意正数，则 x 有一个值，即 $x=k$，使得 $e^k=b$。在这种情况下，$b^x=(e^k)^x=e^{kx}$。因此，4.1 节讨论的所有曲线 $y=b^x$ 都可写成 $y=e^{kx}$ 的形式。这就是我们专注于以 e 为底的指数函数而不研究 $y=2^x, y=3^x$ 等的原因。

综合技术

前几节中介绍的使用 TI-83/84 分析函数的所有技术也适用于指数函数。输入一个指数函数，按 [2nd][e^x]。例如，在图 7 中，我们计算 $e^{2/3}, e^{-2/3}$ 和 e^x 在 $x=0$ 处的导数。注意，在计算 e^x 时使用括号很重要。

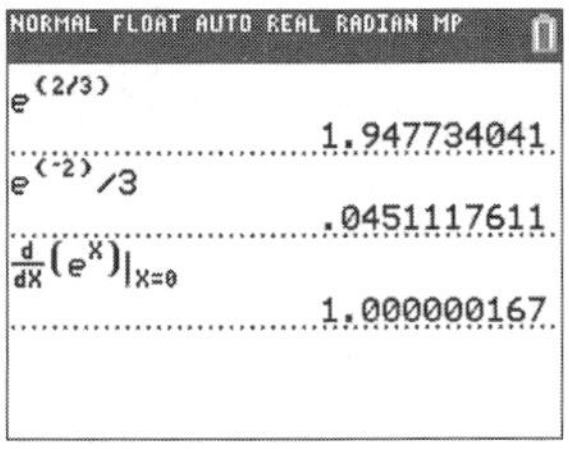

NORMAL FLOAT AUTO REAL RADIAN MP
e^(2/3)
1.947734041
e^(-2)/3
.0451117611
d/dX(e^(X))|X=0
1.000000167

图 7

4.2 节自测题（答案见本节习题后）

1. 求解关于 x 的方程 $e^{6x}=e^3$。

2. 微分 $y=(x+e^x)^4$。

习题 4.2

1. 通过计算过点(0,1)和点 $(h,3^h)$ 的割线的斜率 $\frac{3^h-1}{h}$ 证明 $\frac{d}{dx}(3^x)\Big|_{x=0}\approx 1.1$。取 $h=0.1, 0.01, 0.001$。

2. 通过计算过点(0,1)和点 $(h,2.7^h)$ 的割线的斜率 $\frac{2.7^h-1}{h}$ 证明 $\frac{d}{dx}(2.7^x)\Big|_{x=0}\approx 0.99$。取 $h=0.1, 0.01, 0.001$。

在习题 3 ~ 6 中，利用式(1) ~ (4)计算给定的导数。

3. (a) $\frac{d}{dx}(2^x)\Big|_{x=1}$ **(b)** $\frac{d}{dx}(2^x)\Big|_{x=-2}$

4. (a) $\frac{d}{dx}(2^x)\Big|_{x=1/2}$ **(b)** $\frac{d}{dx}(2^x)\Big|_{x=2}$

5. (a) $\frac{d}{dx}(e^x)\Big|_{x=1}$ **(b)** $\frac{d}{dx}(e^x)\Big|_{x=-1}$

6. (a) $\frac{d}{dx}(e^x)\Big|_{x=e}$ **(b)** $\frac{d}{dx}(e^x)\Big|_{x=1/e}$

对于合适的常数 k，将每个表达式写成 e^{kx} 的形式。

7. $(e^2)^x$，$(1/e)^x$

8. $(e^3)^{x/5}$，$\left(\frac{1}{e^2}\right)^x$

9. $\left(\frac{1}{e^3}\right)^{2x}$，$e^{1-x}\cdot e^{3x-1}$

10. $\left(e^5/e^3\right)^x$，$e^{4x+2}\cdot e^{x-2}$

11. $(e^{4x}\cdot e^{6x})^{3/5}$，$\dfrac{1}{e^{-2x}}$

12. $\sqrt{e^{-x}\cdot e^{7x}}$，$e^{-3x}/e^{-4x}$

求解关于 x 的方程。

13. $e^{5x}=e^{20}$

14. $e^{1-x}=e^2$

15. $e^{x^2-2x}=e^8$

16. $e^{-x}=1$

17. $e^x(x^2-1)=0$

18. $4e^x(x^2+1)=0$

19. 求曲线 $f(x)=e^x$ 的切线方程，其中 $x=-1$（使用 $1/e\approx 0.37$）。

20. 在 $f(x)=e^x$ 的图形上找到切线平行于 $y=x$ 的点。

21. 使用 2.2 节中的一阶导数和二阶导数规则证明 $y=e^x$ 的图形没有相对极值点，且总是上凹的。

22. 通过计算过点(0,1)和点 (h,e^h) 的割线的斜率 $\frac{e^h-1}{h}$ 估计 x 在 $x=0$ 处的斜率。取 $h=$ 0.01, 0.001, 0.0001。

23. 设 $A=(a,b)$ 是 e^x 的图形上的一点，e^x 在点 A 处的斜率是多少？

24. 求出 e^x 在点 (a,e^a) 处的切线的点斜式方程。

求下列函数的导数。

25. $y=3e^x-7x$

26. $y=\frac{2x+4-5e^x}{4}$

27. $y=xe^x$

28. $y=(x^2+x+1)e^x$

29. $y=8e^x(1+2e^x)^2$

30. $y=(1+e^x)(1-e^x)$

31. $y=\frac{e^x}{x+1}$

32. $y=\frac{x+1}{e^x}$

33. $y=\frac{e^x-1}{e^x+1}$

34. $y=\sqrt{e^x+1}$

35. 曲线 $y=x-e^x$ 有一个极值点，求它的坐标，并判断它是极大值还是极小值（使用二阶导数判别法）。

36. 求出曲线 $y=x^2e^x$ 上的极值点，确定哪个是极大值、哪个是极小值。

37. 在 $y=(1+x^2)e^x$ 上求出切线水平的点。

38. 证明 $y=e^x$ 的图形在点 (a,e^a) 处的切线，垂直于 $y=e^{-x}$ 的图形在点 (a,e^{-a}) 处的切线。

39. 求曲线 $y=xe^x$ 在点(0, 0)处的切线斜率。

40. 求曲线 $y=xe^x$ 在点(1, e)处的切线斜率。

41. 求曲线 $y=\frac{e^x}{1+2e^x}$ 在点 $\left(0,\frac{1}{3}\right)$ 处的切线方程。

42. 求曲线 $y=\frac{e^x}{x+e^x}$ 在点(0, 1)处的切线方程。

求一阶导数和二阶导数。

43. $f(x)=e^x(1+x)^2$

44. $f(x)=\frac{e^x}{x}$

45. 计算下列导数。

(a) $\frac{d}{dx}(5e^x)$

(b) $\frac{d}{dx}(e^x)^{10}$。提示：一般幂法则。

(c) 运用 $e^{2+x}=e^2\cdot e^x$，求 $\frac{d}{dx}(e^{x+2})$。

46. (a) 运用 $e^{4x}=(e^x)^4$，求 $\frac{d}{dx}(e^{4x})$，且尽可能化简该导数。

(b) 采用类似于(a)中的方法，k 是常数，证明 $\frac{d}{dx}(e^{kx})=k e^{kx}$。

画出下列函数的图形。

47. $y=e^{2x}$

48. $y=1-e^x$

49. $y=e^{x/2}$

50. $y=e^{x-1}$

51. $y=-e^{-x}+1$

52. $y=2e^{-x}$

技术题

53. 求出 $y=e^x$ 在 $x=0$ 处的切线方程，然后将函数和切线画在一起，确认你的答案是正确的。

54. (a) 画出 $y=e^x$ 的图形。

(b) 放大 $x=0$ 附近的区域，直到曲线呈现为直线，并估计直线的斜率。这个斜率是 $x=0$ 时 $\frac{d}{dx}e^x$ 的估计值。将你的答案与实际斜率 1 进行比较。

(c) 对 $y=2^x$ 重做(a)和(b)问。注意 $x=0$ 处的斜率不是 1。

55. 设 $Y_1=e^x$，使用计算器的导数命令指定 Y_2 为 Y_1 的导数。在窗口[-1,3]*[-3,20]内同时画出两个函数的图形，并观察图形重叠。

56. 对于较小的 x 值，计算 $\frac{10^x-1}{x}$ 的值，并用它们估计 $\frac{d}{dx}(10^x)\Big|_{x=0}$。$\frac{d}{dx}(10^x)$ 的公式是什么？

4.2 节自测题答案

1. 这道题类似于 4.1 节的习题 2。思路是让指数相等，然后解出 x：

$$e^{6x}=e^3$$
$$6x=3$$
$$x=\tfrac{1}{2}$$

2. $\frac{d}{dx}(x+e^x)^4=4(x+e^x)^3\frac{d}{dx}(x+e^x)$　一般幂法则

$=4(x+e^x)^3(1+e^x)$

$\frac{d}{dx}(x)=1$，$\frac{d}{dx}(e^x)=e^x$

4.3 指数函数的微分

前面证明了 $\frac{d}{dx}(e^x)=e^x$。利用这个事实和链式法则，可对 $y=e^{g(x)}$ 形式的函数求导，其中 $g(x)$ 是任何可微函数。原因是 $e^{g(x)}$ 是两个函数的复合。的确，若 $f(x)=e^x$，则

$$e^{g(x)}=f(g(x))$$

因此，根据链式法则有

$$\frac{d}{dx}(e^{g(x)})=f'(g(x))g'(x)=f(g(x))g'(x)=e^{g(x)}g'(x)$$

回顾：链式法则见 3.2 节。

所以，我们得到如下结论。

指数函数的链式法则　设 $g(x)$ 为任意可微函数，则有

$$\frac{d}{dx}(e^{g(x)})=e^{g(x)}g'(x) \tag{1}$$

若令 $u=g(x)$，则式(1)可以写为

$$\frac{d}{dx}(e^u)=e^u\frac{du}{dx} \tag{1a}$$

换句话说，式(1)表示 $e^{g(x)}$ 的导数等于 $e^{g(x)}$ 乘以 $g(x)$ 的导数。为了求 $e^{g(x)}$ 的导数，唯一需要计算的是 $g(x)$ 的导数。运用式(1)时，使用导数符号 $\frac{d}{dx}(g(x))$ 有时比 $g'(x)$ 更方便。

例 1　**形如 $e^{g(x)}$ 的函数的导数**。微分：(a) $y=e^{5x}$；(b) $y=e^{x^2-1}$；(c) $y=e^{x-1/x}$。

解：记住，$e^{g(x)}$ 的导数是 $e^{g(x)}$ 乘以 $g'(x)$。因此，可在每问中确定 $g(x)$，求出 $g'(x)$ 并形成乘积 $e^{g(x)}g'(x)$。

(a) $g(x)=5x$，$g'(x)=5$，所以

$$\frac{d}{dx}(e^{5x})=e^{5x}\frac{d}{dx}(5x)=e^{5x}\cdot 5=5e^{5x}$$

(b) $g(x)=x^2-1$， $g'(x)=2x$ ，所以

$$\frac{\mathrm{d}}{\mathrm{d}x}(\mathrm{e}^{x^2-1})=\mathrm{e}^{x^2-1}\frac{\mathrm{d}}{\mathrm{d}x}(x^2-1)=\mathrm{e}^{x^2-1}\cdot 2x=2x\mathrm{e}^{x^2-1}$$

(c) $g(x)=x-\frac{1}{x}$， $g'(x)=1+\frac{1}{x^2}$ ，所以

$$\frac{\mathrm{d}}{\mathrm{d}x}(\mathrm{e}^{x-1/x})=\mathrm{e}^{x-1/x}\cdot\left(1+\frac{1}{x^2}\right)=\left(1+\frac{1}{x^2}\right)\mathrm{e}^{x-1/x}$$

■

可用各种微分法则和链式法则计算更有挑战性的导数。作为说明，下面推导出如下有用的公式。

设 C 和 k 为任意常数，则

$$\frac{\mathrm{d}}{\mathrm{d}x}(C\mathrm{e}^{kx})=kC\mathrm{e}^{kx} \tag{2}$$

式(2)的证明很简单。

$$\frac{\mathrm{d}}{\mathrm{d}x}(C\mathrm{e}^{kx})=C\frac{\mathrm{d}}{\mathrm{d}x}(\mathrm{e}^{kx})$$ 导数的常数倍数法则。

$$=C\mathrm{e}^{kx}\frac{\mathrm{d}}{\mathrm{d}x}(kx)$$ 式(1)

$$=kC\mathrm{e}^{kx}$$ kx 的导数是 k

例 2　指数函数的除法法则。微分 $y=\frac{3\mathrm{e}^{2x}}{1+x^2}$ 。

解： $$\frac{\mathrm{d}}{\mathrm{d}x}\left(\frac{3\mathrm{e}^{2x}}{1+x^2}\right)=\frac{(1+x^2)\frac{\mathrm{d}}{\mathrm{d}x}(3\mathrm{e}^{2x})-3\mathrm{e}^{2x}\frac{\mathrm{d}}{\mathrm{d}x}(1+x^2)}{(1+x^2)^2}$$ 对 $f(x)=3\mathrm{e}^{2x}$ 和 $g(x)=1+x^2$ 运用除法法则

$$=\frac{(1+x^2)(3)(2)\mathrm{e}^{2x}-3\mathrm{e}^{2x}(2x)}{(1+x^2)^2}$$ 式(2)，其中 $C=3$， $k=2$

$$=\frac{\mathrm{e}^{2x}(6(1+x^2)-6x)}{(1+x^2)^2}$$ 分子提取公因式 e^{2x}

$$=\frac{\mathrm{e}^{2x}(6x^2-6x+6)}{(1+x^2)^2}=6\mathrm{e}^{2x}\frac{x^2-x+1}{(1+x^2)^2}$$ 分子提取公因式 6

■

下例说明了指数函数在金融建模和分析投资组合中的重要作用，详细介绍见第 5 章。

例 3　两项投资的综合收益。某投资者对 A 股票投资了 1.5 万美元，对 B 股票投资了 1 万美元。开户 t 年后其账户余额（千美元）为

$$f(t)=15\mathrm{e}^{0.02t}+10\mathrm{e}^{-0.06t}$$

式中， $\mathrm{e}^{0.02t}$ 表示连续复利 2%， $\mathrm{e}^{-0.06t}$ 表示负 6%的回报。

(a) 4 年后的账户余额是多少？12 年后呢？

(b) 4 年后的账户变动率是多少？12 年后呢？

解：

(a) 求 $t=4$ 和 $t=12$ 时 $f(t)$ 的值：

$$f(4)=15\mathrm{e}^{0.02(4)}+10\mathrm{e}^{-0.06(4)}=15\mathrm{e}^{0.08}+10\mathrm{e}^{-0.24}\approx 24.1156 \text{ 千美元}$$

$$f(12)=15\mathrm{e}^{0.02(12)}+10\mathrm{e}^{-0.06(12)}=15\mathrm{e}^{0.24}+10\mathrm{e}^{-0.72}\approx 23.9363 \text{ 千美元}$$

因此，4 年后这些股票的总价值约为 24115.60 美元，12 年后约为 23936.60 美元。

(b) 账户变动率由 $f'(t)$ 给出。根据式(2)有

$$f'(t)=15\times 0.02\times\mathrm{e}^{0.02t}+10\times(-0.06)\times\mathrm{e}^{-0.06t}=0.3\mathrm{e}^{0.02t}-0.6\mathrm{e}^{-0.06t}$$

所以 4 年后的账户变动率是

$$f'(4)=0.3\mathrm{e}^{0.02(4)}-0.6\mathrm{e}^{-0.06(4)}=0.3\mathrm{e}^{0.08}-0.6\mathrm{e}^{-0.24}\approx -0.14699 \text{ 千美元/年}$$

因此，该账户以 147 美元/年的速度亏损。12 年后，

$$f'(12)=0.3\mathrm{e}^{0.02(12)}-0.6\mathrm{e}^{-0.06(12)}=0.3\mathrm{e}^{0.24}-0.6\mathrm{e}^{-0.72}\approx 0.08932 \text{ 千美元/年}$$

因此，12 年后，该账户以约 89 美元/年的速度赚钱。$f(t)$ 的图形如图 1 所示，表明该账户亏损了约 9 年，但随后慢慢开始赚钱。

为了求图 1 中图形具有极小值时的确切 t 值，需要求解方程 $f'(t)=0$ 或 $0.3e^{0.02t}-0.6e^{-0.06t}=0$。求解过程需要用到指数函数的逆函数的知识，详见下一节。■

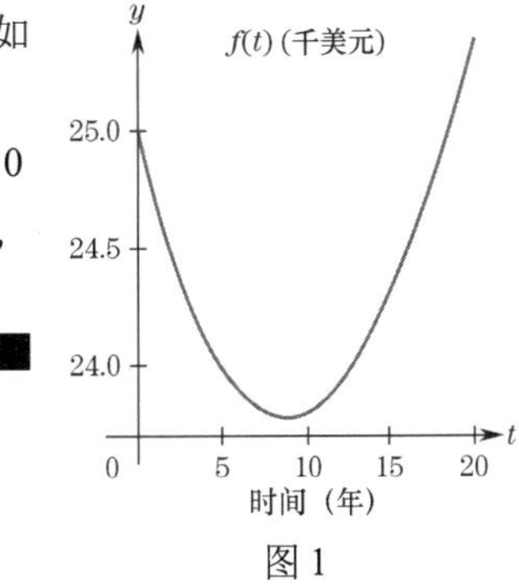

图 1

4.3 节自测题（答案见本节习题后）

1. 微分 te^{-t^2}。

2. 微分 $[e^{-3x}(1+e^{6x})]^{12}$。

习题 4.3

求下列函数的导数。

1. $f(x)=e^{2x+3}$

2. $f(x)=e^{-3x-2}$

3. $f(x)=e^{4x^2-x}$

4. $f(x)=e^{(1+x)^3}$

5. $f(x)=e^{e^x}$

6. $f(x)=e^{\frac{1}{x}}$

7. $f(x)=e^{\sqrt{x}}$

8. $f(x)=e^{\sqrt{x^2+1}}$

9. $f(x)=-7e^{\frac{x}{7}}$

10. $f(x)=10e^{\frac{-x-2}{5}}$

11. $f(t)=4e^{0.05t}-23e^{0.01t}$

12. $f(t)=2e^{t/2}-0.4e^{0.001t}$

13. $f(t)=(t^2+2e^t)e^{t-1}$

14. $f(t)=(t^3-3t)e^{1+t}$

15. $f(x)=\left(x+\frac{1}{x}\right)e^{2x}$

16. $f(x)=e^{e^{e^x}}$

17. $f(x)=\frac{e^x+e^{-x}}{e^x-e^{-x}}$

18. $f(x)=\frac{e^x-e^{-x}}{e^x+e^{-x}}$

19. $f(x)=\sqrt{e^x+1}$

20. $f(x)=e^{ex}$

在习题 21 ~ 26 中，求导前先化简函数。

21. $f(x)=(e^{3x})^5$

22. $f(x)=e^x e^{2x} e^{3x}$

23. $f(x)=\frac{1}{\sqrt{e^x}}$

24. $f(t)=e^{3t}(e^{2t}-e^{4t})$

25. $f(x)=\frac{e^x+5e^{2x}}{e^x}$

26. $f(t)=\sqrt{e^{3x}}$

在习题 27 ~ 32 中，求函数可能具有相对极大值或极小值点的 x 值（回顾可知，对所有 x，e^x 都为正）。用二阶导数确定函数在这些点处的性质。

27. $f(x)=(1+x)e^{-3x}$

28. $f(x)=(1-x)e^{2x}$

29. $f(x)=\frac{3-4x}{e^{2x}}$

30. $f(x)=\frac{4x-1}{e^{x/2}}$

31. $f(x)=(5x-2)e^{1-2x}$

32. $f(x)=(2x-5)e^{3x-1}$

33. 投资组合。两只股票的投资组合价值为 $f(t)=3e^{0.06t}+2e^{0.02t}$（千美元），其中 t 是自投资以来的年数。

(a) 最初投资的金额是多少？

(b) 5 年后的投资组合价值是多少？

(c) 5 年后的投资增值速度如何？

34. 资产折旧。购买 t 年后，计算机的价值为 $v(t)=2000e^{-0.35t}$ 美元。3 年后计算机的价值以什么速度下降？

35. 艺术品价格。巴勃罗·毕加索 1955 年的画作《阿尔及尔的女人》在 2015 年的佳士得拍卖会上以 1.794 亿美元的价格成交。这幅画上一次以 3190 万美元的价格售出是在 1997 年。若这幅画继续以目前的速度升值，则其价值模型是 $f(t)=31.87e^{0.096t}$ 百万美元，t 是自 1997 年以来的年数。

(a) 验证该函数给出了画作 2015 年价值的近似值。

(b) 2015 年这幅画的升值速度是多少？

(c) 估计这幅画在 2020 年的价值和升值速度。

36. 资产增值。2015 年以 10 万美元购买的一幅画，t 年后的估值为 $v(t)=100000e^{t/5}$ 美元。这幅画在 2020 年将以何种速度升值？

37. 速度和加速度。跳伞者做自由落体运动时的速度为 $f(t)=60(1-e^{-0.17t})$ 米/秒。根据图 2 回答以下问题（记住，加速度是速度的导数）。

(a) 当 $t=8$ 秒时，速度是多少？

(b) 当 $t=0$ 时，加速度是多少？

(c) 跳伞者的速度何时为 30 米/秒？

(d) 加速度何时为 5 米/秒^2？

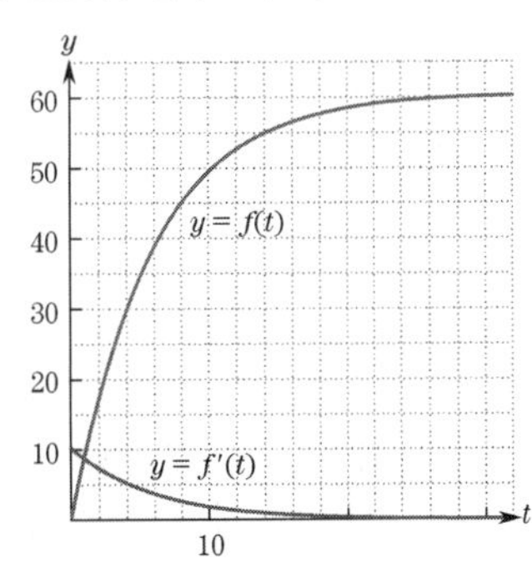

图 2

38. 速度和加速度。假设跳伞者的速度是 $v(t)=65(1-e^{-0.16t})$ 米/秒，$v(t)$ 的图形与图 2 相似。计算 $t=9$ 秒时跳伞者的速度和加速度。

39. 植物高度。某植物 t 周后的高度（英寸）为

$$f(t)=\frac{1}{0.05+e^{-0.4t}}$$

$f(t)$ 的图形类似于图 3 中的图形。计算 7 周后植物的生长速度。

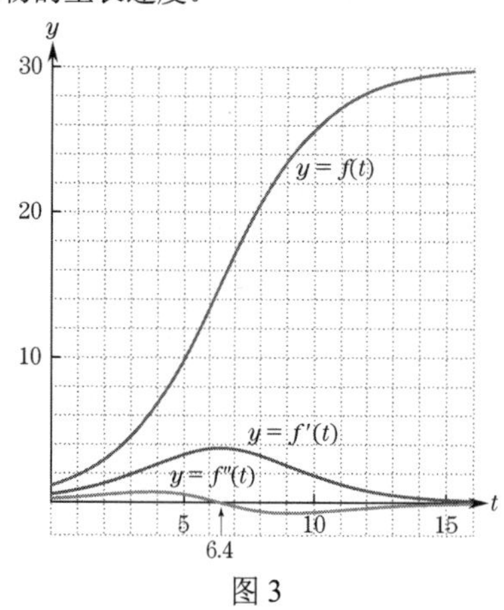

图 3

40. 植物高度。某种杂草的长度（厘米） t 周后为

$$f(t)=\frac{6}{0.2+5e^{-0.5t}}$$

根据图 3 回答以下问题。

(a) 10 周后杂草生长有多快？

(b) 何时杂草长 10 厘米？

(c) 杂草何时以 2 厘米/周的速度生长？

(d) 最大增长率是多少？

41. 冈珀兹增长曲线。设 a 和 b 为正数。曲线方程

$$y=e^{-ae^{-bx}}$$

称为**冈珀兹增长曲线**。这些曲线在生物学中用来描述特定类型的人口增长。计算 $y=e^{-2e^{-0.01x}}$ 的导数。

42. 设 $y=e^{-(1/10)e^{-x/2}}$ ，求 $\frac{dy}{dx}$ 。

技术题

43. 肿瘤大小。在某研究中，肿瘤 t 周后的体积为

$$f(t)=1.825^3(1-1.6e^{-0.4196t})^3$$

毫升，其中 $t>1$ 。

(a) 画出 $f(t)$ 和 $f'(t)$ 的图形，其中 $1\leqslant t\leqslant 15$ 。肿瘤的体积有何变化？

(b) 5 周后肿瘤有多大？

(c) 肿瘤何时有 5 毫升的体积？

(d) 5 周后肿瘤的生长有多快？

(e) 肿瘤何时生长最快？

(f) 肿瘤生长最快的速度是多少？

44. 植物高度。设 $f(t)$ 为习题 39 中的函数，即 t 周后植物的高度（英寸）。

(a) 植物何时能长到 11 英寸高？

(b) 植物何时以 1 英寸/周的速度生长？

(c) 植物的最快生长速度是多少？何时发生？

4.3 节自测题答案

1. $\frac{d}{dt}(te^{-t^2})=t\cdot\frac{d}{dt}(e^{-t^2})+e^{-t^2}\cdot\frac{d}{dt}(t)$　微分的乘法法则

$=t\cdot(-2t)e^{-t^2}+e^{-t^2}\cdot(1)$　式(1)

$=-2t^2e^{-t^2}+e^{-t^2}$

$=e^{-t^2}(1-2t^2)$　提取因式 e^{-t^2}

2. 必须使用一般幂法则。然而，先用指数定律来简化括号内的函数会更容易：

$$e^{-3x}(1+e^{6x})=e^{-3x}+e^{-3x}\cdot e^{6x}=e^{-3x}+e^{3x}$$

于是有

$$\frac{d}{dx}[e^{-3x}(1+e^{6x})]^{12}=12\cdot[e^{-3x}(1+e^{6x})]^{11}\cdot(-3e^{-3x}+3e^{3x})$$

$$=36\cdot[e^{-3x}(1+e^{6x})]^{11}\cdot(-e^{-3x}+e^{3x})$$

4.4 自然对数函数

为了给出自然对数的定义，下面先做一个几何题。在图 1 中，我们绘制了几对点。观察它们是如何与直线 $y=x$ 相关联的。

例如，点(5, 7)和点(7, 5)到 $y=x$ 的距离相同。若用墨水画出点(5, 7)，然后沿直线 $y=x$ 折叠页面，墨渍就会在点(7, 5)处产生第二个墨渍。若认为直线 $y=x$ 是一面镜子，则点(7, 5)的镜像是点(5, 7)。我们说点(7, 5)过直线 $y=x$ 的反射点是(5, 7)。类似地，点(5, 7)过直线 $y=x$ 的反射点是(7, 5)。

下面考虑指数函数 $y=e^x$ 的图形上的所有点［见图 2(a)］。若通过直线 $y=x$ 来反射每个这样的点，就会得到一个新图形［见图 2(b)］。对于每个正 x ，恰好有一个 y 值使得(x,y)在新图形上。我们称这个 y 的值为 x 的自然对数，记为 $\ln x$ 。因此， $y=e^x$ 的图形通过直线 $y=x$ 的反射就是自然对数函数 $y=\ln x$ 的图形。

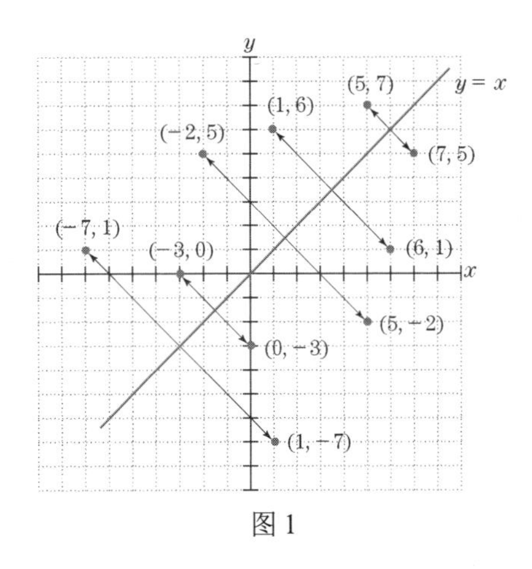

图 1

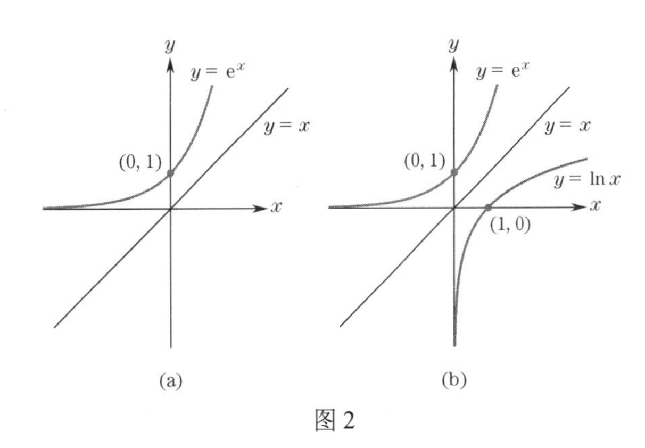

图 2

由此，我们推导出自然对数的如下定义。

定义　自然对数

当 $x>0$ 时，$y=\ln x$ 当且仅当 $x=e^y$。

注意 $y=\ln x$ 只对 $x>0$ 有定义，因为 $x=e^y$ 且 e^y 总为正。

通过观察自然对数函数的图形，并利用点 (a,b) 在 $y=\ln x$ 的图形上当且仅当点 (b,a) 在 $y=e^x$ 的图形上这一事实，可以推导出自然对数函数的一些性质。

自然对数的性质

性　质	原　因
(1) $\ln 1=0$；等价地，(1, 0)在 $y=\ln x$ 的图形上	因为(0, 1)在 $y=e^x$ 的图形上；等价地，$e^0=1$
(2) $\ln e=1$；等价地，(e, 1)在 $y=\ln x$ 的图形上	因为(1, e)在 $y=e^x$ 的图形上；等价地，$e^1=e$
(3) $\ln e^x=x$；等价地，(e^x,x)在 $y=\ln x$ 的图形上	因为(x,e^x)在 $y=e^x$ 的图形上
(4) $e^{\ln x}=x$；等价地，$(\ln x,x)$在 $y=e^x$ 的图形上	因为$(x,\ln x)$在 $y=\ln x$ 的图形上

恒等式(3)和(4)表明自然对数函数 $\ln x$ 是指数函数 e^x ($x>0$)的逆。例如，若我们取一个数 x 并计算出 e^x，就可由式(3)取自然对数来消除指数的影响；也就是说，e^x 的自然对数是原来的数 x。同样，若我们取一个正数 x 并计算 $\ln x$，就可以由式(4)取 e 的 $\ln x$ 次方来消除对数的影响；也就是说，$e^{\ln x}$ 等于原来的数 x。

例 1　利用指数函数和对数函数的性质。化简：(a) $e^{\ln 4+\ln 5}$；(b) $e^{\ln 4-\ln 3}$；(c) $e^{\ln 3+2\ln 4}$；(d) $\ln\left(\frac{1}{e^2}\right)$。

解：(a) $e^{\ln 4+\ln 5}=e^{\ln 4}\cdot e^{\ln 5}=4\times 5=20$

(b) $e^{\ln 4-\ln 3}=\frac{e^{\ln 4}}{e^{\ln 3}}=\frac{4}{3}$

(c) $e^{\ln 3+2\ln 4}=e^{\ln 3}\cdot e^{2\ln 4}=3\cdot e^{(\ln 4)(2)}=3\cdot(e^{\ln 4})^2=3\times 4^2=48$

(d) $\ln\left(\frac{1}{e^2}\right)=\ln(e^{-2})=-2$

■

e^x 和 $\ln x$ 之间的逆函数关系［性质(3)和性质(4)］可用于求解方程，如下面的例子所示。

例 2　求解指数方程。求解关于 x 的方程 $5e^{x-3}=4$。

解：

$$5e^{x-3}=4，\quad e^{x-3}=0.8$$

$$\ln(e^{x-3})=\ln 0.8，\quad x-3=\ln 0.8，\quad x=3+\ln 0.8\approx 2.777$$

■

例 3　求解自然对数方程。求解关于 x 的方程 $2\ln x+7=0$ 。

解：

$$2\ln x=-7,\quad \ln x=-3.5$$
$$e^{\ln x}=e^{-3.5},\quad x=e^{-3.5}$$

■

其他指数函数和对数函数

前面在讨论指数函数时，提到了形如 $y=b^x$ 的所有指数函数（其中 b 是一个固定的正数）都可用指数函数 $y=e^x$ 来表示。下面我们可以明确地说明原因：因为 $b=e^{\ln b}$ ，我们有

$$b^x=(e^{\ln b})^x=e^{(\ln b)x}$$

因此，我们就证明了

$$b^x=e^{kx}，其中 k=\ln b$$

自然对数函数有时被称为**以 e 为底的对数函数**，是指数函数 $y=e^x$ 的逆函数。若我们关于直线 $y=x$ 反射 $y=2^x$ 的图形，则得到的图形就称为**以 2 为底的对数函数**，记为 $\mathrm{lb}\,x$ 。类似地，若我们关于直线 $y=x$ 反射 $y=10^x$ 的图形，则得到的图形就称为以 10 为底的对数函数，记为 $\lg x$ （见图 3）。

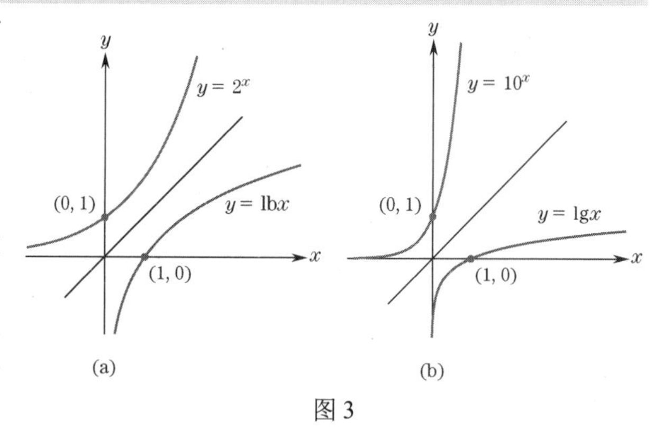

图 3

以 10 为底的对数有时称为**常用对数**。在代数课程中，引入常用对数的目的是简化某些算术运算。然而，随着现代计算机的出现和图形计算器的广泛使用，人们对常用对数的需求大大减少。可以证明

$$\lg x=\frac{1}{\ln 10}\cdot\ln x$$

所以 $\lg x$ 是 $\ln x$ 的常数倍。然而，我们不需要这个事实。

例 4　投资组合。例 3 中考虑了一个投资组合，其余额为 $f(t)=15e^{0.02t}+10e^{-0.06t}$ 千美元， t 是自投资组合成立以来的年数。 $f(t)$ 的图形（上节中的图 1）上有一个极小值。求 t 在极小值处的值。

解：设 $f'(t)=0$ 并求解 t 。回顾可知，由例 3 有 $f'(t)=0.3e^{0.02t}-0.6e^{-0.06t}$ ，因此有

$$0.3e^{0.02t}-0.6e^{-0.06t}=0,\quad 0.3e^{0.02t}=0.6e^{-0.06t}$$
$$0.3e^{0.02t}e^{0.06t}=0.6e^{-0.06t}e^{0.06t},\quad 0.3e^{0.02t+0.06t}=0.6e^{-0.06t+0.06t}=0.6e^{0}$$
$$0.3e^{0.08t}=0.6,\quad e^{0.08t}=2$$
$$0.08t=\ln 2,\quad t=\ln 2/0.08\approx 8.66$$

因此，极小值发生在 $t\approx 8.66$ 或近 9 年之后。

■

在微积分中，使用自然对数函数的原因是微分和积分公式要比 $\lg x$ 或 $\mathrm{lb}x$ 等更简单（回顾可知，出于同样的原因，我们更喜欢函数 e^x 而非 10^x 和 2^x ）。此外， $\ln x$ 在求解描述各种增长过程的微分方程的过程中是“自然”出现的。

4.4 节自测题（答案见本节习题后）

1. 求 $\ln e$ 。

2. 用自然对数函数求解 $e^{-3x}=2$ 。

习题 4.4

1. 求 $\ln(\sqrt{e})$。

2. 求 $\ln\left(\frac{1}{e^2}\right)$。

3. 若 $e^x = 5$，将 x 写成自然对数的形式。

4. 若 $e^{-x} = 3.2$，将 x 写成自然对数的形式。

5. 若 $\ln x = -1$，将 x 写成指数函数的形式。

6. 若 $\ln x = 4.5$，将 x 写成指数函数的形式。

化简下列表达式。

7. $\ln e^{-3}$

8. $e^{\ln 4.1}$

9. $e^{e^{\ln 1}}$

10. $\ln(e^{-2\ln e})$

11. $\ln(\ln e)$

12. $e^{4\ln 1}$

13. $e^{2\ln x}$

14. $e^{x\ln 2}$

15. $e^{-2\ln 7}$

16. $\ln(e^{-2}e^4)$

17. $e^{\ln x + \ln 2}$

18. $e^{\ln 3 - 2\ln x}$

求解下列关于 x 的方程。

19. $e^{2x} = 5$

20. $e^{1-3x} = 4$

21. $\ln(4-x) = \frac{1}{2}$

22. $\ln 3x = 2$

23. $\ln x^2 = 9$

24. $e^{x^2} = 25$

25. $6e^{-0.00012x} = 3$

26. $4 - \ln x = 0$

27. $\ln 3x = \ln 5$

28. $\ln(x^2 - 5) = 0$

29. $\ln(\ln 3x) = 0$

30. $2\ln x = 7$

31. $2e^{x/3} - 9 = 0$

32. $e^{\sqrt{x}} = \sqrt{e^x}$

33. $5\ln 2x = 8$

34. $750e^{-0.4x} = 375$

35. $(e^2)^x \cdot e^{\ln 1} = 4$

36. $e^{5x} \cdot e^{\ln 5} = 2$

37. $4e^x \cdot e^{-2x} = 6$

38. $(e^x)^2 \cdot e^{2-3x} = 4$

39. $f(x) = -5x + e^x$ 的图形如图 4 所示，求极小值点的坐标。

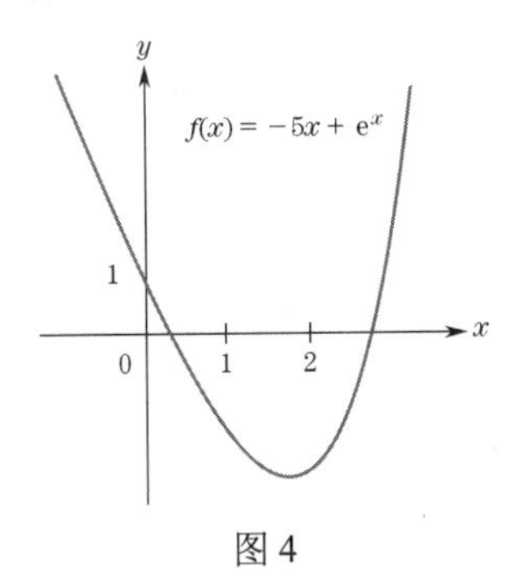

图 4

40. 用二阶导数说明图 4 中的图形总是上凹的。

41. (a) 求图 4 中切线斜率为 3 的图形上的点的第一个坐标。

(b) 图形上是否存在切线斜率为−7 的点？

42. $f(x) = -1 + (x-1)^2 e^x$ 的图形如图 5 所示，求相对极大值点和极小值点的坐标。

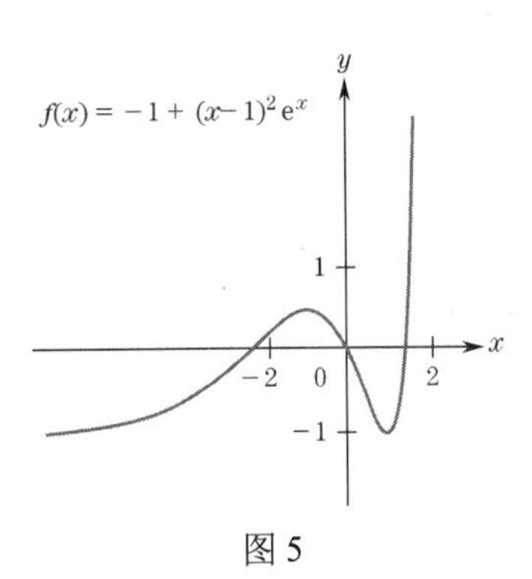

图 5

43. (a) 求出曲线 $y = e^{-x}$ 上切线斜率为−2 的点。

(b) 画出(a)问中的曲线 $y = e^{-x}$ 及其切线。

44. 当 $x > -1$ 时，求 $y = (x-1)^2 \ln(x+1)$ 的 x 截距。

在习题 45～46 中，求出函数的每个相对极值点的坐标，并确定这个点是相对极大值点还是相对极小值点。

45. $f(x) = e^{-x} + 3x$

46. $f(x) = 5x - 2e^x$

求解 t。

47. $e^{0.05t} - 4e^{-0.06t} = 0$

48. $4e^{0.01t} - 3e^{0.04t} = 0$

49. **血液中的药物浓度**。当药物或维生素注射到肌肉中时，注射后 t 时刻（小时）血液中的药物浓度（毫克/升）是形如 $f(t) = c(e^{-k_1 t} - e^{-k_2 t})$ 的函数。当 $t \geq 0$ 时，$f(t) = 5(e^{-0.01t} - e^{-0.51t})$ 的图形如图 6 所示。求函数达到极大值时的 t 值。

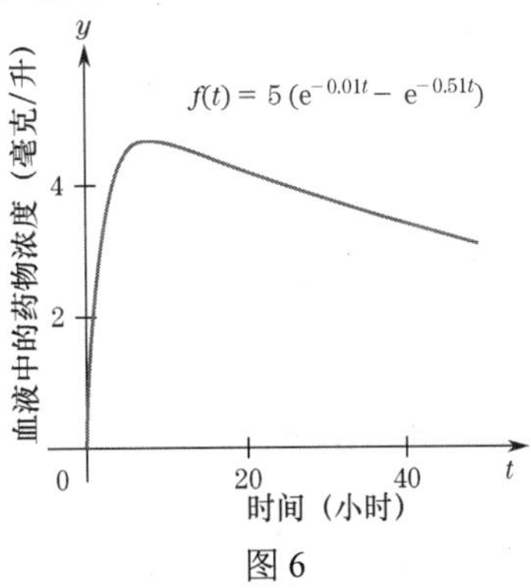

图 6

50. **风速**。在一定的地理条件下，离地高度 x 厘米的风速 v 由 $v = K\ln(x/x_0)$ 给出，其中 K 是一个正常数（取决于空气密度、平均风速等），x_0 是一个粗糙度参数（取决于地面植被的粗糙程度）。假设 $x_0 = 0.7$ 厘米（该值适用于 3 厘米高的草坪），$K = 300$ 厘米/秒。

(a) 在离地多高处风速为零？

(b) 什么高度的风速是 1200 厘米/秒？

51. 对于所有 x，求出满足 $2^x = e^{kx}$ 的 k 值。

52. 对于所有 x，求出满足 $2^{-x/5}=e^{kx}$ 的 k 值。

技术题

53. 画出 $y=\ln(e^x)$ 的图形并用图形证明它和 $y=x$ 相同，你能从 $y=e^{\ln x}$ 的图形中观察到什么？

54. 将 $y=e^{2x}$ 和 $y=5$ 画在一幅图上，并求它们的交点的 x 坐标（精确到小数点后四位）。用对数表示这个数。

55. 将 $y=\ln 5x$ 和 $y=2$ 画在一幅图上并示它们的交点的 x 坐标（精确到小数点后四位）。用 e 的幂表示这个数。

4.4 节自测题答案

1. 数 $\ln e$ 先将 e 写成幂的形式，然后得到 e 的指数。也就是说，$\ln e=\ln e^1=1$。

2. $\ln e^{-3x}=\ln 2$，$-3x=\ln 2$，$x=-\frac{\ln 2}{3}$。

4.5 ln *x* 的导数

下面计算 $x>0$ 时 $y=\ln x$ 的导数。从方程 $e^{\ln x}=x$ 开始。

首先对方程两边求导，然后让结果相等。对左边求导得

$$\frac{d}{dx}(e^{\ln x})=e^{\ln x}\cdot\frac{d}{dx}(\ln x)=x\cdot\frac{d}{dx}(\ln x)$$

对右边求导得

$$\frac{d}{dx}(x)=1$$

令两个导数相等得

$$x\cdot\frac{d}{dx}(\ln x)=1$$

两边同时除以大于 0 的 x 得

$y=\ln x$ 的导数

$$\frac{d}{dx}(\ln x)=\frac{1}{x},\quad x>0 \tag{1}$$

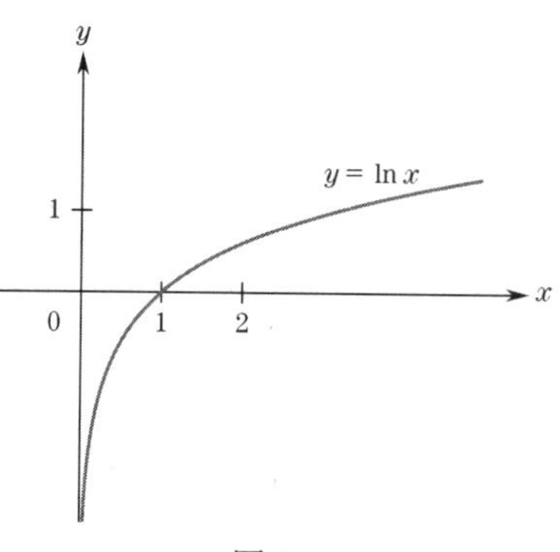

图 1

当 $x>0$ 时，函数 $y=\ln x$ 总是递增的，因为其导数 $y'=\frac{1}{x}$ 在 $x>0$ 时总为正。下面计算二阶导数：

$$\frac{d^2}{dx^2}(\ln x)=\frac{d}{dx}\left(\frac{1}{x}\right)=-\frac{1}{x^2}$$

$y=\ln x$ 的二阶导数对所有 $x>0$ 都为负，所以当 $x>0$ 时，曲线 $y=\ln x$ 总是下凹的（见图 1）。

例 1　求关于 ln *x* 的导数。求微分：(a) $y=(\ln x)^5$；(b) $y=x\ln x$。

解：(a) 根据一般幂法则有

$$\frac{d}{dx}(\ln x)^5=5(\ln x)^4\cdot\frac{d}{dx}(\ln x)=5(\ln x)^4\cdot\frac{1}{x}=\frac{5(\ln x)^4}{x}$$

(b) 根据乘法法则有

$$\frac{d}{dx}(x\ln x)=x\cdot\frac{d}{dx}(\ln x)+(\ln x)\cdot 1=x\cdot\frac{1}{x}+\ln x=1+\ln x$$

■

设 $g(x)$ 为任意可微函数。x 取任意值时，$g(x)$ 为正数，函数 $y=\ln(g(x))$ 有定义。对于这样的 x 值，其导数由链式法则给出如下。

对数函数的链式法则

$$\frac{d}{dx}[\ln g(x)]=\frac{1}{g(x)}\cdot\frac{d}{dx}g(x)=\frac{g'(x)}{g(x)} \tag{2}$$

若 $u=g(x)$，则式(2)可写为

$$\frac{d}{dx}[\ln u]=\frac{1}{u}\frac{du}{dx} \tag{2a}$$

例 2　形如 $y=\ln[g(x)]$ 的函数的导数。求微分：(a) $y=\ln(2x+1)$；(b) $y=\ln(4x^2-2x+9)$；(c) $y=\ln(xe^x)$。

解：使用式(2)。

(a) 因为 $g(x)=2x+1$，$g'(x)=2$，所以有

$$\frac{d}{dx}[\ln(2x+1)]=\frac{1}{2x+1}\frac{d}{dx}(2x+1)=\frac{2}{2x+1}$$

(b) 因为 $g(x)=4x^2-2x+9$，$g'(x)=8x-2$，所以有

$$\frac{d}{dx}\left[\ln(4x^2-2x+9)\right]=\frac{1}{4x^2-2x+9}\frac{d}{dx}(4x^2-2x+9)=\frac{8x-2}{4x^2-2x+9}$$

(c) 要求 $g(x)=xe^x$ 的导数，可使用乘法法则 $g'(x)=xe^x+e^x=e^x(x+1)$。于是，有

$$\frac{d}{dx}(xe^x)=\frac{1}{xe^x}\frac{d}{dx}(xe^x)=\frac{e^x(x+1)}{xe^x}=\frac{x+1}{x}$$

■

例 3　分析关于 $\ln x$ 的函数。当 $x>0$ 时，函数 $f(x)=(\ln x)/x$ 有一个相对极值点。找到该点并确定它是相对极大值点还是相对极小值点。

解：根据除法法则有

$$f'(x)=\frac{x\cdot\frac{1}{x}-(\ln x)\cdot 1}{x^2}=\frac{1-\ln x}{x^2}$$

$$f''(x)=\frac{x^2\cdot\left(-\frac{1}{x}\right)-(1-\ln x)(2x)}{x^4}\qquad \text{除法法则}$$

$$=\frac{-x-(2x-2x\ln x)}{x^4}\qquad \text{因为 } x^2\cdot\left(-\frac{1}{x}\right)=-x$$

$$=\frac{-3x+2x\ln x}{x^4}=\frac{x(-3+2\ln x)}{x^4}\qquad \text{进一步化简，提取公因式 } x$$

$$=\frac{-3+2\ln x}{x^3}\qquad \text{从分子和分母消去 } x$$

若设 $f'(x)=0$，则有

$$\frac{1-\ln x}{x^2}=0$$

$$1-\ln x=0\qquad \text{两边乘以 } x^2\neq 0$$

$$\ln x=1\qquad \text{两边同时加上 } \ln x$$

$$e^{\ln x}=e^1=e\qquad \text{两边取指数}$$

$$x=e\qquad e^{\ln x}=x$$

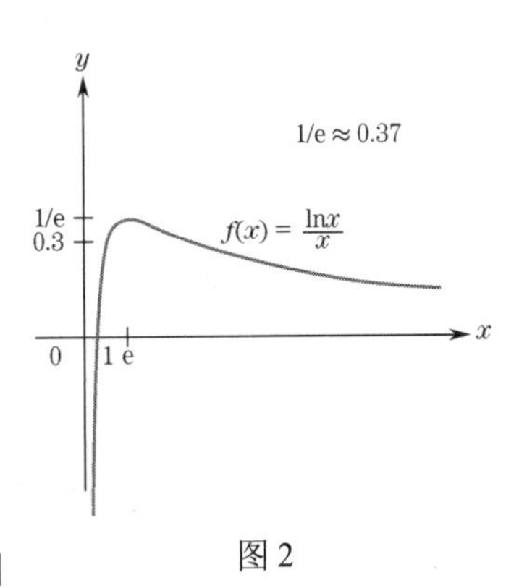

图 2

因此，唯一可能的相对极值点是 $x=e$。当 $x=e$ 时，$f(e)=(\ln e)/e=1/e$。此外，

$$f''(e)=\frac{2\ln e-3}{e^3}=-\frac{1}{e^3}<0$$

这意味着 $f(x)$ 的图形在 $x=e$ 处下凹，因此点 $(e,1/e)$ 是图形 $f(x)$ 的相对极大值点（见图 2）。

■

下例中将介绍一个函数，后面学习积分时会用到它。

例 4　函数 $\ln|x|$ 的导数。函数 $y=\ln|x|$ 的定义域为 x 的所有非零值，其图形如图 3 所示，求 $y=\ln|x|$ 的导数。

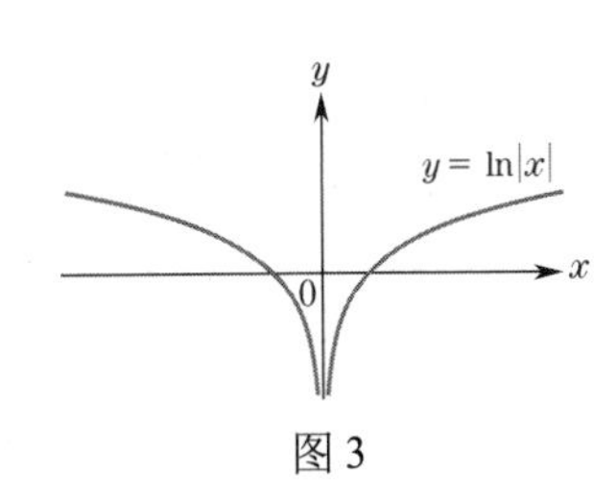

图 3

解：若 x 是正数，即 $|x|=x$，则有

$$\frac{d}{dx}\ln|x|=\frac{d}{dx}\ln x=\frac{1}{x}$$

若 x 是负数，即 $|x|=-x$，则根据链式法则有

$$\frac{d}{dx}\ln|x| = \frac{d}{dx}\ln(-x) = \frac{1}{-x}\cdot\frac{d}{dx}(-x) = \frac{1}{-x}\cdot(-1) = \frac{1}{x}$$

■

因此，我们就得到了如下的有用常识。

$$\frac{d}{dx}\ln|x| = \frac{1}{x}, \quad x \neq 0$$

4.5 节自测题（答案见本节习题后）

求微分。

1. $f(x) = \frac{1}{\ln(x^4+5)}$
2. $f(x) = \ln(\ln x)$
3. 通过化简证明 $\ln(x^2)$ 和 $(\ln x)^2$ 是不同的（注意，$\ln(x)^2$ 这种表示存疑，应避免使用）。

习题 4.5

求下列函数的微分。

1. $y = 3\ln x + \ln 2$
2. $y = \frac{\ln x}{\ln 3}$
3. $y = \frac{x^2 \ln x}{2}$
4. $y = 3\frac{\ln x}{x}$
5. $y = e^x \ln x$
6. $y = e^{1+\ln x}$
7. $y = \frac{\ln x}{\sqrt{x}}$
8. $y = \frac{1}{2+3\ln x}$
9. $y = \ln x^2$
10. $y = \ln\sqrt{x}$
11. $y = \ln\left(\frac{1}{x}\right)$
12. $y = \ln\left(\frac{1}{x^2}\right)$
13. $y = \ln(3x^4 - x^2)$
14. $y = \ln(e^x + e^{-x})$
15. $y = \frac{1}{\ln x}$
16. $y = \ln x \ln 2x$
17. $y = \frac{\ln x}{\ln 2x}$
18. $y = (\ln x)^2$
19. $y = (x^3+1)\ln(x^3+1)$
20. $y = \frac{\ln(x^2+1)}{x^2+1}$

求二阶导数。

21. $\frac{d^2}{dt^2}(t^2 \ln t)$
22. $\frac{d^2}{dt^2}\ln(\ln t)$
23. 曲线 $f(x) = (\ln x)/\sqrt{x}$ 的图形如图 4 所示。求出极大值点的坐标。

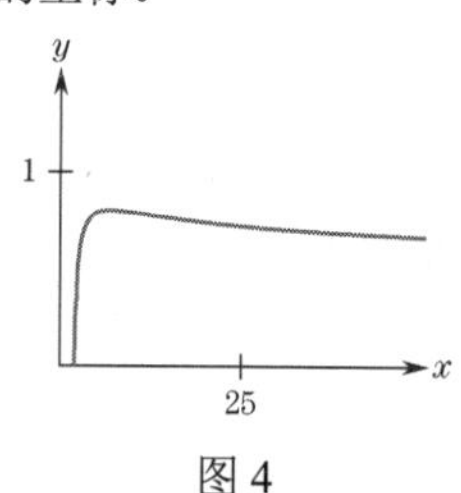

图 4

24. 曲线 $f(x) = x/(\ln x + x)$ 的图形如图 5 所示。求出极小值点的坐标。

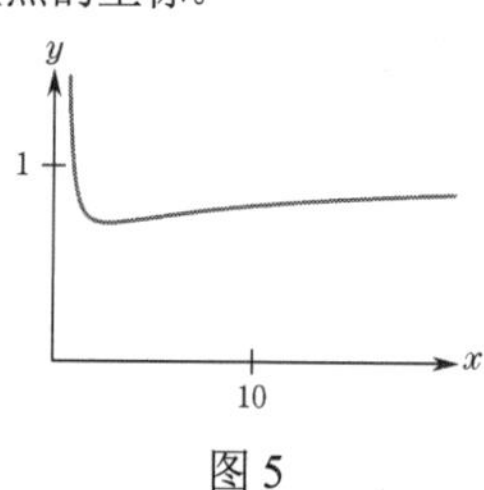

图 5

25. 写出 $y = \ln(x^2 + e)$ 在 $x = 0$ 处的切线方程。
26. 函数 $f(x) = (\ln x + 1)/x$ 在 $x > 0$ 时有一个相对极值点。求该点的坐标。它是相对极大值点吗？
27. 确定如下函数的定义域：
    (a) $f(t) = \ln(\ln t)$ (b) $f(t) = \ln(\ln(\ln t))$
28. 求 $y = \ln|x|$ 在 $x = 1$ 和 $x = -1$ 处的切线方程。
29. 当 $x > 0$ 时，求 $y = x^2 \ln x$ 的相对极值点的坐标。然后，使用二阶导数判别法确定该点是相对极大值点还是相对极小值点。
30. 对 $y = \sqrt{x}\ln x$，重做习题 29。
31. $y = x + \ln x$ 和 $y = \ln 2x$ 的图形如图 6 所示。
    (a) 证明当 $x > 0$ 时，两个函数均递增。
    (b) 求两条曲线的交点。

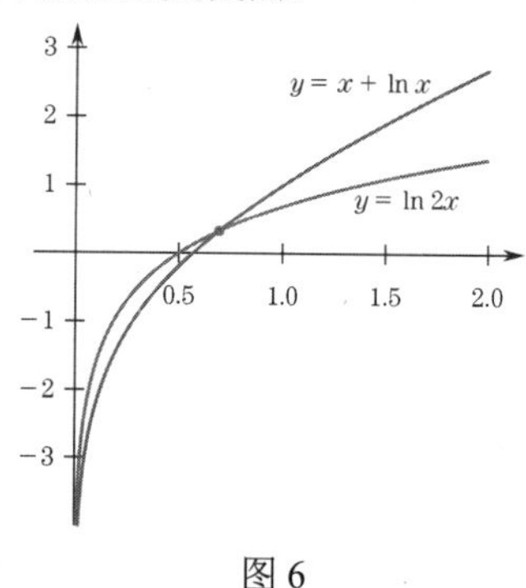

图 6

32. 对函数 $y = x + \ln x$ 和 $y = \ln 5x$ 重做习题 31（见图 7）。

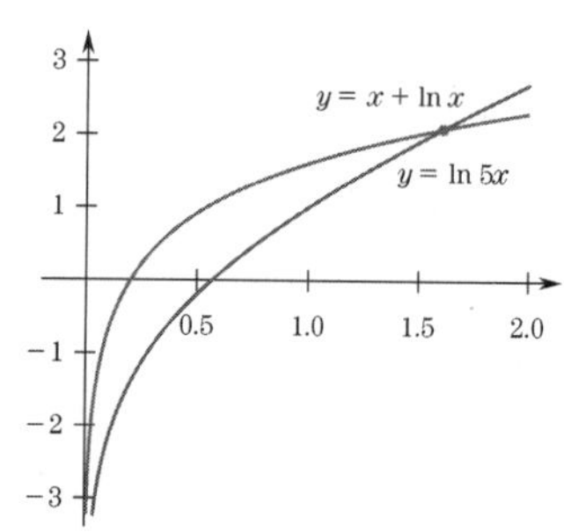

图 7

33. 函数 $y = x^2 - \ln x$ 的图形如图 8 所示。求其极小值点的坐标。

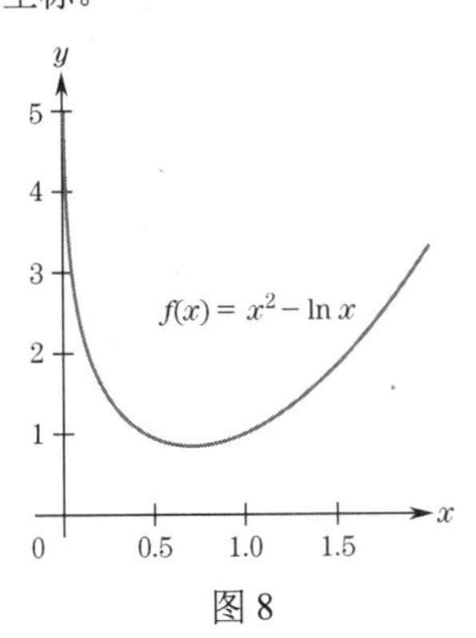

图 8

34. 函数 $y = 2x^2 - \ln 4x$ ($x > 0$)有一个极小值点，求这个极小值点的第一个坐标。

35. **需求方程**。某商品的需求方程是 $p = 45/(\ln x)$ ，求该商品的边际收入函数，并计算 $x = 20$ 时的边际收入。

36. **总收入**。某制造商的总收入函数是 $R(x) = 300\ln(x+1)$ ，销售 x 件产品的收入约为 $R(x)$ 美元。假设生产 x 件的总成本是 $C(x)$ 美元，其中 $C(x) = 2x$ 。求使得利润函数 $R(x) - C(x)$ 最大的 x 值。证明利润函数在该 x 值处有一个相对极大值而非一个相对极小值。

37. **面积问题**。求这样一个矩形的最大面积：矩形在第一象限内，它的一个角位于原点，对角位于 $y = -\ln x$ 的图形上，两条边则在坐标轴上。

技术题

38. **驱蚊剂的药效分析**。将戴着浸了驱蚊剂 DEPA 的棉织物的手插入一个含有 200 只雌性蚊子的试验箱内 5 分钟。函数 $f(x) = 26.48 - 14.09\ln x$ 表示浓度为 x %时被蚊子叮咬的次数 [注意：(b)～(e)问的答案可由代数方法或从图中得到，你可试一下这两种方法。]

(a) 画出 $0 < x \leqslant 6$ 时 $f(x)$ 和 $f'(x)$ 的图形。

(b) 当浓度为 3.25%时，叮咬的次数是多少？

(c) 什么浓度导致被叮咬 15 次？

(d) 当 $x = 2.75$ 时，被叮咬次数随 DEPA 浓度的变化速率是多少？

(e) 在什么浓度下，叮咬次数相对浓度的变化率等于−10 次/浓度增加 1%？

4.5 节自测题答案

1. $f(x) = [\ln(x^4+5)]^{-1}$ 。根据链式法则有

$$f'(x) = (-1)\cdot[\ln(x^4+5)]^{-2}\cdot\frac{d}{dx}\ln(x^4+5)$$
$$= -[\ln(x^4+5)]^{-2}\frac{4x^3}{x^4+5}$$

2. $f'(x) = \frac{d}{dx}\ln(\ln x) = \frac{1}{\ln x}\cdot\frac{d}{dx}\ln x = \frac{1}{\ln x}\cdot\frac{1}{x} = \frac{1}{x\ln x}$

3. $\ln(x^2) = 2\ln x$ ， $(\ln x)^2 = (\ln x)(\ln x)$ 。

4.6 自然对数函数的性质

自然对数函数 $\ln x$ 具有代数中常见的许多以 10 为底的对数（或常用对数）的性质。

自然对数函数的性质

性质：当 $x, y > 0$ 且 b 为任意数时	示　例	说　明
(1) 乘积的自然对数 ln $\ln(x\cdot y) = \ln x + \ln y$	$\ln(6) = \ln(2\cdot 3) = \ln 2 + \ln 3$ $\ln(27) = \ln(3\cdot 9) = \ln 3 + \ln 9$	两个数乘积的自然对数是两个数分别取自然对数的和
(2) 倒数的自然对数 ln $\ln\left(\frac{1}{x}\right) = -\ln(x)$	$\ln\left(\frac{1}{2}\right) = -\ln(2)$ $\ln\left(\frac{1}{\sqrt{2}}\right) = -\ln(\sqrt{2})$	$\ln(1/x)$ 等于负 $\ln(x)$ ，或者倒数的 ln 等于负 $\ln(x)$
(3) 商的自然对数 ln $\ln\left(\frac{x}{y}\right) = \ln x - \ln y$	$\ln\left(\frac{4}{3}\right) = \ln 4 - \ln 3$ $\ln\left(\frac{x}{5}\right) = \ln x - \ln 5$	两个数商的自然对数是两个数分别取自然对数的差
(4) 幂的自然对数 ln $\ln(x^b) = b\ln x$	$\ln(2^3) = 3\ln 2$ $\ln(x^2) = 2\ln x$ $\ln\sqrt{x} = \ln(x^{1/2}) = \frac{1}{2}\ln x$	x 的 b 次幂的 ln 等于 b 乘以 $\ln x$

根据 e^x 的性质和 $\ln x$ 与 e^x 的反函数关系可以证明这些性质。

证明性质(1)：

$$\ln(x\cdot y)=\ln(e^{\ln x}e^{\ln y}) \quad \text{逆函数的性质：} x=e^{\ln x}，\ y=e^{\ln y}$$
$$=\ln(e^{\ln x+\ln y}) \quad \text{指数函数的乘积：} e^a e^b=e^{a+b}$$
$$=\ln x+\ln y \quad \text{逆函数的性质：} \ln e^a=a，\text{其中 } a=\ln x+\ln y$$

证明性质(2)：

$$\ln\left(\tfrac{1}{x}\right)=\ln\left(\tfrac{1}{e^{\ln x}}\right) \quad \text{逆函数的性质：} x=e^{\ln x}$$
$$=\ln(e^{-\ln x}) \quad \text{改变指数的符号：} \tfrac{1}{e^b}=e^{-b}$$
$$=-\ln x \quad \text{逆函数的性质：} \ln e^a=a，\text{其中 } a=-\ln x$$

证明性质(3)：根据性质(1)和性质(2)有

$$\ln\left(\tfrac{x}{y}\right)=\ln\left(x\cdot\tfrac{1}{y}\right)=\ln x+\ln\left(\tfrac{1}{y}\right)=\ln x-\ln y$$

证明性质(4)：

$$\ln(x^b)=\ln((e^{\ln x})^b) \quad \text{逆函数的性质：} x=e^{\ln x}$$
$$=\ln(e^{b\ln x}) \quad \text{幂函数性质：} (e^a)^b=e^{ab}$$
$$=b\ln x \quad \text{逆函数的性质：} \ln e^a=a，\text{其中 } a=b\ln x$$

读者应彻底掌握自然对数的这些性质，因为在计算 $\ln x$ 和指数函数时这些性质非常有用。

例 1　用对数简化表达式。将 $\ln 5+2\ln 3$ 写成一个对数。

解：

$$\ln 5+2\ln 3=\ln 5+\ln 3^2 \quad \text{幂的 ln}$$
$$=\ln 5+\ln 9$$
$$=\ln(5\cdot 9) \quad \text{乘积的 ln}$$
$$=\ln 45$$

■

例 2　用对数简化表达式。将 $\frac{1}{2}\ln(4t)-\ln(t^2+1)$ 写成一个对数。

解：

$$\tfrac{1}{2}\ln(4t)-\ln(t^2+1)=\ln[(4t)^{1/2}]-\ln(t^2+1) \quad \text{幂的 ln}$$
$$=\ln(2\sqrt{t})-\ln(t^2+1)$$
$$=\ln\left(\tfrac{2\sqrt{t}}{t^2+1}\right) \quad \text{商的 ln}$$

■

例 3　运用对数的性质。化简 $\ln x+\ln 3+\ln y-\ln 5$。

解：

$$(\ln x+\ln 3)+\ln y-\ln 5=\ln 3x+\ln y-\ln 5 \quad \text{乘积的 ln}$$
$$=\ln 3xy-\ln 5 \quad \text{乘积的 ln}$$
$$=\ln\left(\tfrac{3xy}{5}\right) \quad \text{商的 ln}$$

■

例 4　化简后微分。微分 $f(x)=\ln[x(x+1)(x+2)]$。

解：运用性质(1)将 $f(x)$ 写为

$$f(x)=\ln[x(x+1)(x+2)]=\ln x+\ln(x+1)+\ln(x+2)$$

则 $f'(x)$ 为

$$f'(x)=\tfrac{1}{x}+\tfrac{1}{x+1}+\tfrac{1}{x+2}$$

■

对数微分

自然对数函数可以简化乘积的求导任务。例如，假设我们想对如下函数求导：

$$g(x)=x(x+1)(x+2)$$

如例 4 中所示，

$$\frac{\mathrm{d}}{\mathrm{d}x}(\ln g(x))=\frac{1}{x}+\frac{1}{x+1}+\frac{1}{x+2}$$

但

$$\frac{\mathrm{d}}{\mathrm{d}x}(\ln g(x))=\frac{g'(x)}{g(x)}$$

因此，令 $\frac{\mathrm{d}}{\mathrm{d}x}\ln g(x)$ 的两个表达式相等，得到

$$\frac{g'(x)}{g(x)}=\frac{1}{x}+\frac{1}{x+1}+\frac{1}{x+2}$$

最后，求解 $g'(x)$：

$$g'(x)=g(x)\cdot\left(\frac{1}{x}+\frac{1}{x+1}+\frac{1}{x+2}\right)=x(x+1)(x+2)\left(\frac{1}{x}+\frac{1}{x+1}+\frac{1}{x+2}\right)$$

采用类似的方式，我们可以对任意数量因式的乘积求导：首先取自然对数，然后求导，最后求出所需的导数。这个过程称为**对数微分**。

例 5　对数微分。使用对数微分求函数 $g(x)=(x^2+1)(x^3-3)(2x+5)$ 的微分。

解：步骤 1　公式两边取自然对数：

$$\begin{aligned}\ln g(x)&=\ln[(x^2+1)(x^3-3)(2x+5)]\\&=\ln(x^2+1)+\ln(x^3-3)+\ln(2x+5)\qquad\text{乘积的 ln}\end{aligned}$$

步骤 2　微分：

$$\frac{\mathrm{d}}{\mathrm{d}x}\ln g(x)=\frac{g'(x)}{g(x)}=\frac{2x}{x^2+1}+\frac{3x^2}{x^3-3}+\frac{2}{2x+5}$$

步骤 3　求解 $g'(x)$：

$$\begin{aligned}g'(x)&=g(x)\left(\frac{2x}{x^2+1}+\frac{3x^2}{x^3-3}+\frac{2}{2x+5}\right)\\&=(x^2+1)(x^3-3)(2x+5)\left(\frac{2x}{x^2+1}+\frac{3x^2}{x^3-3}+\frac{2}{2x+5}\right)\end{aligned}$$

■

下面使用对数微分来建立幂法则：

$$\frac{\mathrm{d}}{\mathrm{d}x}(x^r)=rx^{r-1}$$

当 $x>0$ 时，幂法则的验证

设 $f(x)=x^r$，则有

$$\ln f(x)=\ln x^r=r\ln x$$

对该方程求导得

$$\frac{f'(x)}{f(x)}=r\cdot\frac{1}{x},\qquad f'(x)=r\cdot\frac{1}{x}\cdot f(x)=r\cdot\frac{1}{x}\cdot x^r=rx^{r-1}$$

■

4.6 节自测题（答案见本节习题后）

1. 微分 $f(x)=\ln\left[\frac{e^x\sqrt{x}}{(x+1)^6}\right]$。

2. 用对数微分法微分 $f(x)=(x+1)^7(x+2)^8(x+3)^9$。

习题 4.6

化简下列表达式。

1. $\ln 5+\ln x$

2. $\ln x^5-\ln x^3$

3. $\frac{1}{2}\ln 9$

4. $3\ln\frac{1}{2}+\ln 16$

5. $\ln 4+\ln 6-\ln 12$

6. $\ln 2-\ln x+\ln 3$

7. $e^{2\ln x}$

8. $\frac{3}{2}\ln 4-5\ln 2$

9. $5\ln x-\frac{1}{2}\ln y+3\ln z$

10. $e^{\ln x^2+3\ln y}$

11. $\ln x-\ln x^2+\ln x^4$

12. $\frac{1}{2}\ln xy+\frac{3}{2}\ln\frac{x}{y}$

13. $2\ln 5$ 和 $3\ln 3$ 哪个更大？

14. $\frac{1}{2}\ln 16$ 和 $\frac{1}{3}\ln 27$ 哪个更大？

求给定表达式的值。使用 $\ln 2=0.69$ 和 $\ln 3=1.1$。

15. (a) $\ln 4$ (b) $\ln 6$ (c) $\ln 54$

16. (a) $\ln 12$ (b) $\ln 16$ (c) $\ln(9\cdot 2^4)$

17. (a) $\ln\frac{1}{6}$ (b) $\ln\frac{2}{9}$ (c) $\ln\frac{1}{\sqrt{2}}$

18. (a) $\ln 100-2\ln 5$ (b) $\ln 10+\ln\frac{1}{5}$ (c) $\ln\sqrt{108}$

19. 下面的哪项和 $4\ln 2x$ 是一样的？

(a) $\ln 8x$ (b) $8\ln x$

(c) $\ln 8+\ln x$ (d) $\ln 16x^4$

20. 下面的哪项和 $\ln(9x)-\ln(3x)$ 是一样的？

(a) $\ln 6x$ (b) $\ln(9x)/\ln(3x)$

(c) $6\cdot\ln(x)$ (d) $\ln 3$

21. 下面的哪项和 $\frac{\ln 8x^2}{\ln 2x}$ 是一样的？

(a) $\ln 4x$ (b) $4x$

(c) $\ln 8x^2-\ln 2x$ (d) 都不是

22. 下面的哪项和 $\ln 9x^2$ 是一样的？

(a) $2\cdot\ln 9x$ (b) $3x\cdot\ln 3x$

(c) $2\cdot\ln 3x$ (d) 都不是

求解关于 x 的方程。

23. $\ln x-\ln x^2+\ln 3=0$

24. $\ln\sqrt{x}-2\ln 3=0$

25. $\ln x^4-2\ln x=1$

26. $\ln x^2-\ln 2x+1=0$

27. $(\ln x)^2-1=0$

28. $3\ln x-\ln 3x=0$

29. $\ln\sqrt{x}=\sqrt{\ln x}$

30. $2(\ln x)^2+\ln x-1=0$

31. $\ln(x+1)-\ln(x-2)=1$

32. $\ln[(x-3)(x+2)]+\ln(x+2)^2-\ln 7=0$

求微分。

33. $y=\ln[(x+5)(2x-1)(4-x)]$

34. $y=\ln[(x+1)(2x+1)(3x+1)]$

35. $y=\ln[(1+x)^2(2+x)^3(3+x)^4]$

36. $y=\ln[e^{2x}(x^3+1)(x^4+5x)]$

37. $y=\ln\left[\sqrt{xe^{x^2+1}}\right]$

38. $y=\ln\frac{x+1}{x-1}$

39. $y=\ln\frac{(x+1)^4}{e^{x-1}}$

40. $y=\ln\frac{(x+1)^4(x^3+2)}{x-1}$

41. $y=\ln(3x+1)\ln(5x+1)$

42. $y=(\ln 4x)(\ln 2x)$

用对数微分下列函数。

43. $f(x)=(x+1)^4(4x-1)^2$

44. $f(x)=e^x(3x-4)^8$

45. $f(x)=\frac{(x+1)(2x+1)(3x+1)}{\sqrt{4x+1}}$

46. $f(x)=\frac{(x-2)^3(x-3)^4}{(x+4)^5}$

47. $f(x)=2^x$

48. $f(x)=\sqrt[x]{3}$

49. $f(x)=x^x$

50. $f(x)=\sqrt[x]{x}$

51. **异速方程**。大量的经验数据表明，若 x 和 y 测量的是某种动物的两个器官的大小，则 x 和 y 之间是由一个形如

$$\ln y-k\ln x=\ln c$$

的异速方程联系起来的，其中 k 和 c 是正常数，只取决于所测量的器官或器官的类型，且在属于同一物种的动物中是常数。用 x ,k 和 c 表示方程中的 y 。

52. **流行病模型**。在流行病研究中发现了方程

$$\ln(1-y)-\ln y=C-rt$$

其中 y 是在 t 时刻患有某种特定疾病的人口比例。用 t 、常数 C 和 r 来表示该方程中的 y 。

53. 求 $y=he^{kx}$ 过点(1, 6)和点(4, 48)时 h 和 k 的值。

54. 求 $y=kx^r$ 过点(2, 3)和点(4, 15)时的 k 和 r 值。

4.6 节自测题答案

1. 利用自然对数的性质，在微分前将 $f(x)$ 表示为简单函数的和：

$$f(x)=\ln\left[\frac{e^x\sqrt{x}}{(x+1)^6}\right]$$

$$f(x)=\ln e^x+\ln\sqrt{x}-\ln(x+1)^6$$

$$=x+\tfrac{1}{2}\ln x-6\ln(x+1)$$

$$f'(x)=1+\tfrac{1}{2x}-\tfrac{6}{x+1}$$

2. $f(x)=(x+1)^7(x+2)^8(x+3)^9$

$$\ln f(x)=7\ln(x+1)+8\ln(x+2)+9\ln(x+3)$$

下面对两边微分：

$$\frac{f'(x)}{f(x)}=\frac{7}{x+1}+\frac{8}{x+2}+\frac{9}{x+3}$$

$$f'(x)=f(x)\left(\tfrac{7}{x+1}+\tfrac{8}{x+2}+\tfrac{9}{x+3}\right)$$

$$=(x+1)^7(x+2)^8(x+3)^9\left(\tfrac{7}{x+1}+\tfrac{8}{x+2}+\tfrac{9}{x+3}\right)$$

第 4 章概念题

1. 说出尽可能多的指数定律。

2. e 是多少？

3. 写出满足 $y=Ce^{kt}$ 的微分方程。

4. 当 k 为正和 k 为负时， $y=e^{kx}$ 的图形所具有的共同性质是什么。

5. 点 (a,b) 关于直线 $y=x$ 对称的点的坐标是多少？

6. 对数是什么？

7. 自然对数函数的图形的 x 截距是多少？

8. $y=\ln x$ 的图形的主要特征是什么。

9. 陈述给出 e^x 和 $\ln x$ 之间关系的两个关键方程。提示：每个方程的右边都是 x 。

10. 自然对数和常用对数的区别是什么？

11. 给出将形如 b^x 的函数转换为以 e 为底的指数函数的公式。

12. 写出下列各函数的微分公式：
(a) $f(x)=\mathrm{e}^{kx}$ (b) $f(x)=\mathrm{e}^{g(x)}$ (c) $f(x)=\ln g(x)$

13. 陈述自然对数函数的四个代数性质。

14. 给出一个使用对数微分的例子。

第 4 章复习题

计算。

1. $27^{4/3}$ **2.** $4^{1.5}$ **3.** 5^{-2} **4.** $16^{-0.25}$

5. $(2^{5/7})^{14/5}$ **6.** $8^{1/2}\cdot 2^{1/2}$ **7.** $\frac{9^{5/2}}{9^{3/2}}$ **8.** $4^{0.2}\cdot 4^{0.3}$

化简下列表达式。

9. $(\mathrm{e}^{x^2})^3$ **10.** $\mathrm{e}^{5x}\cdot \mathrm{e}^{2x}$ **11.** $\frac{\mathrm{e}^{3x}}{\mathrm{e}^{x}}$

12. $2^x\cdot 3^x$ **13.** $(\mathrm{e}^{8x}+7\mathrm{e}^{-2x})\mathrm{e}^{3x}$ **14.** $\frac{\mathrm{e}^{5x/2}-\mathrm{e}^{3x}}{\sqrt{\mathrm{e}^x}}$

求解下列关于 x 的方程。

15. $\mathrm{e}^{-3x}=\mathrm{e}^{-12}$ **16.** $\mathrm{e}^{x^2-x}=\mathrm{e}^2$

17. $(\mathrm{e}^x\cdot \mathrm{e}^2)^3=\mathrm{e}^{-9}$ **18.** $\mathrm{e}^{-5x}\cdot \mathrm{e}^4=\mathrm{e}$

求下列函数的微分。

19. $y=10\mathrm{e}^{7x}$ **20.** $y=\mathrm{e}^{\sqrt{x}}$

21. $y=x\mathrm{e}^{x^2}$ **22.** $y=\frac{\mathrm{e}^x+1}{x-1}$

23. $y=\mathrm{e}^{\mathrm{e}^x}$ **24.** $y=(\sqrt{x}+1)\mathrm{e}^{-2x}$

25. $y=\frac{x^2-x+5}{\mathrm{e}^{3x}+3}$ **26.** $y=x^{\mathrm{e}}$

27. 函数 $f(x)=\mathrm{e}^{x^2}-4x^2$ 的图形如图 1 所示。求相对极值点的第一个坐标。

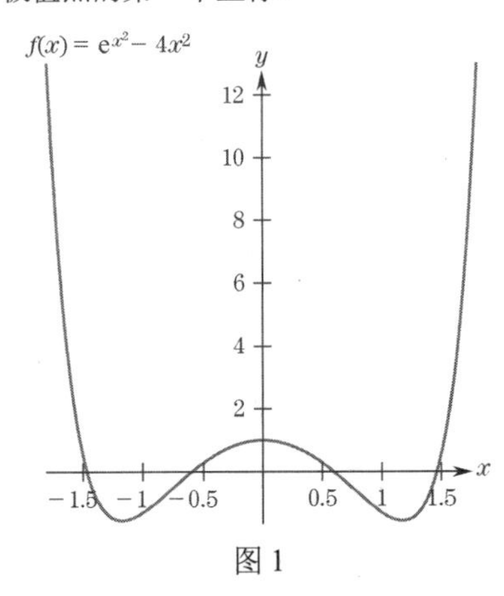

图 1

28. 通过确定图形在 $x=0$ 处的凹性，证明图 1 中的函数在 $x=0$ 处具有相对极大值。

求解关于 t 的方程。

29. $4\mathrm{e}^{0.03t}-2\mathrm{e}^{0.06t}=0$ **30.** $\mathrm{e}^t-8\mathrm{e}^{0.02t}=0$

31. 解 $4\cdot 2^x=\mathrm{e}^x$。提示：用以 e 为底的指数表示 2^x。

32. 解方程 $3^x=2\mathrm{e}^x$。提示：将 3^x 表示为以 e 为底的指数。

33. 求 $y=\mathrm{e}^x$ 的图形上切线斜率为 4 的点。

34. 求 $y=\mathrm{e}^x+\mathrm{e}^{-2x}$ 的图形上切线水平的点。

35. 确定函数 $f(x)=\ln(x^2+1)$ 的递增和递减区间。

36. 确定函数 $f(x)=x\ln x$（$x>0$）的递增和递减区间。

37. 求图形 $y=\frac{\mathrm{e}^x}{1+\mathrm{e}^x}$ 在点(0, 0.5)处的切线方程。

38. 证明图形 $y=\frac{\mathrm{e}^x-\mathrm{e}^{-x}}{\mathrm{e}^x+\mathrm{e}^{-x}}$ 在 $x=1$ 处的切线和在 $x=-1$ 处的切线平行。

化简下列表达式。

39. $\mathrm{e}^{(\ln 5)/2}$ **40.** $\mathrm{e}^{\ln(x^2)}$ **41.** $\frac{\ln x^2}{\ln x^3}$

42. $\mathrm{e}^{2\ln 2}$ **43.** $\mathrm{e}^{-5\ln 1}$ **44.** $[\mathrm{e}^{\ln x}]^2$

求解关于 t 的方程。

45. $t^{\ln t}=\mathrm{e}$ **46.** $\ln(\ln 3t)=0$

47. $3\mathrm{e}^{2t}=15$ **48.** $3\mathrm{e}^{t/2}-12=0$

49. $2\ln t=5$ **50.** $2\mathrm{e}^{-0.3t}=1$

求下列函数的微分。

51. $y=\ln(x^6+3x^4+1)$ **52.** $y=\frac{x}{\ln x}$

53. $y=\ln(5x-7)$ **54.** $y=\ln(9x)$

55. $y=(\ln x)^2$ **56.** $y=(x\ln x)^3$

57. $y=\ln\left(\frac{x\mathrm{e}^x}{\sqrt{1+x}}\right)$

58. $y=\ln[\mathrm{e}^{6x}(x^2+3)^5(x^3+1)^{-4}]$

59. $y=x\ln x-x$ **60.** $y=\mathrm{e}^{2\ln(x+1)}$

61. $y=\ln(\ln\sqrt{x})$ **62.** $y=\frac{1}{\ln x}$

63. $y=\mathrm{e}^x\ln x$ **64.** $y=\ln(x^2+\mathrm{e}^x)$

65. $y=\ln\sqrt{\frac{x^2+1}{2x+3}}$ **66.** $y=\ln|-2x+1|$

67. $y=\ln(\mathrm{e}^{x^2}/x)$ **68.** $y=\ln\sqrt[3]{x^3+3x-2}$

69. $y=\ln(2^x)$ **70.** $y=\ln(3^{x+1})-\ln 3$

71. $y=\ln|x-1|$ **72.** $y=\mathrm{e}^{2\ln(2x+1)}$

73. $y=\ln(1/\mathrm{e}^{\sqrt{x}})$ **74.** $y=\ln(\mathrm{e}^x+3\mathrm{e}^{-x})$

用对数微分求下列函数的微分。

75. $f(x)=\sqrt[5]{\frac{x^5+1}{x^5+5x+1}}$ **76.** $f(x)=2^x$

77. $f(x)=x^{\sqrt{x}}$

78. $f(x)=b^x$，其中 $b>0$

79. $f(x)=(x^2+5)^6(x^3+7)^8(x^4+9)^{10}$

80. $f(x)=x^{1+x}$

81. $f(x)=10^x$ **82.** $f(x)=\sqrt{x^2+5}\,\mathrm{e}^{x^2}$

83. $f(x)=\sqrt{\frac{xe^x}{x^3+3}}$

84. $f(x)=\frac{e^x\sqrt{x+1}(x^2+2x+3)^2}{4x^2}$

85. $f(x)=e^{x+1}(x^2+1)x$　　86. $f(x)=e^x x^2 2^x$

87. 海拔 x 千米处的大气压为 $f(x)$ 克/平方厘米，其中 $f(x)=1035e^{-0.12x}$。使用图 2 所示的 $f(x)$ 和 $f'(x)$ 的图形给出如下问题的近似答案。

(a) 2 千米高空的气压是多少？

(b) 在什么高度气压为 200 克/平方厘米？

(c) 海拔 8 千米处气压（相对于海拔变化）的变化速率是多少？

(d) 在什么高度，大气压以每千米 100 克/平方厘米的速度下降？

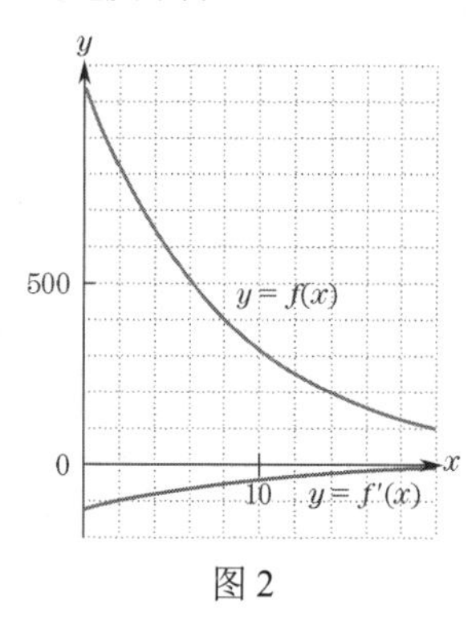

图 2

88. **卫生支出**。某国从 1990 年至 2010 年的卫生支出（十亿美元）约为 $f(t)=27e^{0.106t}$，时间从 1990 年开始计算，单位为年。使用图 3 所示的 $f(t)$ 和 $f'(t)$ 的图形，给出如下问题的近似答案。

(a) 2008 年的支出是多少？

(b) 2002 年的支出增长有多快？

(c) 支出何时达到 1200 亿美元？

(d) 支出何时以 200 亿美元/年的速度增长？

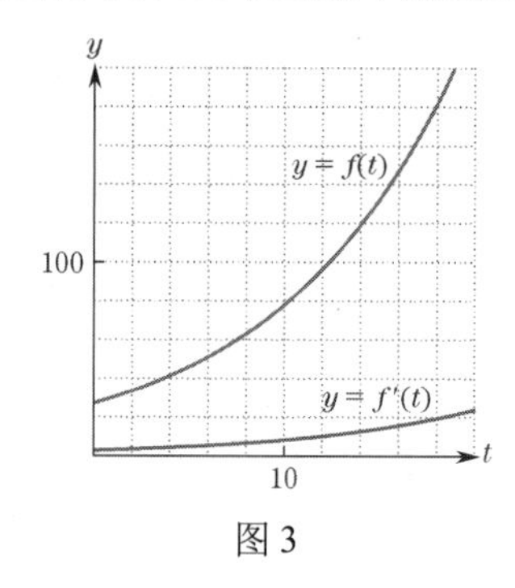

图 3

第 5 章　指数函数和自然对数函数的应用

第 4 章中介绍了指数函数 $y=\mathrm{e}^x$ 和自然对数函数 $y=\ln x$，并且研究了它们的重要性质。目前，我们还不清楚这些函数与现实世界之间的实质性联系。然而，如本章将要介绍的那样，指数函数和自然对数函数常以一种非常奇怪且意想不到的方式参与了许多物理问题的研究。

5.1　指数增长与指数衰减

回顾：“导数是一种变化率”，见 1.7 节。

指数增长

一天，你走进厨房，发现你放在台面上的熟透香蕉招来了不速之客——果蝇。你决定利用这种讨厌的情况来研究果蝇种群的生长。没过多久，你就进行了第一次观察：种群的增长速度与其规模成正比。也就是说，果蝇越多，数量增长越快。

为了模拟这个种群的增长，下面引入了一些符号。令 $P(t)$ 表示自你首次观察果蝇起，第 t 天厨房中的果蝇数量。导数的一个非常重要的特点是

$P(t)$ 的变化率就是 $P'(t)$

将 $P(t)$ 的变化率与 $P(t)$ 成正比的观察结果转化为数学语言，可得

$$\overbrace{P'(t)}^{\text{变化率}}=\overbrace{kP(t)}^{\text{与}P(t)\text{成正比}}$$

式中，k 是一个正比例常数。若令 $y=P(t)$，则上式变为

$$y'=ky \tag{1}$$

式(1)表示了函数 y 及其导数 y' 之间的关系。任何表示函数及其导数之间关系的方程都称为**微分方程**。第 10 章中将详细讨论微分方程。

式(1)的解是导数等于 k 乘以其自身的任何函数。这显然是一种新方程，不同于此前出现的任何代数方程。为了求解，下面回顾 4.3 节中的一个有用导数。

回顾：$\frac{\mathrm{d}}{\mathrm{d}x}\left(\mathrm{e}^{g(x)}\right)=\mathrm{e}^{g(x)}g'(x)$，见 4.3 节。

设 C 和 k 是任意常数，$y=C\mathrm{e}^{kt}$，则 $y'=Ck\mathrm{e}^{kt}$。

本章中使用自变量 t 而非 x 的原因是，在大多数应用中，指数函数的变量是时间。观察发现

$$y'=Ck\mathrm{e}^{kt}=k\cdot\overbrace{C\mathrm{e}^{kt}}^{y}=ky$$

因此，$y=C\mathrm{e}^{kt}$ 是式(1)的一个解。反之亦然。

定理 1　微分方程的指数函数解。函数 $y=C\mathrm{e}^{kt}$ 满足微分方程

$$y'=ky$$

相反，若 $y=f(t)$ 满足微分方程 $y'=ky$，则对某个常数 C 有 $y=C\mathrm{e}^{kt}$。

在生物学、化学和经济学中，若某个量在每个时刻的增长率都与该时刻的量成正比，如式(1)所示

（其中 $k>0$ ），则称这个量指数增长或者呈指数增长。定理 1 证明了这个术语，因为在这种情况下，这个量是一个指数函数。比例常数 k 也称生长常数。

例 1　求解微分方程。求满足 $y'=0.3y$ 的所有函数 $y=f(t)$ 。

解：方程 $y'=0.3y$ 的形式为 $y'=ky$ ，其中 $k=0.3$ 。因此，根据定理 1，方程的任何解都有形式

$$y=C\mathrm{e}^{0.3t}$$

式中， C 是一个常数。

■

注意，即使例 1 中的 k （ $k=0.3$ ）为已知常数，方程 $y'=0.3y$ 也有无穷多个形如 $y=C\mathrm{e}^{0.3t}$ 的解，任意常数 C 的每个选择都有一个解。例如，函数 $y=\mathrm{e}^{0.3t}$, $y=3\mathrm{e}^{0.3t}$, $y=6\mathrm{e}^{0.3t}$ 是分别对应于选择 $C=1,3,6$ 时的解（见图 1）。微分方程有无穷多个解，这个事实可让我们选择一个适合所研究情况的特解。下面回到果蝇问题，以说明这个重要的事实。

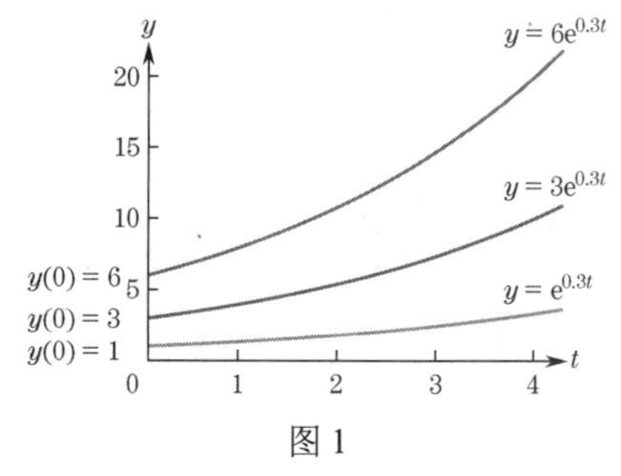

图 1

例 2　果蝇种群呈指数增长。设 $y=P(t)$ 表示你观察果蝇 t 天后厨房中果蝇的数量。已知这种果蝇呈指数增长，生长常数 $k=0.3$ 。假设果蝇最初的数量是 6。

(a) 求 $P(t)$ ；(b) 估计 7 天后果蝇的数量。

解：

(a) 因为 $y=P(t)$ 呈指数增长，增长常数 $k=0.3$ ，满足微分方程 $y'=0.3y$ 。

果蝇最初的数量是 6，即 $t=0$ 时有 6 只果蝇，因此 $P(0)=6$ 。由例 1 可知，微分方程 $y'=0.3y$ 有无穷个形如 $y=C\mathrm{e}^{0.3t}$ 的解，但只有一个解满足条件 $P(0)=6$ 。事实上，令 $P(t)=C\mathrm{e}^{0.3t}$ 中的 $t=0$ 得

$$6=P(0)=C\mathrm{e}^{0.3\times 0}=C\mathrm{e}^{0}=C$$

因此， $C=6$ ，所以 $P(t)=6\mathrm{e}^{0.3t}$ 。

(b) 7 天后，得到

$$P(7)=6\mathrm{e}^{0.3\times 7}=6\mathrm{e}^{2.1}\approx 48.997$$

因此，7 天后，厨房中约有 49 只果蝇。

■

例 2 中的条件 $P(0)=6$ 称为**初始条件**。初始条件描述了种群的初始数量，而这反过来又可用于确定微分方程的唯一解。图 1 中显示了微分方程 $y'=0.3y$ 的许多解，但只有一个解过点(0, 6)，因此满足初始条件 $y(0)=6$ 。为便于参考，下面给出一个有用的结果。

定理 2　具有初始条件的微分方程的解。*若初始条件为 $y'=ky$ 和 $y(0)=P_0$ ，则微分方程 $y=P(t)$ 的唯一解是 $y=P(t)=P_0\mathrm{e}^{kt}$ 。*

例 3　具有初始条件的微分方程。求解 $y'=3y$ ， $y(0)=2$ 。

解： $k=3$ ， $P_0=2$ 。根据定理 2，（唯一）解是 $y=2\mathrm{e}^{3t}$ 。注意图 2 中解的初始条件。

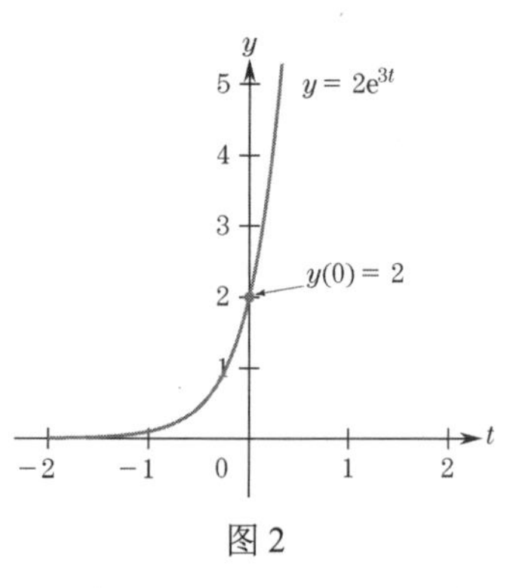

图 2

■

下面的例子中给出了在实际指数增长问题中求常数 C 和 k 的不同方法。

例 4　指数增长。果蝇种群的生长速度与其规模成正比。当 $t=0$ 时，约有 20 只果蝇。5 天后的果

蝇数量为 400 只。将种群规模表示为一个以时间变量的函数，单位为天。

解：设 $P(t)$ 为 t 天后的果蝇规模。根据假设，$P(t)$ 满足微分方程 $y'=ky$，则 $P(t)$ 具有形式

$$P(t)=P_0\mathrm{e}^{kt}$$

式中，常数 P_0 和 k 待定。P_0 和 k 的值可由两个不同时间的已知种群规模，即已知

$$P(0)=20,\quad P(5)=400$$

第一个条件意味着 $P_0=20$，所以

$$P(t)=20\mathrm{e}^{kt}$$

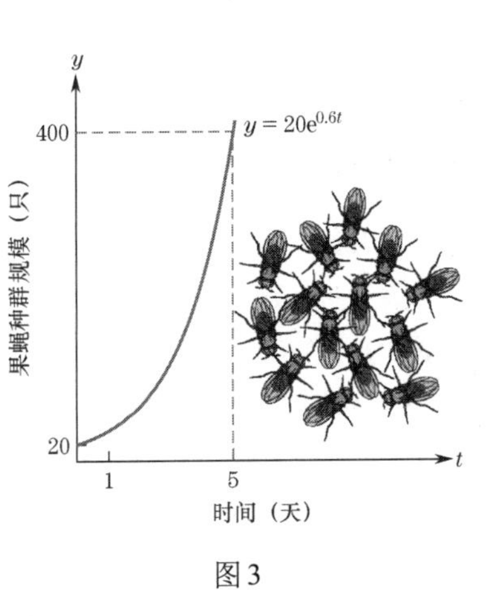

图 3

回顾：e^x 和 $\ln x$ 是彼此的逆函数，即 $\ln\mathrm{e}^x=x$ 和 $\mathrm{e}^{\ln x}=x$，见 4.4 节。

根据第二个条件有

$$P(5)=20\mathrm{e}^{k(5)}=400 \quad\Rightarrow\quad \mathrm{e}^{5k}=20$$

$$5k=\ln 20 \quad\Rightarrow\quad k=\tfrac{\ln 20}{5}\approx 0.60$$

于是根据所求的 P 和 k 值，得到 $P(t)=20\mathrm{e}^{0.6t}$。

这个函数是果蝇种群生长的数学模型（见图 3）。

■

例 5　确定生长常数。果蝇种群按指数定律 $P(t)=P_0\mathrm{e}^{kt}$ 生长，且 9 天后的种群规模翻倍。求生长常数 k。

解：根据题意，$t=0$ 时的种群规模是未知的，但种群规模 9 天后翻番，用数学式表示为 $P(9)=2P(0)$，即

$$P_0\mathrm{e}^{k(9)}=2P_0 \quad\Rightarrow\quad \mathrm{e}^{9k}=2 \quad\Rightarrow\quad 9k=\ln 2 \quad\Rightarrow\quad k=\tfrac{\ln 2}{9}\approx 0.77$$

■

例 5 中未给出种群最初的数量 P_0，但我们能够求出生长常数，因为题中给出了种群规模翻倍所需的时间。因此，增长常数与种群最初规模无关。这种性质具有指数增长的特征。

例 6　微分方程。例 5 中种群最初的数量为 100 只。

(a) 41 天后，种群规模是多少？

(b) 届时种群规模的增长速度有多快？

(c) 何时种群规模为 800 只？

(d) 当种群规模以 200 只/天的速度增长时，种群规模是多少？

解：

(a) 根据例 5 有 $P(t)=P_0\mathrm{e}^{0.077t}$。因为 $P(0)=100$，所以有

$$P(t)=100\mathrm{e}^{0.077t}$$

因此，41 天后种群规模为

$$P(41)=100\mathrm{e}^{0.077(41)}=100\mathrm{e}^{3.157}\approx 2350\text{ 只果蝇}$$

(b) 回顾例 5 可知 $k=0.077$。函数 $P(t)$ 满足微分方程 $y'=0.077y$，即

$$P'(t)=0.077P(t)$$

当 $t=41$ 时，有

$$P'(41)=0.077P(41)=0.077\times 2350\approx 181$$

因此，41 天后，果蝇种群规模以约 181 只/天的速度增长。

(c) $100\mathrm{e}^{0.077t}=800 \quad\Rightarrow\quad \mathrm{e}^{0.077t}=8 \quad\Rightarrow\quad 0.077t=\ln 8 \quad\Rightarrow t=\frac{\ln 8}{0.077}\approx 27$ 天。

(d) 当种群规模以 200 只/天的速度增长时，$P'(t)=200$。如(b)问所示，我们使用微分方程 $P'(t)=0.077P(t)$ 且设 $P'(t)=200$。于是，有

$$200=0.077P(t) \quad \Rightarrow \quad P(t)=\frac{200}{0.077}\approx 2597$$

因此，当以 200 只/天的速度增长时，种群规模为 2597 只。

■

指数衰减

当常数 k 为负时，为了求解微分方程 $y'=ky$，仍可根据定理 1 得到解 $y=C\mathrm{e}^{kt}$，其中 k 为负，C 为任意常数。在这种情况下，我们处理的是负指数增长，即指数衰减。指数衰减的一个例子是放射性元素如铀 235 的裂变。我们知道，在任意时刻，放射性物质衰减的速度与尚未裂变物质的量成正比。设 $P(t)$ 是在 t 时刻的量，则 $P'(t)$ 是衰减率。既然 $P(t)$ 是递减的，那么 $P'(t)$ 一定是负的。因此，对某个负常数 k，我们可以写出 $P'(t)=kP(t)$。为了强调常数为负的事实，k 常被 $-\lambda$ 取代，其中 λ 是一个正常数。于是，$P(t)$ 满足微分方程

$$P'(t)=-\lambda P(t)$$

根据定理 1，解的形式为

$$P(t)=P_0\mathrm{e}^{-\lambda t}$$

式中，P_0 为某个正数。我们称这样的函数为指数衰减函数，常数则称为**衰减常数**。

例 7　指数衰减。放射性元素锶 90 的衰减常数为 $\lambda=0.0244$，其中时间的单位为年。锶 90 衰减到原有质量 P_0 的一半需要多长时间？

解： $\lambda=0.0244$，于是有

$$P(t)=P_0\mathrm{e}^{-0.0244t}$$

接着，令 $P(t)$ 等于 $\frac{1}{2}P_0$，解出 t：

$$P_0\mathrm{e}^{-0.0244t}=\frac{1}{2}P_0 \quad \Rightarrow \quad \mathrm{e}^{-0.0244t}=\frac{1}{2}=0.5 \quad \Rightarrow \quad -0.0244t=\ln 0.5 \quad \Rightarrow \quad t=\frac{\ln 0.5}{-0.0244}\approx 28\text{ 年}$$

■

放射性元素的半衰期是指一定质量的放射性元素衰减到原有质量一半时所需要的时间。因此，锶 90 的半衰期约为 28 年。它需要花 28 年衰减到原有质量的 $\frac{1}{2}$，接着花 28 年衰减到原有质量的 $\frac{1}{4}$，再花 28 年衰减到原有质量的 $\frac{1}{8}$，以此类推（见图 4）。注意，根据例 7，半衰期与初始质量 P_0 无关。

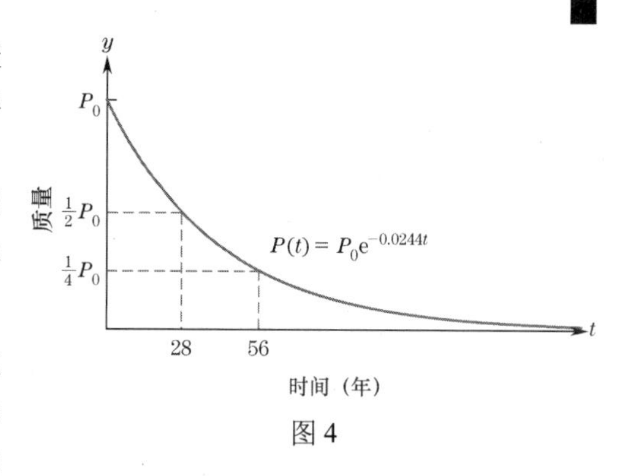

图 4

与地面核爆炸有关的一个问题是，放射性碎片或沉降物会污染动物的食物——植物和草。锶 90 是放射性碎片中最危险的成分之一，因为其半衰期相对较长。此外，它的化学性质与钙的相似，食用被其污染的食物的动物（包括人类），会将其吸收到骨骼结构中。碘 131 也由核爆炸产生，但其危害较小，因为其半衰期只有 8 天，详见习题 41。

例 8　半衰期和衰减常数。放射性元素碳 14 的半衰期约为 5730 年，求其衰减常数。

解：若 P_0 表示碳 14 的初始量，则 t 年后的量为

$$P(t)=P_0\mathrm{e}^{-\lambda t}$$

5730 年后，$P(t)$ 等于 $\frac{1}{2}P_0$，即

$$P_0 e^{-\lambda(5730)} = P(5730) = \tfrac{1}{2}P_0 = 0.5P_0$$

求解 λ 得

$$P_0 e^{-\lambda(5730)} = 0.5P_0 \quad \Rightarrow \quad e^{-5730\lambda} = 0.5 \quad \Rightarrow \quad -5730\lambda = \ln 0.5 \quad \Rightarrow \quad \lambda = \tfrac{\ln 0.5}{-5730} \approx 0.00012$$

■

回顾：

- 当 $0 < x < 1$ 时 $\ln x < 0$，所以 $\ln(0.5) < 0$。
- $\ln\frac{1}{x} = -\ln x$，所以 $\ln(0.5) = \ln\left(\frac{1}{2}\right) = -\ln 2$。
- $\ln 2 \approx 0.69$。

见 $y = \ln x$ 的图形。

放射性碳年代测定

关于放射性衰减的知识对考古学家和人类学家来说很有价值，因为他们可用其来估计古代文明的物品的年代。用于放射性年代测定技术的物质有几种，其中最常见的是放射性碳，即 ^{14}C。^{14}C 是宇宙射线与大气中的氮发生反应时在上层大气中产生的。因为 ^{14}C 最终会衰减，所以 ^{14}C 的浓度不能超过一定的水平。当 ^{14}C 的生成速度与衰减速度相同时，就会达到平衡。科学家通常认为，在过去的 50000 年里，生物圈中 ^{14}C 的总量一直保持不变。因此，可以假设 ^{14}C 与普通非放射性碳即 ^{12}C 的比例在同一时期是恒定的（该比例约为一份 ^{14}C 对应 10^{12} 份 ^{12}C）。^{14}C 和 ^{12}C 在大气中都是二氧化碳的组成部分。由于植物通过光合作用吸收二氧化碳，所有活体植被和大多数形式的动物都含有与大气中相同比例的 ^{14}C 和 ^{12}C。植物中的 ^{14}C 和 ^{12}C 通过食物链分布到几乎所有的动物中。

生物死亡后，就会停止代谢碳；因此，^{14}C 的含量会因放射性衰减而减少，但死亡生物中的 ^{12}C 保持不变。于是，我们就可通过测量 ^{14}C 和 ^{12}C 的比例来确定生物死亡的时间。

例 9　碳年代测定。人们发现了一块羊皮纸碎片，其中 ^{14}C 的含量约为今天活生物体内 ^{14}C 含量的 80%。估计羊皮纸的年代。

解：假设羊皮纸中最初的 ^{14}C 含量与今天活生物体内的含量相同。因此，原有 ^{14}C 的 80%会保留。根据例 8 可知，羊皮纸 t 年后 ^{14}C 含量的公式为

$$P(t) = P_0 e^{-0.00012t}$$

式中，P_0 为初始含量。下面求 $P(t) = 0.8P_0$ 时的 t 值：

$$P_0 e^{-0.00012t} = 0.8P_0 \quad \Rightarrow \quad e^{-0.00012t} = 0.8 \quad \Rightarrow \quad -0.00012t = \ln 0.8 \quad \Rightarrow \quad t = \tfrac{\ln 0.8}{-0.00012} \approx 1860 \text{ 年}$$

因此，这张羊皮纸约有 1860 年的历史。

■

时间常数

考虑指数衰减函数 $y = Ce^{-\lambda t}$。图 5 中显示了 $t = 0$ 时衰减曲线的切线，其斜率是初始衰减速率。若衰减过程继续以该速率进行，衰减曲线将沿着切线，y 将在 T 时刻变为零。这个时间称为衰减曲线的**时间常数**。可以证明（见习题 52），对于曲线 $y = Ce^{-\lambda t}$，有 $T = 1/\lambda$。因此，$\lambda = 1/T$，衰减曲线写成

$$y = Ce^{-t/T}$$

如果有沿着指数衰减曲线的实验数据，那么曲线的数值常数可由图 5 得到：首先，画出曲线并估计 y 截距 C，然后画出大致的切线并据此估计时间常数 T。生物学和医学中有时会使用这个过程。

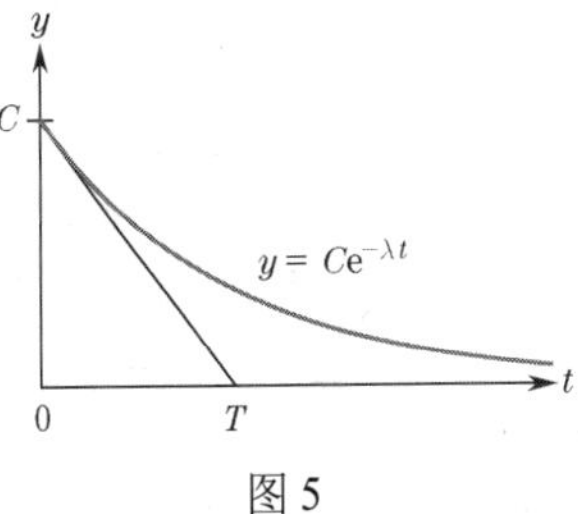

图 5

5.1 节自测题（答案见本节习题后）

1. (a) 求解微分方程 $P'(t) = -0.6P(t)$, $P(0) = 50$ 。
   (b) 求解微分方程 $P'(t) = kP(t)$, $P(0) = 4000$ ， k 是某个常数。
   (c) 解释 $P(2) = 100P(0)$ 的含义，其中 t 的单位是小时。
   (d) 求(b)问中 $P(2) = 100P(0)$ 时的 k 值。
2. 在理想条件下，大肠杆菌种群规模每隔 2 小时就增长 100 倍。如果最初有 4000 个细菌，需要多长时间才能增长到 100 万个细菌？

习题 5.1

在习题 1 ~ 10 中，求生长常数 k，然后求微分方程的所有解。

1. $y' = y$
2. $y' = 0.4y$
3. $y' = 1.7y$
4. $y' = y/4$
5. $y' - y/4 = 0$
6. $y' - 6y = 0$
7. $2y' - y/2 = 0$
8. $y = 1.6y'$
9. $y/3 = 4y'$
10. $5y' - 6y = 0$

在习题 11 ~ 18 中，求解带初始条件的微分方程。

11. $y' = 3y$, $y(0) = 1$
12. $y' = 4y$, $y(0) = 0$
13. $y' = 2y$, $y(0) = 2$
14. $y' = y$, $y(0) = 4$
15. $y' - 0.6y = 0$, $y(0) = 5$
16. $y' - y/7 = 0$, $y(0) = 6$
17. $6y' = y$, $y(0) = 12$
18. $5y = 3y'$, $y(0) = 7$
19. **人口指数增长**。设 $P(t)$ 为 2015 年之后 t 年某城市的人口（百万），且 $P(t)$ 满足微分方程 $P'(t) = 0.01P(t)$， $P(0) = 2$ 。
    (a) 求 $P(t)$ 的公式。
    (b) 最初的人口是多少，即 2015 年的人口是多少？
    (c) 估计 2019 年的人口。
20. **果蝇生长**。一群果蝇呈指数增长。设有 500 只果蝇。设 $P(t)$ 为 t 天后的果蝇数量， $k = 0.08$ 为生长常数。
    (a) 写出一个微分方程和初始条件来模拟该种群的生长。
    (b) 求 $P(t)$ 的公式。
    (c) 估计 5 天后的果蝇数量。
21. **细菌培养的生长常数**。一种细菌培养物在 2 天内呈指数增长了 4 倍。
    (a) 如果时间以天为单位，求生长常数。
    (b) 如果细菌培养物的初始数量是 20000 个，12 小时后其数量是多少？
22. **细菌培养物生长**。以指数增长的细菌培养物的初始数量为 10000 个。1 天后有 15000 个细菌。
    (a) 如果时间以天为单位，求生长常数。
    (b) 培养数量扩大 1 倍需要多长时间？
23. **利用微分方程**。设 $P(t)$ 为 2015 年之后 t 年某城市的人口（百万），且 $P(t)$ 满足微分方程 $P'(t) = 0.03P(t)$, $P(0) = 4$ 。
    (a) 用微分方程求人口达到 500 万时的增长速度。
    (b) 当人口以 40 万人/年的速度增长时，用微分方程求人口数量。
    (c) 求 $P(t)$ 的公式。
24. **细菌生长**。约有 10000 个细菌被放在培养物中。设 $P(t)$ 为 t 小时后培养物中的细菌数量，且 $P(t)$ 满足微分方程 $P'(t) = 0.55P(t)$ 。
    (a) $P(0)$ 是多少？
    (b) 求 $P(t)$ 的公式。
    (c) 5 小时后有多少个细菌？
    (d) 增长常数是多少？
    (e) 用微分方程求细菌数量达到 100000 个时的生长速度。
    (f) 当细菌以 34000 个/小时的速度生长时，细菌的数量是多少？
25. **细胞生长**。 t 小时后培养出 $P(t)$ 个细胞，其中 $P(t) = 5000e^{0.2t}$ 。
    (a) 最初有多少个细胞？
    (b) 给出 $P(t)$ 满足的微分方程。
    (c) 最初的细胞数量何时增加 1 倍？
    (d) 何时出现 20000 个细胞？
26. **昆虫种群**。某昆虫种群规模为 $P(t) = 300e^{0.01t}$ ，其中 t 以天为单位。
    (a) 最初有多少只昆虫？
    (b) 给出 $P(t)$ 满足的微分方程。
    (c) 初始数量何时翻倍？
    (d) 数量何时达到 1200 只？
27. **种群增长**。种群规模每 40 天翻一番，时间以天为单位，求以与其数量成正比的速度增长的种群增长常数。
28. **三倍增长**。种群规模每 10 年增加 2 倍，时间以年为单位，求以与其数量成正比的速度增长的种群增长常数。

29. 指数增长。 种群呈指数增长，增长常数为 0.05。再过多少年，现有种群规模增加 2 倍?

30. 两倍增长。 种群呈指数增长，增长常数为 0.04。现有种群规模多少年后翻一番?

31. 指数增长。 某细胞培养物的生长速度与其数量成正比。在 10 小时内，细胞数量从 100 万个增加到 900 万个。15 小时后细胞数量是多少?

32. 世界人口。 1993 年 1 月 1 日，世界人口为 55.1 亿，1998 年 1 月 1 日为 58.8 亿。假设在任何时候，人口都以与当时人口成比例的速度增长。世界人口将在哪年达到 70 亿?

33. 墨西哥城人口。 1990 年初，墨西哥城大都市区有 2020 万人口，且人口呈指数增长。1995 年人口为 2300 万（增长的部分原因是移民）。如果这种趋势继续下去，2010 年人口有多少?

34. 人口模型。 2010 年之后 t 年某州的人口（百万）由图 6 中增长常数为 0.025 的指数函数 $y=P(t)$ 的图形给出［在(c)问和(d)问使用 $P(t)$ 满足的微分方程］。

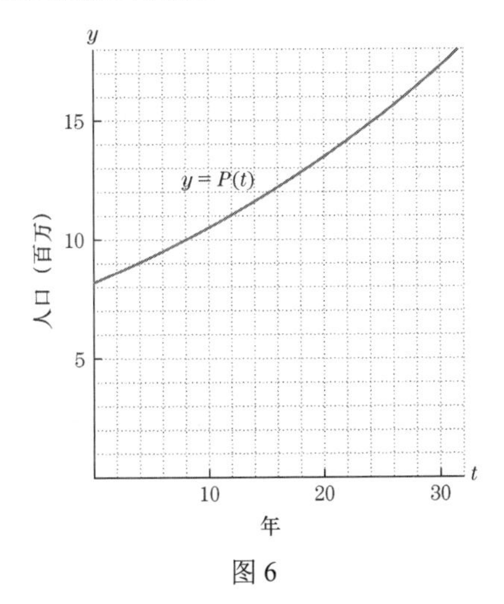

图 6

(a) 2020 年的人口是多少?

(b) 人口何时达到 1000 万?

(c) 2020 年人口增长速度有多快?

(d) 人口何时以 27.5 万人/年的速度增长?

35. 放射性衰减。 一个质量为 8 克的放射性物质样本被放在一个保险库中。设 $P(t)$ 为 t 年后剩余的量，且 $P(t)$ 满足微分方程 $P'(t)=-0.021P(t)$。

(a) 求 $P(t)$ 的公式。

(b) $P(0)$ 是多少?

(c) 衰减常数是多少?

(d) 10 年后会留下多少克物质?

(e) 用微分方程求样品仅剩 1 克时的裂变速度。

(f) 当放射性物质以 0.105 克/年的速度裂变时，将留下多少克放射性物质?

(g) 放射性物质的半衰期为 33 年。33 年后还剩多少克? 66 年呢? 99 年呢?

36. 放射性衰减。 镭 226 用于癌症放射治疗。设 $P(t)$ 为 t 年后样品中镭 226 的克数，且 $P(t)$ 满足微分方程 $P'(t)=-0.00043P(t)$，$P(0)=12$。

(a) 求 $P(t)$ 的公式。

(b) 最初的样品有多少克?

(c) 衰减常数是多少?

(d) 943 年后大约剩下多少克镭?

(e) 当样品只剩 1 克时，样品裂变的速度是多少? 使用微分方程。

(f) 当样品以 0.004 克/年的速度裂变时，样品的质量是多少?

(g) 放射性物质的半衰期约为 1612 年。1612 年后还剩多少? 3224 年呢? 4836 年呢?

37. 青霉素在血液中的衰减。 某人在 $t=0$ 时被注射了 300 毫克青霉素。设 $f(t)$ 是注射 t 小时后患者血液中青霉素的含量（毫克）。此后，青霉素的含量呈指数衰减，通用公式为 $f(t)=300\mathrm{e}^{-0.6t}$。

(a) 给出 $f(t)$ 满足的微分方程。

(b) $t=5$ 时，还剩多少毫克青霉素?

(c) 在这种情况下青霉素的生物半衰期是多少（即给定剂量的一半裂变所需的时间）?

38. 放射性衰减。 10 克衰减常数为 0.04 的放射性物质存储在保险库中。假设时间以天为单位，$P(t)$ 是时间 t 时剩余的质量。

(a) 给出 $P(t)$ 的公式。

(b) 给出 $P(t)$ 满足的微分方程。

(c) 5 天后还剩多少克物质?

(d) 这种放射性物质的半衰期是多少?

39. 放射性衰减。 放射性元素铯 137 的衰减常数为 0.023 年，求其半衰期。

40. 药物常数。 放射性钴 60 的半衰期为 5.3 年，求其衰减常数。

41. 乳制品中的碘含量。 奶牛吃了含有过多碘 131 的干草，因此其牛奶不能喝了。碘 131 的半衰期为 8 天。若干草中碘 131 的含量是最大允许水平的 10 倍，则在喂奶牛之前，干草应该存储多少天?

42. 半衰期。 10 克放射性物质 5 年后裂变成 3 克，该放射性物质的半衰期是多少?

43. 血液中硫酸盐的衰减。在一家动物医院中，8 单位的硫酸盐被注射到某只狗体内。50 分钟后，狗体内只剩下 4 单位。设 $f(t)$ 为 t 分钟后硫酸盐的含量。在任何时候，$f(t)$ 的变化率都与 $f(t)$ 的值成正比，求 $f(t)$ 的公式。

44. 放射性衰减。40 克某放射性物质在 220 年后裂变为 16 克。300 年后，这种物质还剩多少克？

45. 放射性衰减。放射性物质的样品随时间（小时）衰减，衰减常数为 0.2。图 7 中的指数函数 $y=P(t)$ 的图形给出了 t 小时后剩余的克数。提示：在(c)问和(d)问中使用 $P(t)$ 满足的微分方程。

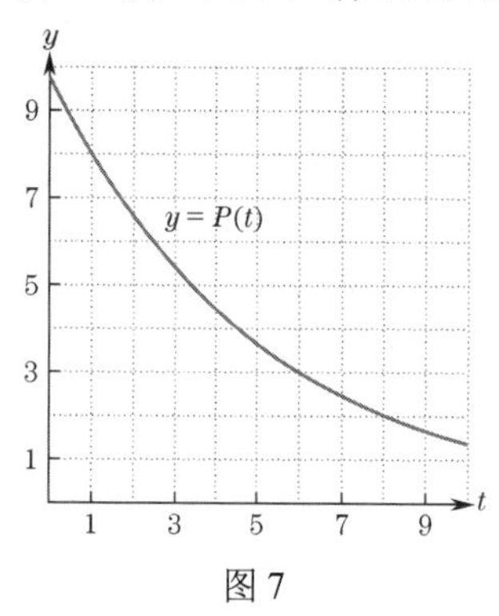

图 7

(a) 1 小时后还剩多少？

(b) 该样品的近似半衰期是多少？

(c) 样品 6 小时后的衰减速度是多少？

(d) 样品何时以 0.4 克/小时的速度衰减？

46. 衰减速率。放射性物质样本的衰减常数为 0.25，时间单位为小时。当样品质量为 8 克时，样品裂变的速度有多快？样本质量是多少时，样本以 2 克/天的速度减少？

47. 碳年代测定。1947 年，人们在法国拉斯科发现了一个洞穴，其中有美丽的史前壁画。在洞穴中发现了一些木炭，其 ^{14}C 含量为活树中的 20%。拉斯科洞穴中的壁画有多少年历史？（注意，^{14}C 的衰减常数是 0.00012。）

48. 亚瑟王的圆桌。据说在五世纪，亚瑟王和其骑士们坐在一张巨大的圆桌旁。一张据称属于亚瑟王的圆桌在英国温彻斯特城堡中被发现。1976 年，碳年代测定显示，圆桌中放射性碳的含量是活树中放射性碳含量的 91%。这张桌子可能是亚瑟王的吗？为什么？（注意，^{14}C 的衰减常数是 0.00012。）

49. 放射性衰减。在公元前 25 世纪国王梅斯卡卢杜格的坟墓中，考古学家发现了一个具有 4500 年历史的木箱。你认为在木箱中能发现原始 ^{14}C 的百分之多少？

50. 太平洋西北地区的人口。1938 年，人们在俄勒冈州的岩石溪堡洞穴中发现了用树皮编织的凉鞋。这种树皮中的 ^{14}C 含量只有活树皮中的 34%。这双凉鞋大概有了多少年了［注意，俄勒冈大学人类学家卢瑟・克雷斯曼的这一发现使得科学家将他们对太平洋西北部地区的人口估计增加了 1 倍。］

51. 第四次冰河时代。许多科学家认为，在过去的 100 万年间，地球经历了四次冰期。在碳年代测定技术问世之前，地质学家错误地认为第四次冰期的消退始于约 25000 年前。1950 年，在威斯康星州两溪附近的冰川残骸下发现了古代云杉的原木。地质学家断定，这些树木是在第四次冰河时期被冰的推进压碎的。云杉原木中的 ^{14}C 含量仅为现有树木中的 27%。第四次冰河期大约发生在多久以前？

52. 时间常数。设 T 为曲线 $y=Ce^{-\lambda t}$ 的时间常数，如图 5 所示。证明 $T=1/\lambda$。提示：用 C 和 t 来表示图 5 中切线的斜率，然后设斜率等于曲线 $y=Ce^{-\lambda t}$ 在 $t=0$ 处的斜率。

53. 微分方程与衰减。某放射性物质 t 年后的克数由函数 $P(t)$ 给出。将下列答案与相应的问题匹配起来。

答案

a. 求解 $P(t)=0.5P(0)$ 中的 t

b. 求解 $P(t)=0.5$ 中的 t

c. $P(0.5)$

d. $P'(0.5)$

e. $P(0)$

f. 求解 $P'(t)=-0.5$ 中的 t

g. $y'=ky$

h. P_0e^{kt}，$k<0$

问题

A. 给出 $P(t)$ 满足的微分方程。

B. 放射性物质在 1/2 年内裂变的速度有多快？

C. 给出函数 $P(t)$ 的一般形式。

D. 求放射性物质的半衰期。

E. 1/2 年后该物质还剩下多少克？

F. 放射性物质何时以 1/2 克/年的速度裂变？

G. 何时剩下 1/2 克物质？

H. 最初有多少克放射性物质？

54. 时间常数和半衰期。考虑指数衰减函数 $P(t)=P_0e^{-\lambda t}$，t 为其时间常数。证明当 $t=T$

时，函数 $P(t)$ 衰减到约为其初始大小的。得出时间常数总大于半衰期的结论。

55. 初值问题。假设函数 $P(t)$ 满足微分方程 $y'(t)=-0.5y(t)$, $y(0)=10$。

(a) 求 $y=P(t)$ 在 $t=0$ 处的切线方程。提示：$P'(0)$ 和 $P(0)$ 是什么？

(b) 求 $P(t)$。

(c) 衰减曲线 $y=P(t)$ 的时间常数是多少？

56. 完成时间。考虑指数衰减函数 $y=P_0\mathrm{e}^{-\lambda t}$，其时间常数为 T。我们将完成时间定义为函数衰减到其初值 P_0 的约 1%时所需要的时间。证明完成时间约为时间常数 T 的 4 倍。

5.1 节自测题答案

1. (a) $P(t)=50\mathrm{e}^{-0.6t}$。$y'=ky$ 型微分方程的解为 $P(t)=C\mathrm{e}^{kt}$，其中 C 为 $P(0)$。

(b) $P(t)=4000\mathrm{e}^{kt}$。该问类似于(a)问，只是未指定常数。要求 k 的具体值，还需要更多的信息。

(c) 2 小时后种群最初规模增加了 100 倍。

(d) $P(t)=4000\mathrm{e}^{2.3t}$。由(b)问的解可知，$P(t)=4000\mathrm{e}^{kt}$。已知 $P(2)=100P(0)=100(4000)=400000$，所以

$$P(2)=4000\mathrm{e}^{k(2)}=400000 \Rightarrow \mathrm{e}^{2k}=100$$

$$2k=\ln 100 \Rightarrow k=\tfrac{\ln 100}{2}\approx 2.3$$

2. 设 $P(t)$ 为 t 小时后的细菌数量。首先要求出 $P(t)$ 的表达式，然后求满足 $P(t)=1000000$ 的 t。从本节开始的讨论可知 $P'(t)=k\cdot P(t)$。同样，我们已知 $P(2)$（2 小时后的数量）是 $100P(0)$（初始数量的 100 倍）。由上题的(d)问得到 $P(t)$ 为

$$P(t)=4000\mathrm{e}^{2.3t}$$

下面求解 $P(t)=1000000$ 中的 t：

$$4000\mathrm{e}^{2.3t}=1000000 \Rightarrow \mathrm{e}^{2.3t}=250$$

$$2.3t=\ln 250 \Rightarrow t=\tfrac{\ln 250}{2.3}\approx 2.4$$

因此，2.4 小时后有 100 万个细菌。

5.2 复利

回顾：复利在 0.5 节中介绍过。

连续复利计算

0.5 节中介绍了复利，且当每年按照规定的时间间隔（复利期数）计算利息时，推导了储蓄账户中复利终值的公式。在网上银行时代，每月、每天、每小时甚至更频繁地计算复利都是可能的。如果每年的复利期数无限增加，我们就说利息是连续复利。如将要说明的那样，如果利息是连续复利，那么储蓄账户中的复利终值将呈指数增长，就像厨房里果蝇或培养皿中的细菌一样（见 5.1 节）。

令 P_0 表示初始美元存款（也称本金），r 表示年利率，$y=A(t)$ 表示储蓄账户经过时间 t 后的复利终值或余额，其中 t 以年为单位。尽管很难描述 $A(t)$，但要描述它在任何时刻 t 的变化率并不困难。实际上，由于利率是 r，如果 t 时刻账户中有 $A(t)$ 美元，那么账户每年以 r 乘以 $A(t)$ 美元的速度增长。由于变化率是 $A'(t)$，我们得到

$$\overbrace{A'(t)}^{[\text{变化率}]}=rA(t)$$

因此，储蓄账户的余额满足下面的微分方程和初始条件：

$$A'(t)=rA(t),\quad A(0)=P_0 \tag{1}$$

该方程的解可由上一节的定理 2 得到，即

$$A(t)=P_0\mathrm{e}^{rt} \tag{2}$$

这是连续复利公式。当利息是连续复利时，这个公式给出储蓄账户余额或 t 年后的复利终值。

式 $A(t)=P_0\mathrm{e}^{rt}$ 中包含 4 个变量（字母 e 为自然数，即 $\mathrm{e}=2.718\cdots$）。在典型的问题中，通常已知其中三个变量的值，目标是求解剩余的变量。

例 1　连续复利。1000 美元以 5%的复利连续投资。

(a) 给出公式 $A(t)$，即 t 年后的复利值。

(b) 6 年后的账户余额是多少？

(c) 6 年后 $A(t)$的增长率是多少？

(d) 初始投资翻一番需要多长时间？

解：(a) $P_0 = 1000$，$r = 0.05$。由连续复利公式(2)得 $A(t) = 1000\mathrm{e}^{0.05t}$。

(b) $A(6) = 1000\mathrm{e}^{0.05(6)} = 1000\mathrm{e}^{0.3} \approx 1349.86$ 美元。

(c) 增长率不同于利率。利率固定为 5%，不随时间变化。然而，增长率 $A'(t)$ 总在变化。由于 $A(t) = 1000\mathrm{e}^{0.05t}$，$A'(t) = (1000)\cdot(0.05)\mathrm{e}^{0.05t} = 50\mathrm{e}^{0.05t}$，因此 6 年后有

$$A'(6) = 50\mathrm{e}^{0.05\times 6} = 50\mathrm{e}^{0.3} \approx 67.49 \text{ 美元/年}$$

6 年后，投资以 67.49 美元/年的速率增长。求解(c)问有一种更简单的办法。假设我们已经计算了 $A(6)$。因为 $A(t)$ 满足微分方程 $A'(t) = rA(t)$，所以

$$A'(6) = 0.05A(6) = 0.05\times 1349.86 \approx 67.49 \text{ 美元/年}$$

(d) 我们必须求出 t，使得 $A(t) = 2000$ 美元。设 $1000\mathrm{e}^{0.05t} = 2000$，求 t。

$$1000\mathrm{e}^{0.05t} = 2000 \quad \Rightarrow \quad \mathrm{e}^{0.05t} = 2 \quad \Rightarrow \quad \ln \mathrm{e}^{0.05t} = \ln 2$$

$$0.05t = \ln 2 \quad \Rightarrow \quad t = \tfrac{\ln 2}{0.05} \approx 13.86 \text{ 年}$$

■

注意：如果最初的投资从 1000 美元变为任意金额 P，那么例 1(d)中的计算在第一步后基本不变。当投资翻倍时，复利终值将为 $2P$。因此，设 $2P = P\mathrm{e}^{0.05t}$，并像前面那样求解 t。结论是，在 5%的连续复利下，任意金额都会在约 13.86 年后翻一番。

例 2　绘画鉴赏。巴勃罗 • 毕加索的画作《梦》于 1941 年以 7000 美元的价格购得，于 1997 年以 4840 万美元的价格售出，是毕加索画作在拍卖会上的第二高价。这项投资的连续复利的利率是多少？

解：设 $P_0\mathrm{e}^{rt}$ 为 1941 年后这幅画的价值（百万美元）。初始值为 0.007，即 $P_0 = 0.007$。因为 56 年后的价值是 48.4 百万美元，所以 $0.007\mathrm{e}^{r(56)} = 48.4$。下面求解 r：

$$0.007\mathrm{e}^{r(56)} = 48.4 \quad \Rightarrow \quad \mathrm{e}^{r(56)} = \tfrac{48.4}{0.007} \approx 6914.29 \quad \Rightarrow \quad r(56) = \ln(6914.29) \quad \Rightarrow \quad r = \tfrac{\ln(6914.29)}{56} \approx 0.158$$

因此，该投资的利率约为 15.8%。

■

普通复利与连续复利

与普通复利相比，连续复利能有多少收益？直觉告诉我们，如果能够频繁地计算复利，那么普通复利的余额应该接近连续复利的余额。令 $A(t)$ 表示我们在式(2)中推导出的连续复利终值，B 表示每年使用 m 期复利的复利终值。在 0.5 节中，我们推导了下面的公式：

$$B = P_0(1 + r/m)^{mt} \tag{3}$$

例如，假设 1000 美元以 6%的利率投资一年，每年复利计息一次。在式(3)中，对应于 $P_0 = 1000$ 美元，$r = 0.06$，$m = 1$，$t = 1$ 年。一年后的金额是

$$B = P_0(1 + r)^1 = 1000(1 + 0.06) = 1060 \text{ 美元}$$

如果利息按季度复利计算（$m = 4$），则有

$$B = P_0(1 + r/4)^{4t} = 1000(1 + 0.06/4)^4 \approx 1061.36 \text{ 美元}$$

如果利息按月复利计算（$m = 12$），则有

$$B = P_0(1 + r/12)^{12t} = 1000(1 + 0.06/12)^{12} \approx 1061.68 \text{ 美元}$$

如果利息是连续复利，则使用式(2)得

$$A = P_0 e^{rt} = 1000 e^{0.06\times1} \approx 1061.84$$

表 5.1 中给出了这些结果及 1 年内每日复利的结果。

表 5.1　增加复利期数的影响

复利期数	年	季	月	日	连续
m	1	4	12	365	
1 年后的余额/美元	1060.00	1061.36	1061.68	1061.83	1061.84

比较表 5.1 中结果可以看出，连续复利只比每日复利的结果多 1 美分。因此，频繁的复利计算（如每小时或每秒计算一次）对我们来说最多只能多赚 1 美分。

在许多计算中，连续复利公式要比普通复利公式简单。在这些情况下，常用连续复利作为普通复利的近似值。

负利率

2015 年，一些欧洲银行开始对短期存款“支付”负利率，以鼓励客户将储蓄用于投资。设 $-r$ 为负利率，P_0 为本金金额，$A(t)$ 为 t 年后的复利终值。为了描述这种情况下的账户，我们将式(1)修改为

$$A'(t) = -rA(t)，\quad A(0) = P_0 \tag{4}$$

其中负号表示复利终值 $A(t)$ 的变化率 $A'(t)$ 为负。利用 5.1 节中的定理 2，我们发现解是一个指数衰减函数，即

$$A(t) = P_0 e^{-rt} \tag{5}$$

例 3　负利率。2015 年，瑞士国家银行的储蓄存款利率为-0.75%。一名客户最初存入了 10000 瑞士法郎（SFr）。

(a) t 年后账户余额 $A(t)$ 的公式是什么？

(b) 2 年后账户余额是多少？

解：(a) 使用式(5)，其中 $r = 0.0075$，$P_0 = 10000$，得

$$A(t) = 10000 e^{-0.0075t}$$

(b) 2 年后账户余额是

$$A(2) = 10000 e^{-0.0075\times2} \approx 9851.12 \text{ SFr}$$

因此，余额在两年内减少了约 49SFr。

■

现值

如果今天投资了 P 美元，那么公式 $A = Pe^{rt}$ 就给出了 t 年后该投资的价值（假设为连续复利）。我们称 P 是 t 年后 A 的现值。如果用 A 表示 P，那么有

$$P = Ae^{-rt} \tag{6}$$

货币现值的概念是商业和经济学中的一个重要理论工具。例如，使用连续复利由式(2)计算货币现值时，可以使用微积分技术来分析设备折旧的问题。

例 4　现值。假设你现在投资一笔钱（现值），两年后得到 5000 美元。假设连续复利是 12%，那么投资金额需要多少？以连续复利 12%投资时，5000 美元现值两年后是多少？

解：使用式(6)，其中 $A = 5000$，$r = 0.12$，$t = 2$，

$$P = 5000 e^{-0.12\times2} = 5000 e^{-0.24} \approx 3933.14 \text{ 美元}$$

■

e 的极限公式

连续复利的定义是，每年的复利期数无限增加时普通复利的极限。因此，若让普通复利公式(3)中 m 趋于无穷大，就可得到连续复利公式(2)。换句话说，

$$\lim_{m\to\infty} P_0(1+r/m)^{mt} = P_0 e^{rt}$$

在上式中，令 $P_0=1$，$r=1$，$t=1$ 得

$$\lim_{m\to\infty}(1+1/m)^m = e^1 = e$$

这是 e 的一个极限公式，可用来近似 e，且可用计算器来验证。

5.2 节自测题（答案见本节习题后）

1. 1000 美元将被存入银行 4 年，每半年的复利 8% 会比连续复利 $7\frac{3}{4}\%$ 好吗？
2. 某建筑以 15 万美元的价格购买，10 年后以 40 万美元的价格出售。投资获得的利率（连续复利）是多少？

习题 5.2

1. **储蓄账户**。设 $A(t)=5000e^{0.04t}$ 为 t 年后储蓄账户的余额。
   (a) 最初存了多少钱？
   (b) 利率是多少？
   (c) 10 年后账户余额是多少？
   (d) $y=A(t)$ 满足什么微分方程？
   (e) 利用(c)问和(d)问的结果求 10 年后余额的增长速度。
   (f) 以 280 美元/年的速度增长时，余额是多少？
2. **储蓄账户**。设 $A(t)$ 为 t 年后储蓄账户的余额，且 $A(t)$ 满足微分方程 $A'(t)=0.045A(t)$，$A(0)=3000$。
   (a) 账户中最初有多少钱？
   (b) 赚取的利率是多少？
   (c) 求 $A(t)$ 的公式。
   (d) 5 年后的余额是多少？
   (e) 用(d)问的结果和微分方程求 5 年后余额增长的速度。
   (f) 以 270 美元/年的速度增长时，余额是多少？
3. **储蓄账户**。4000 美元存入一个储蓄账户，年利率为 3.5%，连续复利。
   (a) $A(t)$ 的公式是什么，t 年后的余额是多少？
   (b) $A(t)$ 满足什么微分方程，t 年后的余额是多少？
   (c) 2 年后的账户余额是多少？
   (d) 余额何时达到 5000 美元？
   (e) 当余额达到 5000 美元时，余额增长有多快？
4. **储蓄账户**。10000 美元以 4.6%的年利率连续复利存在一个储蓄账户中。
   (a) $A(t)$ 满足什么微分方程？t 年后的余额是多少？
   (b) $A(t)$ 的公式是什么？
   (c) 3 年后的账户余额是多少？
   (d) 余额何时翻三倍？
   (e) 当余额增长三倍时，增长速度有多快？
5. **投资分析**。一项投资每年可得到 4.2%的连续复利。当投资价值为 9000 美元时，投资增长有多快？
6. **投资分析**。一项投资每年可得到 5.1%的复利，目前以 765 美元/年的速度增长，投资的当前价值是多少？
7. **连续复利**。1000 美元存进一个储蓄账户，年利率为 6%，连续复利。账户余额达到 2500 美元需要多少年？
8. **连续复利**。10000 美元以 6.5%的连续复利投资。何时投资价值达到 41787 美元？
9. **科技股**。1990 年 1 月 2 日以 1200 美元的价格购买了 100 股科技股，1998 年 1 月 2 日以 12500 美元的价格卖出。该投资的连续复利利率是多少？
10. **艺术作品鉴赏**。巴勃罗 • 毕加索的画作《天使费尔南德斯 • 德索托》于 1946 年以 22220 美元的高价购得，于 1995 年以 2910 万美元的价格售出。该投资连续复利的年利率是多少？
11. **投资分析**。一项投资以每年 4%的复利增值，需要多少年才能使价值翻倍？
12. **投资翻倍**。一项投资在 10 年内翻倍的年利率（连续复利）是多少？
13. **投资翻三倍**。一项投资在 15 年内翻了三倍，该投资的年利率（连续复利）是多少？

14. 房地产投资。某城市的房地产以每年 15%的复利率持续升值，2010 年购买的一栋建筑何时增值三倍？

15. 负利率。假设例 3 中银行的储蓄利率为−0.9%。若 $P_0 = 10000$ 瑞士法郎，储蓄账户两年后的余额是多少？

16. 负利率。当余额是 9500 瑞士法郎时，习题 15 中的账户余额如何变化？

17. 房地产投资。2000 年以 100 万美元购买的一个农场在 2010 年的价值为 300 万美元。如果农场继续以同样的速度升值（连续复利），它何时值 1000 万美元？

18. 房地产投资。1990 年以 1 万美元购买的一块土地在 1995 年的价值为 1.6 万美元。如果土地继续以该速度升值，在哪年值 4.5 万美元？

19. 现值。假设以 8%的利率连续复利投资，求 3 年后应付 1000 美元的现值。

20. 现值。假设以 8%的利率连续复利投资，求 10 年后应付 2000 美元的现值。

21. 现值。在 4.5%的复利下，需要投资多少才能在 5 年后拥有 1 万美元？

22. 现值。假设 5 年后得到 1000 美元的现值是 559.90 美元，用什么利率的连续复利才能得到这个现值？

23. 比较两项投资。投资 A 目前价值 70200 美元，且以每年 13%的复利持续增长。投资 B 目前价值 6 万美元，且以每年 14%的复利持续增长。多少年后，这两项投资的价值相同？

24. 复利。1 万美元存入货币市场基金，连续复利为 8%。投资的第二年获得多少利息？

25. 微分方程及投资。少量的钱被存入储蓄账户，利息连续复利。设 $A(t)$ 为 t 年后的账户余额。将下列答案与相应的问题相匹配。

答案

a. Pe^{rt}　b. $A(3)$　c. $A(0)$　d. $A'(3)$

e. 求解 $A'(t)=3$ 中的 t

f. 求解 $A(t)=3$ 中的 t

g. $y'=ry$

h. 求解 $A(t)=3A(0)$ 中的 t

问题

A. 3 年后余额以多快的速度增长？

B. 给出函数 $A(t)$ 的一般形式。

C. 最初的存款多长时间增加到原来的三倍？

D. 3 年后的账户余额是多少？

E. 什么时候的余额是 3 美元？

F. 什么时候余额以 3 美元/年的速度增长？

G. 本金是多少？

H. 给出 $A(t)$ 满足的微分方程。

26. 储蓄账户余额的增长。图 1 中的曲线显示了连续复利的储蓄账户中资金的增长情况。

(a) 20 年后的余额是多少？

(b) 20 年后资金的增长速度是多少？

(c) 使用(a)问和(b)问的答案求利率。

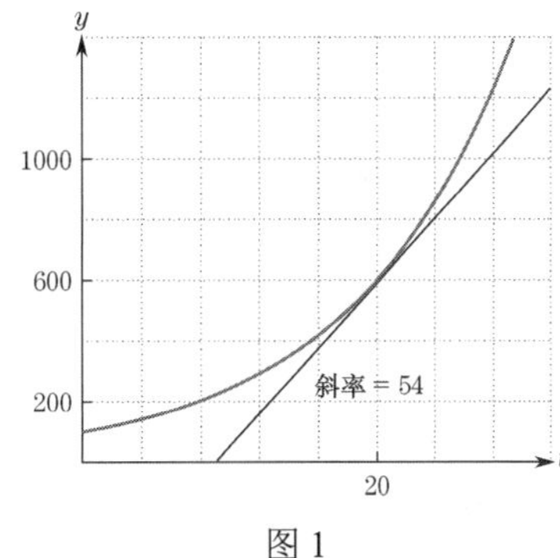

图 1

27. 储蓄账户。图 2(a)中的函数 $A(t)$ 给出了储蓄账户连续复利 t 年后的余额。图 2(b)显示了 $A(t)$ 的导数。

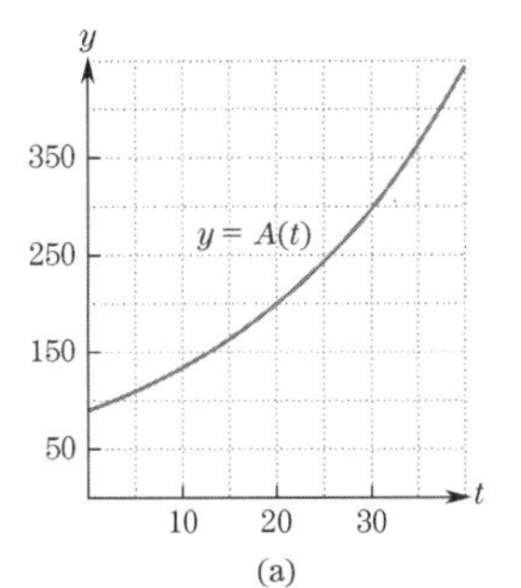

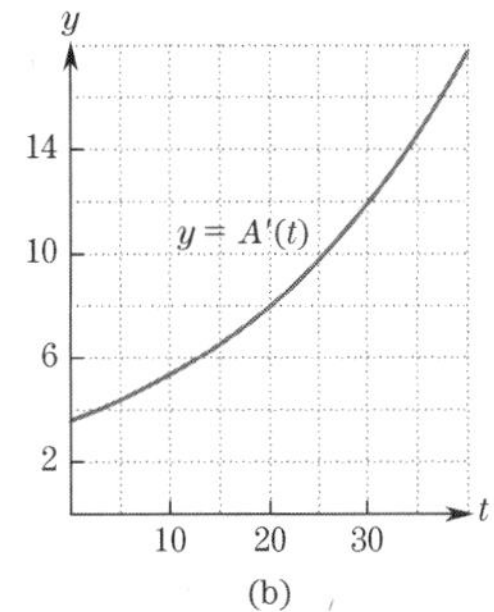

图 2

(a) 20 年后的余额是多少？

(b) 20 年后余额增加的速度有多快？

(c) 使用(a)问和(b)问的答案求利率。

(d) 什么时候余额是 300 美元？

(e) 余额何时以 12 美元/年的速度增加？

(f) 为何 $A(t)$ 和 $A'(t)$ 的图形看起来相同？

28. 1000 美元以 r %的利息（连续复利）投资 10 年，余额为 $f(r)$ 元，其中 f 为图 3 中的函数。

(a) 按 7%的利息计算，余额是多少？

(b) 余额为 3000 元，按什么利率计算？

(c) 利率是 9%，相对于单位利息的增加，余额的增长率是多少？

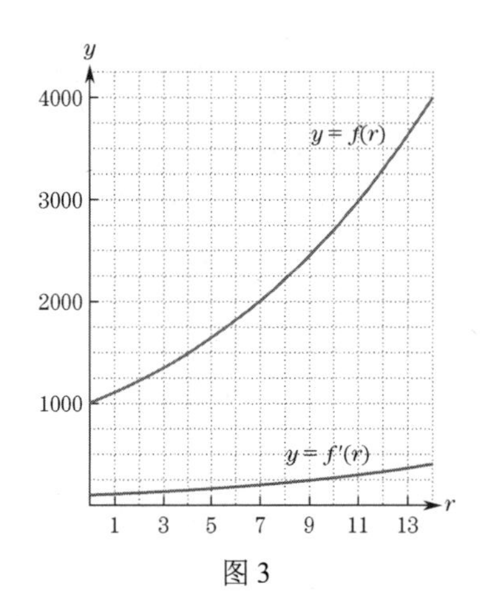

图 3

技术题

29. 通过让 m 越来越大并注意到 $(1+1/m)^m$ 接近 2.718，证明 $\lim_{m\to\infty}(1+1/m)^m = \mathrm{e}$。

30. 在窗口 [0, 64]*[250, 2500] 内画出 $y=100[1+(0.05/360)]^{360x}$ 与 $y=100\mathrm{e}^{0.05x}$ 的图形，证明每日复利与连续复利几乎相同。两幅图形在屏幕上应相同。当 $x=32$ 时，它们的距离约是多少？当 $x=64$ 时呢？

31. **内部收益率**。2000 美元的投资 3 年后变为 1200 美元，4 年后变为 800 美元，5 年后变为 500 美元。此后，投资变得一文不值。投资需要产生多少常数收益率 r 才能产生指定的回报？数字 r 被称为投资的**内部收益率**。我们可将投资视为由三部分组成，每部分都产生一笔收益。三部分的现值之和必须达到 2000 美元，由此得到

$$2000 = 1200\mathrm{e}^{-3r} + 800\mathrm{e}^{-4r} + 500\mathrm{e}^{-5r}$$

解这个方程，求 r 的值。

5.2 节自测题答案

1. 计算 4 年后每种利息的余额。

每半年 8%复利：使用本节开头的公式。$P=1000$，$r=0.08$，$m=2$（半年表示每年有两个利率期），$t=4$。因此，

$$A = 1000(1+0.08/2)^{2\times4} = 1000(1.04)^8$$
$$\approx 1368.57\text{美元}$$

$7\frac{3}{4}\%$ 的利率（连续复利）：使用 $A=P\mathrm{e}^{rt}$，其中 $P=1000$，$r=0.0775$，$t=4$。于是有

$$A = 1000\mathrm{e}^{0.0775\times4} = 1000\mathrm{e}^{0.31}$$
$$\approx 1363.43\text{美元}$$

因此，每半年复利 8%较好。

2. 150000 美元按利率 r 连续复利 10 年，余额为 $150000\mathrm{e}^{r\cdot10}$ 美元。总是变为：r 的值是多少时，余额是 400000 美元？我们需要求解 r 的方程：

$$150000\mathrm{e}^{r\cdot10} = 400000 \quad\Rightarrow\quad \mathrm{e}^{r\cdot10} \approx 2.67$$
$$r\cdot10 = \ln 2.67 \quad\Rightarrow\quad r = \tfrac{\ln 2.67}{10} \approx 0.098$$

因此，该投资每年的利率为 9.8%。

5.3 自然对数函数在经济学中的应用

本节介绍自然对数函数在经济学中的两个应用。第一个应用与相对变化率有关，第二个应用与需求弹性有关。

2015 年，由于禽流感导致的供应短缺，鸡蛋价格开始攀升。一打鸡蛋的平均价格上升到 2.80 美元，且以 1.20 美元/年的速度增长。与此同时，一辆新型运动型轿车的价格上升到 1.25 万美元，且以 1100 美元/年的速度增长。作为消费者，你想知道哪个价格上涨得更快。仅仅因为 1100 美元比 1.20 美元大，就说汽车价格上涨得更快是没有意义的，而必须考虑一辆汽车的实际成本和一打鸡蛋的成本之间的巨大差异。比较物价上涨率的一个更有意义的基础是上涨率，它是变化率与实际价格的比值。我们可以说，2015 年一打鸡蛋的价格正在以如下百分比的速度上涨：

$$\frac{\text{变化率}}{\text{实际价格}} = \frac{1.2}{2.8} \approx 0.43 = 43\%/\text{年}$$

与此同时，一辆新型运动型轿车的价格正以如下百分比的速度上涨：

$$\frac{\text{变化率}}{\text{实际价格}} = \frac{1100}{12500} \approx 0.09 = 9\%/\text{年}$$

因此，一打鸡蛋的价格要比一辆新型运动型汽车的价格增长得更快。

百分比变化率的概念对经济学家很有用。为了给出通用的定义，回顾可知函数的变化率是由其导数给出的。下面我们引入如下的有用概念。

定义 对于给定的函数 $f(t)$，每单位 t 变化的 $f(t)$ 的相对变化率定义为

$$\frac{\text{变化率}}{\text{实际价格}}=\frac{f'(t)}{f(t)} \tag{1}$$

百分比变化率以百分数表示 $f(t)$ 的相对变化率。

如 4.5 节中的导数公式所示，$f(t)$ 的相对变化率也称 $f(t)$ 的对数导数：

$$\frac{\mathrm{d}}{\mathrm{d}x}\ln\left[f(t)\right]=\frac{f'(t)}{f(t)} \tag{2}$$

例 1 对数导数和相对变化率。求对数导数，并计算给定 t 值下的相对变化率和变化率百分比。

(a) $f(t)=t^3+2t^2-11$，$t=1$

(b) $f(t)=\mathrm{e}^{\sqrt{t}}$，$t=4$

解：(a) 对 $f(t)$ 求导得 $f'(t)=3t^2+4t$。由式(2)得 f 的对数导数为

$$\frac{f'(t)}{f(t)}=\frac{3t^2+4t}{t^3+2t^2-11}$$

当 $t=1$ 时，

$$\frac{f'(1)}{f(1)}=\frac{7}{-8}=-\frac{7}{8}=-0.875$$

因此，当 $t=1$ 时，$f(t)$ 相对于 t 的相对变化率为 -0.875，其对应的变化率百分比为 -87.5%（负百分比对应下降 87.5%）。

(b) 由于 $f(t)$ 是指数，我们可用式(2)来简化计算。对数导数为

$$\frac{\mathrm{d}}{\mathrm{d}x}\ln\left[f(t)\right]=\frac{\mathrm{d}}{\mathrm{d}x}\ln\left[\mathrm{e}^{\sqrt{t}}\right]=\frac{\mathrm{d}}{\mathrm{d}x}(\sqrt{t})=\frac{1}{2\sqrt{t}}$$

当 $t=4$ 时，对数导数为

$$\frac{1}{2\sqrt{4}}=\frac{1}{4}=0.25$$

因此，当 $t=4$ 时，$f(t)$ 的相对变化率为 0.25，变化率百分比则为 25%。

■

经济学家在讨论各种经济总量（如国民收入或国家债务）的增长时，经常使用变化率，因为这样的变化率可以进行有意义的比较。

例 2 国内生产总值。某学派的经济学家通过以下公式对 t 时刻（自 2005 年 1 月 1 日起的年数）的美国名义国内生产总值进行了建模：

$$f(t)=13.2+0.7t-0.11t^2+0.01t^3$$

式中，$f(t)$ 的单位是万亿美元（见图 1）。当 $t=3$ 和 $t=9$ 时，经济增长（或下降）的预测百分比是多少？

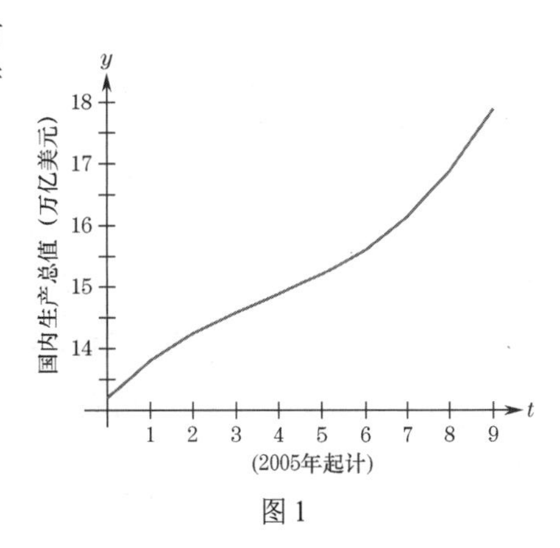

图 1

解：因为

$$f'(t)=0.7-0.22t+0.03t^2$$

所以有

$$\frac{f'(3)}{f(3)}=\frac{0.7-0.22\times3+0.03\times9}{13.2+0.7\times3-0.11\times9+0.01\times27}=\frac{0.31}{14.58}\approx0.021$$

$$\frac{f'(9)}{f(9)}=\frac{0.7-0.22\times9+0.03\times81}{13.2+0.7\times9-0.11\times81+0.01\times729}=\frac{1.15}{17.88}\approx0.064$$

因此，2008 年 1 月 1 日（$t=3$），经济预计将以 2.1%/年的相对速度增长。2014 年 1 月 1 日（$t=9$），经济预计仍在增长，但相对速度约为 6.4%/年。

■

例 3　恒定相对变化率。若函数 $f(t)$ 具有恒定的相对变化率 k，证明对某个常数 C 有 $f(t)=Ce^{kt}$。

解：已知

$$\frac{f'(t)}{f(t)}=k$$

因此有 $f'(t)=kf(t)$。然而，这只是指数函数所满足的微分方程（5.1 节中的定理 1）。因此，对于常数 C，必定有 $f(t)=Ce^{kt}$。

■

需求弹性

2.7 节中介绍了公司和整个行业的需求方程。回顾可知，需求方程表示的是，对于待生产的商品件数 x，产生正好需求 x 件商品的市场价格。例如，需求方程

$$p=150-0.01x$$

说，要卖出 x 件商品，价格必须设为 $150-0.01x$ 美元。具体地说，要售出 6000 件商品，价格必须设为 $150-0.01(6000)=90$ 美元/件。

x 的需求方程可以用 p 来表示，即

$$x=100(150-p)$$

这个方程给出了以价格表示的商品数量。若用字母 q 表示商品数量，则方程就变成

$$q=100(150-p)$$

这个方程的形式是 $q=f(p)$，在这种情况下，$f(p)$ 是函数 $f(p)=100(150-p)$。下面我们就可以方便地写出需求函数，将数量 q 表示为价格 p 的函数 $f(p)$。

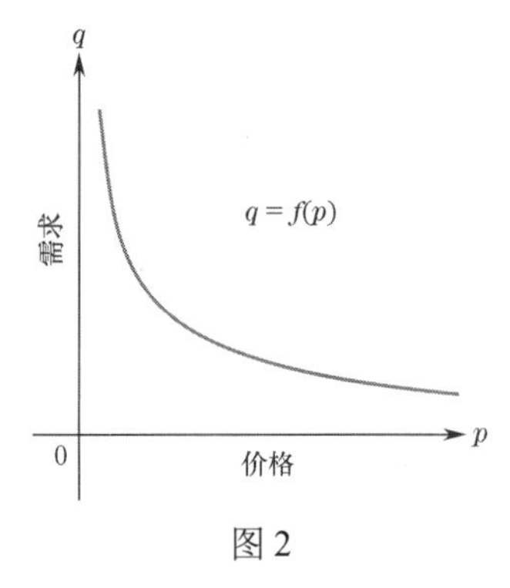

图 2

一般来说，提高某商品的价格会降低其需求。因此，典型的需求函数 $q=f(p)$ 是递减的，且处处为负斜率（见图 2）。然而，提高价格是否也能降低收益呢？答案是“有时能，有时不能。”我们如何预测这个重要问题的答案呢？方法是使用需求弹性的概念。

回顾可知，导数 $f'(p)$ 比较的是需求量的变化和价格的变化。相比之下，弹性比较的是需求量的相对变化率和价格的相对变化率。

下面进行详细说明。考虑一个特定的需求函数 $q=f(p)$。根据式(1)中对数导数的解释可知，需求量对 p 的相对变化率为

$$\frac{(\mathrm{d}/\mathrm{d}p)f(p)}{f(p)}=\frac{f'(p)}{f(p)}$$

同样，价格相对于 p 的相对变化率为

$$\frac{(\mathrm{d}/\mathrm{d}p)p}{p}=\frac{1}{p}$$

因此，需求量的相对变化率与价格的相对变化率之比为

$$\frac{\text{需求量的相对变化率}}{\text{价格的相对变化率}}=\frac{f'(p)/f(p)}{1/p}=\frac{pf'(p)}{f(p)}$$

因为 $f'(p)$ 对典型需求函数来说总为负，所以对于所有 p 值，量 $pf'(p)/f(p)$ 为负。为方便起见，经济学家更喜欢使用正数，因此需求弹性被视为这个量乘以 -1。

需求弹性 需求函数 $q=f(p)$ 在价格为 p 时的需求弹性 $E(p)$ 定义为

$$E(p)=\frac{-pf'(p)}{f(p)}$$

例 4 需求弹性。某金属的需求函数是 $q=100-2p$，其中 p 是每磅的价格，q 是需求量（百万磅）。

(a) 每磅 30 美元能卖出多少？

(b) 确定函数 $E(p)$。

(c) 确定并解释 $p=30$ 时的需求弹性。

(d) 确定和解释 $p=20$ 时的需求弹性。

解：(a) 这时，$q=f(p)$，其中 $f(p)=100-2p$。当 $p=30$ 时，有 $q=f(30)=100-2(30)=40$。因此，可以卖出 4000 万磅的金属。也可以说，需求是 4000 万磅。

(b) $E(p)=\frac{-pf'(p)}{f(p)}=\frac{-p(-2)}{100-2p}=\frac{2p}{100-2p}$。

(c) 价格 $p=30$ 时的需求弹性为 $E(30)$，即

$$E(30)=\frac{2\times30}{100-2\times30}=\frac{60}{40}=\frac{3}{2}$$

当价格设为 30 美元/磅时，价格的小幅上涨将导致需求量的相对减少率约为价格的相对增长率的 3/2。例如，若价格从 30 美元增加 1%，需求量将减少约 1.5%。

(d) 当 $p=20$ 时，有

$$E(20)=\frac{2\times20}{100-2\times20}=\frac{40}{60}=\frac{2}{3}$$

当价格设为 20 美元/磅时，价格的小幅上涨将导致需求量的相对下降率仅为价格的相对增长率的 2/3。例如，若价格从 20 美元增加 1%，需求量将减少 1%的 2/3。

■

弹性、价格和收入

对收入 $R(p)$ 如何响应价格变化的研究，可能最能帮助我们理解弹性概念的重要性。下面先将收入函数表示为价格的函数：

$$R(p)=f(p)\cdot p$$

式中，$f(p)$ 为需求函数。使用乘法法则求导 $R(p)$ 得

$$\begin{aligned}R'(p)&=\frac{\mathrm{d}}{\mathrm{d}p}\left[f(p)\cdot p\right]=f(p)\cdot1+p\cdot f'(p)\\&=f(p)\left[1+\frac{pf'(p)}{f(p)}\right]=f(p)\left[1-E(p)\right]\end{aligned} \tag{3}$$

该方程把收入变化率与需求弹性联系起来了。注意，若 $E(p)=1$，则 $R'(p)=0$。$E(p)<1$ 和 $E(p)>1$ 的情况具有有趣的含义。下面介绍经济学家使用的术语。

定义 弹性需求和非弹性需求。若 $E(p_0)>1$，则需求在价格 p_0 时具有弹性；若 $E(p_0)<1$，则需求在价格 p_0 时不具有弹性。

现在，假设需求在价格 p_0 处具有弹性，那么有 $E(p_0)>1$，即 $1-E(p_0)<0$。由于 $f(p)$ 总为正，由式(3)可知 $R'(p_0)<0$。因此，根据一阶导数规则，$R(p)$ 在 p_0 处递减。因此，价格上升将导致收入减少，价格下降将导致收入增加。类似地，可以证明，若需求不具有弹性，则 $R'(p)$ 为正。在这种情况下，价格上升将导致收入增加，价格下降将导致收入减少。具体总结如下。

弹性规则 当需求具有弹性时（$E(p)>1$），收入的变化与价格的变化方向相反。当需求不具有弹性时（$E(p)<1$），收入变化与价格变化的方向相同。

如前所述，当 $E(p_0)=1$ 时，由式(3)可知 $R'(p_0)=0$，因此 p_0 是 R 的临界值。

例 5　需求弹性。图 3 显示了例 4 中金属的需求弹性。

$$E(p)=\frac{2p}{100-2p}$$

(a) p 在什么情况下需求具有弹性？什么情况下不具有弹性？

(b) 求并画出 $0<p<50$ 时的收入函数。

(c) 通过分析需求具有弹性或具有弹性时收入对价格上涨的反应来验证弹性规则。

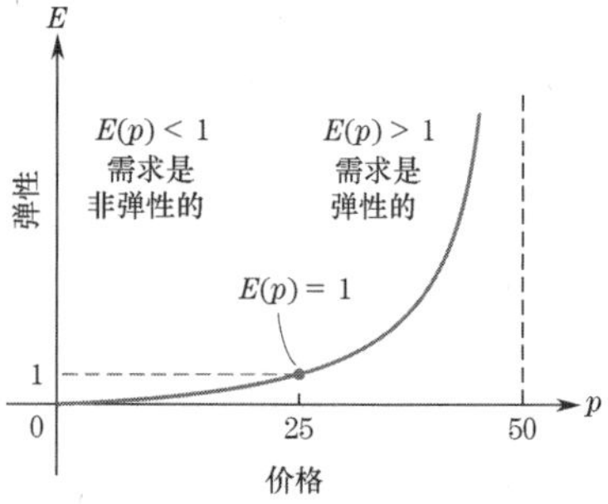

图 3

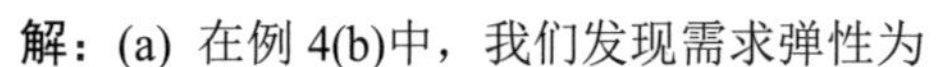

解：(a) 在例 4(b)中，我们发现需求弹性为

$$E(p)=\frac{2p}{100-2p}$$

求解 $E(p)=1$ 中的 p 有

$$\frac{2p}{100-2p}=1 \quad\Rightarrow\quad 2p=100-2p \quad\Rightarrow\quad 4p=100 \quad\Rightarrow\quad p=25$$

根据定义，对于价格 p，若 $E(p)>1$，则需求具有弹性；若 $E(p)<1$，则需求不具有弹性。由图 4 可以看出，若 $25<p<50$，则需求具有弹性；若 $0<p<25$，则需求不具有非弹性。

(b) 回顾可知

$$收入 = 数量 \times 单价$$

使用例 4 中的需求公式（百万磅），得到收入函数为

$$R=(100-2p)\cdot p=p(100-2p)\ （百万美元）$$

这是一条下凹的抛物线，p 截距在 $p=0$ 处和 $p=50$ 处，极大值位于 p 截距的中点，即 $p=25$ 处（见图 4）。

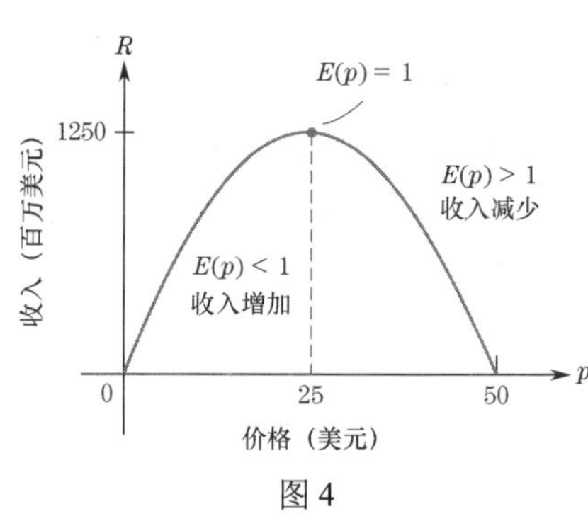

图 4

(c) 在(a)问中，我们确定需求在 $25<p<50$ 时具有弹性。对于这个价格范围内的 p，图 4 表明价格上升导致收入减少，价格下降导致收入增加。因此，我们得出结论：当需求具有弹性时，收入变化与价格变化的方向相反。同样，当需求不具有弹性时（$0<p<25$），图 4 表明收入变化与价格变化的方向相同。■

5.3 节自测题（答案见本节习题后）

目前使用某条高速公路收费 2.50 美元。州高速公路部门进行的一项研究表明，若收取 p 美元的通行费，则每天有 q 辆汽车使用这条公路，其中 $q=60000e^{-0.5p}$。

1. 计算 $p=2.5$ 时的需求弹性。
2. 当 $p=2.5$ 时，需求具有弹性还是不具有弹性？
3. 若国家稍微提高通行费，收入是增加还是减少？

习题 5.3

求对数导数，并确定所示点处函数的百分比变化率。

1. $f(t)=t^2$，$t=10$，$t=50$
2. $f(t)=t^{10}$，$t=10$，$t=50$
3. $f(x)=e^{0.3x}$，$x=10$，$x=20$
4. $f(x)=e^{-0.05x}$，$x=1$，$x=10$
5. $f(t)=e^{0.3t^2}$，$t=1$，$t=5$
6. $G(s)=e^{-0.05s^2}$，$s=1$，$s=10$
7. $f(p)=1/(p+2)$，$p=2$，$p=8$

8. $g(p)=5/(2p+3)$， $p=1$， $p=11$

9. **增长率**。一家公司的年销售额 S（美元）可用公式 $S=50000\sqrt{e^{\sqrt{t}}}$ 来近似表示，其中 t 是某个固定参考日期之后的年数。使用对数导数求 $t=4$ 时销售增长率百分比。

10. **变化率百分比**。t 时刻（月）每蒲式耳小麦的价格近似为 $f(t)=4+0.001t+0.01e^{-t}$。$t=0$ 时 $f(t)$ 的变化率是多少？$t=1$ 呢？$t=2$ 呢？

11. **碎牛肉价格**。每磅碎牛肉的批发价（美元）用函数 $f(t)=3.08+0.57t-0.1t^2+0.01t^3$ 建模，其中 t 是从 2010 年 1 月 1 日开始计算的年数。
    (a) 估计 2011 年的价格，求 2011 年价格以美元计算时的年增长率。
    (b) 2011 年每磅牛肉的价格涨幅百分比是多少？
    (c) 回答 2016 年的(a)问和(b)问。

12. **猪肉价格**。每磅猪肉的批发价格（美元）由函数 $f(t)=1.4+0.26t-0.1t^2+0.01t^3$ 建模，其中 t 是从 2010 年 1 月 1 日开始计算的年数。
    (a) 估算 2012 年的价格，求 2012 年的价格涨幅百分比？
    (b) 回答 2017 年的(a)问。

对于每个需求函数，求 $E(p)$，并确定指定价格下需求是具有弹性还是不具有弹性（或者两者都不是）。

13. $q=700-5p$， $p=80$
14. $q=600e^{-0.2p}$， $p=10$
15. $q=400(116-p^2)$， $p=6$
16. $q=(77/p^2)+3$， $p=1$
17. $q=p^2e^{-(p+3)}$， $p=4$
18. $q=700/(p+5)$， $p=15$

19. **需求弹性**。目前，每天有 1800 人乘坐某趟通勤列车，票价为 4 美元。愿意以价格 p 乘坐火车的人数 q 为 $q=600(5-\sqrt{p})$，铁路部门希望增加收入。
    (a) 当 $p=4$ 时，需求是具有弹性还是不具有弹性？
    (b) 票价是应该提高还是应该降低？

20. **需求弹性**。一家电子商店可以以 p 美元/部的价格出售 $q=10000/(p+50)-30$ 部手机。目前的价格是 150 美元/部。
    (a) 当 $p=150$ 时，需求是具有弹性还是不具有弹性？
    (b) 若价格稍微降低，收入是增加还是减少？

21. **需求弹性**。电影院能容纳 3000 人。以 p 美元/张的票价观看演出的人数是 $q=(18000/p)-1500$。目前的票价是 6 美元/张。
    (a) 当 $p=6$ 时，需求是具有弹性还是不具有弹性？
    (b) 若价格降低，收入是增加还是减少？

22. **需求弹性**。地铁的价格是 65 美分/人，每天有 10000 名乘客，地铁的需求函数为 $q=2000\sqrt{90-p}$。
    (a) 当 $p=65$ 时，需求是具有弹性还是不具有弹性？
    (b) 是否应提高或降低价格来增加地铁的收入？

23. **需求弹性**。某商品的主要供应国希望通过降低商品价格来改善其贸易平衡状况。需求函数是 $q=1000/p^2$。
    (a) 计算 $E(p)$。
    (b) 该国能否成功地提高其收入？

24. 证明形如 $q=a/p^m$ 的任何需求函数都具有常数弹性 m。

成本的相对变化率。成本函数 $C(x)$ 给出了生产 x 件产品的总成本。件数 x 的成本弹性 $E_c(x)$ 定义为成本（相对于 x）的相对变化率与件数（相对于 x）的相对变化率的比值。

25. 证明 $E_c(x)=x\cdot C'(x)/C(x)$。

26. 证明 E_c 等于边际成本除以平均成本。

27. 设 $C(x)=\frac{1}{10}x^2+5x+300$。证明 $E_c(50)<1$（因此，当生产 50 件产品时，较小的产量相对增加将导致更小的总成本相对增加。同样，生产 50 件产品的平均成本大于 $x=50$ 时的边际成本）。

28. 设 $C(x)=1000e^{0.02x}$。给出并化简 $E_c(x)$ 的公式，证明 $E_c(60)>1$，并解释结果。

技术题

29. 考虑 5.3 节的需求函数 $q=60000e^{-0.5p}$。
    (a) 求 $E(p)$ 为 1 时的 p 值。什么 p 值的需求是非弹性的？
    (b) 在窗口[0, 4]*[– 5000, 50000]内绘制收入函数，并确定其极大值出现的位置。当 p 值为多少时，收入是递增函数？

5.3 节自测题答案

1. 需求函数为 $f(p)=60000e^{-0.5p}$。

$f'(p)=-30000e^{-0.5p}$

$E(p)=\frac{-pf'(p)}{f(p)}=\frac{-p(-30000)\mathrm{e}^{-0.5p}}{60000\,\mathrm{e}^{-0.5p}}=\frac{p}{2}$

$E(2.5)=2.5/2=1.25$

2. 因为$E(2.5)>1$，所以需求是弹性的。

3. 由于需求在 2.50 美元时具有弹性，价格的轻微变化将导致收入的反向变化。因此，收入将减少。

5.4 自然对数函数在商业和经济学中的进一步应用

5.2 节介绍了因利息影响而导致的储蓄账户余额的增长。此类应用使用微分方程$y'=ry$建模，其解由 5.1 节中的定理 1 给出。在许多情况下，账户余额可能会因不止一种影响而改变。下面的第一个例子描述一个储蓄账户，每天将钱存入该账户。在这种情况下，有两个因素导致账户余额增长：利息和频繁的存款。像经济学家一样，我们将考虑一个假设的情况来近似该问题，即钱以恒定的利率连续存入账户。这种类型的存款称为**连续收入流**。对该应用进行建模将产生一个与$y'=ry$密切相关的新微分方程。

例 1　连续收入流的未来价值建模。假设你开了一个退休账户，初始存款为 1000 美元，且计划每年（在线）存入总计 730 美元的存款（即每天 2 美元）。该账户每年支付 7%的复利。设$y=P(t)$表示初次存款后t年账户中的余额。证明y是如下初值问题（带初值条件的微分方程）的解：

$$y'=0.07y+730,\quad y(0)=1000 \tag{1}$$

解：如果不存款或取款，则只有利息添加到账户中，其变化率与账户余额成正比，比例常数$r=0.07$或 7%。因为在这种情况下$P(t)$的增长只来自利息，所以可以得出$P(t)$满足方程

$$\underset{y\text{的变化率}}{y'}\ =\ \underset{\text{比例常数}}{0.07}\ \times\ \underset{\text{账户余额}}{y}$$

考虑到每年在账户中存入 730 美元，我们看到有两个因素影响账户余额的变化——加息率和存款率。$P(t)$的变化率是这两种影响的合效应。也就是说，$P(t)$现在满足微分方程

$$\underset{y\text{的变化率}}{y'}\ =\ \underset{\text{加息率}}{0.07y}\ +\ \underset{\text{存款率}}{730}$$

由于账户中的初始存款是 1000 美元，因此$P(t)$满足初始条件$y(0)=1000$。因此，$P(t)$满足由式(1)给出的方程。

■

要在例 1 中求出$P(t)$的公式，就需要求解(1)中的方程。注意，式(1)中的微分方程不符合 5.1 节中定理 2 的方程类型，我们需要的是该定理的如下变体。

定理 1　设$r\neq 0$，K和P_0为常数。初始条件如下的微分方程

$$y'=ry+K,\quad y(0)=P_0 \tag{2}$$

的唯一解是$y=P(t)=\left(P_0+\frac{K}{r}\right)\mathrm{e}^{rt}-\frac{K}{r}$。

证明：将式(2)中的微分方程写成$y'=r\left(y+\frac{K}{r}\right)$，令$g(t)=y+\frac{K}{r}$。那么$g'=y'$，因为常数$\frac{K}{r}$的导数是 0。将$g$和$g'$代入方程$y'=r\left(y+\frac{K}{r}\right)$得$g'=rg$。同样，$g(0)=y(0)+\frac{K}{r}=P_0+\frac{K}{r}$。因此，$g$满足具有初始条件的微分方程

$$g'=rg,\quad g(0)=P_0+\frac{K}{r}$$

根据 5.1 节中定理 2，我们得到$g(t)=\left(P_0+\frac{K}{r}\right)\mathrm{e}^{rt}$。代入$g=y+\frac{K}{r}$，解出$y$，我们发现

$$y+\frac{K}{r}=\left(P_0+\frac{K}{r}\right)\mathrm{e}^{rt}\ \Rightarrow\ y=\left(P_0+\frac{K}{r}\right)\mathrm{e}^{rt}-\frac{K}{r}$$

定理得证。

下面为例 1 中的账户导出公式，并回答与该账户相关的问题。

例 2　收入流的未来价值。

(a) 给出例 1 中 $P(t)$ 的公式。

(b) 10 年后的账户余额是多少？

(c) 10 年后，账户余额以什么速度增长？

(d) 账户余额达到 20000 美元需要多长时间？

解： (a) 在例 1 中，$y = P(t)$ 是方程 $y' = 0.07y + 730$ 和 $y(0) = P_{1000}$ 的解。根据定理 1，由 $r = 0.07$、$K = 730$ 和 $P_0 = 1000$ 得

$$P(t) = \left(1000 + \tfrac{730}{0.07}\right)e^{0.07t} - \tfrac{730}{0.07} \approx 11428.6e^{0.07t} - 10428.6$$

(b) $P(10) = 11428.6e^{0.07(10)} - 10428.6 \approx 12586$ 美元。

(c) 账户 10 年后的增长率由 $P'(10)$ 给出。为了计算 $P'(10)$，一种方法是微分(a)问求得的 $P(t)$，然后代入 $t = 10$。另一种方法是使用微分方程 $y' = 0.07y + 730$，它将 $P(t)$ 与其变化率联系起来。因为 $P'(t) = 0.07P(t) + 730$，所以有

$$P'(10) = 0.07P(10) + 730 = 0.07 \times 12586 + 730 \approx 1611 \text{ 美元/年}$$

因此，10 年后该账户以 1611 美元/年的速度增长（有趣的是，10 年后，每年仍要向该账户存入 730 美元，但账户每年的增长速度是该数字的两倍多）。

(d) 我们必须求出满足 $P(t) = 20000$ 的 t：

$$11428.6e^{0.07t} - 10428.6 = 20000 \Rightarrow$$
$$11428.6e^{0.07t} = 20000 + 10428.6$$
$$e^{0.07t} = \tfrac{30428.6}{11428.6} \approx 2.6625 \Rightarrow 0.07t = \ln(2.6625)$$
$$t = \tfrac{\ln(2.6625)}{0.07} \approx 14.0$$

因此，约需要 14 年才能达到 20000 美元，如图 1 所示（在 14 年间，存入了 730×14 = 10220 美元。差额 20000 − 10220 = 9780 美元是因利息被添加到账户中产生的）。

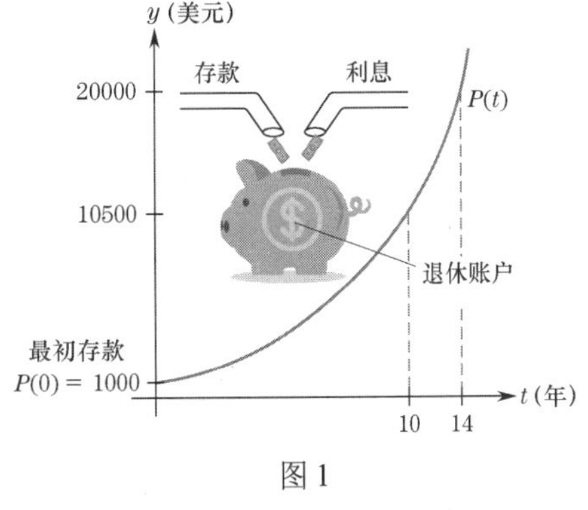

图 1

■

当初始账户余额 $P_0 = 0$ 时，定理 1 中的 $P(t)$ 将简化为如下的有趣结果。

定义　收入流的未来价值。 连续 N 年，每年 K 元的连续收入流的未来价值，按利率 r 连续复利计算为

$$P(N) = \tfrac{K}{r}e^{rN} - \tfrac{K}{r} = \tfrac{K}{r}(e^{rN} - 1) \text{ 美元} \tag{3}$$

该公式由 $P_0 = 0$ 和 $t = N$ 时的定理 1 得到。

许多有趣的情况可通过改进我们在示例 1 中所用的思想来建模，目标是用各种影响因素的变化率来表示利率量的变化率，进而推导出一个微分方程。为此，我们必须确定影响这个量的变化率的各种影响因素（利率、存款率）。在例 1 中，为了描述 y'，我们添加了两个变化率。如下例所示，要对涉及消费贷款和抵押贷款摊销的问题进行建模，就必须减去两个变化率。

例 3　还清汽车贷款。 假设你贷款 25000 美元买了一辆新车，贷款利率是 5%。你通过网上银行安排了每年总计 4800 美元的每日付款。令 $P(t)$ 表示时间 t（年）的欠款，且利息连续复利。

(a) 建立 $P(t)$ 满足的初值问题。

(b) 求 $P(t)$，即 t 年后的欠款。

(c) 需要多久才能还清贷款？

解：

(a) 如例 1 所示，影响欠款的因素有两个——加息率和还款率。加息率是指将利息加到欠款金额

上的速率，还款率则是指从欠款金额中减去还款的速率。我们知道，加息率与欠款成正比，比例常数 $r=0.05$ 。还款的影响是每年从欠款中减去 4800 美元。由于 $P(t)$ 的变化率是这两种影响的合效应，我们看到 $P(t)$ 满足微分方程

$$\begin{array}{ccccc} y' & = & 0.05y & - & 4800 \\ y\text{的变化率} & = & \text{加息率} & - & \text{还款率} \end{array}$$

回顾初始条件 $P(0)=25000$ 可知，$P(t)$ 是如下方程的一个解：

$$y'=0.05y-4800, \quad y(0)=25000$$

(b) 为了求 $P(t)$，根据定理 1，代入 $r=0.05$、$K=-4800$ 和 $P_0=25000$ 得

$$P(t)=\left(25000+\tfrac{-4800}{0.05}\right)e^{0.05t}-\tfrac{-4800}{0.05}=-71000e^{0.05t}+96000$$

(c) 当 $P(t)=0$ 时，贷款还清。解出 t 得

$$-71000e^{0.05t}+96000=0 \quad \Rightarrow \quad e^{0.05t}=\tfrac{96000}{71000}=\tfrac{96}{71}$$

$$0.05t=\ln\left(\tfrac{96}{71}\right)\approx 0.3 \quad \Rightarrow \quad t\approx\frac{0.3}{0.05}=6$$

因此，还清贷款大约需要 6 年时间，如图 2 所示。

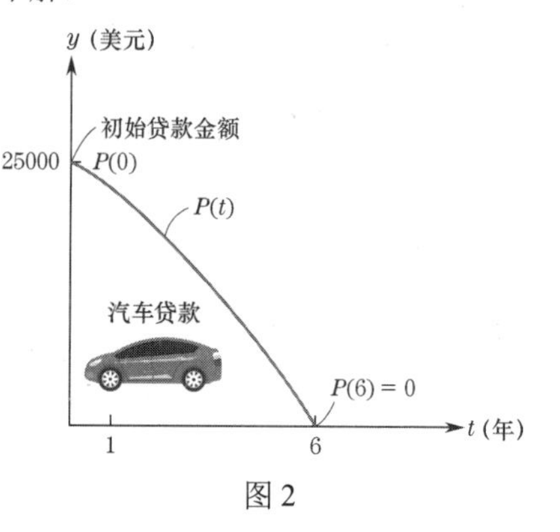

图 2

■

例 4　从储蓄账户提款。假设你正在为一位已退休的客户提供建议，他想以每年 K 美元的速度从其在线储蓄账户中提取 15 万美元。整年频繁地等额提款可让你认为它们是不断地从账户中流出的。账户每年支付 6%的复利。客户想知道其可以提取的最大金额 K，以便账户至少可以使用 10 年。设 $P(t)$ 表示 t 年后的账户余额。按照给出的步骤解决该问题。

(a) 建立 $P(t)$ 满足的初值问题。

(b) 求 $P(t)$（答案取决于 K）。

(c) 求使得 10 年后账户余额为 0 美元的 K，即在方程 $P(10)=0$ 中求解 K。

解：

(a) 影响账户余额变化的因素有两个——账户中的加息率和提款率。由于 $P(t)$ 的变化率是这两种影响的合效应，$P(t)$ 满足微分方程 $y'=0.06y-K$。账户的初始余额是 150000 美元。因此，$P(t)$ 满足的初值问题为

$$y'=0.06y-K, \quad y(0)=150000$$

(b) 应用定理 1，代入 $r=0.06$、$P_0=150000$（注意 K 的符号）得

$$P(t)=\left(150000+\tfrac{-K}{0.06}\right)e^{0.06t}-\tfrac{-K}{0.06}$$

(c) 令 $P(10)=0$，以求解 K：

$$P(10)=\left(150000+\tfrac{-K}{0.06}\right)e^{0.06(10)}+\tfrac{K}{0.06}=0 \quad \Rightarrow \quad 0.06\times150000\times e^{0.6}-Ke^{0.6}+K=0$$

$$9000e^{0.6}=Ke^{0.6}-K \quad \Rightarrow \quad K=\tfrac{9000e^{0.6}}{e^{0.6}-1} \quad \Rightarrow \quad K\approx 19947$$

因此，如果客户每年提取 19947 美元，其账户将持续 10 年。

■

学习曲线建模　学习理论可用于人工智能和机器学习。心理学家发现，在许多学习情境中，被试的学习速度起初很快，然后变慢。最后，随着任务的掌握，表现水平达到一个几乎不可能再提高的水平。例如，在合理的范围内，每个人似乎都有一定的记忆无意义音节的最大能力。假设一名被试在给定的时间如 1 小时内能够连续记住 M 个音节，但不能在几小时的学习时间内连续记住 $M+1$ 个音节。通过为被试提供不同的音节列表和不同长度的时间进行学习，心理学家可以求出准确记住无意义音节的数量与学习时间的分钟数之间的经验关系。事实证明，这种情况下的一个较好模型是

$$y' = k(M - y), \quad y(0) = 0$$

式中，$y = f(t)$ 是学习到的信息量，$k \neq 0$。这个等式说，若为被试提供一包含 M 个无意义音节的列表，则记忆的速度与剩余需要记忆的音节数 $M - y$ 成正比。

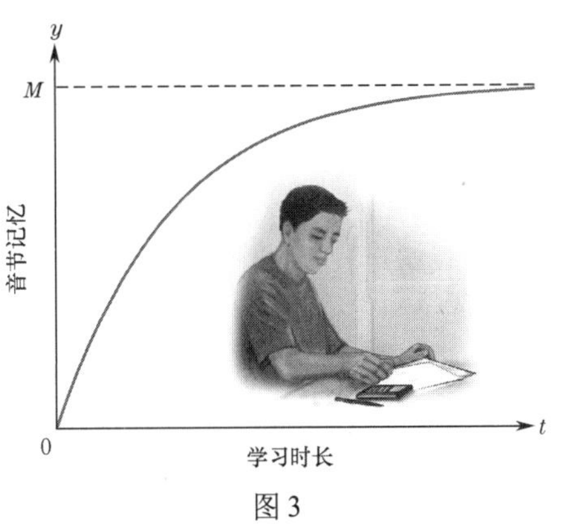

图 3

在时间 t，学习曲线的斜率约为再给一分钟的学习时间时可以记住的额外音节的数量。因此，斜率是学习速度的衡量标准。为了求 $y = f(t)$，我们将使用定理 1。$y' = -ky + kM$，$y(0) = 0$。因此，根据定理 1，当 $r = -k$、$K = km$ 和 $P_0 = 0$ 时，解是

$$y = f(t) = \left(0 + \tfrac{kM}{-k}\right)e^{-kt} - \tfrac{kM}{-k} = M(1 - e^{-kt})$$

学习曲线如图 3 所示。

模拟学习曲线问题的微分方程也出现在其他情况下。因此，我们将它的解表述为一个定理。

定理 2 设 $k \neq 0$，M 为常数。初始条件如下的微分方程

$$y' = k(M - y(t)), \quad y(0) = 0$$

的唯一解是 $y = M(1 - e^{-kt})$。

大众传媒传播信息 社会学家研究了信息在人群中传播的过程。给定固定的人口 P，其中信息通过大众媒体传播（或“扩散”），如电视或网上新闻。令 $f(t)$ 是到时间 t 听到某消息的人数，$P - f(t)$ 是到时间 t 还未听到该消息的人数。此外，$f'(t)$ 是听到该消息的人数的增长率（信息的“扩散速率”）。若某消息常被某些大众媒体宣传，则单位时间内新获知消息的人数很可能与尚未听到该消息的人数成正比。因此，我们的模型由如下微分方程给出：

$$f'(t) = k\left[P - f(t)\right] \tag{4}$$

若指定初始条件 $f(0) = 0$，则意味着 $t = 0$ 时无人听到该消息。于是，根据定理 2 有

$$f(t) = P(1 - e^{-kt}) \tag{5}$$

如图 4 所示。

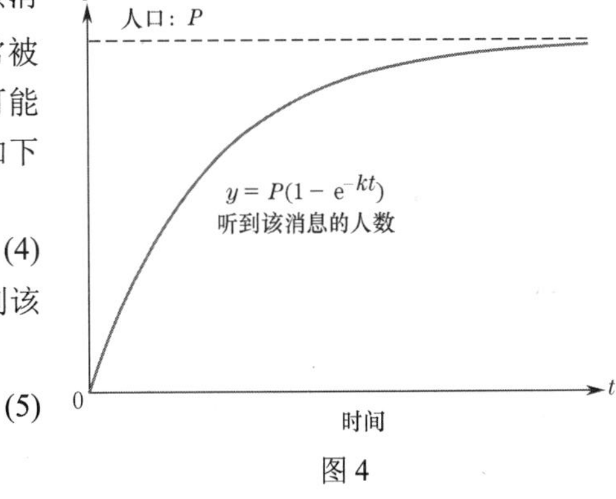

图 4

例 5 信息在人群中的扩散。假设某政府官员辞职的新闻在网上被直播，且由电台和电视台频繁播出。再假设一个城市的半数居民在新闻发布后的 4 小时内听到了消息。使用指数模型即式(5)来估计 90%的居民何时听到该消息。

解：我们必须求出式(5)中 k 的值。若 P 是居民的数量，则在前 4 小时内听到该消息的人数由式(5)给出，$t = 4$。根据假设，这个数字是人口的一半，所以有

$$\tfrac{1}{2}P = P(1 - e^{-k4}) \;\Rightarrow\; 0.5 = 1 - e^{-kt} \;\Rightarrow\; e^{-k4} = 1 - 0.5 = 0.5$$

用对数求 k 得 $k \approx 0.17$。在这种特殊情况下，模型是

$$f(t) = P(1 - e^{-0.17t})$$

下面求满足 $f(t) = 0.90P$ 的 t。解出 t：

$$0.90P = P(1 - e^{-0.17t}) \;\Rightarrow\; 0.90 = 1 - e^{-0.17t} \;\Rightarrow\; e^{-0.17t} = 1 - 0.90 = 0.10$$

$$-0.17t = \ln(0.10) \;\Rightarrow\; t = \tfrac{\ln(0.10)}{-0.17} \approx 13.54$$

因此，90%的居民将在新闻发布后的 14 小时内听到该消息。 ■

5.4 节自测题（答案见本节习题后）

1. 求解 $y' = 3y + 12$，$y(0) = 2$。
2. 2000 美元存入一个年利率为 5%的连续复利账户。追加存款按每月 100 美元的速率存入该账户。假设存款连续地存入账户。需要多少时间余额达到 20000 美元？

习题 5.4

习题 1～4 中描述了持续流入账户的收入流。设 $y = P(t)$ 表示开户 t 年后的账户余额。推导为给定账户建模的初值问题（微分方程和初值）。也就是说，求出 $P(t)$ 满足的微分方程和初始条件（1 年为 365 天）。

1. 一个 500 元的初始存款账户，每年可获得 4%的复利。这个账户每天存入 3 美元。
2. 没有初始存款的储蓄账户每年可获得 6%的复利。这个账户每天存入 5 美元。
3. 没有初始存款的储蓄账户每年可获得 4%的复利，每年可获得 1200 美元的存款。
4. 投资账户以每年 10%的复利持续增长。开户时首期存款为 1500 美元，每月存入 800 美元。

在习题 5～8 中，用定理 1 求解初值问题。

5. $y' = 0.05y + 560$，$y(0) = 100$
6. $y' = 0.10y + 1000$，$y(0) = 1500$
7. $y' - 0.03y = 120$，$y(0) = 0$
8. $y' - 0.12y = 0$，$y(0) = 100$
9. 求习题 1 中的 $P(t)$。
10. 求习题 4 中的 $P(t)$。
11. **有存款的储蓄账户**。设 $P(t) = 10500e^{0.1t} - 10000$ 是一个有连续收入流的储蓄账户 t 年后的余额。
    (a) 最初存了多少钱？
    (b) 利率是多少？
    (c) 5 年后的账户余额是多少？
    (d) $y = P(t)$ 满足什么微分方程和初始条件？
    (e) 使用(d)问中的微分方程求账户余额为 1000 美元时余额增长的速度。
12. **有存款的储蓄账户**。设 $P(t)$ 是一个有连续收入流的储蓄账户 t 年后的余额。设 $P(t)$ 满足初始条件的微分方程
    $$P'(t) = 0.04P(t) + 3600，\quad P(0) = 1000$$
    (a) 最初存了多少钱？
    (b) 利率是多少？
    (c) 该账户每月的存款是多少？
    (d) 求 $P(t)$ 的公式。
    (e) 10 年后的账户余额是多少？
    (f) 使用微分方程和(e)问的结果求 10 年后余额增长的速度。
13. **收入流的未来价值**。用如下带初始条件的微分方程模拟连续收入流：
    $$P'(t) = 0.07P(t) + 2400，\quad P(0) = 0$$
    式中，$P(t)$ 是 t 年后的余额（美元）。
    (a) 当账户以 10000 美元/年的速度增长时，账户余额是多少？
    (b) 求账户余额为 10000 美元时的增长速度。
    (c) 求 $P(t)$ 的公式。
    (d) 10 年后该收入流的价值是多少？
14. **未来价值**。假设每天都有钱存入一个储蓄账户，年存款率为 1000 美元。若账户连续支付 5%的复利，估计 3 年后的账户余额。
15. **未来价值**。假设钱以 2000 美元/年的速度按天存入一个储蓄账户。若账户连续支付 6%的复利，2 年后的账户余额约为多少？
16. **未来价值**。假设钱以 16000 美元/年的速度稳定地存入一个储蓄账户。若账户连续支付 8%的复利，求 4 年后的账户余额。
17. **未来价值**。假设钱以 14000 美元/年的速度稳定地存入一个储蓄账户。若账户连续支付 4.5%的复利，求 6 年后的账户余额。
18. **未来价值**。一项投资连续支付 10%的复利。若钱以 5000 美元/年的速度稳定地投资，需要多少时间才能使投资价值达到 14 万美元？

在习题 19～23 中使用以下定义。设 $V(N)$ 表示连续 N 年、每年 K 美元的连续收入流的现值，按利率 r 连续复利计算。根据 5.2 节的式(6)，为了求 $V(N)$ 的公式，将式(3)中的收入流的未来价值乘以 e^{-rN} 得

$$V(N) = \overbrace{\tfrac{K}{r}(e^{rN} - 1)}^{\text{收入流的未来价值}} \times e^{-rN} = \tfrac{K}{r}(1 - e^{-rN})$$

则有

$$V(N) = \tfrac{K}{r}(1 - e^{-rN})\text{ 美元}$$

19. **现值**。按 10%的利率连续复利计算，连续 10 年每年 5000 美元的收入流的现值是多少？
20. **现值**。按 7%的利率连续复利计算，连续 10 年每年 1.2 万美元的收入流的现值是多少？

21. 电动冲浪板。你刚花 12500 美元买了一个昂贵的电动冲浪板。商店以年利率 5%为你提供资金。让 K 表示你的月供，$P(t)$ 表示你在 t 年后的欠款。假设利息连续复利，你的支付持续用于你的欠款，速率为每年 $12K$ 美元。

(a) 求 $P(t)$ 满足的微分方程和初始条件。

(b) 求 $P(t)$（答案取决于 K）。

(c) 如果你每月还款 300 美元，需要多久才能还清欠款？

(d) 如果想在 5 年后还清欠款，每月的还款额应是多少？

22. 定理 1 的验证。证明 $P(t)=\left(P_0+\frac{K}{r}\right)e^{rt}-\frac{K}{r}$ 是定理 1 中式(2)的解。

23. 为创收投资定价。未来 20 年，投资某房产预计每月的净收入为 1100 元。假设该房产正在出售，要价 17.5 万美元。如果这笔钱能以 4%的年利率连续复利投资，你赞成购买这处房产吗？提示：将租金收入视为连续的收入流，并计算其 20 年后的现值。

24. 房屋按揭贷款。利率是 3%，贷款在 30 年内还清，贷款 25 万美元的月还款额是多少？

习题 25～28 中描述了一个连续提款的储蓄账户，它可连续获取复利。设 $y=P(t)$ 表示账户开立 t 年后的余额。求 $P(t)$ 满足的微分方程和初始条件。

25. 初始金额为 10000 美元，年利率 $r=0.04$，每月提款 300 美元。

26. 初始金额为 20000 美元，年利率 $r=0.04$，每天提款 25 美元（一年 365 天）。

27. 初始金额为 12000 美元，年利率 $r=0.10$，每月提款 1000 美元。

28. 初始金额为 150000 美元，年利率 $r=0.07$，每月提款 1000 美元。

在习题 29～32 中，用定理 1 求解初值问题。

29. $y'=0.10y-30$，$y(0)=100$

30. $y'=2y-4$，$y(0)=30$

31. $3y'-0.06y=-36$，$y(0)=30$

32. $y'-0.12y=-2$，$y(0)=12$

33. 求习题 25 中的 $P(t)$。

34. (a) 求习题 26 的 $P(t)$；(b)多长时间后账户余额为零？

35. 从储蓄账户提款。设 $P(t)=-10000e^{-0.1t}+25000$ 是在线储蓄账户 t 年后的余额，该账户在一年内经常等量提款。假设利息连续复利，提款不断地从账户中流出。

(a) 最初存了多少钱？

(b) 利率是多少？

(c) 5 年后的账户余额是多少？

(d) $y=P(t)$ 满足什么微分方程和初始条件？

(e) 每年从账户中提多少钱？

36. 艾宾豪斯遗忘模型。假设一名学生为某门课学习了一定量的内容。设 $f(t)$ 表示该学生 t 周后还能回忆起的内容的百分比。心理学家艾宾豪斯发现，这种记忆百分比可用函数

$$f(t)=(100-a)e^{-\lambda t}+a$$

表示，其中和 a 是正常数，且 $0<a<100$。画出函数 $f(t)=85e^{-0.5t}+15$ 的图形，$t\geqslant 0$。

37. 消息传播。当一个大陪审团起诉某市长受贿时，报纸、广播和电视立即开始宣传这一消息。不到 1 小时，四分之一的市民就听说了起诉的消息。估计城中四分之三的人听到该消息是什么时候。

38. 消息传播。一条消息由大众媒体向 50000 名潜在观众播放。t 天后，

$$f(t)=50000(1-e^{-0.3t})$$

人会听到该消息。函数的曲线图如图 5 所示。

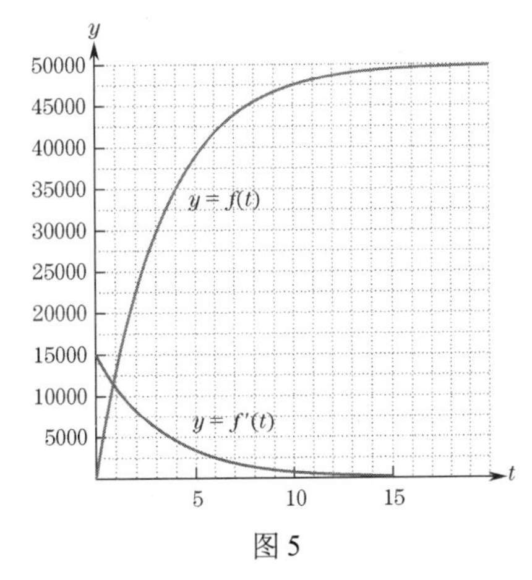

图 5

(a) 10 天后有多少人听到该消息？

(b) 消息最初传播的速度是多少？

(c) 何时有 22500 人听到该消息？

(d) 何时该消息以 2500 人/天的速度传播？

(e) 用式(4)和式(5)确定 $f(t)$ 满足的微分方程。

(f) 当有一半的潜在听众听到该消息时，该消息以什么速度传播？

39. 消息传播。一条消息通过口口相传的方式传播给 10000 名潜在受众。t 天后，

$$f(t)=\frac{10000}{1+50e^{-0.4t}}$$

名受众将听到该消息。函数的曲线图见图 6。

(a) 证明函数 $y=f(t)$ 满足微分方程 $y'=ky(M-y)$，其中 $M=10000$，$k=0.4/10000$。该微分方程称为**逻辑斯蒂方程**。

(b) 7 天后约有多少受众听到该消息？

(c) 14 天后，消息约以什么速度传播？

(d) 大约何时 7000 名受众听到该消息？

(e) 大约何时消息以 600 名受众/天的速度传播？

(f) 什么时候消息传播得最快？

(g) 当有一半的潜在听众听到消息时，消息以什么速度传播？

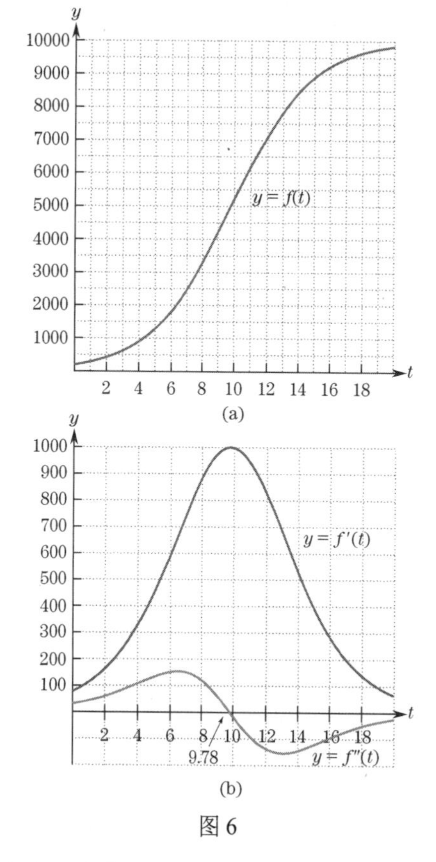

图 6

40. 自由沉降速度。物理学家研究过因重力和空气阻力而下落的物体。例如，高空跳伞运动员从飞机上跳下时，其下落速度越来越快。然而，从跳伞者身上掠过的空气会产生一个向上的力，它会抵消向下的重力。这种空气摩擦最终大到会使跳伞者的速度达到极限速度，称为**终极速度**。在这种情况下，速度满足方程

$$v'(t)=k[M-v(t)],\quad v(0)=0$$

(a) 用定理 2 证明速度为 $v(t)=M(1-e^{-kt})$，见图 7。

(b) 假设跳伞运动员在 7 秒内达到终极速度的一半，求 k。

(c) 终极速度 M = 293.3 英尺/秒或 200 英里/小时，求跳伞运动员的速度达到 220 英尺/秒或 150 英里/小时所需要的时间。

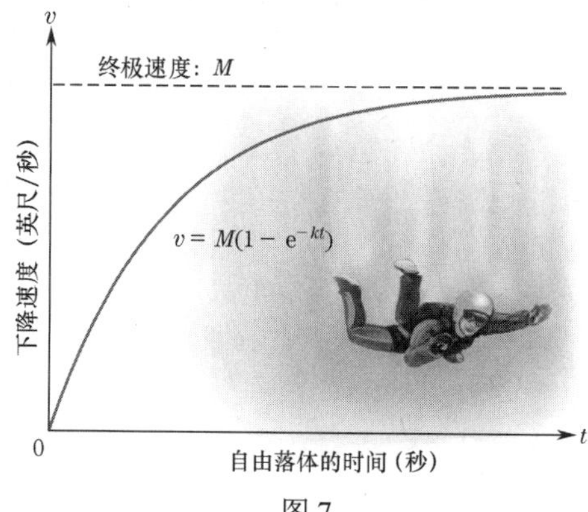

图 7

技术题

41. 社交媒体上帖子的受欢迎程度。社交媒体上某帖子每小时的浏览量为 $f(t)=122(e^{-0.2t}-e^{-t})$，单位为千次。

(a) 在窗口[0, 12]*[−20, 75]内画出 $f(t)$、$f'(t)$ 和 $f''(t)$ 的图形。

(b) 预计 7 小时内有多少浏览量？

(c) 1 小时后，浏览量的增长速度如何？

(d) 当浏览量下降，何时浏览量达到 20 千次？

(e) 最多的浏览量是多少？发生在何时？

(f) 何时浏览量下降最快？

42. 增长受限的业务。某公司 t 天后的价值增长受限模型为 $f(t)=5000(20+te^{-0.04t})$，单位为美元。

(a) 在窗口[0, 100]*[−700, 300]内画出 $f'(t)$ 和 $f''(t)$ 的图形。

(b) 100 天后，公司价值的变化有多快？

(c) 公司约在何时以 76.6 美元/天的速度增长？

(d) 什么时候价值最大？

(e) 价值何时下降最快？

5.4 节自测题答案

1. 应用定理 1，代入 $r=3$、$K=12$ 和 $P_0=2$ 得

$$y=\left(2+\tfrac{12}{3}\right)e^{3t}-\tfrac{12}{3}=6e^{3t}-4$$

2. 设 $y=P(t)$ 表示 t 年后的账户余额。注意，年存款率是 1200 美元。于是，$P(t)$ 满足方程

$$y' = 0.05y + 1200, \quad y(0) = 2000$$

由定理1，代入$r = 0.05$，$K = 1200$和$P_0 = 2000$得

$$P(t) = \left(2000 + \tfrac{1200}{0.05}\right)e^{0.05t} - \tfrac{1200}{0.05}$$
$$= 26000e^{0.05t} - 24000$$

当$P(t) = 20000$时，余额达到 20000 美元。求解t有：

$$26000e^{0.05t} - 24000 = 20000 \Rightarrow$$
$$26000e^{0.05t} = 44000 \Rightarrow$$
$$e^{0.05t} = \tfrac{44000}{26000} = \tfrac{44}{26} \Rightarrow$$
$$0.05t = \ln\left(\tfrac{44}{26}\right) \Rightarrow$$
$$t = \tfrac{1}{0.05}\ln\left(\tfrac{44}{26}\right) \approx 10.5$$

因此，10.5 年后，账户余额达 2 万美元。

第 5 章概念题

1. 什么微分方程是求解指数增长和衰减问题的关键？陈述关于该微分方程的解的结果。
2. 什么是增长常数？什么是衰减常数？
3. 放射性元素的半衰期是什么意思？
4. 解释放射性碳年代测定法是如何工作的。
5. 给出下列各量的公式：
   (a) 按利率r计算，连续复利t年P美元的复利金额。
   (b) 按利率r计算，连续复利n年A美元的现值。
6. 相对变化率和百分比变化率的区别是什么？
7. 定义需求函数的需求弹性$E(p)$。如何使用$E(p)$？
8. 描述微分方程$y' = k(M - y)$的一种应用。
9. 描述初值问题$y' = 0.07y - 5000$，$y(0) = 10000$的应用。

第 5 章复习题

1. **大气压**。海拔x英里处的大气压$P(x)$（英寸汞柱）满足微分方程$P'(x) = -0.2P(x)$。求海平面气压为29.92时$P(x)$的公式。
2. **人口模型**。自 1900 年以来，北美的鲱鱼鸥数量每 13 年翻一番。给出 1900 年后t年的人口满足的微分方程$P(t)$。
3. **现值**。如果钱能以 12%的利率连续复利投资，求 5 年后 10000 元的现值。
4. **复利**。1000 美元按 10%的连续复利存入储蓄账户。账户余额达到 3000 美元需要多少年？
5. **半衰期**。放射性元素氚的半衰期是 12 年，求其衰减常数。
6. **碳年代测定法**。在巨石阵中发现的一块木炭所含的^{14}C含量只有现有树木的 63%，木炭大概有多少年了？
7. **人口模型**。从 2010 年 1 月 1 日到 2017 年 1 月 1 日，一个州的人口从 1700 万增长到 1930 万。
   (a) 给出 2010 年后t年人口的公式。
   (b) 如果这种增长趋势持续，2020 年的人口有多少？
   (c) 人口在哪年达到 2500 万？
8. **复利**。股票投资组合的价值两年内从 10 万美元增加到 11.7 万美元。假设连续复利，该投资的收益率是多少？
9. **比较投资**。一名投资者最初在一个有风险的项目中投资 1 万美元。假设投资在 5 年内连续获得 20%的利息，然后在 5 年后连续获得 6%的利息。
   (a) 10 年后 1 万美元增长到多少？
   (b) 投资者可以选择一项支付 14%连续复利的投资。10 年内，哪项投资更有优势？优势有多大？
10. **未来价值**。假设每天有一笔钱存入一个储蓄账户，年存款率为 2500 美元。如果账户连续支付 6%的复利，5 年后的账户余额约为多少？
11. 解初值问题：
    (a) $y' - 0.02y = 1200$，$y(0) = 0$
    (b) $y' = 3(100 - y)$，$y(0) = 10$
12. **从账户提款**。连续提款的储蓄账户可获得连续复利。设$y = P(t)$表示开户t年后的账户余额。当初始存款额为 5000 美元、年利率为$r = 0.05$、提款率为每月 150 美元时，求$P(t)$满足的微分方程和初始条件。
13. **人口模型**。某国的人口呈指数增长。t年的总人口数（百万）由函数$P(t)$给出。将下列答案与相应的问题相匹配。

    答案

    a. 求解$P(t) = 2$中的t

b. $P(2)$

c. $P'(2)$

d. 求解 $P'(t)=2$ 中的 t

e. $y'=ky$

f. 求解 $P(t)=2P(0)$ 中的 t

g. $P_0\mathrm{e}^{kt}$， $k>0$

h. $P(0)$

问题

A. 两年后人口以多快的速度增长？

B. 给出函数 $P(t)$ 的一般形式。

C. 现在的人口翻倍需要多长时间？

D. 两年后的人口是多少？

E. 人口的初始规模是多少？

F. 人口规模何时达到 200 万？

G. 何时人口以 200 万/年的速度增长？

H. 给出 $P(t)$ 满足的微分方程。

14. 放射性衰减。80 克某放射性物质 t 年后的剩余量由图 1 所示的函数 $f(t)$ 给出。

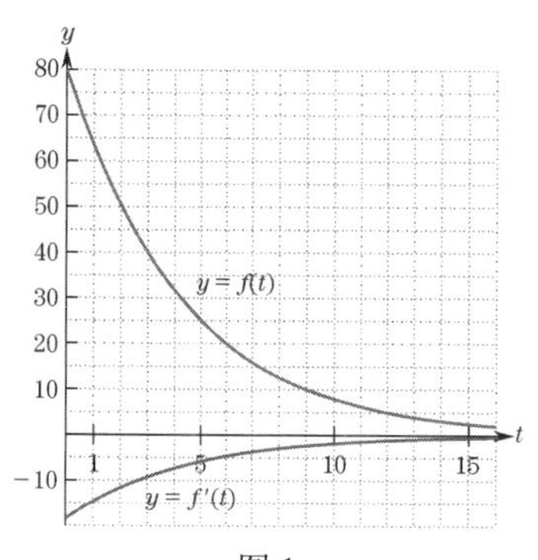

图 1

(a) 5 年后还剩多少？

(b) 什么时候还剩 10 克？

(c) 该放射性物质的半衰期是多少？

(d) 放射性物质 1 年后以什么速度裂变？

(e) 多少年后放射性物质以约 5 克/年的速度裂变？

15. 复利。钱存入银行几年后，复利金额为 1000 美元，且以 60 美元/年的速度增长。利率是多少（连续复利）？

16. 复利。储蓄账户的活期余额是 1230 美元，利率是 4.5%。目前复利金额的增长速度是多少？

17. 求函数 $f(t)=50\mathrm{e}^{0.2t^2}$ 在 $t=10$ 处的变化率。

18. 求需求函数 $q=4000-40p^2$ 的 $E(p)$，并确定 $p=5$ 时需求是弹性的还是无弹性的。

19. 需求弹性。对于某个需求函数，$E(8)=1.5$。如果价格增加到 8.16 美元，估计需求量减少的百分比。收入是增加还是减少？

20. 求函数 $f(p)=\frac{1}{3p+1}$ 在 $p=1$ 时的百分比变化率。

21. 需求弹性。一家公司可出售 $q=1000p^2\mathrm{e}^{-0.02(p+5)}$ 台计算器，价格为 p 美元/台。目前的价格是 200 美元/台。若降低价格，则收入是增加还是减少？

22. 需求弹性。考虑一个形如 $q=a\mathrm{e}^{-bp}$ 的需求函数，其中 a 和 b 为正数。求 $E(p)$，并证明 $p=1/b$ 时弹性等于 1。

第6章　定　积　分

微积分的两个基本问题是：①求曲线上某点的斜率；②求曲线下区域的面积。如图 1 所示，当曲线为直线时，这些问题相当简单。直线的斜率和阴影梯形的面积都可用几何原理计算。当图形由多条线段组成时，如图 2 所示，可分别计算每条线段的斜率，然后将每条线段下的区域面积相加，就可得到整个区域的面积。

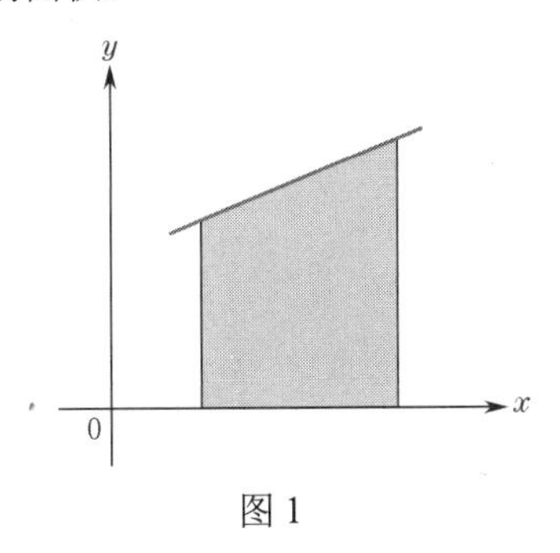

图 1

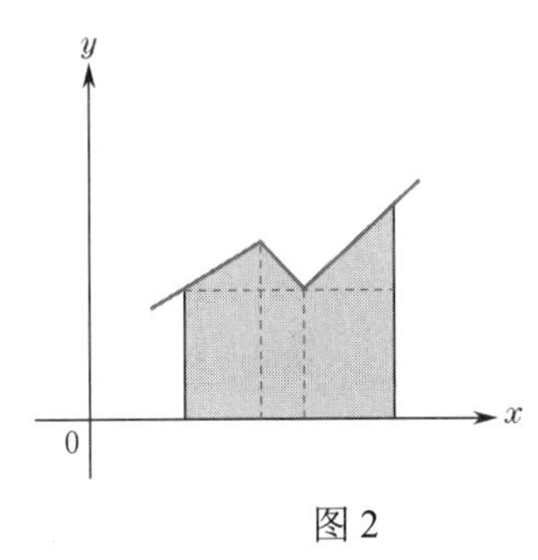

图 2

当曲线不是直线时，就需要微积分。前面说过，斜率问题是用函数的导数解决的。本章介绍面积问题如何与函数的“积分”或“不定积分”概念联系起来，粗略地说，它是函数的导数的逆。古希腊人研究了斜率问题和面积问题，且解决了特殊情况下的问题。然而，直到 17 世纪微积分的发展，人们才发现这两个问题之间的密切联系。本章讨论微积分基本定理中所述的这种联系。

6.1　不定积分

前面介绍了几种计算函数 $F(x)$ 的导数 $F'(x)$ 的技术。然而，如引言中所述，在许多应用中需要进行反向操作，即已知导数 $F'(x)$，求函数 $F(x)$。由 $F'(x)$ 求 $F(x)$ 的过程称为**不定积分**。下例是一个涉及不定积分的典型应用。

例 1　由火箭的速度确定火箭的高度。火箭垂直向空中发射，升空后 t 秒的速度是 $v(t)=6t+0.5$ 米/秒。发射前，火箭顶部距离发射台 8 米。求 t 时刻火箭的高度（从火箭顶部到发射台的高度）。

解（第 1 部分）：设 $s(t)$ 是火箭在 t 时刻的高度，则 $s'(t)$ 为高度变化率，即 $s'(t)=v(t)$。因此，虽然我们还没有 $s(t)$ 的公式，但知道

$$s'(t)=v(t)6t+0.5$$

因此，求 $s(t)$ 的公式的问题就简化为不定积分问题：求出导数为 $v(t)$ 的函数。我们将在学习一些求解一般不定积分问题的技术后，求解这个特殊的问题。

■

定义　不定积分。已知函数 $f(x)$，$F(x)$ 是导数为 $f(x)$ 的函数，即 $F'(x)=f(x)$，则称 $F(x)$ 为 $f(x)$ 的不定积分。

例 2　幂函数。求 $f(x)=x^2$ 的不定积分。

解：x^3 的导数是 $3x^2$，除了因子 3，与 x^2 几乎相同。为了使该因子为 1 而非 3，考虑函数 $\frac{1}{3}x^3$，有

$$\frac{\mathrm{d}}{\mathrm{d}x}\left(\frac{1}{3}x^3\right)=\frac{1}{3}\left(\frac{\mathrm{d}}{\mathrm{d}x}x^3\right)=\frac{1}{3}\cdot 3x^2=x^2$$

$\frac{1}{3}x^3$ 是 x^2 的不定积分。这是 x^2 唯一的不定积分吗？考虑函数 $\frac{1}{3}x^3+5$，

$$\frac{\mathrm{d}}{\mathrm{d}x}\left(\frac{1}{3}x^3+5\right)=\frac{\mathrm{d}}{\mathrm{d}x}\left(\frac{1}{3}x^3\right)+\frac{\mathrm{d}}{\mathrm{d}x}(5)=x^2+0=x^2$$

由于 $\frac{1}{3}x^3+5$ 的导数是 x^2，我们得出 $\frac{1}{3}x^3+5$ 也是 x^2 的不定积分。更一般地说，若 C 是任意常数，则 $F(x)=\frac{1}{3}x^3+C$ 是 x^2 的不定积分，因为

$$F'(x)=\frac{\mathrm{d}}{\mathrm{d}x}\left(\frac{1}{3}x^3+C\right)=\frac{\mathrm{d}}{\mathrm{d}x}\left(\frac{1}{3}x^3\right)+\frac{\mathrm{d}}{\mathrm{d}x}(C)=x^2+0=x^2$$

■

例 3　指数函数。求 $f(x)=\mathrm{e}^{-2x}$ 的不定积分。

解：回顾可知，e^{rx} 的导数是常数乘以 e^{rx}。对于 e^{-2x} 的不定积分，可以尝试 $k\mathrm{e}^{-2x}$ 形式的函数，其中 k 是某个待确定的常数。于是，有

$$\frac{\mathrm{d}}{\mathrm{d}x}(k\mathrm{e}^{-2x})=k\cdot\left(\frac{\mathrm{d}}{\mathrm{d}x}\mathrm{e}^{-2x}\right)=-2k\mathrm{e}^{-2x}$$

我们希望这个导数是 e^{-2x}，所以选择 k 使 $-2k=1$；也就是说，选择 $k=-\frac{1}{2}$。于是，有

$$\frac{\mathrm{d}}{\mathrm{d}x}\left(-\frac{1}{2}\mathrm{e}^{-2x}\right)=\left(-\frac{1}{2}\right)\cdot(-2\mathrm{e}^{-2x})=1\cdot\mathrm{e}^{-2x}=\mathrm{e}^{-2x}$$

因此，$-\frac{1}{2}\mathrm{e}^{-2x}$ 是 e^{-2x} 的不定积分。同理，对于任意常数 C，函数 $F(x)=-\frac{1}{2}\mathrm{e}^{-2x}+C$ 是 e^{-2x} 的不定积分，因为

$$\frac{\mathrm{d}}{\mathrm{d}x}\left(-\frac{1}{2}\mathrm{e}^{-2x}+C\right)=\mathrm{e}^{-2x}+0=\mathrm{e}^{-2x}$$

■

例 2 和例 3 说明了这样一个事实：若 $F(x)$ 是 $f(x)$ 的不定积分，则 $F(x)+C$ 也是其不定积分，其中 C 是任意常数。下面的定理表明 $f(x)$ 的所有不定积分都可由这种方法得到。

定理 I　设 $f(x)$ 是区间 I 上的连续函数。若 $F_1(x)$ 和 $F_2(x)$ 是 $f(x)$ 的两个不定积分，则 $F_1(x)$ 和 $F_2(x)$ 在 I 上相差一个常数。换言之，对于区间 I 上的所有 x，存在一个常数 C，使得

$$F_2(x)=F_1(x)+C$$

几何上，通过垂直移动 $F_1(x)$ 的图形，可以得到任意不定积分 $F_2(x)$ 的图形（见图 1）。

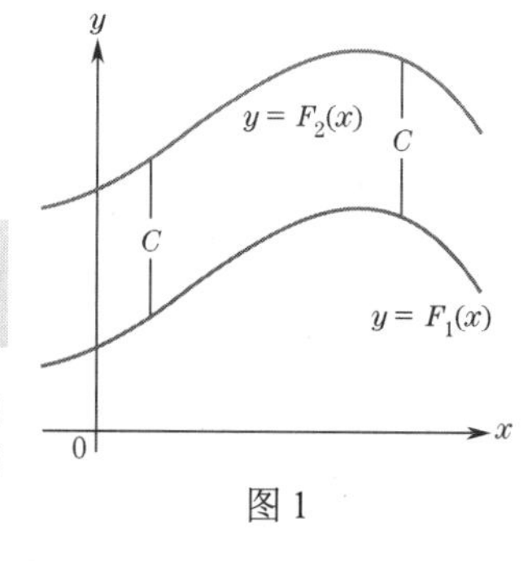

图 1

我们对定理 I 的证明基于如下事实，这个事实本身很重要。

定理 II　若对区间 I 上的所有 x 有 $F'(x)=0$，则存在一个常数 C，使得对于区间 I 上的所有 x，$F(x)=C$。

很容易看出为什么定理 II 合理。该定理的正式证明需要一个重要的理论结果（称为**中值定理**）。若对所有 x 有 $F'(x)=0$，则曲线 $y=F(x)$ 在每个点处的斜率都为 0。因此，$y=F(x)$ 在任意点处的切线都是水平的，这意味着 $y=F(x)$ 的图形是一条水平线（试着画出处处都有水平切线的函数图）。若水平线是 $y=C$，则对所有 x 有 $F(x)=C$。

定理 I 的证明　若 $F_1(x)$ 和 $F_2(x)$ 是 $f(x)$ 的两个不定积分，则函数 $F(x)=F_2(x)-F_1(x)$ 的导数为

$$F'(x)=F_2'(x)-F_1'(x)=f(x)-f(x)=0$$

由定理 II 可知，对于某个常数 C 有 $F(x)=C$，换言之，$F_2(x)-F_1(x)=C$，所以

$$F_2(x)=F_1(x)+C$$

定理 I 得证。

根据定理 I，一旦知道一个不定积分，就可求出给定函数的所有不定积分。例如，因为 x^2 的一个

不定积分是$\frac{1}{3}x^3$（见例 2），所以x^2的所有不定积分形式为$\frac{1}{3}x^3+C$，其中C是常数。

定义　不定积分。假设$f(x)$是一个函数，其不定积分是$F(x)+C$。标准写法为

$$\int f(x)\,\mathrm{d}x=F(x)+C \tag{1}$$

符号$\int$被称为**积分符号**。整个符号$\int f(x)\,\mathrm{d}x$称为**不定积分**，代表函数$f(x)$的反微分。

我们总在自变量前面加上字母 d 来记录它。例如，若自变量是t而不是x，则可将不定积分写成$\int f(t)\,\mathrm{d}t$。在积分$\int f(x)\,\mathrm{d}x$中，函数$f(x)$称为**被积函数**。

例 4　幂和指数的积分。求：(a)$\int x^r\,\mathrm{d}x$，r为$\neq -1$的常数；(b)$\int \mathrm{e}^{kx}\,\mathrm{d}x$，$k$为$\neq 0$的常数。

解：(a)根据常数倍数法则和幂法则求微分，得

$$\frac{\mathrm{d}}{\mathrm{d}x}\left(\frac{1}{r+1}x^{r+1}\right)=\frac{1}{r+1}\cdot\frac{\mathrm{d}}{\mathrm{d}x}x^{r+1}=\frac{1}{r+1}\cdot(r+1)x^r=x^r$$

因此，$x^{r+1}/(r+1)$是x^r的不定积分。设C为任意常数，则有

幂法则

$$\int x^r\,\mathrm{d}x=\frac{1}{r+1}x^{r+1}+C,\quad r\neq -1 \tag{2}$$

(b)e^{kx}的不定积分是e^{kx}/k，因为

$$\frac{\mathrm{d}}{\mathrm{d}x}\left(\frac{1}{k}\mathrm{e}^{kx}\right)=\frac{1}{k}\cdot\frac{\mathrm{d}}{\mathrm{d}x}\mathrm{e}^{kx}=\frac{1}{k}\cdot(k\,\mathrm{e}^{kx})=\mathrm{e}^{kx}$$

因此，有

指数法则

$$\int \mathrm{e}^{kx}\,\mathrm{d}x=\frac{1}{k}\mathrm{e}^{kx}+C,\quad k\neq 0 \tag{3}$$

■

例 5　使用幂法则。求：(a)$\int\sqrt{x}\,\mathrm{d}x$；(b)$\int\frac{1}{x^2}\,\mathrm{d}x$。

解：这两个积分都可应用式(2)即幂法则求解。

(a)在式(2)中取$r=\frac{1}{2}$，有

$$\int x^{\frac{1}{2}}\,\mathrm{d}x=\frac{1}{1/2+1}x^{\frac{1}{2}+1}+C=\frac{1}{3/2}x^{\frac{3}{2}}+C=\frac{2}{3}x^{\frac{3}{2}}+C$$

(b)在式(2)中取$r=-2$，有

$$\int x^{-2}\,\mathrm{d}x=\frac{1}{-2+1}x^{-2+1}+C=-x^{-1}+C=-\frac{1}{x}+C$$

■

对于不连续函数的积分，有个微妙的问题需要注意。考虑例 5(b)中$f(x)=1/x^2$的积分。由于$f(x)$在$x=0$处无定义，且在其他任何地方都是连续的，定理 I 仅说$f(x)$的不定积分在任何不包含 0 的区间上为$(-1/x)+C$。为了表示$f(x)$的不定积分，我们排除 0，写成

$$\int\frac{1}{x^2}\,\mathrm{d}x=\begin{cases}-\frac{1}{x}+C_1, & x>0\\ -\frac{1}{x}+C_2, & x<0\end{cases}$$

注意，因为有两个独立的区间（$x<0$和$x>0$），我们需要两个独立的积分常数C_1和C_2。然而，为便于标记，这里继续仅用一个积分常数，就像在例 5(b)中所做的那样。

式(2)未给出x^{-1}的不定积分，因为对于$r=-1$，$1/(r+1)$无定义。然而，我们知道，对于$x\neq 0$，$\ln|x|$的导数是$1/x$。因此，$\ln|x|$是$1/x$的不定积分，于是有

对数法则

$$\int\frac{1}{x}\,\mathrm{d}x=\ln|x|+C,\quad x\neq 0 \tag{4}$$

对数法则提供了式(2)中缺失的情况（$r=-1$）。因为$1/x$在$x=0$处无定义，如在例 5 中解释的那样，我们应该分两个区间来证明对数法则的有效性，将其解释如下：

$$\int \frac{1}{x}\,\mathrm{d}x=\begin{cases}\ln x+C_1, & x>0\\ \ln(-x)+C_2, & x<0\end{cases}$$

“反转”一个熟悉的微分法则，我们可以得到式(2)、式(3)和式(4)。类似地，我们可用导数的求和法则和常数倍数法则来得到不定积分的对应法则。

积分的基本性质

求和法则 $$\int[f(x)+g(x)]\,\mathrm{d}x=\int f(x)\,\mathrm{d}x+\int g(x)\,\mathrm{d}x \qquad (5)$$

常数倍数法则 $$\int kf(x)\mathrm{d}x=k\int f(x)\mathrm{d}x，\ k\text{ 是一个常数} \qquad (6)$$

换言之，求和法则说函数的和可以逐项反微分；常数倍数法则说常数倍数可在积分号两边移动。

例 6 使用积分的基本性质。计算$\int(x^{-3}+7\mathrm{e}^{5x}+4/x)\,\mathrm{d}x$。

解：使用前面的法则有

$$\begin{aligned}\int(x^{-3}+7\mathrm{e}^{5x}+4/x)\,\mathrm{d}x&=\int x^{-3}\,\mathrm{d}x+\int 7\mathrm{e}^{5x}\,\mathrm{d}x+\int 4/x\,\mathrm{d}x && \text{求和法则}\\ &=\int x^{-3}\,\mathrm{d}x+7\int \mathrm{e}^{5x}\,\mathrm{d}x+4\int 1/x\,\mathrm{d}x && \text{常数倍数法则}\\ &=\tfrac{1}{-2}x^{-2}+7\left(\tfrac{1}{5}\mathrm{e}^{5x}\right)+4\ln|x|+C && \text{幂法则、指数法则、对数法则}\\ &=-\tfrac{1}{2}x^{-2}+\tfrac{7}{5}\mathrm{e}^{5x}+4\ln|x|+C\end{aligned}$$

■

注意：求积分时不要忘记加上任意常数C。

经过一些实践后，例 6 的解的大多数中间步骤可以省略。

一个函数有无穷多个不同的不定积分，这对应于常数C的不同选择。在应用中，通常需要满足一个附加条件，这个条件决定了C的特定值。

例 7 解微分方程。求函数$f(x)$，其中$f'(x)=x^2-2$且$f(1)=\frac{4}{3}$［在本题中，同样要求解微分方程$y'=x^2-2$，$y(1)=\frac{4}{3}$］。

解：未知函数$f(x)$是x^2-2的不定积分，x^2-2的一个不定积分是$\frac{1}{3}x^3-2x$。因此，根据定理 I 有

$$f(x)=\tfrac{1}{3}x^3-2x+C，\ C\text{ 是一个常数}$$

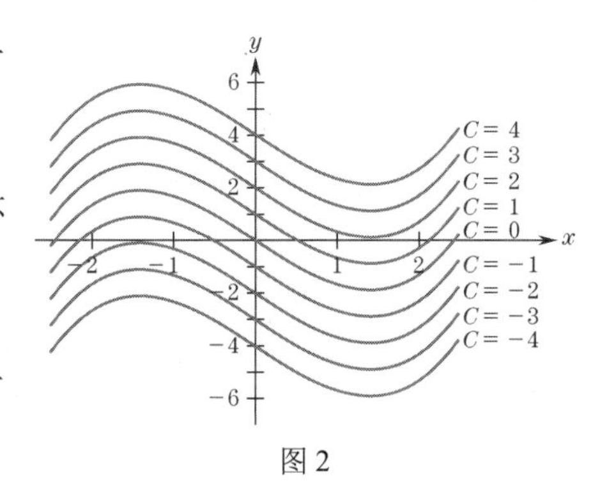

图 2

图 2 显示了C的几种不同选择下$f(x)$的图形。我们希望函数的图形过点$\left(1,\frac{4}{3}\right)$。为求$C$值，使$f(1)=\frac{4}{3}$。设

$$\tfrac{4}{3}=f(1)=\tfrac{1}{3}(1)^3-2(1)+C=-\tfrac{5}{3}+C$$

求得$C=\frac{4}{3}+\frac{5}{3}=3$。因此，$f(x)=\frac{1}{3}x^3-2x+3$。

■

介绍不定积分的基础知识后，下面求解例 1 中的问题。

求解例 1（继续） 位置函数$s(t)$是速度函数$v(t)$的不定积分。于是，有

$$s(t)=\int v(t)\mathrm{d}t=\int(6t+0.5)\,\mathrm{d}t=3t^2+0.5t+C$$

式中，C是常数。当$t=0$时，火箭高度为 8 米。也就是说，$s(0)=8$，于是有

$$8 = s(0) = 3\times 0^2 + 0.5\times 0 + C = C$$

因此 $C = 8$，且

$$s(t) = 3t^2 + 0.5t + 8$$

■

例 8　成本函数。 公司的边际成本函数是 $C'(x) = 0.015x^2 - 2x + 80$ 美元，其中 x 表示 1 天生产的商品件数。该公司每天的固定成本是 1000 美元。

(a) 求每天生产 x 件商品的成本。

(b) 目前生产的商品件数是 $x = 30$，若件数提高到 $x = 60$，成本将增加多少？

解： (a) 设 $C(x)$ 为一天内生产 x 件商品的成本。导数 $C'(x)$ 是边际成本。也就是说，$C(x)$ 是边际成本函数的不定积分。于是，有

$$C(x) = \int (0.015x^2 - 2x + 80)\,\mathrm{d}x = 0.005x^3 - x^2 + 80x + C$$

1000 美元的固定成本是生产 0 件商品时产生的成本，即 $C(0) = 1000$。于是，有

$$1000 = C(0) = 0.005\times 0^3 - 0^2 + 80\times 0 + C$$

因此，$C = 1000$，且

$$C(x) = 0.005x^3 - x^2 + 80x + 1000$$

(b) $x = 30$ 时的成本为 $C(30)$，$x = 60$ 时的成本为 $C(60)$。因此，当产量从 $x = 30$ 提高到 $x = 60$ 时，成本的增加为 $C(60) - C(30)$。计算得

$$C(60) = 0.005\times 60^3 - 60^2 + 80\times 60 + 1000 = 3280$$

$$C(30) = 0.005\times 30^3 - 30^2 + 80\times 30 + 1000 = 2635$$

因此，成本增加了 $3280 - 2635 = 645$ 美元。

■

反微分或积分是一个涉及"反转"导数公式的过程，且常常涉及猜测及对猜测的调整。为了证明一个积分公式，我们可将其视为一个导数公式的逆，然后用微分法则来检验。下面的两个例子说明了这个有用的过程。

例 9　证明积分公式。 证明积分公式

$$\int x\mathrm{e}^{-x^2}\,\mathrm{d}x = -\tfrac{1}{2}\mathrm{e}^{-x^2} + C$$

解： 这个公式表明 $x\mathrm{e}^{-x^2}$ 的不定积分是 $-\frac{1}{2}\mathrm{e}^{-x^2} + C$。因此，为了证明它，可以证明 $-\frac{1}{2}\mathrm{e}^{-x^2} + C$ 的导数是 $x\mathrm{e}^{-x^2}$。事实上，

$$\frac{\mathrm{d}}{\mathrm{d}x}\left[-\frac{1}{2}\mathrm{e}^{-x^2} + C\right] = -\frac{1}{2}\frac{\mathrm{d}}{\mathrm{d}x}[\mathrm{e}^{-x^2}] + \frac{\mathrm{d}}{\mathrm{d}x}[C] = -\frac{1}{2}\mathrm{e}^{-x^2}\frac{\mathrm{d}}{\mathrm{d}x}[-x^2] + 0 = -\frac{1}{2}\mathrm{e}^{-x^2}(-2x) = x\mathrm{e}^{-x^2}$$

■

例 10　证明和完成一个积分公式。 求 k 的值，使下面的不定积分公式成立：

$$\int (1-2x)^3\,\mathrm{d}x = k(1-2x)^4 + C$$

解： 这个公式等价于 $k(1-2x)^4 + C$ 的导数为 $(1-2x)^3$。求微分得

$$\frac{\mathrm{d}}{\mathrm{d}x}(k(1-2x)^4 + C) = \frac{\mathrm{d}}{\mathrm{d}x}[k(1-2x)^4] + \frac{\mathrm{d}}{\mathrm{d}x}(C) = k\frac{\mathrm{d}}{\mathrm{d}x}(1-2x)^4 + 0$$

$$= k(4)(1-2x)^3\frac{\mathrm{d}}{\mathrm{d}x}(1-2x) = k(4)(1-2x)^3(-2) = -8k(1-2x)^3$$

它应等于 $(1-2x)^3$。因此，$-8k(1-2x)^3 = (1-2x)^3$，即 $-8k = 1$，则 $k = -\frac{1}{8}$。设 $k = -\frac{1}{8}$，得积分公式为

$$\int (1-2x)^3\,\mathrm{d}x = -\tfrac{1}{8}(1-2x)^4 + C$$

如果愿意，你可像例 9 那样通过对两边求导来证明这个公式。■

综合技术

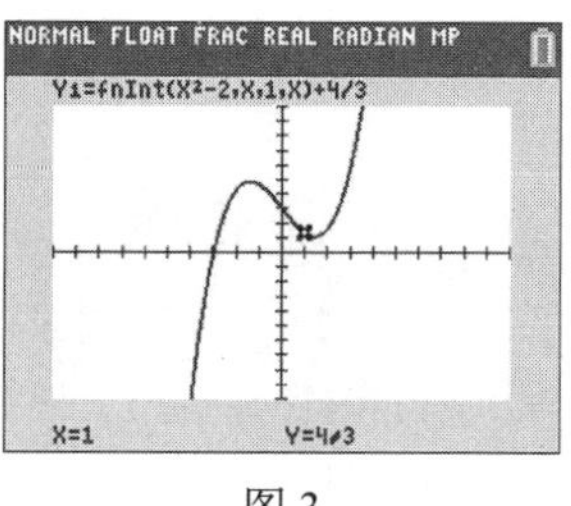

图 3

不定积分的画图与微分方程的解法 要画出例 7 中微分方程的解，步骤如下。首先，按[Y=]键；然后设置 $Y_1 = \text{fnInt}(X^2-2, X, 1, X) + 4/3$。在经典模式下，按[MATH] [9]，显示 fnInt。按下[GRAPH]后，你将发现绘制 Y_1 的过程非常缓慢，这时可通过将 xRes（在[WINDOW]屏幕中）设置为更高的值来加快速度。图 3 显示了例 7 的解。

6.1 节自测题（答案见本节习题后）

1. 求下列不定积分。
   (a) $\int t^{7/2}\,\mathrm{d}t$　　(b) $\int\left(\frac{x^3}{3}+\frac{3}{x^3}+\frac{3}{x}\right)\mathrm{d}x$

2. 求满足 $f'(t)=3t+5$ 和 $f(0)=5$ 的函数 $f(t)$。

习题 6.1

求下列函数的不定积分。

1. $f(x)=x$　**2.** $f(x)=9x^8$　**3.** $f(x)=\mathrm{e}^{3x}$

4. $f(x)=\mathrm{e}^{-3x}$　**5.** $f(x)=3$　**6.** $f(x)=-4x$

求下列不定积分。

7. $\int 4x^3\,\mathrm{d}x$　**8.** $\int \frac{x}{3}\,\mathrm{d}x$　**9.** $\int 7\,\mathrm{d}x$

10. $\int k^2\,\mathrm{d}x$（k 是常数）

11. $\int \frac{x}{c}\,\mathrm{d}x$（$c$ 是不等于 0 的常数）

12. $\int x\cdot x^2\,\mathrm{d}x$　**13.** $\int\left(\frac{2}{x}+\frac{x}{2}\right)\mathrm{d}x$

14. $\int \frac{1}{7x}\,\mathrm{d}x$　**15.** $\int x\sqrt{x}\,\mathrm{d}x$

16. $\int\left(\frac{2}{\sqrt{x}}+2\sqrt{x}\right)\mathrm{d}x$　**17.** $\int\left(x-2x^2+\frac{1}{3x}\right)\mathrm{d}x$

18. $\int\left(\frac{7}{2x^3}-\sqrt[3]{x}\right)\mathrm{d}x$　**19.** $\int 3\mathrm{e}^{-2x}\,\mathrm{d}x$

20. $\int \mathrm{e}^{-x}\,\mathrm{d}x$　**21.** $\int \mathrm{e}\,\mathrm{d}x$

22. $\int \frac{7}{2\mathrm{e}^{2x}}\,\mathrm{d}x$　**23.** $\int -2(\mathrm{e}^{2x}+1)\,\mathrm{d}x$

24. $\int\left(-3\mathrm{e}^{-x}+2x-\mathrm{e}^{0.5x}/2\right)\mathrm{d}x$

在习题 25～36 中，求使不定积分公式成立的 k 值 [注意：请在不查看答案的情况下检查你的答案]。

25. $\int 5\mathrm{e}^{-2t}\,\mathrm{d}t=k\mathrm{e}^{-2t}+C$　**26.** $\int 3\mathrm{e}^{t/10}\,\mathrm{d}t=k\mathrm{e}^{t/10}+C$

27. $\int 2\mathrm{e}^{4x-1}\,\mathrm{d}x=k\mathrm{e}^{4x-1}+C$　**28.** $\int \frac{4}{\mathrm{e}^{3x+1}}\,\mathrm{d}x=\frac{k}{\mathrm{e}^{3x+1}}+C$

29. $\int (5x-7)^{-2}\,\mathrm{d}x=k(5x-7)^{-1}+C$

30. $\int \sqrt{x+1}\,\mathrm{d}x=k(x+1)^{3/2}+C$

31. $\int (4-x)^{-1}\,\mathrm{d}x=k\ln|4-x|+C$

32. $\int \frac{7}{(8-x)^4}\,\mathrm{d}x=\frac{k}{(8-x)^3}+C$

33. $\int (3x+2)^4\,\mathrm{d}x=k(3x+2)^5+C$

34. $\int (2x-1)^3\,\mathrm{d}x=k(2x-1)^4+C$

35. $\int \frac{3}{2+x}\,\mathrm{d}x=k\ln|2+x|+C$

36. $\int \frac{5}{2-3x}\,\mathrm{d}x=k\ln|2-3x|+C$

求满足给定条件的所有函数 $f(t)$。

37. $f'(t)=t^{3/2}$　**38.** $f'(t)=\frac{4}{6+t}$

39. $f'(t)=0$　**40.** $f'(t)=t^2-5t-7$

求满足给定条件的所有函数 $f(x)$。

41. $f'(x)=0.5\mathrm{e}^{-0.2x}$，$f(0)=0$

42. $f'(x)=2x-\mathrm{e}^{-x}$，$f(0)=1$

43. $f'(x)=x$，$f(0)=3$

44. $f'(x)=8x^{1/3}$，$f(1)=4$

45. $f'(x)=\sqrt{x}+1$，$f(4)=0$

46. $f'(x)=x^2+\sqrt{x}$，$f(1)=3$

47. 图 4 显示了函数 $f(x)$ 的图形，其中 $f'(x)=2/x$。求图形过点(1, 2)的函数 $f(x)$ 的表达式。

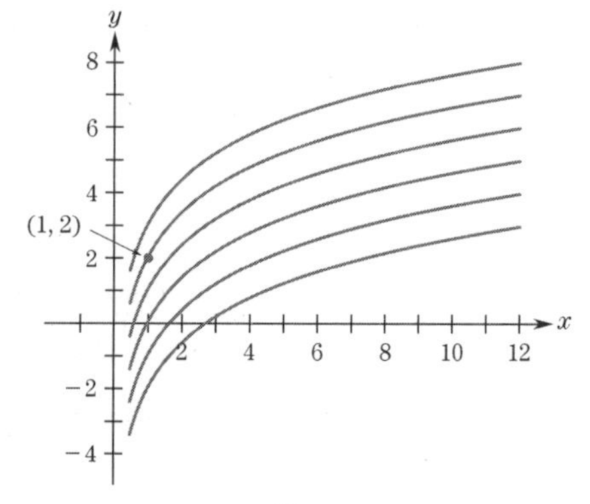

图 4

48. 图 5 显示了函数 $f(x)$ 的图形，$f'(x)=1/3$。求图形过点(6, 3)的函数 $f(x)$ 的表达式。

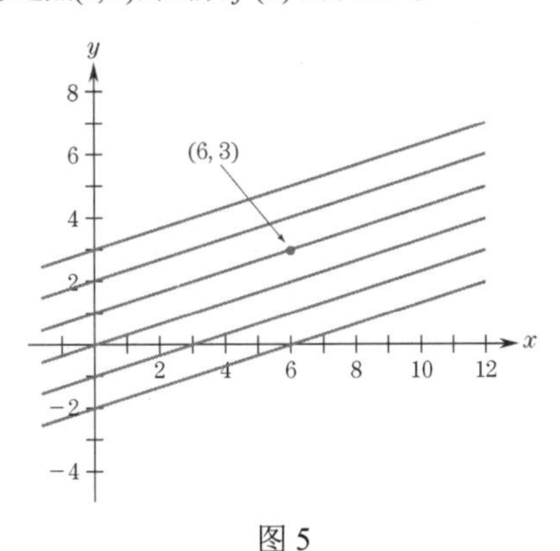

图 5

49. 下面哪个选项是 $\int \ln x \, dx$？

(a) $\frac{1}{x}+C$　(b) $x\cdot\ln x - x + C$　(c) $\frac{1}{2}\cdot(\ln x)^2+C$

50. 下面哪个选项是 $\int x\sqrt{x+1}\, dx$？

(a) $\frac{2}{5}(x+1)^{5/2}-\frac{2}{3}(x+1)^{3/2}+C$

(b) $\frac{1}{2}x^2\cdot\frac{2}{3}(x+1)^{3/2}+C$

51. 图 6 中显示了函数 $F(x)$ 的图形。在同一坐标系中为每个 x 绘制满足 $G(0)=0$ 和 $G'(x)=F'(x)$ 的函数 $G(x)$ 的图形。

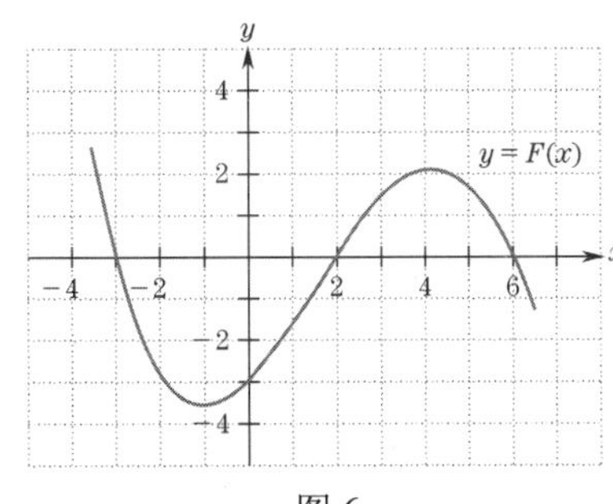

图 6

52. 图 7 中显示了函数 $f(x)$ 的不定积分，画出 $f(x)$ 的另一个不定积分的图形。

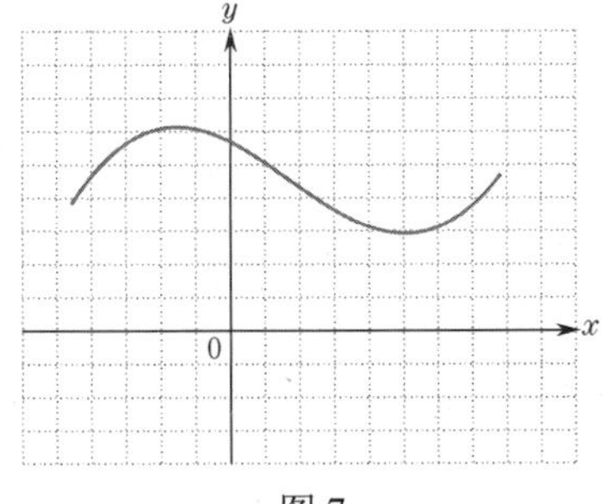

图 7

53. 图 8 中的函数 $g(x)$ 是将 $f(x)$ 的图形上移 3 个单位后得到的。若 $f'(5)=\frac{1}{4}$，$g'(5)$ 是多少？

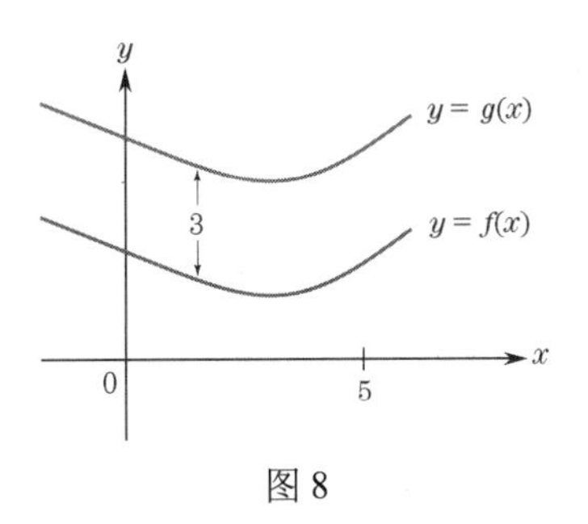

图 8

54. 图 9 中的函数 $g(x)$ 是将 $f(x)$ 的图形上移 2 个单位后得到的。$h(x)=g(x)-f(x)$ 的导数是什么？

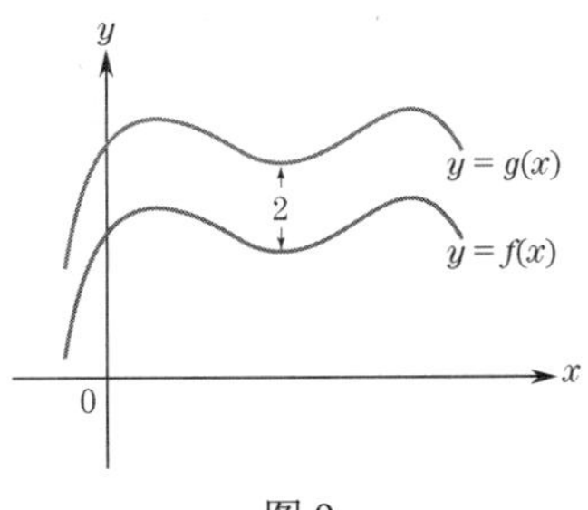

图 9

55. **小球的高度**。一个小球从离地面 256 英尺的高度向上抛出，初始速度为 96 英尺/秒。由物理学可知，时刻 t 的速度是 $v(t)=96-32t$ 英尺/秒。

(a) 求 t 时刻小球离地高度的函数 $s(t)$。

(b) 小球到达地面需要多长时间？

(c) 小球能飞多高？

56. **自由落体**。一块岩石从 400 英尺高的悬崖顶上落下，其在 t 时刻的速度是 $v(t)=-32t$ 英尺/秒。

(a) 求 t 时刻岩石到地面的高度 $s(t)$。

(b) 岩石到达地面需要多长时间？

(c) 岩石撞击地面时的速度是多少？

57. **生产率**。设 $P(t)$ 为工厂流水线工作 t 小时后的总产量。若 t 时刻的生产率为 $P'(t)=60+2t-\frac{1}{4}t^2$ 件/小时，求 $P(t)$ 的公式。

58. **生产率**。运行 t 小时后，煤矿以 $C'(t)=40+2t-\frac{1}{5}t^2$ 吨/小时的生产率生产煤。求煤矿运行 t 小时后总产量的公式。

59. **热扩散**。将一包冷冻草莓从 -5℃的冰柜中取出，放入 20℃的房间。在时刻 t，草莓的平均温度以 $T'(t)=10e^{-0.4t}$ ℃/小时的速度上升，求 t 时刻草莓的温度。

60. **疫情**。流感席卷了某小镇。设 $P(t)$ 为 t 天后感染流感的人数，其中时间以疫情开始后的天数，

$P(0)=100$。t 天后，流感以 $P'(t)=120t-3t^2$ 人/天的速度传播，求 $P(t)$ 的公式。

61. 利润。一家小型领带店发现，在每天销售 x 条领带的情况下，其边际利润为每条领带 $\mathrm{MP}(x)$ 美元，其中 $\mathrm{MP}(x)=1.30+0.06x-0.0018x^2$。同样，当销售条数 $x=0$ 时，商店每天损失 95 美元。求每天销售 x 条领带时经营商店的利润。

62. 成本。某肥皂制造商估计，每天生产 x 吨肥皂粉时，边际成本为 $C'(x)=0.2x+100$ 美元/吨。固定费用是 200 美元/天。求每天生产 x 吨肥皂粉的成本。

技术题

在习题 63 和习题 64 中，求 $f(x)$ 的不定积分 $F(x)$，并在给定窗口内比较 $f(x)$ 和 $F(x)$ 的图形，以检查 $F(x)$ 的表达式是否合理 [即判断两个图形是否一致。当 $F(x)$ 有一个相对极值点时，$f(x)$ 应为零；当 $F(x)$ 增加时，$f(x)$ 应为正数，以此类推]。

63. $f(x)=2x-\mathrm{e}^{-0.02x}$，[−10, 10]*[−20, 100]。

64. $f(x)=\mathrm{e}^{2x}+\mathrm{e}^{-x}+\frac{1}{2}x^2$，[−2.4, 1.7]*[−10, 10]。

65. 绘制微分方程 $y'=\mathrm{e}^{-x^2}$, $y(0)=0$ 的解的图形。观察发现，随着 x 的增加，图形趋于值 $\sqrt{\pi}/2\approx 0.9$。

6.1 节自测题答案

1. (a) $\int t^{7/2}\,\mathrm{d}t=\frac{1}{9/2}t^{9/2}+C=\frac{2}{9}t^{9/2}+C$

(b) $\int\left(\frac{x^3}{3}+\frac{3}{x^3}+\frac{3}{x}\right)\mathrm{d}x$

$$=\int\left(\frac{1}{3}\cdot x^3+3x^{-3}+3\cdot\frac{1}{x}\right)\mathrm{d}x$$

$$=\frac{1}{3}\left(\frac{1}{4}x^4\right)+3\left(-\frac{1}{2}x^{-2}\right)+3\ln|x|+C$$

$$=\frac{1}{12}x^4-\frac{3}{2}x^{-2}+3\ln|x|+C$$

2. 未知函数 $f(t)$ 是 $3t+5$ 的不定积分。由于 $3t+5$ 的所有不定积分都是由下式给出：

$$\int(3t+5)\,\mathrm{d}t=\frac{3}{2}t^2+5t+C$$

我们得出对于某个常数 C，$f(t)=\frac{3}{2}t^2+5t+C$。为了求使 $f(0)=5$ 的 C 值，设

$$5=f(0)=\frac{3}{2}(0)^2+5(0)+C=C$$

所以 $C=5$，因此 $f(t)=\frac{3}{2}t^2+5t+5$。

6.2 函数的定积分和净变化

在上节的例 1 中，已知速度 $v(t)$ 和初始高度 $s(0)$，要求火箭 t 时刻的高度 $s(t)$。根据 $v(t)$ 确定 $s(t)$ 至任意常数 C 后，可用 $s(0)$ 求 C。本节介绍一个相关的问题，即已知时刻 t 在给定区间 $[a,b]$ 上的速度，但最初的高度未知时，计算当 t 从 a 变化到 b，火箭高度 $s(t)$ 的净变化。也就是说，已知 $v(t)$，其中 t 在给定区间 $[a,b]$ 上变化，最初的高度未知时，能否计算出净高度变化 $s(b)-s(a)$。如本节中介绍的那样，$v(t)$ 的任何不定积分，而不仅仅是 $s(t)$，都可以用来计算净变化 $s(b)-s(a)$。首先介绍一个重要的定义。

定义　定积分。设 f 是区间 $[a,b]$ 上具有不定积分 $F(x)$ 的连续函数，即 $F'(x)=f(x)$。f 从 a 到 b 的定积分为

$$\int_a^b f(x)\,\mathrm{d}x=F(b)-F(a) \tag{1}$$

式中，数字 a 和 b 分别称为积分的上限和下限，其中 a 为下限，b 为上限。数值 $F(b)-F(a)$ 是函数 $F(x)$ 的净变化，x 从 a 变为 b，用符号缩写为 $F(x)\big|_a^b$。

注意 1：虽然函数 $f(x)$ 的不定积分本身是一个函数（或者更准确地说，是一组函数），但定积分是一个不依赖于 x 的数。符号 $\mathrm{d}x$ 表示积分的自变量是 x。因为定积分中的答案不依赖于 x，所以可以使用任何其他积分变量而不影响式(1)中的积分值。例如，

$$\int_a^b f(x)\,\mathrm{d}x=\int_a^b f(t)\,\mathrm{d}t=F(t)\big|_a^b=F(b)-F(a)$$

例 1　计算定积分。计算 $\int_1^2 x\,\mathrm{d}x$。

解：$f(x)=x$ 的不定积分是 $F(x)=\frac{1}{2}x^2+C$，根据式(1)有

$$\int_1^2 x\,\mathrm{d}x = F(2) - F(1) = \left(\tfrac{1}{2}\times 2^2 + C\right) - \left(\tfrac{1}{2}\times 1^2 + C\right) = 2 - \tfrac{1}{2} = \tfrac{3}{2}$$

■

注意 2：在例 1 中计算 $F(2)-F(1)$ 时，$F(1)$ 中的 C 抵消了 $F(2)$ 中的 C。因此，$F(2)-F(1)$ 的值不依赖于 C 的选择。一般来说，若不使用 $F(x)$ 而使用 $F(x)+C$ 作为 $f(x)$ 的不定积分，则式(1)变成

$$\begin{aligned}\int_a^b f(x)\,\mathrm{d}x &= (F(b)+C)-(F(a)+C)\\ &= F(b)-F(a)+C-C = F(b)-F(a)\end{aligned}$$

因此，式(1)中的定积分值不依赖于常数 C（见图 1）。因此，计算定积分时取 $C=0$ 可以简化计算。

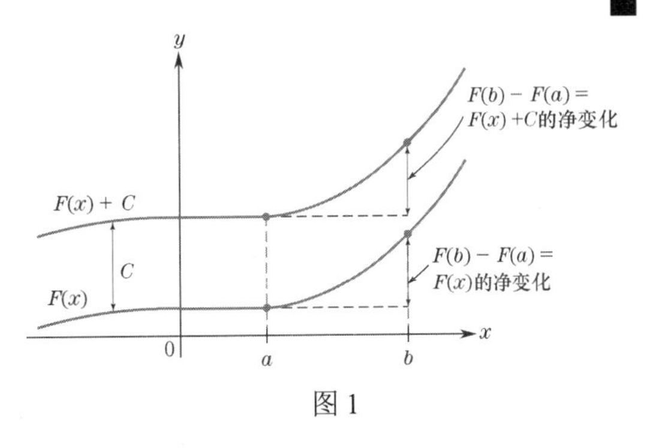

图 1

例 2　指数函数的定积分。计算 $\int_{-1}^{1} \mathrm{e}^{-t}\,\mathrm{d}t$。

解：为了求 $f(t)=\mathrm{e}^{-t}$ 的不定积分，我们使用上一节中的指数法则，$k=-1$，设任意常数 $C=0$，得到 $F(t)=-\mathrm{e}^{-t}$。于是，有

$$\int_{-1}^{1} \mathrm{e}^{-t}\,\mathrm{d}t = -\mathrm{e}^{-t}\Big|_{-1}^{1} = -\mathrm{e}^{-1}-(-\mathrm{e}^{-(-1)}) = \mathrm{e}-\mathrm{e}^{-1} = \mathrm{e}-\tfrac{1}{\mathrm{e}} \approx 2.35$$

■

定积分的性质

设 $f(x)$ 和 $g(x)$ 为函数，a,b,k 为任意常数，则

和的积分　$$\int_a^b [f(x)+g(x)]\,\mathrm{d}x = \int_a^b f(x)\,\mathrm{d}x + \int_a^b g(x)\,\mathrm{d}x \tag{2}$$

差的积分　$$\int_a^b [f(x)-g(x)]\,\mathrm{d}x = \int_a^b f(x)\,\mathrm{d}x - \int_a^b g(x)\,\mathrm{d}x \tag{3}$$

常数倍数的积分　$$\int_a^b kf(x)\,\mathrm{d}x = k\int_a^b f(x)\,\mathrm{d}x \tag{4}$$

证明性质(2)　设 $F(x)$ 和 $G(x)$ 分别是 $f(x)$ 和 $g(x)$ 的不定积分，则 $F(x)+G(x)$ 是 $f(x)+g(x)$ 的不定积分。根据式(1)有

$$\begin{aligned}\int_a^b [f(x)+g(x)]\,\mathrm{d}x &= [F(x)+G(x)]\Big|_a^b\\ &= [F(b)+G(b)]-[F(a)+G(a)]\\ &= [F(b)-F(a)]+[G(b)-G(a)]\\ &= \int_a^b f(x)\,\mathrm{d}x + \int_a^b g(x)\,\mathrm{d}x\end{aligned}$$

■

性质(3)和性质(4)的证明类似，且利用了 $F(x)-G(x)$ 是 $f(x)-g(x)$ 的不定积分，而 $kF(x)$ 是 $kf(x)$ 的不定积分。

我们对定积分的定义中隐含了 $a<b$，但是在 $a>b$ 或 $a=b$ 的情况下，式(1)的右侧也可求值。为方便后面参考，我们将这些情况列出如下：

$$\int_a^b f(x)\,\mathrm{d}x = -\int_b^a f(x)\,\mathrm{d}x \tag{5}$$

$$\int_a^a f(x)\,\mathrm{d}x = 0 \tag{6}$$

因为 $F(b)-F(a)=-(F(a)-F(b))$，所以性质(5)成立；因为 $F(a)-F(a)=0$，所以性质(6)成立。

例 3　使用定积分的性质。计算 $\int_1^3 (6x-18x^3)\,\mathrm{d}x - 2\int_1^3 (x-x^3)\,\mathrm{d}x$。

解：相同区间内的积分可用性质(2)组合：

$$\int_1^3 (6x-18x^3)\,dx-2\int_1^3 (x-x^3)\,dx=\int_1^3 (6x-18x^3)\,dx+\int_1^3 (-2x+2x^3)\,dx \qquad \text{根据性质(4)}$$

$$=\int_1^3 ((6x-18x^3)+(-2x+2x^3))\,dx \qquad \text{根据性质(2)}$$

$$=\int_1^3 (4x-16x^3)\,dx$$

$f(x)=4x-16x^3$ 的不定积分是 $F(x)=\frac{4}{2}x^2-\frac{16}{4}x^4=2x^2-4x^4$ 。于是，根据性质(1)有

$$\int_1^3 (4x-16x^3)\,dx=F(3)-F(1)$$

$$=(2\times 3^2-4\times 3^4)-(2\times 1^2-4\times 1^4)$$

$$=(18-324)-(2-4)=-306-(-2)=-304$$

■

同一函数在相邻区间上的两个定积分可合并如下。

相邻区间上的定积分 $\int_a^c f(x)\,dx+\int_c^b f(x)\,dx=\int_a^b f(x)\,dx$ (7)

至于净变化，性质(7)表示从 a 到 b 的净变化，它等于从 a 到 c 的净变化加上从 c 到 b 的净变化。

证明性质(7)

$$\int_a^c f(x)\,dx+\int_c^b f(x)\,dx=(F(c)-F(a))+(F(b)-F(c)) \qquad \text{根据性质(1)}$$

$$=F(b)-F(a)=\int_a^b f(x)\,dx \qquad \text{根据性质(1)}$$

例 4　使用定积分的性质。已知 $\int_0^6 f(x)\,dx=8$ 和 $\int_5^6 f(x)\,dx=7$ ，求 $\int_0^5 f(x)\,dx$ 。

解：根据性质(7)有

$$\int_0^6 f(x)\,dx=\int_0^5 f(x)\,dx+\int_5^6 f(x)\,dx$$

利用给定的积分值有

$$8=\int_0^5 f(x)\,dx+7$$

所以 $\int_0^5 f(x)\,dx=1$ 。

■

性质(7)在计算分段定义的函数的积分时特别有用，如下例所示。

例 5　分段定义函数的定积分。计算 $\int_0^2 f(x)\,dx$ 的积分，其中 $f(x)$ 如图 2 所示。

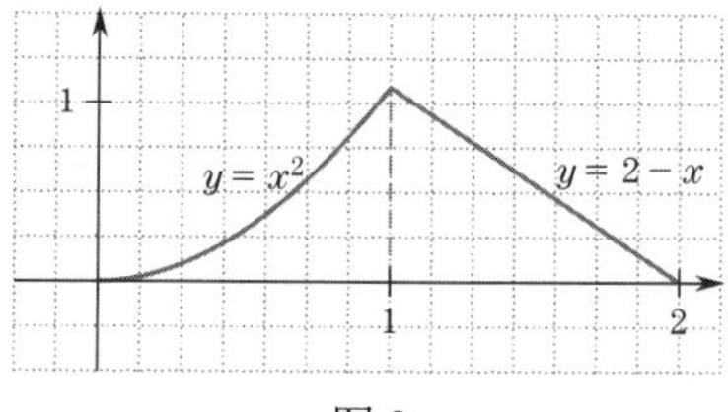

图 2

解：根据性质(7)有

$$\int_0^2 f(x)\,dx=\int_0^1 f(x)\,dx+\int_1^2 f(x)\,dx$$

在区间[0, 1]上函数 $f(x)$ 等于 x^2 ，而在区间[1, 2]上函数 $f(x)$ 等于 $2-x$ ，于是有

$$\int_0^1 f(x)\,dx=\int_0^1 x^2\,dx=\frac{1}{3}x^3\Big|_0^1=\frac{1}{3}\times 1^3-\frac{1}{3}\times 0^3=\frac{1}{3}$$

和

$$\int_1^2 f(x)\,dx=\int_1^2 (2-x)\,dx=2x-\frac{1}{2}x^2\Big|_1^2=\left(2\times 2-\frac{1}{2}\times 2^2\right)-\left(2\times 1-\frac{1}{2}\times 1^2\right)=\frac{1}{2}$$

联立两个积分有

$$\int_0^2 f(x)\,dx=\int_0^1 f(x)\,dx+\int_1^2 f(x)\,dx=\frac{1}{3}+\frac{1}{2}=\frac{5}{6}$$

■

函数净变化的定积分

在定积分的定义(1)中，由于 $f(x)=F'(x)$，因此可将式(1)改写为

$$\int_a^b F'(x)\,\mathrm{d}x = F(b)-F(a) \tag{8}$$

回顾可知，导数 $F'(x)$ 是 $F(x)$ 的变化率。因此，式(8)表示，当 x 从 a 变化到 b 时 $F(x)$ 的变化率的积分是其净变化。本节的其余示例说明了变化率的积分和函数的净变化之间的有趣联系。

假设一个物体沿直线运动。用 $s(t)$ 表示其在时刻 t 从某个参考点测量的位置，用 $v(t)$ 表示其速度。回顾 1.8 节可知，若 t 在区间 $[a,b]$ 上变化，则物体位置的净变化或位移为 $s(b)-s(a)$。

回顾：速度 $v(t)$ 是位置 $s(t)$ 的变化率，所以 $v(t)=s'(t)$。见 1.8 节。

例 6　位置的净变化。物体在 t 秒内直线运动的速度为 $v(t)=4t-1$ 米/秒。计算物体在时间间隔 $1\leqslant t\leqslant 3$ 秒内的位移。

解：设 $s(t)$ 表示位置函数。要计算的是位置 $s(3)-s(1)$ 的净变化。由式(8)和 $s'(t)=v(t)=4t-1$ 有

$$\begin{aligned} s(3)-s(1) &= \int_1^3 s'(t)\,\mathrm{d}t = \int_1^3 (4t-1)\,\mathrm{d}t \\ &= (2t^2-t)\Big|_1^3 = (2\times 3^2-3)-(2\times 1^2-1)=14 \end{aligned}$$

因此，当 t 从 1 变为 3 秒时，物体右移了 14 米（因为 14 是正的）。

■

例 7　边际收益分析。公司的边际收入函数为 $R'(x)=0.03x^2-2x+25$ 美元/件，其中 x 表示 1 天内生产的件数。如果产量从 $x=20$ 件提高到 $x=25$ 件，求收入的净变化。

解：设 $R(x)$ 为收入函数。题中要求计算 x 从 20 变化到 25 时收入的净变化。净变化是 $R(25)-R(20)=\int_{20}^{25} R'(x)\,\mathrm{d}x$。由于 $R'(x)=0.03x^2-2x+25$ 的不定积分为 $0.01x^3-x^2+25x$，故有

$$\begin{aligned} \int_{20}^{25} R'(x)\,\mathrm{d}x &= \int_{20}^{25}(0.03x^2-2x+25)\,\mathrm{d}x \\ &= 0.01x^3-x^2+25x\Big|_{20}^{25} \\ &= [0.01\times 25^3-25^2+25\times 25]-[0.01\times 20^3-20^2+25\times 20] \\ &= 156.25-180=-23.75 \end{aligned}$$

因此，若公司将产量从每天 20 件增至 25 件，收入将减少 23.75 美元。■

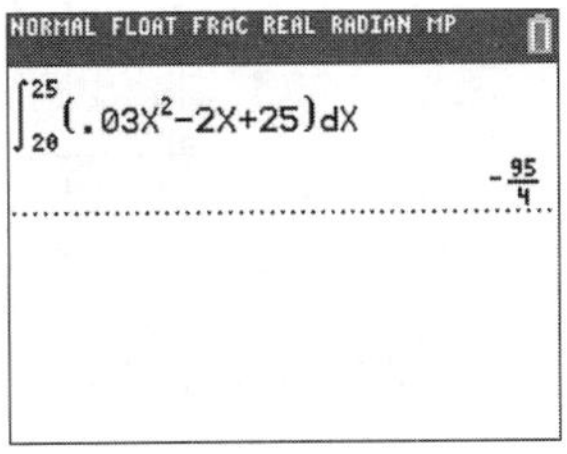

NORMAL FLOAT FRAC REAL RADIAN MP

$\int_{20}^{25}(.03X^2-2X+25)dX$

$-\frac{95}{4}$

图 3

综合技术

定积分的计算　例 7 中的定积分计算如图 3 所示。要进行该计算，可选择 MATH 9。完成积分，如图 3 所示。然后按ENTER键。

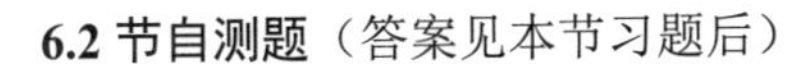

6.2 节自测题（答案见本节习题后）

1. 计算 $\int_0^1 \frac{e^{2x}-1}{e^x}\,\mathrm{d}x$。

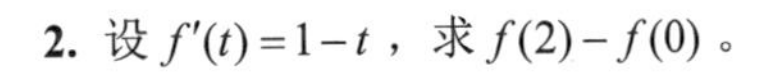

2. 设 $f'(t)=1-t$，求 $f(2)-f(0)$。

习题 6.2

在习题 1~14 中，计算积分。

1. $\int_0^1\left(2x-\frac{3}{4}\right)\mathrm{d}x$
2. $\int_{-1}^2\left(\frac{x^2}{3}-\frac{2}{9}x\right)\mathrm{d}x$
3. $\int_1^4(3\sqrt{t}+4t)\,\mathrm{d}t$
4. $\int_1^9\frac{1}{\sqrt{x}}\,\mathrm{d}x$
5. $\int_1^2-\frac{3}{x^2}\,\mathrm{d}x$
6. $\int_1^8(-x+\sqrt[3]{x})\,\mathrm{d}x$

7. $\int_1^2 \frac{5-2x^3}{x^6}\,\mathrm{d}x$　　8. $\int_1^4 \frac{x^2-\sqrt{x}}{x}\,\mathrm{d}x$

9. $\int_{-1}^0 (3\mathrm{e}^{3t}+t)\,\mathrm{d}t$　　10. $\int_{-2}^2 \frac{2}{\mathrm{e}^{2t}}\,\mathrm{d}t$

11. $\int_1^2 \frac{2}{x}\,\mathrm{d}x$　　12. $\int_{-2}^{-1} \frac{1+x}{x}\,\mathrm{d}x$

13. $\int_0^1 \frac{\mathrm{e}^x+\mathrm{e}^{0.5x}}{\mathrm{e}^{2x}}\,\mathrm{d}x$　　14. $\int_0^{\ln 2} \frac{\mathrm{e}^x+\mathrm{e}^{-x}}{2}\,\mathrm{d}x$

15. 设$\int_0^1 f(x)\,\mathrm{d}x=3.5$和$\int_1^4 f(x)\,\mathrm{d}x=5$，求$\int_0^4 f(x)\,\mathrm{d}x$。

16. 设$\int_{-1}^1 f(x)\,\mathrm{d}x=0$和$\int_{-1}^{10} f(x)\,\mathrm{d}x=4$，求$\int_1^{10} f(x)\,\mathrm{d}x$。

17. 设$\int_1^3 f(x)\,\mathrm{d}x=3$和$\int_1^3 g(x)\,\mathrm{d}x=-1$，求$\int_1^3 (2f(x)-3g(x))\,\mathrm{d}x$。

18. 设$\int_{-0.5}^3 f(x)\,\mathrm{d}x=0$和$\int_{-0.5}^3 (2g(x)+f(x))\,\mathrm{d}x=-4$，求$\int_{-0.5}^3 g(x)\,\mathrm{d}x$。

在习题 19～22 中，将两个积分合并为一个积分，然后求积分值。

19. $2\int_1^2 \left(3x+\frac{1}{2}x^2-x^3\right)\mathrm{d}x+3\int_1^2 (x^2-2x+7)\,\mathrm{d}x$

20. $\int_0^1 (4x-2)\,\mathrm{d}x+3\int_0^1 (x-1)\,\mathrm{d}x$

21. $\int_{-1}^0 (x^3+x^2)\,\mathrm{d}x+\int_0^1 (x^3+x^2)\,\mathrm{d}x$

22. $\int_0^1 (7x+4)\,\mathrm{d}x+\int_1^2 (7x+5)\,\mathrm{d}x$

在习题 23～26 中，用式(8)回答问题。

23. 已知 $f'(x)=-2x+3$，计算 $f(3)-f(1)$。

24. 已知 $f'(x)=73$，计算 $f(4)-f(2)$。

25. 已知 $f'(t)=-0.5t+\mathrm{e}^{-2t}$，计算 $f(1)-f(-1)$。

26. 已知 $f'(t)=12t-1/\mathrm{e}^t$，计算 $f(3)-f(0)$。

27. 如图 4 所示，计算$\int_0^2 f(x)\,\mathrm{d}x$。

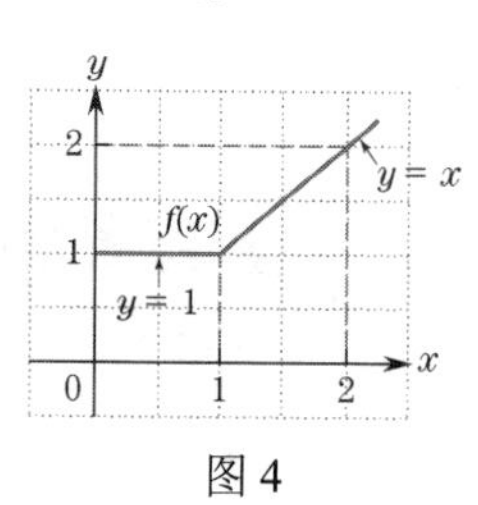

图 4

28. 如图 5 所示，计算$\int_0^3 f(x)\,\mathrm{d}x$。

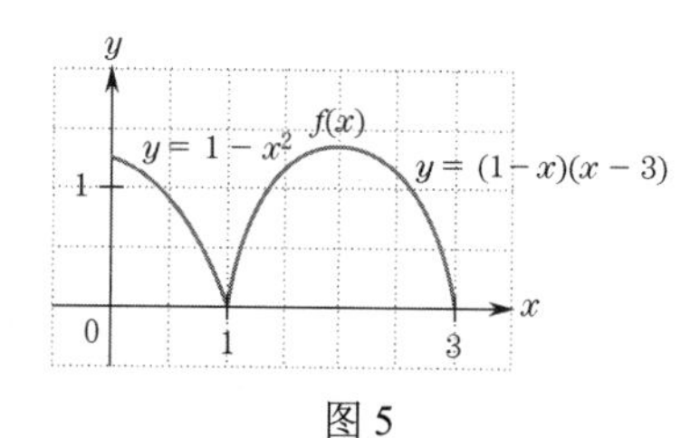

图 5

29. 如图 6 所示，计算$\int_{-1}^1 f(t)\mathrm{d}t$。

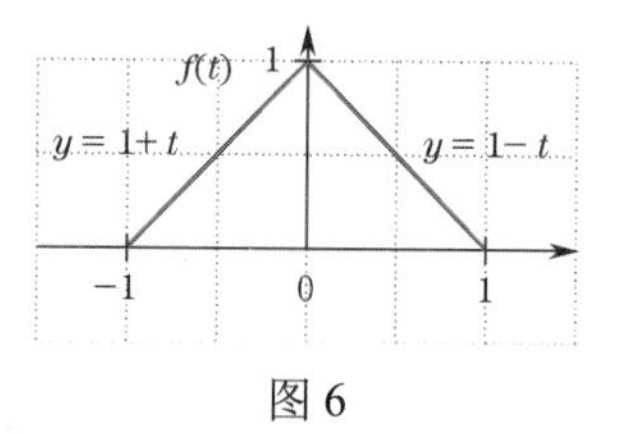

图 6

30. 如图 7 所示，计算$\int_{-1}^2 f(t)\,\mathrm{d}t$。

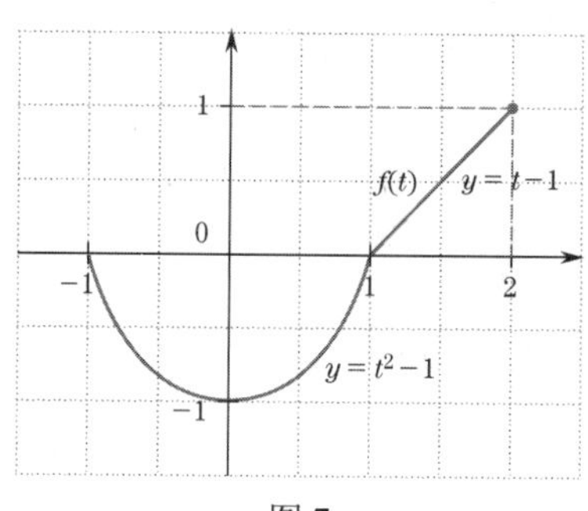

图 7

31. **位置的净变化**。某岩石从 400 英尺高的悬崖顶上落下，t 时刻的速度是 $v(t)=-32t$ 英尺/秒。求岩石在时间区间 $2\leqslant t\leqslant 4$ 秒内的位移。

32. **位置的净变化**。t 时刻抛向空中的小球的速度是 $v(t)=-32t+75$ 英尺/秒。
 (a) 求区间 $0\leqslant t\leqslant 3$ 秒上小球的位移。
 (b) 设小球的初始位置为 $s(0)=6$ 英尺，根据(a)问求 $t=3$ 秒时小球的位置。

33. **位置的净变化**。t 时刻抛向空中的小球的速度是 $v(t)=-32t+75$ 英尺/秒。
 (a) 计算小球在区间 $1\leqslant t\leqslant 3$ 秒上的位移。
 (b) $t=3$ 秒时小球的位置是否高于 $t=1$ 秒时小球的位置？证明你的答案。
 (c) 重做(a)问，时间区间为 $1\leqslant t\leqslant 5$ 秒。

34. **跳伞运动员的速度**。跳伞运动员 t 时刻的速度为 $v(t)=45-45\mathrm{e}^{-0.2t}$ 米/秒，求其前 9 秒飞行的距离。

35. **成本净变动**。公司的边际成本函数是 $0.1x^2-x+12$ 美元，x 表示 1 天生产的商品件数。
 (a) 若生产水平从 $x=1$ 提高到 $x=3$ 件，求成本的增加。
 (b) 设 $C(1)=15$，用(a)问的答案求 $C(3)$。

36. **成本增加**。公司的边际成本函数为 $C'(x)=32+x/20$，x 表示 1 天内生产的商品件数，$C(x)$ 的单位为千美元。若公司的生产水平从每天 15 件增至 20 件，求成本的增加。

37. **投资的净增加**。投资以指数增长率 $R(t)=700\mathrm{e}^{0.07t}+1000$ 增长，其中 t 的单位为年，$R(t)$

的单位为美元/年。计算投资前 10 年后的净增值（t 从 0 变化到 10）。

38. 房地产折旧。 2015 年估价为 20 万美元的房产的折旧率为 $R(t)=-8\mathrm{e}^{-0.04t}$，其中 t 为自 2015 年以来的年份，$R(t)$ 的单位为千美元/年。计算 2015 年至 2021 年间财产的损失（t 从 0 变化到 6）。

39. 移民人口模型。 移民人口的变化率为 $P'(t)=\frac{7}{300}\mathrm{e}^{t/25}-\frac{1}{80}\mathrm{e}^{t/16}$，其中 $P(t)$ 是 2000 年后 t 年的人口，单位为百万。

(a) 估计 t 从 2000 年至 2010 年人口的变化。

(b) 估计 t 从 2010 年至 2040 年人口的变化。比较和解释你在(a)问和(b)问中的答案。

40. 偿还抵押贷款。 假设你以 3%的年利率抵押了 20 万美元，贷款在 30 年内分期偿还。令 $P(t)$ 表示 t 年后所欠的贷款额（千美元）。对 P 变化率的合理估计为 $P'(t)=-4.1107\mathrm{e}^{0.03t}$。

(a) 给出 20 年后 P 的净变化。

(b) 20 年后的贷款额是多少？

(c) 通过计算 30 年后 P 的净变化，证明贷款在 30 年内还清。

41. 抵押贷款。 利用习题 41 中的数据求 $P(t)$。提示：$P(0)=200$。

42. 放射性衰减。 衰减常数为 0.1 的放射性物质样品的衰减速率为 $R(t)=-\mathrm{e}^{-0.1t}$ 克/年。在最初 10 年里，有多少这种物质衰减了？

43. 生理盐水。 使用淡水冲盐水溶液，使盐以 $r(t)=-\left(t+\frac{1}{2}\right)$ 克/分钟的速度排出。求前 2 分钟内被消耗的盐量。

44. 水箱的水位。 一个锥形水箱正在排水，水箱中水位的高度以 $h'(t)=-\frac{1}{2}$ 英寸/分钟的速度下降。求时间间隔 $2\leqslant t\leqslant 4$ 内水箱中水的深度下降量。

6.2 节自测题答案

1. 先化简：

$$\frac{\mathrm{e}^{2x}-1}{\mathrm{e}^x}=\frac{\mathrm{e}^{2x}}{\mathrm{e}^x}-\frac{1}{\mathrm{e}^x}=\mathrm{e}^x-\mathrm{e}^{-x}$$

e^x 的不定积分是 e^x，e^{-x} 的不定积分是 $-\mathrm{e}^{-x}$。因此，$\mathrm{e}^x-\mathrm{e}^{-x}$ 的不定积分是 $\mathrm{e}^x-(-\mathrm{e}^{-x})=\mathrm{e}^x+\mathrm{e}^{-x}$，于是有

$$\int_0^1\frac{\mathrm{e}^{2x}-1}{\mathrm{e}^x}\,\mathrm{d}x=\int_0^1(\mathrm{e}^x-\mathrm{e}^{-x})\,\mathrm{d}x$$

$$=(\mathrm{e}^x+\mathrm{e}^{-x})\Big|_0^1$$

$$=(\mathrm{e}^1+\mathrm{e}^{-1})-(1+1)=\mathrm{e}+1/\mathrm{e}-2\approx 1.09$$

2. 根据式(8)有

$$f(2)-f(0)=\int_0^2 f'(t)\,\mathrm{d}t=\int_0^2(1-t)\,\mathrm{d}t$$

$$=\left(t-\frac{1}{2}t^2\right)\Big|_0^2=\left(2-\frac{1}{2}\times 2^2\right)-0=2-2=0$$

6.3 定积分与图形下的面积

本节和下一节给出定积分与曲线下区域面积之间的重要联系。下面首先定义一种将要考虑的区域类型。

图形下的面积 若 $f(x)$ 是区间 $a\leqslant x\leqslant b$ 上的连续非负函数，则图 1 所示区域的面积称为 $f(x)$ 从 a 到 b 的图形下的面积，或被 $f(x)$、x 轴和（垂直）直线 $x=a$ 和 $x=b$ 所包围的区域的面积。

回顾： 连续函数 $f(x)$ 在 $a\leqslant x\leqslant b$ 上是非负的，当且仅当其图形在 x 轴上方。

本节求解面积问题，包括求连续函数 $f(x)$ 从 a 到 b 的图形下区域的面积，如图 1 所示。

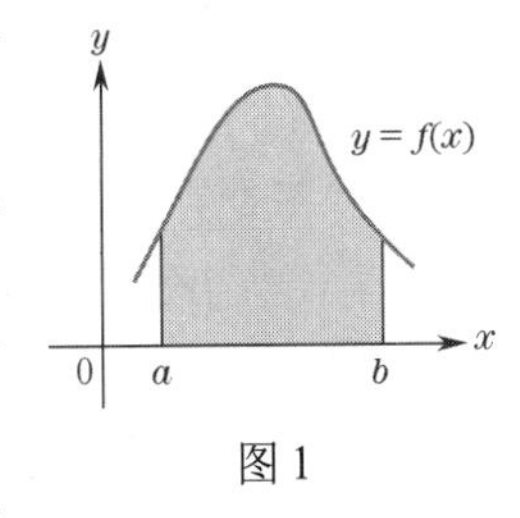

图 1

这种类型的许多面积问题很容易用几何公式计算。在图 2(a)中，阴影矩形区域位于常数函数 $f(x)=4$ 从 $x=0$ 到 $x=3$ 的图形下，面积为 $3\times 4=12$。

在图 2(b)中，函数 $g(x)=-x+4$ 从 $x=2$ 到 $x=3$ 的图形下的阴影区域是一个梯形，由一个正方形和顶部的一个直角三角形组成，其总面积为 $\frac{1}{2}+1=\frac{3}{2}$。

在图 2(c)中，我们为“斜坡函数”图形下方添加了阴影，其面积也是三角形和矩形的面积之和，等于 $2+4=6$。

在图 2 所示的三个例子中，区域的顶部边界都由线段组成。这些情况下的面积可用简单的几何结构算出。当区域的顶部边界弯曲时，图 1 所示区域的计算就较困难。例如，考虑抛物线 $f(x)=x^2$ 从 $x=0$ 到 $x=1$ 的曲线下区域（见图 3）。不难看出，这个面积小于 1/2。但面积的确切值是多少呢？显然，答案不能由简单的几何公式推导出来。下面介绍如何使用基于矩形近似的重要技术来求解这个面积问题。相同的这些技术也将用于建立以下微积分中的基本结果，它提供了面积问题的解决方案。

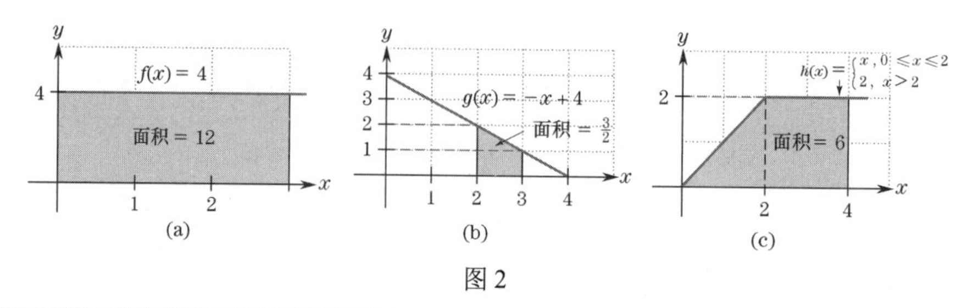

图 2

定理 I：图形下的面积。 若 $f(x)$ 是区间 $a \leqslant x \leqslant b$ 上的连续非负函数，则 $f(x)$ 的图形下、x 轴以上，从 $x=a$ 到 $x=b$ 的面积等于 f 从 a 到 b 的定积分，即

$$\text{从 } x=a \text{ 到 } x=b \text{ 图形} f(x) \text{下的面积} = \int_a^b f(x)\,\mathrm{d}x = F(b) - F(a)$$

式中，$F(x)$ 是 $f(x)$ 的不定积分（见图 4）。

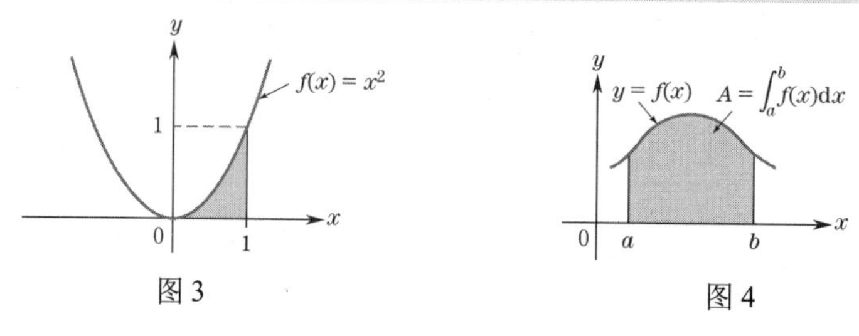

图 3　　　　图 4

本节稍后将解释为什么这个定理是正确的。下面对图 2 中的阴影区域证明这个定理。

例 1　证明定理 I。 使用定理 I 计算图 2 中三个阴影区域的面积。

解：(a) 图 2(a)中的阴影区域位于常数函数 $f(x)=4$ 从 $x=0$ 到 $x=3$ 的图形下面。根据定理 I，其面积等于函数 $f(x)=4$ 从 0 到 3 的定积分。于是有

$$\text{面积} = \int_0^3 4\,\mathrm{d}x = 4x\Big|_0^3 = 4\times 3 - 4\times 0 = 12$$

因此，定理 I 表明阴影区域的面积等于 12，这与我们此前的发现一致。

(b) 图 2(b)中的阴影区域位于线性函数 $g(x)=-x+4$ 从 2 到 3 的图形下面。根据定理 I，其面积等于函数 $g(x)=-x+4$ 从 2 到 3 的定积分。$-x+4$ 的不定积分是 $-\frac{1}{2}x^2+4x$，于是有

$$\begin{aligned}\text{面积} &= \int_2^3 (-x+4)\,\mathrm{d}x = \left(-\tfrac{1}{2}x^2+4x\right)\Big|_2^3 \\ &= \left(-\tfrac{9}{2}+12\right) - \left(-\tfrac{4}{2}+8\right) = 4 - \tfrac{5}{2} = \tfrac{3}{2}\end{aligned}$$

因此，定理 I 表明图 2(b)中阴影区域的面积是 $\frac{3}{2}$，这也与我们此前的发现一致。

(c) 图 2(c)中的阴影区域位于 $x=0$ 到 $x=4$ 的斜坡函数 $h(x)$ 的图形下面。根据定理 I，其面积等于 $h(x)$ 从 0 到 4 的定积分。由于 $h(x)$ 是分段定义的，我们将其积分写成两个积分在两个相邻区间上的和，即

$$\int_0^4 h(x)\,\mathrm{d}x = \int_0^2 h(x)\,\mathrm{d}x + \int_2^4 h(x)\,\mathrm{d}x \quad \text{根据 6.2 节的性质(7)}$$

由于 $h(x)=x$ 在区间[0, 2]上，$h(x)=2$ 在区间[2, 4]上，因此有

$$\begin{aligned}\int_0^4 h(x)\,\mathrm{d}x &= \int_0^2 x\,\mathrm{d}x + \int_2^4 2\,\mathrm{d}x \\ &= \tfrac{1}{2}x^2\Big|_0^2 + 2x\Big|_2^4 \\ &= 2 + (8-4) = 6\end{aligned}$$

因此，定理 I 表明图 2(c)中阴影区域的面积为 6，这也与我们此前的发现一致。■

上面三个例子说明了如何应用定理 I 来计算曲线下的面积。然而，定理 I 的重要性是计算更具挑战性的领域，例如计算 x 从 0 到 1 的抛物线 $f(x)=x^2$ 下的面积。在这种情况下，根据定理 I，面积是 x^2 在区间[0, 1]上的定积分，即

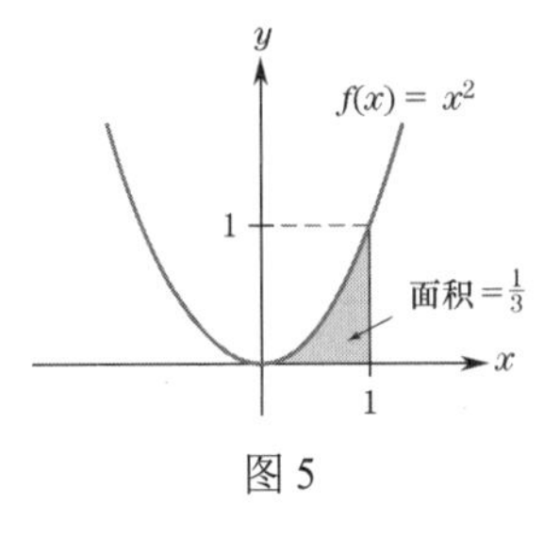

图 5

$$\int_0^1 x^2\,\mathrm{d}x=\tfrac{1}{3}x^3\Big|_0^1=\tfrac{1}{3}$$

因此，图 5 中阴影区域的面积为$\frac{1}{3}$。这个用定理 I 来计算一个无几何公式的面积的简单应用，证明了该定理的威力。下面再举两个例子。

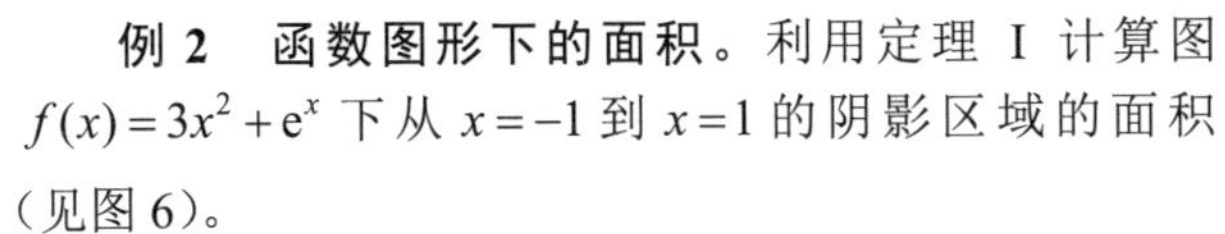

例 2　函数图形下的面积。利用定理 I 计算图 $f(x)=3x^2+\mathrm{e}^x$ 下从 $x=-1$ 到 $x=1$ 的阴影区域的面积（见图 6）。

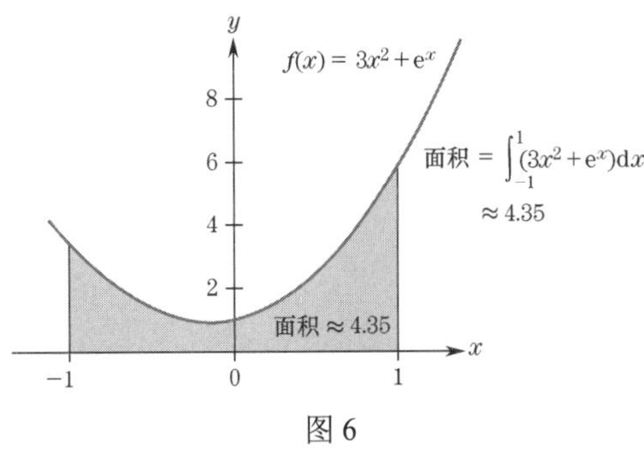

图 6

解：图 6 中 $f(x)$ 是一个非负函数。根据定理 I，从 -1 到 1 图形下的面积是

$$\int_{-1}^1(3x^2+\mathrm{e}^x)\,\mathrm{d}x=(x^3+\mathrm{e}^x)\Big|_{-1}^1=(1+\mathrm{e}^1)-(-1+\mathrm{e}^{-1})$$
$$=2+\mathrm{e}-1/\mathrm{e}\approx 4.35$$

因此，面积近似为 4.35。

■

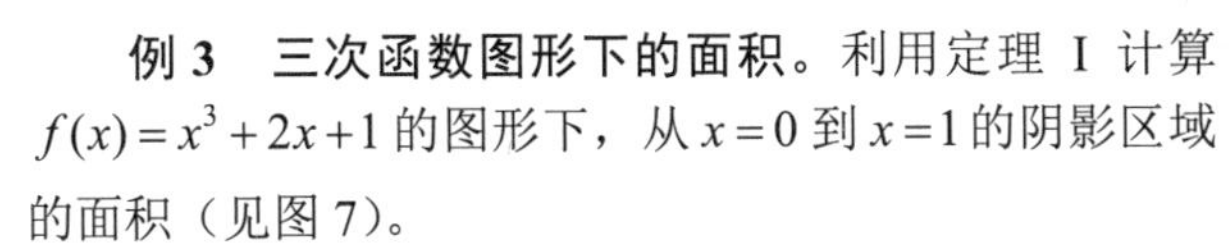

例 3　三次函数图形下的面积。利用定理 I 计算 $f(x)=x^3+2x+1$ 的图形下，从 $x=0$ 到 $x=1$ 的阴影区域的面积（见图 7）。

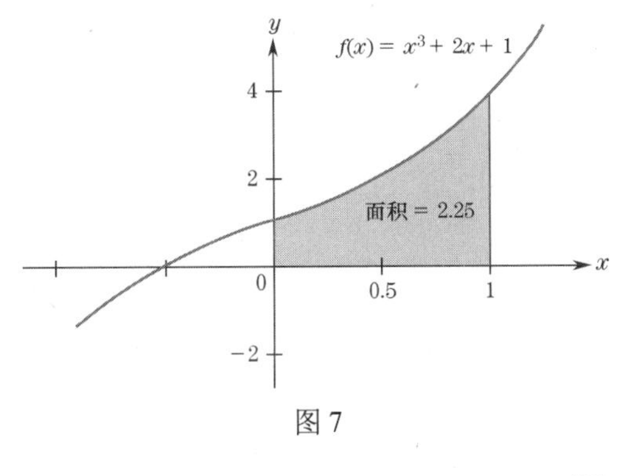

图 7

解：从图 7 可以看出阴影部分的近似面积略大于 2。根据定理 I，该面积的确切值是 $f(x)=x^3+2x+1$ 从 $x=0$ 到 $x=1$ 的定积分。由于 $f(x)$ 的一个不定积分是 $\frac{1}{4}x^4+x^2+x$，有

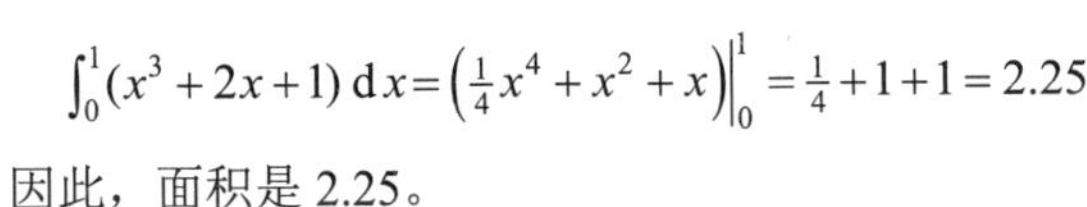

$$\int_0^1(x^3+2x+1)\,\mathrm{d}x=\left(\tfrac{1}{4}x^4+x^2+x\right)\Big|_0^1=\tfrac{1}{4}+1+1=2.25$$

因此，面积是 2.25。

■

现在将注意力转向定理 I 的证明。

黎曼和

考虑图 8 中曲线 $y=f(x)$ 下的阴影面积。我们将描述这样一个过程：以所需的任何精度，使用总面积与待计算面积大致相同的矩形来估计该区域的面积。当然，每个矩形的面积很容易计算。设 n 表示每个近似中使用的矩形数量。图 8 显示了 $n=2$, 4 和 10 时面积的矩形近似值。当矩形较窄时，矩形与图形下面积之间的差很小。一般来说，只要使矩形的宽度足够小，就可使矩形近似尽可能接近所需的确切面积。

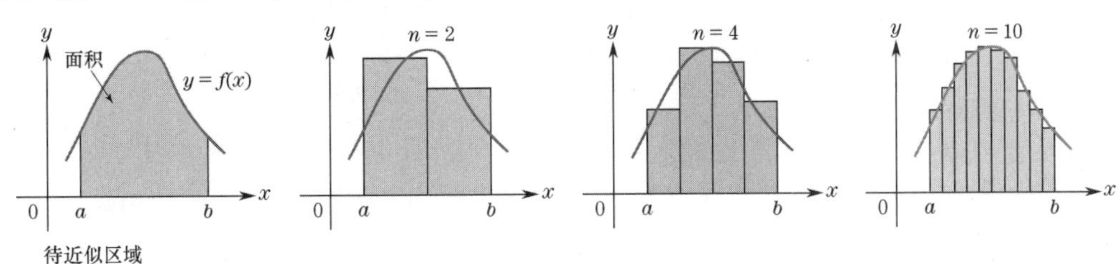

图 8

已知区间 $a \leqslant x \leqslant b$ 上的连续非负函数 $f(x)$，将 x 轴区间划分为 n 个相等的子区间，其中 n 表示某个正整数。整个区间的宽度为 $b-a$，因此 n 个子区间中每个子区间的宽度为 $(b-a)/n$。为简单起见，用 Δx 表示这个宽度，即

$$\Delta x = \frac{b-a}{n} \text{（每个子区间的宽度）}$$

在每个子区间中选择一个点（子区间中的任何点都可）。设 x_1 是从第一个子区间中选取的点，x_2 是从第二个子区间中选取的点，以此类推。使用这些点来形成近似 $f(x)$ 图形下面积的矩形。构建第一个矩形，高度为 $f(x_1)$，并以第一个子区间为基底，如图 9 所示。矩形的顶部与 x_1 正上方的图形接触。注意，

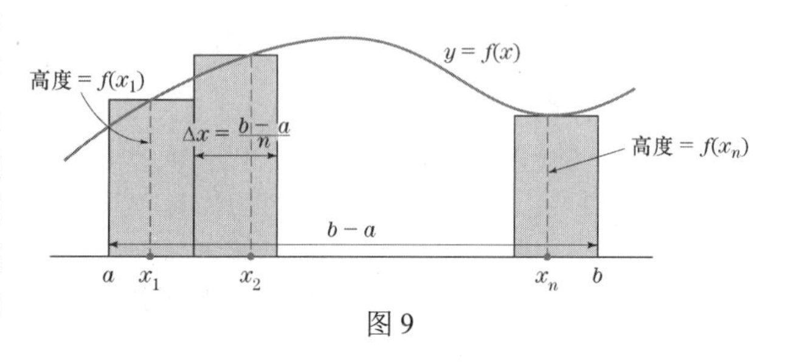

图 9

$$\text{第一个矩形的面积} = \text{高度} \times \text{宽度} = f(x_1)\Delta x$$

第二个矩形位于第二个子区间上，高度为 $f(x_2)$，有

$$\text{第二个矩形的面积} = \text{高度} \times \text{宽度} = f(x_2)\Delta x$$

以此类推，构造 n 个矩形后，总面积为

黎曼和

$$f(x_1)\Delta x + f(x_2)\Delta x + \cdots + f(x_n)\Delta x \tag{1}$$

式(1)中的和称为**黎曼和**。黎曼和是以 19 世纪德国数学家黎曼的名字命名的，他在微积分的工作中广泛使用了这种方法。黎曼和的概念有几个用途：近似曲线下的面积，在应用问题中构建数学模型，并给出面积的正式定义。式(1)中的值可以写为更容易计算的形式：

$$[f(x_1) + f(x_2) + \cdots + f(x_n)]\Delta x \tag{2}$$

这个计算只需要一次乘法。黎曼和提供了 $f(x)$ 非负且连续时，$f(x)$ 图形下面积的近似值。事实上，随着子区间数量的无限增加，即当 $\Delta x \to 0$ 时，可以证明式(1)中的黎曼和趋于一个极限值，即图形下的面积。为便于参考，我们将这个事实表述如下：

$$x\text{从}a\text{到}b\text{时图形}f(x)\text{下的面积} = \lim_{\Delta x \to 0}[f(x_1) + f(x_2) + \cdots + f(x_n)]\Delta x \tag{3}$$

作为黎曼和的第一个应用，下面考虑一个测量问题。

例 4　估计海滨地段的面积。为了估算一块 100 英尺宽的海滨地段的面积，测量员以 20 英尺为间隔测量了从道路到水线的距离，从地块一角 10 英尺开始测量。使用这些数据构建该地段面积的黎曼和近似（见图 10）。

解：将道路视为 x 轴，并将水线视为函数 $f(x)$ 在区间 0 到 100 内的图形。五个“垂直”距离给出 $f(x_1),\cdots,f(x_5)$，其中 $x_1 = 10,\cdots,x_5 = 90$。因为有 5 个点 $x_1,\cdots,x_5$ 分布在区间 $0 \leqslant x \leqslant 100$ 上，我们将该区间划分为 5 个子区间，$\Delta x = 100/5 = 20$。所幸的是，每个子区间中都包含一个 x_i（事实上，每个 x_i 都是子区间的中点）。因此，根据黎曼和得到区域的近似面积为

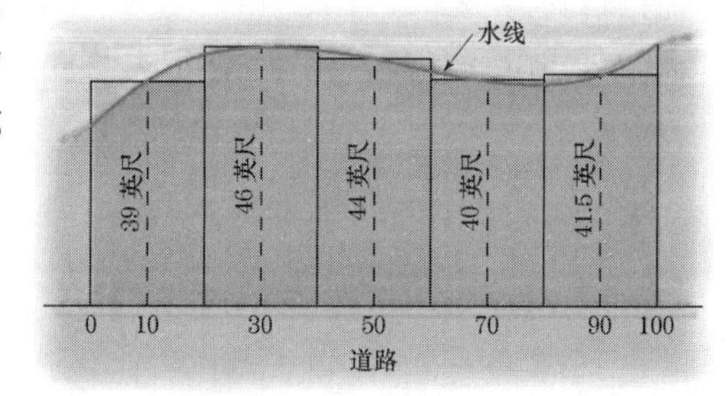

图 10

$$\begin{aligned} f(x_1)\Delta x + \cdots + f(x_5)\Delta x &= [f(x_1) + \cdots + f(x_5)]\Delta x \\ &= (39 + 46 + 44 + 40 + 41.5) \times 20 \\ &= 210.5 \times 20 = 4210 \text{ 平方英尺} \end{aligned}$$

为了更好地估计面积，测量员必须从街道到水线进

行更多的测量。注意，我们可在不知道函数 $f(x)$ 的代数表达式的情况下估算该面积。

■

现在回到图 5 中抛物线下的区域，使用黎曼和来估算它的面积。

例 5　面积的黎曼和近似。使用 $n=4$ 的黎曼和估算 x 从 0 到 1 时 $f(x)=x^2$ 的图形下面积。选择子区间的右端点为 x_1, x_2, x_3, x_4。

解：$\Delta x=(1-0)/4=0.25$。第一个子区间的右端点是 $0+\Delta x=0.25$。通过连续加 0.25 得到后续的右端点，如下图所示：

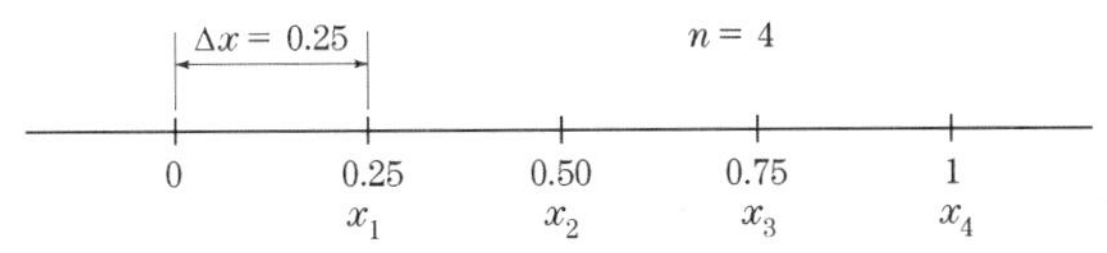

对应的黎曼和是

$$
\begin{aligned}
& f(x_1)\Delta x+f(x_2)\Delta x+f(x_3)\Delta x+f(x_4)\Delta x \\
&=[f(x_1)+f(x_2)+f(x_3)+f(x_4)]\Delta x \\
&=(0.25^2+0.5^2+0.75^2+1^2)\times 0.25 \\
&=(0.0625+0.25+0.5625+1)\times 0.25 \\
&=1.875\times 0.25=0.46875
\end{aligned}
$$

用于该黎曼和的矩形如图 11 所示。右端点给出的面积估计值明显大于实际面积。使用中间点会更好。然而，若矩形足够窄，即使使用右端点的黎曼和也接近准确的面积。

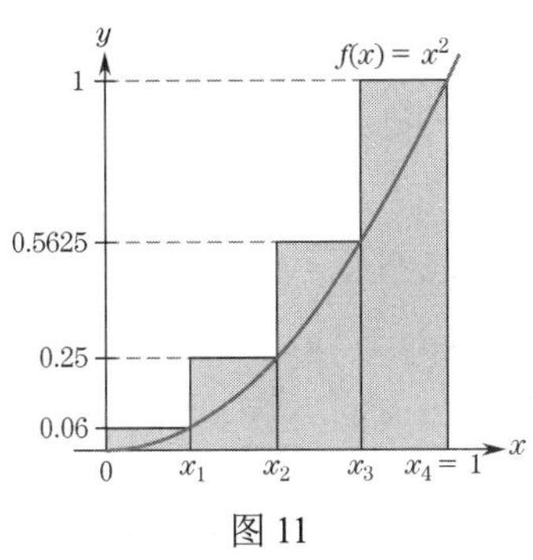

图 11

■

例 6　改进黎曼和近似。使用 $n=10$ 的黎曼和估算 x 从 0 到 1 时 $f(x)=x^2$ 的图形下的面积。选择子区间的右端点为 $x_1, x_2, \cdots, x_{10}$。

解：$\Delta x=(1-0)/10=0.1$。第一个和最后一个子区间的右端点分别是 $x_1=0.1$ 和 $x_{10}=1$。从 $x_1=0.1$ 开始，我们通过连续添加 0.1 来得到后续的右端点。对应的黎曼和是

$$
\begin{aligned}
& f(x_1)\Delta x+f(x_2)\Delta x+f(x_3)\Delta x+\cdots+f(x_{10})\Delta x \\
&=[f(x_1)+f(x_2)+f(x_3)+\cdots+f(x_{10})]\Delta x \\
&=(0.1^2+0.2^2+0.3^2+\cdots+1^2)\times 0.1 \\
&=(0.01+0.04+0.09+\cdots+1)\times 0.1 \\
&=3.85\times 0.1=0.385
\end{aligned}
$$

用于该黎曼和的矩形如图 12 所示。与上个例子一样，右端点给出的面积估值大于实际面积（$1/3\approx 0.33$）。

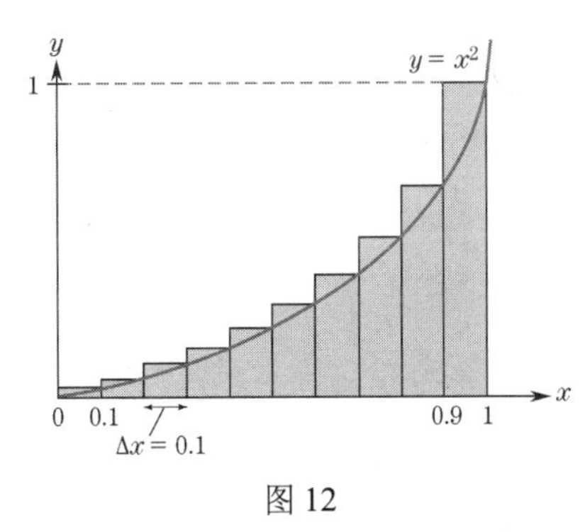

图 12

■

可以证明，通过无限增加子区间的数量，例 6 中的黎曼和近似接近 1/3，这是面积的精确值（见习题 47 和习题 48）。

即使我们的讨论集中在非负连续函数，黎曼和的定义也适用于具有正负值的连续函数。

下面证明黎曼和的极限等于 $f(x)$ 的定积分。该结果称为**微积分基本定理**，它有着许多重要的应用。

定理 II：微积分基本定理。设 f 是区间 $[a, b]$ 上具有不定积分 $F(x)$ 的连续函数，当子区间数无限增加时，黎曼和式(1)趋于 f 在区间 $[a, b]$ 上的定积分，即

$$
\lim_{\Delta x\to 0}[f(x_1)+f(x_2)+\cdots+f(x_n)]\Delta x=\int_a^b f(x)\,\mathrm{d}x=F(b)-F(a) \tag{4}
$$

注意，定理 I 来自微积分基本定理：一方面，根据式(3)，图形下的面积等于黎曼和的极限；另一

方面，根据式(4)，黎曼和的极限等于定值。

微积分基本定理的证明 下面解释式(4)中的黎曼和为何接近 $F(b)-F(a)$，以完成定理 II 的证明。

将 $a \leqslant x \leqslant b$ 划分为 n 个子区间，每个子区间的宽度为 $\Delta x=(b-a)/n$。为简化表示，不从子区间中选择任意点，如式(4)所示，而令 $x_1,x_2,\cdots,x_n$ 表示子区间的左端点。类似的证明适用于来自子区间的任意点 $x_1,x_2,\cdots,x_n$。因此，在我们的证明中，$x_1=a$，$x_i=x_{i-1}+\Delta x$，$x_n+\Delta x=b$。由于 $f(x)=F'(x)$，式(4)等价于

$$\lim_{\Delta x\to 0}[F'(x_1)\Delta x+F'(x_2)\Delta x+\cdots+F'(x_n)\Delta x]=F(b)-F(a) \tag{5}$$

根据导数的定义有

$$F'(x)=\lim_{h\to 0}\frac{F(x+h)-F(x)}{h}$$

对于很小的 $h=\Delta x$，有

$$F'(x)\approx\frac{F(x+\Delta x)-F(x)}{\Delta x} \quad 或 \quad F'(x)\Delta x\approx F(x+\Delta x)-F(x)$$

使用这个近似，估算式(5)左边的各项如下：

$$\begin{aligned}
F'(x_1)\Delta x &\approx F(x_2)-F(x_1)\\
F'(x_2)\Delta x &\approx F(x_3)-F(x_2)\\
F'(x_3)\Delta x &\approx F(x_4)-F(x_3)\\
&\vdots\\
F'(x_n)\Delta x &\approx F(x_n+\Delta x)-F(x_n)
\end{aligned}$$

以上各式相加时，右边的中间项抵消，得到

$$\begin{aligned}
&F'(x_1)\Delta x+F'(x_2)\Delta x+F'(x_3)\Delta x+\cdots+F'(x_n)\Delta x\\
&\approx(\cancel{F(x_2)}-F(x_1))+(\cancel{F(x_3)}-F(x_2))+(\cancel{F(x_4)}-\cancel{F(x_3)})+\cdots+(F(x_n+\Delta x)-\cancel{F(x_n)})\\
&=-F(x_1)+F(x_n+\Delta x)\\
&=F(b)-F(a)
\end{aligned}$$

因为 $x_1=a$ 和 $x_n+\Delta x=b$，故

$$F'(x_1)\Delta x+F'(x_2)\Delta x+F'(x_3)\Delta x+\cdots+F'(x_n)\Delta x\approx F(b)-F(a)$$

由于近似值随着 $\Delta x\to 0$ 而更精确，可知极限(5)必然成立，进而极限(4)成立。 ■

综合技术

黎曼和 当为黎曼和选择的点都是中点、左端点或右端点时，$[f(x_1)+f(x_2)+\cdots+f(x_n)]$ 是 $f(x_1),f(x_2),\cdots,f(x_n)$ 的值序列之和，其中连续点 $x_1,x_2,\cdots,x_n$ 各差 Δx。这时，序列之和可在图形计算器上计算。图 13 显示了例 6 中黎曼和的计算。为此，首先设置 $Y_1=X^2$。返回主界面，按 2nd [LIST]，右移光标至 MATH。按 5 显示和（按 2nd [LIST]；然后将光标右移至 OPS。按 5 显示序列）。现在按照图 13 完成表达式。数字 0、1 和 0.1 的确定方法如例 6 所示。

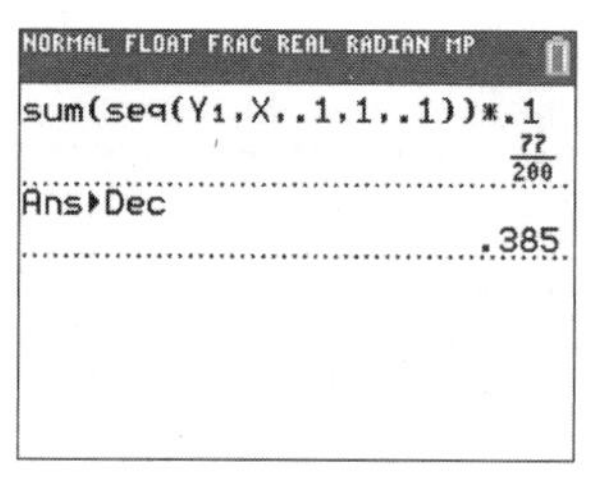

图 13

6.3 节自测题（答案见本节习题后）

1. 使用子区间的中点重复例 6。

2. 使用子区间的左端点重复例 6

习题 6.3

在习题 1 ~ 6 中，用两种不同的方法计算阴影区域的面积：(a)使用简单的几何公式；(b)应用定理 I。

1.

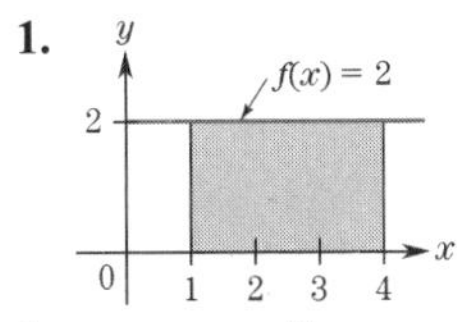

2.

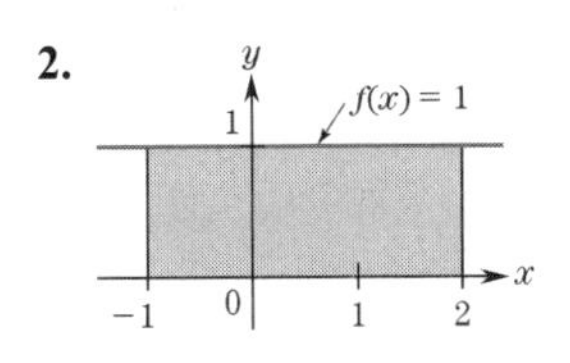

3.

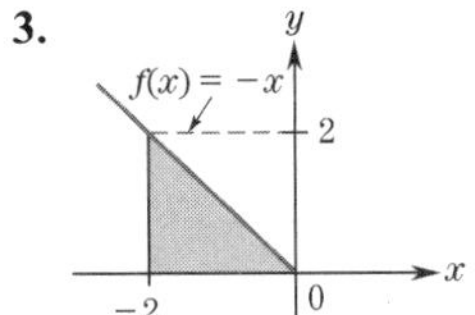

4.

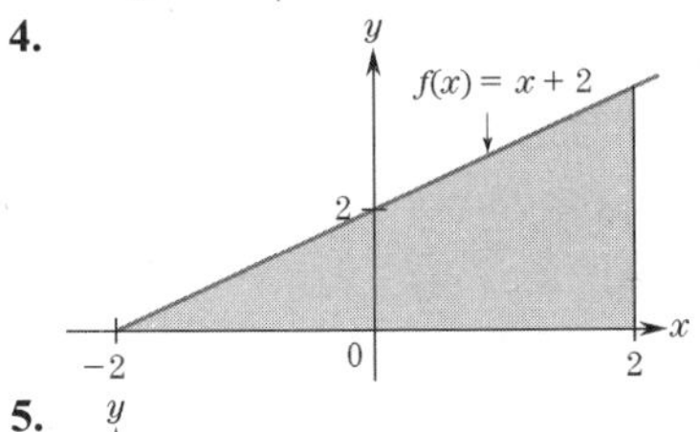

5.

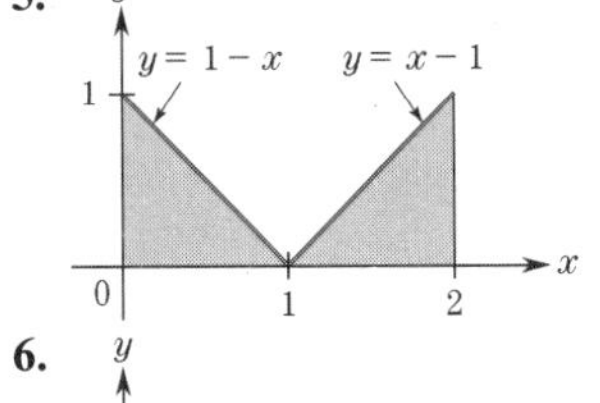

6.

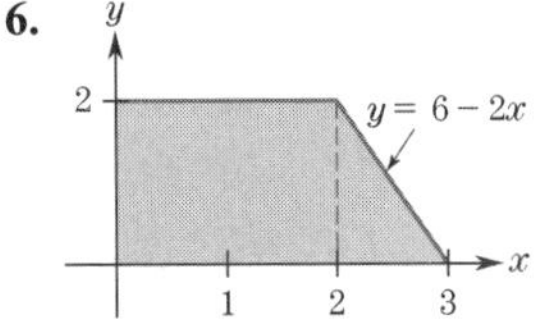

在习题 7～12 中，给出阴影区域面积的定积分，无须计算积分。

7.

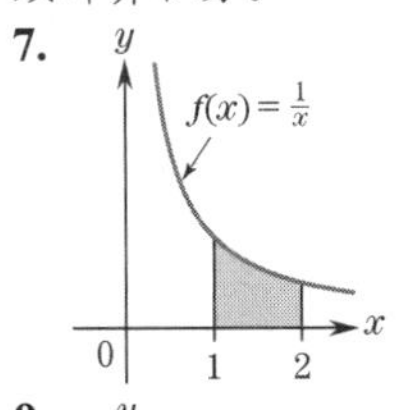

8.

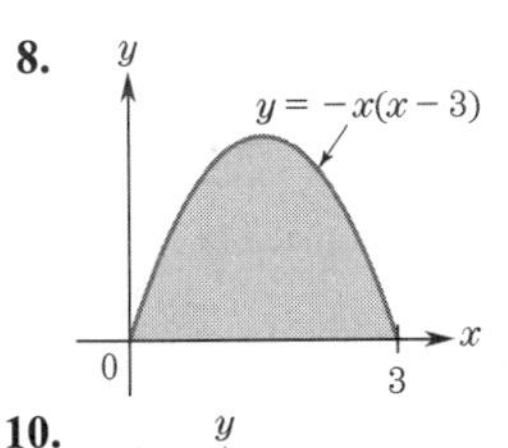

9.

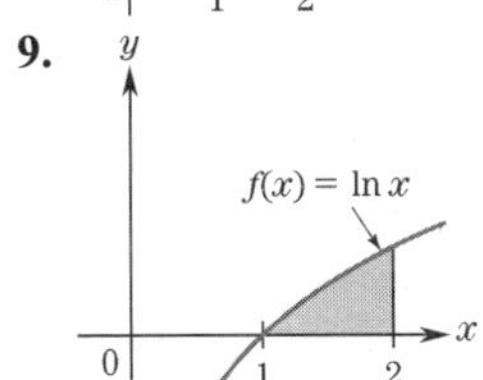

10.

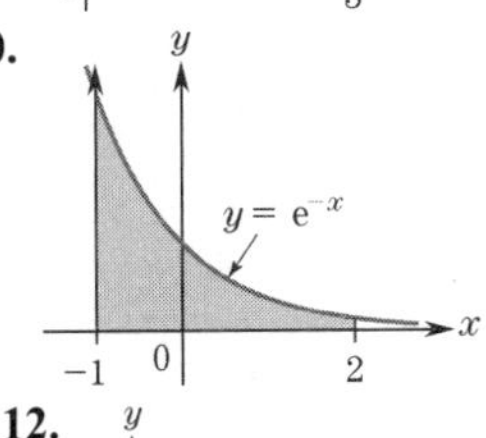

11.

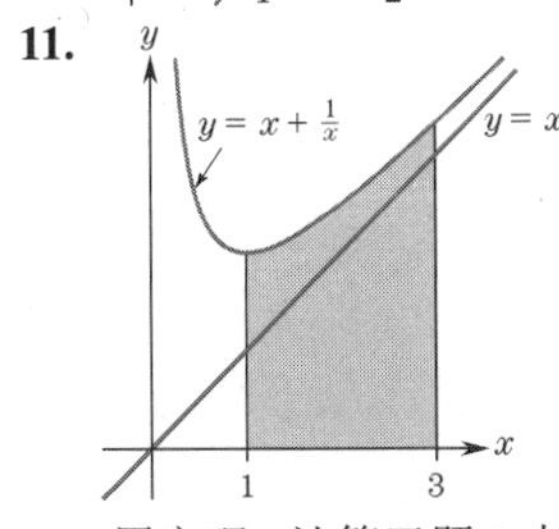

12.

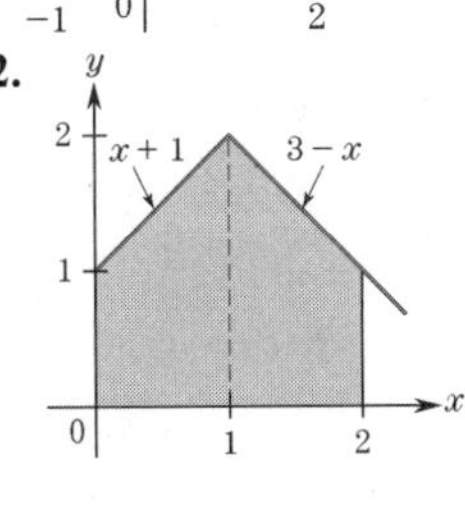

13. 用定理 I 计算习题 7 中的阴影面积。

14. 用定理 I 计算习题 8 中的阴影面积。

15. 用定理 I 计算习题 11 中的阴影面积。

在习题 16～18 中，画出由定积分给出面积的区域。

16. $\int_2^4 x^2\,\mathrm{d}x$ **17.** $\int_0^4 (8-2x)\,\mathrm{d}x$ **18.** $\int_0^4 \sqrt{x}\,\mathrm{d}x$

求每条曲线下的面积。

19. $y=4x$； $x=2$ 到 $x=3$。

20. $y=3x^2$； $x=-1$ 到 $x=1$。

21. $y=3x^2+x+2\mathrm{e}^{x/2}$； $x=0$ 到 $x=1$。

22. $y=\sqrt{x}$； $x=0$ 到 $x=4$。

23. $y=(x-3)^4$； $x=1$ 到 $x=4$。

24. $y=\mathrm{e}^{3x}$； $x=-\frac{1}{3}$ 到 $x=0$。

25. 求实数 $b>0$，使 $y=x^3$ 的图形从 0 到 b 的面积等于 4。

26. 求实数 $b>0$，使 $y=x^2$ 的图形从 0 到 b 的面积等于 $y=x^3$ 的图形从 0 到 b 的面积。

求 Δx 和将给定区间划分为 n 个子区间所形成的子区间的中点。

27. $0\leqslant x\leqslant 2$； $n=4$ **28.** $0\leqslant x\leqslant 3$； $n=6$

29. $1\leqslant x\leqslant 4$； $n=5$ **30.** $3\leqslant x\leqslant 5$； $n=5$

在习题 31～36 中，根据选取的点，使用黎曼和来近似给定区间上 $f(x)$ 的图形下的面积。

31. $f(x)=x^2$； $1\leqslant x\leqslant 3$，$n=4$，子区间中点

32. $f(x)=x^2$； $-2\leqslant x\leqslant 2$，$n=4$，子区间中点

33. $f(x)=x^3$； $1\leqslant x\leqslant 3$，$n=5$，左端点

34. $f(x)=x^3$； $0\leqslant x\leqslant 1$，$n=5$，右端点

35. $f(x)=\mathrm{e}^{-x}$； $2\leqslant x\leqslant 3$，$n=5$，右端点

36. $f(x)=\ln x$； $2\leqslant x\leqslant 4$，$n=5$，左端点

在习题 37～40 中，根据选取的点，使用黎曼和来近似图 14 中给定区间上 $f(x)$ 的图形下的面积，并画出近似的矩形。

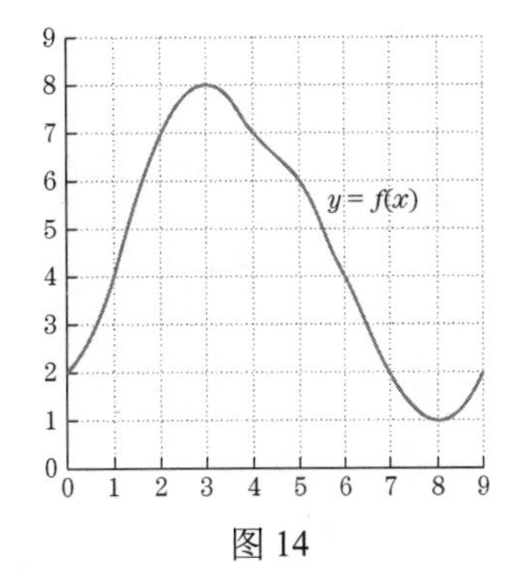

图 14

37. $0\leqslant x\leqslant 8$，$n=4$，子区间中点。

38. $3\leqslant x\leqslant 7$，$n=4$，左端点。

39. $4\leqslant x\leqslant 9$，$n=5$，右端点。

40. $1\leqslant x\leqslant 7$，$n=3$，子区间中点。

41. 使用 $n=4$ 并根据左端点，用黎曼和估计区间 $1 \leqslant x \leqslant 4$ 上 $f(x)=4-x$ 的图形下的面积。然后再用 $n=4$ 和中点来估算。将你的答案与精确答案 4.5 进行比较，准确答案可由三角形面积的公式算出。

42. 使用 $n=4$ 和右端点的黎曼和来估计区间 $2 \leqslant x \leqslant 3$ 上 $f(x)=2x-4$ 的图形下的面积。然后用 $n=4$ 和中点来估算。将你的答案与精确答案 1 进行比较，精确答案 1 可由三角形面积的公式算出。

43. 在区间 $-1 \leqslant x \leqslant 1$ 上，$f(x)=\sqrt{1-x^2}$ 的图形是一个半圆。图形下的面积为 $\frac{1}{2}\pi(1)^2 = \pi/2 = 1.57080$，保留小数点后 5 位。使用 $n=5$ 和中点的黎曼和来估计图形下的面积（见图 15）。将计算结果精确到小数点后五位，并计算误差（估计值与 1.57080 之间的差值）。

44. 使用 $n=5$ 和中点的黎曼和来估计区间 $0 \leqslant x \leqslant 1$ 上 $f(x)=\sqrt{1-x^2}$ 的图形下的面积。图形是四分之一圆，图形下的面积是 0.78540，精确到小数点后五位（见图 16）。将计算精确到小数点后五位，并计算误差。

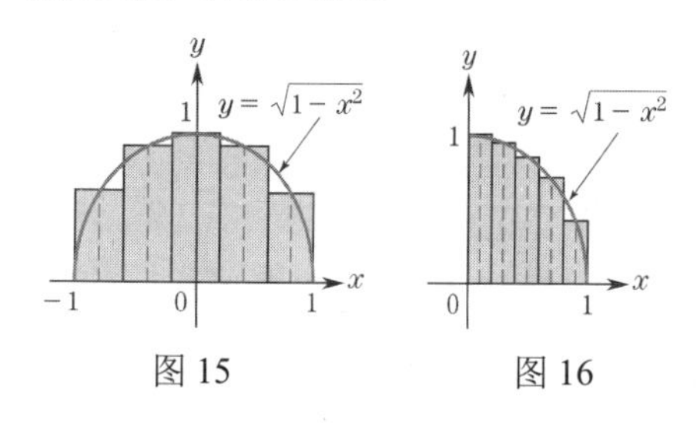

图 15　　图 16

45. 估计图 17 中住宅用地的面积（平方英尺）。

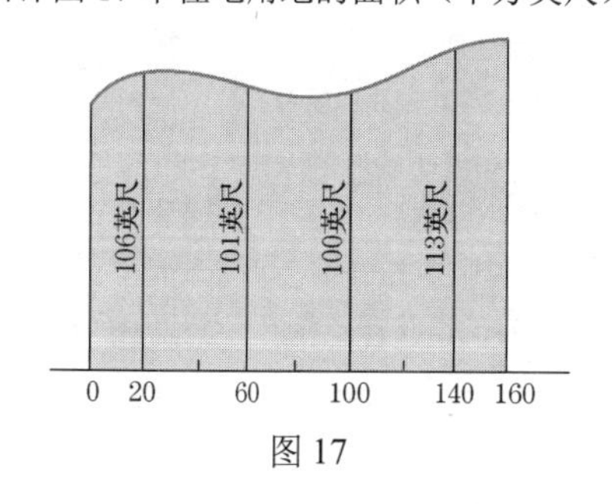

图 17

46. 一位农民想要将图 18 中的土地分成面积相等的两部分，方法是竖起篱笆，如图所示，篱笆从道路延伸到河边。确定围栏的位置。

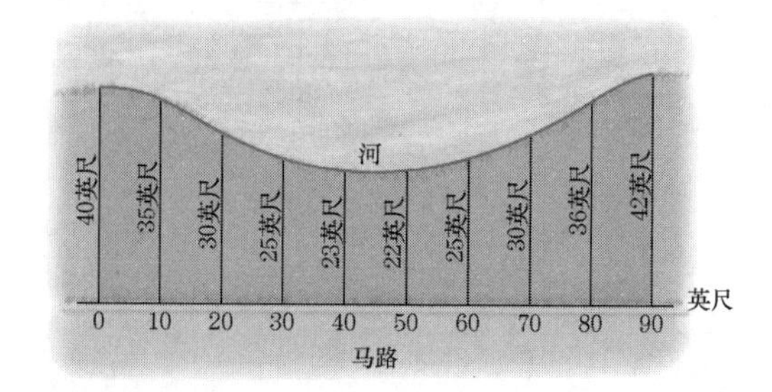

图 18

在习题 47 和习题 48 中，证明：随着子区间数的无限增加，在区间 0 到 1 上 $f(x)=x^2$ 的图形下面积的黎曼和近似值趋于 $\frac{1}{3}$，这是面积的精确值。

47. 证明 $n=1,2,3,4$ 时的公式

$$1^2+2^2+\cdots+n^2=\frac{n(n+1)(2n+1)}{6}$$

48. 将区间[0,1]划分为 n 个子区间，每个子区间的长度为 $\Delta x = 1/n$，令 $x_1, x_2, \cdots, x_n$ 表示子区间的右端点。设

$$S_n=[f(x_1)+f(x_2)+\cdots+f(x_n)]\Delta x$$

表示区间 $0 \leqslant x \leqslant 1$ 上估计 $f(x)=x^2$ 的图形下面积时的黎曼和。

(a) 证明 $S_n=\frac{1}{n^3}(1^2+2^2+\cdots+n^2)$。

(b) 利用习题 47，导出

$$S_n=\frac{n(n+1)(2n+1)}{6n^3}$$

(c) 当 n 无限增大时，S_n 接近曲线下的面积，这个面积是 1/3。

技术题

49. 函数 e^{-x^2} 的图形下面积在概率中起着重要作用。计算范围是从−1 到 1。

50. 计算 $y=\frac{1}{1+x^2}$ 从 0 到 5 的图形下面积。

给定区间并根据选取的点计算黎曼和，以逼近 $f(x)$ 的图形下面积。

51. $f(x)=x\sqrt{1+x^2}$；$1 \leqslant x \leqslant 3$，$n=20$，子区间中点。

52. $f(x)=\sqrt{1-x^2}$；$-1 \leqslant x \leqslant 1$，$n=20$，子区间左端点。

6.3 节自测题答案

1. 如例 6 所示，$n=4$，$\Delta x=0.25$。第一个中点是 $x_1=0.25/2=0.125$，依次加 $\Delta x=0.25$ 求出 $x_2=0.125+0.25=0.375$，$x_3=0.375+0.25=0.625$，$x_4=0.625+0.25=0.875$。黎曼和是

$$(f(x_1)+f(x_2)+f(x_3)+f(x_4))\Delta x$$
$$=(0.125^2+0.375^2+0.625^2+0.875^2)\times 0.25$$
$$=0.328125$$

2. $n=4$, $\Delta x=0.25$。左边第一个端点是 $x_1=0$。依次加 0.25 得 $x_2=0+0.25=0.25$，$x_3=0.25+0.25=0.5$，$x_4=0.5+0.25=0.75$。黎曼和是

$$(f(x_1)+f(x_2)+f(x_3)+f(x_4))\Delta x$$
$$=(0^2+0.25^2+0.5^2+0.75^2)\times 0.25$$
$$=0.21875$$

6.4 *xy* 平面上的面积

6.3 节说过，连续非负函数 $f(x)$ 从 a 到 b 的图形下面积是 $f(x)$ 从 a 到 b 的定积分（见图 1），这为我们提供了一个具体地将定积分作为面积的直观解释。若 $f(x)$ 在区间上的某些点为负，我们也可给出定积分的几何解释。

首先考虑 $f(x)\leqslant 0$ 对所有 $a\leqslant x\leqslant b$ 的情况（见图 2）。x 轴以下以 $f(x)$ 的图形为界，从 a 到 b 的面积 A，与 x 轴以上以 $-f(x)$ 的图形为界，从 a 到 b 的面积 A 相同。因为 $-f(x)$ 是非负的，故有

$$A=\int_a^b -f(x)\,\mathrm{d}x=-\int_a^b f(x)\,\mathrm{d}x \tag{1}$$

其中第二个等式来自 6.2 节的性质(4)，$k=-1$。因此，若 $f(x)\leqslant 0$，则

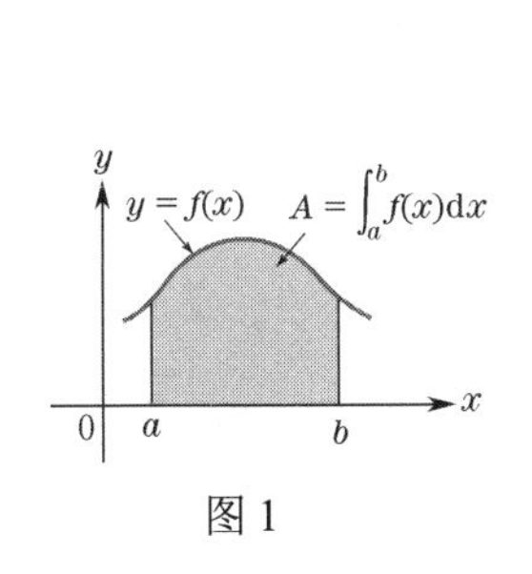

图 1

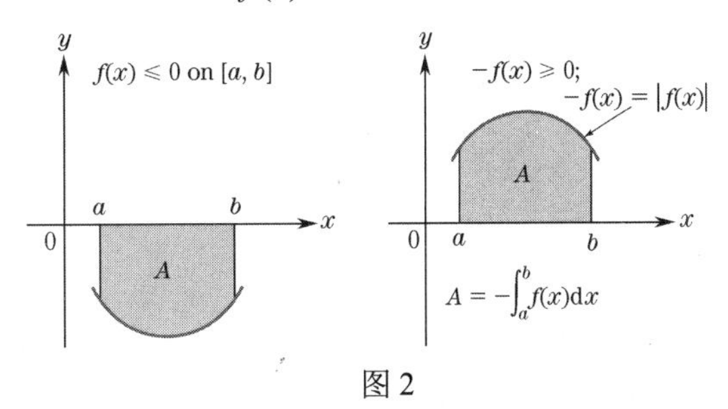

图 2

$$\int_a^b f(x)\,\mathrm{d}x=-A$$

因此，$f(x)$ 从 a 到 b 的定积分称为**有符号面积**，因为若面积在 x 轴以下，则它为负值。我们注意到，当 $f(x)\leqslant 0$ 时，有 $-f(x)=|f(x)|$。因此，根据式(1)，曲线和 x 轴所包围的面积为

$$A=\int_a^b |f(x)|\,\mathrm{d}x \tag{2}$$

由讨论可知，式(2)对任意连续函数 $f(x)$ 也是有效的。对任意连续函数 $f(x)$，将区间[a, b]划分为 $f(x)$ 在其上不改变符号的子区间。例如，在图 3 中，将区间[a, b]划分为 4 个子区间，使得在[a, c]和[d, e]上 $f(x)\leqslant 0$，在[c, d]和[e, b]上 $f(x)\geqslant 0$。根据 6.2 节的性质(7)有

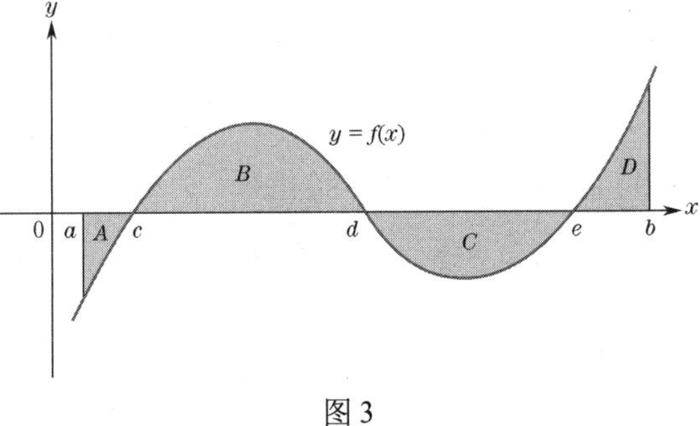

图 3

$$\int_a^b f(x)\,\mathrm{d}x=\int_a^c f(x)\,\mathrm{d}x+\int_c^d f(x)\,\mathrm{d}x+\int_d^e f(x)\,\mathrm{d}x+\int_e^b f(x)\,\mathrm{d}x \tag{3}$$

在 f 非负的区间上，定积分等于曲线下的面积，而在 f 非正的区间上，定积分等于曲线下的面积的负值。因此，从 a 到 b 的定积分值等于 x 轴以上图形的面积减去 x 轴以下图形的面积。这就给出了定积分的几何解释。

> 设 $f(x)$ 在区间 $a\leqslant x\leqslant b$ 上连续，则
> $$\int_a^b f(x)\,\mathrm{d}x$$
> 等于从 $x=a$ 到 $x=b$ 的 $y=f(x)$ 的图形所界定的 x 轴以上的面积减去 x 轴以下的面积。

根据图 3 有

$$\int_a^b f(x)\,\mathrm{d}x = B \text{ 和 } D \text{ 的面积} - A \text{ 和 } C \text{ 的面积}$$

例 1 由曲线和 x 轴界定的图形面积。从 0 到 2 由曲线 $f(x)=x^2-x$ 和 x 轴界定的图形如图 4 所示，求阴影部分的面积。

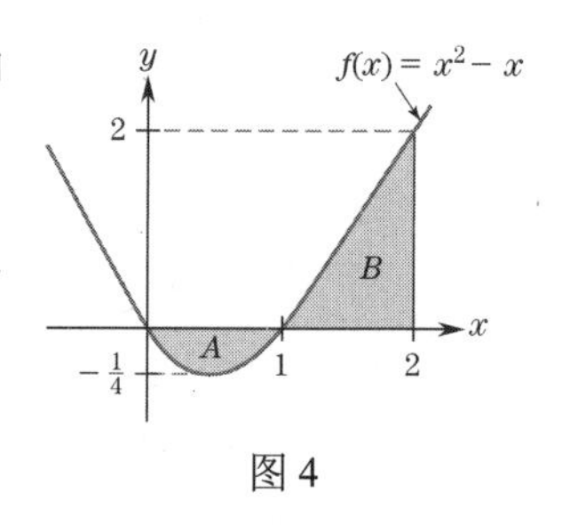

图 4

解：函数在区间 $0 \leqslant x \leqslant 2$ 上有负值，因此不能通过简单地计算 $f(x)$ 从 0 到 2 的定积分来计算面积，而必须区分 $f(x) \geqslant 0$ 的区间和 $f(x) \leqslant 0$ 的区间。根据图 4 中的符号有

$$A=-\int_0^1 f(x)\,\mathrm{d}x \quad \text{和} \quad B=\int_1^2 f(x)\,\mathrm{d}x$$

于是有

$$A=-\int_0^1 (x^2-x)\,\mathrm{d}x=-\left[\tfrac{1}{3}x^3-\tfrac{1}{2}x^2\right]\Big|_0^1=-\left[\tfrac{1}{3}-\tfrac{1}{2}\right]=\tfrac{1}{6}$$

$$B=\int_1^2 (x^2-x)\,\mathrm{d}x=\left[\tfrac{1}{3}x^3-\tfrac{1}{2}x^2\right]\Big|_1^2=\left(\tfrac{8}{3}-\tfrac{4}{2}\right)-\left(\tfrac{1}{3}-\tfrac{1}{2}\right)=\tfrac{4}{6}+\tfrac{1}{6}=\tfrac{5}{6}$$

因此，所求面积为 $A+B=\frac{1}{6}+\frac{5}{6}=1$。

■

例 2 由曲线和 x 轴界定的图形面积。从−1 到 1 由曲线 $f(x)=1-\mathrm{e}^{2x}$ 和 x 轴界定的图形如图 5 所示，求阴影部分的面积。

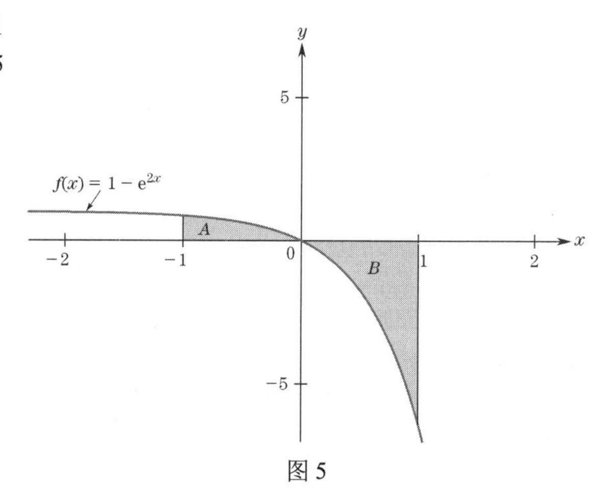

图 5

解：根据图 5 有

$$A=\int_{-1}^0 f(x)\,\mathrm{d}x \quad \text{和} \quad B=-\int_0^1 f(x)\,\mathrm{d}x$$

根据 e^{2x} 的不定积分是 $\frac{1}{2}\mathrm{e}^{2x}$ 有

$$A=\int_{-1}^0 (1-\mathrm{e}^{2x})\,\mathrm{d}x=\left[x-\tfrac{1}{2}\mathrm{e}^{2x}\right]\Big|_{-1}^0$$

$$=\left[0-\tfrac{1}{2}\right]-\left[-1-\tfrac{1}{2}\mathrm{e}^{-2}\right]=\tfrac{1}{2}\mathrm{e}^{-2}+\tfrac{1}{2}\approx 0.568$$

$$B=-\int_0^1 (1-\mathrm{e}^{2x})\,\mathrm{d}x=-\left[x-\tfrac{1}{2}\mathrm{e}^{2x}\right]\Big|_0^1$$

$$=-\left(1-\tfrac{1}{2}\mathrm{e}^2\right)+\left(0-\tfrac{1}{2}\right)=\tfrac{1}{2}\mathrm{e}^2-\tfrac{3}{2}\approx 2.195$$

因此，所求面积为 $A+B\approx 0.568+2.195=2.763$。

■

两条曲线间的面积

刚才考虑的区域是以 x 轴和函数图形为界的，是普通区域类型的特殊情况，其上下都由函数的图形限定。

参考图 6(c)，我们希望找到从 $x=a$ 到 $x=b$ $y=f(x)$ 图形下方和 $y=g(x)$ 图形上方阴影区域的面积的简单表达式。该面积等于 $y=f(x)$ 图形下方的面积［见图 6(a)］减去 $y=g(x)$ 图形下方的面积［见图 6(b)］。于是，有

$$\begin{aligned}\text{阴影区域的面积} &= f(x)\text{ 图形下方的面积} - g(x)\text{ 图形下方的面积}\\ &=\int_a^b f(x)\,\mathrm{d}x-\int_a^b g(x)\,\mathrm{d}x\\ &=\int_a^b [f(x)-g(x)]\,\mathrm{d}x \qquad \text{根据 6.2 节的性质(3)}\end{aligned}$$

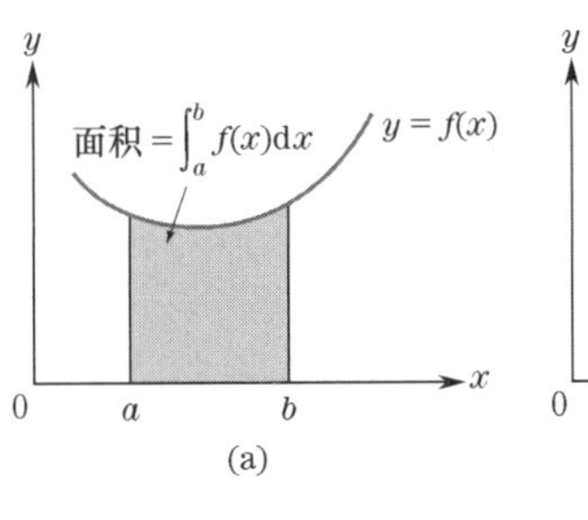

(a)

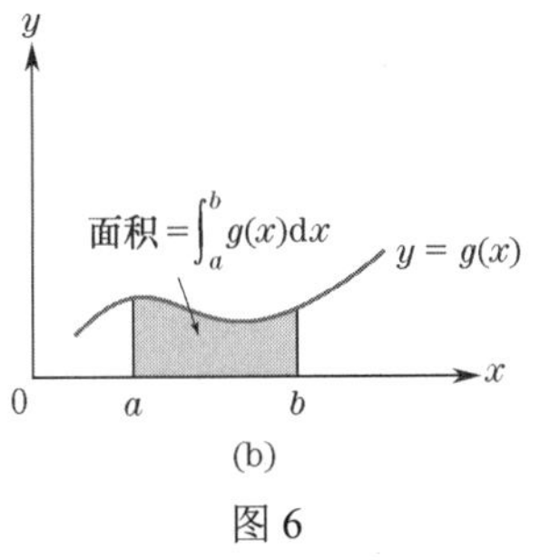

(b)

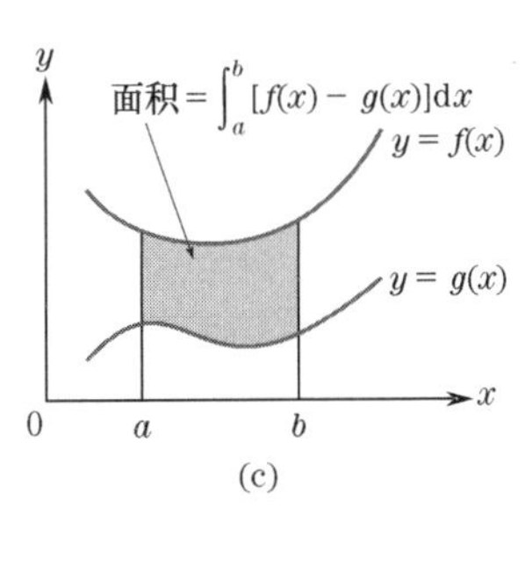

(c)

图 6

两条曲线间的面积 若 $y=f(x)$ 位于 $y=g(x)$ 从 $x=a$ 到 $x=b$ 的上方，则 $f(x)$ 和 $g(x)$ 从 $x=a$ 到 $x=b$ 之间的区域的面积为

$$\int_a^b [f(x)-g(x)]\,\mathrm{d}x$$

例 3 曲线间的面积。求从 $x=1$ 到 $x=2$ 曲线 $y=2x^2-4x+6$ 和 $y=-x^2+2x+1$ 之间的区域面积。

解：在绘制这两个图形（见图 7）时，我们发现当 $1 \leqslant x \leqslant 2$ 时，$f(x)=2x^2-4x+6$ 高于 $g(x)=-x^2+2x+1$。因此，用公式给出阴影区域的面积为

$$\int_1^2 [(2x^2-4x+6)-(-x^2+2x+1)]\,\mathrm{d}x=\int_1^2 (3x^2-6x+5)\,\mathrm{d}x$$

$$=(x^3-3x^2+5x)\Big|_1^2=6-3=3$$

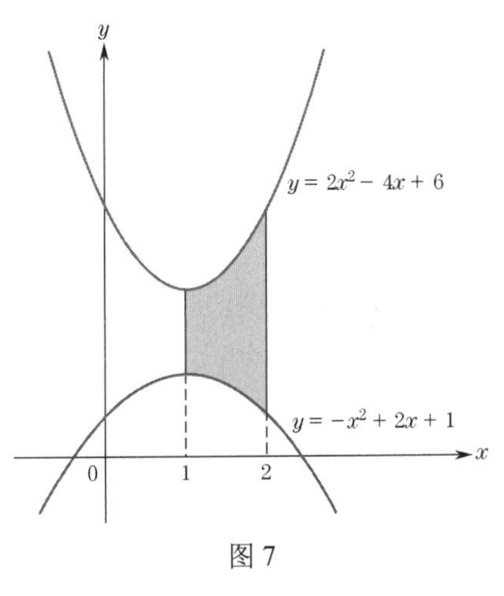

图 7

■

例 4 曲线间的面积。求从 $x=0$ 到 $x=3$ 曲线 $y=x^2$ 和 $y=(x-2)^2=x^2-4x+4$ 之间的区域面积。

解：绘制图形（见图 8）时，我们发现两个图形相交；令 $x^2=x^2-4x+4$，我们发现当 $x=1$ 时它们相交。因此，从 $x=0$ 到 $x=3$，一个图形并不总在另一个图形之上，所以不能直接应用求两条曲线之间面积的规则。但是，若将区域分成两部分，即 $x=0$ 到 $x=1$ 的区域和 $x=1$ 到 $x=3$ 的区域，就可克服这一困难。从 $x=0$ 到 $x=1$，$y=x^2-4x+4$ 在上面；从 $x=1$ 到 $x=3$，$y=x^2$ 在上面。于是有

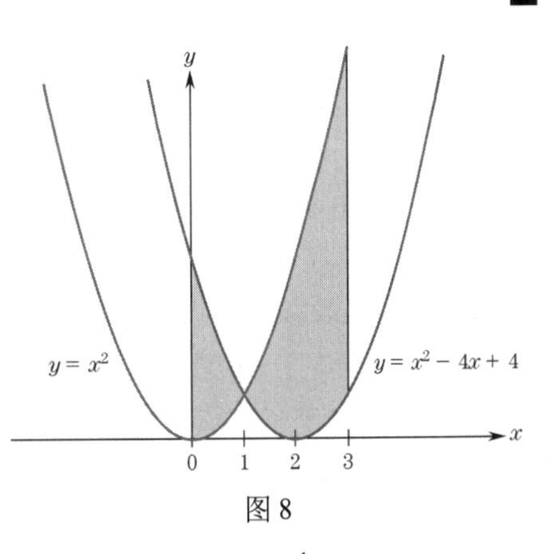

图 8

从 $x=0$ 到 $x=1$ 的面积 $=\int_0^1 [(x^2-4x+4)-(x^2)]\,\mathrm{d}x=\int_0^1 (-4x+4)\,\mathrm{d}x=(-2x^2+4x)\Big|_0^1=2-0=2$

从 $x=1$ 到 $x=3$ 的面积 $=\int_1^3 [(x^2)-(x^2-4x+4)]\,\mathrm{d}x=\int_1^3 (4x-4)\,\mathrm{d}x=(2x^2-4x)\Big|_1^3=6-(-2)=8$

因此，总面积为 $2+8=10$。

■

在推导两条曲线之间面积的公式时，我们考察了非负函数。然而，规则的陈述并未包含这一规定，这是合理的。考虑 $f(x)$ 和 $g(x)$ 并不总为正时，如何确定图 9(a)中阴影区域的面积。选择某个常数 c，使函数 $f(x)+c$ 和 $g(x)+c$ 的图形完全位于 x 轴之上［见图 9(b)］。它们之间的区域面积与原始区域的面积相同。应用非负函数的规则有

$$阴影区域的面积 = \int_a^b [(f(x)+c)-(g(x)+c)]\,\mathrm{d}x$$

$$= \int_a^b [f(x)-g(x)]\,\mathrm{d}x$$

因此，对于 $x=a$ 到 $x=b$ 上的所有 x，只要 $f(x)$ 的曲线在 $g(x)$ 的曲线之上，我们的规则对任何函数 $f(x)$ 和 $g(x)$ 就都是有效的。

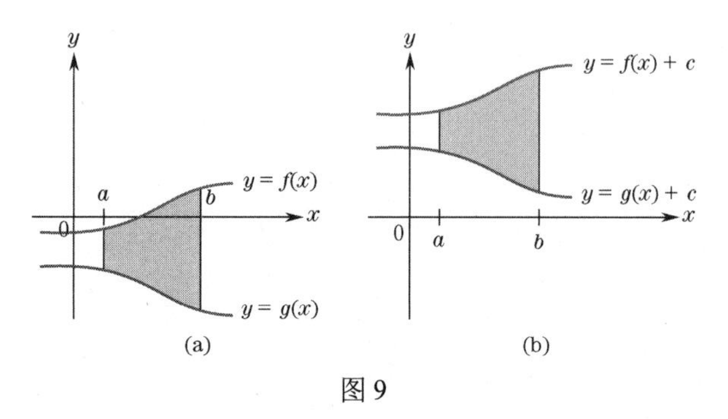

图 9

例 5　曲线间的面积。求曲线 $y=x^2-2x$ 和 $y=-\mathrm{e}^{-x}$ 之间从 $x=-1$ 到 $x=2$ 的面积的积分。

解：因为曲线 $y=x^2-2x$ 在 $y=-\mathrm{e}^{-x}$ 之上（见图 10），求两条曲线之间的面积可以直接应用上面的规则。曲线之间的面积是

$$\int_{-1}^{2}(x^2-2x+\mathrm{e}^x)\,\mathrm{d}x$$

■

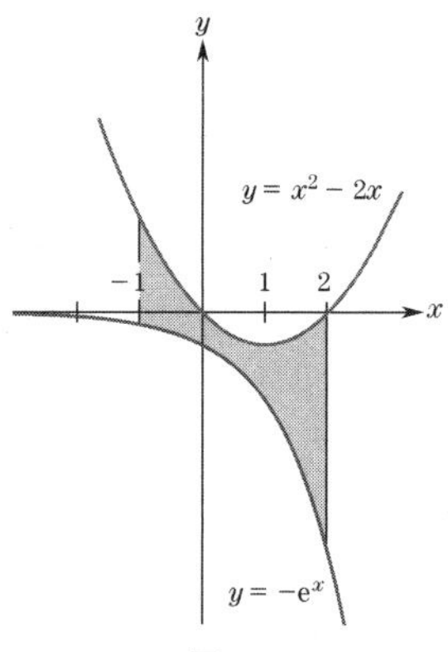

图 10

有时，需要在未给定 a 和 b 值的情况下求两条曲线之间的面积。这时，存在一个完全被两条曲线包围的区域。如下例所述，我们必须首先找到两条曲线的交点，以得到 a 和 b 的值。在这类问题中，仔细绘制曲线非常重要。

例 6　两条曲线和交点之间的面积。用积分求曲线 $y=x^2+2x+3$ 和 $y=2x+4$ 所围成的面积。

解：求交点时，设 $x^2+2x+3=2x+4$，求出 x（见图 11）。得到 $x^2=1$，即 $x=-1$ 或 $x=1$。当 $x=-1$ 时，$2x+4=2(-1)+4=2$。当 $x=1$ 时，$2x+4=2(1)+4=6$。因此，两条曲线相交于点(1, 6)和点(−1, 2)。

因为 $y=2x+4$ 在 $x=-1$ 到 $x=1$ 之间位于 $y=x^2+2x+3$ 上方，因此两条曲线之间的面积为

$$\int_{-1}^{1}[(2x+4)-(x^2+2x+3)]\,\mathrm{d}x=\int_{-1}^{1}(1-x^2)\,\mathrm{d}x$$

■

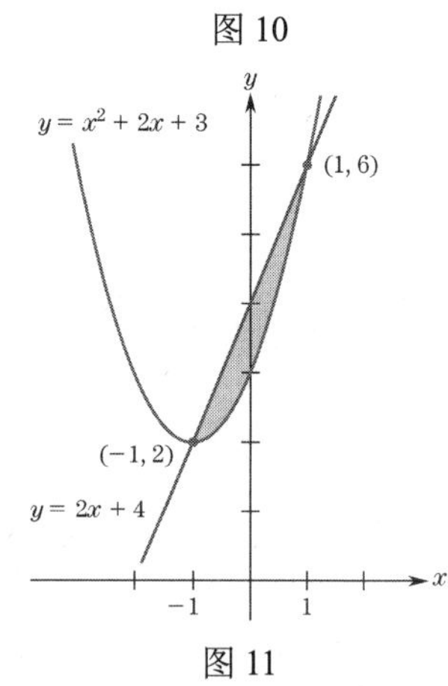

图 11

例 7　两条曲线和交点之间的面积。用积分求曲线 $y=2x^2$ 和 $y=x^3-3x$ 围成的面积。

解：首先画出两条曲线的草图（见图 12）。曲线相交于 $x^3-3x=2x^2$ 或 $x^3-2x^2-3x=0$。注意，

$$x^3-2x^2-3x=x(x^2-2x-3)=x(x-3)(x+1)$$

所以 $x^3-2x^2-3x=0$ 的解是 $x=0,3,-1$，曲线相交于(−1, 2), (0, 0)和(3, 18)。从 $x=-1$ 到 $x=0$，曲线 $y=x^3-3x$ 位于 $y=2x^2$ 上方。但是，从 $x=0$ 到 $x=3$，情况正好相反。因此，曲线之间的面积为

$$\int_{-1}^{0}(x^3-3x-2x^2)\,\mathrm{d}x+\int_{0}^{3}(2x^2-x^3+3x)\,\mathrm{d}x$$

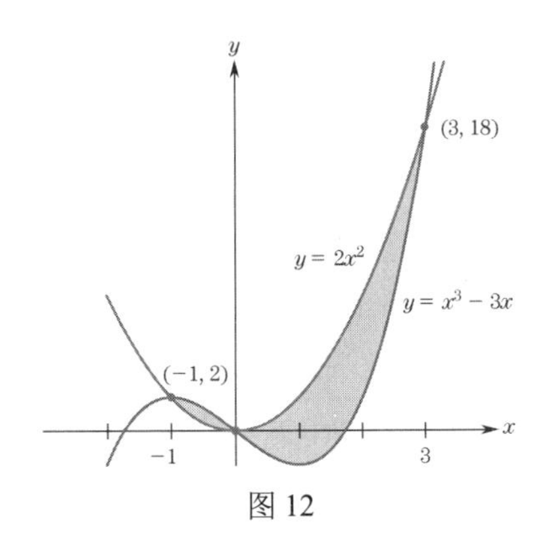

图 12

■

求应用面积

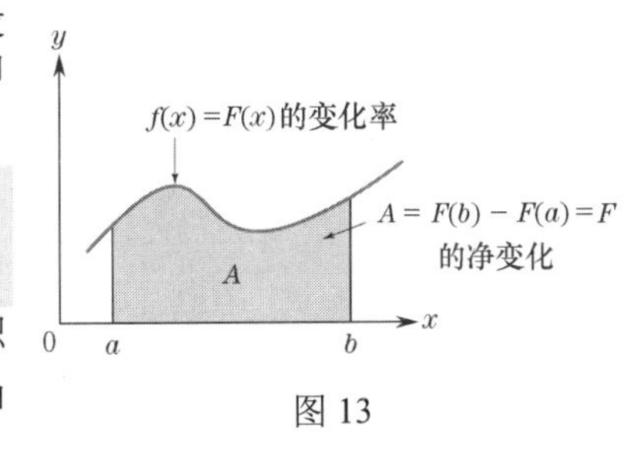

图 13

到目前为止，我们对定积分至少有两种解释。为此，假设 $f(x)$ 在区间$[a, b]$上连续且非负，设 $F(x)$ 为 $f(x)$ 的不定积分，即 $F'(x)=f(x)$。于是，有

$$\text{从}a\text{到}b\text{曲线}f\text{下的面积}=\int_a^b f(x)\,\mathrm{d}x=\int_a^b F'(x)\,\mathrm{d}x$$

$$=\text{在}[a,b]\text{上}F(x)\text{的净变化} \qquad (4)$$

因此，当 x 从 a 到 b 变化时，变化率函数 $f(x)$ 的图形下面积等于函数 $F(x)$ 的净变化。这就提供了另一种几何方式来可视化函数的净变化（见图 13）。

例 8　边际利润。一家公司试图决策是否将某种商品的日产量从每天 30 件增加到 60 件。除非利润至少增加 15000 美元，否则公司不会提高日产量。根据图 14 中的边际利润曲线，公司是否应该将日产量从 30 件提高到 60 件？

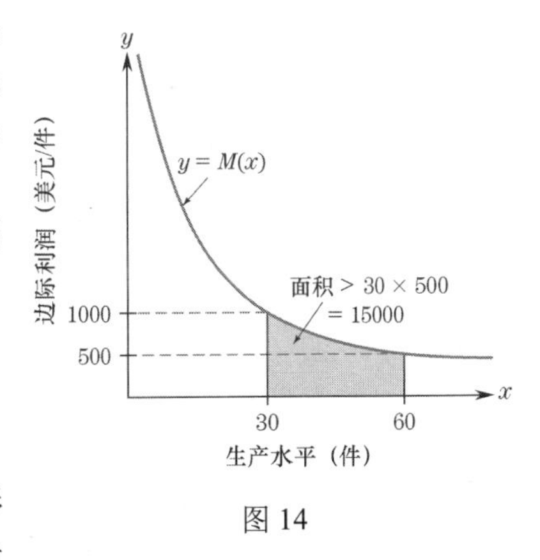

图 14

解：设 $P(x)$ 和 $M(x)$ 分别表示生产 x 件产品的利润和边际利润。因为 $P'(x)=M(x)$，所以

从 30 件到 60 件时曲线 $M(x)$ 下的面积

$$=\int_{30}^{60} M(x)\,\mathrm{d}x=\int_{30}^{60} P'(x)\,\mathrm{d}x$$

$$=P(60)-P(30)=x\text{ 从 30 变化到 60 时 }P\text{ 的净变化}$$

由图 14 可知，$M(x)$ 从 30 到 60 的图形下面积大于阴影矩形面积 $30\times500=15000$。利润净变化（等于曲线下的面积）将超过 15000 美元，因此公司应将其日产量提高到 60 件。

■

下面考虑一个变化率为负值的例子。

例 9　位移与行进距离。火箭垂直向空中发射。升空后 t 秒的速度为 $v(t)=-32t+160$ 英尺/秒。

(a)求区间 $0\leqslant t\leqslant 8$ 内火箭随 t 变化的位移。用 $v(t)$ 图形下的面积解释这个位移。

(b)求区间 $0\leqslant t\leqslant 8$ 内火箭飞行的总距离。将这个距离解释为一个面积。

回顾：参见 6.2 节对例 6 的讨论。

解：(a) 设 $s(t)$ 表示火箭在 t 时刻的位置，从初始位置开始测量。所需位移为 $s(8)-s(0)$，即区间

$0 \leqslant t \leqslant 8$ 上的位置净变化。于是，有

$$s(8)-s(0)=\int_0^8 v(t)\,\mathrm{d}t=\int_0^8(-32t+160)\,\mathrm{d}t$$

$$=(-16t^2+160t)\Big|_0^8=(-16)(8^2)+(160)(8)=256\text{ 英尺}$$

因此，火箭比初始位置高 256 英尺。区间[0, 8]上的定积分值等于以 $v(t)$ 的图形为界的 t 轴以上的面积 A 减去 t 轴以下的面积 B（见图 15）。

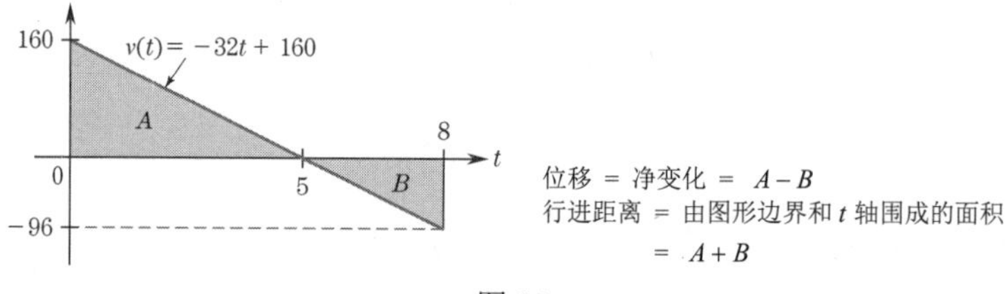

图 15

(b) 注意，当 $5 \leqslant t \leqslant 8$ 时，$v(t) \leqslant 0$。因此，火箭在 $t=5$ 时改变方向。为了计算行进的总距离，必须在[0, 5]和[5, 8]两个不同的区间上计算位移。在区间[0, 5]上，位移为

$$\int_0^5(-32t+160)\,\mathrm{d}t=(-16t^2+160t)\Big|_0^5=(-16)(5^2)+(160)(5)=400\text{ 英尺}$$

于是，火箭在区间 $0 \leqslant t \leqslant 5$ 上向上移动了 400 英尺。在区间[5, 8]上，位移为

$$\int_5^8(-32t+160)\,\mathrm{d}t=[-16t^2+160t]\Big|_5^8$$

$$=[(-16)(8^2)+(160)(8)]-[(-16)(5^2)+(160)(5)]=-144\text{ 英尺}$$

于是，火箭在区间 $5 \leqslant t \leqslant 8$ 上向下移动了 144 英尺。总距离是 400 + 144 = 544 英尺。就面积而言，行进的总距离等于以 $v(t)$ 从 0 到 5 的图形为界的 t 轴上方的面积 A，加上以 $v(t)$ 从 5 到 8 的图形为界的 t 轴下方的面积 B（见图 15）。

■

由例 9 可知，在区间 $[a,b]$ 上，只要 $v(t)$ 不为负，位移和行进的总距离就是相等的。若 $v(t)$ 在区间 $[a, b]$ 上为负，则位移和行进的总距离不一定相等。位移总以 $\int_a^b v(t)\,\mathrm{d}t$ 表示，用 t 轴上方和速度曲线下方的面积减去 t 轴下方和速度曲线上方的面积之差表示。行进距离是由速度曲线和 t 轴限定的总面积。对于定积分，有

$$\text{位移} = \int_a^b v(t)\,\mathrm{d}t\text{；}\quad \text{行进距离} = \int_a^b |v(t)|\,\mathrm{d}t$$

最后一个例子对两条曲线之间的面积给出了有趣的解释。

例 10 启动在线交通网络。 2010 年，一家在线交通网络公司推出其移动应用后，客户群预计呈指数增长。从 2010 年到 2015 年的增长率（千名客户/年）有一个相当好的模型，即

$$R_1(t)=65\mathrm{e}^{0.07t}$$

2015 年，由于竞争日益激烈，这一增长率被下调，预测增长率（千名客户/年）的新模型为

$$R_2(t)=79.4\mathrm{e}^{0.03t}$$

在两个模型中，$t=0$ 都对应于 2010 年。估计 2015 年至 2020 年因竞争而流失的客户总数。

解： 若客户数量继续像 2015 年之前那样增长，则 2015 年到 2020 年之间客户的净变化是

$$\int_5^{10} R_1(t)\,\mathrm{d}t$$

然而，考虑到 2015 年以来的增长速度放缓，2015 年至 2020 年间客户的预计净变化为

$$\int_5^{10} R_2(t)\,\mathrm{d}t$$

$R_1(t)$ 和 $R_2(t)$ 的积分可分别解释为从 $t=5$ 到 $t=10$，曲线 $y=R_1(t)$ 和 $y=R_2(t)$ 下的面积（见图 16)。叠加这两条曲线可知，从 $t=5$ 到 $t=10$ 之间的面积代表了因使用 $R_2(t)$ 而非 $R_1(t)$ 损失的客户总数（见图 17)。两条曲线之间的面积为

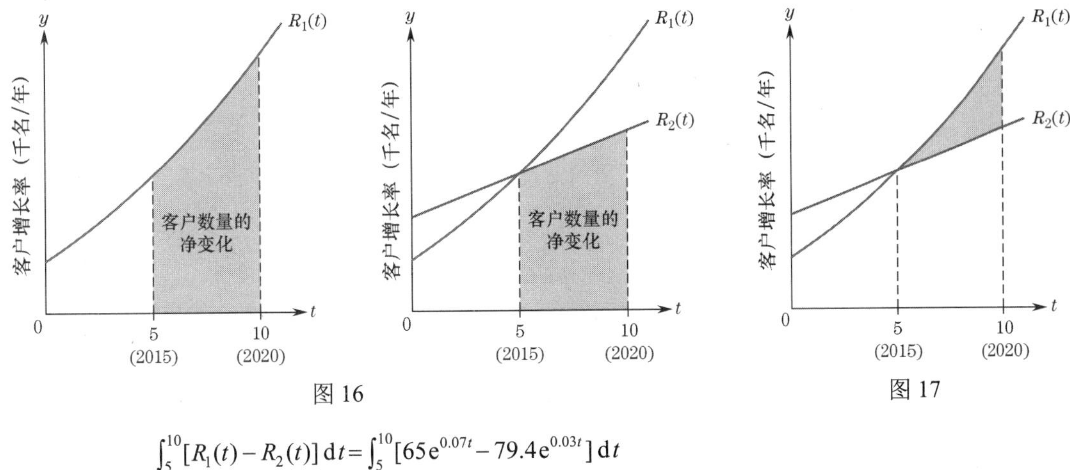

图 16

图 17

$$\begin{aligned}\int_5^{10}[R_1(t)-R_2(t)]\,\mathrm{d}t&=\int_5^{10}[65\mathrm{e}^{0.07t}-79.4\mathrm{e}^{0.03t}]\,\mathrm{d}t\\&=\left(\frac{65}{0.07}\mathrm{e}^{0.07t}-\frac{79.4}{0.03}\mathrm{e}^{0.03t}\right)\Big|_5^{10}\\&\approx(928.571\mathrm{e}^{0.7}-2646.67\mathrm{e}^{0.3})-(928.571\mathrm{e}^{0.35}-2646.67\mathrm{e}^{0.15})\\&\approx 54.5684\end{aligned}$$

因此，若使用 $R_2(t)$ 代替 $R_1(t)$ 模型，该公司预计将减少约 54568 名客户。

■

微积分理论中的面积：面积函数

问题：假设 $f(x)$ 是区间 $[a,b]$ 上的连续函数。$f(x)$ 是有不定积分吗？若有，如何求？

当 $f(x)$ 有不定积分 $F(x)$ 时，如 6.3 节中的定理 1 所述，我们用 $F(x)$ 来计算 $f(x)$ 图形下的面积。下面说明面积的概念可用于定义 $f(x)$ 的不定积分，这将证明每个连续函数都有一个不定积分。

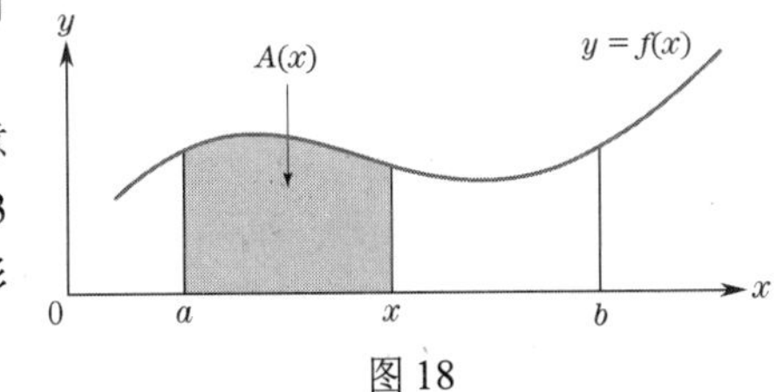

图 18

设 $f(x)$ 是区间 $[a,b]$ 上的连续函数。对区间 $[a,b]$ 上的任意 x，定义 $A(x)$ 为 $f(x)$ 在区间 $[a,x]$ 上的黎曼和的极限，如 6.3 节的式(3)所示。当 $f(x)$ 非负时，该极限等于从 a 到 x 的图形 $f(x)$ 下的面积。因此，函数 $A(x)$ 称为**面积函数**（见图 18)。现在，我们认为 $A'(x)=f(x)$；换言之，$A(x)$ 是 $f(x)$ 的不定积分。

> **定理 I：面积函数**。设 $f(x)$ 是 $a\leqslant x\leqslant b$ 上的连续函数，$A(x)$ 为面积函数，则 $A(x)$ 是 $f(x)$ 的不定积分。

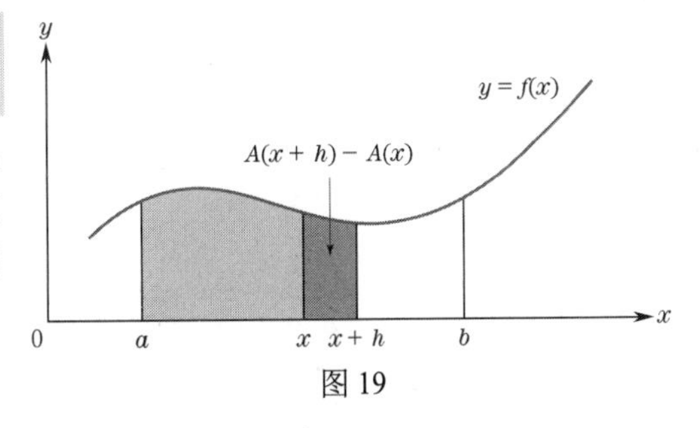

图 19

定理 I 的证明 为简单起见，设 $f(x)$ 非负。设 h 是一个很小的正数，则 $A(x+h)-A(x)$ 是图 19 中较暗阴影区域的面积。这个阴影区域近似成宽为 h、高为 $f(x)$、面积为 $h\cdot f(x)$ 的矩形。于是，有

$$A(x+h)-A(x)\approx h\cdot f(x)$$

当 h 趋于 0 时，近似值变得更好。两边同时除以 h 得

$$\frac{A(x+h)-A(x)}{h} \approx f(x)$$

由于近似值随着h趋于 0 而提高，商必须趋于$f(x)$。然而，导数的极限定义表明，当h趋于 0 时，商趋于$A'(x)$，因此有$A'(x)=f(x)$。x表示a和b之间的任意数，表明$A(x)$是$f(x)$的不定积分。■

微积分基本定理的第二个证明 下面说明如何用面积函数证明前一节的定理 I。事实上，若$F(x)$是$f(x)$的任意不定积分，因为面积函数$A(x)$也是$f(x)$的不定积分，则有

$$A(x)=F(x)+C$$

式中，C为任意常数。注意，$A(a)=0$，$A(b)$等于区间$a \leqslant x \leqslant b$上$f(x)$的图形下区域的面积。因此，若$f$非负，则

$$\begin{aligned}\text{从 } a \text{ 到 } b \text{ 时 } f(x) \text{ 图形下的面积} &= A(b)=A(b)-A(a)\\ &=[F(b)+C]-[F(a)+C]\\ &=F(b)-F(a)\end{aligned}$$

因此，6.3 节的定理 I 得证。■

综合技术

两条曲线间的面积 下面说明如何使用例 3 中的函数对两条曲线之间的区域进行着色。首先设置$Y_1=-X^2+2X+1$和$Y_2=2X^2-4X+6$。按 2nd [DRAW] 7 显示阴影。写出完整的表达式 Shade(Y_1,Y_2,1,2) 并按 ENTER 键，这将为$1 \leqslant X \leqslant 2$区间上$Y_1$以上和$Y_2$以下的区域着色，结果见图 20(a)。注意，在 Shade 程序中，必须先列出下面的函数，然后列出上面的函数。

下面计算例 3 中的定积分来求曲线之间的面积。选择 MATH 9，完成如图 20(b)所示的表达式，并按 ENTER 键，结果如图 20(b)所示。

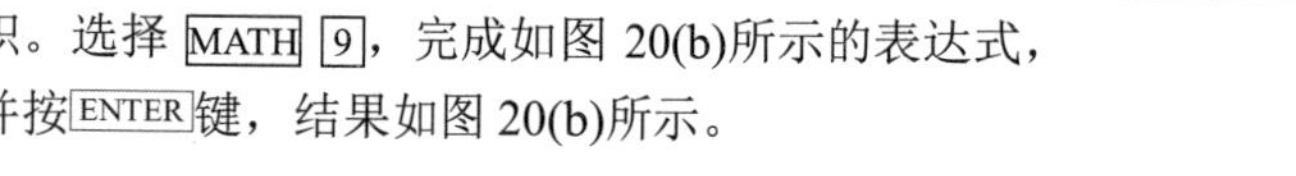

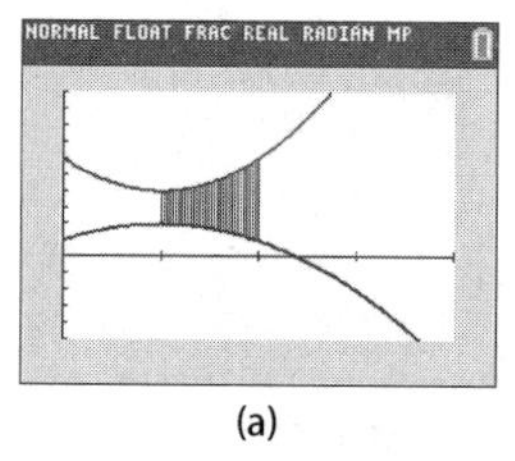

(a)

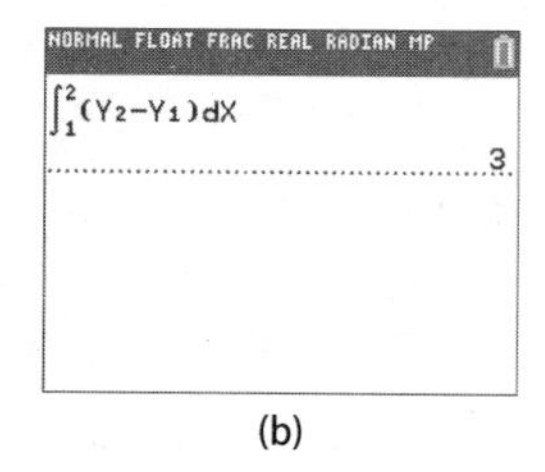

(b)

图 20

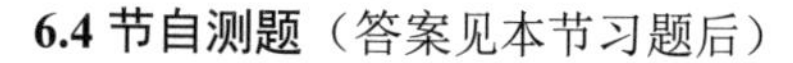

6.4 节自测题（答案见本节习题后）

1. 求从$x=-2$到$x=1$曲线$y=x+3$和曲线$y=\frac{1}{2}x^2+x-7$之间的面积。
2. A 公司计划将日产量从 10 台增至 15 台。现在的边际成本函数是$MC_1(x)=x^2-20x+108$。通过重新设计生产流程和购买新设备，公司可将边际成本函数改为$MC_2(x)=\frac{1}{2}x^2-12x+75$。确定从$x=10$到$x=15$，两条边际成本曲线图形之间的面积。用经济术语解释这个面积。

习题 6.4

1. 写出一个定积分或定积分的和，给出图 21 中阴影部分的面积。

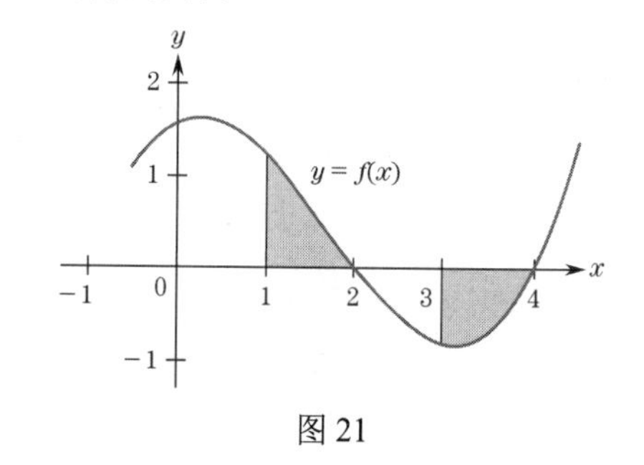

图 21

2. 写出一个定积分或定积分的和，给出图 22 中阴影部分的面积。

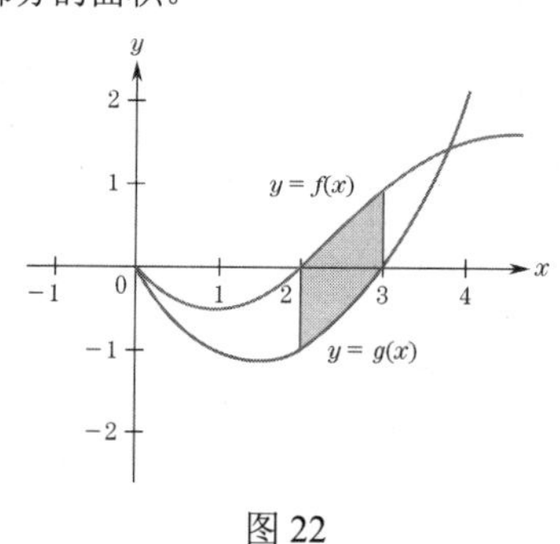

图 22

3. 对图 23 中面积由积分给出的部分进行着色。

$$\int_0^2 [f(x)-g(x)]\,\mathrm{d}x+\int_2^4 [h(x)-g(x)]\,\mathrm{d}x$$

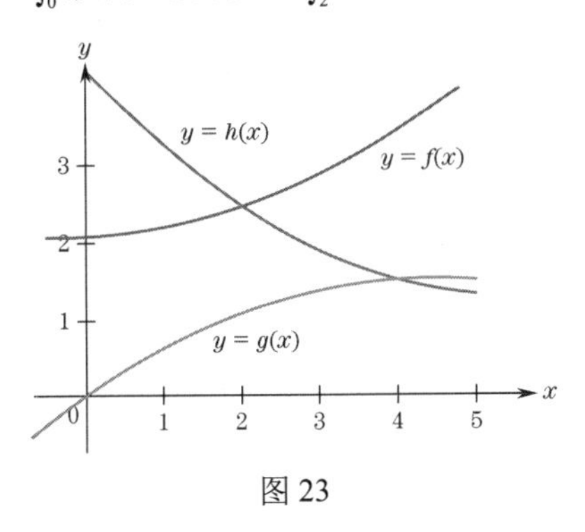

图 23

4. 对图 24 中面积由积分给出的部分进行着色。

$$\int_0^1 [f(x)-g(x)]\,\mathrm{d}x+\int_1^2 [g(x)-f(x)]\,\mathrm{d}x$$

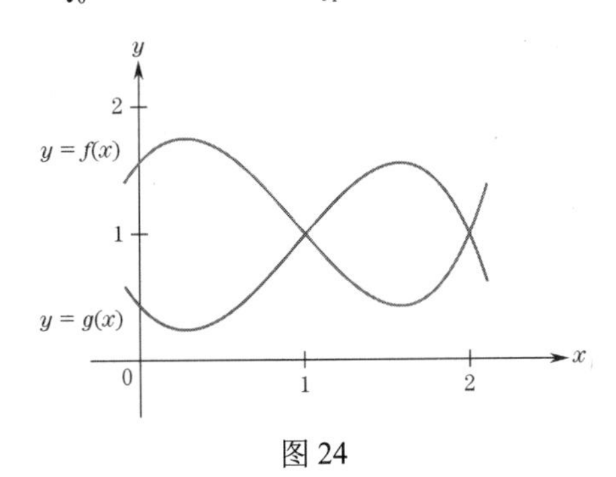

图 24

5. 设 $f(x)$ 为图 25 所示的函数。确定 $\int_0^7 f(x)\,\mathrm{d}x$ 是正的、负的还是零。

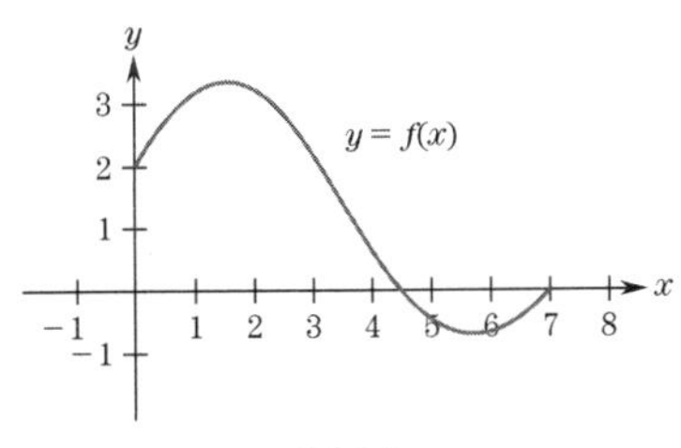

图 25

6. 设 $g(x)$ 为图 26 所示的函数。确定 $\int_0^7 g(x)\,\mathrm{d}x$ 是正的、负的还是零。

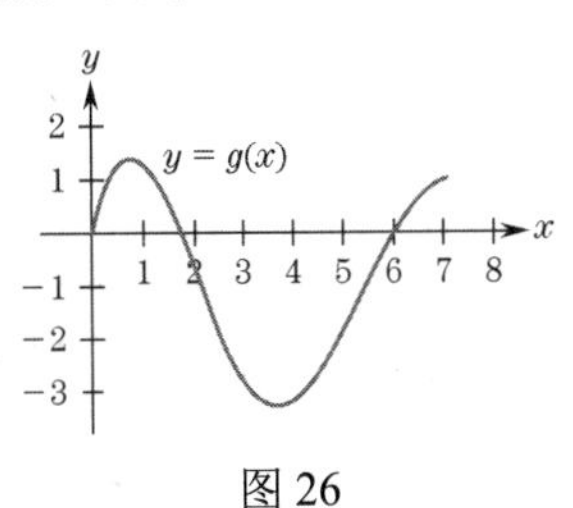

图 26

求曲线和 x 轴之间的面积。

7. $f(x)=1-x^2$，从−2 到 2

8. $f(x)=x(x^2-1)$，从−1 到 1

9. $f(x)=x^2-2x-3$，从 0 到 2

10. $f(x)=x^2+6x+5$，从 0 到 1

11. $f(x)=\mathrm{e}^x-3$，从 0 到 $\ln 3$

12. $f(x)=\mathrm{e}^{-x}+2$，从−1 到 2

求曲线之间区域的面积。

13. $y=2x^2$ 和 $y=8$，从 $x=-2$ 到 $x=2$

14. $y=x^2+1$ 和 $y=-x^2-1$，从 $x=-1$ 到 $x=1$

15. $y=x^2-6x+12$ 和 $y=1$，从 $x=0$ 到 $x=4$

16. $y=x(2-x)$ 和 $y=2$，从 $x=0$ 到 $x=2$

17. $y=\mathrm{e}^x$ 和 $y=\frac{1}{x^2}$，从 $x=1$ 到 $x=2$

18. $y=\mathrm{e}^{2x}$ 和 $y=1-x$，从 $x=0$ 到 $x=1$

求两条曲线所围成区域的面积。

19. $y=x^2$ 和 $y=x$

20. $y=4x(1-x)$ 和 $y=\frac{3}{4}$

21. $y=-x^2+6x-5$ 和 $y=2x-5$

22. $y=x^2-1$ 和 $y=3$

23. $y=x(x^2-1)$ 和 x 轴

24. $y=x^3$ 和 $y=2x^2$

25. $y=8x^2$ 和 $y=\sqrt{x}$

26. $y=\frac{4}{x}$ 和 $y=5-x$

27. 求 $y=x^2-3x$ 到 x 轴之间的区域面积：

(a) 从 $x=0$ 到 $x=3$ 。

(b) 从 $x=0$ 到 $x=4$ 。

(c) 从 $x=-2$ 到 $x=3$ 。

28. 求 $y=x^2$ 和 $y=1/x^2$ 之间的区域面积：

(a) 从 $x=1$ 到 $x=4$ 。

(b) 从 $x=\frac{1}{2}$ 到 $x=4$ 。

29. 求图 27 中以 $y=1/x^2$, $y=x$, $y=8x$ 为界的区域的面积，其中 $x\geqslant 0$ 。

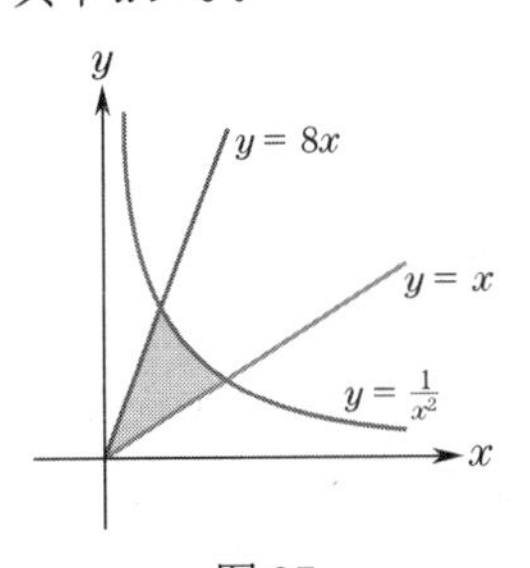

图 27

30. 求以 $y=1/x$, $y=4x$, $y=x/2$ 为界的区域的面积，其中 $x\geqslant 0$（该区域类似于习题 29 中的阴影区域）。

31. 直升机的高度。一架直升机在空中直线上升。它在时刻 t 的速度是 $v(t)=2t+1$ 英尺/秒。

(a) 直升机在前 5 秒上升了多少英尺？

(b) 将(a)问的答案用面积表示。

32. 装配线生产。运行 t 小时后，一条装配线以每小时 $r(t)=21-\frac{4}{5}t$ 台割草机的速度生产割草机。

(a) 在 $t=2$ 到 $t=5$ 小时内生产了多少台割草机？

(b) 将(a)问的答案用面积表示。

33. 成本。手袋制造商的日产量为 x（百件）时，边际成本函数为 $C'(x)=\frac{3}{32}x^2-x+200$ 美元/件。

(a) 目前已生产 2 件，求额外生产 6 件的总成本。

(b) 将(a)问的答案用面积表示（给出书面描述而非草图）。

34. 利润。某公司生产 x 件产品时的边际利润函数为 $P'(x)=100+50x-3x^2$。

(a) 若目前已销售 5 件，求额外销售 3 件获得的利润。

(b) 将(a)问的答案用面积表示（不要画草图）。

35. 边际利润。设 $M(x)$ 为某公司生产 x 件产品的边际利润。给出 $\int_{44}^{48}M(x)\mathrm{d}x$ 的经济学解释。

36. 边际利润。设 $M(x)$ 为某公司生产 x 件产品的边际成本。给出 $\int_{0}^{100}M(x)\mathrm{d}x$ 的经济学解释（注意，对任何生产水平，总成本都等于固定成本加总可变成本）。

37. 热扩散。一些食物放在冰箱里中，t 小时后，食物的温度以 $r(t)$ 华氏度/小时的速度下降，其中 $r(t)=12+4/(t+3)^2$。

(a) 计算区间 $0\leqslant t\leqslant 2$ 上 $y=r(t)$ 的图形下面积。

(b) (a)问的面积代表什么？

38. 速度。假设 t 时刻汽车的速度是 $v(t)=40+8/(t+1)^2$ 千米/小时。

(a) 计算从 $t=1$ 到 $t=9$ 的速度曲线下的面积。

(b) (a)问的面积代表什么？

39. 砍伐森林和燃料木材。森林砍伐是撒哈拉以南非洲面临的主要问题之一。虽然开垦耕地是主要原因，但对燃料木材需求的稳步增长也成为一个重要因素。图 28 总结了世界银行的预测。1980 年以后的 t 年，苏丹的燃料木材消耗量（百万立方米/年）约为函数 $c(t)=76.2\mathrm{e}^{0.03t}$。求从 1980 年到 2000 年燃料木材的消耗量。

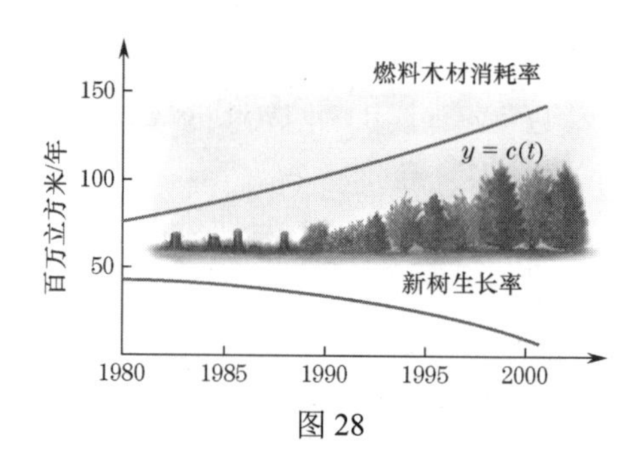

图 28

40. 参考习题 39。1980 年以后的 t 年，苏丹的新树生长率（百万立方米/年）约为函数 $g(t)=50-6.03\mathrm{e}^{0.09t}$。建立一个定积分，给出 1980 年至 2000 年由于燃料木材消耗超过新树生长而导致的森林耗损量。

41. 广告活动后，公司的边际利润从广告前的 $M_1(x)=2x^2-3x+11$ 调整到广告后的 $M_2(x)=2x^2-2.4x+8$，其中 x 表示生产的件数，$M_1(x)$ 和 $M_2(x)$ 的单位为千美元/件。确定由于广告活动，日产量从 $x=5$ 件增加到 $x=10$ 件所导致的净利润变化。

42. 利润和面积。某公司的边际利润为 $\mathrm{MP}_1(x)=-x^2+14x-24$。公司预计日产量将从 $x=6$ 件增至 $x=8$ 件。管理层正在计划将边际利润改为 $\mathrm{MP}_2(x)=-x^2+12x-20$，公司应采用该计划吗？求从 $x=6$ 到 $x=8$ 这两个边际利润函数的图形之间的面积。用经济术语解释这个面积。

43. 速度和距离。两枚火箭同时向空中发射。它们的速度（米/秒）是 $v_1(t)$ 和 $v_2(t)$，当 $t\geqslant 0$ 时，$v_1(t)\geqslant v_2(t)$。当 $0\leqslant t\leqslant 10$ 时，设 A 表示 $y=v_1(t)$ 和 $y=v_2(t)$ 的图形之间的区域面积。A 的值可以有什么物理解释？

44. 距离。车 A 和车 B 从同一地点出发，向同一方向行驶，t 小时后的速度由图 29 中的函数 $v_A(t)$ 和 $v_B(t)$ 表示。

(a) $t=0$ 到 $t=1$ 这两条曲线间的面积代表什么？

(b) 什么时候两辆车之间的距离最大？

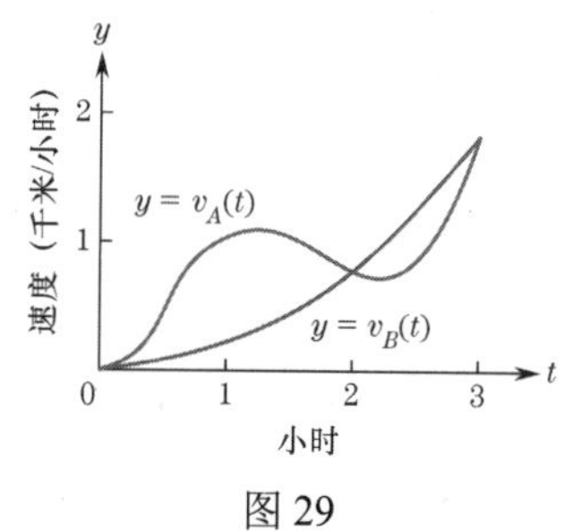

图 29

45. 位移与行进距离。物体沿直线运动的速度为 $v(t)=2t^2-3t+1$ 英尺/秒。

(a) 求 t 在区间 $0\leqslant t\leqslant 3$ 上变化时物体的位移。

(b) 求物体在区间 $0\leqslant t\leqslant 3$ 上运动的总距离。

46. 位移与行进距离。物体沿直线运动的速度为 $v(t)=t^2+t-2$ 英尺/秒。

(a) 求 t 在区间 $0\leqslant t\leqslant 3$ 上变化时物体的位移。用 $v(t)$ 图下的面积解释这个位移。

(b) 求物体在区间 $0\leqslant t\leqslant 3$ 上运动的总距离。用面积来解释这个距离。

技术题

在习题 47 ~ 50 中，使用绘图实用程序求出曲线的交点，然后使用实用程序求出曲线所围成区域的面积。

47. $y=\mathrm{e}^x$，$y=4x+1$

48. $y=5-(x-2)^2$，$y=\mathrm{e}^x$

49. $y=\sqrt{x+1}$，$y=(x-1)^2$

50. $y=1/x$，$y=3-x$

6.4 节自测题答案

1. 首先，绘制两条曲线，如图 30 所示。曲线 $y=x+3$ 在上面。曲线之间的面积是

$$\int_{-2}^{1}\left[(x+3)-(\tfrac{1}{2}x^2+x-7)\right]\mathrm{d}x=\int_{-2}^{1}(-\tfrac{1}{2}x^2+10)\,\mathrm{d}x$$
$$=(-\tfrac{1}{6}x^3+10x)\Big|_{-2}^{1}$$
$$=28.5$$

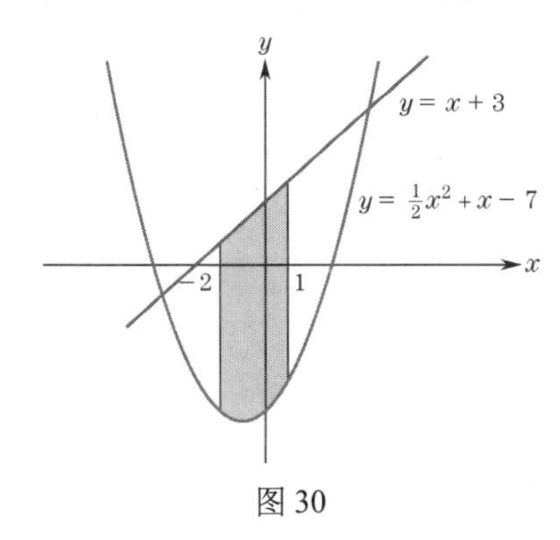

图 30

2. 将两个边际成本函数绘制成图，如图 31 所示。所以，两条曲线之间的面积等于

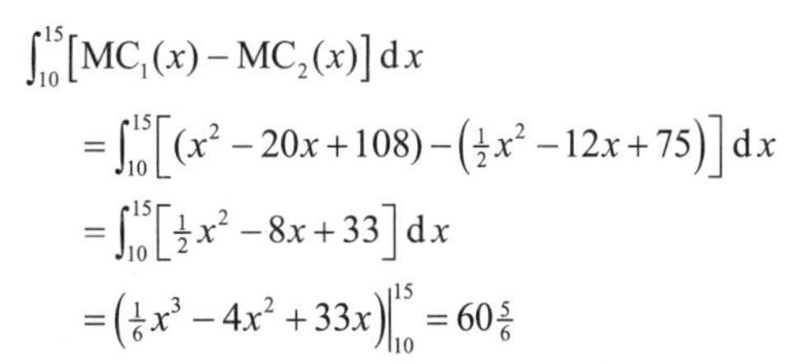

$$\int_{10}^{15}\left[\mathrm{MC}_1(x)-\mathrm{MC}_2(x)\right]\mathrm{d}x$$
$$=\int_{10}^{15}\left[(x^2-20x+108)-\left(\tfrac{1}{2}x^2-12x+75\right)\right]\mathrm{d}x$$
$$=\int_{10}^{15}\left[\tfrac{1}{2}x^2-8x+33\right]\mathrm{d}x$$
$$=\left(\tfrac{1}{6}x^3-4x^2+33x\right)\Big|_{10}^{15}=60\tfrac{5}{6}$$

如果采用新生产工艺，则这一数额代表了增加产量（从 10 到 15）所节省的成本。

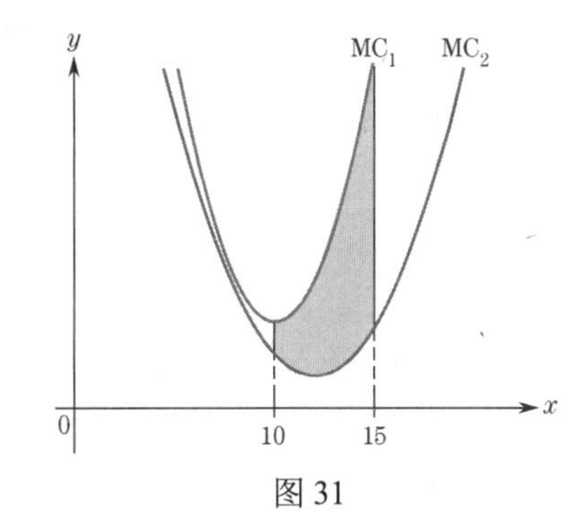

图 31

6.5 定积分的应用

本节中的应用有两个共同点。首先，每个示例中都包含一个通过计算定积分来计算的量；其次，定积分的公式是通过研究黎曼和推导出来的。

函数的平均值

给定一组数 $y_1,y_2,\cdots,y_n$，为了计算它们的平均值，我们将这些数字相加并除以 n 得

$$\frac{y_1+y_2+\cdots+y_n}{n}$$

在区间 $[a,b]$ 上，给定一个关于 x 的连续函数 $f(x)$，如何计算区间 $[a,b]$ 上 x 的连续函数 $f(x)$ 的值的（无限）集合的平均值？

f 的定积分为这个问题提供了答案。作为提示，下面回顾一个熟悉的例子，其中使用了函数的平均值。

例 1　平均速度。在直线上运动的物体的速度由 $v(t)$ 给出，其中 $a \leqslant t \leqslant b(a<b)$。为简单起见，假设 $v(t) \geqslant 0$。证明 $v(t)$ 在区间 $[a,b]$ 上的平均值为

$$A=\frac{1}{b-a}\int_a^b v(t)\mathrm{d}t$$

解：设 $s(t)$ 表示时刻 t 物体从某参考点开始测量的位置。由于 $v(t) \geqslant 0$，对于区间 $[a,b]$ 上的 t，物体沿正方向运动，运动距离为 $s(b)-s(a)$。因此，$a \leqslant t \leqslant b$ 时的平均速度为

$$A=\frac{\text{运动距离}}{\text{消耗时间}}=\frac{s(b)-s(a)}{b-a} \tag{1}$$

由于 $s'(t)=v(t)$，因此可建立与 v 的定积分的联系，即

$$\int_a^b v(t)\mathrm{d}t=s(b)-s(a)$$

用定积分代替式(1)中的 $s(b)-s(a)$，就可以得到想要的结果。

■

例 1 表明，$v(t)$ 在区间 $[a,b]$ 上的平均值由 $v(t)$ 在区间 $[a,b]$ 上除以区间 $[a,b]$ 的长度 $(b-a)$ 的定积分给出。这就触发了下面的定义。

定义　连续函数 $f(x)$ 在区间 $a \leqslant x \leqslant b$ 上的平均值定义为

$$\frac{1}{b-a}\int_a^b f(x)\mathrm{d}x \tag{2}$$

说明该定义如何与人们直观的平均概念相一致，是很有启发性的。

首先，选择 x 的 n 个值，如 $x_1,x_2,\cdots,x_n$，并计算相应的函数值 $f(x_1),f(x_2),\cdots,f(x_n)$。这些值的平均值是

$$\frac{f(x_1)+f(x_2)+\cdots+f(x_n)}{n} \tag{3}$$

若点 $x_1,x_2,\cdots,x_n$ 在整个区间内均匀分布，则平均值(3)应该很好地近似于人们对 $f(x)$ 的平均值的直观概念。事实上，当 n 变大时，平均值(3)应该近似于 $f(x)$ 的平均值，且其精度可以达到任意程度。为了保证点 $x_1,x_2,\cdots,x_n$ 从 a 到 b 均匀分布，下面将区间 $x=a$ 到 $x=b$ 分成 n 个子区间 $\Delta x=(b-a)/n$。然后，从第一个子区间中选择 x_1，从第二个子区间中选择 x_2，以此类推。这些点对应的平均值(3)可按黎曼和的形式排列如下：

$$\begin{aligned}
&\frac{f(x_1)+f(x_2)+\cdots+f(x_n)}{n}\\
&=f(x_1)\cdot\frac{1}{n}+f(x_2)\cdot\frac{1}{n}+\cdots+f(x_n)\cdot\frac{1}{n}\\
&=\frac{1}{b-a}\left[f(x_1)\cdot\frac{b-a}{n}+f(x_2)\cdot\frac{b-a}{n}+\cdots+f(x_n)\cdot\frac{b-a}{n}\right]\\
&=\frac{1}{b-a}\left[f(x_1)\Delta x+f(x_2)\Delta x+\cdots+f(x_n)\Delta x\right]
\end{aligned}$$

括号内的和是黎曼和，当 n 增加时，它接近 $f(x)$ 在区间 $[a,b]$ 上的定积分（见 6.3 节的定理 II）。因此，当 n 变大时，式(3)中的平均值接近式(2)给出的值。

例 2　平均值。计算 $f(x)=\sqrt{x}$ 在区间 $0 \leqslant x \leqslant 9$ 上的平均值。

解：使用式(2)，其中 $a=0$，$b=9$，$f(x)=\sqrt{x}$ 在区间 $0 \leqslant x \leqslant 9$ 上的平均值等于

$$\frac{1}{9-0}\int_0^9 \sqrt{x}\,\mathrm{d}x$$

由于 $\sqrt{x}=x^{1/2}$，$f(x)=\sqrt{x}$ 的不定积分是 $F(x)=\frac{2}{3}x^{3/2}$。因此，

$$\frac{1}{9}\int_0^9 \sqrt{x}\,\mathrm{d}x=\frac{1}{9}\left(\frac{2}{3}x^{3/2}\right)\Big|_0^9=\frac{1}{9}\left(\frac{2}{3}\cdot 9^{3/2}-0\right)=\frac{1}{9}\left(\frac{2}{3}\cdot 27\right)=2$$

于是，$f(x)=\sqrt{x}$ 在区间 $0\leqslant x\leqslant 9$ 上的平均值为 2。图形下阴影区域的面积与图 1 中所示的矩形区域的面积相同。

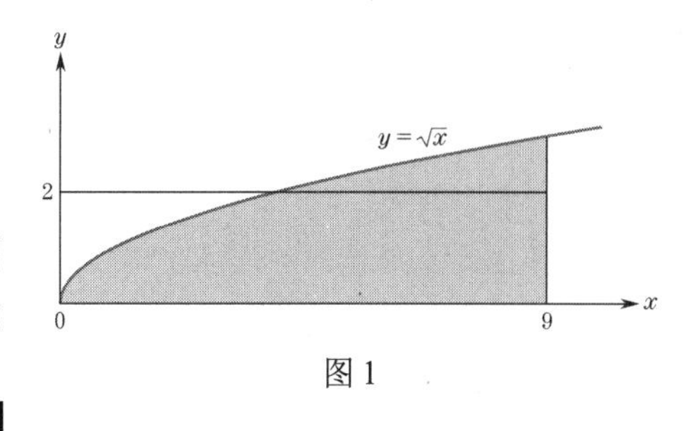

图 1

■

回顾：若 r 是平均值，则根据式(2)有

$$r(b-a)=\int_a^b f(x)\,\mathrm{d}x=\text{ 曲线下的面积}$$

其中，$r(b-a)$ 是长为 $(b-a)$、高为 r 的矩形的面积。

例 3　世界平均人口。到 2020 年，世界人口已达 78 亿，并以每年 1.05%的速度增长。假设这个增长率继续，t 年后人口将由指数增长定律给出：

$$P(t)=7.8\mathrm{e}^{0.0105t}$$

求未来 30 年的世界平均人口（该平均值对于农业生产的长远规划以及商品和服务的分配非常重要）。

解：从 $t=0$ 到 $t=30$，人口 $P(t)$ 的平均值为

$$\frac{1}{30-0}\int_0^{30} P(t)\,\mathrm{d}t=\frac{1}{30}\int_0^{30} 7.8\mathrm{e}^{0.0105t}\,\mathrm{d}t$$

$$=\frac{1}{30}\left(\frac{7.8}{0.0105}\mathrm{e}^{0.0105t}\right)\Big|_0^{30}=\frac{7.8}{0.315}(\mathrm{e}^{0.315}-1)$$

$$\approx 9.168\text{（十亿人）}$$

■

需求、价格歧视与消费者剩余

回顾可知，经济学中的需求曲线给出了商品的销售数量和单位价格之间的关系。具体来说，为了让一家公司销售 x 件产品，价格必须设定为 $f(x)$ 美元/件。对大多数商品来说，大量销售需要降低价格，因此需求曲线通常是递减的［见图 2(a)］。

假设一家公司目前有产品 A 件。根据需求曲线，要销售所有这些产品，价格必须设定为 $B=f(A)$。

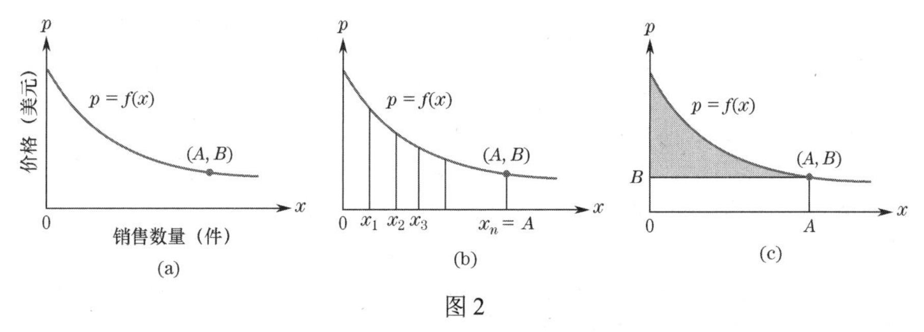

图 2

现在设想如下情况：一家公司试图通过以消费者愿意支付的最高价格销售少量商品来最大化其收入。这种策略称为**价格歧视**。要了解它是如何工作的，可将从 0 到 A 的区间分为 n 个子区间，每个子区间的长度为 $\Delta x=(A-0)/n$，并将 x_i 作为第 i 个区间的右端点。考虑第一个子区间，即从 0 到 x_1 的区间［见图 2(b)］。假设只有 x_1 件商品可用，那么每件商品的价格可设定为 $f(x_1)$ 美元，且这 x_1 件卖出了。当然，我们不可能再以这个价格销售。然而，那些支付 $f(x_1)$ 美元的人对这种商品有很大的需求。这种商品对他们来说非常有价值，且在这个价格上，其他商品没有任何优势。他们实际上支付的

是商品的价值。理论上，前 x_1 件的商品可以按 $f(x_1)$ 元/件的价格卖给这些人，收入为

$$\text{单价}\times\text{件数}= f(x_1)\cdot x_1 = f(x_1)\cdot \Delta x \text{ 美元}$$

售出第一个 x_1 件商品后，假设有更多件商品可售，因此现在共生产了 x_2 件商品。将价格设为 $f(x_2)$，剩余的 $x_2 - x_1 = \Delta x$ 件可以出售，收入为 $f(x_2)\Delta x$ 美元。这里，第二组买家仍会按照商品的价值支付价格。如果继续这种价格歧视的过程，消费者支付的金额将减少：

$$f(x_1)\Delta x + f(x_2)\Delta x + \cdots + f(x_n)\Delta x$$

当 n 变大时，这个黎曼和就趋于 $\int_0^A f(x)\,\mathrm{d}x$（6.3 节的定理 II）。由此，我们可以得到如下结果。

价格歧视下的收入　设 $p = f(x)$ 表示一种商品的需求函数。若一家公司实行价格歧视直到销售完 A 件商品，则该公司的总收入为

$$\int_0^A f(x)\,\mathrm{d}x$$

在开放的市场体系中，每个人都为这种商品支付相同的价格。销售 A 件商品时，根据需求函数，价格设为 $B = f(A)$，每个人都支付这个价格。所以消费者支付的总金额为“单价×件数 $= BA$”。因此，消费者节省的金额是

$$\int_0^A f(x)\,\mathrm{d}x - BA = \int_0^A f(x)\,\mathrm{d}x - \int_0^A B\,\mathrm{d}x = \int_0^A [f(x) - B]\,\mathrm{d}x$$

这个量被称为**消费者剩余**。由于价格歧视的收入是 $f(x)$ 的定积分，且 $f(x)$ 是非负的，因此它由 $f(x)$ 的曲线下从 $x=0$ 到 $x=A$ 的面积表示。此外，BA 是从 $x=0$ 到 $x=A$ 的 $p=B$ 图形下的矩形面积。消费者节省的费用是图 2(c)中阴影部分的面积。也就是说，曲线 $p = f(x)$ 和 $p=B$ 之间的面积给出了现代高效经济的一个效益的数值。

定义　对于需求曲线为 $p = f(x)$ 的商品，消费者剩余为

$$\int_0^A [f(x) - B]\,\mathrm{d}x$$

其中，需求量为 A，价格为 $B = f(A)$。

例 4　消费者剩余。设需求曲线为 $p = 50 - 0.06x^2$，求销售水平为 $x = 20$ 时的消费者剩余。

解：因为已售出 20 件，价格为

$$B = 50 - 0.06(20)^2 = 50 - 24 = 26$$

因此，消费者剩余为

$$\int_0^{20} [(50 - 0.6x^2) - 26]\,\mathrm{d}x = \int_0^{20} (24 - 0.06x^2)\,\mathrm{d}x = (24 - 0.02x^3)\Big|_0^{20}$$

$$= 24\times 20 - 0.02\times 20^3 = 480 - 160 = 320$$

也就是说，消费者剩余是 320 美元。

■

例 5　平均价格与价格歧视。设 $p = f(x)$ 表示某一商品的需求函数。

(a) 当销售水平从 $x=0$ 增加到 $x = A > 0$ 时，平均价格是多少？

(b) 证明：若公司以平均价格销售所有 A 件商品，则其收入等于价格歧视下的收入。

解：(a) x 在区间 $[0, A]$ 上的平均价格为

$$\frac{1}{A-0}\int_0^A f(x)\,\mathrm{d}x = \frac{1}{A}\int_0^A f(x)\,\mathrm{d}x$$

(b) 若公司以平均价格出售所有 A 件商品，则其收入等于

$$\text{件数}\times\text{单价} = A\cdot\frac{1}{A}\int_0^A f(x)\,\mathrm{d}x = \int_0^A f(x)\,\mathrm{d}x$$

即价格歧视下的收入公式。

■

最后介绍定积分的几何应用，这种应用可让我们计算旋转对称三维实体的体积。

旋转固体　当图 3(a)的区域围绕 x 轴旋转时，将扫出一个立体图形［见图 3(b)］。我们可用黎曼和推导出这个立体图形的体积公式。将 a 和 b 之间的 x 轴分成 n 个相等的子区间，每个子区间的长度为 $\Delta x=(b-a)/n$。以每个子区间为基础，我们可将该区域划分为多个条带（见图 4）。

设 x_i 是第 i 个子区间中的一点。然后，旋转第 i 个条带，使其扫出的体积与围绕 x 轴旋转高为 $g(x_i)$、底为 Δx 的矩形扫出的圆柱体体积大致相同（见图 5）。圆柱体的体积为

$$\text{圆形端面积}\times\text{宽度} = \pi[g(x_i)]^2\Delta x$$

所有条带扫出的总体积近似于矩形扫出的总体积，即

$$\text{体积}\approx\pi[g(x_1)]^2\Delta x+\pi[g(x_2)]^2\Delta x+\cdots+\pi[g(x_n)]^2\Delta x$$

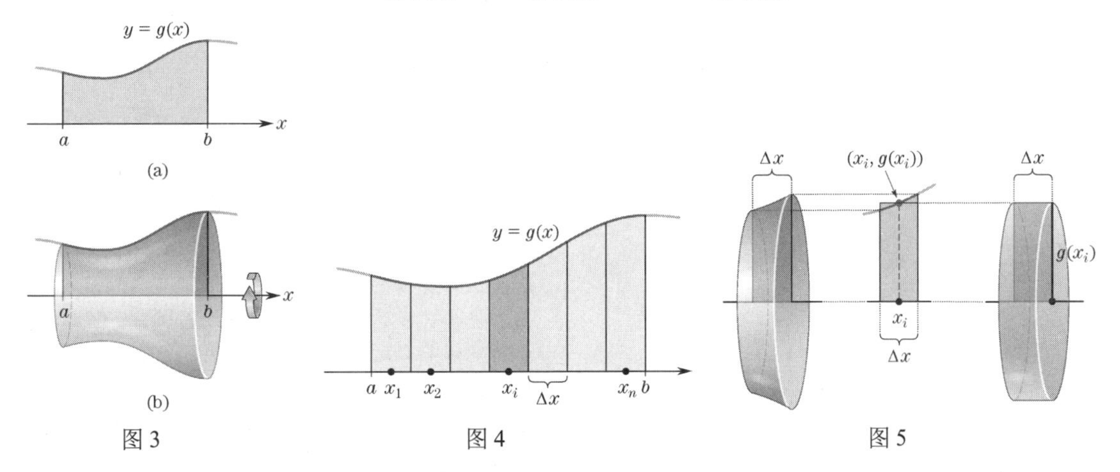

图 3　　图 4　　图 5

当 n 越来越大时，这个近似值变得无限接近真实体积。右边的表达式是 $f(x)=\pi[g(x)]^2$ 的定积分的黎曼和。因此，立体图形的体积等于定积分的值。

将从 $x=a$ 到 $x=b$ 曲线 $y=g(x)$ 下的区域绕 x 轴旋转，得到旋转体的体积为

$$\int_a^b\pi[g(x)]^2\,\mathrm{d}x$$

例 6　旋转体体积。绕 x 轴旋转图 6 所示的区域，求旋转体的体积。

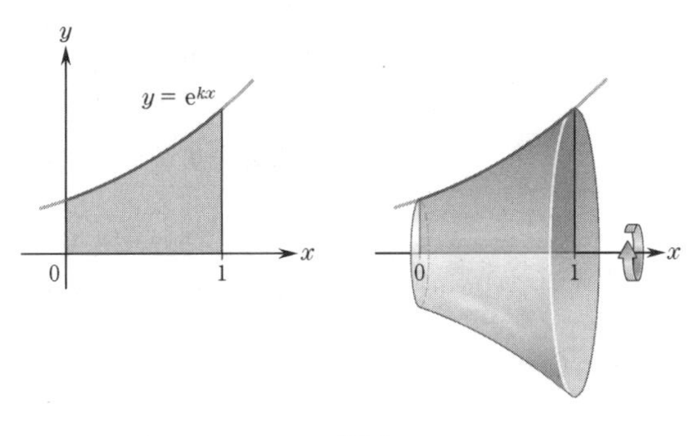

图 6

解：这里 $g(x)=\mathrm{e}^{kx}$，于是有

$$\text{体积}=\int_0^1\pi(\mathrm{e}^{kx})^2\,\mathrm{d}x=\int_0^1\pi\mathrm{e}^{2kx}\,\mathrm{d}x=\frac{\pi}{2k}\mathrm{e}^{2kx}\Big|_0^1=\frac{\pi}{2k}(\mathrm{e}^{2k}-1) \tag{1}$$

■

例 7　圆锥的体积。求一个半径为 r、高为 h 的正圆锥体的体积。

解：圆锥体［见图 7(a)］是图 7(b)中阴影区域绕 x 轴旋转时扫出的旋转体。根据前面的公式，锥体的体积为

$$\int_0^h \pi\left(\frac{r}{h}x\right)^2 \mathrm{d}x = \frac{\pi r^2}{h^2}\int_0^h x^2 \mathrm{d}x = \frac{\pi r^2}{h^2}\frac{x^3}{3}\bigg|_0^h = \frac{\pi r^2 h}{3}$$

■

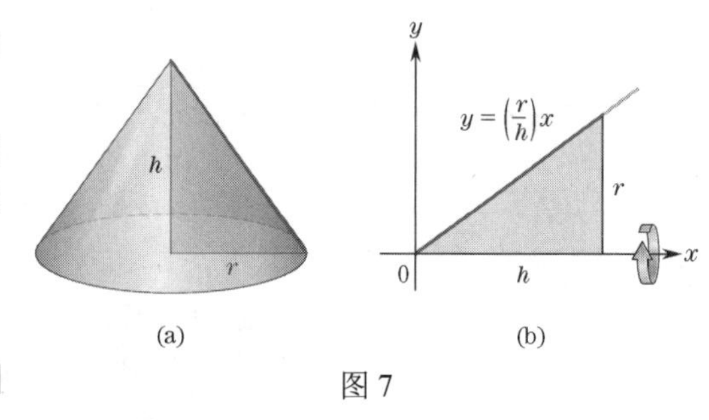

图 7

6.5 节自测题（答案见本节习题后）

1. 从桥上下落石头 t 秒后的速度是 $-32t$ 英尺/秒。求石头在前 3 秒内的平均速度。
2. 求从 $x=0$ 到 $x=2$，曲线 $y=x^2+1$ 下区域绕 x 轴旋转产生的旋转体的体积。

习题 6.5

求 $f(x)$ 在区间 $x=a$ 到 $x=b$ 上的平均值。

1. $f(x)=x^2; a=0, b=3$
2. $f(x)=1-x; a=-1, b=1$
3. $f(x)=100\mathrm{e}^{-0.5x}; a=0, b=4$
4. $f(x)=2; a=0, b=1$
5. $f(x)=1/x; a=1/3, b=3$
6. $f(x)=\frac{1}{\sqrt{x}}; a=1, b=9$
7. **平均温度**。在某 12 小时的时段内，时间 t（时间段开始后的小时数）的温度为 $T(t)=47+4t-\frac{1}{3}t^2$ 度。这段时间的平均气温是多少？
8. **镭的平均含量**。100 克半衰期为 1690 年的放射性元素镭被放在混凝土拱顶中。在接下来的 1000 年里，拱顶中镭的平均含量是多少？
9. **美国平均人口**。2021 年美国人口为 3.329 亿，每年以 0.58%的速度增长。假设这种增长速度继续下去。
   (a) 求 10 年后的人口。
   (b) 求未来 10 年的美国平均人口。
10. **平均金额**。100 美元按 5%的连续复利存入银行。在接下来的 20 年里，该账户中的平均余额是多少？

消费者剩余。求给定销售水平 x 下每条需求曲线的消费者剩余。

11. $p=3-x/10; x=20$
12. $p=x^2/200-x+50; x=20$
13. $p=100\mathrm{e}^{-0.5x}; x=40$
14. $p=3-\sqrt{0.1x}; x=350$

生产者剩余。图 8 显示了一种商品的供给曲线。它给出了商品的销售价格和生产者即将生产的商品数量之间的关系。售价越高，产量就越大。因此，曲线是递增的。若 (A,B) 是曲线上的一点，为了刺激 A 件商品的生产，每件商品的价格必须是 B 元。当然，一些生产商愿意以较低的销售价格生产这种商品。在开放高效的经济中，每个人都得到了相同的价格，大多数生产者得到的价格都高于他们的最低要求价格。多余的部分称为**生产者剩余**。使用类似于消费者剩余的论点，可以证明，当价格为 B 时，生产者总剩余是图 8 中阴影区域的面积。求给定销售水平 x 下，下列供给曲线的生产者剩余。

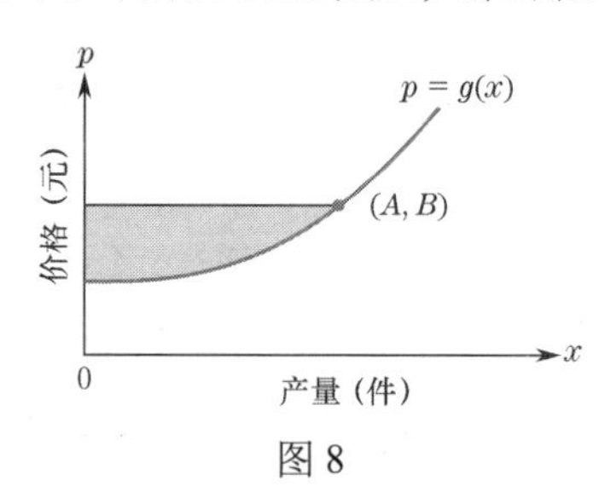

图 8

15. $p=0.01x+3; x=200$
16. $p=x^2/9+1; x=3$
17. $p=x/2+7; x=10$
18. $p=1+\frac{1}{2}\sqrt{x}; x=36$

消费者剩余和生产者剩余。对于某一特定商品，其产量和单价由供给曲线和需求曲线交点的坐标表示。对于每对供给和需求曲线，确定交点 (A,B) 及消费者剩余和生产者剩余（见图 9）。

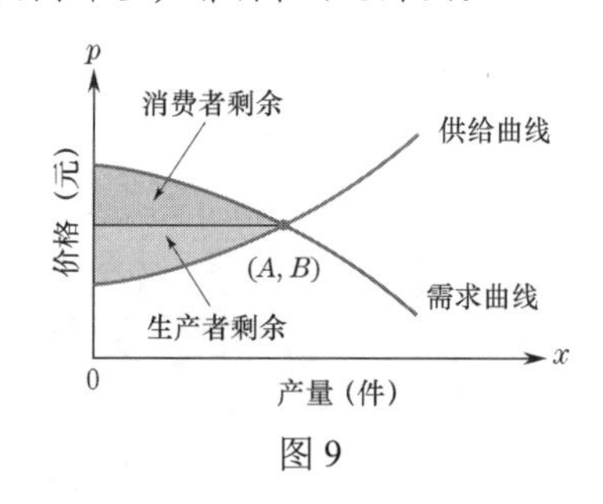

图 9

19. 需求曲线 $p=12-(x/50)$，供给曲线 $p=(x/20)+5$。

20. 需求曲线 $p=\sqrt{25-0.1x}$，供给曲线 $p=\sqrt{0.1x+9}-2$。

21. 需求曲线 $p=-x^2/25+16$，供给曲线 $p=2x+5$。

22. 需求曲线 $p=-x^2/10+25$。供给曲线 $p=x^2/25+11$。

23. **价格歧视**。某商品的需求函数为 $f(x)=300e^{-x/1000}$，其中 x 为商品数量，$f(x)$ 的单位为美元。

(a) 根据需求函数，若有 1000 件商品，价格应该是多少？

(b) 若有 1000 件商品可供选择，公司在价格歧视下的收入是多少？

(c) 当销售水平 $x=1000$ 时，消费者剩余是多少？

24. **平均价格**。(a)若 x 所在的区间为 0 到 1000，习题 23 中的需求函数的平均价格是多少？(b)计算以平均价格出售所有 1000 件商品的收入，并证明它等于价格歧视带来的收入。

旋转体体积。求每条曲线下的区域在给定区间内绕 x 轴旋转所产生的旋转体的体积。

25. $y=3$，从 $x=-1$ 到 $x=1$。

26. $y=r$，从 $x=0$ 到 $x=h>0$（生成半径为 r、高为 h 的圆柱体）。

27. $y=x+1$，从 $x=0$ 到 $x=2$。

28. $y=-x^2+1$，从 $x=0$ 到 $x=1$。

29. $y=\sqrt{4-x^2}$，从 $x=-2$ 到 $x=2$（生成一个半径为 2 的球体）。

30. $y=\sqrt{r^2-x^2}$，从 $x=-r$ 到 $x=r$（生成一个半径为 r 的球体）。

31. $y=x^2$，从 $x=1$ 到 $x=2$。

32. $y=kx$，从 $x=0$ 到 $x=h$（生成一个圆锥）。

33. $y=\sqrt{x}$，从 $x=0$ 到 $x=4$（生成的实体称为**抛物面**）。

34. $y=2x-x^2$，从 $x=0$ 到 $x=2$。

35. $y=2x+1$，从 $x=0$ 到 $x=1$（生成的实体称为**截锥**）。

36. $y=e^{-x}$，从 $x=0$ 到 $x=1$。

对于区间 $[a,b]$ 上的黎曼和，在习题 37~40 中，确定 n，b 和 $f(x)$。

37. $(8.25^3+8.75^3+9.25^3+9.75^3)\times 0.5$； $a=8$

38. $\left[\frac{3}{1}+\frac{3}{1.5}+\frac{3}{2}+\frac{3}{2.5}+\frac{3}{3}+\frac{3}{3.5}\right](0.5)$； $a=1$

39. $[(5+e^5)+(6+e^6)+(7+e^7)](1)$； $a=4$

40. $[3(0.3)^2+3(0.9)^2+3(1.5)^2+3(2.1)^2+3(2.7)^2](0.6)$； $a=0$

41. 设区间 $0\leqslant x\leqslant 3$ 被分成 100 个宽度为 $\Delta x=0.03$ 的子区间，且设 $x_1,x_2,\cdots,x_{100}$ 是这些子区间中的点。假设在某个特定应用中，我们需要估算总和

$$(3-x_1)^2\Delta x+(3-x_2)^2\Delta x+\cdots+(3-x_{100})^2\Delta x$$

证明这个和接近 9。

42. 假设区间 $0\leqslant x\leqslant 1$ 被分为 100 个宽度为 $\Delta x=0.01$ 的子区间。证明下面的和接近 5/4。

$$[2(0.01)+(0.01)^3]\Delta x+[2(0.02)+(0.02)^3]\Delta x+\cdots+[2(1.0)+(1.0)^3]\Delta x$$

技术题

下面的习题要求未知量 x。在建立涉及定积分的适当公式后，使用基本定理将定积分作为 x 的表达式求值。由于得到的方程太复杂，无法用代数方法求解，因此必须使用绘图工具来求解（注意，若量 x 是储蓄账户支付的利率，则其很可能在 0 和 0.10 之间）。

43. 每笔 1000 元的存款存入储蓄账户，利息（连续复利）累积 3 年，t 年末的金额为 $1000e^{rt}$。

(a) 找到一个给出 3 年时间段（$0\leqslant t\leqslant 3$）的账户金额平均值的表达式（包含 r）。

(b) 求出利率 r，在该利率 r 下，账户在 3 年期间的平均金额为 1070.60 美元。

44. 每笔 100 美元的存款存入一个以 4%连续复利支付的储蓄账户。钱必须在账户中存多长时间，才能使这段时间内的平均金额为 122.96 美元？

6.5 节自测题答案

1. 根据定义，函数 $v(t)=-32t$ 从 $t=0$ 到 $t=3$ 的平均值为

$$\frac{1}{3-0}\int_0^3 -32t\,dt=\frac{1}{3}(-16t^2)\Big|_0^3=\frac{1}{3}(-16\cdot 3^2)$$

$$=-48\text{ 英尺/秒}$$

2. 根据文中给出的公式，有

$$\text{体积}=\int_0^2\pi(x^2+1)^2\,dx=\pi\int_0^2(x^4+2x^2+1)\,dx$$

$$=\pi\left(x^5/5+\tfrac{2}{3}x^3+x\right)\Big|_0^2=\pi\left(\tfrac{32}{5}+\tfrac{16}{3}+2\right)=\tfrac{206}{15}\pi$$

第 6 章概念题

1. 函数不定积分是什么意思？
2. 说明下列每个函数 $\int h(x)\,\mathrm{d}x$ 的公式。

   (a) $h(x)=x^r,\ r\neq -1$　　(b) $h(x)=\mathrm{e}^{kx}$

   (c) $h(x)=1/x$　　(d) $h(x)=f(x)+g(x)$

   (e) $h(x)=kf(x)$
3. 在 $\Delta x=(b-a)/n$ 中，a，b，n 和 Δx 表示什么？
4. 什么是黎曼和？
5. 给出变化率函数下面积的解释，并举出例子。
6. 什么是定积分？
7. 定积分和不定积分的区别是什么？
8. 阐述微积分基本定理。
9. $F(x)\big|_a^b$ 是如何计算的？被称为什么？
10. 描述计算由两条曲线围成的区域面积的过程。
11. 说明下列各量的公式：(a)函数平均值；(b)消费者剩余；(c)旋转体体积。

第 6 章复习题

计算下面的积分。

1. $\int 3^2\,\mathrm{d}x$
2. $\int (x^2-3x+2)\,\mathrm{d}x$
3. $\int \sqrt{x+1}\,\mathrm{d}x$
4. $\int \frac{2}{x+4}\,\mathrm{d}x$
5. $2\int (x^3+3x^2-1)\,\mathrm{d}x$
6. $\int \sqrt[5]{x+3}\,\mathrm{d}x$
7. $\int \mathrm{e}^{-x/2}\,\mathrm{d}x$
8. $\int \frac{5}{\sqrt{x-7}}\,\mathrm{d}x$
9. $\int (3x^4-4x^3)\,\mathrm{d}x$
10. $\int (2x+3)^7\,\mathrm{d}x$
11. $\int \sqrt{4-x}\,\mathrm{d}x$
12. $\int \left(\frac{5}{x}-\frac{x}{5}\right)\mathrm{d}x$
13. $\int_{-1}^{1} (x+1)^2\,\mathrm{d}x$
14. $\int_0^{1/8} \sqrt[3]{x}\,\mathrm{d}x$
15. $\int_{-1}^{2} \sqrt{2x+4}\,\mathrm{d}x$
16. $2\int_0^1 \left(\frac{2}{x+1}-\frac{1}{x+4}\right)\mathrm{d}x$
17. $\int_1^2 \frac{4}{x^5}\,\mathrm{d}x$
18. $\frac{2}{3}\int_0^8 \sqrt{x+1}\,\mathrm{d}x$
19. $\int_1^4 \frac{1}{x^2}\,\mathrm{d}x$
20. $\int_3^6 \mathrm{e}^{2-(x/3)}\,\mathrm{d}x$
21. $\int_0^5 (5+3x)^{-1}\,\mathrm{d}x$
22. $\int_{-2}^{2} \frac{3}{2\mathrm{e}^{3x}}\,\mathrm{d}x$
23. $\int_0^{\ln 2} (\mathrm{e}^x-\mathrm{e}^{-x})\,\mathrm{d}x$
24. $\int_{\ln 2}^{\ln 3} (\mathrm{e}^x+\mathrm{e}^{-x})\,\mathrm{d}x$
25. $\int_0^{\ln 3} \frac{\mathrm{e}^x+\mathrm{e}^{-x}}{\mathrm{e}^{2x}}\,\mathrm{d}x$
26. $\int_0^1 \frac{3+\mathrm{e}^{2x}}{\mathrm{e}^x}\,\mathrm{d}x$
27. 求曲线 $y=(3x-2)^{-3}$ 下从 $x=1$ 到 $x=2$ 的面积。
28. 求曲线 $y=1+\sqrt{x}$ 下从 $x=1$ 到 $x=9$ 的面积。

在习题 29 ~ 36 中，求阴影区域的面积。

29.

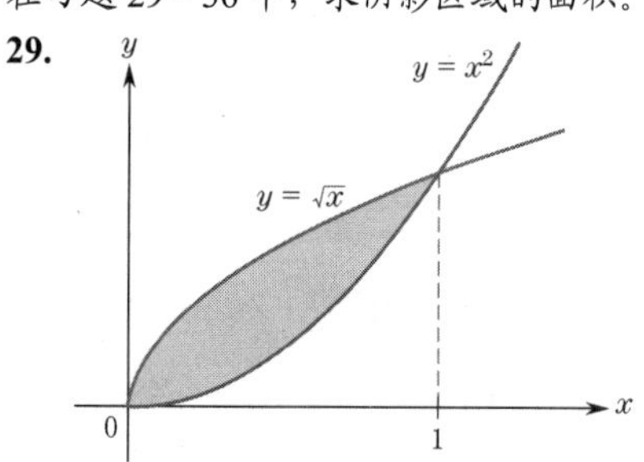

30.

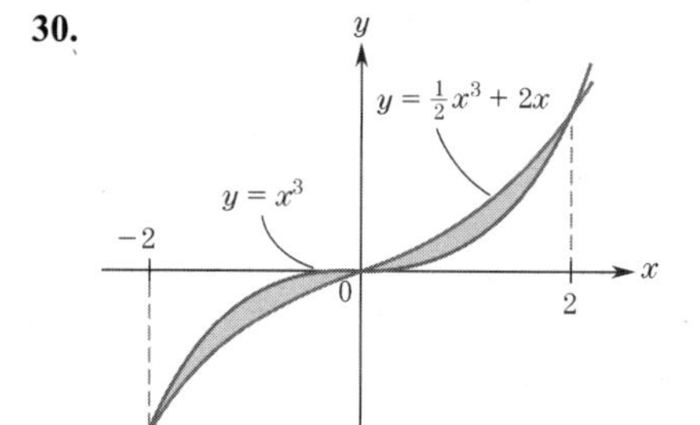

31.

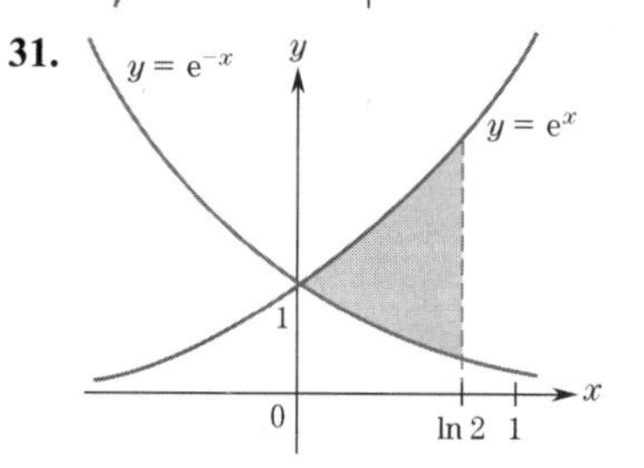

32.

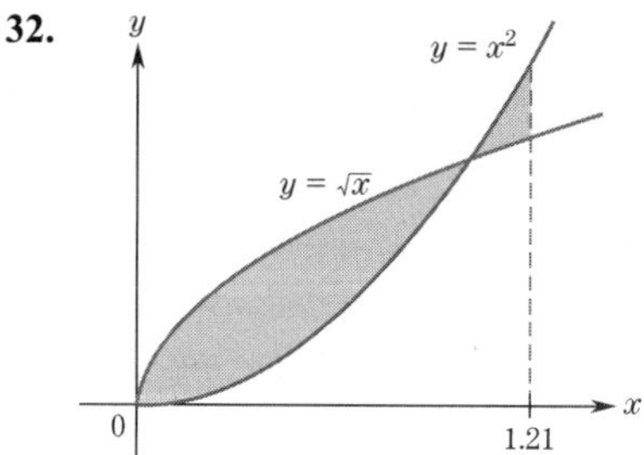

33.

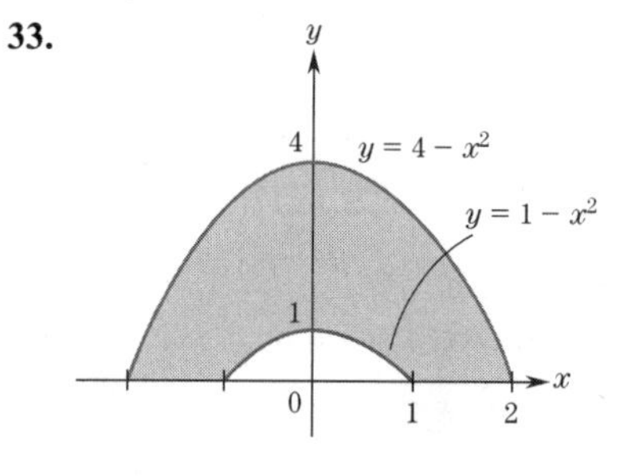

34.

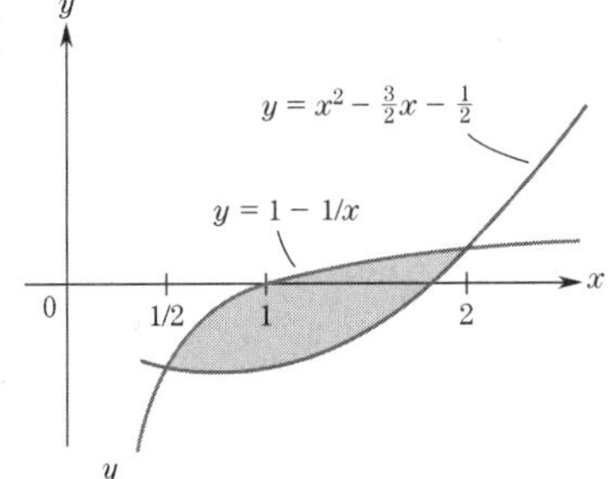

35.

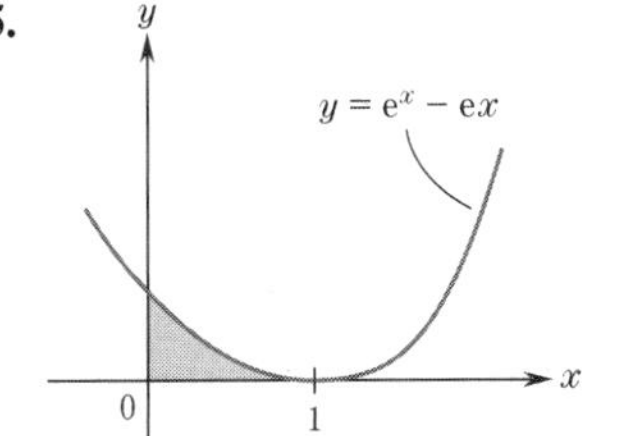

36.

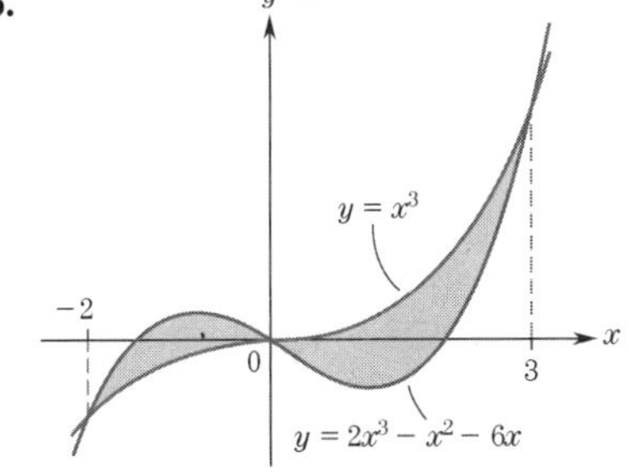

37. 求曲线 $y = x^3 - 3x + 1$ 和 $y = x + 1$ 所围成区域的面积。

38. 求曲线 $y = 2x^2 + x$ 和 $y = x^2 + 2$ 在 $x = 0$ 到 $x = 2$ 之间的区域面积。

39. 求函数 $f(x)$，其中 $f'(x) = (x-5)^2$, $f(8) = 2$ 。

40. 求函数 $f(x)$，其中 $f'(x) = e^{-5x}$, $f(0) = 1$ 。

41. 描述下列微分方程的所有解，其中 y 是 t 的函数：(a) $y' = 4t$ ；(b) $y' = 4y$ ；(c) $y' = e^{4t}$ 。

42. 设 k 为常数，$y = f(t)$ 为函数，且 $y' = kty$ 。证明对某个常数 C ，$y = Ce^{kt^2/2}$ 。提示：使用乘积法则求出 $\frac{d}{dt}[f(t)e^{-kt^2/2}]$，然后应用 6.1 节的定理 II。

43. 一家飞机轮胎厂发现，若每天生产 x 个轮胎，则其生产轮胎的边际成本是 $0.04x + 150$ 美元。若固定成本是 500 美元/天，求每天生产 x 个轮胎的成本。

44. 某公司的边际收入函数是 $400-3x^2$，求目前生产 10 件商品，加倍生产所获得的额外收入。

45. 在 t 时刻以 $f(t)$ 立方米/分钟的速度向患者注射药物。$y = f(t)$ 从 $t = 0$ 到 $t = 4$ 的图下面积代表什么？

46. 一块石头直接抛向空中，t 秒后其速度为 $v(t) = -9.8t + 20$ 米/秒。

(a) 求石头在前 2 秒内移动的距离。

(b) 将(a)问的答案表示为面积。

47. 使用 $n = 4$ 和左端点的黎曼和估算图 1 中 $0 \leqslant x \leqslant 2$ 的图下面积。

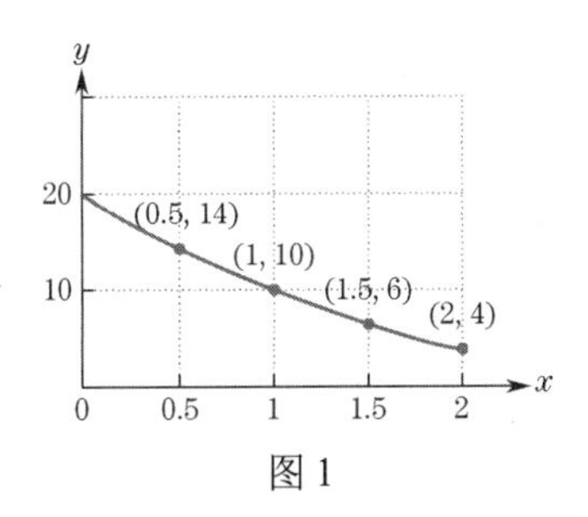

图 1

48. 使用右端点重做习题 47。

49. 使用 $n = 2$ 和中点的黎曼和估算 $f(x) = 1/(x+2)$ 在 $0 \leqslant x \leqslant 2$ 区间上的图下面积，然后用定积分求出精确到小数点后五位的面积值。

50. 使用 $n = 5$ 和中点的黎曼和估算 $f(x) = e^{2x}$ 在区间 $0 \leqslant x \leqslant 1$ 上的图下面积。然后，用定积分求出精确到小数点后五位的面积值。

51. 当需求曲线为 $p = \sqrt{25 - 0.04x}$ 时，销售水平 $x = 400$，求消费者剩余。

52. 3000 美元以 4%的连续复利存入银行。在未来 10 年里，账户里的平均余额是多少？

53. 求 $f(x) = 1/x^3$ 在区间 $x = \frac{1}{3}$ 到 $x = \frac{1}{2}$ 上的平均值。

54. 假设区间 $0 \leqslant x \leqslant 1$ 被分为 100 个子区间，其宽度为 $\Delta x = 0.01$ 。证明

$(3e^{-0.01})\Delta x + (3e^{-0.02})\Delta x + (3e^{-0.03})\Delta x + \cdots + (3e^{-1})\Delta x$

接近 $3(1 - e^{-1})$ 。

55. 在图 2 中，三个区域中都标记了面积。求 $\int_a^c f(x)\,dx$ 和 $\int_a^d f(x)\,dx$ 。

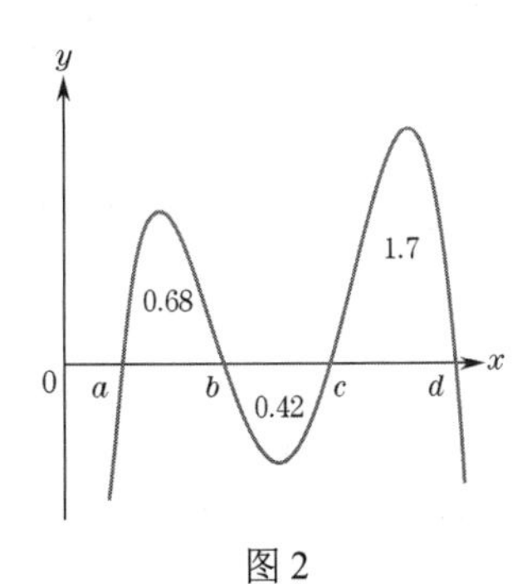

图 2

56. 求曲线 $y = 1 - x^2$ 下 x 轴以上（从 $x = 0$ 到 $x = 1$ ）的区域绕 x 轴旋转所得旋转体的体积。

57. 当$t=0$时，商店某种商品有 Q 件库存。商店以每周 Q/A 件的稳定速度销售产品，并在一周内耗尽库存。

(a) 求 t 时刻库存量的公式 $f(t)$。

(b) 求 $0\leqslant t\leqslant A$ 期间的平均库存水平。

58. 零售店以每周 $g(t)$ 件的速度销售某种产品，其中 $g(t)=rt$。当$t=0$时，商店某种商品有 Q 件库存。

(a) 求 t 时刻库存量的公式 $f(t)$。

(b) 求(a)问中的 r 值，使库存在 A 周内耗尽。

(c) 利用 $f(t)$，r 如(b)问所示，求 $0\leqslant t\leqslant A$ 期间的平均库存水平。

59. 设 x 为任意正数，定义 $g(x)$ 为

$$g(x)=\int_0^x \tfrac{1}{1+t^2}\,\mathrm{d}t$$

(a) 给出数值 $g(3)$ 的几何解释。

(b) 求导数 $g'(x)$。

60. 对于每个满足 $-1\leqslant x\leqslant 1$ 的 x，定义 $h(x)$ 为

$$h(x)=\int_{-1}^x \sqrt{1-t^2}\,\mathrm{d}t$$

(a) 给出 $h(0)$ 和 $h(1)$ 的几何解释。

(b) 求导数 $h'(x)$。

61. 假设区间 $0\leqslant t\leqslant 3$ 被分为 1000 个宽度为 Δt 的子区间。设 $t_1,t_2,\cdots,t_{1000}$ 表示这些子区间的右端点。如果要计算

$$5000\mathrm{e}^{-0.1t_1}\Delta t+5000\mathrm{e}^{-0.1t_2}\Delta t+\cdots+5000\mathrm{e}^{-0.1t_{1000}}\Delta t$$

那么证明这个和接近 13000［注意：若计算连续 3 年，每年有 5000 美元的连续收入流的现值，并连续以 10%的复利计算，就会出现这样的金额］。

62. 当 n 趋于非常大时，计算

$$[\mathrm{e}^0+\mathrm{e}^{1/n}+\mathrm{e}^{2/n}+\mathrm{e}^{3/n}+\cdots+\mathrm{e}^{(n-1)/n}]\cdot\tfrac{1}{n}$$

63. 当 n 趋于非常大时，计算

$$\left[1^3+\left(1+\tfrac{1}{n}\right)^3+\left(1+\tfrac{2}{n}\right)^3+\left(1+\tfrac{3}{n}\right)^3+\cdots+\left(1+\tfrac{n-1}{n}\right)^3\right]\cdot\tfrac{1}{n}$$

64. 在图 3 中，矩形与 $f(x)$ 图下区域的面积相同，$f(x)$ 在区间 $2\leqslant x\leqslant 6$ 上的平均值是多少？

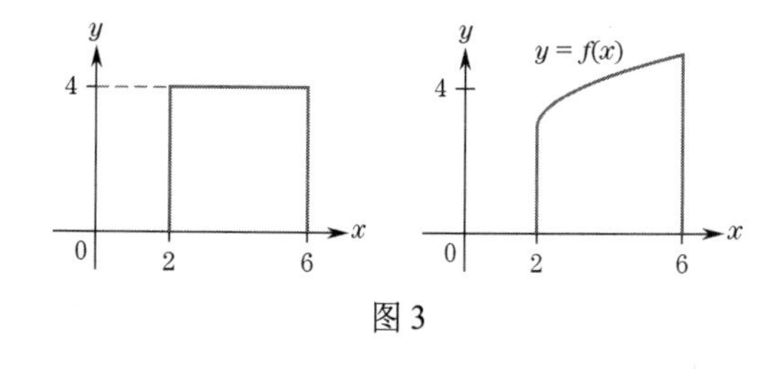

图 3

65. 辨别真伪：设 $3\leqslant f(x)\leqslant 4$，当 $0\leqslant t\leqslant 5$ 时，$3\leqslant \frac{1}{5}\int_0^5 f(x)\,\mathrm{d}x\leqslant 4$。

66. 假设水以 $r(t)$ 加仑/小时的速度流入水箱，根据公式，速率取决于时间 t，

$$r(t)=20-4t,\quad 0\leqslant t\leqslant 5$$

(a) 考虑一较短的时段，如从 t_1 到 t_2。这个时段的长度是 $\Delta t=t_2-t_1$。在此期间，流速变化不大，约为 $20-4t_1$（短时间间隔开始时的流速）。从 t_1 到 t_2，约有多少水流入水箱？

(b) 解释为何在 $t=0$ 到 $t=5$ 的时间间隔内，加到水箱中的总水量由 $\int_0^5 r(t)\,\mathrm{d}t$ 给出。

67. 1960 年后 t 年的世界年用水量（以 $t\leqslant 35$ 为例）约为每年 $860\mathrm{e}^{0.04t}$ 吨立方千米。在 1960 年到 1995 年之间使用了多少水？

68. 求需求曲线 $p=30\mathrm{e}^{-0.5x}$ 在销售水平 $x=10$ 下的消费者剩余。

69. 求函数 $f(x)$，其图形过点 (1,1) 且在任意点 $(x,f(x))$ 处的斜率为 $3x^2-2x+1$。

70. 图 4 中阴影区域的面积为 1 时，a 值是多少？

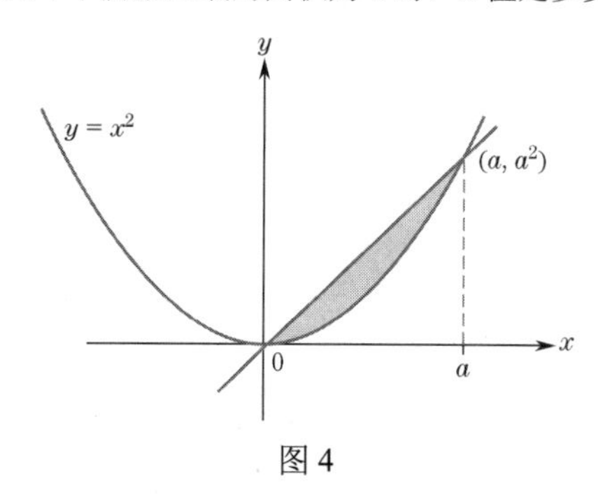

图 4

71. 证明对于任意正数 b，有

$$\int_0^{b^2}\sqrt{x}\,\mathrm{d}x+\int_0^b x^2\,\mathrm{d}x=b^3$$

72. 将习题 71 的结果推广如下：设 n 为正整数，证明对于任意正数 b，有

$$\int_0^{b^n}\sqrt[n]{x}\,\mathrm{d}x+\int_0^b x^n\,\mathrm{d}x=b^{n+1}$$

73. 证明

$$\int_0^1(\sqrt{x}-x^2)\,\mathrm{d}x=1/3$$

74. 将习题 73 的结果推广如下：设 n 为正整数，证明

$$\int_0^1(\sqrt[n]{x}-x^n)\,\mathrm{d}x=\tfrac{n-1}{n+1}$$

第 7 章　多元函数

到目前为止，微积分的大多数应用涉及的都是一元函数。然而，在现实生活中，我们感兴趣的量往往取决于不止一个变量。例如，一种产品的销售水平不仅取决于其价格，而且取决于竞争产品的价格、广告费用，可能还取决于一年中的时间。制造产品的总成本取决于原材料、劳动力、工厂维护等成本。

本章介绍多元函数微积分的基本思想。7.1 节中将给出贯穿全章的两个例子，7.2 节中将讨论导数，7.3 节和 7.4 节中将使用导数来求解比第 2 章中更一般的优化问题，7.5 节和 7.6 节专门讨论最小二乘问题，并且简要介绍二元函数的积分。

7.1　多元函数示例

关于变量 x 和 y 的函数 $f(x,y)$ 是一个规则，它为变量的每对值赋一个数字；例如，

$$f(x,y)=\mathrm{e}^{x}(x^{2}+2y)$$

三变量函数的例子如

$$f(x,y,z)=5xy^{2}z$$

例 1　二元函数。一家商店出售的黄油价格为 4.50 美元/磅，人造黄油的价格为 3.40 美元/磅。销售 x 磅黄油和 y 磅人造黄油的收入由如下函数给出：

$$f(x,y)=4.50x+3.40y$$

求出并解释 $f(200,300)$ 。

解：$f(200,300)=4.50\times 200+3.40\times 300=900+1020=1920$ 。因此，200 磅黄油和 300 磅人造黄油的销售收入为 1920 美元。

■

二元函数 $f(x,y)$ 的画法类似于一元函数的画法。有必要使用三维坐标系，这种坐标系中的每个点都由三个坐标 (x,y,z) 标识。对于 x 和 y 的每个选择， $f(x,y)$ 的图形包括点 $(x,y,f(x,y))$ 。该图形通常是三维空间中的一个曲面，方程为 $z=f(x,y)$ （见图 1）。几个具体函数的图形如图 2 所示。

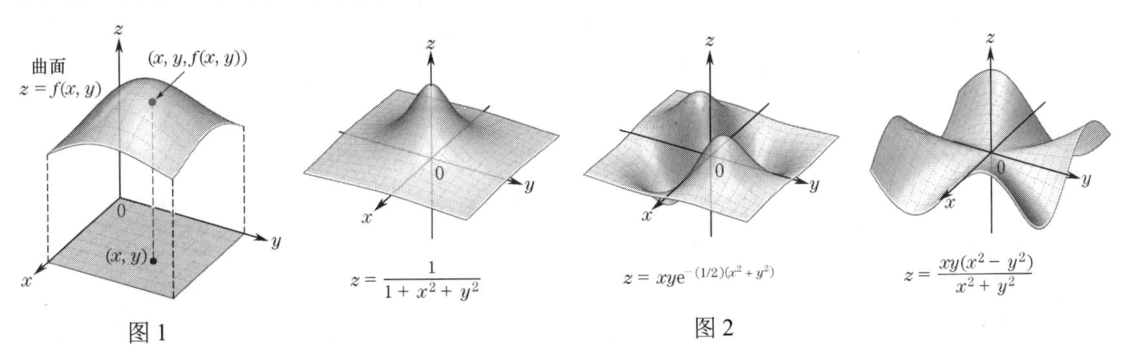

图 1　　图 2

建筑设计中的应用

在设计一栋建筑时，我们希望知道建筑每天损失多少热量。热损失会影响到设计的许多方面，如供暖设备的尺寸和管道工程的大小与位置。建筑通过侧面、屋顶和地板散热。建筑的每个面损失多少

热量通常是不同的，具体取决于诸如隔热、建筑所用材料、暴露（北、南、东或西）和气候等因素。我们可以估算每个面每平方英尺损失多少热量。使用这些数据，我们可以构建一个热损失函数，如下例所示。

例 2　热损失函数。图 3 所示是尺寸为 x，y，z 的矩形工业建筑。表 1 中给出了建筑每面每天的热损失。设 $f(x,y,z)$ 为该建筑的日总热损失。

(a) 求 $f(x,y,z)$ 的公式。

(b) 假设建筑的长度为 100 英尺、宽度为 70 英尺、高度为 50 英尺，计算日总热损失。

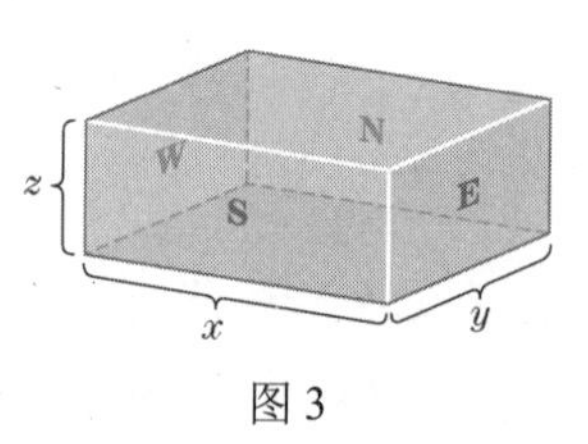

图 3

表 1

	屋顶	东面	西面	北面	南面	地面
日热损失（单位/平方英尺）	10	8	6	10	5	1
面积（平方英尺）	xy	yz	yz	xz	xz	xy

解：(a) 总热损失是建筑各面热损失的总和。屋顶的热损失是

$$\text{每平方英尺屋顶的热损失} \cdot \text{屋顶面积（平方英尺）} = 10xy$$

同样，东面的热损失是 $8yz$。以此类推，可得日总热损失为

$$f(x,y,z) = 10xy + 8yz + 6yz + 10xz + 5xz + 1 \cdot xy$$

计算各项得

$$f(x,y,z) = 11xy + 14yz + 15xz$$

(b) 当 $x = 100$，$y = 70$，$z = 50$ 时，热损失由 $f(100,70,50)$ 给出，即

$$\begin{aligned} f(100,70,50) &= 11 \times 100 \times 70 + 14 \times 70 \times 50 + 15 \times 100 \times 50 \\ &= 77000 + 49000 + 75000 \\ &= 201000\text{单位} \end{aligned}$$

■

7.3 节中将确定尺寸 x，y，z，以最大限度地减少特定体积建筑的热损失。

经济学中的生产函数　制造过程的成本通常可以分为两类：劳动力成本和资本成本。劳动力成本的含义很清楚。所谓资本成本，是指生产过程中使用的建筑物、工具、机器和类似物品的成本。制造商通常对生产过程中使用的劳动力和资本的相对比例有一定的控制。它可以完全自动化生产，使劳动力降到最低水平，或者主要利用劳动力和少量的资本。假设使用 x 单位的劳动力和 y 单位的资本（经济学家通常分别用 L 和 K 来表示劳动力和资本，但为简单起见，这里使用 x 和 y）。设 $f(x,y)$ 表示生产的商品件数。经济学家发现，$f(x,y)$ 通常是形如

$$f(x,y) = Cx^A y^{1-A}$$

的函数，其中 A 和 C 是常数，$0 < A < 1$。这样的函数称为**柯布-道格拉斯生产函数**。

例 3　企业生产。假设在某段时间内使用 x 单位的劳动力和 y 单位的资本时，所生产的商品件数为 $f(x,y) = 60x^{3/4}y^{1/4}$。

(a) 81 单位的劳动力和 16 单位的资本将生产多少件商品？

(b) 证明，只要所用的劳动力和资本数量翻一番，生产也翻一番（经济学家称生产函数具有“规模不变收益”）。

解：(a) $f(81,16) = 60 \times 81^{3/4} \times 16^{1/4} = 60 \times 27 \times 2 = 3240$。将生产 3240 件商品。

(b) 使用 a 单位的劳动力和 b 单位的资本可以生产 $f(a,b) = 60a^{3/4}b^{1/4}$ 件商品。使用 $2a$ 单位的劳动力和 $2b$ 单位的资本时，生产的商品件数是 $f(2a,2b)$。

$$\begin{aligned}f(2a,2b)&=60(2a)^{3/4}(2b)^{1/4} && \text{设 } x=2a\text{ , }y=2b\\&=60\cdot 2^{3/4}\cdot a^{3/4}\cdot 2^{1/4}\cdot b^{1/4} && \text{回忆可知 }(ab)^c=a^cb^c\\&=60\times 2^{(3/4+1/4)}\cdot a^{3/4}b^{1/4} && \text{同底数的两个幂相乘，指数相加}\\&=2^1\times 60a^{3/4}b^{1/4}\\&=2f(a,b)\end{aligned}$$

■

等值线

我们可用称为**等值线**的曲线族来图形化地描述由两个变量组成的函数 $f(x,y)$ 。设 c 为任意数。于是，方程的图像 $f(x,y)=c$ 是 xy 平面上的一条曲线，称为高度为 c 的等值线。这条曲线描述了函数 $f(x,y)$ 的图形上高度为 c 的所有点。随着 c 的变化，我们有一系列等值线族，表示 $f(x,y)$ 取不同值 c 时的点集。图 4 中绘制了函数 $f(x,y)=x^2+y^2$ 的图形和各种等值线。

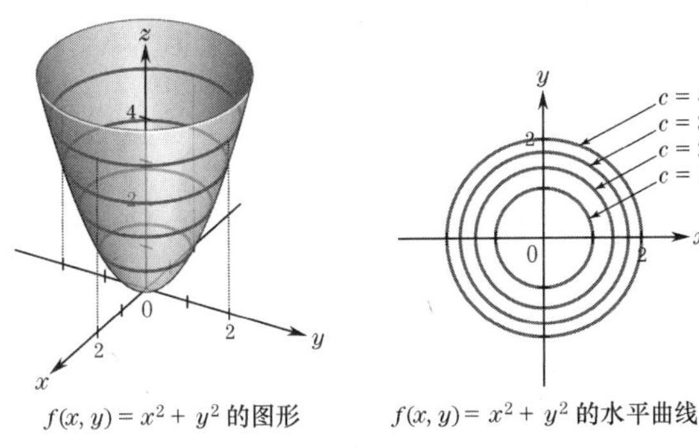

图 4

等值线的物理解释通常很有趣。例如，测量员绘制地形图时，使用等值线来表示具有相同海拔高度的点，其中 $f(x,y)$ 是点 (x,y) 处的海拔高度。图 5(a)显示了典型丘陵地区的 $f(x,y)$ 曲线。图 5(b)显示了不同高度对应的等值线。注意，等值线越接近，地面就越陡峭。

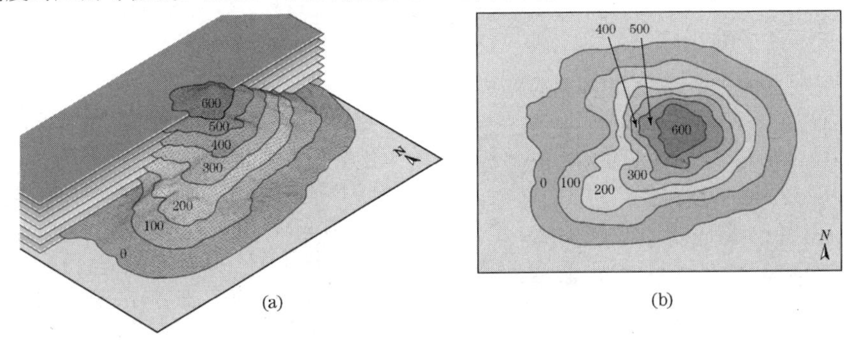

图 5

例 4　等值线。确定例 3 中生产函数 $f(x,y)=60x^{3/4}y^{1/4}$ 在高度 600 处的等值线。

解：等值线是 $f(x,y)=600$ 或

$$60x^{3/4}y^{1/4}=600,\quad y^{1/4}=10/x^{3/4},\quad y=10000/x^3$$

■

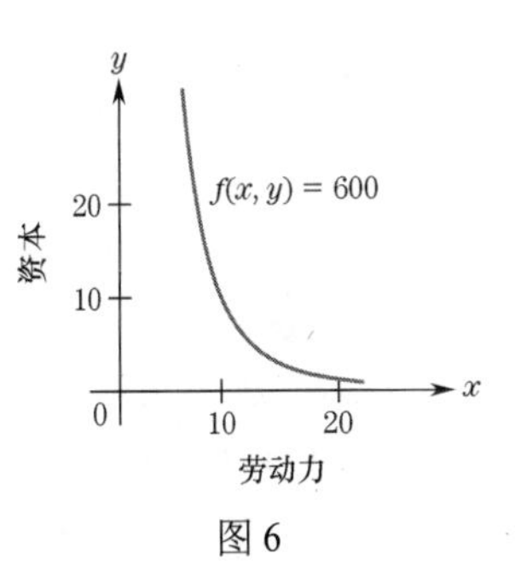

图 6

当然，由于 x 和 y 代表劳动力数量和资本数量，它们肯定都是正的。我们已在图 6 中绘制了等值线的图形。曲线上的点是生产 600 件商品的资

本与劳动力的组合。经济学家称这条曲线为等产量曲线。

7.1 节自测题（答案见本节习题后）

1. 令 $f(x,y,z)=x^2+y/(x-z)-4$，计算 $f(3,5,2)$。
2. 某国的咖啡日需求量为 $f(p_1,p_2)=16p_1/p_2$ 千磅，其中 p_1 和 p_2 分别是茶和咖啡的价格，单位为美元/磅，计算并解释 $f(3,4)$。

习题 7.1

1. 令 $f(x,y)=x^2-3xy-y^2$，计算 $f(5,0)$，$f(5,-2)$ 和 $f(a,b)$。
2. 令 $g(x,y)=\sqrt{x^2+2y^2}$，计算 $g(1,1)$，$g(0,-1)$ 和 $g(a,b)$。
3. 令 $g(x,y,z)=x/(y-z)$，计算 $g(2,3,4)$ 和 $g(7,46,44)$。
4. 令 $f(x,y,z)=x^2\mathrm{e}^{\sqrt{y^2+z^2}}$，计算 $f(1,-1,1)$ 和 $f(2,3,-4)$。
5. 令 $f(x,y)=xy$，证明 $f(2+h,3)-f(2,3)=3h$。
6. 令 $f(x,y)=xy$，证明 $f(2,3+k)-f(2,3)=2k$。
7. **成本**。求 $C(x,y,z)$ 的公式，它给出的图 7(a)中封闭矩形盒的材料成本，尺寸的单位为英尺。假设顶部和底部的材料成本为 3 美元/平方英尺，两侧的材料成本为 5 美元/平方英尺。

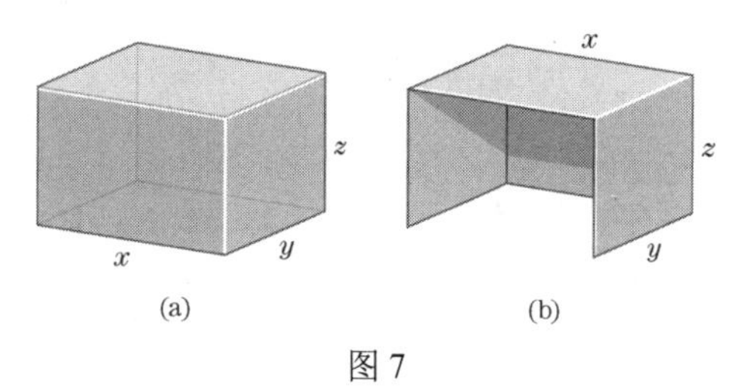

(a) (b)

图 7

8. **成本**。求 $C(x,y,z)$ 的公式，它给出的是图 7(b)中矩形外壳的材料成本，尺寸的单位为英尺。假设顶部的材料成本为 3 美元/平方英尺，背面和两侧的材料成本为 5 美元/平方英尺。
9. 设柯布–道格拉斯生产函数 $f(x,y)=20x^{1/3}y^{2/3}$。计算 $f(8,1)$，$f(1,27)$ 和 $f(8,27)$。证明对于任意正常数 k，有 $f(8k,27k)=kf(8,27)$。
10. 设 $f(x,y)=10x^{2/5}y^{3/5}$，证明 $f(3a,3b)=3f(a,b)$。
11. **现值**。未来 t 年要支付 A 美元的现值（假设连续利率为 5%）为 $P(A,t)=A\mathrm{e}^{-0.05t}$，求并解释 $P(100,13.8)$。
12. 参考例 3。若劳动力成本为 100 美元/单位，资本为 200 美元/单位，用二元函数 $C(x,y)$ 表示使用 x 单位劳动力和 y 单位资本。
13. **税收和房主豁免**。住宅物业的税收价值通常远低于其实际市场价值。若以市价 v 计算，房地产税的评估价值可能只有 40%。假设社区中的财产税 T 由如下函数给出：
$$T=f(r,v,x)=\tfrac{r}{100}(0.40v-x)$$
式中，v 是房产的市场价值（美元），x 是房主的免税额（取决于房产类型的美元数），r 是税率（用美元/100 美元表示）。
   (a) 求价值为 20 万美元的房产的房地产税，业主可免税 5000 美元，假设税率为每 100 美元净评估价值 2.50 美元。
   (b) 设税率增加 20%至每 100 美元净评估价值 3 美元，求应缴税款。假设财产价值和房主的免税额相同。应缴税款也增加 20%吗？
14. **税收和房主豁免**。设 $f(r,v,x)$ 为习题 13 中的房地产税函数。
   (a) 求价值 10 万美元房产的房地产税，业主的免税额为 5000 美元，设税率为每 100 美元净评估价值 2.20 美元。
   (b) 当市场价值上涨 20%至 12 万美元时，求房地产税。假设房主的免税额相同，税率为每 100 美元净评估价值 2.20 美元。应缴税款也增加 20%吗？

为习题 15 和习题 16 中的函数绘制值度为 0、1 和 2 的等值线。

15. $f(x,y)=2x-y$
16. $f(x,y)=-x^2+2y$
17. 绘制包含点 $(0,0)$ 的函数 $f(x,y)=x-y$ 的等值线。
18. 绘制包含点 $(\frac{1}{2},4)$ 的函数 $f(x,y)=xy$ 的等值线。
19. 求函数 $f(x,y)$，直线 $y=3x-4$ 为其等值线。
20. 求函数 $f(x,y)$，曲线 $y=2/x^2$ 为其等值线。
21. 设地形图被视为函数 $f(x,y)$ 的图形，等值线是什么？
22. **等成本线**。某生产过程使用劳动力和资本单位。若商品件数分别是 x 和 y，则总成本为 $100x+200y$ 美元。为该函数绘制值为 600、800 和 1000 的等值线，并解释这些曲线的意义（经济学家通常将这些线称为**预算线**或**等成本线**）。

将习题 23～26 中的函数图形与图 8(a)至图 8(d)所示的等值线系统相匹配。

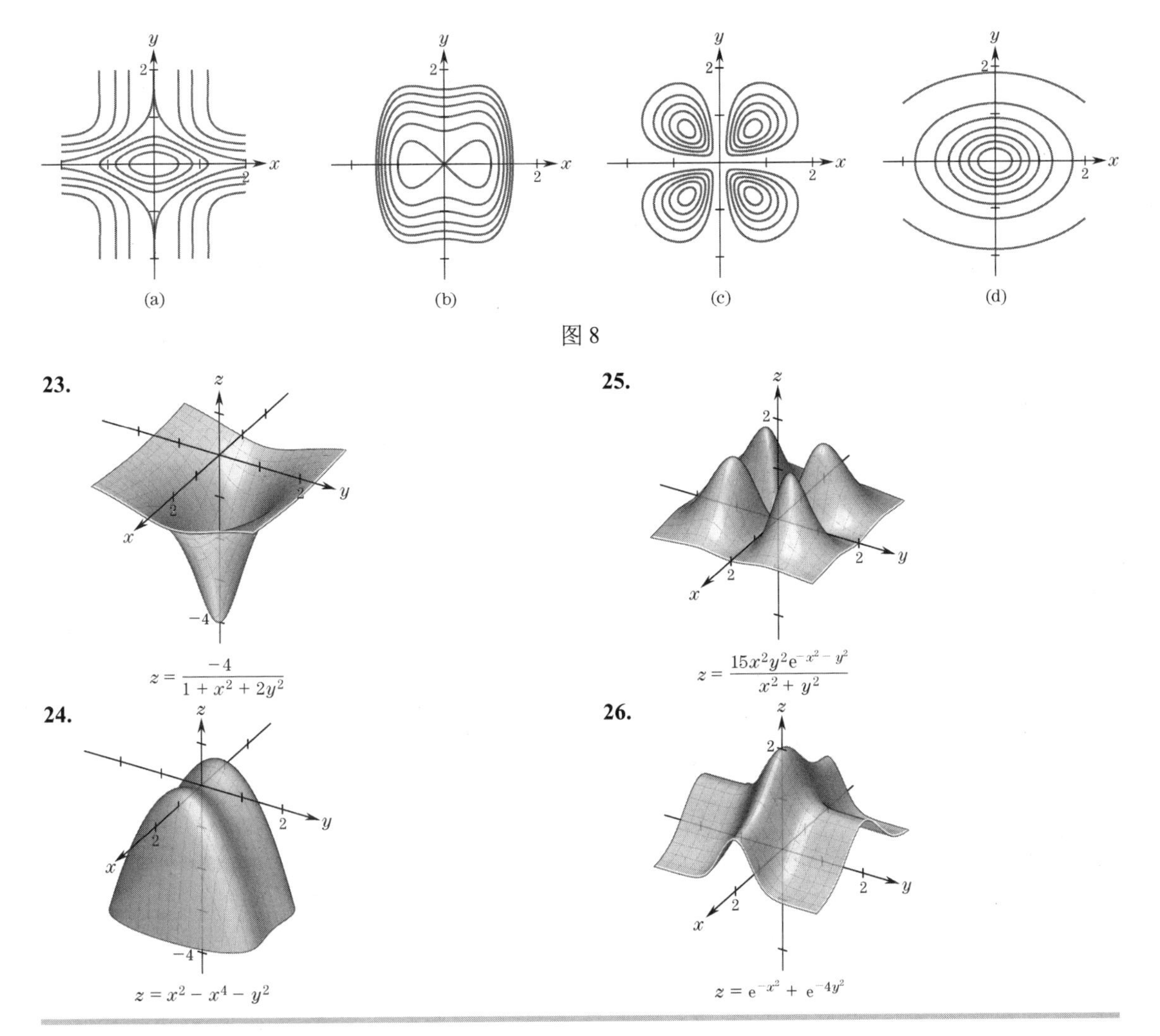

图 8

7.1 节自测题答案

1. 用 3 代替 x，用 5 代替 y，用 2 代替 z，有

$$f(3,5,2) = 3^2 + \frac{5}{3-2} - 4 = 10$$

2. 要计算 $f(3,4)$，可用 3 代替 p_1，用 4 代替 p_2，$f(p_1,p_2) = 16p_1/p_2$。因此，

$$f(3,4) = 16 \cdot \frac{3}{4} = 12$$

因此，若茶叶的价格是 3 美元/磅，咖啡的价格是 4 美元/磅，则每天售出 12000 磅咖啡（注意，随着咖啡价格的上涨，需求将减少）。

7.2 偏导数

第 1 章中介绍了导数的概念，它用来度量函数 $f(x)$ 相对于变量 x 的变化率。下面介绍两个（或多个）变量函数的导数。

设 $f(x,y)$ 是两个变量 x 和 y 的函数。我们希望知道 $f(x,y)$ 是如何随变量 x 和变量 y 的变化而变化的，因此我们定义 $f(x,y)$ 的两个导数（称为**偏导数**），分别对每个变量求导。

定义 $f(x,y)$ 关于变量 x 的偏导数记为 $\frac{\partial f}{\partial x}$，它是 $f(x,y)$ 的导数，其中 y 被视为常数，$f(x,y)$ 被视为 x 的单独函数。$f(x,y)$ 关于变量 y 的偏导数记为 $\frac{\partial f}{\partial y}$，它是 $f(x,y)$ 的导数，其中 x 被视为常数。

∂ 称为偏导数符号。

例 1　计算偏导数。设 $f(x,y)=5x^3y^2$，计算(a) $\frac{\partial f}{\partial x}$ 和(b) $\frac{\partial f}{\partial y}$ 。

解：(a) 要计算 $\frac{\partial f}{\partial x}$，可将 $f(x,y)$ 写为

$$f(x,y)=[5y^2]x^3$$

中括号强调 $5y^2$ 是一个常数。因此，当对 x 求导时，$f(x,y)$ 就是一个常数乘以 x^3 。回顾可知，若 k 是任意常数，则有

$$\frac{\mathrm{d}}{\mathrm{d}x}(kx^3)=3\cdot k\cdot x^2$$

于是有

$$\frac{\partial f}{\partial x}=3\cdot[5y^2]\cdot x^2=15x^2y^2$$

经过练习后，在求导之前，就没有必要将 y^2 放在 x^3 的前面。

回顾：参见 1.7 节中的例 1，回顾使用常数计算导数。

(b) 下面计算 $\frac{\partial f}{\partial y}$ 。我们将 $f(x,y)$ 写为

$$f(x,y)=[5x^3]y^2$$

对 y 求导时，$f(x,y)$ 是一个常数（$5x^3$）乘以 y^2 。于是，有

$$\frac{\partial f}{\partial x}=2\cdot[5x^3]\cdot y=10x^3y$$

■

例 2　计算偏导数。设 $f(x,y)=3x^2+2xy+5y$，计算(a) $\frac{\partial f}{\partial x}$ 和(b) $\frac{\partial f}{\partial y}$ 。

解：(a) 要计算 $\frac{\partial f}{\partial x}$，可将 $f(x,y)$ 写为

$$f(x,y)=3x^2+[2y]x+[5y]$$

现在将 $f(x,y)$ 视为 x 的二次多项式，求导得

$$\frac{\partial f}{\partial x}=6x+[2y]+0=6x+2y$$

注意，对 x 求导时，我们将 $5y$ 视为常数，所以 $5y$ 对 x 的偏导数为零。

(b) 下面计算 $\frac{\partial f}{\partial y}$ 。我们将 $f(x,y)$ 写为

$$f(x,y)=[3x^2]+[2x]y+5y$$

于是有

$$\frac{\partial f}{\partial y}=0+[2x]+5=2x+5$$

注意，对 y 求导时，我们将 $3x^2$ 视为常数，所以 $3x^2$ 对 y 的偏导数为零。

■

例 3　微分法则和偏导数。计算下列函数的偏导数 $\frac{\partial f}{\partial x}$ 和 $\frac{\partial f}{\partial y}$ ：(a) $f(x,y)=(4x+3y-5)^8$；(b) $f(x,y)=\mathrm{e}^{xy^2}$；(c) $f(x,y)=y/(x+3y)$ 。

解：(a) 要计算 $\frac{\partial f}{\partial x}$，可将 $f(x,y)$ 写为

$$f(x,y)=(4x+[3y-5])^8$$

根据一般幂法则，有

$$\begin{aligned}\frac{\partial f}{\partial x}&=8\cdot(4x+[3y-5])^7\cdot\frac{\mathrm{d}}{\mathrm{d}x}(4x+[3y-5])\\&=8\cdot(4x+[3y-5])^7\cdot(4+0)\\&=32(4x+[3y-5])^7\end{aligned}$$

要计算 $\frac{\partial f}{\partial y}$，可将 $f(x,y)$ 写为

$$f(x,y)=([4x]+3y-5)^8$$

根据一般幂法则，有

$$\frac{\partial f}{\partial y}=8\cdot([4x]+3y-5)^7\cdot 3=24(4x+3y-5)^7$$

(b) 为了计算 $\frac{\partial f}{\partial x}$，观察发现

$$f(x,y)=\mathrm{e}^{x[y^2]}$$

于是有

$$\frac{\partial f}{\partial x}=[y^2]\mathrm{e}^{x[y^2]}=y^2\mathrm{e}^{xy^2}, \qquad \frac{\mathrm{d}}{\mathrm{d}x}(\mathrm{e}^{ax})=a\mathrm{e}^{ax}$$

要计算 $\frac{\partial f}{\partial y}$，可将 $f(x,y)$ 写为

$$f(x,y)=\mathrm{e}^{[x]y^2}$$

于是有

$$\frac{\partial f}{\partial y}=\mathrm{e}^{[x]y^2}\cdot 2[x]y=2xy\mathrm{e}^{xy^2}, \quad \frac{\mathrm{d}}{\mathrm{d}y}(\mathrm{e}^{f(y)})=\mathrm{e}^{f(y)}f'(y)$$

(c) 要计算 $\frac{\partial f}{\partial x}$，可使用一般幂法则求 $[y](x+[3y])^{-1}$ 关于 x 的导数：

$$\frac{\partial f}{\partial x}=(-1)\cdot[y](x+[3y])^{-2}\cdot 1=-\frac{y}{(x+3y)^2}$$

要计算 $\frac{\partial f}{\partial y}$，可使用除法法则对 y 求导：

$$f(x,y)=\frac{y}{[x]+3y}$$

于是有

$$\frac{\partial f}{\partial y}=\frac{([x]+3y)\cdot 1-y\cdot 3}{([x]+3y)^2}=\frac{x}{(x+3y)^2}$$

■

计算偏导数时，最初使用中括号来突出显示常数是有帮助的。从现在起，我们只需在脑海中形成一幅图像，将这些项视为常数而不再使用括号。

注意，求解例 3 中(b)问时的如下微分规则是有用的：

若

$$f(x,y)=\mathrm{e}^{g(x,y)}$$

则

$$\frac{\partial f}{\partial x}=\mathrm{e}^{g(x,y)}\frac{\partial g}{\partial x} \quad 和 \quad \frac{\partial f}{\partial y}=\mathrm{e}^{g(x,y)}\frac{\partial g}{\partial y} \tag{1}$$

多元函数的偏导数也是多元函数，因此可在变量的特定值处求值。我们将 $\frac{\partial f}{\partial x}$ 在 $x=a$，$y=b$ 处的值写为

$$\frac{\partial f}{\partial x}(a,b)$$

同样，我们将 $\frac{\partial f}{\partial y}$ 在 $x=a$，$y=b$ 处的值写为

$$\frac{\partial f}{\partial y}(a,b)$$

例 4　计算偏导数。设 $f(x,y)=3x^2+2xy+5y$。

(a) 计算 $\frac{\partial f}{\partial x}(1,4)$；(b) 计算 $(x,y)=(1,4)$ 处的 $\frac{\partial f}{\partial y}$。

解：(a) $\frac{\partial f}{\partial x}=6x+2y$，$\frac{\partial f}{\partial x}(1,4)=6\cdot 1+2\cdot 4=14$；(b) $\frac{\partial f}{\partial y}=2x+5$，$\frac{\partial f}{\partial y}(1,4)=2\cdot 1+5=7$。

■

偏导数的几何解释

考虑图 1 中的三维曲面 $z=f(x,y)$。若 y 在 b 处保持不变，而 x 允许变化，则方程

$$z = f(x,b)$$

描述了曲面上的曲线［该曲线由曲面 $z = f(x,y)$ 与平行于 xz 平面的垂直平面切割而成］。$\frac{\partial f}{\partial x}(a,b)$ 的值是曲线在 $x = a$ 和 $y = b$ 处的切线的斜率。

同样，若 x 在 a 处保持不变，而允许 y 变化，则方程

$$z = f(a,y)$$

描述了图 2 所示曲面 $z = f(x,y)$ 上的曲线。偏导数 $\frac{\partial f}{\partial y}(a,b)$ 的值就是曲线在 $x = a$ 和 $y = b$ 处的斜率。

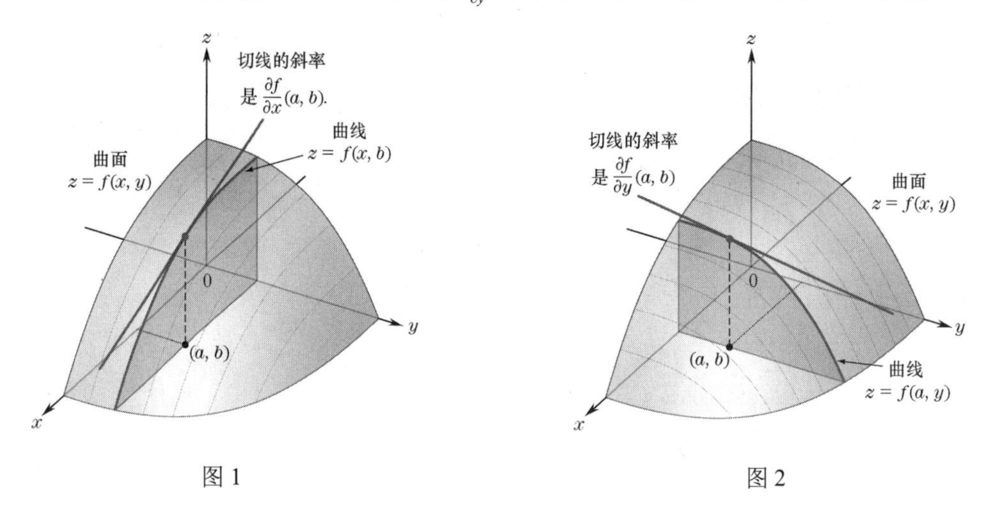

图 1　　　　图 2

偏导数与变化率

由于 $\frac{\partial f}{\partial x}$ 是 y 保持不变时的普通导数，$\frac{\partial f}{\partial x}$ 给出了 y 保持不变时 $f(x,y)$ 关于 x 的变化率。换句话说，保持 y 不变而 x 增加 1 个单位时，$f(x,y)$ 产生的变化可以近似由 $\frac{\partial f}{\partial x}$ 给出。对于 $\frac{\partial f}{\partial y}$，也有类似的解释。

例 5　偏导数的解释。解释例 4 中计算的 $f(x,y) = 3x^2 + 2xy + 5y$ 的偏导数。

解：由例 4 有

$$\frac{\partial f}{\partial x}(1,4) = 14 \text{，} \frac{\partial f}{\partial y}(1,4) = 7$$

$\frac{\partial f}{\partial x}(1,4) = 14$ 表示，若 y 在 4 处保持不变，而允许 x 在 1 附近变化，则 $f(x,y)$ 的变化率是 x 的变化率的 14 倍。也就是说，若 x 增加 1 个单位，则 $f(x,y)$ 约增加 14 个单位。若 x 增加 h 个单位（其中 h 很小），则 $f(x,y)$ 增加约 $14h$ 个单位，即

$$f(1+h,4) - f(1,4) \approx 14h$$

类似地，

$$\frac{\partial f}{\partial y}(1,4) = 7$$

表示，若 x 在 1 处保持不变，而允许 y 在 4 附近变化，则 $f(x,y)$ 的变化率是 y 的变化率的 7 倍。若 y 增加很小的 k 个单位，则有

$$f(1,4+k) - f(1,4) \approx 7k$$

■

概括例 5 中给出的关于 $\frac{\partial f}{\partial x}$ 和 $\frac{\partial f}{\partial y}$ 的解释，可以得到如下的一般事实。

设 $f(x,y)$ 是二元函数。若 h 和 k 很小，则有

$$f(a+h,b)-f(a,b)\approx\frac{\partial f}{\partial x}(a,b)h$$
$$f(a,b+k)-f(a,b)\approx\frac{\partial f}{\partial y}(a,b)k$$

对于含有任意个变量的函数，我们都可以计算其偏导数。对一个变量求偏导数时，我们将其他变量视为常数。

例 6　偏导数。设 $f(x,y,z)=x^2yz-3z$ 。

(a) 计算 $\frac{\partial f}{\partial x},\frac{\partial f}{\partial y}$ 和 $\frac{\partial f}{\partial z}$；(b) 计算 $\frac{\partial f}{\partial z}(2,3,1)$ 。

解：(a) $\frac{\partial f}{\partial x}=2xyz$ ，$\frac{\partial f}{\partial y}=x^2z$ ，$\frac{\partial f}{\partial z}=x^2y-3$ ；(b) $\frac{\partial f}{\partial z}(2,3,1)=2^2\cdot 3-3=12-3=9$ 。

■

例 7　热损失函数。设 $f(x,y,z)$ 为 7.1 节例 2 中计算的热损失函数，即 $f(x,y,z)=11xy+14yz+15xz$ ，计算并解释 $\frac{\partial f}{\partial x}(10,7,5)$ 。

解：我们有

$$\frac{\partial f}{\partial x}=11y+15z\,,\qquad \frac{\partial f}{\partial x}(10,7,5)=11\cdot 7+15\cdot 5=77+75=152$$

$\frac{\partial f}{\partial x}$ 通常是指相对于 x 变化的边际热损失。具体地说，若 x 从 10 改变 h 个单位（其中 h 很小），而 y 和 z 的值保持在 7 和 5，则热损失量将改变约 $152\cdot h$ 个单位。

■

回顾：看到“边际”一词时，就可想想“变化率”。

例 8　资本的边际生产率。考虑生产函数 $f(x,y)=60x^{3/4}y^{1/4}$ ，它给出了使用 x 单位的劳动力和 y 单位的资本时生产的商品件数。

(a) 求 $\frac{\partial f}{\partial x}$ 和 $\frac{\partial f}{\partial y}$；(b) 求 $\frac{\partial f}{\partial x}$ 和 $\frac{\partial f}{\partial y}$ 在 $x=81,y=16$ 处的值；(c) 解释(b)问计算的数值。

解：(a) $\frac{\partial f}{\partial x}=60\cdot\frac{3}{4}x^{-1/4}y^{1/4}=45x^{-1/4}y^{1/4}=45\frac{y^{1/4}}{x^{1/4}}$ ，$\frac{\partial f}{\partial y}=60\cdot\frac{1}{4}x^{3/4}y^{-3/4}=15x^{3/4}y^{-3/4}=15\frac{x^{3/4}}{y^{3/4}}$ 。

(b) $\frac{\partial f}{\partial x}(81,16)=45\cdot\frac{16^{1/4}}{81^{1/4}}=45\cdot\frac{2}{3}=30$ ，$\frac{\partial f}{\partial y}(81,16)=15\cdot\frac{81^{3/4}}{16^{3/4}}=15\cdot\frac{27}{8}=\frac{405}{8}=50\frac{5}{8}$ 。

(c) 偏导数 $\frac{\partial f}{\partial x}$ 和 $\frac{\partial f}{\partial y}$ 称为劳动的边际生产率和资本的边际生产率。若资本数量固定为 $y=16$ ，而劳动力数量从 81 增加 1 个单位，则生产的商品将增加约 30 件。类似地，资本增加 1 个单位（劳动力数量固定为 81）时，生产的商品将增加约 $50\frac{5}{8}$ 件。

■

高阶偏导数

就像在单变量情况下求二阶导数和高阶导数那样，我们可以求出函数 $f(x,y)$ 关于两个变量的二阶偏导数和高阶导数。因为 $\frac{\partial f}{\partial x}$ 是 x 和 y 的函数，所以可以对 x 或 y 求导。函数 $\frac{\partial f}{\partial x}$ 关于 x 的偏导数表示为 $\frac{\partial^2 f}{\partial x^2}$ ，函数 $\frac{\partial f}{\partial x}$ 关于 y 的偏导数表示为 $\frac{\partial^2 f}{\partial y\partial x}$ 。类似地，函数 $\frac{\partial f}{\partial y}$ 关于 x 的偏导数表示为 $\frac{\partial^2 f}{\partial x\partial y}$ ，函数 $\frac{\partial f}{\partial y}$ 关于 y 的偏导数表示为 $\frac{\partial^2 f}{\partial y^2}$ 。在应用中，我们遇到的几乎所有函数 $f(x,y)$ ［及本文中的所有函数 $f(x,y)$ ］都具有如下性质：

$$\frac{\partial^2 f}{\partial y\partial x}=\frac{\partial^2 f}{\partial x\partial y}\qquad(2)$$

计算 $\frac{\partial^2 f}{\partial y\partial x}$ 和 $\frac{\partial^2 f}{\partial x\partial y}$ 时，要注意验证最后一个方程，目的是检查是否正确地进行了微分。

例 9　高阶偏导数。设 $f(x,y)=e^{x^2y}$ ，求(a) $\frac{\partial f}{\partial x}$ ，(b) $\frac{\partial f}{\partial y}$ ，(c) $\frac{\partial^2 f}{\partial y\partial x}$ ，(d) $\frac{\partial^2 f}{\partial x\partial y}$ 。

解： (a) $\frac{\partial f}{\partial x}=\frac{\partial}{\partial x}(e^{x^2y})=e^{x^2y}\frac{\partial}{\partial x}(x^2y)=2xye^{x^2y}$

(b) $\frac{\partial f}{\partial y}=\frac{\partial}{\partial y}(e^{x^2y})=e^{x^2y}\frac{\partial}{\partial y}(x^2y)=x^2e^{x^2y}$

(c) $\frac{\partial^2 f}{\partial y\partial x}=\frac{\partial}{\partial y}\left(\frac{\partial f}{\partial x}\right)=\frac{\partial}{\partial y}(2xye^{x^2y})=2xy\cdot\frac{\partial}{\partial y}(e^{x^2y})+e^{x^2y}\cdot\frac{\partial}{\partial y}(2xy)$

$=2xy\cdot x^2e^{x^2y}+e^{x^2y}\cdot 2x$

$=2x^3ye^{x^2y}+2xe^{x^2y}=2xe^{x^2y}(x^2y+1)$

(d) $\frac{\partial^2 f}{\partial x\partial y}=\frac{\partial}{\partial x}\left(\frac{\partial f}{\partial y}\right)=\frac{\partial}{\partial x}(x^2e^{x^2y})=x^2\cdot\frac{\partial}{\partial y}(e^{x^2y})+e^{x^2y}\cdot\frac{\partial}{\partial x}(x^2)$

$=x^2\cdot 2xye^{x^2y}+e^{x^2y}\cdot 2x$

$=2x^3ye^{x^2y}+2xe^{x^2y}=2xe^{x^2y}(x^2y+1)$

比较(c)和(d)，可以看到，如式(2)所断言的那样，混合偏导数是相等的。■

综合技术

求偏导数 例 4 中的函数及其一阶偏导数在图 3(a)中指定，且在图 3(b)中求值。回顾可知，表达式 $1\to X$ 是用 [1] [STO ▷] [X,T,θ,n] 输入的，表明我们正在设置 $X=1$。表达式 $4\to Y$ 具有类似的含义，但变量 Y 是用 [ALPHA] [Y]输入的。我们也可求其他偏导数。例如，可以通过设置 $Y_4=\text{nDeriv}(Y_3,X,X)$ 来求偏导数 $\frac{\partial^2 f}{\partial x\partial y}$。

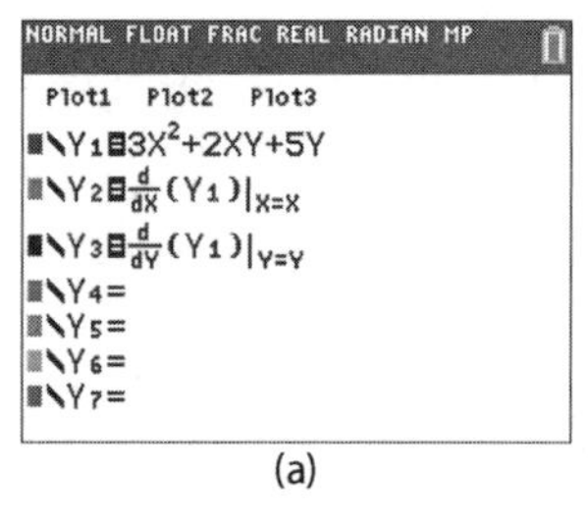

(a)

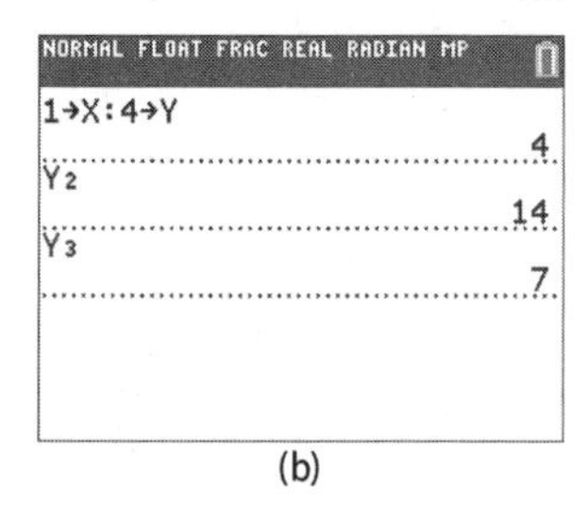

(b)

图 3

7.2 节自测题（答案见本节习题后）

1. 一家商店每周销售某种智能电视的数量由二元函数 $f(x,y)$ 给出，其中 x 是每台电视的价格，y 是每周花在广告上的费用。假设当前价格是 400 美元/台，目前每周用于广告的费用为 2000 美元。
   (a) $\frac{\partial f}{\partial x}(400,2000)$ 是正的还是负的？
   (b) $\frac{\partial f}{\partial y}(400,2000)$ 是正的还是负的？
2. 房子的月按揭付款是二元函数 $f(A,r)$，其中 A 是抵押贷款的金额，利率是 $r\%$。对于 30 年期抵押贷款，$f(92000,3.5)=412.78$ 且 $\frac{\partial f}{\partial r}(92000,3.5)=38.47$。数字 38.47 有什么意义？

习题 7.2

求下列函数的偏导数 $\frac{\partial f}{\partial x}$ 和 $\frac{\partial f}{\partial y}$。

1. $f(x,y)=5xy$
2. $f(x,y)=x^2-y^2$
3. $f(x,y)=2x^2e^y$
4. $f(x,y)=xe^{xy}$
5. $f(x,y)=\frac{x}{y}+\frac{y}{x}$
6. $f(x,y)=\frac{1}{x+y}$
7. $f(x,y)=(2x-y+5)^2$
8. $f(x,y)=\frac{e^x}{1+e^y}$
9. $f(x,y)=xe^{x^2y^2}$
10. $f(x,y)=\ln(xy)$
11. $f(x,y)=\frac{x-y}{x+y}$
12. $f(x,y)=\sqrt{x^2+y^2}$
13. 设 $f(L,K)=3\sqrt{LK}$，求 $\frac{\partial f}{\partial L}$。
14. 设 $f(p,q)=1-p(1+q)$，求 $\frac{\partial f}{\partial p}$ 和 $\frac{\partial f}{\partial q}$。
15. 设 $f(x,y,z)=(1+x^2y)/z$，求 $\frac{\partial f}{\partial x}$，$\frac{\partial f}{\partial y}$ 和 $\frac{\partial f}{\partial z}$。
16. 设 $f(x,y,z)=ze^{x/y}$，求 $\frac{\partial f}{\partial x}$，$\frac{\partial f}{\partial y}$ 和 $\frac{\partial f}{\partial z}$。
17. 设 $f(x,y,z)=xze^{yz}$，求 $\frac{\partial f}{\partial x}$，$\frac{\partial f}{\partial y}$ 和 $\frac{\partial f}{\partial z}$。
18. 设 $f(x,y,z)=\frac{xy}{z}$，求 $\frac{\partial f}{\partial x}$，$\frac{\partial f}{\partial y}$ 和 $\frac{\partial f}{\partial z}$。
19. 设 $f(x,y)=x^2+2xy+y^2+3x+5y$，求 $\frac{\partial f}{\partial x}(2,-3)$ 和 $\frac{\partial f}{\partial y}(2,-3)$。
20. 设 $f(x,y)=(x+y^2)^3$，计算 $(x,y)=(1,2)$ 处的 $\frac{\partial f}{\partial x}$ 和 $\frac{\partial f}{\partial y}$。

21. 设 $f(x,y)=xy^2+5$，计算 $(x,y)=(2,-1)$ 处的 $\frac{\partial f}{\partial y}$ 并解释。

22. 设 $f(x,y)=\frac{x}{y-6}$，计算 $\frac{\partial f}{\partial y}(2,1)$ 并解释。

23. $f(x,y)=x^3y+2xy^2$，求 $\frac{\partial^2 f}{\partial x^2}, \frac{\partial^2 f}{\partial y^2}, \frac{\partial^2 f}{\partial x \partial y}$ 和 $\frac{\partial^2 f}{\partial y \partial x}$。

24. $f(x,y)=x\mathrm{e}^y+x^4y+y^3$，求 $\frac{\partial^2 f}{\partial x^2}$，$\frac{\partial^2 f}{\partial y^2}$，$\frac{\partial^2 f}{\partial x \partial y}$ 和 $\frac{\partial^2 f}{\partial y \partial x}$。

25. **生产**。一个农民可用 x 单位的劳动力和 y 单位的资本生产 $f(x,y)=200\sqrt{6x^2+y^2}$ 件农产品（资本用于租用或购买土地、材料和设备）。

(a) 计算 $x=10$ 和 $y=5$ 时劳动力和资本的边际生产率。

(b) 设 h 是一个很小的数。使用(a)问的结果确定在保持资本固定为 5 个单位的情况下，将劳动力从 10 个单位改为$10+h$ 个单位对生产的近似影响。

(c) 使用(b)问估计当劳动力从 10 个单位减少到 9.5 个单位，而资本固定为 5 个单位时的生产变化。

26. **生产率、劳动和资本**。某国的生产率由 $f(x,y)=300x^{2/3}y^{1/3}$ 给出，其中 x 和 y 是劳动力数量和资本数量。

(a) 计算 $x=125$ 和 $y=64$ 时劳动力和资本的边际生产率。

(b) 使用(a)问确定在保持劳动力固定为 125 个单位的情况下，将资本从 64 个单位增加到 66 个单位时对生产率的近似影响。

(c) 将劳动力从 125 个单位减少到 124 个单位，同时保持资本固定在 64 个单位，约会产生什么影响？

27. **运输方式**。在某个郊区社区，通勤者可以选择乘坐公共汽车或火车进城。对这些运输方式的需求随其成本变化。设 $f(p_1,p_2)$ 是乘坐公共汽车的人数，p_1 是乘坐公共汽车的票价，p_2 是乘坐火车的票价。例如，若 $f(4.50,6)=7000$，则当公共汽车的票价 4.50 美元、火车的票价为 6.00 美元时，有 7000 名通勤者乘坐公共汽车。解释为什么 $\frac{\partial f}{\partial p_1}<0$ 且 $\frac{\partial f}{\partial p_2}>0$？

28. 参考习题 27。设 $g(p_1,p_2)$ 是乘坐火车的人数，p_1 是乘坐公共汽车的票价，p_2 是乘坐火车的票价。$\frac{\partial g}{\partial p_1}$ 是正的还是负的？$\frac{\partial g}{\partial p_2}$ 呢？

29. 设 p_1 为 MP3 播放器的平均价格，p_2 为音频文件的平均价格，$f(p_1,p_2)$ 为 MP3 播放器的需求，$g(p_1,p_2)$ 为音频文件的需求。为什么 $\frac{\partial f}{\partial p_2}<0$ 且 $\frac{\partial g}{\partial p_1}<0$？

30. 对某辆耗油汽车的需求由 $f(p_1,p_2)$ 给出，其中 p_1 是汽车的价格，p_2 是汽油的价格。为什么 $\frac{\partial f}{\partial p_1}<0$ 且 $\frac{\partial f}{\partial p_2}<0$？

31. 一定量气体的体积(V)由温度(T)和压力(P)决定，公式为$V=0.08(T/P)$。计算并解释 $P=20$，$T=300$ 时的 $\frac{\partial V}{\partial P}$ 和 $\frac{\partial V}{\partial T}$。

32. **市场需求**。1984 年诺贝尔经济学奖得主理查德·斯通使用从 1929 年到 1941 年收集的数据确定英国啤酒年度消费量 Q 的公式约为 $Q=f(m,p,r,s)$ 给出：

$$f(m,p,r,s)=(1.058)m^{0.136}p^{-0.727}r^{0.914}s^{0.816}$$

式中，m 是实际总收入（直接征税后的个人收入，调整零售价格变动），p 是商品的平均零售价格（在这种情况下的商品为啤酒），r 是所有其他消费品和服务的平均零售价格水平，s 是衡量啤酒烈性的指标。判断哪些偏导数是正的、哪些是负的，并给出解释（例如，由于 $\frac{\partial f}{\partial r}>0$，当其他商品的价格上涨而其他因素保持不变时，人们会购买更多的啤酒）。

33. 理查德·斯通（见习题 32）确定美国每年的食物消费量为

$$f(m,p,r)=(2.186)m^{0.595}p^{-0.543}r^{0.922}$$

确定哪些偏导数是正的、哪些是负的，并给出解释。

34. **收入分配**。对于例 8 中考虑的生产函数 $f(x,y)=60x^{3/4}y^{1/4}$，将 $f(x,y)$ 视为使用 x 单位的劳动力和 y 单位的资本时的收入。在实际操作条件下，设 $x=a$ 和 $y=b$，$\frac{\partial f}{\partial x}(a,b)$ 表示单位劳动力工资，$\frac{\partial f}{\partial y}(a,b)$ 表示单位资本工资。证明

$$f(a,b)=a\cdot\left[\frac{\partial f}{\partial x}(a,b)\right]+b\cdot\left[\frac{\partial f}{\partial y}(a,b)\right]$$

上面这个方程显示了收入是如何在劳动力和资本之间分配的。

35. 计算 $\frac{\partial^2 f}{\partial x^2}$，其中 $f(x,y)=60x^{3/4}y^{1/4}$，它是一个生产函数（其中 x 是劳动力单位）。为什么 $\frac{\partial^2 f}{\partial x^2}$ 总是负的？

36. 计算 $\frac{\partial^2 f}{\partial y^2}$，其中 $f(x,y)=60x^{3/4}y^{1/4}$，它是一个生产函数（y 是资本单位）。为什么 $\frac{\partial^2 f}{\partial y^2}$ 总是负的？

37. 令 $f(x,y)=3x^2+2xy+5y$，如例 5 所示。证明

$$f(1+h,4)-f(1,4)=14h+3h^2$$

于是，用 $14h$ 来近似 $f(1+h,4)-f(1,4)$ 的误差

为 $3h^2$（例如，若 $h=0.01$，则误差仅为 0.0003）。

38. **体表面积**。医生，尤其是儿科医生，有时需要知道病人的体表面积。例如，他们使用表面积来调整某些肾脏性能测试的结果。有些表格可以大致给出一名体重为 W 千克、身高为 H 厘米的人的体表面积 A（单位为平方米）。也采用了下面的经验公式：

$$A=0.007W^{0.425}H^{0.725}$$

当 $W=54$ 和 $H=165$ 时，计算 $\frac{\partial A}{\partial W}$ 和 $\frac{\partial A}{\partial H}$，并解释答案。可用近似值 $(54)^{0.425}\approx 5.4$，$(54)^{-0.575}\approx 0.10$，$(165)^{0.725}\approx 40.5$ 和 $(165)^{-0.275}\approx 0.25$。

7.2 节自测题答案

1. (a) 负数。$\frac{\partial f}{\partial x}(400,2000)$ 约为 x（价格）增加 1 美元导致的销售额变化。由于提高价格会降低销售额，因此预计 $\frac{\partial f}{\partial x}(400,2000)$ 为负。

(b) 正数。$\frac{\partial f}{\partial y}(400,2000)$ 约为广告费用增加 1 美元导致的销售额变化。因为在广告上花更多的钱会带来更多的客户，所以预计销售额会增加；即 $\frac{\partial f}{\partial y}(400,2000)$ 很可能是正的。

2. 如果利率由 3.5%上调至 4.5%，那么月供将增加约 38.47 元［增加到 4%将导致月供增加约 $\frac{1}{2}\times 38.47$ 或 19.24 美元，以此类推］。

7.3 多元函数的极大值和极小值

第 2 章中介绍了如何求一元函数的极大值和极小值。下面将讨论扩展到多元函数。

设 $f(x,y)$ 是二元函数，当 x 接近 a、y 接近 b 时，若 $f(x,y)$ 最多等于 $f(a,b)$，则我们说当 $x=a$，$y=b$ 时 $f(x,y)$ 有一个相对极大值。几何上看，$f(x,y)$ 的图形在 $(x,y)=(a,b)$ 处有一个峰值［见图 1(a)］。类似地，当 x 接近 a、y 接近 b 时，若 $f(x,y)$ 至少等于 $f(a,b)$，则我们说当 $x=a$，$y=b$ 时 $f(x,y)$ 有一个相对极小值。几何上，$f(x,y)$ 的图形上有一个坑，其底部位置为 $(x,y)=(a,b)$［见图 1(b)］。

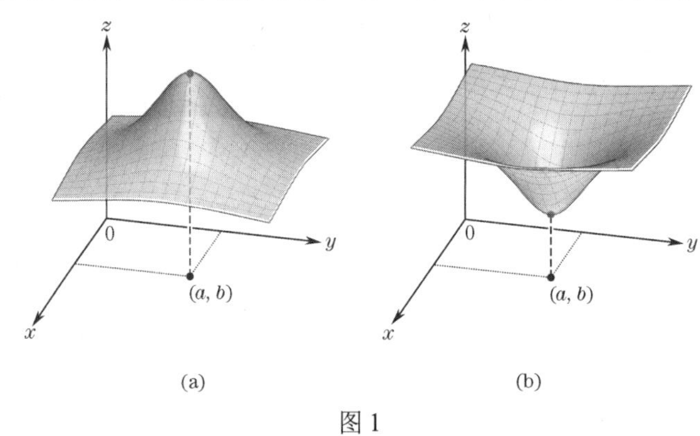

图 1

一阶导数判别法

假设函数 $f(x,y)$ 在 $(x,y)=(a,b)$ 处有一个相对极小值，这里一阶偏导数存在，如图 2 所示。当 y 在 b 处保持不变时，$f(x,y)$ 是 x 的函数，在 $x=a$ 处具有相对极小值。因此，曲线 $z=f(x,b)$ 的切线在 $x=a$ 处是水平的，因此斜率为 0。也就是说，

$$\frac{\partial f}{\partial x}(a,b)=0$$

同样，当 x 在 a 处保持不变时，$f(x,y)$ 是 y 的函数，在 $y=b$ 处具有相对极小值。因此，它对 y 的导数在 $y=b$ 处为零：

$$\frac{\partial f}{\partial y}(a,b)=0$$

类似的考虑适用于 $f(x,y)$ 在 $(x,y)=(a,b)$ 处有相对极大值的情形。

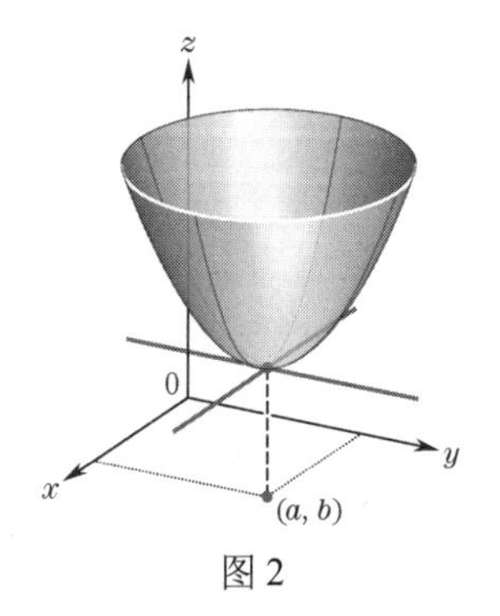

图 2

二元函数的一阶导数判别法　若 $f(x,y)$ 在 $(x,y)=(a,b)$ 处有相对极大值或相对极小值，这里一阶偏导数存在，则

$$\frac{\partial f}{\partial x}(a,b)=0 \quad 和 \quad \frac{\partial f}{\partial y}(a,b)=0$$

相对极大值或极小值可能是绝对极大值或极小值，也可能不是。然而，为了简化本文中的问题，例题和习题的选择如下：若 $f(x,y)$ 存在一个绝对极值，则该极值位于 $f(x,y)$ 具有相对极值的点上。

例 1　定位极小值点。图 3 中 $f(x,y)=2x^2-2xy+5y^2-6x+5$ 的图形表明 $f(x,y)$ 有一个极小值点，求该点的坐标。

解：我们寻找 x 和 y 的偏导数都为零的那些值。偏导数是

$$\frac{\partial f}{\partial x}=4x-2y-6\,, \qquad \frac{\partial f}{\partial y}=-2x+10y$$

令偏导数为零，求出 x 和 y：

$$4x-2y-6=0 \quad 或 \quad 4x-2y=6$$

$$-2x+10y=0 \quad 或 \quad 2x=10y$$

根据最后一个方程有 $x=5y$。将 $x=5y$ 代入 $4x-2y=6$ 得

$$4(5y)-2y=6 \quad 或 \quad 18y=6$$

因此，$y=\frac{1}{3}$，因为 $x=5y$，得到 $x=\frac{5}{3}$。因为 $f(x,y)$ 有一个极小值，这个极小值必然出现在 $\frac{\partial f}{\partial x}=0$ 和 $\frac{\partial f}{\partial y}=0$ 处。我们已经求出仅当 $x=5/3$ 和 $y=1/3$ 时偏导数为零。由图 3 可知 $f(x,y)$ 有一个极小值，所以该极小值一定在 $(x,y)=(5/3,1/3)$ 处。

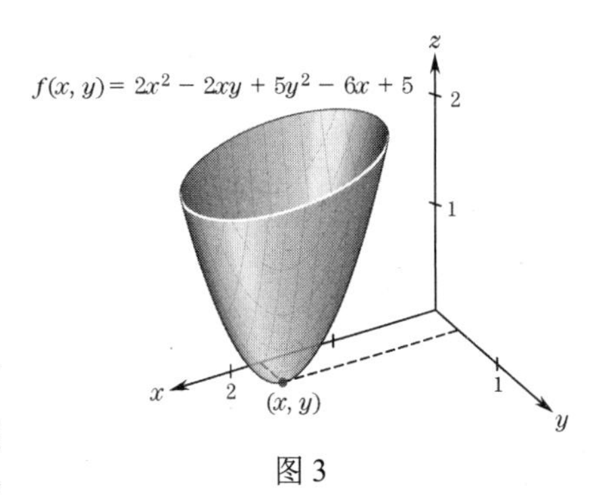

图 3

■

例 2　二元利润函数。一家公司在两个国家销售某种产品，并在每个国家收取不同的费用。设 x 是在第一个国家销售的产品件数，y 是在第二个国家销售的产品件数。根据需求法则，该公司必须在第一个国家将价格定为 $97-(x/10)$ 美元、在第二个国家将价格定为 $83-(y/20)$ 美元，才能出售所有件数的产品。生产这些产品的成本是 $20000+3(x+y)$。求使利润最大化的 x 和 y 值。

解：设 $f(x,y)$ 是在第一个国家中销售 x 件、在第二个国家销售 y 件所获得的利润，那么有

$$\begin{aligned} f(x,y) &= 来自第一个国家的收入 + 来自第二个国家的收入 - 成本 \\ &=\left(97-\frac{x}{10}\right)x+\left(83-\frac{y}{20}\right)y-[20000+3(x+y)] \\ &=97x-\frac{x^2}{10}+83y-\frac{y^2}{20}-20000-3x-3y \\ &=94x-\frac{x^2}{10}+80y-\frac{y^2}{20}-20000 \end{aligned}$$

为了求 $f(x,y)$ 的极大值，下面求 x 和 y 的偏导数都为零的那些值：

$$\frac{\partial f}{\partial x}=94-\frac{x}{5}\,, \qquad \frac{\partial f}{\partial y}=80-\frac{y}{10}$$

令 $\frac{\partial f}{\partial x}=0$ 且 $\frac{\partial f}{\partial y}=0$ 得

$$94-\frac{x}{5}=0 \quad 或 \quad x=470\,, \qquad 80-\frac{y}{10}=0 \quad 或 \quad y=800$$

因此，公司应将价格调整到在第一个国家销售 470 件产品而在第二个国家销售 800 件产品的水平。

■

例 3　热量损失。假设我们要设计一个矩形建筑，其体积为 147840 立方英尺。假设日热量损失为

$$w=11xy+14yz+15xz$$

式中，x, y 和 z 分别为建筑的长、宽和高，求日热损失最小的建筑物尺寸。

解：我们必须最小化函数

$$w = 11xy + 14yz + 15xz \tag{1}$$

式中，x, y 和 z 满足约束方程（见 2.5 节）

$$xyz = 147840$$

为简单起见，下面用 V 表示 147840。于是 $xyz = V$，所以 $z = V/xy$。我们用这个表达式代替目标函数(1)中的 z，得到两个变量的热损失函数 $g(x,y)$ 为

$$g(x,y) = 11xy + 14y\frac{V}{xy} + 15x\frac{V}{xy} = 11xy + \frac{14V}{x} + \frac{15V}{y}$$

为了使这个函数最小，我们首先计算关于 x 和 y 的偏导数，然后令它们等于零：

$$\frac{\partial g}{\partial x} = 11y - \frac{14V}{x^2} = 0, \qquad \frac{\partial g}{\partial y} = 11x - \frac{15V}{y^2} = 0$$

由这两个方程得

$$y = \frac{14V}{11x^2} \tag{2}$$

$$11xy^2 = 15V \tag{3}$$

将式(2)中的 y 值代入式(3)得

$$11x\left(\frac{14V}{11x^2}\right)^2 = 15V, \qquad \frac{14^2V^2}{11x^3} = 15V$$

$$x^3 = \frac{14^2 \cdot V^2}{11 \times 15 \cdot V} = \frac{14^2 \cdot V}{11 \times 15} = \frac{14^2 \times 147840}{11 \times 15} = 175616, \qquad x = 56$$

由式(2)可得

$$y = \frac{14 \cdot V}{11x^2} = \frac{14 \times 147840}{11 \times 56^2} = 60$$

最后有

$$z = \frac{V}{xy} = \frac{147840}{56 \times 60} = 44$$

因此，建筑的长为 56 英尺、宽为 60 英尺、高为 44 英尺时可最小化热量损失。

■

二阶导数判别法

对于二元函数，我们可通过设置 $\frac{\partial f}{\partial x}$ 和 $\frac{\partial f}{\partial y}$ 等于零，并求解 x 和 y 来找到 $f(x,y)$ 具有相对极大值或极小值的点 (x,y)。然而，如果我们没有关于 $f(x,y)$ 的额外信息，就很难确定我们找到的是极大值还是极小值（或者两者都不是）。对于一元函数，我们研究了凹性且推导了二阶导数判别法。二元函数也有一个类似的二阶导数判别法，但它要比一元判别法复杂得多。下面是对其不加证明的陈述。

二元函数的二阶导数判别法　设 $f(x,y)$ 是一个函数，(a,b) 是满足如下条件的一个点：

$$\frac{\partial f}{\partial x}(a,b) = 0 \quad 和 \quad \frac{\partial f}{\partial y}(a,b) = 0$$

且令

$$D(x,y) = \frac{\partial^2 f}{\partial x^2} \cdot \frac{\partial^2 f}{\partial y^2} - \left(\frac{\partial^2 f}{\partial x \partial y}\right)^2$$

1. 如果

$$D(a,b) > 0 \quad 和 \quad \frac{\partial^2 f}{\partial x^2}(a,b) > 0$$

那么 $f(x,y)$ 在点 (a,b) 处有相对极小值。

2. 如果

$$D(a,b) > 0 \quad 和 \quad \frac{\partial^2 f}{\partial x^2}(a,b) < 0$$

那么 $f(x,y)$ 在点 (a,b) 处有相对极大值。

3. 如果

$$D(a,b)<0$$

那么 $f(x,y)$ 在点 (a,b) 处既没有相对极大值又没有相对极小值。

4. 如果 $D(a,b)=0$，那么不能由该判别法得出结论。

图 4 中的鞍形图说明了 $D(a,b)<0$ 时的函数 $f(x,y)$。在这种情况下，点 (a,b) 称为**鞍点**。在 $(x,y)=(a,b)$ 处，两个偏导数都为零，但函数在该处既没有相对极大值，又没有相对极小值（观察发现，当 y 保持不变时，函数相对于 x 有一个相对极大值，当 x 保持不变时，函数相对于 y 有一个相对极小值）。

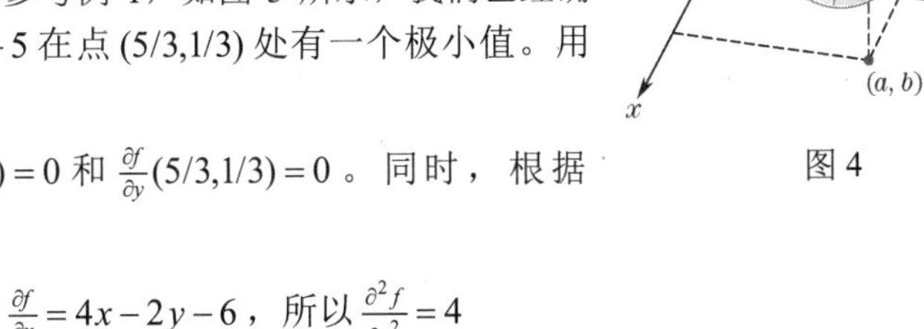

图4

例 4　二阶导数判别法的应用。参考例 1，如图 3 所示，我们已经确定函数 $f(x,y)=2x^2-2xy+5y^2-6x+5$ 在点 $(5/3,1/3)$ 处有一个极小值。用二阶导数判别法验证这一论断。

解：例 1 中证明了 $\frac{\partial f}{\partial x}(5/3,1/3)=0$ 和 $\frac{\partial f}{\partial y}(5/3,1/3)=0$。同时，根据例 1 有

$$\frac{\partial f}{\partial x}=4x-2y-6\text{，所以}\frac{\partial^2 f}{\partial x^2}=4$$

$$\frac{\partial f}{\partial y}=-2x+10y\text{，所以}\frac{\partial^2 f}{\partial y^2}=10$$

因此，

$$\frac{\partial^2 f}{\partial x\partial y}=\frac{\partial}{\partial x}\left(\frac{\partial f}{\partial y}\right)=\frac{\partial}{\partial x}(-2x+10y)=-2$$

我们有

$$D(x,y)=\frac{\partial^2 f}{\partial x^2}\cdot\frac{\partial^2 f}{\partial y^2}-\left(\frac{\partial^2 f}{\partial x\partial y}\right)^2=4\times10-(-2)^2=36>0$$

对所有 (x,y)，$D(x,y)>0$，因此 $D(5/3,1/3)>0$。通过二阶导数判别法可知，函数 $f(x,y)$ 在点 $(5/3,1/3)$ 处有相对极大值或相对极小值。现在 $\frac{\partial^2 f}{\partial x^2}(5/3,1/3)=4>0$，因此，通过判别法的情况 1，函数在点 $(5/3,1/3)$ 处有一个相对极小值，与我们的预期一致！

■

在例 4 中，对所有 (x,y)，所有二阶偏导数和 $D(x,y)$ 都是常数。但并不总是如此，如下例所示。

例 5　应用二阶导数判别法。令 $f(x,y)=x^3-y^2-12x+6y+5$。找出 $f(x,y)$ 的所有可能的相对极大值和极小值点。使用二阶导数判别法确定每个这样的点的性质。

解：因为

$$\frac{\partial f}{\partial x}=3x^2-12\text{，}\quad\frac{\partial f}{\partial y}=-2y+6$$

满足如下条件时，我们发现 $f(x,y)$ 有一个潜在的相对极值点：

$$3x^2-12=0\text{，}\quad -2y+6=0$$

由第一个方程有 $3x^2=12$，$x^2=4$，得 $x=\pm2$；由第二个方程得 $y=3$。因此，当 $(x,y)=(2,3)$ 和 $(x,y)=(-2,3)$ 时，$\frac{\partial f}{\partial x}$ 和 $\frac{\partial f}{\partial y}$ 都为零。应用二阶导数判别法，计算

$$\frac{\partial^2 f}{\partial x^2}=6x\text{，}\quad\frac{\partial^2 f}{\partial y^2}=-2\text{，}\quad\frac{\partial^2 f}{\partial x\partial y}=0$$

和

$$D(x,y)=\frac{\partial^2 f}{\partial x^2}\cdot\frac{\partial^2 f}{\partial y^2}-\left(\frac{\partial^2 f}{\partial x\partial y}\right)^2=6x\times(-2)-0^2=-12x$$

由于 $D(2,3)=-12(2)=-24$ 是负的，所以二阶导数判别法的情况 3 表明函数 $f(x,y)$ 在 $(2,3)$ 处既没有相对极大值，又没有相对极小值。然而，$D(-2,3)=-12(-2)=24$ 是正的，函数 $f(x,y)$ 在 $(-2,3)$ 处有相对极大值或相对极小值。为了确定到底是极大值还是极小值，我们计算

$$\frac{\partial^2 f}{\partial x^2}(-2,3)=6(-2)=-12<0$$

根据二阶导数判别法的情况 2，函数 $f(x,y)$ 在 $(-2,3)$ 处有相对极大值。

■

本节的讨论仅限于二元函数，但是三元函数或更多元函数的可以类似地处理。例如，三元函数的一阶导数判别法如下。

如果 $f(x,y,z)$ 在 $(x,y,z)=(a,b,c)$ 处有相对极大值或极小值，这里一阶偏导数存在，则

$$\frac{\partial f}{\partial x}(a,b,c)=0,\quad \frac{\partial f}{\partial y}(a,b,c)=0,\quad \frac{\partial f}{\partial z}(a,b,c)=0$$

7.3 节自测题（答案见本节习题后）

1. 找出所有使得 $f(x,y)=x^3-3xy+\frac{1}{2}y^2+8$ 具有相对极大值或极小值的点 (x,y)。

2. 对例 3 中的函数 $g(x,y)$ 应用二阶导数判别法，证明当 $x=56$ 和 $y=60$ 时确实存在相对极小值。

习题 7.3

找到所有使得 $f(x,y)$ 可能具有相对极大值或极小值的点 (x,y)。

1. $f(x,y)=x^2-3y^2+4x+6y+8$

2. $f(x,y)=\frac{1}{2}x^2+y^2-3x+2y-5$

3. $f(x,y)=x^2-5xy+6y^2+3x-2y+4$

4. $f(x,y)=-3x^2+7xy-4y^2+x+y$

5. $f(x,y)=3x^2+8xy-3y^2-2x+4y-1$

6. $f(x,y)=4x^2+4xy-3y^2+4y-1$

7. $f(x,y)=x^3+y^2-3x+6y$

8. $f(x,y)=x^2-y^3+5x+12y+1$

9. $f(x,y)=-8y^3+4xy+9y^2-2y$

10. $f(x,y)=-8y^3+4xy+4x^2+9y^2$

11. $f(x,y)=2x^3+2x^2y-y^2+y$

12. $f(x,y)=\frac{15}{4}x^2+6xy-3y^2+3x+6y$

13. $f(x,y)=\frac{1}{3}x^3-2y^3-5x+6y-5$

14. $f(x,y)=x^4-8xy+2y^2-3$

15. $f(x,y)=x^3+x^2y-y$

16. $f(x,y)=x^4-2xy-7x^2+y^2+3$

17. 函数 $f(x,y)=2x+3y+9-x^2-xy-y^2$ 在点 (x,y) 处有极大值，求出该极大值处的 x 和 y。

18. 函数 $f(x,y)=\frac{1}{2}x^2+2xy+3y^2-x+2y$ 在 (x,y) 处有极小值，求出该极小值处的 x 和 y。

在习题 19～24 中，函数 $f(x,y)$ 在给定点处的一阶偏导数均为零。用二阶导数判别法确定 $f(x,y)$ 在每点的性质。若二阶导数判别法不能确定，请说明。

19. $f(x,y)=3x^2-6xy+y^3-9y$；$(3,3)$，$(-1,-1)$

20. $f(x,y)=6xy^2-2x^3-3y^4$；$(0,0)$，$(1,1)$，$(1,-1)$

21. $f(x,y)=2x^2-x^4-y^2$；$(-1,0)$，$(0,0)$，$(1,0)$

22. $f(x,y)=6xy^2-2x^3-3y^4$；$(0,0)$，$(1,1)$，$(1,-1)$

23. $f(x,y)=ye^x-3x-y+5$；$(0,3)$

24. $f(x,y)=\frac{1}{x}+\frac{1}{y}+xy$；$(1,1)$

找出 $f(x,y)$ 可能具有相对极大值或极小值的所有点 (x,y)。然后，如果可能，使用二阶导数判别法确定 $f(x,y)$ 在每个点的性质。若二阶导数判别法不能确定，请说明。

25. $f(x,y)=-5x^2+4xy-17y^2-6x+6y+2$

26. $f(x,y)=-2x^2+6xy-17y^2-4x+6y$

27. $f(x,y)=3x^2+8xy-3y^2+2x+6y$

28. $f(x,y)=8xy+8y^2-2x+2y-1$

29. $f(x,y)=x^4-x^2-2xy+y^2+1$

30. $f(x,y)=x^2+2xy+10y^2$

31. $f(x,y)=6xy-3y^2-2x+4y-1$

32. $f(x,y)=2xy+y^2+2x-1$

33. $f(x,y)=-2x^2+2xy-25y^2-2x+8y-1$

34. $f(x,y)=3x^2+8xy-3y^2-2x+4y+1$

35. $f(x,y)=x^4-12x^2-4xy-y^2+16$

36. $f(x,y)=\frac{17}{4}x^2+2xy+5y^2+5x-2y+2$

37. $f(x,y)=x^2-2xy+4y^2$

38. $f(x,y)=2x^2+3xy+5y^2$

39. $f(x,y)=-2x^2+2xy-y^2+4x-6y+5$

40. $f(x,y)=-x^2-8xy-y^2$

41. $f(x,y)=x^2+2xy+5y^2+2x+10y-3$

42. $f(x,y)=x^2-2xy+3y^2+4x-16y+22$

43. $f(x,y)=x^3-y^2-3x+4y$

44. $f(x,y)=x^3-2xy+4y$

45. $f(x,y)=2x^2+y^3-x-12y+7$

46. $f(x,y)=x^2+4xy+2y^4$

47. 求使得下式最小的 x，y，z 值：

$$f(x,y,z)=2x^2+3y^2+z^2-2x-y-z$$

48. 求使得下式最小的 x，y，z 值：

$$f(x,y,z)=5+8x-4y+x^2+y^2+z^2$$

49. **体积最大化**。美国邮政规定要求包裹的长度加周长不能超过 84 英寸。求可以邮寄的最大矩形包裹的尺寸［注：由图 5 可知 $84=$ 长度 $+$ 周长 $=l+(2x+2y)$］。

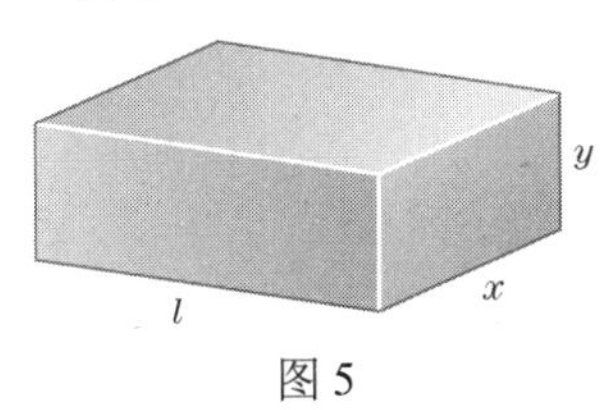

图 5

50. **表面积最小化**。求体积为 1000 立方英寸且表面积最小的矩形盒子的尺寸。

51. **利润最大化**。一家公司生产和销售两种产品 I 和 II，每件分别卖 10 美元和 9 美元。生产 x 件产品 I 和 y 件产品 II 的成本是

$$C(x,y)=400+2x+3y+0.01(3x^2+xy+3y^2)$$

求使公司利润最大化的 x 和 y 值［注：利润 $=$ 收入−成本］。

52. **利润最大化**。垄断者制造并销售两种相互竞争的产品 I 和 II，单件产品的生产成本分别为 30 美元和 20 美元。x 件产品 I 和 y 件产品 II 的销售收入为

$$98x+112y-0.04xy-0.1x^2-0.2y^2$$

求使垄断者利润最大化的 x 和 y 值。

53. **两种产品的利润**。一家公司生产和销售两种产品 I 和 II，每件产品分别卖 p_{I} 美元和 p_{II} 美元。设 $C(x,y)$ 是生产 x 件产品 I 和 y 件产品 II 的成本。证明当 $x=a$，$y=b$ 时，若公司的利润最大化，则有

$$\frac{\partial C}{\partial x}(a,b)=p_{\mathrm{I}} \quad 和 \quad \frac{\partial C}{\partial y}(a,b)=p_{\mathrm{II}}$$

54. **两种产品的收益**。一家公司生产并销售两种相互竞争的产品 I 和 II，单件产品的生产成本分别为 p_{I} 美元和 p_{II} 美元。设 $R(x,y)$ 是生产 x 件产品 I 和 y 件产品 II 的销售收入。证明当 $x=a$，$y=b$ 时，若公司利润最大化，则有

$$\frac{\partial R}{\partial x}(a,b)=p_{\mathrm{I}} 且 \frac{\partial R}{\partial y}(a,b)=p_{\mathrm{II}}$$

7.3 节自测题答案

1. 计算 $f(x,y)$ 的一阶偏导数，并求解令偏导数为零而得到的方程组：

$$\frac{\partial f}{\partial x}=3x^2-3y=0$$

$$\frac{\partial f}{\partial y}=-3x+y=0$$

用 x 表示每个方程中的 y，有

$$\begin{cases} y=x^2 \\ y=3x \end{cases}$$

将表达式代入 y，求解 x 有

$$x^2=3x$$

$$x^2-3x=0$$

$$x(x-3)=0$$

$$x=0 或 x=3$$

当 $x=0$ 时 $y=0^2=0$，当 $x=3$ 时 $y=3^2=9$。因此，相对极大值或极小值点是 $(0,0)$ 和 $(3,9)$。

2. 我们有

$$g(x,y)=11xy+\frac{14V}{x}+\frac{15V}{y}$$

$$\frac{\partial g}{\partial x}=11y-\frac{14V}{x^2}，\quad \frac{\partial g}{\partial y}=11x-\frac{15V}{y^2}$$

现在，

$$\frac{\partial^2 g}{\partial x^2}=\frac{28V}{x^3}，\quad \frac{\partial^2 g}{\partial y^2}=\frac{30V}{y^3}，\quad \frac{\partial^2 g}{\partial x\partial y}=11$$

因此，有

$$D(x,y)=\frac{28V}{x^3}\cdot\frac{30V}{y^3}-11^2$$

$$D(56,60)=\frac{28\times147840}{56^3}\cdot\frac{30\times147840}{60^3}-121$$

$$=484-121=363>0$$

和

$$\frac{\partial^2 g}{\partial x^2}(56,60)=\frac{28\times147840}{56^3}>0$$

由此可见，$g(x,y)$ 在 $x=56$，$y=60$ 处有相对极小值。

7.4 拉格朗日乘数法和约束优化

前面介绍许多优化问题时，我们需要求最小化（或最大化）的目标函数，其中变量服从约束方程。例如，在 2.5 节的例 4 中，我们通过最小化目标函数 $42x+28y$ 来最小化矩形外壳的成本，其中 x

和 y 服从约束方程 $600-xy=0$。在前一节的例 3 中，我们通过最小化目标函数 $11xy+14yz+15xz$ 来最小化建筑的日热量损失，约束方程为 $147840-xyz=0$。

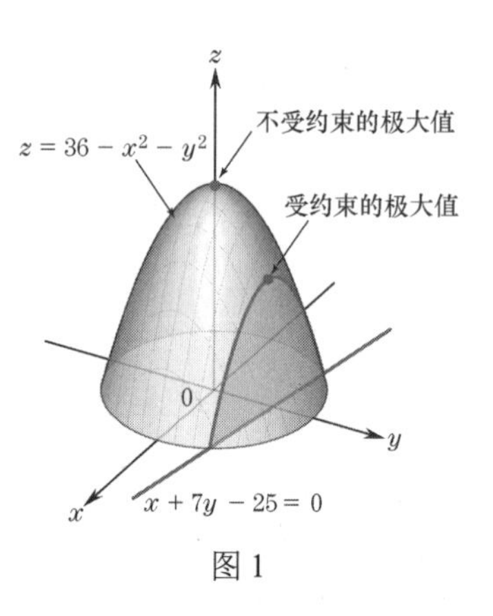

图 1

图 1 图形化地说明了当目标函数在约束条件下最大化时会发生什么。目标函数的图形为锥形曲面 $z=36-x^2-y^2$，曲面上的曲线由 x 坐标和 y 坐标满足约束方程 $x+7y-25=0$ 的点组成。约束极大值位于这条曲线的最高点。当然，曲面本身在点 $(x,y,z)=(0,0,36)$ 处具有更高的"不受约束的极大值"，但这些 x 和 y 的值不满足约束方程。

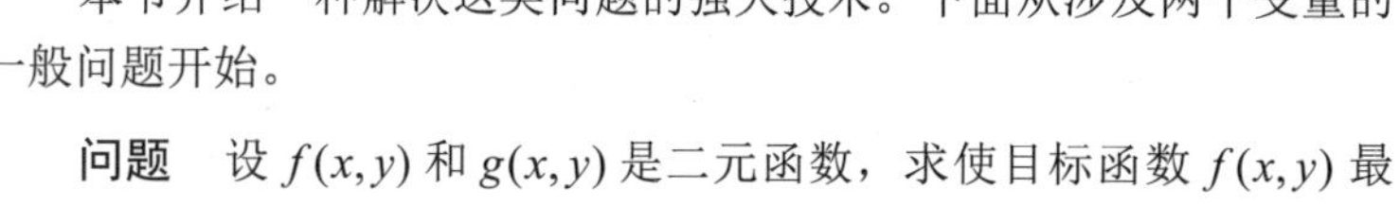

本节介绍一种解决这类问题的强大技术。下面从涉及两个变量的一般问题开始。

问题　设 $f(x,y)$ 和 $g(x,y)$ 是二元函数，求使目标函数 $f(x,y)$ 最大化（或最小化）且满足约束方程 $g(x,y)=0$ 的 x 和 y 值。

当然，如果可用另一个变量来表示方程 $g(x,y)=0$，并将得到的表达式代入 $f(x,y)$，就能得到一个一元函数，此后就可用第 2 章的方法使其最大化（或最小化）。然而，由于下面两个原因，这种技术可能不能令人满意。首先，对于 x 和 y，求解方程 $g(x,y)=0$ 是困难的。例如，若 $g(x,y)=x^4+5x^3y+7x^2y^3+y^5-17=0$，则很难将 y 写成 x 的函数，或者将 x 写成 y 的函数。其次，即使 $g(x,y)=0$ 的一个变量可用另一个变量来求解，替换的结果是 $f(x,y)$ 可能会产生复杂的函数。

18 世纪，数学家拉格朗日发现了求解上述问题的一个聪明想法，即以其名字命名的拉格朗日乘数法。该方法的基本思想是，将 $f(x,y)$ 替换为三个变量的辅助函数 $F(x,y,\lambda)$，即

$$F(x,y,\lambda)=f(x,y)+\lambda g(x,y)$$

新变量 λ 称为**拉格朗日乘子**，它总与约束函数 $g(x,y)$ 相乘。下面不加证明地陈述该定理。

定理　假设在约束 $g(x,y)=0$ 下，函数 $f(x,y)$ 在 $(x,y)=(a,b)$ 处有一个相对极大值或极小值。那么有一个值 λ，如 $\lambda=c$，使得 $F(x,y,\lambda)$ 在点 $(x,y,\lambda)=(a,b,c)$ 处的偏导数均为零。

该定理表明，如果我们能够找到 $F(x,y,\lambda)$ 的偏导数都为零的所有点 (x,y,λ)，那么在相应的点 (x,y) 中，我们将能找到 $f(x,y)$ 可能具有受约束的相对极大值或极小值的所有可能位置。因此，拉格朗日乘数法的第一步是将 $F(x,y,\lambda)$ 的偏导数设为零，以求解 x，y 和 λ：

$$\frac{\partial F}{\partial x}=0 \tag{L.1}$$

$$\frac{\partial F}{\partial y}=0 \tag{L.2}$$

$$\frac{\partial F}{\partial \lambda}=0 \tag{L.3}$$

由 $F(x,y,\lambda)$ 的定义有 $\frac{\partial F}{\partial \lambda}=g(x,y)$。因此，式(L.3)就是原始约束方程 $g(x,y)=0$。因此，当我们找到一个点 (x,y,λ) 满足式(L.1)、式(L.2)和式(L.3)时，坐标 x 和 y 将自动满足约束方程。

第一个例子对图 1 中描述的问题应用这种方法。

例 1　**拉格朗日乘数法**。在约束 $x+7y-25=0$ 下最大化 $36-x^2-y^2$。

解： $f(x,y)=36-x^2-y^2$，$g(x,y)=x+7y-25$，且

$$F(x,y,\lambda)=36-x^2-y^2+\lambda(x+7y-25)$$

由式(L.1)到式(L.3)得

$$\frac{\partial F}{\partial x}=-2x+\lambda=0 \tag{1}$$

$$\frac{\partial F}{\partial y}=-2y+7\lambda=0 \tag{2}$$

$$\frac{\partial F}{\partial \lambda}=x+7y-25=0 \tag{3}$$

求解前两个方程中的 λ 得

$$\lambda = 2x$$
$$\lambda = \tfrac{2}{7}y \tag{4}$$

令 λ 的这两个表达式相等，有

$$2x = \tfrac{2}{7}y$$
$$x = \tfrac{1}{7}y \tag{5}$$

将这个表达式代入式(3)中的 x，有

$$\tfrac{1}{7}y + 7y - 25 = 0, \quad \tfrac{50}{7}y = 25, \quad y = \tfrac{7}{2}$$

将 y 值代入式(4)和式(5)，得到 x 和 λ 的值：

$$x = \tfrac{1}{7}y = \tfrac{1}{7}\times\tfrac{7}{2} = \tfrac{1}{2}, \qquad \lambda = \tfrac{2}{7}y = \tfrac{2}{7}\times\tfrac{7}{2} = 1$$

因此，当 $x = \frac{1}{2}, y = \frac{7}{2}, \lambda = 1$ 时，$F(x,y,\lambda)$ 的偏导数为零。因此，当 $x = \frac{1}{2}, y = \frac{7}{2}$ 时，在约束 $x + 7y - 25 = 0$ 下，$36 - x^2 - y^2$ 有极大值，极大值为

$$36 - \left(\tfrac{1}{2}\right)^2 - \left(\tfrac{7}{2}\right)^2 = \tfrac{47}{2}$$

■

上述求解三个变量 x, y 和 λ 的三个方程的技巧，通常可用于求解拉格朗日乘数法问题。以下是基本步骤。

使用拉格朗日乘数法

1. 根据 x 和 y 求解式(L.1)和式(L.2)，然后令结果表达式相等。
2. 求其中一个变量的方程。
3. 将步骤 2 的结果代入式(L.3)，求解所得的一元方程。
4. 使用一个已知变量和步骤 1 与步骤 2 的方程来求其他两个变量。

在大多数应用中，我们是知道存在一个绝对（受约束）极大值或极小值的。如果拉格朗日乘数法恰好产生一个可能的相对极值，那么我们将假设它确实是所要寻找的绝对极值。例如，例 1 中的语句意味着存在一个绝对极大值。由于我们确定只有一个可能的相对极值，所以我们得出它是绝对极大值的结论。

例 2　拉格朗日乘数法。使用拉格朗日乘子，最小化 $42x + 28y$，它受 $600 - xy = 0$ 约束，其中 x 和 y 被限制为正值（该问题出现在 2.5 节的例 4 中，其中 $42x + 28y$ 是建造一个尺寸为 x 和 y 的 600 平方英尺围栏的成本）。

解：$f(x,y) = 42x + 28y$，$g(x,y) = 600 - xy$，且

$$F(x,y,\lambda) = 42x + 28y + \lambda(600 - xy)$$

本例中的式(L.1)到式(L.3)为

$$\frac{\partial F}{\partial x} = 42 - \lambda y = 0$$
$$\frac{\partial F}{\partial y} = 28 - \lambda x = 0$$
$$\frac{\partial F}{\partial \lambda} = 600 - xy = 0$$

由前两个方程得

$$\lambda = \frac{42}{y} = \frac{28}{x}, \quad 42x = 28y, \quad x = \tfrac{2}{3}y$$

将最后一个表达式代入第三个方程中的 x 得

$$600 - \left(\tfrac{2}{3}y\right)y = 0, \quad y^2 = \tfrac{3}{2}\times 600 = 900, \quad y = \pm 30$$

放弃 $y = -30$ 的情况，因为我们只对 x 和 y 的正值感兴趣。当 $y = 30$ 时，得到

$$x = \frac{2}{3}(30) = 20 ,\quad \lambda = \frac{28}{20} = \frac{7}{5}$$

因此，当 $x = 20$, $y = 30$, $\lambda = \frac{7}{5}$ 时，x 和 y 受约束时 $42x + 28y$ 的极小值为

$$42 \times 20 + 28 \times 30 = 1680$$

■

例 3　最大化生产。假设 x 单位劳动力和 y 单位资本可以生产 $f(x, y) = 60x^{3/4}y^{1/4}$ 件某产品。同样，假设单位劳动力成本为 100 美元，而单位资本成本为 200 美元。假设有 30000 美元可用于生产。应该利用多少单位劳动力和多少单位资本来实现生产最大化？

解：x 单位劳动力和 y 单位资本的成本等于 $100x + 200y$ 。因此，既然我们想用完所有费用（30000 美元），就必须满足约束方程

$$100x + 200y = 30000$$

或

$$g(x, y) = 30000 - 100x - 200y = 0$$

目标函数是 $f(x, y) = 60x^{3/4}y^{1/4}$ 。在这种情况下，有

$$F(x, y, \lambda) = 60x^{3/4}y^{1/4} + \lambda(30000 - 100x - 200y)$$

式(L.1)到式(L.3)写为

$$\frac{\partial F}{\partial x} = 45x^{-1/4}y^{1/4} - 100\lambda = 0$$

$$\frac{\partial F}{\partial y} = 15x^{3/4}y^{-3/4} - 200\lambda = 0$$

$$\frac{\partial F}{\partial \lambda} = 30000 - 100x - 200y = 0 \tag{6}$$

根据前两个方程求 λ 得

$$\lambda = \frac{45}{100}x^{-1/4}y^{1/4} = \frac{9}{20}x^{-1/4}y^{1/4}$$

$$\lambda = \frac{15}{200}x^{3/4}y^{-3/4} = \frac{3}{40}x^{3/4}y^{-3/4}$$

因此，必定有

$$\frac{9}{20}x^{-1/4}y^{1/4} = \frac{3}{40}x^{3/4}y^{-3/4}$$

要用 x 表示 y，方程两边可以同时乘以 $x^{1/4}y^{3/4}$ ：

$$\frac{9}{20}y = \frac{3}{40}x \quad \text{或} \quad y = \frac{1}{6}x$$

将结果代入式(6)得

$$100x + 200\left(\frac{1}{6}x\right) = 30000 ,\quad \frac{400}{3}x = 30000 ,\quad x = 225$$

于是有

$$y = \frac{225}{6} = 37.5$$

因此，最大产量是使用 225 单位劳动力和 37.5 单位资本实现的。注意，这里未求 λ 的值，因为没有必要。

■

在例 3 中，在 x 和 y 的最优值处有

$$\lambda = \frac{9}{20}x^{-1/4}y^{1/4} = \frac{9}{20} \times 225^{-1/4} \times 37.5^{1/4} \approx 0.2875$$

$$\frac{\partial f}{\partial x} = 45x^{-1/4}y^{1/4} = 45 \times 225^{-1/4} \times 37.5^{1/4} \tag{7}$$

$$\frac{\partial f}{\partial y} = 15x^{3/4}y^{-3/4} = 15 \times 225^{3/4} \times 37.5^{-3/4} \tag{8}$$

可以证明拉格朗日乘数 λ 可以解释为货币的边际生产率。也就是说，如果资本多出 1 美元，那么大约可以多生产 0.2875 件产品。

回顾可知，偏导数 $\frac{\partial f}{\partial x}$ 和 $\frac{\partial f}{\partial y}$ 分别称为**劳动力边际生产率**和**资本边际生产率**。由式(7)和式(8)得

$$\frac{\text{劳动力边际生产率}}{\text{资本边际生产率}}=\frac{45(225)^{-1/4}(37.5)^{1/4}}{15(225)^{3/4}(37.5)^{-3/4}}=\frac{45}{15}\times 225^{-1}\times 37.5^{1}=\frac{3\times 37.5}{225}=\frac{37.5}{75}=\frac{1}{2}$$

另一方面，

$$\frac{\text{单位劳动力成本}}{\text{单位资本成本}}=\frac{100}{200}=\frac{1}{2}$$

这一结果说明了以下经济规律：如果劳动力和资本处于最优水平，那么它们的边际生产率之比就等于它们的单位成本之比。

三变量拉格朗日乘数法

拉格朗日乘数法可以推广到任意个变量的函数。例如，我们可以通过考虑拉格朗日函数

$$F(x,y,z,\lambda)=f(x,y,z)+\lambda g(x,y,z)$$

在服从约束方程 $g(x,y,z)=0$ 时，使函数 $f(x,y,z)$ 最大化。式(L.1)到式(L.3)类似于

$$\tfrac{\partial F}{\partial x}=0\,,\quad \tfrac{\partial F}{\partial y}=0\,,\quad \tfrac{\partial F}{\partial z}=0\,,\quad \tfrac{\partial F}{\partial \lambda}=0$$

下面演示如何使用这种方法来求解 7.3 节的热损失问题。

例 4　三变量拉格朗日乘数法。使用拉格朗日乘子求使目标函数

$$f(x,y,z)=11xy+14yz+15xz$$

最小化的 x, y 和 z 值，约束方程为 $xyz=147840$ 。

解：拉格朗日函数为

$$F(x,y,z,\lambda)=11xy+14yz+15xz+\lambda(147840-xyz)$$

相对极小值的条件是

$$\begin{aligned}\tfrac{\partial F}{\partial x}&=11y+15z-\lambda yz=0\\ \tfrac{\partial F}{\partial y}&=11x+14z-\lambda xz=0\\ \tfrac{\partial F}{\partial z}&=14y+15x-\lambda xy=0\\ \tfrac{\partial F}{\partial \lambda}&=147840-xyz=0\end{aligned}\tag{9}$$

由前三个方程得

$$\left.\begin{aligned}\lambda&=\tfrac{11y+15z}{yz}=\tfrac{11}{z}+\tfrac{15}{y}\\ \lambda&=\tfrac{11x+14z}{xz}=\tfrac{11}{z}+\tfrac{14}{x}\\ \lambda&=\tfrac{14y+15x}{xy}=\tfrac{14}{x}+\tfrac{15}{y}\end{aligned}\right\}\tag{10}$$

令 λ 的前两个表达式相等，有

$$\tfrac{11}{z}+\tfrac{15}{y}=\tfrac{11}{z}+\tfrac{14}{x}\,,\quad \tfrac{15}{y}=\tfrac{14}{x}\,,\quad x=\tfrac{14}{15}y$$

接着令式(10)中 λ 的第二个表达式和第三个表达式相等，有

$$\tfrac{11}{z}+\tfrac{14}{x}=\tfrac{14}{x}+\tfrac{15}{y}\,,\quad \tfrac{11}{z}=\tfrac{15}{y}\,,\quad z=\tfrac{11}{15}y$$

根据式(9)有

$$xyz=147840\,,\quad \tfrac{14}{15}y\cdot y\cdot\tfrac{11}{15}y=147840\,,\quad y^3=\tfrac{147840\times 15^2}{14\times 11}=216000\,,\quad y=60$$

由此，有

$$x=\tfrac{14}{15}\times 60=56 \quad \text{和} \quad z=\tfrac{11}{15}\times 60=44$$

因此，当 $x=56, y=60, z=44$ 时，热损失最小。

■

由例 4 的解可知，在 x, y 和 z 的最优值处，有

$$\frac{14}{x}=\frac{15}{y}=\frac{11}{z}$$

参考 7.1 节的例 2，我们发现 14 是通过建筑东西两侧的热量损失，15 是通过建筑南北两侧的热量损失，11 是通过地板和屋顶的热量损失。因此，在最优条件下，

$$\frac{\text{通过建筑东西两侧的热量损失}}{\text{建筑东西两侧的距离}}=\frac{\text{通过建筑南北两侧的热量损失}}{\text{建筑南北两侧的距离}}=\frac{\text{通过地板和屋顶的热量损失}}{\text{地板和屋顶之间的距离}}$$

因此一个优化设计原则是，当两个相对侧面之间的距离是这两个侧面的热损失的固定常数倍数时，热损失最小。

例 4 中 x, y 和 z 最优值对应的 λ 值为

$$\lambda=\frac{11}{z}+\frac{15}{y}=\frac{11}{44}+\frac{15}{60}=\frac{1}{2}$$

可以证明拉格朗日乘子 λ 是相对于体积的边际热损失。也就是说，若一个体积略大于 147840 立方英尺的建筑被优化设计，那么每增加 1 立方英尺的体积，将损失 $\frac{1}{2}$ 单位的额外热量。

7.4 节自测题（答案见本节习题后）

1. 设 $F(x,y,\lambda)=2x+3y+\lambda(90-6x^{1/3}y^{2/3})$，求 $\frac{\partial F}{\partial x}$。

2. 参见 7.3 节的习题 49。当用拉格朗日乘数法求解时，函数 $F(x,y,l,\lambda)$ 是什么？

习题 7.4

使用拉格朗日乘数法求解以下习题。

1. 在约束 $8-x-y=0$ 下最小化 x^2+3y^2+10。

2. 在约束 $2x+y-3=0$ 下最大化 x^2-y^2。

3. 在约束 $2-x-2y=0$ 下最大化 $x^2+xy-3y^2$。

4. 在约束 $3x-y-1=0$ 下最大化 $\frac{1}{2}x^2-3xy+y^2+\frac{1}{2}$。

5. 在约束 $x+y-\frac{5}{2}=0$ 下求 x 和 y 的值，使 $-2x^2-2xy-\frac{3}{2}y^2+x+2y$ 最大。

6. 在约束 $1-x+y=0$ 下求 x 和 y 的值，使 $x^2+xy+y^2-2x-5y$ 最小。

7. 在约束 $x-2y=0$ 下求出 x 和 y 的值，使 $xy+y^2-x-1$ 最小。

8. 在约束 $2x-y+5=0$ 下求 x 和 y 的值，使 x^2-2y^2 最小。

9. 在约束 $x+y=0$ 下求 x 和 y 的值，使 $2x^2+xy+y^2-y$ 最小。

10. 在约束 $x-y=3$ 下求 x 和 y 的值，使 $2x^2-2xy+y^2-2x+1$ 最小。

11. 在约束 $3x+2y-1=0$ 下求 x 和 y 的值，使 $18x^2+12xy+4y^2+6x-4y+5$ 最小。

12. 在约束 $x-3y=1$ 下求 x 和 y 的值，使 $3x^2-2xy+y^2-2x+1$ 最小。

13. 在约束 $x-y+1=0$ 下求 x 和 y 的值，使 $f(x,y)=x-xy+2y^2$ 最小。

14. 在约束 $x^2-y=3$ 下求 x 和 y 的值，使 xy 最大。

15. 在约束 $x+y+z=1$ 下求 x, y 和 z 的值，使 $xy+xz-yz$ 最小。

16. 在约束 $x+y+z=2$ 下求 x, y 和 z 的值，使 $xy+xz-2yz$ 最小。

17. **乘积最大化**。求积为 25、和最小的两个正数。

18. **面积最大化**。在一个长方形花园中围篱笆可得到 480 美元。花园南北两侧的围栏费用为 10 美元/英尺，东西两侧的围栏费用为 15 美元/英尺。求花园的最大尺寸。

19. **体积最大化**。用 300 平方英寸的材料制作一个带有方形底座的开口矩形盒子。求使盒子体积最大的尺寸。

20. **化公司空间最小化**。某公司所需的空间为 $f(x,y)=1000\sqrt{6x^2+y^2}$，其中 x 和 y 分别是所用的单位劳动力和单位资本量。假设单位劳动力成本为 480 美元，单位资本成本为 40 美元，公司有 5000 美元可供支出。求需投入的劳动力和资本量，以最大限度地减小所需空间。

21. **面积最大的内接矩形**。求单位圆内可内接的面积最大的矩形尺寸［见图 2(a)］。

22. **点到抛物线的距离**。如图 2(b)所示，求抛物线 $y=x^2$ 上到点 $(16,\frac{1}{2})$ 的距离最小的点［建议：设 d 为 (x,y) 到 $(16,\frac{1}{2})$ 的距离，则 $d^2=(x-16)^2+(y-\frac{1}{2})^2$。若 d^2 被最小化，则 d 将被最小化］。

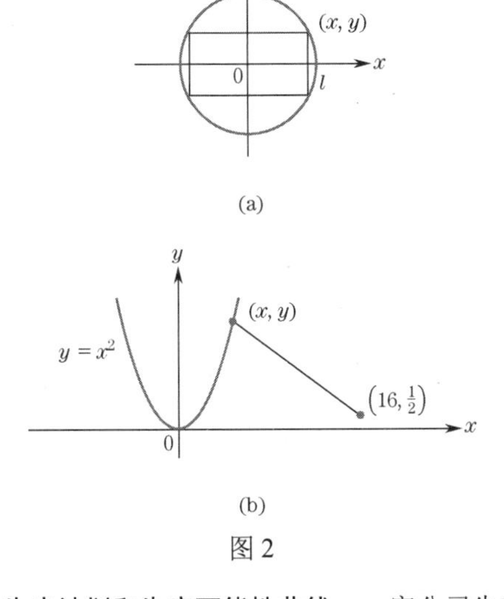

图 2

23. 生产计划和生产可能性曲线。一家公司生产两种产品 A 和 B，它们所用的原材料相同。给定固定数量的原材料和固定数量的劳动力，企业必须决定将多少资源分配给生产 A，将多少资源分配给生产 B。如果生产 x 件 A 和 y 件 B，假设 x 和 y 满足

$$9x^2+4y^2=18000$$

那么该方程的图形（其中 $x\geqslant 0$, $y\geqslant 0$ ）称为**生产可能性曲线**（见图 3）。这条曲线上的点 (x,y) 表示企业的生产计划，即承诺生产 x 件 A 和 y 件 B。x 和 y 之间的关系涉及企业可用的人员和原材料的限制。假设每件 A 的利润是 3 美元，而每件 B 的利润是 4 美元，那么公司的利润是

$$P(x,y)=3x+4y$$

找出使利润函数 $P(x,y)$ 最大的生产计划。

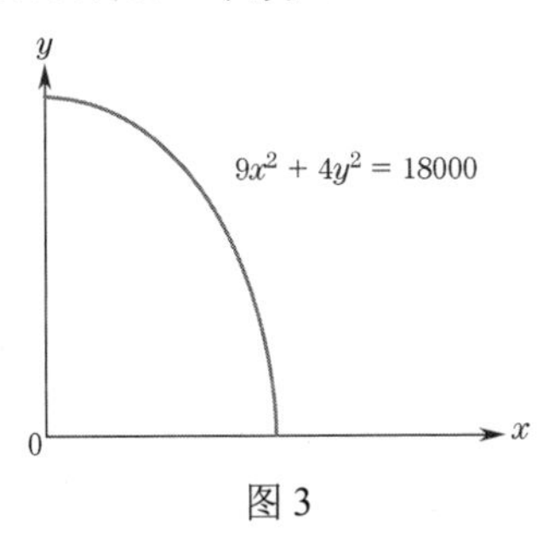

图 3

24. 利润最大化。一家公司生产 x 件产品 A 和 y 件产品 B，其生产可能性曲线由方程 $4x^2+25y^2=50000$ 给出，其中 $x\geqslant 0$, $y\geqslant 0$（见习题 23）。假设产品 A 的利润是 2 美元/件，产品 B 的利润是 10 美元/件。求使总利润最大化的生产计划。

25. 最佳劳动力数量。企业的生产函数为 $f(x,y)=64x^{3/4}y^{1/4}$ ，其中 x 和 y 是投入的单位劳动力和单位资本数。假设单位劳动力成本为 96 美元，单位资本成本为 162 美元，且公司决定生产 3456 件商品。

(a) 确定应投入的劳动力和资本数量，以尽量降低成本，即在约束 $3456-64x^{3/4}y^{1/4}=0$ 下求使 $96x+162y$ 最小的 x 和 y 值。

(b) 求出最佳生产水平下的 λ 值。

(c) 证明，在最佳生产水平下，有

$$\frac{\text{劳动力边际生产率}}{\text{资本边际生产率}}=\frac{\text{劳动力单价}}{\text{资本单价}}$$

26. 利润最大化。考虑 7.3 节例 2 中的公司，该公司在两个国家销售产品。假设该公司必须在每个国家设定相同的价格，即 $97-(x/10)=83-(y/20)$ 。求出在该新限制下使利润最大化的 x 和 y 值。

27. 乘积最大化。在约束 $36-x-6y-3z=0$ 下，求 x , y 和 z 的值使 xyz 最大化。

28. 在约束 $9-xyz=0$ 下，求使 $xy+3xz+3yz$ 最大化的 x , y 和 z 的值。

29. 在约束 $6-x-y-z=0$ 下，求使 $3x+5y+z-x^2-y^2-z^2$ 最大化的 x , y 和 z 值。

30. 在约束 $20-2x-y-z=0$ 下，求使 $x^2+y^2+z^2-3x-5y-z$ 最小化的 x , y 和 z 值。

31. 成本最小化。一个封闭矩形盒子的材料成本是顶部 2 美元/平方英尺，侧面和底部为 1 美元/平方英尺。使用拉格朗日乘数法，求盒子体积为 12 立方英尺且材料成本最小化的尺寸［见图 4(a)］。成本为 $3xy+2xz+2yz$ 。

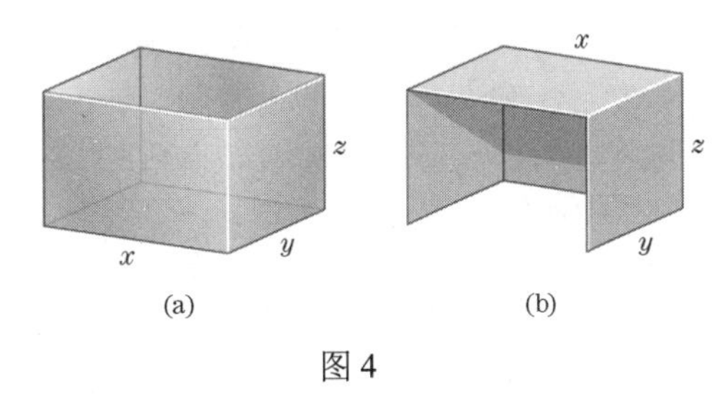

图 4

32. 使用拉格朗日乘数法求出三个正数，它们的和是 15 且乘积最大。

33. 表面积最小化。求出体积为 32 立方英尺的开放式矩形玻璃罐的尺寸，使建造该罐所需的材料量最小化［见图 4(a)］。

34. 体积最大化。 在海滩上使用的避难所有一个背面、两个侧面和一个由帆布制成的顶部，如图 4(b)所示。求出使用 96 平方英尺帆布时使体积最大化的尺寸。

35. 生产函数。 设 $f(x,y)$ 为任意生产函数，其中 x 表示劳动力（单位成本为 a 美元），y 表示资本（单位成本为 b 美元）。假设有 c 美元可用，证明当 x 和 y 的值使产量最大化时，有

$$\frac{\frac{\partial f}{\partial x}}{\frac{\partial f}{\partial y}}=\frac{a}{b}$$

提示：令 $F(x,y,\lambda)=f(x,y)+\lambda(c-ax-by)$。由式(L.1)和式(L.2)得到结果。

36. 生产函数。 通过将习题 25 中的结果应用到生产函数 $f(x,y)=kx^{\alpha}y^{\beta}$，证明对于使产量最大化的 x 和 y 值，有

$$\frac{y}{x}=\frac{a\beta}{b\alpha}$$

这告诉我们，资本与劳动力的比率既不取决于可用的货币量，又不取决于生产水平，而只取决于数值 a，b，α 和 β。

7.4 节自测题答案

1. 函数可以写成

$$F(x,y,\lambda)=2x+3y+\lambda\cdot 90-\lambda\cdot 6x^{1/3}y^{2/3}$$

对 x 求导时，将 y 和 λ 都视为常数（因此 $\lambda\cdot 90$ 和 $\lambda\cdot 6$ 也视为常数）：

$$\begin{aligned}\frac{\partial F}{\partial x}&=2-\lambda\cdot 6\cdot\tfrac{1}{3}x^{-2/3}\cdot y^{2/3}\\&=2-2\lambda x^{-2/3}y^{2/3}\end{aligned}$$

注意，不需要像这里那样写出乘以 λ。大多数人只是在心里做该乘法，然后进行微分。

2. 最大化体积 xyl。限制是长度加周长等于 84。这可转换为 $84=l+2x+2y$ 或 $84-l-2x-2y=0$。因此，$F(x,y,l,\lambda)=xyl+\lambda(84-l-2x-2y)$。

7.5 最小二乘法

今天，人们可以编制成千上万种不同数量的图形：美元的购买价值与时间的函数关系，固定体积空气压力与温度的函数关系，人们的平均收入与他们受正规教育年限的函数关系，中风发病率与血压的函数关系。由于背后现象的复杂性及观测中的误差，这些图形上的观测点往往分布不规则（如测量平均收入的给定程序可能不包括某些群体）。

尽管数据本身并不完美，但我们经常面临基于这些数据进行评估和预测的问题。粗略地说，这个问题相当于过滤数据中的错误来源，隔离基本的潜在趋势。通常，基于怀疑或工作假设，我们可能会怀疑潜在的趋势是线性的；也就是说，数据应该在一条直线上。但是，数字位于哪条直线上呢？这就是最小二乘法试图解决的问题。让我们考虑以下问题。

数据拟合直线问题

给定图形上观测到的数据点 (x_1,y_1)，(x_2,y_2)，$\cdots$，(x_N,y_N)，找到最好地拟合这些点的直线。

要完全理解所考虑问题的表述，就必须定义拟合一组点的“最佳”直线意味着什么。若(x_i, y_i)是观测到的点之一，则我们通过该点到直线的垂直距离来测量它到给定直线 $y=Ax+B$ 的距离。因为直线上 x 坐标为 x_i 的点是 (x_i,Ax_i+B)，所以这个垂直距离就是 y 坐标 Ax_i+B 和 y_i 间的距离（见图 1）。设 $E_i=(Ax_i+B)-y_i$，则 E_i 或 $-E_i$ 是点 (x_i,y_i) 到直线的垂直距离。为了避免二义性，我们使用垂直距离的平方，即

$$E_i^2=(Ax_i+B-y_i)^2$$

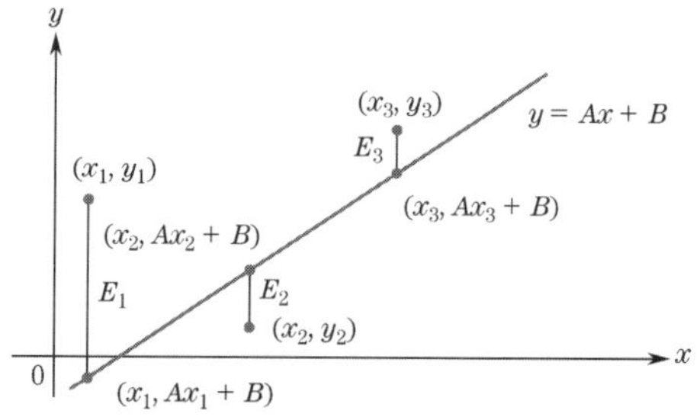

图 1

逼近数据点 (x_1,y_1)，(x_2,y_2)，$\cdots$，(x_N,y_N) 时的总误差，常用点到直线 $y=Ax+B$ 的垂直距离的平方和 E 表示，即

$$E=E_1^2+E_2^2+\cdots+E_N^2$$

E 为观测点相对于直线的最小二乘误差。若所有观测点都在直线 $y=Ax+B$ 上，则所有 E_i 为零，误差 E 为零。若给定的观测点远离直线，则对应的 E_i^2 较大，因此对误差 E 的贡献较大。

一般来说，我们不能指望找到一条能很好地拟合观测点且误差 E 为零的直线 $y=Ax+B$ 。实际上，这种情形只发生在观测点位于一条直线上。但是，我们可将原来的问题重新表述如下。

问题 给定观测数据点 (x_1,y_1) , (x_2,y_2) , $\cdots$, (x_N,y_N) ，找到一条误差 E 尽可能小的直线 $y=Ax+B$ 。这条直线称为**最小二乘直线**或**回归线**。

结果表明，该问题是 A 和 B 两个变量的最小化问题，可用 7.3 节的方法求解。下面考虑一个例子。

例 1 最小二乘误差。找出使点 $(1,4)$, $(2,5)$, $(3,8)$ 的最小二乘误差最小的直线。

解：设直线为 $y=Ax+B$ ，当 $x=1,2,3$ 时，直线对应点的 y 坐标分别为 $A+B$, $2A+B$, $3A+B$ 。因此，点 $(1,4)$, $(2,5)$, $(3,8)$ 到直线的垂直距离的平方分别为

$$E_1^2=(A+B-4)^2$$
$$E_2^2=(2A+B-5)^2$$
$$E_3^2=(3A+B-8)^2$$

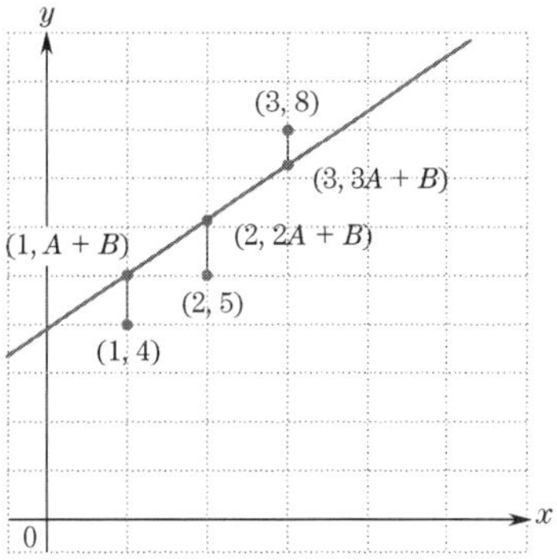

如图 2 所示。因此，最小二乘误差为

$$E=E_1^2+E_2^2+E_3^2=(A+B-4)^2+(2A+B-5)^2+(3A+B-8)^2$$

图 2

该误差显然取决于 A 和 B 的选择，令 $f(A,B)$ 表示这个最小二乘误差。我们希望求 A 和 B 的值，使 $f(A,B)$ 最小化。为此，对 A 和 B 求偏导，并令偏导数为零：

$$\frac{\partial f}{\partial A}=2(A+B-4)+2(2A+B-5)\cdot 2+2(3A+B-8)\cdot 3$$
$$=28A+12B-76=0$$
$$\frac{\partial f}{\partial B}=2(A+B-4)+2(2A+B-5)+2(3A+B-8)$$
$$=12A+6B-34=0$$

为了求出 A 和 B ，需要解联立线性方程组：

$$28A+12B=76$$
$$12A+6B=34$$

第二个方程乘以 2，再从第一个方程中减去，得到 $4A=8$ 或 $A=2$ 。因此，$B=\frac{5}{3}$ ，使最小二乘误差最小的直线为 $y=2x+\frac{5}{3}$ 。

■

对于一般的数据点集，例 1 中所用的最小化过程可推广到任何数据点集 (x_1,y_1) , (x_2,y_2) , $\cdots$, (x_N,y_N) ，得到 A 和 B 的代数公式：

$$A=\frac{N\cdot\Sigma xy-\Sigma x\cdot\Sigma y}{N\cdot\Sigma x^2-(\Sigma x)^2},\qquad B=\frac{\Sigma y-A\cdot\Sigma x}{N}$$

式中，Σx 为数据点的 x 坐标之和，Σy 为数据点的 y 坐标之和，Σxy 为数据点的坐标乘积之和，Σx^2 为数据点的 x 坐标的平方和，N 为数据点数，即

$$\Sigma x=x_1+x_2+\cdots+x_N$$
$$\Sigma y=y_1+y_2+\cdots+y_N$$
$$\Sigma xy=x_1\cdot y_1+x_2\cdot y_2+\cdots+x_N\cdot y_N$$
$$\Sigma x^2=x_1^2+x_2^2+\cdots+x_N^2$$

例 2 美国车祸相关死亡人数。下表给出了美国某些年份与车祸相关的死亡人数。

年　份	死亡人数（千人）
1990	46.8
2000	43.4
2005	45.3
2007	43.9
2008	39.7
2009	35.9

(a) 利用上述公式得到最佳拟合这些数据的直线。

(b) 使用(a)问中得到的直线，估计 2012 年与车祸有关的死亡人数（有趣的是，虽然司机的数量明显随着时间的推移而增加，但与车祸相关的死亡人数实际上在减少，这可能是因为汽车制造技术的改进和增强的安全措施）。

解：(a) 数据如图 3 所示，其中 x 表示自 1990 年以来的年数。这些和在表 1 中计算，然后求 A 和 B 的值。

表 1

自 1990 年以来 x 年	y 以千计的死亡人数	xy	x^2
0	46.8	0	0
10	43.4	434	100
15	45.3	679.5	225
17	43.9	746.3	289
18	39.7	714.6	324
19	35.9	682.1	361
$\Sigma x=79$	$\Sigma y=255$	$\Sigma xy=3256.5$	$\Sigma x^2=1299$

$$A=\frac{6\times3256.5-79\times255}{6\times1299-79^2}\approx-0.39$$

$$B=\frac{255-0.39\times79}{6}\approx47.64$$

因此，最小二乘直线的方程为 $y=-0.39x+47.64$（见图 3）。

(b) 我们用该直线估计 2012 年与车祸有关的死亡人数，令 $x=22$ 得

$$y=(-0.39)\times22+47.64=39.06$$

因此，我们估计 2012 年与汽车有关的意外死亡人数为 3.906 万。■

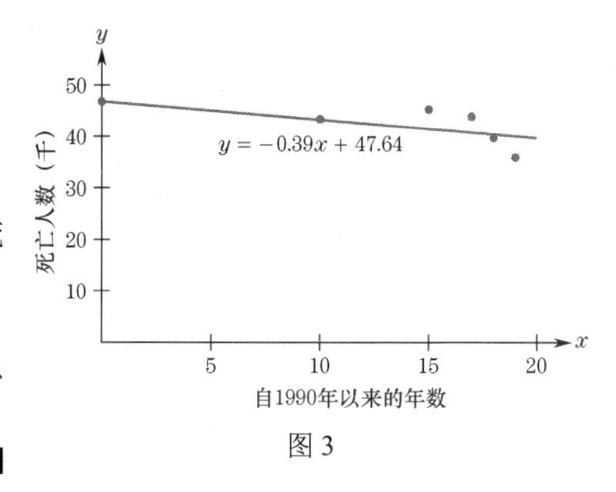

图 3

综合技术

最小二乘法　要在 TI-83/84 上实现最小二乘法，可在 EDIT 屏幕上选择 STAT 1，获得用于输入数据的表格。必要时，将光标移到列顶部并按 CLEAR ENTER，清除 L_1 和/或 L_2 列中的数据［见图 4(a)］。

将 x 和 y 的值输入图形计算器的表格中后，使用统计程序 LinReg 计算最小二乘直线的系数。现在按 STAT D 进入 CALC 菜单，按 4 将 LinReg($ax+b$) 调入主界面。按 ENTER 键可获得最小二乘直线的斜率和 y 截距［见图 4(b)］。

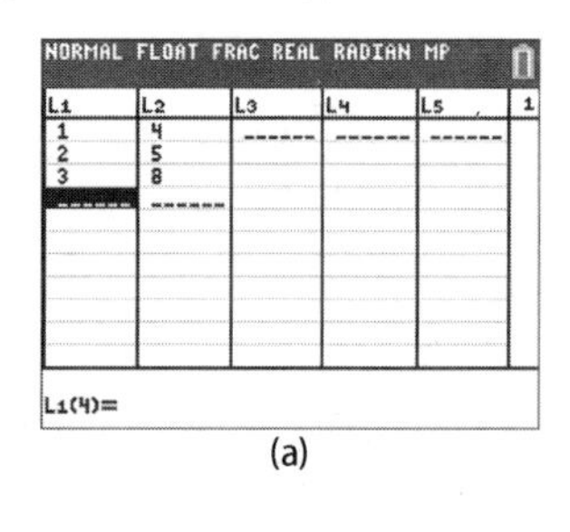

(a)

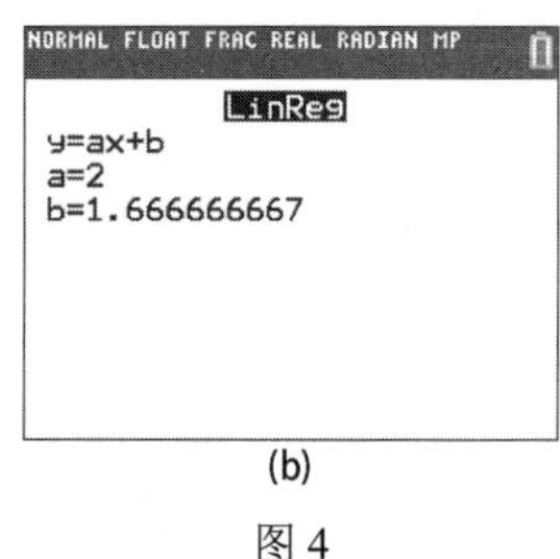

(b)

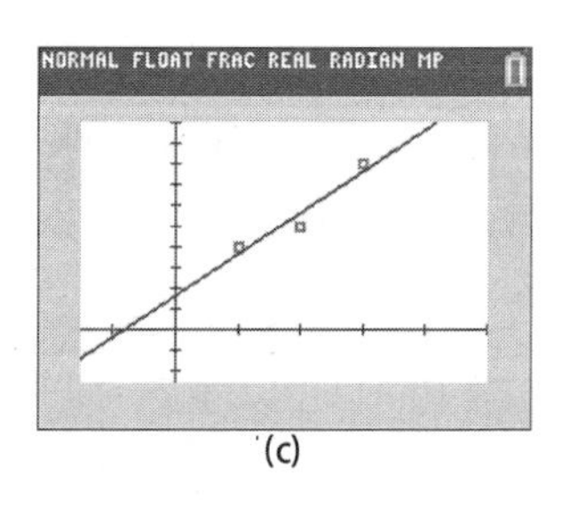

(c)

图 4

需要时，可以自动将直线方程分配给函数，并给出它与原始点。首先，将最小二乘直线的方程赋

给一个函数。选择 [Y=]，移动到函数，按 [CLEAR] 删除任何当前的表达式。接着，按 [VARS] [5] 选择 Statistics 变量。将光标移到 EQ 菜单，按 [1] 调用 RegEQ（回归方程）。

要绘制这条直线，可按 [GRAPH]。要将这条直线与原始数据点画在一起，可按如下步骤进行。根据 [Y=]，且只选择最小二乘直线，按 [2nd] [STAT PLOT] [ENTER] 选择 Plot1，并按 [ENTER] 打开 Plot1。现在，从 plot Type 的 6 个图标中选择第一个 plot。这对应于散点图。最后，按 [ENTER]［见图 4(c)］。

7.5 节自测题（答案见本节习题后）

1. $E=(A+B+2)^2+(3A+B)^2+(6A+B-8)^2$，求 $\frac{\partial E}{\partial A}$？

2. 求为点 $(1,10)$，$(5,8)$ 和 $(7,0)$ 给出最小二乘误差 E 的公式。

习题 7.5

1. 求出与图 5 中 4 个点拟合的最小二乘直线的最小二乘误差 E。

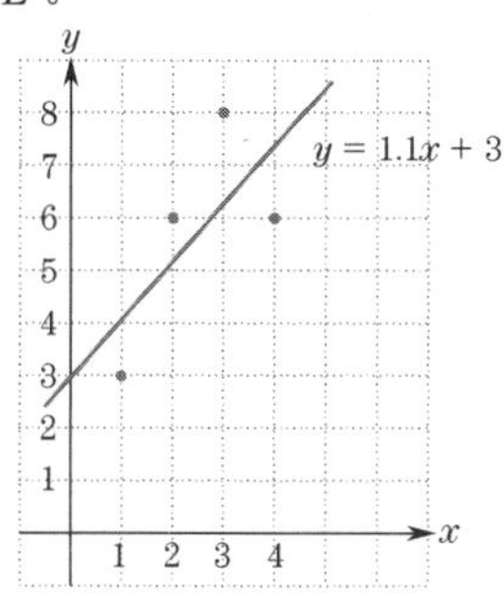

图 5

2. 求出与图 6 中 5 个点拟合的最小二乘直线的最小二乘误差 E。

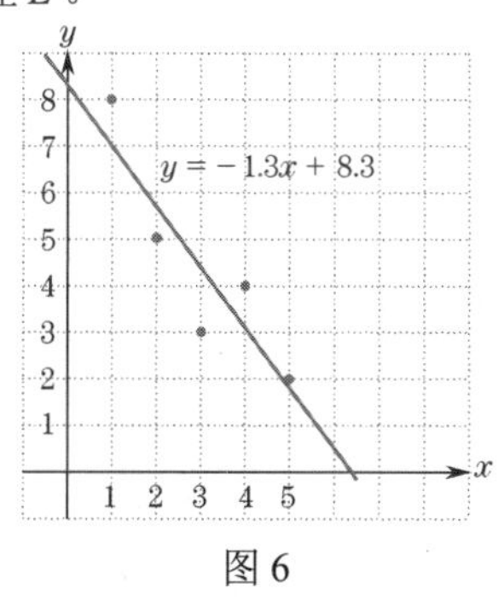

图 6

3. 求给出点 $(2,6)$，$(5,10)$ 和 $(9,15)$ 的最小二乘误差的公式（“自测题 1” 中的类型）。

4. 求给出点 $(8,4)$，$(9,2)$ 和 $(10,3)$ 的最小二乘误差的公式（“自测题 1” 中的类型）。

在习题 5～8 中，使用偏导数得到数据点的最佳最小二乘拟合公式。

5. $(1,2)$，$(2,5)$，$(3,11)$

6. $(1,8)$，$(2,4)$，$(4,3)$

7. $(1,9)$，$(2,8)$，$(3,6)$，$(4,3)$

8. $(1,5)$，$(2,7)$，$(3,6)$，$(4,10)$

9. 完成表 2，求与数据拟合最佳的最小二乘直线的 A 和 B 值。

表 2

x	y	xy	x^2
1	7		
2	6		
3	4		
4	3		
$\Sigma x=$	$\Sigma y=$	$\Sigma xy=$	$\Sigma x^2=$

10. 完成表 3，求与数据拟合最佳的最小二乘直线的 A 和 B 值。

表 3

x	y	xy	x^2
1	2		
2	3		
3	7		
4	9		
5	12		
$\Sigma x=$	$\Sigma y=$	$\Sigma xy=$	$\Sigma x^2=$

在剩下的习题中，使用本节讨论的三种方法中的一种或多种（偏导数、公式或绘图实用程序），得到最小二乘直线的公式。

11. 医疗保健支出。 见表 4。

表 4

年份（2000 年以后）	美　元
9	8175
10	8428
12	8996
13	9255

(a) 求出这些数据的最小二乘直线。

(b) 使用最小二乘直线预测 2016 年的人均医疗保健支出。

(c) 使用最小二乘直线预测人均保健支出何时达到 12000 美元。

12. 表 5 给出了伊利诺伊大学厄巴纳-香槟分校（UIUC），2012—2015 年秋季学期入学的学生人数。

表 5

秋 季 学 期	学 生 人 数
2012	42883
2013	43398
2014	43603
2015	44087

(a) 求出这些数据的最小二乘直线。

(b) 一旦学生人数超过 46000 名，大学就在校内兴建更多的宿舍。根据你在(a)问中的模型，大学应在哪年建造更多的学生公寓？

13. 表 6 给出了特定年份的美国最低工资。

表 6

年　　份	工　　资
2000	5.15 美元
2005	5.15 美元
2010	7.25 美元
2016	7.25 美元

(a) 利用最小二乘法得到最佳拟合这些数据的直线。提示：先将年转换为2000年后的年数。

(b) 估计 2008 年的最低工资。

(c) 如果(a)问中的直线所决定的趋势持续下去，最低工资何时达到 10 美元？

14. 表 7 给出了约塞米蒂国家公园每年的游客人数。

表 7

年　　份	参观人数（百万）
2010	3.901
2011	3.951
2012	3.853
2013	3.691
2014	3.882
2015	4.150

(a) 求出这些数据的最小二乘直线。

(b) 估计 2017 年的参观人数。

15. 一位生态学家想知道某些水生昆虫的活动范围是否受限于气温。表 8 中的数据将小溪不同部分的日平均气温与该部分的海拔（高于海平面）联系起来。

(a) 找到最适合这些数据的最小二乘直线。

(b) 用线性函数估计海拔 3.2 千米处的日平均气温。

表 8

海拔（千米）	平均气温（摄氏度）
2.7	11.2
2.8	10
3.0	8.5
3.5	7.5

7.5 节自测题答案

1. $\frac{\partial E}{\partial A} = 2(A+B+2)\cdot 1 + 2(3A+B)\cdot 3 + 2(6A+B-8)\cdot 6$

$= (2A+2B+4)+(18A+6B)+(72A+12B-96)$

$= 92A+20B-92$

注意，我们在求导时使用了一般幂法则，因此必须总是乘以括号内的量的导数。同样，你可能会先对 E 的表达式进行平方，然后求导。这里建议不要这样做。

2. $E=(A+B-10)^2+(5A+B-8)^2+(7A+B)^2$。一般来说，$E$ 是平方和，每个点对应一个平方和。点 (a,b) 产生项 $(aA+B-b)^2$。

7.6　二重积分

前面对多元函数微积分的讨论仅限于微分的研究。下面讨论多元函数的积分问题。如同本章的大部分内容那样，讨论仅限于二元函数 $f(x,y)$。

我们从一些动机开始。在定义多元函数积分的概念前，我们先回顾一元函数积分的基本特征。

考虑定积分 $\int_a^b f(x)\mathrm{d}x$。写出这个积分需要两个信息。第一个信息是函数 $f(x)$，第二个信息是积分所执行的区间。这时，区间是 x 轴上从 $x=a$ 到 $x=b$ 的部分。定积分的值是一个数字。当函数 $f(x)$ 在 $x=a$ 到 $x=b$ 的整个区间内非负时，这个数字等于 $f(x)$ 从 $x=a$ 到 $x=b$ 的图形下的面积（见图 1）。若 $f(x)$ 在区间内的某些 x 值为负，积分仍等于图形边界的面积，但 x 轴以下的面积被视为负的。

下面将其推广到二元函数 $f(x,y)$。首先，我们必须提供从 $x=a$ 到 $x=b$ 的区间的二维模拟。这很简单。我们取平面上的二维区域 R，如图 2 所示。作为对 $f(x)$ 的推广，我们取二元函数 $f(x,y)$。我

们对定积分的推广记为

$$\iint_R f(x,y)\,\mathrm{d}x\,\mathrm{d}y$$

它称为 $f(x,y)$ 在区域 R 上的**二重积分**。二重积分的值是一个定义如下的数。为简单起见，我们首先假设对区域 R 中的所有点 (x,y)，都有 $f(x,y)\geqslant 0$［这与对从 $x=a$ 到 $x=b$ 的区间内的所有 x，都有 $f(x)\geqslant 0$ 的假设类似］。这意味着 $f(x,y)$ 的图形位于三维空间中区域 R 的上方（见图 3）。图形在 R 上的部分决定了一个立体图形（见图 4）。这个图形被称为在区域 R 上以 $f(x,y)$ 为界的实体。我们定义二重积分 $\iint_R f(x,y)\,\mathrm{d}x\,\mathrm{d}y$ 为实体的体积。若 $f(x,y)$ 的图形部分位于区域 R 的上方，部分位于区域 R 的下方，我们就定义二重积分为该区域上方实体的体积减去该区域下方实体的体积。也就是说，我们将 xy 平面以下的体积视为负数。

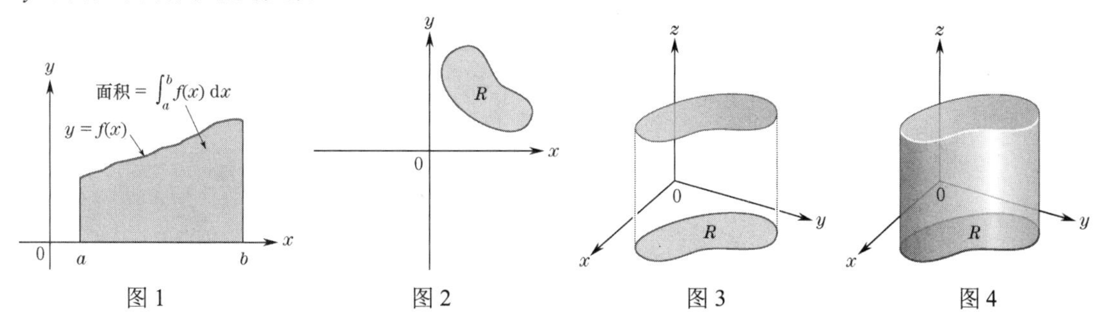

图 1　　图 2　　图 3　　图 4

定义二重积分的概念后，我们就要学习如何计算它的值。为此，我们引入迭代积分的概念。设 $f(x,y)$ 是二元函数，$g(x)$ 和 $h(x)$ 是 x 的两个单独的函数，设 a 和 b 是数字。于是，迭代积分的形式就形如 $\int_a^b\left(\int_{g(x)}^{h(x)} f(x,y)\,\mathrm{d}y\right)\mathrm{d}x$。

为了解释这组符号的含义，我们由内而外地展开说明。我们通过将 $f(x,y)$ 单独视为 y 的函数来计算积分 $\int_{g(x)}^{h(x)} f(x,y)\,\mathrm{d}y$，这是由内部积分中的 $\mathrm{d}y$ 表示的。在这个积分中，x 是常数。因此，我们首先求出关于 y 的不定积分 $F(x,y)$。于是，上面的积分就计算为

$$F(x,h(x))-F(x,g(x))$$

即求 $y=g(x)$ 和 $y=h(x)$ 之间的不定积分。这就得到了一个关于 x 的函数。为了完成积分的求值，我们将该函数从 $x=a$ 到 $x=b$ 积分。接下来的两个例子说明了计算迭代积分的过程。

例 1　二重积分。求迭代积分 $\int_1^2\left(\int_3^4 (y-x)\,\mathrm{d}y\right)\mathrm{d}x$ 的值。

解： $g(x)$ 和 $h(x)$ 是常数函数，即 $g(x)=3$ 且 $h(x)=4$。我们先求内部积分。这个积分中的变量是 y，所以我们将 x 视为常数：

$$\begin{aligned}\int_3^4 (y-x)\,\mathrm{d}y&=\left(\tfrac{1}{2}y^2-xy\right)\Big|_3^4=\left(\tfrac{1}{2}\cdot 16-x\cdot 4\right)-\left(\tfrac{1}{2}\cdot 9-x\cdot 3\right)\\&=8-4x-\tfrac{9}{2}+3x\\&=\tfrac{7}{2}-x\end{aligned}$$

接着对 x 进行积分：

$$\int_1^2\left(\tfrac{7}{2}-x\right)\mathrm{d}x=\left(\tfrac{7}{2}x-\tfrac{1}{2}x^2\right)\Big|_1^2=\left(\tfrac{7}{2}\cdot 2-\tfrac{1}{2}\cdot 4\right)-\left(\tfrac{7}{2}-\tfrac{1}{2}\cdot 1\right)=(7-2)-3=2$$

所以迭代积分的值是 2。

■

例 2　二重积分。求迭代积分 $\int_0^1\left(\int_{\sqrt{x}}^{x+1} 2xy\,\mathrm{d}y\right)\mathrm{d}x$ 的值。

解：先计算内部积分，即

$$\begin{aligned}\int_{\sqrt{x}}^{x+1} 2xy\,\mathrm{d}y &= xy^2\Big|_{\sqrt{x}}^{x+1} = x(x+1)^2 - x(\sqrt{x})^2 \\ &= x(x^2+2x+1) - x\cdot x \\ &= x^3+2x^2+x-x^2 \\ &= x^3+x^2+x\end{aligned}$$

接着计算外部积分：

$$\int_0^1 (x^3+x^2+x)\,\mathrm{d}x = \left(\tfrac{1}{4}x^4+\tfrac{1}{3}x^3+\tfrac{1}{2}x^2\right)\Big|_0^1 = \tfrac{1}{4}+\tfrac{1}{3}+\tfrac{1}{2} = \tfrac{13}{12}$$

所以，迭代积分的值是 $\frac{13}{12}$。

■

下面回到二重积分 $\iint\limits_R f(x,y)\,\mathrm{d}x\,\mathrm{d}y$ 的讨论上。当区域 R 具有特殊形式时，二重积分可表示为一个迭代积分，如下所示：假设 R 的边界是 $y=g(x)$ 和 $y=h(x)$ 的图形及垂直线 $x=a$ 和 $x=b$（见图 5）。在这种情况下，有以下基本结果（我们不加证明地引用该结果）。

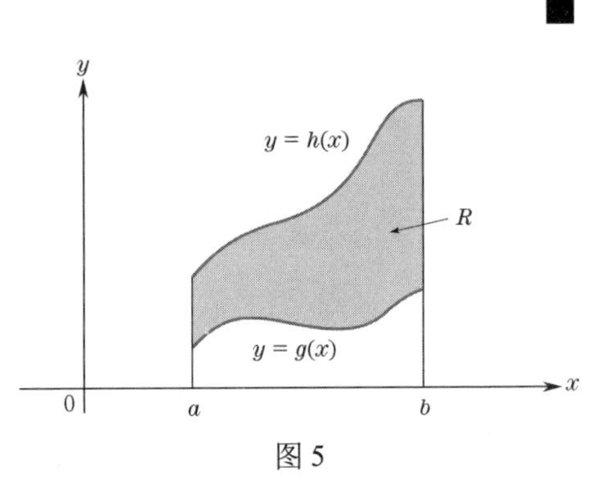

图 5

设 R 为 xy 平面上由 $y=g(x)$，$y=h(x)$ 和垂直线 $x=a$，$x=b$ 限定的区域，那么

$$\iint\limits_R f(x,y)\,\mathrm{d}x\,\mathrm{d}y = \int_a^b\left(\int_{g(x)}^{h(x)} f(x,y)\,\mathrm{d}y\right)\mathrm{d}x$$

由于二重积分的值给出了以 $f(x,y)$ 在区域 R 上的图形为界的实体的体积，因此前面的结果可用于计算体积，如下面的两个例子所示。

例 3　使用二重积分计算体积。计算上面以函数 $f(x,y)=y-x$ 为界，位于矩形区域 R：$1\leqslant x\leqslant 2$，$3\leqslant y\leqslant 4$ 上的实体的体积（见图 6）。

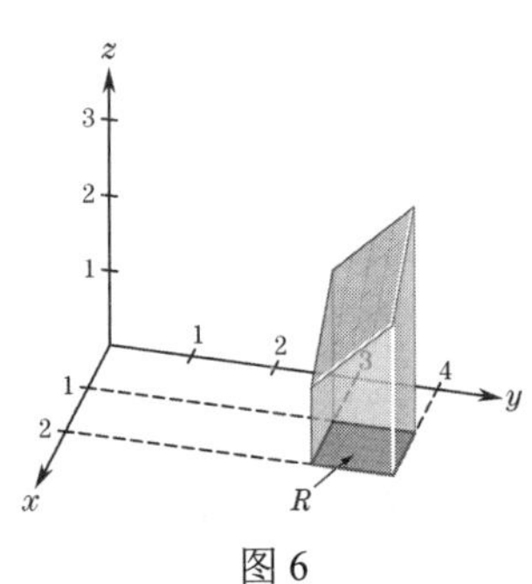

图 6

解：所求体积由二重积分 $\iint\limits_R (y-x)\,\mathrm{d}x\,\mathrm{d}y$ 给出。由刚才引用的结果知该二重积分等于迭代积分

$$\int_1^2\left(\int_3^4 (y-x)\,\mathrm{d}y\right)\mathrm{d}x$$

例 1 中该迭代积分的值为 2，因此图 6 中所示实体的体积为 2。

■

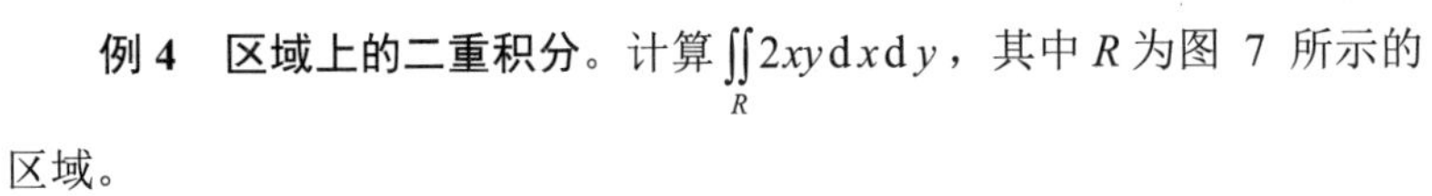

例 4　区域上的二重积分。计算 $\iint\limits_R 2xy\,\mathrm{d}x\,\mathrm{d}y$，其中 R 为图 7 所示的区域。

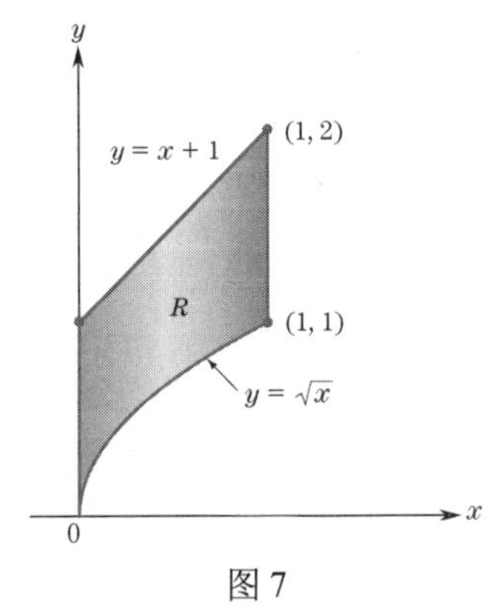

图 7

解：区域 R 的下边界为 $y=\sqrt{x}$，上边界为 $y=x+1$，左边界为 $x=0$，右边界为 $x=1$。因此，

$$\iint\limits_R 2xy\,\mathrm{d}x\,\mathrm{d}y = \int_0^1\left(\int_{\sqrt{x}}^{x+1} 2xy\,\mathrm{d}y\right)\mathrm{d}x = \tfrac{13}{12}\quad（根据例 2）$$

■

以上讨论仅限于内部积分是相对于 y 的迭代积分的情形。采用完全类似的方式，我们可讨论内部积分是相对于 x 的迭代积分的情形。这样的迭代积分可用来计算由曲线 $x=g(y)$，$x=h(y)$ 和水平直线 $y=a$ 和 $y=b$ 限定的区域 R 上的二重积分，计算方式与前面的类似。

7.6 节自测题（答案见本节习题后）

1. 计算迭代积分 $\int_0^2\left(\int_0^{x/2} e^{2y-x}\,dy\right)dx$。
2. 计算 $\iint_R e^{2y-x}\,dx\,dy$，其中 R 为图 8 中的区域。

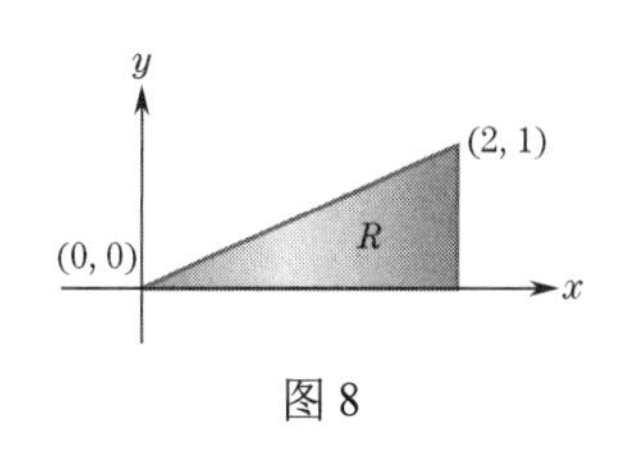

图 8

习题 7.6

计算下列迭代积分。

1. $\int_0^1\left(\int_0^1 e^{x+y}\,dy\right)dx$
2. $\int_{-1}^1\left(\int_{-1}^1 xy\,dx\right)dy$
3. $\int_{-2}^0\left(\int_{-1}^1 xe^{xy}\,dy\right)dx$
4. $\int_0^1\left(\int_{-1}^1 \frac{1}{3}y^3x\,dy\right)dx$
5. $\int_1^4\left(\int_x^{x^2} xy\,dy\right)dx$
6. $\int_0^3\left(\int_x^{2x} y\,dy\right)dx$
7. $\int_{-1}^1\left(\int_x^{2x} (x+y)\,dy\right)dx$
8. $\int_0^1\left(\int_0^x e^{x+y}\,dy\right)dx$

设 R 是由 $0\leqslant x\leqslant 2$，$2\leqslant y\leqslant 3$ 的所有点 (x,y) 组成的矩形。计算下面的二重积分，并用体积解释。

9. $\iint_R xy^2\,dx\,dy$
10. $\iint_R (xy+y^2)\,dx\,dy$
11. $\iint_R e^{-x-y}\,dx\,dy$
12. $\iint_R e^{y-x}\,dx\,dy$

计算以下区域 R 上的体积，以 $f(x,y)=x^2+y^2$ 的图形为界。

13. R 是以直线 $x=1$，$x=3$，$y=0$ 和 $y=1$ 为界的矩形。
14. R 是由直线 $x=0$，$x=1$，$y=0$ 和曲线 $y=\sqrt[3]{x}$ 所围成的区域。

7.6 节自测题答案

1. $$\begin{aligned}\int_0^2\left(\int_0^{x/2} e^{2y-x}\,dy\right)dx &= \int_0^2\left(\tfrac{1}{2}e^{2y-x}\Big|_0^{x/2}\right)dx\\ &=\int_0^2\left(\tfrac{1}{2}e^{2(x/2)-x}-\tfrac{1}{2}e^{2(0)-x}\right)dx\\ &=\int_0^2\left(\tfrac{1}{2}-\tfrac{1}{2}e^{-x}\right)dx\\ &=\tfrac{1}{2}x+\tfrac{1}{2}e^{-x}\Big|_0^2\\ &=\tfrac{1}{2}\cdot 2+\tfrac{1}{2}e^{-2}-\left(\tfrac{1}{2}\cdot 0+\tfrac{1}{2}e^{-0}\right)\\ &=1+\tfrac{1}{2}e^{-2}-0-\tfrac{1}{2}\\ &=\tfrac{1}{2}+\tfrac{1}{2}e^{-2}\end{aligned}$$
2. 过点 $(0,0)$ 和 $(2,1)$ 的直线方程为 $y=x/2$。因此，区域 R 的下边界为 $y=0$，上边界为 $y=x/2$，左边界为 $x=0$，右边界为 $x=2$。因此，由问题 1 得
$$\iint_R e^{2y-x}\,dx\,dy=\int_0^2\left(\int_0^{x/2} e^{2y-x}\,dy\right)dx=\tfrac{1}{2}+\tfrac{1}{2}e^{-2}$$

第 7 章概念题

1. 举一个二元函数的等值线的例子。
2. 解释如何求二元函数的一阶偏导数。
3. 解释如何求二元函数的二阶偏导数。
4. 包含偏导数的什么表达式可以近似 $f(a+h,b)-f(a,b)$？
5. 将 $\frac{\partial f}{\partial y}(2,3)$ 解释为变化率。
6. 给出一个柯布-道格拉斯生产函数的例子。劳动力的边际生产率是多少？资本呢？
7. 解释如何为多元函数找到可能的相对极值点。
8. 说明二元函数的二阶导数判别法。
9. 概述如何使用拉格朗日乘数法来求解优化问题。
10. 一组数据点的最小二乘直线近似值是什么？这条直线是如何确定的？
11. $\iint_R f(x,y)\,dx\,dy$，$f(x,y)\geqslant 0$ 的几何解释是什么？
12. 给出一个用迭代积分来计算二重积分的公式。

第 7 章复习题

1. 设 $f(x,y)=x\sqrt{y}/(1+x)$。计算 $f(2,9)$，$f(5,1)$ 和 $f(0,0)$。
2. 设 $f(x,y,z)=x^2e^{y/z}$。计算 $f(-1,0,1)$，$f(1,3,3)$ 和 $f(5,-2,2)$。
3. **储蓄账户。** 若 A 美元以 6%的连续利率存入银行，t 年后的账户余额为 $f(A,t)=Ae^{0.06t}$，求并解释 $f(10,11.5)$。
4. 设 $f(x,y,\lambda)=xy+\lambda(5-x-y)$，求 $f(1,2,3)$。

5. 设 $f(x,y)=3x^2+xy+5y^2$，求 $\frac{\partial f}{\partial x}$ 和 $\frac{\partial f}{\partial y}$。

6. 设 $f(x,y)=3x-\frac{1}{2}y^4+1$，求 $\frac{\partial f}{\partial x}$ 和 $\frac{\partial f}{\partial y}$。

7. 设 $f(x,y)=\mathrm{e}^{x/y}$，求 $\frac{\partial f}{\partial x}$ 和 $\frac{\partial f}{\partial y}$。

8. 设 $f(x,y)=x/(x-2y)$，求 $\frac{\partial f}{\partial x}$ 和 $\frac{\partial f}{\partial y}$。

9. 设 $f(x,y,z)=x^3-yz^2$，求 $\frac{\partial f}{\partial x}, \frac{\partial f}{\partial y}$ 和 $\frac{\partial f}{\partial z}$。

10. 设 $f(x,y,\lambda)=xy+\lambda(5-x-y)$，求 $\frac{\partial f}{\partial x}, \frac{\partial f}{\partial y}$ 和 $\frac{\partial f}{\partial \lambda}$。

11. 设 $f(x,y)=x^3y+8$，求 $\frac{\partial f}{\partial x}(1,2)$ 和 $\frac{\partial f}{\partial y}(1,2)$。

12. 设 $f(x,y,z)=(x+y)z$，求点 $(x,y,z)=(2,3,4)$ 处 $\frac{\partial f}{\partial y}$ 的值。

13. 设 $f(x,y)=x^5-2x^3y+\frac{1}{2}y^4$，求 $\frac{\partial^2 f}{\partial x^2}$，$\frac{\partial^2 f}{\partial y^2}$，$\frac{\partial^2 f}{\partial x \partial y}$ 和 $\frac{\partial^2 f}{\partial y \partial x}$。

14. 设 $f(x,y)=2x^3+x^2y-y^2$，计算点 $(x,y)=(1,2)$ 处 $\frac{\partial^2 f}{\partial x^2}, \frac{\partial^2 f}{\partial y^2}$ 和 $\frac{\partial^2 f}{\partial x \partial y}$ 的值。

15. 某品牌计算器的经销商发现，她每周能售出的计算器数量为 $f(p,t)=-p+6t-0.02pt$，其中 p 是计算器的价格，t 是花在广告上的费用（美元）。计算 $\frac{\partial f}{\partial p}(25,10000)$ 和 $\frac{\partial f}{\partial t}(25,10000)$，并解释这些数字。

16. 某城市的犯罪率可用函数 $f(x,y,z)$ 近似表示，其中 x 是失业率，y 是可用的社会服务数量，z 是警察部队的规模。解释为何 $\frac{\partial f}{\partial x}>0, \frac{\partial f}{\partial y}<0$ 和 $\frac{\partial f}{\partial z}<0$。

在习题 17~20 中，找出 $f(x,y)$ 可能具有相对极大值或极小值的所有点 (x,y)。

17. $f(x,y)=-x^2+2y^2+6x-8y+5$

18. $f(x,y)=x^2+3xy-y^2-x-8y+4$

19. $f(x,y)=x^3+3x^2+3y^2-6y+7$

20. $f(x,y)=\frac{1}{2}x^2+4xy+y^3+8y^2+3x+2$

在习题 21~23 中，找出 $f(x,y)$ 可能具有相对极大值或极小值的所有点 (x,y)。然后，如果可能，使用二阶导数判别法确定 $f(x,y)$ 在每个点上的性质。如果二阶导数判别法不能确定，请说明。

21. $f(x,y)=x^2+3xy+4y^2-13x-30y+12$

22. $f(x,y)=7x^2-5xy+y^2+x-y+6$

23. $f(x,y)=x^3+y^2-3x-8y+12$

24. 求使 $f(x,y,z)=x^2+4y^2+5z^2-6x+8y+3$ 取极小值的 x, y 和 z 值。

使用拉格朗日乘数法求解如下习题。

25. 在约束 $5-2x-y=0$ 下最大化 $3x^2+2xy-y^2$。

26. 在约束 $10-x-y=0$ 下求使 $-x^2-3xy-\frac{1}{2}y^2+y+10$ 最小化的 x 和 y 值。

27. 在约束 $4-x-y-z=0$ 下求使 $3x^2+2y^2+z^2+4x+y+3z$ 最小化的 x, y 和 z 值。

28. 求体积为 1000 立方英寸的矩形盒子的尺寸，其尺寸之和最小。

29. 有人想在房子的一边种上一个长方形的花园，在另外三面围上篱笆（见图 1）。用拉格朗日乘数法求出能用 40 英尺篱笆围起来的最大面积花园的尺寸。

图 1

30. 习题 29 的解是 $x=10, y=20, \lambda=10$。如果额外增加 1 英尺围栏，计算新最佳尺寸和新面积。证明面积的增量（与习题 29 中的面积相比）约为 10（λ 的值）。

在习题 31~33 中，找到最拟合以下数据点的直线。

31. $(1,1), (2,3), (3,6)$

32. $(1,1), (3,4), (5,7)$

33. $(0,1), (1,-1), (2,-3), (3,-5)$

在习题 34 和习题 35 中，计算迭代积分。

34. $\int_0^1\left(\int_0^4(x\sqrt{y}+y)\,\mathrm{d}y\right)\mathrm{d}x$

35. $\int_0^5\left(\int_1^4(2xy^4+3)\,\mathrm{d}y\right)\mathrm{d}x$

在习题 36 和习题 37 中，R 是由满足 $0 \leqslant x \leqslant 4$ 和 $1 \leqslant y \leqslant 3$ 的所有点 (x,y) 组成的矩形，计算二重积分。

36. $\iint\limits_R (2x+3y)\,\mathrm{d}x\,\mathrm{d}y$

37. $\iint\limits_R 5\,\mathrm{d}x\,\mathrm{d}y$

38. 在 15%的连续利息下，x 年后 y 美元的现值为 $f(x,y)=y\mathrm{e}^{-0.15x}$。绘制一些样本等值线（经济学家将这些等值线系统称为**贴现系统**）。

第 8 章　三角函数

本章通过引入三角函数来扩展可应用微积分的函数集合。如将要看到的那样，这些函数是周期性的，即在某点之后，它们的图形会重复出现。到目前为止，我们所考虑的任何函数都没有显示出这种重复的现象。然而，许多自然现象是重复的或周期性的，如太阳系中行星的运动、地震的震动和心脏的搏动。因此，本章中介绍的函数可增强我们描述物理过程的能力。

8.1　角的弧度制

古巴比伦人用度、分和秒来度量角度，这些单位至今仍被广泛用于导航和实际测量。然而，在微积分中，用弧度来测量角度更方便，因为在这种情况下，三角函数的微分公式更容易记忆和使用。此外，由于弧度是国际公制中度量角度的单位，因此在今天的科学工作中使用得越来越广泛。

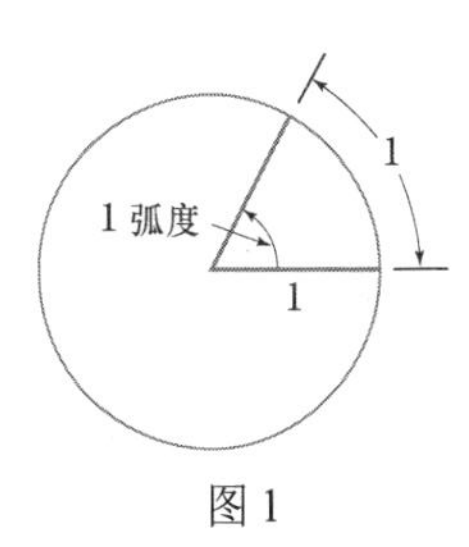

图 1

为了定义弧度，我们考虑一个半径为 1 的圆，并根据周长的距离来度量角度。由长度为 1 的圆弧沿圆周确定的圆心角称为 1 **弧度**（见图 1）。因为半径为 1 的圆的周长为 2π，所以在圆的一整圈内有 2π 弧度，即

$$360° = 2\pi \text{ 弧度} \tag{1}$$

记住以下重要关系（见图 2）：

$$90° = \pi/2 \text{ 弧度} \quad \text{（四分之一圈）}$$
$$180° = \pi \text{ 弧度} \quad \text{（半圈）}$$
$$270° = 3\pi/2 \text{ 弧度} \quad \text{（四分之三圈）}$$
$$360° = 2\pi \text{ 弧度} \quad \text{（一整圈）}$$

根据式(1)有

$$1° = \frac{2\pi}{360} \text{ 弧度} = \frac{\pi}{180} \text{ 弧度}$$

若 d 是任何数字，则

$$d° = d \times \frac{\pi}{180} \text{ 弧度} \tag{2}$$

也就是说，要将度数转换为弧度，将度数乘以 $\pi/180$ 即可。

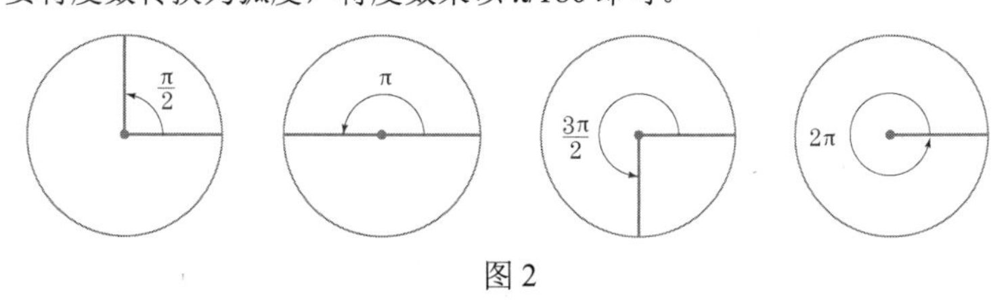

图 2

例 1　将度数转换为弧度。将 45°、60° 和 135° 转换为弧度。

解：

$$45° = 45 \times \frac{\pi}{180} \text{ 弧度} = \frac{\pi}{4} \text{ 弧度}, \qquad 60° = 60 \times \frac{\pi}{180} \text{ 弧度} = \frac{\pi}{3} \text{ 弧度}$$
$$135° = 135 \times \frac{\pi}{180} \text{ 弧度} = \frac{3\pi}{4} \text{ 弧度}$$

这三个角度如图 3 所示。

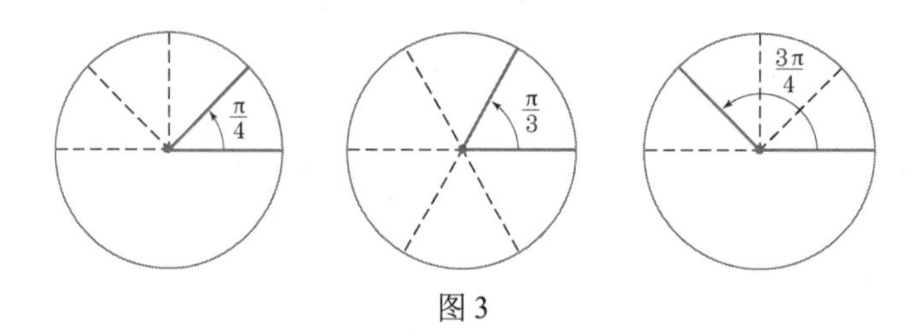

图 3

■

在度量角度时，我们通常省略“弧度”一词，因为除非特别注明度数，否则我们所有的角度度量都是以弧度为单位的。

就我们的目的而言，能够同时讨论正角度和负角度是很重要的，所以下面定义什么是负角度。我们通常会考虑在坐标系中处于标准位置的角度，如角的顶点位置为(0,0)、一条边（称为**初始边**）沿正 x 轴等。当我们从起始边到终止边测量这样一个角度时，逆时针角度为正，顺时针角度为负。图 4 中给出了一些例子。

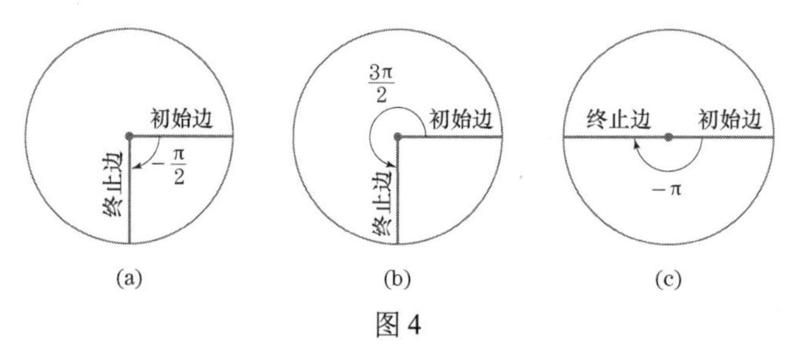

图 4

注意在图 4(a)和图 4(b)中，相同的图形本质上可以描述多个角度。

通过考虑由多个旋转形成的角（正方向或负方向），我们可以构造任意大小的角（不一定在 -2π 和 2π 之间）。图 5 中给出了三个例子。

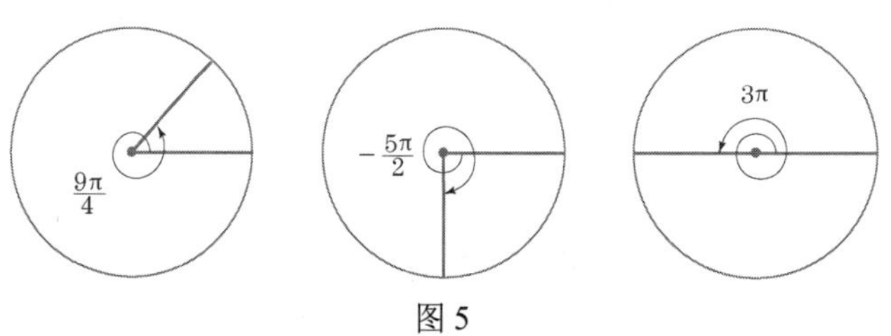

图 5

例 2　用弧度测量角度。(a)图 6 中角的弧度是多少？(b)构造一个 $5\pi/2$ 弧度的角。

解：(a)图 6 中描述的角由一整圈（2π 弧度）加上 3 个四分之一圈［$3\times(\pi/2)$ 弧度］组成，即

$$t = 2\pi + 3\times\frac{\pi}{2} = 4\times\frac{\pi}{2} + 3\times\frac{\pi}{2} = 7\times\frac{\pi}{2}$$

(b)把 $5\pi/2$ 弧度视为 $5\times(\pi/2)$ 弧度，即转 5 个四分之一圈，即一整圈加上四分之一圈。$5\pi/2$ 弧度的角度如图 7 所示。

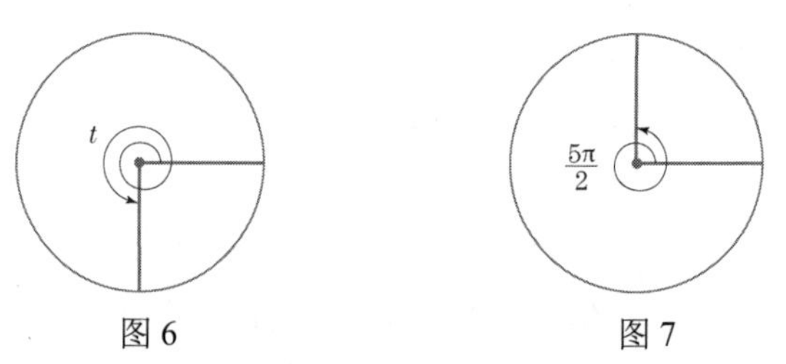

图 6　　　　图 7

■

8.1 节复习题（答案见本节习题后）

1. 直角三角形的一个角是 $\pi/3$ 弧度。其他角的度数是多少？

2. -780° 是多少弧度？画出这个角。

习题 8.1

将以下度数转换为弧度。

1. $30^\circ, 120^\circ, 315^\circ$

2. $18^\circ, 72^\circ, 150^\circ$

3. $450^\circ, -210^\circ, -90^\circ$

4. $990^\circ, -270^\circ, -540^\circ$

给出所述的每个角的弧度。

5.

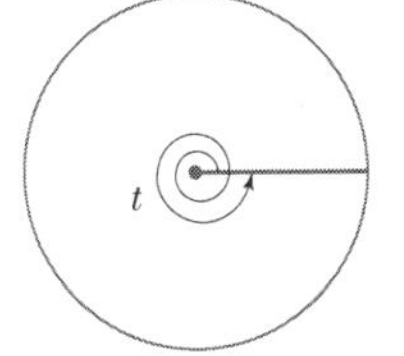

6.

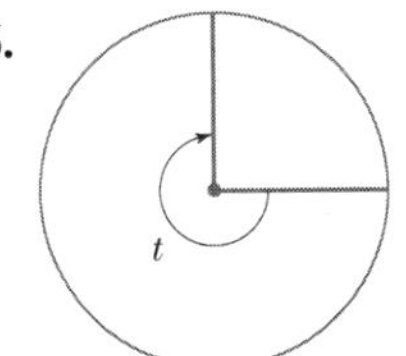

7.

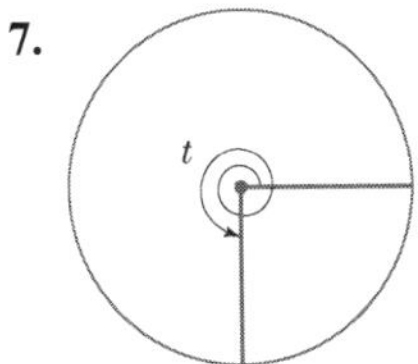

8.

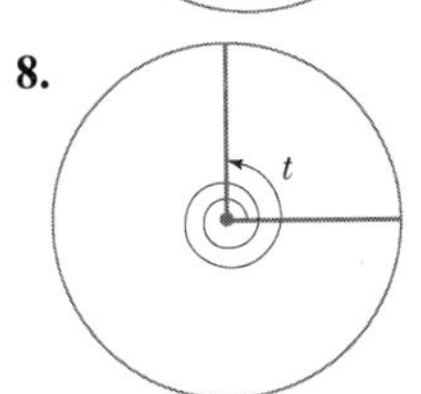

9.

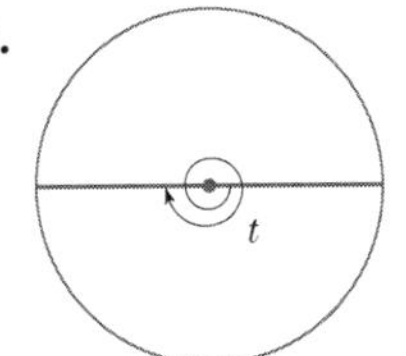

10.

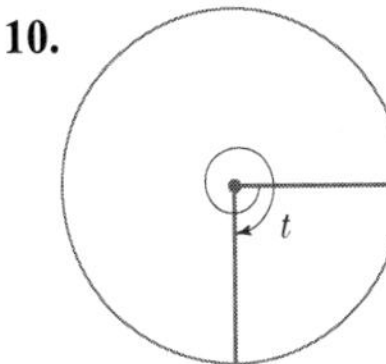

11.

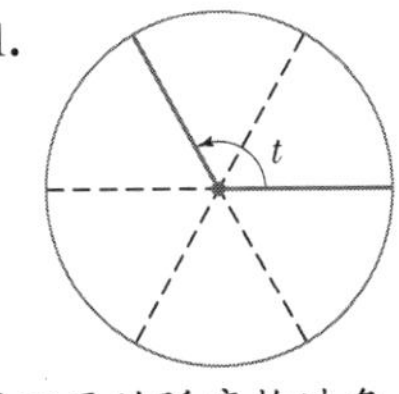

12.

用下面的弧度构造角。

13. $3\pi/2, 3\pi/4, 5\pi$

14. $\pi/3, 5\pi/2, 6\pi$

15. $-\pi/3, -3\pi/4, -7\pi/2$

16. $-\pi/4, -3\pi/2, -3\pi$

17. $\pi/6, -2\pi/3, -\pi$

18. $2\pi/3, -\pi/6, 7\pi/2$

8.1 节复习题答案

1. 三角形内角之和为 180° 或 π 弧度。因为直角是 $\pi/2$ 弧度，一个角是 $\pi/3$ 弧度，所以剩下的角是 $\pi-(\pi/2+\pi/3)=\pi/6$ 弧度。

2. $-780^\circ = 780\times(\pi/180)$ 弧度 $=-13\pi/3$ 弧度。由于 $-13\pi/3=-4\pi-\pi/3$，我们首先沿负方向旋转两圈，然后沿负方向旋转 $\pi/3$ 来绘制这个角，结果如图 8 所示。

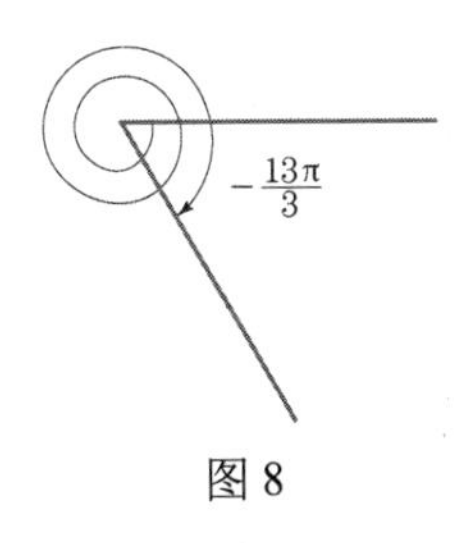

图 8

8.2 正弦和余弦

已知一个数 t，考虑放在标准位置的 t 弧度的一个角，如图 1 所示。设 P 为这个角的终止侧的一点，其坐标为 (x,y)；设 r 为线段 OP 的长度，即 $r=\sqrt{x^2+y^2}$。分别用 $\sin t$ 和 $\cos t$ 表示 t 的正弦和余弦，它们的定义如下：

$$\sin t = \frac{y}{r}$$
$$\cos t = \frac{x}{r} \tag{1}$$

通过射线上的哪个点 P 来定义 $\sin t$ 和 $\cos t$ 无关紧要。若 $P'=(x',y')$ 是同一条射线上的另一个点，r' 是 OP' 的长度（见图 2），则根据相似三角形的性质有

$$\frac{y'}{r'}=\frac{y}{r}=\sin t\,, \qquad \frac{x'}{r'}=\frac{x}{r}=\cos t$$

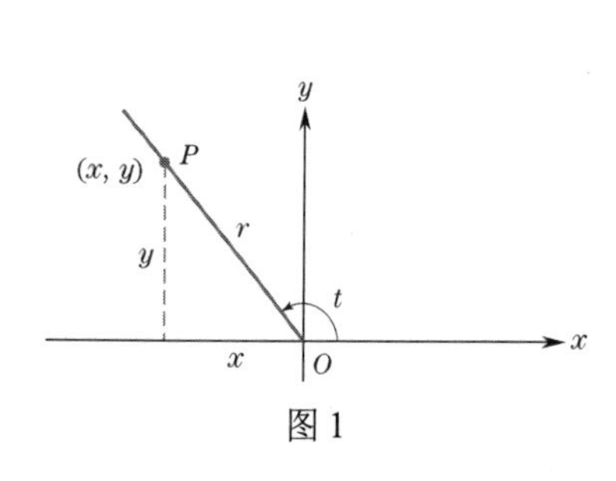

图 1

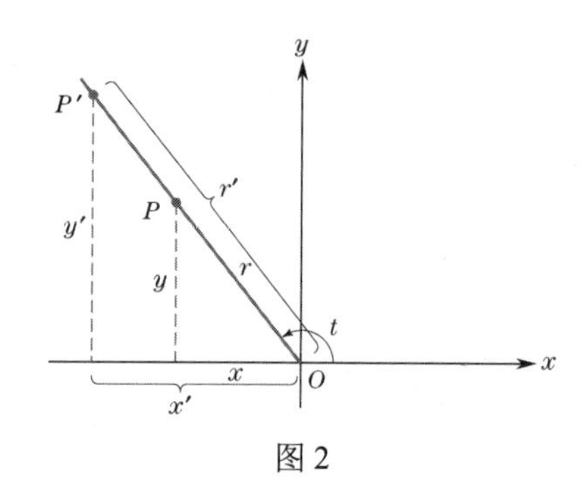

图 2

图 3 中给出了三个例子，说明了 $\sin t$ 和 $\cos t$ 的定义。

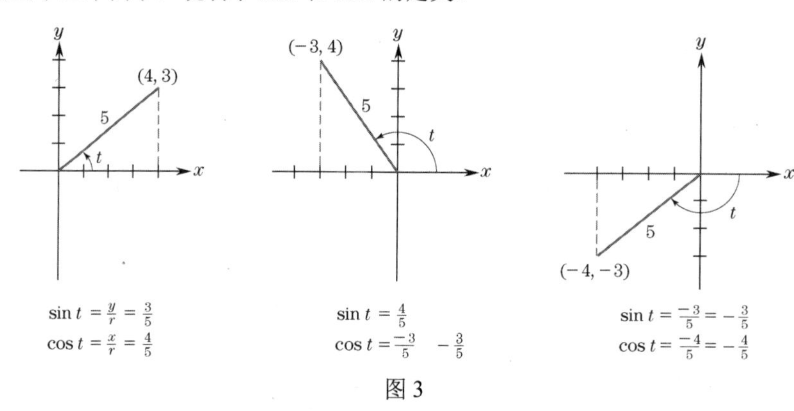

图 3

当 $0 < t < \pi/2$ 时，$\sin t$ 和 $\cos t$ 的值可以表示为直角三角形的边长之比。事实上，若已知图 4 中的直角三角形，则有

$$\sin t = \frac{\text{对边}}{\text{斜边}}, \quad \cos t = \frac{\text{邻边}}{\text{斜边}} \tag{2}$$

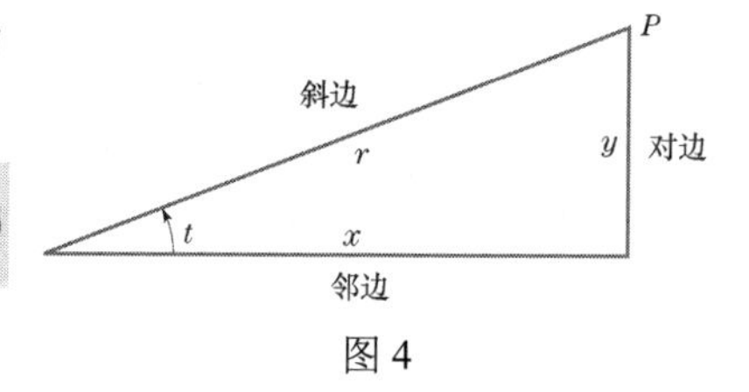

图 4

式(2)的典型应用见下面的例 1。

例 1　求解直角三角形。直角三角形的斜边长度为 4，一个角为 0.7 弧度，求该角的对边的长度。

解：见图 5。

$$\sin 0.7 = \frac{y}{4}, \quad y = 4\sin 0.7 \approx 4 \times 0.64422 = 2.57688$$

描述正弦函数和余弦函数的另一种方法是，选择图 1 中的点 P，令 $r=1$，即在单位圆上选择 P（见图 6）。这时，

$$\sin t = \frac{y}{1} = y, \qquad \cos t = \frac{x}{1} = x$$

因此，点 P 的 y 坐标是 $\sin t$，x 坐标是 $\cos t$。于是，我们可以得到下面的结果。

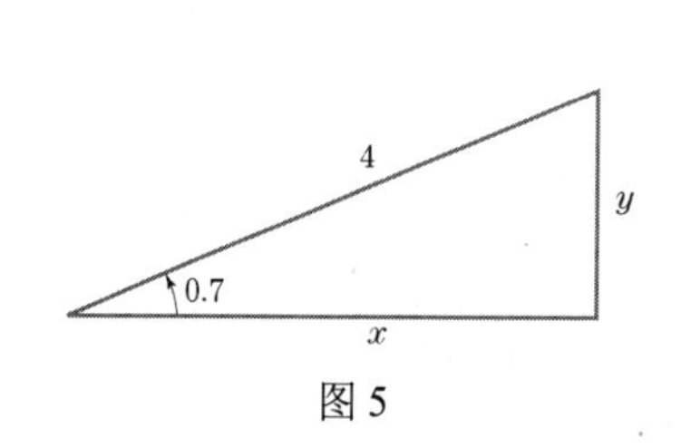

图 5

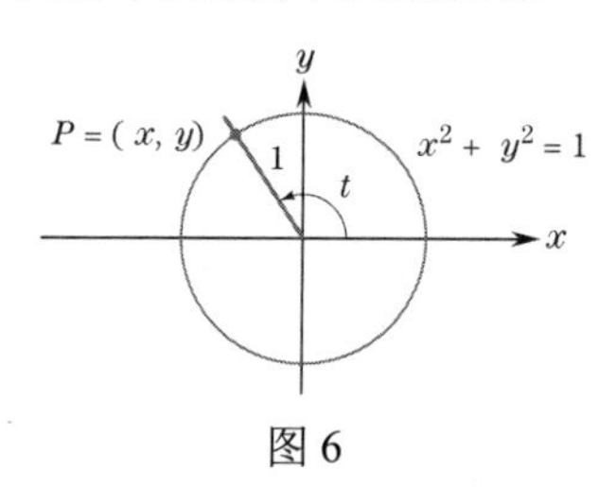

图 6

■

正弦和余弦函数的不同定义　我们可将 $\cos t$ 和 $\sin t$ 视为单位圆上 P 点的 x 坐标和 y 坐标，它由 t 弧度的角度决定（见图 7）。

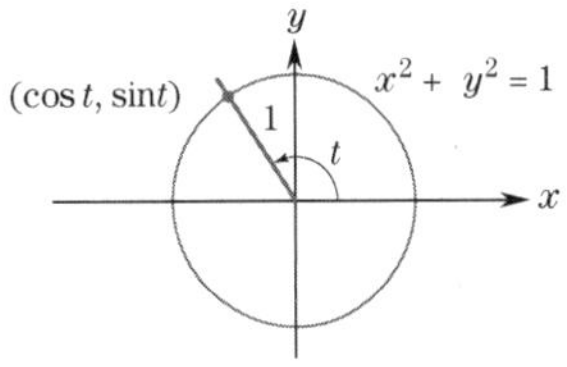

图 7

例 2　余弦函数的值。求使 $0<t<\pi/2$ 且 $\cos t=\cos(-\pi/3)$ 的 t 值。

解：

在单位圆上定位点 P，它由 $-\pi/3$ 弧度的角决定。点 P 的 x 坐标是 $\cos(-\pi/3)$。单位圆上还有一个点 Q，它有着相同的 x 坐标（见图 8）。设 t 为点 Q 决定的角的弧度，则有

$$\cos t=\cos(-\pi/3)$$

因为 Q 和 P 有着相同的 x 坐标。此外，$0<t<\pi/2$。从图的对称性可以看出 $t=\pi/3$。■

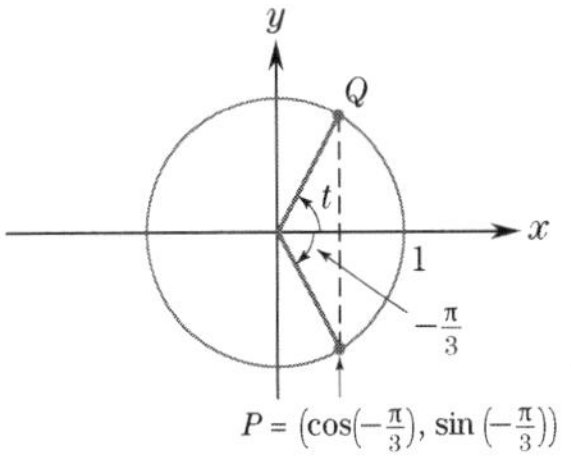

图 8

正弦函数和余弦函数的性质

数 t 决定了单位圆 $x^2+y^2=1$ 上的点 $(\cos t,\sin t)$，如图 7 所示。因此，$(\cos t)^2+(\sin t)^2=1$。用 $\sin^2 t$ 代替 $(\sin t)^2$、用 $\cos^2 t$ 代替 $(\cos t)^2$ 更方便，也更传统。因此，我们可将 $(\cos t)^2+(\sin t)^2=1$ 写为

$$\cos^2 t+\sin^2 t=1 \tag{3}$$

数 t 和 $t\pm 2\pi$ 确定了单位圆上的同一点（因为 2π 代表圆的一整圈）。但是，$t+2\pi$ 和 $t-2\pi$ 分别对应于 $(\cos(t+2\pi),\sin(t+2\pi))$ 和 $(\cos(t-2\pi),\ \sin(t-2\pi))$，所以有

$$\cos(t\pm 2\pi)=\cos t\text{，}\quad \sin(t\pm 2\pi)=\sin t \tag{4}$$

图 9(a)说明了正弦和余弦的另一个性质：

$$\cos(-t)=\cos t\text{，}\quad \sin(-t)=-\sin t \tag{5}$$

由图 9(b)可知，t 和 $\pi/2-t$ 对应的点 P 和点 Q 关于直线 $y=x$ 对称。因此，我们可交换 P 的坐标来得到点 Q 的坐标。这意味着

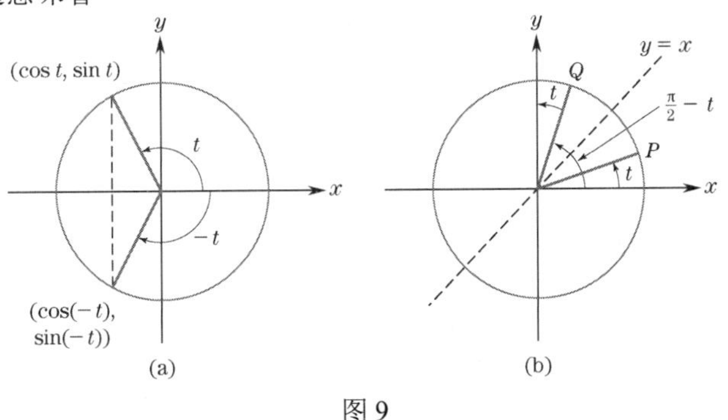

图 9

$$\cos\left(\tfrac{\pi}{2}-t\right)=\sin t\text{，}\quad \sin\left(\tfrac{\pi}{2}-t\right)=\cos t \tag{6}$$

式(3)到式(6)中的等式称为**恒等式**，因为它们对所有 t 值都成立。另一个恒等式对所有 s 和 t 都成立：

$$\sin(s+t)=\sin s\cos t+\cos s\sin t \tag{7}$$

式(7)的证明可以在任何关于三角学的入门书中找到。关于三角函数，还有许多其他恒等式，但这里并不需要。

sin*t* 和 cos*t* 的图形

下面分析当 t 从 0 增加到 π 时，$\sin t$ 会发生什么。当 $t=0$ 时，点 $P=(\cos t,\sin t)$ 的位置为 $(1,0)$，如图 10(a)所示。随着 t 的增加，点 P 沿单位圆逆时针方向移动［见图 10(b)］。点 P 的 y 坐标即 $\sin t$ 逐渐增大，直到 $t=\pi/2$，这时点 P 的位置为 $(0,1)$［见图 10(c)］。随着 t 从 $\pi/2$ 增加到 π，点 P 的 y 坐标（$\sin t$）从 1 减小至 0［见图 10(d)和图 10(e)］。

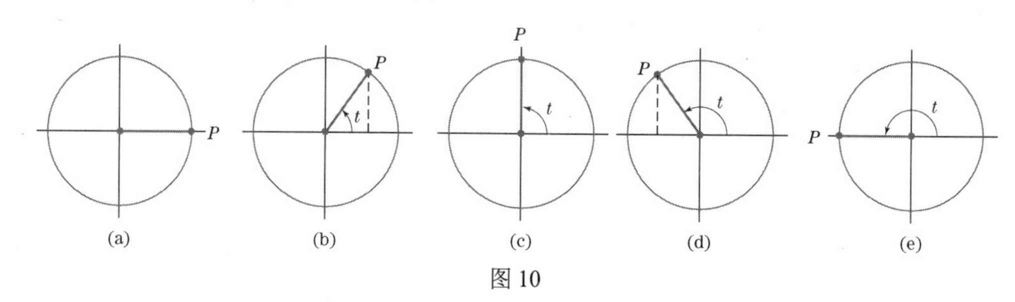

图 10

$\sin t$ 的部分图形如图 11 所示。当 t 在 0 和 π 之间时，注意 $\sin t$ 的值从 0 增至 1，然后减至 0，就像我们从图 10 中预测的那样。当 t 在 π 和 2π 之间时，$\sin t$ 的值是负的。当 t 在 2π 到 4π 之间时，$y=\sin t$ 的图形与 t 在 0 到 2π 之间时的图形完全相同。这个结果来自式(4)。我们说正弦函数是周期为 2π 的函数，因为图形每 2π 弧度就重复一次。我们可以利用这个事实来快速绘制当 t 为负值时的部分图形（见图 12）。

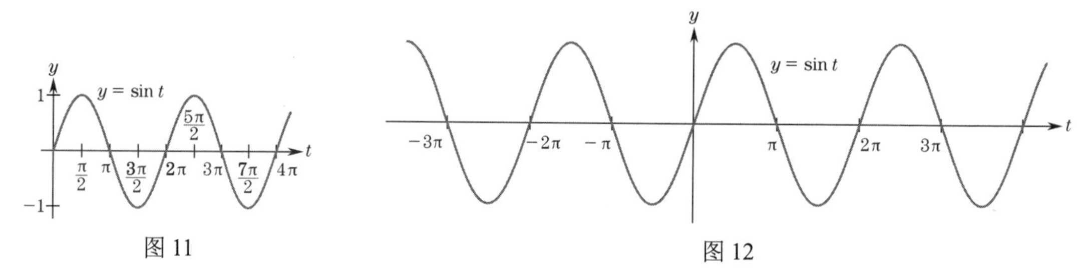

图 11

图 12

通过分析点 $(\cos t,\sin t)$ 的第一个坐标随 t 变化而发生的变化，可得到 $\cos t$ 的图形。从图 13 中可以看出，余弦函数的图形的周期也是 2π。

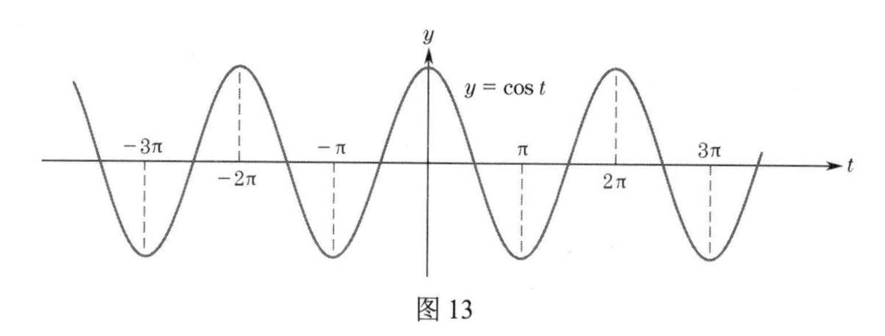

图 13

注意：正弦函数和余弦函数分别为每个数 t 赋值 $\sin t$ 和 $\cos t$，但字母 t 并无特别之处。尽管我们选择在正弦和余弦的定义中使用字母 t，x，y 和 r，但也可使用其他字母。定义每个数的正弦和余弦后，就可自由地用任何字母来表示自变量。

综合技术

绘制三角函数 优化 ZTrig 窗口设置后，可显示三角函数的图形。这可通过 ZOOM 7 访问，它将窗口尺寸设为 $[-2\pi,2\pi]\times[-4,4]$，x 轴的刻度为 $\pi/2$。图 14 是这种情况下 $y=\sin x$ 的图形。

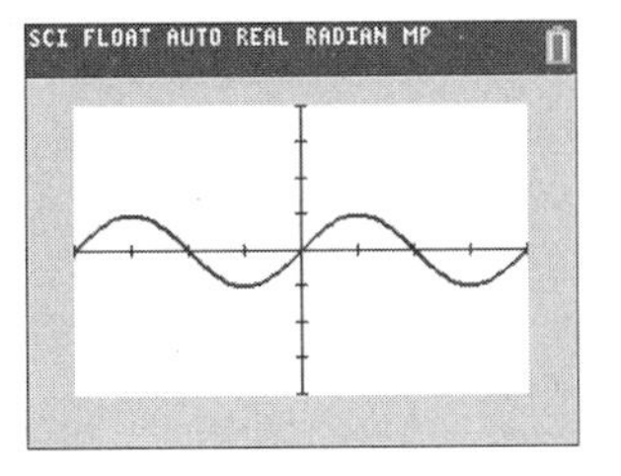

SCI FLOAT AUTO REAL RADIAN MP
SCI FLOAT AUTO REAL RADIAN MP
WINDOW
Xmin=-6.283185307
Xmax=6.283185307
Xscl=1.5707963267949
Ymin=-4
Ymax=4
Yscl=1
Xres=1
ΔX=.04759988868939
TraceStep=.09519977737878

图 14

8.2 节复习题（答案见本节习题后）

1. 求 $\cos t$，其中 t 是图 15 中所示角的弧度。

y
x
0
t
(−3, −1)

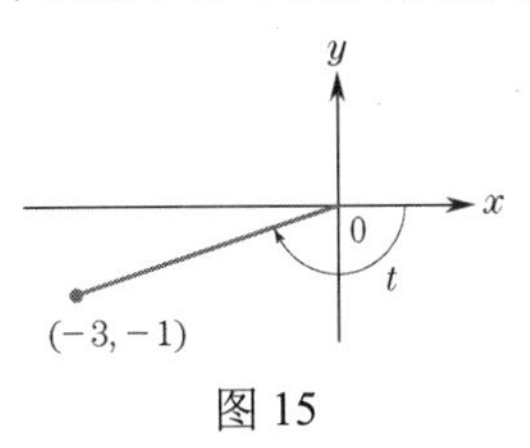

图 15

2. 假设 $\cos(1.17)=0.390$，使用余弦函数和正弦函数的性质求 $\sin(1.17)$，$\cos(1.17+4\pi)$，$\cos(-1.17)$ 和 $\sin(-1.17)$。

习题 8.2

在习题 1～12 中，给出 $\sin t$ 和 $\cos t$ 的值，其中 t 是所示角的弧度。

1.

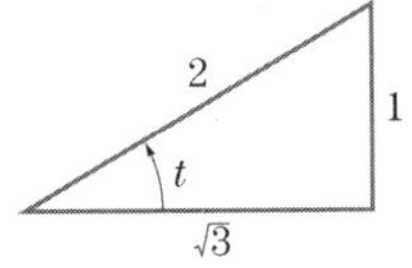

2
1
t
√3

2.

3
2
t
√5

3.

2
t
3

4.

4
1
t

5.

13
12
t

6.

5
t
3

7.

y
(−2, 1)
t
x

8.

y
x
t
(2, −3)

9.

(−2, 2)
y
x
t

10.

y
(0.6, 0.8)
t
x

11.

y
t
x
(−0.6, −0.8)

12.

y
t
x
(0.8, −0.6)

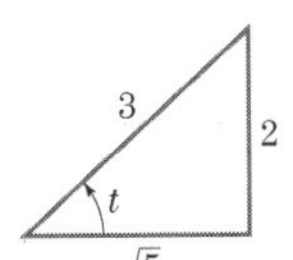

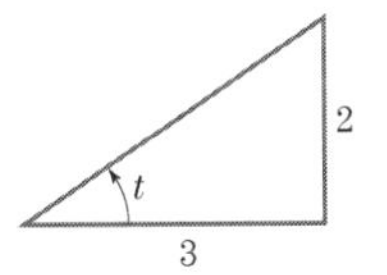

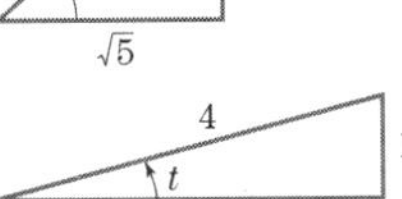

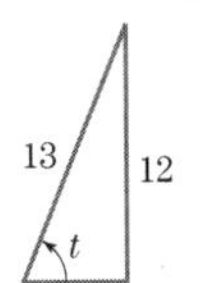

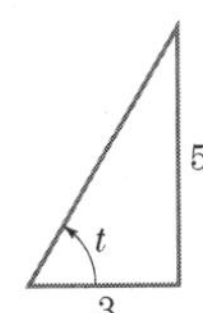

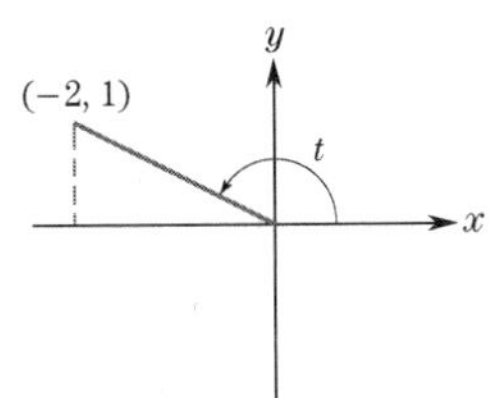

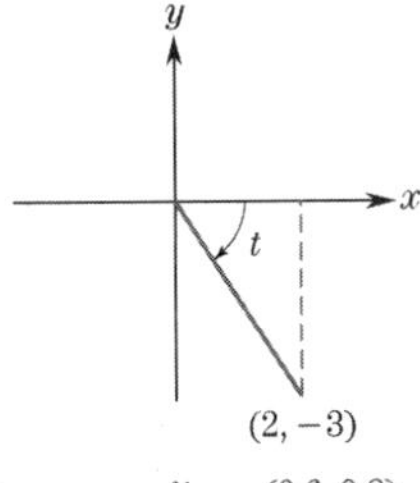

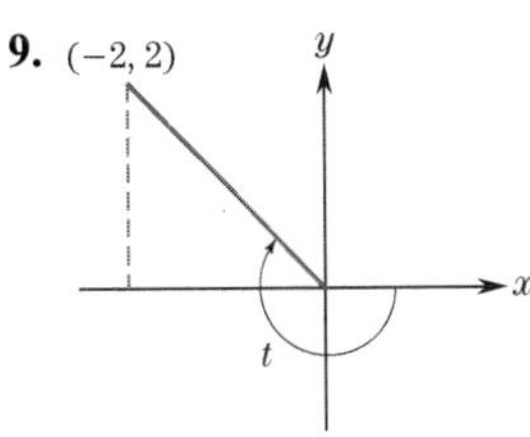

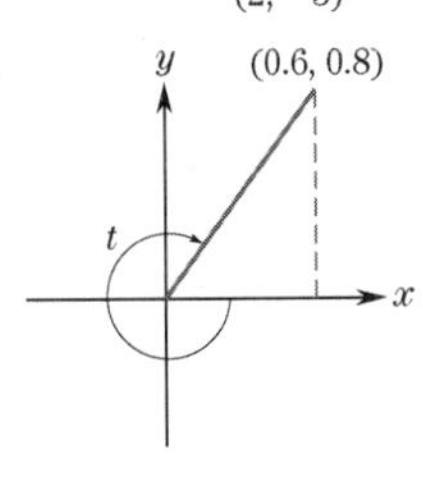

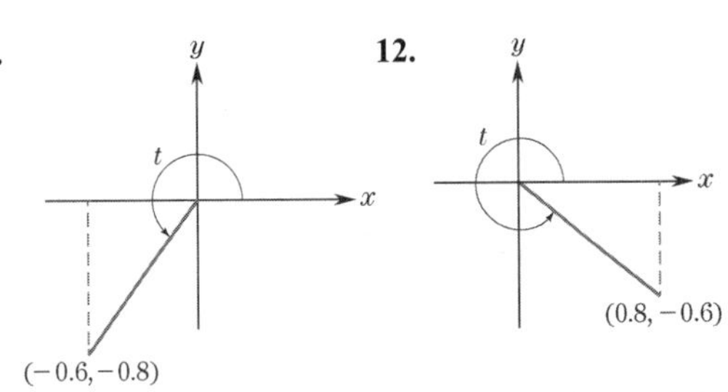

习题 13～20 参考的是各种直角三角形，其边和角标记如图 16 所示。边长四舍五入到小数点后一位。

c
b
t
a

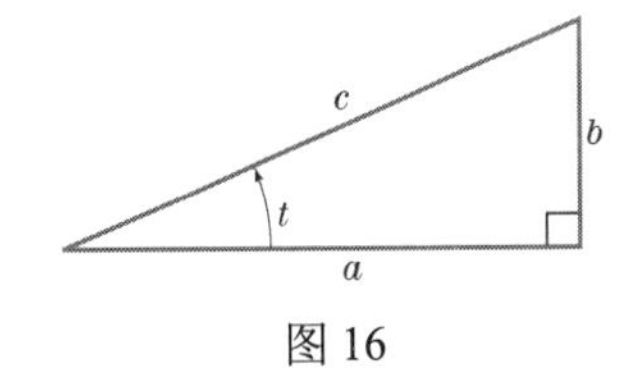

图 16

13. 若 $a=12$，$b=5$，$c=13$，计算 t。

14. 若 $t=1.1$ 且 $c=10.0$，求 b。

15. 若 $t=1.1$ 且 $b=3.2$，求 c。

16. 若 $t=0.4$ 且 $c=5.0$，求 a。

17. 若 $t=0.4$ 且 $a=10.0$，求 c。

18. 若 $t=0.9$ 且 $c=20.0$，求 a 和 b。

19. 若 $t=0.5$ 且 $a=2.4$，求 b 和 c。

20. 若 $t=1.1$ 且 $b=3.5$，求 a 和 c。

求使得 $0\leqslant t\leqslant\pi$ 且满足所述条件的 t 值。

21. $\cos t=\cos(-\pi/6)$

22. $\cos t=\cos(3\pi/2)$

23. $\cos t=\cos(5\pi/4)$

24. $\cos t=\cos(-2\pi/3)$

25. $\cos t=\cos(-5\pi/8)$

26. $\cos t=\cos(-3\pi/4)$

求使得 $-\pi/2 \leqslant t \leqslant \pi/2$ 且满足所述条件的 t 值。

27. $\sin t = \sin(3\pi/4)$

28. $\sin t = \sin(7\pi/6)$

29. $\sin t = \sin(-4\pi/3)$

30. $\sin t = -\sin(3\pi/8)$

31. $\sin t = -\sin(\pi/6)$

32. $\sin t = -\sin(-\pi/3)$

33. $\sin t = \cos t$

34. $\sin t = -\cos t$

35. 参见图 10，描述 t 从 0 增至 π 时 $\cos t$ 的变化。

36. 用单位圆描述 t 从 π 增至 2π 时 $\sin t$ 的变化。

37. 求 $t = 5\pi, -2\pi, 17\pi/2, -13\pi/2$ 时 $\sin t$ 的值。

38. 求 $t = 5\pi, -2\pi, 17\pi/2, -13\pi/2$ 时 $\cos t$ 的值。

39. 设 $\cos(0.19) = 0.98$，利用余弦函数和正弦函数的性质求 $\sin(0.19)$，$\cos(0.19-4\pi)$，$\cos(-0.19)$ 和 $\sin(-0.19)$。

40. 设 $\sin(0.42) = 0.41$，利用余弦函数和正弦函数的性质求 $\sin(-0.42)$，$\sin(6\pi-0.42)$ 和 $\cos(0.42)$。

技术题

41. 在任何一个地方，自来水的温度一年四季都在变化。在得克萨斯州的达拉斯，年初后 t 天的自来水温度（℉）由如下公式给出：

$$T = 59 + 14\cos\left[\tfrac{2\pi}{365}(t-208)\right], 0 \leqslant t \leqslant 365$$

(a) 在窗口 $[0,365]\times[-10,75]$ 中画出函数的图形。

(b) 2 月 14 日，即 $t = 45$ 时，水温是多少？

(c) 利用余弦函数的值域在 -1 到 1 之间的事实，找出一年中最低和最高的自来水温度。

(d) 使用跟踪功能或最小命令估计自来水温度最低的日子。根据 $\cos(-\pi) = -1$，用代数方法找到确切的日期。

(e) 使用跟踪功能或极大值命令来计自来水温度最高的日子。根据 $\cos(0) = 1$，用代数方法求出确切的日期。

(f) 全年平均自来水温度为 59℉。找出达到平均温度的两天（用图形和代数方法回答这个问题，1 年 = 365 天）。

42. 在任何地方，白昼的长度一年四季都不同。在艾奥瓦得梅因，年初后的 t 天，白昼的分钟数由如下公式给出：

$$D = 720 + 200\sin\left[\tfrac{2\pi}{365}(t-79.5)\right], 0 \leqslant t \leqslant 365$$

(a) 在窗口 $[0,365]\times[-100,940]$ 中画出函数的图形。

(b) 2 月 14 日，即 $t = 45$ 时，白天有多少分钟？

(c) 利用正弦函数的值域为 -1 到 1 的事实，找出一年中最短和最长的日照时间。

(d) 使用跟踪功能或最小命令估计白昼最短的一天。根据 $\sin(3\pi/2) = -1$，用代数方法求出确切的日期。

(e) 使用跟踪功能或极大值命令估计白昼最长的一天。根据 $\sin(\pi/2) = 1$，用代数方法求出确切的日期。

(f) 找出白天与黑夜相等的两天（这些天称为**春分**）[用图形和代数方法回答这个问题，1 年 = 365 天]。

8.2 节复习题答案

1. $P = (\cos t, \sin t) = (-3,-1)$，线段 OP 的长度为

$$r = \sqrt{x^2+y^2} = \sqrt{(-3)^2+(-1)^2} = \sqrt{10}$$

于是

$$\cos t = \tfrac{x}{r} = \tfrac{-3}{\sqrt{10}} \approx -0.94868$$

2. 已知 $\cos(1.17) = 0.390$，用式 $\cos^2 t + \sin^2 t = 1$（其中 $t = 1.17$）求解 $\sin(1.17)$：

$$\cos^2(1.17) + \sin^2(1.17) = 1$$

$$\sin^2(1.17) = 1 - \cos^2(1.17)$$

$$= 1 - (0.390)^2 = 0.8479$$

于是 $\sin(1.17) = \sqrt{0.8479} \approx 0.921$。

同样，根据式(4)和式(5)有

$$\cos(1.17+4\pi) = \cos(1.17) = 0.390$$

$$\cos(-1.17) = \cos(1.17) = 0.390$$

$$\sin(-1.17) = -\sin(1.17) = -0.921$$

8.3 sin*t* 和 cos*t* 的微分与积分

本节介绍如下两个微分规则：

$$\frac{d}{dt}\sin t = \cos t \tag{1}$$

$$\frac{d}{dt}\cos t = -\sin t \tag{2}$$

式(1)表明，曲线 $y = \sin t$ 在特定 t 值处的斜率由相应的 $\cos t$ 值给出。为了验证这一点，下面仔细绘制 $y = \sin t$ 的图形，并估计各个点处的斜率（见图 1）。下面将斜率绘制为 t 的函数（见图 2）。可以

看出，$\sin t$ 的"斜率函数"（导数）具有与 $y=\cos t$ 曲线相似的图形，因此式(1)似乎是合理的。对 $y=\cos t$ 的图形进行类似的分析，可说明式(2)可能正确的原因。本节末尾的附录中简要地给出这些微分规则的证明。

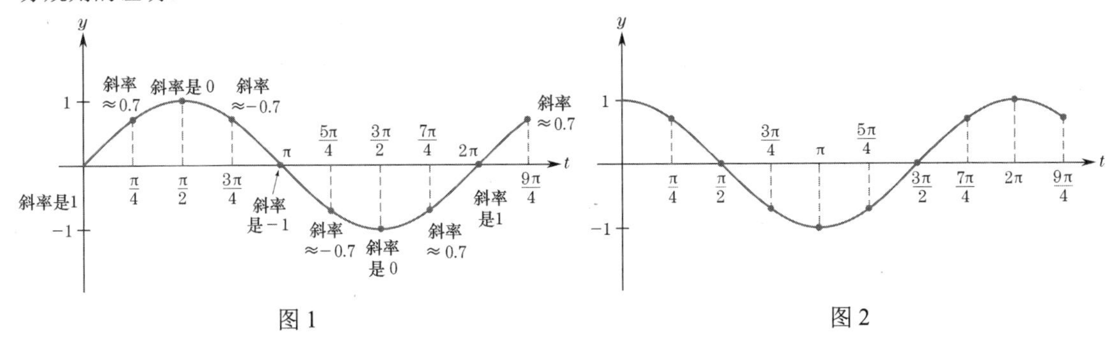

图 1　　　　图 2

结合式(1)、式(2)和链式法则，可以得到如下的一般规律：

$$\frac{d}{dt}(\sin g(t))=[\cos g(t)]g'(t) \tag{3}$$

$$\frac{d}{dt}(\cos g(t))=[-\sin g(t)]g'(t) \tag{4}$$

例 1　正弦函数的导数。求导：(a) $\sin 3t$；(b) $(t^2+3\sin t)^5$。

解：(a) $\frac{d}{dt}(\sin 3t)=(\cos 3t)\frac{d}{dt}(3t)=(\cos 3t)\times 3=3\cos 3t$

(b) $\frac{d}{dt}(t^2+3\sin t)^5=5(t^2+3\sin t)^4\cdot\frac{d}{dt}(t^2+3\sin t)=5(t^2+3\sin t)^4(2t+3\cos t)$

■

例 2　余弦函数的导数。求导：(a) $\cos(t^2+1)$；(b) $\cos^2 t$。

解：(a) $\frac{d}{dt}\cos(t^2+1)=-\sin(t^2+1)\frac{d}{dt}(t^2+1)=-\sin(t^2+1)\cdot(2t)=-2t\sin(t^2+1)$

(b) 回顾可知 $\cos^2 t$ 的意思是$(\cos t)^2$，于是有

$$\frac{d}{dt}(\cos^2 t)=\frac{d}{dt}(\cos t)^2=2(\cos t)\frac{d}{dt}\cos t=-2\cos t\sin t$$

■

例 3　正弦函数和余弦函数的导数。求导：(a) $t^2\cos 3t$；(b) $(\sin 2t)/t$。

解：(a) 根据乘法法则有

$$\frac{d}{dt}(t^2\cos 3t)=t^2\frac{d}{dt}\cos 3t+(\cos 3t)\frac{d}{dt}t^2=t^2(-3\sin 3t)+(\cos 3t)(2t)=-3t^2\sin 3t+2t\cos 3t$$

(b) 根据除法法则有

$$\frac{d}{dt}\left(\frac{\sin 2t}{t}\right)=\frac{t\frac{d}{dt}\sin 2t-(\sin 2t)\cdot 1}{t^2}=\frac{2t\cos 2t-\sin 2t}{t^2}$$

■

例 4　最大化体积。一个 V 形槽的侧面长 200 厘米，宽 30 厘米（见图 3）。找出使水槽容量最大时两侧间的角 t。

解：槽的体积等于其长度乘以其横截面积。由于长度不变，因此使横截面积最大就足够了。转横截面，使其一侧水平（见图 4）。注意，$h/30=\sin t$，所以 $h=30\sin t$。因此，横截面面积 A 为

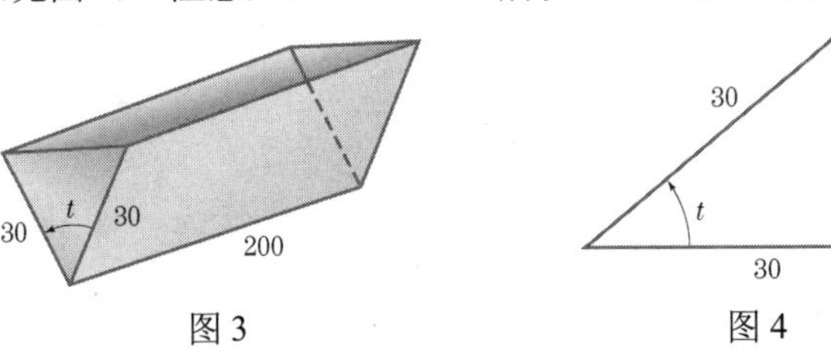

图 3　　　　图 4

$$A=\frac{1}{2}\cdot 底\cdot 高=\frac{1}{2}\times 30\times h=15\times 30\sin t=450\sin t$$

为了求 A 的极大值，下面令导数为零来求解 t：

$$\frac{\mathrm{d}A}{\mathrm{d}t}=0, \quad 450\cos t=0$$

物理因素迫使我们只考虑介于 0 和 π 之间的 t 值。从 $y=\cos t$ 的图形中可以看出 $t=\pi/2$ 是 t 在 0 和 π 之间的唯一值，于是有 $\cos t=0$。因此，要最大化水槽的体积，其两边就应该相互垂直。

■

例 5　正弦函数的积分。计算不定积分：(a) $\int \sin t\,\mathrm{d}t$；(b) $\int \sin 3t\,\mathrm{d}t$。

回顾可知，积分或不定积分总有一个任意常数 C（见 6.1 节）。

解： (a) 因为 $\frac{\mathrm{d}}{\mathrm{d}t}(-\cos t)=\sin t$，所以有

$$\int \sin t\,\mathrm{d}t=-\cos t+C$$

式中，C 是任意常数。

(b) 从(a)问推测 $\sin 3t$ 的不定积分应类似于函数 $-\cos 3t$。然而，如果求导，就会发现

$$\frac{\mathrm{d}}{\mathrm{d}t}(-\cos 3t)=(\sin 3t)\cdot\frac{\mathrm{d}}{\mathrm{d}t}(3t)=3\sin 3t$$

将最后一个方程乘以 $\frac{1}{3}$ 得

$$\frac{\mathrm{d}}{\mathrm{d}t}\left(-\frac{1}{3}\cos 3t\right)=\sin 3t$$

所以有

$$\int \sin 3t\,\mathrm{d}t=-\frac{1}{3}\cos 3t+C$$

■

对导数公式(1)和(2)求反，得到

$$\int \cos t\,\mathrm{d}t=\sin t+C \tag{5}$$

和

$$\int \sin t\,\mathrm{d}t=-\cos t+C \tag{6}$$

更一般地，若 $a\neq 0$，则有

$$\int \cos at\,\mathrm{d}t=\frac{1}{a}\sin at+C \tag{7}$$

和

$$\int \sin at\,\mathrm{d}t=-\frac{1}{a}\cos at+C \tag{8}$$

为了证明式(7)，下面证明式(7)右侧的导数等于 $\cos at$：

$$\frac{\mathrm{d}}{\mathrm{d}t}\left(\frac{1}{a}\sin at+C\right)=\frac{1}{a}\frac{\mathrm{d}}{\mathrm{d}t}[\sin at]+\frac{\mathrm{d}}{\mathrm{d}t}[C]=\frac{1}{a}\cdot a\cos at+0=\cos at$$

式(8)的证明类似。

例 6　正弦曲线下的面积。求曲线 $y=\sin 3t$ 下从 $t=0$ 到 $t=\pi/3$ 的面积。

解： 该区域为图 5 中的阴影部分。

$$\begin{aligned}阴影部分的面积&=\int_0^{\pi/3}\sin 3t\,\mathrm{d}t=-\frac{1}{3}\cos 3t\Big|_0^{\pi/3}\\&=-\frac{1}{3}\cos\left(3\cdot\frac{\pi}{3}\right)-\left(-\frac{1}{3}\cos 0\right)\\&=-\frac{1}{3}\cos 3\pi+\frac{1}{3}\cos 0\\&=\frac{1}{3}+\frac{1}{3}=\frac{2}{3}\end{aligned}$$

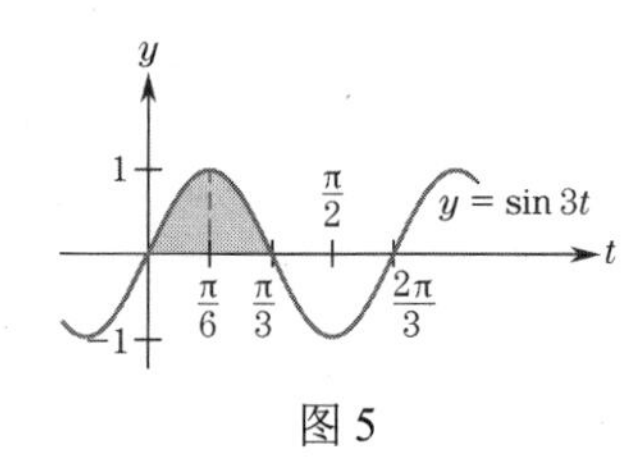

图 5

■

如前所述，我们需要三角函数来模拟重复（或周期性）的情况。下例说明了这种情况。

例 7　捕食者和猎物模型。在许多研究捕食者与猎物相互作用的数学模型中，捕食者数量和猎物

数量都用周期函数描述。假设在这样的一个模型中，捕食者（在某个特定的地理区域）在t时刻的数量由如下方程给出：

$$N(t)=5000+2000\cos(2\pi t/36)$$

式中，t从2010年6月1日起算，单位为月。

(a) 2010年8月1日捕食者数量变化速度如何？

(b) 2010年6月1日至2022年6月1日，捕食者平均数量是多少？

解：(a) 2010年8月1日对应$t=2$。$N(t)$的变化率由导数$N'(t)$给出：

$$N'(t)=\frac{\mathrm{d}}{\mathrm{d}t}\left[5000+2000\cos\left(\frac{2\pi t}{36}\right)\right]=2000\left[-\sin\left(\frac{2\pi t}{36}\right)\cdot\left(\frac{2\pi}{36}\right)\right]=-\frac{1000\pi}{9}\sin\left(\frac{2\pi t}{36}\right)$$

$$N'(2)=-\frac{1000\pi}{9}\sin\left(\frac{\pi}{9}\right)\approx-119$$

因此，2010年8月1日，捕食者数量以119只/月的速度减少。

回顾：函数的平均值是其定积分除以区间的长度（见6.5节）。

(b) 从2010年6月1日到2022年6月1日的时间间隔对应$t=0$到$t=144$（12年共有144个月）。$N(t)$在该区间内的平均值是

$$\begin{aligned}\frac{1}{144-0}\int_0^{144}N(t)\,\mathrm{d}t&=\frac{1}{144}\int_0^{144}\left[5000+2000\cos\left(\frac{2\pi t}{36}\right)\right]\mathrm{d}t\\&=\frac{1}{144}\left[5000t+\frac{2000}{2\pi/36}\sin\left(\frac{2\pi t}{36}\right)\right]\Bigg|_0^{144}\\&=\frac{1}{144}\left[5000\times144+\frac{2000}{2\pi/36}\sin(8\pi)\right]-\frac{1}{144}\left[5000\times0+\frac{2000}{2\pi/36}\sin(0)\right]\\&=5000\end{aligned}$$

$N(t)$的图形如图6所示。注意$N(t)$是如何在平均值5000附近振荡的。

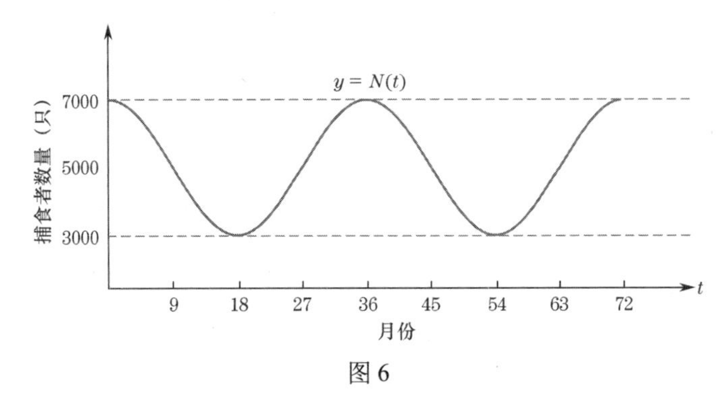

图6

■

sin$t$和cos$t$的微分规则的非正式证明

下面首先来看cos$t$和sin$t$在$t=0$处的导数。函数cos$t$在$t=0$处有极大值；因此，其导数一定为零［见图7(a)］。若用割线近似$t=0$处的切线，如图7(b)所示，则割线的斜率必定接近0，即$h\to0$。割线的斜率是$(\cos h-1)/h$，于是有

$$\lim_{h\to0}\frac{\cos h-1}{h}=0 \tag{9}$$

从$y=\sin t$的图形来看，$t=0$处的切线的斜率为1［见图8(a)］。若确实如此，则当h趋于0时，

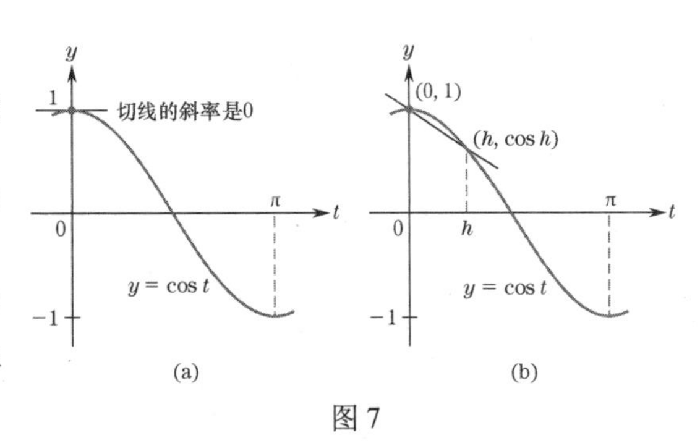

图7

图 8(b)中近似割线的斜率必定趋于 1。该直线的斜率是 $(\sin h)/h$，这意味着

$$\lim_{h\to 0}\frac{\sin h}{h}=1 \tag{10}$$

我们可用计算器计算 h 非常小时 $(\sin h)/h$ 的值（见图 9）。数值证据并不能证明式(10)，但足以说明问题。

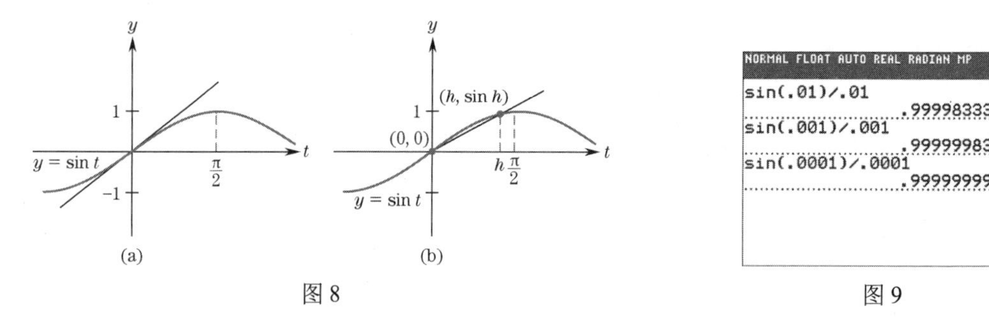

图 8　　　　图 9

为了得到 $\sin t$ 的微分公式，下面用割线的斜率来近似一条切线的斜率（见图 10）。割线的斜率是

$$\frac{\sin(t+h)-\sin t}{h}$$

由 8.2 节的式(7)可知

$$\sin(t+h)=\sin t\cos h+\cos t\sin h$$

因此，

$$\text{割线的斜率}=\frac{(\sin t\cos h+\cos t\sin h)-\sin t}{h}=\frac{\sin t(\cos h-1)+\cos t\sin h}{h}$$
$$=(\sin t)\frac{\cos h-1}{h}+(\cos t)\frac{\sin h}{h}$$

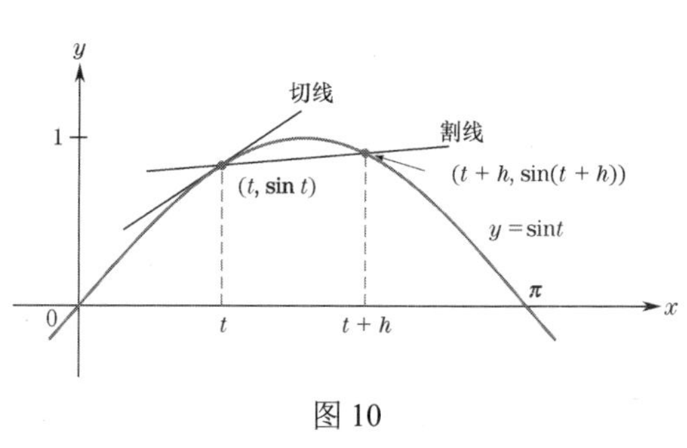

图 10

根据式(9)和式(10)得

$$\begin{aligned}\frac{\mathrm{d}}{\mathrm{d}t}\sin t&=\lim_{h\to 0}\left[(\sin t)\frac{\cos h-1}{h}+(\cos t)\frac{\sin h}{h}\right]\\&=(\sin t)\lim_{h\to 0}\frac{\cos h-1}{h}+(\cos t)\lim_{h\to 0}\frac{\sin h}{h}\\&=(\sin t)\cdot 0+(\cos t)\cdot 1\\&=\cos t\end{aligned}$$

类似地，可以验证 $\cos t$ 的导数公式。下面是使用链式法则和两个恒等式的简短证明：

$$\cos t=\sin\left(\frac{\pi}{2}-t\right),\quad \sin t=\cos\left(\frac{\pi}{2}-t\right)$$

见 8.2 节中的式(6)。于是，我们有

$$\begin{aligned}\frac{\mathrm{d}}{\mathrm{d}t}\cos t&=\frac{\mathrm{d}}{\mathrm{d}t}\sin\left(\frac{\pi}{2}-t\right)=\cos\left(\frac{\pi}{2}-t\right)\cdot\frac{\mathrm{d}}{\mathrm{d}t}\left(\frac{\pi}{2}-t\right)\\&=\cos\left(\frac{\pi}{2}-t\right)\cdot(-1)=-\sin t\end{aligned}$$

8.3 节复习题（答案见本节习题后）

1. 微分 $y=2\sin[t^2+(\pi/6)]$。

2. 微分 $y=\mathrm{e}^t\sin 2t$。

习题 8.3

关于 t 或 x 微分。

1. $y=\sin 4t$

2. $y=2\cos 2t$

3. $y=4\sin t$

4. $y=\cos(-4t)$

5. $y=2\cos 3t$

6. $y=-\frac{\sin 3t}{3}$

7. $y=t+\cos\pi t$

8. $y=t\cos t$

9. $y=\sin(\pi-t)$

10. $y=\dfrac{\cos(2x+2)}{2}$

11. $y=\cos^3 t$

12. $y=\sin^3 t^2$

13. $y=\sin\sqrt{x-1}$

14. $y=\cos(\mathrm{e}^x)$

15. $y=\sqrt{\sin(x-1)}$

16. $y=\mathrm{e}^{\cos x}$

17. $y=(1+\cos t)^8$

18. $y=\sqrt[3]{\sin \pi t}$

19. $y=\cos^2 x^3$

20. $y=\cos^2 x+\sin^2 x$

21. $y=e^x\sin x$

22. $y=(\cos x+\sin x)^2$

23. $y=\sin 2x\cos 3x$

24. $y=\frac{1+x}{\cos x}$

25. $y=\frac{\sin t}{\cos t}$

26. $y=\cos(e^{2x+3})$

27. $y=\ln(\cos t)$

28. $y=\ln(\sin 2t)$

29. $y=\sin(\ln t)$

30. $y=(\cos t)\ln t$

31. 求 $y=\cos 3x$ 在 $x=13\pi/6$ 处的切线的斜率。

32. 求 $y=\sin 2x$ 在 $x=5\pi/4$ 处的切线的斜率。

33. 求 $y=3\sin x+\cos 2x$ 在 $x=\pi/2$ 处的切线方程。

34. 求 $y=3\sin 2x-\cos 2x$ 在 $x=3\pi/4$ 处的切线方程。

求不定积分。

35. $\int \cos 2x\,dx$

36. $\int 3\sin 3x\,dx$

37. $\int -\frac{1}{2}\cos\frac{x}{7}\,dx$

38. $\int 2\sin\frac{x}{2}\,dx$

39. $\int(\cos x-\sin x)\,dx$

40. $\int\left(2\sin 3x+\frac{\cos 2x}{2}\right)dx$

41. $\int(-\sin x+3\cos(-3x))\,dx$

42. $\int\sin(-2x)\,dx$

43. $\int\sin(4x+1)\,dx$

44. $\int\cos\frac{x-2}{2}\,dx$

45. 求曲线 $y=\cos t$ 在 $t=0$ 到 $t=\pi/2$ 下的面积。

46. 求曲线 $y=\sin 2t$ 在 $t=0$ 到 $t=\pi/4$ 下的面积。

47. **血压模型**。人在 t 时刻（秒）的血压为 $P=100+20\cos 6t$。(a)求出 P 的极大值（称为**收缩压**）和极小值（称为**舒张压**），并给出一到两个 P 的极大值和极小值对应的 t 值。(b)若时间以秒为单位，P 的方程大约可以预测每分钟多少次心跳？

48. **基础代谢率**。生物体在一定时间内的基础代谢（BM）可描述为生物体在该段时间内产生的总热量，单位为千卡（kcal），假设生物体处于休息状态且无压力。基础代谢率（BMR）是指生物体每小时产生热量的速率，单位为千卡。沙漠鼠等动物的 BMR 随着温度和其他环境因素的变化而波动。BMR 通常遵循一个昼夜循环，即在夜间低温时上升，而在白天较暖时下降。若 $\mathrm{BMR}(t)=0.4+0.2\cos(\pi t/12)$ 千卡/小时（$t=0$ 对应凌晨 3 点），计算一天的基础代谢（见图 11）。

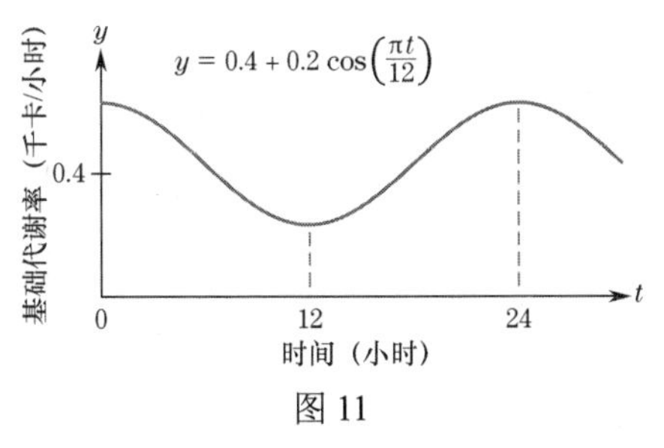

图 11

49. 当 h 趋于 0 时 $[\sin(\pi/2+h)-1]/h$ 趋于什么值？提示：$\sin\frac{\pi}{2}=1$。

50. 当 h 趋于 0 时 $[\cos(\pi+h)+1]/h$ 趋于什么值？提示：$\cos\pi=-1$。

51. **平均温度**。华盛顿特区在年初后 t 周的周平均气温为

$$f(t)=54+23\sin\left[\frac{2\pi}{52}(t-12)\right]$$

该函数的图形如图 12 所示。

(a) 第 18 周的周平均气温是多少？

(b) 第 20 周时，温度变化有多快？

(c) 何时每周的平均气温为 39℉？

(d) 每周平均气温何时以 1℉/周的速度下降？

(e) 周平均气温何时最高？何时最低？

(f) 周平均气温何时上升最快？何时下降最快？

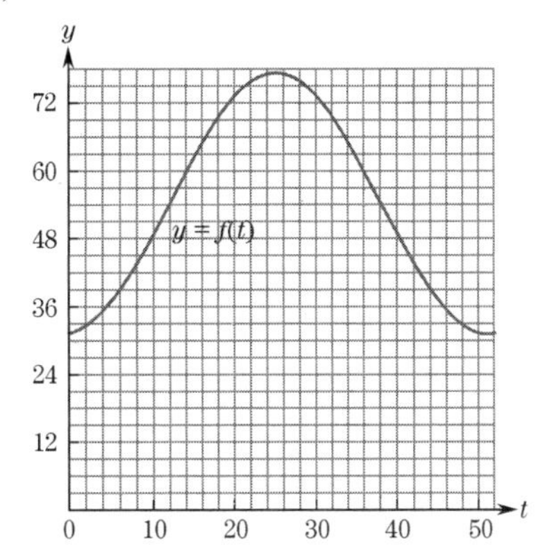

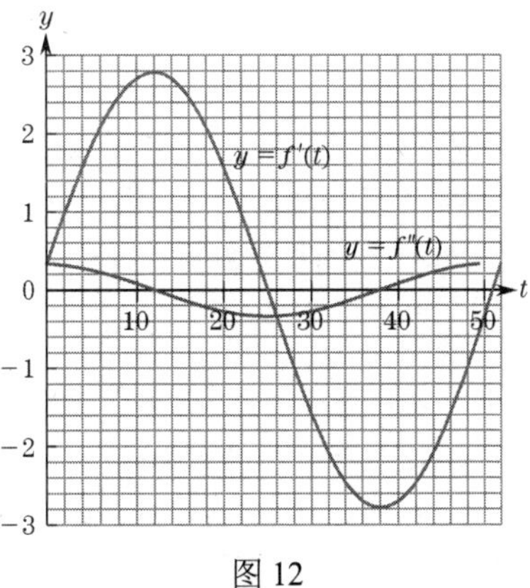

图 12

52. **平均日照时数**。在年初后的 t 周内，华盛顿每天白天的小时数为

$$f(t)=12.18+2.725\sin\left[\frac{2\pi}{52}(t-12)\right]$$

该函数的图形如图 13 所示。

(a) 42 周后白天有多少小时？

(b) 32 周后，白昼小时数减少的速度有多快？

(c) 何时每天有 14 个小时的白昼？

(d) 何时白天的小时数以 15 分钟/周的速度增加？

(e) 何时白天最长？何时白天最短？

(f) 何时白天的时长增长最快？减少最快？

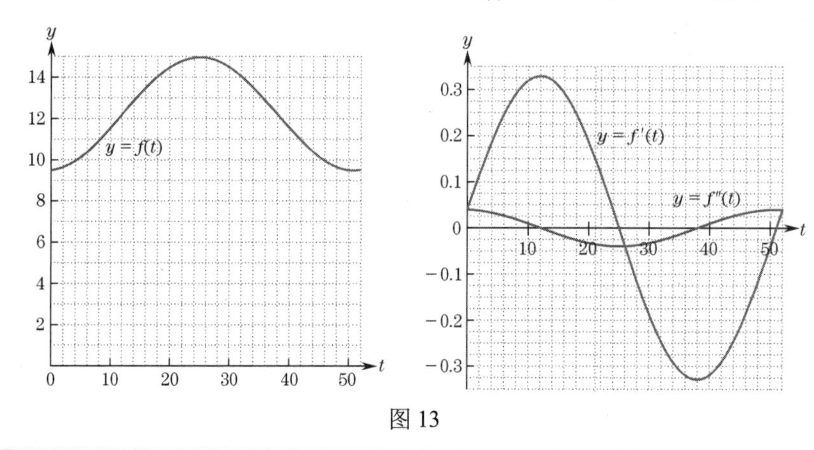

图 13

8.3 节复习题答案

1. 根据链式法则有

$$\begin{aligned} y' &= 2\cos\left(t^2+\tfrac{\pi}{6}\right)\cdot\tfrac{d}{dt}\left(t^2+\tfrac{\pi}{6}\right) \\ &= 2\cos\left(t^2+\tfrac{\pi}{6}\right)\cdot 2t \\ &= 4t\cos\left(t^2+\tfrac{\pi}{6}\right) \end{aligned}$$

2. 根据乘法法则有

$$\begin{aligned} y' &= e^t\tfrac{d}{dt}(\sin 2t)+(\sin 2t)\tfrac{d}{dt}e^t \\ &= 2e^t\cos 2t+e^t\sin 2t \end{aligned}$$

8.4 正切和其他三角函数

某些涉及正弦函数和余弦函数的函数在应用中经常出现，因此被赋予了特殊的名称。正切（tan）、余切（cot）、正割（sec）、余割（csc）就是这样的函数，它们的定义如下：

$$\tan t=\frac{\sin t}{\cos t},\quad \cot t=\frac{\cos t}{\sin t},\quad \sec t=\frac{1}{\cos t},\quad \csc t=\frac{1}{\sin t}$$

它们只对 t 有定义，因此上面的商的分母不为零。这 4 个函数加上正弦和余弦，被称为**三角函数**。本节主要介绍正切函数。习题中展开了余切、正割和余割的一些性质。

许多涉及三角函数的恒等式可由 8.2 节给出的恒等式推导出来，这里只介绍下面的恒等式：

$$\tan^2 t+1=\sec^2 t \tag{1}$$

式中，$\tan^2 t$ 表示 $(\tan t)^2$，$\sec^2 t$ 表示 $(\sec t)^2$。这个恒等式是将恒等式 $\sin^2 t+\cos^2 t=1$ 中的各项除以 $\cos^2 t$ 得到的。

对于正切函数的一个重要解释可用定义正弦和余弦的图形给出。对于给定的 t，下面构造一个 t 弧度的角（见图 1）。因为 $\sin t=y/r$，$\cos t=x/r$，所以有

$$\frac{\sin t}{\cos t}=\frac{y/r}{x/r}=\frac{y}{x}$$

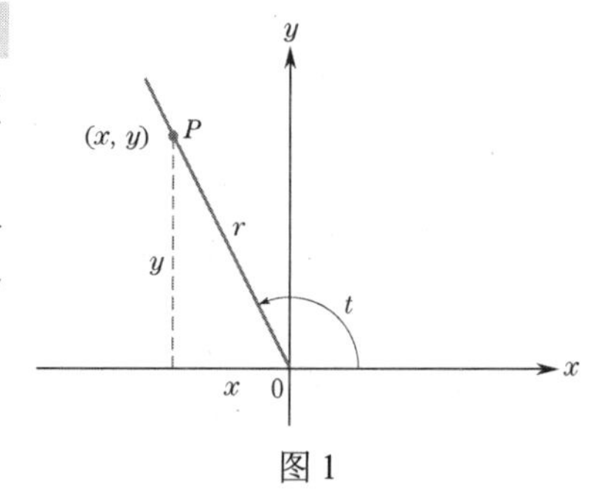

图 1

这个公式成立的前提是 $x\neq 0$。因此，

$$\tan t=\frac{y}{x} \tag{2}$$

图 2 中的三个例子说明了切线的这种性质。

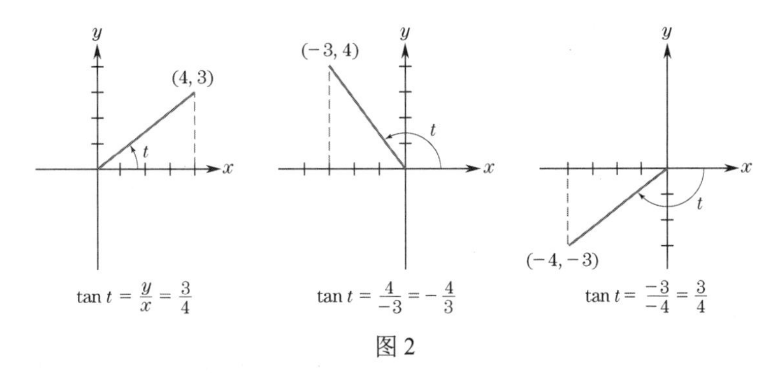

图 2

当 $0<t<\pi/2$ 时， $\tan t$ 的值是直角三角形的边长之比。换句话说，若有一个如图 3 所示的三角形，则有

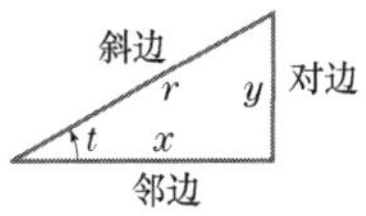

$$\tan t=\frac{\text{对边}}{\text{邻边}} \tag{3}$$

斜边 r　对边 y　邻边 x　t

图 3

例 1　确定建筑物的高度。从观测者到建筑物顶部的仰角是 29°（见图 4）。观测者到离建筑物底部的距离为 100 米，求建筑物的高度。

解：设 h 为建筑物的高度。由式(3)可知

$$h/100=\tan 29^{\circ},\quad h=100\tan 29^{\circ}$$

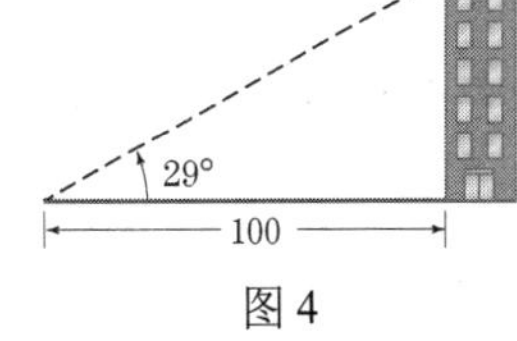

图 4

将 29° 转换成弧度有 $29^{\circ}=(\pi/180)\cdot 29\approx 0.5$ 弧度，且 $\tan 0.5\approx 0.54630$ 。因此，有

$$h\approx 100\times 0.54630=54.63\text{ 米}$$

■

tan*t* 的导数

因为 $\tan t$ 是由 $\sin t$ 和 $\cos t$ 定义的，所以可以根据微分法则计算 $\tan t$ 的导数。也就是说，应用除法求导法则，有

$$\frac{\mathrm{d}}{\mathrm{d}t}(\tan t)=\frac{\mathrm{d}}{\mathrm{d}t}\left(\frac{\sin t}{\cos t}\right)=\frac{\cos t\cos t-\sin t(-\sin t)}{(\cos t)^2}=\frac{\cos^2 t+\sin^2 t}{\cos^2 t}=\frac{1}{\cos^2 t}$$

现在，

$$\frac{1}{\cos^2 t}=\frac{1}{(\cos t)^2}=\left(\frac{1}{\cos t}\right)^2=(\sec t)^2=\sec^2 t$$

所以 $\tan t$ 的导数可用两种等价的方式表示：

$$\frac{\mathrm{d}}{\mathrm{d}t}(\tan t)=\frac{1}{\cos^2 t}=\sec^2 t \tag{4}$$

联立式(4)和链式法则有

$$\frac{\mathrm{d}}{\mathrm{d}t}(\tan g(t))=[\sec^2 g(t)]g'(t) \tag{5}$$

例 2　正切函数的导数。微分：(a) $\tan(t^3+1)$；(b) $\tan^3 t$ 。

解：(a) 根据式(5)有

$$\frac{\mathrm{d}}{\mathrm{d}t}[\tan(t^3+1)]=\sec^2(t^3+1)\cdot\frac{\mathrm{d}}{\mathrm{d}t}(t^3+1)=3t^2\sec^2(t^3+1)$$

(b) 将 $\tan^3 t$ 写成 $(\tan t)^3$ 并用链式法则（这时使用一般幂法则）有

$$\frac{\mathrm{d}}{\mathrm{d}t}(\tan t)^3=(3\tan^2 t)\cdot\frac{\mathrm{d}}{\mathrm{d}t}(\tan t)=3\tan^2 t\sec^2 t$$

■

tan*t* 的图形

回顾可知，除了 $\cos t=0$， $\tan t$ 对所有 t 都有定义（ $\sin t/\cos t$ 的分母不能为零）。 $\tan t$ 的图形如图 5 所示。注意， $\tan t$ 是以 π 为周期的。

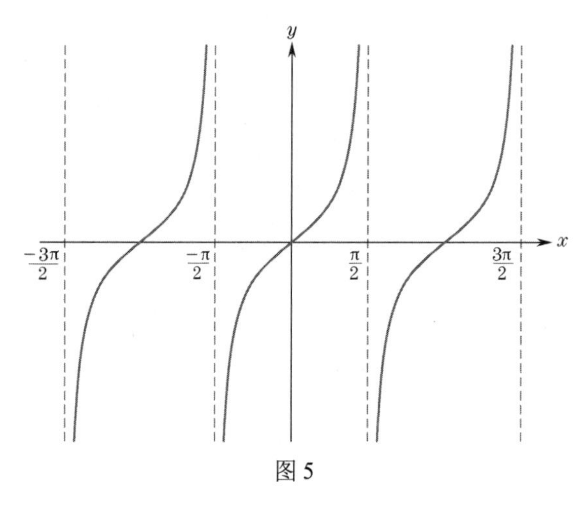

图 5

8.4 节复习题（答案见本节习题后）

1. 证明直线的斜率等于该直线与 x 轴夹角的正切。

2. 计算 $\int_0^{\pi/4}\sec^2 t\,dt$ 。

习题 8.4

1. 设 $0<t<\pi/2$，使用图 3 将 $\sec t$ 描述为直角三角形的边长之比。

2. 设 $0<t<\pi/2$，将 $\cot t$ 描述为直角三角形的边长之比。

在习题 3~10 中，给出 $\tan t$ 和 $\sec t$ 的值，其中 t 是所示角的弧度。

3.

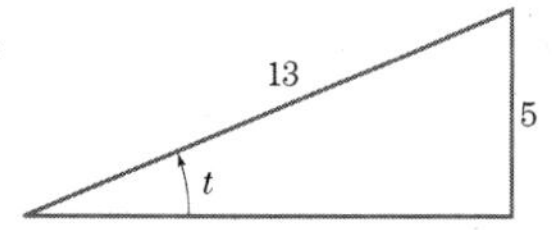

4. **5.**

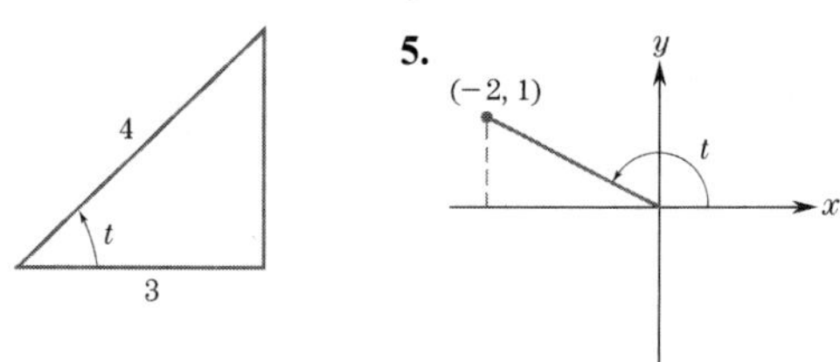

6. **7.**

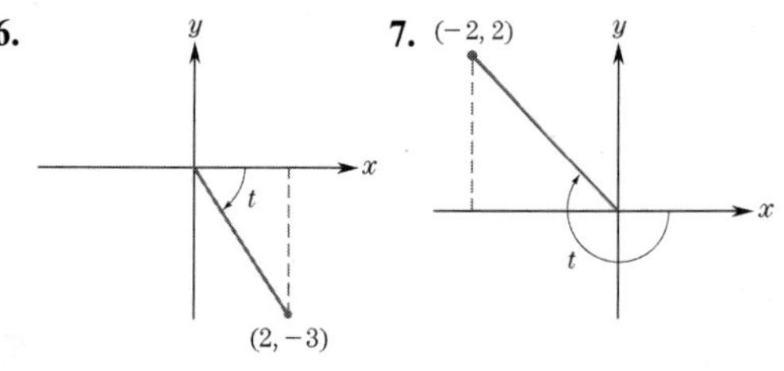

8. **9.**

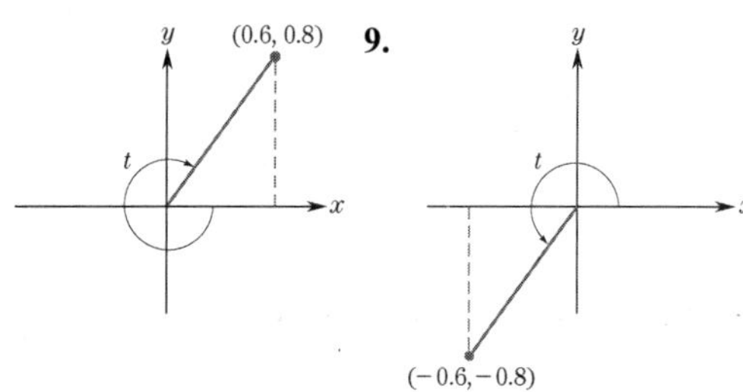

10.

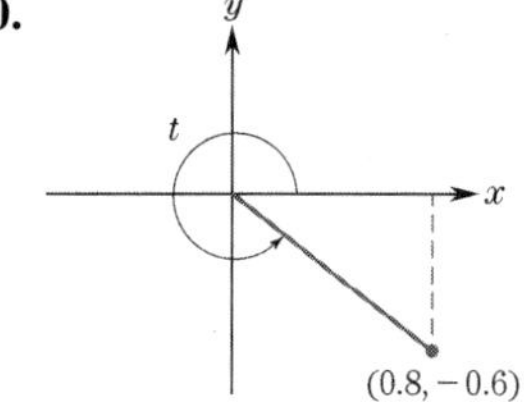

11. 如图 6 所示，角 BAC 为 90°，角 ACB 为 40°，从 A 到 C 的距离为 75 英尺，求点 A 和点 B 处河流的宽度。

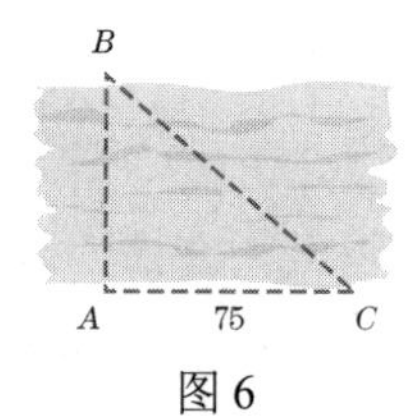

图 6

12. 从观测者到教堂顶部的仰角是 0.3 弧度，从观测者到教堂尖顶的仰角是 0.4 弧度。设观测者到教堂的距离为 70 米，求教堂顶部尖顶的高度。

关于 t 或 x 微分。

13. $f(t)=\sec t$ **14.** $f(t)=\csc t$

15. $f(t)=\cot t$ **16.** $f(t)=\cot 3t$

17. $f(t)=\tan 4t$ **18.** $f(t)=\tan \pi t$

19. $f(x)=3\tan(\pi-x)$ **20.** $f(x)=5\tan(2x+1)$

21. $f(x)=4\tan(x^2+x+3)$ **22.** $f(x)=3\tan(1-x^2)$

23. $y=\tan\sqrt{x}$ **24.** $y=2\tan\sqrt{x^2-4}$

25. $y=x\tan x$ **26.** $y=\mathrm{e}^{3x}\tan 2x$

27. $y=\tan^2 x$ **28.** $y=\sqrt{\tan x}$

29. $y=(1+\tan 2t)^3$ **30.** $y=\tan^4 3t$

31. $y=\ln(\tan t+\sec t)$ **32.** $y=\ln(\tan t)$

33. (a)求 $y=\tan x$ 在点 $(\pi/4,1)$ 处的切线方程。(b)从图 5 中复制 $y=\tan x$ 在 $-\pi/2<x<\pi/2$ 的图形，然后在图形上绘制于(a)问求得的切线。

34. 重做习题 33(a)和习题 33(b)，用 $y=\tan x$ 上的点 $(0,0)$ 代替点 $(\pi/4,1)$。

计算积分。

35. $\int \sec^2 3x\,\mathrm{d}x$ **36.** $\int \sec^2(2x+1)\,\mathrm{d}x$

37. $\int_{-\pi/4}^{\pi/4}\sec^2 x\,\mathrm{d}x$ **38.** $\int_{-\pi/8}^{\pi/8}\sec^2(x+\pi/8)\,\mathrm{d}x$

39. $\int \frac{1}{\cos^2 x}\mathrm{d}x$ **40.** $\int \frac{3}{\cos^2 2x}\mathrm{d}x$

8.4 节复习题答案

1. 斜率为 m 的直线如图 7(a)所示，其中 $\tan\theta=m/1=m$，$y=mx+b$，斜率 m 为负。直线 $y=mx$ 具有相同的斜率，与 x 轴的夹角相同，如图 7(b)所示。$\tan\theta=-m/-1=m$。

2. $\int_0^{\pi/4}\sec^2 t\,\mathrm{d}t=\tan t\Big|_0^{\pi/4}=\tan\frac{\pi}{4}-\tan 0=1-0=1$。

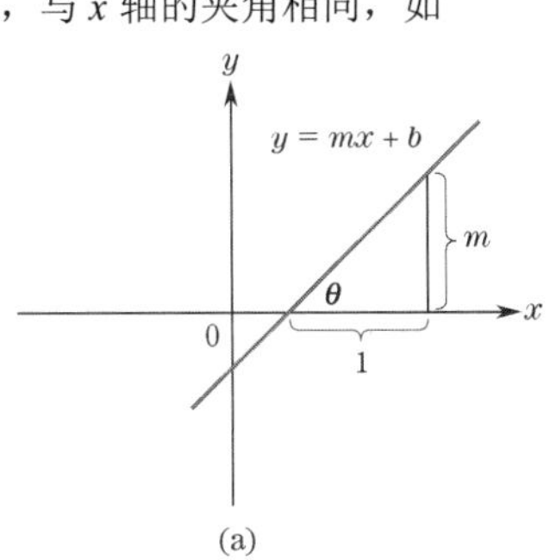

(a)

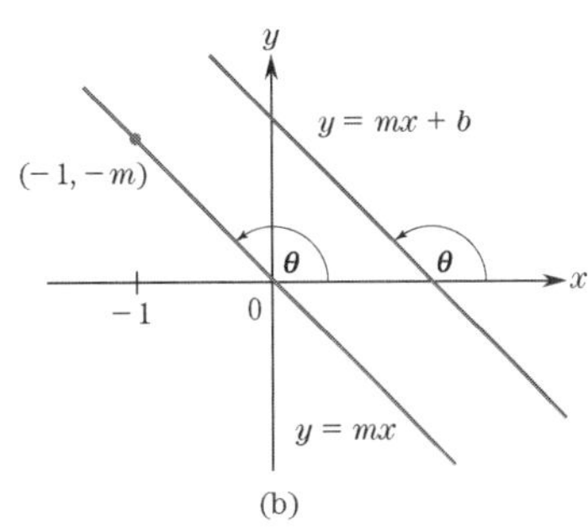

(b)

图 7

第 8 章概念题

1. 解释角的弧度度量。

2. 给出度数与弧度的换算公式。

3. 给出 $\sin t$、$\cos t$ 和 $\tan t$ 的三角解释，t 的取值范围是 0 到 $\pi/2$。

4. 定义 $\sin t$、$\cos t$ 和 $\tan t$。

5. 当我们说正弦函数和余弦函数的周期是 2π 时，这意味着什么？

6. 画出 $\sin t$ 和 $\cos t$ 的图形。

7. 尽量写出涉及正弦和余弦函数的恒等式。

8. 定义 $\cot t$、$\sec t$ 和 $\csc t$。

9. 写出一个涉及 $\tan t$ 和 $\sec t$ 的恒等式。

10. $\sin g(t)$、$\cos g(t)$ 和 $\tan g(t)$ 的导数是什么？

第 8 章复习题

求习题 1～3 中所示角的弧度。

1.

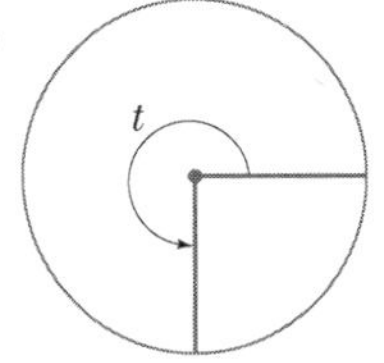

2.

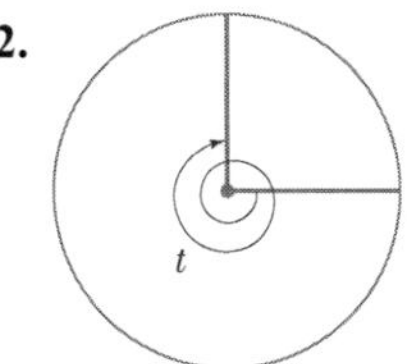

3.

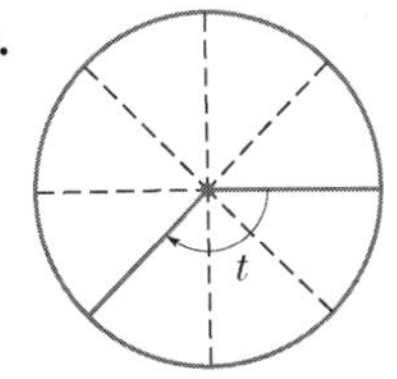

用弧度来构造角。

4. $-\pi$　　**5.** $\frac{5\pi}{4}$　　**6.** $-\frac{9\pi}{2}$

在习题 7 ~ 10 中，给定坐标的点确定一个 t 弧度的角，其中 $0 \leqslant t \leqslant 2\pi$，求 $\sin t$、$\cos t$ 和 $\tan t$。

7. $(3,4)$　　**8.** $(-0.6,0.8)$

9. $(-0.6,-0.8)$　　**10.** $(3,-4)$

11. $\sin t = 1/5$，$\cos t$ 可能的值是多少？

12. $\cos t = -2/3$，$\sin t$ 可能的值是多少？

13. 找出 t 在 -2π 和 2π 间的 4 个值使 $\sin t = \cos t$。

14. 找出 t 在 -2π 和 2π 间的 4 个值使 $\sin t = -\cos t$。

15. 当 $-\pi/2 < t < 0$ 时，$\tan t$ 是正的还是负的？

16. 当 $\pi/2 < t < \pi$ 时，$\sin t$ 是正的还是负的？

17. **坡道几何**。装载坡道的底部长 15 英尺，坡度为 23°，求坡道的长度。

18. **确定树高**。当太阳的仰角为 53° 时，一棵树投射出了 60 英尺的阴影，这棵树有多高？

关于 t 或 x 微分。

19. $f(t) = 3\sin t$　　**20.** $f(t) = \sin 3t$

21. $f(t) = \sin\sqrt{t}$　　**22.** $f(t) = \cos t^3$

23. $g(x) = x^3 \sin x$　　**24.** $g(x) = \sin(-2x)\cos 5x$

25. $f(x) = \frac{\cos 2x}{\sin 3x}$　　**26.** $f(x) = \frac{\cos x - 1}{x^3}$

27. $f(x) = \cos^3 4x$　　**28.** $f(x) = \tan^3 2x$

29. $y = \tan(x^4 + x^2)$　　**30.** $y = \tan \mathrm{e}^{-2x}$

31. $y = \sin(\tan x)$　　**32.** $y = \tan(\sin x)$

33. $y = \sin x \tan x$　　**34.** $y = \ln x \cos x$

35. $y = \ln(\sin x)$　　**36.** $y = \ln(\cos x)$

37. $y = \mathrm{e}^{3x}\sin^4 x$　　**38.** $y = \sin^4 \mathrm{e}^{3x}$

39. $f(t) = \frac{\sin t}{\tan 3t}$　　**40.** $f(t) = \frac{\tan 2t}{\cos t}$

41. $f(t) = \mathrm{e}^{\tan t}$　　**42.** $f(t) = \mathrm{e}^t \tan t$

43. $f(t) = \sin^2 t$，求 $f''(t)$。

44. 证明 $y = 3\sin 2t + \cos 2t$ 满足 $y'' = -4y$。

45. 设 $f(s,t) = \sin s \cos 2t$，求 $\frac{\partial f}{\partial s}$ 和 $\frac{\partial f}{\partial t}$。

46. 设 $z = \sin wt$，求 $\frac{\partial z}{\partial w}$ 和 $\frac{\partial z}{\partial t}$。

47. 设 $f(s,t) = t\sin st$，求 $\frac{\partial f}{\partial s}$ 和 $\frac{\partial f}{\partial t}$。

48. 8.2 节给出了恒等式

$$\sin(s+t) = \sin s \cos t + \cos s \sin t$$

计算该式两边对 t 的偏导数，得到 $\cos(s+t)$ 的恒等式。

49. 求曲线 $y = \tan t$ 在 $t = \pi/4$ 处的切线方程。

50. 绘制 $f(t) = \sin t + \cos t$ 在 $-2\pi \leqslant t \leqslant 2\pi$ 上的图形，使用以下步骤：

(a) 找出在 -2π 和 2π 之间的所有 t，使得 $f'(t) = 0$。在 $y = f(t)$ 的图形上画出相应的点。

(b) 在(a)问的点处检查 $f(t)$ 的凹性，并在这些点附近画出图形的草图。

(c) 确定任何拐点并将其绘制成图，然后完成图形的草图。

51. 画出 $y = t + \sin t$ 在 $0 \leqslant t \leqslant 2\pi$ 上的图形。

52. 求从 $t = 0$ 到 $t = \pi/2$ 曲线 $y = 2 + \sin 3t$ 下的面积。

53. 求从 $t = 0$ 到 $t = 2\pi$ 曲线 $y = \sin t$ 与 t 轴间的区域的面积。

54. 求从 $t = 0$ 到 $t = 3\pi/2$ 曲线 $y = \cos t$ 与 t 轴间的区域的面积。

55. 求从 $x = 0$ 到 $x = \pi$ 曲线 $y = x$ 和 $y = \sin x$ 间的区域的面积。

测量峰值流量。肺活量图把人肺部的空气体积作为时间的函数记录在图表上。如果某人经历了自发的过度通气，肺活量描记图的轨迹将接近正弦曲线。一个典型的轨迹是

$$V(t) = 3 + 0.05\sin(160\pi t - \pi/2)$$

其中 t 以分钟为单位，$V(t)$ 是以升为单位的肺活量（见图 1）。习题 56 ~ 58 参考了该函数。

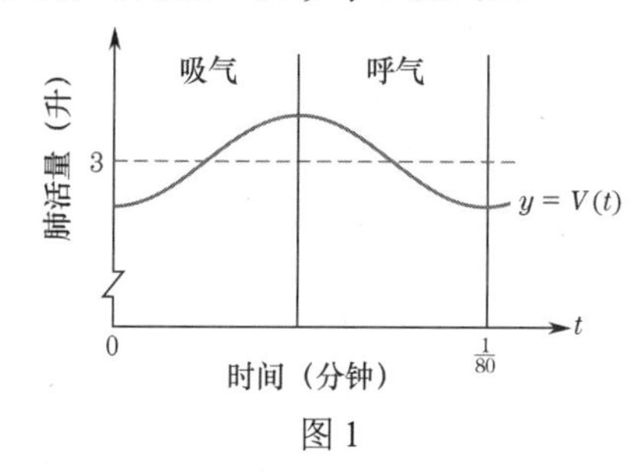

图 1

56. (a) 计算 $V(0)$，$V\left(\frac{1}{320}\right)$，$V\left(\frac{1}{160}\right)$ 和 $V\left(\frac{1}{80}\right)$。

(b) 肺的最大容量是多少？

57. (a) 求 t 时刻空气进入肺部的流速公式。

(b) 求吸气时的最大气流速率。该量被称为**吸气流量峰值**。

(c) 吸气发生在 $t = 0$ 和 $t = 1/160$ 间。求吸气时空气的平均流速。该量被称为**平均吸气流量**。

58. **分钟通气量**。分钟通气量定义为 1 分钟内吸入空气的总量。根据呼吸生理学的标准文本，当一个人经历自发过度通气时，峰值吸气流量等于分钟通气量的 π 倍，平均吸气流量等于分钟通气量的 2 倍。使用习题 57 中的数据验证这些断言。

计算积分。

59. $\int \sin(\pi - x)\,\mathrm{d}x$　　**60.** $\int (3\cos 3x - 2\sin 2x)\,\mathrm{d}x$

61. $\int_0^{\pi/2} \cos 6x\,\mathrm{d}x$　　**62.** $\int \cos(6 - 2x)\,\mathrm{d}x$

63. $\int_0^{\pi} (x - 2\cos(\pi - 2x))\,\mathrm{d}x$

64. $\int_{-\pi}^{\pi}(\cos 3x+2\sin 7x)\,\mathrm{d}x$

65. $\int \sec^2\frac{x}{2}\,\mathrm{d}x$　　66. $\int 2\sec^2 2x\,\mathrm{d}x$

参考图 2，完成如下习题。

67. 求阴影部分的面积 A_1。

68. 求阴影部分的面积 A_2。

69. 求阴影部分的面积 A_3。

70. 求阴影部分的面积 A_4。

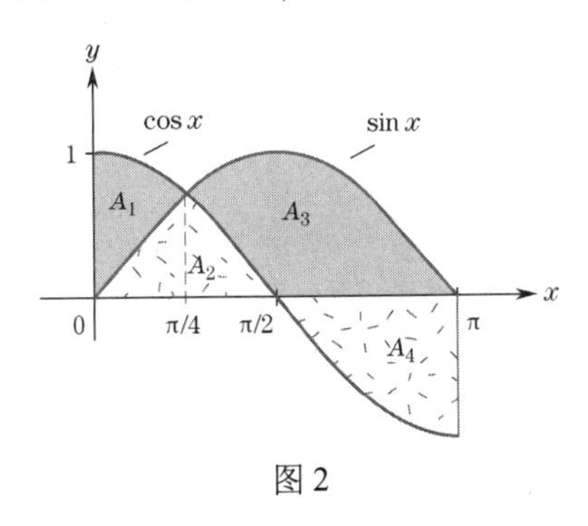

图 2

在习题 71 ~ 74 中，求函数 $f(t)$ 在给定区间内的平均值。

71. $f(t)=1+\sin 2t-\frac{1}{3}\cos 2t$，$0\leqslant t\leqslant 2\pi$

72. $f(t)=t-\cos 2t$，$0\leqslant t\leqslant \pi$

73. $f(t)=1000+200\sin 2(t-\pi/4)$，$0\leqslant t\leqslant 3\pi/4$

74. $f(t)=\cos t+\sin t$，$-\pi\leqslant t\leqslant 0$

求积分。提示：在计算积分前，使用 8.4 节的恒等式(1)来转换积分。

75. $\int \tan^2 x\,\mathrm{d}x$　　76. $\int \tan^2 3x\,\mathrm{d}x$

77. $\int (1+\tan^2 x)\,\mathrm{d}x$　　78. $\int (2+\tan^2 x)\,\mathrm{d}x$

79. $\int_0^{\pi/4}\tan^2 x\,\mathrm{d}x$　　80. $\int_0^{\pi/4}(2+2\tan^2 x)\,\mathrm{d}x$

第 9 章　积分技术

本章介绍计算积分（包括不定积分和定积分）的技术，因为前面的章节中已提到需要这些技术。除了增加应用，我们会更清楚地看到在物理问题中计算积分的需求是如何产生的。

积分是微分的逆过程。然而，实施积分要困难得多。如果一个函数是一个包含初等函数的表达式（如 $x^r, \sin x, e^x, \cdots$），那么其导数也是如此。此外，我们能够开发出计算方法，相对容易地微分几乎可以写出的任何函数。尽管许多积分问题具有这些特征，但有些积分问题没有。对于一些初等函数（如 e^{x^2}），不定积分不能用初等函数表示。即使存在初等不定积分，求其的方法往往也很复杂。

因此，下面准备各种各样的工具来处理积分计算的问题。本章讨论的内容如下：

1. 求不定积分的技巧。集中讨论两种方法，即换元积分法和分部积分法。

2. 定积分的计算。

3. 定积分的近似计算。我们将开发两种新技术来得到 $\int_a^b f(x)\mathrm{d}x$ 的数值逼近。这些技术在无法求出 $f(x)$ 不定积分的情况下特别有用。

下面回顾关于积分的一些基本事实。根据定义，不定积分

$$\int f(x)\mathrm{d}x$$

是导数为 $f(x)$ 的函数。导数为 $f(x)$ 的函数的最一般函数是 $F(x)+C$，其中 C 为任意常数：

$$\int f(x)\mathrm{d}x = F(x)+C$$

意思是 $f(x)$ 的所有不定积分都是函数 $F(x)+C$，其中 C 为任意常数。

每当我们微分一个函数时，都会推导出一个积分公式。例如，

$$\frac{\mathrm{d}}{\mathrm{d}x}(3x^2)=6x$$

它可转化为积分公式

$$\int 6x\,\mathrm{d}x = 3x^2+C$$

下表中回顾了一些由微分公式推导而来的公式。

微 分 公 式	对应的积分公式
$\frac{\mathrm{d}}{\mathrm{d}x}(x^r)=rx^{r-1}$	$\int rx^{r-1}\mathrm{d}x = x^r + C$ 或 $\int x^r\mathrm{d}x=\frac{x^{r+1}}{r+1}+C$，$r\neq -1$
$\frac{\mathrm{d}}{\mathrm{d}x}(e^x)=e^x$	$\int e^x\mathrm{d}x = e^x+C$
$\frac{\mathrm{d}}{\mathrm{d}x}(\ln\lvert x\rvert)=\frac{1}{x}$	$\int \frac{1}{x}\mathrm{d}x=\ln\lvert x\rvert+C$
$\frac{\mathrm{d}}{\mathrm{d}x}(\sin x)=\cos x$	$\int \cos x\,\mathrm{d}x=\sin x+C$
$\frac{\mathrm{d}}{\mathrm{d}x}(\cos x)=-\sin x$	$\int \sin x\,\mathrm{d}x=-\cos x+C$
$\frac{\mathrm{d}}{\mathrm{d}x}(\tan x)=\sec^2 x$	$\int \sec^2 x\,\mathrm{d}x=\tan x+C$

该表说明了对积分技术的需求。虽然 $\sin x$、$\cos x$ 和 $\sec^2 x$ 是简单三角函数的导数，但是函数 $\tan x$ 和 $\cot x$ 则不在列表中。事实上，如果用三角函数的各种初等组合进行实验，就很容易发现 $\tan x$ 和 $\cot x$ 的不定积分不易计算。本章讨论计算此类不定积分的技术。

9.1　换元积分法

每个微分公式都可转化成相应的积分公式，这对链式法则也成立。由此得到的公式称为**换元积

分，常用于将复杂的积分转化为简单的积分。

设 $f(x)$ 和 $g(x)$ 是两个已知函数，$F(x)$ 是 $f(x)$ 的不定积分，则链式法则声称

$$\frac{d}{dx}[F(g(x))]=F'(g(x))g'(x)=f(g(x))g'(x)$$

将这个公式变成积分公式有

$$\int f(g(x))g'(x)dx=F(g(x))+C \tag{1}$$

式中，C 是任意常数。

回顾：在答案中不要漏掉任意常数 C（见 6.1 节）。

例 1　换元积分法。求 $\int(x^2+1)^3\cdot 2x\,dx$。

解法 1：设 $f(x)=x^3$，$g(x)=x^2+1$，则 $f(g(x))=(x^2+1)^3$ 和 $g'(x)=2x$。因此，我们可以应用式(1)。$f(x)$ 的不定积分 $F(x)$ 为

$$F(x)=\frac{1}{4}x^4$$

因此，由式(1)有

$$\int(x^2+1)^3\cdot 2x\,dx=F(g(x))+C=\frac{1}{4}(x^2+1)^4+C$$

■

通过引入一个简单的助记符，可将式(1)从有时有用的公式状态提升为积分技术。假设我们要对函数 $f(g(x))g'(x)$ 进行积分。当然，我们可由式(1)知道答案。但是，下面稍微改变一下思路。将表达式 $g(x)$ 替换为一个新变量 u，并将 $g'(x)dx$ 替换为 du。这种替换的优点是，可将复杂的表达式 $f(g(x))$ 简化为简单的形式 $f(u)$。积分问题可以用 u 表示：

$$\int f(g(x))g'(x)dx=\int f(u)du$$

但是，右边的积分很容易求出来，因为

$$\int f(u)du=F(u)+C$$

因为 $u=g(x)$，所以有

$$\int f(g(x))g'(x)dx=F(u)+C=F(g(x))+C$$

这是由式(1)得到的正确答案。然而，要记住的是，用 du 代替 $g'(x)dx$ 是一个正确的数学命题，因为这样做会导致正确的答案。本书不寻求以任何更深层次的方式解释这种替代意味着什么。

下面使用该方法重新解答例 1。

解法 2：设 $u=x^2+1$，则 $du=\frac{d}{dx}(x^2+1)dx=2x\,dx$，且

$$\int(x^2+1)^3\cdot 2x\,dx=\int u^3\cdot du=\frac{1}{4}u^4+C=\frac{1}{4}(x^2+1)^4+C$$

■

例 2　指数函数的换元。计算 $\int 2xe^{x^2}dx$。

解：设 $u=x^2$，则 $du=\frac{d}{dx}(x^2)dx=2x\,dx$。于是，有

$$\int 2xe^{x^2}dx=\int e^{x^2}\cdot 2x\,dx=\int e^u du=e^u+C=e^{x^2}+C$$

■

由例 1 和例 2，我们可以推导出函数 $f'(g(x))g'(x)$ 的积分方法。

换元积分法

1. 定义一个新变量 $u=g(x)$，其中 $g(x)$ 的选择方式是，当用 u 表示时，被积函数比用 x 表示时更简单。
2. 将关于 x 的积分转化为关于 u 的积分方法是，将 $g(x)$ 处处替换为 u，将 $g'(x)dx$ 替换为 du。

3. 对 u 的结果函数积分。

4. 用 $g(x)$ 代替 u，将答案写成 x 的形式。

下面再举几个例子。

例 3　根式的替换。计算 $\int 3x^2\sqrt{x^3+1}\,\mathrm{d}x$。

解：我们面临的第一个问题是找到一种合适的替换方法来简化积分。一种可能是设 $u=x^3+1$。于是，$\sqrt{x^3+1}$ 就变成 $\sqrt{u}$，这是很明显的化简。若令 $u=x^3+1$，则 $\mathrm{d}u=\frac{\mathrm{d}}{\mathrm{d}x}(x^3+1)\mathrm{d}x=3x^2\,\mathrm{d}x$。于是，有

$$\int 3x^2\sqrt{x^3+1}\,\mathrm{d}x=\int\sqrt{u}\,\mathrm{d}u=\tfrac{2}{3}u^{3/2}+C=\tfrac{2}{3}(x^3+1)^{3/2}+C$$

■

例 4　指数函数的替换。求 $\int\frac{(\ln x)^2}{x}\mathrm{d}x$。

解：设 $u=\ln x$，则 $\mathrm{d}u=(1/x)\mathrm{d}x$，且

$$\int\frac{(\ln x)^2}{x}\mathrm{d}x=\int(\ln x)^2\cdot\frac{1}{x}\mathrm{d}x=\int u^2\,\mathrm{d}u=\frac{u^3}{3}+C=\frac{(\ln x)^3}{3}+C$$

■

知道如何正确地进行替换是要通过实践发展的技能。基本上，我们寻找的是一个复合函数 $f(g(x))$，其中 $f(x)$ 是一个我们知道如何积分的函数，并且 $g'(x)$ 也出现在被积函数中。有时，$g'(x)$ 不会精确地出现，但可以通过乘以一个常数得到。这样的换算很容易实现，如例 5 和例 6 所示。

例 5　指数函数的替换。求 $\int x^2\mathrm{e}^{x^3}\,\mathrm{d}x$。

解：设 $u=x^3$，则 $\mathrm{d}u=3x^2\,\mathrm{d}x$。被积函数是 $x^2\,\mathrm{d}x$ 而不是 $3x^2\,\mathrm{d}x$。为了引入缺失因子 3，写出

$$\int x^2\mathrm{e}^{x^3}\,\mathrm{d}x=\int\tfrac{1}{3}\cdot 3x^2\mathrm{e}^{x^3}\,\mathrm{d}x=\tfrac{1}{3}\int\mathrm{e}^{x^3}3x^2\,\mathrm{d}x$$

回顾 6.1 节可知，常数倍数可以移到积分号外面。替换得

$$\int x^2\mathrm{e}^{x^3}\,\mathrm{d}x=\tfrac{1}{3}\int\mathrm{e}^u\,\mathrm{d}u=\tfrac{1}{3}\mathrm{e}^u+C=\tfrac{1}{3}\mathrm{e}^{x^3}+C$$

处理缺失因子 3 的另一种方法是写出

$$u=x^3,\quad \mathrm{d}u=3x^2\,\mathrm{d}x,\quad \tfrac{1}{3}\mathrm{d}u=x^2\,\mathrm{d}x$$

然后，替换得

$$\int x^2\mathrm{e}^{x^3}\,\mathrm{d}x=\int\mathrm{e}^{x^3}\cdot x^2\,\mathrm{d}x=\int\mathrm{e}^u\cdot\tfrac{1}{3}\mathrm{d}u=\tfrac{1}{3}\int\mathrm{e}^u\,\mathrm{d}u=\tfrac{1}{3}\mathrm{e}^u+C=\tfrac{1}{3}\mathrm{e}^{x^3}+C$$

■

例 6　分数乘幂的替换。求 $\int\frac{2-x}{\sqrt{2x^2-8x+1}}\mathrm{d}x$。

解：设 $u=2x^2-8x+1$，则 $\mathrm{d}u=(4x-8)\mathrm{d}x$。观察发现 $4x-8=-4(2-x)$，因此将被积函数乘以 −4，然后在积分的前面补上 $-\frac{1}{4}$。

$$\begin{aligned}\int\frac{1}{\sqrt{2x^2-8x+1}}\cdot(2-x)\mathrm{d}x&=-\frac{1}{4}\int\frac{1}{\sqrt{2x^2-8x+1}}\cdot(-4)(2-x)\mathrm{d}x\\&=-\frac{1}{4}\int\frac{1}{\sqrt{u}}\mathrm{d}u=-\frac{1}{4}\int u^{-1/2}\,\mathrm{d}u\\&=-\frac{1}{4}\cdot 2u^{1/2}+C=-\frac{1}{2}u^{1/2}+C\\&=-\frac{1}{2}(2x^2-8x+1)^{1/2}+C\end{aligned}$$

■

例 7　有理函数的积分。求 $\int\frac{2x}{x^2+1}\mathrm{d}x$。

解：x^2+1 的导数是 $2x$，因此令 $u=x^2+1$，$\mathrm{d}u=2x\,\mathrm{d}x$ 来求导：

$$\int\frac{2x}{x^2+1}\mathrm{d}x=\int\frac{1}{u}\mathrm{d}u=\ln|u|+C=\ln(x^2+1)+C$$

■

回顾：$\int \frac{1}{u} du = \ln|u| + C$；不要省略绝对值符号（见 6.1 节）。

例 8　三角函数的替换。求 $\int \tan x \, dx$。

解：有

$$\int \tan x \, dx = \int \frac{\sin x}{\cos x} dx$$

设 $u = \cos x$，则 $du = -\sin x \, dx$。于是，有

$$\int \frac{\sin x}{\cos x} dx = -\int \frac{-\sin x}{\cos x} dx = -\int \frac{1}{u} du = -\ln|u| + C = -\ln|\cos x| + C$$

注意到

$$-\ln|\cos x| = \ln\left|\frac{1}{\cos x}\right| = \ln|\sec x|$$

所以前面的公式可以写成

$$\int \tan x \, dx = \ln|\sec x| + C$$

■

9.1 节自测题（答案见本节习题后）

1. 求函数的导数。

(a) $e^{(2x^3+3x)}$　(b) $\ln x^5$

(c) $\ln\sqrt{x}$　(d) $\ln 5|x|$

(e) $x\ln x$　(f) $\ln(x^4+x^2+1)$

(g) $\sin x^3$　(h) $\tan x$

2. 使用替换公式 $u = \frac{3}{x}$，求 $\int \frac{e^{3/x}}{x^2} dx$。

习题 9.1

采用适当的替换求习题 1 ~ 36 中的积分。

1. $\int 2x(x^2+4)^5 dx$　**2.** $\int 2(2x-1)^7 dx$

3. $\int \frac{2x+1}{\sqrt{x^2+x+3}} dx$　**4.** $\int (x^2+2x+3)^6(x+1) dx$

5. $\int 3x^2 e^{(x^3-1)} dx$　**6.** $\int 2x e^{-x^2} dx$

7. $\int x\sqrt{4-x^2} dx$　**8.** $\int \frac{(1+\ln x)^3}{x} dx$

9. $\int \frac{1}{\sqrt{2x+1}} dx$　**10.** $\int (x^3-6x)^7(x^2-2) dx$

11. $\int x e^{x^2} dx$　**12.** $\int \frac{e^{\sqrt{x}}}{\sqrt{x}} dx$

13. $\int \frac{\ln(2x)}{x} dx$　**14.** $\int \frac{\sqrt{\ln x}}{x} dx$

15. $\int \frac{x^4}{x^5+1} dx$　**16.** $\int \frac{x}{\sqrt{x^2+1}} dx$

17. $\int \frac{x-3}{(1-6x+x^2)^2} dx$　**18.** $\int x^{-2}\left(\frac{1}{x}+2\right)^5 dx$

19. $\int \frac{\ln\sqrt{x}}{x} dx$　**20.** $\int \frac{x^2}{3-x^3} dx$

21. $\int \frac{x^2-2x}{x^3-3x^2+1} dx$　**22.** $\int \frac{\ln(3x)}{3x} dx$

23. $\int \frac{8x}{e^{x^2}} dx$　**24.** $\int \frac{3}{(2x+1)^3} dx$

25. $\int \frac{1}{x\ln x^2} dx$　**26.** $\int \frac{2}{x(\ln x)^4} dx$

27. $\int (3-x)(x^2-6x)^4 dx$　**28.** $\int \frac{dx}{3-5x}$

29. $\int e^x(1+e^x)^5 dx$　**30.** $\int e^x\sqrt{1+e^x} dx$

31. $\int \frac{e^x}{1+2e^x} dx$　**32.** $\int \frac{e^x+e^{-x}}{e^x-e^{-x}} dx$

33. $\int \frac{e^{-x}}{1-e^{-x}} dx$　**34.** $\int \frac{(1+e^{-x})^3}{e^x} dx$

提示：在习题 35 和习题 36 中，分子和分母同时乘以 e^{-x}。

35. $\int \frac{1}{1+e^x} dx$　**36.** $\int \frac{e^{2x}-1}{e^{2x}+1} dx$

37. 图 1 显示了几个函数 $f(x)$ 的图形，其在每个 x 处的斜率为 $x/\sqrt{x^2+9}$。求函数 $f(x)$ 的表达式，其图形过点(4, 8)。

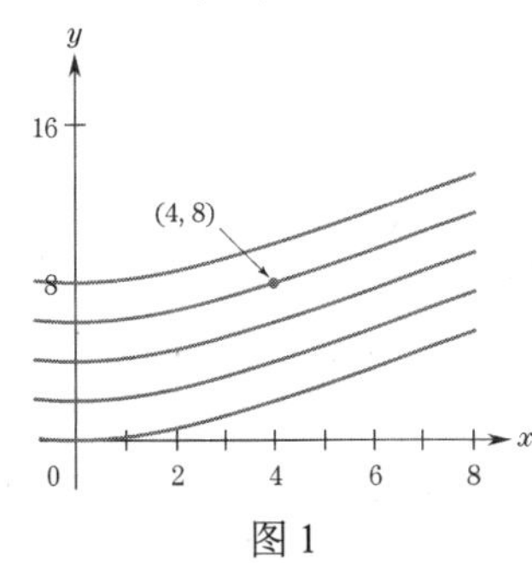

图 1

38. 图 2 显示了几个函数 $f(x)$ 的图形，其在每个 x 处的斜率为 $(2\sqrt{x}+1)/\sqrt{x}$。求函数 $f(x)$ 的表达式，其图形过点(4, 15)。

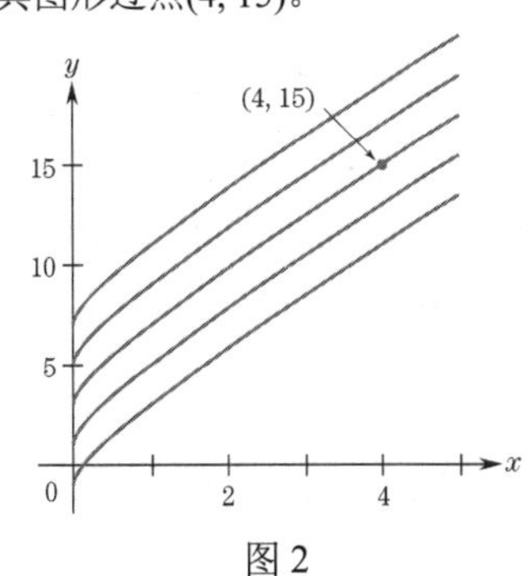

图 2

使用指定的替换求下面的积分。

39. $\int (x+5)^{-1/2}\mathrm{e}^{\sqrt{x+5}}\,\mathrm{d}x$；$u=\sqrt{x+5}$

40. $\int \frac{x^4}{x^5-7}\ln(x^5-7)\,\mathrm{d}x$；$u=\ln(x^5-7)$

41. $\int x\sec^2 x^2\,\mathrm{d}x$；$u=x^2$

42. $\int (1+\ln x)\sin(x\ln x)\,\mathrm{d}x$；$u=x\ln x$

采用适当的替换求下面的积分。

43. $\int \sin x\cos x\,\mathrm{d}x$

44. $\int 2x\cos x^2\,\mathrm{d}x$

45. $\int \frac{\cos\sqrt{x}}{\sqrt{x}}\,\mathrm{d}x$

46. $\int \frac{\cos x}{(2+\sin x)^3}\,\mathrm{d}x$

47. $\int \cos^3 x\sin x\,\mathrm{d}x$

48. $\int (\sin 2x)\mathrm{e}^{\cos 2x}\,\mathrm{d}x$

49. $\int \frac{\cos 3x}{\sqrt{2-\sin 3x}}\,\mathrm{d}x$

50. $\int \cot x\,\mathrm{d}x$

51. $\int \frac{\sin x+\cos x}{\sin x-\cos x}\,\mathrm{d}x$

52. $\int \tan x\sec^2 x\,\mathrm{d}x$

53. 首先采用替换求出 $\int 2x(x^2+5)\,\mathrm{d}x$，然后通过乘以被积函数和不定积分来求积分。解释两个结果的差异。

9.1 节自测题答案

1. (a) $\frac{\mathrm{d}}{\mathrm{d}x}\mathrm{e}^{(2x^3+3x)}=\mathrm{e}^{(2x^3+3x)}\cdot(6x^2+3)$

(b) $\frac{\mathrm{d}}{\mathrm{d}x}\ln x^5=\frac{\mathrm{d}}{\mathrm{d}x}5\ln x=5\cdot\frac{1}{x}$

(c) $\frac{\mathrm{d}}{\mathrm{d}x}\ln\sqrt{x}=\frac{\mathrm{d}}{\mathrm{d}x}\frac{1}{2}\ln x=\frac{1}{2}\cdot\frac{1}{x}=\frac{1}{2x}$

(d) $\frac{\mathrm{d}}{\mathrm{d}x}\ln 5|x|=\frac{\mathrm{d}}{\mathrm{d}x}\left[\ln 5+\ln|x|\right]=0+\frac{1}{x}=\frac{1}{x}$

(e) $\frac{\mathrm{d}}{\mathrm{d}x}x\ln x=x\cdot\frac{1}{x}+(\ln x)\cdot 1=1+\ln x$

(f) $\frac{\mathrm{d}}{\mathrm{d}x}\ln(x^4+x^2+1)=\frac{4x^3+2x}{x^4+x^2+1}$

(g) $\frac{\mathrm{d}}{\mathrm{d}x}\sin x^3=(\cos x^3)\cdot(3x^2)$

(h) $\frac{\mathrm{d}}{\mathrm{d}x}\tan x=\sec^2 x$

2. 设 $u=3/x$，$\mathrm{d}u=(-3/x^2)\,\mathrm{d}x$，则

$$\int\frac{\mathrm{e}^{3/x}}{x^2}\,\mathrm{d}x=\frac{1}{3}\int\mathrm{e}^{3/x}\cdot\left(-\frac{3}{x^2}\right)\mathrm{d}x$$
$$=-\frac{1}{3}\int\mathrm{e}^u\,\mathrm{d}u=-\frac{1}{3}\mathrm{e}^u+C=-\frac{1}{3}\mathrm{e}^{3/x}+C$$

9.2 分部积分法

前一节通过将链式法则转化为积分公式，讨论了代换积分法。下面对乘法法则做同样的处理。设 $f(x)$ 和 $g(x)$ 是两个函数。乘法法则声称

$$\frac{\mathrm{d}}{\mathrm{d}x}[f(x)g(x)]=f(x)g'(x)+g(x)f'(x)$$

因此，对两边积分，并利用 $f(x)g(x)$ 的导数的积分等于 $f(x)g(x)$ 这个事实得

$$f(x)g(x)=\int f(x)g'(x)\,\mathrm{d}x+\int g(x)f'(x)\,\mathrm{d}x$$

这个公式可以写成下面这种更有用的形式。

分部积分法

$$\int f(x)g'(x)\,\mathrm{d}x=f(x)g(x)-\int g(x)f'(x)\,\mathrm{d}x \tag{1}$$

式(1)是分部积分的原理，是最重要的积分技术之一。

例 1　分部积分法。计算 $\int x\mathrm{e}^x\,\mathrm{d}x$。

解：设 $f(x)=x, g'(x)=\mathrm{e}^x$，则 $f'(x)=1, g(x)=\mathrm{e}^x$，由式(1)得

$$\int x\mathrm{e}^x\,\mathrm{d}x=x\mathrm{e}^x-\int\mathrm{e}^x\cdot 1\,\mathrm{d}x=x\mathrm{e}^x-\mathrm{e}^x+C$$

■

以下原则是例 1 的基础，说明了可应用分部积分法的情况的一般特征：

1. 被积函数是两个函数 $f(x)=x$ 和 $g'(x)=\mathrm{e}^x$ 的乘积。

2. 计算 $f'(x)$ 和 $g(x)$ 很容易。也就是说，我们可以先微分 $f(x)$，后对 $g'(x)$ 积分。

3. 积分 $\int g(x)f'(x)\,\mathrm{d}x$ 可以计算出来。

下面考虑另一个例子，看看这三个原则是如何工作的。

例 2　分部积分法。计算 $\int x(x+5)^8\,\mathrm{d}x$。

解：计算过程为

$$f(x)=x\text{，}\quad g'(x)=(x+5)^8$$

$$f'(x)=1\text{，}\quad g(x)=\tfrac{1}{9}(x+5)^9$$

于是，有

$$\begin{aligned}\int x(x+5)^8\,\mathrm{d}x&=x\cdot\tfrac{1}{9}(x+5)^9-\int\tfrac{1}{9}(x+5)^9\cdot 1\,\mathrm{d}x\\&=\tfrac{1}{9}x(x+5)^9-\int\tfrac{1}{9}(x+5)^9\,\mathrm{d}x\\&=\tfrac{1}{9}x(x+5)^9-\tfrac{1}{9}\cdot\tfrac{1}{10}(x+5)^{10}+C\\&=\tfrac{1}{9}x(x+5)^9-\tfrac{1}{90}(x+5)^{10}+C\end{aligned}$$

■

我们要尝试采用分部积分法，因为被积函数是两个函数的乘积。选择 $f(x)=x$ 而非 $(x+5)^8$，因为 $f'(x)=1$，所以新被积函数只有因子 $x+5$，从而简化了积分。

例 3　x 与指数函数的乘积。计算 $\int x\mathrm{e}^{x/2}\,\mathrm{d}x$。

解：设

$$f(x)=x\text{，}\quad g'(x)=\mathrm{e}^{x/2}$$

$$f'(x)=1\text{，}\quad g(x)=2\mathrm{e}^{x/2}$$

为了求 $g(x)$ 即 $\mathrm{e}^{x/2}$ 的不定积分，我们使用积分公式

$$\int\mathrm{e}^{ax}\,\mathrm{d}x=\tfrac{1}{a}\mathrm{e}^{ax}+C(a\neq 0)$$

式中，$a=\tfrac{1}{2}$。于是，有

$$\begin{aligned}\int x\mathrm{e}^{x/2}\,\mathrm{d}x&=2x\mathrm{e}^{x/2}-\int(2\mathrm{e}^{x/2})\cdot 1\,\mathrm{d}x\\&=2x\mathrm{e}^{x/2}-2\int\mathrm{e}^{x/2}\,\mathrm{d}x\\&=2x\mathrm{e}^{x/2}-4\mathrm{e}^{x/2}+C\end{aligned}$$

最后一个积分是从刚才的公式推导出来的。

■

例 4　x 和三角函数的乘积。计算 $\int x\sin x\,\mathrm{d}x$。

解：设

$$f(x)=x\text{，}\quad g'(x)=\sin x$$

$$f'(x)=1\text{，}\quad g(x)=-\cos x$$

则有

$$\int x\sin x\,\mathrm{d}x=-x\cos x-\int(-\cos x)\cdot 1\,\mathrm{d}x=-x\cos x+\int\cos x\,\mathrm{d}x=-x\cos x+\sin x+C$$

■

例 5　x 的乘幂与对数的乘积。计算 $\int x^2\ln x\,\mathrm{d}x$。

解：设

$$f(x)=\ln x\text{，}\quad g'(x)=x^2$$

$$f'(x)=\tfrac{1}{x}\text{，}\quad g(x)=\tfrac{x^3}{3}$$

则有

$$\int x^2\ln x\,\mathrm{d}x=\tfrac{x^3}{3}\ln x-\int\tfrac{x^3}{3}\cdot\tfrac{1}{x}\mathrm{d}x=\tfrac{x^3}{3}\ln x-\tfrac{1}{3}\int x^2\,\mathrm{d}x=\tfrac{x^3}{3}\ln x-\tfrac{1}{9}x^3+C$$

■

下例介绍如何用分部积分法计算相当复杂的积分。

例 6　两次应用分部积分法。求 $\int x^2 \sin x\,dx$。

解：设 $f(x)=x^2, g'(x)=\sin x$，则 $f'(x)=2x, g(x)=-\cos x$。应用分部积分公式有

$$\int x^2 \sin x\,dx = -x^2\cos x - \int(-\cos x)(2x)\,dx$$

$$= -x^2\cos x + 2\int x\cos x\,dx \tag{2}$$

积分 $\int x\cos x\,dx$ 本身可用分部积分法来求。设 $f(x)=x, g'(x)=\cos x$，则 $f'(x)=1, g(x)=\sin x$。于是，有

$$\int x\cos x\,dx = x\sin x - \int(\sin x)\cdot 1\,dx = x\sin x + \cos x + C \tag{3}$$

联立式(2)和式(3)有

$$\int x^2\sin x\,dx = -x^2\cos x + 2(x\sin x+\cos x)+C = -x^2\cos x + 2x\sin x + 2\cos x + C$$

■

例 7　自然对数函数。计算 $\int \ln x\,dx$。

解：因为 $\ln x = 1\cdot\ln x$，我们可将 $\ln x$ 视为 $f(x)g'(x)$ 的乘积，其中 $f(x)=\ln x, g'(x)=1$。于是，有

$$f'(x)=\tfrac{1}{x},\quad g(x)=x$$

最后有

$$\int \ln x\,dx = x\ln x - \int x\cdot\tfrac{1}{x}\,dx = x\ln x - \int 1\,dx = x\ln x - x + C$$

■

9.2 节自测题（答案见本节习题后）

求下面的积分。

1. $\int \frac{x}{e^{3x}}\,dx$
2. $\int \ln\sqrt{x}\,dx$

习题 9.2

求下面的积分。

1. $\int x e^{5x}\,dx$
2. $\int x e^{x/2}\,dx$
3. $\int x(x+7)^4\,dx$
4. $\int x(2x-3)^2\,dx$
5. $\int \frac{x}{e^x}\,dx$
6. $\int x^2 e^x\,dx$
7. $\int \frac{x}{\sqrt{x+1}}\,dx$
8. $\int \frac{x}{\sqrt{3+2x}}\,dx$
9. $\int e^{2x}(1-3x)\,dx$
10. $\int (1+x^2)e^{2x}\,dx$
11. $\int \frac{6x}{e^{3x}}\,dx$
12. $\int \frac{x+2}{e^{2x}}\,dx$
13. $\int x\sqrt{x+1}\,dx$
14. $\int x\sqrt{2-x}\,dx$
15. $\int \sqrt{x}\ln\sqrt{x}\,dx$
16. $\int x^5\ln x\,dx$
17. $\int x\cos x\,dx$
18. $\int x\sin 8x\,dx$
19. $\int x\ln 5x\,dx$
20. $\int x^{-3}\ln x\,dx$
21. $\int \ln x^4\,dx$
22. $\int \frac{\ln(\ln x)}{x}\,dx$
23. $\int x^2 e^{-x}\,dx$
24. $\int \ln\sqrt{x+1}\,dx$

用目前学过的方法计算下列积分。

25. $\int x(x+5)^4\,dx$
26. $\int 4x\cos(x^2+1)\,dx$
27. $\int x(x^2+5)^4\,dx$
28. $\int 4x\cos(x+1)\,dx$
29. $\int (3x+1)e^{x/3}\,dx$
30. $\int \frac{(\ln x)^5}{x}\,dx$
31. $\int x\sec^2(x^2+1)\,dx$
32. $\int \frac{\ln x}{x^5}\,dx$
33. $\int (xe^{2x}+x^2)\,dx$
34. $\int (x^{3/2}+\ln 2x)\,dx$
35. $\int (xe^{2x}-2x)\,dx$
36. $\int (x^2-x\sin 2x)\,dx$
37. 图 1 显示了几个函数 $f(x)$ 的图形，其在每个 x 处的斜率为 $x/\sqrt{x+9}$。求函数 $f(x)$ 的表达式，其图形过点(0, 2)。

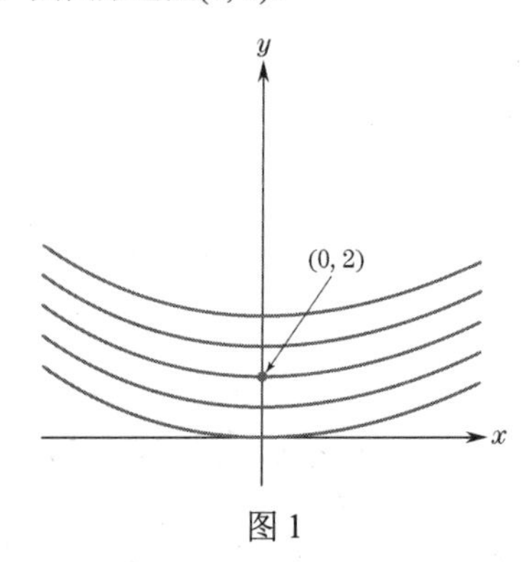

图 1

38. 图 2 显示了几个函数 $f(x)$ 的图形，其在每个 x 处的斜率为 $\frac{x}{e^{x/3}}$。求函数 $f(x)$ 的表达式，其图形过点(0, 6)。

39. 采用分部积分法求 $\int \frac{xe^x}{(x+1)^2}dx$。提示：$f(x)=xe^x$，$g'(x)=\frac{1}{(x+1)^2}$。

40. 计算 $\int x^7 e^{x^4} dx$。提示：先用换元积分法，后用分部积分法。

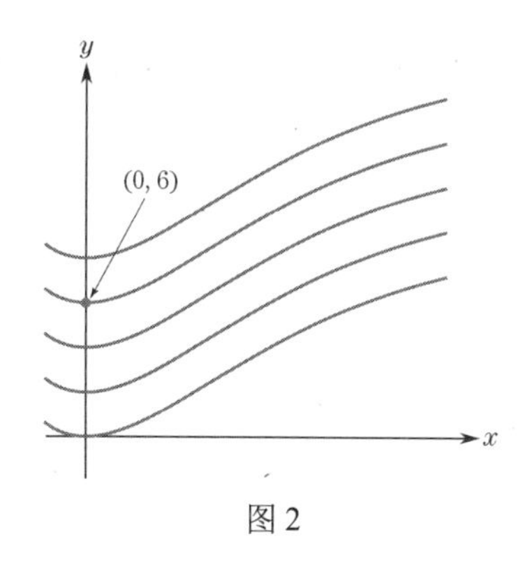

图 2

9.2 节自测题答案

1. $\frac{x}{e^{3x}}$ 也可写为 xe^{-3x}，是两个熟悉的函数的乘积。设 $f(x)=x, g'(x)=e^{-3x}$，则

$$f'(x)=1, \quad g(x)=-\tfrac{1}{3}e^{-3x}$$

所以有

$$\begin{aligned}\int \tfrac{x}{e^{3x}}dx &= x\cdot\left(-\tfrac{1}{3}e^{-3x}\right)-\int\left(-\tfrac{1}{3}e^{-3x}\right)\cdot 1dx\\ &= -\tfrac{1}{3}xe^{-3x}+\tfrac{1}{3}\int e^{-3x}dx\\ &= -\tfrac{1}{3}xe^{-3x}+\tfrac{1}{3}\left[-\tfrac{1}{3}e^{-3x}\right]+C\\ &= -\tfrac{1}{3}xe^{-3x}-\tfrac{1}{9}e^{-3x}+C\end{aligned}$$

2. 这个问题类似于例 7，要求的是 $\int \ln x dx$，可用同样的方法求解，即令 $f(x)=\ln\sqrt{x}, g'(x)=1$。另一种方法是利用对数的一个性质来简化被积函数：

$$\begin{aligned}\int \ln\sqrt{x}dx &= \int \ln(x)^{1/2}dx\\ &= \int \tfrac{1}{2}\ln x dx = \tfrac{1}{2}\int \ln x dx\end{aligned}$$

因为已从例 7 中求出 $\int \ln x dx$，所以有

$$\int \ln\sqrt{x}dx = \tfrac{1}{2}\int \ln x dx = \tfrac{1}{2}(x\ln x - x)+C$$

9.3 定积分的计算

前面讨论了求不定积分的技术，这些技术最重要的应用之一涉及定积分的计算。因为若 $F(x)$ 是 $f(x)$ 的不定积分，则

$$\int_a^b f(x)dx = F(b)-F(a)$$

因此，前几节的方法可以用来求定积分。下面简化计算定积分的方法，在这种情况下，不定积分是通过换元积分法或分部积分法求得的。

例 1 运用换元积分法计算定积分。 计算 $\int_0^1 2x(x^2+1)^5 dx$。

解法 1： 设 $u=x^2+1, du=2xdx$，则

$$\int 2x(x^2+1)^5 dx = \int u^5 du = \tfrac{u^6}{6}+C = \tfrac{(x^2+1)^6}{6}+C$$

因此，

$$\int_0^1 2x(x^2+1)^5 dx = \left.\tfrac{(x^2+1)^6}{6}\right|_0^1 = \tfrac{2^6}{6}-\tfrac{1^6}{6}=\tfrac{21}{2}$$

解法 2： 同样，我们进行换元 $u=x^2+1$，$du=2xdx$；然后，积分的上下限也进行替换。当 $x=0$（积分的下限）时，得到 $u=0^2+1=1$；当 $x=1$（积分的上限）时，得到 $u=1^2+1=2$。因此，

$$\int_0^1 2x(x^2+1)^5 dx = \int_1^2 u^5 du = \left.\tfrac{u^6}{6}\right|_1^2 = \tfrac{2^6}{6}-\tfrac{1^6}{6}=\tfrac{21}{2}$$

采用解法 2 时，不需要用 x 来表示函数 $u^6/6$。

■

上述计算是一般计算方法的一个例子，可以表示如下。

积分上下限变换规则 假设用 $u=g(x)$ 对积分 $\int f(g(x))g'(x)\mathrm{d}x$ 进行替换，这样 $\int f(g(x))g'(x)\mathrm{d}x$ 就变成 $\int f(u)\mathrm{d}u$，则

$$\int_a^b f(g(x))g'(x)\,\mathrm{d}x=\int_{g(a)}^{g(b)} f(u)\,\mathrm{d}u$$

积分上下限变换规则的证明 若 $F(x)$ 是 $f(x)$ 的不定积分，则

$$\tfrac{\mathrm{d}}{\mathrm{d}x}[F(g(x))]=F'(g(x))g'(x)=f(g(x))g'(x)$$

因此，有

$$\int_a^b f(g(x))g'(x)\mathrm{d}x=F(g(x))\Big|_a^b=F(g(b))-F(g(a))=\int_{g(a)}^{g(b)} f(u)\,\mathrm{d}u$$

■

例 2 运用换元积分法计算定积分。计算 $\int_3^5 x\sqrt{x^2-9}\,\mathrm{d}x$。

解：设 $u=x^2-9$，则 $\mathrm{d}u=2x\mathrm{d}x$。当 $x=3$ 时，$u=3^2-9=0$。当 $x=5$ 时，$u=5^2-9=16$。因此，

$$\int_3^5 x\sqrt{x^2-9}\,\mathrm{d}x=\tfrac{1}{2}\int_3^5 2x\sqrt{x^2-9}\,\mathrm{d}x=\tfrac{1}{2}\int_0^{16}\sqrt{u}\,\mathrm{d}u=\tfrac{1}{2}\cdot\tfrac{2}{3}u^{3/2}\Big|_0^{16}=\tfrac{1}{3}\cdot\left[16^{3/2}-0\right]$$

$$=\tfrac{1}{3}\cdot 16^{3/2}=\tfrac{1}{3}\cdot 64=\tfrac{64}{3}$$

■

例 3 椭圆的面积。求椭圆 $x^2/a^2+y^2/b^2=1$ 的面积（见图 1）。

解：由于椭圆的对称性，面积等于椭圆上半部面积的 2 倍。求解 y，

$$\frac{y^2}{b^2}=1-\frac{x^2}{a^2},\quad \frac{y}{b}=\pm\sqrt{1-\left(\tfrac{x}{a}\right)^2},\quad y=\pm b\sqrt{1-\left(\tfrac{x}{a}\right)^2}$$

因为椭圆上半部的面积就是曲线下的面积，即

$$y=b\sqrt{1-\left(\tfrac{x}{a}\right)^2}$$

所以椭圆的面积由如下积分给出：

$$2\int_{-a}^{a} b\sqrt{1-\left(\tfrac{x}{a}\right)^2}\,\mathrm{d}x$$

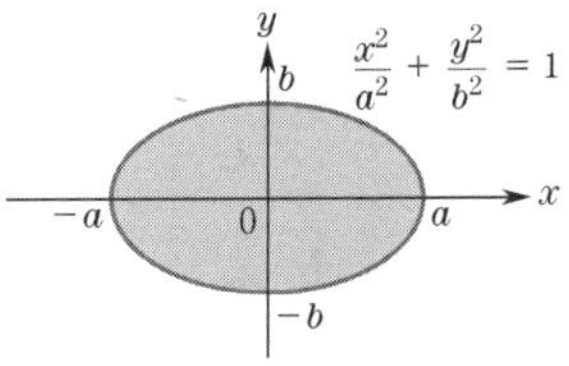

图 1

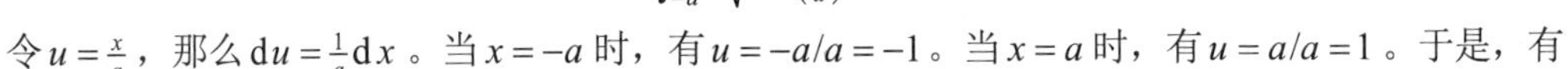

令 $u=\frac{x}{a}$，那么 $\mathrm{d}u=\frac{1}{a}\mathrm{d}x$。当 $x=-a$ 时，有 $u=-a/a=-1$。当 $x=a$ 时，有 $u=a/a=1$。于是，有

$$2\int_{-a}^{a} b\sqrt{1-\left(\tfrac{x}{a}\right)^2}\,\mathrm{d}x=2b\cdot a\int_{-a}^{a}\tfrac{1}{a}\sqrt{1-\left(\tfrac{x}{a}\right)^2}\,\mathrm{d}x=2ba\int_{-1}^{1}\sqrt{1-u^2}\,\mathrm{d}u$$

我们无法使用现有的方法来计算这个积分；因为从 $x=-1$ 到 $x=1$ 的曲线 $y=\sqrt{1-x^2}$ 下的面积是单位圆的上半部分，且单位圆的面积是 π，所以椭圆的面积是 $2ba\cdot(\pi/2)=\pi ab$。

■

用分部积分法计算定积分

例 4 用分部积分法计算定积分。计算 $\int_0^5 \frac{x}{\sqrt{x+4}}\mathrm{d}x$。

解：设 $f(x)=x, g'(x)=(x+4)^{-1/2}, f'(x)=1, g(x)=2(x+4)^{1/2}$，则

$$\int_0^5 \frac{x}{\sqrt{x+4}}\mathrm{d}x=2x(x+4)^{1/2}\Big|_0^5-\int_0^5 2(x+4)^{1/2}\cdot 1\mathrm{d}x$$

$$=2x(x+4)^{1/2}\Big|_0^5-\tfrac{4}{3}(x+4)^{3/2}\Big|_0^5$$

$$=[10\times 9^{1/2}-0]-\left[\tfrac{4}{3}\times 9^{3/2}-\tfrac{4}{3}\times 4^{3/2}\right]$$

$$=[30]-\left[36-\tfrac{32}{3}\right]=4\tfrac{2}{3}$$

■

例 5　用分部积分法计算定积分。计算 $\int_0^{\pi/2} x\cos x\,dx$ 。

解：用分部积分法求出 $x\cos x$ 的不定积分。设 $f(x)=x, g'(x)=\cos x, f'(x)=1, g(x)=\sin x$ ，则有

$$\int x\cos x\,dx = x\sin x - \int \sin x\cdot 1\,dx = x\sin x + \cos x + C$$

因此，有

$$\int_0^{\pi/2} x\cos x\,dx = (x\sin x+\cos x)\Big|_0^{\pi/2} = \left(\tfrac{\pi}{2}\sin\tfrac{\pi}{2}+\cos\tfrac{\pi}{2}\right)-(0+\cos 0) = \tfrac{\pi}{2}-1$$

■

9.3 节自测题（答案见本节习题后）

求以下定积分:

1. $\int_0^1 (2x+3)e^{x^2+3x+6}\,dx$

2. $\int_e^{e^{\pi/2}} \frac{\sin(\ln x)}{x}\,dx$

习题 9.3

求以下定积分。

1. $\int_{5/2}^3 2(2x-5)^{14}\,dx$　　**2.** $\int_2^6 \frac{1}{\sqrt{4x+1}}\,dx$

3. $\int_0^2 4x(1+x^2)^3\,dx$　　**4.** $\int_0^1 \frac{2x}{\sqrt{x^2+1}}\,dx$

5. $\int_0^3 \frac{x}{\sqrt{x+1}}\,dx$　　**6.** $\int_0^1 x(3+x)^5\,dx$

7. $\int_3^5 x\sqrt{x^2-9}\,dx$　　**8.** $\int_0^1 \frac{1}{(1+2x)^4}\,dx$

9. $\int_{-1}^2 (x^2-1)(x^3-3x)^4\,dx$

10. $\int_0^1 (2x-1)(x^2-x)^{10}\,dx$

11. $\int_0^1 \frac{x}{x^2+3}\,dx$　　**12.** $\int_0^4 8x(x+4)^{-3}\,dx$

13. $\int_1^3 x^2 e^{x^3}\,dx$　　**14.** $\int_{-1}^1 2xe^x\,dx$

15. $\int_1^e \frac{\ln x}{x}\,dx$　　**16.** $\int_1^e \ln x\,dx$

17. $\int_0^{\pi} e^{\sin x}\cos x\,dx$　　**18.** $\int_0^{\pi/4} \tan x\,dx$

19. $\int_0^1 x\sin \pi x\,dx$　　**20.** $\int_0^{\pi/2} \sin\left(2x-\tfrac{\pi}{2}\right)dx$

利用换元积分法和半径为 r 的圆的面积 πr^2 ，计算下面的积分。

21. $\int_{-\pi/2}^{\pi/2} \sqrt{1-\sin^2 x}\cos x\,dx$　　**22.** $\int_0^{\sqrt{2}} \sqrt{4-x^4}\cdot 2x\,dx$

23. $\int_{-6}^0 \sqrt{-x^2-6x}\,dx$ $[-x^2-6x=9-(x+3)^2]$。

在习题 24 和习题 25 中，求阴影区域的面积。

24.

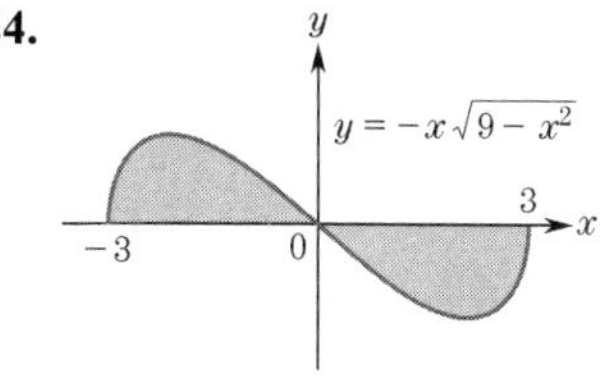

25.

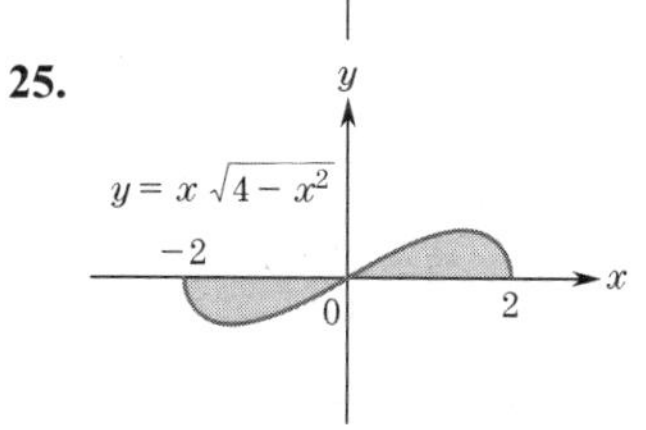

9.3 节自测题答案

1. 设 $u=x^2+3x+6$ ，则 $du=(2x+3)dx$ 。当 $x=0$ 时， $u=6$ ；当 $x=1$ 时， $u=10$ 。因此，

$$\int_0^1 (2x+3)e^{x^2+3x+6}\,dx = \int_6^{10} e^u\,du = e^u\Big|_6^{10} = e^{10}-e^6$$

2. 设 $u=\ln x$ ，则 $du=(1/x)dx$ 。当 $x=e$ 时， $u=\ln e=1$ ；当 $x=e^{\pi/2}$ 时， $u=\ln e^{\pi/2}=\pi/2$ 。因此，

$$\int_e^{e^{\pi/2}} \frac{\sin(\ln x)}{x}\,dx = \int_1^{\pi/2} \sin u\,du = -\cos u\Big|_1^{\pi/2}$$

$$= -\cos\tfrac{\pi}{2}+\cos 1 \approx 0.54030$$

9.4　定积分的近似计算

我们不能总是像上一节那样，通过计算不定积分的净变化来计算实际问题中的定积分。数学家编制了大量的不定积分表。此外，许多优秀的软件程序可用来求不定积分。然而，不定积分的形式可能相当复杂，在某些情况下，实际上可能没有办法用初等函数来示不定积分。本节在不计算不定积分的情况下，讨论三种近似定积分

$$\int_a^b f(x)\,dx$$

的数值方法。

给定正整数 n，将区间 $a \leqslant x \leqslant b$ 分成 n 个相等的子区间，每个子区间的长度为 $\Delta x=(b-a)/n$。用 $a_0, a_1, \cdots, a_n$ 表示子区间的端点，用 $x_1, x_2, \cdots, x_n$ 表示子区间的中点（见图 1）。回顾第 6 章可知，定积分是黎曼和的极限。当使用图 1 中子区间的中点来构造黎曼和时，得到的对积分 $\int_a^b f(x)\mathrm{d}x$ 的近似称为**中点法则**。

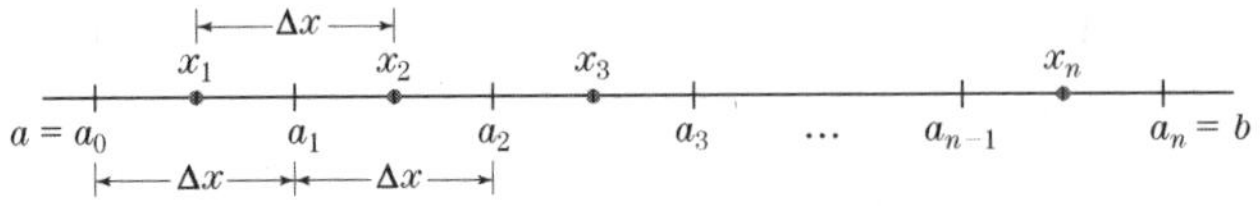

Δx

x_1 x_2 x_3 x_n

$a=a_0$ a_1 a_2 a_3 $\cdots$ a_{n-1} $a_n=b$

Δx Δx

图 1

中点法则

$$\int_a^b f(x)\mathrm{d}x \approx f(x_1)\Delta x+f(x_2)\Delta x+\cdots+f(x_n)\Delta x$$
$$=\left[f(x_1)+f(x_2)+\cdots+f(x_n)\right]\Delta x \tag{1}$$

例 1　中点法则。当 $n=4$ 时，运用中点法则求积分 $\int_0^2 \frac{1}{1+\mathrm{e}^x}\mathrm{d}x$ 的近似值。

解：有 $\Delta x=(b-a)/n=(2-0)/4=0.5$。4 个子区间的端点从 $a=0$ 开始，间隔为 0.5。第一个中点是 $a+\Delta x/2=0.25$。中点的间隔也是 0.5。

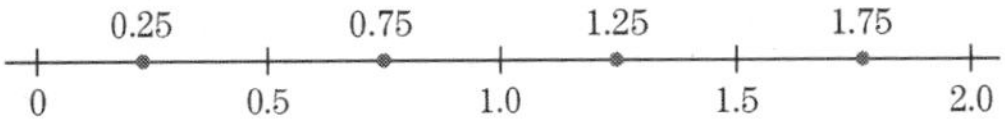

0.25　0.75　1.25　1.75

0　0.5　1.0　1.5　2.0

根据中点法则，积分近似等于

$$\left[\frac{1}{1+\mathrm{e}^{0.25}}+\frac{1}{1+\mathrm{e}^{0.75}}+\frac{1}{1+\mathrm{e}^{1.25}}+\frac{1}{1+\mathrm{e}^{1.75}}\right]\times 0.5 \approx 0.564696$$

■

第二种近似方法是**梯形法则**，它使用 $f(x)$ 在区间 $a \leqslant x \leqslant b$ 的子区间端点处的值。

梯形法则

$$\int_a^b f(x)\mathrm{d}x \approx \left[f(a_0)+2f(a_1)+\cdots+2f(a_{n-1})+f(a_n)\right]\frac{\Delta x}{2} \tag{2}$$

本节后面将讨论梯形法则的起源及用该名字来称呼它的原因。

例 2　梯形法则。当 $n=4$ 时，运用梯形法则求积分 $\int_0^2 \frac{1}{1+\mathrm{e}^x}\mathrm{d}x$ 的近似值。

解：如例 1 所示，$\Delta x=0.5$，子区间的端点为 $a_0=0, a_1=0.5, a_2=1, a_3=1.5$ 和 $a_4=2$。由梯形法则得

$$\left[\frac{1}{1+\mathrm{e}^0}+2\cdot\frac{1}{1+\mathrm{e}^{0.5}}+2\cdot\frac{1}{1+\mathrm{e}^1}+2\cdot\frac{1}{1+\mathrm{e}^{1.5}}+\frac{1}{1+\mathrm{e}^2}\right]\times\frac{5}{2} \approx 0.5692545$$

■

当函数 $f(x)$ 显式给定时，可以用中点法则或梯形法则来近似定积分。然而，有时 $f(x)$ 的值可能只在子区间的端点处已知。例如，当从实验数据中获得 $f(x)$ 的值时，可能会发生这种情况。在这种情况下，不能使用中点法则。

例 3　测量心输出量。将 5 毫克的染料注入通往心脏的静脉。在 22 秒内，每两秒测定一次主动脉中的染料浓度（见表 1）。设 $c(t)$ 为 t 秒后主动脉内的染色浓度。用梯形法则估算 $\int_0^{22} c(t)\mathrm{d}t$。

表 1

注射后的秒数	0	2	4	6	8	10	12	14	16	18	20	22
浓度（毫克/升）	0	0	0.6	1.4	2.7	3.7	4.1	3.8	2.9	1.5	0.9	0.5

解：设 $n=11$，则 $a=0, b=22$ 且 $\Delta t=(22-0)/11=2$。子区间的端点为 $a_0=0, a_1=2, a_2=4, \cdots,$

$a_{10}=20$，$a_{11}=22$。根据梯形法则有

$$\begin{aligned}\int_0^{22} c(t)\,\mathrm{d}t &\approx \left[c(0)+2c(2)+2c(4)+2c(6)+\cdots+2c(20)+c(22)\right]\left(\tfrac{2}{2}\right)\\ &=[0+2\times 0+2\times 0.6+2\times 1.4+\cdots+2\times 0.9+0.5]\times 1\\ &=43.7\text{升}\end{aligned}$$

注意心输出量是心脏泵血的速度（常以升/分钟为单位），可用公式

$$R=\frac{60D}{\int_0^{22} c(t)\,\mathrm{d}t}$$

计算，其中 D 是注入的染料量。对于上述数据，$R=60\times 5/43.7\approx 6.9$ 升/分钟。■

下面回到例 1 和例 2 中，以求积分 $\int_0^2 \frac{1}{1+\mathrm{e}^x}\,\mathrm{d}x$ 的近似值。图 2 显示了这些数值及精确到小数点后 7 位的定积分值和两个近似值的误差。比例被放大。积分的精确值是 $\ln 2-\ln(1+\mathrm{e}^{-2})\approx 0.5662192$。要求出它，可参见 9.1 节的习题 35。可以看出，一般来说，中点法则的误差约是梯形法则的一半，这两种法则的估计值通常关于定积分的实际值相反。这些观察结果表明，我们可以使用这两个估计值的“加权平均值”来改进对定积分值的估计。设 M 和 T 分别表示中点法则和梯形法则的估计值，并定义

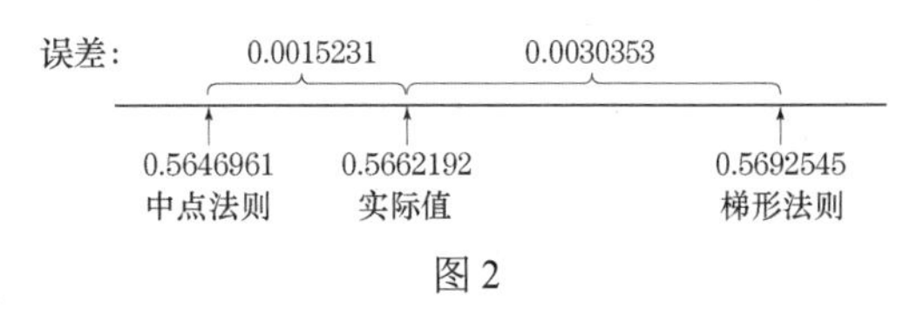

图 2

$$S=\tfrac{2}{3}M+\tfrac{1}{3}T=\tfrac{2M+T}{3} \tag{3}$$

使用 S 作为定积分值的估计值称为**辛普森法则**。如果用例 1 中的辛普森法则来估计定积分，则有

$$S=\tfrac{2\times 0.5646961+0.5692545}{3}\approx 0.5662156$$

这里的误差是 0.0000036。在这个例子中，梯形法则的误差是该误差的 800 多倍！

随着子区间数目 n 的增加，辛普森法则比中点法则和梯形法则更精确。对于给定的定积分，中点法则和梯形法则中的误差与 $1/n^2$ 成正比，因此将 n 加倍时，误差将除以 4。然而，辛普森法则中的误差与 $1/n^4$ 成正比，因此将 n 加倍时，误差将除以 16，将 n 乘以 10 时，误差将除以 10000。

利用 $S=(4M+2T)/6$ 可将中点法则和梯形法则的公式合并为辛普森法则的一个公式。

辛普森法则

$$\int_a^b f(x)\,\mathrm{d}x\approx\left[f(a_0)+4f(x_1)+2f(a_1)+4f(x_2)+2f(a_2)+\cdots+2f(a_{n-1})+4f(x_n)+f(a_n)\right]\tfrac{\Delta x}{6} \tag{4}$$

例 4　智商分布。心理学家使用各种标准化测试来测量智力。最常用来描述这些测试结果的方法是智商（或 IQ）。智商是一个正数，理论上讲，它是一个人的心理年龄与实际年龄之比。智商的中位数设为 100，所以一半人的智商低于 100，一半人的智商高于 100。IQ 按照钟形曲线分布，如图 3 所示，称为**正态曲线**。所有智商在 A 和 B 之间的人的比例由从 A 到 B 的曲线下的面积给出，即由如下积分给出：

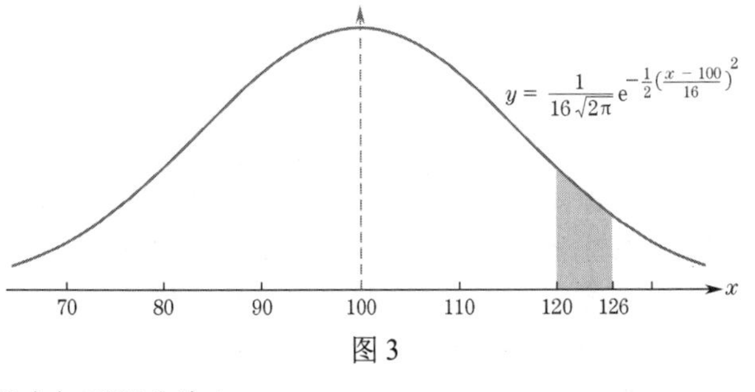

图 3

$$\frac{1}{16\sqrt{2\pi}}\int_A^B \mathrm{e}^{-(1/2)[(x-100)/16]^2}\,\mathrm{d}x$$

估计智商在 120 到 126 之间的人的比例。

解：该比例由下式给出：

$$\frac{1}{16\sqrt{2\pi}}\int_{120}^{126} f(x)\,\mathrm{d}x\text{，其中 } f(x)=\mathrm{e}^{-(1/2)[(x-100)/16]^2}$$

我们用辛普森法则来近似定积分，取 $n=3$，则 $\Delta x=(126-120)/3=2$。子区间端点分别为 120, 122, 124 和 126；这些子区间的中点分别是 121, 123 和 125。由辛普森法则可知

$$\begin{aligned}&\left[f(120)+4f(121)+2f(122)+4f(123)+2f(124)+4f(125)+f(126)\right]\tfrac{\Delta x}{6}\\&\approx[0.4578+1.6904+0.7771+1.4235+0.6493+1.1801+0.2671]\times\tfrac{1}{3}\\&\approx 2.1484\end{aligned}$$

将这个估计值乘以积分前的常数 $1/(16\sqrt{2\pi})$ 得到 0.0536。因此，约有 5.36%的人的智商在 120 和 126 之间。

■

近似法则的几何解释

设 $f(x)$ 是 $a\leqslant x\leqslant b$ 上的连续非负函数。前面讨论的近似法则可解释为估计 $f(x)$ 图形下面积的方法。中点法则源于用 n 个矩形的集合替换该面积，每个子区间上都有一个矩形，第一个矩形的高度为 $f(x_1)$，第二个矩形的高度为 $f(x_2)$，以此类推（见图 4）。

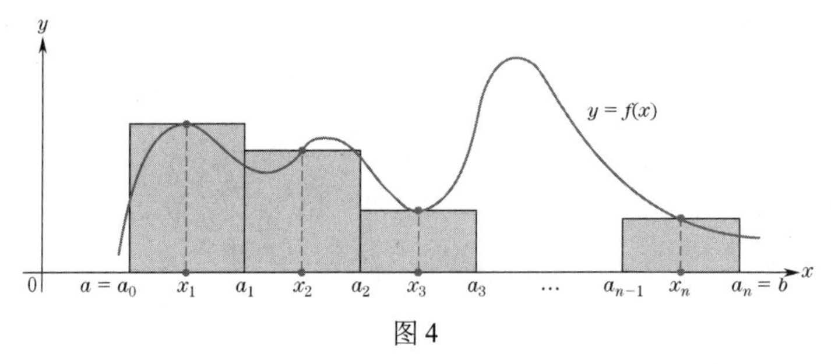

图 4

若用梯形来近似 $f(x)$ 图形下的面积（见图 5），则这些梯形的总面积就是梯形法则（因此得名）给出的数值。

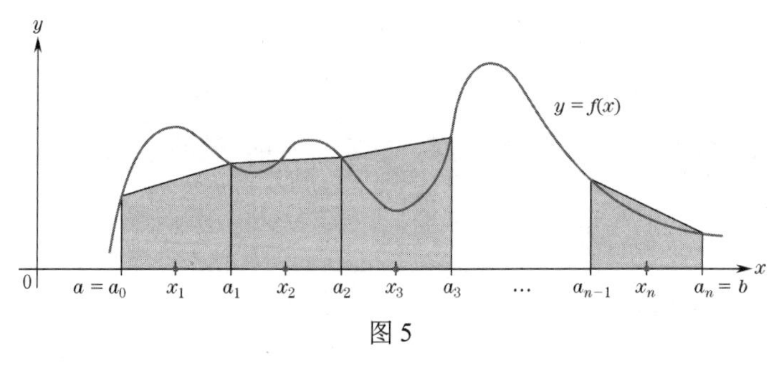

图 5

辛普森法则对应于在每个子区间上用一条抛物线而非直线来近似 $f(x)$ 的图形，如中点法则和梯形法则。在每个子区间上，选择抛物线，使其与 $f(x)$ 的图形在中点和子区间的两个端点相交（见图 6）。可以证明，这些抛物线下的面积之和是辛普森法则给出的数值。使用三次曲线或高阶的多项式图逼近 $f(x)$ 在每个子区间上的图形，可以得到更强大的近似法则。

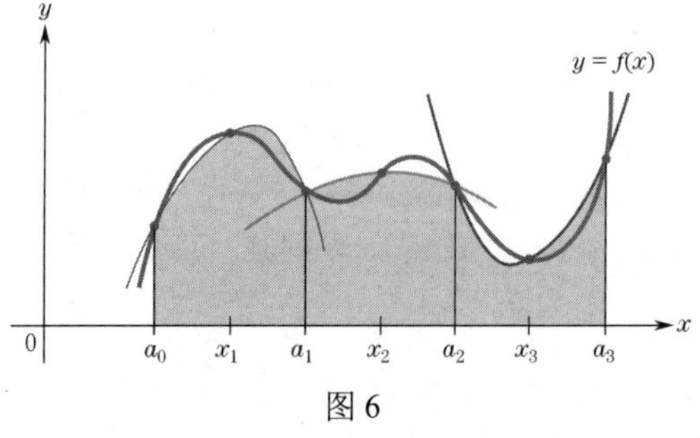

图 6

误差分析

对定积分的近似值的误差的一个简单度量是

$$|\text{近似值} - \text{实际值}|$$

下面的定理给出了对于各种近似法则，该误差有多小的概念。在具体的例子中，近似的实际误差甚至可能远小于定理中给出的“误差界”。

> **近似误差定理**
>
> 设 n 是在定积分 $\int_a^b f(x)\mathrm{d}x$ 的近似计算中使用的子区间的数目。
>
> **1.** 中点法则的误差最多为 $\frac{A(b-a)^3}{24n^2}$，其中 A 是一个数值，对满足 $a \leqslant x \leqslant b$ 的所有 x，有 $|f''(x)| \leqslant A$。
>
> **2.** 梯形法则的误差最多为 $\frac{A(b-a)^3}{12n^2}$，其中 A 是一个数值，对满足 $a \leqslant x \leqslant b$ 的所有 x，有 $|f''(x)| \leqslant A$。
>
> **3.** 辛普森法则的误差最多为 $\frac{A(b-a)^5}{180n^4}$，其中 A 是一个数值，对满足 $a \leqslant x \leqslant b$ 的所有 x，有 $|f''''(x)| \leqslant A$。

例 5　误差分析。取 $n=20$，用梯形法则近似 $\int_0^1 \mathrm{e}^{x^2}\,\mathrm{d}x$，求误差范围。

解：这里，$a=0, b=1$ 且 $f(x)=\mathrm{e}^{x^2}$。求二阶导数得

$$f''(x)=(4x^2+2)\mathrm{e}^{x^2}$$

当 x 满足 $0 \leqslant x \leqslant 1$ 时，$|f''(x)|$ 是多少？由于函数 $(4x^2+2)\mathrm{e}^{x^2}$ 在 0 到 1 的区间内明显增加，因此其极大值出现在 $x=1$ 处（见图 7）。因此，它的极大值是

$$(4\cdot 1^2+2)\mathrm{e}^{1^2}=6\mathrm{e}$$

因此，可在前面的定理中取 $A=6\mathrm{e}$。用梯形法则逼近的误差不超过

$$\frac{6\mathrm{e}(1-0)^3}{12\times 20^2}=\frac{\mathrm{e}}{800}\approx\frac{2.71828}{800}\approx 0.003398$$

NORMAL FLOAT AUTO REAL RADIAN MP
Y1=(4X²+2)e^(X²)
X=1
Y=16.309691

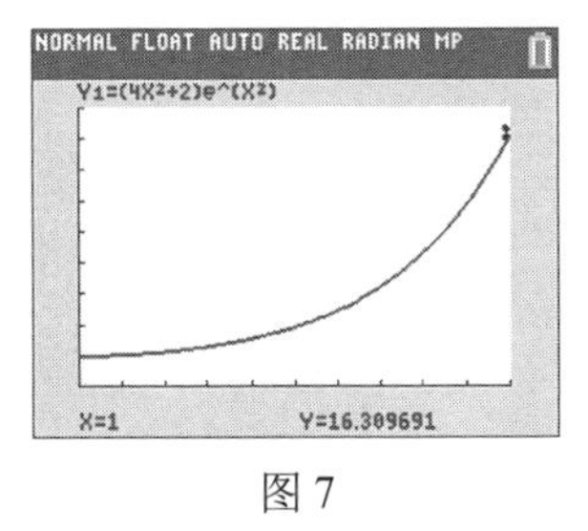

图 7

■

综合技术

近似积分　6.3 节的综合技术部分介绍了如何使用 TI-83/84 的 sum 和 seq 函数来计算黎曼和。下面使用该技术来演示如何实现本节中讨论的近似。在图 8 中，我们使用例 1 中的中点法则，并将结果存储在变量 M 中。

在图 9 中，我们使用了梯形法则，并将结果存储在变量 T 中。在这里，我们分别计算第一项，用 sum(seq)将中间三项相加，然后分别计算最后一项。

图 10 将辛普森法则应用于同一函数，其结果非常接近 fnInt 给出的高精度值。

NORMAL FLOAT AUTO REAL RADIAN CL
sum(seq(1/(1+e^(X)),X,.25,
1.75,.5))*.5
.5646960684
Ans→M
.5646960684

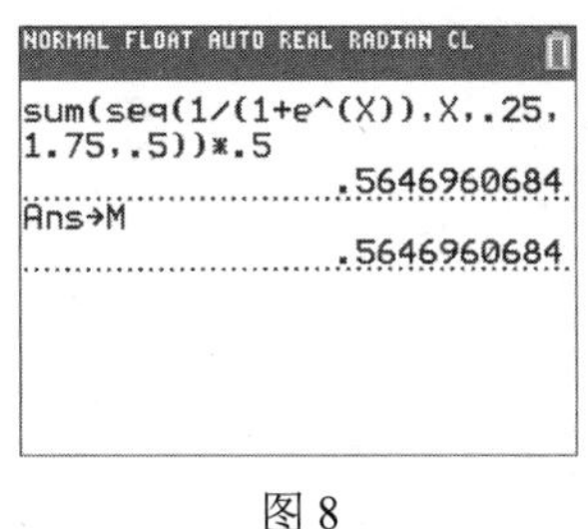

图 8

NORMAL FLOAT AUTO REAL RADIAN CL
(1/(1+e^(0))+sum(seq(2/(1+
e^(X)),X,.5,1.5,.5))+1/(1+
e^(2)))*.25
.5692545375
Ans→T
.5692545375

图 9

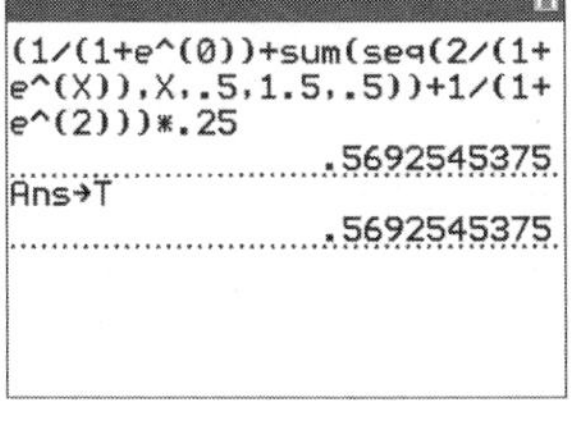

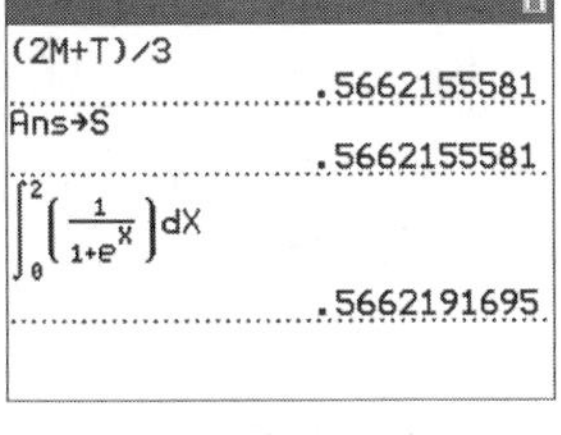

NORMAL FLOAT AUTO REAL RADIAN MP
(2M+T)/3
.5662155581
Ans→S
.5662155581
$\int_0^2\left(\frac{1}{1+e^X}\right)dX$
.5662191695

图 10

还可通过用 TI-83/84 求 $f''(x)$ 或 $f''''(x)$ 的极大值来确定误差近似定理中 A 的合适值。2.2 节的综合技术一节中解释了导数的绘图。所证明的方法可很容易地推广到函数的二阶导数和四阶导数的图形。

9.4 节自测题（答案见本节习题后）

考虑 $\int_1^{3.4}(5x-9)^2\,\mathrm{d}x$。

1. 将区间 $1\leqslant x\leqslant 3.4$ 分成 3 个子区间。列出 Δx 及子区间的端点和中点。
2. 取 $n=3$，用中点法则求近似积分。
3. 取 $n=3$，用梯形法则求近似积分。
4. 取 $n=3$，用辛普森法则求近似积分。
5. 通过积分求出积分的精确值。

习题 9.4

在习题 1 和习题 2 中，将给定区间划分为 n 个子区间，并列出 Δx 的值和子区间中的端点 $a_0, a_1, \cdots, a_n$。

1. $3\leqslant x\leqslant 5;\ n=5$　　**2.** $-1\leqslant x\leqslant 2;\ n=5$

在习题 3 和习题 4 中，将给定区间划分为 n 个子区间，并列出 Δx 的值和子区间的中点 $x_1, x_2, \cdots, x_n$。

3. $-1\leqslant x\leqslant 1;\ n=4$　　**4.** $0\leqslant x\leqslant 3;\ n=6$

5. 如图 11 所示，取 $n=4$，使用中点法则绘制矩形来近似从 0 到 8 内曲线下的面积。

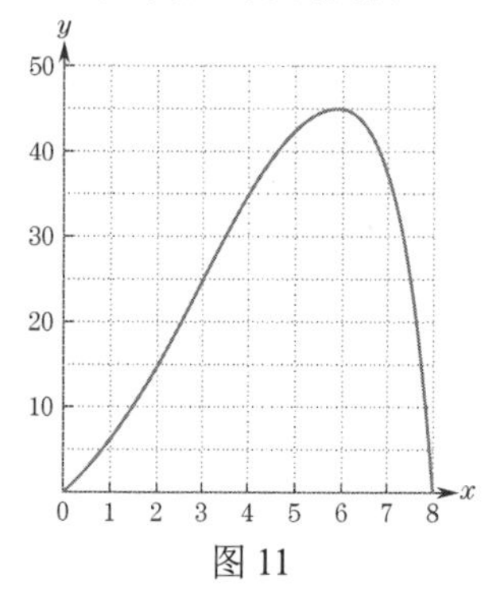

图 11

6. 参考图 11，当 $n=4$ 时应用梯形法则估计曲线下的面积。

用中点法则近似下列积分，并通过积分求精确值。答案精确到小数点后五位。

7. $\int_0^4(x^2+5)\,\mathrm{d}x;\ n=2,4$　　**8.** $\int_1^5(x-1)^2\,\mathrm{d}x;\ n=2,4$

9. $\int_0^1\mathrm{e}^{-x}\,\mathrm{d}x;\ n=5$　　**10.** $\int_1^2\frac{1}{x+1}\,\mathrm{d}x;\ n=5$

用梯形法则近似下列积分，并通过积分求精确值。答案精确到小数点后五位。

11. $\int_0^1\left(x-\frac{1}{2}\right)^2\mathrm{d}x;\ n=4$　　**12.** $\int_4^9\frac{1}{x-3}\,\mathrm{d}x;\ n=5$

13. $\int_1^5\frac{1}{x^2}\,\mathrm{d}x;\ n=3$　　**14.** $\int_{-1}^1\mathrm{e}^{2x}\,\mathrm{d}x;\ n=2,4$

用中点法则、梯形法则和辛普森法则近似下列积分，并通过积分求精确值。答案精确到小数点后五位。

15. $\int_1^4(2x-3)^3\,\mathrm{d}x;\ n=3$　　**16.** $\int_{10}^{20}\frac{\ln x}{x}\,\mathrm{d}x;\ n=5$

17. $\int_0^2 2x\mathrm{e}^{x^2}\,\mathrm{d}x;\ n=4$　　**18.** $\int_0^3 x\sqrt{4-x}\,\mathrm{d}x;\ n=5$

19. $\int_2^5 x\mathrm{e}^x\,\mathrm{d}x;\ n=5$

20. $\int_1^5(4x^3-3x^2)\,\mathrm{d}x;\ n=2$

下列积分不能用初等不定积分计算。用辛普森法则求近似值，答案精确到小数点后五位。

21. $\int_0^2\sqrt{1+x^3}\,\mathrm{d}x;\ n=4$　　**22.** $\int_0^1\frac{1}{x^3+1}\,\mathrm{d}x;\ n=2$

23. $\int_0^2\sqrt{\sin x}\,\mathrm{d}x;\ n=5$　　**24.** $\int_{-1}^1\sqrt{1+x^4}\,\mathrm{d}x;\ n=4$

25. 面积。在对一块海滨地产的调查中，沿 200 英尺的一侧每 50 英尺测量一次到水体的距离（见图 12）。使用梯形法则估计地产的面积。

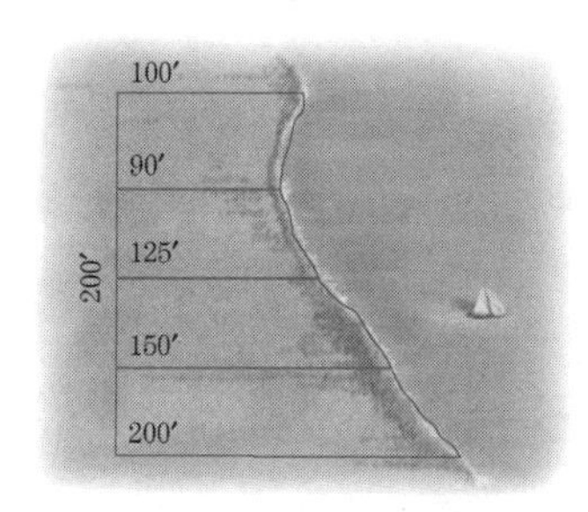

图 12

26. 面积。为了确定一条 100 码宽的河流的水量，工程师需要知道河流的垂直横截面面积。从河的一边到另一边，每隔 20 码测量一次河流的深度。以英寻为单位的读数是 0, 1, 2, 3, 1, 0（1 英寻等于 2 码）。用梯形法则估计横截面的面积。

27. 行驶距离。起飞后，10 秒内每秒记录的火箭速度读数分别为 0, 30, 75, 115, 155, 200, 250, 300, 360, 420 和 490 英尺/秒。用梯形法则估计火箭在前 10 秒内飞行的距离。提示：若 $s(t)$ 是时间 t 内走过的距离，$v(t)$ 是时间 t 的速度，则 $s(10)=\int_0^{10}v(t)\,\mathrm{d}t$。

28. 行驶距离。沿乡村公路行驶时，每隔 5 分钟记录一次速度计的读数。

时间（分钟）	0	1	2	3	4	5
速度（英里/小时）	33	32	28	30	32	35

用梯形法则估计 5 分钟内行驶的距离。提示：若时间以分钟为单位，则速度应以每分钟行驶的距离表示。例如，35 英里/小时就是 35/60 英里/分钟。同样，参见习题 27 的提示。

29. 考虑 $\int_0^2 f(x)\,\mathrm{d}x$，其中 $f(x)=\frac{1}{12}x^4+3x^2$。

(a) 在区间 $0 \leqslant x \leqslant 2$ 上画出 $f''(x)$ 的草图。

(b) 求数 A，对所有满足 $0 \leqslant x \leqslant 2$ 的 x 有 $|f''(x)| \leqslant A$。

(c) 取 $n=10$，求用中点法则近似定积分的误差界。

(d) 定积分的精确值（到小数点后四位）是 8.5333，$n=10$ 的中点法则的精确值则是 8.5089。中点近似的误差是多少？这个误差是否满足(c)问中得到的误差界？

(e) 重做(c)问，间隔数翻倍至 $n=20$。误差界是减半还是变为四分之一？

30. 考虑 $\int_1^2 f(x)\,\mathrm{d}x$，其中 $f(x)=3\ln x$。

(a) 在区间 $1 \leqslant x \leqslant 2$ 上画出 $f(x)$ 的四阶导数的图形。

(b) 求数 A，对所有满足 $1 \leqslant x \leqslant 2$ 的 x 有 $|f''''(x)| \leqslant A$。

(c) 取 $n=2$，求用辛普森法则近似定积分的误差界。

(d) 定积分的精确值（精确到小数点后四位）是 1.1589，$n=2$ 时的辛普森法则的精确值则是 1.1588。用辛普森法则近似的误差是多少？它是否满足(c)问中得到的误差界？

(e) 重做(c)问，间隔数增至 $n=6$。误差界是否变为原来的三分之一？

31. (a) 证明图 13(a)中梯形的面积为 $\frac{1}{2}(h+k)l$。提示：将梯形分成长方形和三角形。

(b) 证明图 13(b)中左侧第一个梯形的面积为 $\frac{1}{2}[f(a_0)+f(a_1)]\Delta x$。

(c) 推导 $n=4$ 时的梯形法则。

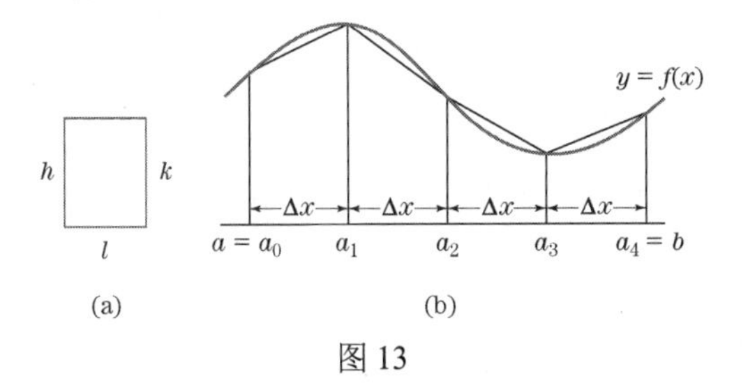

图 13

32. 这里通过将区间 $a \leqslant x \leqslant b$ 划分为 4 个子区间并构造 5 个矩形来近似 $\int_a^b f(x)\,\mathrm{d}x$ 的值，其中 $f(x) \geqslant 0$（见图 14）。注意，3 个内侧矩形的宽度为 Δx，而 2 个外侧矩形的宽度则为 $\Delta x/2$。计算这 5 个矩形的面积之和，并将该和与 $n=4$ 的梯形法则的面积之和进行比较。

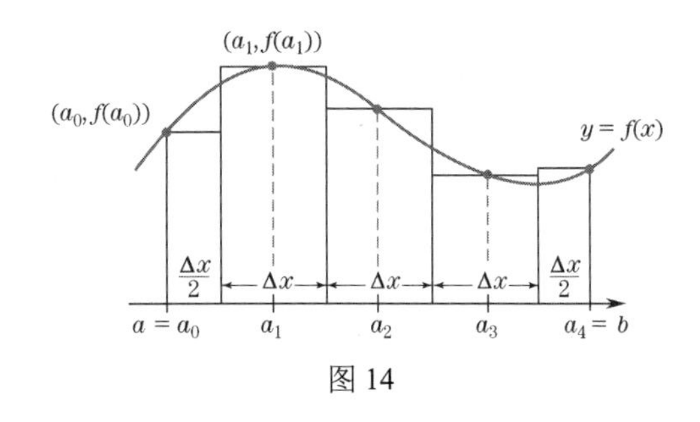

图 14

33. (a) 设 $f(x)$ 的图形在 x 轴上方，在区间 $a_0 \leqslant x \leqslant a_1$ 上下凹。设 x_1 为该区间的中点，$\Delta x = a_1 - a_0$，在点 $(x_1, f(x_1))$ 处构造 $f(x)$ 图形的切线，如图 15(a)所示。证明图 15(a)中阴影梯形的面积与图 15(c)中阴影矩形的面积相同，即 $f(x_1)\Delta x$。提示：参阅图 15(b)，这表明图 15(c)中矩形的面积超过了区间 $a_0 \leqslant x \leqslant a_1$ 上 $f(x)$ 图形下的面积。

(b) 设 $f(x)$ 的图形在 x 轴上方，且对区间 $a \leqslant x \leqslant b$ 内所有的 x 下凹。解释为什么 $T \leqslant \int_a^b f(x)\,\mathrm{d}x \leqslant M$，其中 T 和 M 分别是由梯形法则和中点法则给出的近似值。

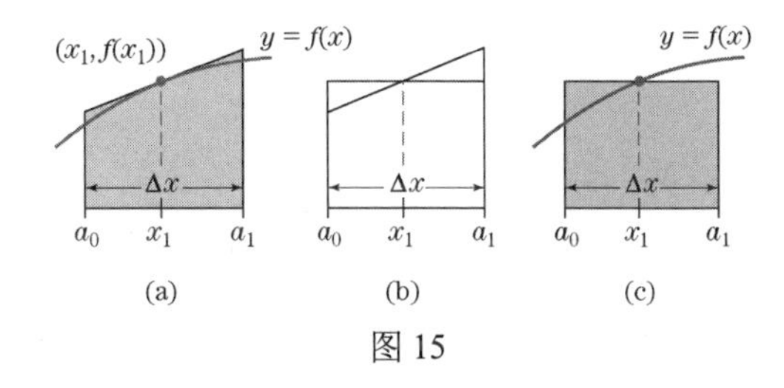

图 15

34. 心输出量公式的黎曼和推导。将区间 $0 \leqslant x \leqslant 22$ 细分为 n 个子区间，每个子区间的长度为 $\Delta t = 22/n$ 秒。设 t_i 是第 i 个子区间中的一点。

(a) 证明 $(R/60)\Delta t$ 约为在第 i 个时间间隔内流过监测点的血液升数。

(b) 证明 $c(t_i)(R/60)\Delta t$ 约为在第 i 个时间间隔内流过监测点的染料量。

(c) 在 22 秒内所有染料都流过监测点。解释为什么 $D \approx (R/60)[c(t_1)+c(t_2)+\cdots+c(t_n)]\Delta t$，其中近似值随着 n 的增大而提高。

(d) 推导出 $D = \int_0^{22}(R/60)c(t)\,\mathrm{d}t$，并解出 R。

技术题

35. 在图 16 中，形如 $\int_a^b f(x)\,\mathrm{d}x$ 的定积分由中点法则近似求得。求出 $f(x), a, b$ 和 n。

NORMAL FLOAT AUTO REAL RADIAN CL
sum(seq(1/(25-X²),X,3.1,4.9,.2))*.2
.4489645238
Ans→M
.4489645238

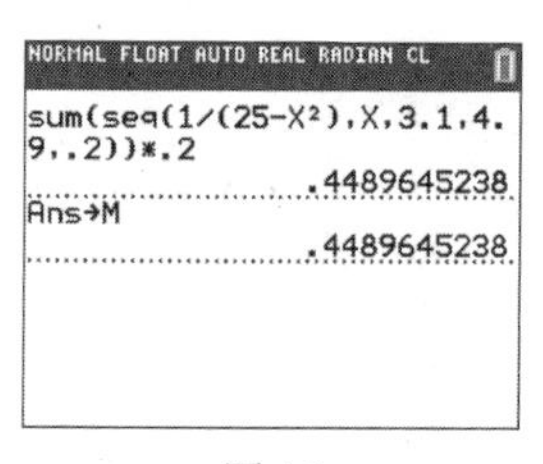

图 16

36. 在图 17 中，形如 $\int_a^b f(x)\,dx$ 的定积分由梯形法则近似求得。求出 $f(x), a, b$ 和 n。

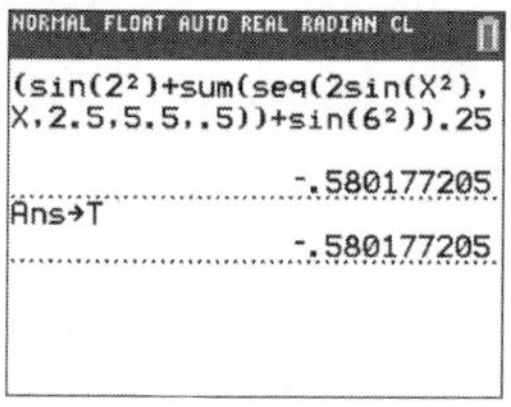

NORMAL FLOAT AUTO REAL RADIAN CL
(sin(2²)+sum(seq(2sin(X²),X,2.5,5.5,.5))+sin(6²)).25
-.580177205
Ans→T
-.580177205

图 17

在习题 37 ~ 40 中，取 $n=10$，用中点法则、梯形法则和辛普森法则近似积分。然后，通过积分求精确值，并给出每个近似的误差。

37. $\int_1^{11} \frac{1}{x}\,dx$　　**38.** $\int_0^{\pi/2} \cos x\,dx$

39. $\int_0^{\pi/4} \sec^2 x\,dx$　　**40.** $\int_0^1 2xe^{x^2}\,dx$

在习题 41 和习题 42 中，考虑定积分 $\int_0^1 \frac{4}{1+x^2}\,dx$，其值为 π。

41. $n=20$，用中点法则估计 π。在窗口[0,1]*[−10,10]内画出函数的二阶导数，然后用该图形到得估计的误差界。

42. $n=15$，用梯形法则估计 π。在窗口[0,1]*[−10,10]内画出函数的二阶导数，然后用该图形得到估计的误差界。

9.4 节自测题答案

1. $\Delta x=(3.4-1)/3=2.4/3=0.8$。每个子区间的长度为 0.8。一个好的方法是首先绘制两个将区间细分为三个相等子区间的标记［见图 18(a)］。然后通过连续在左侧端点上添加 0.8 来标记［见图 18(b)］。在左端点加上 0.8 的二分之一得到第一个中点。然后，加上 0.8 得到下一个中点，以此类推［见图 18(c)］。

1
3.4
1
1.8
2.6
3.4
1.4
2.2
3
1
1.8
2.6
3.4
(a)
(b)
(c)

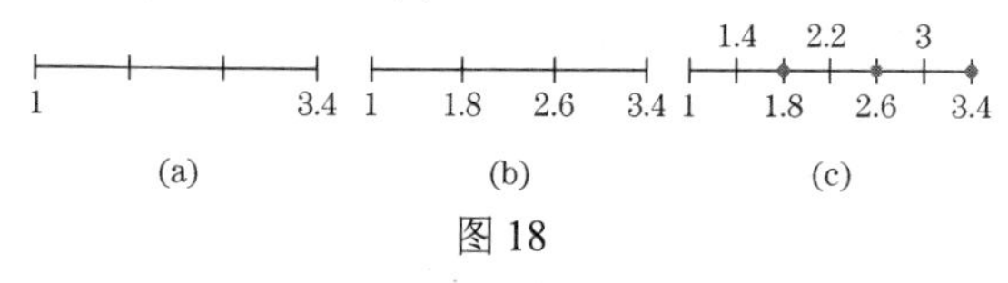

图 18

2. 中点法则使用子区间的中点：

$$\int_1^{3.4}(5x-9)^2\,dx \approx \{(5\times1.4-9)^2+(5\times2.2-9)^2+(5\times3-9)^2\}\times0.8$$
$$=\{(-2)^2+2^2+6^2\}\times0.8=35.2$$

3. 梯形法则使用子区间的端点：

$$\int_1^{3.4}(5x-9)^2\,dx \approx \{(5\times1-9)^2+2(5\times1.8-9)^2+2(5\times2.6-9)^2+(5\times3.4-9)^2\}(0.8/2)$$
$$=\{(-4)^2+2\times0^2+2\times4^2+8^2\}\times0.4$$
$$=44.8$$

4. 运用公式 $S=\frac{2M+T}{3}$ 有

$$\int_1^{3.4}(5x-9)^2\,dx \approx \frac{2\times35.2+44.8}{3}=\frac{115.2}{3}=38.4$$

这个近似也可由式(4)直接得到，但该算法需要单独计算中点近似值和梯形近似值，然后将它们组合在一起，就像我们在这里所做的那样。

5. $\int_1^{3.4}(5x-9)^2\,dx=\frac{1}{15}(5x-9)^3\Big|_1^{3.4}=\frac{1}{15}[8^3-(-4)^3]$

$$=38.4$$

注意，这里辛普森法则给出了精确的答案。因为要积分的函数是一个二次多项式。实际上，辛普森法则给出了任何 3 次或更低次多项式的定积分的精确值，原因可从近似定理的误差中找到。

9.5　积分技术在商业和经济学中的应用

收入流的现在和未来价值

下面的第一个例子涉及 5.4 节中介绍的连续收入流的未来价值和现值的重要概念。

为了回忆未来价值的概念，假设每年有连续的 K 美元存入一个账户，该账户以年利率 $r\%$ 连续复利（本节中只处理年利率）。设 $y=P(t)$ 表示该账户 t 年后的未来价值。5.4 节中说过，y 满足微分方程

$$y'=ry+K$$

这个等式表明，账户变化的方式受到两个因素的影响——利率和存款率。$P(t)$ 的变化率是这两种影响

的净效应。若存款率是由 $K(t)$ 定义的 t 的函数，则 $y=P(t)$ 满足的微分方程是

$$y'=ry+K(t) \tag{1}$$

为了回顾现值的概念，假设我们做了一项投资，承诺在 t 时刻偿还 $P(t)$ 美元（以时间 0 衡量现值），我们应该为这样的投资支付多少钱？显然，我们不想支付 $P(t)$ 美元。因为若我们现在有 $P(t)$ 美元，我们可以当前的利率进行投资，t 年后，我们将得到原来的 $P(t)$ 美元加上应计的利息。相反，我们只愿意支付 $V=V(t)$，若投资 t 年，则将产生 $P(t)$ 美元。我们称 $V(t)$ 为 $P(t)$ 美元在 t 年后的现值。假设连续复利。若当前（年）利率为 r，则投资 t 年的 $V(t)$ 美元将产生 $V(t)\mathrm{e}^{rt}$ 美元（见 5.2 节）。也就是说，

$$V(t)\mathrm{e}^{rt}=P(t) \tag{2}$$

因此

$$V(t)=P(t)\mathrm{e}^{-rt} \tag{3}$$

这个方程描述了未来价值 $P(t)$ 和现值 $V(t)$ 之间的关系。利用乘法法则计算 $V'(t)$，有

$$V'=P'\mathrm{e}^{-rt}-Pr\,\mathrm{e}^{-rt}$$

但是 P 满足式(1)，所以

$$P'=rP+K(t)$$

把上式代入 V' 的公式并化简得

$$V'(t)=(rP+K(t))\mathrm{e}^{-rt}-Pr\,\mathrm{e}^{-rt}=K(t)\mathrm{e}^{-rt}$$

因此，$V(t)$ 是 $K(t)\mathrm{e}^{-rt}$ 的不定积分，即

$$V(t)=\int K(t)\mathrm{e}^{-rt}\,\mathrm{d}t$$

根据微积分基本定理有

$$V(T_2)-V(T_1)=\int_{T_1}^{T_2}K(t)\mathrm{e}^{-rt}\,\mathrm{d}t$$

这是从 $t=T_1$ 到 $t=T_2$ 期间产生的收入流的现值。特别地，若 $T>0$，则有

$$V(T)=\int_0^T K(t)\mathrm{e}^{-rt}\,\mathrm{d}t+V(0)$$

注意，由式(2)得 $P(0)=V(0)$，这是投资的初始值。

总之，我们得到以下结果。

连续收入流的现值

$$\text{现值}=\int_{T_1}^{T_2}K(t)\mathrm{e}^{-rt}\,\mathrm{d}t \tag{4}$$

式中，$K(t)$ 美元是在 t 时刻的年收益率，r 是投资资金的年利率，T_1 到 T_2（年）是收入流的时间段。

例 1　收入流的现值和未来价值。一家科技创业公司目前的指数收入流为每年 $K(t)=\mathrm{e}^{0.1t}$ 亿美元。(a)以 6%的利息计算未来 3 年该收入流的现值；(b)计算 3 年后的未来价值。

解：(a) 设 $V(t)$ 表示收入流的现值。$t=0$ 时，$V(0)=0$。根据式(4)有

$$V(3)=\int_0^3\mathrm{e}^{0.1t}\,\mathrm{e}^{-0.06t}\,\mathrm{d}t=\int_0^3\mathrm{e}^{0.04t}\,\mathrm{d}t=\frac{1}{0.04}\mathrm{e}^{0.04t}\Big|_0^3=\frac{1}{0.04}(\mathrm{e}^{0.12}-1)\approx 3.187$$

所以，现值约为 318.7 万美元。

(b) 为了计算未来价值，我们使用式(2)并将现值乘以 e^{rt}，其中 $t=3$，$r=0.06$，$P(3)=V(3)\cdot\mathrm{e}^{0.06\times 3}\approx 3.187\mathrm{e}^{0.18}\approx 3.816$。因此，3 年后收入流的未来价值约为 3816000 美元。如预期的那样，现值小于未来价值。

■

在涉及设备选择或更换的管理决策过程中，连续收入流现值的概念是一个重要的工具，它在分析各种投资机会时也很有用。即使 $K(t)$是一个简单的函数，在式(4)中求积分通常也需要特殊的技巧，如分部积分法，如下例所示。

例 2　收入流的现值。一家公司估计，一台机器在时刻 t 产生的收益率是 $5000-100t$ 美元/年，用 16%的利率计算未来 4 年该连续收入流的现值。

解：使用式(4)，$K(t)=5000-100t$，$T_1=0$，$T_2=4$，$r=0.16$ 和 $V(0)=0$。该收入流未来 4 年的现值为

$$V(4)=\int_0^4(5000-100t)\,\mathrm{e}^{-0.16t}\,\mathrm{d}t$$

下面用分部积分法求该积分。设 $f(t)=5000-100t$，$g'(t)=\mathrm{e}^{-0.16t}$，则 $f'(t)=-100$，$g(t)=-\frac{1}{0.16}\mathrm{e}^{-0.16t}$。所以前面的积分等于

$$(5000-100t)\tfrac{1}{-0.16}\mathrm{e}^{-0.16t}\Big|_0^4-\int_0^4(-100)\tfrac{1}{-0.16}\mathrm{e}^{-0.16t}\,\mathrm{d}t\approx 16090-\tfrac{100}{0.16}\cdot\tfrac{1}{-0.16}\mathrm{e}^{-0.16t}\Big|_0^4\approx 16090-1847=14243 \text{ 美元}$$

■

人口密度模型

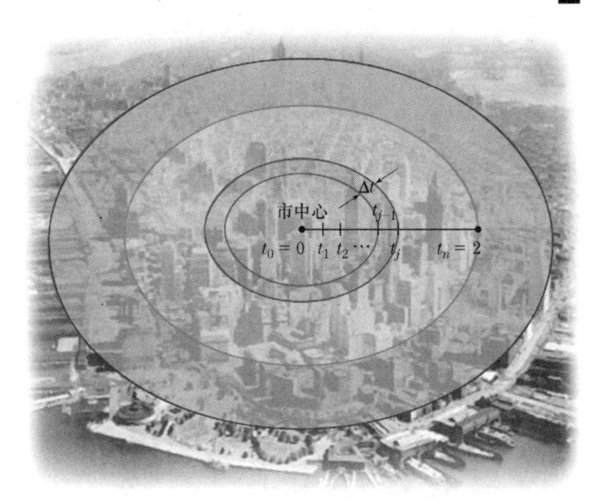

图 1

在企业如餐馆或零售中心选址时，了解该地区的人口规模很重要。下面将根据人口密度推导出一个城市中心周围人口的公式。为了推导这个公式，设 $P(t)$ 表示距离市中心半径 t 英里内的人口（见图 1），设 $D(t)$ 表示距离市中心 t 英里处的人口密度（人数/平方英里）。于是，$P(t+\Delta t)-P(t)$ 就是半径为 $t+\Delta t$ 的较大圆和半径为 t 的较小圆之间宽度为 Δt 的同心圆环内的人口。宽度为 Δt 的圆环的面积是这两个同心圆的面积之差。

$$\pi(t+\Delta t)^2-\pi t^2=2\pi t\Delta t+\pi(\Delta t)^2=\pi(2t+\Delta t)\Delta t$$

若 Δt 非常小，则圆环中的人口密度近似为常数，由 $D(t)$ 给出。因此圆环中的人口是

$$P(t+\Delta t)-P(t)=\text{密度}\cdot\text{面积}\approx D(t)\cdot\pi(2t+\Delta t)\Delta t$$

两边除以 Δt 得

$$\frac{P(t+\Delta t)-P(t)}{\Delta t}\approx\pi D(t)(2t+\Delta t)$$

当 Δt 趋于 0 时，近似值越来越精确，等式右边趋于 $2\pi tD(t)$，等式左边趋于 $P'(t)$，于是得到 $P'(t)=2\pi tD(t)$。利用微积分的基本定理，从 a 到 b 积分得

$$P(b)-P(a)=\int_a^b 2\pi tD(t)\,\mathrm{d}t \tag{5}$$

这是围绕市中心的两个半径为 a 和 b 的同心圆之间环形区域的人口。这个环形区域包括居住在距离市中心 a 到 b 英里之间的所有人。

例 3　人口统计模型。据测定，1940 年距纽约市中心 1 英里的人口密度约为 $120\mathrm{e}^{-0.2t}$ 千人/平方英里。估计 1940 年居住在纽约市中心 2 英里范围内的人数。该模型可通过改变系数来针对不同规模的城市进行调整。

解：使用式(5)，得到居住在市中心 2 英里范围内的人数（千人）为

$$\int_0^2 240\pi t\,\mathrm{e}^{-0.2t}\,\mathrm{d}t=240\pi\int_0^2 t\,\mathrm{e}^{-0.2t}\,\mathrm{d}t$$

最后一个积分可用分部积分法计算得到：

$$
\begin{aligned}
240\pi\int_0^2 t\,\mathrm{e}^{-0.2t}\,\mathrm{d}t &= 240\pi\frac{t\,\mathrm{e}^{-0.2t}}{-0.2}\Big|_0^2 - 240\pi\int_0^2\frac{\mathrm{e}^{-0.2t}}{-0.2}\,\mathrm{d}t \\
&= -2400\pi\,\mathrm{e}^{-0.4} + 1200\pi\left(\frac{\mathrm{e}^{-0.2t}}{-0.2}\right)\Big|_0^2 \\
&= -2400\pi\,\mathrm{e}^{-0.4} + (-6000\pi\,\mathrm{e}^{-0.4} + 6000\pi) \\
&\approx 1160
\end{aligned}
$$

因此，1940 年约有 116 万人居住在距离市中心 2 英里的范围内。

■

9.5 节自测题（答案见本节习题后）

1. 积分公式

$$\int(at+b)\,\mathrm{e}^{-rt}\,\mathrm{d}t = \mathrm{e}^{-rt}\left[\frac{-1}{r}(at+b) - \frac{a}{r^2}\right] + C(r \neq 0)$$

在本节的许多应用中都会用到。用分部积分法推导。

习题 9.5

1. 现值和未来价值。(a)在年收入为每年 35000 美元、利率为 7%的情况下，求连续 5 年的收入流的现值。(b)求(a)问 5 年后收入流的未来价值。

2. 现值。以 6 万美元/年的恒定速度不断产生收入。以 6%的利率，计算从 $t=2$ 到 $t=6$ 年期间产生的收入的现值。

3. 现值。当利率为 10%、收入以 12000 美元/年的速度产生时，求从 $t=1$ 到 $t=5$ 年的连续收入流的现值。

4. 现值。时刻 t 的年收入为 $25\mathrm{e}^{-0.02t}$ 千美元，利率为 8%，求连续 4 年的收入流的现值。

5. 现值和未来价值。(a)时刻 t 的年收入为 $80\mathrm{e}^{-0.08t}$ 千美元，利率为 11%，求连续 3 年的收入流的现值。(b)求(a)问 3 年后收入流的未来价值。

6. 现值。时刻 t 以 $20\mathrm{e}^{1-0.09t}$ 千美元/年的速度不断产生收入，投资将获得 6%的利息。

(a) 写出一个定积分，计算从 $t=2$ 到 $t=5$ 年这段时间内该收入流的现值。

(b) 计算(a)问所述的现值。

7. 公司的未来收益。成长型公司是指净利润每年都有增长趋势的公司。假设公司在时刻 t 的净收益以 $30+5t$ 百万美元/年的速度产生。

(a) 以 10%的利率，写出一个定积分，计算公司未来 2 年的收益现值。

(b) 计算(a)问所述的现值。

8. 现值和未来价值。(a)设利率为 10%，在时刻 t 以 $50+7t$ 千美元/年的速度计算未来 2 年内产生的收益流的现值。(b)2 年后(a)问中收入流的未来价值是多少？

9. 人口模型。2021 年，距离市中心 1 英里的城市人口密度为 $120\mathrm{e}^{-0.65t}$ 千人/平方英里。

(a) 写出一个定积分，其值等于居住在市中心 5 英里范围内的人数（千人）。

(b) 计算(a)问中的定积分。

10. 人口模型。使用习题 9 中的人口密度计算居住在距离市中心 3 英里和 5 英里之间的人数。

11. 人口模型。1940 年费城的人口密度由函数 $60\mathrm{e}^{-0.4t}$ 给出。计算住在离市中心 5 英里范围内的人数。在一幅图上绘制 1900 年和 1940 年的人口密度（见习题 9）。图表显示出什么趋势？

12. 生态模型。火山喷发时，熔岩向四面八方扩散。距中心 t 千米处的沉积物密度为 $D(t)$ 千吨/平方千米，其中 $D(t)=11(t^2+10)^{-2}$。求距离中心 1 千米和 10 千米之间的熔岩沉积物的吨数。

13. 人口模型。假设一个城市的人口密度函数为 $40\mathrm{e}^{-0.5t}$ 千人/平方英里。设 $P(t)$ 为居住在市中心 t 英里内的总人口，Δt 为一个很小的正数。

(a) 考虑一个关于城市的圆环，其内圈长度为 t 英里，外圈长度为 $t+\Delta t$ 英里。该圆环的面积约为 $2\pi t\Delta t$ 平方英里。约有多少人住在这个环内？（答案将涉及 t 和 Δt。）

(b) 当 Δt 趋于零时，$\frac{P(t+\Delta t)-P(t)}{\Delta t}$ 趋于什么？

(c) $P(5+\Delta t)-P(5)$ 表示什么？

(d) 利用(a)问和(c)问求 $\frac{P(t+\Delta t)-P(t)}{\Delta t}$ 的公式，从中得到导数 $P'(t)$ 的近似公式。这个公式给出了总人口相对于离市中心距离 t 的变化率。

(e) 给定两个正数 a 和 b，求一个包含定积分的公式，计算居住在距离市中心 a 英里到 b 英里间的城市人数［提示：用(d)问和微积分基本定理计算 $P(b)-P(a)$］。

9.5 节自测题答案

1. 设 $f(t)=at+b$，$g'(t)=\mathrm{e}^{-rt}$，则 $f'(t)=a$，$g(t)=-\frac{1}{r}\mathrm{e}^{-rt}$。由分部积分法，有

$$\begin{aligned}\int(at+b)\,\mathrm{e}^{-rt}\,\mathrm{d}t&=-\tfrac{1}{r}(at+b)\mathrm{e}^{-rt}+\tfrac{a}{r}\int\mathrm{e}^{-rt}\,\mathrm{d}t\\&=-\tfrac{1}{r}(at+b)\mathrm{e}^{-rt}+\tfrac{a}{r}\left(-\tfrac{1}{r}\right)\mathrm{e}^{-rt}+C\\&=\mathrm{e}^{-rt}\left[\tfrac{-1}{r}(at+b)-\tfrac{a}{r^2}\right]+C\end{aligned}$$

9.6 广义积分

在微积分的应用中，特别是在统计学中，常需考虑沿 x 轴向右或向左无限延伸的区域的面积。图 1 中显示了几个这样的区域。注意，沿 x 轴无限延伸的曲线下的面积不一定是无限的。这种“无限”区域的面积可用广义积分来计算。

为了引出广义积分的思想，下面尝试计算 $x=1$ 右侧曲线 $y=3/x^2$ 下的面积（见图 2）。

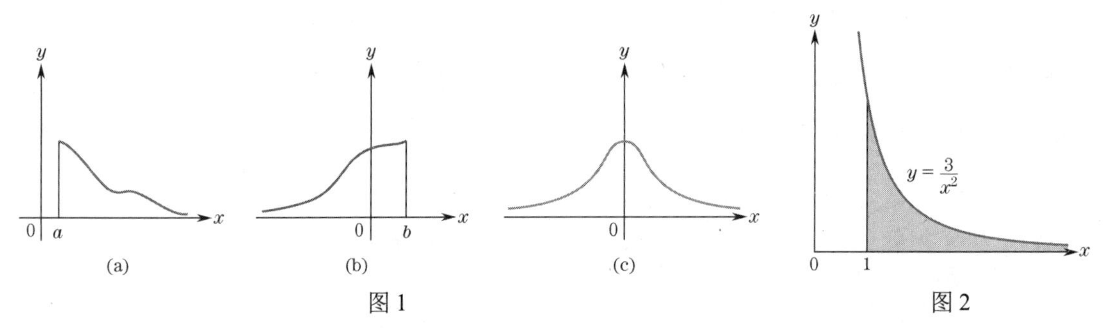

图 1　　　　图 2

首先，计算这个函数从 $x=1$ 到 $x=b$ 的图形下的面积，其中 b 是大于 1 的数［见图 3(a)］。然后，研究当 b 变大时面积是如何增加的［见图 3(b)和图 3(c)］。从 1 到 b 的面积由下式给出：

$$\int_1^b \frac{3}{x^2}\,\mathrm{d}x=-\frac{3}{x}\Big|_1^b=\left(-\frac{3}{b}\right)-\left(-\frac{3}{1}\right)=3-\frac{3}{b}$$

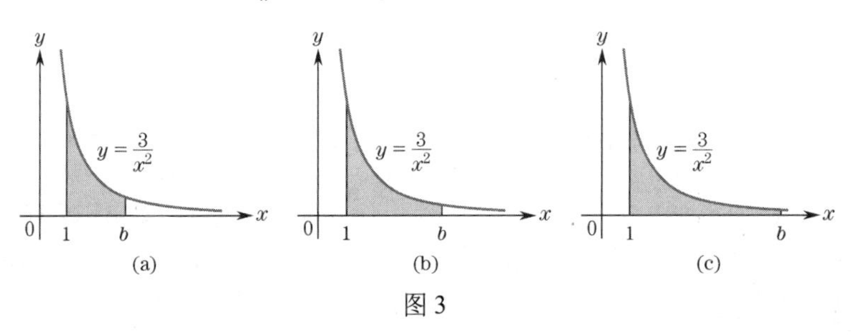

图 3

当 b 很大时，$3/b$ 很小，积分接近 3。也就是说，从 1 到 b 的曲线下的面积几乎等于 3（见表 1）。事实上，随着 b 的增大，面积无限接近 3。因此，可以合理地说，对于 $x\geqslant 1$，曲线 $y=3/x^2$ 下的区域的面积为 3。

表 1　一个“无限长”区域的极限值

b	面积 $=\int_1^b \frac{3}{x^2}\,\mathrm{d}x=3-\frac{3}{b}$
10	2.7000
100	2.9700
1000	2.9970
10000	2.9997

回顾第 1 章可知，我们可用 $b\to\infty$ 作为“b 变得任意大而没有约束”的简写。于是，当 $b\to\infty$ 时，$\int_1^b \frac{3}{x^2}\,\mathrm{d}x$ 趋于 3 可写为

$$\int_1^\infty \frac{3}{x^2}\,\mathrm{d}x=\lim_{b\to\infty}\int_1^b \frac{3}{x^2}\,\mathrm{d}x=3$$

我们称 $\int_1^\infty \frac{3}{x^2}\,\mathrm{d}x$ 为广义积分，因为积分的上限是 ∞（无穷大），而不是一个有限的数。

定义　设 a 是固定值，且设 $f(x)$ 是 $x\geqslant a$ 的非负函数。若 $\lim\limits_{b\to\infty}\int_a^b f(x)\,\mathrm{d}x=L$，定义

$$\int_a^{\infty} f(x)\mathrm{d}x = \lim_{b\to\infty}\int_a^b f(x)\,\mathrm{d}x = L$$

则称广义积分 $\int_a^{\infty} f(x)\,\mathrm{d}x$ 是收敛的，且当 $x \geqslant a$ 时曲线 $y=f(x)$ 下区域的面积为 L（见图 4）。

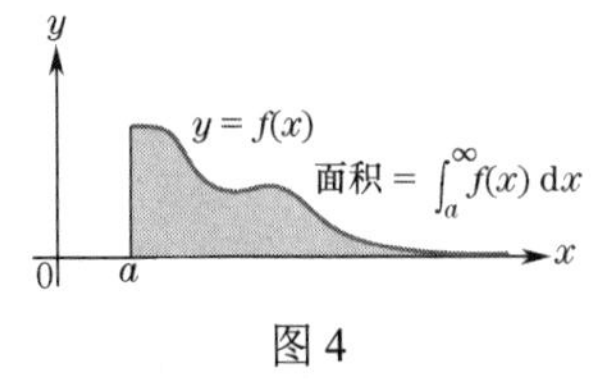

图 4

例 1　收敛的广义积分。 当 $x \geqslant 0$ 时，求曲线 $y=\mathrm{e}^{-x}$ 下的面积（见图 5）。

解： 计算广义积分

$$\int_0^{\infty} \mathrm{e}^{-x}\,\mathrm{d}x$$

取 $b>0$ 并计算

$$\int_0^b \mathrm{e}^{-x}\,\mathrm{d}x = -\mathrm{e}^{-x}\Big|_0^b = (-\mathrm{e}^{-b})-(-\mathrm{e}^0) = 1-\mathrm{e}^{-b} = 1-\tfrac{1}{\mathrm{e}^b}$$

现在考虑极限。当 $b\to\infty$ 时，$1/\mathrm{e}^b$ 趋于零。因此，

$$\int_0^{\infty} \mathrm{e}^{-x}\,\mathrm{d}x = \lim_{b\to\infty}\int_0^b \mathrm{e}^{-x}\,\mathrm{d}x = \lim_{b\to\infty}\left(1-\tfrac{1}{\mathrm{e}^b}\right) = 1$$

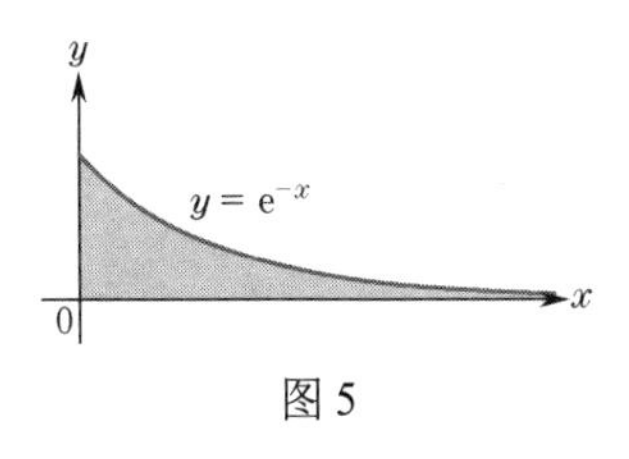

图 5

因此，图 5 中阴影部分的面积为 1。

■

例 2　收敛的广义积分。 计算广义积分 $\int_7^{\infty}\frac{1}{(x-5)^2}\mathrm{d}x$。

解：

$$\int_7^b \frac{1}{(x-5)^2}\mathrm{d}x = -\tfrac{1}{x-5}\Big|_7^b = -\tfrac{1}{b-5}-\left(-\tfrac{1}{7-5}\right) = \tfrac{1}{2}-\tfrac{1}{b-5}$$

当 $b\to\infty$ 时，分数 $1/(b-5)$ 趋于零。因此，

$$\int_7^{\infty}\frac{1}{(x-5)^2}\mathrm{d}x = \lim_{b\to\infty}\int_7^b \frac{1}{(x-5)^2}\mathrm{d}x = \lim_{b\to\infty}\left(\tfrac{1}{2}-\tfrac{1}{b-5}\right) = \tfrac{1}{2}$$

■

不是所有广义积分都是收敛的。$\int_a^b f(x)\,\mathrm{d}x$ 的值在 $b\to\infty$ 时没有极限，不能给 $\int_a^{\infty} f(x)\mathrm{d}x$ 赋值，并且我们说广义积分 $\int_a^{\infty} f(x)\,\mathrm{d}x$ 是发散的。

例 3　发散的广义积分。 证明 $\int_1^{\infty}\frac{1}{\sqrt{x}}\mathrm{d}x$ 是发散的。

解： 当 $b>1$ 时，有

$$\int_1^b \tfrac{1}{\sqrt{x}}\mathrm{d}x = 2\sqrt{x}\Big|_1^b = 2\sqrt{b}-2$$

当 $b\to\infty$ 时，$2\sqrt{b}-2$ 的值无限增大。也就是说，$2\sqrt{b}-2$ 可以大于任何特定的数。因此，当 $b\to\infty$ 时，$\int_1^b\frac{1}{\sqrt{x}}\mathrm{d}x$ 没有极限，所以 $\int_1^{\infty}\frac{1}{\sqrt{x}}\mathrm{d}x$ 是发散的。

■

在某些情况下，有必要考虑形如

$$\int_{-\infty}^b f(x)\,\mathrm{d}x$$

的广义积分。设 b 是固定值，检查当 $a\to-\infty$ 即 a 在数轴上任意向左移动时 $\int_a^b f(x)\,\mathrm{d}x$ 的值。若 $\lim\limits_{a\to-\infty}\int_a^b f(x)\,\mathrm{d}x = L$，则我们说广义积分 $\int_{-\infty}^b f(x)\,\mathrm{d}x$ 是收敛的，记为

$$\int_{-\infty}^b f(x)\,\mathrm{d}x = L$$

否则，广义积分是发散的。形如 $\int_{-\infty}^b f(x)\,\mathrm{d}x$ 的积分可用于计算图 1(b)所示区域的面积。

例 4　收敛的广义积分。 确定 $\int_{-\infty}^0 \mathrm{e}^{5x}\,\mathrm{d}x$ 是否收敛。若收敛，求出它的值。

解：
$$\int_{-\infty}^{0} \mathrm{e}^{5x}\,\mathrm{d}x=\lim_{a\to-\infty}\int_{a}^{0}\mathrm{e}^{5x}\,\mathrm{d}x=\lim_{a\to-\infty}\tfrac{1}{5}\mathrm{e}^{5x}\Big|_{a}^{0}=\lim_{a\to-\infty}\left(\tfrac{1}{5}-\tfrac{1}{5}\mathrm{e}^{5a}\right)$$
当 $a\to-\infty$ 时，e^{5a} 趋于 0，所以 $\frac{1}{5}-\frac{1}{5}\mathrm{e}^{5a}$ 趋于 $\frac{1}{5}$。因此，该广义积分收敛，值为 $\frac{1}{5}$。

■

向左和向右无限延伸的区域的面积，如图 1(c)中的区域，使用形如
$$\int_{-\infty}^{\infty} f(x)\,\mathrm{d}x$$
的广义积分计算。我们将这样一个积分的值定义为
$$\int_{-\infty}^{0} f(x)\,\mathrm{d}x+\int_{0}^{\infty} f(x)\,\mathrm{d}x$$
前提是后两个广义积分都是收敛的。

概率论中出现的一个重要区域是所谓的正态曲线下的面积，其方程为
$$y=\tfrac{1}{\sqrt{2\pi}}\mathrm{e}^{-x^2/2}$$
如图 6 所示。对于概率论来说，这个区域的面积等于 1 是非常重要的。对广义积分而言，可以写成
$$\int_{-\infty}^{\infty}\tfrac{1}{\sqrt{2\pi}}\mathrm{e}^{-x^2/2}\,\mathrm{d}x=1$$

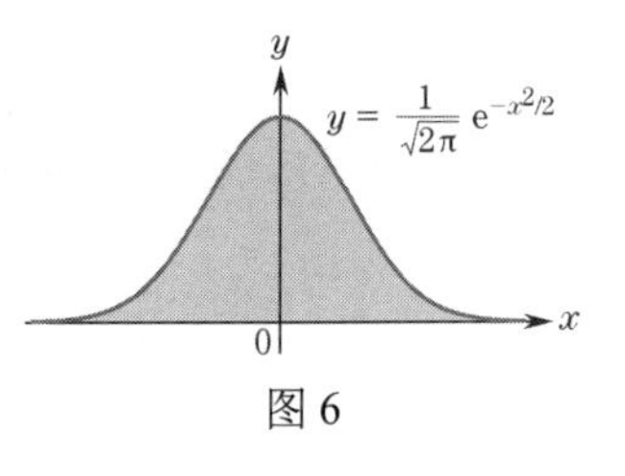

图 6

这个结果的证明超出了本书的范围。

综合技术

广义积分　图形计算器无法告知广义积分是否收敛，但可用计算器获得积分行为的可靠指示：只需看随着 b 的增加 $\int_{a}^{b} f(x)\mathrm{d}x$ 的值。设置 $Y_1=\text{fnInt}\ (\text{e}\hat{}\,(-X),X,0,X)$，生成的图 7(a)和图 7(b)给出了令人信服的证据，证明了例 1 中广义积分的值为 1。$\text{fnInt}(\text{e}\hat{}\,(-X),X,0,X)$ 中最后一个 X 是积分的上限，即 b。

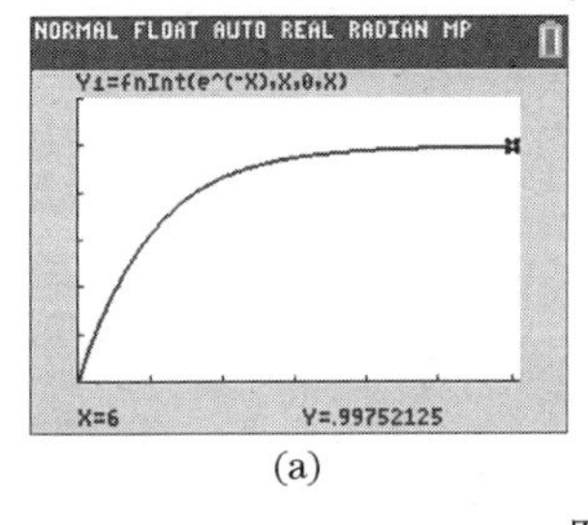

(a)

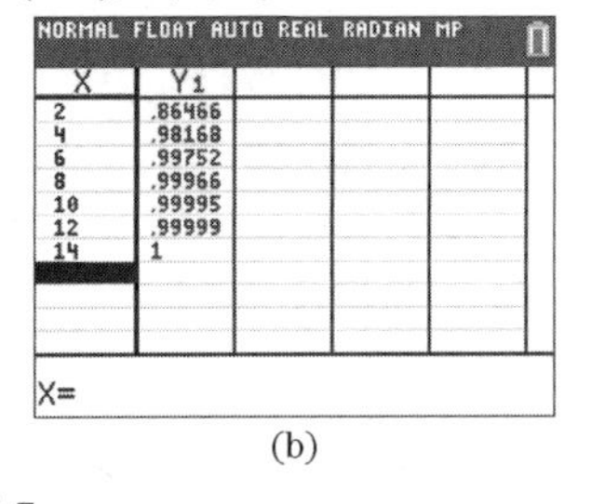

(b)

图 7

9.6 节自测题（答案见本节习题后）

1. 当 $b\to\infty$ 时，$1-2(1-3b)^{-4}$ 收敛吗？

2. 证明 $\int_{1}^{\infty}\frac{x^2}{x^3+8}\mathrm{d}x$ 是发散的。

3. 计算 $\int_{-\infty}^{-2}\frac{1}{x^4}\mathrm{d}x$。

习题 9.6

在习题 1 ~ 12 中，当 $b\to\infty$ 时，确定给定的表达式是否有极限；若有，则求出极限值。

1. $5/b$　**2.** b^2　**3.** $-3\mathrm{e}^{2b}$

4. $\frac{1}{b}+\frac{1}{3}$　**5.** $\frac{1}{4}-\frac{1}{b^2}$　**6.** $\frac{1}{2}\sqrt{b}$

7. $2-(b+1)^{-1/2}$　**8.** $5-(b-1)^{-1}$　**9.** $5(b^2+3)^{-1}$

10. $4(1-b^{-3/4})$　**11.** $\mathrm{e}^{-b/2}+5$　**12.** $2-\mathrm{e}^{-3b}$

13. 当 $x\geqslant 2$ 时，求曲线 $y=1/x^2$ 下的面积。

14. 当 $x\geqslant 0$ 时，求曲线 $y=(x+1)^{-2}$ 下的面积。

15. 当 $x\geqslant 0$ 时，求曲线 $y=\mathrm{e}^{-x/2}$ 下的面积。

16. 当 $x\geqslant 0$ 时，求曲线 $y=4\mathrm{e}^{-4x}$ 下的面积。

17. 当 $x\geqslant 3$ 时，求曲线 $y=(x+1)^{-3/2}$ 下的面积。

18. 当 $x\geqslant 1$ 时，求曲线 $y=(2x+6)^{-4/3}$ 下的面积（见图 8）。

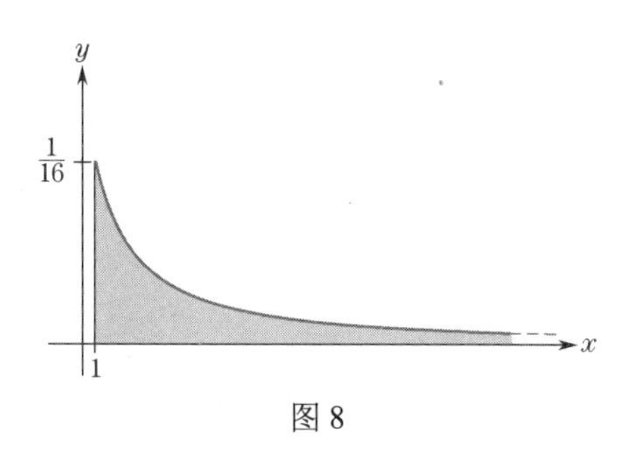

图 8

19. 证明当 $x \geqslant 1$ 时，曲线 $y=(14x+18)^{-4/5}$ 下的区域不能用任何有限数表示其面积（见图 9）。

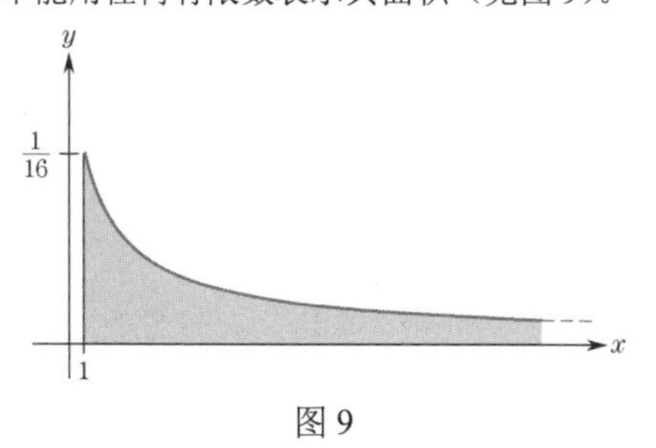

图 9

20. 证明当 $x \geqslant 2$ 时，曲线 $y=(x-1)^{-1/3}$ 下的区域不能用任何有限数表示其面积。

求下列广义积分收敛时的值。

21. $\int_1^{\infty} \frac{1}{x^3}\mathrm{d}x$ **22.** $\int_1^{\infty} \frac{2}{x^{3/2}}\mathrm{d}x$

23. $\int_0^{\infty} \frac{1}{(2x+3)^2}\mathrm{d}x$ **24.** $\int_0^{\infty} \mathrm{e}^{-3x}\mathrm{d}x$

25. $\int_0^{\infty} \mathrm{e}^{2x}\mathrm{d}x$ **26.** $\int_0^{\infty} (x^2+1)\mathrm{d}x$

27. $\int_2^{\infty} \frac{1}{(x-1)^{5/2}}\mathrm{d}x$ **28.** $\int_2^{\infty} \mathrm{e}^{2-x}\mathrm{d}x$

29. $\int_0^{\infty} 0.01\mathrm{e}^{-0.01x}\mathrm{d}x$ **30.** $\int_0^{\infty} \frac{4}{(2x+1)^3}\mathrm{d}x$

31. $\int_0^{\infty} 6\mathrm{e}^{1-3x}\mathrm{d}x$ **32.** $\int_1^{\infty} \mathrm{e}^{-0.2x}\mathrm{d}x$

33. $\int_3^{\infty} \frac{x^2}{\sqrt{x^3-1}}\mathrm{d}x$ **34.** $\int_2^{\infty} \frac{1}{x\ln x}\mathrm{d}x$

35. $\int_0^{\infty} x\mathrm{e}^{-x^2}\mathrm{d}x$ **36.** $\int_0^{\infty} \frac{x}{x^2+1}\mathrm{d}x$

37. $\int_0^{\infty} 2x(x^2+1)^{-3/2}\mathrm{d}x$ **38.** $\int_1^{\infty} (5x+1)^{-4}\mathrm{d}x$

39. $\int_{-\infty}^{0} \mathrm{e}^{4x}\mathrm{d}x$ **40.** $\int_{-\infty}^{0} \frac{8}{(x-5)^2}\mathrm{d}x$

41. $\int_{-\infty}^{0} \frac{6}{(1-3x)^2}\mathrm{d}x$ **42.** $\int_{-\infty}^{0} \frac{1}{\sqrt{4-x}}\mathrm{d}x$

43. $\int_0^{\infty} \frac{\mathrm{e}^{-x}}{(\mathrm{e}^{-x}+2)^2}\mathrm{d}x$ **44.** $\int_{-\infty}^{\infty} \frac{\mathrm{e}^{-x}}{(\mathrm{e}^{-x}+2)^2}\mathrm{d}x$

45. 取 $k>0$，证明 $\int_0^{\infty} k\mathrm{e}^{-kx}\mathrm{d}x=1$。

46. 取 $k>0$，证明 $\int_1^{\infty} \frac{k}{x^{k+1}}\mathrm{d}x=1$。

47. 取 $k>0$，证明 $\int_{\mathrm{e}}^{\infty} \frac{k}{x(\ln x)^{k+1}}\mathrm{d}x=1$。

资产的资本价值。机器等资产的资本价值有时被定义为所有未来净收益的现值（见 9.5 节）。资产的实际使用寿命可能是未知的，且由于一些资产可能无限期地使用，资产的资本价值可以写为

$$\text{资本价值} = \int_0^{\infty} K(t)\mathrm{e}^{-rt}\mathrm{d}t$$

式中，r 是连续复利的年利率。

48. 假设利率为 10%，计算每年产生 5000 美元收入的资产的资本价值。

49. 假设年利率为 r，构建一个出租物业的资本价值公式，该物业无限期地以 K 美元/年的速度产生固定收益。

50. 假设一个拥有已知地下天然气储量的大型农场以 $10000\mathrm{e}^{0.04t}$ 美元/年的担保价格将天然气权出售给一家公司。设利率为 12%，连续复利，计算该永久收入流的现值。

9.6 节自测题答案

1. 表达式 $1-2(1-3b)^{-4}$ 可以写成

$$1-\frac{2}{(1-3b)^4}$$

当 b 很大时，$(1-3b)^4$ 非常大，所以 $2/(1-3b)^4$ 非常小。因此，当 $b\to\infty$ 时，$1-2(1-3b)^{-4}$ 趋于 1。

2. 首先求出 $x^2/(x^3+8)$ 的不定积分，用 $u=x^3+8$，$\mathrm{d}u=3x^2\mathrm{d}x$ 替换得

$$\begin{aligned}\int \frac{x^2}{x^3+8}\mathrm{d}x &= \frac{1}{3}\int \frac{1}{u}\mathrm{d}u \\ &= \frac{1}{3}\ln|u|+C \\ &= \frac{1}{3}\ln\left|x^3+8\right|+C\end{aligned}$$

于是，

$$\begin{aligned}\int_1^b \frac{x^2}{x^3+8}\mathrm{d}x &= \frac{1}{3}\ln\left|x^3+8\right|\Big|_1^b \\ &= \frac{1}{3}\ln(b^3+8)-\frac{1}{3}\ln 9\end{aligned}$$

最后，检查当 $b\to\infty$ 时会发生什么。当然，b^3+8 会变得非常大，所以 $\ln(b^3+8)$ 也会变得相当大。因此，当 $b\to\infty$ 时，

$$\int_1^b \frac{x^2}{x^3+8}\mathrm{d}x$$

没有极限，所以广义积分

$$\int_1^{\infty} \frac{x^2}{x^3+8}\mathrm{d}x$$

是发散的。

3. $$\int_a^{-2} \frac{1}{x^4}\mathrm{d}x = \int_a^{-2} x^{-4}\mathrm{d}x = \frac{x^{-3}}{-3}\Big|_a^{-2} = \frac{1}{-3x^3}\Big|_a^{-2}$$

$$= \frac{1}{-3\times(-2)^3}-\left(\frac{1}{-3a^3}\right) = \frac{1}{24}+\frac{1}{3a^3}$$

$$\begin{aligned}\int_{-\infty}^{-2} \frac{1}{x^4}\mathrm{d}x &= \lim_{a\to-\infty}\int_a^{-2} \frac{1}{x^4}\mathrm{d}x \\ &= \lim_{a\to-\infty}\int_a^{-2}\left(\frac{1}{24}+\frac{1}{3a^3}\right)\mathrm{d}x = \frac{1}{24}\end{aligned}$$

第 9 章概念题

1. 用自己的话描述换元积分法。
2. 用自己的话描述分部积分法。
3. 描述换元积分法中积分上下限的变换法则。
4. 陈述定积分的分部积分法公式。
5. 说明中点法则（包括所用所有符号的含义）。
6. 说明梯形法则（包括所用所有符号的含义）。
7. 解释公式 $S = \frac{2M+T}{3}$。
8. 陈述三种近似法则中每个近似定理的误差。
9. 说出下列每个量的公式：(a)连续收入流的现值；(b)围绕城市中心的环形人口总数。
10. 如何确定广义积分是否收敛？

第 9 章复习题

求下列不定积分。

1. $\int x\sin 3x^2\,\mathrm{d}x$
2. $\int \sqrt{2x+1}\,\mathrm{d}x$
3. $\int x(1-3x^2)^5\,\mathrm{d}x$
4. $\int \frac{(\ln x)^5}{x}\,\mathrm{d}x$
5. $\int \frac{(\ln x)^2}{x}\,\mathrm{d}x$
6. $\int \frac{1}{\sqrt{4x+3}}\,\mathrm{d}x$
7. $\int x\sqrt{4-x^2}\,\mathrm{d}x$
8. $\int x\sin 3x\,\mathrm{d}x$
9. $\int x^2\mathrm{e}^{-x^3}\,\mathrm{d}x$
10. $\int \frac{x\ln(x^2+1)}{x^2+1}\,\mathrm{d}x$
11. $\int x^2\cos 3x\,\mathrm{d}x$
12. $\int \frac{\ln(\ln x)}{x\ln x}\,\mathrm{d}x$
13. $\int \ln x^2\,\mathrm{d}x$
14. $\int x\sqrt{x+1}\,\mathrm{d}x$
15. $\int \frac{x}{\sqrt{3x-1}}\,\mathrm{d}x$
16. $\int x^2\ln x^2\,\mathrm{d}x$
17. $\int \frac{x}{(1-x)^5}\,\mathrm{d}x$
18. $\int x(\ln x)^2\,\mathrm{d}x$

在习题 19 ~ 36 中，确定是用分部积分法还是用换元积分法来计算不定积分。若采用换元积分法，则说明要进行的换元；若采用分部积分法，则注明在 9.2 节的式(1)中提到的函数 $f(x)$ 和 $g(x)$。

19. $\int x\mathrm{e}^{2x}\,\mathrm{d}x$
20. $\int (x-3)\mathrm{e}^{-x}\,\mathrm{d}x$
21. $\int (x+1)^{-1/2}\mathrm{e}^{\sqrt{x+1}}\,\mathrm{d}x$
22. $\int x^2\sin(x^3-1)\,\mathrm{d}x$
23. $\int \frac{x-2x^3}{x^4-x^2+4}\,\mathrm{d}x$
24. $\int \ln\sqrt{5-x}\,\mathrm{d}x$
25. $\int \mathrm{e}^{-x}(3x-1)^2\,\mathrm{d}x$
26. $\int x\mathrm{e}^{3-x^2}\,\mathrm{d}x$
27. $\int (500-4x)\mathrm{e}^{-x/2}\,\mathrm{d}x$
28. $\int x^{5/2}\ln x\,\mathrm{d}x$
29. $\int \sqrt{x+2}\ln(x+2)\,\mathrm{d}x$
30. $\int (x+1)^2\mathrm{e}^{3x}\,\mathrm{d}x$
31. $\int (x+3)\mathrm{e}^{x^2+6x}\,\mathrm{d}x$
32. $\int \sin^2 x\cos x\,\mathrm{d}x$
33. $\int x\cos(x^2-9)\mathrm{d}x$
34. $\int (3-x)\sin 3x\,\mathrm{d}x$
35. $\int \frac{2-x^2}{x^3-6x}\,\mathrm{d}x$
36. $\int \frac{1}{x(\ln x)^{3/2}}\,\mathrm{d}x$

求以下定积分。

37. $\int_0^1 \frac{2x}{(x^2+1)^3}\mathrm{d}x$
38. $\int_0^{\pi/2} x\sin 8x\,\mathrm{d}x$
39. $\int_0^2 x\mathrm{e}^{-(1/2)x^2}\,\mathrm{d}x$
40. $\int_{1/2}^1 \frac{\ln(2x+3)}{2x+3}\,\mathrm{d}x$
41. $\int_1^2 x\mathrm{e}^{-2x}\,\mathrm{d}x$
42. $\int_1^2 x^{-3/2}\ln x\,\mathrm{d}x$

用中点法则、梯形法则和辛普森法则近似定积分。

43. $\int_1^9 \frac{1}{\sqrt{x}}\,\mathrm{d}x\,;n=4$
44. $\int_0^{10} \mathrm{e}^{\sqrt{x}}\,\mathrm{d}x\,;n=5$
45. $\int_1^4 \frac{\mathrm{e}^x}{x+1}\,\mathrm{d}x\,;n=5$
46. $\int_{-1}^1 \frac{1}{1+x^2}\,\mathrm{d}x\,;n=5$

求下列广义积分收敛时的值。

47. $\int_0^\infty \mathrm{e}^{6-3x}\,\mathrm{d}x$
48. $\int_1^\infty x^{-2/3}\,\mathrm{d}x$
49. $\int_1^\infty \frac{x+2}{x^2+4x-2}\,\mathrm{d}x$
50. $\int_0^\infty x^2\mathrm{e}^{-x^3}\,\mathrm{d}x$
51. $\int_{-1}^\infty (x+3)^{-5/4}\,\mathrm{d}x$
52. $\int_{-\infty}^0 \frac{8}{(5-2x)^3}\,\mathrm{d}x$
53. 可以证明 $\lim\limits_{b\to\infty} b\mathrm{e}^{-b}=0$。用该事实计算 $\int_1^\infty x\mathrm{e}^{-x}\,\mathrm{d}x$。
54. 设 k 为正数，可以证明 $\lim\limits_{b\to\infty} b\mathrm{e}^{-kb}=0$。用该事实计算 $\int_0^\infty x\mathrm{e}^{-kx}\,\mathrm{d}x$。
55. **现值**。求未来 4 年连续收入流的现值，其中时刻 t 的收益率为 $50\mathrm{e}^{-0.08t}$ 千美元/年，利率为 12%。
56. **房产税**。在距离某城市中心 t 英里的地方，财产税收入约为 $R(t)=50\mathrm{e}^{-t/20}$ 千美元/平方英里。使用该模型预测市中心 10 英里范围内的房产所产生的总财产税收入。
57. **现值和未来价值**。连续收入流产生的速度为 $K(t)=10t+5\mathrm{e}^{-0.1t}$。(a)当利率为 6%时，求 5 年内该收入流的现值；(b)计算相同时间和相同利率下的未来价值。
58. **资本化的成本**。资产的资本化成本是原始成本和未来所有“更新”或更换的现值总和。例如，当你选择由几家不同公司制造的设备时，这个概念是非常有用的。设一家公司使用连续复利的年利率 r 来计算未来支出的现值。设一项资产的原始成本为 8 万美元，每年的续期费用为 5 万美元，每年的续期费用大致平均分摊，持续时间很长但不确定的年限。找到一个包含积分的公式，计算资产的资本化成本。

第 10 章　微分方程

微分方程是对未知函数 $y=f(t)$ 求导的方程。这类方程的例子有

$$y'=6t+3\text{，}\quad y'=6y\text{，}\quad y''=3y'-x\text{，}\quad y'+3y+t=0$$

许多物理过程可用微分方程来描述。本章探讨微分方程中的一些主题，并用我们已有的知识来求解许多不同领域中的问题。

10.1　微分方程的解

微分方程是包含未知函数 y 和一个或多个导数 $y', y'', y''', \cdots$ 的方程。设 y 是变量 t 的函数。微分方程的解是任意函数 $f(t)$，当 y 被 $f(t)$、y' 被 $f'(t)$、y'' 被 $f''(t)$ 等替换时，微分方程就成为真命题。

例 1　验证解。证明函数 $f(t)=5\mathrm{e}^{-2t}$ 是如下微分方程的一个解：

$$y'+2y=0 \tag{1}$$

解：微分方程(1)表明，$y'+2y$ 对 t 的所有值都等于零。我们必须证明若 y 被 $5\mathrm{e}^{-2t}$ 替换，y' 被 $(5\mathrm{e}^{-2t})'=-10\mathrm{e}^{-2t}$ 替换，这个结果是成立的。现在，

$$\overbrace{(5\mathrm{e}^{-2t})'}^{y'}+2\overbrace{(5\mathrm{e}^{-2t})}^{y}=-10\mathrm{e}^{-2t}+10\mathrm{e}^{-2t}=0$$

因此，$y=5\mathrm{e}^{-2t}$ 是微分方程(1)的解。

■

例 2　验证解。证明函数 $f(t)=\frac{1}{9}t+\sin 3t$ 是如下微分方程的一个解：

$$y''+9y=t \tag{2}$$

解：令 $f(t)=\frac{1}{9}t+\sin 3t$，则

$$f'(t)=\tfrac{1}{9}+3\cos 3t\text{，}\quad f''(t)=-9\sin 3t$$

用 $f(t)$ 替换 y，用 $f''(t)$ 替换 y''，代入式(2)的左边得

$$\overbrace{-9\sin 3t}^{y''}+9\overbrace{\left(\tfrac{1}{9}t+\sin 3t\right)}^{y}=-9\sin 3t+t+9\sin 3t=t$$

因此，当 $y=\frac{1}{9}t+\sin 3t$ 时，$y''+9y=t$。所以，$y=\frac{1}{9}t+\sin 3t$ 是方程 $y''+9y=t$ 的一个解。

■

例 1 中的微分方程是一阶的，因为它涉及未知函数 y 的一阶导数。例 2 中的微分方程是二阶的，因为它涉及 y 的二阶导数。一般来说，微分方程的阶数是指方程中出现的最高阶导数的阶数。

确定作为微分方程解的所有函数的过程称为**解微分方程**。反微分的过程相当于求解一类简单的微分方程。例如，微分方程

$$y'=3t^2-4 \tag{3}$$

的解是导数为 $3t^2-4$ 的函数 y。因此，求解式(3)就是求出 $3t^2-4$ 的所有不定积分。显然，y 的形式是 $y=t^3-4t+C$，其中 C 是常数。式(3)的几个解对应于几个 C 值，如图 1 所示，图中的每条曲线称为**解曲线**。

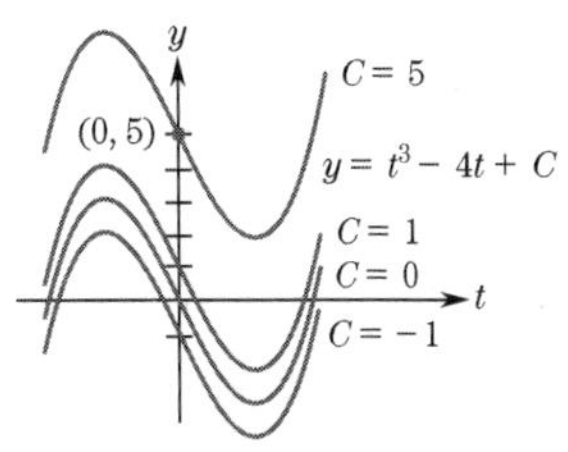

图 1

讨论指数函数时，我们遇到了

$$y'=2y \tag{4}$$

这样的微分方程。与式(3)不同，式(4)未给出 y 的具体公式，而描述了 y' 的一个性质：y' 与 y 成正比（2 为比例常数）。目前，我们能“解”式(4)的唯一方法就是事先知道解是什么。回顾 5.1 节的定理 1 可知，式(4)的解对任意常数 C 具有 $y=Ce^{2t}$ 的形式。式(4)的一些典型解已在图 2 中画出。下一节将讨论求解一类微分方程的方法，其中式(3)和式(4)都是特例。

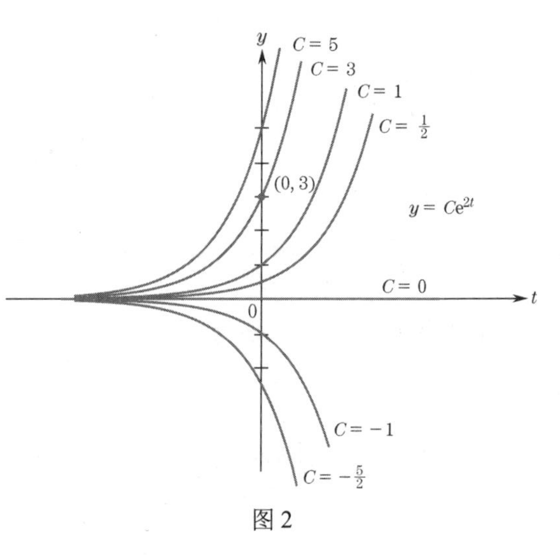

图 2

图 1 和图 2 说明了微分方程和代数方程（如 $ax^2+bx+c=0$）之间的两个重要区别。首先，微分方程的解是一个函数，而不是一个数；其次，微分方程通常有无穷多个解。

有时，我们希望找到一个满足一些附加条件（称为**初始条件**）的特解。初始条件规定了一个解的值及其在某个特定 t 值（通常 $t=0$）下的一定数量的导数。若微分方程的解是 $y=f(t)$，则我们通常将 $f(0)$ 写成 $y(0)$，将 $f'(0)$ 写成 $y'(0)$，以此类推。确定满足给定初始条件的微分方程解的问题称为**初值问题**。

回顾：关于初值问题的其他例子，见 5.1 节。

例 3　初值问题。(a)解初值问题 $y'=3t^2-4$，$y(0)=5$；(b)解初值问题 $y'=2y$，$y(0)=3$。

解：(a) $y'=3t^2-4$ 的通解是 $f(t)=t^3-4t+C$，所要求的是满足 $f(0)=5$ 的特解。几何上，我们正在寻找图 1 中过点(0, 5)的曲线。使用 $f(t)$ 的一般公式，有

$$5=f(0)=(0)^3-4(0)+C=C,\qquad C=5$$

因此，$f(t)=t^3-4t+5$ 是所求的解。

(b) $y'=2y$ 的通解是 $y=Ce^{2t}$。条件 $y(0)=3$ 意味着当 $t=0$ 时 y 必须为 3；也就是说，点(0, 3)一定在 $y'=2y$ 的解的图上（见图 2）。于是，有

$$3=y(0)=Ce^{2(0)}=C\cdot 1=C,\quad C=3$$

因此，$y=3e^{2t}$ 是所求的解。

■

满足微分方程的常数函数称为微分方程的**常数解**。常数解出现在本章后面讨论的许多应用问题中。

例 4　常数解。求常数解 $y'=3y-12$。

解：对所有 t，有 $f(t)=c$。于是，对所有 t，$f'(t)$ 为 0。若 $f(t)$ 满足微分方程

$$f'(t)=3\cdot f(t)-12$$

则

$$0=3\cdot c-12$$

所以 $c=4$。这是常数解的唯一可能值。代换表明函数 $f(t)=4$ 确实是微分方程的解。

■

微分方程建模

描述物理过程条件的方程通常称为**数学模型**，而发现这些方程则被称为**建模**。下个例子将展示如何使用微分方程对物理过程进行建模。我们应该仔细研究这个例子，因为它包含了理解许多类似问题的关键，这些问题将在习题和后几节中出现。

例 5　牛顿冷却定律。假设将一根烧红的钢棒放入冷水中。设 $f(t)$ 为时刻 t 钢棒的温度，设水温保持为恒定的 10℃。根据牛顿冷却定律，$f(t)$ 的变化率与两个温度 10℃和 $f(t)$ 之差成正比。找到一个描述该物理定律的微分方程。

解：两个关键概念是变化率和比例。$f(t)$ 的变化率是导数 $f'(t)$。由于这与差值 $10-f(t)$ 成正比，因此存在一个常数 k 使得

$$f'(t)=k[10-f(t)] \tag{5}$$

"比例"一词并未告诉我们 k 是正的还是负的（或者为零）。如果可能，我们必须根据问题的背景来确定这一点。在目前的情况下，钢棒比水热，所以 $10-f(t)$ 是负的。此外，$f(t)$ 随着时间的推移而减小，所以 $f'(t)$ 应是负的。因此，要使式(5)中的 $f'(t)$ 为负，k 必须是正数。由式(5)可知，$y=f(t)$ 满足如下形式的微分方程：

$$y'=k(10-y)，\quad k \text{ 是正数}$$

■

回顾：5.2 节给出了一个很好的建模例子，其中的一个微分方程描述了连续复利。

例 6　牛顿冷却定律。假设例 5 中的比例常数为 $k=0.2$，时间以秒为单位。当温度为 110℃时，钢棒的温度变化有多快？

解：温度与温度变化率之间的关系由微分方程 $y'=0.2(10-y)$ 给出，其中 $y=f(t)$ 是 t 秒后的温度。当 $y=110$ 时，变化率为

$$y'=0.2\times(10-110)=0.2\times(-100)=-20$$

即温度以 20℃/秒的速度下降。

■

例 5 和例 6 中的微分方程是如下微分方程的一个特例：

$$y'=k(M-y)$$

这种类型的微分方程不仅描述了冷却，而且描述了经济学、医学、人口动力学和工程中的许多重要应用，其中的一些应用将在习题及 10.4 节和 10.6 节中讨论。

回顾：导数是一个斜率公式，见 1.3 节。

微分方程的几何意义：斜率场

如前所述，形如

$$y'=t-y \tag{6}$$

的微分方程并未给出 y' 关于变量 t 的具体公式；相反，它描述了 y' 的一个性质。理解该性质的关键是记住导数作为斜率公式的几何解释。若 $y=f(t)$ 是式(6)的一个解，则 (t,y) 是这个解的图形上的一点。式(6)告诉我们，图形在点 (t,y)［即 $y'(t)$］处的斜率是 $t-y$。例如，若一条解曲线过点 $(1,2)$，则在不知道解的公式的情况下，我们可以说过点 $(1,2)$ 的解的曲线的斜率是

$$y'(1)=1-2=-1$$

这个信息告诉了我们过点 $(1,2)$ 的解曲线的方向。图 3 显示了过点 $(1,2)$ 的解曲线的一部分及该点处的切线。注意切线的斜率是如何与值 $y'(1)=-1$ 匹配的。

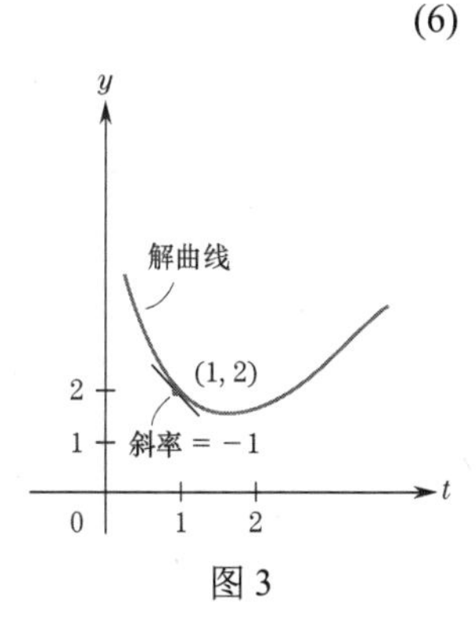

图 3

现在想象在 ty 平面上的许多点处重复前述切线结构的情形。这个费力的过程通常是在计算机或图形计算器的帮助下完成的，它可生成一组小线段，称为微分方程的**斜率场**或**方向场**［见图 4(a)］。由于斜率场中的每条线段都与解曲线相切，因此我们可通过跟随斜率场的流动来可视化解曲线。

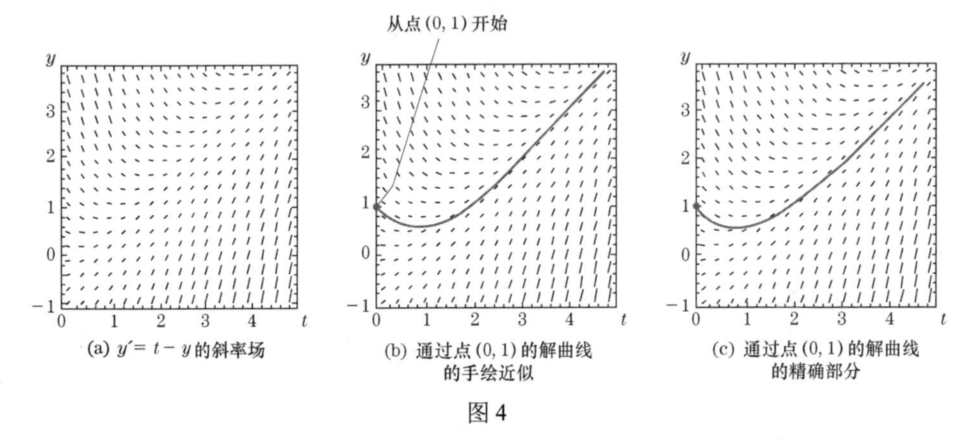

(a) $y'=t-y$ 的斜率场　(b) 通过点 (0, 1) 的解曲线的手绘近似　(c) 通过点 (0, 1) 的解曲线的精确部分

图 4

例 7　斜率场。如图 4(a)所示，用微分方程 $y'=t-y$ 的斜率场画出过点 (0,1) 的部分解曲线的草图。

解：我们已知解曲线上的一个点和斜率场。为了绘制所需的曲线，下面从点 (0,1) 开始，并在与斜率场中的线段相切的 ty 平面上跟踪曲线。结果如图 4(b)所示。图 4(c)显示了精确解曲线的一部分，以便进行比较。如看到的那样，图 4(b)中的手绘曲线是精确解曲线的很好近似。

■

一般来说，我们可为任意一阶微分方程构造斜率场，其形式为

$$y'=g(t,y) \tag{7}$$

式中，$g(t,y)$ 是 t 和 y 的函数。它的思想是，在解曲线的任意点 (a,b) 处，斜率 $y'(a)$ 由 $g(a,b)$ 给出。

如下例所示，斜率场在推导解的性质时很有用。

例 8　用斜率场分析解。设 $f(t)$ 表示 t 天后感染某种流感病毒的人数。函数 $f(t)$ 满足初始条件 $y'=0.0002y(5000-y)$，$y(0)=1000$。微分方程的斜率场如图 5(a)所示。根据斜率的情况，你认为感染人数会超过 5000 人吗？

解：初始条件 $f(0)=1000$ 告诉我们点 (0,1000) 在解曲线 $y=f(t)$ 的图形上。从 ty 平面上的这一点开始，沿与斜率场中的线段相切的曲线，我们通过点 (0,1000) 得到了部分解曲线的近似值［见图 5(b)］。根据这条曲线可以得出结论：解曲线非常接近，但不超过 5000。因此，感染人数不超过 5000 人。

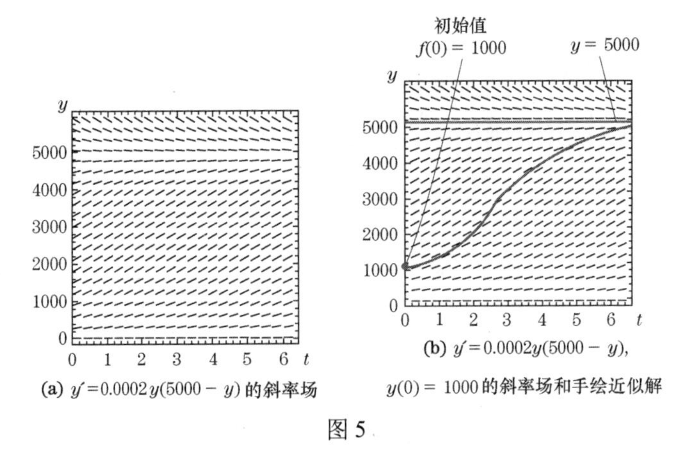

(a) $y'=0.0002y(5000-y)$ 的斜率场　(b) $y'=0.0002y(5000-y)$，$y(0)=1000$ 的斜率场和手绘近似解

图 5

■

例 8 中的微分方程是逻辑微分方程的一个特例，它在研究受限环境下的人口增长时经常出现。这个重要的方程将在后几节中详细研究。

本节假设解函数 y 是变量 t 的函数，t 在实际应用中常表示时间。在本章的大部分内容中，我们继

续使用变量 t。但当我们偶尔使用另一个变量如 x 时，通常会显式地使用变量，如写成 $\frac{dy}{dx}$ 而非 y'。

综合技术

斜率场 用 TI-83/84 Plus 计算器绘制斜率场需要一个程序，该程序可从德州仪器的网站上免费获得：打开浏览器，输入 education.ti.com，搜索 SLPFLD.8xp。将文件下载到计算机，将计算器连接到计算机，然后使用 TI-Connect 程序将文件传输到计算器。

为了演示 SLPFLD 程序的使用，考虑微分方程 $y'=t-y$，SLPFLD 程序要求自变量为 X（而非 t），因此首先按 Y=，并设 $Y_1=X-Y$。现在，返回主屏幕并按 PRGM。从 EXEC 菜单中，向下滚动到 SLPFLD 并按 ENTER。然后就会在主屏幕上看到 prgmSLPFLD，按 ENTER。图 6 显示了结果。

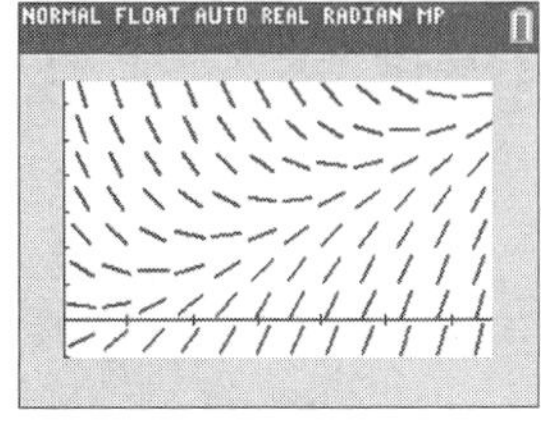

图 6

10.1 节自测题（答案见本节习题后）

1. 证明形如 $y=Ae^{t^3/3}$ 的函数（其中 A 为常数）是微分方程 $y'-t^2y=0$ 的解。
2. 函数 $f(t)$ 是初值问题 $y'=(t+2)y$，$y(0)=3$ 的解，求 $f(0)$ 和 $f'(0)$。
3. 设 $f(t)$ 为 t 天后的人口规模，$y=f(t)$ 满足 $y'=0.06y$，$y(0)=1000$。描述这个初值问题。当人口为 3000 人时，人口增长速度有多快？

习题 10.1

1. 证明函数 $f(t)=\frac{3}{2}e^{t^2}-\frac{1}{2}$ 是微分方程 $y'-2ty=t$ 的一个解。
2. 证明函数 $f(t)=t^2-\frac{1}{2}$ 是微分方程 $(y')^2-4y=2$ 的一个解。
3. 证明函数 $f(t)=5e^{2t}$ 满足 $y''-3y'+2y=0$，$y(0)=5$，$y'(0)=10$。
4. 证明函数 $f(t)=(e^{-t}+1)^{-1}$ 满足 $y'+y^2=y$，$y(0)=\frac{1}{2}$。

在习题 5 和习题 6 中，说明微分方程的阶数，并验证给定的函数是方程的一个解。

5. $(1-t^2)y''-2ty'+2y=0$，$y(t)=t$
6. $(1-t^2)y''-2ty'+6y=0$，$y(t)=\frac{1}{2}(3t^2-1)$
7. 常数函数 $f(t)=3$ 是微分方程 $y'=6-2y$ 的一个解吗？
8. 常数函数 $f(t)=-4$ 是微分方程 $y'=t^2(y+4)$ 的一个解吗？
9. 求 $y'=t^2y-5t^2$ 的常数解。
10. 求 $y'=4y(y-7)$ 的常数解。
11. 函数 $f(t)$ 是初值问题 $y'=2y-3$，$y(0)=4$ 的解，求 $f(0)$ 和 $f'(0)$。
12. 函数 $f(t)$ 是初值问题 $y'=e^t+y$，$y(0)=0$ 的解，求 $f(0)$ 和 $f'(0)$。
13. **跳伞者的速度**。设 $y=v(t)$ 是跳伞者自由落体 t 秒后向下的速度（英尺/秒）。该函数满足微分方程 $y'=0.2(160-y)$，$y(0)=0$。跳伞者向下的速度是 60 英尺/秒时的加速度是多少？注意，加速度是速度的导数。
14. **湖中的鱼数**。一个湖中有 100 条鱼。设 $f(t)$ 为 t 个月后的鱼数，设 $y=f(t)$ 满足微分方程 $y'=0.0004(1000-y)$。图 7 显示了该微分方程的解曲线图。该图渐近于 $y=1000$，即湖所能容纳的最大鱼数。当鱼数达到最大数量的一半时，它的增长速度有多快？

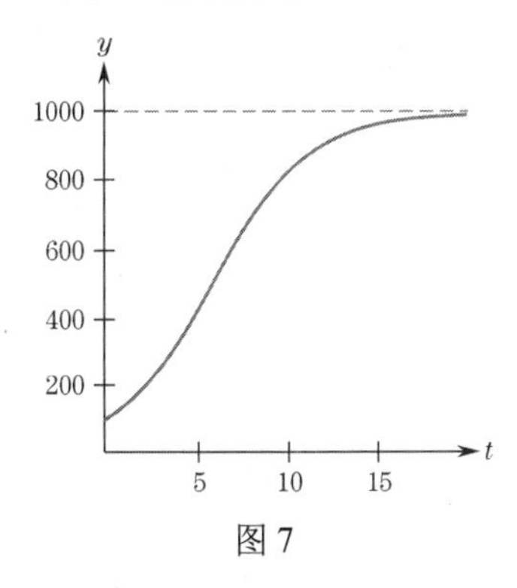

图 7

15. **储蓄账户**。$f(t)$ 为储蓄账户 t 年后的余额，$y=f(t)$ 满足微分方程 $y'=0.05y-10000$。
(a) 若 1 年后余额为 150000 美元，余额是增加还是减少？它以什么速度增加或减少？

(b) 将微分方程写成 $y' = k(y - M)$ 。

(c) 用文字描述这个微分方程。

16. 储蓄账户。 $f(t)$ 是 t 年后储蓄账户的余额，$y = f(t)$ 满足微分方程 $y' = 0.04y - 2000$ 。

(a) 若 1 年后余额为 10000 美元，则余额是增加还是减少？它以什么速度增加或减少？

(b) 将微分方程写成 $y' = k(y + M)$ 。

(c) 用文字描述这个微分方程。

17. 新闻传播。 某条新闻正在向潜在的 20 万观众播放。设 $f(t)$ 为 t 小时后听到该新闻的人数。设 $y = f(t)$ 满足

$$y' = 0.07(200000 - y)，\ y(0) = 10$$

用文字描述这个初值问题。

18. 草履虫生长。 设 $f(t)$ 为 t 天后草履虫种群规模，$y = f(t)$ 满足微分方程

$$y' = 0.003y(500 - y)，\ y(0) = 20$$

用文字描述这个初值问题。

19. 净投资率。 设 $f(t)$ 表示某企业在时刻 t 投入的资金量。投入资本的变化率 $f'(t)$ 有时称为净投资率。公司管理层确定最优投资水平应为 C 美元，且在任何时候，净投资率应与 C 和总投资之差成正比。构造一个描述这种情况的微分方程。

20. 牛顿冷却定律。 冷物体放在恒温 20℃的房间中。物体温度上升的速度与室内温度和物体温度之差成正比。设 $y = f(t)$ 为物体在时刻 t 的温度；给出描述 $f(t)$ 变化率的微分方程。

21. 屏住呼吸时肺部的二氧化碳扩散。 屏住呼吸时，二氧化碳（CO_2）从血液中扩散到肺部，速度稳定下降。设 P_0 和 P_b 分别表示屏息时肺部和血液中二氧化碳的压强。屏气时 P_b 为常数，$P(t)$ 表示时间 $t > 0$ 时肺内 CO_2 的压强。实验表明，$P(t)$ 的变化率与两个压强 $P(t)$ 和 P_b 之差成正比。找到一个初值问题，描述屏气时 CO_2 在肺部的扩散。

22. 斜率场。 由图 4(a)中的斜率场可知，微分方程 $y' = t - y$ 过点 $(0, -1)$ 的解曲线为直线。

(a) 假设这是正确的，求直线的方程。提示：用微分方程求直线过点 $(0, -1)$ 的斜率。

(b) 将公式代入微分方程，验证(a)问中找到的函数是解。

23. 证明函数 $f(t) = 2e^{-t} + t - 1$ 是初值问题 $y' = t - y$，$y(0) = 1$ 的解。

24. 在图 5(a)所示的斜率场或其副本上，画出初值问题 $y' = 0.0002y(5000 - y)$，$y(0) = 500$ 的解。

25. 流感疫情。 例 8 中研究流感流行的卫生官员在计算最初的感染人数时犯了一个错误。他们现在声称 $f(t)$（t 天后受感染的人数）是初值问题 $y' = 0.0002y(5000 - y)$，$y(0) = 1500$ 的解。在这个新假设下，$f(t)$ 能超过 5000 吗？提示：由于微分方程与例 8 中的方程相同，因此可以使用图 5(a)中的斜率场来回答问题。

26. 在图 4(a)所示的斜率场或其副本上，画出微分方程 $y' = t - y$ 过点 $(0, 2)$ 的部分近似解曲线。根据斜率场，这个解是否过点 $(0.5, 2.2)$？

27. 图 8 显示了微分方程 $y' = 2y(1 - y)$ 的斜率场。借助该图，确定微分方程的常解（如果有的话）。通过代入方程，验证答案。

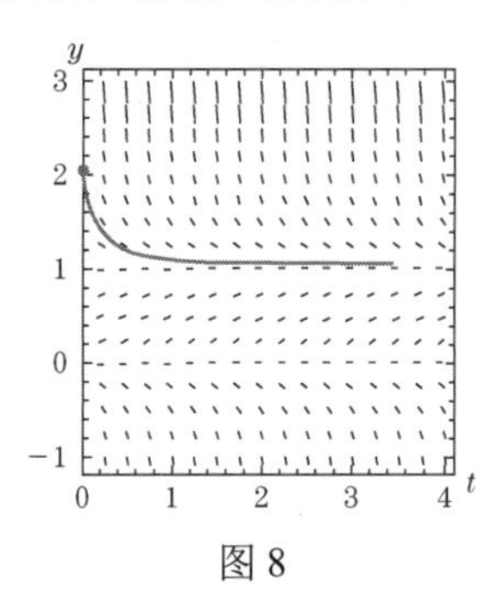

图 8

28. 图 8 显示了过点 $(0, 2)$ 的微分方程 $y' = 2y(1 - y)$ 的解曲线的一部分。在图 8 或其副本上，绘制过点 $(0, 3)$ 的微分方程 $y' = 2y(1 - y)$ 的解曲线的近似值。使用斜率场帮助画图。

29. 当 $y_0 > 1$ 时，初值问题 $y' = 2y(1 - y)$，$y(0) = y_0$ 的解 $y = f(t)$ 是否对所有 $t > 0$ 递减？根据图 8 所示的斜率场来回答这个问题。

30. 用微分方程确定 $f'(t)$ 的符号，回答习题 29 中的问题。

技术题

31. 考虑例 6 中的微分方程 $y' = 0.2(10 - y)$ 。钢棒的初始温度为 510°，函数 $f(t) = 10 + 500e^{-0.2t}$ 为微分方程的解。

(a) 在窗口[0,30]*[−75,550]内绘制函数图。

(b) 在主界面上计算 $0.2(10 - f(5))$ 并与 $f'(5)$ 进行比较。

32. 函数 $f(t) = \frac{5000}{1+49e^{-t}}$ 是例 8 中微分方程 $y' = 0.0002y(5000 - y)$ 的解。

(a) 在窗口[0,10]*[−750,5750]内绘制函数图。

(b) 在主界面内计算 $0.0002f(3)(5000 - f(3))$，并与 $f'(3)$ 进行比较。

10.1 节自测题答案

1. 令 $y = Ae^{t^3/3}$，则

$$\overbrace{(Ae^{t^3/3})'}^{y'} - t^2\overbrace{(Ae^{t^3/3})}^{y} = At^2e^{t^3/3} - t^2Ae^{t^3/3} = 0$$

因此，当 $y = Ae^{t^3/3}$ 时，$y' - t^2y = 0$。

2. 初始条件 $y(0)=3$ 表示 $f(0)=3$。因为 $f(t)$ 是 $y'=(t+2)y$ 的解，

$$f'(t) = (t+2)f(t)$$

所以

$$f'(0) = (0+2)f(0) = 2\cdot 3 = 6$$

3. 最初，这个群体有 1000 人。任何时候，人口的增长率都与当时的人口规模成正比，比例常数为 0.06。当 $y=3000$ 时，

$$y' = 0.06y = 0.06\cdot 3000 = 180$$

因此，人口以 180 人/天的速度增长。

10.2 分离变量法

下面介绍一种求解一类重要微分方程的技术，这类微分方程形如

$$y' = p(t)q(y)$$

式中，$p(t)$ 是关于 t 的函数，$q(y)$ 是关于 y 的函数。下面给出了两个例子：

$$y' = \tfrac{3t^2}{y^2} \qquad [\,p(t)=3t^2,\ q(y)=\tfrac{1}{y^2}\,] \tag{1}$$

$$y' = e^{-y}(2t+1) \qquad [\,p(t)=2t+1,\ q(y)=e^{-y}\,] \tag{2}$$

这类方程的主要特征是，我们可以分离变量；也就是说，我们可以重写方程，使 y 只出现在方程的一边，而 t 出现在方程的另一边。例如，若式(1)两边同时乘以 y^2，则该方程变成

$$y^2y' = 3t^2$$

若式(2)两边同时乘以 e^y，则该方程变成

$$e^y y' = 2t+1$$

应该指出的是，微分方程

$$y' = 3t^2 - 4$$

属于上述类型，其中 $p(t)=3t^2-4$，$q(y)=1$。但是，变量已分开。同理，微分方程

$$y' = 5y$$

也属于上述类型，其中 $p(t)=5$，$q(y)=y$，于是我们可将方程写成

$$\tfrac{1}{y}y' = 5$$

下例给出求解微分方程的过程，其中变量是分离的。

例 1　变量分离。求微分方程 $y^2y'=3t^2$ 的所有解。

解：(a) 将 y' 写为 $\frac{dy}{dt}$：

$$y^2\tfrac{dy}{dt} = 3t^2$$

(b) 两边对 t 积分：

$$\int y^2\tfrac{dy}{dt}\,dt = \int 3t^2\,dt$$

(c) 重写左边，“消去 dt ”：

$$\int y^2\,dy = \int 3t^2\,dt$$

参阅下面的讨论，了解为什么要这么做。

(d) 计算不定积分：

$$\tfrac{1}{3}y^3 + C_1 = t^3 + C_2$$

(e) 用 t 表示 y：

$$y^3 = 3(t^3 + C_2 - C_1)$$

$$y = \sqrt[3]{3t^3 + C}, \qquad C \text{ 是常数}$$

通过证明 $y = \sqrt[3]{3t^3 + C}$ 是 $y^2 y' = 3t^2$ 的解，可以检验该方法是否有效。因为 $y = (3t^3 + C)^{1/3}$，所以有

$$y' = \tfrac{1}{3}(3t^3 + C)^{-2/3} \cdot 3 \cdot 3t^2 = 3t^2(3t^3 + C)^{-2/3}$$

$$y^2 y' = [(3t^3 + C)^{1/3}]^2 \cdot 3t^2(3t^3 + C)^{-2/3} = 3t^2$$

图 1 显示了不同 C 值的解曲线，注意 $C = 0$ 对应线性解。

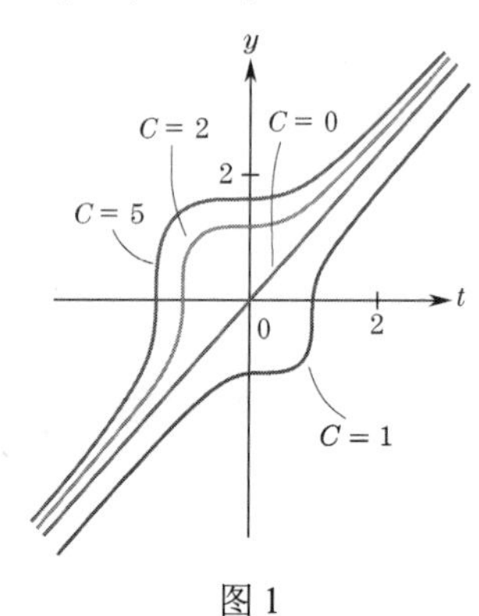

图 1

步骤(c)的讨论　假设 $y = f(t)$ 是微分方程 $y^2 y' = 3t^2$ 的解，则

$$[f(t)]^2 f'(t) = 3t^2$$

积分得

$$\int [f(t)]^2 f'(t)\,\mathrm{d}t = \int 3t^2\,\mathrm{d}t$$

将 $y = f(t), \mathrm{d}y = f'(t)\mathrm{d}t$ 代入上式左边得

$$\int y^2\,\mathrm{d}y = \int 3t^2\,\mathrm{d}t$$

这就是步骤(c)的结果，“消去 $\mathrm{d}t$ ”对 y 积分的过程等价于 $y = f(t)$，$\mathrm{d}y = f'(t)\mathrm{d}t$ 。 ■

例 1 中使用的技术可用于任何带有分离变量的微分方程。假设我们得到了方程

$$h(y)y' = p(t)$$

式中，$h(y)$ 是仅关于 y 的函数，$p(t)$ 是仅关于 t 的函数。求解方法可以总结如下：

(a) 将 y' 写为 $\frac{\mathrm{d}y}{\mathrm{d}t}$：

$$h(y)\frac{\mathrm{d}y}{\mathrm{d}t} = p(t)$$

(b) 两边对 t 积分：

$$\int h(y)\frac{\mathrm{d}y}{\mathrm{d}t}\mathrm{d}t = \int p(t)\mathrm{d}t$$

(c) 重写左边，“消去 $\mathrm{d}t$ ”：

$$\int h(y)\mathrm{d}y = \int p(t)\mathrm{d}t$$

(d) 计算不定积分，$h(y)$ 的不定积分是 $H(y)$，$p(t)$ 的不定积分是 $P(t)$：

$$H(y) = P(t) + C$$

(e) 用 t 表示 y：

$$y = \cdots$$

注意，在步骤(d)中，不需要写两个积分常数（就像在例 1 中所做的那样），因为它们将在步骤(e)中合并为一个常数。

例 2　变量分离。求解 $\mathrm{e}^y y' = 2t + 1, y(0) = 1$ 。

解：(a) $\mathrm{e}^y \frac{\mathrm{d}y}{\mathrm{d}t} = 2t + 1$　　(b) $\int \mathrm{e}^y \frac{\mathrm{d}y}{\mathrm{d}t}\mathrm{d}t = \int (2t+1)\mathrm{d}t$

(c) $\int \mathrm{e}^y\,\mathrm{d}y = \int (2t+1)\mathrm{d}t$　　(d) $\mathrm{e}^y = t^2 + t + C$

(e) $y = \ln(t^2 + t + C)$ 。

若 $y = \ln(t^2 + t + C)$ 满足初始条件 $y(0) = 1$，则有

$$1 = y(0) = \ln(0^2 + 0 + C) = \ln C$$

于是 $C = \mathrm{e}$，$y = \ln(t^2 + t + \mathrm{e})$ 。图 2 显示了不同 C 值的微分方程的解。过点 $(0,1)$ 的曲线是初值问题的解。 ■

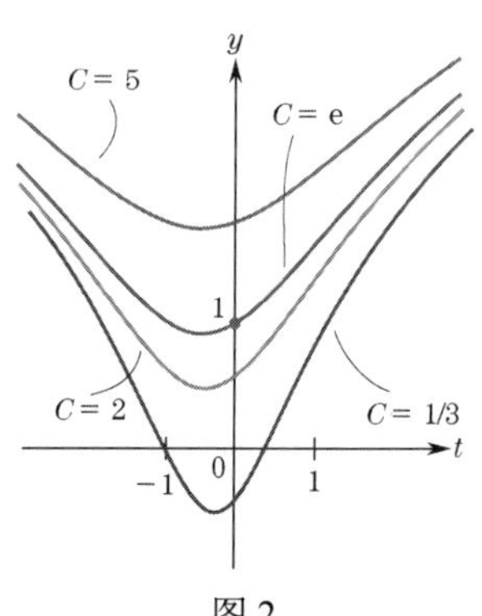

图 2

例 3　变量分离。求解 $y'=t^3y^2+y^2$。

解：方程的右边不是 $p(t)q(y)$ 的形式，但是我们可将方程改写为 $y'=(t^3+1)y^2$。现在，我们可以分离变量。两边除以 y^2 得

$$\frac{1}{y^2}y'=t^3+1 \tag{3}$$

然后，解法如下：

(a) $\frac{1}{y^2}\frac{\mathrm{d}y}{\mathrm{d}t}=t^3+1$　　(b) $\int\frac{1}{y^2}\frac{\mathrm{d}y}{\mathrm{d}t}\mathrm{d}t=\int(t^3+1)\ \mathrm{d}t$

(c) $\int\frac{1}{y^2}\mathrm{d}y=\int(t^3+1)\ \mathrm{d}t$　　(d) $-\frac{1}{y}=\frac{1}{4}t^4+t+C$，$C$ 是常数

(e) $y=-\dfrac{1}{\frac{1}{4}t^4+t+C}$

这种解法可得到式(3)的所有解，但忽略了一个要点。我们希望求解 $y'=t^3y^2+y^2$ 而非求解式(3)。这两个方程的解是否完全相同？由给定方程除以 y^2 得到式(3)是允许的，只要 y 不对所有 t 都为零（当然，若 y 对某些 t 为零，则所得微分方程可视为只对 t 的某个有限范围成立）。因此，在除以 y^2 时，必须假设 y 不是零函数。然而，注意 $y=0$ 是原方程的解，因为

$$0=(0)'=t^3\cdot0^2+0^2$$

所以当我们除以 y^2 时，会失去解 $y=0$。最后，微分方程 $y'=t^3y^2+y^2$ 的解是

$$y=-\frac{1}{\frac{1}{4}t^4+t+C},\ C\text{ 是常数}\qquad\text{和}\qquad y=0$$

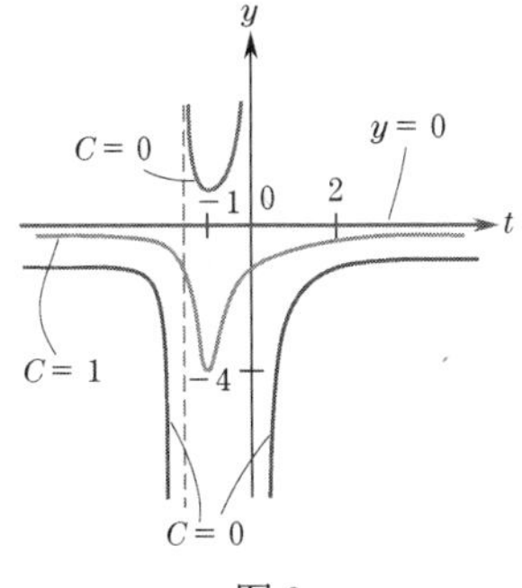

图 3

图 3 中给出了常数 C 的不同值对应的两个解，且解 $y=0$。从一个相对简单的微分方程得到各种各样的解是非常有趣的。

■

注意，若例 3 中的方程是 $y'=t^3y^2+1$，则不能使用变量分离法，因为表达式 t^3y^2+1 不能写成 $p(t)q(y)$ 的形式。

例 4　初值问题。求解初值问题 $3y'+y^4\cos t=0$, $y\left(\frac{\pi}{2}\right)=\frac{1}{2}$。

解：方程可以写成

$$3y'=-y^4\cos t \tag{4}$$

显然，常数函数 $y=0$ 是微分方程的解，因为它使式(4)两边对所有 t 都为零。现在，假设 $y\neq0$，除以 y^4 得

$$\frac{3}{y^4}y'=-\cos t,\qquad \int\frac{3}{y^4}\frac{\mathrm{d}y}{\mathrm{d}t}\mathrm{d}t=-\int\cos t\,\mathrm{d}t$$

$$-y^{-3}=-\sin t+C,\quad C\text{ 是常数}$$

$$y^{-3}=\sin t+C$$

在最后一步中，不需要改变 C 的符号，因为它代表一个任意常数。用 t 表示 y，有

$$y^3=\frac{1}{\sin t+C},\qquad y=\frac{1}{\sqrt[3]{\sin t+C}}$$

若 y 满足初始条件 $y\left(\frac{\pi}{2}\right)=\frac{1}{2}$，则必定有

$$\tfrac{1}{2}=y\left(\tfrac{\pi}{2}\right)=\frac{1}{\sqrt[3]{\sin\left(\frac{\pi}{2}\right)+C}}=\frac{1}{\sqrt[3]{1+C}}$$

$$2=\sqrt[3]{1+C}\,,\quad 2^3=1+C\,,\quad C=7$$

因此，所求的解是

$$y=\frac{1}{\sqrt[3]{\sin t+7}}$$

图 4 中 y 的曲线过点 $\left(\frac{\pi}{2},\frac{1}{2}\right)$。

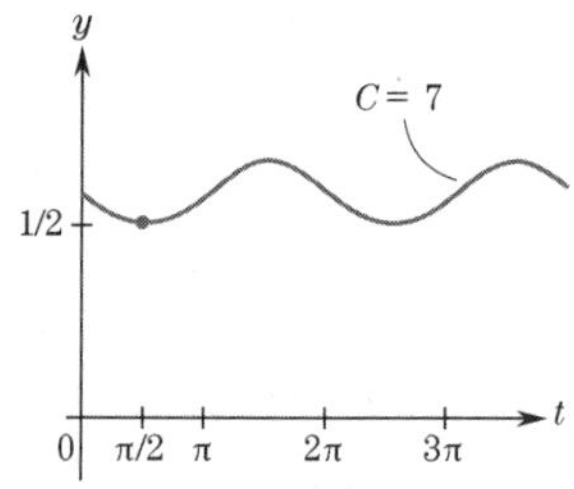

图 4

■

例 5　初值问题。 求解 $y'=t\mathrm{e}^t/y$, $y(0)=-5$ 。

解： 分离变量得

$$yy'=t\mathrm{e}^t\,,\quad \int y\tfrac{\mathrm{d}y}{\mathrm{d}t}\mathrm{d}t=\int t\mathrm{e}^t\,\mathrm{d}t\,,\quad \int y\,\mathrm{d}y=\int t\mathrm{e}^t\,\mathrm{d}t$$

积分 $\int t\mathrm{e}^t\,\mathrm{d}t$ 可以用分部积分法求出：

$$\int t\mathrm{e}^t\,\mathrm{d}t=t\mathrm{e}^t-\int 1\cdot\mathrm{e}^t\,\mathrm{d}t=t\mathrm{e}^t-\mathrm{e}^t+C$$

因此，

$$\tfrac{1}{2}y^2=t\mathrm{e}^t-\mathrm{e}^t+C\,,\quad y^2=2t\mathrm{e}^t-2\mathrm{e}^t+C_1\,,\quad y=\pm\sqrt{2t\mathrm{e}^t-2\mathrm{e}^t+C_1}$$

注意，出现符号“±”是因为有两个关于 $2t\mathrm{e}^t-2\mathrm{e}^t+C_1$ 的根式，它们彼此相差一个负号。因此，有两个解：

$$y=+\sqrt{2t\mathrm{e}^t-2\mathrm{e}^t+C_1}\,,\quad y=-\sqrt{2t\mathrm{e}^t-2\mathrm{e}^t+C_1}$$

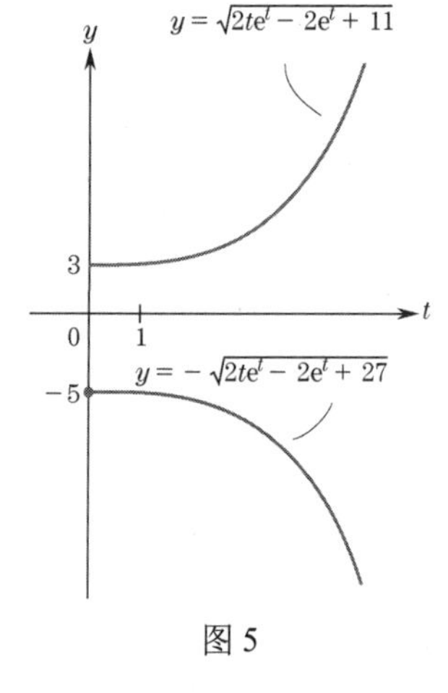

图 5

其中的两个解如图 5 所示，在平方根前面加了不同的符号。我们必须确定 C_1 使 $y(0)=-5$ 。由于第一个解的 y 值总为正，给定的初始条件一定对应于第二个解，且必定有

$$-5=y(0)=-\sqrt{2\cdot 0\cdot \mathrm{e}^0-2\mathrm{e}^0+C_1}=-\sqrt{-2+C_1}$$

$$-2+C_1=25\,,\quad C_1=27$$

因此，所求的解是

$$y=-\sqrt{2t\mathrm{e}^t-2\mathrm{e}^t+27}$$

其图形过图 5 中的点 $(0,-5)$ 。

■

在做本节最后的习题时，最好先找出常数解（如果有的话）。当且仅当 $q(c)=0$ 时，常数函数 $y=c$ 是 $y'=p(t)q(y)$ 的解［对于 $y=c$ 意味着 $y'=(c)'=0$ ，且 $p(t)q(y)$ 对所有 t 都为零，当且仅当 $q(y)=0$ ，即 $q(c)=0$ ］。列出常数解后，可以假设 $q(y)\neq 0$ ，然后在等式 $y'=p(t)q(y)$ 两边同时除以 $q(y)$ 来分离变量。

10.2 节自测题（答案见本节习题后）

1. 通过分离变量求解初值问题 $y'=5y$, $y(0)=2$ 。

2. 求解 $y'=\sqrt{ty}$, $y(1)=4$ 。

习题 10.2

求解下列微分方程。

1. $\frac{\mathrm{d}y}{\mathrm{d}t}=\frac{5-t}{y^2}$

2. $\frac{\mathrm{d}y}{\mathrm{d}t}=t\mathrm{e}^{2y}$

3. $\frac{\mathrm{d}y}{\mathrm{d}t}=\frac{\mathrm{e}^t}{\mathrm{e}^y}$

4. $\frac{\mathrm{d}y}{\mathrm{d}t}=-\frac{1}{t^2y^2}$

5. $\frac{\mathrm{d}y}{\mathrm{d}t}=t^{1/2}y^2$

6. $\frac{\mathrm{d}y}{\mathrm{d}t}=\frac{t^2y^2}{t^3+8}$

7. $y'=(t/y)^2\,\mathrm{e}^{t^3}$

8. $y'=\mathrm{e}^{4y}t^3-\mathrm{e}^{4y}$

9. $y'=\sqrt{y/t}$

10. $y'=(\mathrm{e}^t/y)^2$

11. $y' = 3t^2y^2$

12. $(1+t^2)y' = ty^2$

13. $y'e^y = te^{t^2}$

14. $y' = \frac{1}{ty+y}$

15. $y' = \frac{\ln t}{ty}$

16. $y^2y' = \tan t$

17. $y' = (y-3)^2 \ln t$

18. $yy' = t\sin(t^2+1)$

用给定初值求解微分方程。

19. $y' = 2te^{-2y} - e^{-2y}$, $y(0) = 3$

20. $y' = y^2 - e^{3t}y^2$, $y(0) = 1$

21. $y^2y' = t\cos t$, $y(0) = 2$

22. $y' = t^2e^{-3y}$, $y(0) = 2$

23. $3y^2y' = -\sin t$, $y\left(\frac{\pi}{2}\right) = 1$

24. $y' = -y^2\sin t$, $y\left(\frac{\pi}{2}\right) = 1$

25. $\frac{dy}{dt} = \frac{t+1}{ty}$, $t > 0$, $y(1) = -3$

26. $\frac{dy}{dt} = \left(\frac{1+t}{1+y}\right)^2$, $y(0) = 2$

27. $y' = 5ty - 2t$, $y(0) = 1$

28. $y' = \frac{t^2}{y}$, $y(0) = -5$

29. $\frac{dy}{dt} = \frac{\ln x}{\sqrt{xy}}$, $y(1) = 4$

30. $\frac{dN}{dt} = 2tN^2$, $N(0) = 5$

31. **价格与销售额之间的关系**。描述产品价格与周销售额之间关系的模型形如

$$\frac{dy}{dp} = -\frac{1}{2}\left(\frac{y}{p+3}\right)$$

式中，y 是销售量，p 是单位价格。也就是说，在任何时候，销售额相对于价格的下降率与销售量成正比，与销售价格加一个常数成反比。解这个微分方程（图 6 显示了几个典型的解）。

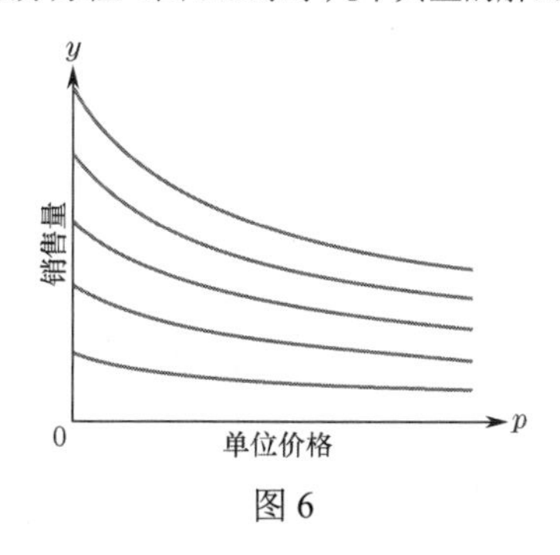

图 6

32. **心理学模型**。心理学中的一个问题是确定某些物理刺激与被试产生的相应感觉强度或反应强度之间的关系。当用适当的单位来衡量时，假设刺激强度是 s，相应的反应强度是 s 的函数，如 $f(s)$。一些实验数据表明，反应强度相对于刺激强度的变化率与反应强度成正比，而与刺激强度成反比；也就是说，$f(s)$ 满足微分方程

$$\frac{dy}{ds} = k\frac{y}{s}$$

式中，k 是一个正常数，求解该微分方程（图 7 显示了 $k = 0.4$ 时对应的几个解）。

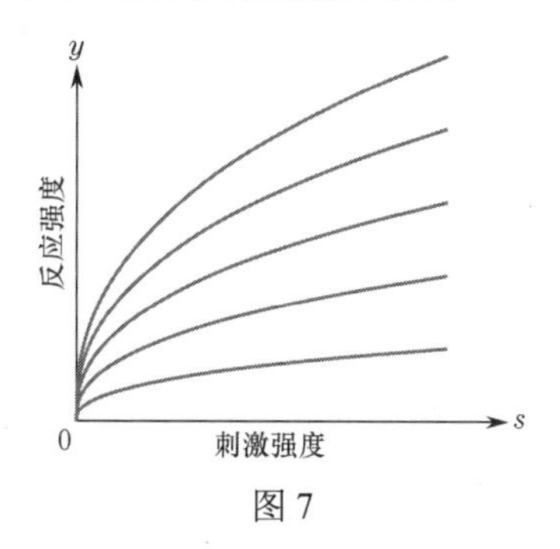

图 7

33. **事故概率**。设 t 表示一名卡车司机一年内在连接两个城市的某条高速公路上行驶的总小时数，$p(t)$ 表示司机在这 t 小时内至少发生一次事故的概率。于是，$0 \leqslant p(t) \leqslant 1$，$1 - p(t)$ 表示不发生事故的概率。在一般情况下，事故发生概率的增长率（作为 t 的函数）与不发生事故的概率成正比。为这种情况构造一个微分方程并求解。

34. **学习到的信息量**。在特定的学习情况下，最多可以学习到 M 条信息，且在任何时候学习速度与待学习数量成正比。设 $y = f(t)$ 是到时刻 t 为止学习到的信息量。构造并求解满足 $f(t)$ 的微分方程。

35. **樟脑丸的体积**。樟脑丸的蒸发速度与其表面积成正比。若 V 是一个樟脑丸的体积，则其表面积约为一个常数乘以 $V^{2/3}$。于是，樟脑丸的体积以与 $V^{2/3}$ 成正比的速度减小。假设最初樟脑丸的体积是 27 立方厘米，4 周后的体积是 15.625 立方厘米。构造并求解由时刻 t 的体积满足的微分方程，确定樟脑丸是否消失及何时消失（$V = 0$）。

36. **建筑成本指数**。一些房主的保险单包括基于美国商务部建筑成本指数（CCI）的自动通货膨胀保险。每年，财产保险的承保范围根据 CCI 的变化增加一定数额。设 $f(t)$ 是自 1990 年 1 月 1 日以来 t 年的 CCI，$f(0) = 100$。设建筑成本指数与 CCI 成比例上升，1992 年 1 月 1 日该指数为 115。构造并求解满足 $f(t)$ 的微分方程，然后确定 CCI 何时达到 200。

37. **龚珀兹生长方程**。龚珀兹生长方程是

$$\frac{dy}{dt} = -ay\ln\frac{y}{b}$$

式中，a 和 b 是正常数。这个方程在生物学中用来描述特定种群的生长。找出这个微分方程的解的一般形式（图 8 显示了 $a = 0.04$ 和 $b = 90$ 时对应的几个解）。

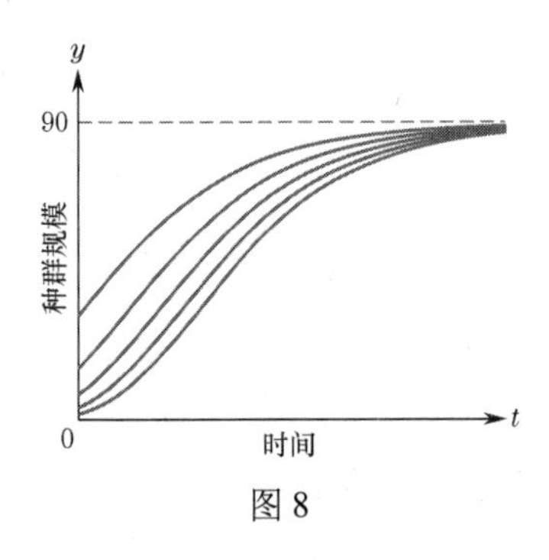

图 8

38. **分解速度**。当某种液体物质 A 在烧瓶中加热时，它分解成物质 B 的速度（A 单位/小时）使 t 在任何时候都与存在的物质 A 的量的平方成正比。设 $y=f(t)$ 为时刻 t 存在的 A 物质的量。构造并求解满足 $f(t)$ 的微分方程。

39. **鱼数**。设 $f(t)$ 表示 t 年后湖中的鱼数（千），且 $f(t)$ 满足微分方程

$$y'=0.1y(5-y)$$

该方程的斜率场如图 9 所示。

(a) 在斜率场的帮助下，初始鱼数为 6000 条时会发生什么。它是增加还是减少？

(b) 最初的鱼数为 1000 条时会发生什么？它是增加还是减少？

(c) 在图 9 的斜率场或其副本上画出初值问题

$$y'=0.1y(5-y)，\quad y(0)=1$$

的解，这个解代表什么？

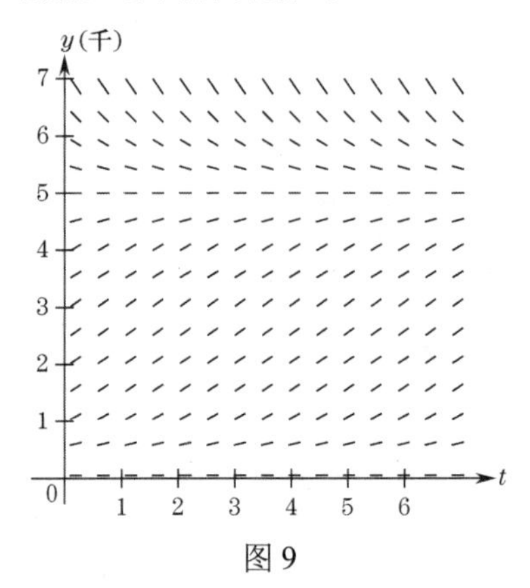

图 9

40. 参考习题 39 中的微分方程。

(a) 显然，如果从 0 条鱼开始，那么对所有 t 有 $f(t)=0$。在斜率场上确认这一点。还有其他常数解吗？

(b) 设最初的鱼数超过 5000 条，描述鱼数；最初的鱼数少于 5000 条时呢？在图 9 中的斜率场或其副本上绘制解曲线。

10.2 节自测题答案

1. 常数函数 $y=0$ 是 $y'=5y$ 的一个解。若 $y\neq 0$，则方程两边除以 y 得

$$\frac{1}{y}y'=5，\quad \int \frac{1}{y}\frac{\mathrm{d}y}{\mathrm{d}t}\mathrm{d}t=\int 5\,\mathrm{d}t$$

$$\int \frac{1}{y}\mathrm{d}y=\int 5\,\mathrm{d}t，\quad \ln|y|=5t+C$$

$$|y|=\mathrm{e}^{5t+C}=\mathrm{e}^{C}\cdot\mathrm{e}^{5t}，\qquad y=\pm\mathrm{e}^{C}\cdot\mathrm{e}^{5t}$$

这两个解和常数解都可写成

$$y=A\mathrm{e}^{5t}$$

式中，A 是任意常数（正数、负数或零）。初始条件 $y(0)=2$ 表示

$$2=y(0)=A\mathrm{e}^{5(0)}=A$$

因此，初值问题的解为 $y=2\mathrm{e}^{5t}$。

2. 将 $y'=\sqrt{ty}$ 写成 $y'=\sqrt{t}\cdot\sqrt{y}$，常数函数 $y=0$ 是一个解。为了求出其他解，假设 $y\neq 0$，然后方程两边除以 $\sqrt{y}$ 得

$$\frac{1}{\sqrt{y}}y'=\sqrt{t}，\quad \int y^{-1/2}\frac{\mathrm{d}y}{\mathrm{d}t}\mathrm{d}t=\int t^{1/2}\mathrm{d}t$$

$$\int y^{-1/2}\mathrm{d}y=\int t^{1/2}\mathrm{d}t，\quad 2y^{1/2}=\frac{2}{3}t^{3/2}+C$$

$$y^{1/2}=\frac{1}{3}t^{3/2}+C_1 \tag{5}$$

$$y=\left(\frac{1}{3}t^{3/2}+C_1\right)^2 \tag{6}$$

因此必须选择使 $y(1)=4$ 的 C_1。最快的方法是用式(5)而不用式(6)。当 $t=1$ 时，$y=4$，所以

$$4^{1/2}=\frac{1}{3}(1)^{3/2}+C_1，\quad 2=\frac{1}{3}+C_1，\quad C_1=\frac{5}{3}$$

因此，所求的解是

$$y=\left(\frac{1}{3}t^{3/2}+\frac{5}{3}\right)^2$$

10.3 一阶线性微分方程

本节介绍形如

$$y'+a(t)y=b(t) \tag{1}$$

的一阶微分方程，其中 $a(t)$ 和 $b(t)$ 是给定区间上的连续函数。式(1)称为**标准形式的一阶线性微分方程**。

下面是一阶线性微分方程的例子：

$$y' - 2ty = 0 \qquad [\,a(t) = -2t\,,b(t) = 0\,]$$

$$y' + y = 2 \qquad [\,a(t) = 1\,,b(t) = 2\,]$$

$$ty' = ty + t^2 + 1 \qquad \left[y' - y = \tfrac{t^2+1}{t}, a(t) = -1, b(t) = \tfrac{t^2+1}{t}\right]$$

$$e^t y' + e^t y = 5 \qquad [\,y' + y = 5e^{-t}\,, a(t) = 1\,, b(t) = 5e^{-t}\,]$$

在最后两个例子中，我们首先将方程写成标准形式 $y' + a(t)y = b(t)$，然后确定函数 $a(t)$ 和 $b(t)$。

给定式(1)，形成函数 $e^{A(t)}$（称为**积分因子**），其中 $A(t) = \int a(t)\ dt$。观察发现，根据链式法则和乘积法则有

$$\tfrac{d}{dt}[e^{A(t)}] = e^{A(t)}\tfrac{d}{dt}A(t) = e^{A(t)}a(t) = a(t)e^{A(t)}$$

和

$$\tfrac{d}{dt}[e^{A(t)}y] = e^{A(t)}y' + a(t)e^{A(t)}y = e^{A(t)}\overbrace{[y' + a(t)y]}^{\text{式(1)左边}} \tag{2}$$

回到式(1)，将等式两边同时乘以 $e^{A(t)}$，然后借助式(2)，化简得到的方程：

$$e^{A(t)}[y' + a(t)y] = e^{A(t)}b(t)$$

$$\tfrac{d}{dt}[e^{A(t)}y] = e^{A(t)}b(t) \tag{3}$$

式(3)与式(1)等价，两边积分，消去式(3)左边的导数得

$$e^{A(t)}y = \int e^{A(t)}b(t)dt + C$$

两边乘以 $e^{-A(t)}$，解出 y：

$$y = e^{-A(t)}\left[\int e^{A(t)}b(t)dt + C\right],\quad C\text{ 是常数} \tag{4}$$

这个公式给出了式(1)的所有解。它称为式(1)的**通解**。如下例所说明的那样，要解一个一阶线性微分方程，可以直接求助于式(4)，或者可以使用积分因子并重复(4)的步骤。

例 1　一阶微分方程。求解 $y' = 3 - 2y$。

解：步骤 1　将方程化为标准形式：$y' + 2y = 3$。

步骤 2　求积分因子 $e^{A(t)}$，有 $a(t) = 2$，所以

$$A(t) = \int a(t)dt = \int 2dt = 2t$$

注意我们选取 $a(t)$ 的不定积分的方法是将积分常数设为 0。因此，积分因子为 $e^{A(t)} = e^{2t}$。

步骤 3　微分方程两边同时乘以积分因子 e^{2t}：

$$\overbrace{e^{2t}y' + 2e^{2t}y}^{\frac{d}{dt}[e^{2t}y]} = 3e^{2t}$$

将左边的项视为乘积 $e^{2t}y$ 的导数，得到

$$\tfrac{d}{dt}[e^{2t}y] = 3e^{2t}$$

步骤 4　对等式两边积分，解出 y 得

$$e^{2t}y = \int 3e^{2t}dt = \tfrac{3}{2}e^{2t} + C$$

$$y = e^{-2t}\left[\tfrac{3}{2}e^{2t} + C\right] = \tfrac{3}{2} + Ce^{-2t}$$

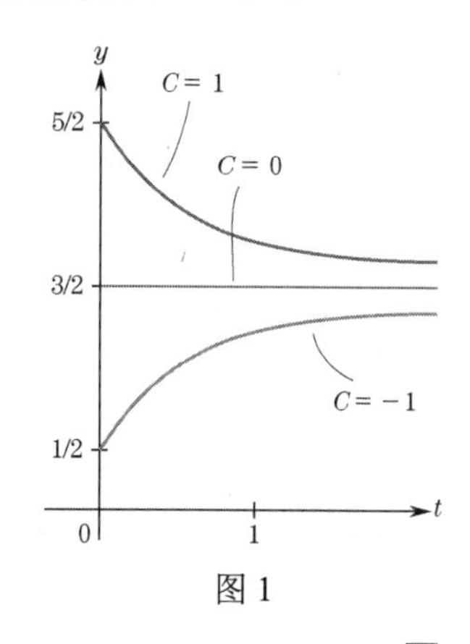

图 1

图 1 显示了不同 C 值的解曲线，注意常数解 $y = \tfrac{3}{2}$，它对应于 $C = 0$。■

根据以上的例子，我们可以说明逐步求解一级线性微分方程的过程。

求解一阶线性微分方程

步骤 1 将方程化为标准形式 $y'+a(t)y=b(t)$。

步骤 2 计算 $a(t)$ 的不定积分 $A(t)=\int a(t)\ \mathrm{d}t$ [计算 $\int a(t)\ \mathrm{d}t$ 时，通常选择 0 作为积分常数]，形成积分因子 $\mathrm{e}^{A(t)}$。

步骤 3 将微分方程乘以积分因子 $\mathrm{e}^{A(t)}$。这将方程左边的项转化为乘积的导数 $\frac{\mathrm{d}}{\mathrm{d}t}[\mathrm{e}^{A(t)}y]$，如式(3)所示。

步骤 4 通过积分来消去导数，然后解出 y。

例 2 一阶微分方程。求解 $\frac{1}{3t^2}y'+y=4$, $t>0$ 。

解：步骤 1 两边乘以 $3t^2$ 得

$$y'+3t^2y=12t^2$$

因此，$a(t)=3t^2$ 。

步骤 2 $a(t)$ 的不定积分是

$$A(t)=\int a(t)\mathrm{d}t=\int 3t^2\,\mathrm{d}t=t^3$$

因此，积分因子是 $\mathrm{e}^{A(t)}=\mathrm{e}^{t^3}$ 。

步骤 3 微分方程两边同时乘以 e^{t^3} 得

$$\mathrm{e}^{t^3}y'+3t^2\mathrm{e}^{t^3}y=12t^2\mathrm{e}^{t^3},\qquad \frac{\mathrm{d}}{\mathrm{d}t}[\mathrm{e}^{t^3}y]=12t^2\mathrm{e}^{t^3}$$

步骤 4 两边积分得

$$\mathrm{e}^{t^3}y=\int 12t^2\mathrm{e}^{t^3}\,\mathrm{d}t=4\mathrm{e}^{t^3}+C$$

$$y=\mathrm{e}^{-t^3}[4\mathrm{e}^{t^3}+C]=4+C\mathrm{e}^{-t^3}$$

计算积分 $\int 12t^2\mathrm{e}^{t^3}\,\mathrm{d}t$ 时使用了换元积分法（见 9.1 节）：令 $u=t^3$ ，$\mathrm{d}u=3t^2\,\mathrm{d}t$ ，则有

$$\int 12t^2\mathrm{e}^{t^3}\,\mathrm{d}t=4\int \overbrace{\mathrm{e}^{t^3}}^{\mathrm{e}^u}\overbrace{3t^2\,\mathrm{d}t}^{\mathrm{d}u}=4\int \mathrm{e}^u\,\mathrm{d}u=4\mathrm{e}^u+C=4\mathrm{e}^{t^3}+C$$

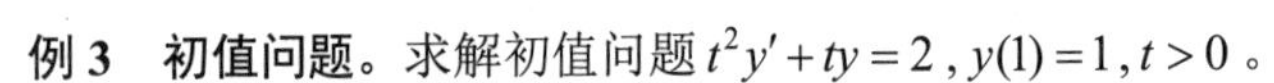

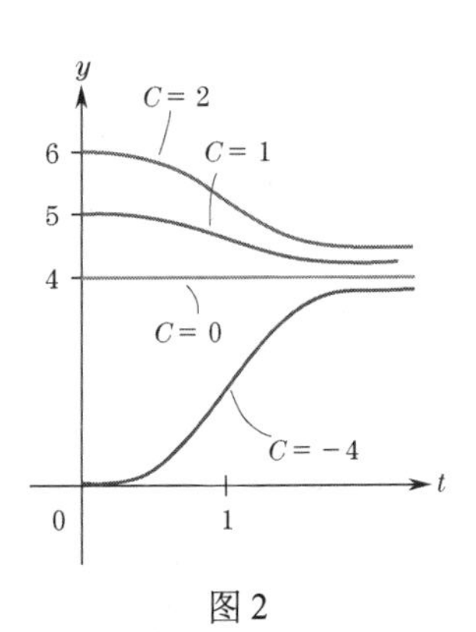

图 2

图 2 显示了不同 C 值的解曲线，注意常数解 $y=4$ ，它对应于 $C=0$ 。

■

例 3 初值问题。求解初值问题 $t^2y'+ty=2$, $y(1)=1$, $t>0$ 。

解：步骤 1 方程两边除以 t^2 得到标准形式：

$$y'+\frac{1}{t}y=\frac{2}{t^2}$$

步骤 2 $a(t)=\frac{1}{t}$ 的不定积分是

$$A(t)=\int \frac{1}{t}\mathrm{d}t=\ln t$$

因此，积分因子是 $\mathrm{e}^{A(t)}=\mathrm{e}^{\ln t}=t$ 。

步骤 3 微分方程两边同时乘以 t 得

$$ty'+y=\frac{2}{t},\qquad \frac{\mathrm{d}}{\mathrm{d}t}[ty]=\frac{2}{t}$$

步骤 4 对等式两边积分，解出 y 得

$$ty=\int \frac{2}{t}\ \mathrm{d}t=2\ln t+C,\qquad y=\frac{2\ln t+C}{t}$$

为了满足初始条件，必须有

$$1 = y(1) = \frac{2\ln(1)+C}{t} = C \ [\ln(1) = 0]$$

因此，初值问题的解为

$$y = \frac{2\ln t+1}{t}, \quad t > 0$$

在图 3 所示的所有解曲线中，初值问题的解为过点(1,1)的曲线。■

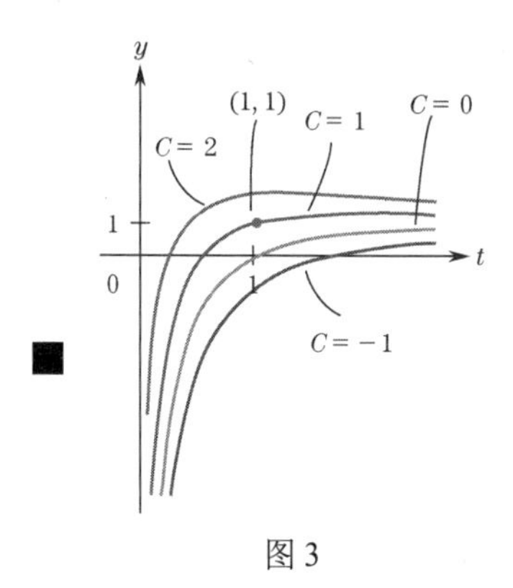

图 3

下一节将介绍一阶线性微分方程的几个有趣应用。

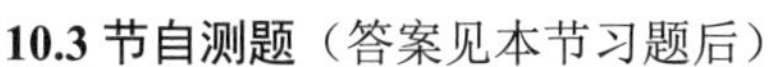

10.3 节自测题（答案见本节习题后）

1. 利用积分因子求解 $y' + y = 1 + e^{-t}$。
2. 求微分方程 $y' = -\frac{y}{1+t} + 1, t \geqslant 0$ 的积分因子。

习题 10.3

在习题 1 ~ 6 中，求每个方程的积分因子，$t > 0$。

1. $y' - 2y = t$
2. $y' + ty = 6t$
3. $t^3 y' + y = 0$
4. $y' + \sqrt{t}y = 2(t+1)$
5. $y' - \frac{y}{10+t} = 2$
6. $y' = t^2(y+1)$

在习题 7 ~ 20 中，用积分因子求解方程，$t > 0$。

7. $y' + y = 1$
8. $y' + 2ty = 0$
9. $y' - 2ty = -4t$
10. $y' = 2(20 - y)$
11. $y' = 0.5(35 - y)$
12. $y' + y = e^{-t} + 1$
13. $y' + \frac{y}{10+t} = 0$
14. $y' - 2y = e^{2t}$
15. $(1+t)y' + y = -1$
16. $y' = e^{-t}(y+1)$
17. $6y' + ty = t$
18. $e^t y' + y = 1$
19. $y' + y = 2 - e^t$
20. $\frac{1}{\sqrt{t+1}} y' + y = 1$

在习题 21 ~ 28 中，求解初值问题。

21. $y' + 2y = 1, \quad y(0) = 1$
22. $ty' + y = \ln t, y(e) = 0, t > 0$
23. $y' + \frac{y}{1+t} = 20, y(0) = 10, t \geqslant 0$
24. $y' = 2(10 - y), y(0) = 1$
25. $y' + y = e^{2t}, y(0) = -1$
26. $ty' - y = -1, y(1) = 1, t > 0$
27. $y' + 2y\cos(2t) = 2\cos(2t), y\left(\frac{\pi}{2}\right) = 0$
28. $ty' + y = \sin t, y\left(\frac{\pi}{2}\right) = 0, t > 0$

技术题

29. 考虑初值问题

$$y' = -\frac{y}{1+t} + 10, \quad y(0) = 50$$

(a) 当 $t = 0$ 时，解是增大还是减小？提示：计算 $y'(0)$。

(b) 求解在区间 $0 \leqslant t \leqslant 4$ 上的解。

10.3 节自测题答案

1. 按本节中的步骤进行操作。方程 $y' + y = 1 + e^{-t}$ 已是标准形式。我们有 $a(t) = 1$, $A(t) = \int 1 \mathrm{d}t = t$，所以积分因子是 $e^{A(t)} = e^t$。将方程乘以积分因子，并将方程左边的项变换为乘积的导数：

$$e^t(y' + y) = e^t(1 + e^{-t})$$

$$e^t y' + e^t y = e^t + 1$$

$$\frac{\mathrm{d}}{\mathrm{d}t}[e^t y] = e^t + 1$$

两边积分，消去导数得

$$e^t y = \int (e^t + 1)\mathrm{d}t = e^t + t + C$$

为了解出 y，等式两边同时乘以 e^{-t} 得

$$y = e^{-t}(e^t + t + C) = 1 + te^{-t} + Ce^{-t}$$

2. 方程转换成标准形式为

$$y' + \frac{y}{1+t} = 1$$

有 $a(t) = \frac{1}{1+t}$。$a(t)$ 的不定积分是

$$A(t) = \int \frac{1}{1+t}\mathrm{d}t = \ln|1+t|$$

但是，因为 $t \geqslant 0$，有 $1 + t \geqslant 1$；因此 $\ln|1+t| = \ln(1+t)$。所以积分因子是

$$e^{A(t)} = e^{\ln(1+t)} = 1 + t$$

10.4 一阶线性微分方程的应用

下面回顾在 5.2 节中介绍且在 5.4 节中进一步发展的一组重要例子：储蓄账户或投资账户的增长。若 $y = P(t)$ 表示账户金额，则开设账户 t 年后，y 满足的不同微分方程取决于账户的影响因素。在

最简单的情况下，不进行存款或取款，而只有利息添加到账户中，且以与账户金额成比例的利率连续复利。在这种情况下，y 满足微分方程

$$y' = ry$$

式中，r 是年利率。这已在 5.2 节中进行了处理。5.4 节考虑了两种因素作用于账户的情况：利息增加，且以 K 美元/年的速度进行存款（或取款）。在这种情况下，y 满足微分方程

$$y' = ry + K$$

式中，r 和 K 是常数。如果存款速度或利率不恒定，那么会发生什么？若让 $r(t)$ 表示可变利率，$K(t)$ 表示存款（或取款）的可变速度，则微分方程变成

$$y' = r(t)y + K(t) \qquad \text{或标准形式} \qquad y' - r(t)y = K(t) \tag{1}$$

这是我们在上一节中解过的一阶线性微分方程。接下来的两个例子将说明这种类型的应用。

例 1　可变利率储蓄账户。一家信用合作社引入了激励措施，为客户开设随时间线性增长的可变利率储蓄账户。自开设储蓄账户以来的第 1 年，利率增至 2%，然后每年线性增加 2%，直至第 5 年。用 $r(t)$ 表示年利率，其中 t 的单位为年。对于 $0 \leqslant t \leqslant 5$，$r(t) = 0.02t$。假设你在信用合作社开了一个储蓄账户，初始存款为 1000 美元，并计划未来以 $K(t) = 1000t$ 美元/年的速度存款。设 $y = P(t)$ 表示时刻 t 时的账户金额。

(a) 建立一个 $P(t)$ 满足的初值问题。

(b) 求 $P(t)$。

(c) 计算 5 年后该账户的未来价值。

(d) 若信用合作社将其激励措施延长至 7 年，求 7 年后该账户的未来价值。

解：(a) 使用初值 $P(0) = 1000$，根据前面例子中的讨论，$y = P(t)$ 满足初值问题

$$y' - 0.02ty = 1000t\,,\quad y(0) = 1000$$

(b) 使用 10.3 节的式(4)求解一阶线性微分方程，其中 $a(t) = -0.02t$，$b(t) = 1000t$，$A(t) = -0.01t^2$。于是，有

$$y = \mathrm{e}^{0.01t^2}\left[\int \mathrm{e}^{-0.01t^2} 1000t\,\mathrm{d}t + C\right] \tag{2}$$

使用代换 $u = -0.01t^2$，$\mathrm{d}u = -0.02t\,\mathrm{d}t$ 对括号内的积分求值，有

$$\int \mathrm{e}^{-0.01t^2} 1000t\,\mathrm{d}t = \int \mathrm{e}^{u}\,\frac{1000}{-0.02}\,\mathrm{d}u = -50000\int \mathrm{e}^{u}\,\mathrm{d}u = -50000\,\mathrm{e}^{-0.01t^2} + C$$

于是，根据式(2)得

$$\mathrm{e}^{0.01t^2}[-50000\,\mathrm{e}^{-0.01t^2} + C] = -50000 + C\,\mathrm{e}^{0.01t^2}$$

由初始条件可知 $1000 = -50000 + C$，即 $C = 51000$。因此，有

$$y = P(t) = 51000\,\mathrm{e}^{0.01t^2} - 50000$$

有趣的是，当年利率 r 固定时，账户金额的公式是一个形如 e^{rt} 的指数函数。对于可变利率 $r(t)$，公式中将包含一个形如 $\mathrm{e}^{R(t)}$ 的指数函数，其中 $R(t)$ 是 $r(t)$ 的不定积分。

(c) 在计算器的帮助下，得到

$$P(5) = 51000\,\mathrm{e}^{0.01(5^2)} - 50000 = 15485 \text{ 美元}$$

(d) 若信用合作社的优惠在第 5 年之后再继续两年，则账户金额将增长到 $P(7) = 51000\,\mathrm{e}^{0.01(7^2)} - 50000 = 33248.10$ 美元，如图 1 所示。

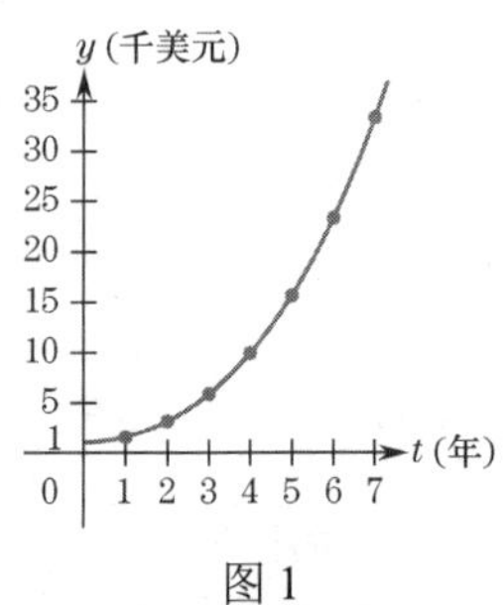

图 1

注意，在过去两年，账户金额的增长超过了前五年的总和，因为利率从第 5 年的 10%上升到了第 7 年的 14%，且年存款速度在第 7 年上升至 7000 美元/年。■

下一个例子将说明可以通过支付额外的贷款来节省开支。该例讨论了每年额外支付 $300t$ 美元的影响。按照这个速度，前 5 年额外支付的贷款将达到

$$\text{额外支付的贷款} = \int_0^5 \text{速度}\,\mathrm{d}t = \int_0^5 300t\,\mathrm{d}t = 150t^2\Big|_0^5 = 3750\text{ 美元}$$

例 2　加快贷款支付。假设你用 25 万美元的贷款来购买房子，30 年的固定年利率是 3%。银行估计在接下来的 30 年里，你每月的还款为 1054 美元（或每年 12648 美元）。你决定以 $300t$ 美元/年的速度额外支付的贷款，其中 t 以年为单位。假设利息是连续复利，还款不断流入账户。设 $y = P(t)$ 表示 t 年后你的欠款。

(a) 建立一个 $P(t)$ 满足的初值问题。

(b) 求 $P(t)$。

解：(a) 设 $K(t)$ 表示年支付率。于是，$K(t)$ 等于的还款加上额外支付的利息，即 $K(t) = 300t + 12648$。两个因素会影响还款：利息以 $0.03y$ 的速度增加，付款以 $300t + 12648$ 的速度减少。因此，$y = P(t)$ 的变化率是这两个速度的合成结果。于是，有

$$y' = 0.03y - (300t + 12648)$$

由于初始贷款额是 25 万美元，因此 $y = P(t)$ 是初值问题的一个解：

$$y' - 0.03y = -300t - 12648\,,\quad y(0) = 250000$$

(b) (a)问中的微分方程是一个一阶线性微分方程，可通过 10.3 节中的式(4)求解，其中 $a(t) = -0.03$，$A(t) = -0.03t$，$b(t) = -300t - 12648$。因此，

$$y = \mathrm{e}^{0.03t}\left[\int \mathrm{e}^{-0.03t}(-300t - 12648)\,\mathrm{d}t + C\right]$$

下面用分部积分法对括号内的积分求值。令 $f(t) = -300t - 12648$，$g'(t) = \mathrm{e}^{-0.03t}$，$f'(t) = -300$，$g(t) = \frac{1}{-0.03}\mathrm{e}^{-0.03t}$。于是，积分为

$$\begin{aligned}\frac{1}{0.03}\mathrm{e}^{-0.03t}(300t + 12648) - \frac{300}{0.03}\int \mathrm{e}^{-0.03t}\,\mathrm{d}t &= \frac{1}{0.03}\mathrm{e}^{-0.03t}(300t + 12648) + \frac{300}{(0.03)^2}\mathrm{e}^{-0.03t} + C \\ &= \frac{1}{0.03}\mathrm{e}^{-0.03t}(300t + 22648) + C\end{aligned}$$

乘以 $\mathrm{e}^{0.03t}$ 得

$$y = \frac{1}{0.03}(300t + 22648) + C\,\mathrm{e}^{0.03t}$$

利用初始条件求解 C，得到 $C = -504933$。因此，

$$y = P(t) = \frac{1}{0.03}(300t + 22648) - 504933\mathrm{e}^{0.03t}$$

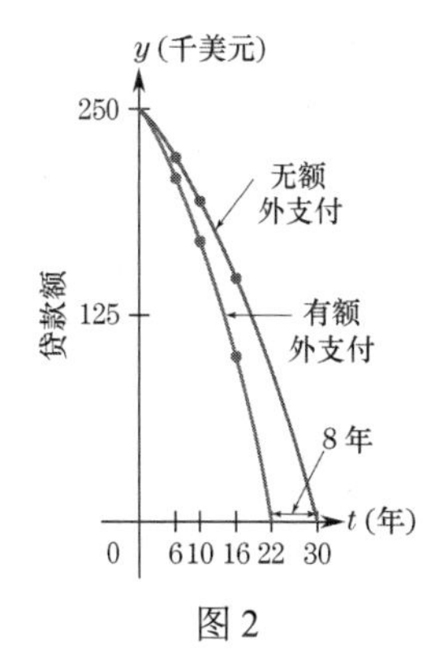

图 2

$P(t)$ 曲线如图 2 所示。从图中可以看出，当 $t \approx 22$ 年时 $P(t) = 0$。因此，通过支付额外的还款，贷款将在 22 年后或者提前 8 年还清，而若只是定期偿还贷款，则需要 30 年的时间。通过支付额外的款项，节省了约 8×12648 美元 = 101184 美元。在 22 年间，你以 $300t$ 美元/年的速度支付的额外款项总计为

$$\int_0^{22} 300t\,\mathrm{d}t = 150(22^2) = 72700\text{ 美元}$$

因此，通过支付额外的款项，可节省 101184−72700 = 28484 美元。■

第 5 章中说过，简单的人口模型基于如下假设，即人口的增长率与时刻 t 的人口规模成正比。比例常数称为**增长常数**，它是特定于人口的。事实上，人口的增长率可能受其他几个因素的影响。在下一个例子中，我们考虑移民对人口规模的影响。

例 3　有移民的人口模型。设 $P(t)$ 表示 2020 年后 t 年某国的人口数，单位为百万。研究这一人口的社会学家预测，在接下来的 30 年里，移民速度将在 2020 年后的 t 年里达到($0.004\mathrm{e}^{0.04t} + 0.04$)百万/年。

设人口的增长常数为$\frac{3}{125}$，求$P(t)$满足的微分方程。

解：在模型中，未来 30 年（从 2020 年开始）的人口增长率受两个因素的影响，即人口增长速度和移民速度。人口的变化率是这两个影响的合成效应。因此，$P(t)$满足微分方程

$$\underset{y\text{的变化率}}{y'} = \underset{\text{人口增长速度}}{\frac{3}{125}y} - \underset{\text{移民速度}}{(0.004e^{0.04t}+0.04)}$$

将方程化为标准形式得

$$y'-\frac{3}{125}y=-0.004e^{0.04t}-0.04$$

■

要得到例 3 中的人口公式，需要知道初始人口数量。例如，若 2020 年的人口规模为 200 万，则$P(0)=2$。在这个初始条件下，解微分方程得

$$P(t)=\frac{7}{12}e^{\frac{3}{125}t}-\frac{1}{4}e^{\frac{t}{25}}+\frac{5}{3}$$

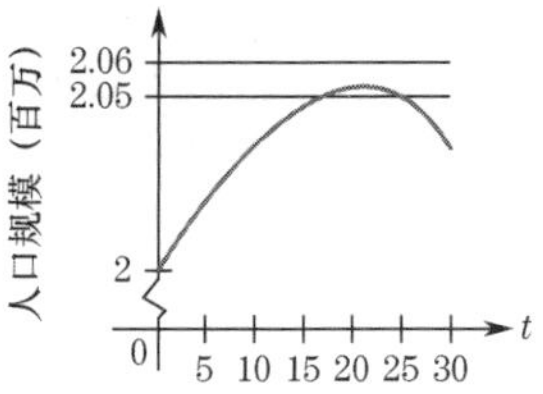

解法很简单，留给习题 16。图 3 显示了自 2020 年以来的人口规模。从 2020 年开始，人口继续以下降的速度增长。根据模型，假设经济条件不变，人口将在 2040 年和 2045 年达到约 205.5 万的峰值，然后开始减少。

图 3

最后一个主题是关于 10.1 节例 5 的牛顿冷却定律的。所涉及的建模思想在许多有趣的应用中都很有用，如确定一个人的死亡时间、研究体内废物的浓度及通过人工肾脏（透析）清除废物。

例 4　牛顿冷却定律。一名饥肠辘辘的大学生急着吃东西，打开烤箱后，在没有预热的情况下放进了一个冷冻披萨。设$f(t)$表示披萨的温度，$T(t)$表示烤箱打开后t分钟的温度。根据牛顿冷却定律，$f(t)$的变化率与烤箱温度和披萨温度之差成正比。求$f(t)$满足的微分方程。

解：按照 10.1 节例 5 的方法进行推理。披萨温度的变化率是$f(t)$的导数，这个导数与$T(t)-f(t)$成正比。因此，存在一个常数k，使得

$$f'(t)=k[T(t)-f(t)]$$

k是正的还是负的？当披萨被加热时，其温度上升，所以$f'(t)$是正的。此外，烤箱的温度总比披萨的温度高，所以$T(t)-f(t)$是正的。因此，要使$f'(t)$为正，k必须是正数。于是，$f(t)$所满足的微分方程为

$$y'=k[T(t)-y]$$

式中，k为正常数。

■

例 5 中给出例 4 中模型的一种有趣情况。

例 5　牛顿冷却定律。设例 4 中的烤箱温度为$T(t)=70+50t, 0\leqslant t\leqslant 8$。因此，当学生打开烤箱（$t=0$）时，烤箱的温度为 70℃。然后，在接下来的 8 分钟内，它开始以 50℃/分钟的速度上升。据推测，这名学生将烤箱的温度设为 470℃。进一步假设比例常数为$k=0.1$，冷冻披萨的初始温度为 27℃。在加热过程的前 8 分钟测量披萨的温度。披萨加热 8 分钟后的温度是多少？

解：将$T(t)=70+50t, k=0.1$代入例 4 中的微分方程，得到$f(t)$满足

$$y'=0.1[70+50t-y]$$

将方程化为标准形式，回顾初始条件$f(0)=27$，得到初值问题

$$y'+0.1y=5t+7,\quad y(0)=27$$

方程两边同时乘以积分因子$e^{0.1t}$并合并得

$$\frac{d}{dt}[e^{0.1t}y]=(5t+7)e^{0.1t}$$

两边积分得

$$e^{0.1t}y=\int(5t+7)e^{0.1t}\,dt\ =100e^{0.1t}(0.5t+0.7-5)+C$$

使用分部积分法，如例 2 所示。等式两边同时乘以 $e^{-0.1t}$ 得

$$y=100(0.5t-4.3)+Ce^{-0.1t}=50t-430+Ce^{-0.1t}$$

为了满足初值条件，必须有

$$f(0)=27=-430+C$$

因此，$C=457$，时刻 t 的披萨温度为

$$f(t)=50t-430+457e^{-0.1t}$$

加热 8 分钟后，披萨的温度为

$$f(8)=50(8)-430+457e^{-0.1(8)}=-30+457e^{-0.8}\approx 175℃$$

■

本节的建模技术在金融、生物学、医学和社会学中有许多有趣的应用，习题中介绍了其中一些应用。

10.4 节自测题（答案见本节习题后）

储蓄账户每年的利率为 4%，连续复利，以 1200 美元/年的速度从账户中连续取款。建立一个微分方程，满足时间 t 时账户中的金额为 $f(t)$。

习题 10.4

1. **可变增长率。**(a)建立一个初值问题，描述储蓄账户，账户以与账户中现有金额成比例的速度增长，其中年增长率公式为 $r(t)=0.05t$ （t 以年为单位），存款年利率为 $K(t)=500t$ 美元/年。设初始存款为 1500 美元，利息连续复利，且存款不断流入账户。
   (b) $y=P(t)$ 表示 t 年后的账户余额，求 $P(t)$。
   (c) 4 年后账户余额是多少？以什么速度增长？
2. **可变增长率。**在下列条件下完成习题 1 中的(a)～(c)问：使用相同的初始存款和固定的年利率 $K(t)=6000$ 美元/年。使用递减的年利率 $r(t)=\frac{0.01}{t+1}$。
3. **退休账户。**一位计划退休的人以 3600 美元/年的速度向储蓄账户中连续存款。储蓄账户的连续复利为 5%。
   (a) 建立一个微分方程，$f(t)$ 满足该方程，$f(t)$ 表示时间 t 时的账户余额。
   (b) 解(a)问中的微分方程，设 $f(0)=0$，求 25 年后的账户余额。
4. **储蓄账户。**某人在银行账户里存了 1 万美元，且决定以 A 美元/年的速度追加存款。银行以每年 6%的利率连续复利，存款连续地存入该账户。
   (a) 建立一个微分方程，满足时间 t 时账户余额为 $f(t)$。
   (b) 求 $f(t)$（作为 A 的函数）。
   (c) 初始存款在 5 年内翻倍，求 A。
5. **储蓄账户增长比较。**你正在考虑 20 年后退休的两种储蓄计划。在计划 1 中，你开设了一个利率为 5%的连续复利的储蓄账户，你在这个账户中以 1200 美元/年的供款率存了 20 年。在计划 2 中，你在退休前 10 年开设了一个利率为 5%的连续复利的储蓄账户，但你在 10 年间，每年的供款率翻一番，达到 2400 美元。假设供款连续存入账户，哪种计划在退休时能为提供更多的钱？
6. 如果以 3000 美元/年的速度向计划 2 供款，且连续 10 年，回答习题 5 中的问题。
7. 某人从一家银行贷款 10 万美元，利息为 7.5%，连续复利。假设付款全年连续进行，若贷款要在 10 年内还清，年利率应是多少？
8. **2021 年的汽车价格。**美国汽车经销商协会报告称，2021 年新车的平均零售价格为 41263 美元。某人以平均价格购买了一辆新车，且支付了全部费用。假设该人每月只能支付 500 美元，且支付以连续的年利率进行，利息以 3.5%的利率连续复利。
   (a) 建立一个微分方程，满足时间 t 时所欠的汽车贷款金额为 $f(t)$。
   (b) 还清汽车贷款需要多长时间？
9. **2021 年的平均房价。**圣路易斯联邦储备银行报告称，2021 年美国房屋销售均价约为 37.5 万美元。与此同时，传统的 30 年期固定利率抵押贷款的平均利率为 2.8%。某人以均价购买了一套

房屋，支付了相当于购买价格 10%的首付款，并通过 30 年期固定利率抵押贷款为剩余部分提供资金。假设该人以固定的年利率 A 连续支付，利息以 2.8%的利率连续复利。

(a) 建立一个微分方程，满足时间 t 时抵押贷款所欠的金额为 $f(t)$。

(b) 求 30 年内还清贷款所需的年还款额 A。每月的还款额是多少？

(c) 求 30 年期抵押贷款期间支付的利息总额。

10. 如果此人申请了 15 年期 6%利率的固定利率抵押贷款，且打算在 15 年内还清全部贷款，回答习题 9 中(a)、(b)和(c)问，

11. **需求弹性**。设 $q = f(p)$ 为某商品的需求函数，其中 q 为需求量，p 为 1 件商品的价格。5.3 节将需求弹性定义为

$$E(p) = \frac{-pf'(p)}{f(p)}$$

(a) 若需求弹性是 $E(p) = p + 1$ 给出的价格的线性函数，求需求函数满足的微分方程。

(b) 给定 $f(1) = 100$，求(a)问中的需求函数。

12. 若需求弹性是 $E(p) = ap + b$ 给出的价格的线性函数，求需求函数，其中 a 和 b 是常数。

13. **钢棒温度**。当将一根烧红的钢棒放入恒温 10℃的水中时，时刻 t 的钢棒温度 $f(t)$ 满足微分方程

$$y' = k(10 - y)$$

其中 $k > 0$ 为比例常数。钢棒的初始温度为 $f(0) = 350℃, k = 1$，求 $f(t)$。

14. **钢棒温度**。对比例常数为 $k = 0.2$ 的钢棒重做习题 13。哪根钢棒冷却得更快，是比例常数为 $k = 0.1$ 的钢棒还是比例常数为 $k = 0.2$ 的钢棒？关于在冷却问题中改变比例常数的影响，你能得出什么结论？

15. **确定死亡时间**。当房间温度达到 70℉时，在房间里发现了一具尸体。设 $f(t)$ 表示死亡后 t 小时的体温。根据牛顿冷却定律，f 满足如下形式的微分方程：

$$y' = k(T - y)$$

(a) 求 T。

(b) 对体温进行几次测量后，确定体温为 80℉时，以 5℉/小时的速度下降。求 k。

(c) 假设死亡时体温正常，如 98℉，求 $f(t)$。

(d) 尸体被发现时，温度为 85℉，求该人的死亡时间。

16. 假设 2020 年的人口是 200 万，推导例 3 中人口的公式（根据例 3 的解给出公式）。

17. **细菌培养**。在一项实验中，以 $e^{0.03t} + 2000$ 个细菌/小时的速度向培养皿中添加某种细菌。设细菌的生长速度与时刻 t 培养物的大小成正比，比例常数为 $k = 0.45$。设 $P(t)$ 表示时刻 t 培养物中细菌的数量。求 $P(t)$ 满足的微分方程。

18. 假设最初培养物中有 10000 个细菌，找出习题 17 中 $P(t)$ 的公式。

19. **透析和肌酐清除率**。根据美国国家肾脏基金会的数据，1997 年，超过 26 万美国人患有慢性肾衰竭，需要人工肾脏（透析）来维持生命。当肾脏衰竭时，有毒废物如肌酐和尿素在血液中积聚。清除这些废物的一种方法是，使用一种称为腹膜透析的过程，在这种过程中，患者的腹膜或腹部衬里被用作过滤器。当腹腔充满某种透析液时，血液中的废物通过腹膜过滤进入溶液。经过几小时的等待，透析液和废物一起排出体外。

在一个透析疗程中，病人的腹部充满了 2 升透析液（不含肌酐），病人的腹部血液中肌酐浓度升高，相当于 110 克/升。设 $f(t)$ 表示时刻 t 时透析液中肌酐的浓度。$f(t)$ 的变化率与 110（透析液中可达到的最大浓度）和 $f(t)$ 之差成正比。因此，$f(t)$ 满足微分方程

$$y' = k(110 - y)$$

(a) 设透析 4 小时后透析液的浓度为 75 克/升，且以每小时 10 克/升的速度上升，求 k。

(b) 透析开始时浓度的变化率是多少？在透析 4 小时后将透析液引流并更换为新鲜溶液，通过与透析结束时的速度进行比较，你能否给出一个（简单的）理由？提示：不需要解微分方程。

20. **放射性衰减**。镭 226 是一种衰减常数为 0.00043 的放射性物质。假设镭 226 以 3 毫克/年的恒定速率不断地添加到一个最初为空的容器中。设 $P(t)$ 表示 t 年后容器中镭 226 的剩余克数。

(a) 求 $P(t)$ 满足的初值问题。

(b) 求解 $P(t)$ 的初值问题。

(c) 当 t 趋于无穷大时，容器内镭 226 的极限是多少？

在习题 21~25 中，求解由建模产生的微分方程，可能需要使用分部积分法 [见式(1)]。

21. **储蓄账户的增长**。某人将继承的 10 万美元存入储蓄账户，利息为 4%，连续复利。该人打算取款，且取款量随着时间的推移逐渐增加。设从开户算起的第 t 年，取款金额是 $2000 + 500t$ 美元。

(a) 假定取款是连续的。建立一个微分方程，满足时刻 t 时账户余额为 $f(t)$。

(b) 求 $f(t)$。

(c) 在计算器的帮助下画出 $f(t)$，估计在账户余额耗尽之前需要的时间。

22. **储蓄账户**。假设你在一个储蓄账户中存入了 500 美元的首期存款，且计划在未来即首次存款后的 t 年，以($90t+810$)美元/年的速度逐步增加。设存款是连续的，利息以 6%的利率连续复利。设 $P(t)$ 表示账户余额。

(a) 建立由 $P(t)$ 满足的初值问题。

(b) 求 $P(t)$。

23. **可以取款的储蓄账户**。某人在连续复利为 4%的储蓄账户中存入 1 万美元的初始金额后，在一段时间内继续存款，然后从该账户中取款。自开户日起计算 t 年，存款速度为($3000-500t$)美元/年（存款负利率对应的是取款）。

(a) 该人在开始从这个账户中取款之前，向这个账户存入了多少年？

(b) 设 $P(t)$ 表示首次存款后 t 年的账户余额。求由 $P(t)$ 满足的初值问题（设存取款是连续进行的）。

24. 图 4 中包含了习题 23 中的初值问题的解。

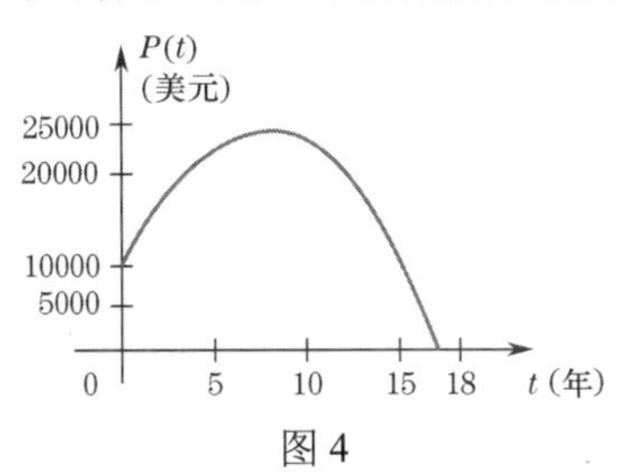

图 4

(a) 借助图表，大致算出账户余额为零需要多长时间。

(b) 求解初值问题，确定 $P(t)$。

(c) 用 $P(t)$ 的公式在计算器的帮助下，验证(a)问的答案。

25. **储蓄账户增长的教训**。当 $t=0$ 时，某人开始从初始值为 10000 美元的储蓄账户中取款。这种存款的年利率为 4%。意识到账户余额正在迅速下降后，该人开始往账户中存钱。存款/取款速度为 $K(t)=1200t-5000$ 美元/年。

(a) 求该人决定停止取款并向账户存钱的时间。

(b) 设 $y=P(t)$ 表示 t 年后的账户余额。建立由 y 满足的初值问题。

(c) 求 $P(t)$。

(d) 何时账户余额最小？求出该值。提示：设 $P'(t)=0$，求解 t。

技术题

26. **药物治疗水平**。一种药物以 r 毫克/小时的速度连续静脉注射到患者体内。患者身体将药物从血液中排出的速度与血液中的药物含量成正比，比例常数为 $k=0.5$。

(a) 写出一个微分方程，满足 t 时刻（小时）血液中的药物含量为 $f(t)$。

(b) 求 $f(t)$，设 $f(0)=0$（用 r 表示答案）。

(c) 在治疗 2 小时的输液中，给药 1 小时内体内的药物含量应达到 1 毫克，且保持 1 小时以上。为了避免中毒，任何时候体内的药物含量都不应超过 2 毫克。在区间 $1\leqslant t\leqslant 2$ 上绘制 $f(t)$ 的图形，r 在 1 和 2 之间以 0.1 的增量变化。也就是说，当 $r=1, 1.1, 1.2, 1.3, \cdots, 2$ 时，绘制 $f(t)$。查看图形，选择产生治疗和无毒 2 小时输液时的 r 值。

10.4 节自测题答案

按照例 1 进行推理。影响储蓄账户余额变化的因素有两个：账户的存款速度和取款速度。我们知道，利息是按存款金额的比例增加的，每年的取款速度是 1200 美元。由于 $f(t)$ 的变化率是这两种影响的合成效应，$f(t)$ 满足一阶微分方程

y'	=	$0.04y$	−	1200
y 的变化率	=	存款速度	−	取款速度

这个一阶微分方程的标准形式是

$$y'-0.04y=-1200$$

10.5 图解微分方程

本节介绍一种无须求解微分方程 $y'=g(y)$ 即可求出解的技术——绘制图形。这种技术基于 10.1 节介绍的微分方程的几何解释，可用于构造斜率场。这种技术之所以有价值，原因有三。第一，许多微分方程的显式解无法写出。第二，即使有显式解，仍然面临确定其性质的问题。例如，解是增加还是减少？如果增加，是接近渐近线还是任意增大？第三，在许多应用中，解的显式公式是不必要的，只

需要对解的性质有一般的了解。也就是说，对解的定性理解就足够了。

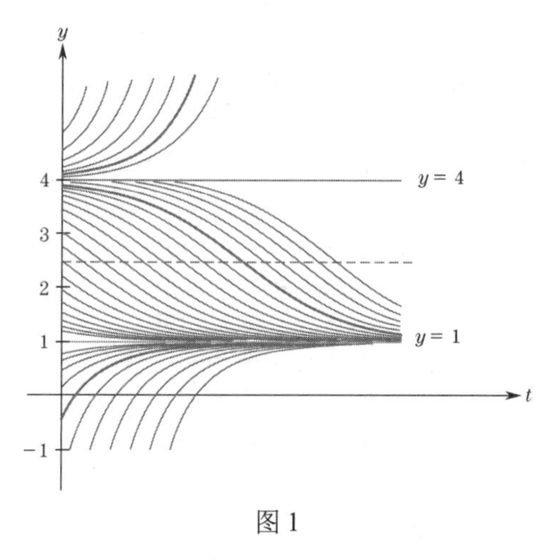

图 1

本节介绍的理论是微分方程定性理论的一部分，介绍重点是 $y'=g(y)$ 这样的微分方程。这样的微分方程称为**自治微分方程**。“自治”一词的意思是“与时间无关”，指 $y'=g(y)$ 的右边只取决于 y 而不取决于 t 。下一节介绍的所有应用都涉及自治微分方程。

本节只考虑 $t\geqslant 0$ 时每个解 $y=f(t)$ 的值。为了介绍定性理论，先来看微分方程 $y'=\frac{1}{2}(1-y)(4-y)$ 的各个典型解的图形。图 1 中的解曲线说明了以下性质。

性质 I 对应于 $g(y)$ 的每个零点，微分方程都有一个常数解。具体地说，若 $g(c)=0$ ，则常数函数 $y=c$ 是一个解（图 1 中的常数解分别为 $y=1$ 和 $y=4$ ）。

性质 II 常数解将 ty 平面分成多个水平条带。每个非常数解完全位于一个条带上。

性质 III 每个非常数解要么严格递增，要么严格递减。

性质 IV 每个非常数解要么渐近于常数解，要么无界递增或递减。

可以证明性质 I 到性质 IV 对任意自治微分方程 $y'=g(y)$ 的解都成立，只要 $g(y)$ 是一个“足够好”的函数。我们在本章中假定自治微分方程具有这些性质。

使用性质 I 到性质 IV，可以通过观察函数 $z=g(y)$ 的图形及该图形在 $y(0)$ 附近的性质来绘制任何解曲线的一般形状。下例说明了执行该操作的步骤。

例 1 自治微分方程。画出 $y'=\mathrm{e}^{-y}-1$ 满足 $y(0)=-2$ 的解。

解： $g(y)=\mathrm{e}^{-y}-1$ 。在 yz 坐标系下，画出函数 $z=g(y)=\mathrm{e}^{-y}-1$ 的图形［见图 2(a)］。当 $y=0$ 时，函数 $g(y)=\mathrm{e}^{-y}-1$ 为零。因此，微分方程 $y'=\mathrm{e}^{-y}-1$ 有常数解 $y=0$ 。图 2(b)中显示 ty 坐标系中的常数解。为了绘制满足 $y(0)=-2$ 的解的草图，我们在图 2(a)的（水平） y 轴和图 2(b)的（垂直） y 轴上定位 y 的这个初始值。

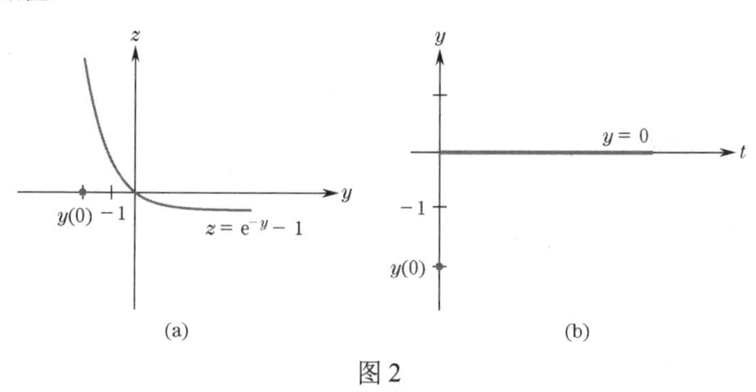

图 2

为了确定解离开 ty 平面图上的初始点 $y(0)$ 时是增加还是减少，查看 yz 平面图发现 $z=g(y)$ 在 $y=-2$ 时为正［见图 3(a)］。因此，由于 $y'=g(y)$ ，解的导数为正，这意味着解在增加。在图 3(b)的起始点处，用箭头表示这一点。此外，根据自治微分方程的性质 III 和 IV，解 y 将渐近增加到常数解 $y=0$ 。

接下来，在图 4(a)中放置一个箭头，提醒我们 y 将从 $y=-2$ 移至 $y=0$ 。在图 4(a)中，当 y 向右移至 $y=0$ 时， $g(y)$ 图上点的 z 坐标变得不那么正：也就是说， $g(y)$ 变得不那么正。因此，由于 $y'=g(y)$ ，解曲线的斜率变得不那么正。因此，解曲线下凹［见图 4(b)］。

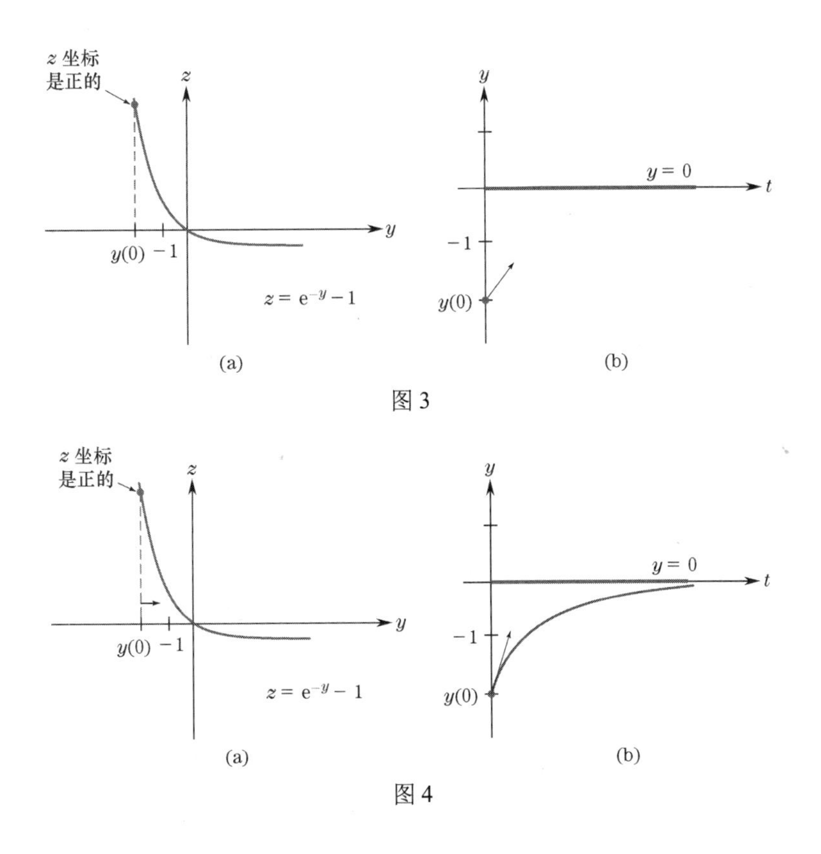

图 3

图 4

■

绘制解草图时，要记住的重要一点是，yz 平面上的 z 坐标是 $g(y)$ 的值，由于 $y'=g(y)$，z 坐标给出了 ty 平面上相应点处解曲线的斜率。

例 2　图解。绘制满足 $y'=y+2$ 的解的图形。(a) $y(0)=1$；(b) $y(0)=-3$。

解：$g(y)=y+2$。$z=g(y)$ 的图形是斜率为 1、z 截距为 2 的直线［见图 5(a)］。这条直线只在 $y=-2$ 处与 y 轴相交。因此，微分方程 $y'=y+2$ 有一个常数解 $y=-2$［见图 5(b)］。

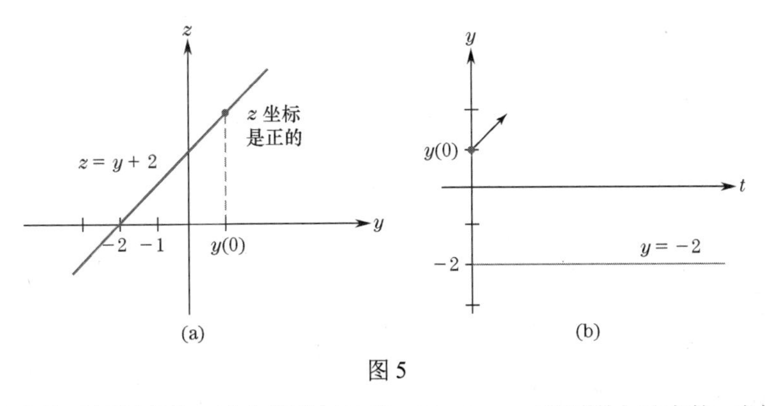

图 5

(a) 在图 5 中的两幅图形的 y 轴上找到初始值 $y(0)=1$。yz 平面图上对应的 z 坐标为正；因此，ty 平面图上的解具有正斜率，且随着它离开初始点而增加。我们在图 5(b)中用箭头表示这一点。现在，自治微分方程的性质 IV 表明，y 从其初始值开始无界地增加。当我们让 y 从图 6(a)中的 1 增加时，发现 z 坐标［$g(y)$ 的值］增加。因此，y' 是递增的，所以解的图形一定上凹。图 6(b)中画出了解。

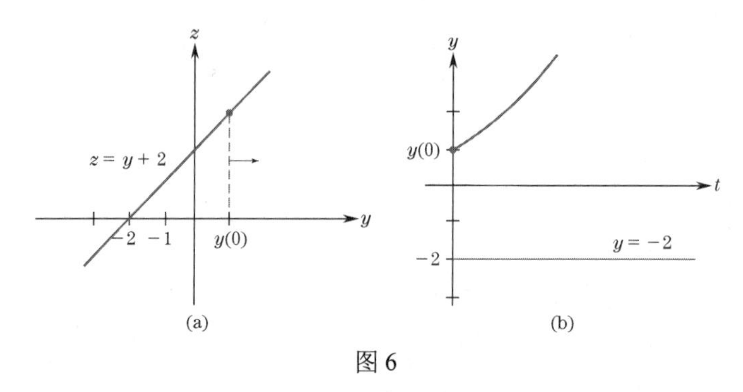

图 6

(b) 接下来，我们画出 $y(0)=-3$ 的解。由 $z=y+2$ 的图形可知，当 $y=-3$ 时，z 为负。这意味着解在离开初始点时是递减的（见图 7）。由此可见，y 的值将继续无限制地减小，且变得越来越负。这意味着在 yz 平面图上，y 必须向左移动［见图 8(a)］。现在来看当 y 向左移动时 $g(y)$ 发生什么变化（与阅读图形的普通方式相反）。z 坐标变得更负；因此，解曲线上的斜率变得更负。于是，解曲线必定下凹，如图 8(b)所示。

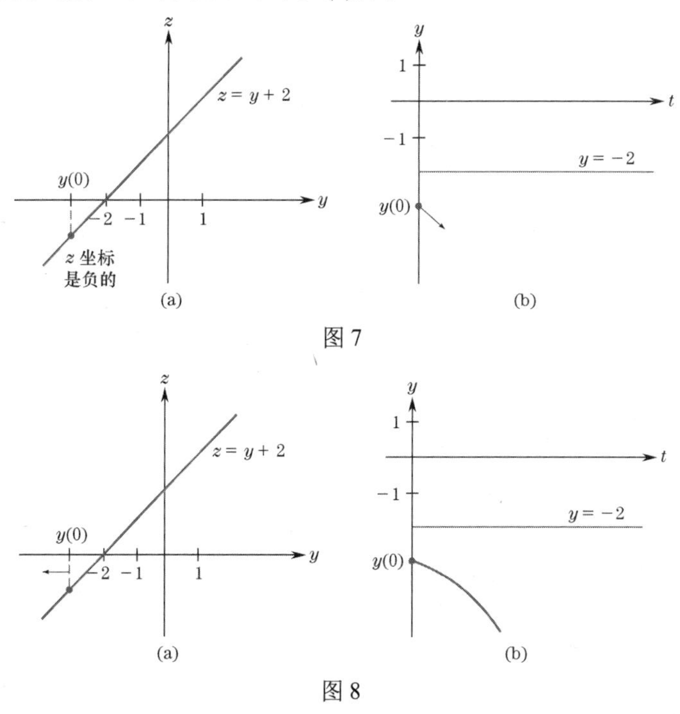

图 7

图 8

■

根据前面的例子，给定 $y(0)$ 时，我们可以总结一些规则来绘制 $y'=g(y)$ 的解：

1. 在 yz 坐标系上画出 $z=g(y)$ 的图形，找出 $g(y)$ 的零点并标记。
2. 对于 $g(y)$ 的每个零点 c，在 ty 坐标系上画出常数解 $y=c$。
3. 在两个坐标系的 y 轴上绘制 $y(0)$。
4. 当 $y=y(0)$ 时，确定 $g(y)$ 的值是正还是负，它告诉我们解是在增加还是在减少。在 ty 图上，表示通过 $y(0)$ 的解的方向。
5. 在 yz 图上，指示 y 应该向哪个方向移动（注意，若 y 在 ty 图上向下移动，则 y 在 yz 图上向左移动）。当 y 在 yz 图上向适当的方向移动时，确定 $g(y)$ 是变得更趋于正方向还是一般趋于正方向，是更趋于负方向还是一般趋于负方向。这将告诉我们解的凹性。

6. 从 ty 图上的 $y(0)$ 开始，画出解的草图，遵循的原则如下：除非遇到一个常数解，否则解将无界增长（正或负）。在这种情况下，它渐近地接近常数解。

例 3　常数解与绘图。画出 $y' = y^2 - 4y$ 满足 $y(0) = 4.5$ 和 $y(0) = 3$ 的解。

解：如图 9 所示。因为 $g(y) = y^2 - 4y = y(y-4)$，所以 $g(y)$ 的零点为 0 和 4；因此，常数解为 $y = 0$ 和 $y = 4$。满足 $y(0) = 4.5$ 的解是递增的，因为在 yz 图上当 $y = 4.5$ 时，z 坐标是正的。这个解无限制地继续增加。满足 $y(0) = 3$ 的解是递减的，因为在 yz 图上当 $y = 3$ 时，z 坐标是负的。这个解减小，且渐近于常数解 $y = 0$。

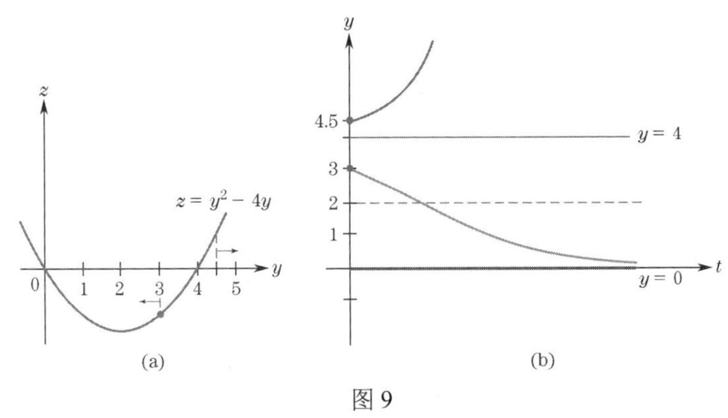

图 9

关于满足 $y(0) = 3$ 的解的附加信息，可从 $z = g(y)$ 的图形中得到。我们知道 y 从 3 减小到接近 0。从图 9 中 $z = g(y)$ 的曲线图可以看出，最初，在 y 达到 2 之前，z 坐标变得更负，然后随着 y 趋于 0，z 坐标变得更负。由于这些 z 坐标是解曲线上的斜率，我们得出结论：当解从 ty 坐标系上的初始点向下移动时，其斜率变得越来越负，直到 y 坐标为 2；然后，当 y 坐标接近 0 时，斜率变得越来越小。因此，解在 $y = 2$ 之前是下凹的，然后上凹。于是，在 $y = 2$ 处有一个拐点，在这里凹性发生变化。 ■

我们在例 3 中看到，$y = 2$ 处的拐点是由 $g(y)$ 在 $y = 2$ 处有极小值这个事实产生的。例 3 中论点的推广表明，解曲线的拐点出现在 $g(y)$ 具有非零相对极大值或极小值的每个 y 值处。因此，我们可以为 $y' = g(y)$ 的解制定一个附加规则。

7. 在 ty 坐标系中，在 $g(y)$ 具有非零相对极大值或极小值的所有 y 值处绘制水平虚线。当解曲线穿过这样一条虚线时，就会有一个拐点。

值得注意的是，当 $g(y)$ 是一个二次函数时，如例 3 所示，其极大值或极小值点出现在 $g(y)$ 的零点之间的 y 值处。这是因为二次函数的图形是一条抛物线，它对称于通过其顶点一条垂线。

例 4　解曲线的凹性。画出 $y' = \mathrm{e}^{-y}, y(0) > 0$ 的解的图形。

解：如图 10 所示。由于 $g(y) = \mathrm{e}^{-y}$ 总为正，所以微分方程不存在常数解，且每个解都无限制地增加。当解渐近于水平直线的解时，我们无法选择是上凹还是下凹。从其增减性质和对拐点的了解来看，这个决定是显而易见的。然而，对于无界增长的解，我们必须看 $g(y)$ 来确定凹性。在这个例子中，随着 t 的增加，y 的值也增加。随着 y 的增加，$g(y)$ 变得越来越小。由于 $g(y) = y'$，我们推断解曲线的斜率变得不那么正；因此，解曲线下凹。 ■

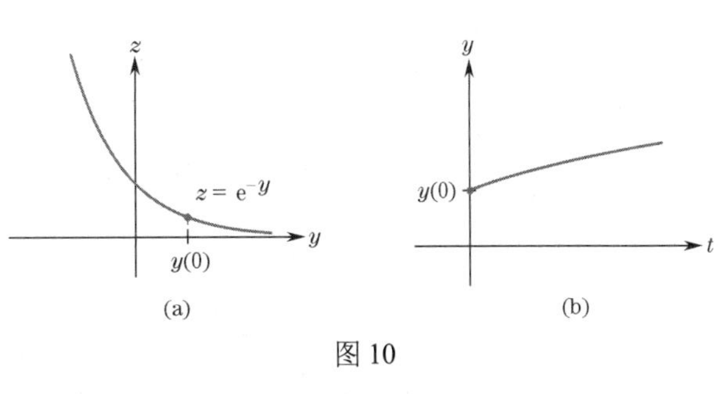

图 10

10.5 节自测题（答案见本节习题后）

考虑微分方程 $y' = g(y)$，其中 $g(y)$ 为图 11 所示的函数。

1. 微分方程 $y' = g(y)$ 有多少个常数解？
2. 对于什么初始值 $y(0)$，微分方程的对应解是递增函数？
3. 若初值 $y(0)$ 接近 4，则对应的解是否渐近于常数解 $y = 4$？
4. 对于什么初始值 $y(0)$，微分方程的对应解有一个拐点？

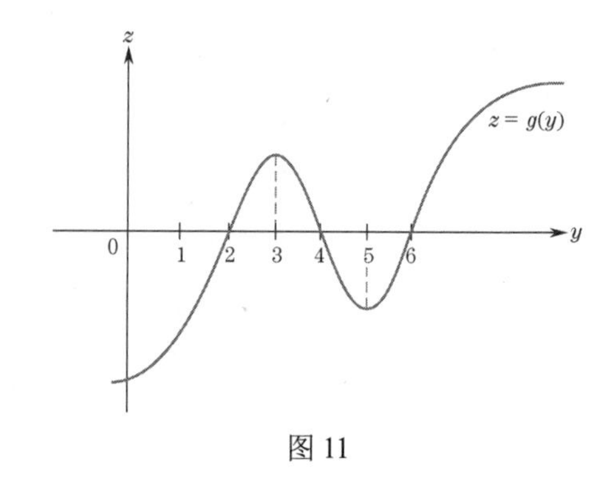

图 11

习题 10.5

习题 1~6 复习本节中的重要概念。在每个习题中，画出具有规定性质的函数的图形。

1. 区间：$0 \leqslant t \leqslant 3$；(0, 1)在图上；斜率总为正，且随着 t 的增加斜率变得不那么正。
2. 区间：$0 \leqslant t \leqslant 4$；(0, 2)在图上；斜率总为正，且随着 t 的增加斜率变得更正。
3. 区间：$0 \leqslant t \leqslant 5$；(0, 3)在图上；斜率总为负，且斜率越来越小。
4. 区间：$0 \leqslant t \leqslant 6$；(0, 4)在图上；斜率总为负，且越来越负。
5. 区间：$0 \leqslant t \leqslant 7$；(0, 2)在图上；斜率总为正，当 t 从 0 增加到 3 时，斜率变得越来越正，当 t 从 3 增加到 7 时，斜率变得越来越小。
6. 区间：$0 \leqslant t \leqslant 8$；(0, 6)在图上；斜率总为负，当 t 从 0 增加到 3 时，斜率变得更负，当 t 从 3 增加到 8 时，斜率变得更负。

在下面的习题中，每个微分方程都给出一个或多个初始条件。运用自治微分方程的性质画出相应解的图形。如果未提供 ty 图，请包括 yz 图。无论是否提及，一定要在图上指出常数解。

7. $y' = 3 - \frac{1}{2}y$, $y(0) = 4$, $y(0) = 8$ ［$z = g(y)$ 的图形见图 12］。
8. $y' = \frac{2}{3}y - 3$, $y(0) = 3$, $y(0) = 6$ ［见图 13］。

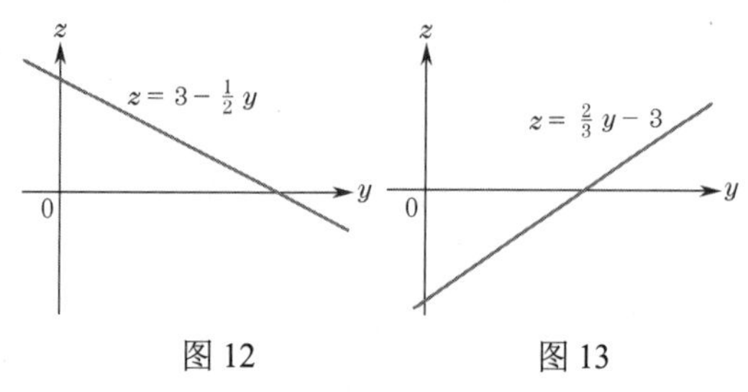

图 12　　图 13

9. $y' = y^2 - 5$, $y(0) = -4$, $y(0) = 2$, $y(0) = 3$ ［见图 14］。
10. $y' = 6 - y^2$, $y(0) = -3$, $y(0) = 3$ ［见图 15］。

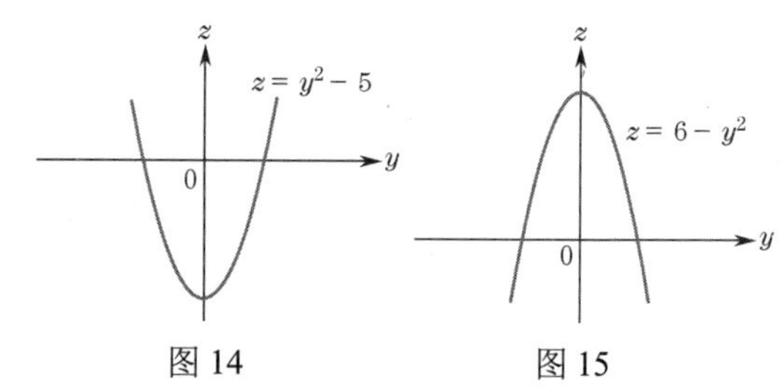

图 14　　图 15

11. $y' = -\frac{1}{3}(y+2)(y-4)$, $y(0) = -3$, $y(0) = -1$, $y(0) = 6$ ［见图 16］。
12. $y' = y^2 - 6y + 5$ 或 $y' = (y-1)(y-5)$，$y(0) = -2$，$y(0) = 2$, $y(0) = 4$, $y(0) = 6$ ［见图 17］。

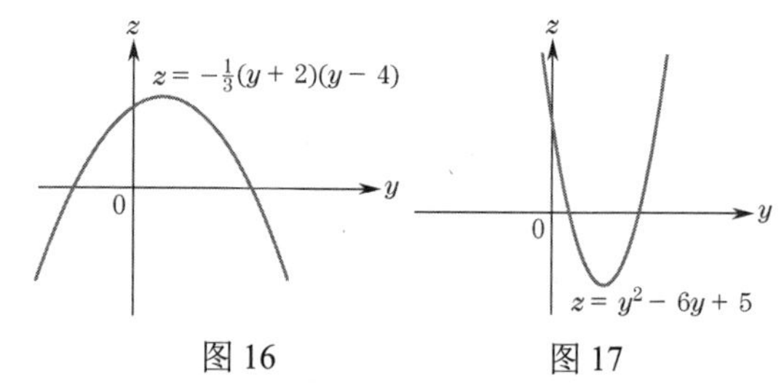

图 16　　图 17

13. $y' = y^3 - 9y$ 或 $y' = y(y^2 - 9)$, $y(0) = -4$, $y(0) = -1$, $y(0) = 2$, $y(0) = 4$ ［见图 18］。
14. $y' = 9y - y^3$, $y(0) = -4$, $y(0) = -1$, $y(0) = 2$, $y(0) = 4$ ［见图 19］。

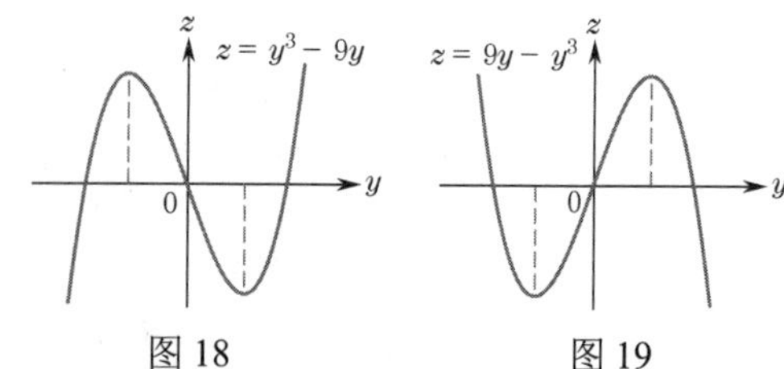

图 18　　图 19

15. 用图 20 中的图形绘制龚珀兹生长方程的解：

$$\frac{\mathrm{d}y}{\mathrm{d}t}=-\frac{1}{10}y\ln\frac{y}{100}$$

满足 $y(0)=10$ 和 $y(0)=150$ 。

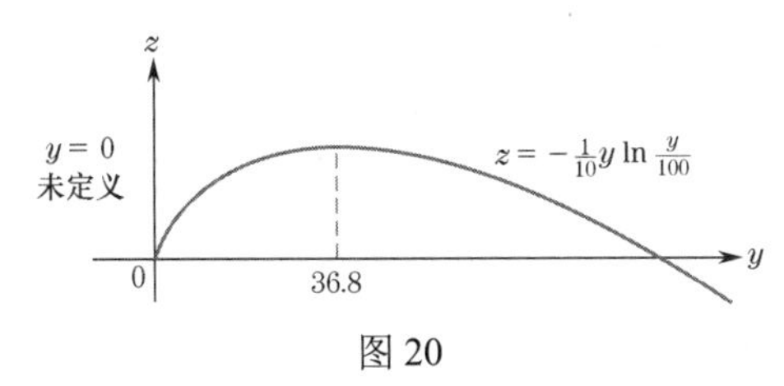

图 20

16. $z=-\frac{1}{2}y\ln(y/30)$ 的图形与图 20 中的图形形状大致相同，相对极大值点为 $y\approx11.0364$ ， y 截距为 $y=30$ ； $y(0)=1$, $y(0)=20$ 和 $y(0)=40$ 。绘制龚珀兹生长方程的解：

$$\frac{\mathrm{d}y}{\mathrm{d}t}=-\frac{1}{2}y\ln\frac{y}{30}$$

17. $y'=g(y)$, $y(0)=-0.5$, $y(0)=0.5$ ，其中 $g(y)$ 为图 21 所示的函数。

18. $y'=g(y)$, $y(0)=0$, $y(0)=4$ ，其中 $g(y)$ 为图 22 所示的函数。

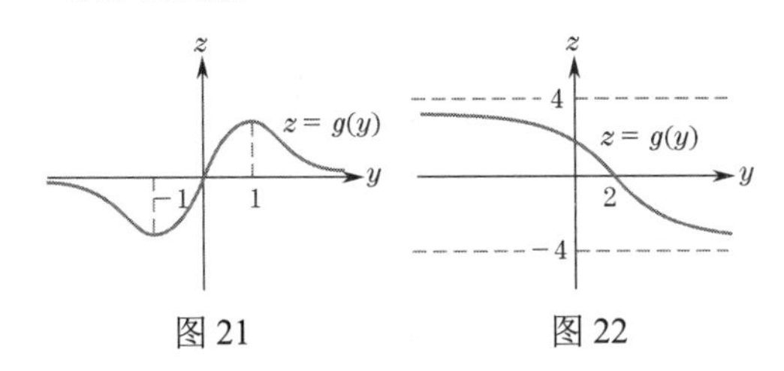

图 21　　图 22

19. $y'=g(y)$, $y(0)=0$, $y(0)=1.2$, $y(0)=5$, $y(0)=7$ ，其中 $g(y)$ 为图 23 所示的函数。

20. $y'=g(y)$, $y(0)=1$, $y(0)=3$, $y(0)=11$ ，其中 $g(y)$ 为图 24 所示的函数。

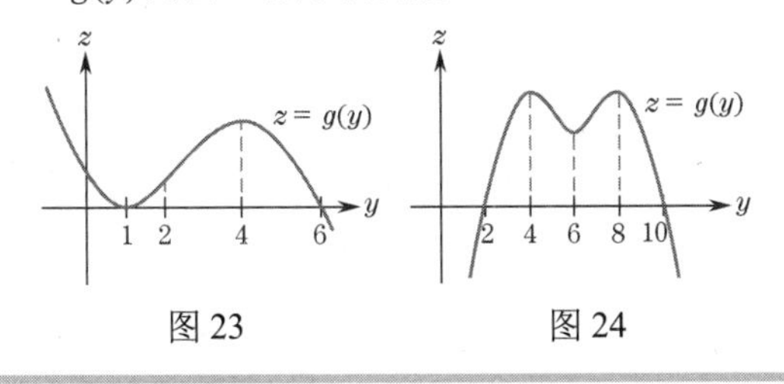

图 23　　图 24

21. $y'=\frac{3}{4}y-3$, $y(0)=2$, $y(0)=4$, $y(0)=6$

22. $y'=-\frac{1}{2}y$, $y(0)=-2$, $y(0)=0$, $y(0)=2$

23. $y'=5y-y^2$, $y(0)=1$, $y(0)=7$

24. $y'=-y^2+10y-21$, $y(0)=1$, $y(0)=4$

25. $y'=y^2-3y-4$, $y(0)=0$, $y(0)=3$

26. $y'=\frac{1}{2}y^2-3y$, $y(0)=3$, $y(0)=6$, $y(0)=9$

27. $y'=y^2+2$, $y(0)=-1$, $y(0)=1$

28. $y'=y-\frac{1}{4}y^2$, $y(0)=-1$, $y(0)=1$

29. $y'=\sin y$, $y(0)=-\frac{\pi}{6}$, $y(0)=\frac{\pi}{6}$, $y(0)=7\pi/4$

30. $y'=1+\sin y$, $y(0)=0$, $y(0)=\pi$

31. $y'=1/y$, $y(0)=-1$, $y(0)=1$

32. $y'=y^3$, $y(0)=-1$, $y(0)=1$

33. $y'=ky^2$ ， k 是负常数， $y(0)=-2$ ， $y(0)=2$ 。

34. $y'=ky(M-y)$, $k>0$, $M>10$ ，且 $y(0)=1$ 。

35. $y'=ky-A$ ，其中 k 和 A 是正常数。画出 $0<y(0)<A/k$ 和 $y(0)>A/k$ 时的解曲线。

36. $y'=k(y-A)$ ，其中 $k<0$ 和 $A>0$ 。画出 $y(0)<A$ 和 $y(0)>A$ 时的解曲线。

37. 植物生长。假设向日葵开始生长后，任何时候的生长速度都与其成熟时的高度和现在的高度之差的乘积成正比。给出 $f(t)$ 满足的微分方程（时刻 t 的高度），并画出它的解。

38. 自由下落速度。跳伞者的最终速度是−176 英尺/秒。也就是说，不管一个人下落多久，其速度都不超过 176 英尺/秒，但会任意接近这个值。t 秒后，以英尺/秒为单位的速度 $v(t)$ 满足微分方程-$v'(t)=32-k\cdot v(t)$ 。 k 的值是多少？

技术题

39. 画出 $g(x)=(x-2)^2(x-6)^2$ 的图形，并用该图形在 ty 坐标系上画出初始条件为 $y(0)=1$, $y(0)=3$, $y(0)=5$, $y(0)=7$ 的微分方程 $y'=(y-2)^2(y-6)^2$ 的解。

40. 画出 $g(x)=\mathrm{e}^x-100x^2-1$ 的图形，并用该图形在 ty 坐标系上画出初始条件为 $y(0)=4$ 的微分方程 $y'=\mathrm{e}^y-100y^2-1$ 的解。

10.5 节自测题答案

1. 有 3 个常数解。当 $y=2,4,6$ 时，函数 $g(y)$ 为 0。因此， $y'=g(y)$ 有常数函数解 $y=2$, $y=4$ 和 $y=6$ 。

2. 对于 $2<y(0)<4$ 和 $y(0)>6$ 。由于非常数解要么严格递增，要么严格递减，所以解是一个递增函数，前提是它在时刻 $t=0$ 时递增。这是一阶导数在 $t=0$ 时为正的情况。当 $t=0$ 时， $y'=g(y(0))$ 。因此，当 $g(y(0))$ 为正时， $y(0)$ 对应的解递增。

3. 是的。若 $y(0)$ 接近 4 的右边，则 $g(y(0))$ 为负，因此对应的解是一个递减函数，其值向左移动，越来越接近 4。若 $y(0)$ 接近 4 的左边，则 $g(y(0))$ 为正，因此对应的解是一个递增函数，其值向右移动，越来越接近 4（常数解 $y=4$ 称为稳定常数解。初始值为 4 的解保持为 4，初值接近 4 的解向 4 移动。常数解 $y=2$ 不稳定。初值接近 2 的解远离 2）。

4. 对于 $2<y(0)<3$ 和 $5<y(0)<6$。解的拐点对应于函数 $g(y)$ 的相对极大值点和相对极小值点，若 $2<y(0)<3$，则对应的解为递增函数。y 的值向右移动（向 4 移动），因此穿过 3，在这里 $g(y)$ 有一个相对极大值。同理，当 $5<y(0)<6$ 时，对应的解递减。yz 图上的 y 值向左移动并穿过 5。

10.6　微分方程的应用

本节介绍可通过自治微分方程 $y'=g(y)$ 来建模的情况。在这里，y 表示一些随时间变化的量，且方程 $y'=g(y)$ 从 y 的变化率描述中得到。

我们已遇到很多 y 的变化率与某个量成正比的情况。例如，

1. $y'=ky$：y 的变化率与 y' 成正比（指数增长或衰减）。

2. $y'=k(M-y)$：y 的变化率与 M 和 y 之差成正比（如牛顿冷却定律）。

这两种情况都涉及线性一阶微分方程。下例给出了一个非线性方程，它关注的是技术创新在某个行业中传播的速度，这是社会学家和经济学家都感兴趣的话题。

例 1　建立微分方程。副产品焦炉于 1894 年首次引入钢铁工业，用于捕获和处理化学副产品。这项革命性的技术至今仍在使用。大约 30 年后，所有的主要钢铁生产商才采用这一创新。设 $f(t)$ 为截至时刻 t 已安装新焦炉的生产商的百分比。于是，假设 $f(t)$ 在时刻 t 的变化率与 $f(t)$ 和时刻 t 尚未安装新焦炉的生产商的百分比的乘积成正比，可得到一个合理的模型。写出满足要求的微分方程 $f(t)$。

解：由于 $f(t)$ 是拥有新焦炉的生产商的百分比，$100-f(t)$ 是仍然未安装任何新焦炉的生产商的百分比。我们知道 $f(t)$ 的变化率与 $f(t)$ 和 $100-f(t)$ 的乘积成正比。因此，存在一个比例常数 k 使得

$$f'(t)=kf(t)[100-f(t)]$$

将 $f(t)$ 替换为 y，将 $f'(t)$ 替换为 y'，就得到了所需的微分方程：

$$y'=ky(100-y)$$

注意 y 和 $100-y$ 都是非负数。显然，y' 一定为正，因为 $y=f(t)$ 是递增函数。因此，常数 k 一定为正。

■

例 1 所得的微分方程是逻辑微分方程

$$y'=ky(a-y) \tag{1}$$

的一个特例，其中 k 和 a 是正常数。这个方程被用作各种物理现象的简单数学模型。5.4 节中描述了逻辑微分方程在限制人口增长和流行病传播中的应用。下面用微分方程的定性理论来深入地了解这个重要的方程。

绘制式(1)的解的第一步是绘制 yz 平面图。将方程 $z=ky(a-y)$ 写为

$$z=-ky^2+kay$$

该方程是 y 的二次方程，因此其图形是抛物线。抛物线下凹，因为 y^2 的系数为负（因为 k 是正常数）。二次表达式 $ky(a-y)$ 的零点出现在 $y=0$ 和 $y=a$ 处。由于 a 表示某个正常数，我们在 y 轴正方向上任意选择一点并将其标记为“a”。有了这些信息，就可以画出有代表性的图形（见图 1）。注意抛物线的顶点在 $y=a/2$ 处，在 y 截距的中间（回顾我们是如何得到该图形的，只要 k 和 a 是正常数。类似的情况也会在习题中出现）。

我们开始用 ty 平面图表示常数解，且在 $y=a/2$ 处画一条虚线，在这里某些解曲线有一个拐点（见图 2）。在常数解的两边，我们选择 y 的初值，如 y_1, y_2, y_3, y_4。然后，用 yz 平面图绘制相应的解曲线（见图 3）。

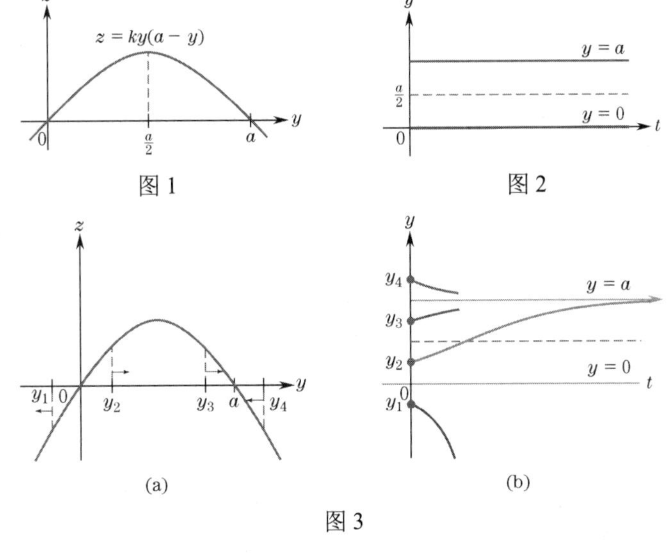

图 1

图 2

(a)

(b)

图 3

图 3(b)中从 y_2 开始的解具有通常称为**逻辑曲线**的一般形状。这是对例 1 中描述的情况进行建模的解的类型。图 3(b)中从 y_1 开始的解通常没有物理意义。图 3(b)所示的其他解可在实际中出现，特别是在人口增长的研究中。

在生态学中，种群增长常用逻辑斯蒂方程

$$\frac{\mathrm{d}N}{\mathrm{d}t}=rN\frac{K-N}{K} \tag{2}$$

或

$$\frac{\mathrm{d}N}{\mathrm{d}t}=\frac{r}{K}N(K-N)$$

描述，其中用 N 代替 y 来表示时刻 t 的种群规模。该方程的典型解如图 4 所示。常数 K 称为**环境承载能力**。当初始种群规模接近零时，种群曲线呈典型的 S 形，N 逐渐接近承载能力。当初始种群环境承载能力大于 K 时，种群规模减小，再次渐近于承载能力。

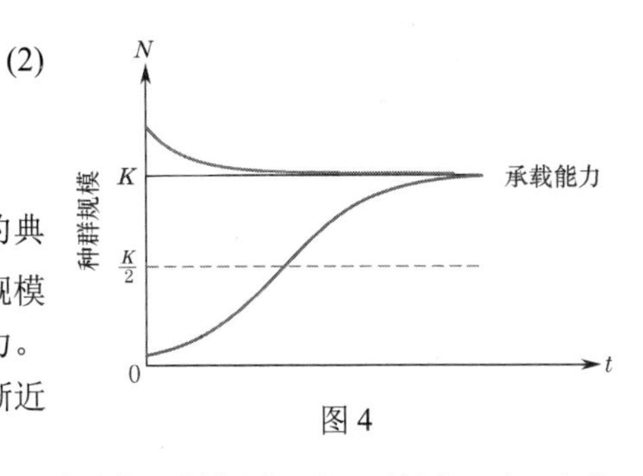

图 4

式(2)中的 $(K-N)/K$ 是 0 和 1 之间的分数，反映了环境对种群的限制作用；当 N 接近 0 时，它接近 1。若这个分数被常数 1 代替，则式(2)就变成

$$\frac{\mathrm{d}N}{\mathrm{d}t}=rN$$

这是普通指数增长的方程，其中 r 是增长率。因此，式(2)中的参数 r 称为种群的**内在增长率**，它表示环境允许不受限制的指数增长时，种群将如何增长。

下面考虑产生逻辑斯蒂方程的一种具体情况。

例 2　鱼数。养鱼场的池塘可容纳 1000 条鱼。该池塘最初养了 100 条鱼。设 $N(t)$ 表示 t 个月后池塘里的鱼数。

(a) 建立一个由 $N(t)$ 满足的逻辑微分方程，并画出鱼数的近似图。

(b) 找出生长速度最高的鱼数。假设内在增长率是 0.3，求这个生长速度。

解：(a) 已知该方程为承载能力 $K=1000$ 的逻辑方程。因此，由式(2)得

$$\frac{\mathrm{d}N}{\mathrm{d}t}=rN\frac{1000-N}{1000}=\frac{r}{1000}N(1000-N)$$

当初始条件 $N(0)=100$ 时，时刻 t 的鱼数由微分方程的解给出。即使没有固有速率 r 的数值，我们仍然可以使用定性技术来估计解的形状。首先，画出常数解，$N=0$ 和 $N=1000$；然后，在

$N=500$ 处画一条虚线，在这里，某些解存在拐点。从 $N=100$ 开始的解是一条典型的逻辑曲线。它是递增的，水平渐近线 $N=1000$，拐点 $N=500$，曲线在这里改变凹性。满足这些性质的解曲线如图 5(b)所示。

(b) 由于问题涉及增长率，我们应从方程本身寻找答案。方程告诉我们增长率由二次函数

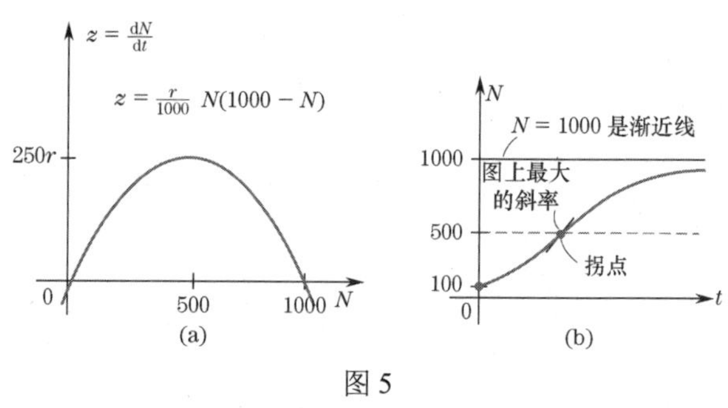

图 5

$$\frac{\mathrm{d}N}{\mathrm{d}t}=\frac{r}{1000}N(1000-N)$$

给出，其图形为截距为 $N=0$ 和 $N=1000$ 的倒抛物线［见图 5(a)］。由于抛物线下凹，所以它在 $N=500$ 处（0 和 1000 的中间）有极大值。因此，增长率最高的鱼数为 500 条。为求最快增长率的数值，设 $r=0.3$，将 $r=0.3$ 和 $N=500$ 代入得

$$\left.\frac{\mathrm{d}N}{\mathrm{d}t}\right|_{N=500}=\frac{0.3}{1000}\times 500\times(1000-500)=75\text{ 条鱼/月}$$

这是鱼数的最大增长率。当池塘里有 500 条鱼时，它就达到了。注意，500 条并不是最大的鱼数。事实上，我们知道鱼数会逐渐接近 1000 条［见图 5(b)］。

■

现在转向涉及不同类型的自治微分方程的应用，并以 10.4 节中讨论的储蓄账户来说明。

例 3　可取款储蓄账户。储蓄账户每年有 6%的利息，连续复利，每年可连续取款 900 美元。建立一个微分方程，满足时刻 t 时的账户余额为 $f(t)$。画出微分方程的典型解。

解：首先，忽略从账户中取款。5.2 节讨论了连续复利，表明若无存款或取款，则 $f(t)$ 满足方程

$$y'=0.06y$$

也就是说，储蓄账户的增长速度与账户规模成正比。由于这种增长来自利息，因此得出结论：利息正以与账户金额成比例的速度增加到账户中。

现在，假设这个账户以 900 美元/年的速度连续取款。然后，账户余额变化有两个影响因素：利息的增加速度和资金的提取速度。$f(t)$ 的变化率是这两个影响因素的合成效应，即 $f(t)$ 现在满足方程

y'	$=$	$0.06y$	$-$	900
y 的变化率	$=$	利息的增加速度	$-$	资金的提取速度

这个微分方程的草图如图 6 所示。通过求解 $0.06y-900=0$ 来求常数解得 $y=900/0.06=15000$。若账户中的初始金额 $y(0)$ 为 15000 美元，则账户余额始终为 15000 美元。若初始金额大于 15000 美元，则储蓄账户将不受限制地积累资金。若初始金额低于 15000 美元，则账户余额将减少。据推测，当账户余额为零时，银行将停止取款。

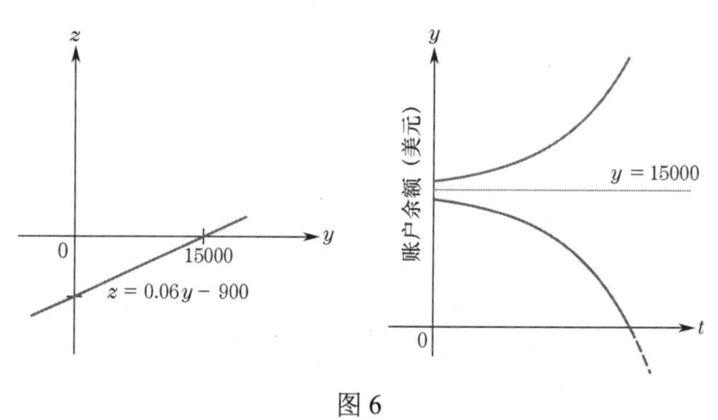

图 6

■

我们可将例 3 中的储蓄账户视为一个隔间或容器，钱（利息）不断地往里面加，钱也不断地从里面取（见图 7）。

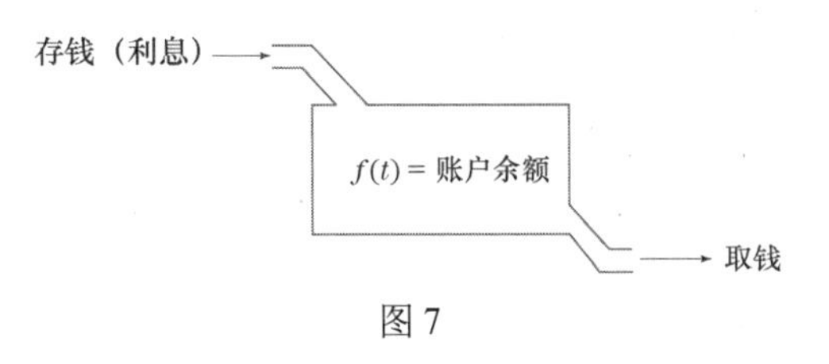

图 7

生理学中常出现类似的情况，即所谓的“单室问题”。典型的例子是人的肺、消化系统和心血管系统。一个常见的问题是，研究两个或多个过程作用于隔间中的物质时，隔间中某些物质的量的变化的速度。在许多重要的情况下，这些过程中的每个过程都会改变物质，要么以恒定的速率改变，要么以与隔室中的量成比例的速率改变。

这类单室问题的一个较早的例子已在 5.4 节中讨论，涉及将葡萄糖持续注射到患者的血液中。下例讨论类似的情况。

例 4　单室混合过程。考虑一个装有 3 升盐水的烧瓶。假设每升盐水中含有 25 克盐，以 2 升/小时的速度进入烧瓶，同时这种混合物被稳定地搅拌，以同样的速度离开烧瓶。求时刻 t 时烧瓶中盐的量 $f(t)$ 满足的微分方程。

解：设 $f(t)$ 为盐的量，单位为克。因为烧瓶中混合物的体积保持为恒定的 3 升，所以时刻 t 时烧瓶中盐的浓度为

$$\text{浓度}=\frac{\text{盐的量}}{\text{混合物体积}}=\frac{f(t)\text{的克数}}{3\text{升}}=\frac{1}{3}f(t)\text{克/升}$$

接下来计算时刻 t 时盐泵入和泵出烧瓶的速度：

$$\text{盐进入的速度}=\text{进入浓度}\times\text{流速}=25\text{克/升}\times 2\text{升/小时}=50\text{克/小时}$$

$$\text{盐离开的速度}=\text{浓度}\times\text{流速}=\tfrac{1}{3}f(t)\text{克/升}\times 2\text{升/小时}=\tfrac{2}{3}f(t)\text{克/小时}$$

时刻 t 盐的净变化率（克/小时）是 $f'(t)=50-\frac{2}{3}f(t)$。因此，所求的微分方程是

$$y'=50-\tfrac{2}{3}y$$

■

10.6 节自测题（答案见本节习题后）

1. 参考例 4，涉及盐水流过烧瓶。$f(t)$ 是递增函数还是递减函数？
2. 在某热带森林中，凋落物（枯死的植被，如树叶和藤蔓）每年以 10 克/平方厘米的速度在地面上形成。同时，垃圾以 80%/年的速度分解。设 $f(t)$ 为时刻 t 的凋落物量（克/平方厘米）。求满足 $f(t)$ 的微分方程。

习题 10.6

在习题 1～4 中，给出有一个或多个初始条件的逻辑斯蒂方程。(a)确定承载能力和固有速率。(b)在 Nz 平面上画出 $\frac{dN}{dt}$ 与 N 的关系图。(c)在 tN 平面上画出常数解，在某些解的凹性可能改变的地方画一条虚线。(d)画出对应每个给定初始条件的解曲线。

1. $\frac{dN}{dt}=N(1-N)$, $N(0)=0.75$
2. $\frac{dN}{dt}=0.3N(100-N)$, $N(0)=25$
3. $\frac{dN}{dt}=-0.01N^2+N$, $N(0)=5$
4. $\frac{dN}{dt}=-N^2+N$, $N(0)=0.5$
5. 回答例 2 中的(a)问，如果池塘最初放养了 600 条鱼，所有其他数据不变，那么这种情况下的鱼数图与例 2 中的有何不同？
6. 池塘的承载能力为 2000 条鱼，且所有其他数据不变，回答例 2 中的(a)问和(b)问。
7. **社会扩散**。对通过大众媒介而非个人接触传播的信息来说，任何时候信息的传播速度与当时没有获得该信息的人口比例成正比。给出 $y=f(t)$ 所满足的微分方程，$f(t)$ 是在时刻 t 拥有信息的人口百分比，设 $f(0)=1$。画出解曲线。
8. **重力**。在对从静止开始下落的物体的研究中，伽利略一度推测，它在任何时刻的速度都与下落的距离成正比。利用这个假设，建立解为 $y=f(t)$ 的微分方程，$f(t)$ 是随时间 t 下降的距离。利用初值，说明为何伽利略最初的猜想不成立。

9. **自催化反应**。在自催化反应中，一种物质以第二种物质催化其自身形成的方式转化为第二种物质。这是胰蛋白酶原转化为胰蛋白酶的过程。反应只在一些胰蛋白酶存在的情况下开始，每个胰蛋白酶原分子产生 1 个胰蛋白酶分子。胰蛋白酶的形成速率与存在的两种物质的量的乘积成正比。建立微分方程，满足 $y = f(t)$，即时刻 t 存在的胰蛋白酶的量（分子数）。画出解图形。当 y 的值是多少时，反应进行得最快？注：设 M 为两种物质的总量，则 t 时刻胰蛋白酶原的量为 $M - f(t)$。

10. **干燥**。多孔材料在室外以与含水量成比例的速率干燥。建立微分方程，其解为 $y = f(t)$，即 t 时刻晾衣绳上毛巾的含水量。画出解曲线。

11. **溶质通过细胞膜的运动**。设 c 为细胞外溶质的浓度，且在整个过程中溶质的浓度恒定，也就是说，由于浓度差异，溶质在膜上的少量流入不受影响。细胞内溶质的浓度在任意时刻 t 的变化率与外部浓度和内部浓度之差成正比。建立微分方程，其解为 $y = f(t)$，即细胞内溶质在 t 时刻的浓度。画出解曲线。

12. **细菌生长**。一位实验员报告说，某种细菌的生长速度与种群规模的平方成正比。建立一个描述人口增长的微分方程。画出解曲线。

13. **化学反应**。假设物质 A 转化为物质 B 的速率在任何时间 t 都与 A 的量的平方成比例。例如，当两个 A 分子碰撞产生一个 B 分子时，就会出现这种情况。建立微分方程，满足 $y = f(t)$，即时刻 t 物质 A 的量。画出解曲线。

14. **战争热**。理查森提出了以下模型来描述战争热的传播。若 $y = f(t)$ 是时刻 t 支持战争的人口百分比，则 $f(t)$ 在任何时刻的变化率与支持战争的人口百分比和不支持战争的人口百分比的乘积成正比。建立一个满足 $y = f(t)$ 的微分方程，并画出解曲线。

15. **资本投资模式**。在经济学理论中，下面的模型被用来描述可能的资本投资政策。设 $f(t)$ 表示公司在时刻 t 的总投资资本。当 $f(t)$ 低于某个均衡值 E 时，就投入额外的资本；当 $f(t)$ 超过 E 时，就撤出资本。投资率与 $f(t)$ 和 E 的差成正比。构造一个解为 $f(t)$ 的微分方程，画出两到三条典型的解曲线。

16. **埃文斯价格调整模型**。考虑一种商品，它由许多公司生产，并由许多其他的公司购买。在一段相对较短的时期内，每件商品往往存在一个平衡供给和需求的均衡价格 p_0。假设由于某种原因，价格不同于均衡价格。埃文斯价格调整模型认为，价格随时间的变化率与实际市场价格 p 和均衡价格之差成正比。写出表达这种关系的微分方程。画出两条或两条以上的解曲线。

17. **捕捞的鱼数**。在容量为 1000 条鱼的池塘中，用如下逻辑斯蒂方程对鱼数进行建模：

$$\frac{dN}{dt} = \frac{0.4}{1000}N(1000 - N)$$

式中，$N(t)$ 表示 t 年的鱼数。当鱼数达到 275 条时，池塘的主人决定每年捕捞 75 条鱼。

(a) 修改微分方程模拟鱼数达 275 条时的情况。

(b) 画出新方程的几条解曲线，包括 $N(0) = 275$ 的解曲线。

(c) 每年捕捞 75 条鱼是可持续的还是会耗尽池塘中的鱼数？鱼数会接近池塘的承载能力吗？

18. **连续年金**。连续年金是支付给某人的一笔稳定的资金。例如，这种年金可以通过在储蓄账户中进行初始存款，然后稳步提取以支付连续年金来建立。假设将 5400 美元的初始存款存入一个连续复利为 $5\frac{1}{2}\%$ 的储蓄账户，然后开始以 300 美元/年的速度连续取款。建立一个微分方程，满足时刻 t 时的账户余额为 $f(t)$。画出解曲线。

19. **存款储蓄账户**。一家公司希望为将来的扩张预留资金，因此安排以 10000 美元/年的速率将资金连续存入一个储蓄账户，储蓄账户连续复利，利率为 5%。

(a) 建立一个微分方程，满足时刻 t 时账户余额为 $f(t)$。

(b) 求解(a)问的微分方程，假设 $f(0) = 0$，确定 5 年后的账户余额。

20. **储蓄账户**。一家公司安排以 P 美元/年的速率将资金连续存入一个储蓄账户，储蓄账户连续复利，利率为 5%。求 P 的近似值，使储蓄账户余额在 4 年后达到 5 万美元。

21. **房间内的二氧化碳含量**。在挤满人的房间里，空气中含有 0.25%的二氧化碳（CO_2）。打开空调，以 500 立方英尺/分钟的速度将新鲜空气吹入房间。新鲜空气与污浊空气混合，混合物以 500 立方英尺/分钟的速度离开房间。新鲜空气中含有 0.01%的二氧化碳，房间的容积为 2500 立方英尺。

(a) 求一个微分方程，满足时刻 t 时房间内的 CO_2 含量为 $f(t)$。

(b) (a)问建立的模型忽略了房间里人们呼吸产生的二氧化碳。假设人们每分钟产生 0.08 立方英尺的二氧化碳。修改(a)问中的微分方程，考虑这个额外的 CO_2 来源。

22. 药物从血液中清除。一种药物以 5 毫克/小时的速度经静脉注射到病人体内。病人身体以与血液中药物含量成正比的速度将药物从血液中清除。写出一个微分方程，满足时刻 t 血液中的药物含量为 $f(t)$。画出典型的解曲线。

23. 药物的消除。给病人静脉注射一剂碘。碘在新陈代谢过程中完全混合于血液中（忽略这个混合过程所需的时间）。碘会离开血液，以与血液中碘含量成比例的速率进入甲状腺。此外，碘会离开血液，以与血液中碘含量成比例的（不同）速率进入尿液。设碘以 4%/小时的速度进入甲状腺，碘以 10%/小时的速度进入尿液。设 $f(t)$ 表示时刻 t 时血液中碘的含量。写出 $f(t)$ 满足的微分方程。

24. 森林里的垃圾。证明自测题 2 中的数学模型，预测森林中的凋落物数量最终将稳定下来。在该问题中，垃圾的“平衡水平”是多少？

25. 人口模型。在研究自然选择对人口的影响时，我们会遇到微分方程

$$\frac{dq}{dt} = -0.0001q^2(1-q)$$

式中，q 是基因 a 的频数，选择压力是针对隐性基因型 aa 的。当 $q(0)$ 接近但略小于 1 时，画出该方程的解曲线。

10.6 节自测题答案

1. 函数 $f(t)$ 的性质取决于烧瓶中盐水的初始量。图 8 中包含了三种不同初始量 $y(0)$ 的溶液。若初始量小于 75 克，则瓶中的盐量逐渐增加到 75 克。若初始浓度大于 75 克，则瓶中的盐量逐渐减少到 75 克。当然，若初始浓度正好是 75 克，则烧瓶中的盐量保持不变。

2. 这个问题类似于单室问题，其中森林的地面就是隔间。于是，有

   凋落物变化率 = 凋落物形成率−凋落物分解率

   若 $f(t)$ 是时刻 t 凋落物的量（克/平方厘米），则 80% 的分解率意味着在时刻 t 凋落物每年以 $0.80f(t)$ 克/平方厘米的速度腐烂。因此，凋落物的净变化率为 $f'(t)=10-0.80f(t)$，所需的微分方程为 $y'=10-0.80y$。

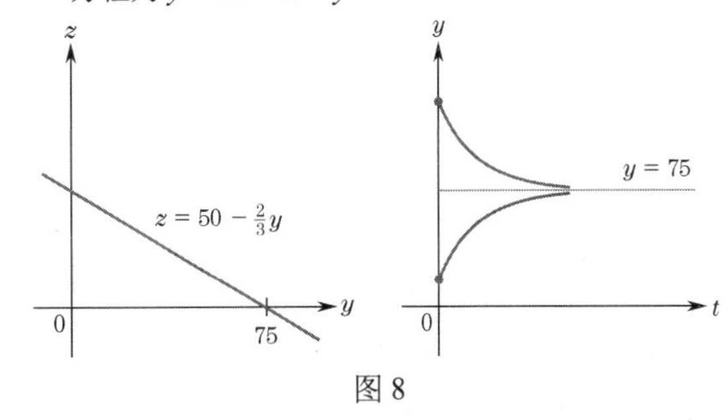

图 8

10.7 微分方程的数值解法

在实际应用中出现的许多微分方程不能用任何已知的方法求解，便可采用几种不同的数值技术得到近似解。本节介绍用于近似初值问题的解的欧拉法：

$$y' = g(t,y), \quad y(a) = y_0 \tag{1}$$

式中，t 的值域为 $a \leqslant t \leqslant b$，$g(t,y)$ 是两个变量的函数。形如 $y' = p(t)q(y)$ 的方程（10.2 节介绍过）和形如 $y' = -a(t)y + b(t)$ 的线性方程（10.3 节和 10.4 节介绍过）是式(1)的特殊情况。

在接下来的讨论中，我们假设 $f(t)$ 是式(1)在区间 $a \leqslant t \leqslant b$ 上的解。欧拉法的基本思想如下：若 $y = f(t)$ 的图形过某个给定的点 (t,y)，则该点图形的斜率（y' 的值）是 $g(t,y)$，因为 $y' = g(t,y)$。这与我们在 10.1 节讨论斜率场时的想法相同。欧拉法根据这一观察结果，用多边形路径来近似 $f(t)$ 的图形（见图 1）。

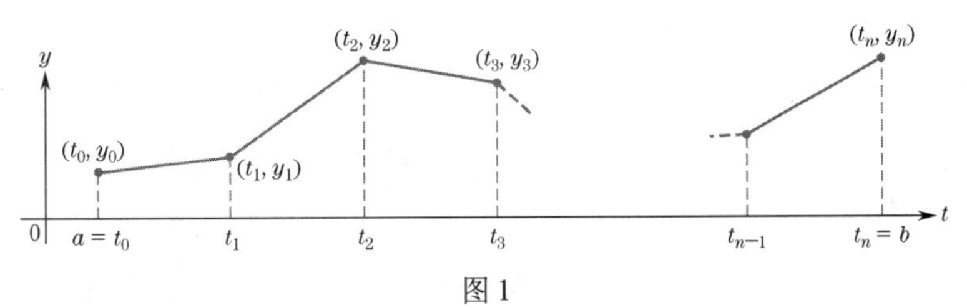

图 1

从 a 到 b 的 t 轴被等距点 $t_0, t_1, \cdots, t_n$ 细分。n 个子区间中的每个子区间的长度均为 $h=(b-a)/n$。式(1)中的初始条件 $y(a)=y_0$ 意味着解 $f(t)$ 的图形过点 (t_0, y_0)。如前所述，曲线在 (t_0, y_0) 处的斜率一定是 $g(t_0, y_0)$。因此，在第一个子区间上，欧拉法用直线

$$y=y_0+g(t_0, y_0)\cdot(t-t_0)$$

来近似 $f(t)$ 的图形，该直线过点 (t_0, y_0)，斜率为 $g(t_0, y_0)$（见图 2）。当 $t=t_1$ 时，直线上的 y 坐标是

$$y_1=y_0+g(t_0, y_0)\cdot(t_1-t_0)=y_0+g(t_0, y_0)\cdot h$$

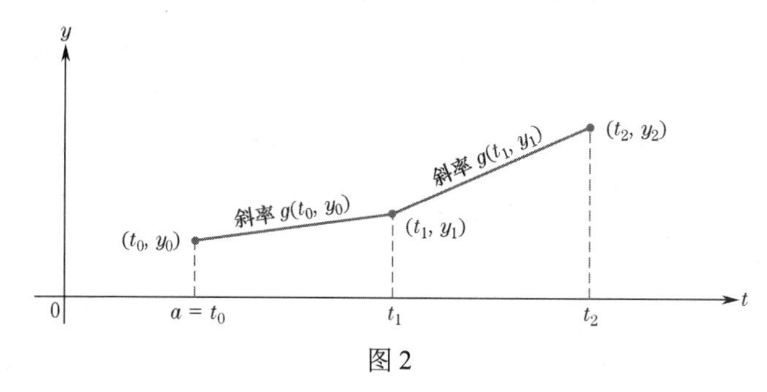

图 2

因为 $f(t)$ 的图形接近直线上的点 $g(t_1, y_1)$，所以当 $t=t_1$ 时，$f(t)$ 的图形的斜率接近 $g(t_1, y_1)$。我们过点 (t_1, y_1) 画一条斜率为 $g(t_1, y_1)$ 的直线：

$$y=y_1+g(t_1, y_1)\cdot(t-t_1) \tag{2}$$

并用这条直线来近似 $f(t)$ 在第二个子区间上的图形。根据式(2)可求出 $f(t)$ 在 $t=t_2$ 时的估计值 y_2：

$$y_2=y_1+g(t_1, y_1)\cdot h$$

$f(t)$ 在 t_2 处的斜率现在由 $g(t_2, y_2)$ 来估计，以此类推。下面小结了这个过程。

欧拉法　端点为 $(t_0, y_0), \cdots, (t_n, y_n)$，在区间 $a \leqslant t \leqslant b$ 上近似式(1)的解的线段由下式给出，其中 $h=(b-a)/n$：

$$\begin{aligned}
&t_0=a\ (\text{已知}), && y_0\ (\text{已知})\\
&t_1=t_0+h, && y_1=y_0+g(t_0, y_0)\cdot h\\
&t_2=t_1+h, && y_2=y_1+g(t_1, y_1)\cdot h\\
&\quad\vdots && \quad\vdots\\
&t_n=t_{n-1}+h, && y_n=y_{n-1}+g(t_{n-1}, y_{n-1})\cdot h
\end{aligned}$$

例 1　欧拉法。当 $n=4$ 时，在区间 $0 \leqslant t \leqslant 2$ 上用欧拉法近似方程 $y'=2t-3y$, $y(0)=4$ 的解 $f(t)$。估计 $f(2)$。

解： $g(t, y)=2t-3y$, $a=0$, $b=2$, $y_0=4$, $h=(2-0)/4=\frac{1}{2}$。从 $(t_0, y_0)=(0,4)$ 开始，我们得到 $g(0,4)=-12$。因此，

$$t_1=\tfrac{1}{2},\quad y_1=4+(-12)\cdot\tfrac{1}{2}=-2$$

下一步，$g\left(\frac{1}{2},-2\right)=7$，所以

$$t_2=1,\quad y_2=-2+7\cdot\tfrac{1}{2}=\tfrac{3}{2}$$

下一步，$g\left(1,\frac{3}{2}\right)=-\frac{5}{2}$，所以

$$t_3=\tfrac{3}{2},\quad y_3=\tfrac{3}{2}+\left(-\tfrac{5}{2}\right)\cdot\tfrac{1}{2}=\tfrac{1}{4}$$

下一步，$g\left(\frac{3}{2},\frac{1}{4}\right)=\frac{9}{4}$，所以

$$t_4=2,\quad y_4=\tfrac{1}{4}+\tfrac{9}{4}\cdot\tfrac{1}{2}=\tfrac{11}{8}$$

因此，解 $f(t)$ 的近似值由图 3 所示的多边形路径给出。最后一点 $\left(2,\frac{11}{8}\right)$ 接近 $f(t)$ 在 $t=2$ 时的图形，所以 $f(2)\approx\frac{11}{8}$ 。

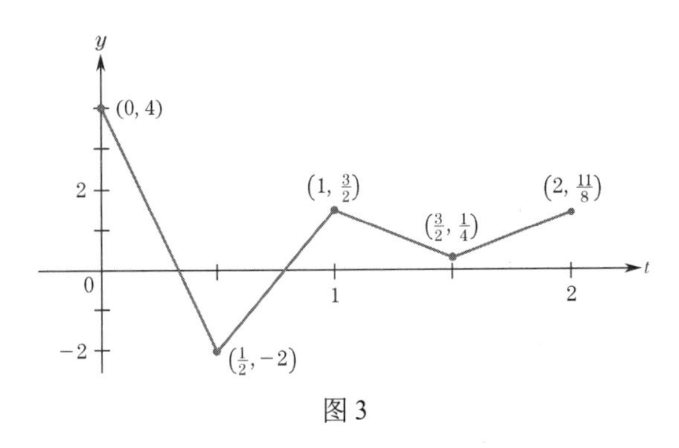

图 3

■

实际上，这个多边形路径有些误导。我们可通过增加 n 的值来显著提高精度。图 4 中显示了当 $n=8$ 和 $n=20$ 时的欧拉近似，为便于比较，给出了精确解的曲线图。

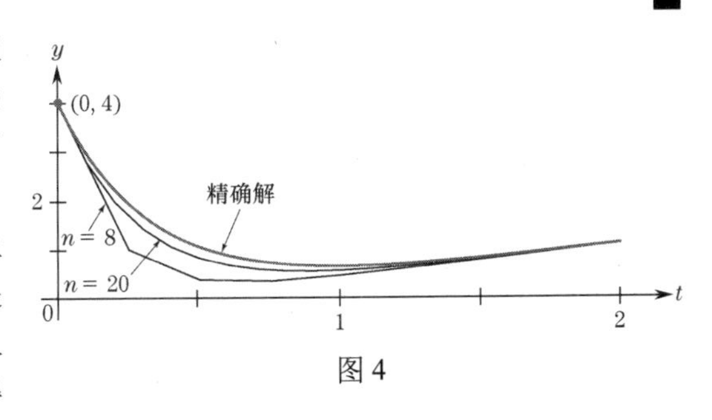

图 4

对于许多目的，我们可在 n 值较大的计算机上运行欧拉法得到满意的图形。然而，得到的精度是有限的，因为每次计算机计算时都存在较小的舍入误差。当 n 非常大时，累积的舍入误差可能会变得很大。

综合技术

欧拉法 下面演示如何在 TI-83/84 上实现欧拉法，以近似例 1 中微分方程的解。我们将在区间 $0\leqslant t\leqslant 2$ 上近似方程 $y'=2t-3y$, $y(0)=4$ 的解。如例 1 所示，当 n 值较大时，欧拉法得到的近似精度可被提高。为此，需要使用计算机或计算器。本例实现 $n=100$ 的欧拉法。

我们正在演示的方法要求计算器处于顺序模式。要调用顺序模式，可按MODE键，首先将光标下移至第四行，接着将光标右移至 Seq，然后按ENTER键。现在，按Y=获取顺序编辑器。

当计算器处于顺序模式时，$t_0,t_1,t_2,\cdots$ 的值存储为顺序值 $u(0),u(1),u(2),\cdots$， $y_0,y_1,y_2,\cdots$ 的值存储为顺序值 $v(0),v(1),v(2),\cdots$ 。

我们从 $n=0$ 开始计数序列，因此上移光标并设 $\text{nMin}=0$ 。

回顾可知，在欧拉法中，将步长 h 添加到前一个 t 值可以获得每个连续的 t 值。为了实现这一点，设 $u(n)=u(n-1)+0.02$ ［在顺序模式下，按2nd[u]（第二个函数7键）生成 u ，按X,T,Θ,n生成 n 。在本例中 $h=(2-0)/100=0.02$ ］。

在本例中 $t_0=0$ ，所以设 $u(\text{nMin})=0$ 。

在欧拉法中，计算因变量连续值的公式为 $y_n=y_{n-1}+g(t_{n-1},y_{n-1})h$ ，在本例中 $g(t,y)=2t-3y$ 。要实现这一点，设 $v(n)=v(n-1)+(2u(n-1)-3v(n-1))0.02$ ［在顺序模式下，按2nd[v]（第二个函数8键）生成 v ］。

在本例中有 $y_0=4$ ，所以设 $v(\text{nMin})=4$ 。

现在几乎已做好绘制近似图的准备，但首先要设置计算器以正确显示图形。首先，将计算器设置为在水平轴上绘制 u ，在垂直轴上绘制 v 。按2nd[FORMAT]，移至第一行的 uv ，并按ENTER键。

现在按WINDOW键，设置$nMin=0$，$nMax=100$。变量t在[0, 2]上，所以设$XMin=0$，$XMax=2$。最后，设置$YMin=0$，$YMax=4$，并将Xscl、Yscl、PlotStart和PlotStep设为默认值1。

现在，要显示解的图形，可按GRAPH键（见图5）。

要显示欧拉法给出的解上的点的表格，可首先按2nd[TBLSET]，设置$TblStart=0$，$\Delta Tbl=1$，设置其他项为自动。然后，按2nd[TABLE]。t和y的连续值分别包含在$u(n)$和$v(n)$列中（见图6）。

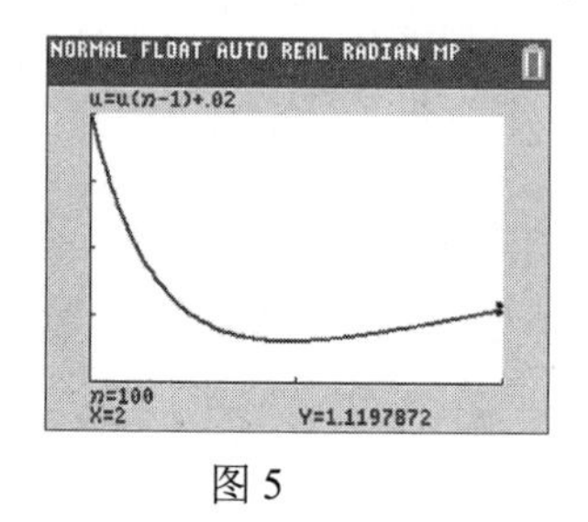

图5

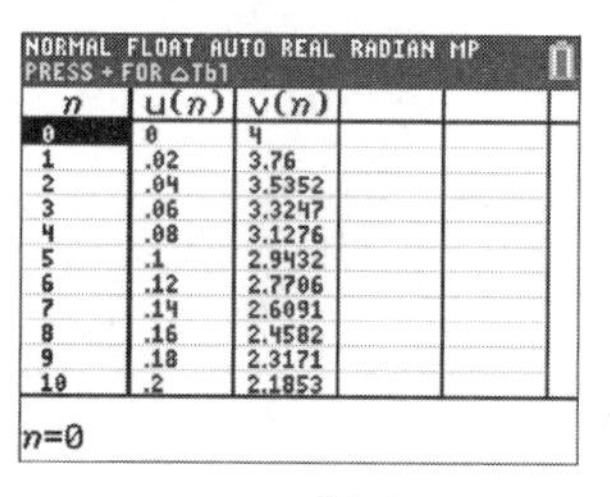

NORMAL FLOAT AUTO REAL RADIAN MP
PRESS + FOR ΔTbl

n	u(n)	v(n)
0	0	4
1	.02	3.76
2	.04	3.5352
3	.06	3.3247
4	.08	3.1276
5	.1	2.9432
6	.12	2.7706
7	.14	2.6091
8	.16	2.4582
9	.18	2.3171
10	.2	2.1853

n=0

图6

使用欧拉法后，按MODE键，移至第四行的Func，然后按ENTER键，计算器将复位到功能模式。

10.7节自测题（答案见本节习题后）

设$f(t)$是$y'=\sqrt{ty}$，$y(1)=4$的解。

1. 在区间$1\leqslant t\leqslant 2$上使用$n=2$的欧拉法估计$f(2)$。
2. 画出自测题1中应用欧拉法时对应的多边形路径。

习题10.7

1. 设$f(t)$是微分方程$y'=ty-5$的解，$f(t)$的图形过点(2,4)。该点的图形斜率是多少？
2. 设$f(t)$是微分方程$y'=t^2-y^2$的解，$f(t)$的图形过点(2,3)，求$t=2$时图形的斜率。
3. 设$f(t)$满足初值问题$y'=y^2+ty-7$，$y(0)=3$。$f(t)$的图形在$t=0$时是递增还是递减？
4. 设$f(t)$满足初值问题$y'=y^2+ty-7$，$y(0)=2$。$f(t)$的图形在$t=0$时是递增还是递减？
5. 在区间$0\leqslant t\leqslant 1$上使用$n=2$的欧拉法逼近方程$y'=t^2y$，$y(0)=-2$的解$f(t)$并估计$f(1)$。
6. 在区间$2\leqslant t\leqslant 3$上使用$n=2$的欧拉法逼近方程$y'=t-2y$，$y(2)=3$的解$f(t)$并估计$f(3)$。
7. 在区间$0\leqslant t\leqslant 2$上使用$n=4$的欧拉法逼近方程$y'=2t-y+1$，$y(0)=5$的解$f(t)$并估计$f(2)$。
8. 设$f(t)$是$y'=y(2t-1)$，$y(0)=8$的解。用$n=4$的欧拉法估计$f(1)$。
9. 设$f(t)$是$y'=-(t+1)y^2$，$y(0)=1$的解。用$n=5$的欧拉法估计$f(1)$，然后解微分方程，求出$f(t)$的显式公式，计算$f(1)$。$f(1)$的估计值有多精确？
10. 设$f(t)$是$y'=10-y$，$y(0)=1$的解。用$n=5$的欧拉法估计$f(1)$，然后解微分方程，求出$f(1)$的精确值。
11. 假设消费者产品安全委员会发布了影响玩具制造业的新法规。每家玩具制造商都必须在制造过程中做出某些改变。设$f(t)$是在t月内遵守规定的制造商的比例，$0\leqslant f(t)\leqslant 1$。假设新公司遵守规定的比例与未遵守规定的公司比例成正比，比例常数$k=0.1$。
    (a) 构造$f(t)$满足的微分方程。
    (b) 用$n=3$的欧拉法估计前3个月内遵守规定的公司比例。
    (c) 解(a)问的微分方程，计算$f(3)$。
    (d) 比较(b)问和(c)问的答案，用欧拉法近似计算误差。
12. 洛杉矶动物园计划将一只加利福尼亚海狮运至圣迭戈动物园。在旅途中，该动物将被裹在一条湿毯中。在任何时刻t，毯子以与毯中水量$f(t)$成比例的速率失去水分（由于蒸发），比例常数$k=-0.3$。最初，毯中包含2加仑海水。
    (a) 建立$f(t)$满足的微分方程。
    (b) 用$n=2$的欧拉法估算1小时后毯中的含水率。
    (c) 解(a)问的微分方程，计算$f(1)$。
    (d) 比较(b)问和(c)问的答案，用欧拉法近似计算误差。

综合技术

13. 微分方程$y'=0.5(1-y)(4-y)$有五种解，记为A～E。对以下每个初始值，绘制微分方程的解并确定解的类型。使用较小的h值，t的取值范围为0～4，y的取值范围为−1～5。使用

10.6 节的技巧来验证答案。

(a) $y(0)=-1$ (b) $y(0)=1$ (c) $y(0)=2$

(d) $y(0)=3.9$ (e) $y(0)=4.1$

A. 常数解

B. 递减，有拐点，且渐近于直线 $y=1$

C. 递增，下凹，且渐近于直线 $y=1$

D. 上凹且无限增加

E. 递减，上凹，且渐近于直线 $y=1$

14. 微分方程 $y'=0.5(y-1)(4-y)$ 有五种解，记为 A～E。对以下每个初始值，绘制微分方程的解并确定解的类型。使用较小的 h 值，t 的取值范围为 0～4，y 的取值范围为−1～5。使用 10.6 节的技巧来验证答案。

(a) $y(0)=0.9$ (b) $y(0)=1.1$ (c) $y(0)=3$

(d) $y(0)=4$ (e) $y(0)=5$

A. 常数解

B. 递减，上凹，且渐近于直线 $y=4$

C. 递增，有拐点，且渐近于直线 $y=4$

D. 递增，下凹，且渐近于直线 $y=4$

E. 下凹并无限递减

15. 微分方程 $y'=e^t-2y$，$y(0)=1$ 有解 $y=\frac{1}{3}(2e^{-2t}+e^t)$。在下表中，将用数值方法得到的值填入第二行，将求解计算得到的实际值填入第三行。第二行和第三行对应的值之间的最大差值是多少？

t_i	0	0.25	0.5	0.75	1	1.25	1.5	1.75	2
y_i	1								
y	1	0.8324							2.4752

16. 微分方程 $y'=2ty+e^{t^2}$，$y(0)=5$ 有解 $y=(t+5)e^{t^2}$。在下表中，将用数值方法得到的值填入第二行，将求解计算得到的实际值填入第三行。第二行和第三行对应的值之间的最大差值是多少？

t_i	0	0.2	0.4	0.6	0.8	1	1.2	1.4	1.6	1.8	2
y_i	5										
y	5	5.412									382.2

10.7 节自测题答案

1. $g(t,y)=\sqrt{ty}$，$a=1$，$b=2$，$y_0=4$，$h=(2-1)/2=\frac{1}{2}$。于是有

$$t_0=1,\quad y_0=4,\quad g(1,4)=\sqrt{1\cdot 4}=2$$

$$t_1=\tfrac{3}{2},\quad y_1=4+2\left(\tfrac{1}{2}\right)=5$$

$$g(\tfrac{3}{2},5)=\sqrt{\tfrac{3}{2}\cdot 5}\approx 2.7386$$

$$t_2=2,\quad y_2=5+(2.7386)\left(\tfrac{1}{2}\right)=6.3693$$

因此，$f(2)\approx y_2=6.3693$。习题 10.2 中求出了 $y'=\sqrt{ty}$，$y(1)=4$ 的解为 $f(t)=\left(\frac{1}{3}t^{3/2}+\frac{5}{3}\right)^2$。因此，$f(2)=6.8094$（小数点后四位）。在前面的近似中，误差 $6.8094-6.3693=0.4401$ 约为 6.5%。

2. 要找到多边形路径，可画出点 (t_0,y_0)，(t_1,y_1) 和 (t_2,y_2) 并用线段连接它们，如图 7 所示。

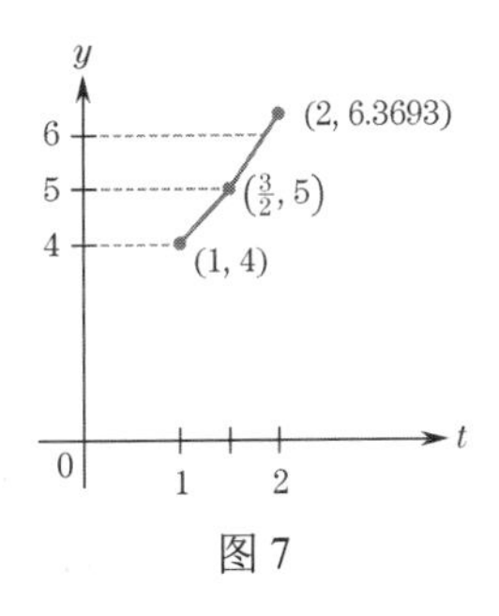

图 7

第 10 章概念题

1. 什么是微分方程？
2. 一个函数是微分方程的解是什么意思？
3. 什么是解曲线？
4. 微分方程的常数解是什么？
5. 斜率场是什么？
6. 描述用分离变量法求微分方程的解。
7. 什么是一阶线性微分方程？
8. 什么是积分因子？它是如何帮助你解一阶线性微分方程的？
9. 什么是自治微分方程？
10. 如何从斜率场中识别自治微分方程？
11. 概述一个自治微分方程的解法。
12. 逻辑斯蒂微分方程是什么？
13. 描述用欧拉法近似微分方程的解。

第 10 章复习题

求解习题 1 ~ 10 中的微分方程。

1. $y^2y'=4t^3-3t^2+2$ **2.** $\frac{y'}{t+1}=y+1$

3. $y'=\frac{y}{t}-3y,\ t>0$ **4.** $(y')^2=t$

5. $y=7y'+ty',\ y(0)=3$ **6.** $y'=te^{t+y},\ y(0)=0$

7. $yy'+t=6t^2$，$y(0)=7$　**8.** $y'=5-8y$，$y(0)=1$

9. $y'-\frac{2}{1-t}y=(1-t)^4$

10. $y'-\frac{1}{2(1+t)}y=1+t$，$t\geqslant 0$

11. 在 xy 平面上求一条过原点的曲线，其在点 (x,y) 处的斜率为 $x+y$。

12. 设 $P(t)$ 表示某商品在 t 时刻以美元为单位的价格。假定 P 的变化率与任意时刻 t 的需求 D 和供给 S 之差 $D-S$ 成正比。进一步假设需求和供给与价格的关系是 $D=10-0.3P$ 和 $S=-2+3P$。

(a) 当 $D=10$，$S=20$ 时，价格以 1 美元/天的速度下降，求 P 满足的微分方程。

(b) 求 P，已知 $P(0)=1$。

13. 若 $f(t)$ 是 $y'=(2-y)\mathrm{e}^{-y}$ 的解，$f(t)$ 在 $f(t)=3$ 的 t 值处是增加或减少？

14. 解初值问题 $y'=\mathrm{e}^{y^2}(\cos y)(1-\mathrm{e}^{y-1})$，$y(0)=1$。

画出习题 15 ~ 24 中微分方程的解曲线，并在每种情况下指出常数解。

15. $y'=2\cos y$, $y(0)=0$

16. $y'=5+4y-y^2$, $y(0)=1$

17. $y'=y^2+y$, $y(0)=-\frac{1}{3}$

18. $y'=y^2-2y+1$, $y(0)=-1$

19. $y'=\ln y$, $y(0)=2$

20. $y'=1+\cos y$, $y(0)=-\frac{3}{4}$

21. $y'=\frac{1}{y^2+1}$, $y(0)=-1$

22. $y'=\frac{3}{y+3}$, $y(0)=2$

23. $y'=0.4y^2(1-y)$, $y(0)=-1$, $y(0)=0.1$, $y(0)=2$

24. $y'=y^3-6y^2+9y$, $y(0)=-\frac{1}{4}$, $y(0)=\frac{1}{4}$, $y(0)=4$

25. 某城市的出生率为 3.5%/年，死亡率为 2%/年。此外，每年有 3000 人的人口净流出城市。设 $N=f(t)$ 为时刻 t 的城市人口。

(a) 写出由 N 满足的微分方程。

(b) 对方程进行定性分析，确定是否存在人口保持不变的规模。一个城市可能有如此稳定的人口吗？

26. 假设在一个化学反应中，每克物质 A 与 3 克物质 B 结合生成 4 克物质 C。反应开始时有 10 克 A、15 克 B 和 0 克 C。设 $y=f(t)$ 是时刻 t 时 C 的量。物质 C 形成的速率与未反应的 A 和 B 的量的乘积成正比，即 $f(t)$ 满足微分方程

$$y'=k\left(10-\tfrac{1}{4}y\right)\left(15-\tfrac{3}{4}y\right),\quad y(0)=0$$

其中 k 是常数。

(a) $10-\frac{1}{4}f(t)$ 和 $15-\frac{3}{4}f(t)$ 表示什么？

(b) 常数 k 应该是正的还是负的？

(c) 定性画出上述微分方程的解。

27. 一个银行账户的余额为 20000 美元，利息为 5%，连续复利。领取养老金的人用该账户支付自己的年金，每年连续提取 2000 美元。账户余额需要多长时间才能降为零？

28. 每年 12000 美元的连续年金稳定地取自储蓄账户，账户的连续复利为 6%。

(a) 账户中可以永远为这种年金提供资金的最小初始金额是多少？

(b) 该年金的初始金额为多少时，期限正好为 20 年（届时储蓄账户余额为零）？

29. $f(t)$ 是 $y'=2\mathrm{e}^{2t-y}$，$y(0)=0$ 的解。当 $n=4$ 时，在区间 $0\leqslant t\leqslant 2$ 上用欧拉法估计 $f(2)$，然后解微分方程证明欧拉法给出 $f(2)$ 的精确值。

30. $f(t)$ 是 $y'=(t+1)/y$，$y(0)=1$ 的解。当 $n=3$ 时，在区间 $0\leqslant t\leqslant 1$ 上用欧拉法估计 $f(1)$，然后解微分方程证明欧拉法给出 $f(1)$ 的精确值。

31. 当 $n=6$ 时，在区间 $0\leqslant t\leqslant 3$ 上用欧拉法近似如下方程的解 $y(3)$：

$$y'=0.1y(20-y),\quad y(0)=2$$

32. 当 $n=5$ 时，在区间 $0\leqslant t\leqslant 1$ 上用欧拉法近似如下方程的解 $y(1)$：

$$y'=\tfrac{1}{2}y(y-10),\quad y(0)=9$$

第 11 章　泰勒多项式和无穷级数

前几章中介绍了函数 e^x , $\ln x$, $\sin x$, $\cos x$ 和 $\tan x$ 。当我们求这些函数在某个特定点 x 的值时，如 $e^{0.023}$, $\ln 5.8$ 或 $\sin 0.25$ ，就不得不使用计算器。下面讨论针对变量 x 的特定选择对这些函数的值进行数值计算的问题。所开发的计算方法有很多应用，如微分方程和概率论。

11.1　泰勒多项式

n 次多项式是形如

$$p(x)=a_0+a_1x+\cdots+a_nx^n$$

的函数，其中 a_0 , a_1 , $\cdots$, a_n 为给定的数字且 $a_n\neq 0$ 。在数学及其应用的许多情况下，多项式的计算要比其他函数的计算简单得多。本节介绍如何用多项式 $p(x)$ 来逼近给定函数 $f(x)$ ，对于某个指定数值附近的所有值，如 $x=a$ 。为了简化问题，首先考虑 $x=0$ 附近的 x 值。

图 1 中显示了函数 $f(x)=e^x$ 的图形及过点 $(0,f(0))=(0,1)$ 的切线。因为 $f'(x)=e^x$ ，所以切线的斜率为 $f'(0)=e^0=1$ 。

于是，切线方程为

$$y-f(0)=f'(0)(x-0)$$
$$y=f(0)+f'(0)x$$
$$y=1+x$$

回顾： 指数函数 $f(x)=e^x$ 的底数 $e\approx 2.71828$ 。

由关于导数的讨论可知， $x=0$ 处的切线近似于 x 趋于 0 时 $y=e^x$ 的图形。因此，若设 $p_1(x)=1+x$ ，则当 x 趋于 0 时， $p_1(x)$ 的值接近 $f(x)=e^x$ 的相应值。

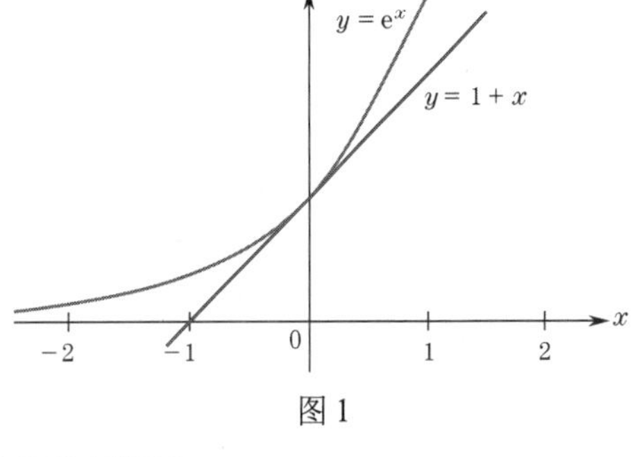

图 1

一般而言，当 x 趋于 0 时，给定函数 $f(x)$ 可通过如下多项式来近似：

$$p_1(x)=f(0)+f'(0)x$$

这个多项式称为 $f(x)$ 在 $x=0$ 处的**一阶泰勒多项式**。 $p_1(x)$ 的图形是 $y=f(x)$ 在 $x=0$ 处的切线。

一阶泰勒多项式与 $x=0$ 附近的 $f(x)$ 在如下意义上“类似”：

$p_1(0)=f(0)$　　两幅图都过 $x=0$ 处的同一点

$p_1'(0)=f'(0)$　　两幅图在 $x=0$ 处具有相同的斜率

也就是说， $p_1(x)$ 与 $x=0$ 时的 $f(x)$ 值和 $x=0$ 时的一阶导数值一致。这表明，为了在 $x=0$ 处更接近 $f(x)$ ，我们要寻找一个多项式，该多项式在 $x=0$ 处的值及在 $x=0$ 处的一阶和二阶导数值一致。我们可以通过三阶导数来得到进一步近似，以此类推。

例 1　多项式逼近。 给定函数 $f(x)$ ，设 $f(0)=1$, $f'(0)=-2$, $f''(0)=7$ 和 $f'''(0)=-5$ 。求 3 阶多项式

$$p(x)=a_0+a_1x+a_2x^2+a_3x^3$$

使得 $p(x)$ 与 $f(x)$ 在 $x=0$ 处一直到 3 阶导数的值都一致，即

$p(0)=f(0)=1$　　在 $x=0$ 处有相同的值

$p'(0)=f'(0)=-2$　　在 $x=0$ 处有相同的一阶导数

$p''(0)=f''(0)=7$　　在 $x=0$ 处有相同的二阶导数

$p'''(0)=f'''(0)=-5$　　在 $x=0$ 处有相同的三阶导数

解：为了求 $p(x)$ 中的系数 $a_0, a_1, \cdots, a_3$，先求 $x=0$ 处的 $p(x)$ 值及其各阶导数值：

$$p(x) = a_0 + a_1x + a_2x^2 + a_3x^3, \qquad p(0) = a_0$$
$$p'(x) = 0 + a_1 + 2a_2x + 3a_3x^2, \qquad p'(0) = a_1$$
$$p''(x) = 0 + 0 + 2a_2 + 2\cdot 3a_3x, \qquad p''(0) = 2a_2$$
$$p'''(x) = 0 + 0 + 0 + 2\cdot 3a_3, \qquad p'''(0) = 2\cdot 3a_3$$

由于我们希望 $p(x)$ 及其各阶导数值与 $f(x)$ 及其各阶导数值值一致，因此有

$$a_0 = 1,\quad a_1 = -2,\quad 2a_2 = 7 \text{ 和 } 2\cdot 3a_3 = -5$$

于是有

$$a_0 = 1,\quad a_1 = -2,\quad a_2 = \tfrac{7}{2} \text{ 和 } a_3 = \tfrac{-5}{2\cdot 3}$$

重写系数有

$$p(x) = 1 + \tfrac{-2}{1}x + \tfrac{7}{1\cdot 2}x^2 + \tfrac{-5}{1\cdot 2\cdot 3}x^3$$

我们所写的 $p(x)$ 形式清楚地表明 $f(x)$ 及其在 $x=0$ 处的各阶导数值分别为 1, −2, 7, −5。事实上，我们也可将 $p(x)$ 的这个公式写为

$$p(x) = f(0) + \tfrac{f'(0)}{1}x + \tfrac{f''(0)}{1\cdot 2}x^2 + \tfrac{f'''(0)}{1\cdot 2\cdot 3}x^3$$

■

已知函数 $f(x)$ 时，我们可以用例 1 中的公式找到 $x=0$ 处与 $f(x)$ 及其直到 3 阶导数值都一致的多项式。为了描述高阶多项式的一般公式，设 $f^{(n)}(x)$ 表示 $f(x)$ 的 n 阶导数，设 $n!$ 表示从 1 到 n 的所有整数的乘积，因此 $n! = 1\cdot 2\cdot\cdots\cdot(n-1)\cdot n$（$1! = 1, 2! = 1\cdot 2 = 2, 3! = 1\cdot 2\cdot 3 = 6, \cdots$）。

已知函数 $f(x)$，$f(x)$ 在 $x=0$ 处的 n 阶泰勒多项式 $p_n(x)$ 定义为

$$p_n(x) = f(0) + \tfrac{f'(0)}{1!}x + \tfrac{f''(0)}{2!}x^2 + \cdots + \tfrac{f^{(n)}(0)}{n!}x^n$$

在 $x=0$ 处，这个多项式与 $f(x)$ 及其直到 n 阶导数都一致：

$$p_n(0) = f(0), p_n'(0) = f'(0), \cdots, p_n^{(n)}(0) = f^{(n)}(0)$$

下例说明了如何用泰勒多项式来逼近 x 趋于 0 时的 e^x 值。选择使用哪个多项式取决于我们希望的 e^x 值的精度。

例 2　e^x 的泰勒多项式逼近。给出 $f(x) = e^x$ 在 $x=0$ 处的前三阶泰勒多项式并画出它们的图形。

解：e^x 的所有导数都是 e^x，因此有

$$f(0) = f'(0) = f''(0) = f'''(0) = e^0 = 1$$

于是，所需的泰勒多项式是

$$p_1(x) = 1 + \tfrac{1}{1!}x = 1 + x$$
$$p_2(x) = 1 + \tfrac{1}{1!}x + \tfrac{1}{2!}x^2 = 1 + x + \tfrac{1}{2}x^2$$
$$p_3(x) = 1 + \tfrac{1}{1!}x + \tfrac{1}{2!}x^2 + \tfrac{1}{3!}x^3 = 1 + x + \tfrac{1}{2}x^2 + \tfrac{1}{6}x^3$$

从图 2 中可以看出这些对 e^x 近似的相对准确性。

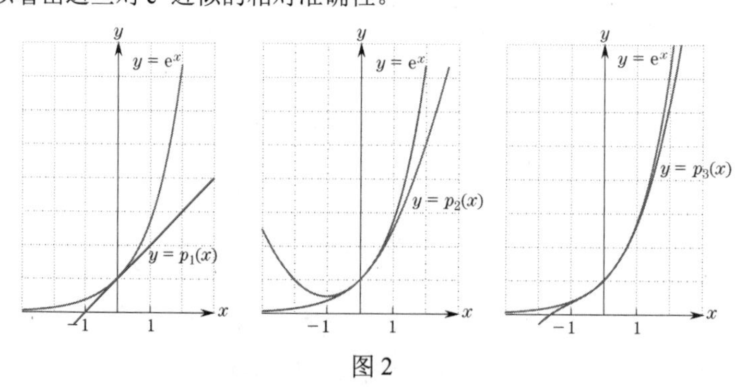

图 2

■

例 3　泰勒多项式逼近。 当 $x=0$ 时，求 $f(x)=\frac{1}{1-x}$ 的 n 阶泰勒多项式。

解：

$f(x)=(1-x)^{-1}$，	$f(0)=1$
$f'(x)=1(1-x)^{-2}$，	$f'(0)=1$
$f''(x)=1\cdot 2(1-x)^{-3}=2!(1-x)^{-3}$，	$f''(0)=2!$
$f''(x)=1\cdot 2\cdot 3(1-x)^{-4}=3!(1-x)^{-4}$，	$f'''(0)=3!$
$f^{(4)}(x)=1\cdot 2\cdot 3\cdot 4(1-x)^{-5}=4!(1-x)^{-5}$，	$f^{(4)}(0)=4!$

从计算模式来看，很明显，对于每个 k 有 $f^{(k)}(0)=k!$，于是有

$$\begin{aligned}p_n(x)&=1+\tfrac{1}{1!}x+\tfrac{2!}{2!}x^2+\tfrac{3!}{3!}x^3+\cdots+\tfrac{n!}{n!}x^n\\&=1+x+x^2+x^3+\cdots+x^n\end{aligned}$$

■

前面提到了用多项式来逼近 $x=0$ 附近的函数值的可能性。这是使用多项式逼近的另一种方法。

例 4　使用泰勒多项式来近似积分。 可以证明 $\sin x^2$ 在 $x=0$ 处的二阶泰勒多项式是 $p_2(x)=x^2$。用该多项式来近似 $y=\sin x^2$ 的图形在区间 $x=0$ 到 $x=1$ 的面积（见图 3）。

解： 因为 $p_2(x)$ 的图形与 x 趋于 0 时 $\sin x^2$ 的图形非常接近，所以这两个图形下的面积应很接近。$p_2(x)$ 图形下的面积是

$$\int_0^1 p_2(x)\,\mathrm{d}x=\int_0^1 x^2\,\mathrm{d}x=\tfrac{1}{3}x^3\Big|_0^1=\tfrac{1}{3}$$

■

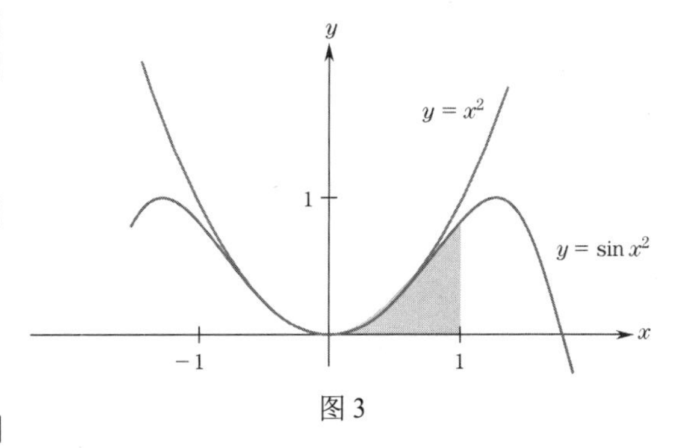

图 3

在例 4 中，$\sin x^2$ 图形下的精确面积为

$$\int_0^1 \sin x^2\,\mathrm{d}x$$

然而，这个积分不能用通常的方法计算，因为没有办法构建由初等函数组成的 $\sin x^2$ 的反导数。使用第 9 章中的近似技术，发现能够精确到小数点后四位，此时的积分值为 0.3103。因此，使用 $p_2(x)$ 作为 $\sin x^2$ 的近似值的误差约为 0.023（若使用更高阶的泰勒多项式，则可进一步减少误差。在这个特例中，所涉及的计算量远小于第 9 章中近似方法所需的计算量）。

$x=a$ 处的泰勒多项式

假设现在我们希望通过多项式来近似给定的函数 $f(x)$，其中 x 的值在某个数 a 附近。由于 $f(x)$ 在 $x=a$ 附近的性质是由 $f(x)$ 及其在 $x=a$ 处的导数值决定的，因此我们应该尝试用多项式 $p(x)$ 来近似 $f(x)$，使得多项式 $p(x)$ 及其导数在 $x=a$ 处的值均与 $f(x)$ 及其导数在相应位置的值相同。我们很容易使用形如

$$p(x)=a_0+a_1(x-a)+a_2(x-a)^2+\cdots+a_n(x-a)^n$$

的多项式，我们称其为 $x-a$ 的多项式。在这种形式下，很容易计算 $p(a),p'(a)$ 等，因为令 $x=a$ 时，$p(x)$ 或其导数中的大多数项等于零。下面的结果很容易得到验证。

> 给定函数 $f(x)$，$f(x)$ 在 $x=a$ 处的 n 阶泰勒多项式 $p_n(x)$ 定义为
>
> $$p_n(x)=f(a)+\tfrac{f'(a)}{1!}(x-a)+\tfrac{f''(a)}{2!}(x-a)^2+\cdots+\tfrac{f^{(n)}(a)}{n!}(x-a)^n$$
>
> 在 $x=a$ 处，这个多项式与 $f(x)$ 一直到 n 阶导数都一致：
>
> $$p_n(a)=f(a),\ p_n'(a)=f'(a),\ \cdots,\ p_n^{(n)}(a)=f^{(n)}(a)$$

当然，当 $a=0$ 时，这些泰勒多项式与前面介绍的相同。

例 5　泰勒多项式的中心化。计算 $f(x)=\sqrt{x}$ 在 $x=1$ 处的二阶泰勒多项式，并用其估计 $\sqrt{1.02}$ 。

解：$a=1$ 。由于要得到二阶泰勒多项式，因此必须计算 $f(x)$ 及其在 $x=1$ 处的前两阶导数值：

$$f(x)=x^{1/2},\quad f'(x)=\tfrac{1}{2}x^{-1/2},\quad f''(x)=-\tfrac{1}{4}x^{-3/2}$$

$$f(1)=1,\quad f'(1)=\tfrac{1}{2},\quad f''(1)=-\tfrac{1}{4}$$

因此，所求的泰勒多项式为

$$p_2(x)=1+\tfrac{1/2}{1!}(x-1)+\tfrac{-1/4}{2!}(x-1)^2=1+\tfrac{1}{2}(x-1)-\tfrac{1}{8}(x-1)^2$$

由于 1.02 接近 1，$p_2(1.02)$ 很好地近似了 $f(1.02)$ ，即 $\sqrt{1.02}$ ：

$$p_2(1.02)=1+\tfrac{1}{2}(1.02-1)-\tfrac{1}{8}(1.02-1)^2=1+\tfrac{1}{2}\times 0.02-\tfrac{1}{8}\times 0.02^2$$

$$=1+0.01-0.00005=1.00995$$

■

近似的精度

例 5 的解在实际意义上是不完整的，因为它未提供 1.00995 与真实值 $\sqrt{1.02}$ 的接近程度的信息。一般来说，当我们获得某个量的近似值时，我们还想知道该近似的质量。

为了衡量函数 $f(x)$ 在 $x=a$ 处的泰勒多项式的近似精度，我们定义

$$R_n(x)=f(x)-p_n(x)$$

$f(x)$ 和 $p_n(x)$ 之间的这个差值称为 $f(x)$ 在 $x=a$ 处的 **n 阶余式**。以下公式是在进阶课程中推导出来的。

余式公式　*假设函数 $f(x)$ 可在包含数 a 的区间上进行 $n+1$ 次微分，那么对于该区间上的每个 x ，在 a 和 x 之间存在数 c 使得*

$$R_n(x)=\frac{f^{(n+1)}(c)}{(n+1)!}(x-a)^{n+1} \tag{1}$$

一般来说，c 的精确值是未知的。然而，若能找到一个数 M ，使得对 a 和 x 之间的所有 c 有 $\left|f^{(n+1)}(c)\right|\leqslant M$ ，就不需要知道哪个 c 出现在式(1)中，因为有

$$|f(x)-p_n(x)|=|R_n(x)|\leqslant\frac{M}{(n+1)!}|x-a|^{n+1}$$

例 6　使用余式公式。求例 5 中估计值的精度。

解：函数 $f(x)$ 在 $x=1$ 处的二阶余式是

$$R_2(x)=\frac{f^{(3)}(c)}{3!}(x-1)^3$$

其中 c 在 1 和 x 之间（且 c 取决于 x ）。这里 $f(x)=\sqrt{x}$ ，因此 $f^{(3)}(c)=\tfrac{3}{8}c^{-5/2}$ 。我们感兴趣的是 $x=1.02$ ，因此 $1\leqslant c\leqslant 1.02$ 。观察发现，由于 $c^{5/2}\geqslant 1^{5/2}=1$ ，有 $c^{-5/2}\leqslant 1$ 。因此，有

$$\left|f^{(3)}(c)\right|\leqslant\tfrac{3}{8}\times 1=\tfrac{3}{8}$$

和

$$|R_2(1.02)|\leqslant\frac{3/8}{3!}(1.02-1)^3=\tfrac{3}{8}\times\tfrac{1}{6}\times 0.02^3=0.0000005$$

于是，使用 $p_2(1.02)$ 作为 $f(1.02)$ 的近似值的误差最多为 0.0000005。

■

综合技术

泰勒多项式　图形计算器可用来确定一个函数被泰勒多项式逼近的程度。图 4 显示了 $Y_1=\sin(x^2)$ 的图形及其 6 阶泰勒多项式 $Y_2=x^2-\tfrac{1}{6}x^6$ 的图形。对于−1.1 和 1.1 之间的 x ，这两幅图形在屏幕上看起来相同。图 5 显示 $x=1.1$ 时，两个函数的差约为 0.02。当 x 增大到超过 1.1 时，拟合度恶化。例如，当 $x=2$ 时，两个函数相差约 5.9。

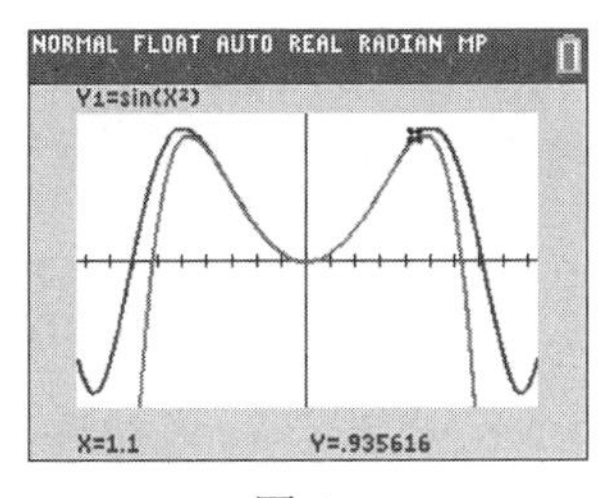

图 4

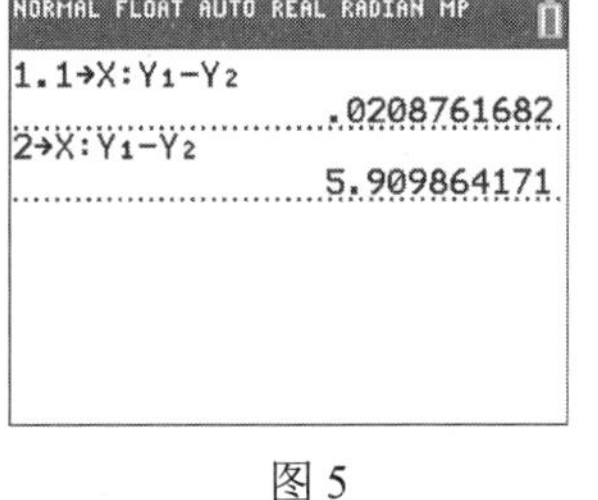

图 5

11.1 节自测题（答案见本节习题后）

1. (a) 求 $f(x)=\cos x$ 在 $x=0$ 处的三阶泰勒多项式。

(b) 利用(a)问的结果来估计 $\cos 0.12$ 。

2. 求 $f(x)=3x^2-17$ 在 $x=3$ 处的所有泰勒多项式。

习题 11.1

在习题 1 ~ 8 中求函数在 $x=0$ 处的三阶泰勒多项式。

1. $f(x)=\sin x$

2. $f(x)=e^{-x/2}$

3. $f(x)=5e^{2x}$

4. $f(x)=\cos(\pi-5x)$

5. $f(x)=\sqrt{4x+1}$

6. $f(x)=\frac{1}{x+2}$

7. $f(x)=xe^{3x}$

8. $f(x)=\sqrt{1-x}$

9. 求 $f(x)=e^x$ 在 $x=0$ 处的四阶泰勒多项式，并用它来估计 $e^{0.01}$ 。

10. 求 $f(x)=\ln(1-x)$ 在 $x=0$ 处的四阶泰勒多项式，并用它来估计 $\ln(0.9)$ 。

11. 画出 $f(x)=\frac{1}{1-x}$ 及其在 $x=0$ 处的前三阶泰勒多项式的图形。

12. 画出 $f(x)=\sin x$ 及其在 $x=0$ 处的前三阶泰勒多项式的图形。

13. 求 $f(x)=e^x$ 在 $x=0$ 处的 n 阶泰勒多项式。

14. 求 $f(x)=x^2+2x+1$ 在 $x=0$ 处的所有泰勒多项式。

15. 使用 $x=0$ 处的二阶泰勒多项式来估计从 $x=0$ 到 $x=\frac{1}{2}$ 的曲线 $y=\ln(1+x^2)$ 下的面积。

16. 使用 $x=0$ 处的二阶泰勒多项式来估计从 $x=-1$ 到 $x=1$ 的曲线 $y=\sqrt{\cos x}$ 下的面积（精确到小数点后三位的答案是 1.828）。

17. 求 $\frac{1}{5-x}$ 在 $x=4$ 处的三阶泰勒多项式。

18. 求 $\ln x$ 在 $x=1$ 处的四阶泰勒多项式。

19. 求 $\cos x$ 在 $x=\pi$ 处的三阶和四阶泰勒多项式。

20. 求 x^3+3x-1 在 $x=-1$ 处的三阶和四阶泰勒多项式。

21. 使用 $f(x)=\sqrt{x}$ 在 $x=9$ 处的二阶泰勒多项式来估计 $\sqrt{9.3}$ 。

22. 使用 $f(x)=\ln x$ 在 $x=1$ 处的二阶泰勒多项式来估计 $\ln 0.8$ 。

23. 求 $f(x)=x^4+x+1$ 在 $x=2$ 处的所有泰勒多项式。

24. 求 $f(x)=1/x$ 在 $x=1$ 处的 n 阶泰勒多项式。

25. 已知 $f(x)=3+4x-\frac{5}{2!}x^2+\frac{7}{3!}x^3$ ，求 $f''(0)$ 和 $f'''(0)$ 。

26. 已知 $f(x)=2-6(x-1)+\frac{3}{2!}(x-1)^2-\frac{5}{3!}(x-1)^3+\frac{1}{4!}(x-1)^4$ ，求 $f''(1)$ 和 $f'''(1)$ 。

27. $f(x)$ 在 $x=0$ 处的三阶余式为

$$R_3(x)=\frac{f^{(4)}(c)}{4!}x^4$$

其中 c 在 0 和 x 之间。令 $f(x)=\cos x$ 。

(a) 求数 M ，使得对所有 c 有 $\left|f^{(4)}(c)\right|\leqslant M$ 。

(b) 在 11.1 节的自测题中，使用 $p_3(0.12)$ 作为 $f(0.12)=\cos 0.12$ 的近似值的误差为 $R_3(0.12)$ 。证明该误差不超过 8.64×10^{-6} 。

28. 设 $p_4(x)$ 为 $f(x)=e^x$ 在 $x=0$ 处的四阶泰勒多项式。证明用 $p_4(0.1)$ 作为 $e^{0.1}$ 的近似值的误差最多为 2.5×10^{-7} 。提示：观察发现，当 $x=0.1$ 且 c 是介于 0 和 0.1 之间的数时，有 $\left|f^{(5)}(c)\right|\leqslant f^{(5)}(0.1)=e^{0.1}\leqslant e^1\leqslant 3$ 。

29. 如习题 21 所示，令 $p_2(x)$ 为 $f(x)=\sqrt{x}$ 在 $x=9$ 处的二阶泰勒多项式。

(a) 给出 $f(x)=\sqrt{x}$ 在 $x=9$ 时的二阶余式。

(b) 当 $c\geqslant 9$ 时，证明 $\left|f^{(3)}(c)\right|\leqslant\frac{1}{648}$ 。

(c) 证明用 $p_2(9.3)$ 作为 $\sqrt{9.3}$ 的近似值的误差最多为 $\frac{1}{144}\times10^{-3}<7\times10^{-6}$ 。

30. 如习题 22 所示，设 $p_2(x)$ 为 $f(x)=\ln x$ 在 $x=1$ 处的二阶泰勒多项式。

(a) 当 $c\geqslant 0.8$ 时，证明 $\left|f^{(3)}(c)\right|<4$ 。

(b) 证明用 $p_2(0.8)$ 作为 $\ln 0.8$ 的近似值的误差最多为 $\frac{16}{3}\times10^{-3}<0.0054$ 。

技术题

31. 在窗口[-1, 1]*[-1, 5]内画出函数 $Y_1=\frac{1}{1-x}$ 及其四阶泰勒多项式的图形。求数 b，对介于 0 和 b 之间的任何 x，这两个函数的图形在屏幕上看起来相同。计算该函数与其在 $x=b$ 处的泰勒多项式之差。

32. 用函数 $Y_1=\frac{1}{1-x}$ 及其七阶泰勒多项式重做习题 31。

33. 在窗口[0, 3]*[-2, 20]中画出函数 $Y_1=\mathrm{e}^x$ 及其四阶泰勒多项式的图形。求数 b，对介于 0 和 b 之间的任何 x，这两个函数的图形在屏幕上看起来相同。计算该函数与其在 $x=b$ 和 $x=3$ 处的泰勒多项式之差。

34. 在 ZDECIMAL 窗口中绘制函数 $Y_1=\cos x$ 及其二阶泰勒多项式的图形。找到形式为 $[-b,b]$ 的区间，在该区间上使得其二阶泰勒多项式能够很好地拟合该函数。在该区间上，这两个函数的最大误差是多少？

11.1 节自测题答案

1. (a) $f(x)=\cos x$，$f(0)=1$

$f'(x)=-\sin x$，$f'(0)=0$

$f''(x)=-\cos x$，$f''(0)=-1$

$f'''(x)=\sin x$，$f'''(0)=0$

于是有

$$p_3(x)=1+\frac{0}{1!}x+\frac{-1}{2!}x^2+\frac{0}{3!}x^3=1-\frac{1}{2}x^2$$

注意，这里的三阶泰勒多项式实际上是一个自由度为 2 的多项式。$p_3(x)$ 的重要之处不是其自由度，而是其与 $f(x)$ 在 $x=0$ 处直到三阶导数都一致。

(b) 由(a)问可知，当 x 趋于 0 时 $\cos x\approx 1-\frac{1}{2}x^2$。因此，有

$$\cos 0.12\approx 1-\frac{1}{2}\times 0.12^2=0.9928$$

注意，保留五位小数时，$\cos 0.12=0.99281$。

2. $f(x)=3x^2-17$，$f(3)=10$

$f'(x)=6x$，$f'(3)=18$

$f''(x)=6$，$f''(3)=6$

$f^{(3)}(x)=0$，$f^{(3)}(3)=0$

当 $n\geqslant 3$ 时，导数 $f^{(n)}(x)$ 都是零常数函数。特别地，对于 $n\geqslant 3$，有 $f^{(n)}(3)=0$。因此，有

$$p_1(x)=10+18(x-3)$$

$$p_2(x)=10+18(x-3)+\frac{6}{2!}(x-3)^2$$

$$p_3(x)=10+18(x-3)+\frac{6}{2!}(x-3)^2+\frac{0}{3!}(x-3)^3$$

当 $n\geqslant 3$ 时，有

$$p_n(x)=p_2(x)=10+18(x-3)+3(x-3)^2$$

这是 $x=3$ 时泰勒多项式的适当形式，但将 $p_2(x)$ 中的各项相乘并收集 x 的同类幂是有意义的：

$$\begin{aligned}p_2(x)&=10+18x-18\cdot 3+3(x^2-6x+9)\\&=10+18x-54+3x^2-18x+27\\&=3x^2-17\end{aligned}$$

也就是说，$p_2(x)$ 就是 $f(x)$，只是写成了不同形式。这并不奇怪，因为 $f(x)$ 本身就是一个多项式，与 $f(x)$ 及其在 $x=3$ 处的所有导数一致。

11.2 牛顿–拉普森算法

数学的许多应用都涉及方程的求解。通常，我们有函数 $f(x)$，且必须找到 x 的一个值，比如 $x=r$，使得 $f(r)=0$。这样的 x 值称为函数的**零点**，或者等价地称为方程 $f(x)=0$ 的**根**。从图形上看，$f(x)$ 的零点是 $y=f(x)$ 的图形与 x 轴相交时 x 的值（见图 1）。当 $f(x)$ 是多项式时，有时可对 $f(x)$ 进行因式分解并快速找到 $f(x)$ 的零点。遗憾的是，在大多数实际应用中，没有简单的方法来定位零点。然而，我们可用几种方法来找到零点的近似值，并且达到任何所需的精度。下面介绍一种这样的方法，即牛顿–拉普森算法。

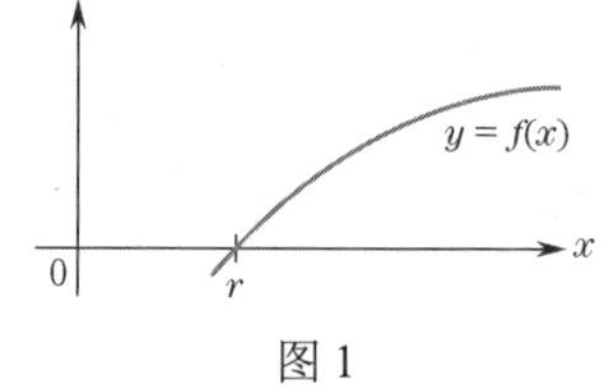

图 1

假设我们知道 $f(x)$ 的零点近似为 x_0。牛顿–拉普森算法的思想是通过在 x_0 处用其一阶泰勒多项式即

$$p(x)=f(x_0)+\frac{f'(x_0)}{1}(x-x_0)$$

替换 $f(x)$ 来得到更好的零点近似值。由于 $p(x)$ 在 $x=x_0$ 附近与 $f(x)$ 非常近似，$f(x)$ 的零点应接近 $p(x)$ 的零点。对 x 求解方程 $p(x)=0$ 得

$$f(x_0)+f'(x_0)(x-x_0)=0$$

$$xf'(x_0)=f'(x_0)x_0-f(x_0)$$

$$x=x_0-\frac{f(x_0)}{f'(x_0)}$$

也就是说，若 x_0 是零点 r 的近似值，则

$$x_1 = x_0 - \frac{f(x_0)}{f'(x_0)} \tag{1}$$

通常提供改进的近似值。

我们可用图 2 中的几何图形来想象这种情况。一阶泰勒多项式 $p(x)$ 在 x_0 处的图形是 $y=f(x)$ 在点 $(x_0, f(x_0))$ 处的切线。$p(x)=0$ 时的 x 值（$x=x_1$）对应于切线与 x 轴的交点。

下面用 x_1 代替 x_0 作为零点 r 的近似值。就像从 x_0 得到 x_1 一样，我们从 x_1 得到一个新近似值 x_2：

$$x_2 = x_1 - \frac{f(x_1)}{f'(x_1)}$$

我们可多次重复该过程。在每个阶段，通过如下公式从旧近似值 x_{old} 得到新近似值 x_{new}：

$$x_{\text{new}} = x_{\text{old}} - \frac{f(x_{\text{old}})}{f'(x_{\text{old}})}$$

采用这种方式，可以得到一系列近似值 $x_0, x_1, x_2, \cdots$，它们通常会根据需要接近 r（见图 3）。

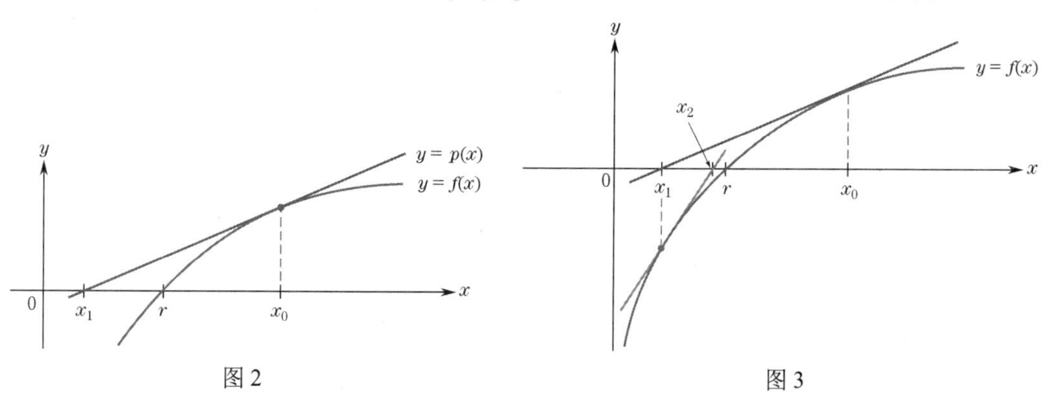

图 2　　　　图 3

例 1　用牛顿–拉普森算法进行近似。 多项式 $f(x)=x^3-x-2$ 在 1 和 2 之间有一个零点。设 $x_0=1$，用牛顿–拉普森算法找出 $f(x)$ 的零点的下三个近似值。

解： 由于 $f'(x)=3x^2-1$，式(1)变为

$$x_1 = x_0 - \frac{x_0^3 - x_0 - 2}{3x_0^2 - 1}$$

当 $x_0=1$ 时，有

$$x_1 = 1 - \frac{1^3-1-2}{3\times1^2-1} = 1 - \frac{-2}{2} = 2$$

$$x_2 = 2 - \frac{2^3-2-2}{3\times2^2-1} = 2 - \frac{4}{11} = \frac{18}{11}$$

$$x_3 = \frac{18}{11} - \frac{\left(\frac{18}{11}\right)^3 - \frac{18}{11} - 2}{3\times\left(\frac{18}{11}\right)^2 - 1} \approx 1.530$$

精确到小数点后三位的 r 值为 1.521。

■

例 2　迭代牛顿–拉普森算法。 重复使用牛顿–拉普森算法 4 次来近似 $\sqrt{2}$。

解： $\sqrt{2}$ 是函数 $f(x)=x^2-2$ 的零点。由于 $\sqrt{2}$ 明显介于 1 和 2 之间，因此将初始近似值设为 $x_0=1$（$x_0=2$ 也可）。因为 $f'(x)=2x$，所以有

$$x_1 = x_0 - \frac{x_0^2-2}{2x_0} = 1 - \frac{1^2-2}{2\times1} = 1 - \left(-\frac{1}{2}\right) = 1.5$$

$$x_2 = 1.5 - \frac{1.5^2-2}{2\times1.5} \approx 1.4167$$

$$x_3 = 1.4167 - \frac{1.4167^2-2}{2\times1.4167} \approx 1.41422$$

$$x_4 = 1.41422 - \frac{1.41422^2-2}{2\times1.41422} \approx 1.41421$$

这个对 $\sqrt{2}$ 的近似精确到了小数点后五位。

■

例 3　近似多项式的零点。近似多项式 x^3+x+3 的零点。

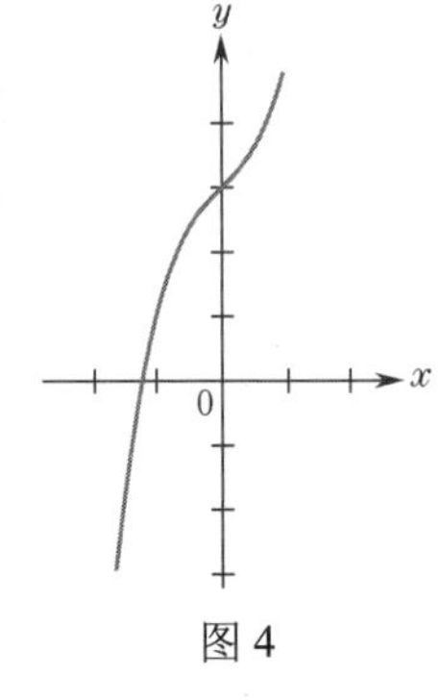

图 4

解：应用曲线绘制技术，可以粗略地画出 $y=x^3+x+3$ 的草图（见图 4）。该图穿过 $x=-2$ 和 $x=-1$ 之间的 x 轴。因此，该多项式有一个零点位于-2 和-1 之间。因此设 $x_0=-1$。由于 $f'(x)=3x^2+1$，因此有

$$x_1=x_0-\frac{x_0^3+x_0+3}{3x_0^2+1}=-1-\frac{(-1)^3+(-1)+3}{3\times(-1)^2+1}=-1.25$$

$$x_2=-1.25-\frac{(-1.25)^3+(-1.25)+3}{3\times(-1.25)^2+1}\approx-1.21429$$

$$x_3\approx-1.21341$$

$$x_4\approx-1.21341$$

因此，给定多项式的零点约为-1.21341。

■

例 4　近似解。求 $e^x-4=x$ 的正数近似解。

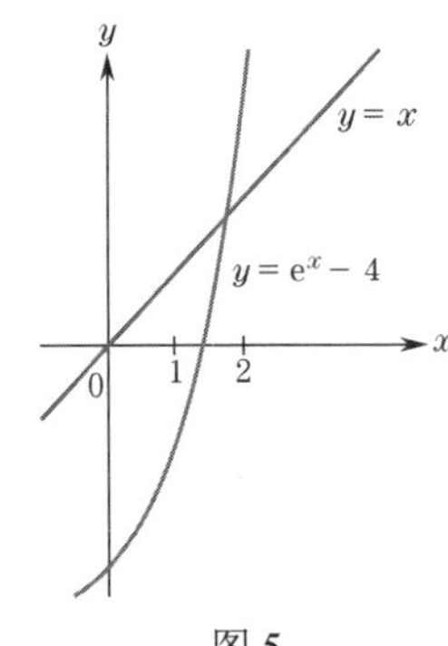

图 5

解：图 5 中两幅图形的草图表明解位于 2 附近。设 $f(x)=e^x-4-x$，则原方程的解为 $f(x)$ 的零点。对 $f(x)$ 应用牛顿–拉普森算法，其中 $x_0=2$。由于 $f'(x)=e^x-1$，因此有

$$x_1=x_0-\frac{e^{x_0}-4-x_0}{e^{x_0}-1}=2-\frac{e^2-4-2}{e^2-1}\approx2-\frac{1.38906}{6.38906}\approx1.78$$

$$x_2=1.78-\frac{e^{1.78}-4-(1.78)}{e^{1.78}-1}\approx1.78-\frac{0.14986}{4.92986}\approx1.75$$

$$x_3=1.75-\frac{e^{1.75}-4-(1.75)}{e^{1.75}-1}\approx1.75-\frac{0.0046}{4.7546}\approx1.749$$

因此，近似解为 $x=1.749$。

■

例 5　内部收益率。假设 100 美元的投资产生以下收益：第一个月末 2 美元；第二个月末 15 美元；第三个月末 45 美元；第四个（最后一个）月末 50 美元。

这些收益之和是 112 美元，它等于初始投资 100 美元加上 4 个月的总收益 12 美元。该投资的内部收益率是收益的现值之和等于初始投资 100 美元时的利率（每月）。求内部收益率。

解：设 i 为月利率。在 k 个月内收到的金额 A 的现值是 $A(1+i)^{-k}$。因此，必须求解

$$\text{初始投资金额}=\text{收益现值之和}$$

$$100=2(1+i)^{-1}+15(1+i)^{-2}+45(1+i)^{-3}+50(1+i)^{-4}$$

等式两边乘以 $(1+i)^4$ 后，将所有项移至左边得

$$100(1+i)^4-2(1+i)^3-15(1+i)^2-45(1+i)-50=0$$

令 $x=1+i$，并用牛顿–拉普森算法求解所得方程，其中 $x_0=1.1$：

$$100x^4-2x^3-15x^2-45x-50=0$$

$$f(x)=100x^4-2x^3-15x^2-45x-50$$

$$f'(x)=400x^3-6x^2-30x-45$$

$$x_1=x_0-\frac{100x_0^4-2x_0^3-15x_0^2-45x_0-50}{400x_0^3-6x_0^2-30x_0-45}$$

$$=1.1-\frac{100\times1.1^4-2\times1.1^3-15\times1.1^2-45\times1.1-50}{400\times1.1^3-6\times1.1^2-30\times1.1-45}$$

$$=1.1-\frac{26.098}{447.14}\approx1.042$$

$$x_2 \approx 1.035$$
$$x_3 \approx 1.035$$

因此，近似解是 $x = 1.035$。于是，$i = 0.035$，投资的内部收益率为每月 3.5%。

■

一般来说，若 P 美元的投资在第一期结束时产生收益 R_1，在第二期结束时产生收益 R_2……在第 N 期结束时产生收益 R_N，则可求解如下方程的正根来得到内部收益率 i：

$$P(1+i)^N - R_1(1+i)^{N-1} - R_2(1+i)^{N-2} - \cdots - R_N = 0$$

假设所有收益都是非负的，且加起来至少为 P。

当一笔 P 美元的贷款以 N 个 R 美元的等额定期付款来偿还时，若每期的利率为 i，则要求解的方程变为

$$P(1+i)^N - R(1+i)^{N-1} - R(1+i)^{N-2} - \cdots - R = 0$$

该方程可简化为

$$Pi + R[(1+i)^{-N} - 1] = 0$$

参见 11.3 节中的习题 41。

例 6　贷款的月利率。一笔 104880 美元的抵押贷款分 360 个月偿还，每月偿还 755 美元。使用牛顿–拉普森算法的两次迭代来估计月利率。

解： $P = 104880, R = 755, N = 360$。因此，必须求解方程

$$104880i + 755[(1+i)^{-360} - 1] = 0$$

设 $f(i) = 104880i + 755[(1+i)^{-360} - 1]$，则有

$$f'(i) = 104880 - 271800(1+i)^{-361}$$

对 $f(i)$ 运用牛顿–拉普森算法，其中 $i_0 = 0.01$，有

$$i_1 = i_0 - \frac{104880 i_0 + 755[(1+i_0)^{-360} - 1]}{104880 - 271800(1+i_0)^{-361}} \approx 0.00677, \qquad i_2 \approx 0.00650$$

因此，月利率约为 0.65%。

■

注意：

1. 牛顿–拉普森算法的逐次近似值取决于计算过程中使用的舍入精度。
2. 牛顿–拉普森算法是一种优秀的计算工具。但在某些情况下它不起作用。例如，对某个近似值 x_n，若 $f'(x_n) = 0$，则无法计算下一个近似值。习题 25 和习题 26 中介绍了算法失败的其他情况。
3. 可以证明，若 $f(x), f'(x)$ 和 $f''(x)$ 在 r［$f(x)$ 的零点］附近连续，且 $f'(r) \neq 0$，则只要初始值 x_0 不是太远，牛顿–拉普森算法就一定会起作用。

综合技术

牛顿–拉普森算法　TI-83/84 可在每次按下 ENTER 键时为牛顿–拉普森算法生成一个新近似值。为了说明这一点，下面使用例 1 中的多项式 $f(x) = x^3 - x - 2$。首先按 Y= 键，然后指定 $Y_1 = X^3 - X - 2$。指定 Y_2 为 Y_1 的导数，使得 $Y_2 = 3X^2 - 1$。返回主屏幕。例 1 中的初始近似值是 $x_0 = 1$，因此通过给变量 X 赋值 1 来开始牛顿–拉普森算法。按 1 STO▶ X,T,Θ,n 键，然后按 ENTER 键来实现这一目标。

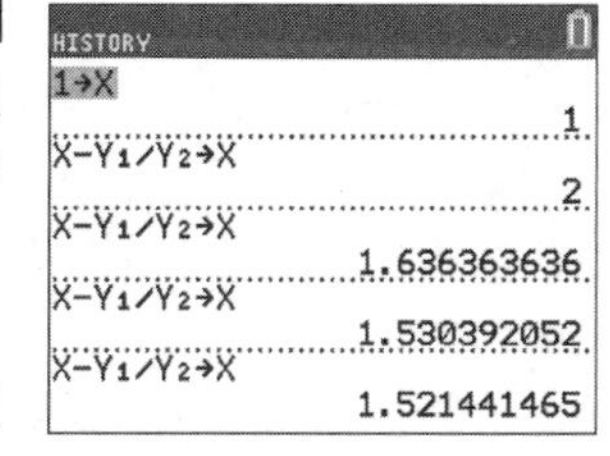

图 6

现在已初始化了算法，我们通过计算 $X - Y_1/Y_2$ 的值来计算下一个近似值。如图 6 所示，输入 $X - Y_1/Y_2$ 后，立即按 STO▶ X,T,Θ,n 键，将该计算

值赋给 X。然后，每按一次ENTER键，就会显示另一个近似值。注意中，当将 Y_1 的导数值赋给 Y_2 时，也可在经典模式中设置 $Y_2=\text{nDeriv}(Y_1,X,X)$。在这种情况下，逐次近似值与 Y_2 等于精确导数时的近似值略有不同。

11.2 节自测题（答案见本节习题后）

1. 重复使用牛顿–拉普森算法 3 次来估计 $\sqrt[3]{7}$。
2. 重复使用牛顿–拉普森算法 3 次来估计 $f(x)=2x^3+3x^2+6x-3$ 的零点。

习题 11.2

在习题 1～8 中，重复使用牛顿–拉普森算法 3 次来近似各式。

1. $\sqrt{5}$　**2.** $\sqrt{7}$　**3.** $\sqrt[3]{6}$　**4.** $\sqrt[3]{11}$

5. x^2-x-5 介于 2 和 3 之间的零点

6. $x^2+3x-11$ 介于–5 和–6 之间的零点

7. $\sin x+x^2-1$ 在 $x_0=0$ 附近的零点

8. $e^x+10x-3$ 在 $x_0=0$ 附近的零点

9. 画出 $y=x^3+2x+2$ 的图形，并用牛顿–拉普森算法（重复三次）来近似所有的 x 截距。

10. 画出 $y=x^3+x-1$ 的图形，并使用牛顿–拉普森算法（重复三次）来近似所有的 x 截距。

11. 用牛顿–拉普森算法求 $e^{-x}=x^2$ 的近似解。

12. 用牛顿–拉普森算法求 $e^{5-x}=10-x$ 的近似解。

13. 内部收益率。假设 500 美元的投资在第一个月月、第二个月和第三个月末分别产生 100 美元、200 美元和 300 美元的收益，求这笔投资的内部收益率。

14. 内部收益率。投资者以 1000 美元购买债券。他们在 2 个月内的每个月末都收到 10 美元，然后在第二个月末以 1040 美元卖出债券。求这笔投资的内部收益率。

15. 月利率。购买一台 663 美元的平板电视，首付 100 美元，贷款 563 美元，分 5 个月还清，每月偿还 116 美元。求该贷款的月利率。

16. 月利率。一笔 100050 美元的抵押贷款分 240 个月偿还，每个月还 900 美元。求月利率。

17. 估计函数的根。函数 $f(x)$ 的图形如图 7 所示。设 x_1 和 x_2 是 $f(x)$ 的根的估计值，它们是用牛顿–拉普森算法由初始值 $x_0=5$ 得到的。画出合适的切线，并估计 x_1 和 x_2 的值。

18. 用 $x_0=1$ 重做习题 17。

19. 估计函数的根。假设直线 $y=4x+5$ 与函数 $f(x)$ 的图形在 $x=3$ 处相切。用牛顿–拉普森算法求 $f(x)=0$ 的根时，若假设初始值为 $x_0=3$，则 x_1 是多少？

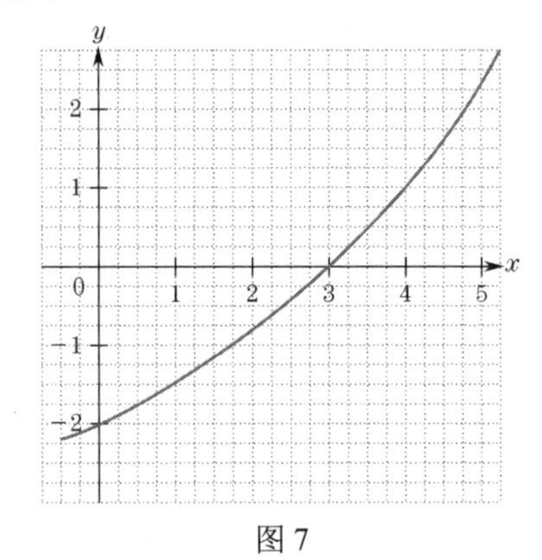

图 7

20. 估计函数的根。假设函数 $f(x)$ 的图形在点(1, 2)处的斜率为–2。使用牛顿–拉普森算法求 $f(x)=0$ 的根时，若假设初始值为 $x_0=1$，则 x_1 是多少？

21. 图 8 中包含函数 $f(x)=x^2-2$ 的图形。该函数的零点在 $x=\sqrt{2}$ 和 $x=-\sqrt{2}$ 处。用牛顿–拉普森算法求零点时，x_0 的哪些值会导致零点 $\sqrt{2}$ 出现？

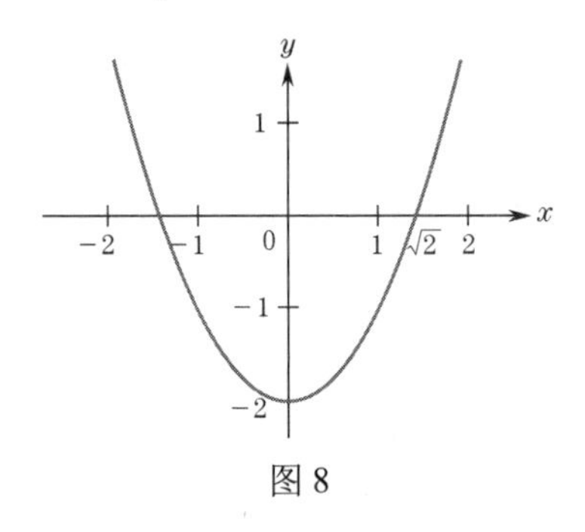

图 8

22. 图 9 中包含函数 $f(x)=x^3-12x$ 的图形。该函数的零点在 $x=-\sqrt{12}$，0 和 $\sqrt{12}$ 处。从 $x_0=4$ 开始，用牛顿–拉普森算法可逼近 $f(x)$ 的哪个零点？从 $x_0=1$ 开始可逼近哪个零点？从 $x_0=-1.8$ 开始呢？

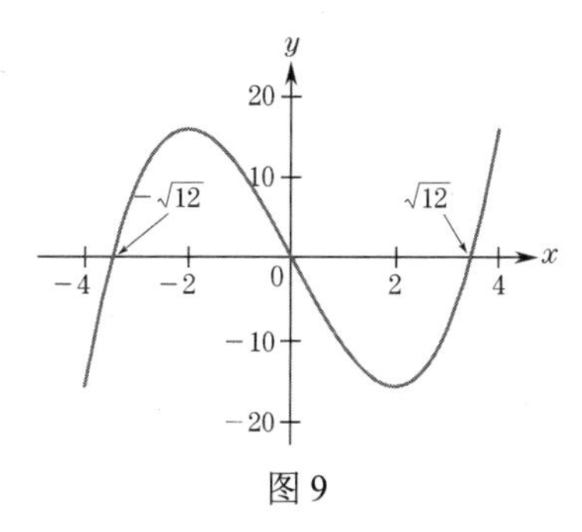

图 9

23. 当牛顿–拉普森算法应用于线性函数 $f(x)=mx+b$, $m\neq 0$ 时，会发生什么特殊情况？

24. 当一阶近似在函数 $f(x)$ 的实际零点 x_0 处时，会发生什么？

习题 25 和习题 26 中提供了两个逐次重复使用牛顿–拉普森算法但并未接近根的示例。

25. 将牛顿–拉普森算法用于函数 $f(x)=x^{1/3}$ ，其图形如图 10(a)所示。取 $x_0=1$ 。

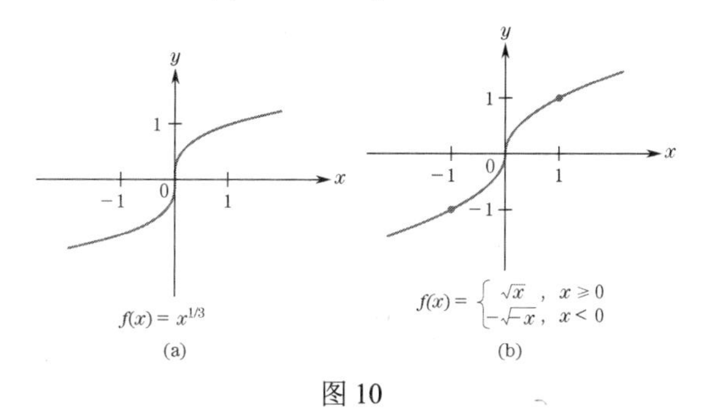

图 10

26. 将牛顿–拉普森算法用于图 10(b)中的函数，其图形如图所示。取 $x_0=1$ 。

技术题

27. 函数 $f(x)=x^2-4$ 和 $g(x)=(x-2)^2$ 在 $x=2$ 处都有一个零点。将牛顿–拉普森算法应用于 $x_0=3$ 的每个函数，求屏幕上显示的 x_n 正好为 2 时的 n 值。画出这两个函数的图形，为什么 $f(x)$ 的序列如此迅速地收敛到 2，而 $g(x)$ 的序列收敛得如此缓慢？

28. 在 $x_0=1$ 处对函数 $f(x)=x^3-5x$ 应用牛顿–拉普森算法。通过观察，画出函数及其在 $x=1$ 和 $x=-1$ 处的切线，从几何角度解释发生的事情。

29. 在窗口[-2, 2]*[-2, 2]中画出 $f(x)=x^4-2x^2$ 的图形，该函数在 $x=-\sqrt{2}$, $x=0$ 和 $x=\sqrt{2}$ 处有零点。观察图形，猜测将牛顿–拉普森算法用于如下初始值进行计算时，接近哪个零点：(a) $x_0=1.1$ ；(b) $x_0=0.95$ ；(c) $x_0=0.9$ 。然后，通过实际计算来验证你的猜测。

30. 在窗口[-2, 2]*[-0.5, 1]中画出 $f(x)=\frac{x^2}{1+x^2}$ 的图形。该函数有一个零点为 0。观察图形，假设一个 x_0 的值，当调用牛顿–拉普森算法时， x_1 恰好为 0。然后，通过计算来验证你的猜测。

11.2 节自测题答案

1. 我们希望对 $f(x)=x^3-7$ 的零点进行近似。由于 $f(1)=-6<0$ 且 $f(2)=1>0$ ， $f(x)$ 的图形在 $x=1$ 和 $x=2$ 之间穿过 x 轴。以 $x_0=2$ 为初始近似值。由于 $f'(x)=3x^2$ ，因此有

$$x_1=x_0-\frac{x_0^3-7}{3x_0^2}=2-\frac{2^3-7}{3\times 2^2}=\frac{23}{12}\approx 1.9167$$

$$x_2=1.9167-\frac{1.9167^3-7}{3\times 1.9167^2}\approx 1.91294$$

$$x_3=1.91294-\frac{1.91294^3-7}{3\times 1.91294^2}\approx 1.91293$$

2. 作为准备步骤，这里用第 2 章的方法画出 $f(x)$ 的图形（见图 11）。观察发现， $f(x)$ 在 x 为正值时有一个零点。由于 $f(0)=-3$ 且 $f(1)=8$ ，因此图形在 0 和 1 之间穿过 x 轴。取 $x_0=0$ 为函数 $f(x)$ 的零点的初始近似值。由于 $f'(x)=6x^2+6x+6$ ，因此有

$$x_1=x_0-\frac{2x_0^3+3x_0^2+6x_0-3}{6x_0^2+6x_0+6}=0-\frac{-3}{6}=\frac{1}{2}$$

$$x_2=\frac{1}{2}-\frac{1}{21/2}=\frac{1}{2}-\frac{2}{21}=\frac{17}{42}\approx 0.40476$$

最终求得 $x_3\approx 0.39916$ 。

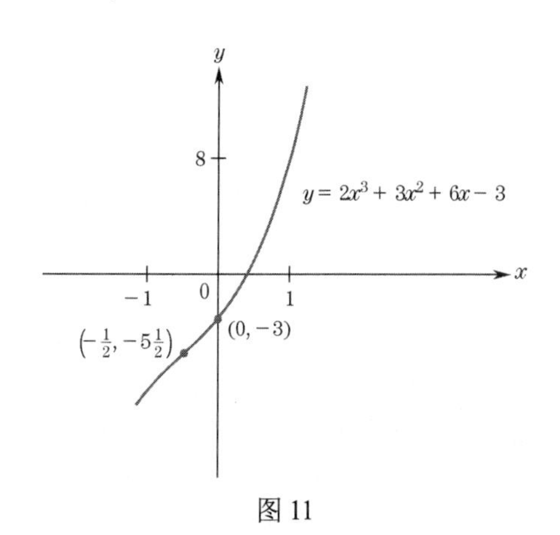

图 11

11.3 无穷级数

无穷级数是数值的无限相加：

$$a_1 + a_2 + a_3 + a_4 + \cdots$$

下面是一些例子：

$$1 + \tfrac{1}{2} + \tfrac{1}{4} + \tfrac{1}{8} + \tfrac{1}{16} + \cdots \tag{1}$$

$$1 + 1 + 1 + 1 + \cdots \tag{2}$$

$$1 - 1 + 1 - 1 + \cdots \tag{3}$$

一些无穷级数可与“和”相关联。为了说明如何做到这一点，下面考虑无穷级数(1)。若将无穷级数(1)的前两项、前三项、前四项、前五项和前六项相加，则得到

$$1 + \tfrac{1}{2} = 1\tfrac{1}{2}$$

$$1 + \tfrac{1}{2} + \tfrac{1}{4} = 1\tfrac{3}{4}$$

$$1 + \tfrac{1}{2} + \tfrac{1}{4} + \tfrac{1}{8} = 1\tfrac{7}{8}$$

$$1 + \tfrac{1}{2} + \tfrac{1}{4} + \tfrac{1}{8} + \tfrac{1}{16} = 1\tfrac{15}{16}$$

$$1 + \tfrac{1}{2} + \tfrac{1}{4} + \tfrac{1}{8} + \tfrac{1}{16} + \tfrac{1}{32} = 1\tfrac{31}{32}$$

每个和值都位于前一和值和数字 2 之间的一半处。从这些计算来看，通过增加项数，可以使和值任意地接近 2。事实上，这得到了进一步计算的支持。例如，

$$\underbrace{1 + \tfrac{1}{2} + \tfrac{1}{4} + \cdots + \tfrac{1}{2^9}}_{10\text{项}} = 2 - \tfrac{1}{2^9} \approx 1.998047$$

$$\underbrace{1 + \tfrac{1}{2} + \tfrac{1}{4} + \cdots + \tfrac{1}{2^{19}}}_{20\text{项}} = 2 - \tfrac{1}{2^{19}} \approx 1.999998$$

$$\underbrace{1 + \tfrac{1}{2} + \tfrac{1}{4} + \cdots + \tfrac{1}{2^{n-1}}}_{n\text{项}} = 2 - \tfrac{1}{2^{n-1}}$$

因此，将无穷级数(1)的“和”赋值为 2 似乎是合理的：

$$1 + \tfrac{1}{2} + \tfrac{1}{4} + \tfrac{1}{8} + \tfrac{1}{16} + \cdots = 2 \tag{4}$$

无穷级数的前 n 项之和称为其**第 n 个部分和**，记为 S_n。在级数(1)中，我们幸运地看到部分和接近极限值 2。但情况并非总是如此。例如，考虑无穷级数(2)。若我们形成前几部分的和，则有

$$S_2 = 1 + 1 = 2$$

$$S_3 = 1 + 1 + 1 = 3$$

$$S_4 = 1 + 1 + 1 + 1 = 4$$

观察发现，这些总和并未接近任何极限值。相反，它们变得越来越大，最终超过任何指定的数。

对无穷级数来说，其部分和不一定无限增长才没有和。例如，考虑无穷级数 (3)。前几项的和是

$$S_2 = 1 - 1 = 0$$

$$S_3 = 1 - 1 + 1 = 1$$

$$S_4 = 1 - 1 + 1 - 1 = 0$$

$$S_5 = 1 - 1 + 1 - 1 + 1 = 1$$

部分和在 0 和 1 之间交替出现，并不接近某个极限值。因此，无穷级数(3)无法求和。

部分和接近极限值的无穷级数称为**收敛级数**，而这个极限称为**无穷级数的和**。如果一个无穷级数的部分和不接近极限值，就称其为发散的。从前面的讨论可知无穷级数(1)是收敛的，而无穷级数(2)和(3)是发散的。

通常很难确定一个已知的无穷级数是否收敛，因此不能通过直觉来判断。例如，我们最初可能怀疑无穷级数

$$1+\tfrac{1}{2}+\tfrac{1}{3}+\tfrac{1}{4}+\tfrac{1}{5}+\cdots$$

（调和级数）是收敛的，但事实并非如此。该级数前几项的和无限地增加，尽管增加得很慢。例如，在总和超过 10 之前大概需要 12000 项相项，在总和超过 100 之前大概需要 2.7×10^{43} 项相加。然而，总和最终会超过任何规定的数（见习题 42 和 11.3 节）。

有一类重要的无穷级数，其收敛性或发散性很容易确定。设 a 和 r 是给定的非零数。形如

$$a+ar+ar^2+ar^3+ar^4+\cdots$$

的级数被称为比率为 r 的**几何级数**（逐项的"比率"为 r）。

几何级数　无穷级数

$$a+ar+ar^2+ar^3+ar^4+\cdots$$

收敛当且仅当 $|r|<1$。当 $|r|<1$ 时，级数之和为

$$\frac{a}{1-r} \tag{5}$$

例如，当 $a=1$ 且 $r=\tfrac{1}{2}$ 时，得到无穷级数(1)。在这种情况下，

$$\frac{a}{1-r}=\frac{1}{1-\frac{1}{2}}=\frac{1}{\frac{1}{2}}=2$$

这与我们此前的观察一致。此外，级数(2)和(3)是发散的几何级数，其 r 值分别为 $r=1$ 和 $r=-1$。习题 41 中概述了上述结果的证明。

例 1　几何级数。计算下列几何级数的和：

(a) $1+\frac{1}{5}+\frac{1}{5^2}+\frac{1}{5^3}+\frac{1}{5^4}+\cdots$；(b) $\frac{2}{3^2}+\frac{2}{3^4}+\frac{2}{3^6}+\frac{2}{3^8}+\frac{2}{3^{10}}+\cdots$；(c) $\frac{5}{2^2}-\frac{5^2}{2^5}+\frac{5^3}{2^8}-\frac{5^4}{2^{11}}+\frac{5^5}{2^{14}}-\cdots$。

解：(a) $a=1$ 且 $r=\tfrac{1}{5}$。级数的和是

$$\frac{a}{1-r}=\frac{1}{1-\frac{1}{5}}=\frac{1}{\frac{4}{5}}=\frac{5}{4}$$

(b) 这里通过将任何一项除以前一项来求 r。于是，有

$$r=\frac{\frac{2}{3^4}}{\frac{2}{3^2}}=\frac{2}{3^4}\cdot\frac{3^2}{2}=\frac{1}{3^2}=\frac{1}{9}$$

该级数是一个几何级数，使用其他任何连续的两项都能得到相同的结果。例如，

$$r=\frac{\frac{2}{3^8}}{\frac{2}{3^6}}=\frac{2}{3^8}\cdot\frac{3^6}{2}=\frac{1}{3^2}=\frac{1}{9}$$

该级数的第一项是 $a=\frac{2}{3^2}=\frac{2}{9}$，所以级数的和是

$$\frac{a}{1-r}=a\cdot\frac{1}{1-r}=\frac{2}{9}\cdot\frac{1}{1-\frac{1}{9}}=\frac{2}{9}\cdot\frac{9}{8}=\frac{1}{4}$$

(c) 我们可以像(b)问那样求 r，或者可以观察到级数(c)中每个分数的分子增加了 5 倍，而分母增加了 $2^3=8$ 倍，所以连续分数的比率是 $\frac{5}{8}$。然而，级数中的各项是正负交替出现的，因此连续两项的比率必须为负。于是，$r=-\frac{5}{8}$。因为 $a=\frac{5}{2^2}=\frac{5}{4}$，所以级数(c)的和为

$$a\cdot\frac{1}{1-r}=\frac{5}{4}\cdot\frac{1}{1-\left(-\frac{5}{8}\right)}=\frac{5}{4}\cdot\frac{1}{\frac{13}{8}}=\frac{5}{4}\cdot\frac{8}{13}=\frac{10}{13}$$

■

有时，一个有理数表示为一个无限循环的十进制数，如 $0.1212\overline{12}$。这种"小数展开"实际上是一

个无穷级数的和。

例 2 作为几何级数的有理数。什么有理数的小数展开是 $0.1212\overline{12}$？

解：这个数表示的无穷级数为

$$0.12+0.0012+0.000012+\cdots=\frac{12}{100}+\frac{12}{100^2}+\frac{12}{100^3}+\cdots$$

这是一个 $a=\frac{12}{100}, r=\frac{1}{100}$ 的几何级数。这个几何级数的和为

$$\frac{a}{1-r}=a\cdot\frac{1}{1-r}=\frac{12}{100}\cdot\frac{1}{1-\frac{1}{100}}=\frac{12}{100}\cdot\frac{100}{99}=\frac{12}{99}=\frac{4}{33}$$

因此，$0.1212\overline{12}=\frac{4}{33}$。

■

例 3 经济学中的乘数效应。假设联邦政府颁布了一项 100 亿美元的减税政策。每个人花费由此产生的所有额外收入的 93%，而存储其余的收入。估计减税对经济活动的总体影响。

解：以十亿美元表示所有的金额。在减税带来的收入增长中，将花费 (0.93)(100) 亿美元。这些资金称为某人的**额外收入**，其中的 93%再次被花掉，7%被存储，于是产生了 (0.93)(0.93)(100) 亿美元的额外支出。这些资金的接受者将花掉其中的 93%，再次创造出额外的支出

$$0.93\times0.93\times0.93\times10=10\times0.93^3$$

亿美元，以此类推。减税创造的新支出总额由如下无穷级数给出：

$$10\times0.93+10\times0.93^2+10\times0.93^3+\cdots$$

这是一个初始项为10(0.93) 且比率为 0.93 的几何级数。它的总和是

$$\frac{a}{1-r}=\frac{10\times0.93}{1-0.93}=\frac{9.3}{0.07}\approx132.86$$

因此，100 亿美元的减税创造了约 1328.6 亿美元的新支出。

■

例 3 说明了乘数效应。一个人每多花 1 美元的比例称为**边际消费倾向**（Marginal Propensity to Consume，MPC）。在例 3 中，$\text{MPC}=0.93$。如观察到的那样，减税所产生的新支出总额为

$$\text{新支出总额}=\frac{10\times0.93}{1-0.93}=\text{减税额}\cdot\frac{\text{MPC}}{1-\text{MPC}}$$

“减税额”乘以“乘数” $\frac{\text{MPC}}{1-\text{MPC}}$ 将得到真实的效果。

例 4 药物代谢。某些心脏病患者常用洋地黄植物的衍生物洋地黄毒素进行治疗。人体代谢洋地黄毒素的速度与已有的洋地黄毒素量成正比。在一天（24 小时）内，任何给定量的药物中约有 10%将被代谢。假设每天给患者 0.05 毫克的维持剂量。经过几个月的治疗后，估计患者体内应存在的洋地黄毒素的总量。

解：下面考虑 0.05 毫克的初始剂量会发生什么，而忽略后续的剂量。第一天后，0.05 毫克的 10%将被代谢，(0.90)(0.05)毫克将被留下。第二天结束时，这个较小的剂量将减少 10%至 $0.90\times0.90\times0.05$ 毫克，以此类推，直到 n 天后只剩下 $0.90^n\times0.05$ 毫克的原始剂量（见图 1）。为了确定所有剂量的洋地黄毒素的累积效应，观察发现在第二次用药时（第一次用药后 1 天），患者体内将含有第二次剂量的 0.05 毫克加上第一次剂量的 0.90×0.05 毫克。一天后将有第三次剂量的 0.05 毫克，加上第二次剂量的 0.90×0.05 毫克，加上第一次剂量的 $0.90^2\times0.05$ 毫克。在服用任何新的剂量时，患者体内将包含该剂量加上早期剂量的剩余量，如下表所示：

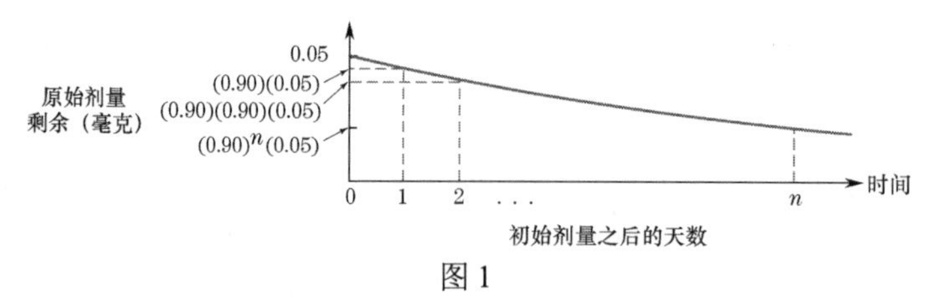

图 1

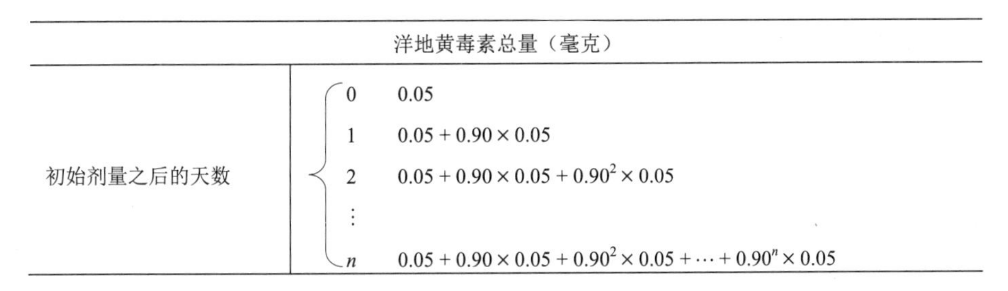

	洋地黄毒素总量（毫克）	
初始剂量之后的天数	0	0.05
	1	$0.05+0.90\times0.05$
	2	$0.05+0.90\times0.05+0.90^2\times0.05$
	⋮	
	n	$0.05+0.90\times0.05+0.90^2\times0.05+\cdots+0.90^n\times0.05$

可以看到，每次出现新剂量时，存在的量就对应于几何级数的部分和：

$$0.05+0.90\times0.05+0.90^2\times0.05+0.90^3\times0.05+\cdots$$

式中，$a=0.05$，$r=0.90$。这个级数的总和是

$$\frac{0.05}{1-0.90}=\frac{0.05}{0.10}=0.5$$

由于该级数的部分和接近和 0.5，因此可以得出结论：每 0.05 毫克的维持剂量最终会将患者体内的洋地黄毒素水平提高到 0.5 毫克的稳定水平。两次剂量之间，该水平将下降 10%，降至 $(0.90)(0.5)=0.45$ 毫克。使用定期维持剂量来维持患者体内一定水平的药物是药物治疗过程中的一项重要技术。 ■

西格玛符号 在研究级数时，使用希腊大写字母西格玛来表示求和很方便。例如，和

$$a_2+a_3+\cdots+a_{10}$$

表示为

$$\sum_{k=2}^{10}a_k$$

级数的 n 个部分和即 $a_1+a_2+\cdots+a_n$ 写为 $\sum_{k=1}^{n}a_k$。在这些例子中，字母 k 称为**求和指数**。有时，我们要求求和指数从 0 开始，有时则要求求和指数从 1 开始，但任何整数值都可用 k 来表示。任何尚未使用的字母都可作为求和指数。例如，

$$\sum_{i=0}^{4}a_i \quad 和 \quad \sum_{j=0}^{4}a_j$$

都表示 $a_0+a_1+a_2+a_3+a_4$ 的和。

最后，正式的无穷级数

$$a_1+a_2+a_3+\cdots$$

写为

$$\sum_{k=1}^{\infty}a_k \quad 和 \quad \sum_{1}^{\infty}a_k$$

我们也将 $\sum_{k=1}^{\infty}a_k$ 记为级数收敛时的数值符号。使用这个符号（用 ar^0 代替 a），关于几何级数的主要结果可以写为

$$\sum_{k=0}^{\infty}ar^k=\frac{a}{1-r}, \qquad |r|<1$$

$$\sum_{k=0}^{\infty}ar^k \text{ 发散，} \quad |r|\geqslant1$$

例 5 几何级数和西格玛符号。求以下无穷级数的和：(a) $\sum_{k=0}^{\infty}\left(\frac{2}{3}\right)^k$；(b) $\sum_{j=0}^{\infty}4^{-j}$；(c) $\sum_{i=3}^{\infty}\frac{2}{7^i}$。

解：在每种情况下，第一步都是写出该级数的前几项。

(a) $\sum_{k=0}^{\infty}\left(\frac{2}{3}\right)^k = \underset{[k=0]}{1} + \underset{[k=1]}{\frac{2}{3}} + \underset{[k=2]}{\left(\frac{2}{3}\right)^2} + \underset{[k=3]}{\left(\frac{2}{3}\right)^3} + \cdots$

这是一个初始项 $a=1$ 且比率为 $r=\frac{2}{3}$ 的几何级数，它的和是

$$\frac{1}{1-\frac{2}{3}}=\frac{1}{\frac{1}{3}}=3$$

(b) $\sum_{j=0}^{\infty}4^{-j}=4^0+4^{-1}+4^{-2}+4^{-3}+\cdots=1+\frac{1}{4}+\left(\frac{1}{4}\right)^2+\left(\frac{1}{4}\right)^3+\cdots=\frac{1}{1-\frac{1}{4}}=\frac{4}{3}$

(c) $\sum_{i=3}^{\infty}\frac{2}{7^i}=\frac{2}{7^3}+\frac{2}{7^4}+\frac{2}{7^5}+\frac{2}{7^6}+\cdots$

这是一个初始项 $a=\frac{2}{7^3}$ 且比率 $r=\frac{1}{7}$ 的几何级数，它的和是

$$a\cdot\frac{1}{1-r}=\frac{2}{7^3}\cdot\frac{1}{1-\frac{1}{7}}=\frac{2}{7^3}\cdot\frac{7}{6}=\frac{1}{147}$$

■

综合技术

有限和 图形计算器可以计算有限和。变量 X 可作为求和的指标。若 $f(x)$ 是关于 x 的表达式，则总和

$$\sum_{x=m}^{n}f(x)$$

可以在 TI 计算器上计算为

$$\text{sum}(\text{seq}(f(X),X,m,n,l))$$

例如，

$$\sum_{x=1}^{99}\frac{1}{x}=1+\frac{1}{2}+\frac{1}{3}+\cdots+\frac{1}{99}$$

在经典模式下计算为 sum(seq(1/X,X,1,99,1))，且

$$\sum_{x=1}^{10}\frac{2}{3^{2x}}=\frac{2}{3^2}+\frac{2}{3^4}+\cdots+\frac{2}{3^{20}}$$

例 1(b)的计算方法是 sum(seq(2/3^(2X),X,1,10,1))（见图 2）。可通过按 2nd [LIST]来访问表达式 sum 和 seq。sum 是 MATH 菜单下的第五个选项，seq 是 OPS 菜单下的第五个选项。图 2 显示了该计算结果及例 1(b)的和。此外，可以重复按 ENTER 键来生成连续的部分和。在图 3 中，变量 S 中保存了例 5(a)中级数的当前部分和。

NORMAL FLOAT AUTO REAL RADIAN MP
sum(seq(1/X,X,1,99,1))
5.177377518
sum(seq(2/3^2X,X,1,10,1))
.2499999999

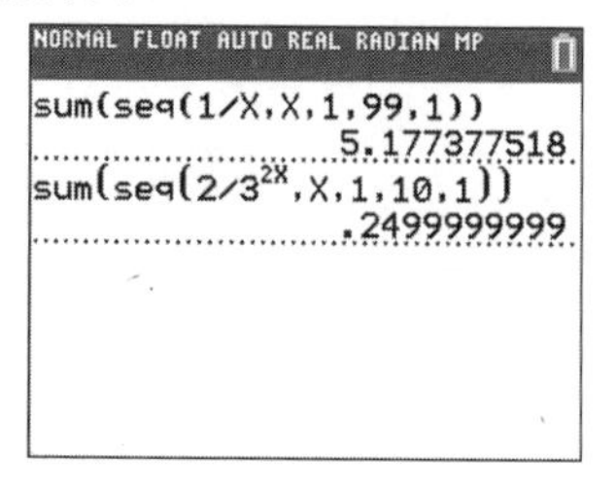

图 2

NORMAL FLOAT AUTO REAL RADIAN MP
0→K:1→S
1
K+1→K:S+(2/3)^K→S
1.666666667
K+1→K:S+(2/3)^K→S
2.111111111
K+1→K:S+(2/3)^K→S
2.407407407

图 3

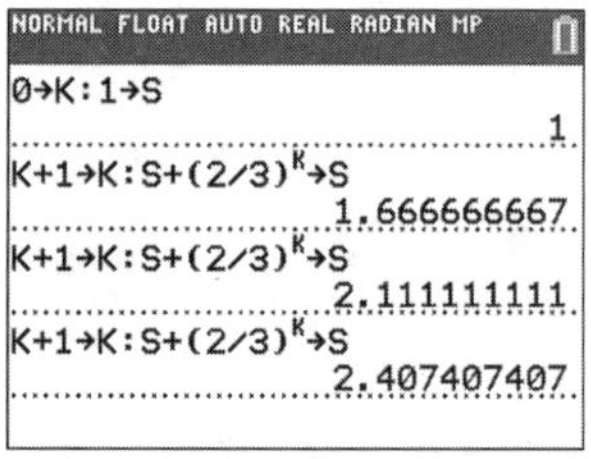

11.3 节自测题（答案见本节习题后）

1. 求如下几何级数的和：

$$8-\frac{8}{3}+\frac{8}{9}-\frac{8}{27}+\frac{8}{81}-\cdots$$

2. 求 $\sum_{k=0}^{\infty}(0.7)^{-k+1}$ 的值。

习题 11.3

求下列几何级数收敛时的和。

1. $1+\frac{1}{6}+\frac{1}{6^2}+\frac{1}{6^3}+\frac{1}{6^4}+\cdots$

2. $1+\frac{3}{4}+\left(\frac{3}{4}\right)^2+\left(\frac{3}{4}\right)^3+\left(\frac{3}{4}\right)^4+\cdots$

3. $1-\frac{1}{3^2}+\frac{1}{3^4}-\frac{1}{3^6}+\frac{1}{3^8}-\cdots$

4. $1+\frac{1}{2^3}+\frac{1}{2^6}+\frac{1}{2^9}+\frac{1}{2^{12}}+\cdots$

5. $2+\frac{2}{3}+\frac{2}{9}+\frac{2}{27}+\frac{2}{81}+\cdots$

6. $3+\frac{6}{5}+\frac{12}{25}+\frac{24}{125}+\frac{48}{625}+\cdots$

7. $\frac{1}{5}+\frac{1}{5^4}+\frac{1}{5^7}+\frac{1}{5^{10}}+\frac{1}{5^{13}}+\cdots$

8. $\frac{1}{3^2}-\frac{1}{3^3}+\frac{1}{3^4}-\frac{1}{3^5}+\frac{1}{3^6}-\cdots$

9. $3-\frac{3^2}{7}+\frac{3^3}{7^2}-\frac{3^4}{7^3}+\frac{3^5}{7^4}-\cdots$

10. $6-1.2+0.24-0.048+0.0096-\cdots$

11. $\frac{2}{5^4}-\frac{2^4}{5^5}+\frac{2^7}{5^6}-\frac{2^{10}}{5^7}+\frac{2^{13}}{5^8}-\cdots$

12. $\frac{3^2}{2^5}+\frac{3^4}{2^8}+\frac{3^6}{2^{11}}+\frac{3^8}{2^{14}}+\frac{3^{10}}{2^{17}}+\cdots$

13. $5+4+3.2+2.56+2.048+\cdots$

14. $\frac{5^3}{3}-\frac{5^5}{3^4}+\frac{5^7}{3^7}-\frac{5^9}{3^{10}}+\frac{5^{11}}{3^{13}}-\cdots$

求适当的无穷级数，使其和的小数展开为下列有理数。

15. $0.2727\overline{27}$ **16.** $0.173\overline{173}$

17. $0.22\overline{2}$ **18.** $0.1515\overline{15}$

19. $4.011\overline{011}(=4+0.011\overline{011})$ **20.** $5.44\overline{4}$

21. 证明 $0.99\overline{9}=1$。

22. **有理数**。将 $0.1212\,\overline{12}\,\overline{12}$ 的值作为 $a=0.1212$ 和 $r=0.0001$ 的几何级数的值。将答案与例 2 的结果进行比较。

23. **边际消费倾向和乘数效应**。当人口的边际消费倾向为 95%时，计算 100 亿美元的联邦减税所带来的新的总支出。将结果与例 3 的结果进行比较，注意 MPC 的微小变化是如何使减税产生的总支出发生巨大变化的。

24. **乘数效应**。当人口的边际消费倾向为 98%时，计算 200 亿美元的联邦减税效果。这种情况下的“乘数”是多少？永续年金是一种永远持续的定期支付序列。永续年金的资本价值是所有未来支付的现值之和。

25. **永续年金**。考虑一个承诺在每个月初支付 100 美元的永续年金。若每个月的复利率为 12%，则 100 美元在 k 个月的现值为 $100(1.01)^{-k}$。

(a) 将该永续年金的资本价值表示为无穷级数。

(b) 求无穷级数的和。

26. **永续年金**。考虑一个承诺在每个月月底支付 P 美元的永续年金（第一次付款将在一个月内收到）。若每个月的利率为 r，那么 P 美元在 k 个月内的现值是 $P(1+r)^{-k}$。求永续年金资本价值的简单公式。

27. **奖金加税**。一家慷慨的公司不仅给其首席执行官们 1000000 美元的奖金，而且给他们足够多的钱来支付奖金税、附加税的税金及附加附加税的税金等。在 39.6%的税率范围内，他们的奖金有多少？

28. **弹跳球行进的总距离**。弹跳球的恢复系数是一个介于 0 和 1 之间的数值，它规定了弹跳球撞击刚性表面时能量的保存程度。例如，系数 0.9 意味着弹跳球在每次弹跳后，将上升到其先前高度的 90%。网球、篮球、超级球和垒球的恢复系数分别为 0.7, 0.75, 0.9 和 0.3。求网球从 6 英尺高处落下的总距离。

29. **药物代谢**。患者每天服用 6 毫克的某种药物。每天身体代谢体内 30%的药物量。延长治疗后，估计给药后存在的药物总量。

30. **药物代谢**。患者每天服用 2 毫克的某种药物。每天身体代谢体内 20%的药物量。延长治疗后，估计给药前存在的药物总量。

31. **药物剂量**。患者每天服用 M 毫克的某种药物。每天身体代谢体内 25%的药物量。确定维持剂量 M 的值，使得在多天后，给药后立即存在约 20 毫克的药物。

32. **药物剂量**。患者每天服用 M 毫克的某种药物。每天身体代谢体内药物量的一小部分 q。延长治疗后，估计给药后立即存在的药物总量。

33. 级数 $a_1+a_2+a_3+\cdots$ 的部分和为 $S_n=3-5/n$。(a) 求 $\sum_{k=1}^{10}a_k$；(b)该无穷级数收敛吗？若收敛，它收敛到什么值？

34. 级数 $a_1+a_2+a_3+\cdots$ 的部分和为 $S_n=n-1/n$。(a) 求 $\sum_{k=1}^{10}a_k$；(b)该无穷级数收敛吗？若收敛，它收敛到什么值？

求下列无穷级数的和。

35. $\sum_{k=0}^{\infty}\left(\frac{5}{6}\right)^k$ **36.** $\sum_{k=0}^{\infty}\frac{7}{10^k}$

37. $\sum_{j=1}^{\infty} 5^{-2j}$　　**38.** $\sum_{j=0}^{\infty} \frac{(-1)^j}{3^j}$

39. $\sum_{k=0}^{\infty} (-1)^k \frac{3^{k+1}}{5^k}$　　**40.** $\sum_{k=1}^{\infty} \left(\frac{1}{3}\right)^{2k}$

41. 设 a 和 r 为非零数。

(a) 证明

$$(1-r)(a+ar+ar^2+\cdots+ar^n)=a-ar^{n+1}$$

并由此得出结论，对于 $r\neq 1$，

$$a+ar+ar^2+\cdots+ar^n=\frac{a}{1-r}-\frac{ar^{n+1}}{1-r}$$

(b) 当 $|r|<1$ 时，用(a)问的结果解释为什么几何级数 $\sum_0^{\infty} ar^k$ 收敛于 $\frac{a}{1-r}$。

(c) 当 $|r|>1$ 时，用(a)问的结果解释为什么几何级数发散。

(d) 解释为什么 $r=1$ 和 $r=-1$ 时几何级数发散。

42. 证明无穷级数

$$1+\frac{1}{2}+\frac{1}{3}+\frac{1}{4}+\frac{1}{5}+\cdots$$

发散。提示：$\frac{1}{3}+\frac{1}{4}>\frac{1}{2}$；$\frac{1}{5}+\frac{1}{6}+\frac{1}{7}+\frac{1}{8}>\frac{1}{2}$；$\frac{1}{9}+\cdots+\frac{1}{16}>\frac{1}{2}$；等等。

技术题

43. 部分和出现在图 3 的第一项的无穷几何级数的精确值是多少？

44. 部分和出现在图 2 的第二项的无穷几何级数的精确值是多少？

在习题 45 和习题 46 中，计算器屏幕上计算无穷级数的部分和。写出该级数的前五项并确定该无穷级数的精确值。

45.

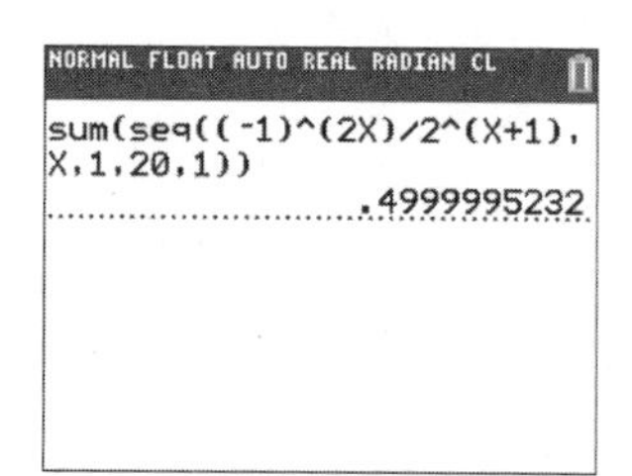

46.

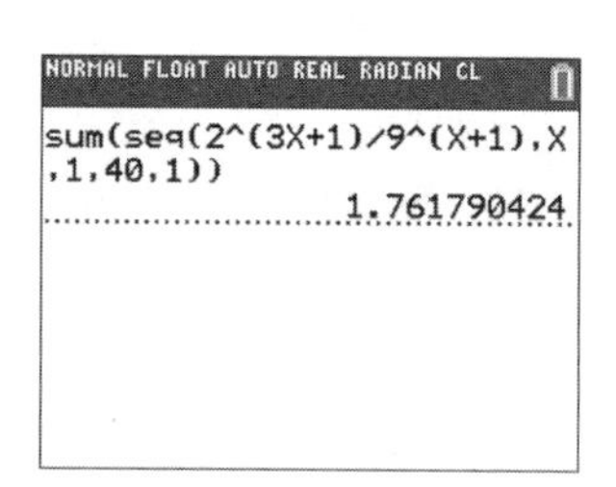

47. 当 $n=10$, 50, 100 时，验证公式

$$\sum_{x=1}^{n} x=\frac{n(n+1)}{2}$$

48. 前 n 个奇数的和是 n^2，即 $\sum_{x=1}^{n}(2x-1)=n^2$。当 $n=10$, 50, 100 时，验证该公式。

在习题 49 和习题 50 中，对无穷级数的前 999 项求和，并将其与右边的数值进行比较，以验证方程是正确的。

49. $\sum_{x=1}^{\infty}\frac{1}{x^2}=\frac{\pi^2}{6}$　　**50.** $\sum_{x=1}^{\infty}\frac{(-1)^{x+1}}{x}=\ln 2$

11.3 节自测题答案

1. 答案：6。要得到一个几何级数的和，需要确定 a 和 r（假定 $|r|<1$），并将这些值代入公式 $\frac{a}{1-r}$。初始项 a 只是级数的第一项：$a=8$。通过检查，比率 r 通常显而易见。然而，若有疑问，则可用任何一项除以前一项。这里，第二项除以第一项为 $\frac{-8}{3}/8=-\frac{1}{3}$，所以 $r=-\frac{1}{3}$。由于 $|r|=\frac{1}{3}$，该级数收敛，其和为

$$\frac{a}{1-r}=\frac{8}{1-\left(-\frac{1}{3}\right)}=\frac{8}{\frac{4}{3}}=8\cdot\frac{3}{4}=6$$

2. 写出该级数的前几项，然后按自测题 1 的方法进行处理。

$$\sum_{k=0}^{\infty}0.7^{-k+1}=0.7^1+0.7^0+0.7^{-1}+0.7^{-2}+0.7^{-3}$$
$$=0.7+1+\frac{1}{0.7}+\frac{1}{0.7^2}+\frac{1}{0.7^3}+\cdots$$

式中，$a=0.7$ 和 $r=1/0.7=\frac{10}{7}$。由于 $|r|=\frac{10}{7}>1$，该级数发散，无法求和（$\frac{a}{1-r}$ 等于 $-\frac{49}{30}$，但这个值没有意义。这个公式只适用于级数收敛的情况）。

11.4　正项级数

很多时候，很难确定一个无穷级数的和。作为确定求和的后备方法，我们至少可以检查该级数是否收敛，进而是否有和（即使无法确定其精确值）。微积分包括许多判断无穷级数是否收敛的检验方法。本节介绍两个由正项组成的无穷级数的收敛性检验，而这些检验是根据级数的几何模型得出的。

本节只考虑每项 a_k 为正（或零）的级数。假设 $\sum_{k=1}^{\infty} ar^k$ 是这样的一个级数。考虑图 1 中相应的

矩形集合。每个矩形的宽度为 1 个单位，第 k 个矩形的高度为 a_k。因此，第 k 个矩形的面积是 a_k，由前 n 个矩形组成的区域的面积是第 n 个部分和 $S_n = a_1 + a_2 + \cdots + a_n$。随着 n 的增加，部分和增加且接近由所有矩形组成的区域的面积。若这个面积是有限的，则无穷级数就会收敛到这个区域。若这个面积是无限的，则这个级数就是发散的。

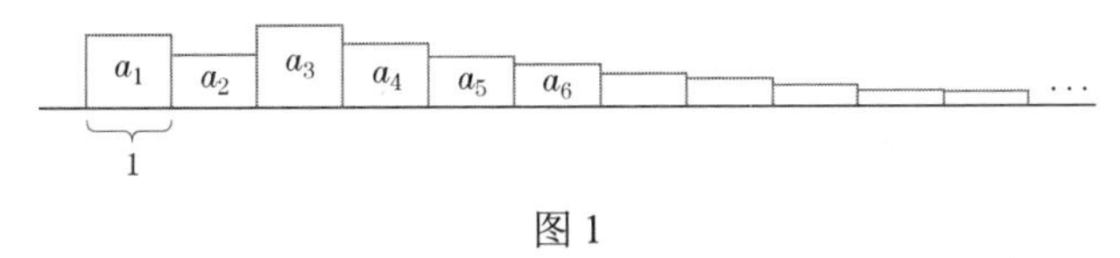

图 1

回顾：9.6 节讨论了不定积分。

无穷级数的几何"图形"提供了一种收敛性检验，它将级数的收敛与不定积分的收敛联系起来。例如，考虑

$$\sum_{k=1}^{\infty}\frac{1}{k^2} \quad 和 \quad \int_1^{\infty}\frac{1}{x^2}\mathrm{d}x$$

注意，级数与积分具有相似的形式：

$$\sum_{k=1}^{\infty}f(k) \quad 和 \quad \int_1^{\infty}f(x)\mathrm{d}x \tag{1}$$

式中，$f(x)=1/x^2$。

9.6 节的级数表明该积分是收敛的。因此，当 $x \geqslant 1$ 时，$y=1/x^2$ 的图形下的面积是有限的。图 2 显示了 $y=1/x^2, x \geqslant 1$ 叠加到级数

$$\sum_{k=1}^{\infty}\frac{1}{k^2} = 1 + \frac{1}{4} + \frac{1}{9} + \frac{1}{16} + \cdots$$

的几何模型上的图形。第一个矩形的面积为 1，由其余所有矩形组成的区域的面积是有限的，因为它包含具有有限面积的 $y=1/x^2, x \geqslant 1$ 的图形下的区域。因此，所有矩形的总面积是有限的，级数 $\sum_{k=1}^{\infty}\frac{1}{k^2}$ 是收敛的。

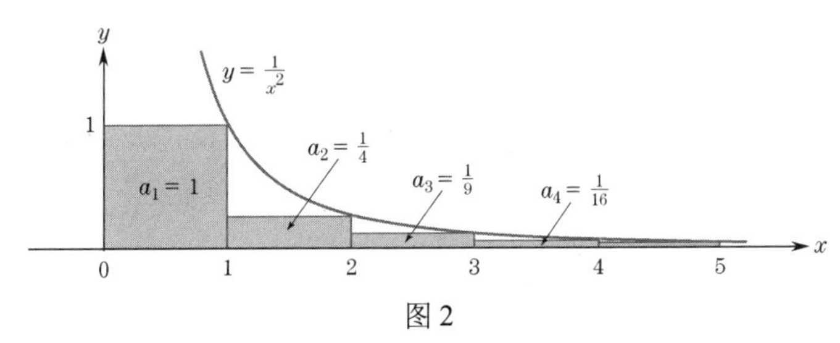

图 2

作为第二个例子，考虑

$$\sum_{k=1}^{\infty}\frac{1}{k} \quad 和 \quad \int_1^{\infty}\frac{1}{x}\mathrm{d}x$$

同样，级数与积分具有式(1)中的形式，其中 $f(x)=1/x$。很容易检验积分是发散的，因此，当 $x \geqslant 1$ 时，$y=1/x$ 图形下的面积是无限的。图 3 显示了 $y=1/x$ 叠加到级数

$$\sum_{k=1}^{\infty}\frac{1}{k} = 1 + \frac{1}{2} + \frac{1}{3} + \frac{1}{4} + \cdots$$

的几何模型上的图形。

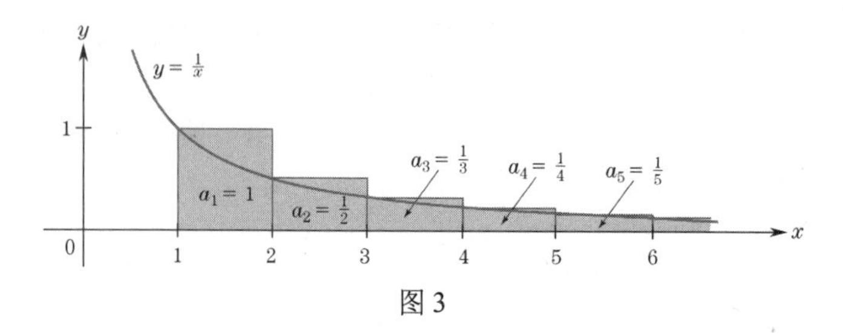

图 3

由矩形组成的区域的面积明显超过 $y=1/x$, $x\geqslant 1$ 图形下区域的无限面积，所以级数 $\sum_{k=1}^{\infty}\frac{1}{k}$ 是发散的。

这两个例子的推理可用来推导出如下的重要检验。

积分检验 对于 $x\geqslant 1$ ，设 $f(x)$ 是正的、连续的和递减的，则当不定积分

$$\int_1^{\infty} f(x)\,\mathrm{d}x$$

收敛时，无穷级数

$$\sum_{k=1}^{\infty} f(k)$$

收敛，而当不定积分发散时，该无穷级数发散。

例 1 应用积分检验。 使用积分检验无穷级数 $\sum_{k=1}^{\infty}\frac{1}{\mathrm{e}^k}$ 是收敛还是发散。

解： $f(x)=1/\mathrm{e}^x=\mathrm{e}^{-x}$ 。由第 4 章可知 $f(x)$ 是正的、递减的连续函数。另外，

$$\int_1^{\infty}\mathrm{e}^{-x}\,\mathrm{d}x=\lim_{b\to\infty}\int_1^{b}\mathrm{e}^{-x}\,\mathrm{d}x=\lim_{b\to\infty}-\mathrm{e}^{-x}\Big|_1^b=\lim_{b\to\infty}(-\mathrm{e}^{-b}+\mathrm{e}^{-1})=\mathrm{e}^{-1}=\tfrac{1}{\mathrm{e}}$$

因为不定积分是收敛的，所以无穷级数也收敛。

■

注意： 积分检验不提供收敛无穷级数之和的精确值。它只验证收敛性。必须使用其他技术，有时是相当先进的技术来求和（例 1 中的级数之和很容易找到，因为该级数恰好是比率为 $1/\mathrm{e}$ 的几何级数）。

我们可从 $k=N$ 而非 $k=1$ 开始无穷级数的求和，其中 N 是任何正整数。为了检验这样一个级数的收敛性，需要确定如下不定积分的收敛性（或发散性）：

$$\int_N^{\infty} f(x)\,\mathrm{d}x$$

例 2 应用积分检验。 确定级数 $\sum_{k=3}^{\infty}\frac{\ln k}{k}$ 是否收敛。

解： 取 $f(x)=(\ln x)/x$ 。注意，当 $x\geqslant 3$ 时， $f(x)$ 是连续的和正的。此外，

$$f'(x)=\frac{x\cdot\frac{1}{x}-\ln x\cdot 1}{x^2}=\frac{1-\ln x}{x^2}$$

当 $x\geqslant 3$ 时， $\ln x>1$ ，由此可知 $f'(x)$ 是负的，因此 $f(x)$ 是递减函数。

为了求 $(\ln x)/x$ 的反导数，用 $u=\ln x$, $\mathrm{d}u=(1/x)\mathrm{d}x$ 进行替换，有

$$\int\tfrac{\ln x}{x}\mathrm{d}x=\int u\,\mathrm{d}u=\tfrac{u^2}{2}+C=\tfrac{(\ln x)^2}{2}+C$$

因此，

$$\int_3^{\infty}\tfrac{\ln x}{x}\mathrm{d}x=\lim_{b\to\infty}\int_3^{b}\tfrac{\ln x}{x}\mathrm{d}x=\lim_{b\to\infty}\tfrac{(\ln x)^2}{2}\Big|_3^b=\lim_{b\to\infty}\tfrac{(\ln b)^2}{2}-\tfrac{(\ln 3)^2}{2}=\infty$$

因此，级数 $\sum_{k=3}^{\infty}\frac{\ln k}{k}$ 是发散的。

■

在使用积分检验时，我们通过关联无穷级数与不定积分来检验其收敛性。在许多情况下，可通过将该级数与另一个收敛性或发散性已知的无穷级数进行比较来达到相同的目的。

假设 $\sum_{k=1}^{\infty}a_k$ 和 $\sum_{k=1}^{\infty}b_k$ 具有这样的性质：对所有 k，满足 $0\leqslant a_k\leqslant b_k$。图 4 中叠加了两个级数的几何模型。级数 $\sum_{k=1}^{\infty}a_k$ 的每个矩形都位于级数 $\sum_{k=1}^{\infty}b_k$ 的相应矩形内（或与之重合）。显然，若 $\sum_{k=1}^{\infty}b_k$ 的所有矩形组成的区域的面积有限，则 $\sum_{k=1}^{\infty}a_k$ 同样如此。另一方面，若 $\sum_{k=1}^{\infty}a_k$ 组成的区域的面积无限，则 $\sum_{k=1}^{\infty}b_k$ 同样如此。这些几何结论可用无穷级数的方式来说明，如下所示。

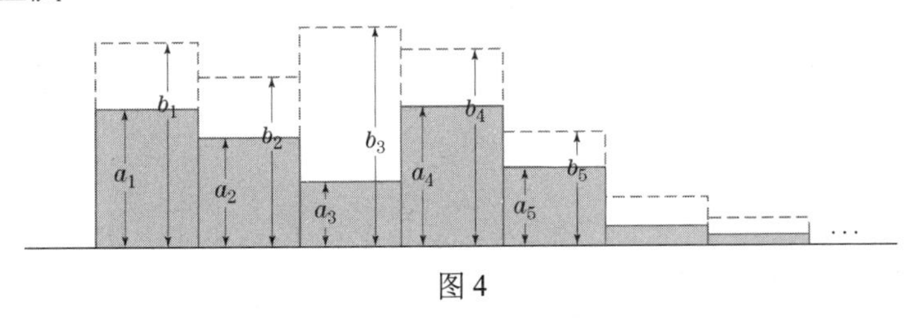

图 4

比较检验 假设 $0\leqslant a_k\leqslant b_k$，对于 $k=1,2,\cdots$，

如果 $\sum_{k=1}^{\infty}b_k$ 收敛，那么 $\sum_{k=1}^{\infty}a_k$ 收敛。

如果 $\sum_{k=1}^{\infty}a_k$ 发散，那么 $\sum_{k=1}^{\infty}b_k$ 发散。

比较检验也适用于其项始终满足 $0\leqslant a_k\leqslant b_k$ 的两个级数，如 $k\geqslant N$，其中 N 是某个正整数。之所以如此，是因为 $\sum_{k=1}^{\infty}a_k$ 和 $\sum_{k=1}^{\infty}b_k$ 的收敛性或发散性不受从级数开始去掉某些项的影响。

例 3　比较检验。确定如下级数的收敛或发散性：

$$\sum_{k=1}^{\infty}\frac{3}{1+5^k}=\frac{3}{6}+\frac{3}{26}+\frac{3}{126}+\frac{3}{626}+\cdots$$

解：将该级数与收敛的如下几何级数进行比较：

$$\sum_{k=1}^{\infty}\frac{3}{5^k}=\frac{3}{5}+\frac{3}{25}+\frac{3}{125}+\frac{3}{625}+\cdots$$

这个几何级数收敛，因为连续两项的比率为 $r=\frac{1}{5}$。两个级数的第 k 项满足

$$0<\frac{3}{1+5^k}<\frac{3}{5^k}$$

因为左边分数的分母大于右边分数的分母。级数 $\sum_{k=1}^{\infty}\frac{3}{5^k}$ 收敛，所以比较检验意味着 $\sum_{k=1}^{\infty}\frac{3}{1+5^k}$ 也收敛。

■

本节只考虑了正项级数的收敛性检验。下面是另一个版本的比较检验，即使两个级数之一中有一些负项，这种比较检验仍然有效。

假设 $\sum_{k=1}^{\infty}b_k$ 是正项级数并且收敛，当 $k=1,2,3,\cdots$ 时 $|a_k|\leqslant b_k$，则 $\sum_{k=1}^{\infty}a_k$ 收敛。

11.4 节自测题（答案见本节习题后）

1. (a) 与无穷级数 $\sum_{k=1}^{\infty}\frac{k^2}{(k^3+6)^2}$ 相关的不定积分是什么？

(b) (a)问中的不定积分是收敛还是发散？

(c) 无穷级数 $\sum_{k=1}^{\infty}\frac{k^2}{(k^3+6)^2}$ 是收敛还是发散？

2. 两个级数

$$\sum_{k=1}^{\infty}\frac{1}{4k} \quad 和 \quad \sum_{k=1}^{\infty}\frac{1}{4k+3}$$

都发散（这很容易通过积分检验来确定）。这些级数中的哪个可用于比较检验，以证明级数 $\sum_{k=1}^{\infty}\frac{1}{4k+1}$ 发散？

习题 11.4

在习题 1 ~ 16 中，使用积分检验确定无穷级数是收敛还是发散（可假设积分检验的假设都满足）。

1. $\sum_{k=1}^{\infty}\frac{3}{\sqrt{k}}$　**2.** $\sum_{k=1}^{\infty}\frac{5}{k^{3/2}}$　**3.** $\sum_{k=2}^{\infty}\frac{1}{(k-1)^3}$

4. $\sum_{k=0}^{\infty}\frac{7}{k+100}$　**5.** $\sum_{k=1}^{\infty}\frac{2}{5k-1}$　**6.** $\sum_{k=2}^{\infty}\frac{1}{k\sqrt{\ln k}}$

7. $\sum_{k=2}^{\infty}\frac{k}{(k^2+1)^{3/2}}$　**8.** $\sum_{k=1}^{\infty}\frac{1}{(2k+1)^3}$　**9.** $\sum_{k=2}^{\infty}\frac{1}{k(\ln k)^2}$

10. $\sum_{k=1}^{\infty}\frac{1}{(3k)^2}$　**11.** $\sum_{k=1}^{\infty}\mathrm{e}^{3-k}$　**12.** $\sum_{k=1}^{\infty}\frac{1}{\mathrm{e}^{2k+1}}$

13. $\sum_{k=1}^{\infty}k\,\mathrm{e}^{-k^2}$　**14.** $\sum_{k=1}^{\infty}k^{-3/4}$　**15.** $\sum_{k=1}^{\infty}\frac{2k+1}{k^2+k+2}$

16. $\sum_{k=2}^{\infty}\frac{k+1}{(k^2+2k+1)^2}$

17. 可以证明

$$\int_0^{\infty}\frac{3}{9+x^2}\mathrm{d}x$$

收敛。用该事实证明适当的无穷级数是收敛的。给出级数，证明其满足积分检验的假设。

18. 用积分检验确定 $\sum_{k=1}^{\infty}\frac{\mathrm{e}^{1/k}}{k^2}$ 是否收敛，并证明其满足积分检验的假设。

19. 可以证明 $\lim_{b\to\infty}b\mathrm{e}^{-b}=0$。利用该事实和积分检验证明 $\sum_{k=1}^{\infty}\frac{k}{\mathrm{e}^k}$ 收敛。

20. 级数 $\sum_{k=1}^{\infty}\frac{3^k}{4^k}$ 收敛吗？回答该问题的最简方法是什么？$\int_1^{\infty}\frac{3^x}{4^x}\mathrm{d}x$ 是否收敛？

在习题 21 ~ 26 中，使用比较检验确定无穷级数是收敛还是发散。

21. $\sum_{k=2}^{\infty}\frac{1}{k^2+5}$ ［与 $\sum_{k=2}^{\infty}\frac{1}{k^2}$ 比较］

22. $\sum_{k=2}^{\infty}\frac{1}{\sqrt{k^2-1}}$ ［与 $\sum_{k=2}^{\infty}\frac{1}{k}$ 比较］

23. $\sum_{k=1}^{\infty}\frac{1}{2^k+k}$ ［与 $\sum_{k=1}^{\infty}\frac{1}{2^k}$ 比较］

24. $\sum_{k=1}^{\infty}\frac{1}{k3^k}$ ［与 $\sum_{k=1}^{\infty}\frac{1}{3^k}$ 比较］

25. $\sum_{k=1}^{\infty}\frac{1}{5^k}\cos^2\left(\frac{k\pi}{4}\right)$ ［与 $\sum_{k=1}^{\infty}\frac{1}{5^k}$ 比较］

26. $\sum_{k=0}^{\infty}\frac{1}{\left(\frac{3}{4}\right)^k+\left(\frac{5}{4}\right)^k}$ ［与 $\sum_{k=0}^{\infty}\left(\frac{3}{4}\right)^{-k}$ 或 $\sum_{k=0}^{\infty}\left(\frac{5}{4}\right)^{-k}$ 比较］

27. 能否用 $\sum_{k=1}^{\infty}\frac{1}{k\ln k}$ 与 $\sum_{k=2}^{\infty}\frac{1}{k}$ 之间的比较检验推断出关于第一个级数的任何内容？

28. 能否用 $\sum_{k=2}^{\infty}\frac{1}{k^2\ln k}$ 与 $\sum_{k=2}^{\infty}\frac{1}{k^2}$ 之间的比较检验推断出关于第一个级数的任何内容？

29. 下面的性质对任何两个级数（可能有一些负数项）都是正确的：设 $\sum_{k=1}^{\infty}a_k$ 和 $\sum_{k=1}^{\infty}b_k$ 是收敛级数，其和分别为 S 和 T，则 $\sum_{k=1}^{\infty}(a_k+b_k)$ 是和为 $S+T$ 的收敛级数。画出几何图形，说明为什么 a_k 和 b_k 都为正时，这个性质成立。

30. 设 $\sum_{k=1}^{\infty}a_k$ 是和为 S 的收敛级数，c 是一个常数，则 $\sum_{k=1}^{\infty}ca_k$ 是和为 $c\cdot S$ 的收敛级数。画出几何图形，说明为什么当 $c=2$ 且 a_k 都为正时，这个性质成立。

31. 用习题 29 证明级数 $\sum_{k=0}^{\infty}\frac{8^k+9^k}{10^k}$ 收敛，并求其和。

32. 用习题 30 证明级数 $\sum_{k=1}^{\infty}\frac{3}{k^2}$ 收敛，并用比较检验证明级数 $\sum_{k=1}^{\infty}\frac{\mathrm{e}^{1/k}}{k^2}$ 收敛。

11.4 节自测题答案

1. (a) $\int_1^{\infty}\frac{x^2}{(x^3+6)^2}\mathrm{d}x$。一般来说，要求函数 $f(x)$，可用 x 替换每次出现的 k；然后，用积分符号替换求和符号并邻接 $\mathrm{d}x$。

(b) 先进行替换以求反导函数。设 $u=x^3+6$，

则有 $\mathrm{d}u=3x^3\,\mathrm{d}x$ 和

$$\int\frac{x^2}{(x^3+6)^2}\mathrm{d}x=\frac{1}{3}\int\frac{3x^2}{(x^3+6)^2}\mathrm{d}x=\frac{1}{3}\int\frac{1}{u^2}\mathrm{d}u$$
$$=-\frac{1}{3}u^{-1}+C=-\frac{1}{3}\cdot\frac{1}{x^3+6}+C$$

于是有

$$\int_1^{\infty}\frac{x^2}{(x^3+6)^2}\mathrm{d}x=\lim_{b\to\infty}\left[-\frac{1}{3}\cdot\frac{1}{x^3+6}\right]\Bigg|_1^b$$
$$=\lim_{b\to\infty}\left[-\frac{1}{3}\cdot\frac{1}{b^3+6}+\frac{1}{3}\cdot\frac{1}{7}\right]$$
$$=\frac{1}{21}$$

因此，不定积分收敛。

(c) 收敛，因为当且仅当相关的不定积分收敛时，无穷级数收敛。

2. 要证明一个级数发散，需要证明它的各项大于某些发散级数的相应项。因为

$$\frac{1}{4k+3}<\frac{1}{4k+1}$$

所以应该与下式进行比较：

$$\sum_{k=1}^{\infty}\frac{1}{4k+3}$$

注意：相反，要证明一个无穷级数收敛，需要证明它的各项小于一个收敛级数的相应项。

11.5　泰勒级数

考虑无穷级数 $1+x+x^2+x^3+x^4+\cdots$。这个级数与前两节讨论的级数类型不同。它的各项不是数值，而是 x 的幂。然而，对于 x 的某些特定值，级数收敛。事实上，对任何介于−1 和 1 之间的 x 值，该级数是收敛的几何级数，比率为 x，和为 $\frac{1}{1-x}$，写为

$$\frac{1}{1-x}=1+x+x^2+x^3+x^4+\cdots,\quad |x|<1 \tag{1}$$

从另一个角度看式(1)时，函数 $f(x)=\frac{1}{1-x}$ 被表示为包含 x 的幂级数。这种表示方法在函数 $\frac{1}{1-x}$ 的整个定义域内并不成立，而只对位于 $-1<x<1$ 的 x 值成立。

在许多重要的情况下，函数 $f(x)$ 可用形如

$$f(x)=a_0+a_1x+a_2x^2+a_3x^3+\cdots \tag{2}$$

的级数来表示，其中 $a_0,a_1,a_2,\cdots$ 是合适的常数，x 的定义域是使得级数收敛于 $f(x)$ 的值。该级数称为**幂级数**（因为它涉及 x 的幂）。可以证明，当函数 $f(x)$ 具有形如式(2)中的幂级数表示时，系数 $a_0,a_1,a_2,\cdots$ 由函数 $f(x)$ 及其在 $x=0$ 处的导数唯一决定。事实上，当 $k=1,2,\cdots$ 时，$a_0=f(0)$，且 $a_k=f^{(k)}(0)/k!$。因此，

$$f(x)=f(0)+\frac{f'(0)}{1!}x+\frac{f''(0)}{2!}x^2+\cdots+\frac{f^{(k)}(0)}{k!}x^k+\cdots \tag{3}$$

式(3)中的级数通常称为 $f(x)$ 在 $x=0$ 处的**泰勒级数**，因为该级数的部分和是 $f(x)$ 在 $x=0$ 处的泰勒多项式。整个式(3)称为 $f(x)$ 在 $x=0$ 处的**泰勒级数展开**。

例 1　以 0 为中心的泰勒级数。求 $\frac{1}{1-x}$ 在 $x=0$ 处的泰勒级数展开。

解：前面介绍了如何将 $\frac{1}{1-x}$ 表示为 $|x|<1$ 的幂级数。下面使用泰勒级数公式，看看是否能得到相同的结果。

$$\begin{aligned}
&f(x)=\tfrac{1}{1-x}=(1-x)^{-1}, && f(0)=1\\
&f'(x)=(1-x)^{-2}, && f'(0)=1\\
&f''(x)=2(1-x)^{-3}, && f''(0)=2\\
&f'''(0)=3\cdot 2(1-x)^{-4}, && f'''(0)=3\cdot 2\\
&f^{(4)}(x)=4\cdot 3\cdot 2(1-x)^{-5}, && f^{(4)}(0)=4\cdot 3\cdot 2\\
&\quad\vdots && \quad\vdots
\end{aligned}$$

因此，

$$\frac{1}{1-x}=1+\frac{1}{1!}x+\frac{2}{2!}x^2+\frac{3\cdot 2}{3!}x^3+\frac{4\cdot 3\cdot 2}{4!}x^4+\cdots$$
$$=1+x+x^2+x^3+x^4+\cdots$$

这就验证了 $\frac{1}{1-x}$ 的泰勒级数是我们熟悉的几何幂级数。泰勒级数展开对 $|x|<1$ 成立。

■

例 2　以 0 为中心的泰勒级数。求 $f(x)=\mathrm{e}^x$ 在 $x=0$ 处的泰勒级数。

解：

$$f(x)=\mathrm{e}^x, f'(x)=\mathrm{e}^x, f''(x)=\mathrm{e}^x, f'''(x)=\mathrm{e}^x, \cdots$$
$$f(0)=1, f'(0)=1, f''(0)=1, f'''(0)=1, \cdots$$

因此，

$$\mathrm{e}^x=1+x+\tfrac{1}{2!}x^2+\tfrac{1}{3!}x^3+\tfrac{1}{4!}x^4+\cdots$$

可以证明，e^x 的泰勒级数展开对所有 x 都成立（注意，e^x 的泰勒多项式只给出 e^x 的近似值，但无穷泰勒级数实际上等于所有 x 的 e^x，即对于任何给定的 x，级数的和与 e^x 的值相同）。

■

泰勒级数的运算

将泰勒级数视为无穷次多项式通常是有帮助的。多项式的许多运算对泰勒级数也是合适的，前提是我们把注意力限制在适当区间内的 x 值。例如，如果我们有 $f(x)$ 的泰勒级数展开，我们可以逐项对该级数进行微分，以获得 $f'(x)$ 的泰勒级数展开。 类似的结果也适用于反导数。其他允许的产生泰勒级数的操作包括将泰勒级数展开乘以常数或 x 的幂，用 x 的幂或常数乘以 x 的幂来替换 x，以及将两个泰勒级数展开相加或减。使用这些操作通常可以找到一个函数的泰勒级数，而不需要直接使用泰勒级数的正式定义（当涉及乘积或商规则时，计算高阶导数的过程可能会变得非常费力）。一旦找到函数 $f(x)$ 的幂级数展开，该级数一定是函数的泰勒级数，因为该级数的系数是由 $f(x)$ 及其在 $x=0$ 处的导数唯一决定的。

例 3　逐项微分和积分。利用 $\frac{1}{1-x}$ 在 $x=0$ 处的泰勒级数，求下列函数在 $x=0$ 处的泰勒级数：(a) $\frac{1}{(1-x)^2}$；(b) $\frac{1}{(1-x)^3}$；(c) $\ln(1-x)$。

解：首先展开级数有

$$\frac{1}{1-x}=1+x+x^2+x^3+x^4+x^5+\cdots,\quad |x|<1$$

(a) 等式两边微分得

$$\frac{1}{(1-x)^2}=1+2x+3x^2+4x^3+5x^4+\cdots,\quad |x|<1$$

(b) 对(a)问中得到的级数微分，有

$$\frac{2}{(1-x)^3}=2+3\cdot 2x+4\cdot 3x^2+5\cdot 4x^3+\cdots,\quad |x|<1$$

我们可将一个收敛级数乘以一个常数。乘以 $\frac{1}{2}$ 有

$$\frac{1}{(1-x)^3}=1+3x+6x^2+10x^3+\cdots+\frac{(n+2)(n+1)}{2}x^n+\cdots,\quad |x|<1$$

(c) 对于 $|x|<1$，有

$$\int\frac{1}{1-x}\mathrm{d}x=\int(1+x+x^2+x^3+\cdots)\mathrm{d}x$$
$$-\ln(1-x)+C=x+\tfrac{1}{2}x^2+\tfrac{1}{3}x^3+\tfrac{1}{4}x^4+\cdots$$

式中，C 是积分常数。若在两边都设 $x=0$，则有

$$0+C=0$$

所以 $C=0$。因此，

$$\ln(1-x)=-x-\tfrac{1}{2}x^2-\tfrac{1}{3}x^3-\tfrac{1}{4}x^4-\cdots,\quad |x|<1$$

■

例 4　求泰勒级数的值。利用例 3(c)的结果计算 ln1.1。

解：在 $\ln(1-x)$ 的泰勒级数展开式中取 $x=-0.1$，有

$$\ln(1-(-0.1)) = -(-0.1) - \tfrac{1}{2}\times(-0.1)^2 - \tfrac{1}{3}\times(-0.1)^3 - \tfrac{1}{4}\times(-0.1)^4 - \cdots$$

$$\ln 1.1 = 0.1 - \tfrac{0.01}{2} + \tfrac{0.001}{3} - \tfrac{0.0001}{4} + \tfrac{0.00001}{5} - \cdots$$

该无穷级数可用于以任意精度计算 ln1.1。例如，第五个部分和给出 $\ln 1.1 \approx 0.09531$，精确到小数点后五位。

■

例 5　由已知泰勒级数得到新泰勒级数。用 e^x 在 $x=0$ 处的泰勒级数求下式在 $x=0$ 处的泰勒级数：(a) $x(e^x-1)$；(b) e^{x^2}。

解：(a) 从 e^x 的泰勒级数中减去 1，得到一个收敛于 e^x-1 的级数：

$$\begin{aligned} e^x - 1 &= \left(1 + x + \tfrac{1}{2!}x^2 + \tfrac{1}{3!}x^3 + \tfrac{1}{4!}x^4 + \cdots\right) - 1 \\ &= x + \tfrac{1}{2!}x^2 + \tfrac{1}{3!}x^3 + \tfrac{1}{4!}x^4 + \cdots \end{aligned}$$

将这个级数逐项乘以 x 得

$$x(e^x - 1) = x^2 + \tfrac{1}{2!}x^3 + \tfrac{1}{3!}x^4 + \tfrac{1}{4!}x^5 + \cdots$$

(b) 为了得到 e^{x^2} 的泰勒级数，用 x^2 替换 e^x 的泰勒级数中出现的每个 x，有

$$\begin{aligned} e^{x^2} &= 1 + (x^2) + \tfrac{1}{2!}(x^2)^2 + \tfrac{1}{3!}(x^2)^3 + \tfrac{1}{4!}(x^2)^4 + \cdots \\ &= 1 + x^2 + \tfrac{1}{2!}x^4 + \tfrac{1}{3!}x^6 + \tfrac{1}{4!}x^8 + \cdots \end{aligned}$$

■

例 6　由已知泰勒级数得到新泰勒级数。求 $x=0$ 处的泰勒级数：(a) $\frac{1}{1+x^3}$；(b) $\frac{x^2}{1+x^3}$。

解：(a) 利用 $\frac{1}{1-x}$ 在 $x=0$ 处的泰勒级数，用 $-x^3$ 替换 x 得

$$\frac{1}{1-(-x^3)} = 1 + (-x^3) + (-x^3)^2 + (-x^3)^3 + (-x^3)^4 + \cdots$$

$$\frac{1}{1+x^3} = 1 - x^3 + x^6 - x^9 + x^{12} - \cdots$$

(b) 将(a)问中的级数乘以 x^2 得

$$\frac{x^2}{1+x^3} = x^2 - x^5 + x^8 - x^{11} + x^{14} - \cdots$$

■

定积分　统计学中标准正态曲线的方程为

$$y = \frac{1}{\sqrt{2\pi}} e^{-x^2/2}$$

无法直接通过积分求曲线下的面积，因为没有 $e^{-x^2/2}$ 的反导数的简单公式。然而，泰勒级数可用来高精度地精确计算这些面积。

例 7　逐项积分。求从 $x=0$ 到 $x=0.8$ 的标准正态曲线下的面积，即计算

$$\frac{1}{\sqrt{2\pi}} \int_0^{0.8} e^{-x^2/2}\, dx$$

解：例 2 中得到 e^x 的泰勒展开式为

$$e^x = 1 + x + \tfrac{1}{2!}x^2 + \tfrac{1}{3!}x^3 + \tfrac{1}{4!}x^4 + \cdots$$

用 $-x^2/2$ 替换每次出现的 x，有

$$\begin{aligned} e^{-x^2/2} &= 1 + \left(-\tfrac{x^2}{2}\right) + \tfrac{1}{2!}\left(-\tfrac{x^2}{2}\right)^2 + \tfrac{1}{3!}\left(-\tfrac{x^2}{2}\right)^3 + \tfrac{1}{4!}\left(-\tfrac{x^2}{2}\right)^4 + \cdots \\ &= 1 - \tfrac{1}{2\cdot 1!}x^2 + \tfrac{1}{2^2\cdot 2!}x^4 - \tfrac{1}{2^3\cdot 3!}x^6 + \tfrac{1}{2^4\cdot 4!}x^8 - \cdots \end{aligned}$$

积分得

$$\frac{1}{\sqrt{2\pi}}\int_0^{0.8} e^{-x^2/2}\,dx = \frac{1}{\sqrt{2\pi}}\left(x-\frac{1}{3\cdot 2\cdot 1!}x^3+\frac{1}{5\cdot 2^2\cdot 2!}x^5-\frac{1}{7\cdot 2^3\cdot 3!}x^7+\frac{1}{9\cdot 2^4\cdot 4!}x^9-\cdots\right)\Bigg|_0^{0.8}$$

$$=\frac{1}{\sqrt{2\pi}}\left[0.8-\frac{1}{6}\times 0.8^3+\frac{1}{40}\times 0.8^5-\frac{1}{336}\times 0.8^7+\frac{1}{3456}\times 0.8^9-\cdots\right]$$

右边的无穷级数收敛于定积分的值。所示的五项相加得出近似值为 0.28815，精确到小数点后四位。我们可通过对其他各项求和，使该近似值任意精确。

■

幂级数的收敛 当我们对泰勒级数进行微分、积分或代数运算时，利用了泰勒级数是函数这个事实。事实上，x 的任何幂级数都是 x 的函数，而无论其系数是否由某个函数的导数得到。幂级数函数的定义域是该级数收敛的所有 x 的集合，定义域中某特定 x 处的函数值是该级数收敛的数值。

例如，几何级数 $\sum_{k=0}^{\infty} x^k$ 定义了一个函数，其定义域为 $|x|<1$ 的所有 x 的集合。我们熟悉的泰勒级数展开式

$$\frac{1}{1-x}=\sum_{k=0}^{\infty} x^k$$

简单地说明了函数 $\frac{1}{1-x}$ 和级数 $\sum_{k=0}^{\infty} x^k$ 对满足 $|x|<1$ 的每个 x 都有相同的值。

给定任意幂级数 $\sum_{k=0}^{\infty} a_k x^k$，则必定出现下面三种可能性之一：

(i) 存在一个正常数 R，使得该级数在 $|x|<R$ 时收敛，在 $|x|>R$ 时发散。

(ii) 该级数对所有 x 都收敛。

(iii) 该级数仅在 $x=0$ 处收敛。

在情况(i)中，我们称 R 为级数的收敛半径。该级数对区间 $-R<x<R$ 内的所有点 x 都收敛，而在该区间的一个或两个端点处可能收敛，也可能不收敛。在情况(ii)中，我们称收敛半径为 ∞。在情况(iii)中，我们称收敛半径为 0。

对收敛半径为正的幂级数逐项微分时，新级数将具有相同的收敛半径。类似的结果也适用于反导数。其他操作，如用常数乘以 x 的幂来代替 x，可能会影响收敛半径。

假设我们从一个具有所有阶数的导数的函数开始，写出其 $x=0$ 处的正式泰勒级数。那么能否得泰勒级数和该函数在级数收敛半径内的每个 x 处都有相同值的结论？对于我们考虑的所有函数，答案是肯定的。然而，这两个值也可能不同。在这种情况下，我们就说该函数不允许幂级数展开。要证明一个函数允许幂级数展开，就必须证明泰勒级数的部分和收敛于该函数。该级数的第 n 个部分和是 n 次泰勒多项式 p_n。回顾 11.1 节，考虑 $f(x)$ 的第 n 个余式，即

$$R_n(x)=f(x)-p_n(x)$$

对于固定的 x，当 $n\to\infty$ 时，泰勒级数收敛于 $f(x)$ 当且仅当 $R_n(x)\to 0$。习题 45 和习题 46 说明了如何使用 11.1 节中的余式公式来验证收敛性。

$x=a$ 处的泰勒级数 为了简化本节的讨论，下面将注意力集中于涉及 x 的幂级数而非 $x-a$ 的幂。然而，就像泰勒多项式那样，泰勒级数可以形成 $x-a$ 的幂之和。$f(x)$ 在 $x=a$ 处的泰勒展开式为

$$f(x)=f(a)+\frac{f'(a)}{1!}(x-a)+\frac{f''(a)}{2!}(x-a)^2+\frac{f'''(a)}{3!}(x-a)^3+\cdots+\frac{f^{(n)}(a)}{n!}(x-a)^n+\cdots$$

11.5 节自测题（答案见本节习题后）

1. 求 $\sin x$ 在 $x=0$ 处的泰勒级数展开。

2. 求 $\cos x$ 在 $x=0$ 处的泰勒级数展开。

3. 求 $x^3\cos 7x$ 在 $x=0$ 处的泰勒级数展开。

4. 若 $f(x)=x^3\cos 7x$，求 $f^{(5)}(0)$。提示：$f(x)$ 的泰勒级数中的系数与 $f(x)$ 及其在 $x=0$ 处的导数有什么关系？

习题 11.5

在习题 1～4 中，通过计算三阶或四阶导数并使用泰勒级数的定义，求给定函数在 $x=0$ 处的泰勒级数。

1. $\frac{1}{2x+3}$　**2.** $\ln(1-3x)$

3. $\sqrt{1+x}$　**4.** $(1+x)^3$

在习题 5～20 中求给定函数在 $x=0$ 处的泰勒级数。对 $\frac{1}{1-x}$，e^x 或 $\cos x$ 在 $x=0$ 处的泰勒级数进行适当的操作（微分、替换等）。这些级数在例 1、例 2 和自测题 2 中得到。

5. $\frac{1}{1-3x}$　**6.** $\frac{1}{1+x}$　**7.** $\frac{1}{1+x^2}$

8. $\frac{x}{1+x^2}$　**9.** $\frac{1}{(1+x)^2}$　**10.** $\frac{x}{(1-x)^3}$

11. $5e^{x/3}$　**12.** $x^3e^{x^2}$　**13.** $1-e^{-x}$

14. $3(e^{-2x}-2)$　**15.** $\ln(1+x)$　**16.** $\ln(1+x^2)$

17. $\cos 3x$　**18.** $\cos x^2$　**19.** $\sin 3x$

20. $x\sin x^2$

21. 求 xe^{x^2} 在 $x=0$ 处的泰勒级数。

22. 证明

$$\ln\left(\frac{1+x}{1-x}\right)=2x+\frac{2}{3}x^3+\frac{2}{5}x^5+\frac{2}{7}x^7+\cdots, |x|<1$$

提示：使用习题 15 和例 3。该级数比例 3 中的 $\ln(1-x)$ 的级数收敛得更快，特别是在 x 趋于零时。该级数给出了 $\ln y$ 的公式，其中 y 是任意数，且 $x=\frac{y-1}{y+1}$。

23. x 的双曲余弦用 $\cosh x$ 表示，定义为

$$\cosh x=\frac{1}{2}(e^x+e^{-x})$$

该函数常出现在物理学和概率论中。$y=\cosh x$ 的图形被称为**悬链线**。

(a) 使用微分和泰勒级数的定义计算 $x=0$ 时 $\cosh x$ 的泰勒级数的前四个非零项。

(b) 利用 e^x 的已知泰勒级数求 $x=0$ 时 $\cosh x$ 的泰勒级数。

24. x 的双曲正弦定义为

$$\sinh x=\frac{1}{2}(e^x-e^{-x})$$

对 $\sinh x$ 重做习题 23 中的(a)问和(b)问。

25. 给定泰勒级数展开

$$\frac{1}{\sqrt{1+x}}=1-\frac{1}{2}x+\frac{1\cdot3}{2\cdot4}x^2-\frac{1\cdot3\cdot5}{2\cdot4\cdot6}x^3+\frac{1\cdot3\cdot5\cdot7}{2\cdot4\cdot6\cdot8}x^4-\cdots$$

求 $\frac{1}{\sqrt{1-x}}$ 在 $x=0$ 处的泰勒级数的前四项。

26. 求 $\frac{1}{\sqrt{1-x^2}}$ 在 $x=0$ 处的泰勒级数的前四项（见习题25）。

27. 使用习题 25 和

$$\int\frac{1}{\sqrt{1+x^2}}dx=\ln(x+\sqrt{1+x^2})+C$$

求 $\ln(x+\sqrt{1+x^2})$ 在 $x=0$ 处的泰勒级数。

28. 使用 $\frac{x}{(1-x)^2}$ 的泰勒级数展开，求泰勒级数为 $1+4x+9x^2+16x^3+25x^4+\cdots$ 的函数。

29. 用 e^x 的泰勒级数证明 $\frac{d}{dx}e^x=e^x$。

30. 用 $\cos x$（见自测题 2）的泰勒级数证明 $\cos(-x)=\cos x$。

31. 习题 22 中给出的 $x=0$ 处的泰勒级数为

$$f(x)=\ln\left(\frac{1+x}{1-x}\right)$$

求 $f^{(5)}(0)$。

32. 在 $x=0$ 处 $f(x)=\sec x$ 的泰勒级数为

$$1+\frac{1}{2}x^2+\frac{5}{24}x^4+\frac{61}{720}x^6+\cdots$$

求 $f^{(4)}(0)$。

33. 在 $x=0$ 处 $f(x)=\tan x$ 的泰勒级数为

$$x+\frac{1}{3}x^3+\frac{2}{15}x^5+\frac{17}{315}x^7+\cdots$$

求 $f^{(4)}(0)$。

34. 在 $x=0$ 处 $\frac{1+x^2}{1-x}$ 的泰勒级数为

$$1+x+2x^2+2x^3+2x^4+\cdots$$

求 $f^{(4)}(0)$，其中 $f(x)=\frac{1+x^4}{1-x^2}$。

在习题 35～37 中求给定反导数在 $x=0$ 处的泰勒级数展开。

35. $\int e^{-x^2}dx$　**36.** $\int xe^{x^3}dx$　**37.** $\int\frac{1}{1+x^3}dx$

在习题 38～40 中求收敛于给定定积分值的无穷级数。

38. $\int_0^1\sin x^2dx$　**39.** $\int_0^1 e^{-x^2}dx$　**40.** $\int_0^1 xe^{x^3}dx$

41. (a) 对于 $x>0$，使用 e^x 在 $x=0$ 处的泰勒级数证明 $e^x>x^2/2$。

(b) 对于 $x>0$，推导 $e^{-x}<2/x^2$。

(c) 证明随着 $x\to\infty$，xe^{-x} 趋于 0。

42. 设 k 为正常数。

(a) 对于 $x>0$，证明 $e^{kx}>\frac{k^2x^2}{2}$。

(b) 对于 $x>0$，推导 $e^{-kx}<\frac{2}{k^2x^2}$。

(c) 证明随着 $x\to\infty$，xe^{-kx} 趋于 0。

43. 证明当 $x>0$ 时 $e^x>x^3/6$，并从中推断出当 $x\to\infty$ 时，x^2e^{-x} 趋于 0。

44. k 为正常数，证明随着 $x\to\infty$，x^2e^{-kx} 趋于 0。

习题 45 和习题 46 依赖于以下事实：

$$\lim_{n\to\infty}\frac{|x|^{n+1}}{(n+1)!}=0$$

这里省略该事实的证明。

45. 设 $R_n(x)$ 为 $f(x)=\cos x$ 在 $x=0$ 处的 n 阶余式（见 11.1 节）。证明，对 x 的任何固定值，有 $|R_n(x)|\leqslant|x|^{n+1}/(n+1)$，进而得出结论：当 $n\to\infty$ 时，$|R_n(x)|\to 0$。这表明，对每个 x 值，$\cos x$ 的泰

勒级数都收敛于 $\cos x$。

46. 设 $R_n(x)$ 为 $f(x)=e^x$ 在 $x=0$ 处的 n 阶余式（见 11.1 节）。证明，对 x 的任何固定值，有 $|R_n(x)| \leqslant e^{|x|}\cdot|x|^{n+1}/(n+1)$，进而得出结论：当 $n\to\infty$ 时，$|R_n(x)|\to 0$。这表明，对每个 x 值，e^x 的泰勒级数都收敛于 e^x。

11.5 节自测题答案

1. 使用泰勒级数的定义作为展开的泰勒多项式：

$$f(x)=\sin x,\quad f'(x)=\cos x$$
$$f(0)=0,\quad f'(0)=1$$
$$f''(x)=-\sin x,\quad f'''(x)=-\cos x$$
$$f''(0)=0,\quad f'''(0)=-1$$
$$f^{(4)}(x)=\sin x,\quad f^{(5)}(x)=\cos x$$
$$f^{(4)}(0)=0,\quad f^{(5)}(0)=1$$

因此，

$$\sin x = 0+1\cdot x+\tfrac{0}{2!}x^2+\tfrac{-1}{3!}x^3+\tfrac{0}{4!}x^4+\tfrac{1}{5!}x^5+\cdots$$
$$= x-\tfrac{1}{3!}x^3+\tfrac{1}{5!}x^5-\cdots$$

2. 对上题中的泰勒级数进行微分：

$$\tfrac{d}{dx}\sin x=\tfrac{d}{dx}\left(x-\tfrac{1}{3!}x^3+\tfrac{1}{5!}x^5-\cdots\right)$$
$$\cos x = 1-\tfrac{1}{2!}x^2+\tfrac{1}{4!}x^4-\cdots$$

注意，使用 $\frac{3}{3!}=\frac{3}{1\cdot2\cdot3}=\frac{1}{1\cdot2}=\frac{1}{2!}$ 和 $\frac{5}{5!}=\frac{1}{4!}$。

3. 将 $\cos x$ 的泰勒级数中的 x 换成 $7x$，然后乘以 x^3：

$$\cos x = 1-\tfrac{1}{2!}x^2+\tfrac{1}{4!}x^4-\cdots$$
$$\cos 7x = 1-\tfrac{1}{2!}(7x)^2+\tfrac{1}{4!}(7x)^4-\cdots$$
$$=1-\tfrac{7^2}{2!}x^2+\tfrac{7^4}{4!}x^4-\cdots$$
$$x^3\cos 7x = x^3\left(1-\tfrac{7^2}{2!}x^2+\tfrac{7^4}{4!}x^4-\cdots\right)$$
$$=x^3-\tfrac{7^2}{2!}x^5+\tfrac{7^4}{4!}x^7-\cdots$$

4. $f(x)$ 的泰勒级数中 x^5 的系数为 $\frac{f^{(5)}(0)}{5!}$。根据自测题 3，该系数为 $-\frac{7^2}{2!}$。因此，

$$\frac{f^{(5)}(0)}{5!}=-\frac{7^2}{2!}$$
$$f^{(5)}(0)=-\tfrac{7^2}{2!}\cdot 5!=-\tfrac{49}{2}\cdot 120$$
$$=-49\times 60=-2940$$

第 11 章概念题

1. 定义 $f(x)$ 在 $x=a$ 处的 n 阶泰勒多项式。

2. $f(x)$ 在 $x=a$ 处的 n 阶泰勒多项式与 $x=a$ 处的 $f(x)$ 有什么不同？

3. 写出 $f(x)$ 在 $x=a$ 处的 n 阶泰勒多项式的余式公式。

4. 解释如何使用牛顿–拉普森算法近似函数的零点。

5. 什么是无穷级数的第 n 个部分和？

6. 什么是收敛的无穷级数？

7. 什么是收敛的无穷级数的和？

8. 什么是几何级数？它何时收敛？

9. 什么是收敛几何级数的和？

10. 定义 $f(x)$ 在 $x=0$ 处的泰勒级数。

11. 讨论泰勒级数收敛半径的三种可能性。

第 11 章复习题

1. 求 $x(x+1)^{3/2}$ 在 $x=0$ 处的二阶泰勒多项式。

2. 求 $(2x+1)^{3/2}$ 在 $x=0$ 处的四阶泰勒多项式。

3. 求 x^3-7x^2+8 在 $x=0$ 处的五阶泰勒多项式。

4. 求 $\frac{2}{2-x}$ 在 $x=0$ 处的 n 阶泰勒多项式。

5. 求 x^2 在 $x=3$ 处的三阶泰勒多项式。

6. 求 e^x 在 $x=2$ 处的三阶泰勒多项式。

7. 用 $t=0$ 处的二阶泰勒多项式估计 $y=-\ln(\cos 2t)$ 在 $t=0$ 和 $t=\frac{1}{2}$ 之间的图形下的面积。

8. 用 $x=0$ 处的二阶泰勒多项式估计 $\tan(0.1)$ 的值。

9. (a) 求 $\sqrt{x}$ 在 $x=9$ 处的二阶泰勒多项式。

(b) 使用(a)问估计 $\sqrt{8.7}$，精确到小数点后六位。

(c) 当 $n=2$，$x_0=3$ 时，使用牛顿–拉普森算法求方程 $x^2-8.7=0$ 的近似解，精确到小数点后六位。

10. (a) 使用 $\ln(1-x)$ 在 $x=0$ 处的三阶泰勒多项式近似 $\ln 1.3$，精确到小数点后四位。

(b) 当 $n=2$，$x_0=0$ 时，使用牛顿–拉普森算法求方程 $e^x=1.3$ 的近似解，精确到小数点后四位。

11. 使用 $n=2$ 的牛顿–拉普森算法近似计算 x^2-3x-2 在 $x_0=4$ 附近的零点。

12. 使用 $n=3$ 的牛顿–拉普森算法近似计算 $e^{2x}=1+e^{-x}$ 的解。

在习题 13～20 中，所给无穷级数收敛，求它的和。

13. $1-\frac{3}{4}+\frac{9}{16}-\frac{27}{64}+\frac{81}{256}-\cdots$

14. $\frac{5^2}{6}+\frac{5^3}{6^2}+\frac{5^4}{6^3}+\frac{5^5}{6^4}+\frac{5^6}{6^5}+\cdots$

15. $\frac{1}{8}+\frac{1}{8^2}+\frac{1}{8^3}+\frac{1}{8^4}+\frac{1}{8^5}+\cdots$

16. $\frac{2^2}{7}-\frac{2^5}{7^2}+\frac{2^8}{7^3}-\frac{2^{11}}{7^4}+\frac{2^{14}}{7^5}-\cdots$

17. $\frac{1}{m+1}+\frac{m}{(m+1)^2}+\frac{m^2}{(m+1)^3}+\frac{m^3}{(m+1)^4}+\cdots$，其中 m 是正数。

18. $\frac{1}{m}-\frac{1}{m^2}+\frac{1}{m^3}-\frac{1}{m^4}+\frac{1}{m^5}-\cdots$，其中 m 是正数。

19. $1+2+\frac{2^2}{2!}+\frac{2^3}{3!}+\frac{2^4}{4!}+\cdots$

20. $1+\frac{1}{3}+\frac{1}{2!}\left(\frac{1}{3}\right)^2+\frac{1}{3!}\left(\frac{1}{3}\right)^3+\frac{1}{4!}\left(\frac{1}{3}\right)^4+\cdots$

21. 利用收敛级数的性质求 $\sum_{k=0}^{\infty}\frac{1+2^k}{3^k}$。

22. 求 $\sum_{k=0}^{\infty}\frac{3^k+5^k}{7^k}$。

在习题 23 ~ 26 中，确定给定的级数是否收敛。

23. $\sum_{k=1}^{\infty}\frac{1}{k^3}$

24. $\sum_{k=1}^{\infty}\frac{1}{3^k}$

25. $\sum_{k=1}^{\infty}\frac{\ln k}{k}$

26. $\sum_{k=0}^{\infty}\frac{k^3}{(k^4+1)^2}$

27. p 取什么值时 $\sum_{k=1}^{\infty}\frac{1}{k^p}$ 收敛？

28. p 取什么值时 $\sum_{k=1}^{\infty}\frac{1}{p^k}$ 收敛？

在习题 29 ~ 32 中求函数在 $x=0$ 处的泰勒级数。对 $\frac{1}{1-x}$ 和 e^x 在 $x=0$ 处的泰勒级数进行适当的运算。

29. $\frac{1}{1+x^3}$

30. $\ln(1+x^3)$

31. $\frac{1}{(1-3x)^2}$

32. $\frac{e^x-1}{x}$

33. (a) 求 $\cos 2x$ 在 $x=0$ 处的泰勒级数，要么直接计算，要么使用已知的 $\cos x$ 的级数。

(b) 使用三角函数公式

$$\sin^2 x=\frac{1}{2}(1-\cos 2x)$$

求 $\sin^2 x$ 在 $x=0$ 处的泰勒级数。

34. (a) 求 $\cos 3x$ 在 $x=0$ 处的泰勒级数。

(b) 使用三角函数公式

$$\cos^3 x=\frac{1}{4}(\cos 3x+3\cos x)$$

求 $\cos^3 x$ 在 $x=0$ 处的四阶泰勒多项式。

35. 使用分解 $\frac{1+x}{1-x}=\frac{1}{1-x}+\frac{x}{1-x}$ 求 $\frac{1+x}{1-x}$ 在 $x=0$ 处的泰勒级数。

36. 求一个收敛于 $\int_0^{1/2}\frac{e^x-1}{x}\mathrm{d}x$ 的无穷级数。提示：利用习题 32。

37. 可以证明 $f(x)=\sin^2 x$ 在 $x=0$ 处的六阶泰勒多项式是 $x^2-\frac{1}{6}x^6$，在(a)问、(b)问和(c)问中使用这个事实。

(a) $f(x)$ 在 $x=0$ 处的五阶泰勒多项式是多少？

(b) $f'''(0)$ 是多少？

(c) 估计 $y=\sin^2 x$ 在 $x=0$ 和 $x=1$ 之间图形下的面积，精确到小数点后四位，并将答案与 11.1 节中例 4 中给出的值进行比较。

38. 设 $f(x)=\ln|\sec x+\tan x|$。可以证明 $f'(0)=1$，$f''(0)=0$，$f'''(0)=1$ 和 $f^{(4)}(0)=0$。$f(x)$ 在 $x=0$ 处的四阶泰勒多项式是多少？

39. 设 $f(x)=1+x^2+x^4+x^6+\cdots$。

(a) 求 $f'(x)$ 在 $x=0$ 处的泰勒级数展开。

(b) 求不涉及级数的 $f'(x)$ 的简单公式。提示：首先求 $f(x)$ 的简单公式。

40. 设 $f(x)=x-2x^3+4x^5-8x^7+16x^9-\cdots$。

(a) 求 $\int f(x)\mathrm{d}x$ 在 $x=0$ 处的泰勒级数展开。

(b) 求不涉及级数的 $\int f(x)\mathrm{d}x$ 的简单公式。提示：首先求 $f(x)$ 的简单公式。

41. **部分准备金银行制度。**假设美联储从私人所有者手中购买了 1 亿美元的政府债务。这创造了 1 亿美元的新资金，并因“部分准备金”银行系统引发了连锁反应。当这 1 亿美元存入私人银行账户时，银行只保留 15%的准备金，且可借出剩余的 85%，从而创造更多的资金：(0.85)(1) 亿美元。借到这笔钱的公司转身花掉，而收款人则把钱存入他们的银行账户。假设所有的 (0.85)(1) 亿美元都被重新存入银行，银行可再次贷出这笔钱的 85%，创造 $(0.85)^2(1)$ 亿美元的额外资金。这个过程可无限次重复。计算该过程理论上可创造的新资金的总量，超过最初的 1 亿美元（实际上，通常在美联储采取行动后的几周内，只会额外创造约 3 亿美元）。

42. **联邦储备银行业务。**假设美联储创造了 1 亿美元的新资金，如习题 41 所示。银行将收到的所有新资金的 85%借出，但假设在每笔贷款中，只有 80%重新存入银行系统。因此，第一组贷款总额为 (0.85)(1) 亿美元，第二组贷款只有 (0.8)(0.85)(1) 的 85%，或 $(0.8)(0.85)^2(1)$ 亿美元，下一组贷款 $(0.8)^2(0.85)^2(1)$ 的 85% 或 $(0.8)^2(0.85)^3(1)$ 亿美元，以此类推。计算这种情况下理论上可贷款的总金额。

永续年金。假设当你去世时，人寿保险单的收益将存入一个信托基金，该基金获得 8%的利息，持续复利。根据你的遗嘱条款，信托基金必须在第一年年底支付给你的后代和他们的继承人 c_1 美元（总额），在第二年年底支付 c_2 美元，在第三年年底支付 c_3 美元，以此类推，直到永远。为支付第 k 次付款而最初必须存在信托基金中的金额是 $c_k e^{-0.08k}$，即 k 年后要支付金额的现值。为提供所有付款，人寿保险单应向信托基金支付的总额为 $\sum_{k=1}^{\infty}c_k e^{-0.08k}$ 美元。

43. 若对所有 k 都有 $c_k=10000$，则保险单须为多大？（求级数的和）。

44. 若对所有 k 都有 $c_k=10000(0.9)^k$，则保险单须为多大？

45. 假设对所有 k 都有 $c_k=10000(1.08)^k$，且级数收敛，求上面级数的和。

第 12 章　概率和微积分

本章介绍微积分在概率论中的一些应用。因为我们并不计划将本章作为独立的概率论课程，所以只选择一些突出的观点来介绍概率论，为下一步研究奠定基础。

12.1　离散随机变量

下面通过分析考试成绩来引入均值、方差、标准差和随机变量的概念。

假设 10 人参加考试后的成绩分别为 50, 60, 60, 70, 70, 90, 100, 100, 100, 100。这些信息显示在图 1 的频数表中。

当我们查看考试结果时，首先要做的事情之一是计算成绩的均值。这时，我们要将分数相加，并除以总人数，这相当于首先将不同的分数乘以其出现的频数，然后将乘积相加，最后除以频数之和：

$$均值 = \frac{50\times1+60\times2+70\times2+90\times1+100\times4}{10}=\frac{800}{10}=80$$

为了了解这些成绩的分布情况，我们可以计算每个成绩与平均成绩之间的差。图 2 中列出了这些差。例如，若一个人得 50 分，则“成绩 – 均值”就是 50 – 80 = −30。作为对成绩分布的衡量，统计学家计算了这些差的平方的均值，且称之为成绩分布的方差：

$$\begin{aligned}方差 &= \frac{(-30)^2\times1+(-20)^2\times2+(-10)^2\times2+10^2\times1+20^2\times4}{10}\\ &=\frac{900+800+200+100+1600}{10}=\frac{3600}{10}=360\end{aligned}$$

成绩	50	60	70	90	100
频数	1	2	2	1	4

图 1

成绩 − 均值	−30	−20	−10	10	20
频数	1	2	2	1	4

图 2

方差的平方根称为成绩分布的**标准差**。在这种情况下，有

$$标准差 =\sqrt{360}\approx18.97$$

还有一种看待成绩分布及其均值和方差的方法。这种新方法很有用，因为它可推广到其他情况。首先将频数表转换为频率表（见图 3）。每个分数下面列出了全班获得该分数的比例。50 分出现的机会为 1/10，60 分出现的机会为 2/10，以此类推。注意，频率相加之和为 1，因为它们代表了全班按考试成绩分组的各个分数。

构建频率直方图，有助于显示频率表中的数据（见图 4）。在每个分数上放一个矩形，其高度等于该分数的频率。

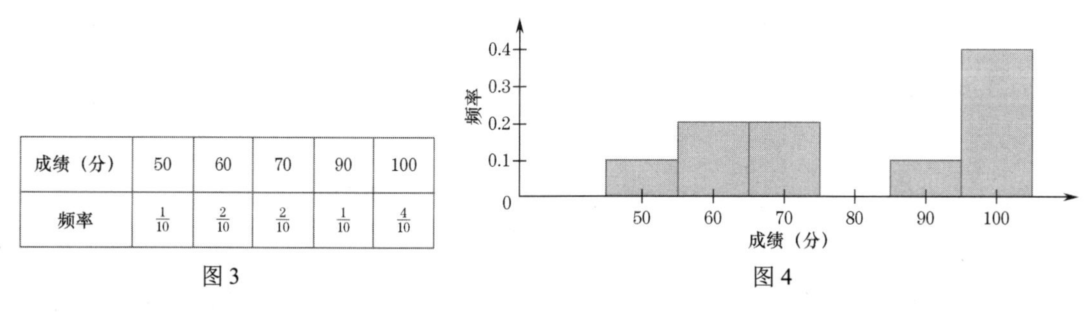

成绩（分）	50	60	70	90	100
频率	$\frac{1}{10}$	$\frac{2}{10}$	$\frac{2}{10}$	$\frac{1}{10}$	$\frac{4}{10}$

图 3

图 4

计算平均成绩的另一种方法是

$$均值 = \frac{50\times1+60\times2+70\times2+90\times1+100\times4}{10}$$
$$= 50\times\frac{1}{10}+60\times\frac{2}{10}+70\times\frac{2}{10}+90\times\frac{1}{10}+100\times\frac{4}{10}$$
$$= 5+12+14+9+40=80$$

由该计算的第二行看出，均值是各分数乘以其频率的总和。我们称均值是成绩的加权和（成绩按其频率加权）。

类似地，方差也是一个加权和：

$$方差 = [(50-80)^2\times1+(60-80)^2\times2+(70-80)^2\times2+(90-80)^2\times1+(100-80)^2\times4]\frac{1}{10}$$
$$= (50-80)^2\times\frac{1}{10}+(60-80)^2\times\frac{2}{10}+(70-80)^2\times\frac{2}{10}+(90-80)^2\times\frac{1}{10}+(100-80)^2\times\frac{4}{10}$$
$$= 90+80+20+10+160=360$$

图 3 所示的频率表也称概率表。使用该术语的原因如下。假设我们要进行从 10 份试卷中随机挑选 1 份试卷的实验。若该实验重复多次，则我们预计 50 分成绩出现的机会约为$\frac{1}{10}$，60 分成绩出现的机会约为$\frac{2}{10}$，以此类推。于是，我们说，50 分成绩被选中的概率是$\frac{1}{10}$，60 分成绩被选中的概率是$\frac{2}{10}$，以此类推。换句话说，与某个成绩相关的概率度量的是该考试成绩被选中的可能性。

本节介绍使用类似于图 3 中的概率表描述的各个实验。这些实验的结果是数值（如前面的考试成绩），称为**实验结果**。我们还会得到每个结果的概率，即实验频繁地重复进行时，预计出现给定结果的频率。若实验结果是 $a_1, a_2, \cdots, a_n$，各自的概率为 $p_1, p_2, \cdots, p_n$，则用一个概率表来描述该实验（见图 5）。概率表示频率，因此有

$$0 \leqslant p_i \leqslant 1$$

和

$$p_1 + p_2 + \cdots + p_n = 1$$

最后一个等式表明结果 $a_1, a_2, \cdots, a_n$ 中包含实验的所有可能结果。我们常按升序列出实验结果，即 $a_1 < a_2 < \cdots < a_n$。

我们可在直方图中显示概率表中的数据，该直方图在结果 a_i 上是高度为 p_i 的矩形（见图 6）。

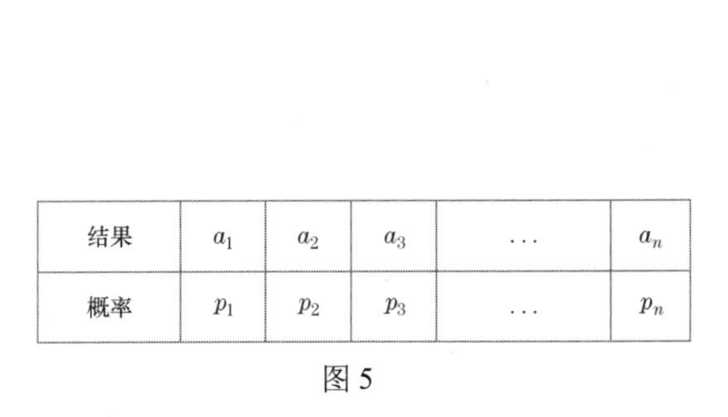

结果	a_1	a_2	a_3	…	a_n
概率	p_1	p_2	p_3	…	p_n

图 5

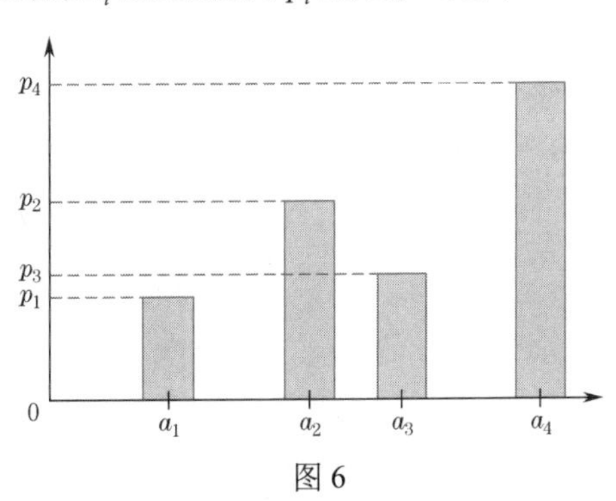

图 6

图 5 中的概率表的期望值（或均值）被定义为结果 $a_1, a_2, \cdots, a_n$ 的加权和，每个结果按其出现的概率加权，即

$$期望值 = a_1p_1 + a_2p_2 + \cdots + a_np_n$$

同样，概率表中的方差定义为每个结果与期望值之间的差的平方加权和。也就是说，若 m 表示期望值，则

$$方差 = (a_1-m)^2p_1 + (a_2-m)^2p_2 + \cdots + (a_n-m)^2p_n$$

为了避免多次书写“结果”，我们将用 X 来简写实验结果。也就是说，X 是一个变量，其值为

$a_1, a_2, \cdots, a_n$，相应的概率分别为 $p_1, p_2, \cdots, p_n$。假设实验是多次进行的，以无偏（或随机）的方式重复。于是，X 是一个取决于机会的变量，所以称 X 为随机变量。与其说概率表的期望值（均值）和方差，不如说与概率表相关的随机变量 X 的期望值和方差。我们用 $E(X)$ 表示 X 的期望值，用 $\mathrm{Var}(X)$ 表示 X 的方差。X 的标准差定义为 $\sqrt{\mathrm{Var}(X)}$。

例 1　期望值和方差。轮盘赌中一种可能的赌注是将 1 美元押注在红色上。两个可能的结果是输 1 美元和赢 1 美元，这些结果及其概率如图 7 所示（注意，拉斯维加斯的轮盘有 18 个红色数字、18 个黑色数字和 2 个绿色数字）。计算赢得金额的期望值和方差。

解：设 X 表示“赢得金额”的随机变量，则有

$$E(X) = -1\cdot\tfrac{20}{38} + 1\cdot\tfrac{18}{38} = -\tfrac{2}{38} \approx -0.0526$$

$$\mathrm{Var}(X) = \left[-1-\left(-\tfrac{2}{38}\right)\right]^2 \times \tfrac{20}{38} + \left[1-\left(-\tfrac{2}{38}\right)\right]^2 \times \tfrac{18}{38}$$

$$= \left(-\tfrac{36}{38}\right)^2 \times \tfrac{20}{38} + \left(\tfrac{40}{38}\right)^2 \times \tfrac{18}{38} \approx 0.997$$

赢得金额	−1	1
概率	$\frac{20}{38}$	$\frac{18}{38}$

图 7

赢得金额的期望值约为 $-5\frac{1}{4}$ 美分。换句话说，有时会赢 1 美元，有时会输 1 美元，但从长远看，每次下注预计会平均输掉约 $5\frac{1}{4}$ 美分。

■

例 2　期望值和方差。在从由整数{1, 2, 3}构成的集合中随机选择一个数字的实验中，概率由图 8 中的表格给出。假设 X 表示结果，求 X 的期望值和方差。

解：

$$E(X) = 1\times\tfrac{1}{3} + 2\times\tfrac{1}{3} + 3\times\tfrac{1}{3} = 2$$

$$\mathrm{Var}(X) = (1-2)^2 \times \tfrac{1}{3} + (2-2)^2 \times \tfrac{1}{3} + (3-2)^2 \times \tfrac{1}{3}$$

$$= (-1)^2 \times \tfrac{1}{3} + 0 + 1^2 \times \tfrac{1}{3} = \tfrac{2}{3}$$

数字	1	2	3
概率	$\frac{1}{3}$	$\frac{1}{3}$	$\frac{1}{3}$

图 8

■

例 3　基于期望值的决策。一家水泥公司计划竞标一个住房开发项目中新住宅的地基施工合同。该公司正在考虑两个出价：一个是能产生 75000 美元利润的高出价（若出价被接受），另一个是能产生 40000 美元利润的低出价。根据过往的经验，公司估计高出价有 30%的机会被接受，低出价有 50%的机会被接受。该公司应该出价多少？

解：决策的标准方法是选择具有较高期望值的出价。设 X 为公司提交高出价时的收入，Y 为公司提交低出价时的收入。于是，公司必须用表 1 中所示的概率来分析收入情况。期望值为

$$E(X) = 75000 \times 0.30 + 0 \times 0.70 = 22500$$

$$E(Y) = 40000 \times 0.50 + 0 \times 0.50 = 20000$$

若水泥公司有很多机会竞标类似的合同，则每次出价高的投标都会被多次接受，平均每次投标产生 22500 美元的利润。持续的低出价投标每次产生 20000 美元的平均利润。因此，该公司应提交高出价。

表 1

	高出价（美元）			低出价（美元）	
	接　受	拒　绝		接　受	拒　绝
X 的值	75000	0	Y 的值	40000	0
概率	0.30	0.70	概率	0.50	0.50

■

当概率表包含大量可能的实验结果时，随机变量 X 的相关直方图将成为可视化表中数据的重要辅助工具。例如，如图 9 所示，由于构成直方图的矩形具有相同的宽度，因此它们的面积与高度的比例相同。通过适当改变 y 轴的比例，我们可以假设每个矩形的面积（而非高度）给出了 X 的相关概率。这样的直方图有时被称为**概率密度直方图**。

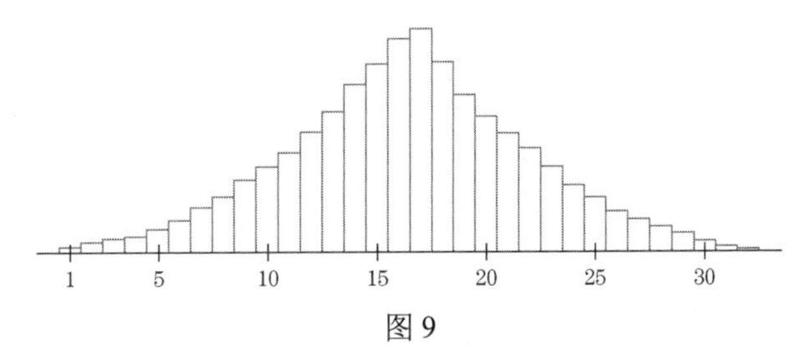

图 9

当我们希望直观地看到 X 在两个指定数字之间取值的概率时，以面积形式显示概率的直方图是很有用的。例如，在图 9 中，假设与 $X=5$, $X=6$,⋯, $X=10$ 相关的概率分别为 p_5 , p_6 ,⋯, p_{10} ，则 X 位于 5 和 10 之间的概率是 $p_5+p_6+\cdots+p_{10}$ 。就面积而言，这个概率只是这些矩形在值 5, 6,⋯,10 上的总面积（见图 10）。下一节将介绍类似的情况。

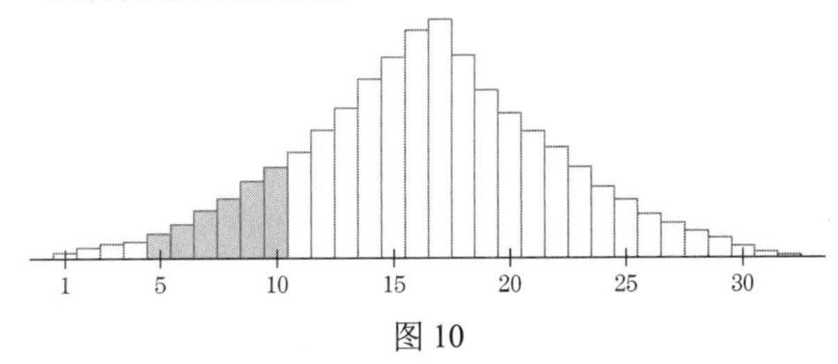

图 10

12.1 节复习题（答案见本节习题后）

1. 计算以表 2 为概率表的随机变量 X 的期望值和方差。

表 2

次　品	−1	0	1	2
概　率	$\frac{1}{8}$	$\frac{1}{8}$	$\frac{3}{8}$	$\frac{3}{8}$

2. 某无线电厂生产部门将收音机以 100 个为一批送到检验部门。在检验部门，检验员从每批产品中随机检查 3 台收音机。若这三台收音机中至少有一台有缺陷，需要调整，则整个批次的收音机将被送回生产部门。检验部门的记录显示，在 3 台收音机样本中，有缺陷收音机的数量 X 的概率见表 3。

表 3

次　品	0	1	2	3
概　率	0.7265	0.2477	0.0251	0.0007

(a) 检验部门拒收批次的百分比是多少？

(b) 求 3 台收音机样本中有缺陷收音机的平均数。

(c) 根据(b)问的证据，估计每批 100 台收音机中平均有多少台有缺陷的收音机。

习题 12.1

1. 表 4 是随机变量 X 的概率表。求 $E(X)$ 、 $\mathrm{Var}(X)$ 及 X 的标准差。

表 4

结　果	0	1
概　率	$\frac{1}{5}$	$\frac{4}{5}$

2. 求 $E(X)$ 、 $\mathrm{Var}(X)$ 和 X 的标准差，其中随机变量 X 的概率表见表 5。

表 5

结　果	1	2	3
概　率	$\frac{4}{9}$	$\frac{4}{9}$	$\frac{1}{9}$

3. 计算表 6 所示概率表中三个随机变量的方差。将方差的大小与随机变量的值的分布联系起来。

表 6

	结　果	概　率
(a)	4	0.5
	6	0.5
(b)	3	0.5
	7	0.5
(c)	1	0.5
	9	0.5

4. 计算表 7 所示概率表中两个随机变量的方差。将方差大小与随机变量取值的分布联系起来。

表 7

	结　果	概　率
(a)	2	0.1
	4	0.4
	6	0.4
	8	0.1
(b)	2	0.3
	4	0.2
	6	0.2
	8	0.3

5. **期望值**。一年来，某繁忙十字路口每周发生的事故数量都被记录下来。其中有 11 周没有事故，26 周有 1 次事故，13 周有 2 次事故，2 周有 3 次事故。随机选择一周，并记录事故数量。设 X 表示事故数量，则 X 是随机变量，其取值为 0, 1, 2 和 3。(a)写出 X 的概率表；(b)计算 $E(X)$；(c)解释 $E(X)$。

6. **概率表，期望值**。在一分钟内记录了每秒进入通信塔的电话数量。在 30 秒时间间隔内没有呼叫次数，在 20 秒时间间隔内有 1 次呼叫，在 10 秒时间间隔内有 2 次呼叫。随机选择一个 1 秒的时间间隔并记录呼叫次数。设 X 表示呼叫次数，则 X 是随机变量，其取值为 0, 1 和 2。(a)写出 X 的概率表；(b)计算 $E(X)$；(c)解释 $E(X)$。

7. 考虑半径为 1 的圆。(a)在中心 $\frac{1}{2}$ 单位内的点的百分比是多少？(b)设 c 是一个常数，$0<c<1$。在中心 c 单位内的点的百分比是多少？

8. 考虑一个周长为 1 的圆。圆心处有一个箭头（或旋转器），弹动它后，它可自由旋转。停止后，它指向圆周上的某个特定点。判断该点在以下位置的可能性：(a)在圆周的上半部分；(b)在圆周的上四分之一处；(c)在圆周的上百分之一处；(d)恰好在圆周的顶端。

9. **基于预期价值的决策**。夜间温度保持温和时，某柑橘种植者预计今年的利润为 100000 美元。遗憾的是，天气预报显示，在接下来的一周里，气温有 25%的可能性降至零度以下。这样的冰冻天气将摧毁 40%的作物，使利润减少到 60000 美元。然而，种植者可以以 5000 美元的成本保护柑橘类水果免受可能的冰冻（使用涂抹盆、电风扇等）。种植者是否应该花费这 5000 美元，以将利润减少到 95000 美元？提示：计算 $E(X)$，其中 X 是种植者在不采取任何措施保护水果的情况下得到的利润。

10. 假设习题 9 中的天气预报显示寒冷天气将柑橘种植者的利润从 100000 美元减少到 85000 美元的可能性为 10%，而寒冷天气将利润减少到 75000 的可能性为 10%，种植者是否应花费 5000 美元来保护柑橘类水果免受可能出现的恶劣天气的影响？

12.1 节复习题答案

1.

$$E(X)=(-1)\times\tfrac{1}{8}+0\times\tfrac{1}{8}+1\times\tfrac{3}{8}+2\times\tfrac{3}{8}=1$$

$$\begin{aligned}\mathrm{Var}(X)&=(-1-1)^2\times\tfrac{1}{8}+(0-1)^2\times\tfrac{1}{8}+(1-1)^2\times\tfrac{3}{8}+(2-1)^2\times\tfrac{3}{8}\\&=4\times\tfrac{1}{8}+1\times\tfrac{1}{8}+0+1\times\tfrac{3}{8}=1\end{aligned}$$

2. (a)在如下三种情况下批次将被拒绝：$X=1$, 2 或 3。将相应的概率相加，发现拒绝批次的概率为 $0.2477+0.0251+0.0007=0.2735$ 或 27.35%。另一种解决方案是，利用所有可能情况的概率之和必须为 1 的事实。由表可以看出，接受一个批次的概率是 0.7265，所以拒绝一个批次的概率是 $1-0.7265=0.2735$。

(b)

$$\begin{aligned}E(X)&=0\times0.7265+1\times0.2477+\\&\quad 2\times0.0251+3\times0.0007\\&=0.3000\end{aligned}$$

(c)在(b)问中，我们发现在每 3 台收音机样本中，平均有 0.3 台收音机是有缺陷的。因此，样本中约有 10%的收音机是有缺陷的。由于样本是随机选择的，因此可以假设所有收音机中约有 10%是有缺陷的。于是，我们估计平均每批 100 台收音机中有 10 台是有缺陷的。

12.2　连续随机变量

考虑一个正在蓬勃增长的细胞群。当一个细胞生长到第 T 天时，就会分裂并形成两个新的子细胞。如果细胞群足够大，它将包含许多介于 0 和 T 之间的不同年龄的细胞。事实证明，不同年龄的细胞的比例保持不变。也就是说，如果 a 和 b 是介于 0 和 T 之间的任意两个数字，且 $a<b$，那么年龄

介于 a 和 b 之间的细胞的比例从这一时刻到下一时刻基本上是恒定的，即使个别细胞正在老化且新细胞一直在形成。事实上，生物学家发现，在所述的理想情况下，年龄介于 a 和 b 之间的细胞的比例由函数 $f(x)=2k\mathrm{e}^{-kx}$ 从 $x=a$ 到 $x=b$ 的图形下的面积给出，其中 $k=(\ln 2)/T$ （见图 1）。

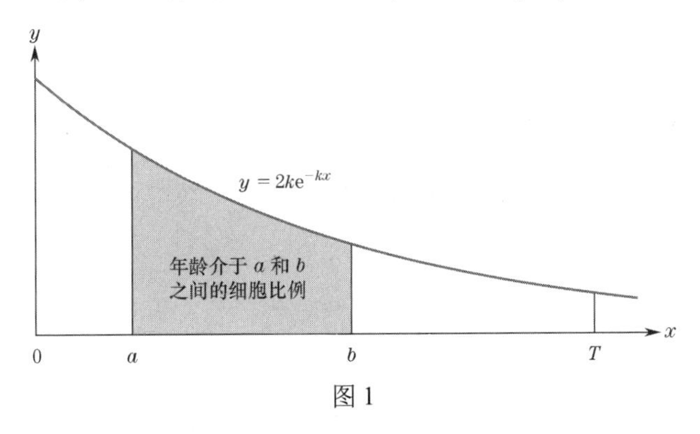

图 1

现在考虑一个实验：从细胞群中随机选择一个细胞并观察其年龄 X 。于是，X 介于 a 和 b 之间的概率由 $f(x)=2k\mathrm{e}^{-kx}$ 从 a 到 b 之间的图形下的面积给出（见图 1）。用 $\Pr(a\leqslant X\leqslant b)$ 表示这个概率。利用 $f(x)$ 图形下的面积由定积分给出的事实，可得

$$\Pr(a\leqslant X\leqslant b)=\int_a^b f(x)\,\mathrm{d}x=\int_a^b 2k\mathrm{e}^{-kx}\,\mathrm{d}x \tag{1}$$

由于 X 可取连续区间 0 到 T 内的（无穷多个）数中的任意一个，我们称 X 为连续随机变量。确定式(1)中每个 a 和 b 的概率的函数 $f(x)$ 称为 X（或结果为 X 的实验）的**（概率）密度函数**。

更一般地，考虑一个实验，其结果可能是 A 和 B 之间的任何值。实验结果表示为 X ，称为**连续随机变量**。对于前面描述的细胞群，有 $A=0$ 和 $B=T$ 。另一个典型的实验可能包括在 $A=5$ 和 $B=6$ 之间随机选择一个数字 X 。或者，我们可以观察通过给定电话总机的随机电话呼叫的持续时间 X。如果我们没有办法知道一个电话可能持续多长时间，那么 X 可能是任何非负数。在这种情况下，为方便起见，可以说 X 位于 0 和 ∞ 之间，且取 $A=0$ 和 $B=\infty$ 。另一方面，如果某些实验中 X 的可能值包括相当大的负数，那么有时会取 $A=-\infty$ 。

给定一个结果是连续随机变量 X 的实验，概率 $\Pr(a\leqslant X\leqslant b)$ 是对实验结果位于 a 和 b 之间的可能性的度量。如果实验重复多次，那么 X 在 a 和 b 之间取值的次数比例应接近 $\Pr(a\leqslant X\leqslant b)$ 。在涉及连续随机变量 X 的具有实际意义的实验中，通常可以找到一个函数 $f(x)$，使得

$$\Pr(a\leqslant X\leqslant b)=\int_a^b f(x)\,\mathrm{d}x \tag{2}$$

对 X 可能值范围内的所有 a 和 b 。这样的函数 $f(x)$ 称为**概率密度函数**，它满足以下性质：

(I) 当 $A\leqslant X\leqslant B$ 时，$f(x)\geqslant 0$ 。

(II) $\int_A^B f(x)\,\mathrm{d}x=1$ 。

实际上，性质 I 意味着，对于介于 A 和 B 之间的 X ，$f(x)$ 的图形必须位于 x 轴上或者上方。性质 II 只是说 X 的取值介于 A 和 B 之间的概率为 1（当然，若 $B=\infty$ 和/或 $A=-\infty$ ，则性质 II 中的积分是不定积分）。性质 I 和性质 II 是概率密度函数的特征，在某种意义上说，任何满足性质 I 和性质 II 的函数 $f(x)$ 都是某个连续随机变量 X 的概率密度函数。此外，$\Pr(a\leqslant X\leqslant b)$ 可以用式(2)来计算。

与离散随机变量的概率表不同，密度函数 $f(x)$ 并未给出 X 具有特定值的概率。相反，$f(x)$ 可用于找到 X 在以下意义上接近特定值的概率。若 x_0 是 A 和 B 之间的一个数，Δx 是以 x_0 为中心的小间隔的宽度，则 X 在 $x_0-\frac{1}{2}\Delta x$ 和 $x_0+\frac{1}{2}\Delta x$ 之间的概率近似为 $f(x_0)\Delta x$ ，即图 2 所示矩形的面积。

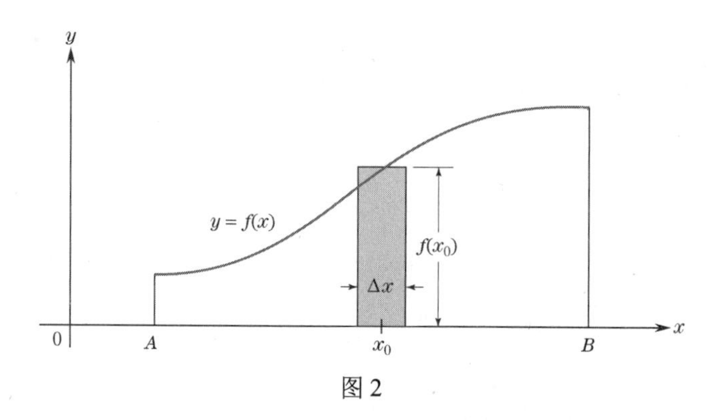

图 2

例 1　概率密度。考虑前面描述的细胞群。设 $f(x)=2k\mathrm{e}^{-kx}$，其中 $k=(\ln 2)/T$。证明 $f(x)$ 确实是 $0\leqslant X\leqslant T$ 上的概率密度函数。

解：显然，$f(x)\geqslant 0$，因为 $\ln 2$ 为正且指数函数非负。因此，性质 I 满足。对于性质 II，检查

$$\begin{aligned}\int_0^T f(x)\,\mathrm{d}x&=\int_0^T 2k\mathrm{e}^{-kx}\,\mathrm{d}x=-2\mathrm{e}^{-kx}\Big|_0^T=-2\mathrm{e}^{-kT}+2\mathrm{e}^0\\&=-2\mathrm{e}^{-[(\ln 2)/T]T}+2=-2\mathrm{e}^{-\ln 2}+2\\&=-2\mathrm{e}^{\ln(1/2)}+2=-2\times\tfrac{1}{2}+2=1\end{aligned}$$

■

例 2　求概率密度。设 $f(x)=kx^2$。

(a) 求出使 $f(x)$ 在 $0\leqslant x\leqslant 4$ 上成为概率密度函数的 k 值。

(b) 设 X 是概率密度函数为 $f(x)$ 的连续随机变量，计算 $\Pr(1\leqslant X\leqslant 2)$。

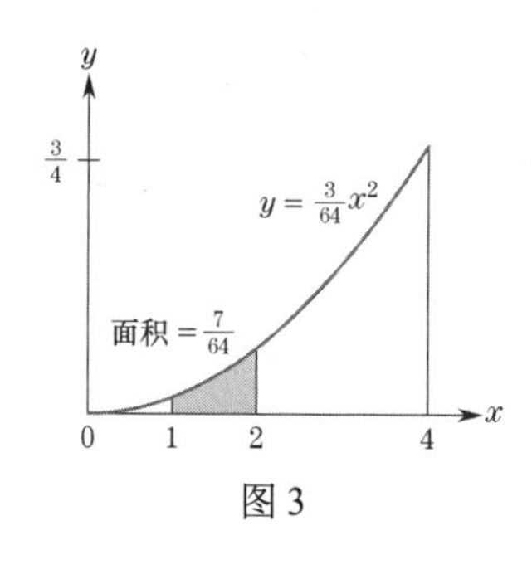

图 3

解：(a) 必须有 $k\geqslant 0$ 才能满足性质 I。对于性质 II，我们计算

$$\int_0^4 f(x)\,\mathrm{d}x=\int_0^4 kx^2\,\mathrm{d}x=\tfrac{1}{3}kx^3\Big|_0^4=\tfrac{1}{3}k(4)^3-0=\tfrac{64}{3}k$$

为满足性质 II，我们必须要求 $\frac{64}{3}k=1$，即 $k=\frac{3}{64}$。因此，$f(x)=\frac{3}{64}x^2$。

(b) $\Pr(1\leqslant X\leqslant 2)=\int_1^2 f(x)\,\mathrm{d}x=\int_1^2\frac{3}{64}x^2\,\mathrm{d}x=\frac{1}{64}x^3\Big|_1^2=\frac{8}{64}-\frac{1}{64}=\frac{7}{64}$

该概率对应的面积如图 3 所示。

■

下例中的密度函数是被统计学家有时称为 β 概率密度的一个**特例**。

例 3　β 概率密度。一家特许经营的连锁快餐店的母公司声称，他们的新餐厅在经营的第一年中盈利的比例具有概率密度函数

$$f(x)=12x(1-x)^2,\quad 0\leqslant x\leqslant 1$$

(a) 在今年开业的餐厅中，不到 40%的餐厅在第一年的经营中盈利的概率是多少？

(b) 超过 50%的餐厅在第一年的经营中盈利的概率是多少？

解：设 X 为今年新开餐厅在第一年就盈利的比例。于是，X 的可能值介于 0 和 1 之间。

(a) X 小于 0.4 的概率等于 X 介于 0 和 0.4 之间的概率。观察发现 $f(x)=12x(1-2x+x^2)=12x-24x^2+12x^3$，因此有

$$\begin{aligned}\Pr(0\leqslant X\leqslant 0.4)&=\int_0^{0.4}f(x)\,\mathrm{d}x=\int_0^{0.4}(12x-24x^2+12x^3)\,\mathrm{d}x\\&=(6x^2-8x^3+3x^4)\Big|_0^{0.4}=0.5248\end{aligned}$$

(b) X 大于 0.5 的概率等于 X 介于 0.5 和 1 之间的概率，因此有

$$\Pr(0.5 \leqslant X \leqslant 1) = \int_{0.5}^{1} (12x - 24x^2 + 12x^3)\,\mathrm{d}x = (6x^2 - 8x^3 + 3x^4)\Big|_{0.5}^{1} = 0.3125$$

■

每个概率密度函数都与另一个称为**累积分布函数**的重要函数密切相关。为了描述这种关系，我们考虑一个实验，其结果是一个连续随机变量 X，这个变量的值介于 A 和 B 之间，且 $f(x)$ 为相应的密度函数。对于 A 和 B 之间的每个数 x，令 $F(x)$ 为 X 小于或等于数字 x 的概率。有时，我们写为 $F(x) = \Pr(X \leqslant x)$；然而，因为 X 永远不小于 A，所以我们也可写出

$$F(x) = \Pr(A \leqslant X \leqslant x) \tag{3}$$

从图形上看，$F(x)$ 是概率密度函数 $f(x)$ 在从 A 到 x 的图形下的面积（见图 4）。函数 $F(x)$ 称为随机变量 X（或结果为 X 的实验）的累积分布函数。注意 $F(x)$ 具有以下性质：

$$F(A) = \Pr(A \leqslant X \leqslant A) = 0 \tag{4}$$

$$F(B) = \Pr(A \leqslant X \leqslant B) = 1 \tag{5}$$

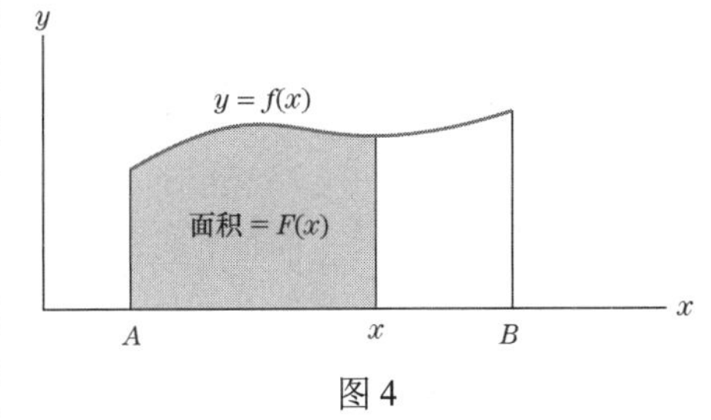

图 4

由于 $F(x)$ 是一个面积函数，它给出 $f(x)$ 从 A 到 x 的图形下的面积，由 6.4 节可知 $F(x)$ 是 $f(x)$ 的反导数，即

$$F'(x) = f(x), \quad A \leqslant x \leqslant B \tag{6}$$

于是，我们可以使用 $F(x)$ 来计算概率，因为对 A 和 B 之间的任意 a 和 b，有

$$\Pr(a \leqslant X \leqslant b) = \int_a^b f(x)\,\mathrm{d}x = F(b) - F(a) \tag{7}$$

$F(x)$ 和 $f(x)$ 之间的关系即式(6)，使得有可能在已知另一个函数的情况下找到这些函数中的一个，如下面的两个例子所示。

回顾：比较式(7)与 6.3 节中的定理 I。

例 4　细胞年龄。设 X 是从前面描述的细胞群中随机选择的细胞的年龄。X 的概率密度函数为 $f(x) = 2k\mathrm{e}^{-kx}$，其中 $k = (\ln 2)/T$（见图 5）。求 X 的累积分布函数 $F(x)$。

解：由于 $F(x)$ 是 $f(x) = 2k\mathrm{e}^{-kx}$ 的反导数，因此对某个常数 C 有 $F(x) = -2\mathrm{e}^{-kx} + C$。现在 $F(x)$ 定义在区间 $0 \leqslant x \leqslant T$ 上。因此，式(4)意味着 $F(0) = 0$。令 $F(0) = -2\mathrm{e}^0 + C = 0$，可以求得 $C = 2$，即

$$F(x) = -2\mathrm{e}^{-kx} + 2$$

如图 6 所示。

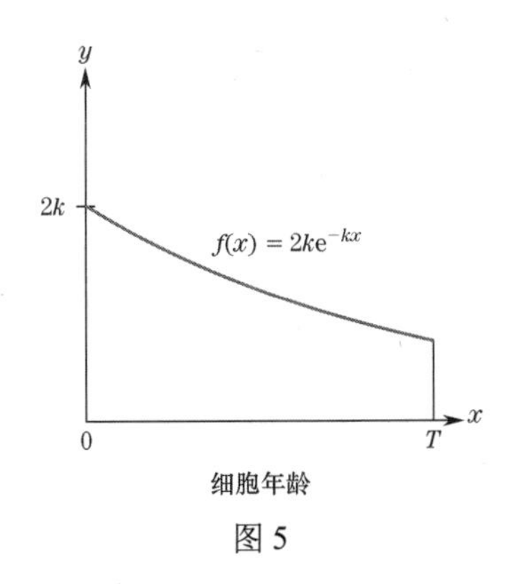

图 5

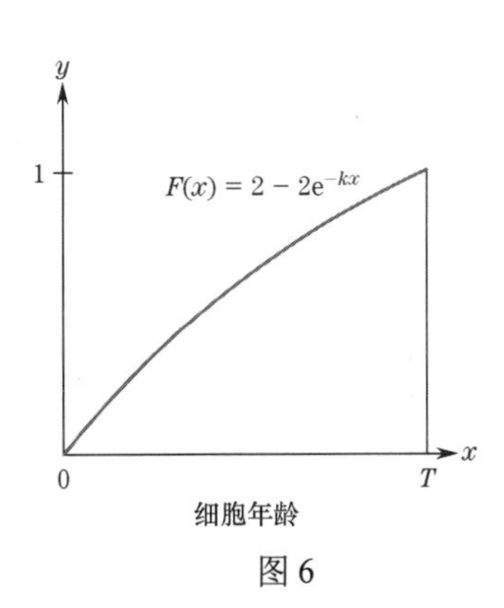

图 6

■

例 5　随机选择。设 X 为与实验相关的随机变量，该实验包括从半径为 1 的圆内的区域随机选择一个点，并观察其与圆心的距离。求 X 的概率密度函数 $f(x)$ 和累积分布函数 $F(x)$。

解：一个点与单位圆圆心的距离是一个介于 0 和 1 之间的数。假设 $0 \leqslant x \leqslant 1$。下面首先计算累积分布函数 $F(x)=\Pr(0 \leqslant X \leqslant x)$，也就是说，找到一个随机选择的点位于圆心的 x 个单位内（位于半径为 x 的圆内）的概率，如图 7(b)中的阴影区域所示。由于这个阴影区域的面积是 πx^2，而整个单位圆的面积是 $\pi \cdot 1^2=\pi$，于是落在阴影区域内的点的比例是 $\pi x^2/\pi = x^2$。因此，随机选择一个点在该阴影区域的概率是 x^2。因此，有

$$F(x)=x^2$$

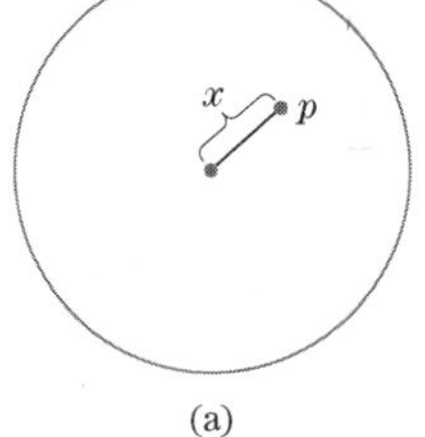

(a)

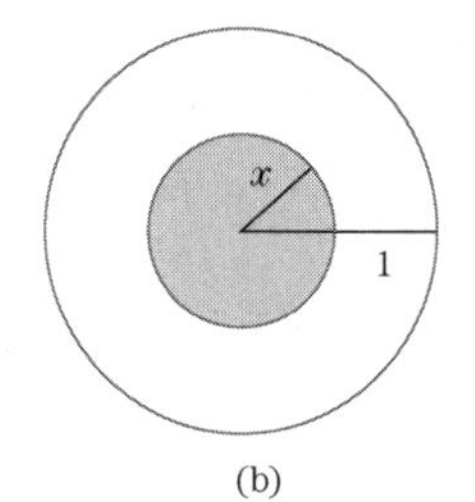

(b)

图 7

通过微分，发现 X 的概率密度函数为

$$f(x)=F'(x)=2x$$

■

下例涉及一个连续随机变量 X，其可能的取值在 $A=1$ 和 $B=\infty$ 之间；也就是说，X 是大于或等于 1 的任何数。

例 6　使用概率密度函数。设 $f(x)=3x^{-4}$，$x \geqslant 1$。

(a) 证明 $f(x)$ 是某随机变量 X 的概率密度函数。

(b) 求 X 的累积分布函数 $F(x)$。

(c) 计算 $\Pr(X \leqslant 4)$, $\Pr(4 \leqslant X \leqslant 5)$ 和 $\Pr(4 \leqslant X)$。

解：(a) 显然，对于 $x \geqslant 1$，有 $f(x) \geqslant 0$。因此，性质 I 成立。为了验证性质 II，必须计算

$$\int_1^{\infty} 3x^{-4}\,\mathrm{d}x$$

但是

$$\int_1^{b} 3x^{-4}\,\mathrm{d}x = -x^{-3}\Big|_1^b = -b^{-3}+1$$

当 $b \to \infty$ 时，有极限 1。因为当 $b \to \infty$ 时 b^{-3} 趋于 0，因此有

$$\int_1^{\infty} 3x^{-4}\,\mathrm{d}x = 1$$

性质 II 成立。

(b) 由于 $F(x)$ 是 $f(x)=3x^{-4}$ 的反导数，因此有

$$F(x)=\int 3x^{-4}\,\mathrm{d}x = -x^{-3}+C$$

由于 X 的值大于或等于 1，因此须有 $F(1)=0$。令 $F(1)=-1+C=0$，可得 $C=1$。于是，

$$F(x)=1-x^{-3}$$

(c) $\Pr(X \leqslant 4)=F(4)=1-4^{-3}=1-\frac{1}{64}=\frac{63}{64}$

因为知道 $F(x)$，因此可用来计算 $\Pr(4 \leqslant X \leqslant 5)$：

$$\Pr(4 \leqslant X \leqslant 5)=F(5)-F(4)=(1-5^{-3})-(1-4^{-3})=\frac{1}{4^3}-\frac{1}{5^3} \approx 0.0076$$

直接通过计算不定积分来计算 $\Pr(4 \leqslant X)$：

$$\int_4^{\infty} 3x^{-4}\,\mathrm{d}x$$

但有一种更简单的方法。我们知道

$$\int_1^{4} 3x^{-4}\,\mathrm{d}x + \int_4^{\infty} 3x^{-4}\,\mathrm{d}x = \int_1^{\infty} 3x^{-4}\,\mathrm{d}x = 1 \tag{8}$$

就概率而言，式(8)可写为

$$\Pr(X \leqslant 4) + \Pr(4 \leqslant X) = 1$$

因此，

$$\Pr(4 \leqslant X) = 1 - \Pr(X \leqslant 4) = 1 - \frac{63}{64} = \frac{1}{64}$$

■

12.2 节复习题（答案见本书习题后）

1. 某年某农业地区每英亩土地收获的小麦蒲式耳数为随机变量 X，其密度函数为

$$f(x) = \frac{x-30}{50}，\quad 30 \leqslant x \leqslant 40$$

(a) 随机选择的一英亩土地小麦产量少于 35 蒲式耳的概率是多少？

(b) 如果该地区有 20000 英亩小麦，那么有多少英亩小麦产量低于每英亩 35 蒲式耳？

2. 连续随机变量 X 在区间 $1 \leqslant x \leqslant 2$ 上的密度函数为 $f(x) = 8/(3x^3)$，求 X 在该区间上对应的累积分布函数。

习题 12.2

证明以下函数都是概率密度函数。

1. $f(x) = \frac{1}{18}x, 0 \leqslant x \leqslant 6$

2. $f(x) = 2(x-1), 1 \leqslant x \leqslant 2$

3. $f(x) = \frac{1}{4}, 1 \leqslant x \leqslant 5$

4. $f(x) = \frac{8}{9}x, 0 \leqslant x \leqslant \frac{3}{2}$

5. $f(x) = 5x^4, 0 \leqslant x \leqslant 1$

6. $f(x) = \frac{3}{2}x - \frac{3}{4}x^2, 0 \leqslant x \leqslant 2$

在习题 7～12 中，求出使给定函数成为指定区间上的概率密度函数的 k 值。

7. $f(x) = kx, 1 \leqslant x \leqslant 3$

8. $f(x) = kx^2, 0 \leqslant x \leqslant 2$

9. $f(x) = k, 5 \leqslant x \leqslant 20$

10. $f(x) = k/\sqrt{x}, 1 \leqslant x \leqslant 4$

11. $f(x) = kx^2(1-x), 0 \leqslant x \leqslant 1$

12. $f(x) = k(3x - x^2), 0 \leqslant x \leqslant 3$

13. 连续随机变量 X 的密度函数为 $f(x) = \frac{1}{8}x$，$0 \leqslant x \leqslant 4$。画出 $f(x)$ 的图形，并在相应的区域上涂上阴影。(a) $\Pr(X \leqslant 1)$；(b) $\Pr(2 \leqslant X \leqslant 2.5)$；(c) $\Pr(3.5 \leqslant X)$。

14. 连续随机变量 X 的密度函数为 $f(x) = 3x^2$，$0 \leqslant x \leqslant 1$。画出 $f(x)$ 的图形，并在相应的区域上涂上阴影。(a) $\Pr(X \leqslant 0.3)$；(b) $\Pr(0.5 \leqslant X \leqslant 0.7)$；(c) $\Pr(0.8 \leqslant X)$。

15. 求习题 1 中给出的密度函数的随机变量 X 的 $\Pr(1 \leqslant X \leqslant 2)$。

16. 求习题 2 中给出的密度函数的随机变量 X 的 $\Pr(1.5 \leqslant X \leqslant 1.7)$。

17. 求习题 3 中给出的密度函数的随机变量 X 的 $\Pr(X \leqslant 3)$。

18. 求习题 4 中给出的密度函数的随机变量 X 的 $\Pr(1 \leqslant X)$。

19. 电池寿命。假设某手电筒电池的寿命 X（小时）是区间 $30 \leqslant x \leqslant 50$ 上的一个随机变量，其密度函数为 $f(x) = \frac{1}{20}, 30 \leqslant x \leqslant 50$。求随机选择的电池持续最少 35 小时的概率。

20. 等待时间。在某超市，快速通道的等待时间是一个随机变量，其密度函数为 $f(x) = 11/[10(x+1)^2], 0 \leqslant x \leqslant 10$（见图 8）。求在快速通道等待时间小于 4 分钟的概率。

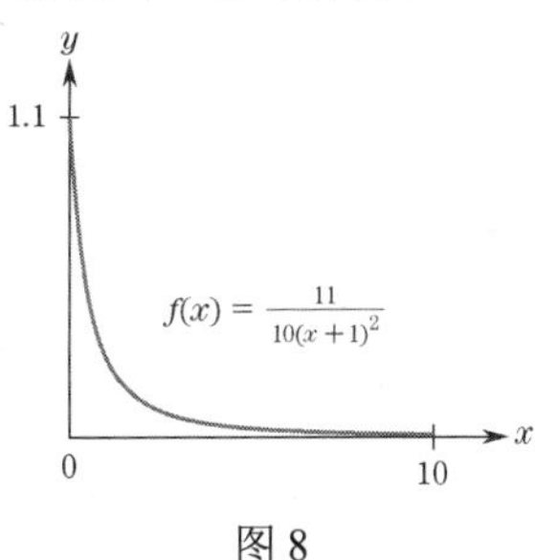

图 8

21. 在区间 $1 \leqslant x \leqslant 5$ 上的随机变量 X 的累积分布函数为 $F(x) = \frac{1}{2}\sqrt{x-1}$（见图 9），求相应的密度函数。

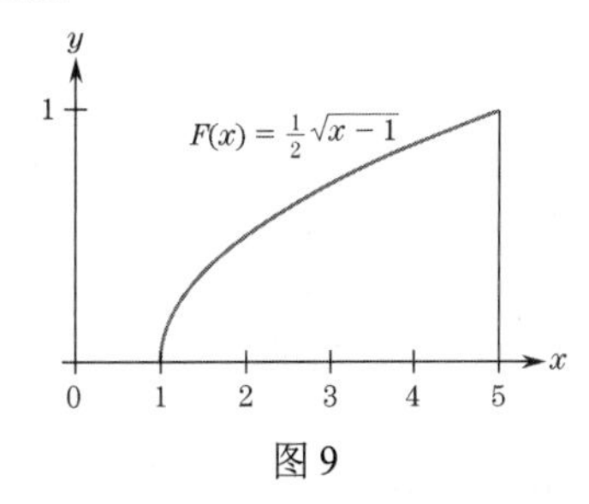

图 9

22. 在区间 $1 \leqslant x \leqslant 2$ 上的随机变量 X 的累积分布函数为 $F(x) = \frac{4}{3} - 4/(3x^2)$，求相应的密度函数。

23. 计算密度函数 $f(x) = \frac{1}{5}$ 在区间 $2 \leqslant x \leqslant 7$ 上的累积分布函数。

24. 计算密度函数 $f(x)=\frac{1}{2}(3-x)$ 在区间 $1\leqslant x\leqslant 3$ 上的累积分布函数。

25. 完成某个子组件所需的时间 X（以分钟计）是一个随机变量，其密度函数为 $f(x)=\frac{1}{21}x^2$，$1\leqslant x\leqslant 4$。

(a) 利用 $f(x)$ 计算 $\Pr(2\leqslant X\leqslant 3)$。

(b) 求相应的累积分布函数 $F(x)$。

(c) 利用 $F(x)$ 计算 $\Pr(2\leqslant X\leqslant 3)$。

26. 在区间 $1\leqslant x\leqslant 4$ 上的连续随机变量 X 的密度函数为 $f(x)=\frac{4}{9}x-\frac{1}{9}x^2$。

(a) 利用 $f(x)$ 计算 $\Pr(3\leqslant X\leqslant 4)$。

(b) 求相应的累积分布函数 $F(x)$。

(c) 利用 $F(x)$ 计算 $\Pr(3\leqslant X\leqslant 4)$。

从图 10(a)中的正方形区域内随机选择一个点，X 为该点坐标的最大值。

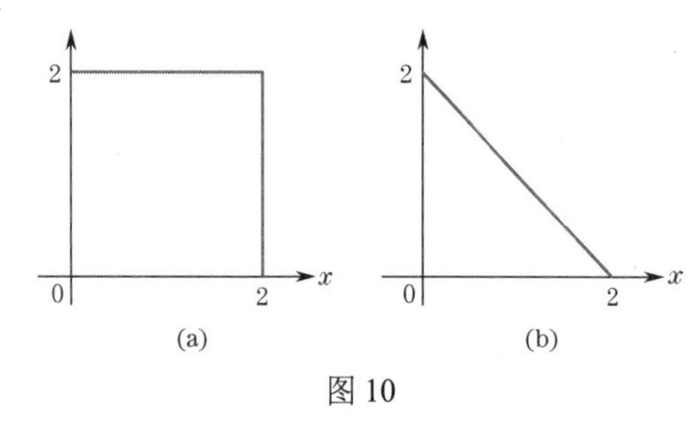

图 10

27. 证明 X 的累积分布函数为 $F(x)=x^2/4$，$0\leqslant x\leqslant 2$。

28. 求 X 对应的密度函数。

从图 10(b)中的三角形区域内随机选择一个点，X 为该点的坐标之和。

29. 证明 X 的累积分布函数为 $F(x)=x^2/4$，$0\leqslant x\leqslant 2$。

30. 求 X 对应的密度函数.

某细胞群中的细胞每 10 天分裂一次。随机选择的一个细胞的年龄是一个随机变量 X，其密度函数为 $f(x)=2k\,\mathrm{e}^{-kx}$，$0\leqslant x\leqslant 10$，$k=(\ln 2)/10$。

31. 求一个细胞最多存在 5 天的概率。

32. 检查载玻片时，发现 10%的细胞正在进行有丝分裂（导致分裂的细胞变化）。计算有丝分裂所需的时间长度，即求数字 M，使得

$$\int_{10-M}^{10} 2k\,\mathrm{e}^{-kx}\,\mathrm{d}x=0.10$$

33. 随机变量 X 的密度函数为 $f(x)=\frac{1}{3}$，$0\leqslant x\leqslant 3$。求 b，使得 $\Pr(0\leqslant X\leqslant b)=0.6$。

34. 随机变量 X 的密度函数为 $f(x)=\frac{2}{3}x$，$1\leqslant x\leqslant 2$。求 a，使得 $\Pr(a\leqslant X)=\frac{1}{3}$。

35. 随机变量 X 的累积分布函数为 $F(x)=x^2/4$，$0\leqslant x\leqslant 2$。求 b，使得 $\Pr(X\leqslant b)=0.09$。

36. 随机变量 X 的累积分布函数为 $F(x)=(x-1)^2$，$1\leqslant x\leqslant 2$。求 b，使得 $\Pr(X\leqslant b)=\frac{1}{4}$。

37. 令 X 为取值介于 $A=1$ 和 $B=\infty$ 之间的连续随机变量，其密度函数为 $f(x)=4x^{-5}$。

(a) 证明当 $x\geqslant 1$ 时，$f(x)$ 是概率密度函数。

(b) 求相应的累积分布函数 $F(x)$。

(c) 用 $F(x)$ 计算 $\Pr(1\leqslant X\leqslant 2)$ 和 $\Pr(2\leqslant X)$。

38. 令 X 是密度函数为 $f(x)=2(x+1)^{-3}$，$x\geqslant 0$ 的连续随机变量。

(a) 证明当 $x\geqslant 0$ 时，$f(x)$ 是概率密度函数。

(b) 求 X 的累积分布函数。

(c) 计算 $\Pr(1\leqslant X\leqslant 2)$ 和 $\Pr(3\leqslant X)$。

12.2 节复习题答案

1. (a) $\Pr(X\leqslant 35)=\int_{30}^{35}\frac{x-30}{50}\,\mathrm{d}x=\left.\frac{(x-30)^2}{100}\right|_{30}^{35}$

$=\frac{5^2}{100}-0=0.25$

(b) 利用(a)问，可以看到 20000 英亩中的 25%，即 5000 英亩，每英亩的小麦产量低于 35 蒲式耳。

2. 累积分布函数 $F(x)$ 是 $f(x)=8/(3x^3)=\frac{8}{3}x^{-3}$ 的反导数。于是，对常数 C 有 $F(x)=-\frac{4}{3}x^{-2}+C$。因为 X 在区间 $1\leqslant x\leqslant 2$ 上变化，所以 $F(1)=0$，即 $-\frac{4}{3}(1)^{-2}+C=0$。于是 $C=\frac{4}{3}$ 且 $F(x)=\frac{4}{3}-\frac{4}{3}x^{-2}$。

12.3 期望值与方差

在介绍 12.2 节中的细胞群时，我们会合理地求细胞的平均年龄。一般来说，给定一个由随机变量 X 和概率密度函数 $f(x)$ 描述的实验，了解实验的平均结果及实验结果围绕均值分布的程度往往很重要。为了在 12.1 节中提供这些信息，我们介绍了离散随机变量的期望值和方差的概念。下面介绍连续随机变量的类似定义。

定义 令 X 为连续随机变量，其在 A 和 B 之间取值，设 X 的概率密度函数为 $f(x)$，则 X 的期望值（或均值）$E(X)$ 定义为

$$E(X)=\int_A^B xf(x)\,\mathrm{d}x \tag{1}$$

X 的方差 $\mathrm{Var}(X)$ 定义为

$$\mathrm{Var}(X)=\int_A^B [x-E(X)]^2 f(x)\,\mathrm{d}x \tag{2}$$

X 的期望值与离散情况下的解释相同：若结果为 X 的实验执行多次，则所有结果的均值将大致等于 $E(X)$。与离散随机变量的情况一样，X 的方差是当实验进行多次时，X 值关于均值 $E(X)$ 的可能分布的定量度量。

回顾：定积分是黎曼和的极限，见 6.3 节的定理 II。

为了解释为何 $E(X)$ 的定义(1)类似于 12.1 节中的定义，这里用黎曼和来近似式(1)中的积分：

$$x_1 f(x_1)\Delta x + x_2 f(x_2)\Delta x + \cdots + x_n f(x_n)\Delta x \tag{3}$$

式中，$x_1, x_2, \cdots, x_n$ 是从 A 到 B 的区间的子区间的中点，每个子区间的宽度为 $\Delta x=(B-A)/n$（见图 1）。回顾 12.2 节可知，对于 $i=1,\cdots,n$，量 $f(x_i)\Delta x$ 约是 X 接近 x_i 的概率，即 X 位于以 x_i 为中心的子区间的概率。若将这个概率写成 $\Pr(X\approx x_i)$，则式(3)近似等同于

$$x_1\cdot\Pr(X\approx x_1)+x_2\cdot\Pr(X\approx x_2)+\cdots+x_n\cdot\Pr(X\approx x_n) \tag{4}$$

随着子区间数的增加，总和变得越来越接近式(1)中定义的 $E(X)$ 的积分。此外，式(4)中的每个近似和类似于离散随机变量的期望值定义中的和，其中我们计算所有可能结果的加权和，每个结果按其出现的概率加权。

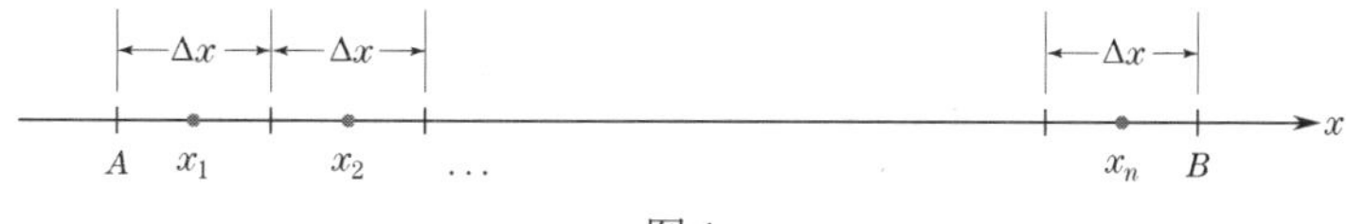

图 1

类似的分析表明，方差的定义(2)与离散情况的定义类似。

例 1 累积分布、期望值和方差。考虑从 0 和 B 之间的数字中随机选择一个数字。设 X 表示相关的随机变量。求 X 的累积分布函数、X 的密度函数，以及 X 的均值和方差。

解：

$$F(x)=\frac{\text{区间0到}x\text{的长度}}{\text{区间0到}B\text{的长度}}=\frac{x}{B}$$

由于 $f(x)=F'(x)$，有 $f(x)=1/B$。因此，有

$$E(X)=\int_0^B x\cdot\tfrac{1}{B}\,\mathrm{d}x=\tfrac{1}{B}\int_0^B x\,\mathrm{d}x=\tfrac{1}{B}\cdot\tfrac{B^2}{2}=\tfrac{B}{2}$$

$$\begin{aligned}\mathrm{Var}(X)&=\int_0^B\left(x-\tfrac{B}{2}\right)^2\cdot\tfrac{1}{B}\,\mathrm{d}x=\tfrac{1}{B}\int_0^B\left(x-\tfrac{B}{2}\right)^2\mathrm{d}x\\&=\tfrac{1}{B}\cdot\tfrac{1}{3}\left(x-\tfrac{B}{2}\right)^3\Big|_0^B=\tfrac{1}{3B}\left[\left(\tfrac{B}{2}\right)^3-\left(-\tfrac{B}{2}\right)^3\right]=\tfrac{B^2}{12}\end{aligned}$$

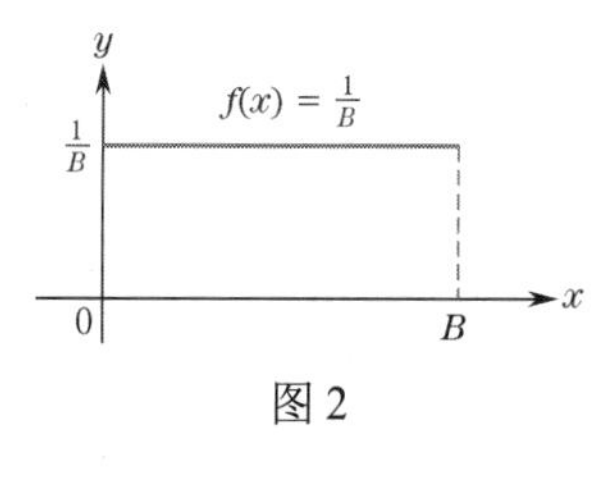

图 2

密度函数 $f(x)$ 的图形如图 2 所示。由于密度函数在区间 0 到 B 上是平坦的图形，随机变量 X 称为该区间上的**均匀随机变量**。 ■

例 2 细胞群的平均年龄。设 X 是从 12.2 节中描述的细胞群中随机选择的一个细胞的年龄，其中 X 的密度函数为

$$f(x)=2k\,\mathrm{e}^{-kx},\quad 0\leqslant x\leqslant T$$

式中，$k=(\ln 2)/T$。求细胞群的平均年龄 $E(X)$。

解：根据定义有

$$E(X)=\int_0^T x\cdot 2k\,\mathrm{e}^{-kx}\,\mathrm{d}x$$

为了计算这个积分，我们使用分部积分法，其中 $f(x)=2x$, $g'(x)=k\,\mathrm{e}^{-kx}$, $f'(x)=2$, $g(x)=-\mathrm{e}^{-kx}$。于是有

$$\begin{aligned}\int_0^T 2xk\,\mathrm{e}^{-kx}\,\mathrm{d}x&=-2x\mathrm{e}^{-kx}\Big|_0^T-\int_0^T -2\mathrm{e}^{-kx}\,\mathrm{d}x\\&=-2T\,\mathrm{e}^{-kT}-\left(\tfrac{2}{k}\mathrm{e}^{-kx}\right)\Big|_0^T\\&=-2T\,\mathrm{e}^{-kT}-\tfrac{2}{k}\mathrm{e}^{-kT}+\tfrac{2}{k}\end{aligned}$$

因为 $\mathrm{e}^{-kT}=\mathrm{e}^{-\ln 2}=\frac{1}{2}$，所以 $E(X)$ 可简化为

$$E(X)=-2T\left(\tfrac{1}{2}\right)-\tfrac{2}{k}\left(\tfrac{1}{2}\right)+\tfrac{2}{k}=\tfrac{T}{\ln 2}-T=\left(\tfrac{1}{\ln 2}-1\right)T\approx 0.4427T$$

■

例 3　在圆内随机选择一点。考虑在半径为 1 的圆内随机选择一个点，设 X 是该点到圆心的距离。计算随机变量 X 的期望值和方差。

解：12.2 节的例 5 中表明，X 的密度函数为 $f(x)=2x, 0\leqslant x\leqslant 1$，因此有

$$E(X)=\int_0^1 x\cdot 2x\,\mathrm{d}x=\int_0^1 2x^2\,\mathrm{d}x=\tfrac{2x^3}{3}\Big|_0^1=\tfrac{2}{3}$$

和

$$\begin{aligned}\mathrm{Var}(X)&=\int_0^1\left(x-\tfrac{2}{3}\right)^2\cdot 2x\,\mathrm{d}x=\int_0^1\left(x^2-\tfrac{4}{3}x+\tfrac{4}{9}\right)\cdot 2x\,\mathrm{d}x\\&=\int_0^1\left(2x^3-\tfrac{8}{3}x^2+\tfrac{8}{9}x\right)\,\mathrm{d}x=\left(\tfrac{1}{2}x^4-\tfrac{8}{9}x^3+\tfrac{4}{9}x^2\right)\Big|_0^1\\&=\tfrac{1}{2}-\tfrac{8}{9}+\tfrac{4}{9}=\tfrac{1}{18}\end{aligned}$$

观察发现，若从半径为 1 的圆中随机选择大量的点，则它们到圆心的平均距离约为 $\frac{2}{3}$。

■

以下随机变量方差的替代公式通常要比 $\mathrm{Var}(X)$ 的实际定义更易使用。

设 X 是在 A 和 B 之间取值的连续随机变量，$f(x)$ 为 X 的密度函数，则有

$$\mathrm{Var}(X)=\int_A^B x^2 f(x)\,\mathrm{d}x-E(X)^2 \tag{5}$$

为了证明式(5)，令 $m=E(X)=\int_A^B xf(x)\,\mathrm{d}x$，于是有

$$\begin{aligned}\mathrm{Var}(X)&=\int_A^B (x-m)^2 f(x)\,\mathrm{d}x=\int_A^B (x^2-2xm+m^2)f(x)\,\mathrm{d}x\\&=\int_A^B x^2 f(x)\,\mathrm{d}x-2m\int_A^B xf(x)\,\mathrm{d}x+m^2\int_A^B f(x)\,\mathrm{d}x\\&=\int_A^B x^2 f(x)\,\mathrm{d}x-2m\cdot m+m^2\cdot 1\\&=\int_A^B x^2 f(x)\,\mathrm{d}x-m^2\end{aligned}$$

例 4　使用图书馆的学生比例。某大学图书馆发现，在某个学年的任何给定月份，使用图书馆的学生比例是一个随机变量 X，其累积分布函数为

$$F(x)=4x^3-3x^4,\quad 0\leqslant x\leqslant 1$$

(a) 计算 $E(X)$ 并给出这个量的解释。

(b) 计算 $\mathrm{Var}(X)$。

解：(a) 为了计算 $E(X)$，下面先求概率密度函数 $f(x)$。由 12.2 节可知

$$f(x)=F'(x)=12x^2-12x^3$$

因此有

$$E(X)=\int_0^1 xf(x)\,\mathrm{d}x=\int_0^1(12x^3-12x^4)\,\mathrm{d}x=\left(3x^4-\tfrac{12}{5}x^5\right)\Big|_0^1=3-\tfrac{12}{5}=\tfrac{3}{5}$$

这个例子中 $E(x)$ 的含义是，在多个月间（学年期间），每个月使用图书馆的学生比例应接近 $\frac{3}{5}$。

(b) 首先计算

$$\int_0^1 x^2 f(x)\,\mathrm{d}x=\int_0^1(12x^4-12x^5)\,\mathrm{d}x=\left(\tfrac{12}{5}x^5-2x^6\right)\Big|_0^1=\tfrac{12}{5}-2=\tfrac{2}{5}$$

然后，由方差的替代式(5)得

$$\mathrm{Var}(X)=\tfrac{2}{5}-E(X)^2=\tfrac{2}{5}-\left(\tfrac{3}{5}\right)^2=\tfrac{1}{25}$$

■

12.3 节复习题（答案见本节习题后）

1. 求密度函数为 $f(x)=1/(2\sqrt{x})$，$1\leqslant x\leqslant 4$ 的随机变量 X 的期望值和方差。

2. 一家保险公司发现，销售人员在一周内销售价值超过 25000 美元保险的比例是一个具有如下 β 概率密度函数的随机变量 X：

$$f(x)=60x^3(1-x)^2,\quad 0\leqslant x\leqslant 1$$

(a) 计算 $E(X)$ 并给出这个量的解释。

(b) 计算 $\mathrm{Var}(X)$。

习题 12.3

求概率密度函数给定的每个随机变量的期望值和方差。计算方差时，使用式(5)。

1. $f(x)=\frac{1}{18}x, 0\leqslant x\leqslant 6$

2. $f(x)=2(x-1), 1\leqslant x\leqslant 2$

3. $f(x)=\frac{1}{4}, 1\leqslant x\leqslant 5$

4. $f(x)=\frac{8}{9}x, 0\leqslant x\leqslant \frac{3}{2}$

5. $f(x)=5x^4, 0\leqslant x\leqslant 1$

6. $f(x)=\frac{3}{2}x-\frac{3}{4}x^2, 0\leqslant x\leqslant 2$

7. $f(x)=12x(1-x)^2, 0\leqslant x\leqslant 1$

8. $f(x)=3\sqrt{x}/16, 0\leqslant x\leqslant 4$

9. **β 概率密度。**一家报社估计在给定日期用于广告的版面比例 X 是一个随机变量，其 β 概率密度函数为 $f(x)=30x^2(1-x)^2$，$0\leqslant x\leqslant 1$。

(a) 求 X 的累积分布函数。

(b) 求给定日期报纸版面中少于 25%的版面包含广告的概率。

(c) 计算 $E(X)$ 并给出这个量的解释。

(d) 计算 $\mathrm{Var}(X)$。

10. **成功餐厅的比例。**设 X 是某年新开餐厅在第一年运营中盈利的比例，且 X 的密度函数为 $f(x)=20x^3(1-x)$，$0\leqslant x\leqslant 1$。

(a) 计算 $E(X)$ 并给出这个量的解释。

(b) 计算 $\mathrm{Var}(X)$。

11. **机器的预期寿命。**某机器部件的使用寿命（以百小时计）是具有累积分布函数 $F(x)=\frac{1}{9}x^2$，$0\leqslant x\leqslant 3$ 的随机变量 X。

(a) 计算 $E(X)$ 并给出这个量的解释。

(b) 计算 $\mathrm{Var}(X)$。

12. **预期装配时间。**在生产线上完成一次装配所需的时间（以分钟计）是一个累积分布函数为 $F(x)=\frac{1}{125}x^3$，$0\leqslant x\leqslant 5$ 的随机变量 X。

(a) 计算 $E(X)$ 并给出这个量的解释。

(b) 计算 $\mathrm{Var}(X)$。

13. **预期阅读时间。**一个人花在阅读报纸社论版上的时间（以分钟为单位）是一个密度函数为 $f(x)=\frac{1}{72}x$，$0\leqslant x\leqslant 12$ 的随机变量 X。求阅读社论版的平均时间。

14. **公交车之间的时间间隔。**在某公交车站，公交车之间的时间间隔（以分钟计）是一个密度函数为 $f(x)=6x(10-x)/1000$，$0\leqslant x\leqslant 10$ 的随机变量。求公交车之间的平均时间间隔。

15. **完成工作的时间。**在准备一个大型建筑项目的投标时，承包商会分析每个阶段施工需要多长时间。假设承包商估计电气工程所需时间为 X 个工时，其中 X 是一个随机变量，其密度函数为 $f(x)=x(6-x)/18$，$3\leqslant x\leqslant 6$（见图 3）。

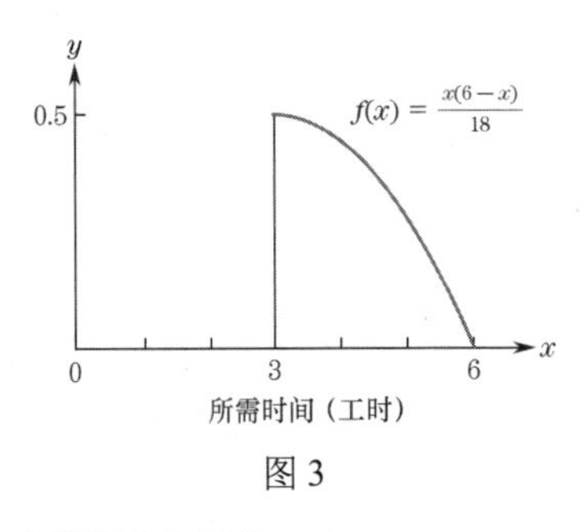

图 3

(a) 求累积分布函数 $F(x)$。

(b) 求电气工程所需时间不到 500 工时的概率。

(c) 求完成电气工程的平均时间。

(d) 求 $\mathrm{Var}(X)$。

16. 牛奶销量。一家乳品店每周的牛奶销量（以千加仑计）是一个随机变量 X，其密度函数为 $f(x)=4(x-1)^3, 1\leqslant x\leqslant 2$（见图 4）。

(a) 乳品店销售超过 1500 加仑的概率是多少？

(b) 乳品店每周平均销售的牛奶数量是多少？

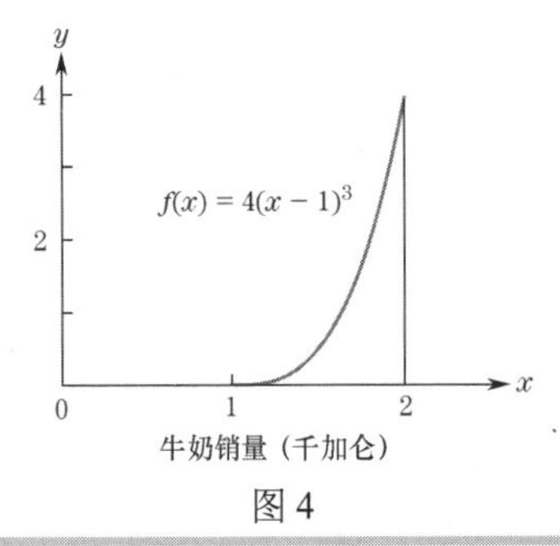

图 4

17. 设 X 是在 $A=1$ 和 $B=\infty$ 之间取值的随机变量，其密度函数为 $f(x)=4x^{-5}$。计算 $E(X)$ 和 $\mathrm{Var}(X)$。

18. 设 X 为连续随机变量，其密度函数为 $f(x)=3x^{-4}, x\geqslant 1$。计算 $E(X)$ 和 $\mathrm{Var}(X)$。

若 X 是一个随机变量，且在 $A\leqslant x\leqslant B$ 上具有密度函数 $f(x)$，则 X 的中位数 M 使得

$$\int_A^M f(x)\,\mathrm{d}x=\frac{1}{2}$$

换句话说，$\Pr(X\leqslant M)=\frac{1}{2}$。

19. 求密度函数为 $f(x)=\frac{1}{18}x, 0\leqslant x\leqslant 6$ 的随机变量的中位数。

20. 求密度函数为 $f(x)=2(x-1), 1\leqslant x\leqslant 2$ 的随机变量的中位数。

21. 在习题 11 中，描述的机器部件有 50%的机会至少可以使用多长时间？

22. 在习题 12 中，找出时间长度 T，使一半的装配在 T 分钟或更短的时间内完成。

23. 在 12.2 节的习题 20 中，找出时间长度 T，使得在超市快速通道上约一半的时间只等待 T 分钟或更短。

24. 求数 M，使得习题 16 中的乳品厂有一半的时间销售 M 千加仑或更少的牛奶。

25. 证明 $E(X)=B-\int_A^B F(x)\,\mathrm{d}x$，其中 $F(x)$ 是 X 在区间 $A\leqslant x\leqslant B$ 上的累积分布函数。

26. 利用习题 25 中的公式计算习题 12 中的随机变量 X 的 $E(X)$。

12.3 节复习题答案

1. $E(X)=\int_1^4 x\cdot\frac{1}{2\sqrt{x}}\,\mathrm{d}x=\int_1^4\frac{1}{2}x^{1/2}\,\mathrm{d}x=\frac{1}{3}x^{3/2}\Big|_1^4$

$=\frac{1}{3}\times 4^{3/2}-\frac{1}{3}=\frac{8}{3}-\frac{1}{3}=\frac{7}{3}$

为求 $\mathrm{Var}(X)$，先计算

$\int_1^4 x^2\cdot\frac{1}{2\sqrt{x}}\,\mathrm{d}x=\int_1^4\frac{1}{2}x^{3/2}\,\mathrm{d}x=\frac{1}{5}x^{5/2}\Big|_1^4$

$=\frac{1}{5}\times 4^{5/2}-\frac{1}{5}=\frac{32}{5}-\frac{1}{5}=\frac{31}{5}$

于是，由式(5)有

$$\mathrm{Var}(X)=\frac{31}{5}-\left(\frac{7}{3}\right)^2=\frac{34}{45}$$

2. (a) 首先注意到 $f(x)=60x^3(1-x)^2=60x^3(1-2x+x^2)=60x^3-120x^4+60x^5$，于是有

$E(X)=\int_0^1 xf(x)\,\mathrm{d}x$

$=\int_0^1(60x^4-120x^5+60x^6)\,\mathrm{d}x$

$=\left(12x^5-20x^6+\frac{60}{7}x^7\right)\Big|_0^1$

$=12-20+\frac{60}{7}=\frac{4}{7}$

因此，在平均一周内，约有七分之四的销售人员售出超过 25000 美元的保险。更准确地说，在数周的时间内，预计平均每周有七分之四的销售人员售出超过 25000 美元的保险。

(b) $\int_0^1 x^2 f(x)\,\mathrm{d}x=\int_0^1(60x^5-120x^6+60x^7)\,\mathrm{d}x$

$=\left(10x^6-\frac{120}{7}x^7+\frac{60}{8}x^8\right)\Big|_0^1$

$=10-\frac{120}{7}+\frac{60}{8}=\frac{5}{14}$

因此，$\mathrm{Var}(X)=\frac{5}{14}-\left(\frac{4}{7}\right)^2=\frac{3}{98}$。

12.4 指数随机变量和正态随机变量

本节专门讨论两种最重要的概率密度函数，即指数和正态密度函数。这些函数与广泛应用中出现的随机变量有关。下面介绍一些典型的例子。

指数密度函数

令 k 为正常数，则函数

$$f(x)=k\,\mathrm{e}^{-kx}，\quad x\geqslant 0$$

称为**指数密度函数**（见图 1）。这个函数确实是一个概率密度函数。首先，$f(x)$ 明显大于或等于 0；其次，

$$\int_0^b k\,\mathrm{e}^{-kx}\,\mathrm{d}x=-\mathrm{e}^{-kx}\Big|_0^b=1-\mathrm{e}^{-kb}\to 1,\quad b\to\infty$$

所以有

$$\int_0^b k\,\mathrm{e}^{-kx}\,\mathrm{d}x=1$$

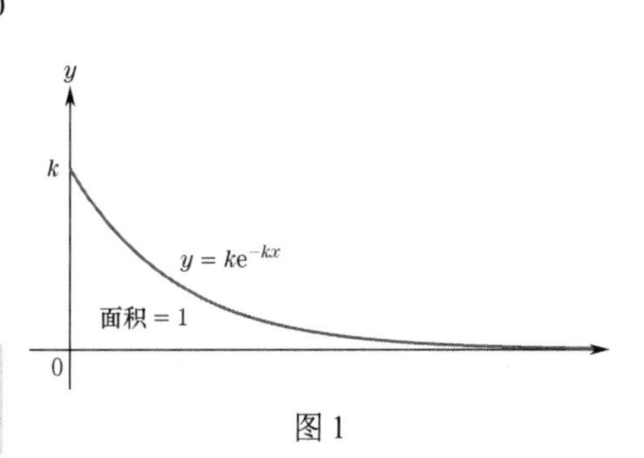

图 1

回顾：具有负指数的指数函数 $y=kc^{-kx}$ 在 $x\to\infty$ 时逐渐递减并趋于 0。

具有指数密度函数的随机变量 X 称为**指数随机变量**，X 的值称为**指数分布**。指数随机变量在可靠性计算中用于表示计算机芯片等电子元件的寿命（或故障时间）。它们用于描述两个连续随机事件之间的时间长度，如交换机上连续电话呼叫之间的时间间隔长度。此外，指数随机变量也出现在服务时间的研究中，如一个人在医生办公室或加油站花费的时间长度。

下面计算指数随机变量 X 的期望值：

$$E(X)=\int_0^\infty xf(x)\ \mathrm{d}x=\int_0^\infty xk\,\mathrm{e}^{-kx}\,\mathrm{d}x$$

我们可用一个定积分来近似这个不定积分，并且采用分部积分法得

$$\begin{aligned}\int_0^b xk\,\mathrm{e}^{-kx}\,\mathrm{d}x&=-x\,\mathrm{e}^{-kx}\Big|_0^b-\int_0^b-\mathrm{e}^{-kx}\,\mathrm{d}x\\&=(-b\,\mathrm{e}^{-kb}+0)-\tfrac{1}{k}\mathrm{e}^{-kx}\Big|_0^b\\&=-b\,\mathrm{e}^{-kb}-\tfrac{1}{k}\mathrm{e}^{-kb}+\tfrac{1}{k}\end{aligned}\tag{1}$$

回顾：分部积分公式为 $\int f(x)g'(x)\mathrm{d}x=f(x)g(x)-\int f'(x)g(x)\ \mathrm{d}x$。

当 $b\to\infty$ 时，这个量接近 $1/k$。因为 $-b\,\mathrm{e}^{-kb}$ 和 $-(1/k)\mathrm{e}^{-kb}$ 都趋于 0（见 11.5 节的习题 42）。因此，

$$E(X)=\int_0^\infty xk\mathrm{e}^{-kx}\ \ \mathrm{d}x=\tfrac{1}{k}$$

下面计算 X 的方差。由 12.3 节给出的 $\mathrm{Var}(X)$ 的替代公式有

$$\begin{aligned}\mathrm{Var}(X)&=\int_0^\infty x^2f(x)\ \mathrm{d}x-\mathrm{E}(X)^2\\&=\int_0^\infty x^2k\,\mathrm{e}^{-kx}\,\mathrm{d}x-\tfrac{1}{k^2}\end{aligned}\tag{2}$$

利用分部积分法得

$$\begin{aligned}\int_0^b x^2k\,\mathrm{e}^{-kx}\,\mathrm{d}x&=x^2(-\mathrm{e}^{-kx})\Big|_0^b-\int_0^b 2x(-\mathrm{e}^{-kx})\ \mathrm{d}x\\&=(-b^2\,\mathrm{e}^{-kb}+0)+2\int_0^b x\,\mathrm{e}^{-kx}\,\mathrm{d}x\\&=-b^2\,\mathrm{e}^{-kb}+\tfrac{2}{k}\int_0^b xk\,\mathrm{e}^{-kx}\,\mathrm{d}x\end{aligned}\tag{3}$$

现在令 $b\to\infty$。由 $E(X)$ 的计算公式(1)可知，式(3)的第二项的积分趋于 $1/k$；同时，可以证明 $-b^2\,\mathrm{e}^{-kb}$ 趋于 0（见 11.5 节的习题 44）。因此，有

$$\int_0^\infty x^2k\,\mathrm{e}^{-kx}\,\mathrm{d}x=\tfrac{2}{k}\cdot\tfrac{1}{k}=\tfrac{2}{k^2}$$

根据式(2)有

$$\mathrm{Var}(X) = \frac{2}{k^2} - \frac{1}{k^2} = \frac{1}{k^2}$$

以上结果小结如下。

令 X 是指数密度函数为 $f(x) = k\mathrm{e}^{-kx}\ (x \geqslant 0)$ 的随机变量，则

$$E(X) = \frac{1}{k} \quad 和 \quad \mathrm{Var}(X) = \frac{1}{k^2}$$

例 1　指数密度。假设某品牌灯泡提供的连续使用天数是期望值为 100 天的指数随机变量 X。

(a) 求 X 的密度函数。

(b) 求随机选择的灯泡能持续使用 80 天到 90 天的概率。

(c) 求随机选择的灯泡能持续使用超过 40 天的概率。

解：(a) 由于 X 是指数随机变量，对于某个 $k > 0$，其密度函数必定满足 $f(x) = k\mathrm{e}^{-kx}$ 的形式。由于这种密度函数的期望值为 $1/k$ 且在本题中等于 100，因此有

$$\frac{1}{k} = 100, \quad k = \frac{1}{100} = 0.01$$

于是，$f(x) = 0.01\mathrm{e}^{-0.01x}$。

(b) $\Pr(80 \leqslant X \leqslant 90) = \int_{80}^{90} 0.01\mathrm{e}^{-0.01x}\,\mathrm{d}x = -\mathrm{e}^{-0.01x}\Big|_{80}^{90} = -\mathrm{e}^{-0.9} + \mathrm{e}^{-0.8} \approx 0.04276$。

(c) $\Pr(X > 40) = \int_{40}^{\infty} 0.01\mathrm{e}^{-0.01x}\,\mathrm{d}x = 1 - \int_{0}^{40} 0.01\mathrm{e}^{-0.01x}\,\mathrm{d}x$

因为 $\int_0^\infty f(x)\,\mathrm{d}x = 1$，所以

$$\Pr(X > 40) = 1 + (\mathrm{e}^{-0.01x})\Big|_0^{40} = 1 + (\mathrm{e}^{-0.4} - 1) = \mathrm{e}^{-0.4} \approx 0.67032$$

■

例 2　电话呼叫之间的时间。在一天的某个时段内，中央电话交换机的连续电话呼叫之间的时间间隔是期望值为 $\frac{1}{3}$ 秒的指数随机变量 X。

(a) 求 X 的密度函数。

(b) 求连续电话呼叫之间的时间间隔在 $\frac{1}{3}$ 到 $\frac{2}{3}$ 秒之间的概率。

(c) 求连续电话呼叫之间的时间超过 2 秒的概率。

解：(a) 因为 X 是一个指数随机变量，对于某个 $k > 0$，其密度函数为 $f(x) = k\mathrm{e}^{-kx}$。由于 X 的期望值为 $1/k = \frac{1}{3}$，因此有 $k = 3$ 和 $f(x) = 3\mathrm{e}^{-3x}$。

(b) $\Pr\left(\frac{1}{3} \leqslant X \leqslant \frac{2}{3}\right) = \int_{1/3}^{2/3} 3\mathrm{e}^{-3x}\,\mathrm{d}x = -\mathrm{e}^{-3x}\Big|_{1/3}^{2/3} = -\mathrm{e}^{-2} + \mathrm{e}^{-1} \approx 0.23254$。

(c) $\Pr(X > 2) = \int_2^\infty 3\mathrm{e}^{-3x}\,\mathrm{d}x = 1 - \int_0^2 3\mathrm{e}^{-3x}\,\mathrm{d}x = 1 + (\mathrm{e}^{-3x})\Big|_0^2 = \mathrm{e}^{-6} \approx 0.00248$。

换句话说，大约在 0.25%的时间内，连续呼叫之间的等待时间至少为 2 秒。

■

正态密度函数

已知 μ 和 σ 的值，其中 $\sigma > 0$，称函数

$$f(x) = \frac{1}{\sigma\sqrt{2\pi}}\mathrm{e}^{-(1/2)/[(x-\mu)/\sigma^2]} \tag{4}$$

为正态密度函数。密度函数具有这种形式的随机变量 X 称为**正态随机变量**，且 X 的值称为**正态分布**。许多应用中的随机变量都是近似正态分布的。例如，在物理测量和各种制造过程中出现的误差，以及许多人类的生理和心理特征，都可方便地用正态随机变量来建模。

定义(4)中密度函数的图形称为**正态曲线**（见图 2）。正态曲线关于直线 $x = \mu$ 对称，且在 $\mu - \sigma$ 和

$\mu+\sigma$ 处有拐点。图 3 显示了对应不同 σ 值的三条正态曲线。参数 μ 和 σ 决定了曲线的形状。μ 值决定了曲线达到其最大高度的点，而 σ 值决定了曲线的峰值有多尖锐。

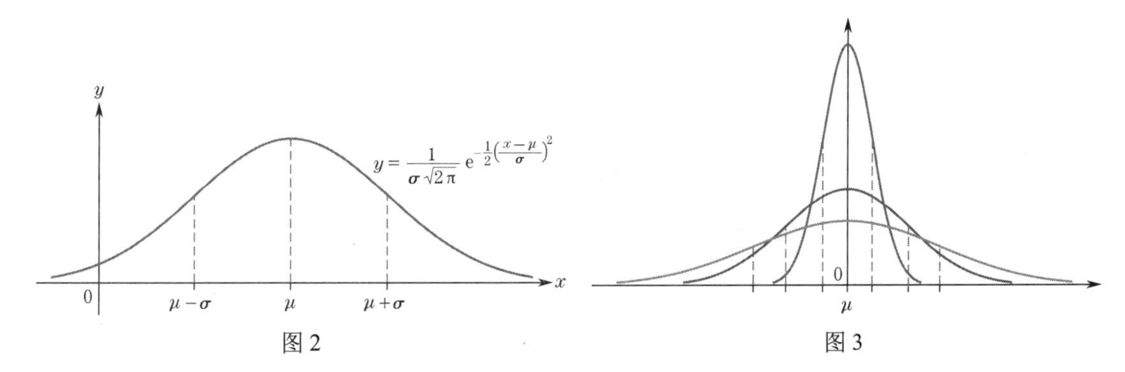

图 2　　　　图 3

可以证明，正态密度函数的定义(4)中的常数 $\frac{1}{\sigma\sqrt{2\pi}}$ 需要使正态曲线下的面积等于 1，即使得 $f(x)$ 成为概率密度函数。整体随机变量 X 的理论值包括所有正数和负数，但正态曲线在拐点之外如此迅速地接近横坐标轴，以至于与 X 轴上远离 $x=\mu$ 的左边或右边的区间相关的概率可以忽略不计。

使用本书范围之外的技术，可以验证以下关于正态随机变量的基本事实。

令 X 是正态密度函数为

$$f(x)=\frac{1}{\sigma\sqrt{2\pi}}\mathrm{e}^{-(1/2)[(x-\mu)/\sigma]^2}$$

的随机变量，则 X 的期望值（均值）、方差和标准差分别为

$$E(X)=\mu,\quad \mathrm{Var}(X)=\sigma^2,\quad \sqrt{\mathrm{Var}(X)}=\sigma$$

期望值 $\mu=0$、标准差 $\sigma=1$ 的正态随机变量称为**标准正态随机变量**，常用字母 Z 表示。在式(4)中使用这些值作为 μ 和 σ，并用 z 代替变量 x，可得 Z 的密度函数为

$$f(z)=\frac{1}{\sqrt{2\pi}}\mathrm{e}^{-(1/2)z^2}$$

这个函数的图形称为**标准正态曲线**（见图 4）。

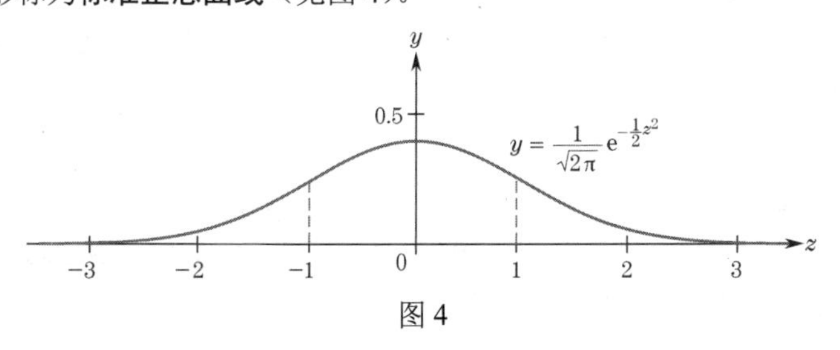

图 4

标准正态随机变量 Z 的概率可以写为

$$\Pr(a\leqslant Z\leqslant b)=\int_a^b\frac{1}{\sqrt{2\pi}}\mathrm{e}^{-(1/2)z^2}\,\mathrm{d}z$$

这样的积分不能直接求值，因为 Z 的密度函数不能用初等函数来计算反微分，但此类概率的表格是用定积分的近似值编制的。对于 $z\geqslant 0$，令 $A(z)=\Pr(0\leqslant Z\leqslant z)$ 和 $A(-z)=\Pr(-z\leqslant Z\leqslant 0)$。也就是说，设 $A(z)$ 和 $A(-z)$ 是图 5 所示区域的面积。由标准正态曲线的对称性容易看出 $A(-z)=A(z)$。

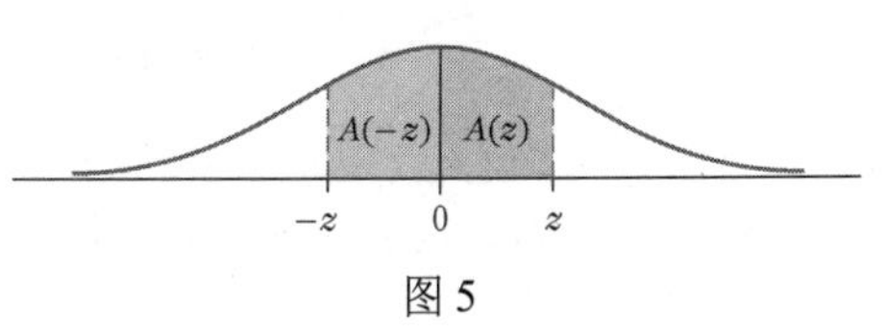

图 5

附录 A 中的表 1 列出了 $z \geqslant 0$ 时的 $A(z)$ 值。

例 3　标准正态随机变量。令 Z 为标准正态随机变量。利用附录 A 中的表 1 计算下列概率：

(a) $\Pr(0 \leqslant Z \leqslant 1.84)$　　(b) $\Pr(-1.65 \leqslant Z \leqslant 0)$

(c) $\Pr(0.7 \leqslant Z)$　　(d) $\Pr(0.5 \leqslant Z \leqslant 2)$

(e) $\Pr(-0.75 \leqslant Z \leqslant 1.46)$

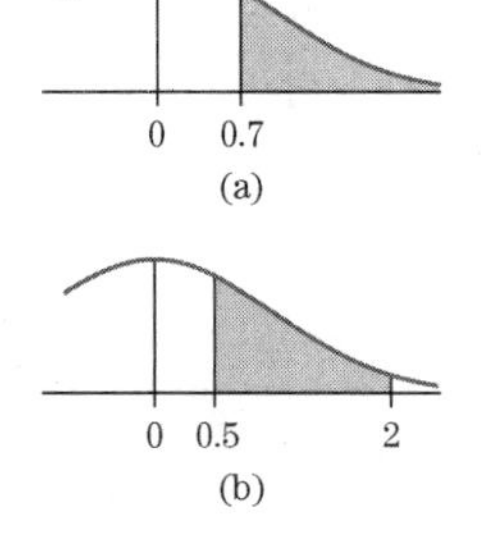

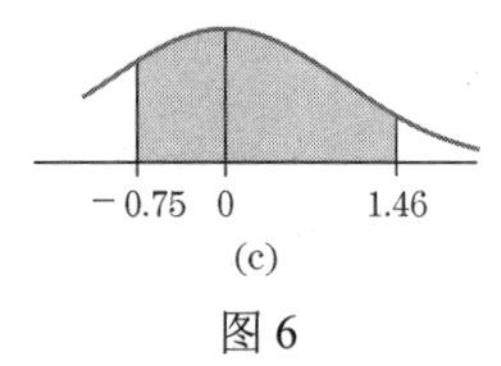

图 6

解：(a) $\Pr(0 \leqslant Z \leqslant 1.84) = A(1.84)$。在表 1 中，沿 z 列下移，直至找到 1.8；然后，在同一行中右移至列标题为 0.04 一列，发现 $A(1.84) = 0.4671$。

(b) $\Pr(-1.65 \leqslant Z \leqslant 0) = A(-1.65) = A(1.65) = 0.4505$（根据表 1）。

(c) 正态曲线下的面积是 1，曲线的对称性意味着 y 轴右边的面积是 0.5。现在 $\Pr(0.7 \leqslant Z)$ 是曲线在 0.7 右边的面积，因此可以通过从 0.5 中减去曲线在 0.5 和 0.7 之间的面积来求得该面积［见图 6(a)］。因此，

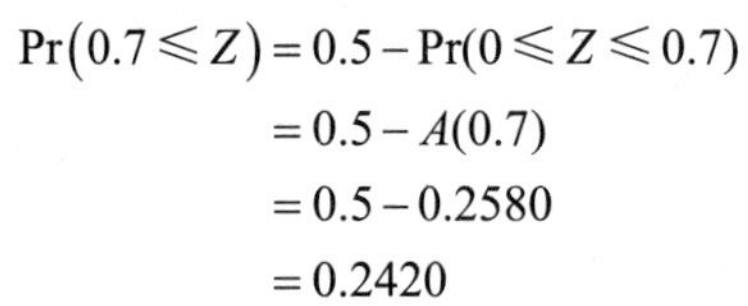

$$\begin{aligned}\Pr(0.7 \leqslant Z) &= 0.5 - \Pr(0 \leqslant Z \leqslant 0.7)\\ &= 0.5 - A(0.7)\\ &= 0.5 - 0.2580\\ &= 0.2420\end{aligned}$$

(d) 标准正态曲线下从 0.5 到 2 的面积等于从 0 到 2 的面积减去从 0 到 0.5 的面积［见图 6(b)］。因此，

$$\begin{aligned}\Pr(0.5 \leqslant Z \leqslant 2) &= A(2) - A(0.5)\\ &= 0.4772 - 0.1915\\ &= 0.2857\end{aligned}$$

(e) 标准正态曲线下从−0.75 到 1.46 的面积等于从−0.75 到 0 的面积加上从 0 到 1.46 的面积［见图 6(c)］。因此，

$$\begin{aligned}\Pr(-0.75 \leqslant Z \leqslant 1.46) &= A(-0.75) + A(1.46)\\ &= A(0.75) + A(1.46)\\ &= 0.2734 + 0.4279 = 0.7013\end{aligned}$$

■

当 X 是均值为 μ、标准差为 σ 的任意正态随机变量时，我们可通过改变变量 $z = (x-\mu)/\sigma$ 来计算 $\Pr(a \leqslant X \leqslant b)$ 这样的概率值。于是，这就将 $\Pr(a \leqslant X \leqslant b)$ 的积分转化为涉及标准正态密度函数的积分。下例说明了这个过程。

例 4　金属法兰的长度。卡车上的金属法兰的长度必须在 92.1 毫米和 94 毫米之间才能正确安装。提供给卡车制造商的法兰长度服从均值 $\mu = 93$ 毫米和标准差 $\sigma = 0.4$ 毫米的正态分布。

(a) 有多少百分比的法兰具有可接受的长度？

(b) 有多少百分比的法兰太长？

解：令 X 是从法兰供应中随机选择的金属法兰的长度。

(a) 有

$$\Pr(92.1 \leqslant X \leqslant 94) = \int_{92.1}^{94} \frac{1}{0.4\sqrt{2\pi}} \mathrm{e}^{-(1/2)[(x-93)/0.4]^2}\,\mathrm{d}x$$

使用替换 $z = (x-93)/0.4$，$\mathrm{d}z = (1/0.4)\mathrm{d}x$。观察发现，若 $x = 92.1$，则 $z = (92.1-93)/0.4 = -0.9/0.4 = -2.25$。若 $x = 94$，则 $z = (94-93)/0.4 = 1/0.4 = 2.5$。因此，

$$\Pr(92.1 \leqslant X \leqslant 94) = \int_{-2.25}^{2.5} \frac{1}{\sqrt{2\pi}} \mathrm{e}^{-(1/2)z^2}\,\mathrm{d}z$$

这个积分的值是标准正态曲线下从−2.25 到 2.5 的面积，等于从−2.25 到 0 的面积加上从 0 到 2.5 的面积。因此，

$$\begin{aligned}\Pr(92.1 \leqslant X \leqslant 94) &= A(-2.25) + A(2.5) \\ &= A(2.25) + A(2.5) \\ &= 0.4878 + 0.4938 = 0.9816\end{aligned}$$

根据这个概率，可以得出约 98%的法兰具有可接受的长度。

(b)
$$\Pr(94 \leqslant X) = \int_{94}^{\infty} \frac{1}{0.4\sqrt{2\pi}} e^{-(1/2)[(x-93)/0.4]^2} \, dx$$

当 b 很大时，该积分近似为从 $x = 94$ 到 $x = b$ 的积分。若用 $z = (x - 93)/0.4$ 替换，则有

$$\int_{94}^{b} \frac{1}{0.4\sqrt{2\pi}} e^{-(1/2)/[(x-93)/0.4]^2} \, dx = \int_{2.5}^{(b-93)/0.41} \frac{1}{\sqrt{2\pi}} e^{-(1/2)z^2} \, dz \tag{5}$$

当 $b \to \infty$ 时，$(b - 93)/0.4$ 的值也变得任意大。因为式(5)左边的积分接近 $\Pr(94 \leqslant X)$，所以有

$$\Pr(94 \leqslant X) = \int_{2.5}^{\infty} \frac{1}{\sqrt{2\pi}} e^{-(1/2)z^2} \, dz$$

为了计算这个积分，利用例 3(c)中的方法。标准正态曲线下 2.5 右边的面积等于 0 右边的面积减去 0 和 2.5 之间的面积，即

$$\Pr(94 \leqslant X) = 0.5 - A(2.5) = 0.5 - 0.4938 = 0.0062$$

大约 0.6%的法兰超过最大可接受的长度。■

综合技术

TI-83 图形计算器可用 DISTR 菜单中的 normalcdf 函数轻松算出正态概率。从 $x = a$ 到 $x = b$ 的均值 μ 和标准差 σ 的正态曲线下的面积由 normalcdf(a, b, μ, σ) 给出。例 4 中正态概率的计算见图 7（注意，E99 等于 10^{99}，按下 1 [2nd] [EE] 99 时产生，用于代替无穷大。负无穷大用 −E99 表示）。

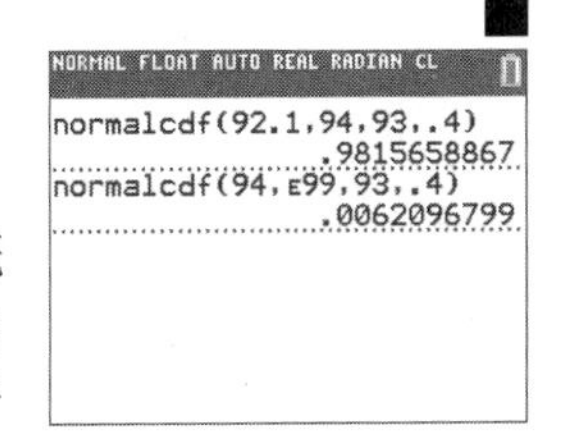

图 7

12.4 节复习题（答案见本节习题后）

1. 汽车上的紧急闪光灯在汽车行驶的前 12000 英里内保修。在此期间，免费更换有缺陷的闪光灯。若紧急闪光灯失效前的时间（以数千英里计）是一个均值为 50（千英里）的指数随机变量 X，则在保修期内必须更换多少百分比的闪光灯？
2. 从某家公司订购家具到收到家具之间的交付周期是一个均值为 $\mu = 18$ 周、标准差为 $\sigma = 5$ 周的正态随机变量。求客户需要等待超过 16 周的概率。

习题 12.4

用习题 1～4 中给出的密度函数求指数随机变量的期望值和方差。

1. $3e^{-3x}$ **2.** $\frac{1}{4}e^{-x/4}$ **3.** $0.2e^{-0.2x}$ **4.** $1.5e^{-1.5x}$

在某大型工厂里，平均每天有两起事故。事故之间的时间具有指数密度函数，且期望值为 $\frac{1}{2}$ 天。

5. 求两次事故之间的时间间隔大于 $\frac{1}{2}$ 天且小于 1 天的概率。

6. 求两次事故之间的时间间隔小于 8 小时（$\frac{1}{3}$ 天）的概率。

银行为客户服务所需的时间具有指数密度函数，且期望值为 3 分钟。

7. 求为客户服务的时间小于 2 分钟的概率。

8. 求为客户服务的时间超过 5 分钟的概率。

在一天的某个时段，汽车到达高速公路收费站的时间是一个期望值为 20 秒的指数随机变量。

9. 求连续到达之间的时间间隔超过 60 秒的概率。

10. 求连续到达之间的时间间隔大于 10 秒且小于 30 秒的概率。

在对美国最高法院出现的职位空缺的研究中，已确定连续辞职之间的时间是一个期望值为 2 年的指数随机变量（见习题 11 和习题 12）。

11. **指数分布与最高法院**。一位新总统上任的同时，一位法官退休。求在总统 4 年任期内法院出现下一个空缺的概率。

12. 求美国最高法院的组成在 5 年或更长时间内保持不变的概率。

13. **电子元件的可靠性**。假设电子元件的平均寿命为 72 个月，且寿命服从指数分布。

(a) 求一个元件持续使用超过 24 个月的概率。

(b) 可靠性函数 $r(t)$ 给出了一个元件持续使用超过 t 个月的概率。在这种情况下计算 $r(t)$。

14. **生存函数**。考虑一组接受过癌症等急性疾病治疗的患者，设 X 是一个人接受治疗后的生存年限（生存时间）。在适当的条件下，对某个常数 k，X 的密度函数为 $f(x)=k\mathrm{e}^{-kx}$。

(a) 生存函数 $S(x)$ 是从患者组中随机选择的人至少生存到时间 x 的概率，解释为什么 $S(x)=1-F(x)$，其中 $F(x)$ 是 X 的累积分布函数，并计算 $S(x)$。

(b) 假设患者至少存活 5 年的概率是 0.90［$S(5)=0.90$］。求指数密度函数 $f(x)$ 中的常数 k。

用习题 15～18 中给出的密度函数求正态随机变量的期望值和标准差。

15. $\frac{1}{\sqrt{2\pi}}\mathrm{e}^{-(1/2)(x-4)^2}$　　**16.** $\frac{1}{\sqrt{2\pi}}\mathrm{e}^{-(1/2)(x+5)^2}$

17. $\frac{1}{3\sqrt{2\pi}}\mathrm{e}^{-(1/18)x^2}$　　**18.** $\frac{1}{5\sqrt{2\pi}}\mathrm{e}^{-(1/2)[(x-3)/5]^2}$

19. 证明函数 $f(x)=\mathrm{e}^{-x^2/2}$ 在 $x=0$ 处有一个相对极大值。

20. 证明函数 $f(x)=\mathrm{e}^{-(1/2)[(x-\mu)/\sigma]^2}$ 在 $x=\mu$ 处有一个相对极大值。

21. 证明函数 $f(x)=\mathrm{e}^{-x^2/2}$ 的拐点为 $x=\pm1$。

22. 证明函数 $f(x)=\mathrm{e}^{-(1/2)[(x-\mu)/\sigma]^2}$ 的拐点为 $x=\mu\pm\sigma$。

23. 令 Z 是标准正态随机变量。计算

(a) $\Pr(-1.3\leqslant Z\leqslant 0)$　(b) $\Pr(0.25\leqslant Z)$

(c) $\Pr(-1\leqslant Z\leqslant 2.5)$　(d) $\Pr(Z\leqslant 2)$

24. 计算标准正态曲线在下列 z 值下的面积：(a) 0.5 和 1.5 之间；(b) −0.75 和 0.75 之间；(c) −0.3 的左边；(d) −1 的右边。

25. **出生时间**。某物种的妊娠期（孕期长度）近似服从均值为 6 个月、标准差为 $\frac{1}{2}$ 个月的正态分布。

(a) 求妊娠期在 6 至 7 个月间出生的百分比。

(b) 求妊娠期在 5 至 6 个月间出生的百分比。

26. **正态分布和轮胎寿命**。某汽车轮胎的寿命呈正态分布，$\mu=25000$ 英里，$\sigma=2000$ 英里。

(a) 求轮胎可使用 28000 到 30000 英里的概率。

(b) 求轮胎寿命超过 29000 英里的概率。

27. **容器中的牛奶量**。设一加仑容器中的牛奶量是一个正态随机变量，$\mu=128.2$ 盎司，$\sigma=0.2$ 盎司，求一个随机容器中的牛奶量小于 128 盎司的概率。

28. **断裂质量**。某品牌绳子断裂所需的质量具有正态密度函数，$\mu=43$ 千克，$\sigma=1.5$ 千克。求该绳子断裂质量小于 40 千克的概率。

29. **通勤时间**。马里兰大学 8 点上课的学生开车去学校。他们发现，沿两条可能的路线，到学校的时间（包括到教室的时间）近似于正态随机变量。若他们在大部分行程中走首都环形公路，则 $\mu=25$ 分钟，$\sigma=5$ 分钟。若他们在当地城市街道上行驶更长的路线，则 $\mu=28$ 分钟，$\sigma=3$ 分钟。若学生在早上 7:30 离开家，他们应走哪条路线？假设最佳路线是使上课迟到的概率最小的路线。

30. 若习题 29 中的学生在早上 7:26 离开家，他们应走哪条路线？

31. **螺栓直径**。某种螺栓必须穿过 20 毫米的测试孔，否则会被丢弃。若螺栓直径服从 $\mu=18.2$ 毫米、$\sigma=0.8$ 毫米的正态分布，则被丢弃螺栓的百分比是多少？

32. **SAT 分数分布**。某大学最近一届新生的数学 SAT 分数呈正态分布，其中 $\mu=535$，$\sigma=100$。

(a) 分数在 500 和 600 之间的比例是多少？

(b) 求进入全班前 10%的最低分数。

33. **计算机芯片寿命**。设 X 是某计算机芯片失效的时间（以年计），且假设该芯片已正常运行了 a 年。可以证明，该芯片在未来 b 年内发生故障的概率是

$$\frac{\Pr(a\leqslant X\leqslant a+b)}{\Pr(a\leqslant X)} \tag{6}$$

当 X 是密度函数为 $f(x)=k\mathrm{e}^{-kx}$ 的指数随机变量时，计算该概率并证明它是 $\Pr(0\leqslant X\leqslant b)$。这就意味着式(6)给出的概率不取决于芯片已运行多长时间。因此，指数随机变量被认为是无记忆的。

34. 回顾可知，指数密度函数的中位数是使得 $\Pr(X\leqslant M)=\frac{1}{2}$ 的数 M。证明 $M=(\ln 2)/k$（中位数小于均值）。

35. **灯泡寿命**。若某品牌灯泡的寿命（以周为单位）具有指数密度函数，且 80%的灯泡在前 100 周内失效，求灯泡的平均寿命。

技术题

36. 指数随机变量的期望值和方差的计算依赖这样一个事实：对任何正数k，随着b变大，$b\mathrm{e}^{-kb}$和$b^2\mathrm{e}^{-kb}$趋于 0，即

$$\lim_{x\to\infty}\frac{x}{\mathrm{e}^{kx}}=0 \quad 和 \quad \lim_{x\to\infty}\frac{x^2}{\mathrm{e}^{kx}}=0$$

当$k=1$时，这些极限的有效性如图 8 和图 9 所示。生成$k=0.1$, $k=0.5$和$k=2$的图形，证实这些极限适用于k的所有正值。

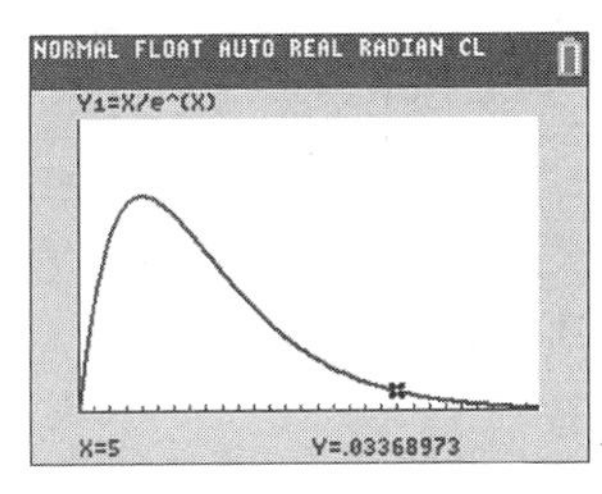

图 8

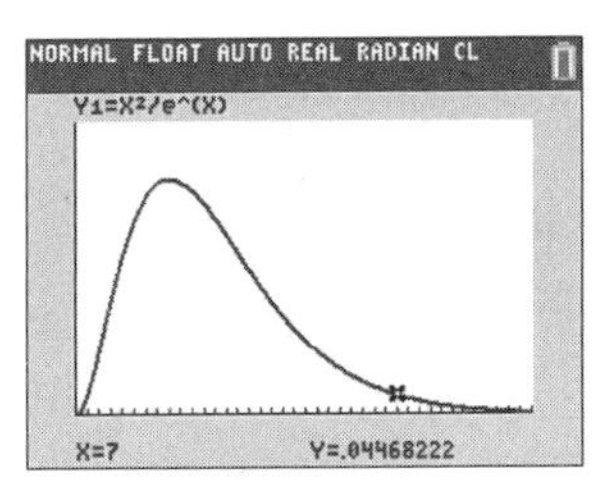

图 9

37. 用积分程序证明$\int_{-\infty}^{\infty}x^2f(x)\mathrm{d}x=1$，其中$f(x)$是标准正态密度函数［注意：由于$f(x)$随着$x$增大而迅速趋于零，因此不定积分的值与$x^2f(x)$从$x=-8$到$x=8$的定积分值几乎相同］。得出结论：标准正态随机变量的标准差为 1。

12.4 节复习题答案

1. X的密度函数为$f(x)=k\mathrm{e}^{-kx}$，其中$1/k=50$（千英里），$k=1/50=0.02$。于是

$$\Pr(X\leqslant 12)=\int_0^{12}0.02\mathrm{e}^{-0.02x}\mathrm{d}x=-\mathrm{e}^{-0.02x}\Big|_0^{12}$$
$$=1-\mathrm{e}^{-0.24}\approx 0.21337$$

大约 21%的闪光灯在保修期内须被更换。

2. 令X为订购和收到家具之间的时间。由$\mu=18$和$\sigma=5$得

$$\Pr(16<X)=\int_{16}^{\infty}\frac{1}{5\sqrt{2\pi}}\mathrm{e}^{-(1/2)[(x-18)/5]^2}\mathrm{d}x$$

若用$z=(x-18)/5$代替，则$\mathrm{d}z=\frac{1}{5}\mathrm{d}x$，且当$x=16$时$z=-0.4$，于是有

$$\Pr(16<X)=\int_{-0.4}^{\infty}\frac{1}{\sqrt{2\pi}}\mathrm{e}^{-(1/2)z^2}\mathrm{d}z$$

例 4(b)中进行了类似的替换。前面的积分给出了标准正态曲线下−0.4 右边的面积。由于−0.4 到 0 之间的面积为$A(-0.4)=A(0.4)$，而 0 右边的面积为 0.5，因此有

$$\Pr(16<X)=A(0.4)+0.5=0.1554+0.5=0.6554$$

12.5 泊松随机变量和几何随机变量

概率论在商业、生物学和社会科学中广泛地用于涉及计数的情况。本节中的概率模型涉及一个随机变量X，其值为离散数字 0, 1, 2,⋯。X的值通常没有具体的上限，即使X值非常大的可能性很小。下面是此类实验的典型例子。在每种情况下，X都代表实验结果。

1. 在一家保险公司中，统计任意一个月（随机选择）提交的火灾保险索赔的数量。
2. 在对一个池塘的微生物研究中，计算一滴大小的随机水样中原生动物的数量。
3. 在一家工厂中，统计某类机器每月发生故障的次数。

假设实验结果X是 0, 1, 2,⋯ 中的一个值的随机变量。对每个可能的值n，令p_n为取相应值的概率，即

$$p_0=\Pr(X=0)$$
$$p_1=\Pr(X=1)$$
$$\vdots$$
$$p_n=\Pr(X=n)$$
$$\vdots$$

注意$p_0, p_1, p_2, \cdots$是概率，它们都介于 0 和 1 之间。此外，这些概率之和必须等于 1（结果 0, 1,

2,⋯ 中的一个总是发生），即

$$p_0+p_1+p_2+\cdots+p_n+\cdots=1$$

与 12.1 节中的情况不同，这个和是一个无限级数，如在 11.3 节和 11.5 节中研究的那些。

与具有有限数量可能结果的实验的情况类似，我们将随机变量 X （或结果为 X 的实验）的期望值（或均值）定义为由以下公式给出的数值 $E(X)$：

$$E(X)=0\cdot p_0+1\cdot p_1+2\cdot p_2+3\cdot p_3+\cdots$$

前提是该无限级数收敛。也就是说，期望值 $E(X)$ 由可能的结果与其各自的概率的乘积相加形成。

类似地，用 m 表示 $E(X)$，定义 X 的方差为

$$\mathrm{Var}(X)=(0-m)^2\cdot p_0+(1-m)^2\cdot p_1+(2-m)^2\cdot p_2+(3-m)^2\cdot p_3+\cdots$$

泊松随机变量

在许多实验中，概率 p_n 涉及参数 λ （取决于特定实验），且具有如下特殊形式：

$$\begin{aligned}
p_0&=\mathrm{e}^{-\lambda}\\
p_1&=\tfrac{\lambda}{1}\mathrm{e}^{-\lambda}\\
p_2&=\tfrac{\lambda^2}{2\cdot1}\mathrm{e}^{-\lambda}\\
p_3&=\tfrac{\lambda^3}{3\cdot2\cdot1}\mathrm{e}^{-\lambda}\\
&\vdots\\
p_n&=\tfrac{\lambda^n}{n!}\mathrm{e}^{-\lambda}
\end{aligned}\tag{1}$$

回顾： $n!=n\cdot(n-1)\cdots2\cdot1$。

每个概率中的常数 $\mathrm{e}^{-\lambda}$ 都是使所有概率之和等于 1 所必需的。概率由式(1)给出的随机变量 X 称为**泊松随机变量**，X 的概率服从参数为 λ 的**泊松分布**。图 1 中分别显示了 $\lambda=1.5$, 3 和 5 时的泊松分布的直方图。

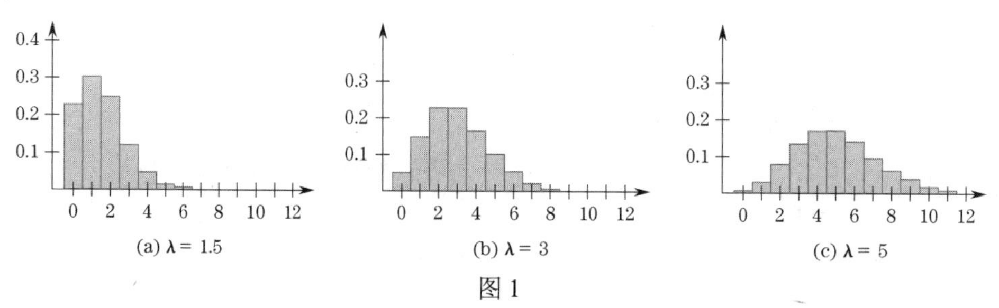

图 1

例 1　泊松分布。某城镇每年因某种疾病而死亡的人数服从参数 $\lambda=3$ 的泊松分布。检验相关的概率之和为 1。

解：前面的几个概率是（小数点后四位）

$$\begin{aligned}
p_0&=\mathrm{e}^{-3}\approx0.0498\\
p_1&=\tfrac{3}{1}\mathrm{e}^{-3}=3\cdot p_0\approx0.1494\\
p_2&=\tfrac{3^2}{2\cdot1}\mathrm{e}^{-3}=\tfrac{3\cdot3}{2\cdot1}\mathrm{e}^{-3}=\tfrac{3}{2}p_1\approx0.2240\\
p_3&=\tfrac{3^3}{3\cdot2\cdot1}\mathrm{e}^{-3}=\tfrac{3\cdot3\cdot3}{3\cdot2\cdot1}\mathrm{e}^{-3}=\tfrac{3}{3}p_2\approx0.2240\\
p_4&=\tfrac{3^4}{4\cdot3\cdot2\cdot1}\mathrm{e}^{-3}=\tfrac{3\cdot3\cdot3\cdot3}{4\cdot3\cdot2\cdot1}\mathrm{e}^{-3}=\tfrac{3}{4}p_3\approx0.1680\\
p_5&=\tfrac{3^5}{5\cdot4\cdot3\cdot2\cdot1}\mathrm{e}^{-3}=\tfrac{3\cdot3\cdot3\cdot3\cdot3}{5\cdot4\cdot3\cdot2\cdot1}\mathrm{e}^{-3}=\tfrac{3}{5}p_4\approx0.1008
\end{aligned}$$

注意 $n \geqslant 1$ 时每个概率 p_n 是如何根据前面的概率 p_{n-1} 计算出来的。一般来说，$p_n = (\lambda/n)p_{n-1}$。要对所有 n 计算概率和，可使用精确值而非十进制近似值：

$$e^{-3}+\frac{3}{1}e^{-3}+\frac{3^2}{2\cdot1}e^{-3}+\frac{3^3}{3\cdot2\cdot1}e^{-3}+\frac{3^4}{4\cdot3\cdot2\cdot1}e^{-3}+\cdots=e^{-3}\left(1+3+\frac{1}{2!}3^2+\frac{1}{3!}3^3+\frac{1}{4!}3^4+\cdots\right)$$

回顾：由 11.5 节中的例 2 知道 $e^x = 1+\frac{x}{1!}+\frac{x^2}{2!}+\cdots$。

由 11.5 节可知，括号内的数列是 e^x 的幂级数在 $x=3$ 处的值。前面的和是 $e^{-3}\cdot e^3$，它等于 1。■

以下关于泊松随机变量的事实解释了参数 λ。

令 X 是概率服从参数为 λ 的泊松分布的随机变量，即

$$p_0 = e^{-\lambda},\quad p_n=\frac{\lambda^n}{n!}e^{-\lambda}\ (n=1,2,\cdots)$$

则 X 的期望值和方差分别为

$$E(X)=\lambda,\quad \mathrm{Var}(X)=\lambda$$

下面只证明 $E(X)$ 表达式。使用 e^{λ} 的泰勒级数有

$$\begin{aligned}E(X)&=0\cdot p_0+1\cdot p_1+2\cdot p_2+3\cdot p_3+4\cdot p_4+\cdots\\&=0\cdot e^{-\lambda}+1\cdot\frac{\lambda}{1}e^{-\lambda}+1\cdot\frac{\lambda^2}{1\cdot2}e^{-\lambda}+3\cdot\frac{\lambda^3}{1\cdot2\cdot3}e^{-\lambda}+4\cdot\frac{\lambda^4}{1\cdot2\cdot3\cdot4}e^{-\lambda}+\cdots\\&=\lambda e^{-\lambda}+\frac{\lambda^2}{1}e^{-\lambda}+\frac{\lambda^3}{1\cdot2}e^{-\lambda}+\frac{\lambda^4}{1\cdot2\cdot3}e^{-\lambda}+\cdots\\&=\lambda e^{-\lambda}\left(1+\frac{\lambda}{1}+\frac{\lambda^2}{1\cdot2}+\frac{\lambda^3}{1\cdot2\cdot3}+\cdots\right)\\&=\lambda e^{-\lambda}\cdot e^{\lambda}\\&=\lambda\end{aligned}$$

接下来的两个例子说明了泊松随机变量的一些应用。

例 2　计算泊松分布的概率。假设 1 分钟内电话总机接听的呼叫次数为 X。经验表明 X 服从 $\lambda=5$ 的泊松分布。

(a) 求某分钟内有零个、一个或两个电话到来的概率。

(b) 求某分钟内有三个或更多电话到来的概率。

(c) 求每分钟收到的电话的平均数。

解：(a) 在某分钟内有零个、一个或两个电话到来的概率为 $p_0+p_1+p_2$。此外，

$$p_0=e^{-\lambda}=e^{-5}\approx0.00674$$

$$p_1=\frac{\lambda}{1}e^{-\lambda}=5e^{-5}\approx0.03369$$

$$p_2=\frac{\lambda^2}{2\cdot1}e^{-\lambda}=\frac{5}{2}p_1\approx0.08422$$

因此，$p_0+p_1+p_2\approx0.12465$，即在该分钟约 12%的时间内会收到零个、一个或两个电话呼叫。

(b) 接到三个或更多电话呼叫的概率与没有接到零个、一个或两个电话呼叫的概率相同。因此，

$$1-(p_0+p_1+p_2)=1-0.12465=0.87535$$

(c) 每分钟收到的电话平均数等于 λ。也就是说，总机每分钟平均接到 5 个电话。■

例 3　用泊松分布建模。从新英格兰的一个池塘中抽取水滴大小的水样。对许多不同样本中的原生动物的数量进行统计，发现平均数量约为 8.3。随机选择的样本中最多含有 4 种原生动物的概率是多少？

解：假设原生动物在池塘中完全自由扩散，没有结块，每滴水中的原生动物数量是一个泊松随机变量，用 X 表示。根据实验数据，假设 $E(X)=8.3$。由于 $\lambda=E(X)$，X 的概率由下式给出：

$$p_n = \frac{8.3^n}{n!} e^{-8.3}$$

“最多四种”的概率为 $\Pr(X \leqslant 4)$。使用计算器生成概率，有

$$\begin{aligned}\Pr(X \leqslant 4) &= p_0 + p_1 + p_2 + p_3 + p_4 \\ &\approx 0.00025 + 0.00206 + 0.00856 + 0.02368 + 0.04914 \\ &= 0.08369\end{aligned}$$

因此，最多 4 种原生动物的概率约 8.4%。

■

几何随机变量

以下两个实验产生值为 $0, 1, \cdots$ 的离散随机变量，但不是泊松分布：

- 抛硬币直到正面出现，然后统计它前面的反面数量。
- 作为质量控制程序的一部分，测试从装配线上下来的物品。在发现第一个有缺陷的物品之前，计算可接受的物品数量。

这些实验中的每个都涉及有两个结果（反面，正面）或（无缺陷，有缺陷）的实验。一般来说，这两个结果称为**成功**和**失败**，重复实验直到出现失败。实验结果是第一次失败之前的成功次数 X（0, 1, 2,⋯）。若对于 0 和 1 之间的某个数 p，X 的概率为

$$\begin{aligned} p_0 &= 1-p \\ p_1 &= p(1-p) \\ p_2 &= p^2(1-p) \\ &\vdots \\ p_n &= p^n(1-p) \\ &\vdots \end{aligned} \tag{2}$$

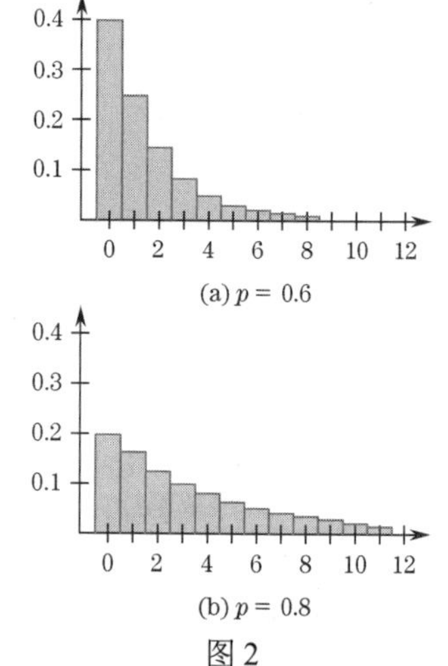

(a) $p = 0.6$

(b) $p = 0.8$

图 2

则 X 称为**几何随机变量**，且 X 的概率称为服从参数 p 的**几何分布**。在这种情况下，实验的每次试验都有相同的成功概率 p（失败概率是 $1-p$）。此外，实验的每次结果都与其他试验无关。图 2 中的直方图给出了 $p = 0.6$ 和 0.8 时的几何分布。

术语几何与式(2)有关，因为概率形成了一个几何级数，初始项为 $a = 1-p$ 且比率为 $r = p$。该级数的和为

$$p_0 + p_1 + p_2 + \cdots = \frac{a}{1-r} = \frac{1-p}{1-p} = 1$$

如我们所愿，概率之和为 1。

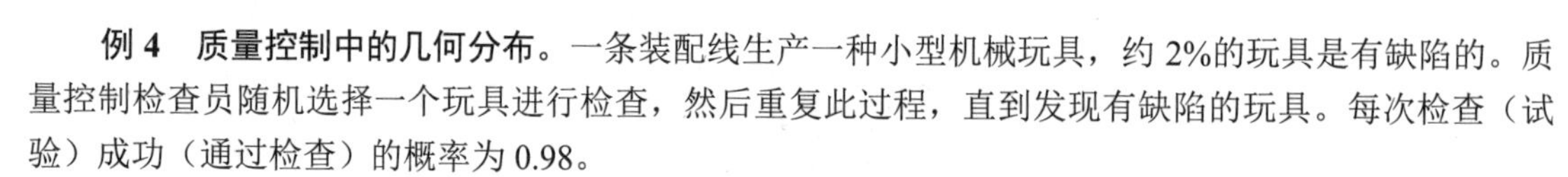

例 4　质量控制中的几何分布。一条装配线生产一种小型机械玩具，约 2%的玩具是有缺陷的。质量控制检查员随机选择一个玩具进行检查，然后重复此过程，直到发现有缺陷的玩具。每次检查（试验）成功（通过检查）的概率为 0.98。

(a) 求在发现一个有缺陷的玩具前恰好有三个玩具通过检查的概率。

(b) 求在发现一个有缺陷的玩具前最多三个玩具通过检查的概率。

(c) 在发现第一个有缺陷的玩具前至少有四个玩具通过检查的概率。

解：设 X 是在发现第一个有缺陷的玩具前可接受的玩具数量。合理的假设是随机变量 X 服从参数 $p = 0.98$ 的几何分布。

(a) $X = 3$ 的概率为 $p_3 = 0.98^3 \times (1-0.98) \approx 0.0188$。

(b) $$\begin{aligned}\Pr(X \leqslant 3) &= p_0 + p_1 + p_2 + p_3 \\ &= 0.02 + 0.98 \times 0.02 + 0.98^2 \times 0.02 + 0.98^3 \times 0.02\end{aligned}$$

$$\approx 0.02+0.0196+0.0192+0.0188=0.0776$$

(c) $\Pr(X \geqslant 4)=1-\Pr(X \leqslant 3) \approx 1-0.0776=0.9224$ 。

■

使用有关幂级数的知识，可以确定几何分布的以下性质。

> 令 X 是参数 p 的几何随机变量，
>
> $$p_n=p^n(1-p), \quad n=0,1,\cdots$$
>
> 则 X 的期望值和方差分别为
>
> $$E(X)=\frac{p}{1-p}, \quad \operatorname{Var}(X)=\frac{p}{(1-p)^2}$$

例 5　有缺陷玩具的预期数量。对于例 4 中描述的情况，在发现第一个有缺陷的玩具之前，通过检查的玩具的平均数量是多少？

解：由于 $p=0.98$ ，$E(X)=0.98/(1-0.98)=49$ 。若进行多次检查，则可以预计在发现有缺陷的玩具之前，平均有 49 个玩具将通过检查。

■

综合技术

泊松概率　TI-83 图形计算器有两个计算泊松概率的函数。poissonpdf(λ,n) 的值为 $p_n=\frac{\lambda^n}{n!}\mathrm{e}^{-\lambda}$ ，poissoncdf(λ,n) 的值为 $p_0+p_1+p_2+\cdots+p_n$ （这两个函数在 DISTR 菜单中调用）。在图 3 中，这些函数用于计算例 2(a)中的两个概率。使用其他图形计算器，可找到如图 3 最后一项计算中的sum(seq($\cdots$)) ，以计算连续泊松概率之和。在图4 中，sum(seq($\cdots$)) 用于计算例 4 中(b)问和(c)问的几何概率。

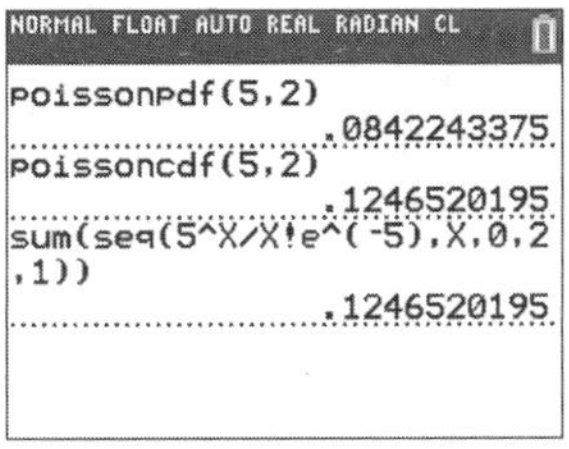

NORMAL FLOAT AUTO REAL RADIAN CL
poissonpdf(5,2)
.0842243375
poissoncdf(5,2)
.1246520195
sum(seq(5^X/X!e^(-5),X,0,2,1))
.1246520195

图 3

NORMAL FLOAT AUTO REAL RADIAN MP
sum(seq(.98^X*.02,X,0,3,1))
.07763184
1-Ans
.92236816

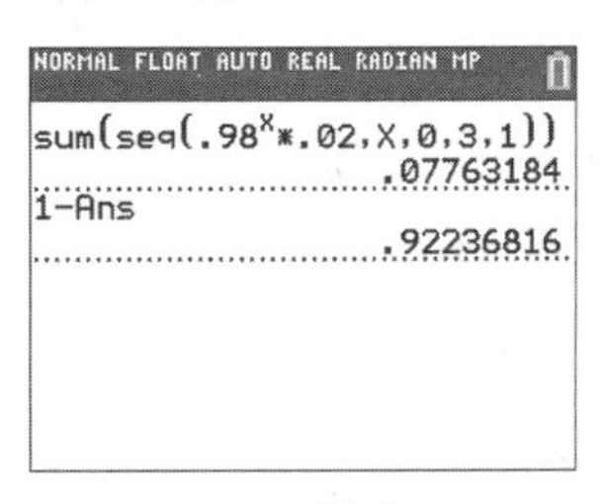

图 4

12.5 节复习题（答案见本书习题后）

1. 一位公共卫生官员正在追踪某个城市的细菌感染源。分析每个城市街区报告的感染发病率后，发现每个街区平均有 3 个病例。某街区被发现有 7 个病例。假设每个街区的病例数呈泊松分布，那么随机选择的街区至少有 7 个病例的概率是多少？

习题 12.5

1. 如例 1 所示，设随机变量 X 服从 $\lambda=3$ 的泊松分布，计算概率 p_6, p_7, p_8 。
2. 设 X 为参数 $\lambda=5$ 的泊松随机变量，计算概率 $p_0,\cdots,p_6$ ，精确到小数点后四位。
3. 使用 $\lambda=0.75$ 重做习题 2 并绘制直方图。
4. 使用 $\lambda=2.5$ 重做习题 2 并绘制直方图。
5. **保险索赔数量**。每月向某保险公司提交的火灾保险索赔数量服从 $\lambda=10$ 的泊松分布。
   (a) 某月没有索赔的概率是多少？
   (b) 某月不超过两个索赔的概率是多少？（索赔数量为 0、1 或 2）。
   (c) 某月至少有 3 个索赔的概率是多少？
6. **急诊室等待时间**。当地医院一个典型的周末晚上，急诊室等待治疗的人数服从 $\lambda=6.5$ 的泊松分布。
   (a) 没有人或只有 1 人等待治疗的概率是多少？

(b) 不超过 4 人等待治疗的概率是多少？

(c) 至少 5 人等待治疗的概率是多少？

7. 错别字分布。某报纸每页的错别字数量呈泊松分布，平均每页有 1.5 个错别字。

(a) 随机选择的一页没有错别字的概率是多少？

(b) 一页有两个或三个错别字的概率是多少？

(c) 一页至少有四个错别字的概率是多少？

8. 收费站的汽车数量。在一天的某个时段，平均每分钟有 5 辆汽车到达收费公路的收费站。设 X 是随机选择的任何一分钟时间间隔内到达的汽车数量，Y 是任意两次连续到达之间的到达间隔时间（平均到达间隔时间为 $\frac{1}{5}$ 分钟）。假设 X 是泊松随机变量，Y 是指数随机变量。

(a) 求在给定的一分钟间隔内至少有 5 辆汽车到达的概率。

(b) 求任意两辆连续到达汽车之间的时间间隔小于 $\frac{1}{5}$ 分钟的概率。

9. 混合问题中的泊松分布。一家面包店制作美味饼干。对于一批 4800 块燕麦葡萄干饼干，应使用多少葡萄干才能使一块饼干中没有葡萄干的概率为 0.01？注意：合理的假设是随机饼干中葡萄干的数量服从泊松分布。

10. X 是参数 $p=0.9$ 的几何随机变量，计算概率 $p_0,\cdots,p_5$，并绘制直方图。

11. 用 $p=0.6$ 重做习题 10。

12. 质量控制。一家缝纫机厂的质量控制部门确定 40 台机器中有一台未通过检查。令 X 为装配线上在发现机器未通过检查之前已通过检查的机器数量。

(a) 写出 $\Pr(X=n)$ 的公式。

(b) 在下线的 5 台机器中，前 4 台已通过检查，而第 5 台没有通过检查的概率是多少？

13. 两家相互竞争的公司。在某个城镇有两家相互竞争的出租车公司：红色出租车和蓝色出租车。出租车随机混入市区交通。红色出租车的数量是蓝色出租车的 3 倍。假设你站在市中心的某个街角数第一辆蓝色出租车出现之前出现的红色出租车的数量 X 。

(a) 确定公式 $\Pr(X=n)$ 。

(b) 在第一辆蓝色出租车出现之前，至少观察到三辆红色出租车的概率是多少？

(c) 在蓝色出租车出现之前，连续出现的红色出租车的平均数量是多少？

14. 在某初中，三分之二的学生至少有一颗蛀牙。对学生进行牙科调查。第一个有蛀牙的学生是第三个接受检查的学生的概率是多少？

15. 设 X 是参数 $p<1$ 的几何随机变量。当 $n>0$ 时，求公式 $\Pr(X<n)$ 。注意，比率为 r 的几何级数的部分和为

$$1+r+\cdots+r^{n-1}=\frac{1-r^n}{1-r}$$

16. 复印机卡纸。每当有文件送入高速复印机时，有 0.5%的概率发生卡纸而使机器停止运转。

(a) 在发生卡纸前，预计可以复印多少份文件？

(b) 求在发生卡纸前至少可以复印 100 份文件的概率。提示：参见习题 15。

17. 感染概率。假设大量人被快餐店提供的食物中存在的某种葡萄球菌所感染，且这种病菌通常在 5%的感染者中产生某种症状。在对顾客进行检查时，第一个出现症状的人是第五个接受检查的顾客的概率是多少？

18. 抛硬币。假设抛一枚均匀的硬币，直到出现正面，然后数它前面连续出现的反面的次数 X 。

(a) 求恰好出现 n 个连续反面的概率。

(b) 求出现连续反面的平均数。

(c) 写出连续出现反面的数量的方差的无限级数，并证明该方差等于 2。

最大似然法。习题 19 和习题 20 说明了统计学中的一种技术，称为最大似然法，它可用来估计概率分布的参数。

19. 在生产过程中检查一盒保险丝，发现其中含有两个有缺陷的保险丝。对某个 λ，假设随机选择的盒子中有两个有缺陷的保险丝的概率是 $(\lambda^2/2)\mathrm{e}^{-\lambda}$ 。求一阶导数和二阶导数，进而求概率具有极大值时的 λ 值。

20. 某人向目标射击时有 5 次连续命中，但有 1 次打偏。若 x 是每次射击成功的概率，则连续 5 次命中后未命中的概率是 $x^5(1-x)$ 。求一阶导数和二阶导数，进而求概率达到最大值时的 x 值。

21. 设 X 是参数 p 的几何随机变量。利用幂级数公式推导公式 $E(X)$（见 11.5 节的例 3）：

$$1+2x+3x^2+\cdots=\frac{1}{(1-x)^2},\quad |x|<1$$

22. 设 X 是参数 λ 的泊松随机变量。使用 11.5 节中的习题 23 证明 X 是偶整数（包括 0）的概率为 $\mathrm{e}^{-\lambda}\cosh\lambda$ 。

技术题

23. 印刷机每月发生故障的次数服从 $\lambda=4$ 的泊松分布。印刷机某月发生 2～8 次故障的概率是多少？

24. 5 分钟内到达超市收银台的人数服从 $\lambda=8$ 的泊松分布。

(a) 某5分钟内恰好有8人到达的概率是多少?

(b) 某5分钟内最多有8人到达的概率是多少?

25. 医院每天出生的婴儿数是 $\lambda=6.9$ 的泊松分布。

(a) 某天7名婴儿比6名婴儿出生的概率大吗?

(b) 某天最多有15名婴儿出生的概率是多少?

26. 某路口每月发生的事故数服从 $\lambda=4.8$ 的泊松分布。

(a) 某月发生5起比发生4起事故的概率大吗?

(b) 某月发生8起以上事故的概率是多少?

12.5 节复习题答案

1. 每个街区的病例数服从 $\lambda=3$ 的泊松分布。因此，某街区中至少有7个病例的概率是

$$p_7+p_8+p_9+\cdots$$
$$=1-(p_0+p_1+p_2+p_3+p_4+p_5+p_6)$$

而

$$p_n=\frac{3^n}{1\cdot 2\cdot\cdots\cdot n}e^{-3}$$

所以有

$$p_0=0.04979,\ p_1=0.14936,\ p_2=0.22404,$$
$$p_3=0.22404,\ p_4=0.16803,\ p_5=0.10082,$$
$$p_6=0.05041$$

因此，该街区中至少有7个病例的概率为

$$1-(0.04979+0.14936+0.22404+0.22404+0.16803+0.10082+0.05041)=0.03351$$

如图5所示。

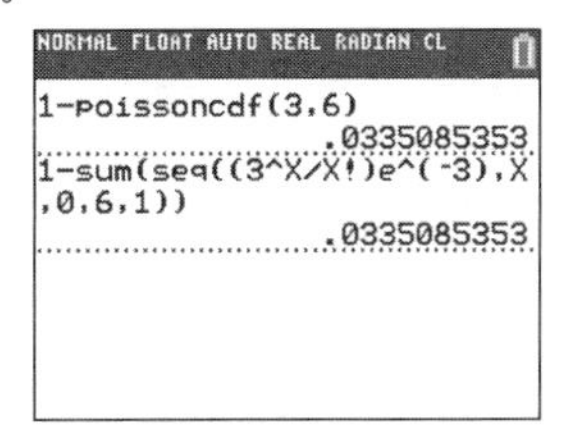

图 5

第 12 章概念题

1. 什么是概率表?
2. 什么是离散随机变量?
3. 为离散随机变量 X 制作一个小概率表，并用它定义 $E(X)$、$\mathrm{Var}(X)$ 及 X 的标准差。
4. 解释如何绘制概率密度直方图。
5. 离散随机变量和连续随机变量之间有何区别?
6. 概率密度函数的两个性质是什么?
7. 什么是累积分布函数，它与相应的概率密度函数有何关系?
8. 连续随机变量的期望值是如何计算的?
9. 如何计算连续随机变量的期望值?
10. 给出两种计算连续随机变量方差的方法。
11. 什么是指数密度函数? 举一个例子。
12. 指数随机变量的期望值是多少?
13. 均值为 μ、标准差为 σ 的正态随机变量的密度函数是什么?
14. 什么是标准正态随机变量? 写出其密度函数。
15. 如何将涉及正态密度函数的积分转化成涉及标准正态密度函数的积分?
16. 对于参数为 λ 的泊松随机变量，$\Pr(X=n)$ 是多少? 在这种情况下，$E(X)$ 是多少?
17. 对参数为 p（成功的概率）的几何随机变量，$\Pr(X=n)$ 是多少? 这时，$E(X)$ 是多少?

第 12 章复习题

1. 设 X 是 $0\leqslant x\leqslant 2$ 上的连续随机变量，其密度函数为 $f(x)=\frac{3}{8}x^2$。

(a) 计算 $\Pr(X\leqslant 1)$ 和 $\Pr(1\leqslant X\leqslant 1.5)$。

(b) 求 $E(X)$ 和 $\mathrm{Var}(X)$。

2. 设 X 为 $3\leqslant x\leqslant 4$ 上的连续随机变量，其密度函数为 $f(x)=2(x-3)$。

(a) 计算 $\Pr(3.2\leqslant X)$ 和 $\Pr(3\leqslant X)$。

(b) 求 $E(X)$ 和 $\mathrm{Var}(X)$。

3. 对任意 A，证明 $f(x)=e^{A-x}$，$x\geqslant A$ 是密度函数。计算 X 相应的累积分布。

4. **帕累托分布**。对任意正常数 k 和 A，证明函数 $f(x)=kA^k/x^{k+1}$，$x\geqslant A$ 是密度函数。相应的累积分布函数 $F(x)$ 称为**帕累托分布**，计算 $F(x)$。

5. **卡方密度**。对任意正整数 n，函数 $f_n(x)=c_n x^{(n-2)/2}e^{-x/2}$，$x\geqslant 0$ 称为具有 n 个自由度的**卡方密度函数**，c_n 为一个适当的常数。求 c_2 和 c_4，使得 $f_2(x)$ 和 $f_4(x)$ 是概率密度函数。

6. 对任意正整数 k，证明 $f(x)=1/(2k^3)x^2e^{-x/k}$，$x\geqslant 0$ 是密度函数。

7. **血液检测概率**。一个医学实验室对许多血液样本

进行检测，其中约有 5%的样本发生某种疾病。实验室收集了 10 人的样本，并将每个样本的一些血液混合。若对混合物的测试是阳性，则必须额外进行 10 次测试，每次测试一个单独的样本。若对混合物的测试是阴性，则不需要进行其他测试。可以证明，对混合物测试是阴性的概率为 $(0.95)^{10}=0.599$，因为 10 个样本中的每个都有 95%的机会不存在这种疾病。若 X 是所需测试的总数，则 X 的概率表如表 1 所示。

表 1

	混　检	
	阴　性	阳　性
总测试	1	11
概　率	0.599	0.401

(a) 求 $E(X)$。

(b) 若实验室对 200 个血液样本（20 个批次，每批 10 个样品）使用这一程序，预计大约需要进行多少次测试？

8. 假设习题 7 中的实验室使用 5 个而非 10 个样品的批次对 5 个样品的混合物进行阴性测试的概率是 $(0.95)^5=0.774$。表 2 给出了所需测试次数 X 的概率。

(a) 求 $E(X)$。

(b) 若实验室对 200 个血液样品（40 个批次，每批 5 个样品）使用这一程序，预计大约需要进行多少次测试？

表 2

	混　检	
	阴　性	阳　性
总测试	1	6
概　率	0.774	0.226

9. 汽油销售概率。 加油站每周销售 X 千加仑汽油。X 的累积分布函数为 $F(x)=1-\frac{1}{4}(2-x)^2$，$0\leqslant x\leqslant 2$。

(a) 若油箱在本周初有 1.6 千加仑，求加油站在整周内为顾客提供足够汽油的概率。

(b) 周初油箱中必须有多少汽油才能使本周有足够汽油的概率为 0.99？

(c) 计算 X 的密度函数。

10. 服务合同的预期价值。 计算机服务合同的费用为每年 100 美元。合同涵盖了对计算机的所有必要的维护和修理。假设制造商提供这项服务的实际成本是随机变量 X（百美元），概率密度函数为 $f(x)=(x-5)^4/625$，$0\leqslant x\leqslant 5$。计算 $E(X)$ 并确定制造商预计在每个服务合同上平均能赚多少钱。

11. 随机变量 X 在 $20\leqslant x\leqslant 25$ 上具有均匀密度函数 $f(x)=\frac{1}{5}$。

(a) 求 $E(X)$ 和 $\mathrm{Var}(X)$。

(b) 求 b，使得 $\Pr(X\leqslant b)=0.3$。

12. 随机变量 X 在 $3\leqslant x\leqslant 5$ 上具有累积分布函数 $F(x)=(x^2-9)/16$。

(a) 求 X 的密度函数。

(b) 求 a，使得 $\Pr(a\leqslant X)=\frac{1}{4}$。

13. 收入分布。 某社区家庭年收入在 5000 美元到 25000 美元之间。设 X 表示该社区随机选择的一个家庭的年收入（以千美元计），并设 X 的概率密度函数为 $f(x)=kx$，$5\leqslant x\leqslant 25$。

(a) 求使 $f(x)$ 为密度函数的 k 值。

(b) 求年收入超过 20000 美元的家庭比例。

(c) 求该社区的家庭的平均年收入。

14. 电池寿命。 某电池寿命的密度函数 $f(x)$ 如图 1 所示。每个电池可持续使用 3～10 小时。

(a) 绘制相应的累积分布函数 $F(x)$ 的图形。

(b) 数值 $F(7)-F(5)$ 的含义是什么？

(c) 用 $f(x)$ 表述(b)问的数值。

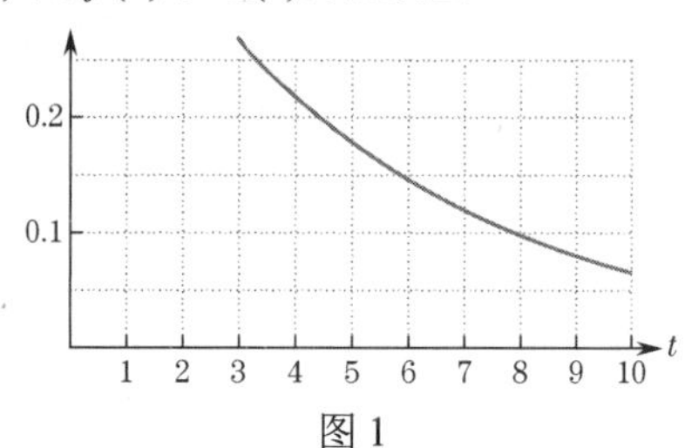

图 1

15. 随机选点。 从图 2 的矩形中随机选取一点，称其坐标为 (θ,y)。求 $y\leqslant\sin\theta$ 的概率。

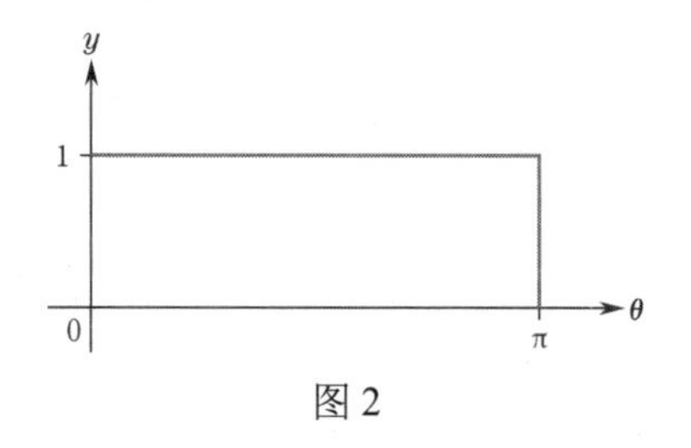

图 2

16. 布冯针问题。 一根长度为 1 的针落在划有平行线的地板上，间隔为 1（见图 3）。设 P 为针的最低点，y 为 P 距其上方标尺线的距离，θ 为针与平行标尺线的夹角。证明当且仅当 $y\leqslant\sin\theta$ 时，针触及标尺线。结论：针触及标尺线的概率是习题 15 中求得的概率。

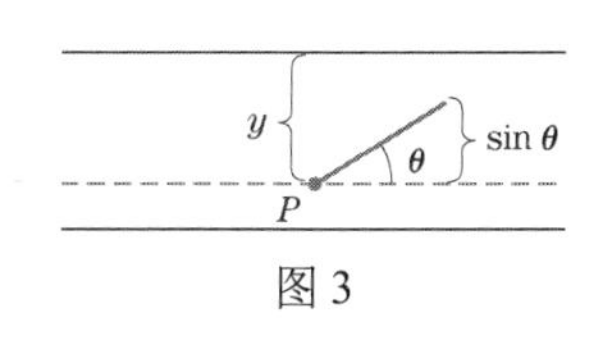

图 3

17. 显示器销售的预期收入。 某台电脑显示器的寿命是预期值为 5 年的指数随机变量。制造商以 100 美元的价格出售显示器，但若显示器在 3 年内烧毁，则将全额退款。于是，制造商从每台显示器上得到的收入是离散随机变量 Y，其值为 100 和 0。确定每台显示器的预期收入。

18. 确定服务合同。 更换空调冷凝器电机的费用为 300 美元。然而，若你每年支付 25 美元的保险费，家庭空调服务将保证在电机烧坏时免费更换。电机的寿命是一个指数随机变量，预期寿命为 10 年。你应购买第一年的保险吗？提示：考虑随机变量 Y，若电机在这一年中烧毁，则 $Y=300$，否则 $Y=0$。比较 $E(Y)$ 和一年的保险费用。

19. 关节炎患者的缓解时间。 指数随机变量 X 被用来模拟关节炎患者服用镇痛药后的缓解时间（分钟）。设 X 的密度函数为 $f(x)=k\mathrm{e}^{-kx}$，某镇痛药在 4 分钟内为 75%的患者缓解了疼痛。于是，我们可以估计 $\Pr(X\leqslant 4)=0.75$。利用这个估计值求 k 的近似值。提示：首先证明 $\Pr(X\leqslant 4)=1-\mathrm{e}^{-4k}$。

20. 机器收益。 一台新设备的使用寿命为 X 千小时，其中 X 是密度函数为 $f(x)=0.01x\mathrm{e}^{-x/10}, x\geqslant 0$ 的随机变量。制造商预计，该机器每使用 1000 小时可产生 5000 美元的额外收入，但机器的成本要 60000 美元。制造商是否应购买新设备？提示：计算机器产生的额外收益的预期值。

21. 产品寿命。 对某产品的寿命（以月为单位）进行了大量的记录，并根据数据构建了频率直方图，用面积来表示频率（类似于 12.1 节中的图 4）。事实证明，频率直方图的上边界与如下函数的图形近似：

$$f(x)=\frac{1}{8\sqrt{2\pi}}\mathrm{e}^{-(1/2)[(x-50)/8]^2}$$

求该产品的寿命在 30 和 50 个月之间的概率。

22. 公差限制。 某机器零件的标称长度为 80 毫米，公差为 ±0.05 毫米。设供应的零件的实际长度是一个正态随机变量，其均值为 79.99 毫米，标准差为 0.02 毫米。预计有多少个零件超出公差范围？

23. 身高分布。 某城市人们的身高服从 $\mu=70$ 英寸、$\sigma=2$ 英寸的正态分布。身高超过 69 英寸的人占多少百分比？

24. 身高分布。 在习题 23 中，假设人们的身高服从 $\mu=65$ 英寸、$\sigma=1.6$ 英寸的正态分布。身高超过 69 英寸的人占多少百分比？

25. 令 Z 为标准正态随机变量，求使得 $\Pr(a\leqslant Z)=0.40$ 的 a。

26. 入学考试成绩。 某学校的入学考试成绩服从 $\mu=500$、$\sigma=100$ 的正态分布。若学校希望只录取前 40%的学生，则分数线应是多少？

27. 正态曲线下的面积。 在某些应用中知道标准正态曲线下 68%的面积位于−1 到 1 之间很有用。

(a) 证明这个说法。

(b) 令 X 是期望值为 μ、方差为 σ^2 的正态随机变量，计算 $\Pr(\mu-\sigma\leqslant X\leqslant \mu+\sigma)$。

28. (a) 证明标准正态曲线下 95%的面积位于−2 到 2 之间。

(b) 令 X 是期望值为 μ、方差为 σ^2 的正态随机变量。计算 $\Pr(\mu-2\sigma\leqslant X\leqslant \mu+2\sigma)$。

29. 切比雪夫不等式。 切比雪夫不等式表明对任何具有期望值 μ 和标准差 σ 的随机变量 X，有

$$\Pr(\mu-n\sigma\leqslant X\leqslant \mu+n\sigma)\geqslant 1-\tfrac{1}{n^2}$$

(a) 取 $n=2$，将切比雪夫不等式应用于指数随机变量。

(b) 通过积分，求(a)问概率的精确值。

30. 用正态随机变量进行与习题 29 中相同的操作。

白细胞计数。 取少量血液在显微镜下检查，并计算白细胞的数量。假设对于健康人来说，这种标本中的白细胞数量服从 $\lambda=4$ 的泊松分布。

31. 求健康人样本中恰好有 4 个白细胞的概率。

32. 求健康人样本中有 8 个或 8 个以上白细胞的概率。

33. 健康人每份样本的平均白细胞数是多少？

掷骰子。 掷一对骰子，直到出现 7 或 11，然后观察最后一次掷骰子前的掷骰子数量。掷出 7 或 11 的概率为 $\frac{2}{9}$。

34. 确定在最后一次掷骰子之前恰好有 n 次连续掷骰子的概率 p_n 的公式。

35. 确定在最后一次掷骰子之前的平均掷骰子次数。

36. 在最后一次掷骰子之前至少有三次连续掷骰子的概率是多少？

附录 A　标准正态曲线下的面积

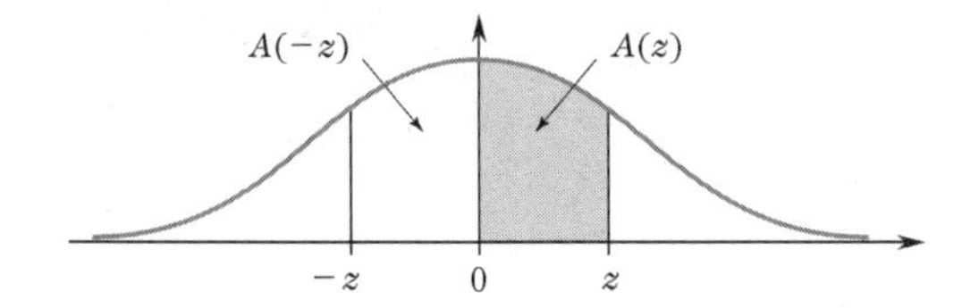

表 1　标准正态曲线下的面积

z	0.00	0.01	0.02	0.03	0.04	0.05	0.06	0.07	0.08	0.09
0.0	0.0000	0.0040	0.0080	0.0120	0.0160	0.0199	0.0239	0.0279	0.0319	0.0359
0.1	0.0398	0.0438	0.0478	0.0517	0.0557	0.0596	0.0636	0.0675	0.0714	0.0754
0.2	0.0793	0.0832	0.0871	0.0910	0.0948	0.0987	0.1026	0.1064	0.1103	0.1141
0.3	0.1179	0.1217	0.1255	0.1293	0.1331	0.1368	0.1406	0.1443	0.1480	0.1517
0.4	0.1554	0.1591	0.1628	0.1664	0.1700	0.1736	0.1772	0.1808	0.1844	0.1879
0.5	0.1915	0.1950	0.1985	0.2019	0.2054	0.2088	0.2123	0.2157	0.2190	0.2224
0.6	0.2258	0.2291	0.2324	0.2357	0.2389	0.2422	0.2454	0.2486	0.2518	0.2549
0.7	0.2580	0.2612	0.2642	0.2673	0.2704	0.2734	0.2764	0.2794	0.2823	0.2852
0.8	0.2881	0.2910	0.2939	0.2967	0.2996	0.3023	0.3051	0.3078	0.3106	0.3133
0.9	0.3159	0.3186	0.3212	0.3238	0.3264	0.3289	0.3315	0.3340	0.3365	0.3389
1.0	0.3413	0.3438	0.3461	0.3485	0.3508	0.3531	0.3554	0.3577	0.3599	0.3621
1.1	0.3643	0.3665	0.3686	0.3708	0.3729	0.3749	0.3770	0.3790	0.3810	0.3820
1.2	0.3849	0.3869	0.3888	0.3907	0.3925	0.3944	0.3962	0.3980	0.3997	0.4015
1.3	0.4032	0.4049	0.4066	0.4082	0.4099	0.4115	0.4131	0.4147	0.4162	0.4177
1.4	0.4192	0.4207	0.4222	0.4236	0.4251	0.4265	0.4279	0.4292	0.4306	0.4319
1.5	0.4332	0.4345	0.4357	0.4370	0.4382	0.4394	0.4406	0.4418	0.4429	0.4441
1.6	0.4452	0.4463	0.4474	0.4484	0.4495	0.4505	0.4515	0.4525	0.4535	0.4545
1.7	0.4554	0.4564	0.4573	0.4582	0.4591	0.4599	0.4608	0.4616	0.4625	0.4633
1.8	0.4641	0.4649	0.4656	0.4664	0.4671	0.4678	0.4686	0.4693	0.4699	0.4706
1.9	0.4713	0.4719	0.4726	0.4732	0.4738	0.4744	0.4750	0.4756	0.4761	0.4767
2.0	0.4772	0.4778	0.4783	0.4788	0.4793	0.4798	0.4803	0.4808	0.4812	0.4817
2.1	0.4821	0.4826	0.4830	0.4834	0.4838	0.4842	0.4846	0.4850	0.4854	0.4857
2.2	0.4861	0.4864	0.4868	0.4871	0.4875	0.4878	0.4881	0.4884	0.4887	0.4890
2.3	0.4893	0.4896	0.4898	0.4901	0.4904	0.4906	0.4909	0.4911	0.4913	0.4916
2.4	0.4918	0.4920	0.4922	0.4925	0.4927	0.4929	0.4931	0.4932	0.4934	0.4936
2.5	0.4938	0.4940	0.4941	0.4943	0.4945	0.4946	0.4948	0.4949	0.4951	0.4952
2.6	0.4953	0.4955	0.4956	0.4957	0.4959	0.4960	0.4961	0.4962	0.4963	0.4964
2.7	0.4965	0.4966	0.4967	0.4968	0.4969	0.4970	0.4971	0.4972	0.4973	0.4974
2.8	0.4974	0.4975	0.4976	0.4977	0.4977	0.4978	0.4979	0.4979	0.4980	0.4981
2.9	0.4981	0.4982	0.4982	0.4983	0.4984	0.4984	0.4985	0.4985	0.4986	0.4986
3.0	0.4987	0.4987	0.4987	0.4988	0.4988	0.4989	0.4989	0.4989	0.4990	0.4990
3.1	0.4990	0.4991	0.4991	0.4991	0.4992	0.4992	0.4992	0.4992	0.4993	0.4993
3.2	0.4993	0.4993	0.4994	0.4994	0.4994	0.4994	0.4994	0.4995	0.4995	0.4995
3.3	0.4995	0.4995	0.4995	0.4996	0.4996	0.4996	0.4996	0.4996	0.4996	0.4997
3.4	0.4997	0.4997	0.4997	0.4997	0.4997	0.4997	0.4997	0.4997	0.4997	0.4998
3.5	0.4998	0.4998	0.4998	0.4998	0.4998	0.4998	0.4998	0.4998	0.4998	0.4998